Ermüdungsfestigkeit der Konstruktionen

Von

Dr.-Ing. Heinrich Hertel

o. Professor an der Technischen Universität Berlin
Direktor des ILTUB (Institut für Luftfahrzeugbau der TU Berlin)

Wissenschaftliche Mitarbeiter

Dipl.-Ing. WOLFGANG PECH · Dipl.-Ing. PETER GARNATZ
Dipl.-Ing. GERHARD HILLENHERMS · Dipl.-Ing. JOSEF STERNBERG

Berater des Teams

Wiss. Rat Dr.-Ing. JOHANNES WIEDEMANN

Springer-Verlag Berlin Heidelberg GmbH 1969

Das Buch enthält 612 Abbildungen
und 1 Tafel in der Tasche

ISBN 978-3-642-51082-3   ISBN 978-3-642-51081-6 (eBook)
DOI 10.1007/978-3-642-51081-6

Titel Nr. 1497

In dankbarem Gedenken

meiner Lebensgefährtin Anneliese Hertel geb. Binde

* 30.6.1907   † 8.4.1966

Vorwort

Die erste Auflage meines 1960 im Springer-Verlag erschienenen Buches „Leichtbau" ist seit 1966 vergriffen.

In den 8 Jahren nach der Drucklegung der ersten Auflage wurden in dem von mir neu errichteten und geleiteten Institut für Luftfahrzeugbau an der Technischen Universität Berlin, das bei den häufigen Quellenangaben in diesem Buch abkürzend ILTUB genannt wird, umfangreiche theoretische, versuchstechnische und auswertende Arbeiten zu den Themen Leichtbau und Ermüdungsfestigkeit durchgeführt. Ich entschloß mich daher, die zweite Auflage des „Leichtbau" völlig zu erneuern und zu erweitern.

Dem für den Leichtbau entscheidend wichtigen Gebiet „Ermüdungsfestigkeit" waren in der ersten Auflage nur 42 Seiten eingeräumt worden. Durch eingehende Auswertung der umfangreichen neueren Publikationen und eigene systematische Untersuchungen und Versuche ergaben sich so viele für den Konstrukteur wesentliche Erkenntnisse, daß es notwendig wurde, der Ermüdungsfestigkeit der Konstruktionen ein besonderes Buch zu widmen.

Ich habe vor vielen Jahren in der Deutschen Versuchsanstalt für Luftfahrt (DVL) in Berlin die ersten Versuche über Ermüdungsfestigkeit von Flugzeugen durchgeführt und 1931 den ersten Bericht über „Dynamische Bruchversuche" mit Flugzeugteilen veröffentlicht [1]. Nachdem ich 1933 in die Industrie ging und die Entwicklung der Flugzeuge bei Heinkel und später bei Junkers leitete, galt meine besondere Aufmerksamkeit der dynamischen Festigkeit der von mir verantworteten Konstruktionen.

Die wissenschaftliche Arbeit an den Fragen der Ermüdungsfestigkeit konnte ich vor etwa 10 Jahren als Hochschullehrer an der hiesigen Technischen Universität wieder aufnehmen und dann in diesem Buch die Ergebnisse aller meiner in Theorie und Praxis geleisteten Arbeiten zusammenfassen. Dieses Buch kommt also von der konstruktiven Seite des Leichtbaus her. Es beschränkt sich jedoch keinesfalls auf „Leichtbau" oder gar Flugkörper, sondern bezieht sich generell auf alle Konstruktionen, die auf Ermüdung beansprucht sind.

Die sehr wohlwollenden Kritiken der Fachkollegen zur ersten Auflage meines Buches „Leichtbau" beanstandeten, daß darin ein Literatur- und ein Sachverzeichnis fehlten. Meine Dankbarkeit für diese Hinweise bitte ich darin zu erkennen, daß ich in diesem Buch allen Wert darauf lege, ein sorgfältig ausgewähltes Literaturverzeichnis, ergänzt durch ein Namen- und ein Sachverzeichnis, zu geben. Darüber hinaus habe ich ein Verzeichnis der „Bezeichnungen, Definitionen und Symbole" an den Anfang des Buches gestellt und angestrebt, diese immer einheitlich anzuwenden.

Dieses Buch konnte ich nur mit Hilfe des stets freudigen und erfolgreichen Einsatzes zahlreicher Mitarbeiter meines Lehrstuhls und meines Institutes schaffen. Allen, die am Buch in vorbildlicher Zusammenarbeit mitgewirkt haben, sage ich meinen besten Dank und Anerkennung für ihre Leistung.

Als Hauptbearbeiter verdient Herr Dipl.-Ing. WOLFGANG PECH, wissenschaftlicher Assistent an meinem Lehrstuhl, an erster Stelle genannt zu werden, da er in den vier Jahren die technisch-wissenschaftliche Buchbearbeitung mit großer Begeisterung und stets vertiefter Sachkenntnis durchführte und schließlich eine Reihe von Abschnitten selbständig bearbeitete.

Herr Dipl.-Ing. GERHARD HILLENHERMS, Forschungsassistent in meinem Institut, hat umfangreiche Literaturbearbeitungen von der Auffindung des Materials bis zur Darstellung der Extrakte im Technischen Büro durchgeführt und die schwierige Aufgabe der Bibliographie mit großer Umsicht gelöst. Von ihm wurde auch das Kapitel über die Oberflächeneinflüsse und die umfangreiche Studie zur Geschichte erstellt.

Die Ermüdungsversuche bei Axialbelastung sowie die Untersuchungen zur Ermittlung von Spannungsverteilungen in Bauelementen und Experimente zur plastischen Verformung wurden von Herrn Dipl.-Ing. PETER GARNATZ, wissenschaftlicher Assistent an meinen Lehrstuhl, durchgeführt und ausgewertet.

Herr Dipl.-Ing. JOSEF STERNBERG, Forschungsassistent an meinem Institut, führte alle Versuche mit Biegebeanspruchung nach dem Resonanzverfahren durch und wertete sie aus. Er bearbeitete außerdem die Fragen der Elastizitätstheorie, insbesondere die Auswirkungen von Spannungszustand und Spannungsgefälle.

Weitere Experimente zur plastischen Aufweitung von Bohrungen und die Arbeiten zur Neutralisierung von Plattenausschnitten führte Herr Dipl.-Ing. RAINER GÖHRING, Forschungsassistent in meinem Institut, durch.

Herr Privatdozent Dr.-Ing. JOHANNES WIEDEMANN, Wissenschaftlicher Rat an meinem Institut, hat dem oben genannten Team und mir in vielen Besprechungen über die theoretischen Zusammenhänge seinen wertvollen Rat gegeben.

Herr Dr.-Ing. GÜNTER RODENBERG, Oberingenieur an meinem Lehrstuhl, setzte sich unermüdlich für alles das ein, was bei den umfangreichen Arbeiten technisch-organisatorisch zu leisten war.

Bei den versuchstechnischen Arbeiten bewährten sich hervorragend die Ingenieure und Techniker meines Institutes. Die Herren HELMUT FISCHER, ANDRE BÖCK und WOLFGANG SEMBRIES führten die Ermüdungsversuche durch, während die Herren WILFRIED PFINGST und LUTZ SEEHASE die Dehnungsmessungen und Reißlackversuche ausführten.

Die umfangreichen Versuchseinrichtungen und zahllosen Versuchsstücke wurden in der unter der Leitung von Meister WERNER DÖRING stehenden Institutswerkstatt von den Herren GERHARD FLEISCHMANN und MANFRED HÄDRICH hergestellt.

Die umfangreichen fotografischen Arbeiten wurden von Herrn JÜRGEN WAGNER, unterstützt von Frl. ERIKA POHLMANN, geleistet.

Alle Bilder wurden im Technischen Büro des Institutes entweder in der Mehrzahl völlig neu erarbeitet oder nach der Literaturquelle überarbeitet. Frau KÄTHE HENTSCHEL und später Frl. DOROTHEA HÜBNER als Büroleiterin mit den Damen Frl. JUTTA BERG, Frau KARLA EGGELING DA ENCARNAÇÃO, Frau BIRGIT LIMBURG und Frl. RENATE WANNER führten die bildtechnischen Arbeiten durch.

Die durch wiederholte Umarbeitungen sehr umfangreichen Schreibarbeiten und die wirtschaftliche Selbstverwaltung wurden von Frau URSULA HERFORT als Chefsekretärin und ihren Mitarbeiterinnen, Frl. KARIN REHBEIN, Frau URSULA SCHREINER, Frl. ANNEMARIE WOLSTEIN und Frl. SIGRID RUDOLPH, in steter Einsatzbereitschaft geleistet.

Die Arbeiten in meinem Institut wurden in dankenswerter Weise durch Mittel der Deutschen Forschungsgemeinschaft unterstützt.

Durch Beihilfen seitens der Industrie zu einzelnen Versuchsreihen wurde die Arbeit des Institutes gefördert.

Dem Springer-Verlag spreche ich meinen besonderen Dank aus für das meinem Werk entgegengebrachte Verständnis, die vorzügliche drucktechnische Bearbeitung der vielen Bilder und des Textes sowie die ausgezeichnete „klassische" Ausführung des Buches.

Berlin, im Oktober 1968

Heinrich Hertel

Inhaltsverzeichnis

Inhaltsverzeichnis

Zusammenstellung der verwendeten Bezeichnungen und Symbole

Spannungen

σ_a, τ_a	Spannungsausschlag, Spannungsamplitude $\sigma_a = (\sigma_{ob} - \sigma_{un})/2$ $\tau_a = (\tau_{ob} - \tau_{un})/2$
σ_{ob}, τ_{ob}	Oberspannung (größter Absolutwert der Spannungen, s. Bild 5) $\sigma_{ob\,z}$ im Zugbereich, $\sigma_{ob\,d}$ im Druckbereich
σ_{un}, τ_{un}	Unterspannung
σ_m, τ_m	Mittelspannung $\sigma_m = (\sigma_{ob} + \sigma_{un})/2$ $\tau_m = (\tau_{ob} + \tau_{un})/2$
R	Spannungsverhältnis $R = \sigma_{un}/\sigma_{ob}$ falls Oberspannung im Zugbereich: $R_z = \sigma_{un}/\sigma_{ob\,z}$ falls Oberspannung im Druckbereich: $R_d = \sigma_{un}/\sigma_{ob\,d}$
R_τ	Schubspannungsverhältnis $R_\tau = \tau_{un}/\tau_{ob}$
σ_{pl}	Wirkliche Spannung im plastischen Bereich
σ_{aK}	Ideal-elastischer (rechnerischer) Spannungsausschlag im Kerbgrund
σ_{aKpl}	Tatsächlicher (plastischer) Spannungsausschlag im Kerbgrund
σ_{obK}	Ideal-elastische (rechnerische) Oberspannung im Kerbgrund
σ_{obKpl}	Tatsächliche (plastische) Oberspannung im Kerbgrund
σ_{unK}	Ideal-elastische (rechnerische) Unterspannung im Kerbgrund
σ_{unKpl}	Tatsächliche (plastische) Unterspannung im Kerbgrund
σ_{mKpl}	Tatsächliche Mittelspannung im Kerbgrund $\sigma_{mKpl} = (\sigma_{obKpl} + \sigma_{unKpl})/2$
R_{Kpl}	Tatsächliches Spannungsverhältnis im Kerbgrund $R_{Kpl} = \sigma_{unKpl}/\sigma_{obKpl}$
σ_v	Vergleichsspannung
σ_{va}	Vergleichsspannungsausschlag
σ_{vob}	Vergleichsoberspannung
σ_n	Nennspannung
σ_{nn}	Netto-Nennspannung, Spannung bezogen auf einen gestörten Querschnitt
σ_{nu}	Brutto-Nennspannung, Spannung bezogen auf einen ungestörten Querschnitt
σ_{max}	Örtliche Maximalspannung
$\sigma_{v\,max}$	Maximale Vergleichsspannung, Maximalanstrengung
K	Häufungsfaktor $K = \sigma_{max}/\sigma_{nu}$
K_{pl}	Tatsächlicher Häufungsfaktor (plastischer Bereich) $K_{pl} = \sigma_{max\,pl}/\sigma_{nu}$
K_τ	Häufungsfaktor bei Torsionsbeanspruchung $K_\tau = \tau_{max}/\tau_{nu}$
K_N	Häufungsfaktor eines Risses
K_{stat}	Statischer Häufungsfaktor $K_{stat} = \sigma_{nn}/\sigma_{nu}$
α_K	Formzahl $\alpha_K = \sigma_{max}/\sigma_{nn}$
χ	Maximales bezogenes Spannungsgefälle $\chi = (d\sigma/dt)_{max}/\sigma_{max}$
$\sigma_{1,2,3}$	Hauptspannungen
σ_l	Längsspannung
σ_t	Tangentialspannung
σ_r	Radialspannung
σ_{Rand}	Randspannung
σ_R	Restspannung
σ_{RO}	Restspannung an der Oberfläche
σ_{Ku}	Restspannung aus Kugelstrahlen
σ_V	Vorspannung
σ_L	Lochleibungsspannung
σ_{zd}	Spannung bei Zug-Druck-Belastung (axial)
σ_b	Spannungsverteilung bei Biegebelastung
σ_{sch}	Spannung bei Schwellbelastung $\sigma_{sch} = \sigma_{ob} = 2\sigma_a$ für $R_z = 0$

σ_w	Spannung bei Wechselbelastung $\sigma_w = \sigma_{ob} = \sigma_a$ für $R = -1$
σ_{bw}	Biegespannung bei Wechselbelastung $\sigma_{bw} = \sigma_{ob} = \sigma_a$ für $R = -1$ (Biegebelastung)
$\sigma_{a\,sch}$	Spannungsausschlag bei Schwellbelastung $\sigma_{a\,sch} = \sigma_a$ für $R_z = 0$
σ_{aw}	Spannungsausschlag bei Wechselbelastung $\sigma_{aw} = \sigma_a$ für $R = -1$

Festigkeitswerte

σ_B	Statische Bruchfestigkeit, Zugfestigkeit (Materialfestigkeit)
σ_{dB}	Druckfestigkeit
σ_{Br}	Statische Bruchfestigkeit einer Konstruktion bzw. eines Bauelements
$\sigma_{0,01}$	Proportionalitätsgrenze
$\sigma_{0,2}$	Streckgrenze, Fließgrenze
τ_{Krit}	Fließschubspannung
$\sigma_{0,2}/\sigma_B$	Dehngrenzenverhältnis
$\sigma_{D(N_B)}$	Ermüdungsfestigkeit des ungekerbten Materials Die Festigkeit $\sigma_{D(N_B)}$ entspricht der Spannung σ_{ob} bei N_B
$\sigma_{D\,nu\,(N_B)}$	Ermüdungsfestigkeit eines Bauteils bzw. Konstruktionselementes bezogen auf den ungestörten Querschnitt Die Festigkeit $\sigma_{D\,nu\,(N_B)}$ entspricht der Spannung σ_{ob} bei N_B
K_{eff}	Effektiver Häufungsfaktor $K_{eff} = \left(\sigma_{D(N_B)}/\sigma_{D\,nu\,(N_B)}\right)$
$\sigma_{D(N_G)}$	Dauerfestigkeit des ungekerbten Materials oder eines Bauteils bzw. Konstruktionselementes (bezogen auf den ungestörten Querschnitt) Die Festigkeit $\sigma_{D(N_G)}$ entspricht der Spannung σ_{ob} bei N_G
σ_{Du}	Unterer Grenzwert der Dauerfestigkeit
σ_{Do}	Oberer Grenzwert der Dauerfestigkeit
$\sigma_{D\,nn\,(N_G)}$	Dauerfestigkeit bezogen auf einen gestörten Querschnitt Die Festigkeit $\sigma_{D\,nn\,(N_G)}$ entspricht der Spannung $\sigma_{ob\,nn}$ bei N_G
β_K	Kerbwirkungszahl $\beta_K = \sigma_{D(N_G)}/\sigma_{D\,nn\,(N_G)}$
η_K	Kerbwirkungsgrad $\eta_K = (K_{eff} - 1)/(K - 1)$
η_K'	Kerbempfindlichkeitszahl $\eta_K' = (\beta_K - 1)/(\alpha_K - 1)$
σ_W	Wechselfestigkeit $\sigma_W = \sigma_{ob(N_B)} = \sigma_{a(N_B)}$ für $R = -1$
σ_{zdW}	Zug-Druck-Wechselfestigkeit $\sigma_{zdW} = \sigma_{ob(N_B)} = \sigma_{a(N_B)}$ für $R = -1$ (Zug-Druck-Belastung)
σ_{bW}	Biegewechselfestigkeit $\sigma_{bW} = \sigma_{ob(N_B)} = \sigma_{a(N_B)}$ für $R = -1$ (Biegebelastung)
τ_W	Schubwechselfestigkeit
$\sigma_{W(N_G)}$	Dauerwechselfestigkeit $\sigma_{W(N_G)} = \sigma_{ob(N_G)} = \sigma_{a(N_G)}$ für $R = -1$
$\sigma_{zdW(N_G)}$	Zug-Druck-Dauerwechselfestigkeit $\sigma_{zdW(N_G)} = \sigma_{ob(N_G)} = \sigma_{a(N_G)}$ für $R = -1$ (Zug-Druck-Belastung)
$\sigma_{bW(N_G)}$	Biege-Dauerwechselfestigkeit $\sigma_{bW(N_G)} = \sigma_{ob(N_G)} = \sigma_{a(N_G)}$ für $R = -1$ (Biegebelastung)
$\tau_{W(N_G)}$	Schub-Dauerwechselfestigkeit
σ_{Sch}	Zugschwellfestigkeit $\sigma_{Sch} = \sigma_{ob(N_B)} = 2\sigma_{a(N_B)}$ für $R_z = 0$ (Zugbelastung)
$\sigma_{Sch(N_G)}$	Zug-Dauerschwellfestigkeit $\sigma_{Sch(N_G)} = \sigma_{ob(N_G)} = 2\sigma_{a(N_G)}$ für $R_z = 0$ (Zugbelastung)
$\sigma_{d\,Sch(N_G)}$	Druck-Dauerschwellfestigkeit
$\sigma_{a(N_G)}$	Dauerfester Spannungsausschlag
n	Stützziffer $n = (\sigma_{max}/\sigma_{zdW})$ $= (K/K_{eff})$ Für Biegestab: $n = (\sigma_{bW}/\sigma_{zdW})$
ε	Dehnung

Dehnungswerte

ε_{nu}	Dehnung im ungestörten Querschnitt	R_ε	Dehnungsverhältnis $R_\varepsilon = (\varepsilon_{un}/\varepsilon_{ob})$
μ	Querkontraktionszahl	δ_B	Bruchdehnung
ε_a	Tatsächlicher Dehnungsausschlag	ψ	Einschnürung $\psi = (F_0 - F_B)/F_0$
ε_{ob}	Oberer Dehnungswert (plastischer Bereich)		$F_0 =$ Ausgangsquerschnitt
ε_{un}	Unterer Dehnungswert (plastischer Bereich)		$F_B =$ Bruchquerschnitt

Lastwechselzahlen

N	Allgemeine Bezeichnung für Lastwechselzahlen	N_{RG}	Gesamtausbreitungslastwechsel, Lastwechsel vom Anriß bis zum Bruch $N_{RG} = N_B - N_A$
N_B	Bruchlastwechsel		
N_A	Anrißlastwechsel		
N_R	Rißlastwechsel, Lastwechsel vom Beginn eines Versuchs bis zur Ausbildung einer bestimmten Rißlänge l_R	N_G	Grenzlastwechsel, Anzahl der Lastwechsel bis zum Erreichen der Dauerfestigkeit
N_{RA}	Ausbreitungslastwechsel, Lastwechsel vom Anriß bis zur Rißlänge l_R: $N_{RA} = N_R - N_A$	N_F	Reiblastwechsel

Sonstiges

$\tau \cdot s$	Schubfluß	n_R	Lastvielfaches im Reiseflug
$\sigma \cdot s$	Kraftfluß	Δn_B	Böenlastvielfaches
A	Formänderungsarbeit	F_u	Ungestörter Querschnitt
A_v	Volumenänderungsarbeit	F_n	Gestörter (Netto-) Querschnitt
A_g	Gestaltänderungsarbeit		
$P_{\ddot{u}}$	Überlebenswahrscheinlichkeit	α_R	spezifische Rißausbreitung $\alpha_R = l_R/(b - l_0)$
f	Frequenz		
HB	Brinell-Härte	λ	Rißfortschritt $\lambda = (dl_R/dN)$
HV	Vickers-Härte	l_R	Rißlänge
HRC	Rockwell-Härte	l_0	Vorkerblänge

I. Einführung

1 Erhöhte Forderungen an die Ermüdungsfestigkeit durch den optimierten Leichtbau

Die Verfahren der statischen Berechnung und der Dimensionierung (bezüglich statischer Festigkeit und Stabilität) von Leichtbauwerken sind so weit durchgebildet, daß die in statischen Großversuchen erreichten Bruchlasten nur sehr wenig von den errechneten abweichen.

Die Aufgabe des Leichtbaus beschränkt sich daher jetzt nicht mehr darauf, daß das Leichtbauwerk bei hinreichender Festigkeit gut ausdimensioniert ist, sondern es ist zu fordern, daß die konstruktive Lösung „optimal" wird: Der Aufbau des Körpers im Ganzen (Struktursystem) wie die Durchbildung der einzelnen Bauglieder ergeben in der Optimallösung den geringsten Gewichtsaufwand.

Im optimierten Leichtbau werden durch die scharfe Ausdimensionierung und die Verwendung von statisch hochfesten Werkstoffen die tragenden Querschnitte weitgehend reduziert. Die Folge ist, daß die Nennspannungen der Ermüdungsbelastungen relativ hoch werden.

Dieses Ansteigen des Niveaus der Ermüdungsspannungen erfordert besondere Aufmerksamkeit und konstruktive Maßnahmen, die um so wichtiger sind, als erfahrungsgemäß die Ermüdungsfestigkeit vieler wichtiger Werkstoffe beim Hochzüchten der statischen Festigkeit (z. B. vom AlCuMg zum AlZnMgCu) nicht anwächst und das Rißausbreitungsverhalten sogar schlechter werden kann.

Da das Spannungsniveau der dynamischen Beanspruchungen durch den optimierten Leichtbau stark anwächst, muß das Hauptbestreben des Konstrukteurs sein, die Spannungshäufungen sowie Störungen und Schäden (z. B. Oberflächenrauhigkeit, Reibung, Korrosion) zu vermeiden, die sich in der statischen Festigkeit infolge des plastischen Ausgleichs wenig auswirken, jedoch die Ermüdungsfestigkeit wesentlich herabsetzen können.

Die Möglichkeit, durch die Kunst des Konstruierens Ermüdungsprobleme weitgehend auszuschalten, ist durch die Arbeiten des Verfassers vor 37 Jahren [1] und in der Industrie mit der Einführung des Integralbaus für Tragflügel erwiesen. Bei Flügelgurten, die durch Zerspanung aus massiven Strangpreßprofilen hergestellt wurden oder bei Flügelbeschlägen (hergestellt als Großpreßteile) wurden durch diese „integrale" Gestaltung die bezüglich des Ermüdungsverhaltens nachteiligen Spannungshäufungen und Reibkorrosionsschäden in den Fügungen weitgehend ausgeschaltet.

2 Die Regeln der Kunst, ermüdungsfest zu konstruieren

Ein hervorragender Fachmann auf dem Gebiet der Ermüdungsfestigkeit charakterisierte vor kurzem seine Auffassung vom Stand dieser Technik mit der Feststellung:

„Die Dimensionierung gegenüber Ermüdung ist mehr eine Kunst als eine quantitative Wissenschaft."

Die optimale ermüdungsfeste Gestaltung einschließlich der Werkstoffwahl und der fertigungstechnischen Maßnahmen hängt in der Tat stark von der „Kunst" des Konstrukteurs ab; aber es ist Aufgabe des Wissenschaftlers, die „Regeln der Kunst" mit ihren vielen widersprechenden Forderungen soweit klarzulegen, daß der Konstrukteur diese in ihren schwierigen Zusammenhängen überblicken und befolgen kann.

Mit dem Ausbau dieser „Regeln der Kunst" und der Bereitstellung geordneten Zahlenmaterials durch den Forscher wird der Konstrukteur immer weiter über das hinausgehen, was er mit seiner „Kunst" ohne qualitative Gestaltungsregel und quantitative Unterlagen erreichen würde.

Aus der Überzeugung heraus, daß die Kunst des Konstruierens fundierte Regeln und Dimensionierungsunterlagen erhalten muß, ist dieses Buch geschrieben.

Die „Regeln der Kunst", die dieses Buch enthält, sind keineswegs abgeschlossene Gesetze mit vollständigen Durchführungsbestimmungen. Sie sind hier aufgestellt auch auf die Gefahr hin, daß mit fortschreitenden Erkenntnissen wesentliche Überholungen notwendig werden. Die Zusammenstellung dieser, sagen wir, „vorläufigen Regeln der Kunst" soll auch die ganze Problematik der Ermüdungsfestigkeit darlegen und anregen, diese Gesetze zu überprüfen sowie durch weitere Forschungsarbeiten zu ergänzen.

Die „Regeln der Kunst" können bei den zahlreichen Einflüssen und Zusammenhängen, die das Buch aufzeigt, nicht in der Form von Konstruktionsregeln nach dem Prinzip „man nehme" aufgestellt werden. Es wird jedoch dem Konstrukteur und dem Berechnungsingenieur die Möglichkeit gegeben, durch ein Eindringen in die Problematik und die Beachtung der dargelegten Gesetzmäßigkeiten und der geordnet dargestellten Versuchswerte mit der erforderlichen Sicherheit gewichtsgünstig zu konstruieren und den rechnerischen Nachweis für die Ermüdungsfestigkeit hinreichend genau zu erbringen. Selbstverständlich bedarf es bei schwierigeren Konstruktionen eines vertieften Studiums der Probleme; so, wie es außer den spezialisierten Berechnungsingenieuren für höhere Festigkeitslehre solche für Aeroelastizität gibt, muß auch die Ermüdungsfestigkeit von Spezialisten bearbeitet werden, denen dieses Buch einen „Leitfaden" geben möchte.

3 Die Problemtafel

Die Ermüdungsfestigkeit der Konstruktionen hängt von außerordentlich vielen Einflüssen und deren Kombinationen ab, so daß es notwendig ist, darüber eine geordnete Übersicht zu geben. Am Ende des Buches befindet sich eine „Problemtafel" der Ermüdungsfestigkeit.

Nach Auffassung des Verfassers ist eine solche Tafel geeignet, nicht nur den Überblick über das ganze Gebiet zu geben, sondern auch Forschungsaufgaben und Versuche sinnvoll zu planen. Sie wurde zur Planung dieses Buches aufgestellt. Die zahlreichen Querverbindungen über das Zusammenwirken der verschiedensten Einflüsse wurden im Interesse der Übersichtlichkeit im Druck weggelassen.

4 Optimierung der Festigkeit und Stabilität einer Konstruktion

Die Struktur muß die vorgeschriebene statische Bruchlast erreichen können und die im Laufe der vorgesehenen Lebenszeit auftretenden Betriebslasten ohne Ermüdungsbruch ertragen. Diese Festigkeitsforderungen müssen mit einem Minimum an Gewichtsaufwand erfüllt werden [2,3].
Hierbei sind folgende Aufgaben zu lösen:

Erreichen eines *optimalen statischen Aufbaus* der Struktur und deren Einzelglieder mit einem möglichst günstigen Kräftespiel und der erforderlichen Schwingungssteifigkeit durch *Optimieren der „Kräftepfade".*

Ausdimensionierung der Querschnitte derart, daß die *statische Festigkeit* gegen Trennungsbrüche (Zug und Schub) voll gesichert ist. *Die Grenze* ist durch die Bruchfestigkeit σ_B der Werkstoffe gegeben.

Optimierung der Querschnittsformen zur Sicherstellung der *statischen Stabilität* der auf Druck oder Schub beanspruchten Bauteile gegen Beulen und Knicken mit minimalem Gewichtsaufwand. *Die Grenze* ist durch die Streckgrenze $\sigma_{0,2}$ des Werkstoffs gegeben.

Bestdurchbildung der Bauteile und ihrer Verbindungen unter Vermeidung von örtlichen Spannungshäufungen und Nebenspannungen zur Sicherstellung der *Ermüdungsfestigkeit* der Konstruktion. *Die Grenze* ist bei völliger „Neutralisierung" aller örtlichen Störungen erreicht.

Bei der Ausdimensionierung und Optimierung der Konstruktion ist mit der Forderung nach minimalem Gewicht eine „Übersicherheit" weitgehend ausgeschlossen:

Die praktisch erreichten Festigkeiten und Stabilitäten der Bauglieder und der Verbände können und müssen sehr genau berechnet werden.

Streuungen entstehen nur durch die Streuungen der Werkstoffwerte und der Abmessungen.

Da bei der Ausdimensionierung den Untertoleranzen Rechnung getragen wird, diese jedoch in der Halbzeuglieferung möglichst vermieden werden (und weil sich „der weise Statiker immer eine kleine Reserve schafft"), erreichen heutige gute Flugzeugzellen im Bruchversuch eine gegenüber der erforderlichen um 5 bis 10% höhere Bruchlast.

5 Methoden zur Sicherstellung der Ermüdungsfestigkeit einer Konstruktion

Im folgenden sei eine Einteilung der dynamisch beanspruchten Bauteile und Konstruktionen bezüglich ihres Anriß- und Bruchverhaltens bzw. der Forderungen an dieses Verhalten vorgenommen:

Bauteile, die einen Anriß durch ihr Betriebsverhalten anzeigen (z. B. Bruch einer Feder innerhalb eines Blattfederpaketes) und die auswechselbar sind.

Bauteile, deren Bruch zu einem lokalen Schaden ohne weitere Folgen führt. Dieser Schaden kann beispielsweise mit dem automatischen Stillstand einer Maschine verbunden sein.

Bauteile, die *ermüdungsbruchfest* sein müssen, da ihr Bruch, der nicht rechtzeitig vorher bemerkbar ist, einen Unfall nach sich zieht (z. B. Achsschenkel von Fahrzeugen).

Bauteile, die *ermüdungsanrißfest* sein müssen (z. B. Tragflügel), da
eine schnelle Rißausbreitung (z. B. infolge Katastrophenwetter bei einem Flugzeug) zu äußerst gefährlichen Zuständen führen kann (z. B. Auslauf aus Flügeltanks, Brand),
Ersatzteile oder eine Reparatur äußerst kostspielig sind.

Bezüglich der ersten drei im Vorangegangenen aufgeführten „Bauteilgruppen" kann festgestellt werden, daß bei der Dimensionierung der Bauteile sowohl das Verhalten vor der Entstehung eines Anrisses als auch während der Rißausbreitung berücksichtigt werden muß. Mehrstufenversuche mit einem repräsentativen Belastungsprogramm und eine statistische Absicherung der Lebensdauerangaben sind für Bauteile und Konstruktionen dieser Gruppen sicher sinnvoll.

Die Entstehung eines Anrisses im Bauteil wird, wie an anderer Stelle (Kap. III) näher diskutiert, nur von Spannungen oberhalb der Anrißschwelle beeinflußt. Für Konstruktionen, die ermüdungsanrißfest sein müssen, ist mithin nicht das gesamte Betriebsbelastungsspektrum, sondern der für die Anrißentstehung entscheidende hohe Belastungsbereich der Dimensionierung zugrunde zu legen.

Über das Verhalten der Konstruktion in diesem sinnvoll einzugrenzenden Belastungsbereich können durch gezielte Einstufenversuche klare Aussagen gewonnen werden.

Für Flugzeugkonstruktionen kann die Frage nach der Sicherung der Ermüdungsfestigkeit sehr verschieden beantwortet werden.

Die „*safe-life-Methode*" verlangt:
Jeder Ermüdungsschaden muß für die ganze Lebenszeit des Flugzeugs völlig ausgeschlossen sein.

Um diese Forderung zu erfüllen, sind erforderlich:
genaue Kenntnisse der in der ganzen Lebenszeit auftretenden Belastungen auf Grund absolut zuverlässiger Statistiken,

Durchbildung und Dimensionierung aller Teile und ihrer Verbindungen mit ausreichenden „Reserven an Ermüdungsfestigkeit" gegenüber diesen im Laufe der Lebenszeit auftretenden Belastungen,

systematische Ermüdungsversuche mit den Baugruppen, um die Rißfreiheit des „safe-life" experimentell zu sichern,

zusätzliche Maßnahmen gegen Einflüsse auf die Ermüdungsfestigkeit, die in den Versuchen nicht wirksam sind, wie beispielsweise Korrosionen von Metallen oder „Alterungen" von Kunststoffen (Klebungen).

Aus diesen Forderungen ergeben sich die Schwierigkeiten und Nachteile der „safe-life-Methode":

Es muß als fraglich angesehen werden, ob man tatsächlich alle Beanspruchungen während der Lebensdauer mit Sicherheit voraussehen kann.

Die völlig „ermüdungssichere" Konstruktion verlangt außerordentlich gute Kenntnisse über die Ermüdungsvorgänge.

Die Unzulänglichkeiten führen zu Überdimensionierungen, also zu Mehrgewicht.

Die „*fail-safe-Methode*", d. h. Sicherheit (safe) des Ganzen trotz örtlichen Versagens (fail), geht davon aus, daß die Vermeidung jeglichen Schadens in der Struktur während der ganzen Lebensdauer praktisch unmöglich sei. Sie läßt also dynamische Anrisse zu und besagt: „Die Struktur muß während der Lebenszeit der Zelle soweit wie möglich frei von dynamischen Anrissen bleiben, jedoch kann diese Freiheit von Anrissen nicht garantiert werden. Die dynamischen Anrisse dürfen nicht die Ursache für völliges Versagen der Struktur und damit für Katastrophen werden."

Wichtiger als die Forderung nach völliger Vermeidung von Anrissen ist

die rechtzeitige Feststellung von Anrissen durch laufende systematische Kontrolle und Wartung sowie eine langsame Schadensausbreitung,

die Begrenzung des Schadens derart, daß der Anriß sich nicht vollständig über ein lebenswichtiges Teil ausbreiten kann,

eine zusätzliche Kräfteumleitung im statisch unbestimmten System bei Ausfall eines Gliedes.

Wenn durch die Methode der „Schadensbegrenzung" und der entsprechenden Wartung erreicht ist, daß die Sicherheit des Flugzeugs durch Anrisse nicht gefährdet ist, so muß die fail-safe-Konstruktion nur so weit von Ermüdungsanrissen frei bleiben, als durch diese Risse nicht die Wirtschaftlichkeit (Reparaturaufwand, Stilliegezeit) oder der Ruf des Herstellers beeinträchtigt werden.

Die „fail-safe-Methode" ist wohl in der ganzen Welt für Verkehrsflugzeuge akzeptiert worden, was so lange besonders berechtigt erschien, als „die Dimensionierung gegenüber Ermüdung mehr eine Kunst als eine quantitative Wissenschaft" war.

Wenn auch im Hinblick auf das „fail-safe" einige Überdimensionierungen vermieden werden, so entstehen doch durch dieses Konstruktionsprinzip andere Zusatzgewichte, insbesondere infolge zahlreicher Unterteilungen und Rißstopper sowie durch Vermeidung hochfester (also gewichtssparender) Werkstoffe wegen ihrer schlechten „fail-safe-Eigenschaften" (schnelle Rißausbreitung).

Das „*Prinzip der Bestdurchbildung*" kann die Nachteile der beiden Verfahren dadurch wesentlich reduzieren, daß unter vertiefter Kenntnis und Anwendung einer modernen „quantitativen Wissenschaft von der ermüdungsfesten Konstruktion" die mit der safe-life-Methode früher verbundenen Unsicherheiten ohne Überdimensionierung weitgehend beseitigt werden, so daß die „fail-safe-Anordnungen" auch auf solche Maßnahmen reduziert werden können, die ohne wesentliches Mehrgewicht durchführbar sind.

Die Aufgabe des Konstrukteurs ist nicht mehr darauf beschränkt, Bauteile so durchzubilden, daß sie gerade ausreichend bezüglich Ermüdungsfestigkeit dimensioniert sind und daß im Falle eines doch entstandenen Ermüdungsanrisses auf Grund der „fail-safe-Eigenschaften" eine Reparatur mit zusätzlichem Gewichtsaufwand möglich ist. Seine Aufgabe ist vielmehr, mit dem statisch erforderlichen Minimalaufwand, also ohne jedes Mehrgewicht, so zu gestalten, daß eine wesentliche Sicherheitsspanne gegenüber Ermüdungsanrissen gewährleistet ist.

Vom Verfasser wurden einige Konstruktionsbeispiele entwickelt und im ILTUB auf die erreichte Ermüdungsfestigkeit geprüft, die beweisen, daß man gegenüber konventionellen Lösungen bezüglich der Lastwechselzahlen Verbesserungen von einer Größenordnung und mehr erreichen kann und dadurch jede Ermüdungsanrißgefahr ausschaltet. Als Beispiel seien die Versuchsergebnisse in den Bildern 509 und 411 genannt.

Es wäre falsch, bei der Bestdurchbildung der Bauteile und ihrer Verbindungen auf Ermüdungsfestigkeit sich darauf zu beschränken, daß die Konstruktion im Ermüdungsversuch die für die vorgesehene Lebenszeit notwendige Zahl der Lastwechselprogramme gerade erreicht oder nur wenig überschreitet.

Es ist nicht richtig, sich auf eine gerade ausreichende Ermüdungsfestigkeit zu beschränken und sich zufrieden zu geben, wenn die Konstruktion „gerade auch dynamisch reicht", solange es möglich ist, durch die Bestdurchbildung ohne Mehrgewicht die Ermüdungsfestigkeit über das als gerade ausreichend angenommene Minimum zu heben.

Entscheidend wichtig ist für diese Überlegung die Tatsache, daß die Streuungen der Ermüdungsfestigkeit von Konstruktionen sehr viel größer sind als die der statischen Bruchfestigkeit.

Für diese „*Philosophie der Bestdurchbildung*" sprechen sehr viele Gesichtspunkte:

Die Ermüdungsbruchversuche mit Großbauteilen geben insofern keine präzise Auskunft als wir nicht wissen, ob das Versuchsstück an der unteren oder oberen Grenze des Streubereichs einer Bauteilserie liegt.

Die Problematik der Streuungen wird stark verringert.

Wenn die Bestdurchbildung eine Ermüdungsfestigkeit erwarten läßt, deren Bruchlastwechselzahl eine Größenordnung über der erforderlichen liegt, so sind weniger Ermüdungsversuche mit den Bauteilen und deren Verbindungen notwendig, um sicherzustellen, daß Streuungen in der Serie nach unten nicht zu unzureichender Lebensdauer führen können.

Die Problematik des „Unvorhergesehenen", des noch Unerforschten, wird eingeschränkt.

Die dynamischen Anforderungen der Betriebslasten können im Laufe der Lebenszeit neuen Bedingungen angepaßt werden.

Für die Bestdurchbildung zur höchsten Ermüdungsfestigkeit ist nur wenig Zusatzgewicht erforderlich, da es sich um die Beseitigung örtlicher Spannungshäufungen handelt, die meist allein durch örtliche Werkstoffverschiebungen, oft sogar durch Wegnahme von örtlich überflüssigem Material (wie durch „Entlastungskerben"), erreicht wird.

6 Aufgabenstellung für dieses Buch

Die Aufgabe, die der Verfasser sich für das Buch stellte, umfaßt:

Auswertung des sehr umfangreichen Versuchsmaterials, das in der deutschen und der ausländischen Literatur veröffentlicht wurde.

Darstellung der wichtigsten Versuchsergebnisse und der Erkenntnisse daraus in konzentriertester Form, um so das Vorhandene fruchtbar zu machen.

Ergänzung des vorhandenen Versuchsmaterials durch eigene Versuche in den großen Lücken, die sich bei der Auswertung zeigten.

Es ist eine wichtige Aufgabe für Forscher auf allen Wissensgebieten in unserer Zeit, die mit der immer weiter anwachsenden Flut von Einzeluntersuchungen und Spezialforschungen vorhandene Fülle des Materials zu sichten, zu ordnen und den Extrakt daraus zu einem Werk über ein großes Gebiet zu verarbeiten. Forschungsarbeiten sind fruchtbar, wenn ihre Aufgabenstellung aus einem Überblick über das ganze Gebiet darauf gezielt ist, eine wesentliche Unklarheit zu beseitigen oder eine ernstliche Lücke zu schließen. Hierzu soll dieses Buch eine Grundlage auf dem Gebiet der Ermüdungsfestigkeit bieten.

Die Entwicklung von *Optimierungsverfahren* für ermüdungsfestes Gestalten aus der Erkenntnis, daß die „Optimierung" nicht nur vom Standpunkt der statischen Festigkeit und Stabilität für den Ultraleichtbau entscheidend ist, sondern daß gerade bezüglich der Ermüdungsanrißfestigkeit der Konstrukteur nicht eine nur ausreichende, sondern die optimale Lösung suchen muß, wird als eine weitere Hauptaufgabe angesehen. Hierbei spielen fundamentale Erkenntnisse eine Rolle, die bisher fehlten oder deren Auswirkung auf die Konstruktion übersehen wurde.

Bei der Entwicklung von Bauelementen hoher Ermüdungsfestigkeit ist es anzuraten, nach gründlichen Analysen und Tastversuchen die Versuchsstücke systematisch zu variieren, um eine Optimallösung abzuleiten.

Derartige Optimierungsversuche wurden im ILTUB insbesondere für Langlochkonturen, Augenstäbe, Schubverbindungen und Stegausläufe durchgeführt, um zu zeigen, wie für die untersuchten Bauelemente eine wohlbegründete Optimalform aussieht. Die Optimierungsschritte mit ihren Ergebnissen sind im Buch eingehend dargestellt, um ein Beispiel für die methodische Durchführung solcher Konstruktionsentwicklungen zu geben. In mehreren Fällen zeigte sich, daß durch Optimierung die Ermüdungslastwechsel um eine Zehnerpotenz (bei der Schubverbindung in Kap. XIX sogar um das Hundertfache) gegenüber einer normalen Ausgangskonstruktion gesteigert werden konnten.

Die intensive Arbeit an diesen Aufgaben eröffnet ständig neue Probleme und zeigt neue Wege. In dieses Buch wurden daher auch Untersuchungen aufgenommen, die noch nicht abgeschlossen werden konnten.

Ein Beispiel hierfür ist das ebenso entscheidend wichtige wie vernachlässigte Gebiet der Reibkorrosion, auf dem, wie aus zahlreichen Veröffentlichungen zu entnehmen, nur vage Vorstellungen existieren. Die Erkenntnisse über Entstehung, Ausbreitung und Auswirkung der Reibkorrosion sowie das Wissen von den Möglichkeiten, sie zu verhindern, zu behindern oder durch Restspannungen unschädlich zu machen, waren bisher nur dürftig und weder zusammengetragen noch geordnet.

Ein anderes Beispiel sind die bisher kaum getrennt in ihren so verschiedenen Auswirkungen betrachteten Vorspannungen und Restspannungen. Der grundsätzliche Unterschied dieser beiden Spannungssysteme mit völlig verschiedenartigen Auswirkungen auf die Ermüdungsvorgänge ist bisher wohl kaum klargelegt worden und vielen Konstrukteuren unbekannt.

Durch ausführliche Darstellung der im ILTUB durchgeführten Untersuchungen, wie beispielsweise über Spannungshäufungen längs der Langlöcher, soll die Arbeitsmethode der statisch-dynamischen Optimierung zur weitergehenden Anwendung aufgezeigt werden. Das Buch soll darin ein „Leitfaden" zur Durchführung weiterer Untersuchungen sein.

7 Gebiete der Ermüdungsfestigkeit

Die Fragen der Ermüdungsfestigkeit erstrecken sich auf vier Hauptgebiete:

Lastannahmen = Belastungsstatistik (Belastungsprogramme),

Metallphysik und Werkstofftechnik,

Elastizitäts- und Plastizitätslehre (Spannungshäufungen),

Konstruktion (Kräfteeinleitung, Fügungen, Übergänge, Störungen, Fertigung).

Die Frage, welchen Betriebslasten (Richtung, Größe, Häufigkeit) eine Konstruktion während der geforderten Lebensdauer unterworfen ist, kann nur durch umfangreiche Messungen der Beanspruchungen während des Betriebs geklärt werden. Derartige Messungen, speziell der Beanspruchungen von Flugzeugen, wurden bereits Ende der zwanziger Jahre begonnen [4]. Im Laufe von über 40 Jahren wurden aus diesen Messungen für den Flugzeugbau Statistiken erarbeitet, so daß es heute dem Statistiker möglich ist, „Belastungsspektren" zu berechnen.

In der Metallphysik werden die Veränderungen im Werkstoff unter Belastungen experimentell und theoretisch erforscht.

In der Werkstofftechnik werden die Ermüdungsbruchfestigkeiten des Materials untersucht. Die Werkstoffversuche werden bei den Halbzeugwerken in erster Linie mit äußerlich störungsfreien polierten Probestäben in verschiedenen Zuständen durchgeführt (Umlaufbiegung und Zug-Druck-Belastung). Untersuchungen des Einflusses von Normkerben, Oberflächenbeschaffenheit, Umgebungsbedingungen (Korrosion, Temperatur), Belastungsgeschwindigkeit uud Restspannungen (z. B. durch Recken des gekerbten Rundstabs) werden ergänzend in der Werkstofftechnik durchgeführt.

Die nähere Kenntnis der Spannungsverteilung bei Belastung eines Probekörpers oder eines Bauteils mit „Kerben" verschiedenster Art und der Restspannungsverteilung ist Gegenstand der Elastizitäts- und Plastizitätslehre.

Das bekannte Buch „Kerbspannungslehre" von H. NEUBER [5] bringt die wesentlichen Grundlagen zur rechnerischen Ermittlung der Kerbspannungen bzw. Spannungshäufungen im elastischen Bereich.

Zu einer bezüglich der Ermüdungsfestigkeit richtig durchgebildeten und gut ausdimensionierten Leichtbaukonstruktion sind die Unterlagen der oben erwähnten Gebiete erforderlich. Der Konstrukteur muß bei der Gestaltung den Fragen der Kräfteeinleitungen und -umleitungen, der Fügetechnik, der Fertigung sowie der Behandlung und des Schutzes der Oberflächen Rechnung tragen.

Die Untersuchungen (auch Ermüdungsversuche) zur Konstruktion müssen bereits beim Halbzeug beginnen. Der Werkstoffachmann und mit ihm die Halbzeugwerke kümmern sich kaum um die dynamischen Eigenschaften des Halbzeugs, soweit sich diese nicht aus Versuchen mit herausgearbeiteten Probestäben ergeben. Gilt es beispielsweise, den Einfluß des stranggepreßten oder gesenkgepreßten Halbzeugs auf die Ermüdungsfestigkeit zu klären, so untersucht der Werkstoffachmann nur die Unterschiede des Gefüges, während er die Einflüsse aus der Halbzeugoberfläche als Frage der „Gestaltfestigkeit" dem Konstrukteur überläßt.

Der Halbzeughersteller argumentiert dabei dahingehend, daß es dem Konstrukteur ja freisteht, die Oberfläche zu bearbeiten, zu behandeln (schleifen, polieren, verdichten) und zu überziehen, um Effekte auszuschalten, die zu ungünstigeren Ergebnissen führen als die an herausgeschnittenen und polierten Werkstoffprüfstäben ermittelten.

Die Kenntnisse des Konstrukteurs müssen somit auf dem Gebiet der „ermüdungsfesten Konstruktion" sehr vielseitig werden.

Ich hoffe, daß dieses Buch vielen Konstrukteuren und Fertigungsleuten bei der Entwicklung ermüdungsfester optimaler Konstruktionen gute Hilfe leistet und auch den Metallphysikern, Werkstofftechnikern und Statistikern wertvolle Anregungen und Erkenntnisse vermittelt.

II. Erläuterungen zur Versuchsdurchführung und Auswertung

1 Anmerkungen zu den im ILTUB durchgeführten Ermüdungsversuchen

Die Versuche wurden immer bei Lastniveaus durchgeführt, für die Bruchlastwechselzahlen von etwa $N_B = 10^4$ bis 10^6 erwartet wurden. Versuche mit höheren Lastwechselzahlen wurden nicht durchgeführt; denn

der Zeitaufwand wird bei der Frequenz von nur 10 Hz der im ILTUB vorhandenen Prüfmaschinen zu groß,

der Abfall zur Dauerfestigkeitsgrenze ist bei $N_B = 10^6$ für die untersuchten Konstruktionselemente im allgemeinen bereits nicht mehr sehr groß,

bei $N_B = 10^6$ treten bereits sehr große Streuungen der Bruchlastwechselzahlen auf, die die Annäherung an die Dauerfestigkeit, d. h. den horizontalen Einlauf der $(\sigma-N)$-Kurve, kennzeichnen.

Besondere Schwierigkeiten bestehen bei der Untersuchung von Flachstäben in der Einspannung. Glatte polierte Stäbe ohne Kerben führen oft zu Einspannbrüchen, so daß es erforderlich ist, besondere Stäbe mit Einspannverstärkung zu verwenden.

Andererseits wurde davon abgesehen, Stäbe mit einer sehr starken Einschnürung zur Mitte herzustellen, um die zur Anbringung von Bohrungen und anderen Kerben erforderliche Breite in Stabmitte zur Verfügung zu haben.

Der Werkstattaufwand zur Herstellung von polierten Stäben mit Verstärkungen ist hoch. Es wurden daher Versuchsreihen, die die Auswirkung konstruktiver Maßnahmen zeigen sollten, mit nicht polierten Stäben durchgeführt, deren Festigkeit im unbearbeiteten Zustand wesentlich unter der liegt, die mit polierten

Stäben erreicht wird. Dieser bewußt in Kauf genommene „Mangel" ändert nichts an der grundsätzlichen Feststellung über die Auswirkung der zu untersuchenden konstruktiven Maßnahmen. Er kann sogar positiv sein, da bei der Großfertigung in der Industrie weder die polierte Oberfläche angewandt wird, noch Oberflächenbeschädigungen zu vermeiden sind, so daß das untere Niveau der Ermüdungsfestigkeit der ungekerbten Ausgangsprobestäbe besser den tatsächlichen Verhältnissen in der praktischen Verwendung des Werkstoffs entspricht.

Es ist zu beachten, daß bei den Versuchen mit zentralen Bohrungen und deren Behandlung (Nieten, Aufweiten, Bolzen usw.) sich Mängel der Versuchsdurchführung weniger auswirken als am ungestörten Stab. Bei diesem können durch zusätzliche Biegemomente in der Streifenebene die Anrisse an einem Rand vorzeitig erfolgen, während an der Störungsstelle einer zentralen Kerbe Auswirkungen von Exzentrizitätsmomenten nicht zu befürchten sind.

Im ILTUB wurden zahlreiche dynamische Bruchversuche mit Flachstäben durchgeführt. Diese Flachstäbe wurden in den meisten Fällen aus Blechen der Legierung AlCuMg 1 (3.1325) hergestellt. Diese Legierung hat eine

Bruchfestigkeit von $\sigma_B = 40\ \mathrm{kp/mm^2}$,
Streckgrenze von $\sigma_{0,2} = 26\ \mathrm{kp/mm^2}$,
Bruchdehnung von $\delta_5 = 14\%$.

Weiterhin fand bei den dynamischen Versuchen zur Längsfügung von Integralplatten eine AlZnMgCuAg-Legierung (Fuchs AZ 74) Verwendung, die in ihren Festigkeitswerten der Legierung AlZnMgCu 1,5 (3.4364) mit einer

Bruchfestigkeit von $\sigma_B = 55\ \mathrm{kp/mm^2}$,
Streckgrenze von $\sigma_{0,2} = 50\ \mathrm{kp/mm^2}$,
Bruchdehnung von $\delta_5 = 6\%$

entspricht. Die Fuchs-Legierung AZ 74 besitzt nach Firmenangaben jedoch ein besonders gutes Spannungskorrosionsverhalten in Längs- und Querrichtung gegenüber der „normalen" AlZnMgCu 1,5-Legierung. In den Diagrammen und Bildern ist die Fuchs-Legierung mit AZ 74 bezeichnet.
Zur Durchführung der dynamischen Bruchversuche standen im ILTUB folgende Prüfmaschinen zur Verfügung:

Eine Dreifelderprüfanlage der Firma MAN, deren drei Prüfrahmen im Einzel- oder Synchronverfahren betrieben werden können. An dieser Anlage sind sowohl Schwell- als auch Wechsellastversuche möglich. Der maximale Belastungsausschlag beträgt 4 t.

Eine 20-t-Universalprüfmaschine der Firma MAN, an der nur Schwellversuche mit einer Unterlast von 2 t und einer maximalen Oberlast von 12 t durchgeführt werden können.

Die Prüffrequenz sämtlicher Maschinen beträgt 10 Hz. Diese relativ geringe Frequenz ergab im Vergleich zu den in anderen Versuchsanstalten bei erheblich höheren Belastungsfrequenzen gewonnenen Versuchsergebnissen geringere Ermüdungsfestigkeitswerte; diese Tendenz zeigt sich besonders deutlich bei Versuchen mit ungekerbten Prüfstäben. Bei den Untersuchungen von Konstruktionselementen bzw. der Einflüsse bestimmter Oberflächenbehandlungen auf die

Ermüdungsfestigkeit wurden deshalb stets eigene Vergleichsversuchsreihen mit dem ungestörten unbehandelten Material durchgeführt.

Versuche mit der niedrigen Frequenz (10 Hz) erscheinen dem Verfasser insofern als praktisch vorteilhaft, als bei ihnen der Zeiteinfluß bereits so groß ist, daß die Ergebnisse besonders gut übertragbar auf die niederfrequent beanspruchten Konstruktionen (Flugzeugbau) sind.

Besondere Aufmerksamkeit wird im ILTUB der *Ermüdungsanrißfestigkeit* und der *Rißausbreitung* gewidmet.

2 Spannungsanalyse im ILTUB

2.1 Allgemeines

Die experimentelle Ermittlung des Spannungszustandes (oder des Verzerrungszustandes) in einem Bauteil wird heute in weitestem Umfang als Hilfsmittel der Festigkeitsuntersuchung verwendet. Besonders wichtig erscheint die Kenntnis der Spannungsverteilung im Zusammenhang mit der Ermüdungsfestigkeit von Konstruktionen. Die experimentelle Spannungsanalyse kann dem Konstrukteur den Weg weisen, wie er z. B. die Häufungsfaktoren verringert und damit die Ermüdungsfestigkeit der Bauelemente erhöht.

2.2 Durchführung der Spannungsanalyse im ILTUB

2.2.1 Modellwerkstoff

Die Untersuchungen des Spannungszustandes von Konstruktionselementen wurden im ILTUB in überwiegendem Maße an vergrößerten Plexiglasmodellen durchgeführt. Diese Modelle boten gegenüber den Originalteilen aus Metall folgende Vor- und Nachteile:

Der große Maßstab der Modelle erlaubt es, mit Dehnungsgebern größerer Spitzenweite zu arbeiten und führt damit zu einer wesentlichen Vereinfachung des Meßvorgangs. Außerdem konnte dadurch auch an Stellen mit großen Spannungsgradienten hinreichend genau gemessen werden.

Der niedrige Elastizitätsmodul des verwendeten Kunststoffs ($E = 300\,\text{kp/mm}^2$) ergab relativ große Dehnungen bei geringen Belastungen. Bis zu Dehnungen von etwa $\varepsilon = 0{,}3\%$ gilt für diesen Werkstoff das Hookesche Gesetz.

Die Hysterese-Erscheinungen bei wiederholter Belastung waren, wenn entsprechend lange Pausen zwischen den Belastungszyklen eingelegt wurden, vernachlässigbar klein. Dieses Verhalten wurde auch von MÜLLER [1] festgestellt.

Die Reißlackuntersuchungen liefern an Plexiglasmodellen rein optisch bessere Ergebnisse als an entsprechenden Metallteilen, da bei Temperaturschwankungen die Längenänderungen geringer sind und Krakelierungen weitgehend vermieden werden.

Die Herstellung von Modellen war dadurch vereinfacht, daß sich Plexiglas mit Hilfe eines Zwei-Komponenten-Klebers verkleben läßt, der die gleichen mechanischen und elastischen Eigenschaften wie Plexiglas hat. Damit konnten auch komplizierte geklebte Modelle als homogen angesehen werden.

Der einzige Nachteil dieses Werkstoffs liegt darin, daß er keine Modelluntersuchungen im plastischen Bereich durchzuführen gestattet (z. B. die Bestimmung von Restspannungen und Aufweitungen), da er ein nahezu elastisches Verhalten bis zum Bruch aufweist.

2.2.2 Reißlackverfahren

Im ILTUB wird als Ausgangspunkt der Spannungsanalyse das Reißlackverfahren verwendet, da es im Gegensatz zur Spannungsoptik auf billige und schnelle Weise gestattet, die Richtung der Hauptspannungen sowie die angenäherte Größe der Hauptzugspannungen zu ermitteln. Wenn man die Hauptzugspannungstrajektorien einzeichnet, liefert das Verfahren weiterhin für viele Fälle ein anschauliches Bild des „Spannungsflusses".

Das Reißlackverfahren wird ausgeführt, indem man die Oberfläche des Prüfstücks mit einem sehr spröden, am Bauteil fest haftenden Lack überzieht und die bei äußerer Belastung des Bauteils entstehenden Lackrisse nach Richtung, Länge und Rißdichte auswertet.

Im ILTUB wird das Stresscoat-Verfahren der Fa. Magnaflux verwendet. Dieses Verfahren ist in zahlreichen Veröffentlichungen [2—4] beschrieben und sei deshalb hier nicht weiter erklärt.

Bei der Auswertung der Reißlackversuche im ILTUB werden Aussagen über

die Stellen der größten Spannungshäufung (erste auftretende Risse),

den Verlauf des „Spannungsflusses" und die Richtung der Hauptzugspannungen durch Einzeichnen der Zugspannungstrajektorien

gemacht.

An den Stellen der größten Spannungshäufungen wird mit Dehnungsgebern gemessen, wobei die Richtungen der Hauptspannungen durch die eingezeichneten Trajektorien bekannt sind.

Für das „Spannungsflußmodell" wird vereinfachend analog zur Stromröhre angenommen, daß zwischen zwei Trajektorien der gleiche Kraftfluß verbleibt, auch wenn sich der „Trajektorienstreifen" krümmt, verengt oder erweitert. Es ergeben sich dann die Spannungen längs der Trajektorien entsprechend ihrem Abstand, wenn die Ausgangswerte der Spannungen bekannt sind.

Das „Spannungsflußmodell" wird im ILTUB jedoch vorwiegend nur zu qualitativen Vergleichen benutzt. Werden quantitative Angaben gemacht, so sind stets Spannungsmessungen zur Kontrolle und Bestätigung durchgeführt worden.

Der Begriff des „Spannungsflusses" — in Analogie zur Strömung, bei der bezüglich einer gedachten Begrenzung durch zwei Stromlinien die Kontinuitätsbedingung geltend gemacht werden kann — ist nicht korrekt, insofern, als

die Trajektorien (im Gegensatz zu Stromlinien) im allgemeinen nicht durch einen Rand ersetzt werden können, ohne daß sich die Spannungsverhältnisse ändern,

eine Gleichgewichtsbedingung sich grundsätzlich von einer Kontinuitätsbedingung dadurch unterscheidet, daß sie an eine Richtung gebunden ist, also nicht auf einen gekrümmten „Trajektorienschlauch" angewandt werden kann, auch bei einem nicht gekrümmten „Trajektorienschlauch" die senkrecht zu diesem Schlauch wirkenden (und durch die zweite Trajektorienschar gekennzeichneten) Normalspannungen σ_2 bei einer Schlauchverjüngung, d. h. bei zusammenlaufenden Trajektorien, ihrerseits Komponenten in deren mittlere Richtung haben und somit bei der Bildung des Gleichgewichts mit berücksichtigt werden müssen. Siehe hierzu Bild 1.

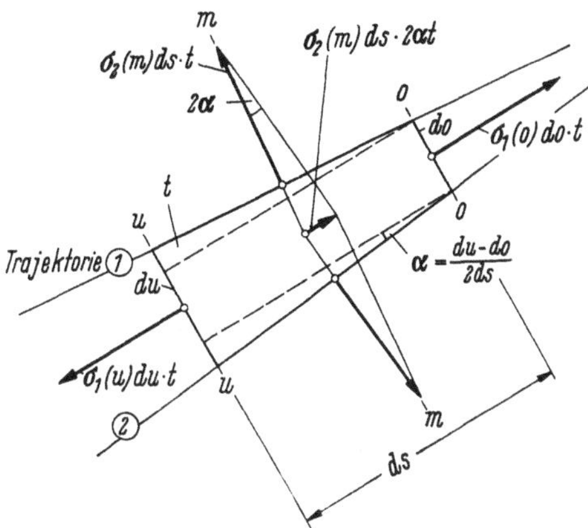

Bild 1. Zweiachsiger Spannungszustand, Gleichgewicht am Element. Verjüngung des Trajektorienschlauches.

Eine „Kontinuitätsbetrachtung" des „Spannungsflusses" zwischen zwei Trajektorien wird demnach um so fragwürdiger, je größer die Richtungsänderung, die Verjüngung des Trajektorienschlauchs und die Normalspannungen in Querrichtung sind.

Bei den im ILTUB untersuchten Fällen, z. B. von Kraftumlenkungen um Ausschnitte, zeigte es sich, daß die der Strömungslehre entlehnte Vorstellung des „Trajektorienschlauchs" — jedenfalls im Rahmen der Genauigkeit von Reißlackbildern — doch einen Eindruck von der (mittels Dehnungsgebern kontrollierten) Größe der Spannungshäufung am Lochrand vermittelte. Dies zeigt, daß die oben genannten störenden Einflüsse hier verhältnismäßig klein sind.

So läßt sich in diesen und ähnlichen Fällen über die Betrachtung der „Trajektorienschläuche" und „Spannungsflüsse" ein erstes Bild der Spannungsverhältnisse gewinnen. Es gestattet dem Konstrukteur, schnell und anschaulich die Auswirkungen von Formänderungen auf die Spannungsverteilung abzuschätzen. Es ist jedoch von Fall zu Fall kritisch zu prüfen, ob die Voraussetzungen für die Zulässigkeit einer solchen Betrachtungsweise gegeben sind.

2.2.3 Dehnungsmessungen

An den durch den Reißlackversuch bestimmten kritischen Stellen, Querschnitten oder Rändern wurden Dehnungsmessungen durchgeführt.

Lag ein einachsiger Spannungszustand vor, wie z. B. an Rändern von Ausschnitten, so wurde nur die eine Hauptdehnung ε_1 gemessen, so daß sich die Spannung zu $\sigma_1 = \varepsilon_1 E$ ergab. Bei zweiachsigem Spannungszustand (z. B. am

Bohrungsrand eines Augenstabs) wurden die Dehnungen ε_1 und die dazu senkrechten Dehnungen ε_2 gemessen und mit Hilfe des Hookeschen Gesetzes die entsprechenden Spannungen σ_1 und σ_2 errechnet:

$$\sigma_1 = \frac{E}{1 - \mu^2} \,(\varepsilon_1 + \mu\,\varepsilon_2),$$

$$\sigma_2 = \frac{E}{1 - \mu^2} \,(\varepsilon_2 + \mu\,\varepsilon_1).$$

Um dimensionslose Vergleichswerte zu erhalten, wurden die Spannungen σ_1 und σ_2 auf die Brutto-Nennspannung σ_{nu} bezogen.

Vorwiegend wurden Spitzendehnungsgeber von 2 bis 15 mm Schneidenabstand verwendet, da

sie einfach zu handhaben sind,

die Meßstellen sehr eng gesetzt werden können,

sie im Betrieb wesentlich billiger als die nur einmal zu verwendenden Dehnungsmeßstreifen sind.

Nur an Stellen, bei denen ein aufgedrückter Spitzendehnungsgeber Bauteilverformungen und damit Sekundärdehnungen verursachte, wurden Dehnungsmeßstreifen zur Spannungsanalyse herangezogen.

Zu den Meßverfahren und dem Meßvorgang wird auf die nachfolgende Literatur verwiesen [2, 5—7].

2.2.4 Auswertung von Dehnungsmessungen mit einem Differenzenverfahren

2.2.4.1 Problemstellung

Spannungsverläufe entlang eines Ausschnittrandes werden aus den gemessenen Dehnungen ermittelt. Bei Meßverfahren, die mechanische Meßgeber verwenden, ist die Meßgenauigkeit abhängig vom Schneidenabstand und dem Übertragungs- bzw. Anzeigesystem.

Es können so starke Spannungsgradienten, z. B. an kleinen Krümmungsradien, auftreten, daß auch Geber mit sehr kleinem Schneidenabstand die wahre Spannungshäufung nicht erfassen. Um auch für solche Fälle genaue Meßergebnisse zu erhalten, wurde im ILTUB ein Differenzenverfahren entwickelt, das nachfolgend beschrieben ist.

Bei Belastung wird zwischen zwei markierten Punkten S' und S'' die Längung w gegenüber der Last Null gemessen. Die bisherige Auswertung ist im Bild 2 dargestellt. Aus der gemessenen Längung zwischen S' und S'' wird die Dehnung ε^* durch Bezugnahme auf den gesamten Schneidenabstand s berechnet und dieser Wert dem Mittelpunkt M zwischen den Schneiden zugeordnet. Das geschah auch, wenn der Meßgeber in Intervallen Δs kleiner als der Schneidenabstand s versetzt wurde.

2.2.4.2 Prinzip des Differenzenverfahrens

Wie bisher wird die Längung w zwischen den Schneiden S' und S'' gemessen (Bild 2). Wenn aber der Meßgeber um ein Intervall $\Delta s = S_1' S_2'$ kleiner als der Schneidenabstand $s = S' S''$ versetzt und gegenüber der letzten Messung ein

Längenzuwachs Δw gemessen wird, so resultiert dieser Längenzuwachs aus der Differenz des nächsten mit hinzugenommenen Intervalls $S_1'' S_2''$ und des nicht mehr mitgemessenen Intervalls $S_1' S_2'$. Der Bereich $S_2' S_1''$ hat die gleiche Längung

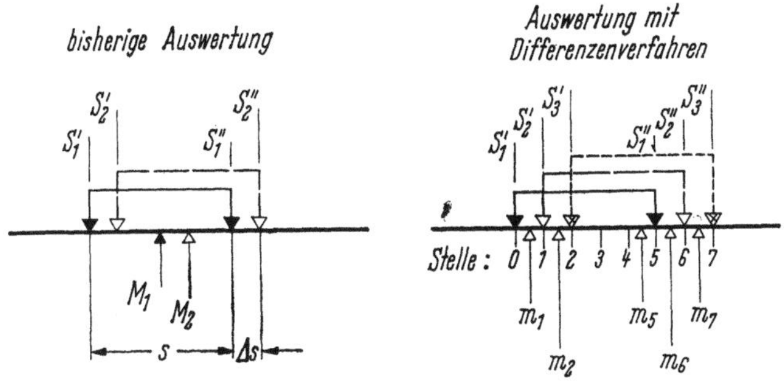

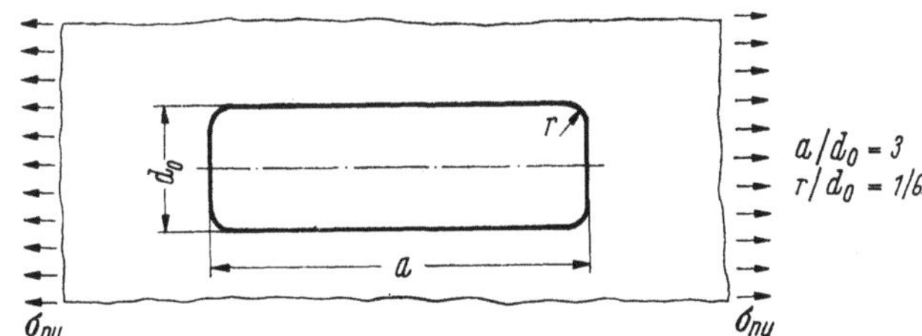

Bild 2. Dehnungsmessung — Differenzenverfahren.

wie bei der vorangegangenen Messung erfahren. Ist die Längung des nicht mehr gemessenen Intervalls $S_1' S_2'$ bekannt, so kann die Längung des neu hinzugenommenen Intervalls $S_1'' S_2''$ errechnet werden.

Durch Bezugnahme auf die Intervallänge $\Delta s = S_1'' S_2''$ ist für dieses kleine Stück die Dehnung ε berechenbar. Sie wird dem Mittelpunkt m des Intervalls zugeordnet. Das entspricht einer Messung mit einem Meßgeber, der einen Schneidenabstand $\Delta s = \dfrac{s}{n}$ $(n > 1)$ hat. Eine solche Umrechnung mittels eines Differenzenverfahrens ist solange anwendbar, wie der Krümmungsradius der Spannungstrajektorien gegenüber dem Schneidenabstand des Meßgebers hinreichend groß ist.

2.2.4.3 Auswertung der gemessenen Werte

Der Meßgeber habe z. B. einen Schneidenabstand $s = 5$ mm. Das Intervall, um das der Meßgeber versetzt wird, betrage $\Delta s = \dfrac{s}{5} = 1$ mm $(n = 5)$.

Gemessen werden (Bild 2) die Längungen des Schneidenabstandes zwischen den Stellen 0 und 5, 1 und 6, 2 und 7 usw., d. h. $w_{0/5}$; $w_{1/6}$; $w_{2/7}$ usw.

Aus den gemessenen Längungen werden die Längungen zwischen den Stellen 0 und 1, 1 und 2, 2 und 3 usw., d. h. $w_{0/1}$; $w_{1/2}$; $w_{2/3}$ usw., errechnet.

Für das gewählte Beispiel lassen sich folgende Gleichungen formulieren:

$$w_{0/5} = w_{0/1} + w_{1/5},$$

$$w_{1/6} = w_{5/6} + w_{1/5},$$

$$w_{5/6} = w_{0/1} + (w_{1/6} - w_{0/5}).$$

Für die Längenänderung zwischen zwei benachbarten Stellen j und $(j + 1)$ folgt allgemein für $j \geqq n$:

$$(w_{j/(j+1)} - w_{(j-n)/(j+1)-n}) = (w_{(j+1)-n/(j+1)} - w_{(j-n)/j}).$$

Werden aus den Längungen w die Dehnungen berechnet, so ist die linke Seite der Gleichung auf das Intervall Δs und die rechte Seite auf den Schneidenabstand s zu beziehen. Daraus ergibt sich die Gleichung speziell für $n = 5$ und $j = 5$:

$$\varepsilon_{5/6} = \varepsilon_{0/1} + 5(\varepsilon^*_{1/6} - \varepsilon^*_{0/5})$$

oder allgemein:

$$\varepsilon_{j/(j+1)} = \varepsilon_{(j-n)/(j+1)-n} + n(\varepsilon^*_{(j+1)-n/(j+1)} - \varepsilon^*_{(j-n)/j}).$$

Sollen für eine Anzahl k Intervalle die Dehnungen ε bestimmt werden, so gibt es ein Gleichungssystem mit k Unbekannten, aber nur $k - n$ Gleichungen, d. h. es müssen n Dehnungswerte vorgegeben werden. Diese Vorgabe ist dann möglich, wenn die Messung in einem Bereich nahezu konstanter Dehnung begonnen wird.

2.2.4.4 Genauigkeit des Verfahrens

Da es sich hier um reine Summenbildung handelt, bleibt der Fehler, der sich aus dem vorgegebenen ε ergibt, in seiner absoluten Größe konstant.

Das Verfahren wird beeinflußt durch die Sorgfalt der Vorbereitung, und zwar insofern, als die aus den gemessenen Dehnungen ε^* gebildeten Differenzen (z. B. $\varepsilon^*_{1/6} - \varepsilon^*_{0/5}$) gleichförmig größer oder kleiner werden müssen. Anderenfalls ergeben sich nicht nur ungenaue Werte für die zu errechnenden Dehnungen $\varepsilon_{j/(j+1)}$, sondern es stellen sich auch Ungleichförmigkeiten in den ermittelten Dehnungsverläufen ein. Am besten wird so vorgegangen, daß die gemessenen Werte ε^* graphisch aufgetragen und „ausgeglichen" werden. Aus dieser Auftragung können die Dehnungsdifferenzen ($\varepsilon^*_{(j+1)-n/(j+1)} - \varepsilon^*_{(j-n)/j}$) abgelesen werden, die zweckmäßig in gleicher Weise aufzutragen und graphisch „auszugleichen" sind.

Es ist zu beachten, daß sich durch das beschriebene Differenzenverfahren zwar die Fehler reduzieren lassen, die bei großen Spannungsgradienten infolge eines zu weiten Schneidenabstandes auftreten und damit Spannungsspitzen „unterdrücken", daß jedoch andererseits durch die „Verkürzung des Meßabstandes" um den Faktor n die Empfindlichkeit der Messung bezüglich der Meß- und Auswertungsungenauigkeiten auf das n-fache gestiegen ist.

2.2.4.5 Anwendungsbeispiel für das Differenzenverfahren
(Messung am Langloch)

Gemessen wurden die Dehnungen am Rande eines Rechteckausschnitts mit Ausrundung der Ecken (Bild 2). Im Bild 3 ist das Ergebnis dargestellt. Die ausgezogene Kurve zeigt die bisherige Auftragung der aus den Messungen berechneten Spannungsverhältnisse, wie sie anfangs beschrieben wurde (Schneidenabstand $s = 5$ mm). Die gestrichelte Kurve ist aus der ausgezogenen hervorgegangen, indem nach dem Differenzenverfahren mit $n = 5$ umgerechnet wurde. Beide Kurven haben an der gleichen Stelle ihr Maximum. Während man bei der bisher üblichen Methode der Auswertung einen Häufungsfaktor $K = 2{,}65$ als Ergebnis erhält, ergibt sich aus der Auswertung mit dem Differenzenverfahren der Häufungsfaktor $K = 2{,}8$.

Es ist bei Anwendung des Differenzenverfahrens nicht erforderlich, bereits an der Stelle A (s. Bild 3) mit der Umrechnung zu beginnen. In diesem Fall

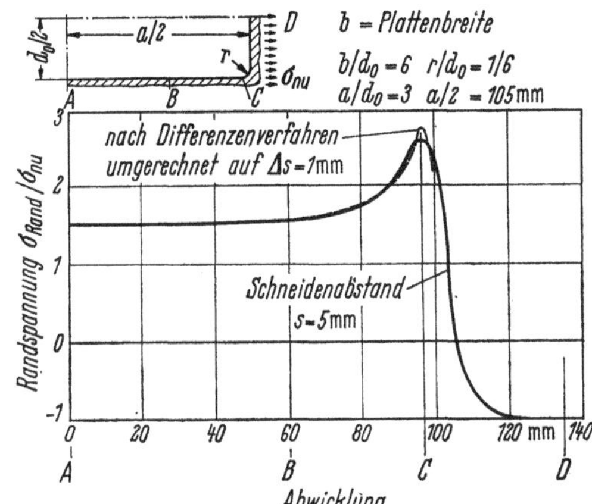

Bild 3. Dehnungsmessung — Vergleich der bisherigen Auswertung mit dem Differenzenverfahren — Beispiel: Rechteckausschnitt mit Ausrundungen.

setzte das Differenzenverfahren erst an der Stelle B ein; die nach dem herkömmlichen Verfahren gewonnene Kurve hat an dieser Stelle einen schwachen Anstieg.

Es ist dann ohne weiteres möglich — auf Grund der geringen Krümmung kann der Dehnungsverlauf linear angenähert werden — die notwendigen fünf ($n = 5$) Dehnungswerte an dieser Stelle vorzugeben.

Eine Kontrollmöglichkeit besteht darin, daß man zu der gemessenen Längung an der Stelle B, an der das Differenzenverfahren einsetzt, bis zur Stelle C des Maximums, jeden Längenzuwachs (Differenz) infolge des neu hinzugenommenen Meßbereichs addiert. Die Summe aus der Längung an der Stelle B und aller errechneten Differenzen muß dem Wert der gemessenen Längung an der Stelle C des Maximums entsprechen.

2.3 Spannungsoptik

Unter den Verfahren, die eine „feldweise" Erfassung des Spannungszustandes, speziell von ebenen Problemen, gestatten, nimmt die Spannungsoptik einen hervorragenden Platz ein.

Das Verfahren beruht darauf, daß viele durchsichtige, amorphe Stoffe durch eine Verformung optisch anisotrop und damit doppelbrechend werden. Aus der Stärke der Doppelbrechung kann man auf die Höhe der Spannungen schließen. Dieser Effekt tritt bei einigen besonders für dieses Verfahren geeigneten Kunststoffen schon bei sehr kleinen Verformungen auf, so daß die daraus bestimmten Spannungsverteilungen streng den elastizitätstheoretischen Verteilungen entsprechen. Ausführliche Beschreibungen des Verfahrens und seiner Möglichkeiten sind in [2, 8—10] zu finden.

Zur Erfassung und Messung von räumlichen Spannungszuständen sind Methoden (Einfrierverfahren) entwickelt worden, die jedoch sehr aufwendig und relativ fehleranfällig sind. Es werden daher vorwiegend spannungsoptische Untersuchungen an ebenen Modellen durchgeführt.

Weitere Schwierigkeiten bei der Anwendung des Verfahrens werden durch die verwendeten Kunststoffe selbst hervorgerufen:

Es entstehen durch Bearbeitung und ungleichmäßige Beanspruchung Restspannungssysteme im Modell, so daß die Ergebnisse verfälscht werden können.

Das Verdunsten flüchtiger Bestandteile in der Oberflächenschicht der Modelle bewirkt durch die Veränderung des Materials die sog. Randeffekte. Da aber oft gerade die Randspannungen interessieren, müssen hier besondere Abhilfemaßnahmen getroffen werden, damit die Messung der Spannungsspitzen am Modellrand nicht unkontrollierbar beeinflußt wird.

Diese Fehlerquellen können jedoch durch eine sehr sorgfältige Modellherstellung und Versuchsdurchführung klein gehalten werden (Ausbildung von Spezialistenteams).

Das spannungsoptische Verfahren liefert keine direkt anschaulichen Ergebnisse, sondern nur die Linien gleicher Hauptspannungsdifferenz (Isochromaten) und gleicher Hauptspannungsrichtung (Isoklinen), die zur vollständigen Bestimmung des Spannungszustandes nicht ausreichen. Mit Hilfe von optischen, graphischen und rechnerischen Verfahren können zusätzliche Aussagen gewonnen werden, die die Bestimmung der Größe der Hauptspannungen gestatten (neuere Verfahren s. [7]). Mit Ausnahme der Spannungsbestimmung am freien Rand (zweite Hauptspannung $\sigma = 0$) ist die Auswertung der Isochromaten und Isoklinen sehr aufwendig und zeitraubend.

Die angeführten Gründe führten dazu, daß im ILTUB das Verfahren der Spannungsoptik nicht zu quantitativen Auswertungen herangezogen wurde.

Dagegen wurden oft qualitative Voruntersuchungen an ebenen Plexiglasmodellen im Reflexionsverfahren durchgeführt, um kritische Stellen schnell zu erkennen. So konnte z. B. an Augenstäben gezeigt werden, daß sich der Spannungszustand im Kopf bei Be- und Entlastung infolge der Oberflächenreibung zwischen Bolzen- und Bohrungswandung geringfügig verändert.

Die Bedeutung der Spannungsoptik als quantitatives Meßverfahren zur Bestimmung von Spannungszuständen soll durch diese kritischen Bemerkungen nicht in Frage gestellt werden. Für die Genauigkeit und Zuverlässigkeit des Verfahrens bei sorgfältiger Beachtung aller Fehlermöglichkeiten spricht die Tatsache, daß bei der Bestimmung von Formzahlwerten α_K in überwiegendem Maße auf spannungsoptische Messungen zurückgegriffen wurde [11].

3 Darstellung der Ergebnisse von Ermüdungsfestigkeitsversuchen

3.1 Vorbemerkungen

Die Ermüdungsversuche ergeben Zuordnungen von Spannungen σ und Lastwechselzahlen N für die verschiedenen Ermüdungsvorgänge, wie Ermüdungsanriß, Rißausbreitung, Ermüdungsbruch.

Die $(\sigma-N)$-Werte werden graphisch mit logarithmischer Abszisse für N und linearer oder logarithmischer Ordinate für σ dargestellt.

Die gesamten $(\sigma-N)$-Werte einer Versuchsreihe ergeben das $(\sigma-N)$-*Streuband*, in vielen Fällen werden auch $(\sigma-N)$-Mittelwertkurven oder $(\sigma-N)$-Grenzkurven angegeben.

Die Anschaulichkeit der $(\sigma-N)$-Darstellung hängt sehr davon ab, welche Spannung auf der Ordinate aufgetragen wird.

Da eine einheitliche Darstellung der Übersichtlichkeit in diesem Buch dient, wird die Frage der Wahl von Ordinate und Parameter im folgenden eingehend behandelt.

3.2 Wöhler-Kurve — Wöhler-Schaubild

AUGUST WÖHLER, der in den Jahren von 1858 bis 1870 dynamische Bruchversuche (Wechsel- und Schwellastversuche) an Eisenbahnwagenachsen durchführte, hat seine Versuchsergebnisse nicht graphisch dargestellt, sondern nur in Form von Tabellen veröffentlicht [12]. Diese Tabellen enthalten die „größte Faserspannung" in der Welle und die zugehörige „Zahl der Umdrehungen bis zum Bruch".

LUDWIG SPANGENBERG, der die von WÖHLER begonnenen Versuche fortsetzte, veröffentlichte graphische Darstellungen der Wöhlerschen und eigener Versuchsergebnisse [13]. Die Achsen dieser Darstellungen haben lineare Teilung; über der größten Faserspannung sind die „Anstrengungen bis zum Bruch" aufgetragen.

WÖHLER hat als erster erkannt, daß der Bruch des Materials sich durch „vielfach wiederholte Schwingungen, von denen keine die absolute Bruchgrenze erreicht", herbeiführen läßt. „Die Differenzen der Spannungen, welche die Schwingungen eingrenzen, sind dabei für die Zerstörung des Zusammenhangs maßgebend."

Es ist daher seit langem üblich, daß man zu Ehren WÖHLERS den Zusammenhang zwischen Spannungsausschlag σ_a und Bruchlastwechselzahl N_B als „Wöhler-Kurve" oder „Wöhler-Linie" bezeichnet. Diese Darstellungsweise findet man in zahlreichen Veröffentlichungen auf dem Gebiet der Ermüdungsfestigkeit.

Im DIN-Blatt 50100 [14] sind der Dauerschwingversuch und die Begriffe Wöhler-Schaubild und Wöhler-Kurve genormt.

Die nach dem Wöhler-Verfahren ermittelten Versuchspunkte werden in ein „Schaubild mit logarithmisch geteilter Abszisse (Lastspielzahl) und arithmetisch geteilter Ordinate (Dauerbeanspruchung) eingetragen". Diese Punkte ordnen sich, wenn sie wenig streuen, gesetzmäßig zu der sog. Wöhler-Kurve an.

Auf der Ordinate des Wöhler-Schaubildes ist der Spannungsausschlag σ_a aufgetragen. Es muß also immer als zusätzlicher Parameter die Mittelspannung σ_m angegeben werden.

In der Praxis der Werkstoffprüfung ist es üblich, entweder reine „Wechselbeanspruchung" mit der Mittelspannung $\sigma_m = 0$ oder die „Schwellbeanspruchung" mit $\sigma_m = \sigma_a$ zu untersuchen.

3.3 Erläuterungen zu der in diesem Buch angewandten Darstellungsweise

Neben der bereits erläuterten (σ_a-N)-Darstellung des Spannungsausschlags σ_a über der Bruchlastwechselzahl N_B findet man in der Fachliteratur $(\sigma-N)$-Darstellungen, bei denen die Oberspannung σ_{ob} über der Bruchlastwechselzahl N_B

aufgetragen ist. Beide Darstellungsweisen, die im Bild 4 für reine Schwellbeanspruchung mit $R_z = 0$ verglichen sind, haben Vor- und Nachteile:

$(\sigma_a - N)$-Darstellung (Wöhler-Schaubild)

Die Größe des Spannungsausschlags σ_a ist in erster Linie maßgebend für den dynamischen Bruch. Die Verwendung von σ_a als Ordinate und σ_m als Blattparameter ist deshalb sinnvoll.

Die Darstellung von reinen Schwellastversuchen, die sehr häufig durchgeführt werden, läßt eine Angabe von σ_m als Blattparameter nicht zu. In diesem Fall muß das Spannungsverhältnis R als Parameter angegeben

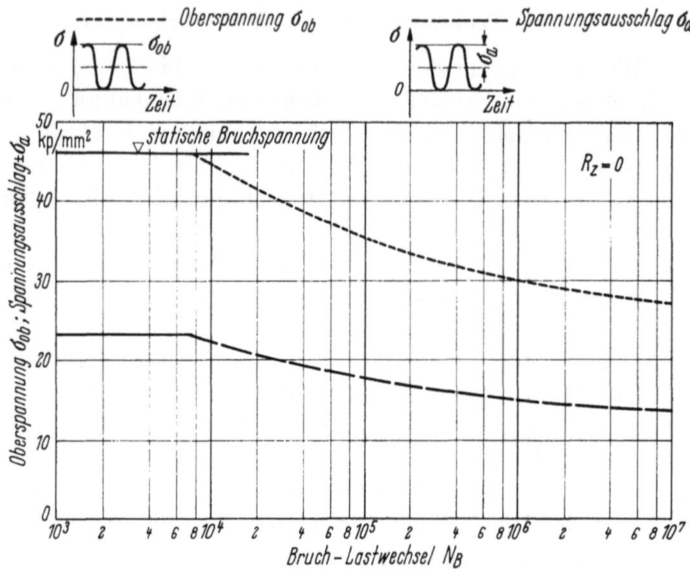

Bild 4. $(\sigma - N)$-Kurve – Wöhlerkurve. Darstellungsvergleich: Oberspannung – Spannungsausschlag.

werden. Aus Bild 4 ist zu ersehen, daß im Grenzfall (kleine Lastwechselzahlen) nicht die statische Festigkeit, sondern nur deren halber Wert erreicht wird. Das ist für den Konstrukteur weder anschaulich noch sinnfällig.

Die tatsächliche Beanspruchungshöhe, die insbesondere wegen des örtlichen Erreichens der Fließgrenze für die Konstruktion wichtig ist, wird bei dieser Darstellungsweise nur im Falle der reinen Wechselbeanspruchung unmittelbar erkennbar.

Vergleichende Darstellungen können zu Fehleinschätzungen für die Konstruktion führen, da die eigentliche Bezugslinie — die Nullinie der Belastung — in dieser Darstellung fehlt.

$(\sigma_{ob} - N)$-Darstellung

Für den Konstrukteur ist der Absolutwert der oberen Belastung wichtig und daher die Verwendung von σ_{ob} als Ordinate und R als Blattparameter sinnvoll.

Der Werkstoffachmann wird bei dieser Darstellungsweise dahingehend Bedenken haben, daß der Einfluß der Mittelspannung auf die Ermüdungsfestigkeit überschätzt werden könnte.

Bei der Entscheidung für die in diesem Buch angewandte Darstellungsweise von Ermüdungsversuchen wurde in erster Linie davon ausgegangen, daß dies ein Buch für Leichtbaukonstrukteure sein soll. In den Diagrammen sind deshalb beide Darstellungsweisen soweit als möglich vereint. Dies bedeutet für die drei am häufigsten auftretenden Belastungsfälle:

Reine Wechsellast
Die beiden Darstellungen sind identisch. Über der Lastwechselzahl N wird die Oberspannung σ_{ob} gleich dem Spannungsausschlag σ_a aufgetragen.

Reine Zugschwellast
Die über der Lastwechselzahl aufgetragene Ordinate erhält zwei Maßstäbe. Links eine Skala für σ_{ob}, rechts eine für σ_a, wobei stets $\sigma_{ob} = 2\sigma_a$ gilt.

Zugschwellast mit statischer Vorlast

$\sigma_m =$ konstant.
Die Ordinate erhält wiederum zwei Maßstäbe. Auf der linken Skala sind die Werte für die Oberspannung σ_{ob}, auf der rechten Skala die Werte des um σ_m „verschobenen" Spannungsausschlags aufgetragen.

$R =$ konstant.
Die Ordinate erhält zwei Maßstäbe. Links wird die Oberspannung, rechts der Spannungsausschlag aufgetragen. Es gilt $\pm \sigma_a = \pm \sigma_{ob}(1 - R)/2$.

Falls die Ergebnisse von Ermüdungsversuchen unterschiedlicher Belastungsfälle (etwa reine Wechsel- und Schwellast) in einem gemeinsamen Bild dargestellt werden, so ist auf der Ordinate stets die Oberspannung σ_{ob} aufgetragen.

In diesem Zusammenhang ist unbedingt eine eindeutige Begriffsbestimmung und klare Bezeichnungsweise notwendig.

Im folgenden sind daher die für die Darstellung der Versuchsergebnisse wesentlichen Begriffe und Bezeichnungen aufgeführt und erläutert:

Wir bezeichnen alle Vorgänge, bei denen durch wiederholte Lastwechsel Anrisse entstehen, sich ausbreiten und Brüche zeitigen, als *„Ermüdung"* und sind damit im Einklang mit dem englischen und französischen „fatigue". (Also keine Trennung in „Zeitfestigkeits"- und „Dauerfestigkeits"-Bereich.)

Die Bezeichnung *„Dauerfestigkeit"* behalten wir den Fällen vor, in denen selbst durch sehr hohe Lastwechselzahlen N kein Anriß erreicht wird.

Die Bezeichnung *„Betriebsfestigkeit"* wird angewandt, wenn im Ermüdungsversuch an einem Bauteil die Belastungen mit den Wechselzahlen nach einem „Programm" verlaufen, das die Belastungen dieses Bauteils im Betrieb bei praktischem Einsatz simuliert.

Bei der eingehend beschriebenen Auftragung von σ über N sprechen wir von
den $(\sigma{-}N)$-Werten oder $(\sigma{-}N)$-Punkten,
einer $(\sigma{-}N)$-Kurve, wenn sich diese daraus folgern läßt, und
dem $(\sigma{-}N)$-Streuband.

Im allgemeinen betreffen die $(\sigma{-}N)$-Zuordnungen einen Ermüdungsbruch. In besonderen Fällen entsprechen jedoch die dargestellten $(\sigma{-}N)$-Zuordnungen nicht dem Bruch, sondern einem anderen bei N erreichten Ermüdungszustand, wie insbesondere dem Anriß; dann wird eine Kennzeichnung hinzugefügt, wie $(\sigma - N_A)$ bei Anrissen.

Als charakteristische Spannungen geben wir die Oberspannung σ_{ob}, das ist der größte Absolutwert, der beim dynamischen Belastungsvorgang im ungestörten Querschnitt auftritt, und den Spannungsausschlag σ_a an.

Die übliche Darstellung, mit $R = \sigma_{un}/\sigma_{ob}$, bei der als Oberspannung immer die größte Zugspannung, oder wenn eine solche nicht vorhanden ist, die

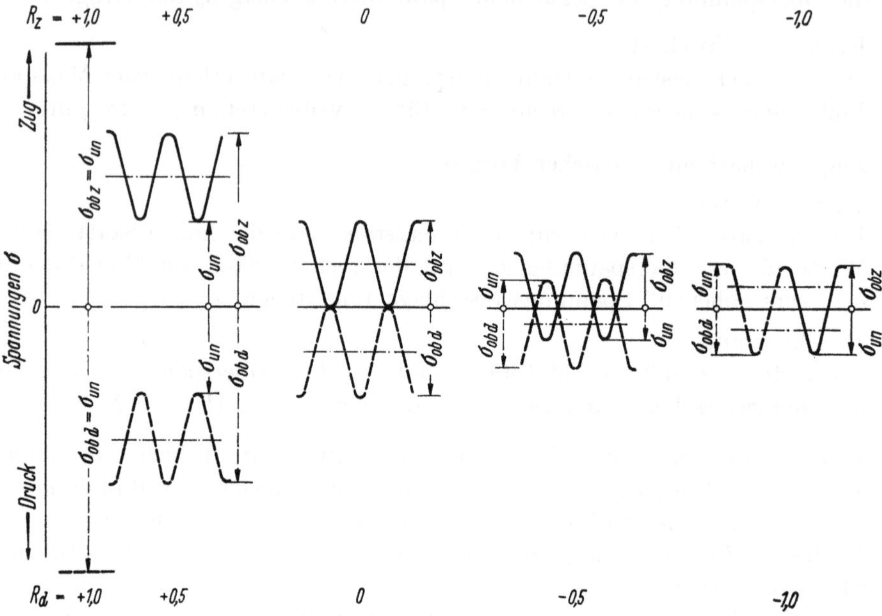

Bild 5. Kennzeichnung der dynamischen Belastung durch den Parameter $R_{z(d)} = \sigma_{un}/\sigma_{obz(d)}$.

kleinste Druckspannung eingesetzt wird, ist sehr unübersichtlich; denn bei Zugschwellen wird $R = \sigma_{un}/\sigma_{ob} = 0$, jedoch für den ähnlichen Fall des Druckschwellens $R = \infty$.

Wir bezeichnen unterschiedlich, wenn der größte Absolutwert der Spannungen
    im Zugbereich liegt: σ_{obz} und R_z,
    im Druckbereich liegt: σ_{obd} und R_d.
Im Bild 5 sind diese Bezeichnungen erläutert.

Die Unterspannung σ_{un} entspricht dem kleinsten Absolutwert der Spannungen. Die Spannungsverhältnisse, die, wenn möglich, in den Darstellungen angegeben werden, sind $(\sigma_{un}/\sigma_{obz}) = R_z$ oder $(\sigma_{un}/\sigma_{obd}) = R_d$, wobei die Spannungen mit dem Vorzeichen $+$ für Zug und $-$ für Druck eingesetzt werden. Die Sonderfälle sind dann:

$$\begin{aligned}
&\text{Zugfestigkeit (statisch)} && R_z = +1, \\
&\text{Druckfestigkeit (statisch)} && R_d = +1, \\
&\text{Zugschwellfestigkeit} && R_z = 0, \\
&\text{Druckschwellfestigkeit} && R_d = 0, \\
&\text{Wechselfestigkeit} && R_z = R_d = -1.
\end{aligned}$$

Die R-Parameter liegen also zwischen $+1$ und -1, während bei der üblichen Bezeichnung mit R ohne Index unübersichtliche Werte bis $R = \infty$ auftreten. Die so festgelegte Bezeichnungsweise ist in dem Bild 6 erläutert.

Zur Beurteilung der Ermüdungseigenschaften von Konstruktionen ist die Untersuchung der Ausbreitung des Risses vom ersten feststellbaren Anriß bis zum Restbruch von wesentlicher Bedeutung. Die gemessenen Ausbreitungen werden durch Auftragen der Rißlänge l_R über der zugehörigen Zahl N_{RA} der Lastwechsel nach der Feststellung des Anrisses (Länge l_0) dargestellt.

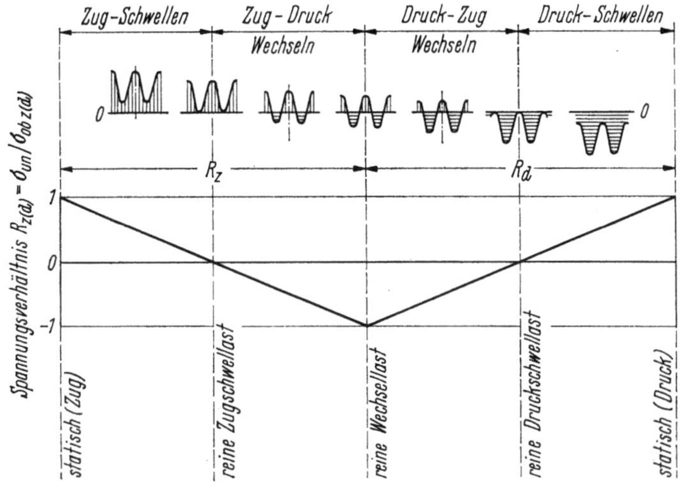

Bild 6. Spannungsverhältnis $R_{z\,(d)}$ — Einteilung in Belastungsbereiche.

3.4 Streubänder ohne genaue Grenzen

Die Zahl der Meßwerte, die zur Darstellung von σ über N aus einer Versuchsreihe zur Verfügung steht, ist sehr häufig zu klein, um Mittelwert- und Wahrscheinlichkeitskurven einzutragen. Die zusammengehörigen $(\sigma - N)$-Werte werden daher in diesem Buch grundsätzlich durch ein Band zusammengefaßt, um damit zum Ausdruck zu bringen, daß keine genauen Grenzen angegeben werden können.

3.5 Richtige Bewertung der „Durchläufer"

Als „Durchläufer" bezeichnet man einen Ermüdungsversuch, der vor Eintreten des Bruches abgebrochen wurde. In der Darstellung der Versuchsergebnisse werden diese Versuchspunkte durch Pfeile gekennzeichnet.

In der Fachliteratur stellt man häufig fest, daß in die Darstellung der Versuchsergebnisse Durchläufer eingetragen werden, die überhaupt keine sinnvolle Aussage liefern oder nur das Ergebnis verwirren. Sehr bedenklich wird dieses Verfahren, wenn solche sinnlosen Durchläuferwerte dann sogar direkt maßgeblich für das Ziehen von Grenzkurven werden. Im folgenden seien kurz einige allgemein gültige Aussagen zu dem Problem „Durchläufer" bei der Versuchsauswertung zusammengestellt:

Bild 7 zeigt ein typisches $(\sigma - N)$-Streuband, in das zur Erläuterung die verschiedensten möglichen „Durchläufer" (die durch Ziffern gekennzeichnet sind) eingetragen wurden.

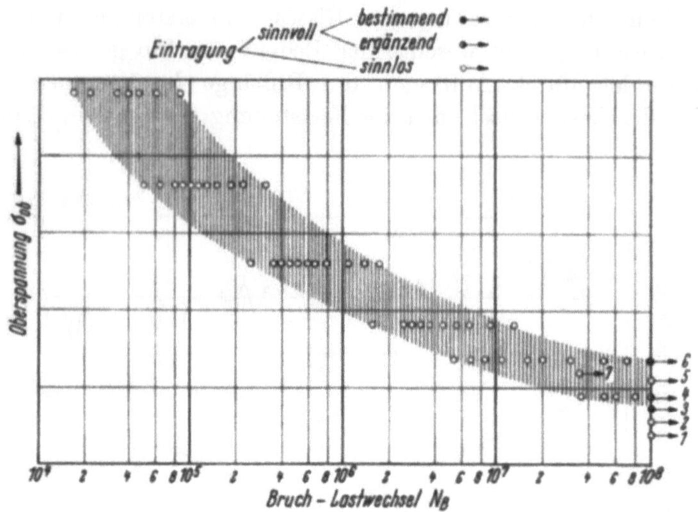

Bild 7. Bedeutung der Durchläufer bei der Auswertung von Ermüdungsversuchen.

Brauchbare Punkte

Durchläufer 3

Hierbei handelt es sich um einen Einzelversuch (nur ein Versuch bei einem Spannungsniveau). Dieser Durchläufer 3 muß berücksichtigt werden, da große Wahrscheinlichkeit besteht, daß die „untere Streugrenze" des $(\sigma - N)$-Bandes bei hohen Lastwechselzahlen oberhalb dieses Punktes verläuft.

Durchläufer 6

Dieser Wert liegt auf gleichem Spannungsniveau mit zahlreichen Bruchversuchspunkten. Er zeigt, daß die Streuungen bis zu höheren Lastwechseln gehen. Es ist bei dieser langen Streureihe wahrscheinlich, daß die obere Grenze des Streubandes nur wenig über dem Durchläufer 6 liegen wird. Er kann also zur Eintragung der Streubandgrenze herangezogen werden.

Bedingt brauchbare Punkte

Durchläufer 4

Dieser Versuchspunkt liegt auf einem Spannungsniveau, bei dem zahlreiche Brüche erzielt wurden. Die Angabe dieses Durchläufers in der Versuchsauswertung ist insofern sinnvoll (im Bild 7 als ergänzend gekennzeichnet), als er zeigt, daß die Streuungen in diesem Niveau bis zu hohen Lastwechselzahlen reichen.

Sinnlose Punkte

Durchläufer 1 und 2

Es handelt sich hierbei um Ergebnisse von Tastversuchen mit zu kleinem Spannungsniveau. Bei der Durchführung von Ermüdungsversuchen lassen sich derartige „Fehlansetzungen" des Spannungsniveaus nicht immer vermeiden. In einer zusammenfassenden Darstellung der Versuchsergebnisse haben derartige Versuchspunkte jedoch keinen Sinn.

Durchläufer *5* und *7*
Beide Versuchspunkte bringen für die Versuchsauswertung keine neuen Aussagen. In den Darstellungen der Ergebnisse sind diese Punkte wegzulassen.

3.6 Andere Möglichkeiten der Darstellung von Ermüdungsversuchen

Die Fülle der Arbeiten auf dem Gebiet der Ermüdungsfestigkeit hat auch eine Vielzahl von Darstellungsweisen der Versuchsergebnisse nach sich gezogen. Einige weit verbreitete Darstellungsmöglichkeiten sind im folgenden kurz erläutert:

Dauerfestigkeitsschaubild nach Smith
In dieser Darstellung sind über der Mittelspannung als Abszisse die Ober- und Unterspannungen der Dauerfestigkeit aufgetragen. Dieses Diagramm gibt mithin eine zusammenfassende Darstellung einer Vielzahl von Dauerfestigkeitswerten eines Werkstoffs für die verschiedenen Beanspruchungsbereiche. Eine ausführliche Beschreibung dieses Diagramms enthält DIN 50100 [14].

Das Haigh-Schaubild
Bei dieser Darstellungsweise ist über der Mittelspannung σ_m die Spannungsamplitude aufgetragen.
Die Parameterlinien für R = konstant erscheinen als ein Strahlenbüschel mit dem Ursprung im Koordinatenanfangspunkt. Die „Punkte" gleicher Lebensdauer können durch Geraden verbunden werden. Die Darstellung von Versuchsergebnissen in diesem Diagramm ist nur sinnvoll, wenn bei jedem Spannungshorizont viele Versuche durchgeführt worden sind, so daß der Wert der Überlebenswahrscheinlichkeit angegeben werden kann. Das Haigh-Schaubild ist im Bild 8 erläutert.

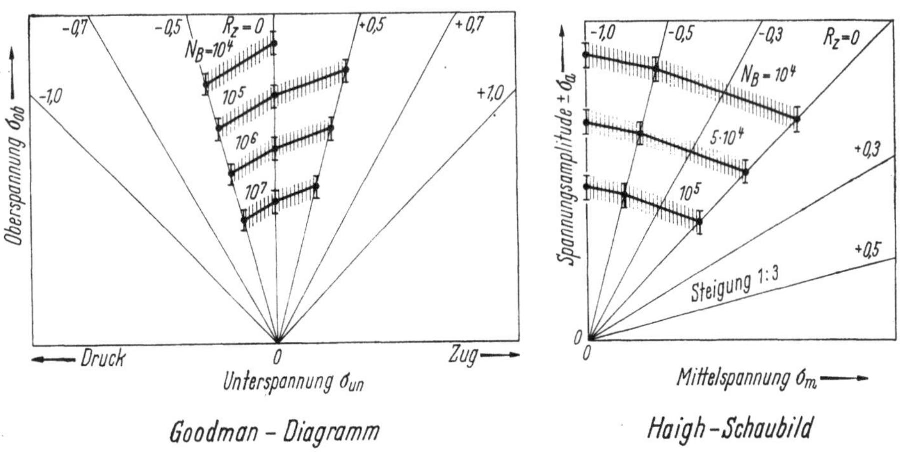

Bild 8. Beispiele für Darstellungsmöglichkeiten von Ermüdungsversuchen.

Das Goodman-Diagramm

Hierbei handelt es sich um eine ähnliche Auftragung wie im Falle des Haigh-Schaubildes; beim Goodman-Diagramm ist auf der Ordinate die dynamische Oberspannung, auf der Abszisse die Unterspannung aufgetragen. Die Linien für $R =$ konstant erscheinen wieder als Strahlenbüschel.

Dieses Diagramm ist schematisch ebenfalls im Bild 8 mitgeteilt.

4 Zur statistischen Auswertung von Ermüdungsversuchen

4.1 Streuung von Ermüdungsversuchen

Eine der Hauptschwierigkeiten bei der Lösung der Probleme des Ermüdungsverhaltens der Konstruktionen besteht in den großen Streuungen der Ergebnisse der Ermüdungsversuche. Mit Hilfe statistischer Verfahren kann diesen Schwierigkeiten Rechnung getragen werden, so daß es möglich ist, eindeutig formulierte Schlußfolgerungen aus den Versuchsergebnissen zu ziehen.

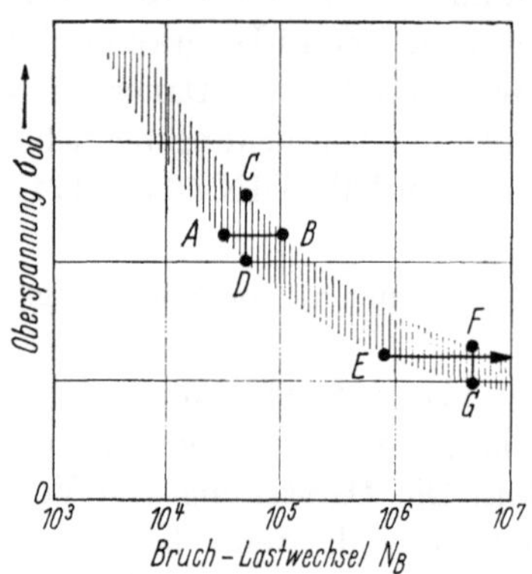

Bild 9. Typische Streuungen bei Ermüdungsversuchen.

Die Streuungen — wie sie im Prinzip bei allen Ermüdungsversuchen auftreten — seien am Beispiel von Einstufenversuchen (Wöhler-Versuchen), dargestellt in einem $(\sigma\!-\!N)$-Diagramm (Wöhler-Diagramm), erläutert. Bild 9 zeigt ein typisches $(\sigma\!-\!N)$-Streuband. Die Streuungen der Spannungen bzw. Lastwechselzahlen sind für zwei Lastwechselzahlen bzw. Spannungsniveaus besonders gekennzeichnet. Die Streuung der Spannung $C\!-\!D$ im Bereich geringer Bruchlastwechselzahlen ist im allgemeinen größer als die durch die Punkte $F\!-\!G$ erfaßte Streuung im Bereich der Dauerfestigkeit. Besonders große Streuungen erhält man bei Betrachtung der Lebensdauer, d. h. der Bruchlastwechselzahlen. Von Streuungen im Bereich kleiner Bruchlastwechselzahlen (z. B. $A\!-\!B$) der Größe 1 : 5 kommt man im Bereich der Dauerfestigkeit zu Streuungen von 1 : ∞.

4.2 Häufigkeitsverteilung — Darstellung und Begriffe

Zur Darstellung der Streuungen von Meßwerten benutzt man sog. Häufigkeitskurven. Im folgenden sei kurz die Gaußsche Häufigkeitsverteilung erläutert. Sie entspricht in den meisten Fällen sehr gut der wirklichen Häufigkeitsverteilung. Genauere Angaben zu den statistischen Methoden sind in [15] zu finden.

Bild 10 zeigt eine Gaußsche Normalverteilung (Glockenkurve); über der sog. Merkmalskala ist die relative Häufigkeit, mit der ein bestimmter Wert des Merkmals gemessen wurde, aufgetragen. Der Gaußschen Normalverteilung liegt folgende Gleichung zugrunde:

$$y = \left(1/\sigma\,\sqrt{2\,\pi}\right) e^{-(x-\mu)^2/2\,\sigma^2}.$$

Hierin bedeuten:

x Größe des Merkmalwertes,
y Häufigkeit einer bestimmten Größe von x,
μ Mittelwert von x,
σ Standardabweichung,
σ^2 Streuung.

Neben der Merkmalskala im Bild 10 ist es zweckmäßig, eine weitere Skala — und zwar eingeteilt in Vielfache der Standardabweichung σ — aufzutragen. Die Gaußsche Häufigkeitsverteilung setzt sich nach beiden Richtungen bis ins Unendliche fort. Erfahrungsgemäß treten jedoch Werte, die mehr als $\pm 3\sigma$ vom Mittelwert abweichen, nur äußerst selten auf.

In vielen Fällen wird an Stelle der erläuterten relativen Häufigkeit mit der sog. Summenhäufigkeit gearbeitet. Die Summenhäufigkeitskurve erhält man, wenn man über der Merkmalskala — oder der Skala der Standardabweichung σ — die Häufigkeit der Merkmale, die kleiner oder gleich einem bestimmten Merkmal sind, aufträgt. Eine Summenhäufigkeitskurve ist auf der linken Seite des Bildes 11 skizziert. Oberhalb bzw. unterhalb der Standardabweichung $\pm 3\sigma$ liegen praktisch keine Werte.

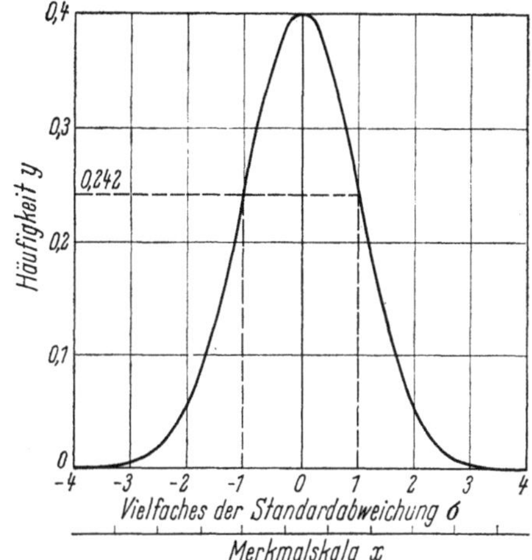

Bild 10. Gaußsche Normalverteilung.

Über eine Verzerrung des Ordinatenmaßstabs — die Häufigkeitsbereiche in der Umgebung von 0 und 100 % werden stark gedehnt — gelingt es, die Summenhäufigkeitskurve der Normalverteilung in eine gerade Linie zu verwandeln. Im rechten Teil des Bildes 11 ist diese Darstellung skizziert. Die rechte Skala dieses

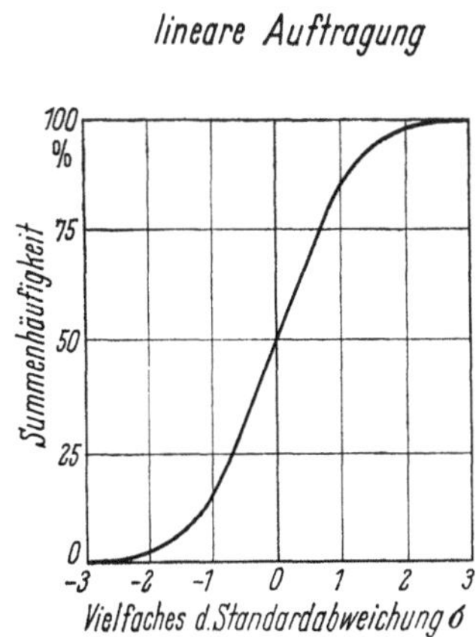

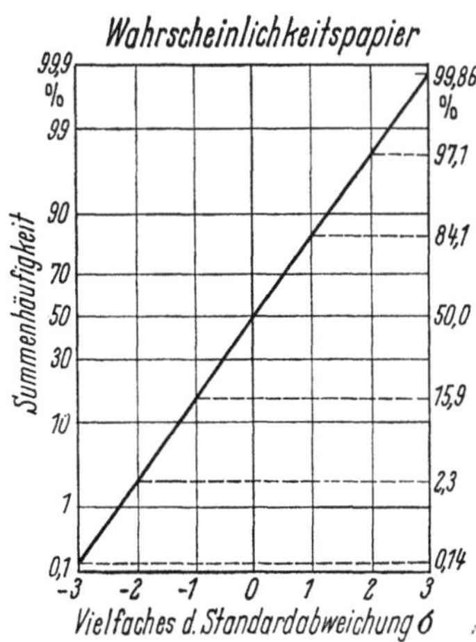

Bild 11. Summenkurve der Normalverteilung.

Bildes gibt die Summenhäufigkeiten entsprechend den Abweichungen σ, 2σ und 3σ an. Papier mit einer Ordinateneinteilung der beschriebenen Art nennt man Wahrscheinlichkeitspapier.

4.3 Anwendung der Normalverteilung auf die Ergebnisse von Ermüdungsversuchen

Zur Frage der Gültigkeit bestimmter Verteilungsgesetze bezüglich der Ergebnisse von Ermüdungsversuchen existieren zahlreiche Arbeiten [16—18].

Als Beispiel seien Häufigkeitskurven von Bruchlastwechselzahlen, wie sie für verschiedene Beanspruchungsniveaus von FREUDENTHAL und GUMBEL gemessen und von ERKER [17, 19] ausgewertet wurden, angegeben. Bild 12 zeigt diese z. T. unsymmetrischen Häufigkeitsverteilungen. Bei einer hinreichend großen Anzahl von Versuchsstücken kann man jedoch mit Sicherheit annehmen, daß die Verteilung der Bruchlastwechselzahlen bei einem bestimmten Beanspruchungsniveau oberhalb des Dauerfestigkeitsbereichs logarithmisch normal ist. FREUDENTHAL hat dies rein theoretisch nachgewiesen [20], BÜHLER und SCHREIBER veröffentlichen in [21] eine ausführliche experimentelle Bestätigung dieses Sachverhalts.

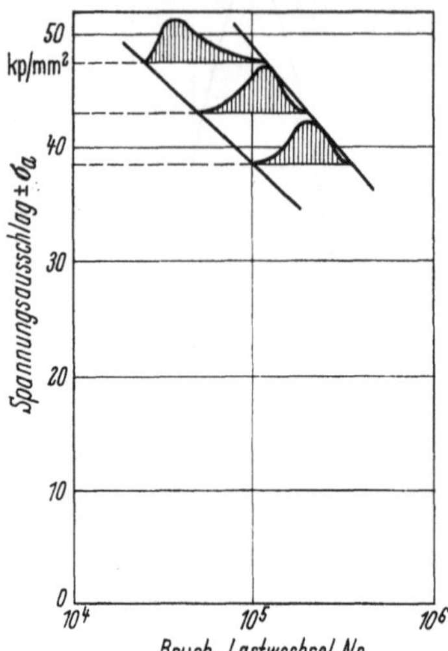

Bild 12. Häufigkeitsverteilungen von Bruchlastwechselzahlen — schematische Darstellung.

4.4 Überlebenswahrscheinlichkeit $P_{ü}$

Die Darstellung der Ergebnisse von Ermüdungsversuchen in der Form von $(\sigma-N)$-Streubändern kann ergänzt werden durch Eintragung von Parameterlinien mit bestimmter Überlebenswahrscheinlichkeit $P_{ü}$. Die Überlebenswahrscheinlichkeit gibt den prozentualen Anteil der Versuchsstücke an, die eine bestimmte Lastwechselzahl ohne Bruch erreichen. $P_{ü}$ ergibt sich aus der Gleichung:

$$P_{ü} = [m/(n + 1)] \cdot 100 .$$

Hierin bezeichnet

m eine Ordnungszahl.
Die Versuchswerte bei einem bestimmten Belastungsniveau sind nach Bruchlastwechselzahlen zu ordnen. Dem Größtwert ist die Ordnungszahl $m = 1$, dem Kleinstwert die Ordnungszahl $m = n$ zuzuordnen,

n die Anzahl der Versuche bei dem betrachteten Spannungshorizont.

Eine statistische Auswertung der Versuchsergebnisse in diesem Sinne erfordert mindestens acht Versuchsstücke pro Spannungsniveau.

Die aus den Versuchswerten errechneten Werte der Überlebenswahrscheinlichkeit werden im Gaußschen Wahrscheinlichkeitspapier mit logarithmischer

Teilung für die Bruchlastwechselzahlen aufgetragen. Die Punkte streuen mehr oder weniger stark um eine gerade Verbindungslinie. Bild 13 zeigt eine für Einstufenversuche typische Auftragung dieser Art.

Für die Festlegung der Geraden gibt es verschiedene Möglichkeiten:

1. Methode der kleinsten Quadrate nach GAUSS,
2. Verfahren nach ROSSOW,
3. Methode nach WEIBULL,
4. Beurteilung nach Augenschein.

Zu 1: Streng mathematische Methode, relativ aufwendig, einzelne Ausreißer werden überbewertet.

Zu 2: Erfordert 13 Proben pro Spannungsniveau.

Zu 3: Kann Anwendung finden, wenn keine logarithmische Normalverteilung der Lastwechselzahlen vorliegt, d. h., es ergibt sich eine gekrümmte Häufigkeitsverteilung.

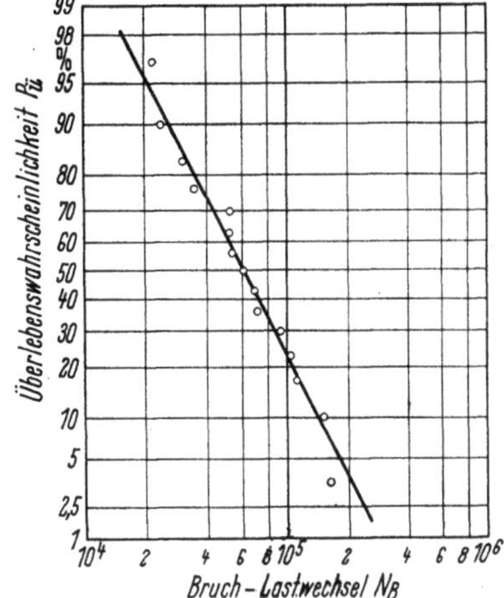

Bild. 13
Typische Streuungen von Bruchlastwechselzahlen für ein Spannungsniveau bei Einstufenversuchen.

4.5 Mittelwert und Streuung

Der Mittelwert kann entweder entsprechend einer Überlebenswahrscheinlichkeit $P_{ü} = 50\%$ unmittelbar aus dem Wahrscheinlichkeitspapier abgelesen oder nach der Gleichung

$$\bar{x} = \left(\sum_{1}^{n} x_i\right)/n$$

berechnet werden. Hierin bedeutet $x_i = \log N_i$ (N = Bruchlastwechselzahl).

Die Streuung ist definiert als das Quadrat der Standardabweichung σ einer Stichprobe, bestehend aus n Versuchen:

$$\sigma^2 = \left[\sum_{1}^{n} [x_i - \bar{x})^2\right]/(n - 1).$$

Daneben ist der Begriff des Streumaßes T üblich. Es ist $T = N_{90}/N_{10}$.

N_{90} = Bruchlastwechsel mit 90% Überlebenswahrscheinlichkeit,
N_{10} = Bruchlastwechsel mit 10% Überlebenswahrscheinlichkeit.

4.6 Signifikanzprüfung

Dies ist ein statistisches Verfahren, das die Berechnung der Wahrscheinlichkeit ermöglicht, mit der beobachtete Unterschiede von Versuchsreihen kausaler oder zufälliger Art sind. Es ist definiert, daß bei einer statistischen Sicherheit größer als 95% ein signifikanter Unterschied der Versuchsergebnisse vorliegt. Die Signifikanzprüfung erfaßt die Standardabweichungen und die Mittelwerte bei $P_{ü} = 50\%$.

Genaue Angaben über die Durchführung der Signifikanzprüfung wie auch ganz allgemein zur statistischen Auswertung von Ermüdungsversuchen sind aus den RAS data sheets on fatigue [11] zu entnehmen.

III. Entstehung des Ermüdungsschadens

1 Hypothesen zur Anrißentstehung

Über die Entstehung von Ermüdungsschäden sind bereits zahlreiche Arbeiten veröffentlicht worden. Verschiedene Hypothesen wurden auf der Grundlage mikroskopischer Untersuchungen entwickelt.

SCHIJVE gibt in einer Veröffentlichung [1] einen guten Überblick über die wesentlichsten Arbeiten auf diesem Gebiet.
Im folgenden seien kurz die Hauptgruppen angegeben, in die sich die zahlreichen Hypothesen zur Entstehung des Ermüdungsschadens einteilen lassen:

Dynamische Belastungen haben die Bildung von Gleitlinienbändern zur Folge. Die aus dem Gleitvorgang resultierenden Verschiebungen pflanzen sich bis an die Werkstoffoberfläche fort. An der Oberfläche bildet sich mithin eine Vielzahl von Vorsprüngen und Vertiefungen submikroskopischer Größe aus. Der tiefste submikroskopische „Einschnitt" dieser Art wird zum Ausgang des Ermüdungsschadens. Hypothesen, ausgehend von diesen Vorstellungen, wurden von WOOD [2], FORSYTH [3], COTTRELL und HULL [4] und anderen entwickelt.

Der Ermüdungsschaden nimmt seinen Ausgang in einer Störstelle, an der infolge „Wechselverfestigung" eine Spannungshäufung entsteht. GOUGH [5] hat erstmals eine Theorie zur Entstehung des Ermüdungsschadens als Folge örtlichen Erreichens einer kritischen Kaltverfestigung aufgestellt. OROWAN [6] hat ausgehend von dieser Idee eine verfeinerte Theorie — auf die im folgenden noch genauer eingegangen wird — zur Ermüdung der Metalle entwickelt.

Der Ermüdungsschaden beginnt an einer Störstelle, die gekennzeichnet ist durch eine Verringerung der Bruchfestigkeit infolge wiederholt aufgebrachter plastischer Dehnungen. HOLDEN [7] und VALLURI [8] haben Theorien zur Entstehung des Ermüdungsschadens ausgehend von dieser Vorstellung entwickelt.

ODING [9] sieht die in Gebieten starker wechselnder Gleitungen bevorzugt auftretenden „Leerstellen" in Kristallen und insbesondere deren Zusammenschluß zu Mikrorissen als Ursache für den Ermüdungsschaden an.

2 Wechselverfestigung und Bauschinger-Effekt

Das Bild 14 enthält zwei idealisierte Spannungs-Dehnungs-Diagramme. Das linke Diagramm gilt für einen ideal-plastischen Werkstoff, das rechte Spannungs-Dehnungs-Diagramm beschreibt das Verhalten eines „verfestigenden" Werkstoffs. Die Erscheinung, daß während der plastischen Verformung eines Werkstoffs — gleichbleibende Verformungsgeschwindigkeit vorausgesetzt — die wahre Spannung ständig erhöht werden muß, bezeichnet man als Verfestigung. Diese Verfestigung tritt bei großen plastischen Verformungen infolge zügiger Belastung deutlich in Erscheinung.
Der Begriff Verfestigung ist wahrscheinlich an Hand von Stahluntersuchungen geprägt worden. Bei Stählen folgt im Anschluß an den elastischen Bereich ein

Gebiet mit nahezu ideal-plastischem Verhalten, von einer bestimmten Dehnung an tritt eine Werkstoffverfestigung ein.

Infolge dynamischer Belastungen kommt es ebenfalls zu „Verfestigungserscheinungen". Diese sog. Wechselverfestigung ist nicht bereits nach einigen

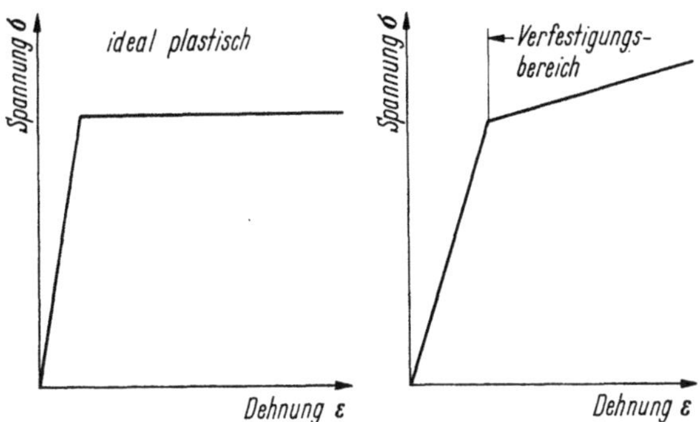

Bild 14. Idealisierte Spannungs-Dehnungs-Diagramme. Ideal-plastischer Werkstoff — verfestigender Werkstoff.

Lastwechseln abgeschlossen, sondern nimmt während der dynamischen Belastung bis zum Erreichen eines Grenzwertes zu. Das als Wechselverfestigung bezeichnete Phänomen äußert sich

bei Versuchen mit konstanter Spannungsamplitude in einer Abnahme der Dehnungsamplitude, d. h., die Hysteresisschleife des Spannungs-Dehnungs-Diagramms wird mit zunehmender Lastwechselzahl schmaler;

bei Versuchen mit konstanter Dehnungsamplitude in einer Zunahme der Spannungsamplitude.

Zum Problem der Wechselverfestigung wurden bereits zahlreiche Versuche [10—12] mit den verschiedensten Werkstoffen durchgeführt.

Das Phänomen der Wechselverfestigung ist nicht allein durch Angabe der geänderten Fließgrenze — insbesondere im Hinblick auf den hier zur Wirkung

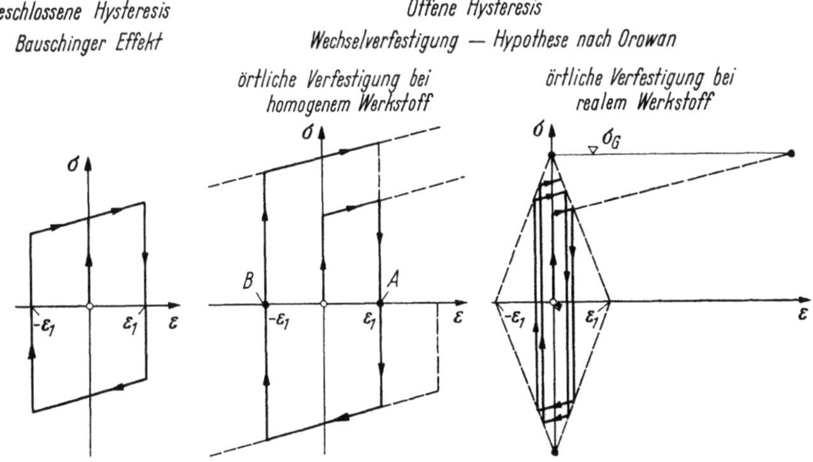

Bild 15. Idealisierte Spannungs-Dehnungs-Diagramme.

kommenden Bauschinger-Effekt — sondern durch Spannungs-Dehnungs-Hysteresisschleifen, aufgenommen nach verschiedenen Lastwechselzahlen, zu beschreiben.

Als Bauschinger-Effekt bezeichnet man die Erscheinung, daß durch eine plastische Verformung in einer Richtung die Elastizitätsgrenze bei einer anschließenden Verformung in entgegengesetzter Richtung herabgesetzt wird [13]. Bild 15 enthält links ein idealisiertes Spannungs-Dehnungs-Diagramm (geschlossene Hysteresisschleife), das den Bauschinger-Effekt veranschaulicht.

3 Das Orowan-Konzept zur Entstehung des Ermüdungsschadens

OROWAN, der bereits im Abschnitt über die Hypothesen zur Anrißentstehung erwähnt wurde, hat in [6] eine „Theorie der Ermüdung der Metalle" veröffentlicht.

Die regellose Orientierung der Kristalle in einem Metallgefüge oder Inhomogenitäten im Kristall selbst (Störungen im Gitteraufbau, Lockerstellen usw.) führen dazu, daß bei makroskopisch gleichförmiger Spannungsverteilung die Mikrospannungsverteilung ungleichförmig (Ausbildung hoher Mikrospannungsspitzen) ist.
Eine einmalige zügige Belastung führt

> bei einem spröden Werkstoff zum Beginn des Bruches, wenn örtlich an den Stellen der Spannungsspitzen die Bruchspannung erreicht wird,

> bei einem zähen Werkstoff zum Fließen im Bereich der Spannungsspitzen und damit zu einem mehr oder weniger starken Ausgleich der ungleichförmigen Mikrospannungsverteilung.

Bei einer schwingenden Belastung, bei der ein einzelner Kristall die Verformungen seiner Umgebung als Zwangsverformungen mitmacht, kommt es durch die wechselnden plastischen Verformungen an den Stellen der Mikrospannungsspitzen zu Wechselverfestigungen.

Die Bezeichnung Verfestigung ist in diesem Zusammenhang etwas irreführend, da nicht Festigkeitswerte, sondern örtlich die Steifigkeiten, d. h. der wirksame Elastizitätsmodul, erhöht werden. Die Wechselverfestigung führt mithin zu einer Spannungserhöhung und schließlich bei örtlichem Erreichen der Bruchfestigkeit zum dynamischen Anriß. Die Möglichkeit des plastischen Spannungsausgleichs an einer Störstelle wird durch die dynamische Kaltverformung (Wechselverfestigung) verringert; die Bildsamkeit und die Bruchdehnung des Werkstoffs nehmen ab.

Am idealisierten Beispiel eines homogenen Werkstoffs sei die von OROWAN gegebene Erklärung für den Spannungsanstieg infolge wechselnder plastischer Verformungen erläutert. In der Mitte des Bildes 15 ist ein idealisiertes Spannungs-Dehnungs-Diagramm für einen Belastungszyklus — unter Vernachlässigung des Bauschinger-Effektes — skizziert. OROWAN kommt zu einer offenen Hysteresisschleife, indem er die idealisierte Spannungs-Dehnungs-Kurve beim „Spannungsnulldurchgang" um die Punkte A bzw. B spiegelt. Der Spannungsanstieg am Ende eines Belastungszyklus wird selbstverständlich bei Berücksichtigung des Bauschinger-Effektes erheblich geringer.

Durch zahlreiche Experimente [14] (s. auch Literaturangaben zur Wechselverfestigung) konnte ein Werkstoffverhalten dieser Art im Prinzip nachgewiesen werden. Bei realen Werkstoffen nimmt die einem Kristall aufgezwungene Verformung im Verhältnis zur mittleren Gesamtverformung des Bauteils mit zunehmender Wechselverfestigung ab. Dies bedeutet, daß die Hysteresis einen bestimmten Spannungswert σ_G nicht überschreitet (s. rechts in Bild 15); liegt diese Schwelle unterhalb der Bruchspannung, so ist kein Anriß zu erwarten, d. h., man liegt unterhalb der Dauerwechselfestigkeitsgrenze.

4 Mikroskopische Untersuchungen zum Zusammenhang zwischen Gleitlinien und Anriß

4.1 Gleitungen — Gleitlinien

Bei der Zugbelastung des metallischen Werkstoffs entstehen in den Kristallkörnern Gleitungen, die in den mikroskopischen Schliffbildern als Gleitlinien zu erkennen sind. Bei häufig wiederholter Belastung nimmt die Zahl der Gleitlinien zu. Die Gleitlinien zeigen Umformungen, aber keine Zerstörung an. Sie können jedoch zum Anriß führen.

Gleitungen beginnen bei um so kleinerer Lastwechselzahl, je stärker die betreffende Stelle für die Gleitung durch Lage, Orientierung und Störungen begünstigt ist. Mit wachsender Lastwechselzahl muß also die Zahl der Stellen, an denen Gleitungen eintreten, laufend zunehmen, auch ohne daß die bereits vorhandenen Gleitstellen daran mitwirken. In vielen Fällen werden allerdings Spannungsumlagerungen infolge von Gleitungen die Zunahme der Gleitlinien und die Bildung sog. Gleitlinienbänder begünstigen.

4.2 Gleitungen bei Beanspruchungen unterhalb der Dauerfestigkeitsgrenze

Im Bild 16, einer Mikroskopaufnahme eines Metallgefüges, sind die Gleitlinien teilweise so eng aneinander, daß die Oberfläche der Körper schwarz erscheint [15]. Diese starke und dichte Gleitlinienbildung ohne Anrisse bei Wechsel-

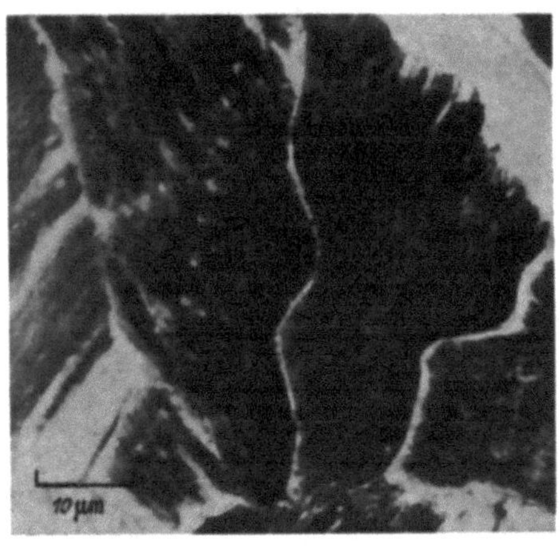

Bild 16. Gefüge eines C-armen ferritischen Stahles nach $N = 4 \cdot 10^7$ Lastwechseln mit eng liegenden Gleitlinien ohne Anriß. [15].

beanspruchung von Stahl mit $40 \cdot 10^6$ Lastwechseln ist kein Anzeichen für eine Zerstörung; denn die Wechselspannungen bleiben um ein Geringes unter der Dauerfestigkeit des Werkstoffs.

Im Bild 17 wird ein weiteres Beispiel nach [16] wiedergegeben. Die Gefügeaufnahmen wurden an einem Probestreifen aus Baustahl St 37 gemacht, nachdem dieser mit $N = 19 \cdot 10^6$ Spannungswechseln bei $\sigma_a = \pm 17{,}5 \ \mathrm{kp/mm^2}$, also etwas unterhalb der Dauerfestigkeit, beansprucht worden war. Die Lichtmikroskopbilder links zeigen kräftig ausgebildete Streifen von Gleitlinien. In dem Elektronenmikroskopbild rechts sind in den Gleitlinien Feinstrisse zu erkennen.

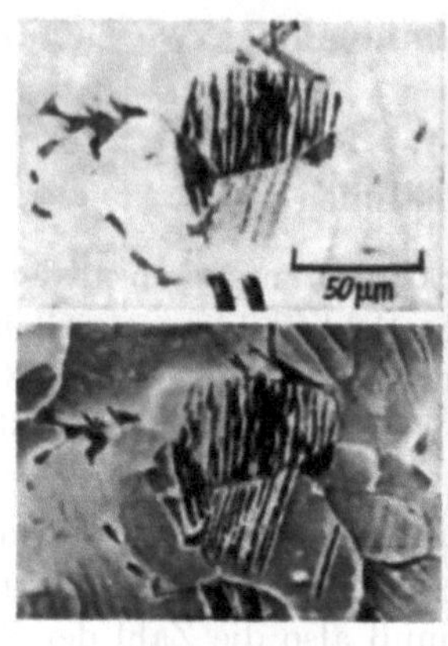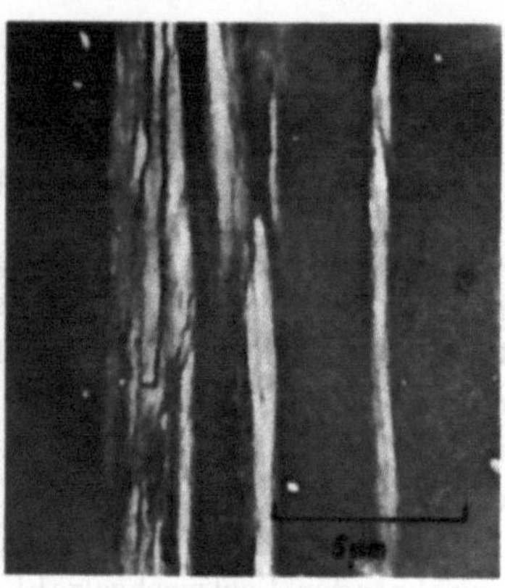

Licht-Mikroskop   Elektronen-Mikroskop
Plastik-Abdruck

Bild 17. Gefüge des St 37 Stahles nach Wechselbeanspruchung. Gleitlinien nach $N = 1{,}9 \cdot 10^7$ Lastwechseln bei Wechselbeanspruchung mit $\sigma_a = \pm 17{,}5 \ \mathrm{kp/mm^2}$. [16].

Diese an einigen Stellen auftretenden submikroskopischen Feinstrisse breiten sich nicht zu Mikro- bzw. nachfolgenden Makrorissen aus. Auch nach Fortführung des Versuchs bis $N = 46 \cdot 10^6$ wurde kein makroskopischer oder mikroskopischer Anriß festgestellt.

Die Existenz einer Dauerfestigkeitsgrenze läßt den Schluß zu, daß die Störstellen, von denen die Anrisse ausgehen, bezüglich der Spannungshäufung und deren Auswirkung nicht sehr verschieden sind. In Abhängigkeit vom Werkstoff existiert eine Art Grenzwert, eine „stärkste Störung", die nicht überschritten wird.

4.3 Erste Gleitungen in Abhängigkeit von der aufgebrachten Lastwechselzahl

HEMPEL veröffentlichte in [17] Versuchsergebnisse zu diesem Problem, die im Bild 18 dargestellt wurden. Es sind über der Lastwechselzahl die Spannungen aufgetragen, die

die ersten Gleitungen hervorrufen,

den Ermüdungsbruch herbeiführen.

In dem waagerecht schraffierten Spannungsbereich führen die Gleitlinien nicht zum Anriß und Bruch.

Bei größeren Spannungen beginnt die Gleitlinienbildung schon bei sehr kleinen Wechselzahlen (für $\sigma_{ob} = 20$ kp/mm² schon bei $N \approx 10^4$) und führt nach relativ großer Wechselzahl (für $\sigma_{ob} = 20$ kp/mm² bei $N \approx 10^6$) zum Ermüdungsbruch.

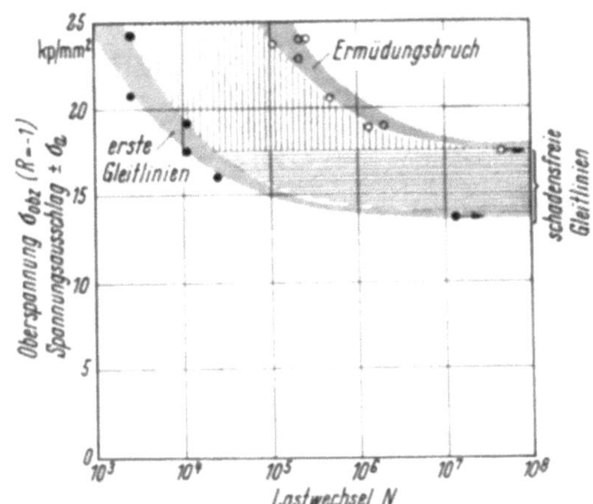

Bild 18. Erste Gleitlinien — Ermüdungsbruch. 0,09 % C-Stahl-flachstäbe unter Biegewechsel-beanspruchung. [17].

4.4 Nachweis von Gleitlinien und Mikroanrissen

Es wurden bereits zahlreiche Versuche [18] durchgeführt, um die Entstehung von Anrissen in den ersten Anfängen festzustellen und von den zahlreichen zerstörungsfreien Gleitlinien zu unterscheiden, die bereits nach relativ wenig Lastwechseln vorhanden sind. Hierzu wird der Ermüdungsversuch unterbrochen und die Oberfläche des Prüfstabs elektropoliert, um die Abzeichnung der Gleitlinien zu entfernen. Die Mehrzahl der Gleitlinienabzeichnungen verschwindet dabei. Es verbleiben jedoch einige Linien, die sich dann nach weiterer Ermüdungsbelastung stärker ausprägen und, nachdem sie in benachbarte Körner weitergelaufen sind, zu Anrissen werden.

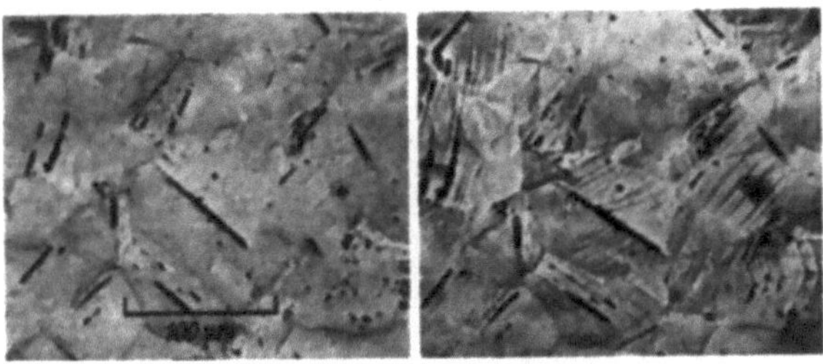

Bild 19. Schliffbild von Kupfer (elektropoliert) — Gleitlinien vor und nach dem Recken. [18].

Wenn es zweifelhaft ist, ob eine stärker ausgeprägte Linie bereits einen Anriß darstellt, kann man sich durch Recken des Prüfstabs oft Klarheit verschaffen. Bild 19 zeigt ein Beispiel, bei dem nach dem Reckversuch mit 5 % Dehnung die zahlreichen starken Gleitlinienabzeichnungen kaum geweitet sind. Sie bleiben (auch nach dem Recken) auf die Körner, in denen sie entstanden sind, beschränkt.

Sie sind nicht als Anrisse anzusehen, könnten jedoch bei längerer Wechselbelastung der Ausgang für Anrisse werden.

Beachtlich ist, daß diese durch einzelne Körner gehenden, der Elektropolitur standhaltenden Markierungen bereits bei einer Lastwechselzahl vorhanden sind, die nur 50% der Bruchlastwechselzahl entspricht.

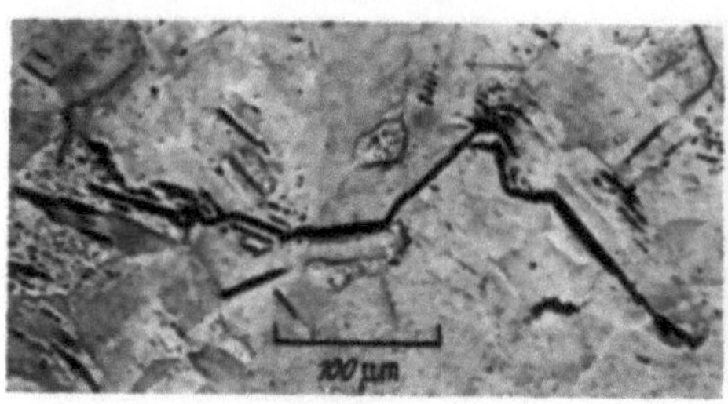

Gleitlinien vor dem Recken.   Gleitlinien nach 5 % Dehnung.
Vermutlicher Anriß.   Aufgeweiteter Anriß über mehr als einen Kern.

Bild 20. Schliffbild von Kupfer (elektropoliert) mit Gleitlinien — Nachweis von Rissen durch Recken. [18].

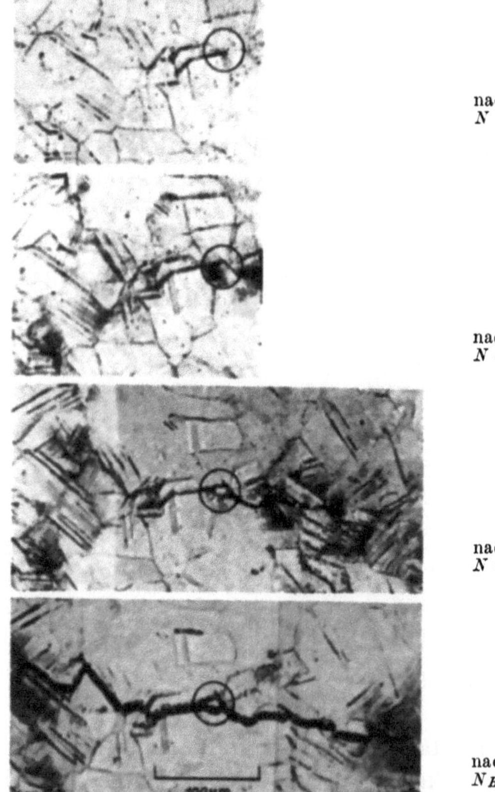

Schliffbild

nach:
$N = 0{,}176 \cdot 10^6 \triangleq 0{,}055 \cdot N_B$ (elektropoliert)

nach:
$N = 1{,}41 \cdot 10^6 \triangleq 0{,}44\, N_B$

nach:
$N = 2{,}27 \cdot 10^6 \triangleq 0{,}71\, N_B$

nach:
$N_B = 3{,}17 \cdot 10^6$

Bild 21. Schliffbilder von Kupfer nach verschiedenen Lastwechselzahlen.
Entstehung und Fortschreiten des Anrisses. [18].

Im Bild 20 ist links eine vermutliche Anrißstelle nach dem Elektropolieren zu sehen, die sich, wie das rechte Foto zeigt, beim Recken bis zu 5% Dehnung des Prüfstabs zu einem klaffenden Riß weitet.

Im Bild 21 sind 4 Mikrofotos einer Untersuchung zum Nachweis erster Gleitlinien an Kupfer [18] wiedergegeben. Das oberste Foto zeigt, daß bereits nach $N = 0,176 \cdot 10^6$ Lastwechseln, das sind 5,5% der Bruchlastwechselzahl, Linien vorhanden sind, die durch Elektropolieren nicht verschwinden, sich bei zunehmender Lastwechselzahl vergrößern, sich über mehrere Körner ausdehnen und schließlich, wie im unteren Foto gezeigt, zu eindeutigen Anrissen werden.

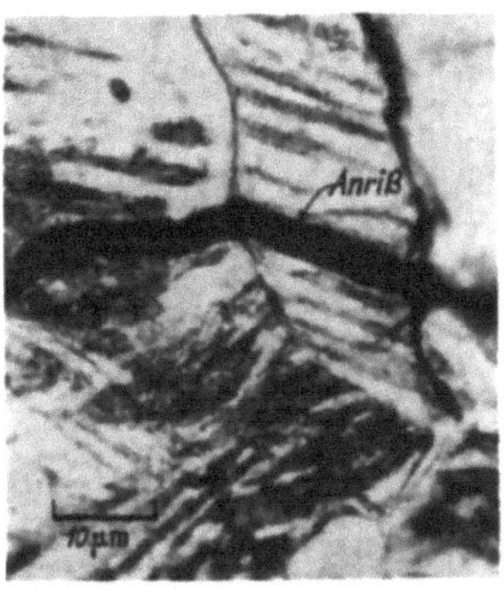

Bild 22. Gefüge eines C-armen Stahles mit Gleitlinien und Anriß nach Wechselbelastung wenig oberhalb der Dauerfestigkeit. [19].

Bild 22 zeigt Gleitlinien in einer Stahlprobe nach kleiner Lastwechselzahl [19]. Durch Belastungen etwas oberhalb der Dauerfestigkeit entstand der im Schliffbild sichtbare Anriß (kräftige Linie), der über mehrere Körner verläuft.

5 Hochtrainieren

5.1 Qualitative und quantitative Ergebnisse aus Trainierversuchen

Grundsätzliche Versuche zu diesem seit langem bekannten Phänomen wurden von WISS [20] an C-Stählen durchgeführt.
Sie brachten folgende Erkenntnisse:

Im *Mehrstufenversuch* kann durch stufenweise gesteigerte Lasthöhe gegenüber der an Probestäben im Einstufenversuch erreichten „unteren Dauerfestigkeit" σ_{Du} eine Steigerung zur „oberen Dauerfestigkeit" σ_{Do} erreicht werden. Man kann die dynamische Festigkeit „hochtrainieren".

Im „*Langversuch*" wird die Steigerung zum höchstmöglichen σ_{Do} erreicht, wenn die Anfangsstufe etwas unter σ_{Du} liegt und bei kleinen Belastungssteigerungen (etwa 1 kp/mm² je Stufe) die Lastwechselzahl jeder Stufe groß $(\Delta N > 10^6)$ ist.

Im „*Kurzversuch*" ist die Lastwechselzahl in den Stufen mit 1 kp/mm² Steigerung wesentlich (etwa eine Größenordnung) kleiner. Es zeigte sich: Je schneller die Belastung gesteigert wird (je kürzer also die Stufen bei gleicher Belastungsstufenhöhe sind), um so größer wird zwar die erreichte Höchstlast, aber um so kleiner wird die Lebensdauer.

Vorbeanspruchungen oberhalb σ_{Du} verkleinern die durch Hochtrainieren erreichbare obere Grenze σ_{Do}, weil sich der Werkstoff „in der Vorbeanspruchung schon verausgabt hat".

Überbelastungen ohne Hochtrainieren durch mäßige Überschreitung der unteren Dauerfestigkeit σ_{Du} mit geringer Lastwechselzahl ($\approx 10^5$) ändern die Dauerfestigkeit gegenüber σ_{Du} nicht.

Folgende quantitative Ergebnisse wurden erzielt:

Weicher 0,14 C-Stahl ($\sigma_B = 38{,}4\ \text{kp/mm}^2$), dessen Streckgrenze mit $\sigma_{0,2} = 23\ \text{kp/mm}^2$ nur wenig über der unteren Dauerfestigkeit $\sigma_{Du} = \pm 20\ \text{kp/mm}^2$ liegt, kann

im „Langzeitversuch", wie Bild 23 zeigt, auf $\sigma_{Do} = \pm 24\ \text{kp/mm}^2$ hochtrainiert, also um 20% verbessert werden,

im „Kurzzeitversuch", wie Bild 24 zeigt, auf $\sigma_{ob\,z} = 28\ \text{kp/mm}^2$ bei $N \approx 10^6$ gebracht werden,

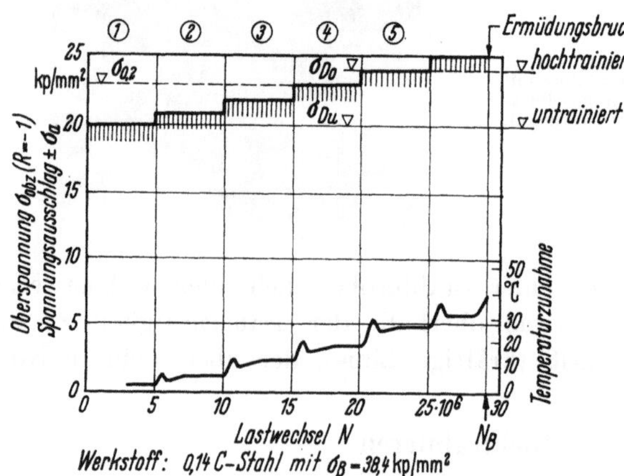

Bild 23. Hochtrainieren der Dauerfestigkeit am Beispiel eines weichen Flußstrahles. Sechs-Stufen-Langversuch. [20].

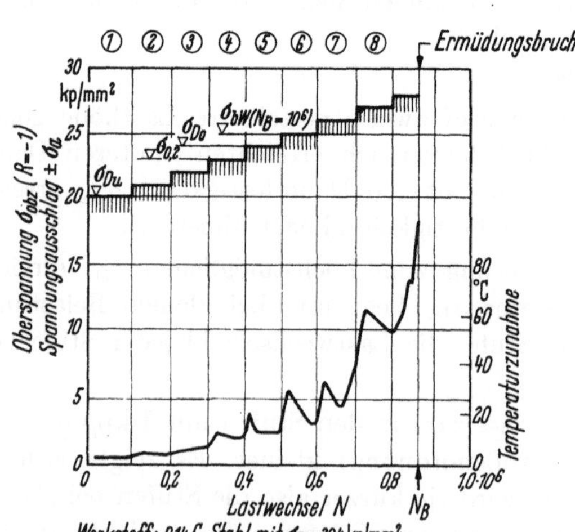

Bild 24. Hochtrainieren der Dauerfestigkeit eines weichen Flußstahles. Neun-Stufen-Kurzversuch. [20].

Überbeanspruchung mit $\sigma_{bW} = 1{,}3\sigma_{Du}$ in $2 \cdot 10^5$ Lastwechseln aufnehmen, ohne daß sich die Dauerfestigkeit $\sigma_{Du} = 20$ kp/mm² ändert.

Härterer 0,5 C-Stahl ($\sigma_B = 67{,}4$ kp/mm²), dessen Streckgrenze $\sigma_{0,2} = 44{,}6$ kp/mm² wesentlich stärker über der unteren Dauerfestigkeit $\sigma_{Du} = \pm 34$ kp/mm² liegt, konnte durch Hochtrainieren im „Langversuch" bezüglich der Dauerfestigkeit nur um 9 % verbessert werden.

Die Frage, wie sich ein durch statische Kaltverformung verfestigter Stahl bezüglich der Dauerfestigkeit verhält, kann dahingehend beantwortet werden:

Durch die statische Verfestigung wird σ_{Du} erhöht.

Ein zusätzliches Hochtrainieren bringt nur noch sehr kleine Unterschiede von σ_{Do} zu σ_{Du}.

Große praktische Bedeutung hat das Hochtrainieren bisher nicht erreicht.

Das Verhalten der Werkstoffe in der Nähe der Dauerfestigkeit σ_{Du} mit dem Phänomen des Hochtrainierens ist jedoch bezüglich der Mehrstufenversuche an Bauteilen von grundsätzlichem Interesse, da sich zeigt, daß durch sehr häufige geeignete Wechsellasten statt Schädigungen (oder nur wirkungsloser Gleitungen) auch positive Effekte erzielt werden können.

Bei den dynamischen Verfestigungsvorgängen spielt die Verformungsarbeit der metallischen Werkstoffe eine wichtige Rolle. Dieser von WISS [20] eingehend behandelte Zusammenhang soll durch die Eintragung des Verlaufs der Temperaturen der Proben während des Lang- und Kurzversuchs in den Bildern 23 und 24 angedeutet werden.

5.2 Annahmen über die Gleitlinienbildung beim „Hochtrainieren" im Langversuch

In der ersten Stufe mit dynamischen Beanspruchungen knapp unterhalb der unteren Dauerfestigkeit σ_{Du}

entstehen schon nach einer kleinen Lastwechselzahl (vielleicht in der Größenordnung $N_1 = 10^4$) Gleitlinien in den dazu durch eine „stärkste Störung" begünstigten Kristallen,

entziehen sich diese Gefahrstellen durch bleibende Gleitungen im Kristall der Aufnahme der Spannungsspitze, so daß die Nachbarschaft stärker belastet ist,

wird damit ein gewisser Ausgleich dahingehend geschaffen, daß die „Bevorzugung" einzelner Stellen für die Entstehung des Ermüdungsschadens abgebaut wird,

wird durch die dynamische Kaltverformung der Werkstoff verfestigt, ohne daß es zu gefährlichen örtlichen Überbeanspruchungen kommt.

In der zweiten Stufe, etwas (≈ 5 %) über der ersten, wird der Ausgleich unter Vergrößerung der Gleitlinienfelder ähnlich wie in der ersten Stufe verbessert, was nur möglich ist, weil eine erste Ausgleichsstufe und Verfestigung bereits vorhanden war.

In den weiteren Stufen bis zur „oberen Dauerfestigkeit" werden optimaler Ausgleich und Verfestigung erzielt.

IV. Kerben und Kerbwirkung — statische Probleme

1 Begriffe und Definitionen

1.1 Begriffsbestimmung und charakteristische Größen der Kerbwirkung

Querschnittsstörungen eines Körpers durch Ausschnitte, Einschnitte, Übergänge oder Ansätze, die bei der Beanspruchung dieses Körpers Störungen des Spannungsverlaufs zur Folge haben, bezeichnet man als Kerben. Die in der Umgebung von Kerben vorhandene Störung des Nennspannungsverlaufs (die Nennspannungsverteilung ist die mit der elementaren Festigkeitslehre berechenbare Spannungsverteilung) bezeichnet man als Kerbwirkung. Den Ort der Maximalspannung im Kerbbereich nennen wir Kerbgrund. Die Störung der Nennspannungsverteilung — d. h. die Kerbwirkung — ist durch die im folgenden aufgeführten charakteristischen Größen gekennzeichnet.

Die Maximalspannung im Kerbgrund σ_{max} *bzw. die Maximalanstrengung* $\sigma_{v\,max}$

Die Maximalspannung σ_{max} innerhalb des linear-elastischen Bereichs ist in diesem Buch durch den Häufungsfaktor K (Grundformzahl) gegeben ($K = \sigma_{max}/\sigma_{nu}$).

Im elastischen Bereich ist die Maximalspannung für eine bestimmte Belastungsart nur von der Geometrie der Kerbe abhängig; der Häufungsfaktor ändert sich nicht, wenn die Geometrie eines Kerbstabs ähnlich vergrößert oder verkleinert wird.

Wegen der Mehrachsigkeit des Spannungszustandes im Kerbbereich ist nicht die Maximalspannung, sondern die Maximalanstrengung, ausgedrückt durch die aus der Gestaltänderungsenergie-Hypothese berechnete Vergleichsspannung $\sigma_{v\,max}$, hinsichtlich des Bruchverhaltens maßgebend. Zu diesem Sachverhalt wird später bei der Behandlung der Festigkeitsprobleme eingehend Stellung genommen. Jenseits der Elastizitätsgrenze, d. h. außerhalb des Gültigkeitsbereichs des Hookeschen Gesetzes, bleibt der Häufungsfaktor für eine bestimmte Belastungsart und Kerbgeometrie nicht mehr konstant, sondern hängt wesentlich von der Belastungshöhe und vom Werkstoff ab.

Das bezogene Spannungsgefälle $\chi = (d\sigma/dt)_{max}/\sigma_{max}$ *bzw. bezogene Anstrengungsgefälle* $\chi_v = (d\sigma_v/dt)_{max}/\sigma_{v\,max}$

Das Spannungsgefälle $d\sigma/dt$ kann in erster Näherung genau wie die Maximalspannung σ_{max} im Kerbbereich in unmittelbare Beziehung zum Ausrundungsradius des Kerbes gesetzt werden, der dieses Gefälle erzeugt.

Maßgebend für das Bruchverhalten ist das jeweils auftretende maximale Spannungsgefälle, das im allgemeinen auf das Spannungsmaximum bezogen wird (bezogenes Spannungsgefälle) (s. hierzu Skizze im Bild 25).

Das Spannungsgefälle wird genau wie der Häufungsfaktor von der Kerbform, der Belastungsart und der Größe des untersuchten Bauteils bestimmt.

Es ist zu beachten, daß bei vielen Kerbformen vom Kerbgrund aus gesehen unterschiedliche Spannungsgefälle in verschiedenen Richtungen auftreten. Maßgebend ist jeweils das größte Spannungsgefälle.

Bei mehrachsiger Beanspruchung wird statt des Spannungsgefälles das sog. Anstrengungsgefälle ausschlaggebend. Die daraus resultierenden Unterschiede

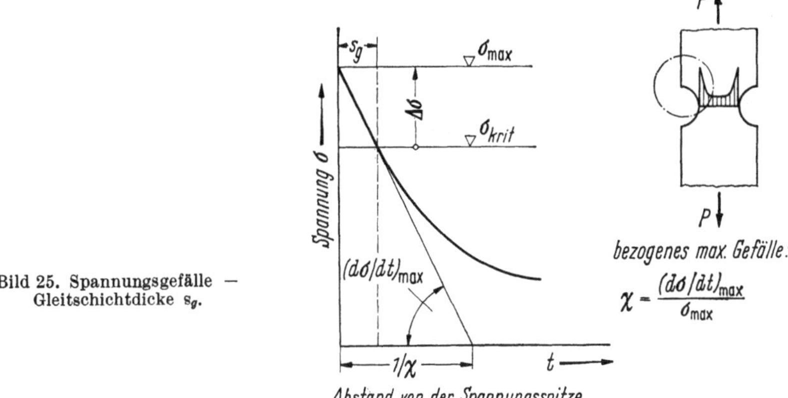

Bild 25. Spannungsgefälle — Gleitschichtdicke s_g.

sind jedoch bei den meisten praktisch auftretenden Kerbformen gering. Dieses Problem wird bei der Behandlung der Festigkeitsfragen eingehend diskutiert.

1.2 „Formzahl" der Werkstoffprüfung und „Häufungsfaktor" der Konstruktion

1.2.1 Erläuterung der Begriffe

Entsprechend einem Vorschlag von THUM [1] bezeichnet man die sich aus den elementaren Gleichungen der Festigkeitslehre ergebende Spannung als „Nennspannung".

Die wirkliche Spannungsverteilung, die sich im Bereich einer beliebigen örtlichen Querschnittsstörung einstellt, kann mit der elementaren Festigkeitslehre nicht errechnet werden. Für den Konstrukteur ist vor allem die Höchstspannung dieser Verteilung interessant. Es ist mithin zweckmäßig, eine Kennzahl zu schaffen, die das Verhältnis der örtlichen Maximalspannung σ_{max} zur Nennspannung σ_n angibt. Der geometrische Wert σ_{max}/σ_n wird als Formzahl bezeichnet.

Bei der Einführung dieser „Formzahl", wurde nicht eindeutig festgelegt, auf welchen Querschnitt die Nennspannung σ_n zu beziehen ist. Bei der Angabe von Formzahlen muß daher auch der Bezugsquerschnitt der Nennspannung σ_n eindeutig angegeben werden.

Als Bezugsquerschnitt kommen in Frage:

der durch den „Kerb" geschwächte „Nettoquerschnitt" F_n,

ein ungestörter Querschnitt F_u vor dem Kerb, der zur Aufnahme der Spannungen bei ungestörtem Verlauf dimensioniert ist.

Den von NEUBER [2] errechneten geometrischen Formzahlen liegt in den meisten Fällen als Bezugsquerschnitt für die Berechnung der Nennspannung der durch die Störung geschwächte Querschnitt F_n zugrunde.

Bei der Verwendung des Nettoquerschnittes F_n und der dazu gehörigen „Formzahl" $\alpha_k = \sigma_{max}/\sigma_{nn}$ ist die Auswirkung der Querschnittsstörung in zwei Einflüsse zerlegt:

erstens in die Vergrößerung der Nennspannung infolge der Schwächung (z. B. beim Zugversuch) im Verhältnis ungestörter zu Nettoquerschnitt F_u/F_n;

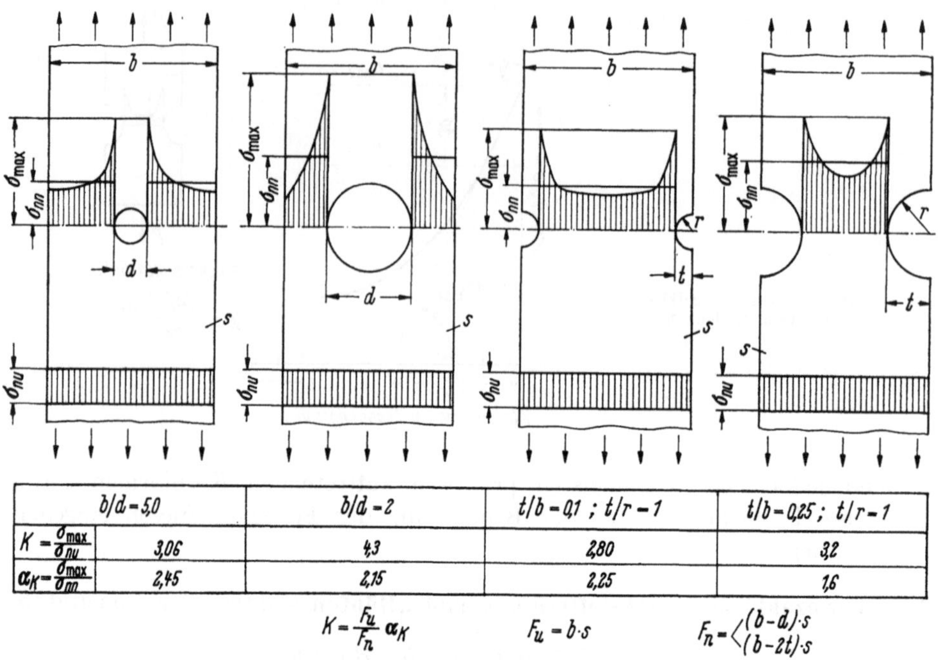

	$b/d = 5{,}0$	$b/d = 2$	$t/b = 0{,}1$; $t/r = 1$	$t/b = 0{,}25$; $t/r = 1$
$K = \dfrac{\sigma_{max}}{\sigma_{nu}}$	3,06	4,3	2,80	3,2
$\alpha_K = \dfrac{\sigma_{max}}{\sigma_{nn}}$	2,45	2,15	2,25	1,6

$$K = \frac{F_u}{F_n}\,\alpha_K \qquad F_u = b\cdot s \qquad F_n = \left\langle\begin{matrix}(b-d)\cdot s\\(b-2t)\cdot s\end{matrix}\right.$$

Bild 26. Spannungsverteilungen — Streifen mit Bohrung oder Außenkerb unter Axiallast. Gegenüberstellung: Häufungsfaktor — Formzahl.

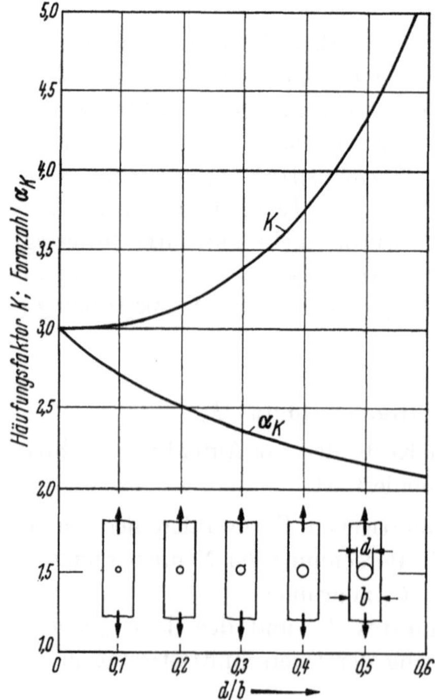

Bild 27. Flachstab mit Bohrung unter Axiallast. Häufungsfaktor und Formzahl in Abhängigkeit vom Verhältnis d/b. Nach [3].

dieser Einfluß würde im statischen Bruch bei voll plastischem Werkstoff allein wirksam sein;

zweitens in das Abweichen der Spannungsverteilung im gestörten Querschnitt F_n von der Geradlinigkeit der Verteilung der Nennspannung σ_{nn}, also die Umlagerung der Spannungen gegenüber der gleichmäßigen Verteilung in eine solche mit Spannungsspitzen entsprechend der Formzahl $\alpha_K = \sigma_{max}/\sigma_{nn}$.

Den Konstrukteur, der dynamisch belastete Konstruktionen durchbildet, interessiert die Gesamtauswirkung und nicht nur der durch die Formzahl α_K gegebene Teil. Für ihn ist das Verhältnis der sich infolge einer Querschnittsstörung einstellenden örtlichen Höchstspannung σ_{max} zur Spannung σ_{nu} im ungestörten Querschnitt maßgebend. Dieses Verhältnis nennen wir Häufungsfaktor $K = \sigma_{max}/\sigma_{nu}$ (in der Literatur findet man hierfür auch die Bezeichnung Grundformzahl α_g).

Der Häufungsfaktor $K = \sigma_{max}/\sigma_{nu}$ erfaßt neben der „reinen Kerbwirkung" einer Querschnittsstörung auch die Spannungsänderung infolge der Querschnittsänderung durch diese Störung. Er ist gleichzeitig ein unmittelbares Maß für die Ermüdungsfestigkeit eines Bauteils mit einer Querschnittsstörung.

Das Bild 26 erläutert an einigen Beispielen den Häufungsfaktor K und gibt außerdem den Zusammenhang zwischen der Formzahl α_K und dem Häufungsfaktor K an.

Für einen Streifen mit Bohrung sind im Bild 27 über dem Verhältnis d/b zum Vergleich der Häufungsfaktor K und die Formzahl α_K aufgetragen [3].

1.2.2 Begründung für die Zugrundelegung des ungestörten Querschnitts als Bezugsquerschnitt bei der Berechnung von Nennspannung und Häufungsfaktor

1.2.2.1 Das Leichtbauprinzip

Entscheidend bezüglich der Güte der Leichtbaukonstruktion ist die Optimierung zum geringsten Materialaufwand. Dieser Aufwand ist im wesentlichen durch die ungestörten Querschnitte gegeben. Die erreichte Spannung im ungestörten Querschnitt F_u sagt also etwas über die Materialausnutzung aus, während die über den schwächeren Querschnitt F_n gemittelte größere Nettospannung eine bessere Ausnutzung vortäuscht.

Es ist die Aufgabe des Leichtbaukonstrukteurs, bei jedem Bauteil die tragenden Querschnitte in den ungestörten Bereichen, also die „ungestörten Querschnitte", möglichst klein zu halten. Örtliche Schwächungen, wie z. B. Bohrungen, denen eine Verringerung auf „Nettoquerschnitte" entspricht, sind möglichst zu vermeiden. Unvermeidliche Störungen sind durch örtliche Verstärkungen oder Spannungsumleitungen mit minimalem örtlichem Aufwand auszugleichen. Diese Art des Ausgleichs ist in der modernen Konstruktion mit Hilfe der „Integraltechnik", des Ätzens und der Klebung durchaus durchführbar.

1.2.2.2 Vergleich mit Strömungsvorgängen

In der Strömungslehre geht man von der ungestörten Strömung aus. Man bezieht auf die ungestörte „Anströmgeschwindigkeit" v_0 und ermittelt die Geschwindigkeitsänderungen. Die Geschwindigkeitsänderungen wirken sich auf die Stromlinien aus, die in größerer Entfernung von einem Störkörper unverändert bleiben.

Entsprechend bleiben auch die durch die Spannungstrajektorien gekennzeichneten Spannungen in einem Flachstab in hinreichender Entfernung von einer Störung, z. B. einer Bohrung, wenig beeinflußt.

Bild 28a zeigt an einem Flachstab mit Bohrung das Reißlackbild und die senkrecht zu den Rissen eingezeichneten Zugspannungstrajektorien. Man sieht, wie der Spannungsfluß, der hinreichend weit vor und hinter der Bohrung entsprechend den parallelen Linien gleichmäßig ist, durch das Loch nach beiden Seiten „verdrängt" und an den Lochrändern konzentriert wird.

Im Bild 28b und c wird erläutert, inwiefern die Bezugnahme auf den ungestörten Querschnitt anschaulich und logisch ist. Die Spannungsverteilung in einem auf Zug beanspruchten Flachstab von der Breite b mit einer Bohrung d, also dem Verhältnis $\sigma_{nn}/\sigma_{nu} = b/(b - d)$, ist auf zwei Weisen dargestellt:

Bezugnahme auf F_u mit der Nennspannung σ_{nu} (Bild 28b)
Die Spannungserhöhung im verbleibenden Querschnitt ist zu deuten als eine Umlagerung der Spannungen aus dem Bohrungsbereich in die Lochrandzone (stark abfallend zur Stabrandzone); dies ist anschaulich und logisch.

Bezugnahme auf F_n mit der Nennspannung σ_{nn} (Bild 28c).
Die gleichmäßige Spannungserhöhung auf σ_{nn} über den ganzen verbleibenden (Netto-) Querschnitt und danach eine Umlagerung der Spannungen vom Stabrand zum Lochrand ist weder anschaulich noch logisch. Wie irreführend diese Darstellung für den Konstrukteur ist, folgt auch daraus, daß die Spannungsumlagerung außer dem „Aufbau" zur Spitze auch einen „Abbau" zeigt, der nur wegen der rechnerischen Erhöhung der Nennspannung nötig wird.

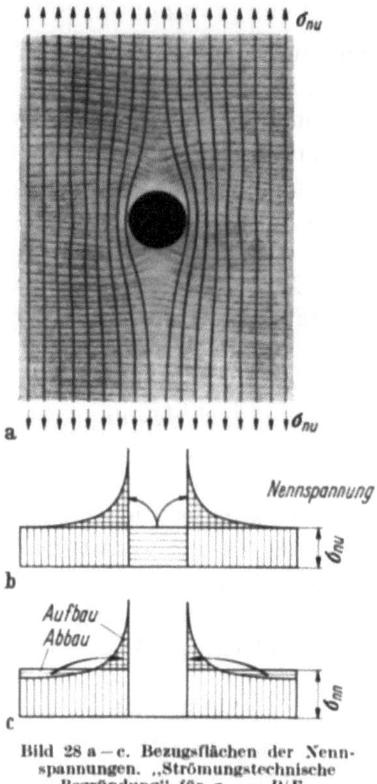

Bild 28 a — c. Bezugsflächen der Nennspannungen. „Strömungstechnische Begründung" für $\sigma_{nu} = P/F_u$.

1.2.2.3 Einwandfreie Vergleichsbasis

Der Vorteil der Bezugnahme auf den ungestörten Querschnitt bei der Wertung einer Konstruktion zeigt sich deutlich, wenn verschiedene Fügetechniken verglichen werden sollen:

Bei Klebung kann man nur auf den Querschnitt beziehen, der ungestört bleibt.

Bei Punktschweißung sind zwar punktförmige Störungen vorhanden, aber man kann, da keine Querschnittsverringerung vorliegt, nur auf den ungestörten Querschnitt beziehen.

Bei Nietung oder Verbolzung muß man also ebenfalls auf den ungestörten Querschnitt beziehen, da sonst zu große (weil auf einen kleineren Nennquerschnitt bezogene) Spannungen und somit eine zu gute Werkstoffausnutzung vorgetäuscht werden.

Bei Querstößen durch Blechüberlappung sind für den Konstrukteur nicht die „Nettonennspannungen" in den Fügequerschnitten maßgebend. Entscheidend ist, welche dynamischen Spannungen $\sigma_{nu} = P/F_u$ der Fügeteile durch die

Fügung übertragen werden können. Treibt man die Nettospannung der Fügung $\sigma_{nn} = P/F_n$ dadurch hoch, daß man den Fügenettoquerschnitt F_n verkleinert, z. B. mit übergroßen Nietdurchmessern, so verringert man die übertragbare Kraft P und damit die Spannung $\sigma_{nu} = P/F_u$, die allein ein Maß für die Werkstoffausnutzung ist.

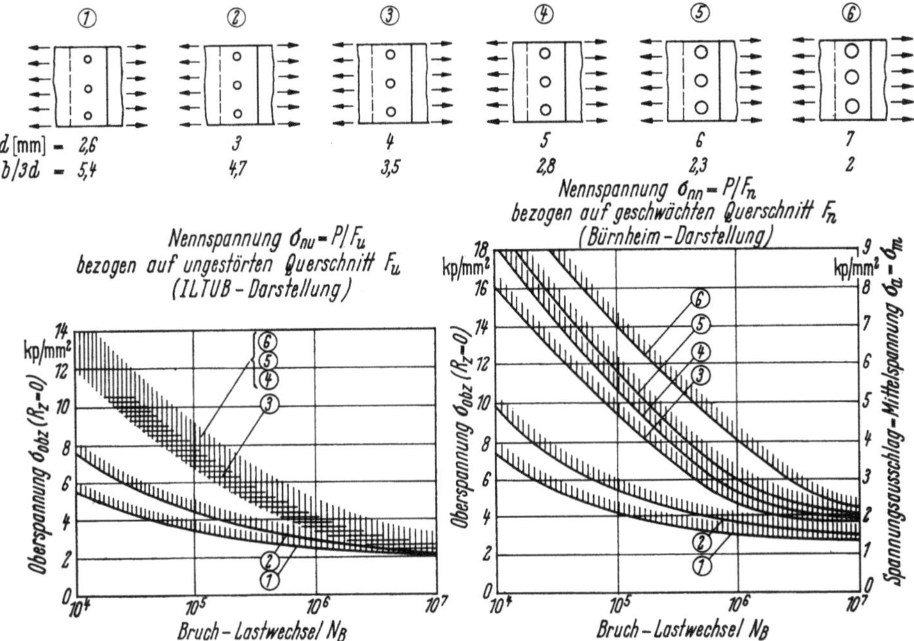

Bild 29. Vergleich der $(\sigma - N)$-Kurven für verschiedene Bezugsquerschnitte. Beispiel: Einreihige, dreizeilige Nietung, Nietdurchmesser variiert.

Der Nettoquerschnitt ist bei Nietungen und Verbolzungen nur selten der „Nettoüberträger". Vielmehr werden die Bohrungen überdeckt durch die Fügeteile (Nietköpfe, Unterlegscheiben), die durch Schub (Reibung) an der Kräfteübertragung beteiligt werden.

Man sollte nicht einen durch Bohrungen geschwächten „Nettoquerschnitt" allein als maßgebend betrachten, wenn seine Überdeckungen den Querschnittsverlust wett machen und außerdem Reibungsübertragungen den Anschlußquerschnitt umgehen. Eine große Ausnahme bildet der „Augenstab", bei dem keine Überdeckung und keine Reibungsübertragung wirksam ist.

Welche Irrtümer durch ungeschickte Wahl des Bezugsquerschnittes entstehen können, wird durch ein Beispiel im Bild 29 erläutert.

Die Ergebnisse einer Versuchsreihe von Bürnheim [4] sind als $(\sigma - N)$-Kurven dargestellt:

rechts als $\sigma_{nn} = P/F_n$, bezogen auf den Nettofügeschnitt,

links als $\sigma_{nu} = P/F_u$, bezogen auf den ungestörten Fügeteilschnitt.

Während die Darstellung rechts den falschen Eindruck erweckt, mit dem Nietbild 6 mit größtem Nietdurchmesser erhielte man die dynamisch günstigste Verbindung, die weit über der Basisausführung 3 läge, zeigt die Darstellung links, daß die maßgebende untere Streubandgrenze für die Ausführungen *3* bis *6* zusammenfällt.

In seiner sehr wertvollen experimentellen Arbeit über den Einfluß des „Nietbildes" auf die Überlappungsfügung von Blechen bezieht BÜRNHEIM die „Dauerhaltbarkeitswerte stets auf den durch die Nietlöcher geschwächten und nicht auf den vollen Querschnitt". Er kommt durch das so aufgestellte Bild 29 rechts zu dem Trugschluß über die „Zunahme der Haltbarkeit mit dem Nietdurchmesser", während, wie im Bild 29 links zu sehen ist, alle Nietverbindungen mit Nietdurchmessern größer oder gleich 4 mm eine gemeinsame untere Streugrenze haben. Es besteht also kein Grund, Niete mit Durchmessern von mehr als 4 mm zu verwenden. Größere Niete sind nicht zu empfehlen, weil bei ihnen die örtlichen Verformungen des Bleches durch das Schlagen sehr groß werden.

Die Problematik der Wahl des Bezugsquerschnittes für die Nennspannung zeigt sich auch bei Längsstößen.

Zur Untersuchung der Festigkeit dieser Fügung wurden Versuchsstreifen der im Bild 487 skizzierten Breite hergestellt.

Die Querschnittsverhältnisse (Nettoquerschnitt F_n zu ungestörtem Querschnitt F_u) von Versuchsstreifen und Gesamtplatte können sich wesentlich unterscheiden. Bei im ILTUB durchgeführten Untersuchungen lagen folgende Verhältnisse vor:

$$\text{Versuchsstreifen: } F_n/F_u = 0{,}91,$$

$$\text{Gesamtplatte: } \quad F_n/F_u = 0{,}98.$$

Mithin ergeben sich bei den Versuchsstreifen im Vergleich zu den Spannungen im ungestörten Querschnitt zu große Nettospannungen. Dieses Verhältnis wird im Gesamtbauteil nicht erreicht, da dort die Schwächung relativ klein (2%) bleibt.

Die Bezugnahme auf den Nettoquerschnitt wird ad absurdum geführt, wenn man in einem längsgezogenen Streifen die Nietlöcher einer Querreihe immer enger setzt, so daß der Nennquerschnitt, der nach Abzug der Löcher verbleibt, gegen Null geht. Der Streifen erreicht dann den Formzahlwert $\alpha_K = 1$ und muß somit als günstig erscheinen, obgleich dynamische und statische Festigkeit einer derartigen Verbindung gegen Null gehen.

1.2.2.4 Eindeutigkeit der Querschnittswahl

In vielen Konstruktionen, insbesondere bei Fügungen, ist oft nicht von vornherein klar, in welchem Nettoquerschnitt der dynamische Bruch erfolgen wird. Bei gleichen Konstruktionen können Ermüdungsbrüche in verschiedenen Querschnitten eintreten. Dieses Verhalten einiger Konstruktionen sei an einem Beispiel erläutert.

Bild 30 zeigt den zweischnittigen Überlappungsanschluß eines Flachstabs mit dem ungestörten Querschnitt F_u. Die Anschlüsse sind für beide Seiten (rechts und links) eines Stabes gleich.

Ausführung I mit fünf gleich großen Bohrungen hintereinander hat an allen Bohrungen den gleichen Nettoquerschnitt F_n. Da die Überlappungen nicht zugeschärft sind, ist die Beanspruchung des ersten Querschnittes F_{n1} sicher am ungünstigsten.

Ausführung II mit vier gleichen und einer kleineren Bohrung am Laschenansatz, die den Nettoquerschnitt F_{n2} ergibt, ist günstiger, da die Laschen derartig zugespitzt sind, daß die Kräfteübertragungen besser verteilt sind als bei Ausführung I.

Ausführung III entsteht aus II dadurch, daß eine „Entlastungsbohrung" vor dem Laschenansatz hinzugefügt ist, die den Nettoquerschnitt F_{n3} beläßt.

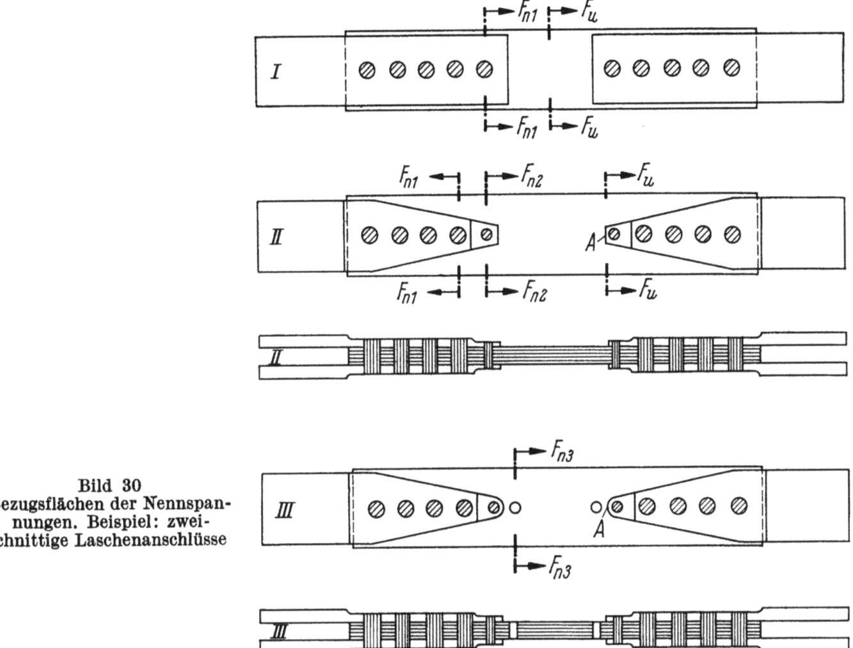

Bild 30
Bezugsflächen der Nennspannungen. Beispiel: zweischnittige Laschenanschlüsse

Bei Ausführung I ist der dynamische Bruch immer im Querschnitt F_{n1} zu erwarten, da der erste Bolzen eine starke Überlastung der Bohrung hervorruft. Es kann daher in diesem Fall noch als gerechtfertigt angesehen werden, wenn die Stabspannungen auf diesen Nettoquerschnitt F_{n1} bezogen werden.

Die Untersuchung der Ausführung II von YEOMANS [5] ergab, wie im Bild 246 dargestellt, die Brüche

entweder im Querschnitt F_u ohne Bohrung dort, wo die Querkante des Laschenrandes bei dynamischer Belastung auf der Flachstaboberfläche reibt und Reibkorrosion die Ermüdungsfestigkeit herabsetzt,

oder im Querschnitt F_{n2} mit der kleinen Bohrung für den ersten Bolzen.

Es ist daher wenig sinnvoll, die Spannungen auf den kleinsten Nettoquerschnitt F_{n1} (s. Bild 30) zu beziehen, in dem kein Bruch eintritt, und zwar weder im dynamischen noch im statischen Versuch.

Als weiteres Beispiel sei in diesem Zusammenhang die Kesselspannung in der Haut einer Flugzeug-Druckkabine angeführt. Diese Spannung gibt man unter Bezugnahme auf die Hautstärke s an, so daß die Tangentialspannung $\sigma_t = p \cdot r/s$ (bei Kabinenüberdruck p und Radius r) als Nennspannung eindeutig ist.

Würde man dagegen Nettoquerschnitte in der Haut angeben wollen, so müßten mit Bohrungen unterschiedlicher Durchmesser und Abstände an den verschiedenen interessierenden Stellen unterschiedliche Nennspannungen eingesetzt werden.

1.2.2.5 Kerben in größeren Bauteilen

In einem größeren Bauteil, wie beispielsweise einer Integralplatte, können verschiedene Störungen in einen Querschnitt fallen, ohne sich gegenseitig zu beeinflussen, und daher voneinander getrennt untersucht werden.

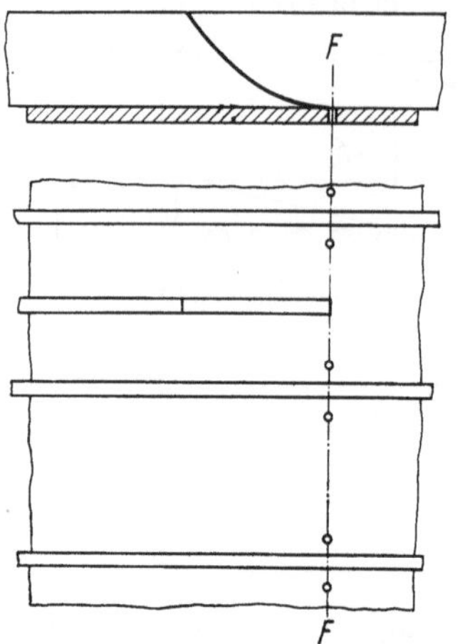

Bild 31. Anordnung mehrerer Störungen in einem Querschnitt. Integralplatte mit Stegauslauf und Bohrungen.

Bild 31 gibt hierzu ein Beispiel. Wenn man den Auslauf eines Steges untersucht, so ist es unwesentlich, ob zusätzliche Bohrungen im Ansatzquerschnitt $F-F$ liegen, da ihre Spannungshäufungen bis zur Kerbstelle am Stegansatz abgeklungen sind.

Die konstruktive Aufgabe besteht hier darin, den kleinsten ungestörten Querschnitt (der statischen Optimaldimensionierung) mit minimaler Kerbwirkung am Stegansatz in den größeren Querschnitt überzuführen. Es ist mithin sinnvoll, den kleinsten ungestörten Querschnitt als Bezugsquerschnitt zu wählen.

Diese Erkenntnis ist insofern wertvoll, als sie lehrt, daß es für die Ermüdungsfestigkeit in einem größeren Bauteil durchaus nicht nachteilig sein muß, wenn mehrere Kerben in einem Querschnitt in größerem Abstand voneinander „in Reihe angeordnet werden"; die aus der Summierung der Schwächungen entstehende Querschnittsverringerung kann dynamisch unwirksam bleiben.

Es ist durchaus vernünftig, die Störungen zu reihen, anstatt zu streuen, insbesondere, wenn man für diese Reihe das Spannungsniveau durch eine Aufdickung herabsetzt.

2 Spannungsverteilungen und Häufungsfaktoren — eine Zusammenstellung von Werten mit grundsätzlicher Bedeutung für die Konstruktion

2.1 Einzelkerben

2.1.1 Kreisrunde Löcher in Platten, Streifen und Rohren unter Längszug

2.1.1.1 Einzelbohrung in unbegrenzter Platte

Die errechnete Spannungshäufung in der Umgebung einer einzelnen Bohrung in einer unbegrenzten, gleichmäßig durch σ_{nu} (auf Zug) beanspruchten Platte ist im Bild 32 durch die Linien gleich großer bezogener Hauptzugspannungen σ_1/σ_{nu} dargestellt [6].

Der Häufungsfaktor am Bohrungsrand ist $K = \sigma_{1\,max}/\sigma_{nu} = 3{,}0$. Die Spannungshäufung nimmt mit der Entfernung vom Lochrand stark ab, so daß

$K_x = \sigma_{1x}/\sigma_{nu}$ im Abstand $x = a/d = 1,0$ von der Lochmitte auf $K_{1,0} = 1,4$ und im Abstand $a/d = 1,5$ auf $K_{1,5} = 1,1$ abgesunken ist.

Diese Darstellung ist wertvoll bei der Beantwortung der Frage, in welcher Lage zur Bohrungsmitte man in der gleichen Platte

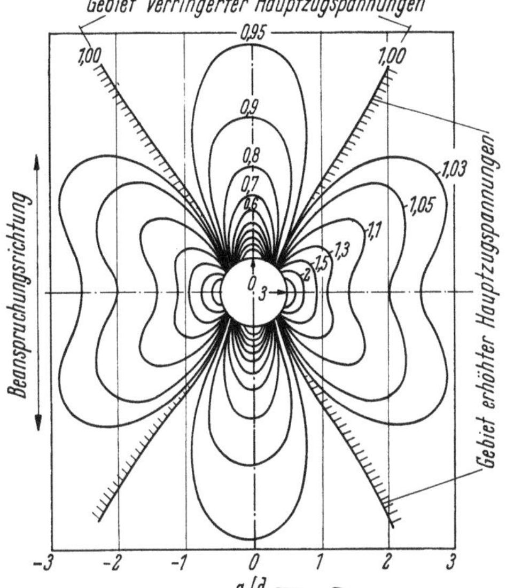

Bild 32. Platte mit Bohrung unter einachsiger Zugbeanspruchung. Linien gleicher Hauptzugspannungen σ_1, Spannungsverhältnisse σ_1/σ_{nu}. Nach [6].

Störungen anbringen kann, ohne den Häufungsfaktor am Lochrand zu erhöhen oder

weitere Bohrungen anordnen kann, ohne an deren Rand durch Überlagerungseffekte besonders hohe Spannungen des „Kerbes in einem Kerbbereich" hervorzurufen.

2.1.1.2 Zentrische Einzelbohrung im Längsstreifen

Man kann aus der Darstellung in Bild 32 entnehmen, daß im Abstand $a/d = 2,5$ von der Lochmitte die Erhöhung der Hauptzugspannungen auf $\sigma_1/\sigma_{nu} \approx 1,03$ abgeklungen ist. Trennen wir durch zur Längsachse parallele Schnitte im Abstand $a/d = +2,5$ und $-2,5$ einen Längsstreifen von der Breite $b/d = 5$ aus der Platte heraus, so werden sich die Hauptspannungen nahe dem Lochrand nur wenig ändern.

Im Bild 27 sind über dem Verhältnis d/b der Häufungsfaktor K und die Formzahl α_K aufgetragen [3], letztere nähert sich bei $d/b > 0,6$ dem Wert 2,0. $\alpha_K = 2$ entspricht der „Völligkeit" einer dreieckigen Spannungsverteilung über dem Restquerschnitt; eine derartige Spannungsverteilung wird, wie aus Bild 33 ersichtlich, bei $d/b = 0,5$ angenähert erreicht.

In diesem Bild sind über dem durch die Lochmitte gehenden Querschnitt eines längsgezogenen Streifens von der Breite b für verschiedene Bohrungsdurchmesser d die Werte der Hauptspannungen σ_x/σ_{nu} vom Bohrungsrand bis zum Streifenrand aufgetragen [6]. Die Verbindungskurve der Häufungsfaktoren am Lochrand ergibt den Verlauf des Häufungsfaktors $K = \sigma_{max}/\sigma_{nu}$, abhängig von dem Verhältnis Bohrungsdurchmesser zu Streifenbreite d/b.

Man erkennt, daß bei dem Streifen mit $d/b = 0{,}2\,(b/d = 5)$ der Häufungsfaktor K gegenüber $b/d = \infty$ (Bild 32) nur um $\approx 6\%$ erhöht ist.

Der zunächst flache Anstieg von K mit Vergrößerung der Bohrung, also zunehmendem d/b (bis etwa $K = 4{,}3$ bei $d/b = 0{,}5$), ist mit einer zunehmenden „Völligkeit" der Spannungsverteilung über dem Restquerschnitt verbunden, d. h., das Spannungsgefälle und somit die Stützwirkung werden kleiner.

Mit einer Zunahme des Verhältnisses d/b über 0,5 hinaus steigt K steil an.

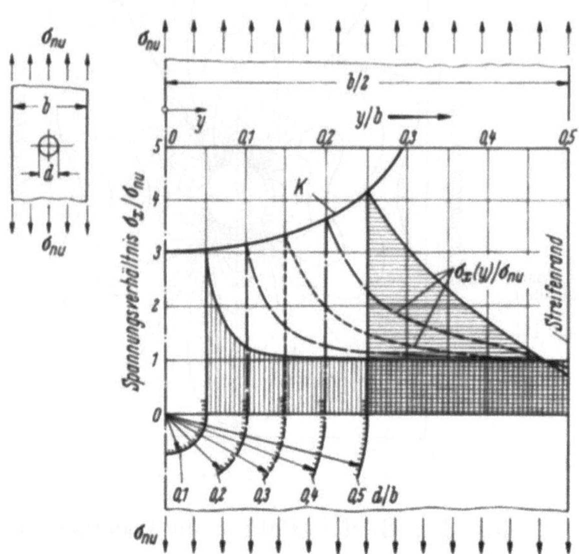

Bild 33. Streifen mit Bohrung unter einachsiger Zugbeanspruchung. Spannungsverteilungen im gestörten Querschnitt bei verschiedenen Verhältnissen d/b. Nach [6].

2.1.1.3 Bohrungen oder Kreisausschnitte mit Ansenkungen oder Lochrandverstärkungen

Die Bohrungsränder in Blechen werden häufig angesenkt oder gebördelt, um in den Vertiefungen die Köpfe der Versenkniete aufzunehmen.

Die Ränder von Kreisausschnitten in Blechen oder Platten werden in vielen Fällen zur Versteifung gebördelt oder durch Ringe verstärkt, wie dies beispielsweise an Schubstegen in Kap. XXII untersucht ist.

Diese Randausbildungen beeinflussen das Spannungsfeld im Bohrungsbereich, so daß Erhöhungen der Spannungshäufungen am Lochrand eintreten können.

2.1.1.3.1 Auswirkung einer Ansenkung auf die Spannungsumleitung am Loch

a) Reißlackuntersuchungen

Um eine Vorstellung von der Auswirkung der Ansenkungen zu bekommen, wurden im ILTUB Zugversuche zur Herstellung von Reißlackbildern mit Versuchsstreifen aus Plexiglas durchgeführt. Diese Streifen enthielten unterschiedlich tief angesenkte Bohrungen.

Im Bild 34 sind die durch Zugbelastung erzeugten Reißlackbilder beider Seiten eines Flachstabs wiedergegeben, dessen zentrale Bohrung angesenkt ist. Die senkrecht zu den Rissen eingezeichneten Linien sind die Zugspannungstrajektorien.

Eine Verengung der Spannungstrajektorien ist im gefährdeten Querschnitt $m-m$ am Lochrand

auf der nicht angesenkten Seite stark ausgeprägt,

auf der Ansenkungsseite nicht vorhanden.

Selbstverständlich läßt sich daraus nicht schließen, daß auf der Ansenkungsseite geringe und auf der Gegenseite hohe Spannungshäufungen vorliegen. Der Verlauf der Spannungstrajektorien sagt nichts darüber aus, welche Spannungskonzentration durch die Dickenabnahme in Tiefenrichtung vorliegt.

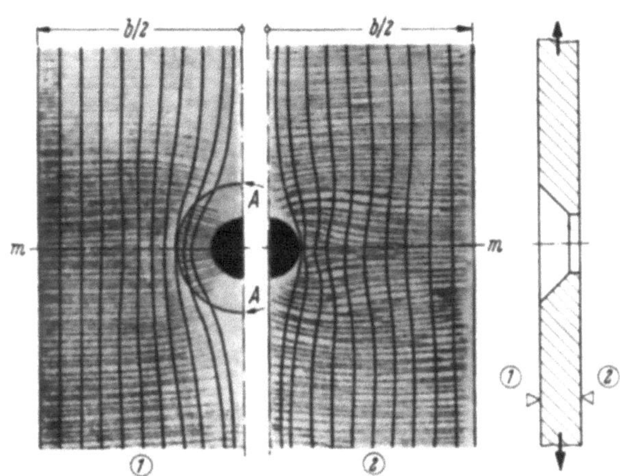

Bild 34. Streifen mit Bohrung und Ansenkung unter einachsiger Zugbeanspruchung. Reißlackversuch — Spannungstrajektorien.

Obgleich also das Trajektorienbild im vorliegenden Fall nicht einmal qualitativ Auskunft über die Spannungshäufungen geben kann und eine schwere Gefahr der Trugschlüsse bezüglich der Spannungen in der Ansenkung gegeben ist, erhält man einen wertvollen Hinweis: Die Trajektorien auf der angesenkten Seite verengen sich im gefährdeten Schnitt $m-m$ an der Ansatzkante A der Ansenkung, so daß hier eine Spannungshäufung wahrscheinlich ist.

b) Dehnungsmessungen

Um quantitative Aussagen über die Spannungserhöhungen durch Ansenkung einer Bohrung zu gewinnen, wurden im ILTUB Dehnungsmessungen an einer auf Zug beanspruchten Modellplatte aus Plexiglas, wie sie im Bild 35 dargestellt ist, durchgeführt.

Im Bild 35 sind die längs des gefährdeten Querschnitts $m-m$ auf beiden Seiten gemessenen Spannungsverhältnisse σ_x/σ_{nu} und die bei gleich großer Bohrung ohne Ansenkung auftretenden Werte aufgetragen. Man sieht daraus:

Der Häufungsfaktor $K = \sigma_{max}/\sigma_{nu}$ am Lochrand wird (natürlich für beide Oberflächen gleich) von $K = 3,2$ ohne Ansenkung auf $K = 4,3$ durch die Ansenkung erhöht.

Auf der „Gegenseite" der Ansenkung fällt die Spannung von dem entsprechend $K = 4,3$ erhöhten Wert steiler ab als bei $K = 3,2$ (ohne Ansenkung), so daß zu dem erhöhten σ_{max} ein steileres Spannungsgefälle gehört, das eine erhöhte Stützwirkung verspricht.

4*

Auf der „Ansenkungsseite" fällt dagegen das Spannungsverhältnis von dem Maximalwert $K = 4{,}3$ wesentlich flacher ab. Die Häufung an der Innenkante der Ansenkung, die sich im Reißlackbild 34 ankündigt, zeichnet sich durch einen Knick in der gemessenen Kurve ab.

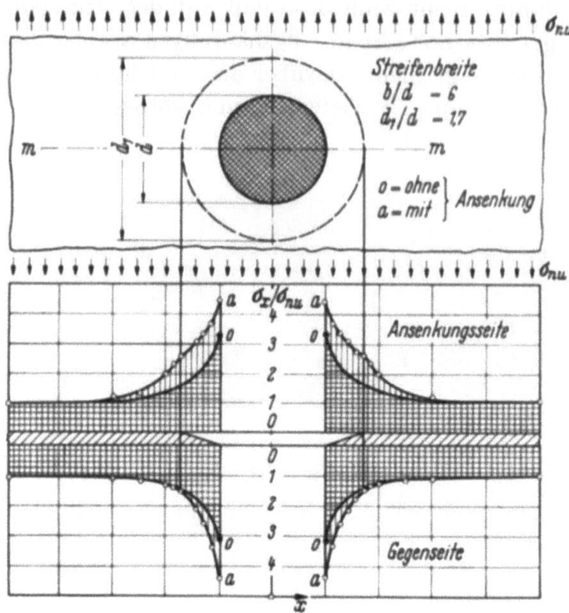

Bild 35. Platte mit Bohrung unter einachsiger Zugbeanspruchung. Einfluß einer Ansenkung auf die Spannungsverteilung im gestörten Querschnitt.

2.1.1.3.2 Auswirkung einer Bördelung

An einer Platte mit einfachen Bördelungen, die um $\varphi = 40°$ hervortreten, wurden längs des gefährdeten Querschnitts $m—m$ Dehnungsmessungen auf beiden Plattenseiten im ILTUB durchgeführt. Die im Bild 36 aufgetragenen

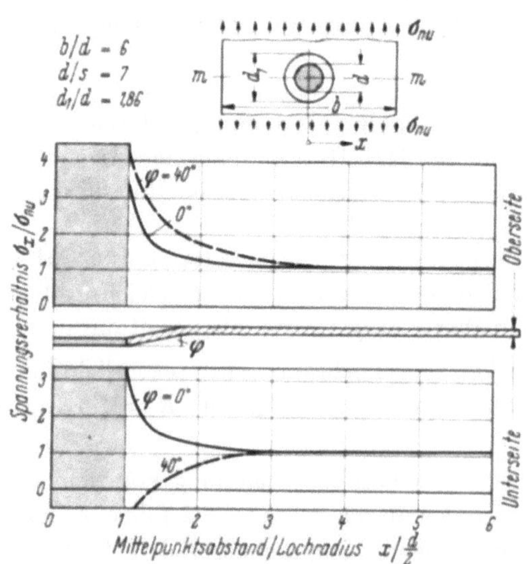

Bild 36. Platte mit Bohrung unter einachsiger Zugbeanspruchung. Einfluß einer Bördelung auf die Spannungsverteilung im gestörten Querschnitt.

Meßergebnisse zeigen, daß am Lochrand die Spannungsspitze von $K = 3{,}2$ durch die $\varphi = 40°$-Bördelung

auf der Oberseite kräftig erhöht ($K = 4{,}2$),
auf der Unterseite sehr stark herabgesetzt wird.

2.1.1.3.3 Auswirkung eines Verstärkungsringes

Im ILTUB wurden die Auswirkungen von Verstärkungsringen auf die Spannungskonzentration am Lochrand untersucht.

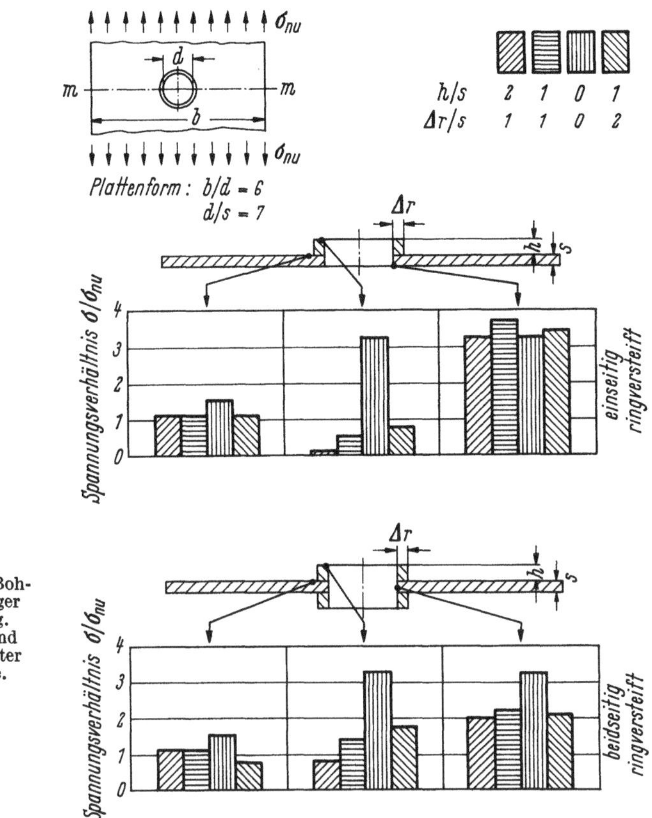

Bild 37. Platte mit Bohrung unter einachsiger Zugbeanspruchung. Einfluß einseitig und beidseitig aufgeklebter Verstärkungsringe.

Im Bild 37 sind die Meßergebnisse zusammengestellt. Sie zeigen, wie sich mit den verschiedenen Größen von h/s und $\Delta r/s$ die Spannungsverhältnisse σ/σ_{nu} an charakteristischen Stellen der Bohrung und des Ringes im gefährdeten Querschnitt $m-m$ ändern.

Bei einseitigem Ring ändert sich durch den Ring für alle untersuchten geometrischen Verhältnisse die Spannung am Lochrand auf der Gegenseite nicht wesentlich. Demgegenüber ist jedoch der Spannungsabbau durch beidseitige Ringe — wie aus Bild 37 ersichtlich — erheblich wirkungsvoller.

2.1.1.4 Exzentrische Einzelbohrung im längsgezogenen Streifen

Mit der Exzentrizität e des Bohrungsmittelpunkts zur Längsachse wächst der Häufungsfaktor K an dem Lochrand an, der dem Streifenrand um die Exzentrizität e nähergerückt ist. Im Bild 38 ist dieser K-Wert über d/b für die Parameter $e/b = 0$ (zentrische Bohrung), 0,1, 0,2, 0,3 aufgetragen [7]. Der Einfluß der Exzentrizität e/b ist recht beachtlich.

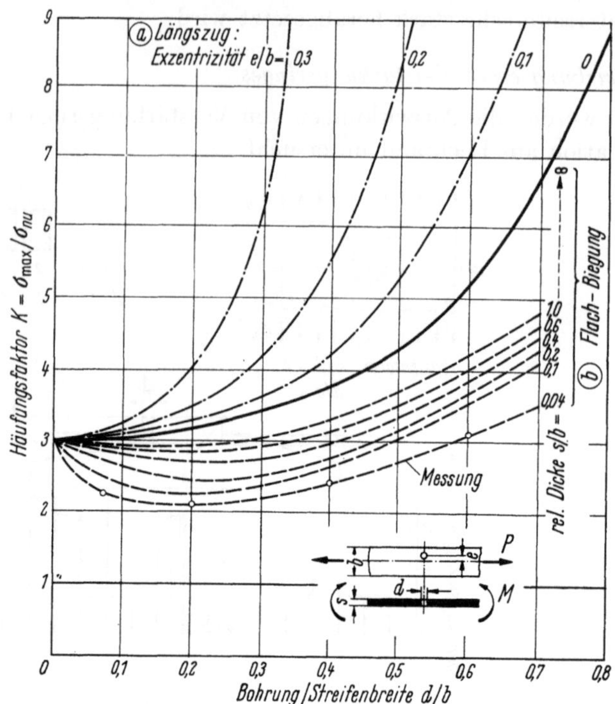

Bild 38. Streifen mit Bohrung unter einachsiger Zugbeanspruchung bzw. Biegebeanspruchung. Einfluß der Bohrungsexzentrizität. Nach [7].

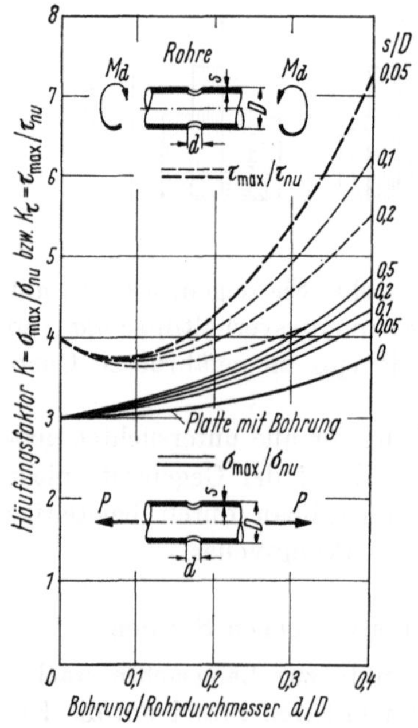

2.1.1.5 Bohrungen in Rohren

Im Bild 39 sind die Häufungsfaktoren K von Bohrungen in Rohren über dem Verhältnis Bohrungs-/Rohrdurchmesser d/D — mit dem Verhältnis Wandstärke/Rohrdurchmesser s/D als Parameter — für Längszug K und für Torsion K_τ aufgetragen [7].

Bei $d/D = 0$ wirkt sich die Rohrkrümmung nicht aus, und unabhängig von s/D wird $K = 3$ und $K_\tau = 4$.

Bei $d/D > 0$ nehmen die K-Werte mit zunehmender Wandstärke bis $s/D = 0,5$ (Vollstab)

bei Zug (K) zu,
bei Torsion (K_τ) ab.

Zu beachten ist, daß K_τ bei großer Bohrung und geringer Wandstärke sehr groß werden kann.

Bild 39. Rohr mit Wandbohrung unter Längszug oder Torsion. Nach [7].

2.1.2 Kreisrunde Löcher in Streifen bei „Flachbiegung"

Der Häufungsfaktor am Lochrand bei der Biegung von Flachstäben ist außer von dem relativen Lochdurchmesser d/b von der relativen Flachstabdicke s/b abhängig. Die Darstellung im Bild 38 zeigt K über d/b mit s/b als Parameter [7]. Die Kurven beginnen mit $K = 3$ bei $d/b = 0$ für sämtliche Parameterlinien s/b und fallen zunächst mit zunehmendem relativen Lochdurchmesser bis zu einem Minimum ab, das für den praktisch häufigen Fall $s/b = 0,1$ bei $d/b = 0,2$ den Wert $K = 2,2$ erreicht.

2.1.3 Kreisrunde Löcher in Streifen bei Biegung in Streifenebene

Eine Bohrung in einem Flachstab in oder nahe der Neutralebene verringert das Widerstandsmoment des Stabes gegen Biegung in der Stabebene, wie es sich nach der Theorie für geradlinige Spannungsverteilung ergibt. Das Reißlackbild 40 eines solchen Stabes aus reiner Biegebelastung veranschaulicht durch die eingezeichneten Spannungstrajektorien, daß am Loch der „Spannungsfluß" aus der Nähe der Neutralachse 0—0 in Richtung auf den Stabrand abgeleitet wird. Dadurch kommen diese „Spannungsfäden" im Verlauf um das Loch in eine zur Aufnahme der Biegemomente wirksamere Lage (größerer Hebelarm).

Die Spannungshäufungen am oberen und unteren Lochrand bilden ein Biegemoment, das im vorliegenden Fall praktisch dem gleich ist, das ohne Ausschnitt bei geradliniger Spannungsverteilung durch den Querschnittsanteil von der Höhe des Ausschnittdurchmessers d übertragen wurde.

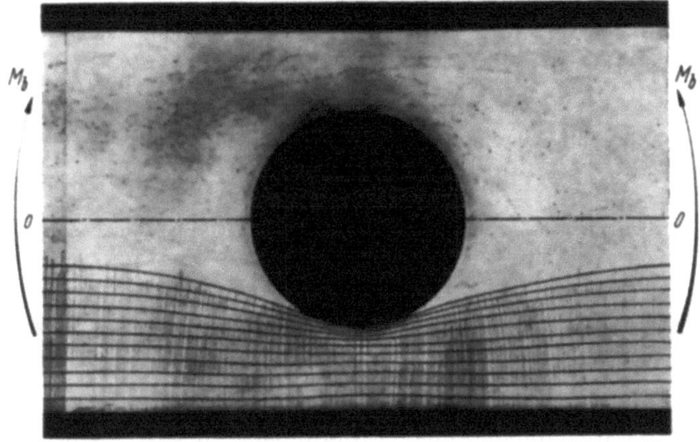

Abb. 40. Streifen mit Bohrung ($d/b = 0,58$) unter Biegung in Streifenebene. Reißlackversuch — Spannungstrajektorien.

Theoretische Untersuchungen [8] ergaben, daß bei zunehmendem Durchmesser der Bohrung nur die Lochrandspannung zunimmt, während die Stabrandspannung σ_x unverändert bleibt.

Die Ermüdungsfestigkeit des Stabes, für die die höchste örtliche Spannung maßgebend ist, wird erst dann wesentlich beeinflußt, wenn die Lochrandspannung die Stabrandspannung σ_x überschreitet.

Die Spannungsverteilung des in seiner Ebene auf Biegung beanspruchten Stabes wurde im ILTUB für verschiedene Verhältnisse Lochdurchmesser/Stab-

höhe $= d/b$ durch Dehnungsmessungen längs des Stabrandes und im geschwächten Querschnitt am großen Plexiglasmodell experimentell untersucht.
Aus der Auftragung der Meßergebnisse im Bild 41 ist zu ersehen:

Die Spannungsspitze am Bohrungsrand erreicht bei $d/b = 0{,}44$ (Fall 2) noch nicht den Wert von σ_x am Stabrand im Schnitt m—m.

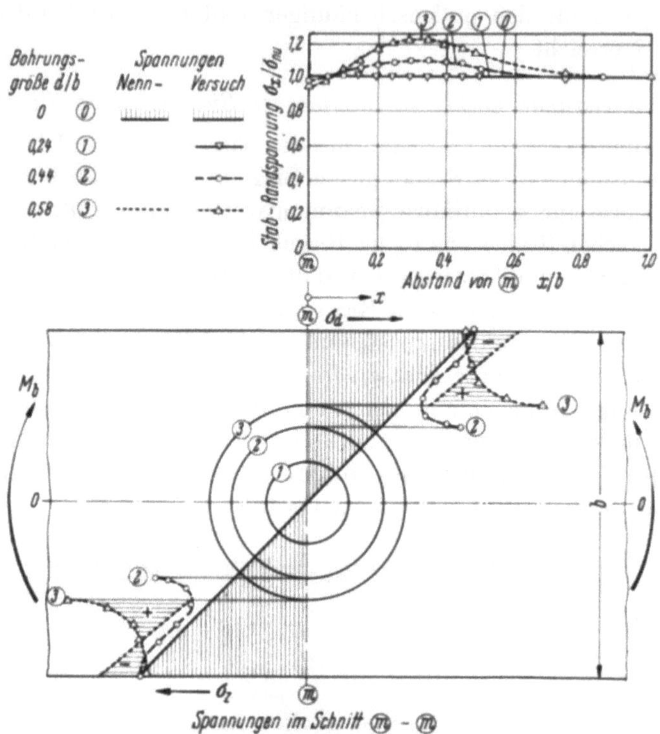

Bild 41. Streifen mit Bohrung unter Biegung in Streifenebene. Einfluß des Verhältnisses d/b auf die Spannungsverbindung im gestörten Querschnitt.

Der Verlauf der Spannungen längs des Stabrandes zeigt (in Übereinstimmung mit dem Reißlackbild) eine Spannungsspitze etwas vor dem Mittelquerschnitt, und zwar bei $d/b = 0{,}44$ etwa $K = 1{,}1$ und bei $d/b = 0{,}58$ etwa $K = 1{,}23$.

Bei $d/b \approx 0{,}5$ haben die maximale Stabrandspannung $\sigma_{x\,\max}$ und die maximale Lochrandspannung den gleichen Wert. Die Stabrandspannungen sind durch das Loch zwar im Mittelquerschnitt m—m gegenüber der ursprünglichen Nennspannungsverteilung nicht verändert, wie aus Bild 41 zu entnehmen ist, wohl aber in Schnitten daneben. Der Anstieg der maximalen Stabrandspannung entspricht der Abnahme des Widerstandsmomentes im Querschnitt m—m.

2.1.4 Elliptische Löcher in unbegrenzter Platte bei Zug, Biegung und Schub

Die Abwandlung des kreisrunden Loches in ein elliptisches ergibt, daß je nach Orientierung der Ellipse der Häufungsfaktor in der unbegrenzten Platte zu- oder abnimmt.

Im Bild 42 ist der Häufungsfaktor abhängig von der „bezogenen Krümmung" große Halbachse/kleinster Krümmungsradius t/ϱ nach NEUBER [2] für verschiedene Belastungsfälle aufgetragen.

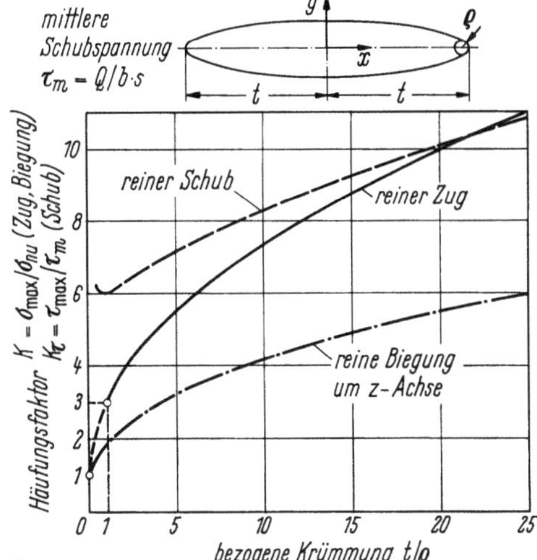

Bild 42. Ausschnitt in Platte unter Zug-Biegung oder Schub. Einfluß der „Ausschnitt-Schlankheit" t/ϱ. Nach [2].

2.1.5 Außenrandkerben

2.1.5.1 Einschnitte in Rändern von Flachstäben

2.1.5.1.1 Flachstäbe mit Randeinschnitten unter Längszug

Einschnitte in den Rand eines Flachstabs sind gekennzeichnet durch ihre Tiefe t und den Radius des Kerbgrundes r bzw. ϱ. Bei der Darstellung der Häufungsfaktoren im Bild 43 ist K über der relativen Einschnittiefe t/b mit dem Parameter t/r aufgetragen [7].

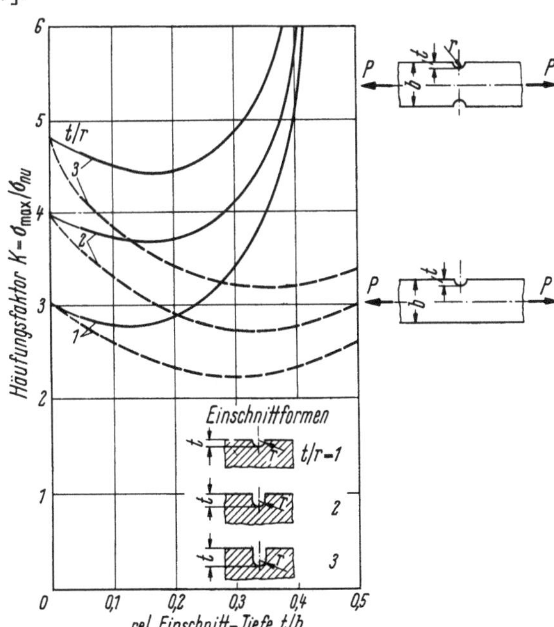

Bild 43. Flachstab mit Außenkerb unter Längszugbeanspruchung. Vergleich einseitiger und beidseitiger Kerbanordnung. Nach [7].

Wenn die relative Einschnittiefe t/b gegen Null geht, so kann dies dahingehend gedeutet werden, daß die Streifenbreite unendlich wird. Man kommt also zu dem gleichen Problem wie bei einer Bohrung in einer unendlich ausgedehnten Platte, bei der $K = 3$ ist.

Für $t/b = 0$ und $t/r = 1$ wird daher auch $K = 3$, denn wir können uns diese Platte mit Halbkreiseinschnitt entstanden denken aus einer unendlich breiten Platte mit einer Bohrung d, durch deren Mittelpunkt ein Längsschnitt geführt ist. Entscheidenden Einfluß hat das Verhältnis t/r, denn der Ausschnitt

mit $t/r > 1$ wirkt ähnlich einer querliegenden Ellipse,

mit $t/r < 1$ wirkt ähnlich einem Langloch.

Die Abhängigkeit des Häufungsfaktors K von dem Verhältnis t/ϱ, die Neuber [2] für das elliptische Loch in der unbegrenzten Platte gerechnet hat und die im Bild 42 dargestellt ist, gilt auch für Einschnitte; denn ein Schnitt durch die Längsachse (gleich Zugachse) ergibt den Streifen mit Einschnitt.

Für endliche Streifenbreite ergeben sich — wie im Bild 43 dargestellt — wesentliche Unterschiede zwischen der einseitigen, und der beidseitigen, symmetrischen Anordnung von Einschnitten. Bei den in diesem Bild aufgetragenen Werten hat der Einschnitt mit dem „Flankenwinkel" $\alpha = 0°$ parallele Begrenzungen.

Im ILTUB wurde durch Spannungsmessungen der Einfluß des Flankenwinkels zwischen $\alpha = 0°$ und $\alpha = 170°$ für 7 Werte von α auf K bei $t/\varrho = 2$ und $t/b = 0,25$ untersucht. Die gemessenen K-Werte sind im Bild 44 über α auf-

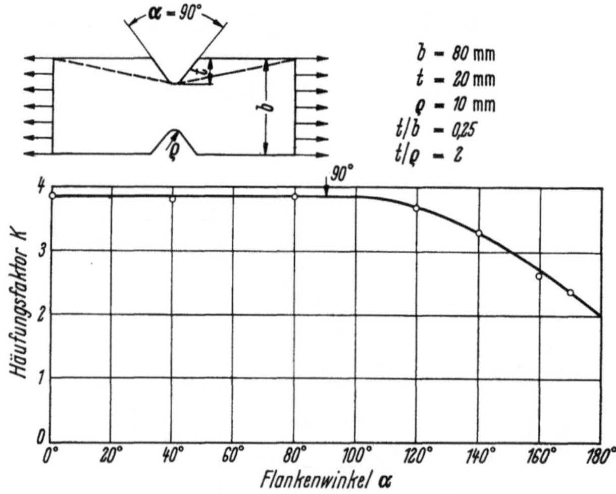

Bild 44. Flachstab mit Außenkerb unter einachsiger Zugbeanspruchung. Abhängigkeit der Häufungsfaktors vom Flankenwinkel.

getragen. Es zeigt sich daraus, daß der Flankenwinkel von $\alpha = 0°$ bis $\alpha \approx 90°$ keinen Einfluß hat und für $\alpha > 90°$ der Häufungsfaktor K mit steigendem α bis auf den Minimalwert $K = K_{\text{stat}} = 2$ bei $\alpha = 180°$ abnimmt.

Im Bild 45 sind die Häufungsfaktoren K über t/ϱ nach der Rechnung von Neuber [2] aufgetragen. Das gezeichnete Beispiel mit etwa $\alpha = 140°$ (bei $t/\varrho = 2$) stimmt mit dem Meßwert im Bild 44 gut überein. Daraus ergibt sich die Möglichkeit, die theoretischen Ergebnisse von Neuber unter Beachtung des

Flankenwinkels auch auf andere Einschnittformen als die von Neuber im Hinblick auf den mathematischen Ansatz gewählte Form mit hinreichender Genauigkeit zu übertragen.

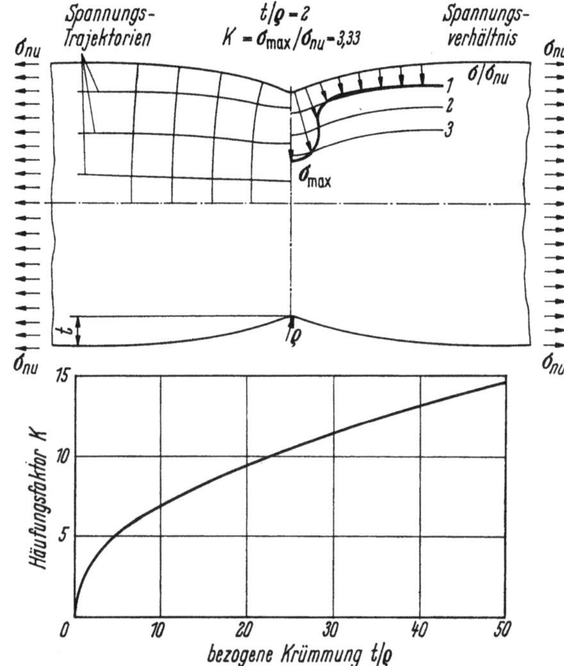

Bild 45. Flachstab mit flachem Außenkerb unter einachsiger Zugbeanspruchung. Nach [2].

2.1.5.1.2 Flachstab mit Randeinschnitt unter Biegung in Stabebene

Die Häufungsfaktoren von Randeinschnitten für den Fall des in Stabebene
gebogenen Flachstabs sind im Bild 46 nach [7] über der relativen Einschnitt-
tiefe t/b mit der relativen Krümmung t/r als Parameter aufgetragen.

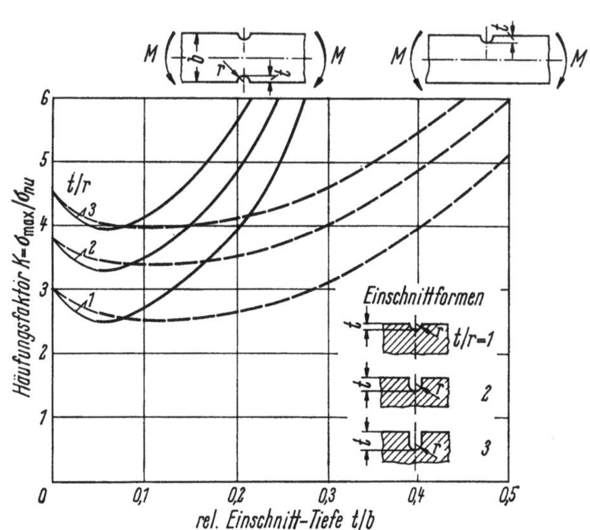

Bild 46. Flachstab mit Außenkerb unter Biegebeanspruchung. Vergleich einseitiger und
beidseitiger Kerban-
ordnung. Nach [7].

2.1.5.2 Ringkerben in Rundstäben

Im Bild 47 sind die Häufungsfaktoren für Rundstäbe mit Ringkerben über der auf den Stabdurchmesser d bezogenen Kerbtiefe t mit der relativen Krümmung des Kerbgrundes t/r als Parameter aufgetragen [7]. Es sind Kurven für Axiallast, Biegung und Torsion angegeben.

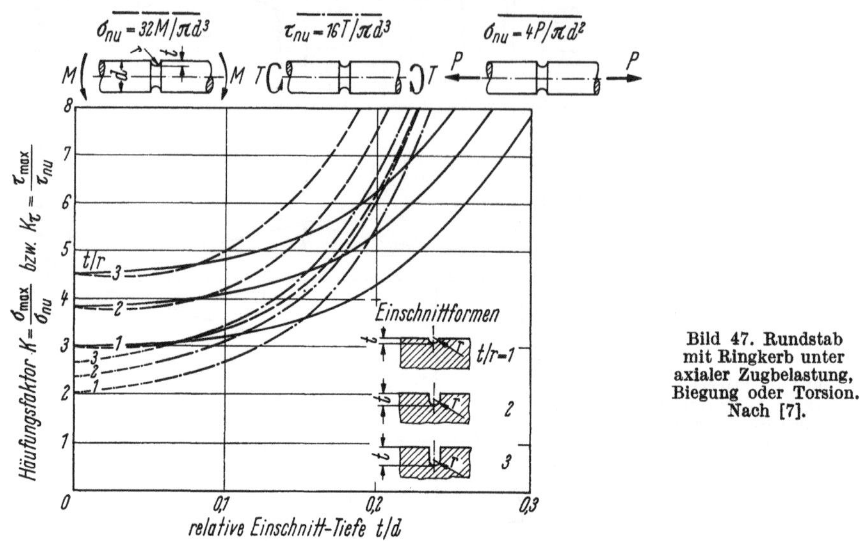

Bild 47. Rundstab mit Ringkerb unter axialer Zugbelastung, Biegung oder Torsion. Nach [7].

2.1.6 Kerbwirkung an Querschnittsübergängen

Der Häufungsfaktor an schroffen Querschnittsübergängen ist im Bild 48 in Abhängigkeit vom Aufdickungsverhältnis s_2/s mit dem Verhältnis r/s ($r =$ Ausrundungsradius) als Parameter dargestellt [7]. Es ist zu beachten, daß die Nennspannung auf den kleineren Querschnitt vor dem Übergang bezogen ist.

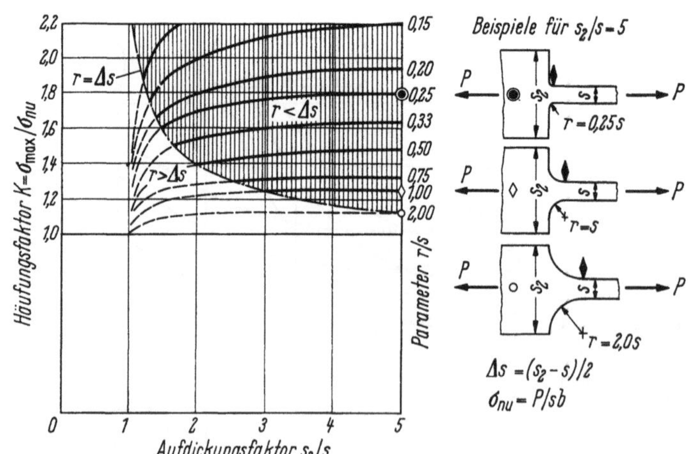

Bild 48. Streifen mit Querschnittsübergang (Aufdickung) unter Längs-Zug-Beanspruchung. Häufungsfaktor an der durch „ ♦ " gekennzeichneten Stelle. Nach [7].

Der Ort der Maximalspannung am Ansatz des Übergangsradius ist im Bild 48 besonders gekennzeichnet. Die Größe der Maximalspannung hängt stark von der auf die kleinere Dicke s bezogenen Übergangskrümmung, wenig von der Größe der Aufdickung ab.

2.2 Kerbkombinationen

2.2.1 Allgemeines

Werden mehrere Kerben so angeordnet, daß ihre Störbereiche einander „überschneiden", so kommt es zu gegenseitigen Beeinflussungen. Die resultierende Kerbwirkung derartiger Kerbkombinationen kann größer oder kleiner sein als die der Einzelkerben. Man spricht sinngemäß in diesem Zusammenhang von Entlastungs- und Überlastungskerben.

Im folgenden sei eine Einteilung der zahlreichen möglichen Kerbanordnungen bezüglich gemeinsamer Merkmale vorgenommen, dabei wird eine einachsige Beanspruchung des gekerbten Bauteils unterstellt:

„Kerbzeile" längs: Mehrere Kerben liegen hintereinander in Beanspruchungsrichtung.

„Kerbreihe" quer: Mehrere Kerben liegen nebeneinander quer zur Beanspruchungsrichtung.

„Kerbfeld":   Mehrere Kerben liegen hinter- und nebeneinander.

„Kerbe im Kerbrand":   Im Randgebiet einer großen Kerbe liegt eine zusätzliche Kerbe (z. B. Bohrung am Rand eines Kreisausschnittes).

„Durchdringungskerbe":   Eine Kerbe wird in Richtung ihres größten Spannungsgefälles von einer zweiten durchdrungen.

2.2.2 Kerbzeile (Anordnung längs zur Kraftrichtung)

An jeder Kerbe entstehen ebenso wie Spannungshäufungen (z. B. seitlich einer Bohrung) auch Spannungsverminderungen (vor und hinter einer Bohrung). Bringt man in diesem sog. „Spannungsschatten" einer Kerbe eine weitere Kerbe an (eine Bohrung vor oder hinter der ersten), so wird zwar eine zusätzliche Spannungsspitze aufgebaut (seitlich), jedoch sind die sich nunmehr einstellenden Maximalspannungen geringer als die Maximalspannung der ursprünglich vorhandenen Einzelkerbe. Man spricht in diesem Zusammenhang von Entlastungskerben. Näheres hierzu wird in Abschn. 2.2.6 ausgeführt.

Für die Zeilenanordnung von Bohrungen ist der Häufungsfaktor K im Bild 49 über der Teilung t/d dargestellt [9]. Er ist gegenüber dem der Einzelbohrung dadurch verkleinert, daß

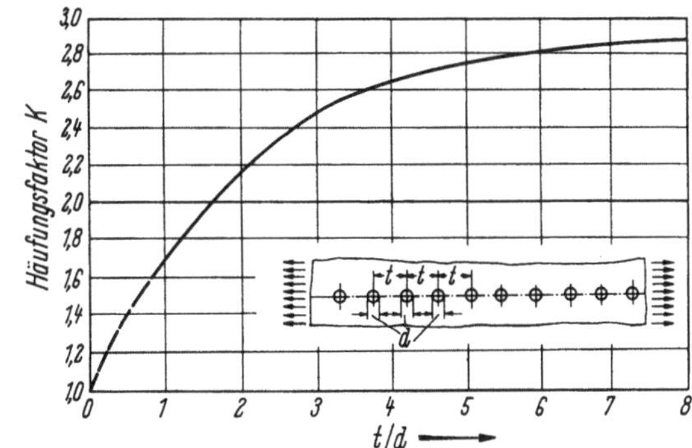

Bild 49. Platte mit Bohrungszeile unter einachsiger Zugbeanspruchung. Nach [9].

der „Spannungsfluß" in der Zeile seitlich verdrängt wird und zwischen den Bohrungen sich nur in beschränktem Maße wieder „einschürt".

Wenn t/d gegen Null geht, entsteht ein Längsschlitz, an dem, abgesehen vom Schlitzanfang und -ende, $K = 1$ sein muß. Bei $t/d = 1$ entstehen zwei Ränder mit Vorsprüngen, und es wird $K = 1,7$. Bei einer normalen Nietteilung $t/d = 3$ wird $K = 2,5$.

2.2.3 Kerbreihe (Anordnung quer zur Kraftrichtung)

2.2.3.1 Grundsätzliche Feststellungen

Bohrungen in einer Reihe quer zur Zuglängsbelastung eines breiten Streifens sind im Blechbau sehr häufig. Es ist daher von Interesse zu wissen, welchen Einfluß die Teilung t/d auf das Spannungsverhältnis σ_1/σ_{nu} im durch die Löcher gehenden Querschnitt hat.

Im Bild 50 sind die Spannungsverteilungen für die Teilungen $t/d = 3$, 2 und 1,5 aufgetragen [10].

Mit Verringerung der Teilung steigt der Häufungsfaktor K schwach und die „Völligkeit" der Verteilung stark an.

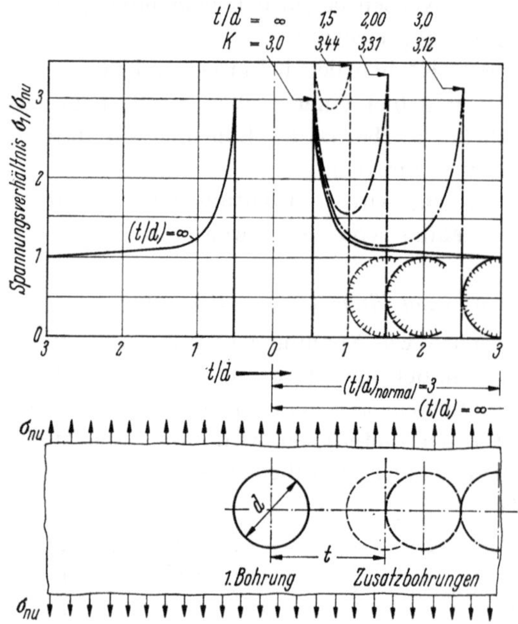

Bild 50. Streifen mit Bohrungen unter einachsiger Zugbeanspruchung. Einfluß des Verhältnisses t/d auf die Spannungsverteilung im gestörten Querschnitt. Nach [10].

Bei der sehr engen Teilung $t/d = 1,5$ ist der Häufungsfaktor nur auf $K = 3,44$ erhöht, die „Völligkeit" (σ_{nn}/σ_{max}) erreicht dabei etwa 90%. Somit bringt eine sehr enge Teilung gegenüber $t/d = \infty$ zwar eine starke Abminderung der statischen Tragfähigkeit (für $t/d = 1,5$ auf ein Drittel), jedoch nur eine geringe Erhöhung (von etwa 15%) des Häufungsfaktors. Die Erhöhung der „Völligkeit" der Spannungsverteilung ist allerdings mit einer Verringerung des maximalen Spannungsgefälles verbunden (s. Kap. V).

2.2.3.2 Zwei Bohrungen nebeneinander

Im Bild 51 sind für die Anordnung von 2 Löchern in einem Querschnitt eines sehr breiten Streifens die Häufungsfaktoren K_I an den Innenwänden und K_A an den Außenwänden des Lochpaares über t/d aufgetragen [11].

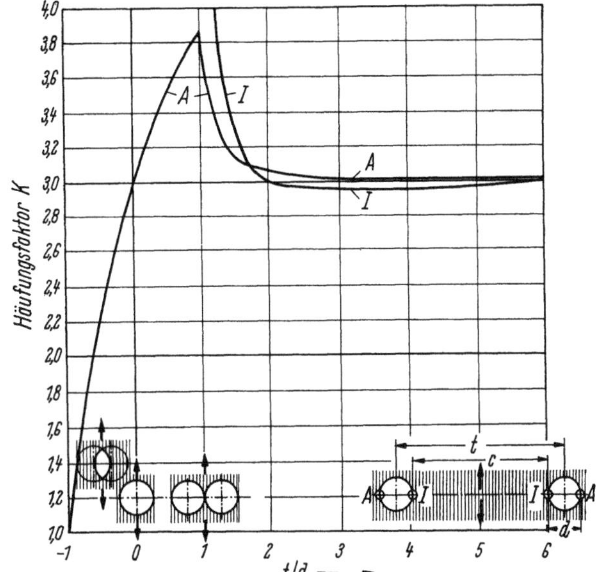

Bild 51. Platte mit zwei Bohrungen unter einachsiger Zugbeanspruchung. Einfluß des Verhältnisses t/d auf den Häufungsfaktor. Nach [11].

Bei $t/d = 0$ fallen die beiden Bohrungen zusammen, und es ist $K_A = 3$. Die Höchstwerte werden bei $t/d \approx 1$, also nahe beieinander liegenden Bohrungen erreicht und mit $K_A \approx 3{,}9$ und $K_I > 4$ sehr groß, solange noch ein schmaler Steg zwischen den Bohrungen stehen bleibt. Mit Verbreiterung des Steges auf $c/d = 0{,}27$ (also $t/d = 1{,}27$) sinkt K_I auf 3,9 ab. Bei $t/d \approx 1{,}7$ wird $K_A = K_I \approx 3{,}1$.

2.2.3.3 Unendliche Bohrungsreihe

Die bei Reihenanordnung von Bohrungen in einem Querschnitt der längsgezogenen Platte auftretenden Häufungsfaktoren K sind im Bild 52 über der Teilung t/d dargestellt [9]. Bei $t/d = 2$, also sehr enger Teilung, ist K mit $\approx 3{,}3$ gegenüber dem Einzelloch um nur etwa 10% erhöht. Bei üblichen Nietteilungen $t/d = 3$ ist die Erhöhung nur etwa 2,5%.

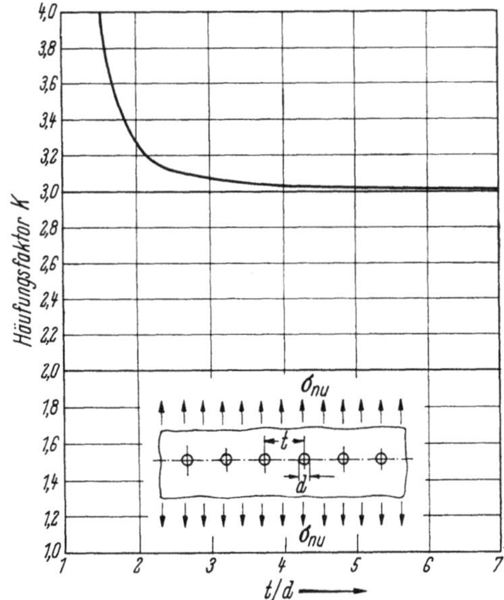

Bild 52. Platte mit Bohrungsreihe unter einachsiger Zugbeanspruchung. Einfluß des Verhältnisses t/d auf den Häufungsfaktor. Nach [9].

2.2.4 Kerbfelder

Im Bild 53 sind zwei Anordnungen von Bohrungsfeldern bei einachsiger Zug-belastung verglichen. Der Abstand t benachbarter Bohrungen ist in beiden Fällen gleich gewählt. Durch versetzte Anordnung soll eine größere „Dichte" des Bohrungsfeldes (also größere Dichte der Nieten oder Schrauben bei einer Fügung)

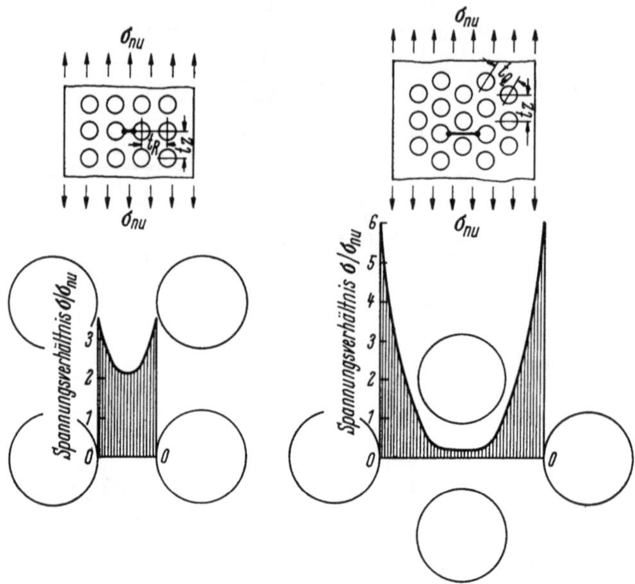

Bild 53. Platte mit Bohrungsfeld unter einachsiger Zugbeanspruchung. Vergleich: hintereinander-liegende und versetzte Lochreihen. Nach [12].

erzielt werden. Bei statischer Beanspruchung ist der Diagonalabstand t_Q benach-barter Bohrungen entscheidend. Falls t_Q unverändert ist gegenüber dem Bohrungs-abstand des nicht versetzten Bohrungsfeldes, ist die Lösung mit versetzten Lochreihen derjenigen mit hintereinander liegenden Reihen in statischer Hinsicht (auf Grund des geringeren Platzbedarfs) überlegen.

Bezüglich der dynamischen Festigkeit werden der Häufungsfaktor und das maximale Spannungsgefälle entscheidend.

Spannungsmessungen von SIEBEL und KOPF [12], durchgeführt an Lochfel dern mit $t/d = 1,7$, haben folgendes ergeben:

Hintereinanderliegende Bohrungsreihen
(linke Seite des Bildes 53)
Der Häufungsfaktor an den Bohrungsrändern beträgt $K = 3,6$. Das Span-nungsverhältnis σ/σ_{nu} fällt in der Mitte zwischen benachbarter Bohrungen auf 2,15 ab.

Versetzt liegende Bohrungsreihen
(rechte Seite des Bildes 53)
Der Häufungsfaktor an den Bohrungsrändern wird $K = 5,9$. Zur Mitte des Meßquerschnittes 0—0 fällt das Spannungsverhältnis σ/σ_{nu} sehr stark ab; es wird $\sigma/\sigma_{nu} = 0,2$. Bei dieser Art der Anordnung eines Bohrungsfeldes zeigt sich mithin ein starker „Überlastungseffekt".

2.2.5 Durchdringungskerben

Zur Berechnung der erhöhten Spannungsspitze für den Fall, daß ein Kerb von einem zweiten Kerb durchdrungen wird, wurde von THUM und SVENSON [13, 14] ein Näherungsverfahren entwickelt.

Die von der ersten Kerbe verursachte Störung der Spannungsverteilung klingt im elastischen Bereich vom Kerbgrund aus gesehen sehr rasch ab, d. h., umgekehrt hat die Spannungsverteilung in der weiteren Umgebung dieser Kerbe wenig Einfluß auf die Kerbwirkung. Durchdringt eine zusätzliche Kerbe die bereits vorhandene erste Kerbe, so hängt die Kerbwirkung der zweiten Kerbe

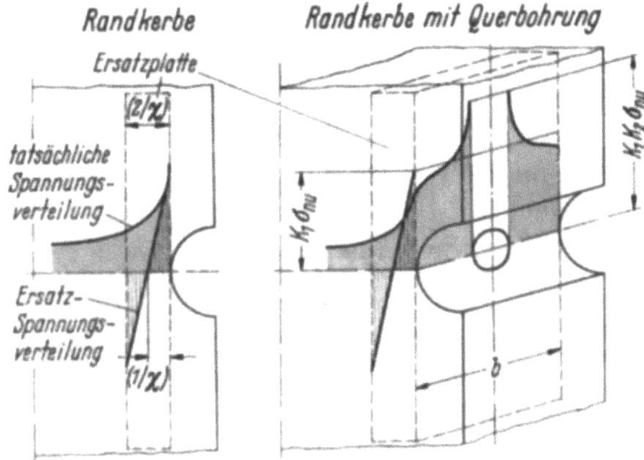

Bild 54. Durchdringungskerb — Definition der Ersatzplatte. [13].

stark von der Spannungsverteilung in unmittelbarer Nähe des Kerbgrundes der ersten Kerbe ab, die durch die Größe der Maximalspannung und das bezogene Spannungsgefälle χ im Kerbgrund gekennzeichnet ist. Bei der Berechnung der Spannungsspitze dieser Kerbkombination kann mithin der tatsächliche Spannungsverlauf nahe dem Kerbgrund der ersten Kerbe durch einen geradlinigen Verlauf — entsprechend der Tangente, die das Spannungsgefälle bei σ_{max} im Kerbgrund darstellt — ersetzt werden.

Bild 54 zeigt im linken Teil die tatsächliche und die „Ersatzspannungsverteilung" für die erste Kerbe.

Die geradlinige Ersatzspannungsverteilung kann andererseits als Biegespannungsverteilung in einer Platte der Dicke $2/\chi$ gedeutet werden.

Dies würde bedeuten, daß die zweite Kerbe (in diesem Fall die Querbohrung) die Spannungsspitze im Grund der ersten Kerbe in gleicher Weise erhöht wie eine Bohrung in einer gebogenen Platte der Breite b und der Dicke $2/\chi$. Diese fiktive Platte wird als „Ersatzplatte" bezeichnet.

Mit Hilfe dieser Modellvorstellung kann man die Spannungsspitzen einander durchdringender Kerben näherungsweise berechnen. Voraussetzung für die Anwendung dieses Verfahrens ist die Kenntnis folgender Größen:

Häufungsfaktor K_1 der ersten Kerbe (im Fall des in Bild 54 skizzierten Beispiels der Außenkerbe).
Für Einzelkerben stehen hinreichend theoretische und experimentelle Ergebnisse zur Verfügung.

Spannungsgefälle der ersten Kerbe, d. h. die Dicke der „Ersatzplatte“. Dieser Wert kann mathematisch exakt oder näherungsweise nach [15] berechnet werden.

Der Häufungsfaktor K_2 der auf Biegung beanspruchten gekerbten Platte; dieser Häufungsfaktor ist in Bild 38 für den praktisch wichtigen Fall der Platte mit Bohrung aufgetragen.

Der Häufungsfaktor der Durchdringungskerbe K^* folgt somit zu $K^* = K_1 \cdot K_2$.

2.2.6 Entlastungskerben

2.2.6.1 Begriffsbestimmung

Überschneiden sich die durch Kerben induzierten Störbereiche, so kommt es zu einer gegenseitigen Beeinflussung. Hat diese Beeinflussung eine Verminderung der Kerbwirkung zur Folge, so spricht man von Entlastungskerben. Die Verringerung der Kerbwirkung besteht in einer Reduktion der Maximalspannung im Kerbgrund, die mit einer gleichzeitigen Abnahme des maximalen Spannungsgefälles verbunden ist.

Die Wirkung von Entlastungskerben ist seit langem bekannt. In der Technik gibt es zahlreiche Anwendungsbeispiele.

2.2.6.2 Beispiele für Entlastungskerben

a) Reihe von Außenkerben

Bei einer Folge gleicher Kerben, wie bei einem Gewinde oder einem Sägeblatt, ist die Spannungshäufung im Grund der aufeinanderfolgenden gleichen Kerben immer kleiner als bei einer Einzelkerbe gleicher Geometrie.

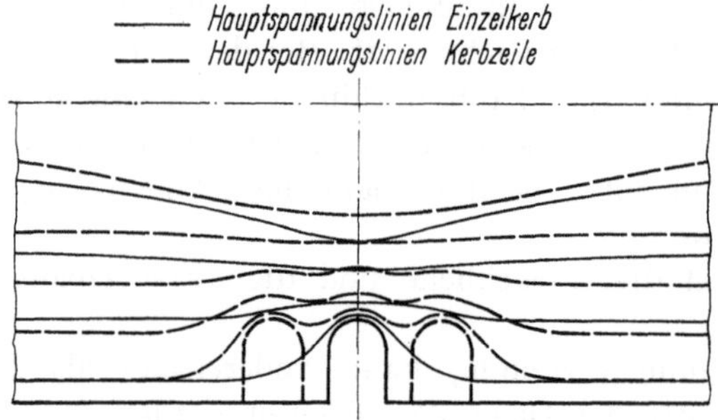

Bild 55. Flachstab mit Einzelkerb oder Kerbreihe unter Biegebelastung. Verlauf der Spannungstrajektorien aus spannungsoptischen Messungen. [16].

Bild 55 nach [16] gibt hierzu ein Beispiel eines auf Biegung belasteten Stabes. Die zum Vergleich dargestellten Spannungstrajektorien sind spannungsoptisch gemessen worden.

b) Abgesetzte Wellen und Achsen

Bereits seit den Versuchen von MARCOUX und ARNOUX [17] ist bekannt, daß die Dauerfestigkeit einer Achse durch die Kerbwirkung eines scharfen Absatzes wesentlich herabgesetzt wird. Eine Ausrundung der Ringkerbe mit großem Radius („weicher Querschnittsübergang“) ist oft nicht möglich, weil der Absatz als Anlagefläche benötigt wird. Eine erhebliche Entlastung kann dadurch erzielt werden, daß die Anlagefläche von einem schmalen Bund gebildet wird.

Der Bund entsteht dadurch, daß hinter der Anlagefläche eine „Entlastungskerbe" angebracht wird.

Die Auswirkung eines scharfen Absatzes auf die Dauerwechselfestigkeit und die Verbesserung durch eine hinter dem Absatz liegende Entlastungskerbe verschiedener Ausführung ist im Bild 56 [16] dargestellt.

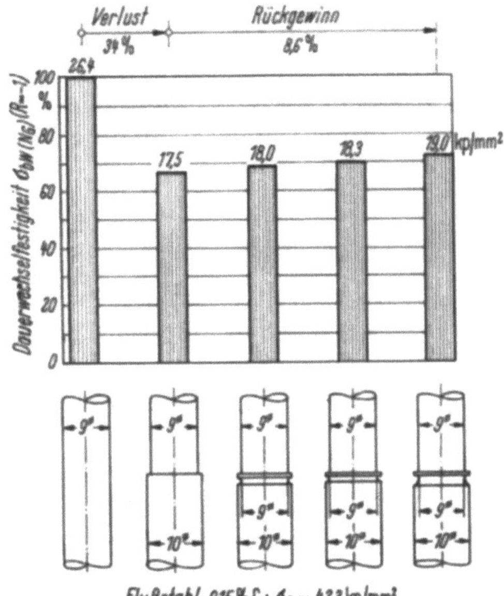

Bild 56. Rundstäbe unter Umlaufbiegebelastung. Auswirkung von Entlastungskerben auf die Dauerwechselfestigkeit ($N_G = 10^7$). [16].

Die beste Form der Entlastungskerbe zeigt gegenüber der ungünstigsten Ausführung des schroffen Absatzes einen „Rückgewinn" an Dauerwechselfestigkeit (Umlaufbiegung) von 8,6%.

c) *Wellen mit Querbohrung*

Die Dauerwechselfestigkeit (bezogen auf den Netto-Querschnitt) einer Welle (Umlaufbiegung) wird durch eine Querbohrung herabgesetzt. Sie kann durch Entlastungskerben, wie sie im Bild 57 dargestellt sind, wieder erhöht werden [16].

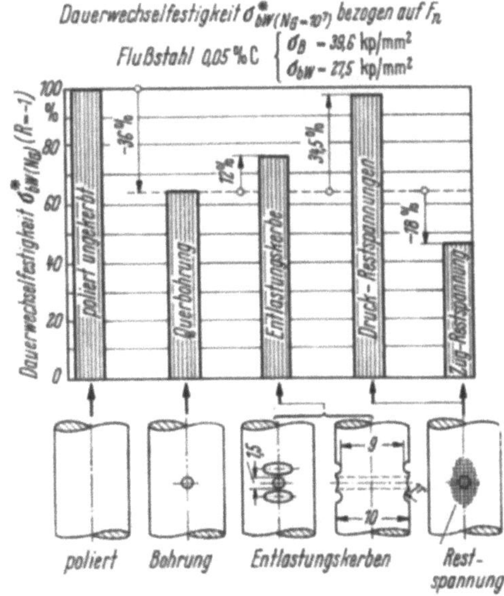

Bild 57. Rundstäbe mit Querbohrung. Auswirkung von Entlastungsausschnitten und Restspannungen auf die Dauerfestigkeit. [16].

Die Verbesserung um 12% durch die angegebenen Entlastungskerben ist beachtlich, bleibt jedoch hinter der kräftigen Erhöhung durch künstliche Druckrestspannungen (s. auch Kap. IX) sehr stark zurück.

2.3 Spannungshäufung durch Exzentrizität

In dem Bestreben, die örtlichen Spannungsspitzen an Kerben, Ausschnitten und Kräfteeinleitungen durch „Entlastungsausschnitte", „Zuschärfungen" oder „weiche Übergänge" abzubauen, muß man ganz besonders darauf achten, daß in dem abgeänderten Bereich insbesondere durch Querschnittsverlagerungen keine Exzentrizitäten und daraus zusätzliche Biegespannungen entstehen.

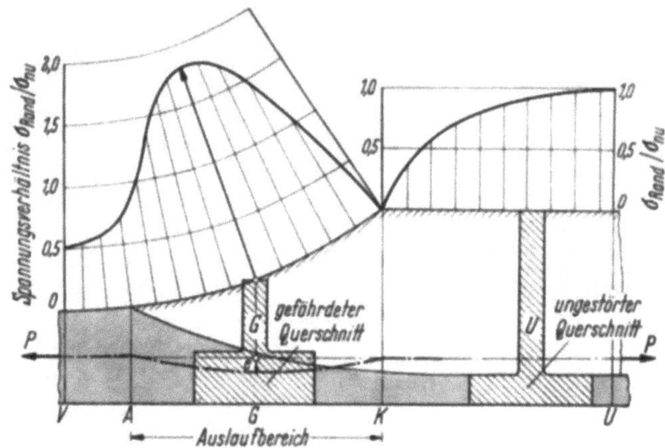

Bild 58. Spannungshäufung durch Exzentrizität. Beispiel: Stegauslauf einer Integralplatte (Dehnungsmessung am Plexiglasmodell).

Als Beispiele seien zwei Versuchsreihen des ILTUB aufgeführt, bei denen aus einer solchen konstruktiven Abwandlung Exzentrizitäten entstanden, die zu übermäßigen Biegespannungen führten.

Der erste Fall ist im Bild 58 dargestellt.

Bei der Zuschärfung des Auslaufs der Versteifungsstege von Integralplatten, durch die der schroffe Übergang des Plattenansatzes vermieden wurde, entstand eine Exzentrizität e des Restquerschnittes im Auslaufbereich gegenüber der durch den ungestörten Querschnitt gegebenen Neutralachse. Daraus ergaben sich Biegebeanspruchungen, die auf dem Auslaufrand zu hohen Zugspannungshäufungen führten.

Bild 58 zeigt

den Querschnittsverlauf mit dem Auslauf des Steges und der Aufdickung der Haut im Auslaufbereich $K—A$,

die Neutralachse strichpunktiert, die bei V und im Bereich $K—U$ mit der Belastungsachse $P—P$ zusammenfällt und im Auslaufbereich $A—G—K$ mit der Exzentrizität e darunter liegt,

über der oberen Stegkante aufgetragen den dort unter einer axialen Zugkraft P gemessenen Zugspannungsverlauf $\sigma_{Rand}/\sigma_{nu}$.

Im ungestörten Querschnitt bei U ist das Randspannungsverhältnis $\sigma_{Rand}/\sigma_{nu} = 1$ und fällt bis zum Knick K auf 0 ab.

Im Auslaufbereich steigt dieses Verhältnis $\sigma_{Rand}/\sigma_{nu}$ infolge der zunehmenden Exzentrizität auf den Wert 1,8 im gefährdeten Querschnitt G an.

Im Kap. XV wird über den systematischen Abbau dieser Spannungshäufung berichtet.

Der zweite Fall trat bei den Untersuchungen des Augenstabproblems auf. Beim Augenstab mit Entlastungsausschnitt wurde zwischen Bohrung und Ausschnitt nur ein möglichst dünner Zwischensteg stehengelassen, um eine weitest-

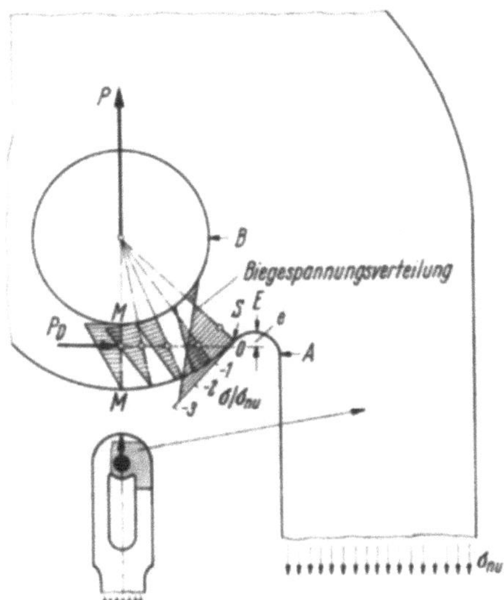

Bild 59. Spannungshäufung durch Exzentrizität. Beispiel: Augenstab mit Entlastungsausschnitt, Druckspannungshäufung am Zwischensteg durch exzentrisch angreifende Druckkraft P_D (Dehnungsmessung am Plexiglasmodell).

gehende Entlastung des Bohrungsrandes zu erhalten. Im Bild 59 ist ein solcher Augenstab dargestellt, und es sind die dort an den Steg- und Bohrungsrändern auftretenden Biegespannungsverteilungen sowie die Exzentrizität e eingezeichnet. Die Auftragung der Spannungen über dem Zwischenstegquerschnitt zeigt,

> daß durch den Steg eine Druckkraft P_D übertragen wird, die die „Annäherung" der beiden Stabhälften im Ausschnittbereich behindert,

> daß die Druckkraft P_D mit einer Exzentrizität e, bezogen auf die „Einspannstelle" E, angreift, die in der Symmetrieachse $M-M$ mäßige Druckspannungen am Bohrungsrand und am Zwischenstegansatz S sehr hohe Druckspannungen hervorruft.

Die Druckspannungsspitze im Bereich des Zwischenstegansatzes war so hoch, daß dort primär ein Schaden auftrat. Der gebrochene Zwischensteg verursachte infolge der dann fehlenden „Stützwirkung" höhere Belastungen des Bohrungsrandes bei B und einen Anstieg der Spannungshäufung am Übergang A vom Steg zum seitlichen Ausschnittrand.

Die Maßnahmen, die zum Abbau dieser Spannungshäufung führten, sind im Kap. XVI behandelt.

Aus den beiden Beispielen wird klar, wie wichtig es ist, Exzentrizitäten und daraus resultierende Biegespannungen in Bauelementen zu vermeiden. Dies kann

z. B. so geschehen, daß vor der Behandlung des Kerbproblems (Messung oder Rechnung) mit Hilfe der linearen Elastizitätstheorie Grundspannungen abgeschätzt werden, die nicht oder nur wenig über dem Nennspannungsniveau des ungestörten Querschnitts liegen dürfen. Bei zu hohen Grundspannungen muß die Konstruktion entsprechend geändert werden.

V. Auswirkungen von Spannungszustand und Spannungsgefälle auf die Ermüdungsfestigkeit

1 Begriffsbestimmung und Definition

Der Spannungszustand — im allgemeinen räumlichen Fall gegeben durch die Spannungen $\sigma_x, \sigma_y, \sigma_z, \tau_{xy}, \tau_{xz}, \tau_{yz}$ bzw. durch die drei Hauptspannungen $\sigma_1, \sigma_2, \sigma_3$ — und das Spannungsgefälle in einem Bauteil werden durch die Belastungsart und die Querschnittsform bestimmt. Bei einem Bauteil ohne Querschnittsstörungen ist mithin für die örtliche Verteilung der Spannungen nur die Art der Belastung maßgebend.

In der Skizze des Bildes 25 ist der Begriff des Spannungsgefälles, insbesondere des bezogenen maximalen Spannungsgefälles, erklärt.

Die elastizitätstheoretisch berechnete oder im elastischen Bereich gemessene Spannungsspitze $\sigma_{\max}$ (bzw. der Häufungsfaktor K) wirkt sich im allgemeinen nicht voll auf die Ermüdungsfestigkeit aus. Die effektive Auswirkung der Spannungshäufung auf die Ermüdungsfestigkeit wird durch den *effektiven Häufungsfaktor* K_{eff} erfaßt.

Der effektive Häufungsfaktor ist definiert als Quotient der Ermüdungsfestigkeit des ungekerbten Stabes $\sigma_{D(N_B)}$ und des Kerbstabs $\sigma_{Dnu(N_B)}$ bei gleicher Bruchlastwechselzahl N_B

$$K_{\text{eff}} = \sigma_{D(N_B)}/\sigma_{Dnu(N_B)}.$$

Unter Ermüdungsfestigkeit ist hier, wie in Kap. II, 3.3 definiert, die Bruchoberspannung zu verstehen, die im Falle des Kerbstabs auf den ungestörten Querschnitt zu beziehen ist.

Für den Fall der Dauerfestigkeit ist in DIN 50100 [1] die Kerbwirkungszahl β_k als Quotient der Dauerfestigkeiten des ungekerbten und des Kerbstabs (bezogen auf den Nettoquerschnitt) definiert. In diesem Buch wird jedoch nur der für den gesamten Bereich der Ermüdungsfestigkeit definierte effektive Häufungsfaktor K_{eff} verwandt, der von der Bruchlastwechselzahl bzw. dem Spannungsniveau, der Form und der Belastungsart eines Bauteils abhängig ist.

Der Unterschied zwischen K_{eff} und K entsteht z. T. daraus, daß am Ort einer Spannungsspitze (Kerbgrund) höhere dynamische Spannungen ertragen werden können als bei einem gleichförmig dynamisch beanspruchten Stab desselben Werkstoffs. Diese Erscheinung wird allgemein als Stützwirkung bezeichnet.

Ein Maß für die Stützwirkung ist durch die *Stützziffer n* gegeben. Diese Ziffer gibt das Verhältnis der elastizitätstheoretisch errechneten örtlichen Maximalspannung σ_{max} (bei ungleichförmiger Spannungsverteilung) unter der dynamischen Belastung zu derjenigen Ermüdungsspannung an, die bei gleichförmiger Verteilung σ_D (einfacher Zugstab) unter Voraussetzung gleicher Bruchlastwechselzahlen N_B erreicht wird.

$$n = \sigma_{max}/\sigma_D = K/K_{eff} > 1$$

Streng genommen kann die Stützziffer nur das Verhältnis von *Anriß*festigkeiten (für N_A) darstellen. Sollen dagegen die *Bruchfestigkeiten* verglichen werden, so ist der Unterschied von K_{eff} zu K nicht mehr allein aus der Stützwirkung zu verstehen. Es wird dann nämlich der *Rißausbreitungsvorgang* und die für ihn maßgebende Geometrie zur Abweichung des Faktors K_{eff} von K wesentlich beitragen.

Die Abweichung zwischen K und K_{eff} ist kennzeichnend für die *Kerbunempfindlichkeit* der Bauteile, wobei K_{eff} generell von Einflüssen des Materials, der Geometrie, der Belastungsart und der Lastwechselzahl (Spannungsniveau) abhängig ist. Diese Kerbempfindlichkeit soll im folgenden durch den *Kerbwirkungsgrad* $\eta_K = (K_{eff} - 1)/(K - 1)$ charakterisiert werden, der 100% im Grenzfall $K_{eff} = K$ beträgt und 0% für $K_{eff} = 1$.

Eine entsprechende Kenngröße wurde erstmals von Thum [2] mit der sog. Kerbempfindlichkeitszahl

$$\eta'_K = \frac{\beta_K - 1}{\alpha_K - 1}$$

eingeführt.

2 Anwendbarkeit der statischen Bruchhypothesen bei dynamischer Belastung

2.1 Die statischen Bruchhypothesen

2.1.1 Einachsiger Spannungszustand

Ein einachsiger Spannungszustand liegt vor bei reinem Zug oder Druck und bei querkraftfreier Biegung. Maßgebend für die Bruchfestigkeit ist die größte auftretende Normalspannung. Sowohl im Flugzeugbau als auch im allgemeinen Maschinenbau sind jedoch die Mehrzahl der Bauteile keinem einachsigen, sondern einem mehrachsigen Spannungszustand ausgesetzt.

2.1.2 Mehrachsiger Spannungszustand

Der mehrachsige Spannungszustand ist vollständig beschrieben durch Angabe seiner drei Hauptspannungen $\sigma_1, \sigma_2, \sigma_3$ (für die gelten möge: $\sigma_1 \geqq \sigma_2 \geqq \sigma_3$), wobei Zugspannungen positiv gerechnet werden. Bei Wirkung eines mehrachsigen Spannungszustandes erhebt sich die Frage, welche der drei Hauptspannungen oder welche Kenngröße des Spannungszustandes für den Bruch maßgebend ist.

Für die Ursachen des Bruches oder für die Grenzen der zulässigen Anstrengung des Werkstoffs bei statischer Belastung sind eine Reihe von Bruchhypothesen aufgestellt worden. Hierbei wird der mehrachsige Spannungszustand über eine hypothetische Vergleichsspannung bezüglich des statischen Bruchverhaltens auf einen einachsigen Spannungszustand zurückgeführt.

Die gebräuchlichsten statischen Bruchhypothesen sind:

die Normalspannungshypothese,
die Schubspannungshypothese,
die Gestaltänderungsenergie-Hypothese.

2.1.3 Normalspannungshypothese

Die Normalspannungshypothese findet Anwendung bei spröden Werkstoffen, die zu Trennbrüchen neigen. Als Vergleichsspannung wird hierbei die größte auftretende Normalspannung gewählt: $\sigma_v = \sigma_{max}$.

Für den Fall der Überlagerung von Biegung und Torsion folgt als Vergleichsspannung

$$\sigma_v = 0{,}5\sigma_b + 0{,}5\,\sqrt{\sigma_b^2 + 4\tau^2}.$$

2.1.4 Schubspannungshypothese

Für Werkstoffe, die größere plastische Verformungen ermöglichen, wird die Bruchgefahr in erster Näherung durch den Zustand bestimmt, der das Fließen einleitet. Für solche Werkstoffe eignet sich besser die Hypothese der größten Schubspannung. Entsprechend dieser Festigkeitstheorie bestehen plastische Deformationen aus Gleitungen, die immer dann auftreten, wenn in einer Ebene eines Körperelements die Schubspannung einen kritischen Wert erreicht. Diese Hypothese unterstellt, daß das Fließen beginnt, wenn $\tau_{max} = \sigma_{0,2}/2$ wird. Für die Vergleichsspannung, die bei verfestigenden Werkstoffen für die Fließspannung zu setzen ist, folgt: $\sigma_v = 2\tau_{max}$.

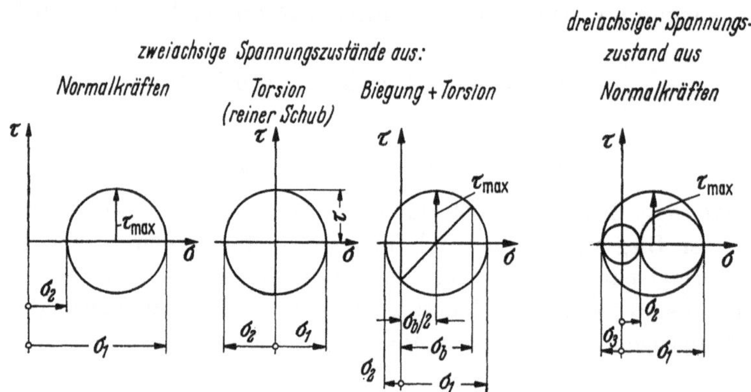

Bild 60. Mohrsche Spannungskreise.

Aus dem Mohrschen Spannungskreis für den dreiachsigen Spannungszustand, Bild 60, läßt sich ablesen, daß die größte auftretende Schubspannung $\tau_{max} = (\sigma_1 - \sigma_3)/2$ unabhängig von der mittleren Spannung σ_2 ist.

Für zweiachsige Spannungszustände ($\sigma_3 = 0$) ist die größte auftretende Schubspannung $\tau_{max} = (\sigma_1 - \sigma_2)/2$.

Aus den Mohrschen Spannungskreisen für zweiachsige Spannungszustände, Bild 60, ist zu ersehen, daß diese Theorie sicherlich nicht gelten kann, wenn die Spannungen σ_1 und σ_2 gleiches Vorzeichen und nahezu gleichen Betrag haben (isotroper Spannungszustand).

Von MOHR [3] wurde eine erweiterte Festigkeitshypothese aufgestellt, die nicht nur die größten Schubspannungen, d. h. die Normalspannungsdifferenzen, sondern auch die wirkenden Absolutbeträge der Normalspannungen berücksichtigt. Hierbei wird insbesondere der Tatsache einer unterschiedlichen Widerstandsfähigkeit vieler Werkstoffe bei Zug- und Druckbeanspruchung Rechnung getragen.

Nach MOHR sollten für einen Werkstoff mehrere Versuche bei verschiedenen Kombinationen der Hauptspannungen σ_1 und σ_2 durchgeführt werden. Die Versuchsergebnisse sind als Kreise in einer $\sigma-\tau$-Ebene darzustellen. Die Einhüllende dieser Kreise grenzt das Gebiet der Spannungskombinationen ab, die nicht zu einem Materialversagen führen.

Der mehrachsige Spannungszustand wirkt bei gleichsinnigen Spannungen verformungsbehindernd und verringert die Fließgefahr. Haben dagegen die Hauptspannungen verschiedene Vorzeichen, so wachsen die Vergleichsspannungen und damit die Fließgefahr stark an.

Für kombinierte Biegung und Torsion, den entsprechenden Mohrschen Kreis enthält Bild 60, ergibt sich die maximale Schubspannung zu $\tau_{\mathrm{max}} = 0{,}5\,\sqrt{\sigma_b^2 + 4\tau^2}$.

2.1.5 Gestaltänderungsenergie-Hypothese

Diese statische Bruchhypothese (nach HUBER, MISES, HENCKY) [4—6] berücksichtigt alle drei Hauptspannungen σ_1, σ_2, σ_3 und beruht auf der Annahme,

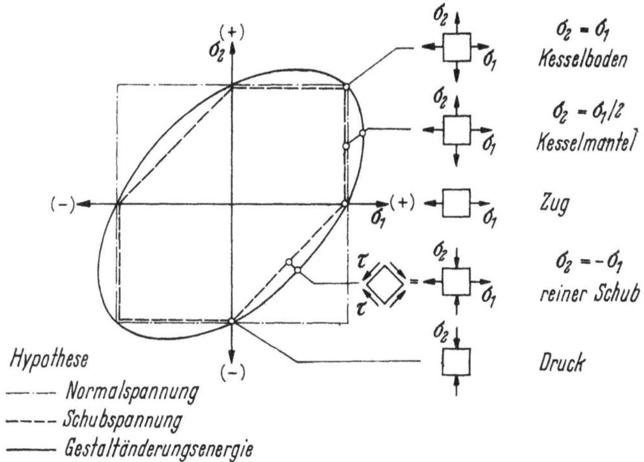

Bild 61. Zweiachsige Spannungszustände. Gegenüberstellung verschiedener Bruchhypothesen.

daß die bei Belastung eines Materials bis an seine Festigkeitsgrenze aufzubringende Gestaltänderungsenergie einer Volumeneinheit unabhängig vom Spannungszustand stets konstant ist.

Die Gestaltänderungsenergie A_g ist ein Teil der zur Verformung notwendigen Formänderungsarbeit $A = A_g + A_v$.

A_v ist die Volumenänderungsarbeit bei hydrostatischem Spannungszustand. Nach der Gestaltänderungsenergie-Hypothese folgt für den allgemeinen räumlichen Spannungszustand die Vergleichsspannung zu

$$\sigma_v = \sqrt{\tfrac{1}{2}[(\sigma_1 - \sigma_2)^2 + (\sigma_2 - \sigma_3)^2 + (\sigma_3 - \sigma_1)^2]}.$$

Um den statischen Bruch zu vermeiden, muß diese Vergleichsspannung kleiner sein als die für den einachsigen Spannungszustand geltende Zugfestigkeit. Für den zweiachsigen Spannungszustand mit $\sigma_3 = 0$ vereinfacht sich die Gleichung für die Vergleichsspannung zu $\sigma_v = \sqrt{\sigma_1^2 + \sigma_2^2 - \sigma_1 \sigma_2}$.

Bei Überlagerung von Biegung und Torsion folgt für die Vergleichsspannung:
$$\sigma_v = \sqrt{\sigma_b^2 + 3\tau^2}.$$

Im Bild 61 sind die drei im Vorangegangenen aufgeführten Bruchhypothesen für den zweiachsigen Spannungszustand gegenübergestellt. Aus dem Diagramm sind die Abweichungen der einzelnen Hypothesen voneinander zu erkennen.

2.2 Anwendbarkeit der statischen Bruchhypothesen auf mehrachsige Spannungszustände aus unterschiedlichen Belastungsarten bei dynamischer Belastung

2.2.1 Zweiachsige Spannungszustände bei reiner Wechselbelastung ($R = -1$)

2.2.1.1 Reine Torsionsbeanspruchung

In einer Veröffentlichung von RAJAKOVICS [7] sind für zahlreiche Aluminiumlegierungen Dauerwechselfestigkeiten ($N_G = 5 \cdot 10^7$) bei verschiedenen Belastungsarten zusammengestellt. Im Bild 62 sind die Ergebnisse von Torsions-

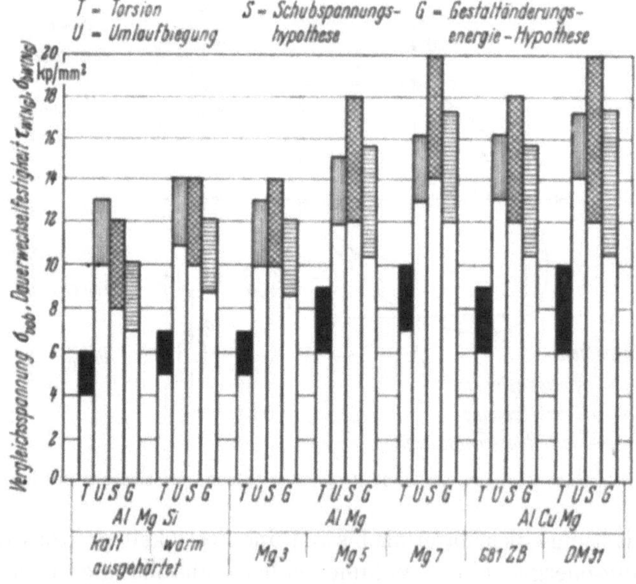

Bild 62. Vergleich der Dauerfestigkeiten ($N_G = 5 \cdot 10^7$) bei Torsion und Biegung mit den Vergleichsspannungen nach verschiedenen Bruchhypothesen. Nach [7].

versuchen gesondert dargestellt und mit den Ergebnissen der Umlaufbiegeversuche verglichen. Außerdem sind die Vergleichsspannungen entsprechend der Schubspannungs- und der Gestaltänderungsenergie-Hypothese eingetragen. Man erkennt, daß sich die Streubänder der gemessenen $\sigma_{bW(NG)}$-Werte und der errechneten Vergleichsspannungen weitgehend überdecken. Die aus Axialbelastung folgenden Werte $\sigma_{zdW(N_G)}$ — die für die hier ausgewertete Versuchsreihe nicht ermittelt wurden — würden mit Sicherheit unter den für Schubbeanspruchung errechneten Vergleichsspannungen liegen.

2.2.1.2 Kombinierte Beanspruchung aus Biegung und Torsion

Von FINDLEY, COLEMAN und HANLEY [8] wurde der Einfluß von gleichzeitiger Biegung und Torsion auf die Ermüdungsfestigkeit des Baustahls SAE 4340 untersucht. Im Bild 63 sind für verschiedene Spannungsverhältnisse τ_{ob}/σ_{ob} die

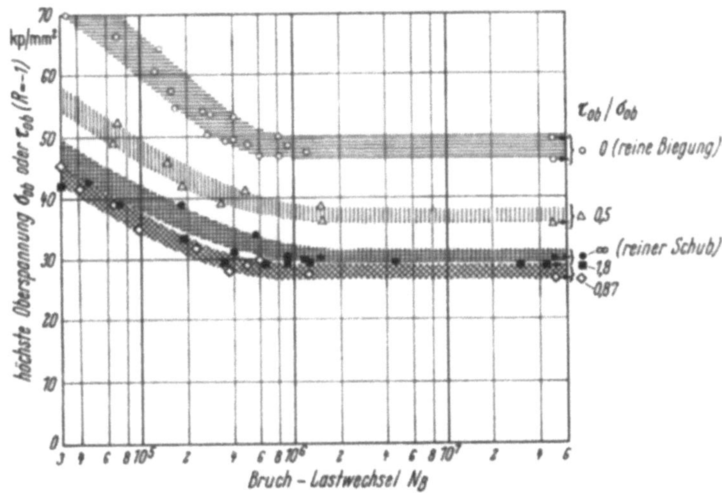

Bild 63. Vergleich der $(\sigma-N)$-Streubänder für Biegung und Torsion. Polierte Rundstäbe $d = 6{,}6$ mm aus Baustahl SAE 4340, $\sigma_B = 90$ kp/mm². [8].

$(\sigma-N)$-Streubänder dargestellt. Aufgetragen wurde jeweils die höchste der wirkenden Oberspannungen σ_{ob} oder τ_{ob} über der Bruchlastwechselzahl. Die dargestellten $(\sigma-N)$-Streubänder zeigen für verschiedene Parameter τ_{ob}/σ_{ob}, d. h. für verschiedene Belastungsarten bei gleichem Werkstoff starke Abweichungen.

In Bild 64 wurde die nach der Gestaltänderungsenergie-Hypothese ermittelte Vergleichsoberspannung über der Bruchlastwechselzahl aufgetragen. Es ergibt sich für die Versuche mit verschiedenen Parametern τ_{ob}/σ_{ob} ein gemeinsames relativ schmales Streuband, in dem die Versuchspunkte für $\tau_{ob}/\sigma_{ob} > 1$ in der oberen Hälfte liegen.

Die gleichen Versuche wurden von FINDLEY [9, 10] an einer Aluminiumlegierung 7076-T 61 durchgeführt. Bild 65 zeigt die $(\sigma-N)$-Streubänder der höchsten Oberspannung σ_{ob} oder τ_{ob} für verschiedene Spannungsverhältnisse τ_{ob}/σ_{ob}. Auch bei diesem Werkstoff treten starke Abweichungen zwischen den einzelnen Streubändern auf.

Die nach der Gestaltänderungsenergie-Hypothese errechnete Vergleichsoberspannung, Bild 66, ergibt auch hier ein relativ schmales gemeinsames Streuband für die bei verschiedenen Verhältnissen τ_{ob}/σ_{ob} ermittelten Versuchswerte.

Für die beiden untersuchten Werkstoffe, sowohl den Stahl als auch die Aluminiumlegierung, kann mithin festgestellt werden: Bei zweiachsigem Spannungszustand aus der Überlagerung von Biegung und Torsion führt die Auf-

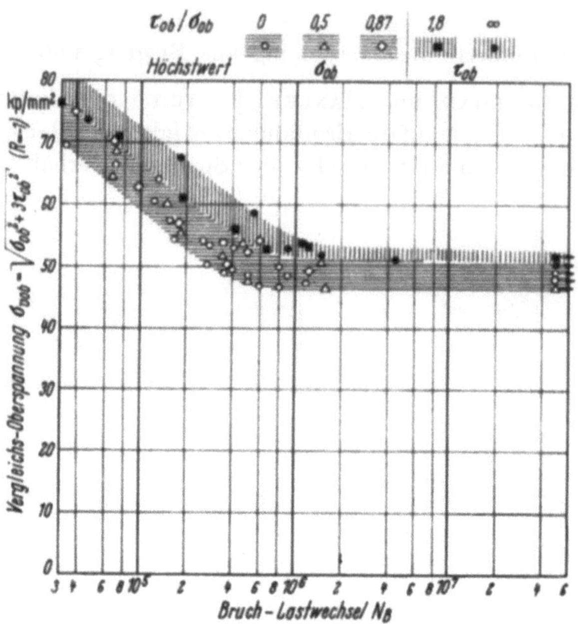

Bild 64. $(\sigma_v - N)$-Streubänder nach der Gestaltänderungsenergie-Hypothese für gleichzeitige Biegung und Torsion. (Nach Abb. 63.)

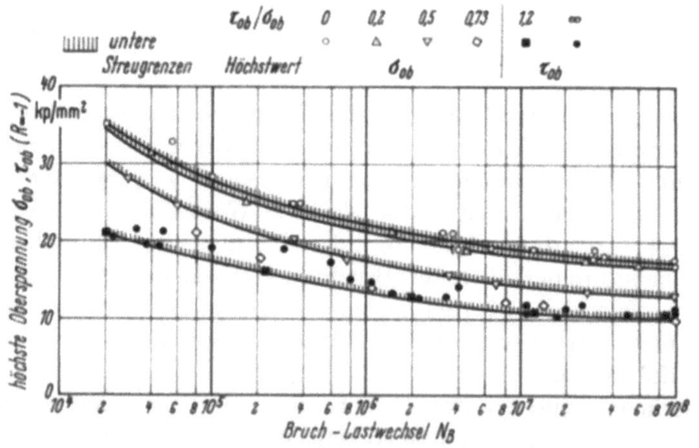

Bild 65. Vergleich der $(\sigma - N)$-Streubänder für Biegung und Torsion. Polierte Rundstäbe $d = 6{,}6$ mm aus Al-Legierung, 7076-T 61, $\sigma_B = 52$ kp/mm². [9, 10].

tragung der nach der Gestaltänderungsenergie-Hypothese berechneten Vergleichsspannung über der Bruchlastwechselzahl zu einem relativ schmalen Streuband, dessen untere Grenze mit dem Streuband der Ermüdungsversuche bei reiner

Biegung zusammenfällt. Die Gestaltänderungsenergie-Hypothese kann mithin in diesem Fall für Aussagen über die Ermüdungsfestigkeit herangezogen werden.

Es sei vorausgesetzt, daß bei der Überlagerung von Biegung und Torsion beide Beanspruchungsarten gleiche Phase und gleiche Frequenz haben. Aus der Gestaltänderungsenergie-Hypothese folgt bei dieser kombinierten Belastungsart:

$$\sigma_v = \sqrt{\sigma_b^2 + 3\tau^2}, \qquad (\sigma_b/\sigma_v)^2 + 3(\tau/\sigma_v)^2 = 1$$

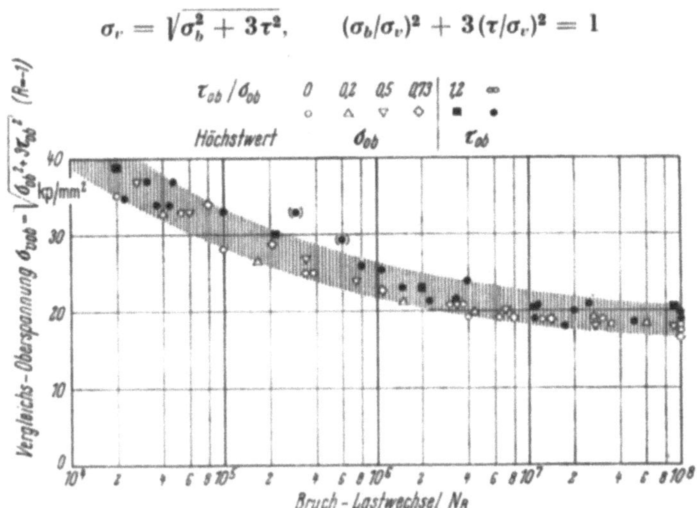

Bild 66. $(\sigma_v - N)$-Streuband nach der Gestaltänderungsenergie-Hypothese für gleichzeitige Biegung und Torsion. (Nach Abb. 65.)

oder mit der vom statischen Fall abweichenden „dynamischen Bezeichnungsweise"

$$(\sigma_{ob}/\sigma_{v\,ob})^2 + 3(\tau_{ob}/\sigma_{v\,ob})^2 = 1.$$

Ersetzt man die Vergleichsspannung $\sigma_{v\,ob}$ durch die Biegewechselfestigkeit bei einachsiger Beanspruchung σ_{bW} und berücksichtigt man die aus der Gestaltänderungsenergie-Hypothese für reinen Schub folgende Beziehung $\sigma_{bW} = \tau_W\sqrt{3}$, so erhält man die Ellipsengleichung

$$(\sigma_{ob}/\sigma_{bW})^2 + (\tau_{ob}/\tau_W)^2 = 1.$$

Die Halbachsen der Ellipse sind durch die Biegewechselfestigkeit σ_{bW} und die Torsionswechselfestigkeit τ_W gegeben.

Im Bild 67 wurde für den im Bild 63 untersuchten Werkstoff für den speziellen Fall der Dauerfestigkeit der Ellipsenbogen, der mithin den Bereich der Dauerfestigkeit eingrenzt, konstruiert.

Die Dauerbiegewechselfestigkeit $\sigma_{bW(N_G)}$ sowie die Torsionsdauerwechselfestigkeit $\tau_{W(N_G)}$ wurden dem jeweiligen $(\sigma - N)$-Streuband entnommen. Außer-

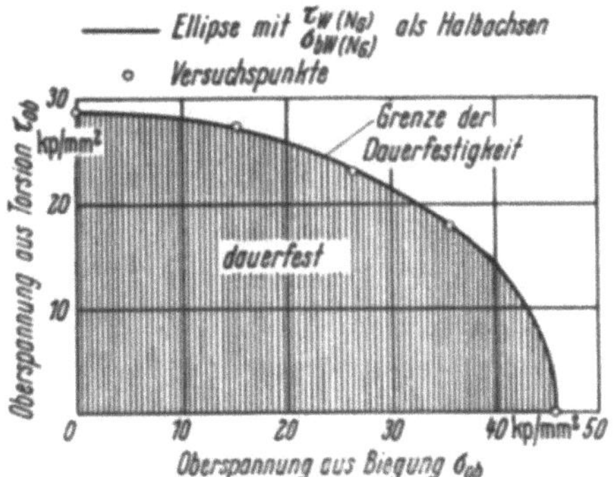

Bild 67. Errechneter Bereich der Dauerfestigkeit nach der Gestaltänderungsenergie-Hypothese bei gleichzeitiger Biegung und Torsion. Beispiel: Baustahl SAE 4340, $\sigma_B = 90$ kp/mm². Nach [8].

dem wurden die Versuchspunkte für $\tau_{ob}/\sigma_{ob} = 0{,}5$; $0{,}87$; $1{,}8$ eingetragen. Die eingezeichneten Punkte liegen alle auf dem konstruierten Ellipsenbogen.

Diese Auftragung zeigt — wie bereits festgestellt — daß die Gestaltänderungsenergie-Hypothese auch bei dynamischen Belastungen anwendbar ist. Für den im Vorangegangenen untersuchten Fall der Überlagerung von Biegung und Torsion ergeben sich brauchbare Aussagen.

2.2.2 Mehrachsige Spannungszustände bei Schwellbelastung $(\sigma_m \neq 0)$

2.2.2.1 Kombinierte Beanspruchung aus Biegung und Torsion bei R_z und $R_\tau > -1$

Von FINDLEY [11] wurden außerdem Versuche durchgeführt, bei denen für die Spannungsverhältnisse nicht wie in den bisher diskutierten Fällen galt $\sigma_{un}/\sigma_{ob} = -1$; $\tau_{un}/\tau_{ob} = -1$, sondern den von Null verschiedenen Mittelspannungen σ_m und τ_m wurden dynamische Biege- und Torsionsbeanspruchungen überlagert. Der Versuch, durch Auftragung der Vergleichsoberspannung (errechnet nach der Gestaltänderungsenergie-Hypothese) über der Bruchlastwechselzahl zu einem sinnvollen gemeinsamen Streuband der Versuchspunkte — trotz unterschiedlicher Parameter τ_a/σ_a — zu kommen, mißlang.

Eine Auftragung des Vergleichsspannungsausschlags führte zwar zu breiten Streubändern (Bild 68 zeigt diese Auftragung für eine Mittelspannung von

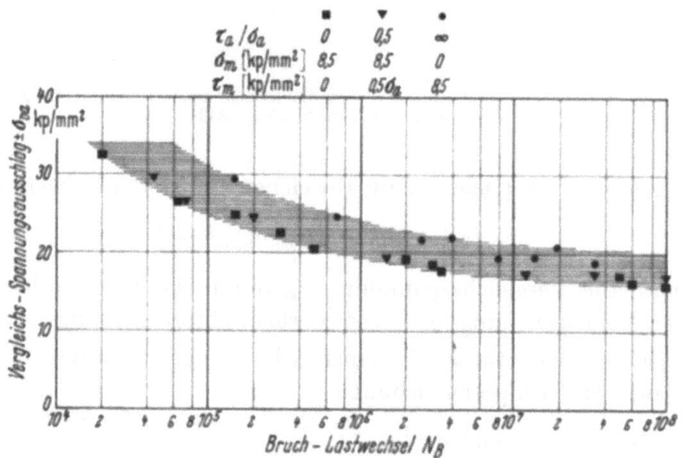

Bild 68. $(\sigma_{v_a}-N)$-Streuband nach der Gestaltänderungsenergie-Hypothese für gleichzeitige Biegung und Torsion bei überlagerter Mittelspannung. Polierte Rundstäbe $(d = 6{,}6$ mm) aus 7076-T 61, $\sigma_B = 52$ kp/mm². Nach [11].

$8{,}5$ kp/mm²), es stellte sich jedoch heraus, daß die Werte für reine Biegebeanspruchung (auch bei anderen Mittelspannungen als im Bild 68) an der unteren Grenze dieses Streubandes liegen.

Die Gestaltänderungsenergie-Hypothese liefert mithin bei dieser mehrachsigen Beanspruchung insofern brauchbare Aussagen, als bei Zugrundelegung des Vergleichsspannungsausschlags für die Dimensionierung das (σ_a-N)-Streuband bei einachsiger Biegebelastung verwendet werden kann. Man liegt bei Dimensionierung nach diesem Verfahren auf der sicheren Seite.

2.2.2.2 Beanspruchung durch Normalkräfte bei $R_z = 0$

MARIN [12, 13] führte dynamische Bruchversuche mit dünnwandigen Zylindern aus einer AlCuSiMn-Legierung und einer AlCuMg-Legierung unter Axialbelastung und gleichzeitigem Innendruck durch. Im Bild 69 sind einige seiner Versuchsergebnisse für AlCuSiMn aufgetragen. Als Kurvenparameter wurde das Verhältnis Tangentialspannung zu Längsspannung σ_2/σ_1 variiert. In der erwähnten Abbildung ist die jeweils größte Oberspannung σ_1 oder σ_2 über der Bruchlastwechselzahl aufgetragen.

Das unerwartete Absinken des $(\sigma-N)$-Streubandes mit zunehmendem Parameter σ_2/σ_1 wird von MARIN auf die Anisotropie des Werkstoffs zurückgeführt. In späteren Versuchen wurde diese starke Anisotropie tatsächlich nachgewiesen.

Eine Auftragung von Vergleichsspannungen nach einer der statischen Bruchhypothesen führte nicht zu sinnvollen Aussagen.

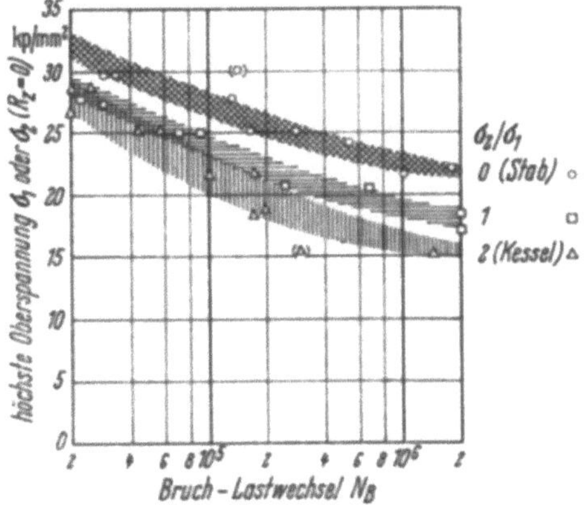

Bild 69. Vergleich der $(\sigma-N)$-Streubänder für zweiachsige Schwellbelastung. Stranggepreßtes poliertes Rohr $d = 25$ mm, Wandstärke $s = 1,25$ — AlCuSiMn (2014-T 4), $\sigma_B = 47$ kp/mm², Tangentialspannung σ_2, Längsspannung σ_1. [12, 13].

Über den tatsächlichen Einfluß dieses zweiachsigen Spannungszustandes kann auf Grund der bei den Versuchen aufgetretenen Nebenerscheinungen keine klare Aussage getroffen werden.

Des weiteren wurden Versuche bei zweiachsigem Normalspannungszustand von GASSNER [14] durchgeführt. GASSNER untersuchte genietete Zylinder von 2,1 m Höhe und 1,6 m Durchmesser unter wechselndem Innendruck.

Die Lebensdauer der zweiachsig beanspruchten „gekrümmten" Nietverbindungen beträgt, soweit aus der geringen Anzahl der Versuche überhaupt quantitative Schlußfolgerungen gezogen werden können, etwa die Hälfte der einachsig beanspruchten ebenen Nietverbindungen. Möglicherweise ist nach GASSNER dieser Einfluß auch auf die unterschiedliche Prüffrequenz zurückzuführen.

Der Einfluß des dreiachsigen Spannungszustandes auf die Ermüdungsfestigkeit wurde von MORRISON, CROSSLAND und PARRY [15, 16] untersucht. Dickwandige Zylinder aus NiMnMoCr-Stahl wurden mit Öl gefüllt und durch einen Kolben unter hohen Innendruck gesetzt. Der Innendruck p_i konnte durch Änderung des Kolbenhubs variiert werden. Dies entspricht einer Schwellbeanspruchung der Prüfzylinder, wobei allerdings nicht von Null, sondern von 10,5 atü auf einen Maximalwert belastet wurde.

Bild 70 zeigt eine vereinfachte Skizze der Versuchsanordnung mit Versuchsstück. Die eingezeichnete konische Buchse ist der Länge nach geschlitzt und dient dazu, das eingefüllte Ölvolumen möglichst klein zu halten. Die Prüffrequenz beträgt 12,5 Hz. Der Innendruck wurde an einem angeschlossenen Meßzylinder über Dehnungsmeßstreifen gemessen.

Der im Prüfzylinder erzeugte dreiachsige Normalspannungszustand setzt sich zusammen aus den Radialspannungen σ_r, den Tangentialspannungen σ_t und den Längsspannungen σ_l. Durch Änderung der äußeren Abmessungen der Versuchszylinder wurde das Verhältnis der Spannungen geändert. Variiert wurde das Durchmesserverhältnis $\varkappa = D_a/D_i$ bei konstantem D_i.

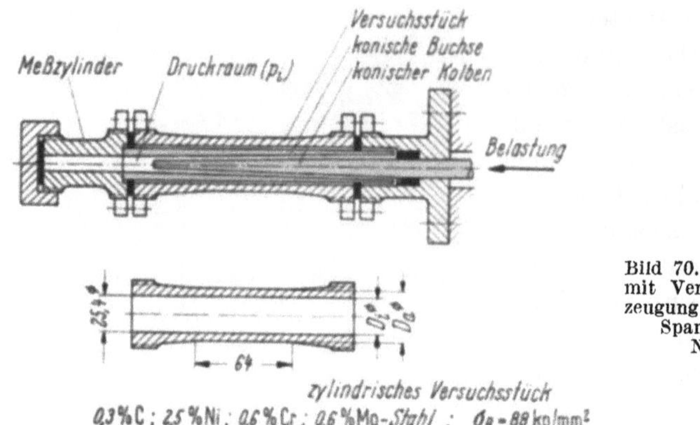

Bild 70. Versuchsanordnung mit Versuchsstück zur Erzeugung eines dreiachsigen Spannungszustandes. Nach [15, 16].

Die für den Bruch maßgebenden Maximalspannungen wirken an der Zylinderinnenwand. Diese Spannungen sind durch die folgenden Gleichungen zu berechnen:

$$\text{Radialspannung:} \qquad \sigma_r = -p_i,$$
$$\text{Tangentialspannung:} \qquad \sigma_t = p_i(\varkappa^2 + 1)/(\varkappa^2 - 1),$$
$$\text{Längsspannung:} \qquad \sigma_l = p_i/(\varkappa^2 - 1).$$

Im Bild 71 ist nach der Normalspannungshypothese die Vergleichsspannung $\sigma_v = \sigma_{max}$, in diesem Fall die Ring-Oberspannung σ_{tob} an der Innenwand der

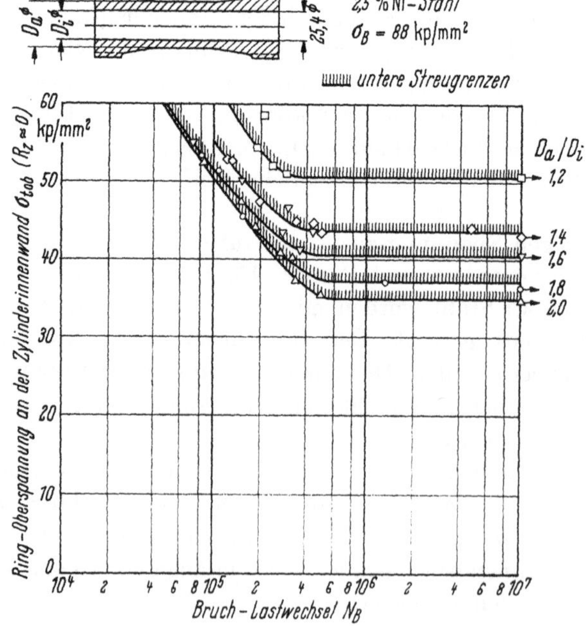

Bild 71. Vergleich der $(\sigma - N)$-Streubänder bei dreiachsiger Schwellbelastung. Variation des Spannungszustandes durch Änderung von D_a/D_i. [15, 16].

Zylinders über der Bruchlastwechselzahl aufgetragen. Hier zeigt sich sehr deutlich aus der klaren Trennung der Streubänder für verschiedene Parameter $\varkappa$:

der Einfluß des mehrachsigen Spannungszustandes auf die ertragbare Ring-oberspannung $\sigma_{t\,ob}$,

daß die Normalspannungshypothese in diesem Fall keine sinnvolle Aussage bezüglich der dynamischen Festigkeit liefert.

Im folgenden wurden die Vergleichsspannungen für diesen dreiachsigen Spannungszustand entsprechend den statischen Bruchhypothesen — Schub-spannungs- und Gestaltänderungsenergie-Hypothese — errechnet. Im Bild 72

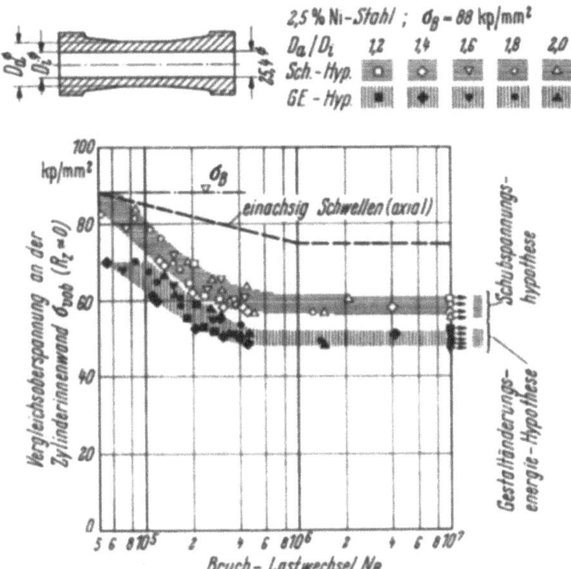

Bild 72. Vergleich der ($\sigma-N$)-Kurve bei einachsiger Belastung mit den (σ_v-N)-Streubändern nach verschiedenen Bruchhypothesen bei dreiachsiger Belastung. Nach [15, 17].

sind die Vergleichsoberspannungen σ_{vob} über der Bruchlastwechselzahl aufgetragen. Für beide Bruchhypothesen ergeben sich relativ schmale Streubänder, die sämtliche Versuchswerte mit unterschiedlichem Parameter $\varkappa = (D_a/D_i)$ erfassen. Die Streuungen entsprechen durchaus denen, wie sie bei einachsiger dynamischer Beanspruchung auftreten.

Zum Vergleich ist in dieses Bild für den gleichen Werkstoff die aus anderen Versuchen [17] extrapolierte ($\sigma-N$)-Kurve für einachsige Schwellbelastung (axial) eingetragen.

Zu den Versuchsergebnissen ist festzustellen, daß die ($\sigma-N$)-Kurve bei einachsiger Schwellbelastung *erheblich* über den (σ_v-N)-Streubändern bei „dreiachsiger Schwellbelastung" liegt.

Die Ermüdungsfestigkeit (ertragbare Vergleichsspannung) der Prüfzylinder ist gegenüber den Werten bei einachsiger Schwellbelastung verringert durch:

die Korrosionswirkung des Öls und das Eindringen des unter Druck stehenden Öls in Feinstrisse im Material; MORRISON [15] hat bei reiner Schubwechsel-belastung eine Abminderung der Dauerfestigkeit durch den „Öleinfluß" von $\tau = 31$ kp/mm² auf $\tau = 26$ kp/mm² gemessen,

die Anisotropie des verwendeten Materials.

An Hand des vorliegenden Versuchsmaterials sind keine allgemeingültigen Angaben über die Anwendbarkeit der statischen Bruchhypothesen (Schubspannungs- und Gestaltänderungsenergie-Hypothese) bei der oben untersuchten dynamischen Belastungsart möglich.

2.2.2.3 Erweiterte Gestaltänderungsenergie-Hypothese nach Sines

Aus einer Reihe von Untersuchungen [18—20] ist bekannt, daß für einachsige Beanspruchungen in einem gewissen Bereich eine nahezu lineare Abhängigkeit zwischen ertragbarem Spannungsausschlag σ_a und einer statischen Vorspannung σ_m besteht. Eine nahezu lineare Abhängigkeit zeigte sich auch bei Überlagerung von statischen Axiallasten mit wechselnder Torsionsbeanspruchung [21].

Auf Grund dieser Untersuchungsergebnisse folgerte Sines [21], daß ähnliche Zusammenhänge auch bei Überlagerung von *mehrachsigen* dynamischen Spannungszuständen mit statischen Vorspannungen bestehen, insbesondere in den Fällen, in denen die Hauptspannungsachsen aus dynamischer und statischer Belastung gleich sind. Tatsächlich fand Sines durch eine Erweiterung der Gestaltänderungsenergie-Hypothese eine lineare Beziehung, die den Einfluß der statischen Vorspannung bei mehrachsiger Beanspruchung erfaßt und für einige Belastungsfälle auch gut mit experimentellen Ergebnissen übereinstimmt. Sines errechnete für den mehrachsigen Spannungszustand in Abhängigkeit von den statischen Vorspannungen einen ertragbaren Vergleichsspannungsausschlag:

$$\sigma_{va} = \sqrt{\tfrac{1}{2}[(\sigma_{a_1} - \sigma_{a_2})^2 + (\sigma_{a_2} - \sigma_{a_3})^2 + (\sigma_{a_3} - \sigma_{a_1})^2]} \leqq A - \alpha\,(\sigma_{m_1} + \sigma_{m_2} + \sigma_{m_3}).$$

In der Gleichung sind:

σ_{a_1}, σ_{a_2}, σ_{a_3} die dynamischen Spannungsausschläge der Hauptspannungen,
σ_{m_1}, σ_{m_2}, σ_{m_3} die statischen Mittelspannungen.

A ist eine werkstoffabhängige Größe, die aus der einachsigen Wechselbelastung errechnet werden kann.

Für $\sigma_{a_2} = \sigma_{a_3} = \sigma_{m_1} = \sigma_{m_2} = \sigma_{m_3} = 0$ folgt $A = \sigma_{aw} =$ Spannungsausschlag bei einachsiger Wechselbelastung.

Die Größe α errechnet sich aus der einachsigen reinen Schwellbelastung mit $\sigma_{m_1} = \sigma_{a_1}$ und $\sigma_{a_2} = \sigma_{a_3} = \sigma_{m_2} = \sigma_{m_3} = 0$ zu

$$\sigma_{a_1 sch} = A - \alpha\,\sigma_{a_1 sch}, \qquad \alpha = \frac{A}{\sigma_{a_1 sch}} - 1 = (\sigma_{aw}/\sigma_{asch} - 1)_{N_B}.$$

Darin ist σ_{asch} der Spannungsausschlag bei einachsiger Schwellbelastung.

Die Spannungsausschläge σ_{aw} und σ_{asch} gelten jeweils für die gleichen Bruchlastwechselzahlen N_B und sind somit auch als Festigkeitswerte σ_{aW} und σ_{aSch} zu verstehen.

Bild 73 zeigt eine Anwendung der erweiterten Gestaltänderungsenergie-Hypothese auf zweiachsig beanspruchte Hohlstäbe aus der Al-Legierung Avional und aus Stahlguß. Für den Sonderfall der Dauerfestigkeit wurden für die untersuchten Werkstoffe nach der erweiterten Gestaltänderungsenergie-Hypothese die Ellipsenbogen konstruiert, die mithin den Bereich der Dauerfestigkeit eingrenzen.

Für verschiedene Zuordnungen von $\sigma_{ob\,1\,z}/\sigma_{ob\,2\,z}$ wurden die von Roš und EICHINGER [22] experimentell ermittelten Dauerfestigkeitswerte eingetragen. Die eingezeichneten Punkte liegen alle auf den konstruierten Ellipsenbogen.

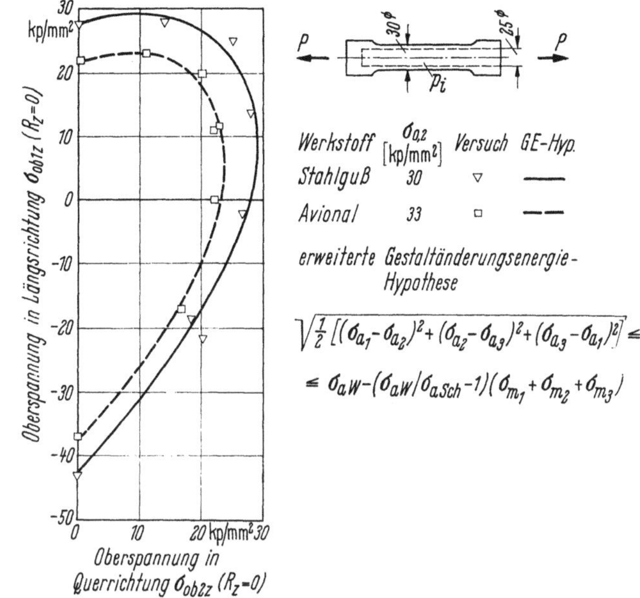

Bild 73. Errechneter Bereich der Dauerfestigkeit ($N_G = 10^6$) nach der erweiterten Gestaltänderungsenergie-Hypothese und Vergleich mit Versuchswerten. Nach [21, 22].

Diese Auftragung zeigt, daß die erweiterte Gestaltänderungsenergie-Hypothese bei mehrachsigen dynamischen Schwellbelastungen gut anwendbar ist. Die Hauptachsen der statischen und dynamischen Spannungen sind im Falle des im Bild 73 ausgewerteten Beispiels gleichgerichtet.

2.3 Anwendbarkeit der statischen Bruchhypothesen auf mehrachsige Spannungszustände aus der Form der Bauteile bei dynamischer Belastung

Am Beispiel eines gekerbten Rundstabs, der einmal axial und zum anderen auf Biegung beansprucht wird (s. Bild 74), sei die Auswirkung der Mehrachsigkeit des Spannungszustandes erläutert [23, 24].

Bei Wirkung eines mehrachsigen Spannungszustandes ist nicht mehr die maximale Längsspannung $\sigma_{l\,max}$ maßgebend, sondern die den Gesamtspannungszustand repräsentierende maximale Vergleichsspannung $\sigma_{v\,max}$. Nach der Gestaltänderungsenergie-Hypothese folgt die Vergleichsspannung zu:

$$\sigma_v = \sqrt{\tfrac{1}{2}\left[(\sigma_l - \sigma_t)^2 + (\sigma_t - \sigma_r)^2 + (\sigma_r - \sigma_l)^2\right]}.$$

Die Mehrachsigkeit des Spannungszustandes im Bereich der Querschnittsstörung führt zu zwei Effekten:

Verkleinerung der Vergleichsspannungsspitze $\sigma_{v\,max}$ gegenüber der Längsspannungsspitze $\sigma_{l\,max} = K\,\sigma_{nu}$. Im Beispiel *1* des Bildes 74 ist $\eta_1 = \sigma_{v\,max}/\sigma_{l\,max} = 0{,}88$, d. h. die Maximalanstrengung gegenüber der maximalen Längsspannung um 12% vermindert.

Verstärkung des maximalen Anstrengungsgefälles gegenüber dem maximalen Spannungsgefälle. Im Beispiel 2 ist $\eta_1 = \chi_v/\chi_l = 1{,}22$.

Darin bezeichnet $\chi_l = (d\sigma/dt)_{\max}/\sigma_{\max}$ das maximale Gefälle der Spannung σ_l und $\chi_v = (d\sigma_v/dt)_{\max}/\sigma_{v\,\max}$ das maximale Gefälle der Anstrengung am Ort der Spannungsspitze.

STIELER [25] gibt in einer Veröffentlichung für verschiedene Kerbformen und Belastungsarten Näherungsgleichungen zur Berechnung des maximalen Spannungsgefälles an.

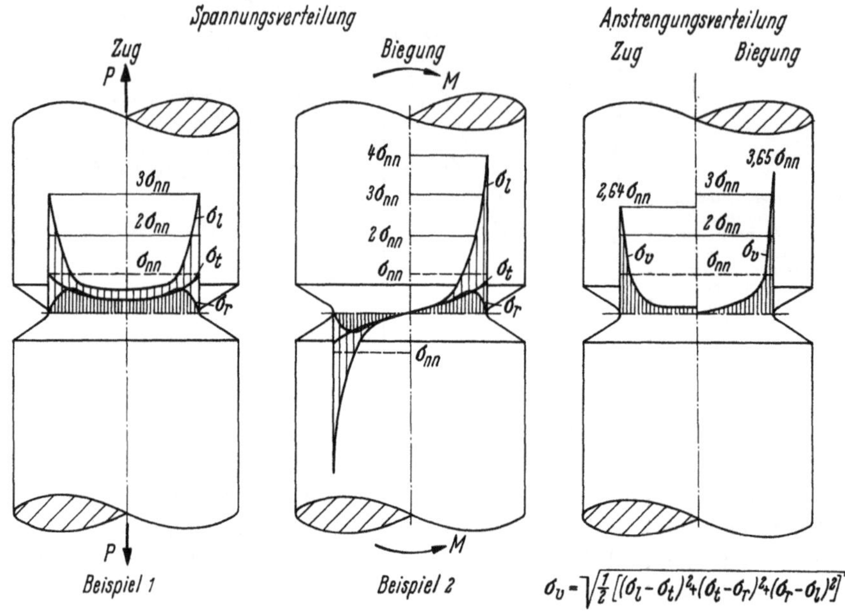

Bild 74. Spannungs- und Anstrengungsverteilungen im Kerbquerschnitt eines Rundstabes mit Ringkerb. [23].

Der durch die geometrische Form einer Kerbe bedingte räumliche Spannungszustand wirkt sich auf die Ermüdungsfestigkeit aus. Haben die beiden Hauptspannungen σ_1 und σ_2 das gleiche Vorzeichen, so ist, wie in einer Reihe von Untersuchungen [26—29] erkannt wurde, bei schwingender Beanspruchung die im Kerbgrund dauernd ertragbare Hauptspannung σ_1 größer als die dauernd ertragbare Längsspannung (Dauerfestigkeit) in glatten Stäben bei einachsigem Spannungszustand. Der Häufungsfaktor K bzw. die Formzahl α_K wirken sich also nicht voll aus. Damit ist klar, daß die Normalspannungshypothese nicht geeignet ist, Aussagen über die Ermüdungsfestigkeit gekerbter Prüfstücke zu liefern.

Um das Verhalten von Werkstoffen bei schwingender mehrachsiger Belastung zu untersuchen, ging SAWERT [30] von dem Gedanken aus, durch eine einzelne wechselnde Betriebskraft formbedingt in dem Prüfstab eine mehrachsige Beanspruchung zu erzwingen. Die Prüfstücke wurden so gewählt, daß die Maximalspannungen jeweils an der Oberfläche auftraten und durch Dehnungsmessungen überprüft werden konnten.

Im Bild 75 sind die von SAWERT an 9 Prüfstabformen für 2 verschiedene Stähle erzielten Ergebnisse von Ermüdungsversuchen — es wurde jeweils die

Dauerfestigkeit bei $N_G = 10^7$ ermittelt — zusammengestellt. Dazu gehören auch glatte Stäbe, um die (in Stab *1*) Dauerbiegewechselfestigkeit $\sigma_{bW(N_G = 10^7)}$ und (mit Stab *2*) die Zug-Druck-Dauerwechselfestigkeit $\sigma_{zdW(N_G = 10^7)}$ der Werkstoffe bei einachsiger Beanspruchung zu ermitteln.

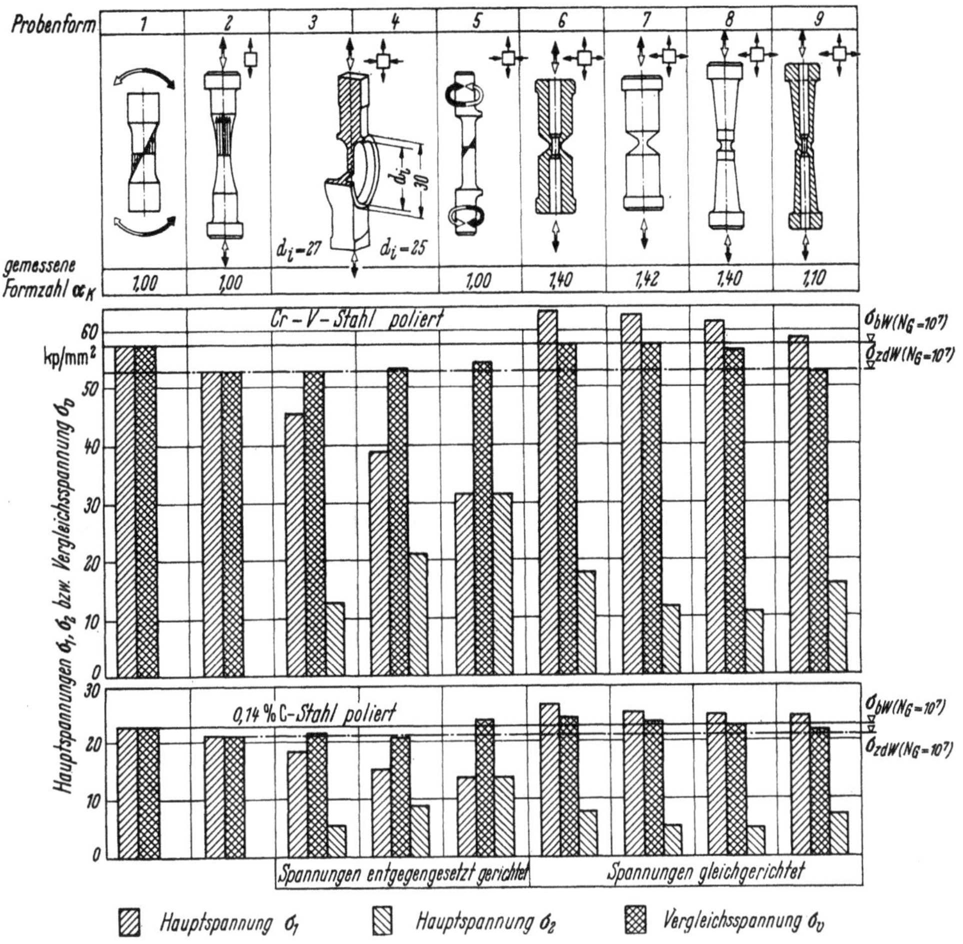

Bild 75. Vergleich der Dauerfestigkeit ($N_G = 10^7$) des einachsig beanspruchten glatten Stabes mit der nach der Gestaltänderungsenergie-Hypothese errechneten Vergleichsspannung des Kerbstabes bei $N_G = 10^7$. Nach [30].

Die 7 anderen Prüfstücke sind geometrisch so ausgebildet, daß sich im Bereich der Kerbe bei axialer Belastung ein räumlicher Spannungszustand ausbildet. Die Hauptspannungen σ_1 und σ_2 im Kerbgrund wurden aus den gemessenen Hauptdehnungen nach den bekannten Beziehungen $\sigma_1 = \dfrac{E}{1 - \mu^2}\,(\varepsilon_1 + \mu\,\varepsilon_2)$ und $\varepsilon_2 = \dfrac{E}{1 - \mu^2}\,(\varepsilon_2 + \mu\,\varepsilon_1)$ berechnet. Die Hauptspannung σ_3 ist im Kerbgrund gleich Null.

Im Bild 75 sind für weichen Kohlenstoffstahl und einen CrV-Stahl die gemessenen Hauptspannungen σ_1 und σ_2 entsprechend der jeweiligen Probenform aufgetragen. Die erzielten Spannungsverhältnisse reichen von $\sigma_1/\sigma_2 = \infty$ bis

$\sigma_1/\sigma_2 = 1$, wobei Probenformen mit gleichgerichteten Hauptspannungen und entgegengesetzt gerichteten Hauptspannungen untersucht wurden.

Außer den aus Dehnungsmessungen errechneten Hauptspannungen σ_1 und σ_2 wurde in Bild 75 die nach der Gestaltänderungsenergie-Hypothese errechnete Vergleichsspannung σ_v eingezeichnet.

Die für die beiden Werkstoffe an der Probenform 1 ermittelte Dauerbiegewechselfestigkeit $\sigma_{bW(Ng)}$ und an der Probenform 2 ermittelte Zug-Druck-Dauerwechselfestigkeit $\sigma_{zdW(Ng)}$ wurden als Spannungsniveaulinien eingetragen· Aus der Zusammenstellung der Ergebnisse im Bild 75 ergeben sich folgende Aussagen:

Bei den Proben 3, 4 und 9, bei denen die Spannungen im höchst beanspruchten Querschnitt relativ gleichförmig verteilt sind — der Probestab Nr. 9 hat nur eine Formzahl $\alpha_K = 1{,}1$ — stimmt die nach der Gestaltänderungsenergie-Hypothese errechnete Vergleichsspannung σ_v mit der Zug-Druck-Dauerwechselfestigkeit $\sigma_{zdW(Ng)}$ ausgezeichnet überein.

Bei den Proben 5 bis 8, bei denen die Spannungsverteilung im höchstbeanspruchten Querschnitt relativ ungleichförmig ist, liegt die errechnete Vergleichsspannung σ_v über $\sigma_{zdW(Ng)}$. SAWERT führt dies auf den Einfluß des Spannungsgefälles und der daraus resultierenden Stützwirkung (s. Abschn. 3) zurück. Er weist den Einfluß der Stützwirkung dadurch nach, daß er die Probenform 8 aufbohrt und so zur Probenform 9 mit nahezu gleichförmiger Spannungsverteilung ($\alpha_K = 1{,}1$) über den höchstbeanspruchten Querschnitt kommt. Die Vergleichsspannung stimmt bei dieser Form mit $\sigma_{zdW(Ng)}$ gut überein.

Bei Proben mit stark ungleichförmiger Spannungsverteilung im höchstbeanspruchten Querschnitt stimmt die errechnete Vergleichsspannung σ_v sehr viel besser mit der Dauerbiegewechselfestigkeit $\sigma_{bW(Ng=10^7)}$ des Werkstoffes überein.

Zusammenfassend kann aus diesen Untersuchungen gefolgert werden:

Der räumliche Spannungszustand hat grundsätzlich einen Einfluß auf die Ermüdungsfestigkeit.

Über die Dauerfestigkeit gekerbter Bauteile kann mittels der Vergleichsspannung nach der Gestaltänderungsenergie-Hypothese eine zuverlässige Aussage gemacht werden.

Bei nahezu gleichförmiger Spannungsverteilung im höchstbeanspruchten Querschnitt muß die Vergleichsspannung auf die Dauerfestigkeit bei Zug-Druck-Wechselbelastung bezogen werden.

Bei stark ungleichförmiger Spannungsverteilung ist σ_v auf die Dauerwechselfestigkeit σ_{bW} bei Biegung zu beziehen.

3 Einfluß des Spannungsgefälles auf die Ermüdungsfestigkeit

3.1 Die Stützwirkung

3.1.1 Erläuterung der Begriffe

Unter dem Begriff Stützwirkung faßt man die Einflüsse zusammen, durch die sich die Spannungsspitzen einer ungleichförmigen Spannungsverteilung bei schwingender Beanspruchung nicht voll auf die Ermüdungsfestigkeit auswirken.

Die Stützwirkung erfaßt mithin die festigkeitserhöhende Wirkung eines Spannungsgefälles.

In der Skizze des Bildes 25 ist der Begriff des Spannungsgefälles am Beispiel eines außen gekerbten, axial beanspruchten Stabes erläutert.

Ein unmittelbares Maß für die Festigkeitserhöhung bei dynamischer Belastung infolge der Stützwirkung ist durch die bereits definierte Stützziffer n gegeben.

Man unterscheidet zwischen elastischer und plastischer Stützwirkung, die im folgenden eingehend erläutert werden.

3.1.2 Elastische Stützwirkung

Als elastische Stützwirkung bezeichnet man die Erscheinung, daß sich das Gefüge an der höchstbeanspruchten Stelle eines Querschnittes bei Vorhandensein eines Spannungsgefälles stärker elastisch verformen kann als bei gleichförmiger Spannungsverteilung. Das Spannungsgefälle bewirkt zwischen dem höchstbeanspruchten und dem darunterliegenden, infolge des Spannungsgefälles weniger beanspruchten Material, eine Gleitbehinderung. Als Folge dieser Gleitbehinderung kann das Gefüge im Bereich der Höchstspannungen stärker elastisch gedehnt werden als bei gleichförmiger Spannungsverteilung.

Die elastische Stützwirkung entspricht mithin örtlich einer effektiven Erhöhung der am glatten Stab bei gleichförmiger Spannungsverteilung ermittelten Fließgrenze. Diese Fließgrenzenüberhöhung konnte durch eine Reihe von Autoren [31—34] nachgewiesen werden.

Bild 76 zeigt die Ergebnisse einer Versuchsreihe von L. FÖPPL [35], in der Stahlstäbe durch abgerundete Stempel mit verschiedenen Radien und verschiedenen Kräften gedrückt wurden. Die gedrückten Stäbe wurden aufgeschnitten und nach vorhandenen Fließlinien untersucht. Zu den Versuchsstücken, bei denen erste Fließlinien auftraten, wurden — entsprechend den Belastungen und den verwendeten

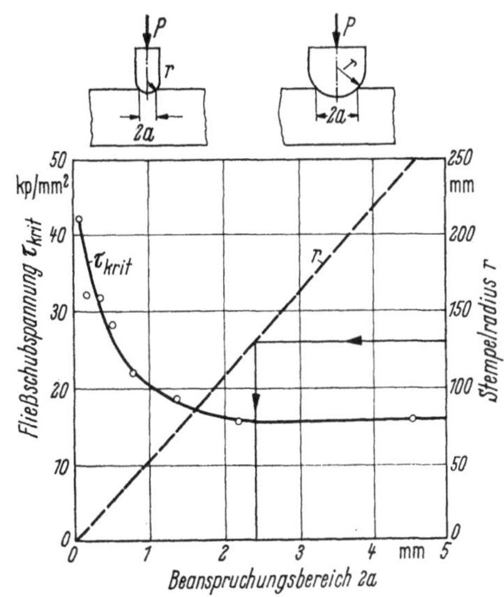

Bild 76. Fließgrenzenüberhöhung infolge eines Spannungsgefälles bei kleinen Beanspruchungsbereichen. Beispiel: Stahl St 37. [35].

Stempelradien — die auftretenden Fließ-Schub-Spannungen elastizitätstheoretisch berechnet. Diese Auswertung zeigte eine starke Erhöhung der Fließgrenze, wenn die Druckfläche zwischen Stempel und Stab und damit der beanspruchte Bereich klein und dadurch das Spannungsgefälle groß war.

Im Bild 76 ist die von L. FÖPPL errechnete Fließschubspannung τ_{krit} über dem Beanspruchungsbereich $2a$ aufgetragen. Im rechten Teil des Bildes im Bereich $2a > 2,2$ mm ist die Fließschubspannung τ_{krit} unabhängig vom Stempelradius und von der Größe des Beanspruchungsbereichs. Im linken Teil des

Bildes im Bereich $2a < 2{,}2$ mm steigt die Fließschubspannung mit kleiner werdendem Beanspruchungsbereich, d. h. zunehmendem Spannungsgefälle, von $\tau_{krit} = 16$ kp/mm² auf $\tau_{krit} = 43$ kp/mm² an.

Durch Untersuchungen von SCHAAL [36] über das Dehnverhalten der Randfasern bei statisch belasteten ungekerbten Zug- und Biegeproben verschiedenen Durchmessers wurde die Vorstellung über die elastische Stützwirkung generell bestätigt.

Im Bild 77 sind die von SCHAAL erzielten Ergebnisse dargestellt. Das Bild zeigt, daß die Randfasern beim Biegestab mit einem Spannungsgefälle $\chi > 0$ bis zu höheren örtlichen Spannungen elastisch gedehnt werden können als beim Zugstab mit einem Spannungsgefälle $\chi = 0$. Durch Verringerung der Probenabmessungen des Biegestabs von $6^\square$ mm auf $4^\square$ mm wird die obere Grenze der elastischen Dehnung der Randfasern infolge Vergrößerung des Spannungsgefälles weiter erhöht. (Weitere Erläuterungen zum hier in Erscheinung tretenden Größeneinfluß s. Abschn. 3.2.)

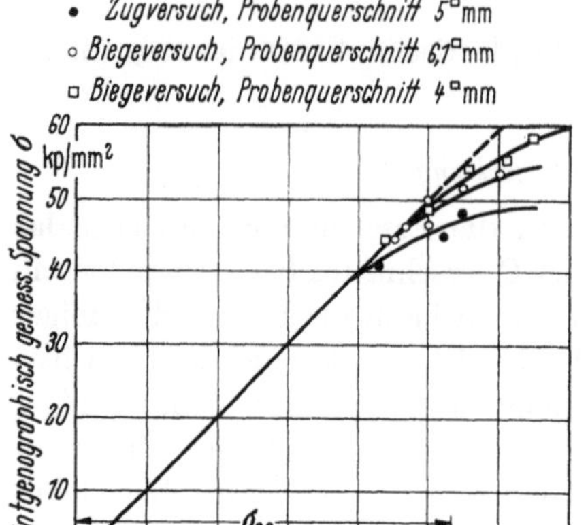

Bild 77. Dehnverhalten der Randfasern bei statisch belasteten ungekerbten Zug- und Biegeproben. Beispiel: Cr Mn-Stahl. [36].

Auch bei Ermüdungsversuchen an ungekerbten Bauteilen bei verschiedenen Belastungsarten, d. h. unterschiedlichem Spannungsgefälle, tritt das Phänomen der Stützwirkung deutlich in Erscheinung. Im Bild 78 sind nach RAJAKOVICS [7]

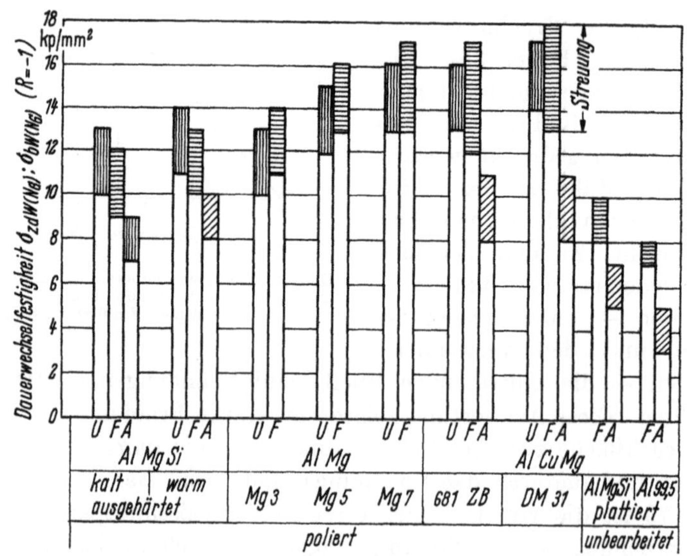

Bild 78. Einfluß der Belastungsart auf die Dauerwechselfestigkeit ($N_G = 5 \cdot 10^7$) von Al-Legierungen. U = Umlaufbiegung (Strang), F = Flachbiegung $\big\}$ Blech. Nach [7]. A = Axial

für verschiedene Al-Legierungen die Dauerwechselfestigkeiten bei Umlaufbiegung, Flachbiegung und Axialbelastung zusammengestellt. Die Umlaufbiegeversuche wurden an polierten Rundstangen aus Strangpreßmaterial, die Flach-
biege- und Zug-Druck-Versuche mit Stäben aus gewalzten Blechen durchgeführt.
Aus der Gegenüberstellung der Versuchswerte folgt:

Die Dauerfestigkeiten weichen für Umlauf- und Flachbiegung nur wenig
(bis zu $\pm 8\%$) voneinander ab, obgleich sogar die Halbzeuge (Strangpreßteil
und Blech) verschieden waren.

Die Dauerfestigkeiten bei Biegebeanspruchung sind im Mittel 1,5 mal so groß
wie bei Axiallast.

Von STIELER [25] wurde die Abhängigkeit der Stützziffer n vom Spannungsgefälle für verschiedene Werkstoffe untersucht. Die Ergebnisse können zur
Deutung der elastischen Stützwirkung herangezogen werden.

Die Spannungsverteilung bleibt bis zur Einleitung einer kritischen Verformung rein elastisch. STIELER ging von der Vorstellung aus, daß sich zur
Einleitung einer plastischen Verformung die notwendige kritische Schubspan-
nung $\tau_{\mathrm{krit}} = \sigma_{0,2}/2$ über einen gewissen Gefügebereich erstrecken muß. Dieser
Gefügebereich, in dem τ_{krit} erreicht sein muß, wird als Gleitschichtdicke s_g
bezeichnet.

Bild 25 zeigt diese Zusammenhänge an einer Spannungsspitze. Das größte
Spannungsgefälle, bezogen auf die Maximalspannung σ_{max}, ist $\chi = (d\sigma/dt)_{\mathrm{max}}/\sigma_{\mathrm{max}}$.
Der kritische Schubspannungsabfall $\Delta\tau$ bzw. Normalspannungsabfall $\Delta\sigma$ in der
Gleitschicht beträgt: $\Delta\tau/\tau_{\mathrm{max}} = \chi\, s_g$ bzw. $\Delta\sigma/\sigma_{\mathrm{max}} = \chi\, s_g$ (s. hierzu Skizze des
Bildes 25).

Zwischen der Zug-Druck-Dauerwechselfestigkeit $\sigma_{zdW(N_G)}$ bei gleichförmiger
Spannungsverteilung und der $\sigma_{0,2}$-Grenze besteht ein Zusammenhang, den die
„$\sqrt{\sigma_{0,2}}$-Arbeitshypothese" erfaßt:

$$\sigma_{zd\,W(N_G)} = C\,\sqrt{\sigma_{0,2}}.$$

In dieser Gleichung ist C eine Konstante, die vom E-Modul, von den inneren
Inhomogenitäten und der Gitterstruktur des Werkstoffs abhängt.

STIELER wendet diese Arbeitshypothese auf den Fall einer ungleichförmigen
Spannungsverteilung, d. h. auf die gegenüber gleichförmiger Verteilung ver-
änderten Werte der Fließgrenze und der Dauerfestigkeit an, so daß er für den
Fall der Dauerfestigkeit zu einem Zusammenhang von Stützziffer, bezogenem
Spannungsgefälle und Gleitschichtdicke kommt.

Die experimentellen Untersuchungen von STIELER [25] an gekerbten Stäben
aus metallischen Werkstoffen bei Axialbelastung zeigen gute Übereinstimmung
mit seinen hypothetischen Annahmen, wenn die Gleitschichtdicke gleich dem
mittleren Korndurchmesser des Metallgefüges gesetzt wird. Weiterhin wurde
festgestellt, daß bei Stählen mit geringer Fließgrenze die Stützziffer stärker vom
Spannungsgefälle abhängt als bei Stählen mit hohem $\sigma_{0,2}$-Wert.

Die elastische Stützwirkung ist aber nicht nur vom Spannungsgefälle, sondern
infolge der erhöhten elastischen Verzerrungen auch vom Gefügezustand und der
Struktur des Werkstoffs abhängig.

3.1.3 Die plastische Stützwirkung

Die plastische Stützwirkung entsteht dadurch, daß mit Beginn des Fließens Spannungen von der höchstbeanspruchten Stelle zu geringer beanspruchten Nachbarschichten verlagert werden.

Es stellt sich mithin eine neue Spannungsverteilung ein. Die Spannungsspitzen werden plastisch abgebaut, und der diesem Abbau entsprechende Anteil wird zusätzlich von den benachbarten Gebieten aufgenommen.

Während die elastische Stützwirkung zu einer wirklichen Erhöhung der örtlich ertragbaren Spannungsamplitude führt, sorgt die plastische Stützwirkung durch Spannungsabbau für einen teilweisen Spannungsausgleich.

Die Ungleichförmigkeit des Spannungszustandes, an dem im folgenden die plastische Stützwirkung erläutert wird, ist nicht eine Folge der Belastungsart, sondern der Gestalt des Bauteils.

CREWS und HARDRATH führten Untersuchungen [37] an Kerbstäben über die Spannungen durch, die im Kerbgrund nach Überschreitung der Elastizitätsgrenze wirksam bleiben. Die Versuche wurden an Flachstäben aus AlCuMg (2024-T3-Blech) mit symmetrischen Randkerben bei einem elastischen Häufungsfaktor $K = 3$ unter Zugschwellast ($R_z = 0$) durchgeführt.

Am Ort des Überschreitens der Elastizitätsgrenze erfolgen plastische Verformungen, so daß die örtlichen Maximalspannungen $\sigma_{ob\,Kpl}$ (Index K: im Kerbgrund) gegenüber den für elastischen Werkstoff errechneten $\sigma_{ob\,K} = K\,\sigma_{ob}$ zurückbleiben und nach Entlastung Druck-Restspannungen $\sigma_{un\,Kpl} < 0$ auftreten. (Die Indizierung von $\sigma_{ob\,Kpl}$ und $\sigma_{un\,Kpl}$ gibt an, daß es sich um die „obere" bzw. „untere" gemessene Spannung bei dynamischer Belastung handelt.) Die Versuche zeigten, daß sich diese plastische Umlagerung schon nach wenigen Lastwechseln vollzogen hat, so daß man für den Ermüdungsversuch annehmen kann, sie sei von vornherein dagewesen.

Die gemessenen (Umrechnung über Spannungsdehnungskurve), unter Last geänderten Kerbgrundspannungen $\sigma_{ob\,Kpl}$ und die aus plastischer Überdehnung entstandenen Druck-Restspannungen $\sigma_{un\,Kpl}$ nach Entlastung sind im Bild 79 über der Oberspannung σ_{ob} im ungestörten Querschnitt des Streifens aufgetragen.

Es zeigt sich, daß nach dem örtlichen Erreichen von $\sigma_{0,2}$ die Oberspannung im Kerbgrund nur noch schwach ansteigt, jedoch mit Zunahme von σ_{ob} die Restspannung $\sigma_{un\,Kpl}$ stark anwächst, so daß der Spannungsausschlag $\sigma_{a\,Kpl} = (\sigma_{ob\,Kpl} - \sigma_{un\,Kpl})/2$ wenigstens bis $\sigma_{ob} < 25$ kp/mm² gegenüber dem elastischen Spannungsausschlag $\sigma_{a\,K} = K\,\sigma_{ob}/2$ nahezu unverändert bleibt.

Nach dem örtlichen Überschreiten von $\sigma_{0,2}$ im Kerbgrund sinkt die Mittelspannung $\sigma_{m\,Kpl} = (\sigma_{ob\,Kpl} + \sigma_{un\,Kpl})/2$ ab, um bei Annäherung von σ_{ob} an die statische Bruchlast gegen 0 zu gehen.

Somit nimmt für $R_z = 0$ (im ungestörten Bereich) mit zunehmendem σ_a das Spannungsverhältnis im Kerbgrund $R_{z\,Kpl} = \sigma_{un\,Kpl}/\sigma_{ob\,Kpl}$ von $R_{z\,K} = 0$ auf $R_{z\,Kpl} \approx -1$ ab (s. Bild 80).

Von CREWS und HARDRATH [37] wurden die bei verschiedenen Nennspannungen σ_{nu} gemessenen Kerbgrundspannungen ($\sigma_{ob\,Kpl}$ und $\sigma_{un\,Kpl}$) dazu benutzt, die Wöhler-Kurve des Kerbstabs aus einer Anzahl von Wöhler-Kurven des ungekerbten Stabes bei verschiedenen Mittelspannungen zu bestimmen. Die auf diese Weise gewonnenen $(\sigma-N)$-Kurven von Kerbstäben stimmten mit experimentell ermittelten $(\sigma-N)$-Werten gut überein.

Bild 81 zeigt die gemessenen Kerbgrundspannungen unter axialer Wechsellast ($R = -1$). Auch hier zeigen sich sowohl im Druck- als auch im Zugbereich nach Überschreiten der Elastizitätsgrenze im Kerbgrund plastische Verformungen, so daß die Spannungen $\sigma_{ob\,K\,pl}$ und $\sigma_{un\,K\,pl}$ gegenüber den für elastischen Werkstoff errechneten $\sigma_{ob\,K} = -\sigma_{un\,K} = K\,\sigma_{ob}$ zurückbleiben. Auch bei reiner Wechsellast bauen sich nach der Entlastung, d. h. nach einem halben oder vollen Belastungszyklus infolge der plastischen Überdehnung Druck- oder Zug-Restspannungen auf.

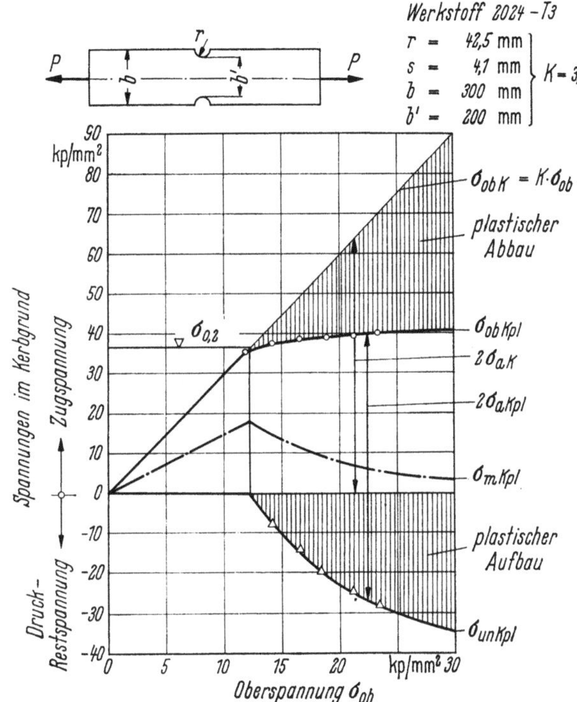

Bild 79. Plastischer Abbau der Spannungen im Kerbgrund bei Schwellbelastung. Nach [37].

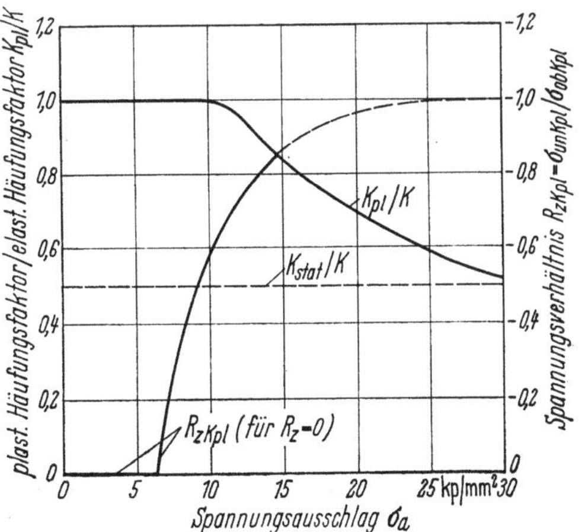

Bild 80. Abhängigkeit des plastischen Häufungsfaktors $K_{pl} = \sigma_{a\,Kpl}/\sigma_a$ und des Spannungsverhältnisses $R_{z\,K\,pl} = \sigma_{un\,Kpl}/\sigma_{ob\,Kpl}$ vom Spannungsausschlag. Nach [37].

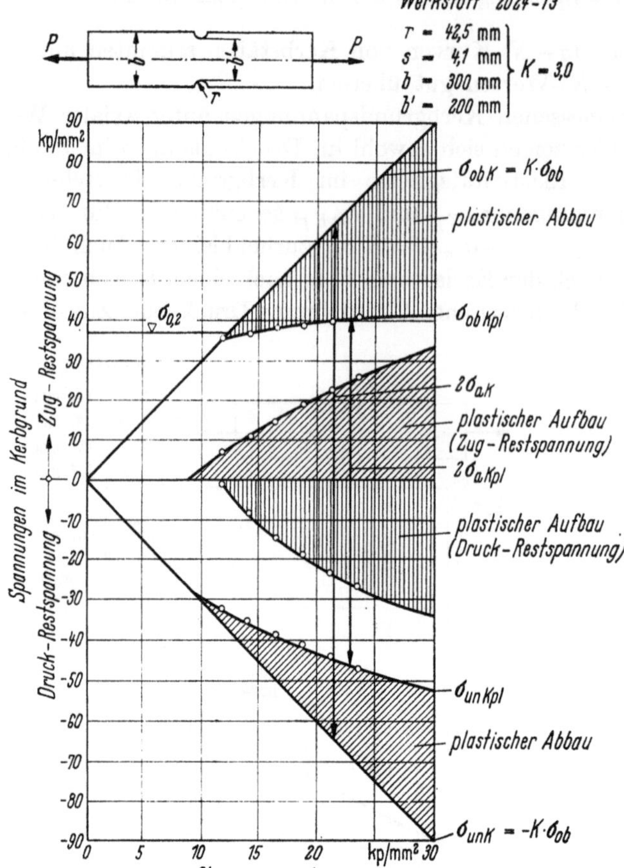

Bild 81. Plastischer Abbau der Spannungen im Kerbgrund bei Wechselbelastung. Nach [37].

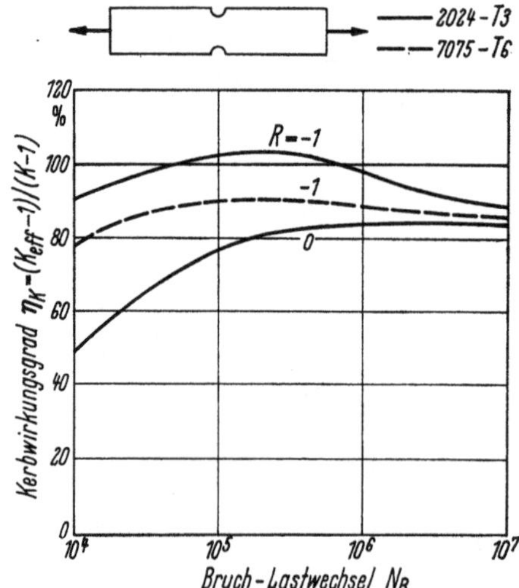

Bild 82. Zusammenhang von Kerbwirkungsgrad und Bruchlastwechselzahl — Einfluß des R-Parameters — Häufungsfaktor $K = 3$. Nach [38—40].

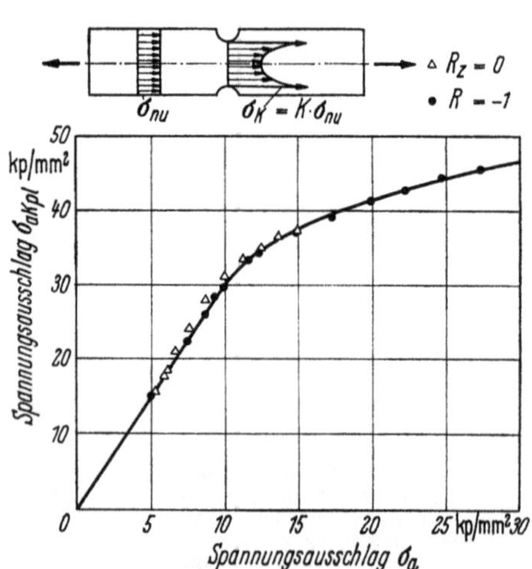

Bild 83. Plastischer Spannungsausschlag σ_{aKpl} im Kerbgrund in Abhängigkeit vom elastischen Spannungsausschlag σ_a bei Schwell- und Wechselbelastung. Beispiel: gekerbter Stab 2024-T 3. Nach [37].

Der Wechsel zwischen den gegenüber den elastizitätstheoretischen Werten verringerten Spannungen im Kerbgrund wirkt sich sicher negativ auf die Ermüdungsfestigkeit aus, da der Werkstoff in einem Belastungsgang einmal plastisch gestaucht und zum anderen plastisch gedehnt wird. Ein Einfluß des R-Parameters in diesem Sinne zeigt sich auch in der Auftragung des Kerbwirkungsgrades η_K über der Bruchlastwechselzahl im Bild 82 [38—40].

Im Bild 83 wurden die von CREWS und HARDRATH [37] bei $R_z = 0$ und $R = -1$ gemessenen plastischen Spannungsausschläge im Kerbgrund in Abhängigkeit von den zugehörigen elastischen Spannungsausschlägen σ_a aufgezeichnet. Ein Vergleich der Schwellast ($R_z = 0$) mit der Wechsellast ($R = -1$) zeigt, daß der *plastische*

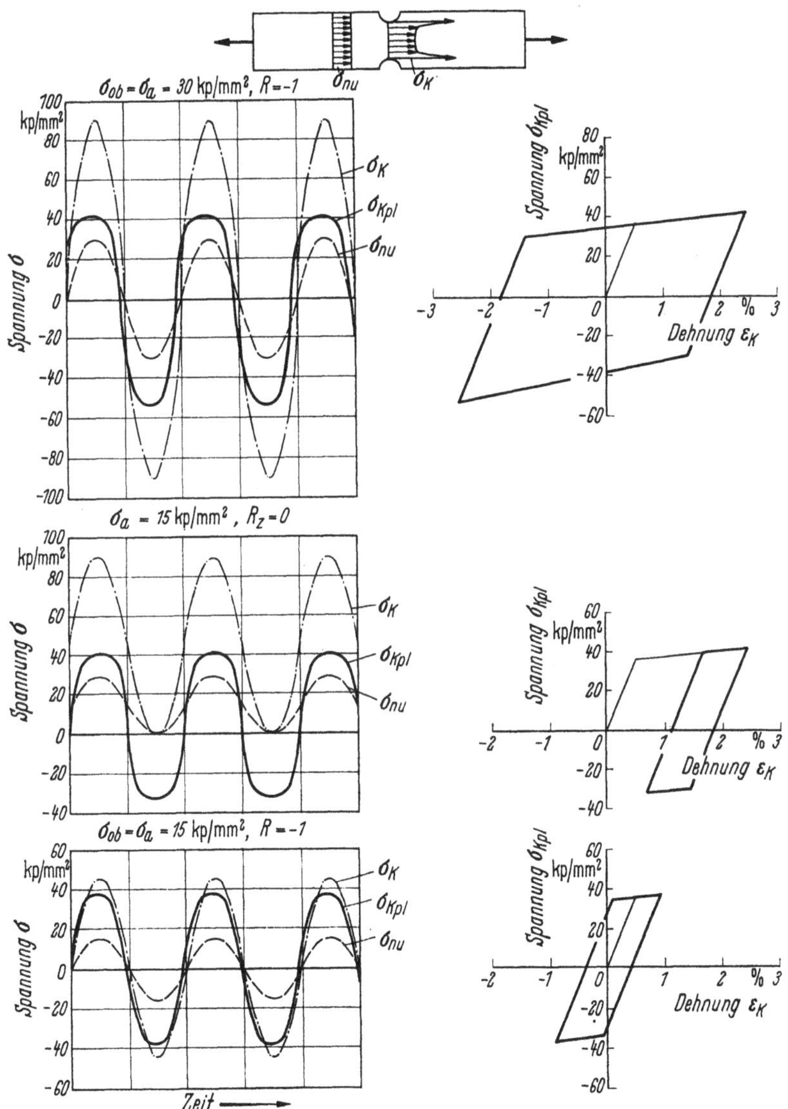

Bild 84. Zeitlicher Belastungsverlauf — idealisierte Spannungs-Dehnungs-Diagramme für 3 typische Belastungsfälle. Beispiel: gekerbter Stab, 2024-T 3, $K = 3$. Nach [37].

Spannungsausschlag σ_{aKpl} im Kerbgrund im wesentlichen vom *elastischen* Spannungsausschlag σ_a (im ungestörten Querschnitt) abhängt, während der Einfluß von R vernachlässigbar ist.

Zur weiteren Deutung dieser Meßergebnisse wurden 3 typische, gemessene Belastungsfälle herausgegriffen und im Bild 84 in vereinfachten Spannungs-Dehnungs Diagrammen dargestellt. Das linke Bild zeigt die zeitlichen Beanspruchungsverläufe für σ_{nu}, σ_K und σ_{Kpl}, während im rechten Bildteil der Belastungszyklus für den gemessenen plastischen Spannungsausschlag in idealisierten Spannungs-Dehnungs-Diagrammen dargestellt wird.

Gewählt wurden die drei Belastungsfälle:

$$\text{a)} \quad \sigma_{ob} = 30 \,\text{kp/mm}^2, \qquad \sigma_a = 30 \,\text{kp/mm}^2, \quad R = -1,$$

$$\text{b)} \quad \sigma_{ob} = 30 \,\text{kp/mm}^2, \qquad \sigma_a = 15 \,\text{kp/mm}^2, \quad R_z = 0,$$

$$\text{c)} \quad \sigma_{ob} = 15 \,\text{kp/mm}^2, \qquad \sigma_a = 15 \,\text{kp/mm}^2, \quad R = -1.$$

Der Vergleich der Darstellungen für die drei Belastungsfälle zeigt nochmals, daß die Größe der plastischen Spannungsamplitude σ_{aKpl} nur von der elastischen Spannungsamplitude σ_a abhängig ist (s. auch Bild 83).

Das Bild macht außerdem den Zusammenhang zwischen den Spannungsamplituden und den Dehnungsamplituden anschaulich. Für die Dehnungen kann analog zu den Spannungen ein Verhältnis $R_\varepsilon = \varepsilon_{un}/\varepsilon_{ob}$ definiert werden, das weder mit R noch R_{pl} identisch sein muß. So ergibt sich z. B. für $R = -1$ ein $R_{\varepsilon K} \approx -1$, dagegen für $R = 0$ ein $R_{\varepsilon K} > 0$. Dies ist darauf zurückzuführen, daß beim plastischen Spannungsabbau die Dehnungsspitze ansteigt und bei Entlastung eine Dehnung $\varepsilon_{unK} > 0$ zurückbleibt.

Im Bild 80 ist neben dem Verlauf von $R_{Kpl} = \sigma_{unKpl}/\sigma_{obKpl}$ der Verlauf des plastischen Häufungsfaktors $K_{pl} = \sigma_{aKpl}/\sigma_a$ dargestellt. Aufgetragen ist das Verhältnis K_{pl}/K in Abhängigkeit vom Spannungsausschlag σ_a. Der plastische Häufungsfaktor K_{pl} wurde aus den im Bild 83 dargestellten Meßergebnissen errechnet und ist wie der elastische Häufungsfaktor K unabhängig vom R-Parameter. Im elastischen Bereich ist $K_{pl} = K$. Mit zunehmendem Spannungsausschlag σ_a nähert sich K_{pl} dem statischen Häufungsfaktor $K_{\text{stat}} = F_{nu}/F_{nn}$, der das Verhältnis von Brutto- zu Nettoquerschnitt der Proben angibt. Wenn K_{pl} den Wert von K_{stat} erreicht, sind die Spannungsspitzen vollständig plastisch abgebaut. Dies wird, wie aus Bild 80 zu ersehen ist, nur bei großen Spannungsausschlägen, d. h. im Bereich kleiner Lastwechselzahlen, erreicht.

3.2 Einfluß der Absolutgröße des Prüfstücks auf die Ermüdungsfestigkeit

3.2.1 Allgemeines zum Problem

Der Spannungshäufungsfaktor K (bzw. die Formzahl α_K) ist eine Funktion der geometrischen *Verhältnisse*. Untersuchungen hierzu können ohne weiteres an vergrößerten oder verkleinerten Modellen durchgeführt werden.

Der effektive Häufungsfaktor K_{eff} (bzw. die Kerbwirkungszahl β_K) ist außer von der Höhe des Spannungsniveaus von den geometrischen Verhältnissen *und* der *Absolutgröße* des Bauteils bzw. des Kerbes abhängig.

Dies hat seinen Grund darin, daß der Häufungsfaktor K mit Hilfe der Elastizitätsgesetze für den homogenen Werkstoff berechnet wird, während K_{eff} sich auf den Anriß oder Bruch bezieht, dessen Physik nur mit Hilfe der Inhomogenitäten aus dem Aufbau und der Anordnung der Kristalle im Werkstoff und dem elastisch-plastischen Verhalten des Werkstoffs zu beschreiben ist. Charakteristische Größen für diese Inhomogenitäten sind z. B. der mittlere Durchmesser eines Kornes oder eines Kristallhaufens, also werkstoffeigene Längen.

Es muß also neben den äußeren geometrischen Verhältnissen auch das Verhältnis einer äußeren Abmessung zur werkstoffeigenen Länge auf den effektiven Häufungsfaktor Einfluß nehmen.

Seine Bestimmung etwa an einem vergrößerten Modell scheitert grundsätzlich daran, daß die werkstoffeigene Länge nicht gleichermaßen beliebig vergrößert oder verkleinert werden kann.

Es läßt sich jedoch zeigen, daß es gewisse untere und obere Grenzen dieses Einflusses gibt, so daß in gewissen Bereichen trotzdem Modellversuche zur Bestimmung von K_{eff} mit hinreichender Genauigkeit durchgeführt werden können. Diese Frage der Übertragbarkeit der Versuchsergebnisse auf andere Bauteilabmessungen (Kleinversuch — Großausführung) ist für den Konstrukteur von großem Interesse.

Die absolute Größe des Probestabs oder des Bauteils geht in die Ermüdungs- und Dauerfestigkeit ein über

die Stützwirkung, gekennzeichnet durch die Stützziffer n, die vom Spannungsgefälle χ an der Stelle größter Spannungshäufung und einer werkstoffeigenen Länge abhängt,

die Oberflächeneinflüsse,

die Relativverschiebungen mit Reibkorrosion bei Verbindungen,

den Rißfortschritt bei der Ausbreitung vom Anriß bis zum Restbruch.

3.2.2 Größeneinflüsse durch die Stützwirkung

3.2.2.1 Der ungekerbte Biegestab

In Abschn. 3.1 wurden die verschiedenen Arten der Stützwirkung, die bei ungleichförmiger Spannungsverteilung auftreten, erklärt und zu ihrer quantitativen Erfassung die Stützziffer n eingeführt. Beim ungekerbten Biegestab wird $n = \sigma_{bW}/\sigma_{zdW}$.

Für den Sonderfall der Dauerfestigkeit wurde von STIELER [25] eine Beziehung zwischen der Stützziffer n, dem maximalen bezogenen Spannungsgefälle χ und der Schichtdicke s_g gefunden. Die Beziehung zwischen den statischen Nennspannungen und den Dauerfestigkeitswerten liefert die $\sqrt{\sigma_{0,2}}$-Arbeitshypothese:

$$\sigma_{zdW(NG)} = c\,\sqrt{\sigma_{0,2}\,E}.$$

Der Proportionalitätsfaktor c zeigt nach STIELER [25] bei vielen verschiedenen untersuchten Werkstoffen eine sehr geringe Streuung. Nach STIELER liegt die Schichtdicke s_g in der Größenordnung des mittleren Korndurchmessers und ist somit werkstoffabhängig. Bei gleichem Werkstoff ist damit nur noch eine Abhängigkeit der Stützziffer n vom Spannungsgefälle χ vorhanden.

Für einen ungekerbten Biegestab ist das Spannungsgefälle $\chi = 2/d$; es nimmt also mit steigendem Probendurchmesser d ab. Mit zunehmender Prüfstückgröße wird demnach, da das Spannungsgefälle und damit die Stützwirkung abnimmt, die für den Ort der maximalen Spannung errechnete Nennbiegewechselfestigkeit verkleinert.

Eine entsprechende Abhängigkeit der Stützziffer von der absoluten Größe wurde auch bei Untersuchungen von PHILIPP [41] festgestellt.

Während STIELER [25] den Zusammenhang zwischen den Dauerfestigkeitswerten bei gleichförmiger und ungleichförmiger Spannungsverteilung (d. h. der Stützziffer), der Gleitschichtdicke s_g und dem Spannungsgefälle χ über die $\sigma_{0,2}$-Arbeitshypothese herstellt, leitet PHILIPP [41] den Zusammenhang zwischen den Dauerfestigkeitswerten, der Tiefe der stützbaren Randzone s_f und der Querschnittsabmessung h_a nur aus einer geometrischen Beziehung ab.

STIELER erzielte gute Übereinstimmung zwischen seiner Hypothese und Experimenten, falls er die Gleitschichtdicke s_g gleich dem mittleren Korndurchmesser setzte. PHILIPP gelang es ebenfalls durch Bestimmung einer für Werkstoff, Querschnittsform und Belastungsart konstanten Tiefe der „stützbaren" Randzone s_f, die allerdings nicht in Beziehung zu einer werkstoffeigenen Länge gesetzt werden konnte, Übereinstimmung zwischen Rechnung und Versuchen zu erzielen.

Bild 85 zeigt die Abhängigkeit der Stützziffer n von $h_a/2s_f$, wobei h_a eine äußere Querschnittsabmessung und s_f eine werkstoffeigene Kenngröße ist, die von der Querschnittsform und der Belastungsart abhängt.

Die Größe s_f gibt die Tiefe der „stützbaren" Randzone an, die von PHILIPP [41] für einige Werkstoffe näherungsweise berechnet wurde.

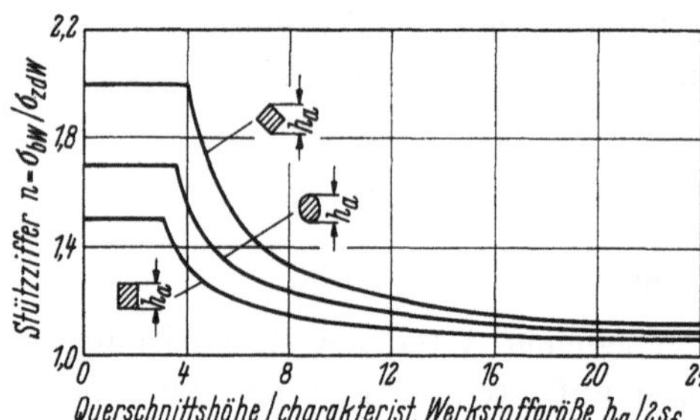

Bild 85. Abhängigkeit der Stützziffer ungekerbter Stäbe unter Biegebelastung von der Querschnittshöhe und der Querschnittsform. [41].

Die Stützziffer wird um so größer, je kleiner die äußere Abmessung wird. Es zeigt sich außerdem ein Einfluß der Querschnittsform, und zwar derart, daß bei dem über Eck gebogenen Rechteckquerschnitt n am größten, beim flach gebogenen Rechteckquerschnitt am kleinsten ist. Dies ist darauf zurückzuführen, daß im ersten Fall das zu stützende relative Volumen kleiner ist. Am ungünstigsten wäre demnach ein (in Bild 85 nicht ausgewerteter) I-Querschnitt nach Bild 86, bei welchem das zu stützende relative Volumen am größten ist.

Für die Stützziffer n lassen sich, wie auch aus Bild 85 hervorgeht, eine *obere und untere Grenze* angeben.

Der *untere* Grenzwert ergibt sich aus der Tatsache, daß mit zunehmendem Probendurchmesser der Spannungsverlauf beim Biegestab immer „flacher" wird und sich mehr und mehr der gleichförmigen Spannungsverteilung des Zug-Druck-Stabes nähert. Daraus kann gefolgert werden, daß als untere Grenze für die Nennbiegewechselfestigkeit σ_{bW} die Zug-Druck-Wechselfestigkeit σ_{zdW} des glatten Stabes gesetzt werden kann. Das heißt aber $n_{un} = 1$.

Der *obere Grenzwert* für die Nennbiegewechselfestigkeit σ_{bW} ergibt sich aus der Überlegung, daß das größte Biegemoment in einem Querschnitt dann über-

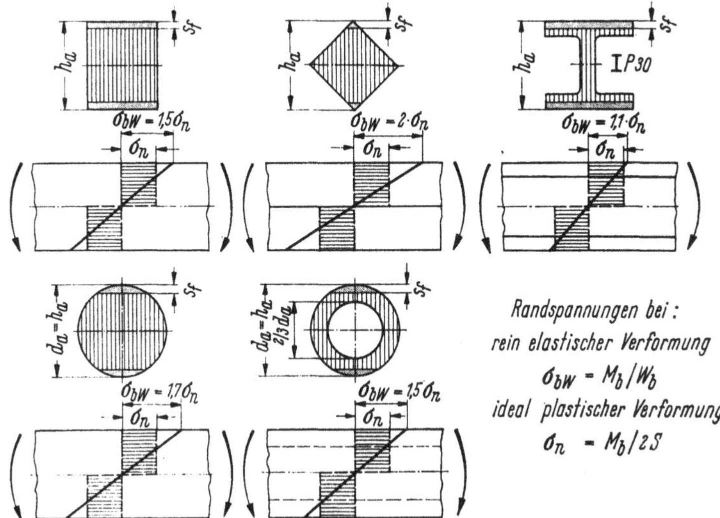

Bild 86. Abhängigkeit der Stützwirkung bei ungekerbten Stäben unter Biegebelastung von der Querschnittsform bei ideal plastischer Verformung.

tragen wird, wenn der gesamte Querschnitt mit einer gleichförmig verteilten Spannung σ_n (s. Bild 86) beansprucht wird. Für diese Bezugsspannung σ_n gilt:

$$\sigma_n = M_b/2S,$$

wobei S das statische Moment einer Querschnittshälfte ist.

Wird ideal plastisches Verhalten vorausgesetzt, so muß im Grenzfall gelten: $\sigma_n = \sigma_{zdW}$, d. h., für den oberen Grenzwert der Stützziffer folgt $n_{ob} = 2S/W_b$.

Bild 86 zeigt für verschiedene Querschnittsformen die so errechneten oberen Grenzwerte der Stützziffern, wie sie auch in Bild 85 eingezeichnet sind.

Diese oberen Grenzwerte, die für den Fall voller plastischer Stützwirkung gelten und auch bei statischer Belastung Erhöhungsfaktoren der Biegefestigkeit durch Plastifizierung sind, können auch durch die Fließkurven für Prüfstäbe unterschiedlicher Querschnittsformen nachgewiesen werden. Allerdings ist hierbei zu beachten, daß die statischen Fließkurven nicht unbedingt auch bei dynamischen Belastungen gelten, da die Zeit zum plastischen Ausgleich gering ist und damit einer bestimmten Dehnung höhere Spannungen zugeordnet sein können als im Falle der statischen Belastung. Im Bild 87 sind Fließkurven eines ideal plastischen Werkstoffes dargestellt, die den Einfluß der Querschnittsform auf das Dehnverhalten der Fasern im Bereich der Maximalspannung zeigen [42]. Dargestellt ist das Verhältnis aus der Maximalspannung und der Fließspannung (ermittelt am ungekerbten Zugstab), $\sigma_{max}/\sigma_{0,2}$ in Abhängigkeit vom Dehnungsverhältnis $\varepsilon_{max}/\varepsilon_{0,2}$.

Legt man als Vergleich die Spannung bei einer bestimmten bleibenden Dehnung, z. B. die $\sigma_{0,2}$-Grenze zugrunde, so zeigt sich sowohl zwischen dem glatten und gekerbten Zugstab als auch zwischen den Biegestäben verschiedener Querschnittsformen ein unterschiedliches Dehnverhalten der höchst beanspruchten Fasern. Das gemessene Spannungsverhältnis $\sigma_{max}/\sigma_{0,2}$ stimmt nahezu mit den im

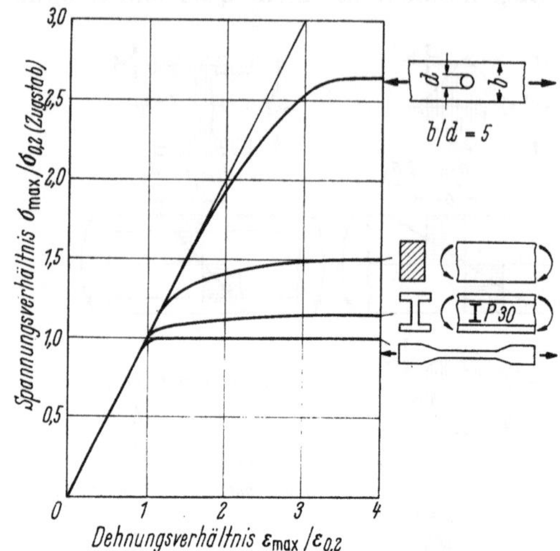

Bild 87. Fließgrenzenüberhöhung infolge eines Spannungsgefälles durch Beanspruchungsart und Querschnittsform. [42].

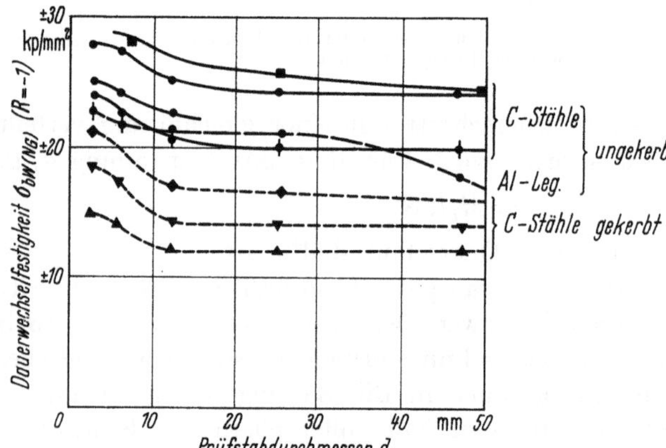

Bild 88. Einfluß des Prüfstabdurchmessers auf die Dauerwechselfestigkeit — ungekerbte und gekerbte Prüfstäbe. [43—45].

Bild 86 aufgeführten Stützziffern σ_{bW}/σ_{zdW} überein, die für die verschiedenen Querschnittsformen die oberen Grenzwerte der Biegewechselfestigkeit angeben.

Im Bild 88 ist der Einfluß des Prüfstabdurchmessers auf die Dauerwechselfestigkeit (Umlaufbiegung) für verschiedene Werkstoffe nach den Versuchen verschiedener Autoren [43—45] aufgetragen. Die Ergebnisse zeigen, daß mit kleiner werdendem Prüfstabdurchmesser — infolge des größeren Spannungsgefälles — die Dauerwechselfestigkeit ansteigt. Dieser Anstieg wird kräftig bei einer Verkleinerung unter 12 mm Durchmesser und führt bei Stählen mit einer Verkleinerung von 12 mm Durchmesser auf 3 mm Durchmesser zu einer Erhöhung der Dauerwechselfestigkeit von etwa 20%.

3.2.2.2 Flachstab mit Bohrung bei axialer, reiner Schwellbelastung

Der theoretische Häufungsfaktor einer Bohrung in einem „unendlich breiten" Streifen ist $K = 3{,}0$. Dieser Häufungsfaktor ändert sich bei endlicher Streifenbreite und steigt z. B. für $d/b \leq 0{,}125$ auf $K = 3{,}1$ an. Von Roš und EICHINGER [22] wurden gebohrte Versuchsstäbe mit unterschiedlichen Bohrungsdurchmessern, jedoch stets $d/b \leqq 0{,}125$, d. h. $K = 3{,}0$ bis 3,1, geprüft. Im Bild 89 ist

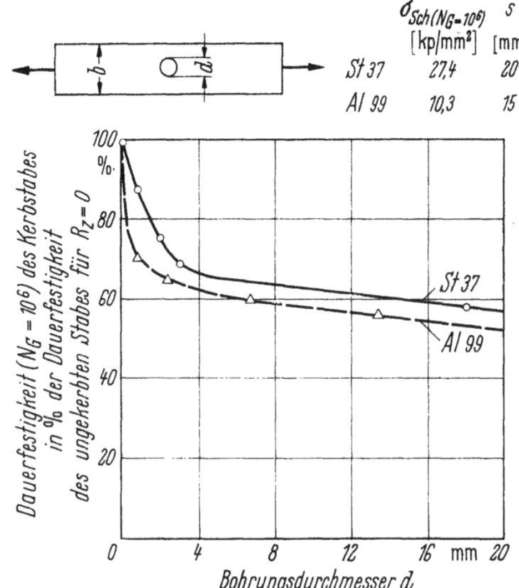

Bild 89. Einfluß des Bohrungsdurchmessers d auf die Dauerschwellfestigkeit von Flachstäben. Prüfstab: $d/b = 0{,}125$, $K = 3{,}0$ bis 3,1. Nach [22].

für zwei Werkstoffe die Dauerfestigkeit der gebohrten Stäbe in Prozenten der Dauerfestigkeit des ungekerbten Stabes über der Größe des Bohrungsdurchmessers aufgetragen. Aus den Ergebnissen folgt:

Beim Werkstoff St 37 tritt im Bereich $d < 3$ mm ein sehr kräftiger Anstieg der Dauerfestigkeit gebohrter Stäbe auf. Im Bereich größerer Bohrungsdurchmesser ist der Einfluß der Stützwirkung gering.

Bei Al 99 reicht der Bereich der besonders kräftigen Zunahme der Dauerfestigkeit nur bis zu einem Bohrungsdurchmesser von etwa 1 mm.

Es ist zu beachten, daß diese Ergebnisse an Stäben aus relativ dicken Blechen ($s = 15$ und 20 mm) gewonnen wurden. Allerdings sind bei dünnen Blechen — wie sie bei Leichtbaukonstruktionen Verwendung finden — nicht grundsätzlich andere Ergebnisse zu erwarten.

3.2.2.3 Flachstab mit Bohrung bei axialer, reiner Wechselbelastung

Zur Behandlung dieses Problems wurden Versuchsergebnisse aus dem amerikanischen „Aircraft Fatigue Handbook" [46] herangezogen. Bild 90 enthält die Ergebnisse von Ermüdungsversuchen mit gebohrten und ungebohrten Stäben aus unplattierten 2024-T 3-Blechen. Der Bestimmung der K_{eff}-Werte wurden die oberen Grenzkurven der Streubänder zugrunde gelegt.

Die damit errechneten Kerbwirkungsgrade $\eta_K = (K_{\text{eff}} - 1)/(K - 1)$ wurden im Bild 91 über der Bruchlastwechselzahl N_B für die verschiedenen Geometrien (Lochdurchmesser d) aufgetragen. Der Kerbwirkungsgrad η_K zeigt (mit Aus-

7*

nahme des größten Durchmessers $d = 12{,}7$ mm bei $b/d = 4$) in dem untersuchten Bereich nur eine geringe Abhängigkeit von N_B und damit vom Beanspruchungsniveau.

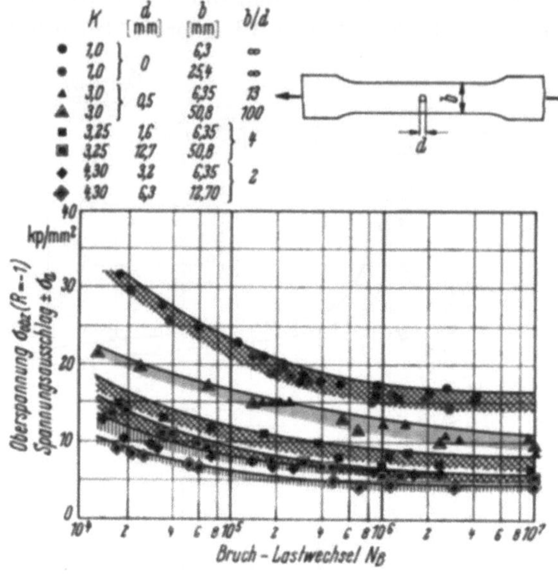

Bild 90. Einfluß des Bohrungsdurchmessers d auf die Ermüdungsfestigkeit von Flachstäben aus 2024-T 3 unplattiert. Nach [46].

Dagegen zeigt sich klar ein kräftiger Einfluß des Bohrungsdurchmessers d auf η_K derart, daß bei sehr kleinem Durchmesser ($d = 0{,}5$ mm) der Kerbwirkungsgrad nur etwa 20% beträgt, während er bei dem großen Durchmesser ($d = 12{,}7$ mm) etwa 75% erreicht.

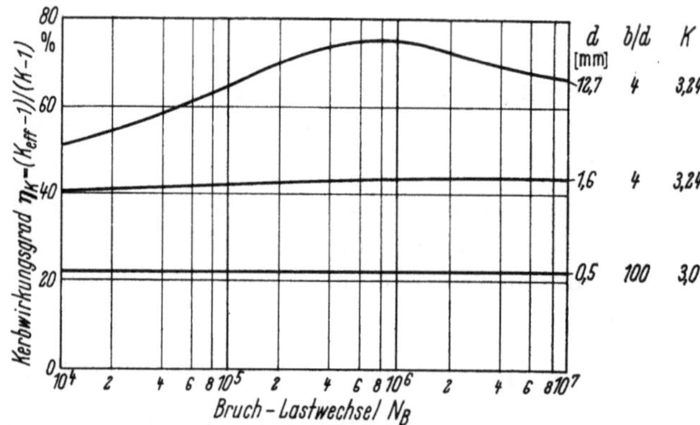

Bild 91. Einfluß des Bohrungsdurchmessers d auf den Kerbwirkungsgrad η_K in Abhängigkeit von der Bruch-Lastwechselzahl N_B. Flachstab: 2024-T 3/T 4, R = − 1. Nach [46].

Ähnliche Ergebnisse zeigen Untersuchungen von MASSONET [47] an gebohrten Flachstäben aus C-Stahl, die im Bild 92 dargestellt sind. Aufgetragen wurde der Häufungsfaktor K, der effektive Häufungsfaktor K_{eff} und der Kerbwirkungsgrad η_K über dem Verhältnis d/b bzw. dem Bohrungsdurchmesser d für die Lastwechselzahl $N = 5 \cdot 10^6$. Dabei sind bezüglich der Wirkung auf η_K zu unterscheiden:

der Einfluß des Verhältnisses d/b und

der Einfluß der Absolutgröße von d.

Bei einem Verhältnis $d/b < 0,1$ darf angenommen werden, daß die Breite b keinen Einfluß mehr hat, somit tatsächlich der Einfluß der Absolutgröße von d sichtbar wird.

In diesem Bereich zeigt das Bild 92 — bei annähernd konstantem Häufungsfaktor ($K \approx 3$) — ein Absinken von K_{eff} und damit η_K auf die Werte des ungekerbten Stabes.

Für Blechstärken von $s = 1$ bis 1,5 mm (dies sind die Blechdicken der untersuchten Al-Cu-Mg-Prüfstäbe) sind nur Bohrungsdurchmesser $d > 2,0$ mm, für Blechstärken von $s = 5$ mm (untersuchte Stahlstäbe) sind nur Bohrungsdurchmesser $d > 4$ mm von praktischer Bedeutung. Für den Fall der Dauerfestigkeit ($N_G = 5 \cdot 10^6$) läßt sich mithin bezüglich der Größenordnung der η_K-Werte bei gebohrten Stäben feststellen:

$\eta_K > 40\%$ bei AlCuMg,

$\eta_K > 60\%$ bei C-Stahl.

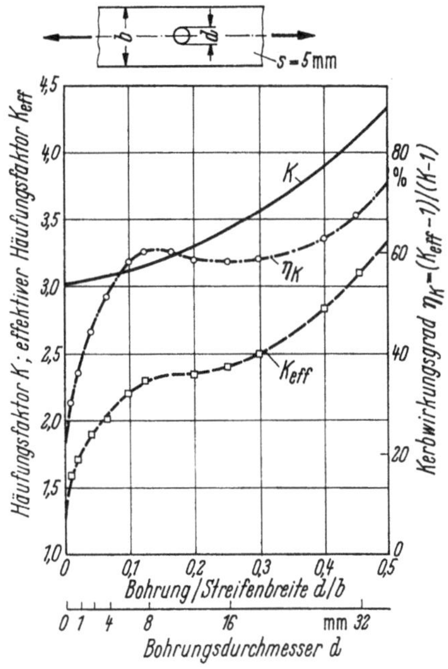

Bild 92. Einfluß von d/b auf den geometrischen Häufungsfaktor K, den effektiven Häufungsfaktor K_{eff} und den Kerbwirkungsgrad η_K. Flachstab: 0,36% C-Stahl, $N_G = 5 \cdot 10^6$, $R = 1$. Nach [47].

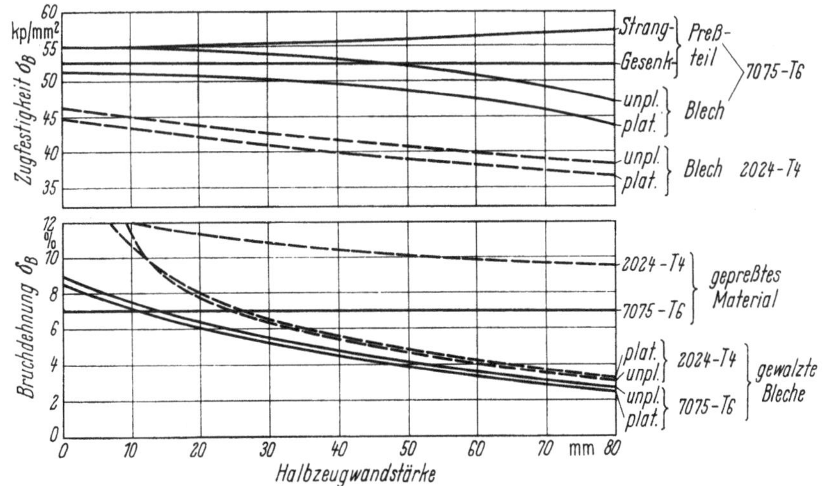

Bild 93. Einfluß der Halbzeugwandstärke auf die Zugfestigkeit und die Bruchdehnung. Nach [48].

3.2.3 Größeneinflüsse aus Oberflächeneinflüssen

Das Verhältnis aus Prüfstückoberfläche zu Prüfstückquerschnittsfläche bei zylindrischen Proben ist umgekehrt proportional zu den Probenabmessungen, so daß sich Oberflächeneinflüsse mit abnehmenden Prüfstückabmessungen immer stärker auswirken.

Sind die Oberflächeneinflüsse festigkeitssteigernd, so wird die Ermüdungsfestigkeit mit zunehmenden Probenabmessungen abnehmen, sind die Oberflächeneinflüsse festigkeitsmindernd, so ist ein Anstieg der Ermüdungsfestigkeit mit wachsenden Probenabmessungen zu erwarten.

Von der ALCOA wurden umfangreiche Versuchsergebnisse über den Einfluß der Wandstärke auf die Zugfestigkeit und die Bruchdehnung bei gewalzten und gepreßten Halbzeugen veröffentlicht [48]. Man spricht in diesem Zusammenhang auch vom technologischen Größeneinfluß.

Im Bild 93 sind die ALCOA-Ergebnisse — die Zugfestigkeit und die Bruchdehnung der Halbzeuge in Abhängigkeit von der Wandstärke — aufgetragen. Es ergibt sich:

Bei Gesenkpreßteilen ändert sich sowohl die Zugfestigkeit als auch die Bruchdehnung im untersuchten Bereich der Halbzeugwandstärke nur geringfügig.

Bei gewalzten Blechen (Platten) fällt die statische Festigkeit sowohl für 2024 als auch für 7075 mit zunehmender Halbzeugwandstärke ab.

Mit zunehmender Halbzeugwandstärke werden gewalzte Bleche bzw. Platten erheblich spröder. Die Bruchdehnung sinkt bei 80 mm dicken Platten gegenüber 2 mm dicken Platten

für den Werkstoff 7075-T 6 von 8% auf 2,5%,
für den Werkstoff 2024-T 4 von etwa 14% auf etwa 3%.

Obwohl bisher keine umfassenden Untersuchungen über den Einfluß der Bruchdehnung auf das dynamische Bruchverhalten eines Werkstoffs bekannt sind, ist zu vermuten, daß eine geringere Bruchdehnung, insbesondere bei „gekerbten Konstruktionen", eine Abnahme der Ermüdungsfestigkeit zur Folge hat.

3.2.4 Größeneinflüsse durch die Relativverschiebungen mit Reibkorrosion bei Verbindungen

Bei Fügungen ist zu beachten, daß an Stellen, die in der Großausführung durch Reibkorrosion gefährdet werden, die Relativbewegungen an einem kleinen Modell wesentlich geringer werden können, so daß hinsichtlich der Entstehung von Reibschäden völlig veränderte Bedingungen vorliegen. Die Bedeutung der Absolutgröße der Relativbewegungen für die Reibkorrosion wird im Kap. XI eingehender behandelt.

4 Effektive Häufungsfaktoren und Kerbwirkungsgrade — Zusammenstellung von Versuchsergebnissen mit Kerbstäben aus Al-Legierungen und Stahl

4.1 Versuchsunterlagen zur Ermittlung von K_{eff}-Werten

Zahlreiche ohne weitere Auswertung veröffentlichte $(\sigma - N)$-Werte von Al-Legierungen insbesondere aus [46] wurden im ILTUB ausgewertet, um auf der Basis umfangreicher Versuchsergebnisse Aussagen über den effektiven Häufungsfaktor und den Kerbwirkungsgrad η_K zu gewinnen.

In den Bildern 94, 95, 96 für 2024 sowie 97 und 98 für 7075 wurden die verwendeten $(\sigma - N)$-Werte getrennt nach K-Werten aufgetragen, die Streubänder angelegt und deren oberen Grenzkurven eingetragen. Die $(\sigma - N)$-Streubänder für die ungekerbten 2024- und 7075-Proben wurden den Bildern 294 und 99 entnommen.

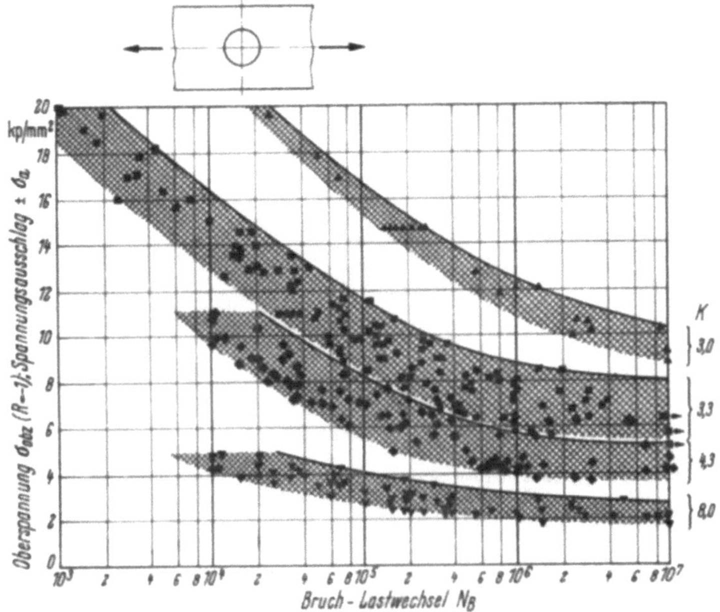

Bild 94. Vergleich der $(\sigma - N)$-Streubänder bei verschiedenen Häufungsfaktoren. Flachstab mit Bohrung — 2024-T 3/T 4 unplattiert. Nach [46].

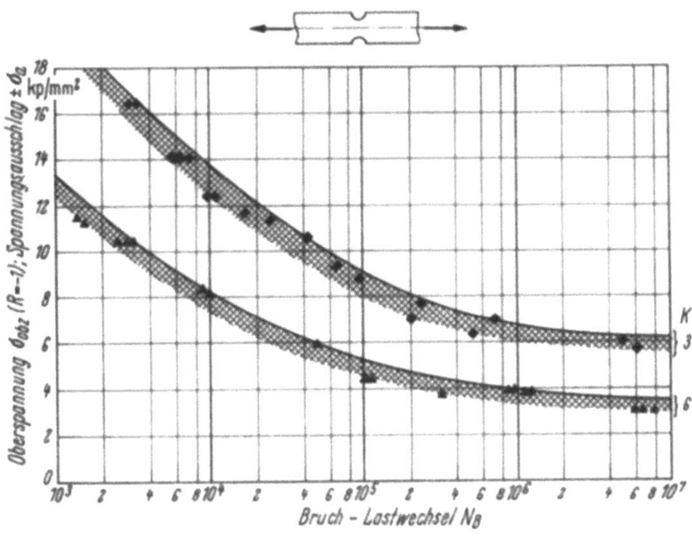

Bild 95. Vergleich der $(\sigma - N)$-Streubänder bei verschiedenen Häufungsfaktoren. Flachstab mit Außenkerb — 2024-T 3/T 4 unplattiert. Nach [46].

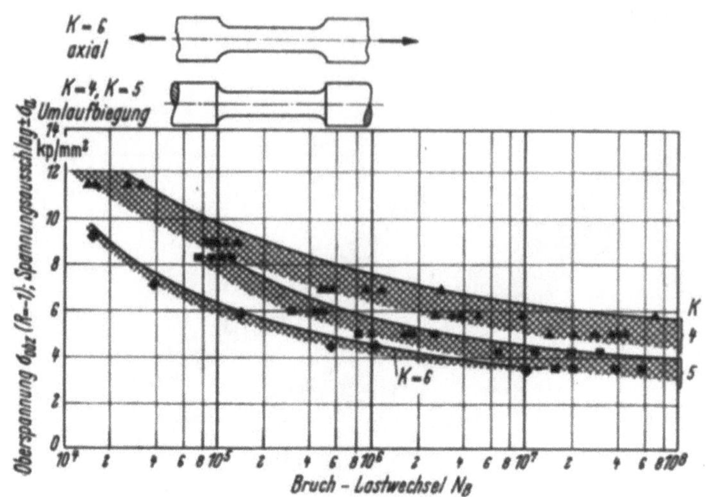

Bild 96. Vergleich der $(\sigma - N)$-Streubänder bei verschiedenen Häufungsfaktoren. Stäbe mit Übergangskerben 2024-T 3/T 4 unplattiert. Nach [46].

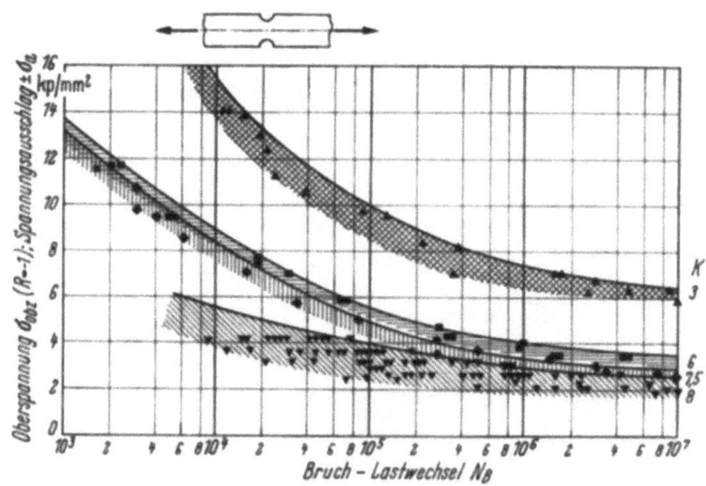

Bild 97. Vergleich der $(\sigma - N)$-Streubänder bei verschiedenen Häufungsfaktoren. Flachstäbe mit Außenkerb — 7075-T 6 unplattiert. Nach [46].

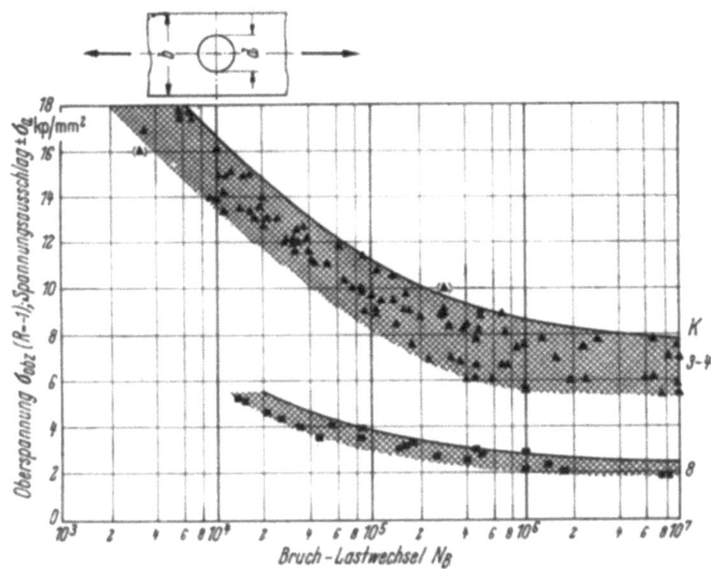

Bild 98. Vergleich der $(\sigma - N)$-Streubänder bei verschiedenen Häufungsfaktoren. Flachstäbe mit Bohrung – 7075-T 6 unplattiert. Nach [46].

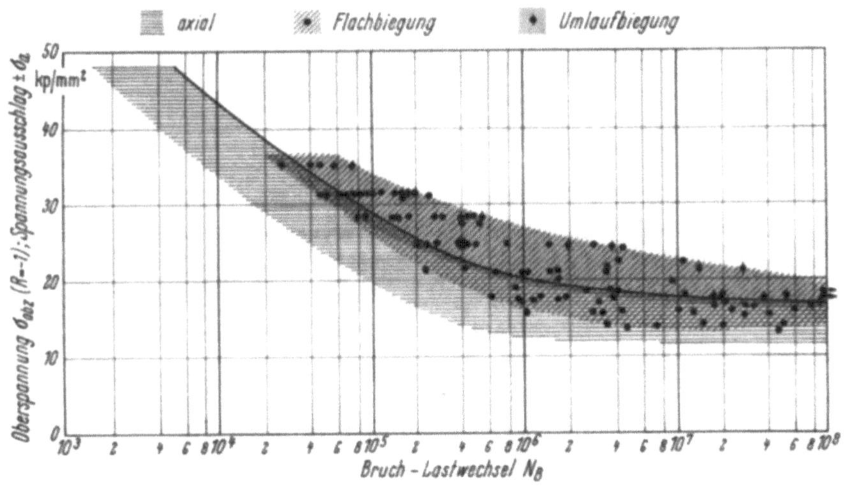

Bild 99. Vergleich der $(\sigma - N)$-Streubänder bei verschiedenen Belastungsarten. Polierte Stäbe ungekerbt – 7075-T 6 unplattiert. Nach [46].

4.2 Zuordnung von $(\sigma - N)$-Werten zur Berechnung von K_{eff}-Werten

Eine entscheidende Frage bei der Bildung der Faktoren K_{eff} für verschiedene Bruchlastwechselzahlen N_B ist die, welche Spannungswerte der Streubänder des ungekerbten Stabes und des gekerbten Stabes einander zuzuordnen sind. Bei der ILTUB-Auswertung wurden die durch die oberen Grenzkurven der Streubänder gegebenen $(\sigma - N)$-Werte zugrunde gelegt.
Diese Zuordnung erschien als die richtige, weil

die $(\sigma - N)$-Werte ohne Kerb dem Werkstoff im ungestörten Zustand entsprechen sollen und bei den Streuwerten unter der oberen Grenzkurve „Störungen" anzunehmen sind, während an der oberen Grenze geringste Störungen zur Auswirkung kommen,

bei den $(\sigma - N)$-Streubändern gekerbter Stäbe die Streuungen ohnehin wesentlich geringer sind als im Falle des ungekerbten Materials.

Eine weitere Schwierigkeit in der Bestimmung von K_{eff}-Werten liegt darin, daß sämtliche Versuche unter gleichen Bedingungen (Belastungsart, Frequenz, Umgebung, Faserrichtung, Oberfläche usw.) durchgeführt werden müssen.

4.3 Zusammenstellung der Ergebnisse für K_{eff} und η_K

In den Bildern 100, 101 und 82 ist der Kerbwirkungsgrad η_K über der Bruchlastwechselzahl für verschiedene Kerbformen, Belastungsverhältnisse und Häufungsfaktoren für die beiden Aluminiumlegierungen 2024-T 3 und 7075-T 6 aufgetragen. Grundsätzlich kann zum Verlauf dieser Kurven festgestellt werden:

Im Bereich kleiner Lastwechselzahlen ($N_B < 10^3$) wird der effektive Häufungsfaktor nahezu gleich dem statischen Häufungsfaktor, der durch das Querschnittsverhältnis Brutto- zu Nettoquerschnitt gegeben ist, so daß der Kerbwirkungsgrad η_K den kleinsten möglichen Wert annimmt. Die plastische Stützwirkung kommt voll zur Geltung. (Das vorliegende Versuchsmaterial erlaubte allerdings nur eine Auswertung für Lastwechselzahlen $N_B > 10^4$.)

Mit zunehmenden Bruchlastwechselzahlen, d. h. Verringerung der Spannungsausschläge, nimmt die plastische Stützwirkung ab, d. h., K_{eff} und damit der Kerbwirkungsgrad η_K steigen bis zu einem Maximalwert an, der je nach Kerbform und Belastungsparameter R zwischen $N_B = 10^4$ und $N_B = 10^6$ erreicht wird.

Mit weiterer Zunahme der Bruchlastwechselzahlen fallen die η_K-Werte bis in den Bereich der Dauerfestigkeit — hier wirkt die elastische Stützwirkung begünstigend — wieder ab.

Für den Werkstoff 2024-T 3 sind im Bild 100 die η_K-Werte bei verschiedenen Häufungsfaktoren und Kerbformen verglichen. Diese Auftragung zeigt, daß bei gleichem Häufungsfaktor K die η_K-Werte für den Außenkerb erheblich über den Werten für die Bohrung liegen. Die Ursache hierfür ist sicher in den unterschiedlichen Bedingungen für die Rißausbreitung zu sehen. Beim einseitigen Anriß eines außen gekerbten Stabes tritt eine zusätzliche Biegebeanspruchung auf, die Spannungsverteilung wird wesentlich ungünstiger als bei einem Bohrungsanriß.

Mit der Zunahme des Häufungsfaktors eines gebohrten Stabes von $K = 3$ auf $K = 8$ steigen die η_K-Werte erheblich an. Der Anstieg der Maximalspannung am Bohrungsrand wird durch Verringerung des Nettoquerschnittes herbeigeführt und ist mit einer Abnahme des maximalen Spannungsgefälles verbunden.

Beim Außenkerb sind die Verhältnisse entgegengesetzt. Ein Anstieg des Häufungsfaktors von $K = 3$ auf $K = 6$ ist mit einer generellen Abnahme des

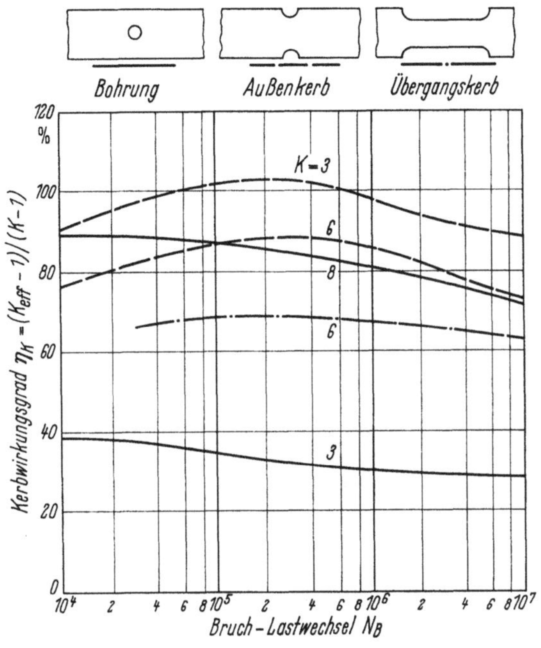

Bild 100. Einfluß der Kerbform auf den Kerbwirkungsgrad η_K in Abhängigkeit von der Bruchlastwechselzahl. Flachstäbe: 2024-T 3 unplattiert — $R = -1$. Nach [46].

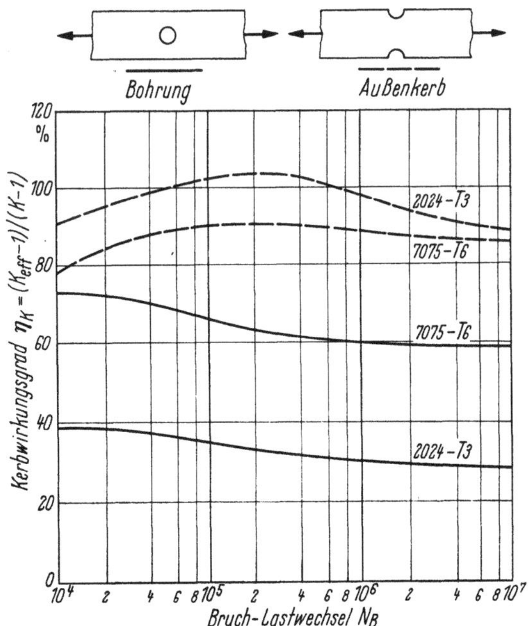

Bild 101. Einfluß von Kerbform und Werkstoff auf den Kerbwirkungsgrad η_K in Abhängigkeit von der Bruchlastwechselzahl. Flachstäbe: $K = 3$, $R = -1$. Nach [46].

Kerbwirkungsgrades verbunden. Die Erhöhung des Häufungsfaktors wird in diesem Fall durch eine Verringerung des Kerbradius erreicht. Der sich hieraus ergebende Anstieg des maximalen Spannungsgefälles wirkt sich positiv aus.

Zum Vergleich ist außerdem die Kurve für einen Übergangskerb ($K = 6$) eingetragen.

Bild 101 bringt einen Vergleich zwischen den Aluminiumlegierungen 2024-T 3 und 7075-T 6 bei verschiedenen Kerbformen, jedoch gleichem Häufungsfaktor $K = 3$. Die für reine Wechsellast ($R = -1$) ermittelten Kerbwirkungsgrade ergeben

bei gebohrten Stäben aus der Legierung 7075-T 6 erheblich höhere Werte als bei der Legierung 2024-T 3,

bei Flachstäben mit Außenkerb für beide Legierungen nur wenig unterschiedliche η_K-Werte.

Die Ergebnisse mit gebohrten Flachstäben bestätigen die seit langem bekannte Tatsache, daß die Legierung 7075-T 6 kerbempfindlicher ist als die Legierung 2024-T 3. Bei Flachstäben mit Außenkerben wird dieses Ergebnis jedoch nicht bestätigt. Hier liegt der Kerbwirkungsgrad für 2024-T 3 sogar etwas höher als bei 7075-T 6.

Bild 82 zeigt den Einfluß des R-Parameters auf den Verlauf der η_K-Werte über der Bruchlastwechselzahl am Beispiel des Flachstabes mit Außenkerb ($K = 3$).

Die η_K-Werte liegen abgesehen vom Bereich der Dauerfestigkeit für $R = -1$ erheblich über denen für $R = 0$. Da laut Definition der Berechnung von η_K

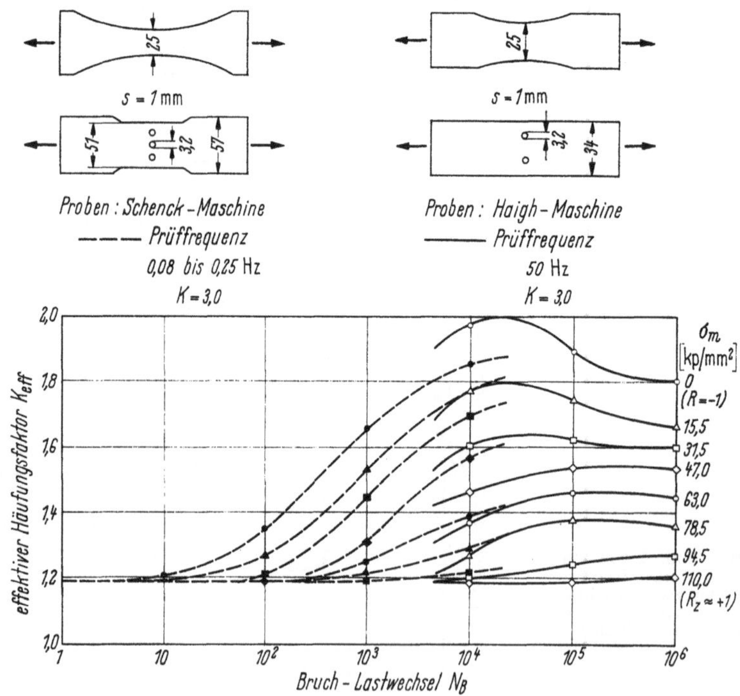

Bild 102. Abhängigkeit des effektiven Häufungsfaktors K_{eff} von der Bruchlastwechselzahl bei verschiedenen Mittelspannungen. Flachstäbe aus 18 Cr-9 Ni ($\times$10 Cr Ni Ti 189). Nach [49].

Oberspannungen σ_{ob} und nicht Spannungsausschläge σ_a zugrunde gelegt werden, ist dieses Ergebnis im Hinblick auf die plastische Stützwirkung, die bei reiner Schwellbeanspruchung erheblich stärker zur Wirkung kommt als bei reiner Wechselbeanspruchung (s. auch Abschn. 3.1.3), durchaus verständlich.

Von BELL und BENHAM [49] sind Versuche durchgeführt worden, die den Einfluß der Mittelspannung auf den effektiven Häufungsfaktor klären sollen. Bild 102 zeigt die Versuchsergebnisse. Aufgetragen ist der effektive Häufungsfaktor über der Bruchlastwechselzahl für verschiedene Mittelspannungen σ_m. Es zeigt sich bei diesen Versuchen ein Maximum für K_{eff} bei ungefähr $N_B = 10^4$ bis 10^5 und ein steiler Abfall bei $N_B < 5 \cdot 10^3$ Lastwechseln.

Im „low-cycle"-Bereich, also bei hohem Spannungsniveau, erfolgt vollständiger plastischer Spannungsspitzenabbau, so daß der effektive Häufungsfaktor K_{eff} bei $N_B < 20$ den statischen Häufungsfaktor $K_{\text{stat}} = F_{nu}/F_{nn} \approx 1{,}2$ erreicht.

Die im Bereich $5 \cdot 10^3 < N_B < 2 \cdot 10^4$ durchgeführten Parallelversuche mit hoher und niedriger Frequenz zeigen, daß ein Zeiteinfluß vorhanden ist. Bei den mit hoher Frequenz gefahrenen Proben wurde bis auf die Werte für $R = -1$ ein kleinerer effektiver Häufungsfaktor gemessen als bei Proben mit niedriger Frequenz.

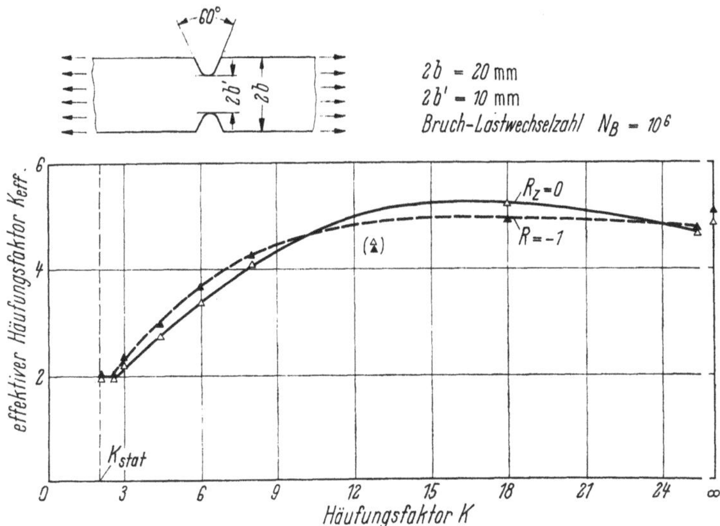

Bild 103. Zusammenhang zwischen dem effektiven Häufungsfaktor K_{eff} und dem geometrischen Häufungsfaktor K. Flachstäbe aus St 60. Nach [22].

ROŠ und EICHINGER [22] ermittelten aus Ermüdungsversuchen an Flachstäben mit Außenkerb die Abhängigkeit des effektiven vom geometrischen Häufungsfaktor. Die Versuchsergebnisse sind in den Bildern 103 und 104 zusammengestellt. Es zeigt sich:

Für die untersuchten Werkstoffe nimmt K_{eff} ein Maximum zwischen $K = 12$ und $K = 15$ an. Bei Kerben mit extrem hohen geometrischen Häufungsfaktoren ($K > 15$) fällt K_{eff} wieder ab.

Der Einfluß des R-Parameters ist relativ gering.

Bei Reinaluminium steigt der effektive Häufungsfaktor nur unwesentlich über den Wert von K_{stat} an, d. h., unabhängig von K tritt stets nahezu vollständiger plastischer Spannungsausgleich ein.

In Übereinstimmung mit Untersuchungen von ALTENPOHL [50] wurde als Ergebnis umfangreicher Literaturauswertungen festgestellt, daß kein gesetz-

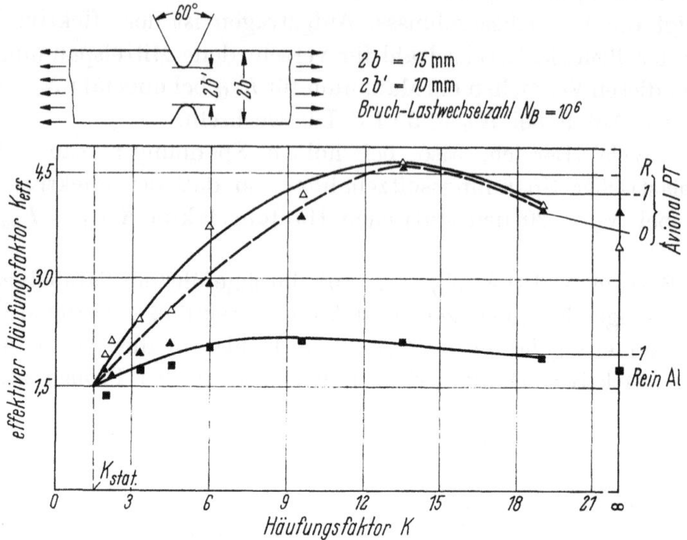

Bild 104. Zusammenhang zwischen dem effektiven Häufungsfaktor K_{eff} und dem geometrischen Häufungsfaktor K. Vergleich: Rein-Aluminium und Avional. Nach [22].

mäßiger Zusammenhang zwischen der Kerbempfindlichkeit (d. h. dem Kerbwirkungsgrad η_K) eines Werkstoffs und den Festigkeitsverhältnissen $\sigma_{0,2}/\sigma_{D(N_G)}$ bzw. $\sigma_{0,2}/\sigma_B$ besteht.

Weiterhin ist bekannt [51], daß auch der Absolutwert der Fließgrenze keinen Hinweis auf die Kerbempfindlichheit der Werkstoffe zuläßt.

VI. Ermüdungsversuche im Kleinwechselzahlbereich

Erst in den letzten Jahren sind eingehendere Untersuchungen über „low-cycling", d. h. Versuche im Kleinlastwechselzahlbereich (Ermüdungsversuche nach geringen Lastwechselzahlen infolge hoher Beanspruchungen) veröffentlicht worden.

Im folgenden soll nur eine kurze Einführung in die Problematik gegeben werden.

Der Kleinwechselzahlbereich hat seine praktische Bedeutung z. B. für Druckbehälter und Flugzeugfahrwerke, die während ihrer gesamten Lebensdauer einer relativ geringen Zahl von Lastwechseln hoher Beanspruchung ausgesetzt sind.

Er kann auch — unerwünschtermaßen — für Bauteile mit großem Spannungshäufungsfaktor K maßgebend werden.

Neben der praktischen Bedeutung sind Untersuchungen im Kleinwechselzahlbereich von grundlegendem Interesse zur Klärung der verwickelten Vorgänge, die sich bei überelastischer Wechselbeanspruchung im Werkstoff abspielen. Viele Untersuchungen zum Mechanismus des Dauerbruchs [1, 2] gehen von der Hypothese aus, daß die Schädigung des Werkstoffs unter Schwingbeanspruchungen durch plastische Verformungen kleiner Bereiche ausgelöst wird. Durch Versuche im überelastischen Bereich könnten z. B. Auskünfte darüber gewonnen werden, welchen Einfluß die plastischen Wechselverformungen auf den Verlauf der Schädigung in Abhängigkeit von der Lastspielzahl haben.

Kennzeichnend für den Kleinwechselzahlbereich ist also die Beanspruchung im plastischen Bereich, wobei σ_{ob} oberhalb der statischen Proportionalitätsgrenze $\sigma_{0,01}$ liegt und bei schwingender Beanspruchung eine ausgeprägte Hysterese auftritt. Der Bereich ist somit durch die Bedingung $\sigma_{ob} = 2\sigma_a/(1 - R) > \sigma_{0,01}$ gekennzeichnet. Es treten also während eines jeden Lastwechsels plastische Verformungen auf. Das Bruchflächenaussehen unterscheidet sich dadurch deutlich von dem der Ermüdungsbrüche bei höheren Lastwechselzahlen; es gleicht vielmehr dem bei statischen Brüchen.

In der englisch-amerikanischen Fachliteratur ist in diesem Zusammenhang der Begriff „progressive fracture" eingeführt worden [3, 4].

Die im Flugzeugbau für hochbeanspruchte Bauteile eingesetzten Stähle und Al-Legierungen weisen Dehngrenzenverhältnisse von $\sigma_{0,2}/\sigma_B = 0{,}4$ bis $0{,}9$ auf. Entsprechend verlaufen die Spannungs-Dehnungs-Kurven im überelastischen Bereich sehr unterschiedlich. Je flacher der Kurvenverlauf im plastischen Bereich ist, um so mehr wirken sich Schwankungen in der Belastungshöhe auf die bleibende Dehnung aus. Es können also bei gleichem Spannungsausschlag unterschiedliche bleibende Dehnungen auftreten. Man muß deshalb unterscheiden zwischen

Beanspruchung des Materials durch konstante Dehnungswechsel und

Beanspruchung des Materials durch konstante Spannungswechsel.

Es sind daher getrennte Ermüdungsversuche notwendig, bei denen jeweils entweder der Spannungsausschlag oder der Dehnungsausschlag konstant gehalten wird. Die üblichen Versuchsmethoden können wegen des niedrigen Lastwechselbereichs $N_B < 10^4$ nicht angewendet werden, es muß mit niedrigen Frequenzen gearbeitet werden.

Bei der Diskussion der plastischen Stützwirkung in Kap. V, 3.1.3 wurde gezeigt, daß im Kerbgrund zwar ein Abbau der hohen Spannungsspitzen erreicht wird, daß jedoch plastische Wechselverformungen auftreten, die einen entscheidenden Einfluß auf die Schädigung haben. Auch bei hohen Lastwechselzahlen spielt die Ausdauer des Materials gegenüber Dehnungswechseln eine wesentliche Rolle. Allerdings sind die in diesem Bereich auftretenden wechselnden plastischen Dehnungen erheblich geringer als im Kleinwechselzahlbereich.

Zu den grundsätzlichen Unterschieden zwischen Spannungs- und Dehnungsverfahren wird von KREMPL in [5] Stellung genommen.

1 Beanspruchung durch konstante Dehnungswechsel

Zug-Druck-Wechselversuche mit konstant gehaltenem plastischen Dehnungsausschlag ε_a wurden von verschiedenen Autoren, wie z. B. LOW [6], MANSON [7—9], COFFIN [10], an Stählen und verschiedenen Al-Legierungen durchgeführt.

Der Zusammenhang zwischen bleibender Wechseldehnung $\Delta\varepsilon_{pl} = 2\varepsilon_a$ und der Bruchlastwechselzahl N_B wurde von MANSON wie folgt formuliert:

$$N_B^Z\,\Delta\varepsilon_{pl} = C.$$

Darin sind Z und C werkstoffabhängige Konstanten. Die $(\Delta\varepsilon_{pl} - N_B)$-Kurven stellen somit im doppelt logarithmischen Maßstab Geraden mit der Steigung Z dar, deren Lage von der Konstanten C bestimmt wird. Aus einer Anzahl von Untersuchungen fand COFFIN [10], daß für plastisch verformbare Werkstoffe für die Steigung der Geraden näherungsweise $Z = -\frac{1}{2}$ gesetzt werden kann. Die Konstante C errechnet sich aus der Annahme, daß für eine Bruchlastwechselzahl $N_B = \frac{1}{4}$ (Zugversuch) die „statische Bruchverformung $D = \ln F_0/F_B$" (zu der man, wie später gezeigt wird, über eine einfache Integration kommt) gleich der „Wechselverformung $\Delta\varepsilon_{pl}$" ist. Darin ist F_0/F_B das Bruchflächenverhältnis der Probe beim Zugversuch.

Somit ergibt sich der Zusammenhang zwischen bleibender Wechseldehnung und Bruchlastwechselzahl zu

$$N_B^{-1/2}\,\Delta\varepsilon_{pl} = \tfrac{1}{2}\ln F_0/F_B.$$

In neueren Untersuchungen [9] werden von MANSON Gleichungen angegeben, die es erlauben, die Konstanten Z und C in Abhängigkeit von den Werkstoffkennwerten genauer zu berechnen.

Da bei Zug-Druck-Wechselversuchen mit großen bleibenden Wechselverformungen die Gefahr des Ausknickens der Probe besteht, werden im allgemeinen Proben mit über der Meßlänge veränderlichen Querschnittsabmessungen gewählt. Aus diesem Grunde werden als bleibende Wechselverformungen nicht Längenänderungen, sondern Querschnittsänderungen gemessen.
Bei einachsiger Belastung gilt im elastischen Bereich:

für die Dehnungen in Längsrichtung $\varepsilon_l = \Delta L/L_0$,

für die Querschnittskontraktion $\varepsilon_q = \Delta F/F_0$.

Für große bleibende Wechselverformungen, wie sie im Kleinwechselzahlbereich auftreten, werden ΔL und ΔF im Vergleich zu den Werten im elastischen Bereich sehr groß. In diesem Fall muß die sich unter Belastung einstellende Längenänderung von L_0 auf L bzw. die Querschnittsänderung von F_0 auf F mit berücksichtigt werden, d. h., man kommt zu den Dehnungen in Längsrichtung und zur Querschnittskontraktion über die Integration:
für die Dehnungen in Längsrichtung

$$\varepsilon_l = \int_{L_0}^{L}\frac{dL}{L} = \ln\frac{L}{L_0},$$

für die Querschnittskontraktion

$$\varepsilon_q = -\int_{F_0}^{F}\frac{dF}{F} = \ln\frac{F_0}{F}.$$

Unter der Voraussetzung, daß das Volumen konstant bleibt, gilt:

$$F_0\,L_0 = F\,L,$$

bzw.

$$\frac{F_0}{F} = \frac{L}{L_0}.$$

Daraus folgt, daß im plastischen Bereich die Dehnung in Längsrichtung gleich der Querschnittskontraktion ist. Für den Fall, daß die elastische Dehnung gegenüber der plastischen Dehnung klein ist, kann somit die Längsdehnung ε_l durch die Querschnittskontraktion ε_q ersetzt werden.

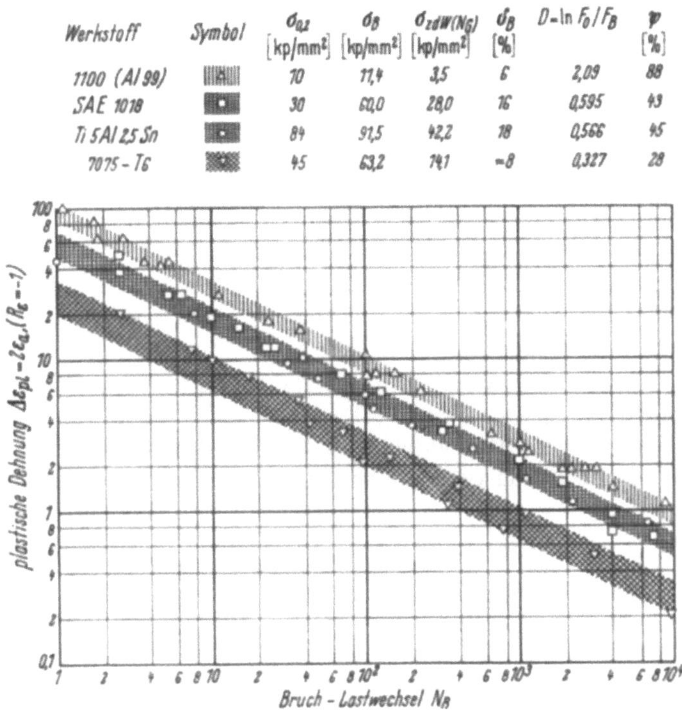

Werkstoff	Symbol	$\sigma_{0,2}$ [kp/mm²]	σ_B [kp/mm²]	$\sigma_{zdW(N_6)}$ [kp/mm²]	δ_B [%]	$D=\ln F_0/F_B$	ψ [%]
1100 (Al 99)		10	11,4	3,5	6	2,09	88
SAE 1018		30	60,0	28,0	16	0,595	43
Ti 5 Al 2,5 Sn		84	91,5	42,2	18	0,566	45
7075 - T6		45	63,2	74,1	≈8	0,327	28

Bild 105. Wechselnde plastische Dehnung in Abhängigkeit von der Bruchlastwechselzahl; Versuchsergebnisse für verschiedene Werkstoffe. Nach [8—10].

Im Bild 105 ist für verschiedene duktile Werkstoffe die bleibende Wechseldehnung $\Delta\varepsilon_{pl} = 2\varepsilon_a$ über der Bruchlastwechselzahl N_B in doppelt logarithmischer Teilung aufgetragen.

Aus der Darstellung folgt:

Die $(\Delta\varepsilon_{pl}-N_B)$-Streubänder für die verschiedenen Werkstoffe sind schmal und ihr Verlauf deckt sich weitgehend mit der von COFFIN [10] angegebenen Beziehung.

Das Ermüdungsverhalten des Materials gegenüber wechselnden Dehnungsbeanspruchungen im Kleinwechselzahlbereich steht nicht in Beziehung zur statischen Zugfestigkeit des Materials. Das Ermüdungsverhalten läßt sich also im Bereich bis zu 10^4 Dehnungswechseln durch Verwendung eines Materials höherer Zugfestigkeit nicht verbessern.

Das Ermüdungsverhalten von Werkstoffen gegenüber wechselnden *plastischen* Dehnungen hängt von der Verformbarkeit der Werkstoffe ab. Die Streubänder ordnen sich systematisch bezüglich der „statischen Bruchverformung" $D = \ln F_0/F_B$ bzw. der Einschnürung $\psi = (F_0 - F_B)/F_0$ an. Eine Systematik im Hinblick auf die Bruchdehnung δ_B bzw. das Streckgrenzenverhältnis ist nicht erkennbar.

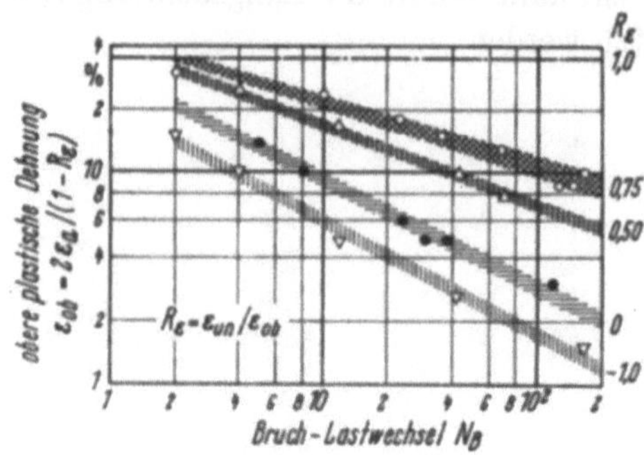

Abb. 106. Plastische Dehnung in Abhängigkeit von der Bruchlastwechselzahl. Parameter: Dehnungsverhältnis R_ε. Werkstoff 2024-T 3. Nach [11].

Von YAO und MUNSE [11] sowie von PIAN und D'AMATO [12] wurde der Einfluß einer statischen Vordehnung auf das Ermüdungsverhalten im Kleinwechselzahlbereich untersucht.

Zu diesem Zweck wird analog zum Belastungsverhältnis $R = \sigma_{un}/\sigma_{ob}$ ein Dehnungsverhältnis $R_\varepsilon = \varepsilon_{un}/\varepsilon_{ob}$ definiert.

Im Bild 106 ist für die Al-Legierung 2024-T 3 und verschiedene Dehnungsverhältnisse R_ε die obere plastische Dehnung ε_{ob} über der Bruchlastwechselzahl aufgetragen. Aus der Trennung der Streubänder wird der Einfluß von R_ε deutlich sichtbar.

Trägt man dagegen in anderer Darstellung, Bild 107, die obere plastische Dehnung ε_{ob} über N_B mit ε_a als Parameter auf, so ist zu ersehen, daß für Dehnungen $\varepsilon_{ob} < 10\%$ die Bruchlastwechselzahl N_B allein von ε_a, d. h. von der Fläche der Hysterese abhängig wird.

Diese Beobachtung deutet auf den Einfluß der bei dynamischer Beanspruchung aufzuwendenden, in der Fläche der Hysterese zum Ausdruck kommenden Verformungsenergie hin.

Aus den Versuchen kann also gefolgert werden, daß der Einfluß von R_ε um so geringer wird, je weiter ε_{ob} von der statischen Bruchverformung $D = \ln F_0/F_B$ — die für 2024-T 3 etwa 34% beträgt — entfernt ist.

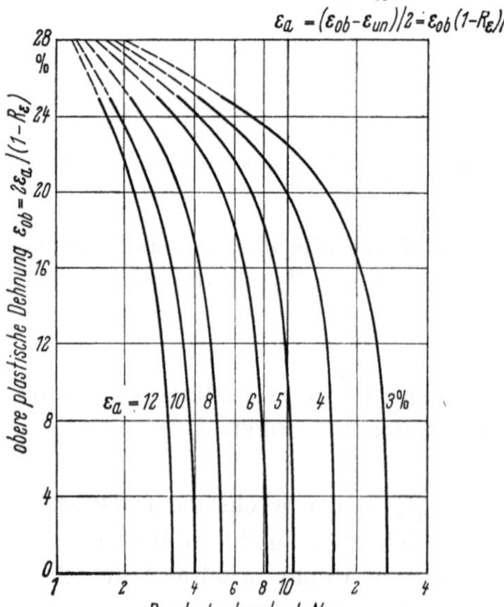

Bild 107
Plastische Dehnung in Abhängigkeit von der Bruchlastwechselzahl. Parameter: Dehnungsausschlag ε_a. Werkstoff: 2024-T 3. Nach [11].

Es ist allerdings darauf hinzuweisen, daß die Versuche im Bereich sehr kleiner Bruchlastwechselzahlen $N_B < 40$ gefahren wurden. Eine Verallgemeinerung der gewonnenen Aussagen auf den Bereich $N_B \gg 40$ bedürfte eingehender Untersuchungen.

Von GASSMANN [13] wurden Untersuchungen darüber durchgeführt, inwieweit sich aus den im Schwingungsversuch auftretenden plastischen Dehnungen der Verlauf der Schädigung bestimmen läßt.

Er ging dabei von der Voraussetzung aus, daß die bei jedem Lastwechsel neu hinzukommende Schädigung durch die hierbei auftretende plastische Wechselverformung hervorgerufen wird, d. h., daß der Schädigungszuwachs $s = dS/dN$ eine Funktion der bleibenden Dehnung $\Delta\varepsilon_{pl}$ ist. Die Gesamtschädigung S nach N Lastwechseln beträgt dann

$$S = \int_{N_1}^{N_2} f(\Delta\varepsilon_{pl})\, dN\,.$$

Die Randbedingungen der Funktion lauten:

für $N = 0$ folgt $S = 0$,
für N gegen N_B folgt, daß die Schädigung S für alle Spannungsausschläge σ_a gleich groß ist.

GASSMANN nimmt nun die von MANSON [7] angegebene Beziehung zwischen bleibender Wechselverformung und Bruchlastwechselzahl zu Hilfe und schreibt sie in der Form $N_B\,\Delta\varepsilon_{pl}^{1/Z} = C^*$. Diese Beziehung gilt für Untersuchungen, bei denen $\Delta\varepsilon_{pl}$ während des Versuchs konstant ist, d. h. aber, daß der Ausdruck $N_B\,\Delta\varepsilon_{pl}^{1/Z}$ als Summe aller während der Schwingbeanspruchung bis zum Bruch auftretenden Werte $\Delta\varepsilon_{pl}^{1/Z}$ gedeutet werden kann. Da $N_B\,\Delta\varepsilon_{pl}^{1/Z}$ unabhängig von der Beanspruchungshöhe ist und beim Bruch immer den konstanten Wert C^* erreicht, ist eine Funktion von $\Delta\varepsilon_{pl}$ gefunden, die auch die obigen Randbedingungen erfüllt. Damit ergibt sich:

$$s = \frac{dS}{dN} = \frac{1}{C^*}\,\Delta\varepsilon_{pl}^{1/Z}\,.$$

Die von GASSMANN [13] durchgeführten Versuche wurden bei konstant gehaltenen Lastgrenzen durchgeführt. Neben der Aufnahme eines $(\sigma_a - N_B)$-Streubandes wurden für konstanten Spannungsausschlag σ_a bei verschiedenen Lastwechselzahlen $N_1, N_2 \ldots N_n$ die zugehörigen bleibenden Dehnungen gemessen und Diagramme aufgestellt, mit $\Delta\varepsilon_{pl}$ über der bezogenen Lastwechselzahl N/N_B und N_B bzw. σ_a als Parameter. Für die bleibende Dehnung $\Delta\varepsilon_{pl}$ und die bezogene Lastwechselzahl N/N_B mit σ_a als Parameter wurde ein funktioneller Zusammenhang angegeben. Unter der Annahme, daß der obige Ansatz für die Schädigung auch bei Versuchen mit konstanten Lastgrenzen gilt, konnte GASSMANN die Wöhler-Kurve berechnen. Die errechnete und die gemessene Wöhler-Kurve zeigten dabei für den untersuchten hochfesten Stahl eine gute Übereinstimmung.

Da das Wechselverformungsverhalten weitgehend vom Werkstoff abhängig ist, und nach MANSON [9] sowohl Wechselverfestigung als auch Wechselentfestigung auftreten können, müssen die Vorgänge bei der Schadensakkumulation für andere Werkstoffe erst genauer untersucht werden, bevor eine Aussage über die allgemeine Gültigkeit dieser Schadenshypothese gemacht werden kann. Neben den Werkstoffeinflüssen müßte weiterhin der Einfluß der Spannungsverteilung aus der Beanspruchungsart und der Probenform auf die Schädigungsvorgänge untersucht werden.

2 Beanspruchung durch konstante Spannungswechsel

Bild 108 zeigt das $(\sigma - N_B)$-Streuband (die eingetragenen Versuchspunkte sind mittels einer Beziehung zwischen Ermüdungsfestigkeit und statischer Bruchfestigkeit korrigiert worden) eines 34 CrNiMo 6-Stahls, bei dem Ermüdungsversuche

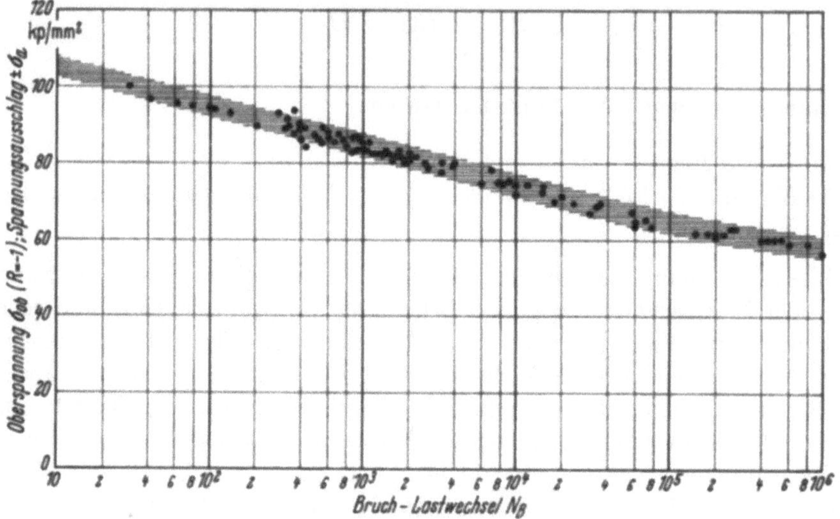

Bild 108. $(\sigma\text{-}N)$-Streuband eines 34 CrNiMo 6-Stahles ($\sim$ SAE 4340). [13].

sowohl im Kleinwechselzahl- als auch im Großwechselzahlbereich durchgeführt wurden [13]. Es handelt sich um Versuche unter axialer Wechsellast ($R = -1$) bei verschiedenen Frequenzen. Die Frequenz betrug bei Spannungsausschlägen

$$\sigma_a > 60 \text{ kp/mm}^2 \qquad f = 0{,}1 \text{ Hz},$$
$$\sigma_a < 60 \text{ kp/mm}^2 \qquad f = 36{,}5 \text{ Hz}.$$

Aus dem Verlauf des $(\sigma - N_B)$-Streubandes folgt,

daß bei diesem Werkstoff die Frequenz keinen nennenswerten Einfluß auf die Ermüdungsfestigkeit hat,

daß sich die Ermüdungsfestigkeit bei axialer Beanspruchung im Kleinlastwechselbereich bis $N_B \geq 10$ in erster Näherung durch Extrapolation der für hohe Lastwechselzahlen ermittelten $(\sigma - N)$-Kurve mittels einer geraden Lnie, rückwärtsschreitend von 10^4 bzw. 10^5 Lastwechseln, ermitteln läßt.

Zu einem ähnlichen Ergebnis kam auch FORREST [14] bei der Auswertung zahlreicher Ermüdungsversuche im Kleinwechselzahlbereich unter axialer Wechsellast.

Im Bild 109 ist das Verhältnis der Ermüdungsfestigkeit zur statischen Festigkeit über der Bruchlastwechselzahl für verschiedene Arten der Wechselbelastung ($R = -1$) aufgetragen. Die Streubänder für axiale Beanspruchung, Umlauf-

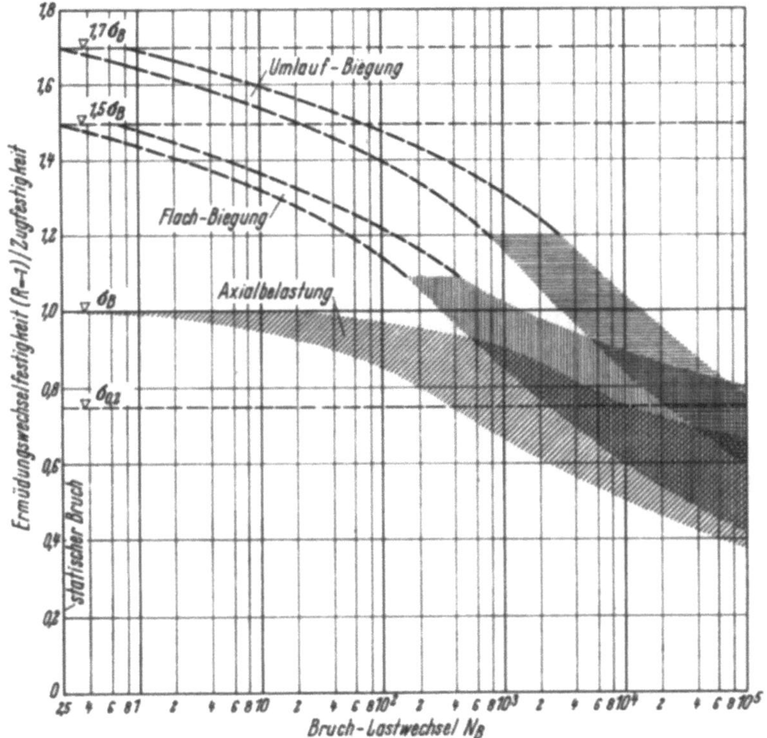

Bild 109. Ermüdung im Kleinwechselzahlbereich. Streubänder für verschiedene Werkstoffe (Stähle, Aluminium- und Magnesium-Legierungen). Vergleich: Axialbelastung, Flach- und Umlaufbiegung. Nach [14].

biegung und Flachbiegung umfassen die Versuchsergebnisse verschiedener Experimentatoren für Stähle, Al-Legierungen und Mg-Legierungen:

Die Spannungsausschläge bei Flach- und Umlaufbiegung sind nach der elastischen Biegetheorie berechnet. Der Einfluß der durch die plastische Verformung völligen Spannungsverteilung wird vernachlässigt. Man erhält deshalb im Kleinwechselzahlbereich bei Biegung höhere Ermüdungsfestigkeitswerte als bei axialer Beanspruchung. Auf dieses Phänomen wurde in Kap. V ausführlich eingegangen.

Die Streuungen im Bild 109 sind nicht erheblich, wenn man berücksichtigt, daß die Versuchsergebnisse sehr verschiedener Werkstoffe zusammengetragen wurden. Es ist zu vermuten, daß im Kleinwechselzahlbereich ein direkter Zusammenhang zwischen Ermüdungsfestigkeit und statischer Zugfestigkeit besteht.

3 Druckbehälter mit kleiner Wechselzahl bei Schwellbelastung durch Innendruck (Versuche mit dünnwandigen Rohren)

Dünnwandige zylindrische Behälter und Rohre werden in Flugzeugen, Raumfahrzeugen sowie Triebwerks- und Hydraulikanlagen schwellenden Innendrücken zwischen $p = 0$ und p_{max} ausgesetzt. Da die Zahl der Schwellbelastungen insbesondere bei Raumfahrzeugen klein ist oder im Flugzeug mit der Zahl der Starts nur einen Wert von etwa $5 \cdot 10^4$ erreicht, ist die Untersuchung der Ermüdungsfestigkeit derartiger Druckbehälter mit hoher Beanspruchung bei kleiner Wechselzahl von Interesse.

Es ist zu beachten, wie auch eingehend in Kap. V, 2.2.2 behandelt, daß in diesen durch Innendruck belasteten dünnwandigen Behältern oder Rohren ein zweiachsiger Spannungszustand herrscht, bei dem die Längsspannung gleich der halben Umfangsspannung, also $\sigma_l = \sigma_t/2$ ist. Die Radialspannung σ_r kann bei dünnwandigen Behältern vernachlässigt werden.

Ergebnisse der Untersuchungen von PADLOG und RATTINGER (Bell-Aircraft) [15] über die Ermüdungsfestigkeit dünnwandiger Behälter unter wechselndem Innendruck sind im Bild 110 dargestellt. Zum Vergleich wurden Rohre mit einem Wandstärkenverhältnis $s/d \approx 1/30$ aus rostfreiem Stahl und Flachstäbe aus gleichem Material in ungekerbtem und gekerbtem Zustand unter hoher Schwellbelastung geprüft.

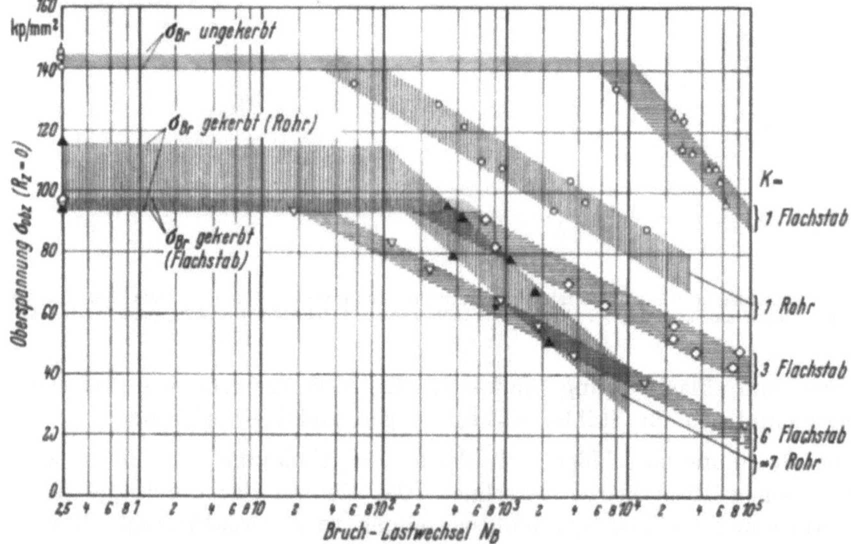

Bild 110. Ermüdung im Kleinwechselzahlbereich. Kerbeinfluß: Rohre unter Innendruck — Flachstäbe bei Axialbelastung. Werkstoff: AISI 403 (× 15 Cr 13), $\sigma_B = 140$ kp/mm². [15].

Da die Kerbtiefe etwa 30% der Wandstärke beträgt, liegt der Wert der statischen Bruchspannung σ_{Br} für die gekerbten Rohre bereits entsprechend niedriger. Bei sehr kleiner Wechselzahl (bis etwa $N_B = 100$) tritt kein Abfall der Ermüdungsbruchlast gegenüber der statischen Bruchlast ein; dann jedoch zeigt sich ein Abfall, der für die gekerbten Rohre kräftiger als für die ungekerbten Rohre ist.

Im Bild 110 ist die aus dem Innendruck errechnete, auf den Bruttoquerschnitt bezogene Ringspannung über der Bruchlastwechselzahl aufgetragen. Zum Vergleich wurden die $(\sigma-N)$-Streubänder für axial belastete, ungekerbte und gekerbte Flachstäbe aus gleichem Material eingezeichnet. Zu beachten ist, daß die Belastungsfrequenz bei den Rohrversuchen $f = 0{,}25$ Hz, bei den Versuchen mit Flachstäben $f = 3$ Hz und $f = 20$ Hz betrug.

Hinsichtlich der ungekerbten Flachstäbe und Rohre zeigt sich:

Beim Flachstab tritt ein starker Abfall der Ermüdungsfestigkeit gegenüber der statischen Bruchfestigkeit oberhalb etwa $N_B = 10^4$ Lastwechseln ein.

Beim Rohr erfolgt ein wesentlich schwächerer Abfall bereits ab $N_B = 100$ Lastwechseln.

Auf Grund des zweiachsigen Spannungszustandes mit Zugspannungen in Tangential- und Längsrichtung im ungekerbten Rohr wäre zu erwarten gewesen, daß die $(\sigma-N)$-Werte des Rohres auf keinen Fall schlechter liegen als die des ungekerbten Flachstabs. Eine Auftragung der Vergleichsspannung ergäbe sogar ein noch schlechter liegendes $(\sigma-N)$-Streuband. Zur Erklärung kann genau wie im Falle der Versuche von MARIN [16, 17] — s. Kap. V, 2.2.2 — die starke Anisotropie des Werkstoffs herangezogen werden.

Für die gekerbten Stäbe und Rohre folgt:

Beim gekerbten Rohr ($K \approx 7$) nimmt die Ermüdungsfestigkeit oberhalb $N_B = 250$ Lastwechseln gegenüber der statischen Festigkeit ab; die Abnahme ist jedoch stärker als beim ungekerbten Rohr.

Die Ermüdungsfestigkeit eines gekerbten Flachstabs mit $K = 3$ fällt ebenfalls oberhalb $N_B = 250$ gegenüber der statischen Festigkeit ab. Im Vergleich zum gekerbten Rohr ist der Abfall jedoch schwächer.

Bei den gekerbten Rohren zeigt sich deutlich ein Einfluß des räumlichen Spannungszustandes, der besonders klar bei Betrachtung der beim statischen Bruch vorhandenen Ringspannung hervortritt. Berechnet man aus dem statisch ertragbaren maximalen Innendruck die größte Ringspannung in der um den Betrag der Kerbtiefe reduzierten Zylinderwand, so liegt diese mit $\sigma_t = 170$ kp/mm² bedeutend höher als die bei einachsiger Belastung ermittelte Bruchspannung $\sigma_B = 140$ kp/mm² des Werkstoffs. Der Einfluß der Mehrachsigkeit des Spannungszustandes tritt hier also deutlich in Erscheinung.

VII. Einfluß der Belastungsweise auf die Ermüdungsfestigkeit

1 Allgemeines

Die Belastungsweise kennzeichnet den zeitlichen Ablauf des Belastungsvorgangs. Prinzipiell sind bezüglich dieses Ablaufs zu untersuchen:

Einstufenbelastungen,
Mehrstufenbelastungen,
Random-Belastungen.

Bei Ein- und Mehrstufenversuchen im Laboratorium wird die Belastung im allgemeinen sinusförmig aufgebracht. Bezüglich des zeitlichen Ablaufs beschränkt man sich deshalb auf die Angabe der Belastungsfrequenzen, sowie der oberen und unteren Belastungsgrenzen. Die Belastungsgrenzen werden üblicherweise durch das Spannungsverhältnis $R = \sigma_{un}/\sigma_{ob}$ und einen Spannungswert angegeben.

2 Einstufenversuche — Einfluß des Spannungsverhältnisses R auf die Ermüdungsfestigkeit

2.1 Zusammenstellung von Versuchsergebnissen über den Einfluß des R-Parameters

Aus den zahlreichen experimentellen Untersuchungen zu diesem Problem sind in den Bildern 111, 112 und 113 [1, 2] die wesentlichen Ergebnisse für die Werkstoffe 7075-T 6, 2024-T und 2014-T 6 zur weiteren Auswertung zusammen-

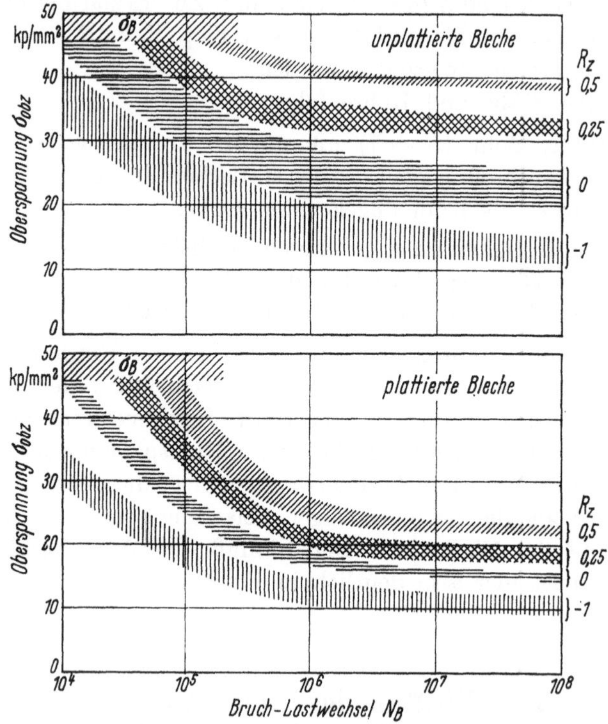

Bild 111. Flachstäbe aus 2024-T unter Axialbelastung. Einfluß des Spannungsverhältnisses R_z auf die Ermüdungsfestigkeit des plattierten und unplattierten Materials. Zusammenfassung von Versuchsergebnissen aus zahlreichen Laboratorien. Nach [1].

gefaßt. Diese Ergebnisse wurden an ungekerbten und gekerbten Prüfstäben aus plattierten und unplattierten Blechen bei Axial- und Umlaufbiegebelastung gewonnen. Die im Bild 111 aufgetragenen Streubänder folgen aus einer Zusammenfassung zahlreicher im „Aircraft Fatigue Handbook" [1] veröffentlichter Versuchsergebnisse.

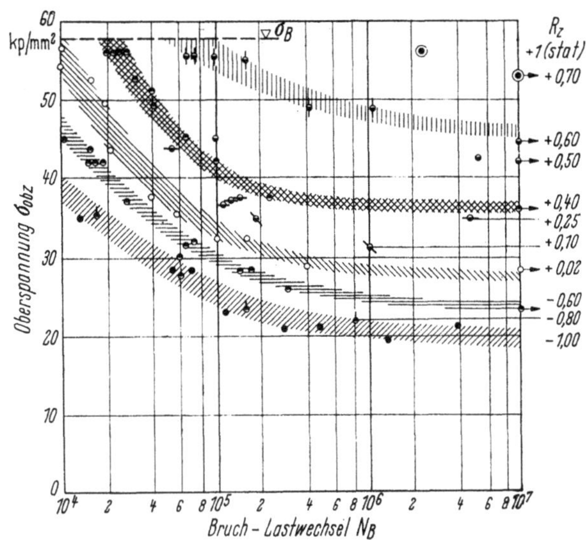

Bild 112. Ungekerbte polierte Stäbe aus 7075-T 6 unter Axialbelastung. Einfluß des Spannungsverhältnisses R_z auf die Ermüdungsfestigkeit. [2].

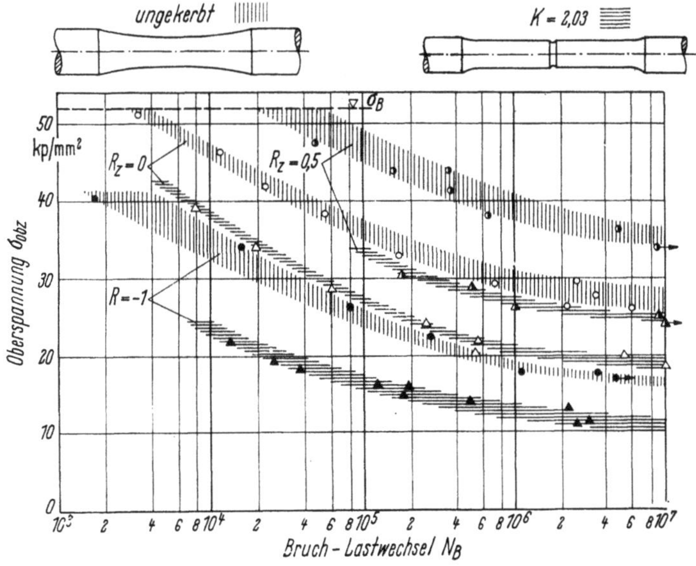

Bild 113. Polierte Rundstäbe aus 2014-T 6 unter Umlaufbiegebelastung. Kerbeinfluß bei verschiedenen Spannungsverhältnissen R_z, Faserrichtung längs. [1].

2.2 Dimensionslose Auftragung des Spannungsausschlags σ_a über der Mittelspannung σ_m für den Fall der Dauerfestigkeit

Es ist von verschiedenen Forschern versucht worden, einen einfachen Zusammenhang zwischen σ_a und σ_m, wenn auch nicht für den gesamten Bereich der Ermüdungsfestigkeit, so doch wenigstens für die Dauerfestigkeit ($N_G \approx 10^8$) anzugeben.

Insbesondere wurde versucht, eine Gesetzmäßigkeit in einer dimensionslosen Darstellung durch Auftragung des Verhältnisses Spannungsausschlag/Dauerwechselfestigkeit $= \sigma_a/\sigma_{zdW(N_G)}$ über dem Verhältnis Mittelspannung/Bruchfestigkeit $= \sigma_m/\sigma_B$ zu finden.

Im Bild 114 [3] ist eine solche Darstellung wiedergegeben und zur Kritik des Verfahrens ergänzt. Es zeigt sich:

Für $\sigma_a/\sigma_{zdW(N_G)}$ über σ_m/σ_B kann kein allgemein gültiges Gesetz abgeleitet werden.

Die Gerade zwischen $\sigma_a/\sigma_{zdW(N_G)} = 1$ und $\sigma_m/\sigma_B = 1$, die in diesem Zusammenhang als „Goodman-line" [4] bezeichnet wird, bildet (abgesehen von Sonderfällen) die untere Grenze.

Andere Kurven, wie die „Gerber-Parabel" [5], können nicht als Mittelwertkurven eine Gesetzmäßigkeit wiedergeben, da die Streuungen dazu viel zu groß sind.

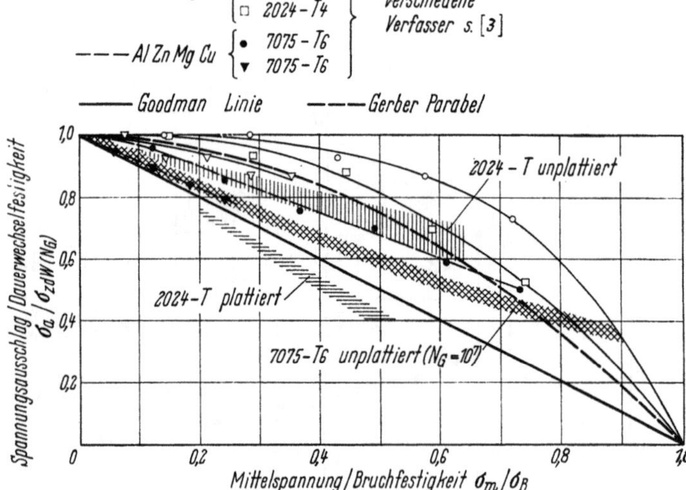

Bild 114. Zusammenhang zwischen bezogenem Spannungsausschlag und bezogener Mittelspannung bei Axialbelastung für verschiedene Al-Legierungen. Grenzlastwechselzahl $N_G = 5 \cdot 10^8$. Nach [3].

Durch die Eintragung von zwei schraffierten Streubändern wird erwiesen, daß diese dimensionslose Darstellung grundsätzlich keine brauchbare Lösung bringt:

Das Streuband für plattiertes AlCuMg-Blech liegt eindeutig unter der „Goodman-line".

Das Streuband für unplattiertes AlCuMg-Blech liegt weit darüber (1,2- bis 1,8fache σ_a-Werte).

Dieser Unterschied, der eine allgemeine Wertung in dimensionsloser Darstellung unmöglich macht, entsteht daraus, daß, wie Bild 111 zeigt, das plattierte Blech gegenüber dem unplattierten Werkstoff bezüglich Ermüdung sehr schlecht, die statische Bruchfestigkeit jedoch für beide Materialien gleich groß ist.

Zusätzlich ist in das Bild 114 ein Streuband für Stäbe aus unplattiertem AlZnMgCu (entnommen aus Bild 112), allerdings für $N_G = 10^7$, eingetragen. Es zeigt sich, daß die durch die Gerber-Parabel angegebene Tendenz durchaus nicht stets mit der Tendenz gemessener Versuchsreihen übereinstimmt.

Die dimensionslose Darstellung, die im Bild 114 gegeben ist, beschränkt sich außerdem auf die Dauerfestigkeit (Grenzlastwechsel $N_G = 5 \cdot 10^8$). Es ist notwendig, Gesetzmäßigkeiten zu finden, die auch bei kleineren Lastwechselzahlen (bis $N \approx 10^4$) gültig bleiben und sinnvolle Wertungen ermöglichen.

2.3 Neues allgemein gültiges Diagramm für den Zusammenhang zwischen Bruchoberspannung bzw. Spannungsausschlag und Spannungsverhältnis

2.3.1 Neue Darstellung von Meßergebnissen

Da eine dimensionslose Darstellung zu keinem allgemein gültigen Gesetz führt, wird im folgenden mit den Absolutwerten der erreichten Bruchspannungen als Ordinate ein Diagramm aufgestellt, das eine Gesetzmäßigkeit erkennen läßt.

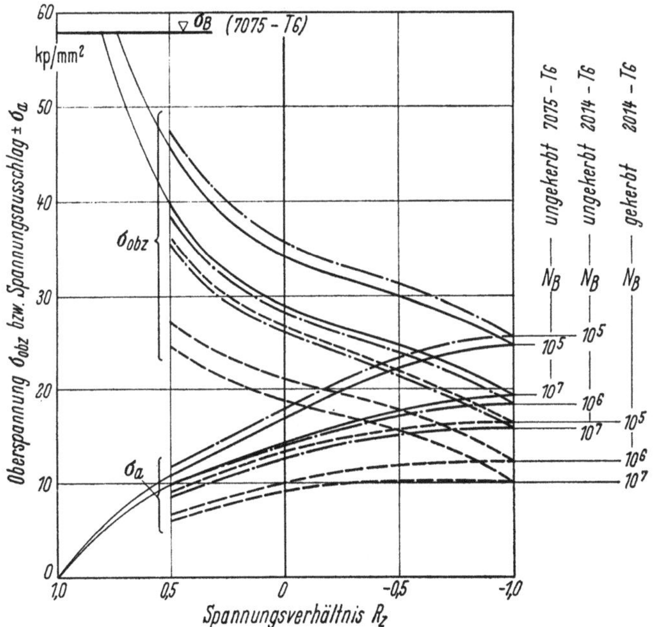

Bild 115. Neue Darstellung des Zusammenhangs: Spannungsausschlag (bzw. Oberspannung) — Spannungsverhältnis — Bruchlastwechselzahl. Auswertung von Versuchsergebnissen. Vergleich: 7075 und 2014.

Die Bruchoberspannung σ_{ob} sowie der zugehörige Spannungsausschlag σ_a sind im Bild 115 entsprechend den Streubändern in den Bildern 112 und 113 und im Bild 116 entsprechend den Bildern 112 und 111 über dem Spannungsverhältnis R_z mit verschiedenen Bruchlastwechselzahlen als Parameter aufgetragen.

Bild 115 bringt den Vergleich von 2 Werkstoffen (7075-T 6 und 2014-T 6) an polierten Stäben und den Vergleich zwischen ungekerbtem und gekerbtem Prüfstab für den Werkstoff 2014-T 6.

Bild 116 zeigt den Vergleich zwischen plattiertem und unplattiertem 2024-T 3 sowie unplattiertem 7075-T 6.

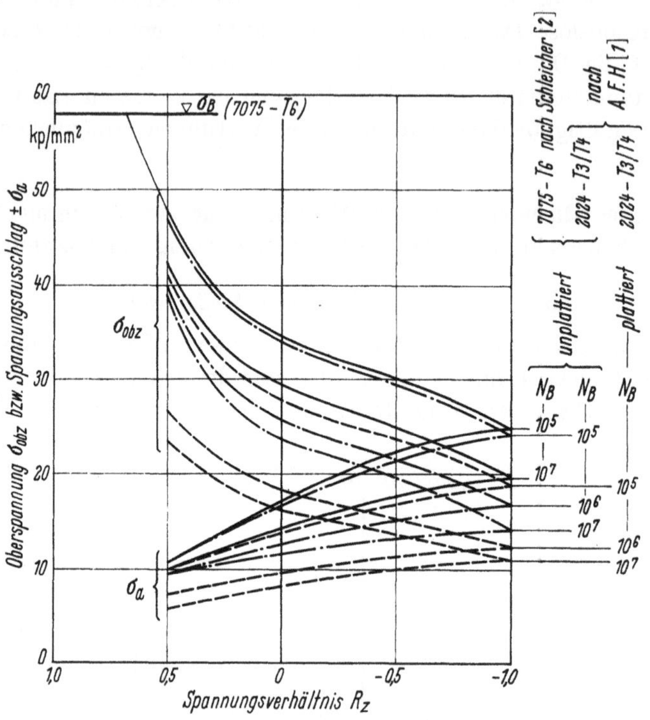

Bild 116. Neue Darstellung des Zusammenhangs: Spannungsausschlag (bzw. Oberspannung) — Spannungsverhältnis — Bruchlastwechselzahl. Auswertung von Versuchsergebnissen. Vergleich: 7075 und 2024.

Die Kurven der Bruchspannungsamplitude σ_a über R_z verlaufen für die verschiedenen Werkstoffe und Oberflächen (gewalzt, poliert, plattiert) und sogar für verschiedene Bruchlastwechselzahlen sehr ähnlich. Insbesondere zeigt sich, daß die von einem gleichen Wert $\sigma_{a\,max}$ bei $R_z = -1$ ausgehenden Kurven immer nahezu zusammenfallen, gleichgültig, ob dieses $\sigma_{a\,max}$ herrührt von

einem hochwertigen polierten Stab bei großem N (etwa 10^7) oder

einem anderen Werkstoff (2014-T 6 statt 7075-T 6) bei geringem N (etwa 10^6) oder

einer ungünstigen Oberfläche (plattiertes Blech) bei N etwa 10^5 oder

einer ungünstigen Gestalt (Ringkerb) bei N etwa 10^5.

Die Erkenntnis dieser Gesetzmäßigkeit ist entscheidend für die Möglichkeit, ein allgemein gültiges Diagramm über den Zusammenhang von σ_a und R_z zu entwickeln.

2.3.2 Neues allgemein gültiges Diagramm (Al-Legierungen)

Trägt man die zahlreichen Kurven σ_a über R_z in einem Diagramm auf, so tritt die Ähnlichkeit des Verlaufes dieser Kurven überzeugend hervor. Entsprechend dem Verlauf dieser gemessenen Kurven läßt sich eine Bezugskurvenschar, ausgehend von reiner Wechsellast ($R = -1$) bei $\sigma_a = \pm 10\,\mathrm{kp/mm^2}$ in Stufen von $\pm 2\,\mathrm{kp/mm^2}$ bis zu $\sigma_a = \pm 30\,\mathrm{kp/mm^2}$, zeichnen. Im Bild 117 ist diese Kurvenschar wiedergegeben.

Hat man für einen Stab aus einer Al-Legierung bei beliebigem Oberflächenzustand und beliebiger Gestalt einen (σ_a-N)-Wert für ein bestimmtes Spannungs-

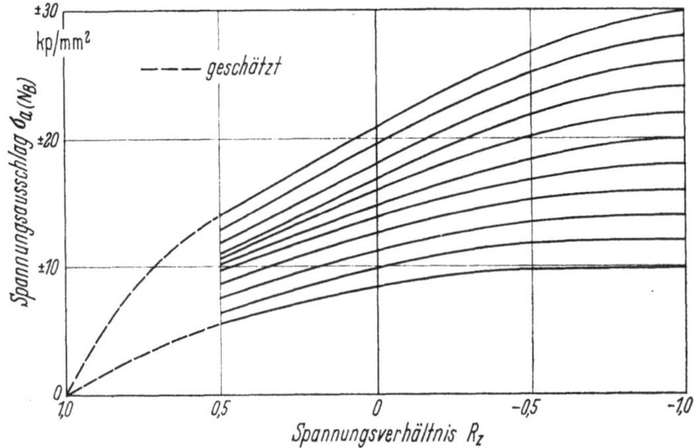

Bild 117. Neue Darstellung des Zusammenhangs zwischen Bruchspannungsausschlag und Spannungsverhältnis für Al-Legierungen. Kurvenschar unabhängig von Lastwechselzahl N_B und Gestalt.

verhältnis R_z durch Versuch ermittelt, so kann man mit Hilfe der auf statistischer Basis beruhenden Kurvenschar des Bildes 117 für einen gleichen Stab und gleiches N den Spannungsausschlag σ_a für jedes beliebige Spannungsverhältnis R_z (zwischen etwa $+0,5$ und -1) auf der zu diesem gemessenen (σ_a-N)-Wert gehörigen Kurve ablesen.

Die angegebene Kurvenschar (Bild 117) ist durchaus nicht als „endgültig" anzusehen. Sie sollte Gegenstand weiterer Forschungsarbeiten sein, und eine statistische Absicherung ihrer Aussagefähigkeit wäre wünschenswert.

2.4 Einfluß des Spannungsverhältnisses auf die Ermüdungsfestigkeit im Druckbereich

Über das Verhalten der Werkstoffe im Bereich der Spannungsverhältnisse R_d (Definition von R_z und R_d s. Kap. II, 3.3) liegen nur wenig Versuche vor. Grundsätzlich ist bekannt, daß die Ermüdungsfestigkeit im Druckbereich wesentlich günstiger als im Zugbereich ist.

Im ILTUB wurden Tastversuche zu diesem Problem im Zusammenhang mit den Augenstabuntersuchungen (s. Kap. XVI, 5.8) durchgeführt. Gekerbte Proben aus unplattiertem AlCuMg 1 zeigten bei $N = 10^6$ Lastwechseln unter Druckschwellbelastung ($R_d = 0$) die 4fache Festigkeit $\sigma_{obd} = 40\,\mathrm{kp/mm^2}$ des zugschwellbelasteten $(R_z = 0)$ Stabes mit $\sigma_{obz} = 10\ \text{kp/mm}^2$. Diese Ergebnisse stimmen mit den von WAISMANN [6] für plattierte Bleche angegebenen Werten in etwa überein.

Bild 118, aus mehreren Quellen zusammengestellt [1, 6, 7], zeigt für den Werkstoff 2024-T 3 diese „grundsätzliche Überlegenheit des R_d-Bereichs".

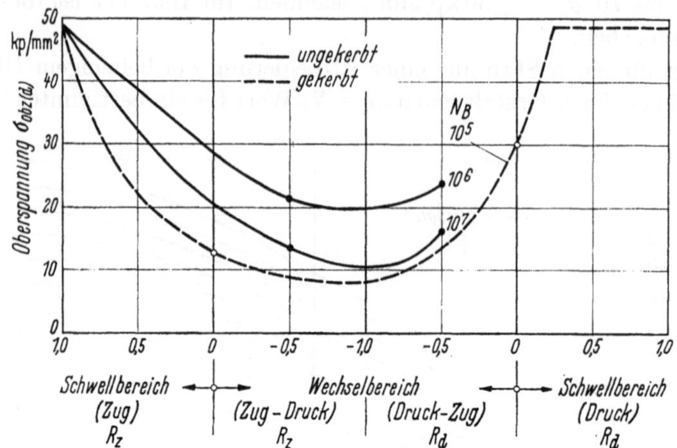

Bild 118. Ermüdungsfestigkeit (Bruch-Oberspannung) bei Axialbelastung in Abhängigkeit vom Belastungsverhältnis. Vergleich: ungekerbter — gekerbter (Bohrung) Werkstoff: 2024-T 3. Nach [1, 6, 7].

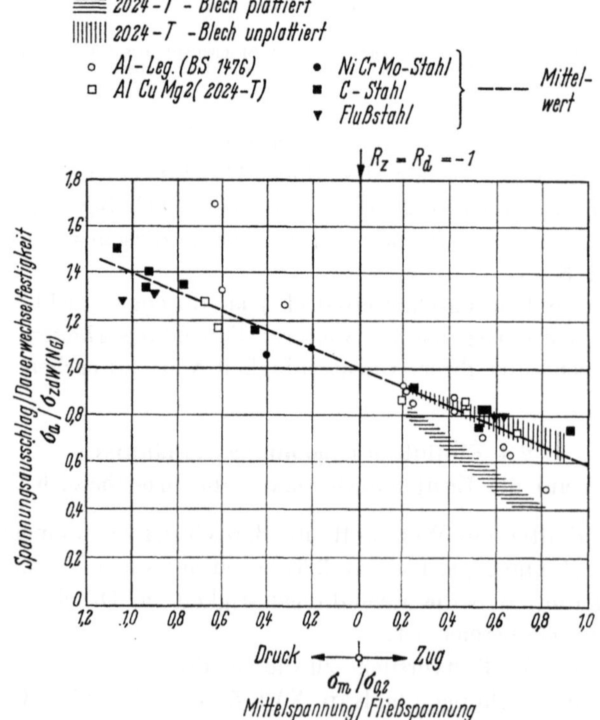

Bild 119. Zusammenhang zwischen bezogenem Spannungsausschlag und bezogener Mittelspannung im Zug- und Druckbereich. Nach [3].

Im Bild 119 sind zu diesem Problem weitere Versuchsergebnisse, ermittelt an Aluminiumlegierungen und Stählen, wiedergegeben [3]. Es zeigt sich:

Stähle verhalten sich ähnlich wie Al-Legierungen.

Die Linie der Mittelwerte von $\sigma_a/\sigma_{zdW(NG)}$ über $\sigma_m/\sigma_{0,2}$ (ohne Berücksichtigung der beiden Streubänder) verläuft als Gerade von $\sigma_m/\sigma_{0,2} = 0$ aus mit gleicher Neigung fallend ins Zuggebiet und steigend ins Druckgebiet.

Während also der dauerfeste Spannungsausschlag σ_a mit Erhöhung einer Zugmittelspannung σ_m abnimmt, steigt er mit der Erhöhung einer Druckmittelspannung σ_m in etwa gleichem Maße an.

3 Einstufen- und Mehrstufenversuch

3.1 Grundsätzliches zur Problematik

Zur Aussagefähigkeit von Ein- und Mehrstufenversuchen gibt es in der Fachliteratur zahlreiche Stellungnahmen. Insbesondere hat E. GASSNER in [8] eine ausführliche Diskussion dieser Probleme veröffentlicht. Im folgenden wird zu dieser Problematik von der Seite der Konstruktion Stellung genommen.

Am Anfang der systematischen experimentellen Forschungsarbeiten auf dem Gebiet der Ermüdungsfestigkeit stehen die von AUGUST WÖHLER durchgeführten Einstufenversuche [9]. Während des Versuchs wird das zu prüfende Bauteil durch einen konstanten sinusförmigen Spannungsausschlag zwischen ebenfalls konstanten Grenzwerten, der Ober- und Unterspannung, beansprucht. In den seltensten Fällen sind die Betriebsbeanspruchungen von Konstruktionsteilen sinusförmig wechselnd zwischen zwei gleichbleibenden Grenzwerten, wie im Falle des Einstufenversuchs. Als direkte Bemessungsgrundlage kann die mit Hilfe von Einstufenversuchen gewonnene Wöhler-Linie mithin nur in wenigen Fällen Anwendung finden.

Die grundsätzliche Bedeutung des Einstufenversuchs für die Konstruktion ist jedoch keinesfalls in Abrede zu stellen. In vielen Fällen ist diese Art der Versuchsdurchführung dem bedeutend aufwendigeren Mehrstufenversuch vorzuziehen. Insbesondere zur Klärung grundsätzlicher Fragen des dynamisch richtigen Konstruierens — die Behandlung gerade dieser Probleme ist ein Hauptanliegen dieses Buches — liefern die Ergebnisse von Einstufenversuchen, d. h. die aufgenommenen Wöhler-Kurven, klare und eindeutige Beurteilungsunterlagen. Falls für ein Konstruktionselement durch Änderung der geometrischen Gestaltung, des Oberflächenzustandes oder des Rest- bzw. Vorspannungssystems eine Verbesserung der Ermüdungsfestigkeit im Einstufenversuch nachgewiesen wird, kann — bis auf wenige noch zu diskutierende Ausnahmen — auf eine Erhöhung der Lebensdauer auch unter Betriebsbelastungen geschlossen werden.

Ziel der Ermüdungsforschung im ILTUB ist es, durch Optimierung der geometrischen Gestalt, der Oberflächenbeschaffenheit und des Rest- bzw. Vorspannungssystems eines Konstruktionselementes das Ermüdungsverhalten bezüglich der Größenordnung der ertragbaren Lastwechsel zu verbessern; nicht die statistische Absicherung durch Versuchsergebnisse an gegebenen Konstruktionen, deren Notwendigkeit für viele praktische Fälle nicht angezweifelt wird, sondern die grundsätzliche Verbesserung der Ermüdungseigenschaften dieser Konstruktionen soll erreicht werden. Typische Beispiele für das Arbeiten nach dieser Grundkonzeption sind die in diesem Buch behandelten Probleme der „Längsfügung von Tragflügelgurtplatten" und des „Augenstabs".

Bei den im ILTUB durchgeführten dynamischen Bruchversuchen handelt es sich um Einstufenversuche mit einem Spannungsverhältnis $R_z = 0$. In einigen Fällen wurden die Experimente auch bei kleiner konstanter Unterspannung σ_{un} und somit $R_z \approx 0$ durchgeführt.

3.2 Kritische Anmerkungen zum Mehrstufenversuch

Das in einem Mehrstufenversuch aufgebrachte Belastungsprogramm, aufgestellt an Hand von Belastungsstatistiken, wirkt sich bezüglich der Rißentstehung und der Rißausbreitung unterschiedlich aus. Bis zum Anriß ist nur der Teil der Spannungen oberhalb der „Anrißschwelle" maßgebend, während der Ausbreitung sind alle Spannungsausschläge oberhalb der wesentlich tiefer liegenden „Ausbreitungsschwelle" von Einfluß.

Eine wesentliche Aufgabe des Mehrstufenversuchs, die in vielen Fällen bisher vernachlässigt wurde, sollte die Feststellung der Anrißlastwechselzahlen sein; eine klare Trennung der Vorgänge bis zum Anriß einerseits und während der Rißausbreitung bis zum Bruch andererseits ist unbedingt erforderlich.

Der Einfluß der Belastungshöhe und der Laststufenfolgen muß für die beiden Ermüdungsabschnitte, den bis zum Anriß und den der Rißausbreitung bis zum Bruch, verschieden sein, da es sich zunächst um submikroskopische Vorgänge im Gefüge handelt, dann aber um Vorgänge, die von makroskopischen Spannungsfeldern an der Rißspitze bestimmt werden. Zahlreiche experimentelle Untersuchungen (s. hierzu Kap. XIII) führen zu eingehenden Aussagen über die Gesetze der Rißausbreitung, sagen jedoch wenig aus über die inneren Vorgänge bis zum Anriß. Bezüglich des Rißausbreitungsvorgangs einerseits und der Ausbildung des Ermüdungsschadens bis zum makroskopischen Anriß andererseits, kann sich der gleiche Einflußparameter entgegengesetzt auswirken:

Durch ein richtiges „Hochtrainierungsprogramm" kann beispielsweise die Dauerfestigkeit von Stählen durch Vorbelastung mit niedrigeren Spannungen um etwa 20% erhöht werden, während bei umgekehrter Programmfolge durch die hohen Belastungen der Ermüdungsschaden vorzeitig entsteht.

Durch dynamische Vorbelastung mit höheren Spannungen kann, wie in Kap. XIII, 2 dargelegt ist, eine Ausbreitungsverzögerung eines bereits vorhandenen Risses (s. Bild 331) erreicht werden.

Das Programm eines Mehrstufenversuchs kann keinesfalls sämtlichen Belastungszuständen Rechnung tragen, denen eine Konstruktion während ihres Einsatzes unterworfen ist. Ein „Sonderprogramm" infolge von Katastrophenbedingungen, insbesondere bei einer bereits angerissenen Konstruktion, kann zu einer erheblichen Abminderung der aus dem Mehrstufenversuch mit „Normalprogrammfolge" bestimmten Lebensdauer führen.

An einem auf Ermüdung beanspruchten Bauteil können Anrisse und Brüche an verschiedenen Stellen durch unterschiedliche Ursachen wie Kerbwirkung,

Vorspannungen oder Reibkorrosion auftreten, die sich bei verschiedenen Beanspruchungshöhen unterschiedlich auswirken.

Ein typisches Beispiel für diese Problematik liefert die im Kap. XVI mitgeteilte Untersuchung der Augenstäbe. Durch die aus Einstufenversuchen ermittelte Wöhler-Kurve konnten beispielsweise an Hand des Bildes 411 folgende Feststellungen getroffen werden:

Bei großen Spannungsausschlägen, d. h. kleinen Lastwechselzahlen, ist die Bruchursache die Spannungskonzentration am Entlastungsausschnitt vor der Bohrung des Augenstabs.

Bei großen Lastwechselzahlen und damit kleinen Spannungsausschlägen beginnt der Ermüdungsbruch jedoch in der Bohrungswandung im Zusammenwirken von Reibkorrosion mit der im Bohrungsbereich vorhandenen Spannungskonzentration.

Nach einem Mehrstufenversuch ist oft nicht feststellbar, welche Spannungsausschläge des Gesamtspektrums den entscheidenden schädigenden Einfluß auf den erfolgten Bruch ausüben; bei Einstufenversuchen kann diese Frage selbstverständlich eindeutig beantwortet werden.

Bei Mehrstufenversuchen mit stark unterschiedlichen Höhen der Beanspruchungsstufen kommt man bei Verwendung moderner Belastungsautomaten leicht dazu, in einem Versuch mit verschiedenen Frequenzen zu arbeiten. Die höchsten Lasten mit geringer Wechselzahl werden mit hydraulischer Steuerung bei sehr kleiner Frequenz ($f < 1$ Hz), die niedrigsten Lasten mit hoher Wechselzahl in einem Schwingsystem mit hoher Frequenz ($f \approx 100$ Hz) aufgebracht, obgleich auch solche Lasten (z. B. Böen bei Flugzeugen) in der Praxis ebenfalls niederfrequent sind.

Diese Frequenzunterschiede müssen sich über den auch in normaler Atmosphäre vorhandenen Zeiteinfluß (s. Kap. VIII, 5) bei Mehrstufenversuchen verfälschend auswirken.

3.3 Rückschlüsse aus den Ergebnissen von Einstufenversuchen auf das Verhalten unter Mehrstufenbelastung

Zur Verwendung der Ergebnisse von Einstufenversuchen, also der Wöhler-Kurve als Bemessungsgrundlage für Konstruktionsteile, die einem Spektrum stark unterschiedlicher Belastungen unterliegen, sind Umrechnungen erforderlich. Als erster Versuch eines Umrechnungsverfahrens wurde von PALMGREN [10] und MINER [11] die sog. *kumulative Schädigungshypothese* angegeben. Diese Hypothese, die oft auch als *Minersche Regel* bezeichnet wird, unterstellt, daß die Schädigung eines Versuchsstücks bei dynamischer Belastung mit dem Quotienten der Lastwechselzahlen (n_1/N_1) linear zunimmt. Hierin bedeuten

n_1 aufgebrachte Lastwechsel bei einem Spannungsniveau σ_1,
N_1 Bruchlastwechselzahl (s. Wöhler-Kurve) bei einem Spannungsniveau σ_1.

Nach der kumulativen Schädigungshypothese wird angenommen, daß der Bruch eines Versuchsstücks dann eintritt, wenn die Summe der den verschiedenen aufgebrachten Laststufen entsprechenden Lastwechselquotienten den Wert Eins erreicht:

$$\sum_{i=1}^{i=k} (n_i/N_i) = 1,$$

worin k die Anzahl der aufgebrachten Laststufen angibt.

Zur Prüfung dieser Schädigungshypothese sind bereits zahlreiche Versuche durchgeführt worden. Eine Zusammenfassung der Versuchsergebnisse wurde von CRANDALL in seinem Buch „Random Vibrations" [12] gegeben. In einer Veröffentlichung von SPÄTH [13] findet man eine umfassende Diskussion zur Problematik der kumulativen Schädigungshypothese. Zusammenfassend kann festgestellt werden:

Die kumulative Schädigungshypothese, die eine lineare Schädigung vom Beginn der dynamischen Belastung bis zum Bruch unterstellt, erfaßt nicht das tatsächliche Verhalten der Werkstoffe bei Ermüdungsbelastungen.

In den meisten Fällen wurden kumulative Lastwechselquotienten zwischen 0,5 und 2,0 gemessen. GASSNER gibt in seinem Korreferat zu einem Vortrag von THOMSON über das Ermüdungsproblem [14] sogar Schwankungen des Lastwechselquotienten zwischen 0,2 und ∞ an.

Der Lastwechselquotient hängt von der Reihenfolge ab, mit der die unterschiedlichen Belastungen aufgebracht werden. Er wird im allgemeinen größer als 1 bei ansteigender und kleiner als 1 bei fallender Belastungsfolge.

Stochastisch verteilte Belastungsfolgen ergeben relativ große Lastwechselquotienten.

Wie bereits angedeutet, muß ein im Einstufenversuch nachgewiesenes Ermüdungsverhalten einer Konstruktion nicht in allen Fällen in gleicher Weise günstig oder ungünstig auch unter Betriebsbelastungen in Erscheinung treten. Diese Ausnahmefälle bilden Konstruktionen, deren Ermüdungseigenschaften maßgeblich von Restspannungen beeinflußt werden. Wenige hohe Belastungsausschläge im Spektrum einer Betriebsbelastung können das Restspannungssystem und damit die Lebensdauer der Konstruktion erheblich beeinflussen. Diese Tatsache setzt die Bedeutung des Einstufenversuchs nicht herab, ihr ist jedoch bei der Interpretation der Versuchsergebnisse Rechnung zu tragen.

Die rechnerische Ermittlung der Lebensdauer eines Konstruktionselementes, das einem Betriebsbelastungsspektrum ausgesetzt ist, aus der für dieses Konstruktionselement aufgenommenen Wöhler-Kurve, sollte trotz der in dieser Hinsicht negativen Ergebnisse der linearen Schadensakkumulationshypothese nicht als aussichtslos angesehen werden.

Durch intensive Forschungsarbeiten in dieser Richtung sollte ein Verfahren entwickelt werden, das es ermöglicht, aus den Ergebnissen von Einstufenversuchen hinreichend genaue Lebensdauerangaben unter Betriebsbelastungen zu gewinnen. Selbstverständlich müssen hierzu die Betriebsbelastungen bzw. ein repräsentatives Belastungsprogramm bekannt sein.

Bei diesem Verfahren sollte davon ausgegangen werden, daß die meisten Konstruktionen in bestimmten Beanspruchungsbereichen besonders anfällig für die Entstehung eines Ermüdungsschadens sind. Das Ermüdungsverhalten eines Bauteils unter Betriebsbelastungen wird im wesentlichen nur vom Ermüdungsverhalten in bestimmten Belastungsbereichen bestimmt. Über dieses Verhalten können durch gezielte Einstufenversuche Aussagen gewonnen werden.

Durch Vor- oder Restspannungssysteme können z. B. niedrige Beanspruchungsbereiche bezüglich der Entstehung eines Ermüdungsschadens völlig ausgeschaltet werden. Die Nichtlinearität zwischen den äußeren Belastungen und den im Bauteil auftretenden Spannungen ist die Ursache für dieses Verhalten.

Im Rahmen der Forschungsarbeiten über die Aussagefähigkeit von Einstufenversuchen hinsichtlich der Angabe von Lebensdauerwerten von Bauteilen unter Betriebsbelastungen sollte im oben erwähnten Sinn eine Art „Selektion der Betriebsbelastungen" vorgenommen werden.

4 Betriebsfestigkeit

4.1 Erläuterungen zur Problematik der Betriebsbeanspruchungen

Die Kenntnis der Belastungen während des Betriebs sowohl bezüglich der Größe und der Häufigkeit als auch der zeitlichen Folge ist Voraussetzung für die Abschätzung der Lebensdauer der durch Ermüdungsbrüche gefährdeten Bauteile.

In sehr vielen Fällen setzen sich Betriebsbelastungen aus einem deterministischen Anteil — bei einem Flugzeug sind dies z. B. die Manöverlasten — und einem stochastischen Anteil — z. B. den regellos und unperiodisch auftretenden Böenbelastungen — zusammen.

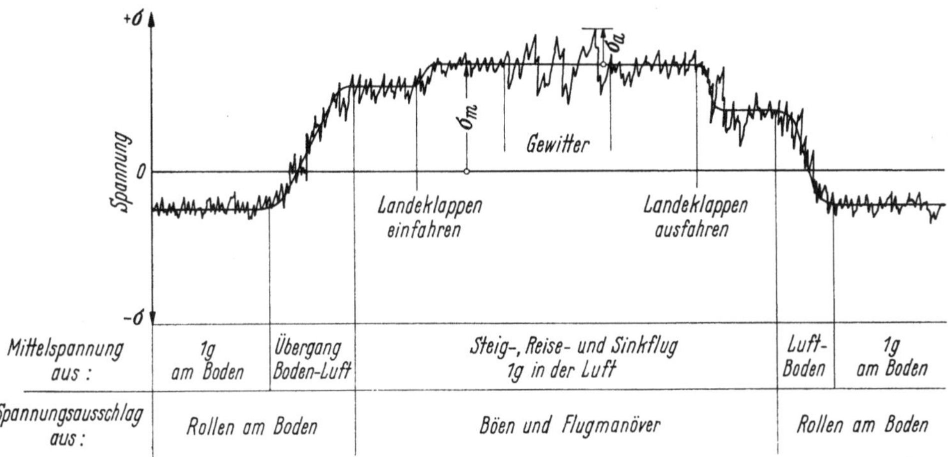

Bild 120. Beanspruchungsverlauf an der Flügelwurzel (Tragflügelunterseite) während eines Fluges. [15].

Im Bild 120 ist ein typischer Beanspruchungsablauf für die Flügelwurzel an der Tragflügelunterseite, wie er während eines „Normalflugs" auftritt, angegeben. Diese Darstellung ist einer Veröffentlichung von EBNER und JACOBY [15] über „Ermüdungsfestigkeit im Flugzeugbau", die einen Überblick über die Gesamtproblematik gibt, entnommen.

Üblicherweise wird das Spektrum der Betriebsbelastungen mit Hilfe statistischer Methoden ausgewertet. Zu diesem Zweck wird der Belastungsbereich in hinreichend viele Klassen eingeteilt. Jeder Klassenmitte wird die Anzahl der in der

Klasse auftretenden Belastungsspitzen zugeordnet. Eine Auswertung dieser Art, wobei die Beanspruchungsspitzen oberhalb und unterhalb einer rechnerischen Mittelspannung ausgezählt wurden, ist im Bild 121 skizziert [16]. Über der in logarithmischem Maßstab aufgetragenen Klassenhäufigkeit ist die Belastungsspannung aufgetragen.

Durch Summierung der Klassenhäufigkeiten und Zuordnung dieser Werte zur unteren Klassengrenze kommt man zur sog. Summenhäufigkeitskurve, die nunmehr unabhängig von der Klassenteilung die Überschreitungshäufigkeit eines bestimmten Spannungswertes innerhalb eines vorgegebenen Beobachtungszeitraums angibt.

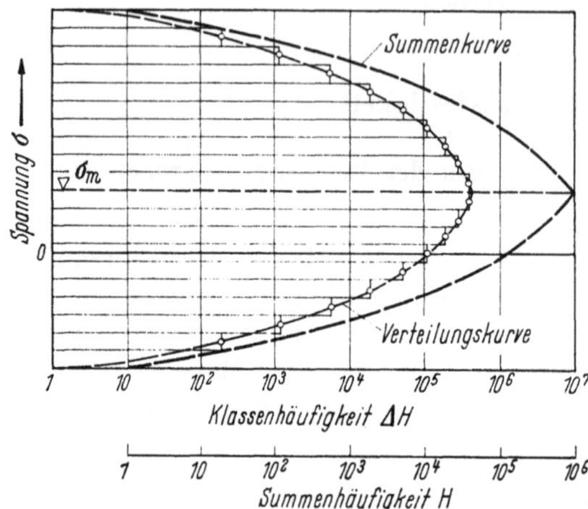

Bild 121. Belastungskollektiv, Verteilungskurve und Summenkurve. [16].

Die Ergebnisse der Messungen von Betriebsbelastungen, zusammengefaßt in Form von Summenkurven, sind die Grundlage zur Aufstellung von Belastungskollektiven für die Durchführung von Betriebsfestigkeitsversuchen.

4.2 Der Betriebsfestigkeitsversuch

GASSNER gibt in [16] eine Zusammenfassung der Kennzeichen des Betriebsfestigkeitsversuchs an:

Die gemessene Summenkurve der Betriebsbelastungen wird durch Versuchslasten entsprechend einer treppenförmigen Summenkurve ersetzt. (Siehe hierzu oberen Teil des Bildes 122.)

Belastungsspitzen σ_{ob} und σ_{un}, die um gleiche Beträge σ_a von der Mittelspannung abweichen, werden zu einem sinusförmigen Lastwechsel zusammengefaßt.

Die gesamte Belastungsfolge wird in einzelne Teilfolgen aufgeteilt — s. untere Skizze im Bild 122 — um eine betriebsähnliche Vermischung der Belastungen zu erhalten.

Zahlreiche von GASSNER und TEICHMANN durchgeführte Arbeiten [17—24] über Probleme des Betriebsfestigkeitsversuchs beschäftigen sich mit der Beantwortung der Hauptfragen, die aus dieser Versuchsdurchführung resultieren:

In welche Zahl von Belastungsstufen ist ein in Form einer Summenkurve gegebenes Belastungsspektrum einzuteilen?

Welches ist der zweckmäßigste Teilfolgenumfang?

In welcher Reihenfolge sind die Belastungen innerhalb einer Teilfolge anzuordnen ?

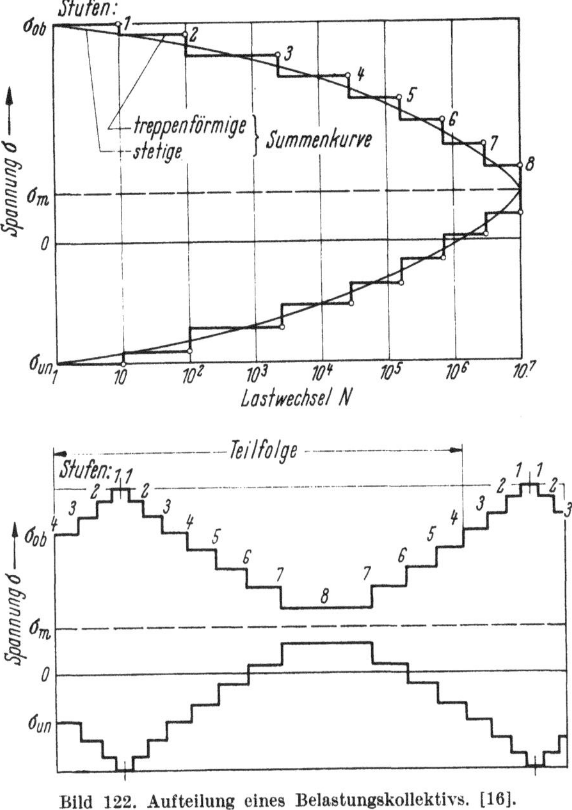

Bild 122. Aufteilung eines Belastungskollektivs. [16].

Welchen Einfluß haben Belastungsstufen unterhalb der Dauerfestigkeitsgrenze ?

Welchen Einfluß haben lastfreie Ruhepausen auf das Versuchsergebnis?

Es soll an dieser Stelle nur die Vielzahl der Probleme, die der Betriebsfestigkeitsversuch mit sich bringt, angedeutet werden, zu deren Beantwortung die angegebenen Veröffentlichungen beitragen.

Es sei hier nur noch erwähnt, daß GASSNER auf Grund zahlreicher Arbeiten eine Einteilung des Belastungskollektivs in acht Stufen für sinnvoll hält. Sicher muß von dieser Aufteilung des Belastungskollektivs mitunter abgegangen werden; so erfordert beispielsweise die Berücksichtigung des Start-Lande-Lastwechsels [25, 26] besondere Stufenprogramme.

4.3 Darstellung der Versuchsergebnisse

Bei der Auswertung von Betriebsfestigkeitsversuchen trägt man im allgemeinen die Höchstspannung des aufgebrachten Kollektivs über der ertragbaren Teilfolgen- oder Gesamtlastwechselzahl auf. Führt man mehrere Versuche mit verschiedenen Höchstspannungen des Kollektivs durch, so erhält man einen ähnlichen Zusammenhang wie er bei Einstufenversuchen durch die Wöhler-

Kurve gegeben ist. In einem doppelt logarithmischen Koordinatennetz — Kollektivhöchstspannung über Gesamtwechselzahl — liegen die Versuchspunkte näherungsweise auf einer Geraden. Diese Gerade wird als „Lebensdauerfunktion" bezeichnet. Zur Bestimmung der Steigung dieser Geraden bei verschiedenen Werkstoffen und Belastungskollektiven wurden bereits zahlreiche Experimente [27—32] durchgeführt.

4.4 Zur Aussagefähigkeit des Betriebsfestigkeitsversuchs

Die Beurteilung der Aussagefähigkeit von Betriebsfestigkeitsversuchen ist

rein empirisch aus Betriebserfahrungen

oder durch Vergleich der Ergebnisse von Betriebsfestigkeits- und Random-Versuchen möglich.

GASSNER gibt auf Grund von Betriebserfahrungen an [16], daß die tatsächliche Lebensdauer etwa doppelt so groß ist wie die im Betriebsfestigkeitsversuch ermittelten Werte. Vergleichsversuche unter Random-Belastung und bei Beanspruchung mit einem geordneten Belastungskollektiv wurden von KOWALEWSKI [33], GASSNER und LIPP [32] sowie SCHIJVE [34] durchgeführt.

VIII. Grundsätzliche Untersuchungen zur Ermüdungsfestigkeit der Werkstoffe

1 Zusammenhang zwischen Dauerfestigkeit und Zugfestigkeit

1.1 Dauerfestigkeit abhängig von Zugfestigkeit bei Stählen

Wie aus Bild 123 hervorgeht [1], steigt bei hochwertigen Stählen die Dauerwechselfestigkeit mit der Zugfestigkeit etwa entsprechend dem Proportionalitätsfaktor $(\sigma_{bW(N_G)}/\sigma_B) = 0{,}5$ an. Eingehende Untersuchungen [2, 3], deren Er-

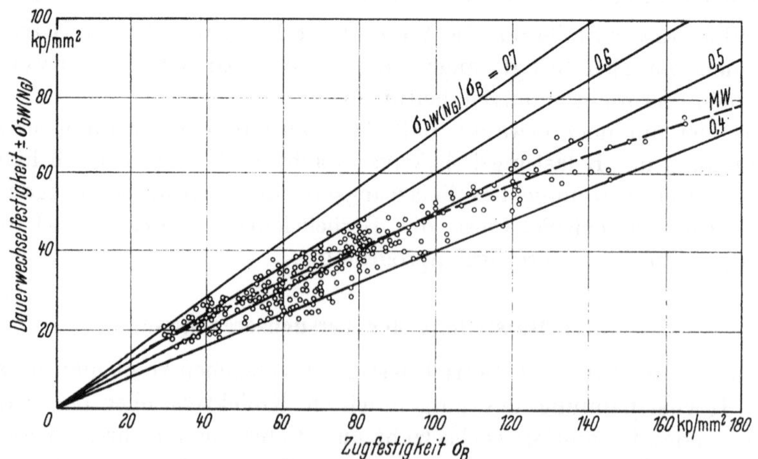

Bild 123. Polierte Stahlprobestäbe unter Umlaufbiegebelastung. Dauerfestigkeit abhängig von der Zugfestigkeit. Nach [1].

gebnisse Bild 124 wiedergibt, zeigen, daß der Einfluß der Oberflächenbeschaffenheit mit steigender Zugfestigkeit des Werkstoffs immer stärker wird:

Durch „Superpolitur" wird bei hochfesten Stählen mit $\sigma_B = 180\ \text{kp/mm}^2$ noch ein Verhältnis $\sigma_{bW(N_G)}/\sigma_B \approx 0{,}6$ erreicht.

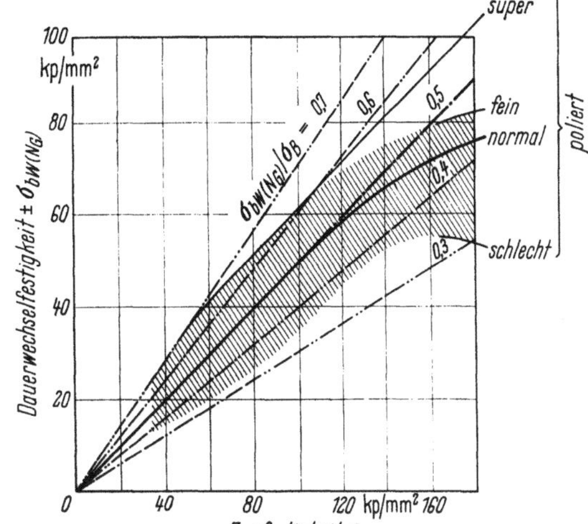

Bild 124. Stahlprobestäbe unter Umlaufbiegebelastung. Einfluß des Polierens auf den Zusammenhang zwischen Dauerfestigkeit und Zugfestigkeit. Nach [3].

Durch „Normalpolitur" wird bei Stählen mit $\sigma_B \leq 120\ \text{kp/mm}^2$, ein Verhältnis von $\sigma_{bW(N_G)}/\sigma_B = 0{,}5$ erreicht, das für hochfeste Stähle mit $\sigma_B = 180\ \text{kp/mm}^2$ auf $\sigma_{bW(N_G)}/\sigma_B \approx 0{,}4$ absinkt.

1.2 Dauerfestigkeit abhängig von Zugfestigkeit bei Leichtmetallen

1.2.1 Knetlegierungen des Aluminiums

Wir sprechen hier von Dauerfestigkeit, obgleich Al-Knetlegierungen bis zu $N = 10^9$ keine ausgeprägte Dauerfestigkeitsgrenze gezeigt haben, vielmehr σ_a mit höherem N noch immer etwas abfällt.

Die Dauerwechselfestigkeit $\sigma_{bW(N_G)}$ der Al-Knetlegierungen steigt mit der Zugfestigkeit σ_B bis zu einem Grenzwert bei $\sigma_B \approx 30\ \text{kp/mm}^2$ an. Eine weitere Erhöhung von σ_B durch Legieren und Vergüten steigert die Dauerwechselfestigkeit nicht. Die höchste Biegedauerwechselfestigkeit ($\sigma_{bW(N_G)} \approx 20\ \text{kp/mm}^2$) wird von AlCuMg mit $\sigma_B = 45\ \text{kp/mm}^2$ und AlZnMgCu mit $\sigma_B = 58\ \text{kp/mm}^2$ an polierten Stäben erreicht.

1.2.2 Vergleich der Knet- und Gußlegierungen

Im Bild 125 sind nach TEMPLIN [4, 4a] Biegedauerwechselfestigkeiten bei $N_G = 5 \cdot 10^8$ zusammengestellt, die für Al-Legierungen bestimmt wurden. Es werden mit AlCuMg- und insbesondere AlZnMgCu-Knetmaterial auch höhere Werte als in der Darstellung des Bildes 125 erreicht. Die Darstellung soll jedoch den großen Unterschied zwischen den Knet- und Gußlegierungen aufzeigen. Der Grenzwert, auf den $\sigma_{bW(N_G)}$ durch Steigerung von σ_B angehoben werden kann, liegt bei Knetlegierungen doppelt so hoch wie bei den Gußlegierungen des Aluminuims.

1.2.3 Knet- und Gußlegierungen des Magnesiums

Im Bild 126 sind nach TEMPLIN [4, 4a] die Dauerwechselfestigkeiten bei $N_G = 5 \cdot 10^8$ aufgetragen, die bei Mg-Legierungen festgestellt wurden. Über eine Abhängigkeit zwischen Dauerfestigkeit und Bruchfestigkeit kann keine Aussage

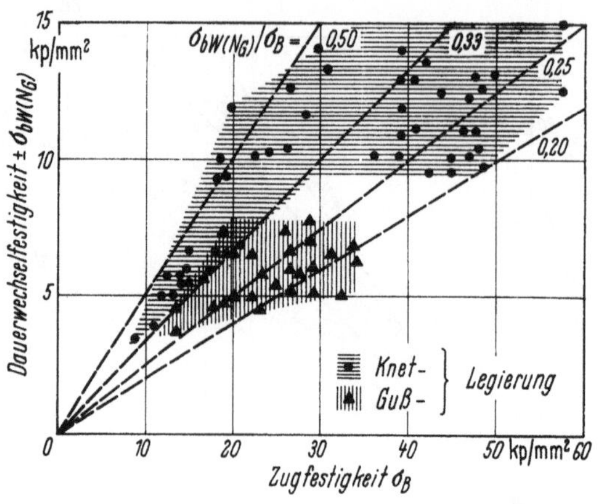

Bild 125. Rundstäbe aus Aluminium-Knet- und -Gußlegierungen unter Umlaufbiegebelastung. Dauerfestigkeit ($N_G = 5 \cdot 10^8$) in Abhängigkeit von der Zugfestigkeit. Nach [4, 4a].

gemacht werden. Der gemessene Höchstwert der Dauerwechselfestigkeit liegt bei den Knetlegierungen des Magnesiums etwa gleich hoch wie bei denen des Aluminiums. Die obere Grenze der Gußlegierungen liegt im Verhältnis zu den Al-Legierungen recht hoch.

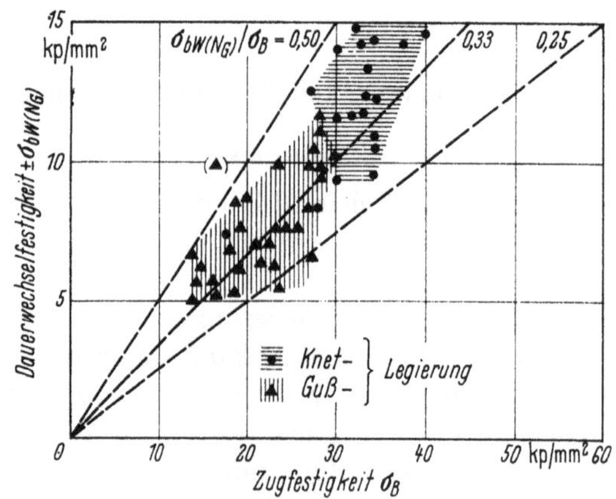

Bild 126. Rundstäbe aus Magnesium-Knet- und -Gußlegierungen unter Umlaufbiegebelastung. Dauerfestigkeit ($N_G = 5 \cdot 10^8$) in Abhängigkeit von der Zugfestigkeit. Nach [4, 4a].

1.2.4 Vergleich von Al- und Mg-Gußlegierungen

Der Festigkeitsvergleich der Al- und Mg-Gußlegierungen wird am besten durch Auftragung der dynamischen Reißlänge $\sigma_{bW(N_G)}/\gamma$ über der statischen Reißlänge σ_B/γ durchgeführt, wie dies im Bild 127 geschehen ist [4, 4a].
Man sieht, daß das Streufeld der Mg-Gußlegierungen

klar über dem der Al-Gußlegierung liegt und

stark gegenüber den Al-Gußlegierungen nach rechts zu größeren Reißlängen verschoben ist.

Mg-Gußlegierungen erreichen also höhere statische und dynamische Reißlängen als Al-Gußlegierungen und sind somit für den Leichtbau besonders
gut — insbesondere auch bei dynamischen Beanspruchungen — geeignet.

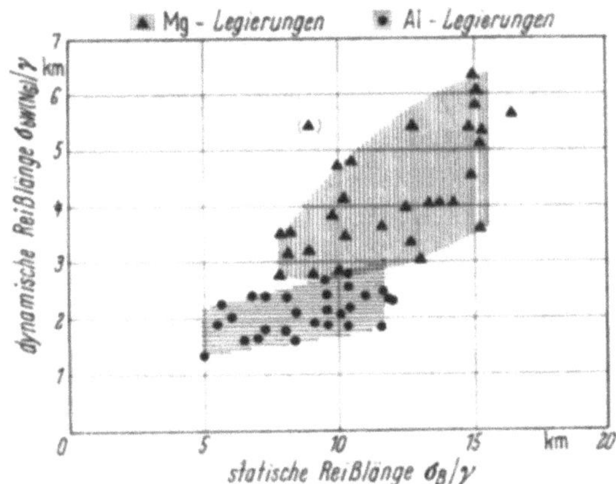

Bild 127. Dynamische Reiß-
länge — statische Reißlänge.
Auswertung von Umlaufbie-
geversuchen ($N_G = 10^8$) mit
Stäben aus Aluminium- und
Magnesiumgußlegierungen.
Nach [4, 4a].

1.2.5 Einfluß des Herstellungsverfahrens (Walzen, Ziehen, Pressen) auf die Festigkeitseigenschaften von Al-Legierungen

Im Bild 128 sind nach RAJAKOVICS [5] für 4 Al-Legierungen die Zugfestig-
keit σ_B, die Streckgrenze $\sigma_{0,2}$ und die Biegedauerwechselfestigkeit für ungekerbte
sowie gekerbte Probestäbe verglichen. Es ist auffallend, daß mit Höherzüchten

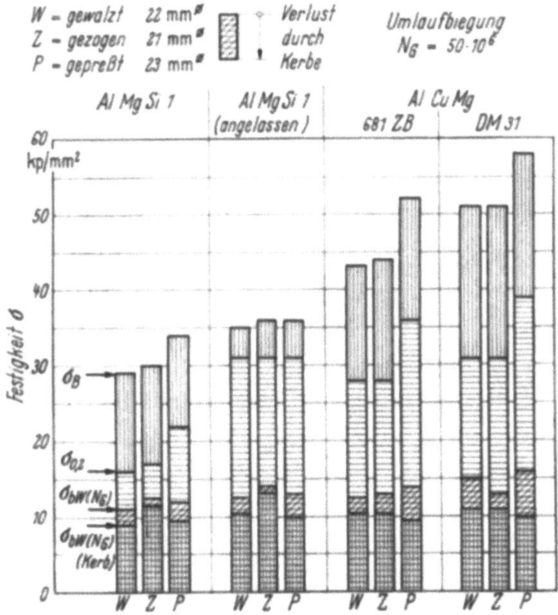

Bild 128. Einfluß des Halbzeugherstellungsverfahrens auf statische und dynamische Festigkeitswerte von
Al-Legierungen. Nach [5].

von σ_B und $\sigma_{0,2}$ (Übergang vom Walzen zum Pressen) sich die Dauerfestigkeit, insbesondere für den gekerbten Stab, kaum ändert. Durch das Halbzeugherstellungsverfahren wird bezüglich der Dauerfestigkeit also nicht viel geändert.

2 Zusammenhang zwischen Dauerfestigkeit und Härte

Im Bild 129 aus [2] ist für C-Stähle die Dauerwechselfestigkeit über der Rockwell-Härte aufgetragen.

Es zeigt sich, daß $\sigma_{bW(N_G)}$ mit der Härte ansteigt, jedoch je nach C-Gehalt nur bis zu einem Grenzwert, der mit dem C-Gehalt steigt. Eine wichtige bisher

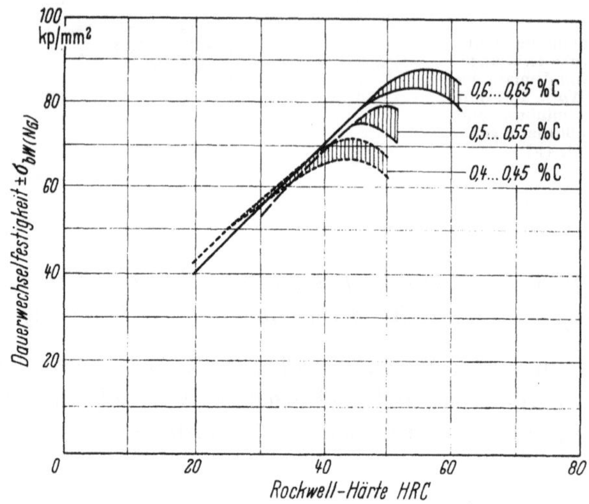

Bild 129. Dauerwechselfestigkeit (Umlaufbiegung) in Abhängigkeit von der Härte verschiedener C-Stähle. [2].

nicht geklärte Frage ist, wie weit die Härte einen Einfluß auf die Dauerfestigkeit hat, insbesondere dann, wenn die Härte an der Oberfläche erhöht ist und in der Oberflächenschicht auf einen geringeren Wert für den Kern abfällt.

3 Einfluß der Orientierung der Fasern zur Zugbeanspruchung bei Al-Knetlegierungen

3.1 Allgemeine Anmerkungen zur Bedeutung der Faserorientierung bei statischer und dynamischer Belastung

Bei der Umformung eines gegossenen Rohlings einer Al-Knetlegierung zu einem Halbzeug, insbesondere in der Strangpresse, entsteht eine Faserstruktur. Durch Zerreißversuche mit Probestäben, die aus dicken gepreßten Stangen und auch Blechen in verschiedenen Richtungen zur Längsfaser entnommen wurden, wurde festgestellt, daß die Zugfestigkeit σ_B in Faserrichtung größer ist als in Querrichtung.

Wird aus einem Halbzeug mit Längsfasern ein Bauteil geformt, so ist es wesentlich, daß ein guter Faserverlauf entsteht, d. h., daß die Faserrichtung mit der Richtung der höchsten Zugbeanspruchung übereinstimmt. Ein gutes Einschmiegen der Fasern auch in komplizierte Formen kann durch die Formung im Preßgesenk erzielt werden.

Die Frage, ob die Orientierung der Fasern zur Zugbeanspruchung auch für die Ermüdungsfestigkeit eine Rolle spielt, wurde von verschiedenen Autoren untersucht.

Wie aus den im folgenden zusammengestellten Ergebnissen zu ersehen ist, stimmen die verschiedenen Versuchsergebnisse darin überein, daß der Einfluß der Faserorientierung zur Zugbeanspruchung für die Ermüdungsfestigkeit von gepreßten Teilen beachtlich ist, während er bei unplattierten Blechen weniger stark ist und bei plattierten Blechen durch den schädlichen Einfluß der Plattierung überdeckt wird.

3.2 Einfluß der Faserorientierung bei stranggepreßten Stäben

Versuche [5] mit Rundstäben aus AlCuMg 1, die aus einer stranggepreßten Rundstange von 55 mm Durchmesser in axialer und in radialer Richtung entnommen wurden, ergaben, wie aus Bild 130 ersichtlich, bei gleichen Bruchlastwechselzahlen für Längsfaserproben gegenüber Querfaserproben um 25 % höhere Bruchspannungsausschläge σ_a.

Ähnliche Versuche [6] mit ungekerbten und gekerbten Rundstäben aus 2014-T 6 ergaben, wie Bild 131 zeigt, für die ungekerbten Prüfstäbe eine klare Überlegenheit der Längsfaserproben gegenüber den Querfaserproben.

Bei den gekerbten Prüfstäben ist kein Einfluß der Faserrichtung auf die Ermüdungsfestigkeit feststellbar.

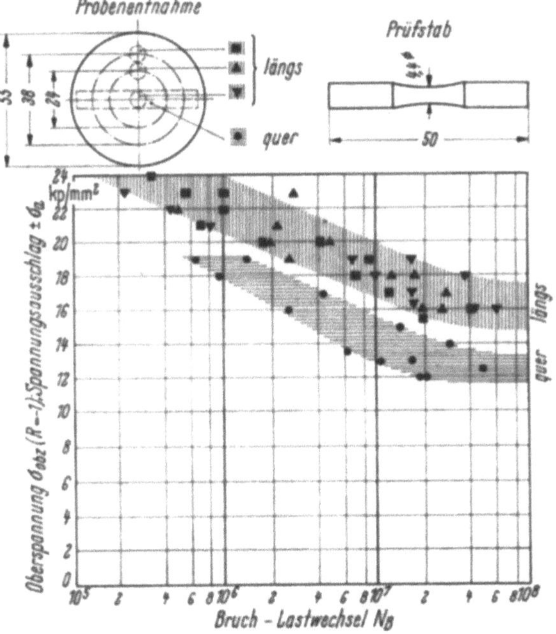

Bild 130. Einfluß der Faserrichtung (stranggepreßter Rohling) auf die Ermüdungsfestigkeit. Rundstäbe aus AlCuMg 1 (2017) unter Umlaufbiegebelastung. [5].

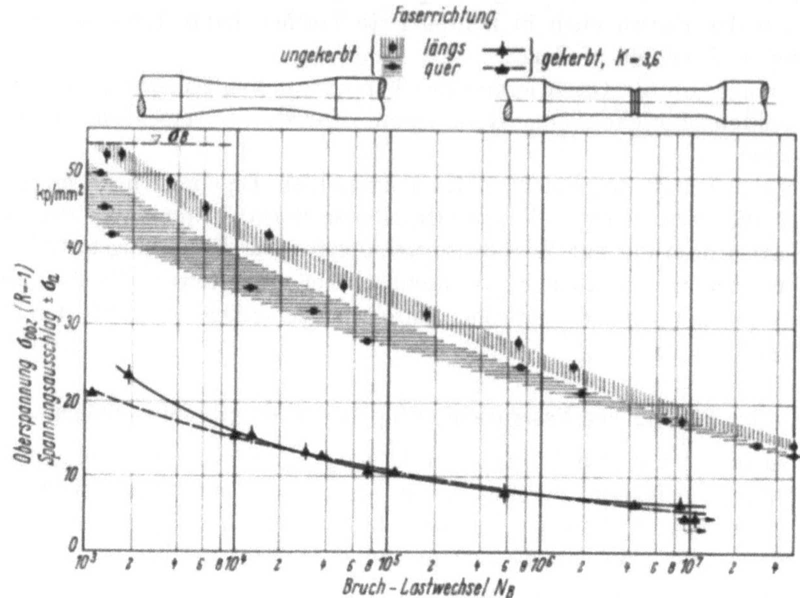

Bild 131. Einfluß der Faserrichtung auf die Ermüdungsfestigkeit. Gekerbte und ungekerbte Rundstäbe aus 2014-T 6 (stranggepreßt) unter Umlaufbiegebelastung. [6].

3.3 Einfluß der Faserorientierung bei Blechen

Versuche [6] mit unplattierten Blechen aus 7075-T 6 ergaben, wie an Bild 132 zu ersehen ist, breite $(\sigma - N)$-Streubänder, die z. T. einander überdecken. Die

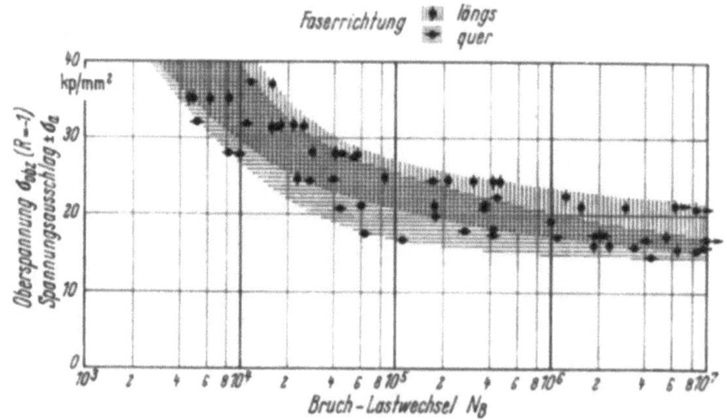

Bild 132. Einfluß der Faserrichtung auf die Ermüdungsfestigkeit. Unplattierte Bleche aus 7075-T 6 unter Axialbelastung. [6].

untere Grenze des Streubandes für Längsfaserproben liegt etwas oberhalb der unteren Streugrenze der Querfaserproben.

Die Versuchswerte [6] für plattiertes Blech aus 2024-T 3, die im Bild 133 dargestellt sind, fallen jedoch bei Längsfaser und bei Querfaser in das gleiche Streuband. Wie in Kap. XII, 5.1 eingehend dargelegt ist, wird die Ermüdungsfestigkeit des Bleches durch Rißbildung in der Plattierung stark herabgesetzt, so daß die Faserrichtung in diesem Fall keine Rolle mehr spielt.

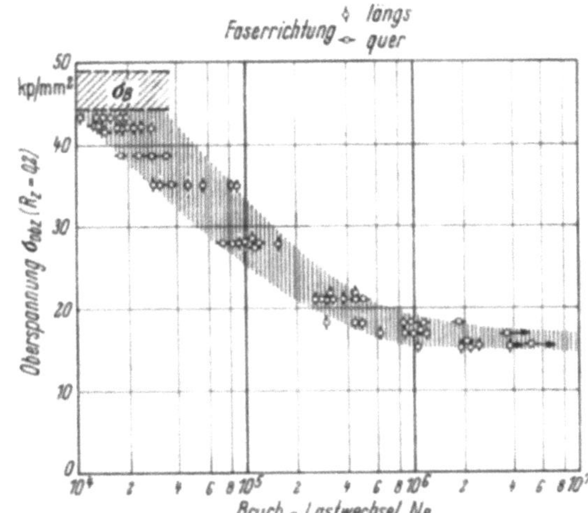

Bild 133. Einfluß der Faserrichtung auf die Ermüdungsfestigkeit. Plattierte Bleche aus 2024-T 3 unter Axialbelastung. [6].

3.4 Einfluß der Faserorientierung bei mehrachsigen Spannungszuständen

Die Versuche über die Ermüdungsfestigkeit bei mehrachsigen Spannungszuständen (s. Kap. V, 2.2) ergaben (insbesondere bei wechselndem Innendruck in dickwandigen Rohren), daß die erreichten dynamischen Vergleichsspannungen (abhängig von N) unter den Ermüdungsfestigkeitswerten bei einachsiger Beanspruchung liegen.

Sowohl MARIN [7] als auch MORRISON [8] konnten nachweisen, daß diese Erscheinung z. T. auf die starke Anisotropie des Werkstoffs zurückzuführen ist.

4 Temperaturabhängigkeit der Ermüdungsfestigkeit

4.1 Einfluß tiefer Prüftemperaturen bei Al-Legierungen

Der Einfluß der tiefen Temperaturen auf die Zugfestigkeit der Al-Legierungen ist im Hinblick auf die Verwendung von Behältern für Cryogene, insbesondere für flüssigen Sauerstoff und Wasserstoff, in der Raumfahrttechnik von Interesse. Die Zugfestigkeit steigt gegenüber dem Normalwert bei 25 °C mit abnehmenden Prüftemperaturen stark an.

Auch die Ermüdungsfestigkeit nimmt mit abnehmender Prüftemperatur zu. Für 2024-T 3 gibt Bild 134 die ($\sigma - N$)-Werte der ungekerbten und der gekerbten polierten Prüfstäbe bei +25, −78 und −196 °C an [6]. Die Temperaturerniedrigung bringt für ungekerbte und gekerbte Stäbe eine wesentliche Erhöhung der Ermüdungsfestigkeit bis fast zu einer Verdoppelung bei hohen Lastwechselzahlen.

Für 7075-T 6 gibt Bild 135 die ($\sigma - N$)-Werte für die gleichen Versuchsbedingungen an [6]. Die Tendenz, daß sich bei abnehmender Prüftemperatur höhere Ermüdungsfestigkeitswerte ergeben, zeigt sich auch hier sehr stark. So erreicht die Ermüdungsbruchspannung der ungekerbten Stäbe für $N = 10^7$ bei $t = -196\,°\text{C}$ mit $\sigma_{ob} \approx 40 \ \text{kp/mm}^2$ etwa das Doppelte wie bei $t = +25\,°\text{C}$ mit $\sigma_{ob} \approx 20 \ \text{kp/mm}^2$. Die Verbesserung der Ermüdungsbruchspannung der gekerbten Stäbe ist wesentlich geringer.

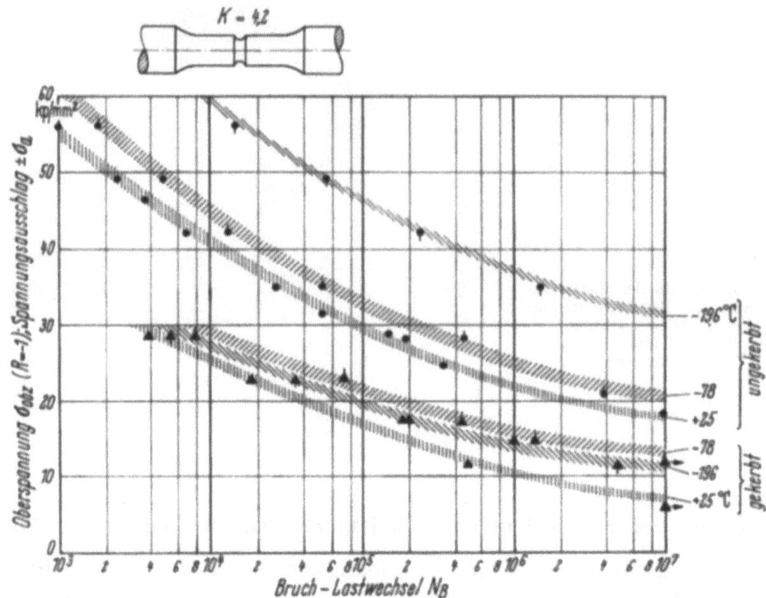

Bild 134. Einfluß tiefer Temperaturen auf die Ermüdungsfestigkeit polierter Stäbe aus 2024-T 3 unter Umlaufbiegebelastung. [6].

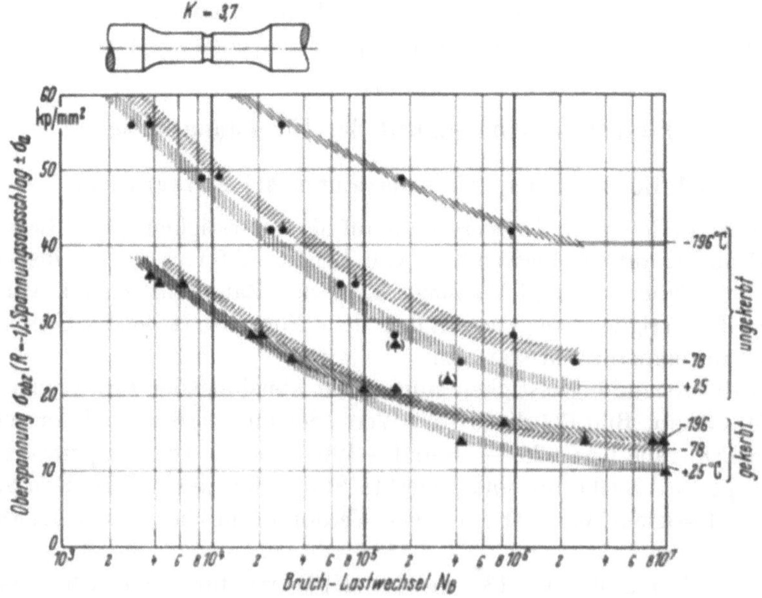

Bild 135. Einfluß tiefer Temperaturen auf die Ermüdungsfestigkeit polierter Stäbe aus 7075-T 6 unter Umlaufbiegebelastung. [6].

4.2 Einfluß tiefer Prüftemperaturen bei Stählen

Auch bei Stählen wird die Ermüdungsfestigkeit durch Verringerung der Prüftemperatur gegenüber den Normalwerten bei $+25\,°C$ verbessert. Bild 136 gibt für vier Stähle mit $\sigma_B = 42,5$ bis $105\ \text{kp/mm}^2$ (Zugfestigkeit bei $t = +25\,°C$) die Dauerwechselfestigkeit über der Prüftemperatur von $+25$ bis $-190\,°C$ an [9].

Die Zunahme der Dauerfestigkeit bei ungekerbten Stäben ist für den Zustand geringster Vergütung 4 mit einer Verdreifachung am stärksten.

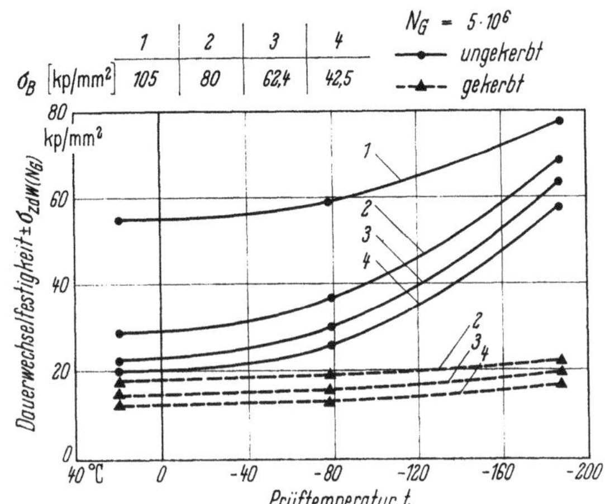

Bild 136. Einfluß tiefer Temperaturen auf die Dauerfestigkeit polierter Stäbe aus Baustählen unter Axialbelastung. Nach [9].

Besonders zu beachten ist die Tatsache, daß sich die Verringerung der Temperatur bei gekerbten Stahlstäben dagegen nur recht gering (mit etwa 30% Erhöhung) auswirkt, was wohl darin begründet ist, daß die Stützwirkung mit der Temperatur infolge Verringerung des plastischen Ausgleichs (Versprödung) abnimmt.

4.3 Einfluß hoher Prüftemperaturen bei Al-Legierungen

4.3.1 Statische Bruchspannung und Dauerwechselfestigkeit von Al-Legierungen bei Prüftemperaturen bis zu $+400\,°C$ unter besonderer Beachtung der Verformungsgeschwindigkeit während der Belastung

Bild 137 gibt Versuchsergebnisse nach CAZAUD [10] über die Dauerwechselfestigkeit $\sigma_{bW(N_G)}$ ($N_G = 4\cdot 10^7$) von AlCuMg 2 (2024-T 6) und Al 99,5 (1050) im Temperaturbereich von -100 bis $+400\,°C$ wieder. $\sigma_{bW(N_G)}$ fällt mit steigender Prüftemperatur ab; jedoch bleibt der Abfall nach Überschreitung der für die statische Festigkeit σ_B maßgebenden kritischen Temperatur $\approx +125\,°C$ (bleibende Entfestigung, Verlust an Vergütung) viel flacher als für σ_B, so daß sich die Kurven für $\sigma_{bW(N_G)}$ und σ_B bei $t \approx 210\,°C$ schneiden. Daraus ergibt sich ein Temperaturbereich, in dem die Dauerfestigkeitswerte ($N_G = 4\cdot 10^7$) sogar über den Werten für die statische Zugfestigkeit σ_B liegen.

Dieses Phänomen ist dadurch zu erklären, daß die kurzzeitigen Wechselbeanspruchungen bei dem weichen Werkstoff nicht zu der erforderlichen Bruchverformung führen. Bei normaler Temperatur kann die Ermüdungsfestigkeit für kleine Lastwechselzahlen die statische Festigkeit σ_B nur wenig überschreiten. Im Bereich hoher Temperaturen wird die Überschreitung von σ_B jedoch sogar für hohe Lastwechselzahlen ($N_G = 4 \cdot 10^7$) sehr groß (bis zum $\approx 2{,}5$fachen bei $375\,°C$).

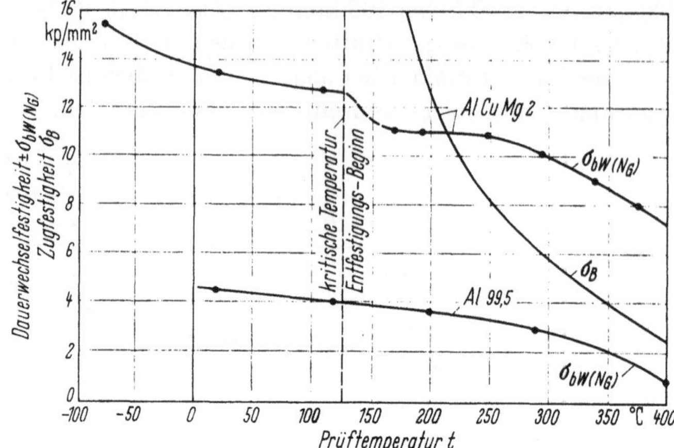

Bild 137. Einfluß hoher Temperaturen auf die Dauerwechselfestigkeit ($N_G = 4 \cdot 10^7$) von Reinaluminium (1050) und AlCuMg 2 (2024-T 6) unter Umlaufbiegebelastung. Nach [10].

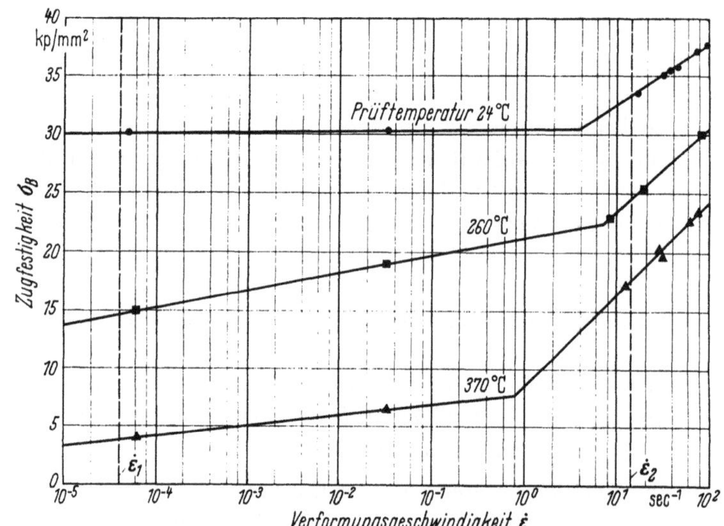

Bild 138. Einfluß der Verformungsgeschwindigkeit auf die Zugfestigkeit bei unterschiedlichen Prüftemperaturen. Werkstoff: 6061-T 6. Nach [11].

Zur Erklärung dieser Erscheinung und der im vorangegangenen gegebenen Deutung kann eine Untersuchung von K. G. Hoge [11] über den Einfluß der Verformungsgeschwindigkeit $\dot{\varepsilon}$ auf die Zugfestigkeit σ_B herangezogen werden. Die Ergebnisse dieser Arbeit sind im Bild 138 zusammengestellt. Für verschiedene Prüftemperaturen wurden die σ_B-Werte bei unterschiedlichen Verformungsgeschwindigkeiten (bis zu Hochgeschwindigkeiten, die mit Hilfe des Dynapak-Verfahrens erzielt wurden) gemessen. Es ergeben sich für jede Prüftemperatur zwei Bereiche, in denen einfach logarithmische Zusammenhänge zwischen Verformungsgeschwindigkeit und Zugfestigkeit bestehen:

Im Bereich kleiner Verformungsgeschwindigkeiten (Bereich der statischen Bruchversuche)

ist die Zugfestigkeit bei Raumtemperatur nahezu unabhängig von der Verformungsgeschwindigkeit,

steigt die Zugfestigkeit bei erhöhter Prüftemperatur (260 bzw. 370 °C) mit zunehmender Verformungsgeschwindigkeit leicht an.

Im Bereich großer Verformungsgeschwindigkeit (dynamische Bruchversuche mit Dynapak-Verfahren) steigt die Zugfestigkeit mit zunehmender Verformungsgeschwindigkeit erheblich an.

Bei Anwendung dieser Ergebnisse auf das oben diskutierte Phänomen der erhöhten Dauerwechselfestigkeit gegenüber der Zugfestigkeit bei hohen Prüftemperaturen sind folgende Feststellungen zu treffen:

Zwischen der Verformungsgeschwindigkeit $\dot{\varepsilon}$ und der Belastungsgeschwindigkeit des statischen Bruchversuchs einerseits, sowie der Belastungsfrequenz der dynamischen Bruchversuche andererseits, besteht eine Zuordnung.

Im Bild 138 sind zwei Verformungsgeschwindigkeiten besonders hervorgehoben:

Die Verformungsgeschwindigkeit $\dot{\varepsilon}_1$ wird dem statischen Bruchversuch, die Verformungsgeschwindigkeit $\dot{\varepsilon}_2$ dem dynamischen Bruchversuch zugeordnet.

Diese Zuordnung wurde willkürlich vorgenommen; insbesondere muß die bei dynamischen Belastungsversuchen ständig wechselnde Verformungsgeschwindigkeit durch einen Mittelwert ersetzt werden. Diese Zuordnung ist für den statischen Bruchversuch mit etwa 40 sec richtig und für den dynamischen Bruchversuch mit etwa 35 Hz bezüglich der Größenordnung zutreffend.

Ein Vergleich der Zugfestigkeitswerte für die Verformungsgeschwindigkeiten $\dot{\varepsilon}_1$ und $\dot{\varepsilon}_2$ bei verschiedenen Prüftemperaturen (s. Bild 138) ergibt:

Die Prüfung bei Raumtemperatur hat einen geringen σ_B-Anstieg von $\sigma_B = 30 \text{ kp/mm}^2$ ($\dot{\varepsilon}_1$) auf $\sigma_B = 33 \text{ kp/mm}^2$ ($\dot{\varepsilon}_2$) zur Folge.

Der σ_B-Anstieg für die Prüftemperatur 370 °C ist sehr erheblich (von $\sigma_B \approx 4 \text{ kp/mm}^2$ ($\dot{\varepsilon}_1$) auf $\sigma_B \approx 17,5 \text{ kp/mm}^2$ ($\dot{\varepsilon}_2$)).

Die beobachtete Erscheinung der gegenüber der Zugfestigkeit erhöhten Dauerwechselfestigkeit im Bereich hoher Prüftemperaturen [10] steht also mit anderen Versuchsergebnissen [11], die den stärkeren Einfluß der Verformungsgeschwindigkeit auf die Zugfestigkeit im Bereich hoher Temperaturen zeigen, gut in Einklang.

4.4 Einfluß hoher Prüftemperaturen bei hochwarmfesten Metallen

Die $(\sigma - N)$-Werte und -Streubänder nach [12] im Bild 139 für Inconel X zeigen, daß bei 480 °C Prüftemperatur die Ermüdungsfestigkeiten nur wenig unter der unteren Grenze des Streubandes für Raumtemperatur liegen.

Die Darstellung der Dauerwechselfestigkeit von Nimonic 80 über der Prüftemperatur im Bild 140 zeigt, daß der Festigkeitsabfall erst bei nahezu 600 °C

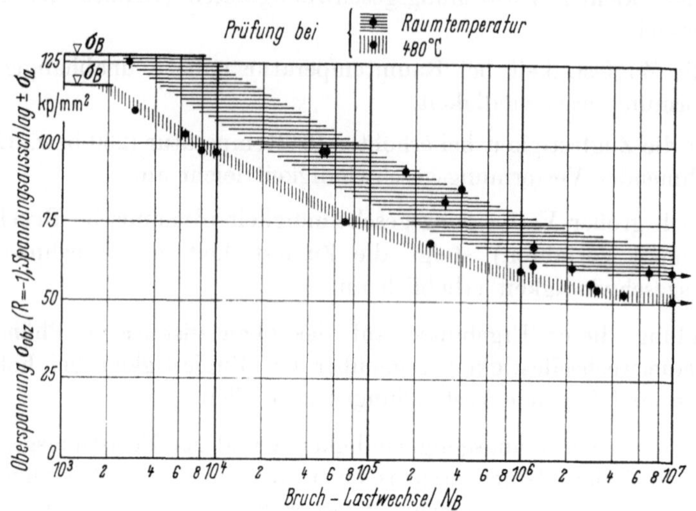

Bild 139. Einfluß hoher Temperaturen auf die Ermüdungsfestigkeit von Inconel X
unter Umlaufbiegebelastung. [12].

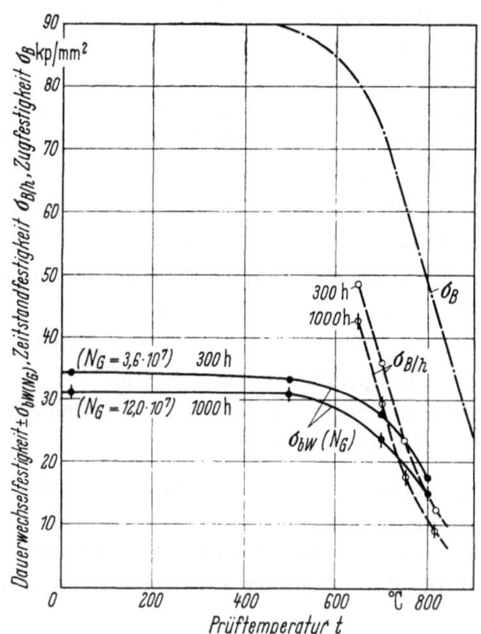

Bild 140. Einfluß hoher Temperaturen auf die Festigkeit von Nimonic 80. [10, 13].

beginnt und bei 800 °C noch etwa die Hälfte der Dauerfestigkeit, wie sie bei Normaltemperatur bestimmt wurde, vorhanden ist [10].

Zum Vergleich ist der Abfall der Zugfestigkeit σ_B und der Zeitstandfestigkeit $\sigma_{B/h}$ mit zunehmender Prüftemperatur eingetragen [13].

5 Frequenz- und Zeiteinflüsse auf die Ermüdungsfestigkeit von Al-Legierungen

5.1 Versuchs- und Betriebsfrequenzen

Die Ermüdungsversuche, deren Ergebnisse zur Auswertung in diesem Buch genutzt werden, sind mit sehr verschiedenen Frequenzen durchgeführt worden.

Versuche mit Probestäben und Bauteilen können meistens nicht mit der gleichen Frequenz durchgeführt werden, mit der die Beanspruchungen im Betrieb auftreten.

Es ist also notwendig zu wissen, wie weit die Ermüdungsfestigkeit von der Belastungsfrequenz f abhängt und wie weit Unterschiede, die durch die verschiedenen Frequenzen entstehen, zu berücksichtigen sind.

Als Beispiel seien die im Betrieb eines Verkehrsflugzeugs auftretenden Beanspruchungen aufgeführt. Diese Beanspruchungen sind

hoch mit Kleinwechselzahl ($N \approx 10^4$ bis 10^5) und sehr niedriger Frequenz (Kabinendruckwechsel oder große Böenlast),

klein mit Mittelwechselzahl ($N \approx 10^5$ bis 10^7) und niedriger Frequenz (kleine Böenlast),

sehr klein mit Großwechselzahl ($N \approx 10^7$ bis 10^{10}) und hoher Frequenz (hochfrequente Schwingungen werden erregt durch den Lauf der Triebwerke, durch Schallwellen, die vom Verdichter und vom Schubstrahl ausgehen, und durch die Turbulenz der Grenzschicht).

Bei Kleinwechselzahlbelastungen, die im Betrieb in großen Zeitabständen auftreten (also sehr niederfrequent sind), ist zusätzlich der Einfluß zu beachten, der sich aus der Belastungszeit ergibt, denn solche Beanspruchungen können kurzzeitig oder langdauernd wirken. So kann bei einem Flugzeug die Häufigkeit (Frequenz), der Kabinendruckwechsel und der Lastwechsel aus kräftigen Böen etwa gleich sein (≈ 1 pro Stunde Flugzeit); die Einwirkdauer ist jedoch sehr verschieden.

Der Kabinendruck baut sich mit dem Steigen (etwa in 0,2 h) zu dem Maximum auf, das während der ganzen Dauer des Höhenflugs gehalten wird, um dann wieder langsam abzusinken.

Die Böenlast baut sich kurzzeitig auf und wieder ab, so daß der ganze Lastabschnitt, der im Durchschnitt je Flugstunde ca. einmal auftritt, in wenigen Sekunden abgeschlossen ist.

Es muß insbesondere Klarheit darüber geschaffen werden, ob und wie stark die Zeitdauer des Beanspruchungsmaximums die Ermüdungsfestigkeit über die Geschwindigkeit der Rißausbreitung beeinflußt.

5.2 Der „reine" Frequenzeinfluß aus Formänderungsvorgängen

Die von der Zeit abhängigen mechanischen und kristallographischen Vorgänge bei der Ermüdung des Werkstoffs sind sehr kompliziert, und es wird hier nicht versucht, sie zu erfassen. Ein Einfluß der Frequenz f auf die Ermüdungsfestigkeit zeigt sich besonders stark bei hohen Belastungen (Kleinwechselzahl), die mit relativ großen Dehnungen (bzw. Stauchungen) verbunden sind.

Bei hochfrequenter Belastung sind die Einwirkzeiten Δt jeder Belastung nur sehr kurz, so daß die plastischen Dehnungen $\Delta \varepsilon$ gegenüber den bei niederfrequenter Belastung erreichten zurückbleiben.

Die Frequenz kann sich somit über die Dehnungsgeschwindigkeit $\dot{\varepsilon} = d\varepsilon/dt$ sowohl auf den Anriß wie auf die Rißausbreitung derart auswirken, daß ein in den Formänderungsvorgängen begründeter „reiner" Frequenzeinfluß entsteht.

5.3 Korrosions- und Formänderungsanteil des Frequenzeinflusses

Die Frequenz wirkt sich, wie Versuche eindeutig erwiesen haben, sowohl durch Formänderungsvorgänge als auch durch Korrosion auf die Ermüdungsfestigkeit aus. Nachteilige Korrosionseinflüsse zeigen sich bereits in normaler Luftatmosphäre.

Umfangreiche Untersuchungen über diese Frequenzeinflüsse führte HARRIS an AlCuMg- und AlZnMgCu-Blechen mit Biegewechsellast durch [14]. Bei fünf ver-

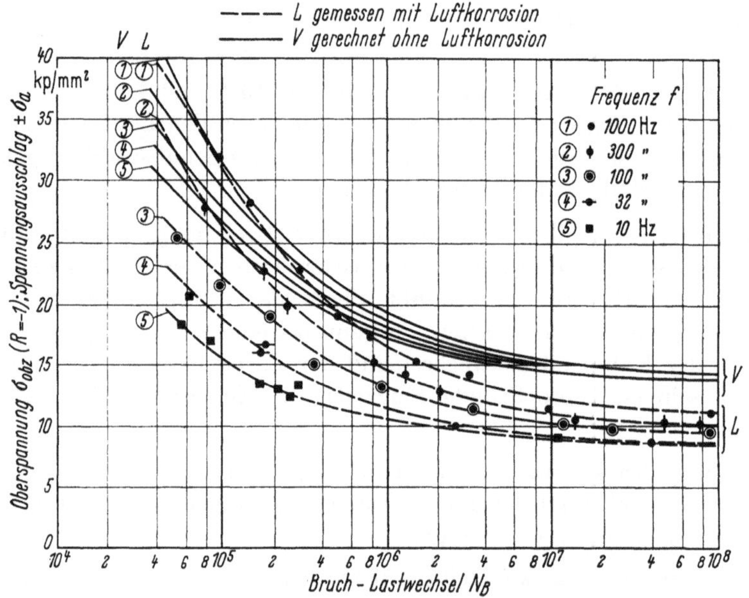

Bild 141. Einfluß der Belastungsfrequenz auf die Ermüdungsfestigkeit. Unplattierte Bleche der Gattung AlZnMgCu unter Wechselbiegebelastung. Nach [14].

schiedenen Frequenzen zwischen $f = 10\,\mathrm{Hz}$ und $f = 1000\,\mathrm{Hz}$ ermittelte er in normaler Luftatmosphäre $(\sigma - N)_L$-Werte zur Aufstellung von $(\sigma - N)_L$-Kurven. Außerdem bestimmte er die Dauerwechselfestigkeit $\sigma_{bW(N_G)L}$ an ungeschützten Proben und $\sigma_{bW(N_G)V}$ (entsprechend „Vakuum"-Bedingungen) an Proben, die durch einen dünnen Epoxydharzüberzug gegen den Zutritt der Luft zur Metalloberfläche geschützt waren.

Nach einer von ihm entwickelten Theorie rechnete er die im Versuch in normaler Luftatmosphäre ermittelten $(\sigma - N)_L$-Kurven mit Hilfe von $\sigma_{bW(N_G)L}$

und $\sigma_{bW(Ng)V}$ auf die $(\sigma-N)_V$-Kurven um, die wie bei Versuchen im Vakuum keinen Luftkorrosionsanteil mehr enthalten.

Bild 141 gibt hierzu ein Beispiel. Die zu den $(\sigma-N)_L$-Versuchspunkten mit der Frequenz f als Parameter gezeichneten gestrichelten Kurven sind mit Hilfe von $\sigma_{bW(Ng)L}$ und $\sigma_{bW(Ng)V}$ in die ausgezogenen $(\sigma-N)_V$-Kurven umgerechnet worden.

Man sieht den sehr starken Gesamteinfluß der Frequenz in den gestrichelten $(\sigma-N)_L$-Kurven und den stark reduzierten, aber immer noch eindeutigen, nach Abzug des Luftkorrosionsanteils verbleibenden „reinen" Frequenzeinfluß.

5.4 Verringerung der Ermüdungsfestigkeit durch Luftkorrosion bei AlMgCu- und AlZnMgCu-Blechen, abhängig von der Versuchsfrequenz (-dauer)

Die Verringerung der Ermüdungsfestigkeit durch den Einfluß der Luftkorrosion ist beträchtlich. Im Bild 142 ist über der Frequenz f für $N_B = 10^5$ Bruchlastwechsel der prozentuale Verlust an Bruchoberspannung σ_{obz} (Versuche mit $R = -1$) aufgetragen, der in Luft (L) (nach den von HARRIS angegebenen Korrekturen) gegenüber den Werten geschützter Proben (V = theoretischer Ersatz für Vakuum) auftritt:

Im Niederfrequenzbereich $f \approx 10\ \mathrm{Hz}$ (2,8 h Versuchsdauer) ergeben sich für plattierte Bleche 20 bis 26 %, für unplattiertes AlZnMgCu-Blech 36 % Verlust.

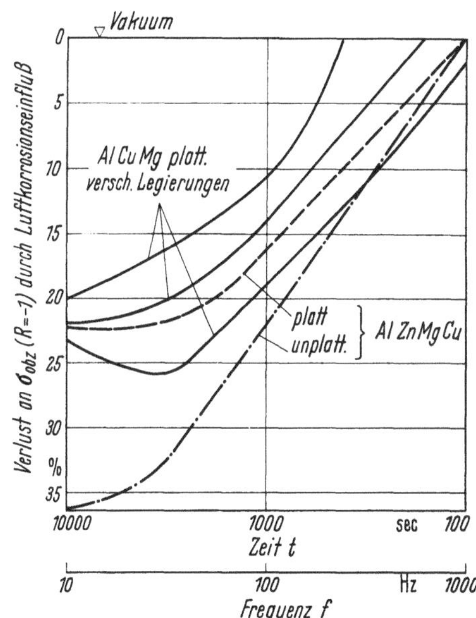

Bild 142. Einfluß von Belastungsfrequenz und Luftkorrosion auf die Ermüdungsfestigkeit bei $N_B = 10^5$ Lastwechseln. Nach [14].

Im Hochfrequenzbereich $f \approx 1000\ \mathrm{Hz}$ (100 sec Versuchsdauer) ist der Luftkorrosionseinfluß verschwunden.

Es ist beachtlich, daß die Kurven bei $f \approx 10\ \mathrm{Hz}$ relativ flach verlaufen, so daß wahrscheinlich keine weitere starke Verlustzunahme für Frequenzen $f < 10\ \mathrm{Hz}$ zu befürchten ist.

5.5 Reiner Frequenzeinfluß — Berechnung nach dem Verfahren von Harris

Die nach dem Verfahren von HARRIS [14] berechneten $(\sigma-N)_V$-Kurven, die keinen Luftkorrosionseinfluß mehr enthalten, zeigen den „reinen" Frequenzeinfluß. Aus ihnen wurde Bild 143 gewonnen. Über der Frequenz f ist für plattierte Bleche aus AlCuMg bei verschiedenen Bruchlastwechselzahlen N_B als Parameter

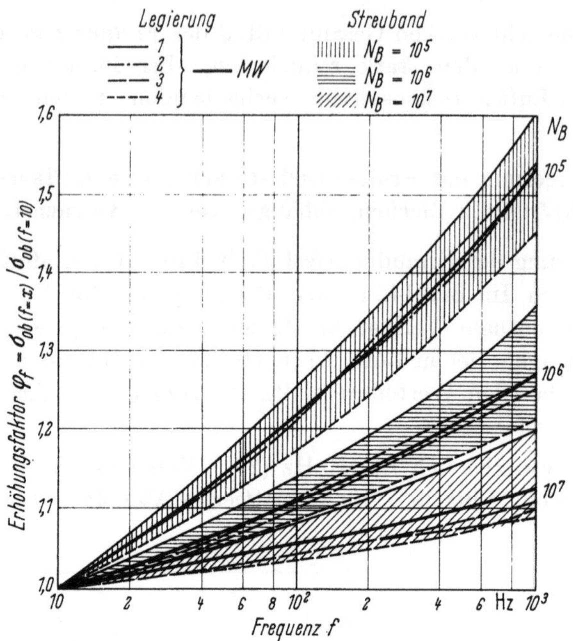

Bild 143. Einfluß der Belastungsfrequenz auf die Ermüdungsfestigkeit. Plattierte Bleche aus Al-Legierungen der Gattung AlCuMg unter Wechselbiegebelastung. Nach [14].

das Verhältnis der Bruchoberspannungen bei verschiedenen Frequenzen ($f = x$ Hz) zur Bruchspannung bei der Frequenz $f = 10$ Hz als Erhöhungsfaktor $\varphi_f = \sigma_{ob(f=x)}/\sigma_{ob(f=10)}$ aufgetragen:

> Die Ermüdungsfestigkeit nimmt bei den verschiedenen Legierungen bei allen untersuchten Bruchlastwechselzahlen N_B mit der Frequenz f sehr stark zu; so wird bei $N_B = 10^5$ mit hochfrequenter Belastung ($f = 1000$ Hz) die Ermüdungsfestigkeit um $\varphi_f = 1{,}5$ gegenüber der bei niederfrequenter Belastung ($f = 10$ Hz) gesteigert.
>
> Der Erhöhungsfaktor φ_f ist bei mittlerer Bruchlastwechselzahl ($N_B = 10^5$) infolge des hohen Spannungsniveaus wesentlich größer als bei Großwechselzahlen ($N_B = 10^7$) mit kleinen Spannungen.
>
> Die von $f = 10$ Hz aus ansteigenden φ_f-Kurven werden in der logarithmischen Darstellung der Abszisse mit zunehmendem f steiler, so daß bei $f > 1000$ Hz der Erhöhungsfaktor weiter stark ansteigen muß.

5.6 Schutz der Metalloberfläche gegen Luftzutritt beim Ermüdungsvorgang

Da der Luftzutritt zur Oberfläche während der Ermüdungsbelastung Korrosion verursacht, die die Ermüdungsfestigkeit bei niedrigen Belastungsfrequenzen, wie sie von praktischer Bedeutung sind, sehr stark herabsetzt, wird versucht, die

Oberfläche durch Schutzüberzüge korrosionsfest zu machen. Bei Blechen aus Al-Legierungen wird die Plattierung mit aufgewalztem Reinaluminium weitgehendst angewandt.

Bild 144 gibt nach HARRIS [14] für AlZnMgCu-Blech die $(\sigma-N)$-Kurven mit (L) und ohne Luftkorrosionseinfluß (V) bei plattierter und bei unplat-

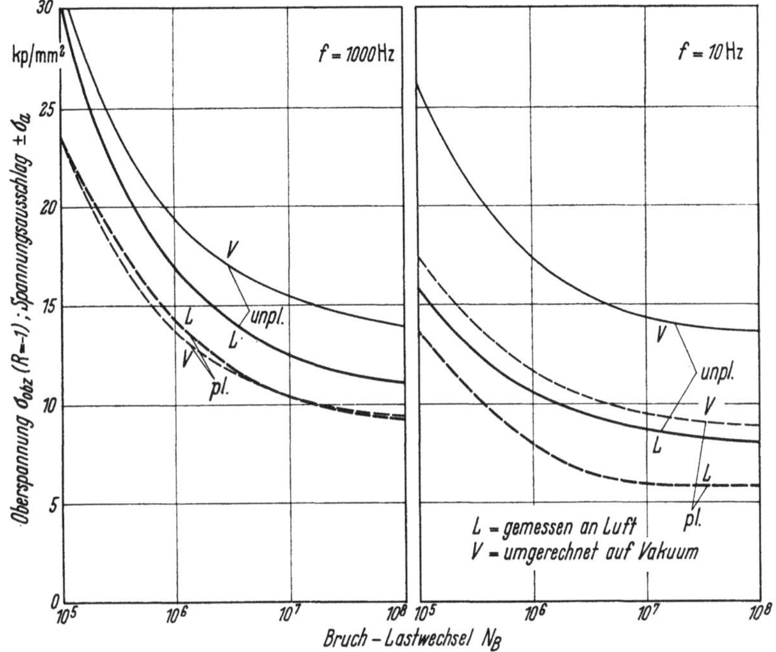

Bild 144. Einfluß von Luftkorrosion und Plattierung auf die Ermüdungsfestigkeit. Bleche der Gattung AlZnMgCu unter Flachbiegung. Nach [14].

tierter Oberfläche an. Die Kurven links gelten für den Hochfrequenzbereich ($f = 1000$ Hz), rechts für den Niederfrequenzbereich ($f = 10$ Hz). Es zeigen sich folgende Einflüsse:

Die Plattierung schützt
bei Hochfrequenzversuchen (1000 Hz) mit Versuchsdauer bis zu 28 h bei $N_B = 10^8$ so gut, daß sich rechnerisch kein Unterschied zwischen den Werten in Luft (L) und Vakuum (V) ergibt,
bei Niederfrequenzversuchen (10 Hz) mit hundertfacher Versuchsdauer weniger gut. Das Verhältnis der σ-Werte beträgt bei $N_B = 10^5$ etwa $V/L = 1{,}3$ und bei $N_B = 10^8$ etwa $V/L = 1{,}54$.

Die Plattierschicht vermindert wegen ihrer eigenen schlechten Ermüdungsfestigkeit (wie in Kap. XII, 5.1 eingehend behandelt) die Ermüdungsfestigkeit der Bleche derart, daß
bei hochfrequenter Belastung die L-Kurve ohne Plattierung trotz des Korrosionseinflusses über der V-Kurve mit Plattierung (also Korrosionsschutz) liegt,
bei niederfrequenter Belastung das Verhältnis $L_{\text{unpl.}}/V_{\text{pl.}} \approx 1$ wird.

Die Ausschaltung der Luftkorrosion durch Vakuum statt durch Plattierung läßt beste Ermüdungsfestigkeit erwarten:

Im Hochfrequenzbereich ist für $N_B = 10^5$ der Verbesserungsfaktor $V_{unpl.}/L_{pl.} \approx 1,4$ und für $N_B = 10^8$ $V_{unpl.}/L_{pl.} \approx 1,5$.

Im Niederfrequenzbereich ist für $N_B = 10^5$ der Verbesserungsfaktor $V_{unpl.}/L_{pl.} \approx 2$ und für $N_B = 10^8$ $V_{unpl.}/L_{pl.} = 1,8$.

Nach den Versuchen von WILKENS und MÜLLER [15], die im folgenden noch diskutiert werden, erscheint es möglich, den Vakuumverhältnissen ähnliche günstige Bedingungen für die Ermüdungsfestigkeit durch Kunststoffüberzug zu schaffen. Epoxydharz- (Araldit-) Filme von etwa 0,1 mm Dicke bringen einen guten Schutz gegen die Umgebungseinflüsse. Die zur Zeit laufenden Untersuchungen, diese Beschichtung mit Kunststoff wirkungsvoll zu machen, sind von wesentlicher Bedeutung für die Zukunft.

5.7 Frequenzeinfluß auf die „Knieform" von $(\sigma - N)$-Kurven bei AlCuMg

Das Phänomen der „Knieform" des $(\sigma - N)$-Verlaufs zeigt sich im Bereich von $N_B = 10^4$ bis 10^6 bei hochfrequenten Ermüdungsversuchen mit gekerbten

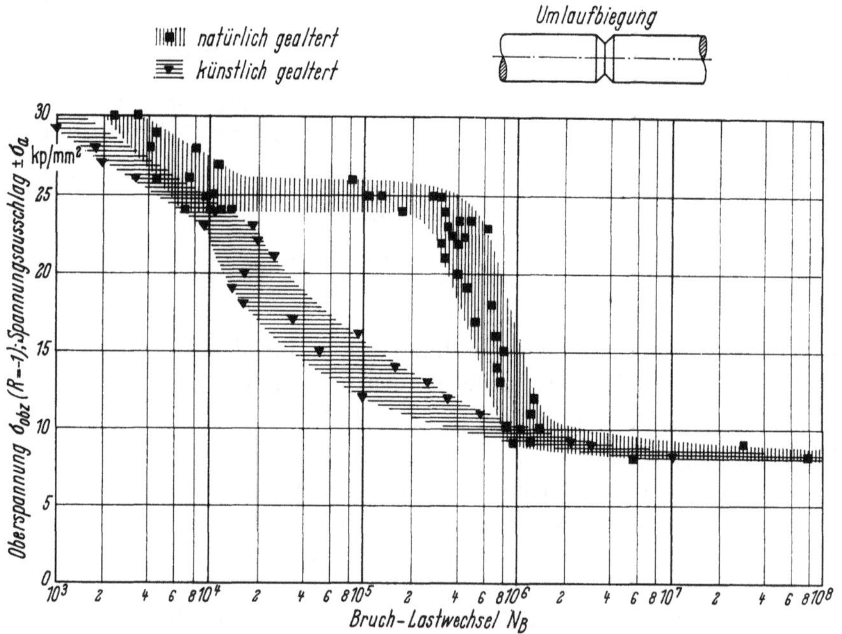

Bild 145. „Knieform" des $(\sigma - N)$-Streubandes. Gekerbte Stäbe aus Avional 22 (2024-H 22). Belastungsfrequenz: 200 Hz. [16].

Stäben aus Aluminiumlegierungen, die in ihrer chemischen Zusammensetzung und der statischen Festigkeit dem AlCuMg 2 entsprechen. Entdeckt wurde die „Knieform" bei Avional 22 und Avional 24 [16].

Das Bild 145 zeigt die „Knieform" an Ergebnissen von Biegewechselversuchen mit Kerbstäben aus Avional 22.

Versuche von PANSERI und MORI [16], die zur Untersuchung dieses Phänomens durchgeführt wurden, führten zu folgenden Erkenntnissen über die „Knieform":

Sie zeigt sich nur bei aushärtbaren, in keinem Fall bei nicht aushärtbaren Legierungen.

Sie ist an die Bedingungen der Warmbehandlung der Legierung gebunden. Untersucht man Prüfstäbe aus warmausgehärtetem, natürlich gealtertem Material, so erscheint deutlich die „Knieform". Verwendet man statt dessen

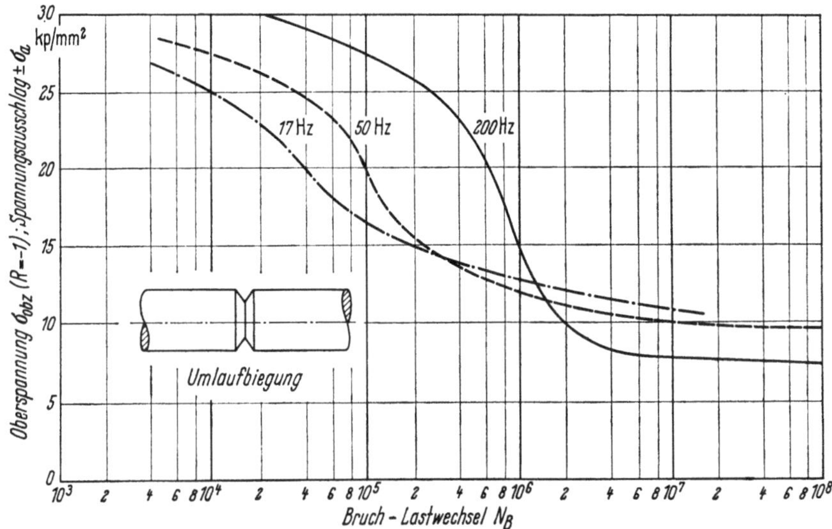

Bild 146. Einfluß der Belastungsfrequenz auf die „Knieform" der $(\sigma-N)$-Kurve. Versuche an Kerbstäben aus Avional 24 (2024-H 24). [16].

künstlich gealtertes Material, so verschwindet diese Form fast völlig. Bild 145 bringt vergleichsweise die $(\sigma-N)$-Werte und den Verlauf der $(\sigma-N)$-Streubänder für beide Warmbehandlungen.

Sie hängt stark von der Belastungsgeschwindigkeit (Lastwechselfrequenz) ab. Mit abnehmender Belastungsfrequenz tritt das „Knie", wie aus Bild 146 zu ersehen, weniger in Erscheinung.

Es ist beobachtet worden, daß die Bruchflächen der Versuchsstücke, die im „Kniebereich" der $(\sigma-N)$-Kurve zu Bruch gingen, ein besonderes Aussehen haben [16]. An eine helle Anrißfläche schließt sich eine geschwärzte Ringzone an. Diese Beobachtung läßt für den „Kniebereich" einen besonderen Ermüdungsmechanismus vermuten.

Es wäre für den Konstrukteur durchaus interessant, die erhöhte Ermüdungsfestigkeit im „Knie" für $N_B \approx 10^4$ bis $N_B \approx 10^6$ auszunutzen. Da dieser Effekt jedoch bisher nur bei Einstufenversuchen beobachtet wurde, sowie an hohe Belastungsfrequenzen gebunden und bereits bei ≈ 20 Hz sehr stark abgeschwächt ist, kann beispielsweise für dynamische Belastungen am Flugzeug nicht mit einer günstigen Auswirkung gerechnet werden; denn

bei hohen Spannungen und kleinen Wechselzahlen ist die Frequenz niedrig,

bei hohen Frequenzen (Schallbeaufschlagung) ist die Wechselzahl groß.

6 Frequenzeinfluß auf die Ermüdungsfestigkeit von Baustahl

Versuche von Roš [17] an Flachstäben aus Baustahl mit Bohrungen zeigten bei verschiedenen Frequenzen ($f \approx 6$ Hz und $f \approx 125$ Hz) unterschiedliche Dauerschwellfestigkeiten $\sigma_{Sch(N_G)}$. Am größten war dieser Einfluß bei Stäben mit sehr großen Bohrungen $b/d = 1,1$. Durch die Frequenzerhöhung von 6 auf 125 Hz wurde die Dauerfestigkeit um 20% erhöht. Bei Kerbstäben mit $b/d = 5$ betrug die Erhöhung von $\sigma_{Sch(N_G)}$ nur 5%.

Bemerkenswert an den zahlreichen Versuchen von Roš ist, daß er auch häufig die Dauerfestigkeit auf Druckschwellen $\sigma_{d\,Sch(N_G)}$ untersuchte. Es zeigte sich, daß die Frequenz auch in den Fällen eines großen Einflusses auf $\sigma_{Sch(N_G)}$ sich auf $\sigma_{d\,Sch(N_G)}$ nicht wesentlich auswirkt.

7 Beeinflussung der Ermüdungsfestigkeit durch verschiedene Umgebungsbedingungen

7.1 Ermüdungsfestigkeit im Hochvakuum

Die Ermüdungsfestigkeit von Metallen im Hochvakuum interessiert

grundsätzlich wegen der aus derartigen Untersuchungen gewonnenen Erkenntnisse über die Vorgänge bei der Entstehung und Ausbreitung von Anrissen,

direkt praktisch für Raumfahrzeuge, an denen im Hochvakuum Ermüdungsbeanspruchungen aus Steuerbetätigungen, Vibrationen und wechselnden Temperaturen auftreten,

indirekt, um festzustellen, ob durch eine Schutzschicht mit dem Abschluß gegen Umgebungseinflüsse wesentliche Verbesserungen der Ermüdungsfestigkeit zu erwarten sind.

Die Mehrzahl der Forscher, die Ermüdungsversuche in verschieden hohem Vakuum durchführten, begründet die Tatsache, daß die Ermüdungsfestigkeit der meisten Werkstoffe im Vakuum höher als in der Normalatmosphäre der Luft ist, damit, daß die Möglichkeit einer Oxydation der Werkstoffe geringer wird.

Über die dabei wirksamen Vorgänge im Werkstoff besteht jedoch keine Klarheit. Vielfach wird angenommen, daß die Veränderungen, die direkt an der Oberfläche bei Verringerung des Umgebungsdrucks auftreten, maßgebend seien, da Ermüdungsanrisse in den meisten Fällen von der Oberfläche ausgehen.

Man könnte diese Frage durch Versuche im Vakuum mit Versuchskörpern klären, deren Oberfläche so behandelt ist, daß infolge von Restspannungen in der Oberflächenschicht (z. B. Nitrieren oder Kugelstrahlen) der Anriß unter der Oberflächenschicht entsteht, wie dies im Bild 288 gezeigt ist, und somit ebenso wie die Rißausbreitung dem Umgebungseinfluß vollständig entzogen ist.

Bereits 1932 veröffentlichten GOUGH und SOPWITH [18] Versuchsergebnisse, die zeigten, daß die Ermüdungsfestigkeit von Kupfer und Messing im Vakuum von 10^{-3} Torr höher liegt als bei Normaldruck von 760 Torr. Erst in neuester Zeit (ab $\approx$ 1950) wurden intensivere Untersuchungen dieses Problems angestellt, deren Ergebnisse bisher im wesentlichen noch von „akademischem Interesse" sind [19].

Gleitspuren an der Oberfläche dynamisch beanspruchter Metalle sind die Herde der Ermüdungsschäden und gleichzeitig auch Stellen hoher chemischer Reaktionsfähigkeit, d. h., Gase, die gegenüber dem betreffenden Metall hinreichend aktiv sind, beschleunigen den Schädigungsvorgang. Außerdem bilden sich an den frisch entstandenen Oberflächen Sorptionsschichten, die verhindern, daß die Materialtrennungen bei Wechselbelastung in der Druckphase wieder rückgängig gemacht werden können.

Den Stand der 1965 erreichten Kenntnisse bezüglich des Vakuumeinflusses stellte HUDSON [19] zusammen.

Zur Frage, auf welche Weise eine durch die Atmosphäre mögliche Oxydation den Ermüdungsvorgang beschleunigt, haben verschiedene Autoren unterschiedliche Annahmen getroffen:

Bereits vor dem ersten Anriß kann mit der plastischen Deformation von Kristallen an der Oberfläche ein Eingriff des Sauerstoffs erfolgen.

Bei einer Rißausbreitung unter Wechsellast wird mit einer Oxydation im Rißgrund ein Wiederverschweißen erschwert. Oxydiert dagegen infolge Sauerstoffmangel im Vakuum der Rißgrund nicht, so erscheint eine Kaltschweißung der frischen Bruchfläche bei relativ geringem Druck möglich. Wenn dieser Kaltschweißvorgang eine wesentliche Rolle spielt, so ist zu erwarten, daß Vergleichsversuche mit Zug-Druck-Wechsel $R = -1$ (Rißausbreitung bei Zug, Kaltverschweißung bei Druck) und mit Zugschwellen $R > 0$, also ohne ein Wiederanpressen, einen Kaltschweißeffekt bei $R = -1$ hervortreten lassen.

Durch Verbindung von Sauerstoffmolekülen mit Atomen des Werkstoffs wird der Werkstoff im Rißgrund „weich", so daß die Rißausbreitung beschleunigt wird.

Im Bild 147 ist nach Angaben von HUDSON [19] über dem Druck der Umgebungsatmosphäre in Torr die Erhöhung der Bruchlastwechselzahlen durch Ver-

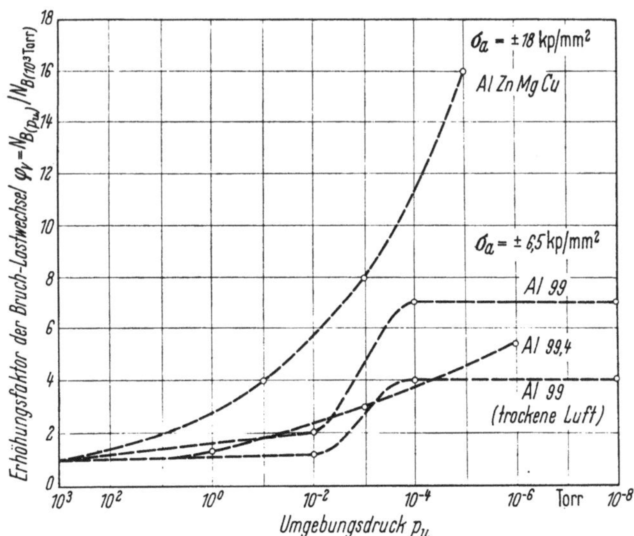

Bild 147. Erhöhung der Bruchlastwechselzahlen bei Verringerung des Umgebungsdruckes. Flachbiegung ($R = -1$). Nach [19].

ringerung des Umgebungsdruckes, ausgehend vom Atmosphärendruck ($\approx 10^3$ Torr), $\varphi_V = N_{B\,(pu)}/N_{B\,(10^3\,\mathrm{Torr})}$ (bei den als Parameter angegebenen Belastungsspannungen) aufgetragen, um zu zeigen, daß generell mit Verringerung des Umgebungsdrucks eine kräftige Erhöhung der Bruchlastwechselzahlen zu erwarten ist. Der Index an den Bruchlastwechselzahlen gibt den Druck der Umgebungsatmosphäre p_u in Torr an. Das vorliegende Versuchsmaterial reicht — insbesondere in Anbetracht der Streuungen, die allen $(\sigma - N)$-Werten anhaften — noch nicht aus, um quantitative Schlüsse zu ziehen.

7.2 Verbesserung der Ermüdungsfestigkeit in Normalatmosphäre durch Kunststoffüberzüge

Es wurde versucht, den durch die Vakuumversuche nachgewiesenen schädlichen Einfluß des Sauerstoffs und des Wasserdampfs durch geeignete Kunststoff-Oberflächenüberzüge auszuschalten, deren Aufbringung die Oberflächenschicht nicht angreift.

Von WILKENS und MÜLLER [15] wurden Ermüdungsversuche (axiales Zugschwellen bei $R_z = 0$) an Flachstäben aus plattiertem AlCuMg 2-Blech ohne und mit Kunststoffüberzug durchgeführt. Als Kunststoff zum Überziehen in flüssigem Zustand wurde das Epoxydharz „Araldit" verwandt. Die Überzugsdicke war nach dem Aushärten kleiner als 0,1 mm.

Die Schichten wurden unter verschiedenen „Umgebungsbedingungen" aufgebracht, und es zeigte sich, daß diese Bedingungen einen großen Einfluß haben. Es ergaben sich die im folgenden zusammengestellten Erhöhungsfaktoren φ_V der Bruchlastwechselzahlen $\varphi_V = N_{B\,\mathrm{beschichtet}}/N_{B\,\mathrm{unbeschichtet}}$ für 90% Überlebenswahrscheinlichkeit bei $\sigma_{ob\,z} = 15$ kp/mm² $(R_z = 0)$ mit ungekerbten Stäben:

			φ_V	
			Wassergehalt während Beschichtung	
			normal	gering
Normalatmosphäre	760	Torr	1,2	4,0
Schwaches Vakuum	16	Torr*	1,5	—
Hohes Vakuum	10^{-3}	Torr*	2,0	7,0

* Sauerstoff-Partialdruck

Nach diesen Ergebnissen sollten die Schutzschichten in einer (durch Ausfrieren) wasserdampfarmen Umgebung aufgebracht werden. Es ist bezüglich der Erhöhungsfaktoren φ_V nicht bekannt,

wie sie sich mit der Beanspruchungshöhe ändern,

wie weit sie dauernd wirksam bleiben oder durch Alterung und Diffusion geändert werden.

Grundsätzlich wurde festgestellt, daß Wasserdampf in der Atmosphäre die Ermüdungsfestigkeit wesentlich stärker als Sauerstoff herabsetzt.

Die $(\sigma - N)$-Werte, die nach [15] im Bild 148 aufgetragen sind, wurden mit gekerbten Proben ermittelt, die unbeschichtet waren oder in Normalatmosphäre beschichtet wurden. Die Streubänder zeigen, daß die Dauerfestigkeit ($N_G = 10^7$) durch den Überzug um etwa 20% verbessert wird, daß jedoch bei hoher Beanspruchung nur noch geringe Unterschiede bestehen.

Die vorliegenden Untersuchungen lassen darauf schließen, daß ein Kunststofffilm die Oberfläche gegen Sauerstoff und Wasserdampf, die in der Normalatmo-

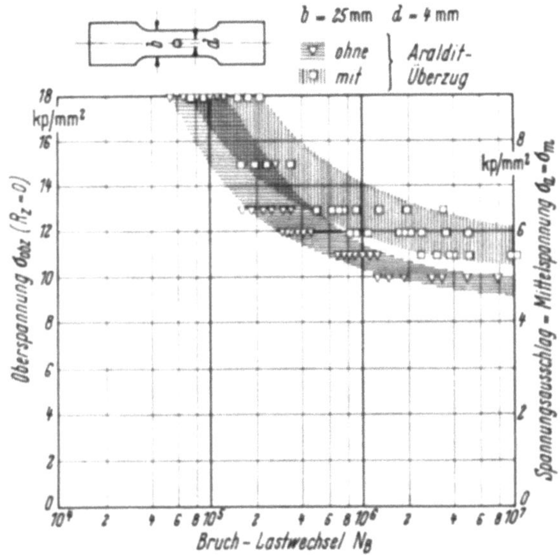

Bild 148. Einfluß eines Araldit-Überzugs auf die Ermüdungsfestigkeit plattierter Bleche aus AlCuMg 2 (2024). [15].

sphäre enthalten sind, wirkungsvoll schützen kann (ohne daß die Oberfläche angegriffen wird), so daß die Ermüdungseigenschaften (Anriß und Rißausbreitung bis zum Bruch) wesentlich verbessert werden. Zur praktischen Nutzung dieser Erkenntnis sind jedoch noch wesentlich eingehendere Versuche notwendig.

Kunststoffschichten (Anstriche) werden zur Zeit verwendet, um Fügeflächen gegen Reibkorrosion zu schützen; wie weit damit auch ein Schutz der Oberflächen gegen Umgebungseinflüsse (Sauerstoff und Wasserdampf) wirksam ist, wurde nicht untersucht.

7.3 Verbesserung der Ermüdungsfestigkeit durch Ölfilme

7.3.1 Überzug der Oberfläche mit „Kerosin"

Bei Ermüdungsversuchen der SAAB [20] mit 7075-T 6 wurde ein Teil der Proben mit Kerosin (Treibstoff für Strahlturbinen) überzogen, um durch dessen Eindringen in Anrisse diese frühzeitig sichtbar zu machen. WEIBULL stellte fest, daß die Rißausbreitung durch den Kerosinüberzug wesentlich verlangsamt wurde.

Bild 149 gibt Meßergebnisse zur Rißausbreitung $(\alpha_R = l_R/(b - l_0))$ ohne und mit Kerosinüberzug wieder. Diese Feststellung ist insofern wesentlich, als sie zeigt, daß durch die Benetzung der Wandungen von Kraftstoffbehältern die Ermüdungsfestigkeit sogar verbessert werden kann. Weitergehende systematische Untersuchungen zu diesem Phänomen, das wohl durch den Schutz der Oberfläche gegen atmosphärische Einflüsse erklärt werden kann, sind nicht bekannt.

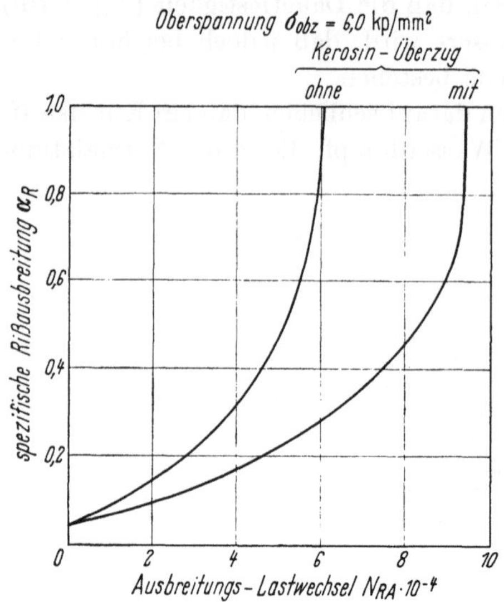

Bild 149. Einfluß des Kerosins auf die Rißausbreitung bei gebohrten Flachstäben aus plattiertem Blech (7075-T 6) unter Zugschwellbelastung. [20].

7.3.2 Überzug von Stahldrähten mit Ölfilmen

CLARKE und KAY [21] haben sehr umfangreiche Versuchsreihen über den Einfluß von Ölfilmen auf die Ermüdungsfestigkeit von Klavierdrähten durchgeführt.

Zur Durchführung der dynamischen Biegeversuche wurden die Drähte beidseitig in Einspannbuchsen befestigt, durch die sie von der einen zur anderen Seite um 180° umgelenkt und in Rotation versetzt wurden. Die Drähte wurden auf diese Weise einer Umlaufbiegebelastung von $\sigma_{bW} = \pm 122$ kp/mm² ausgesetzt.

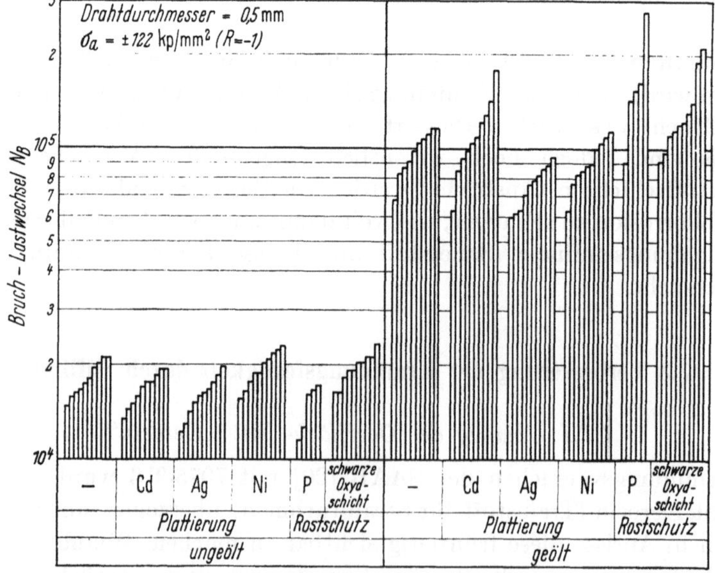

Bild 150. Umlaufbiegeversuche mit Federstahldraht (ASTM A 228). Einfluß von Oberflächenüberzügen. Nach [21].

Bei dem untersuchten Stahl handelt es sich um den Werkstoff ASTM A 228 mit einer Bruchfestigkeit von $\sigma_B = 280\ \text{kp/mm}^2$.

Im Bild 150 sind die Versuchsergebnisse in einem Balkendiagramm zusammengestellt. Man kommt daraus zu folgenden Erkenntnissen:

Die mit einem Ölfilm benetzten Drähte erreichen bei gleicher Belastung wesentlich höhere Lastwechselzahlen N_B als ungeölte. Der Erhöhungsfaktor $\varphi_V = N_{B\,\text{geölt}}/N_{B\,\text{ungeölt}}$ liegt, bezogen auf die unteren Streugrenzen der Balkengruppen, zwischen $\varphi_V = 2{,}5$ bis $4{,}5$.

Keine der untersuchten Ölarten wirkte sich besonders kräftig aus; die Streuungen überdecken sich stark.

Die Art der Reinigung bzw. Entfettung (Dampfstrahl oder Aceton) der Drähte wirkt sich nicht entscheidend auf die Ermüdungsfestigkeit aus.

Das Plattieren der Drähte (Elektroplattierung mit einer Dicke von $5\ \mu$m) hat ebenfalls keinen Einfluß auf die Versuchsergebnisse.

Die Verwendung von Rostschutzüberzügen wirkt sich eher negativ als positiv auf die dynamische Festigkeit aus.

Drähte mit Rostschutzüberzügen neigen durch Behandlung mit Öl zu recht kräftigen Steigerungen der Bruchlastwechselzahlen ($\varphi_V \approx 5$).

7.4 Ermüdungsbeanspruchung in stark aggressiver Umgebung

7.4.1 Zusammenwirken von Korrosion und Wechsellast

Im vorangegangenen wurde dargelegt, daß bereits die normale Luftatmosphäre erheblichen Einfluß auf die Ermüdungsfestigkeit hat. Wenn die ungeschützte Metalloberfläche während der dynamischen Belastung einer Umgebung mit stark korrosiver Wirkung ausgesetzt ist, wirken sich Korrosion und Wechsellast zusammen sehr ungünstig aus. Aus einer Arbeit von WIEGAND [22] zu diesem Problem wurden die Bilder 151 a und b entnommen, die Querschliffe durch die Oberflächenzone eines mechanisch polierten Probestabs aus St 37 zeigen. Die Schliffe zeigen den Zustand, der nach dreistündiger korrosiver Einwirkung von schwefelsaurer Ferrosulfatlösung entstanden war:

ohne Wechsellast (151 a) mit einer durch die Kornformen bestimmten wenig rauhen Oberfläche,

unter Wechsellast (151 b) mit einer stark zerklüfteten Oberfläche und tiefen Spalten.

Die Verminderung der Ermüdungsfestigkeit infolge dieser Zerstörung der Oberflächenzone beim Zusammenwir-

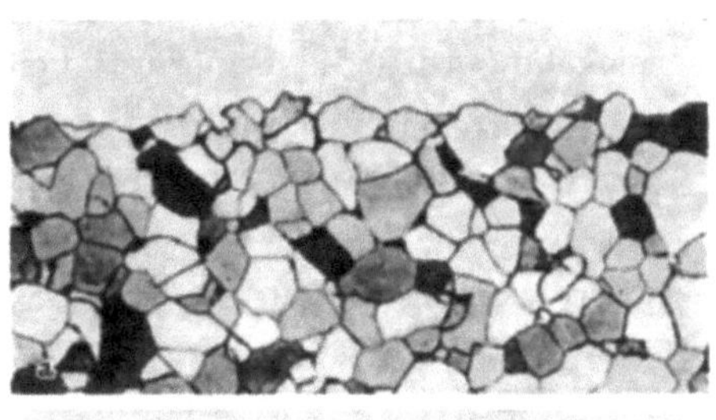
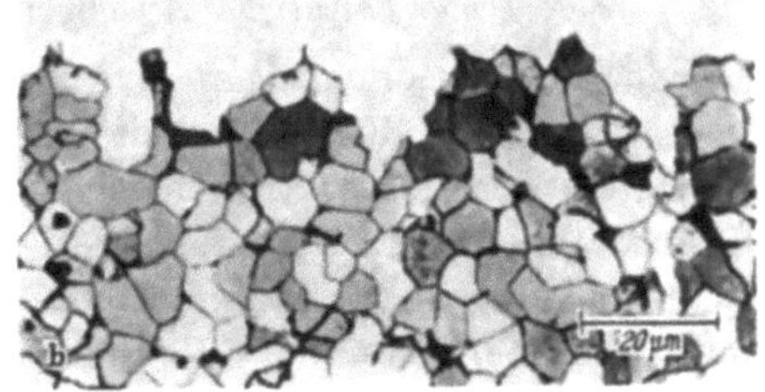

Bild 151a u. b. Querschliffe durch die Oberflächenzone eines St 37-Stahlprobestabs. [22].

ken von Korrosion und Wechsellast ist aus den $(\sigma-N)$-Kurven im Bild 152 zu ersehen.

Die ausgezogenen Kurven für ungeschützte Ck-45-Stahl-Probestäbe zeigen, daß gegenüber der Dauerfestigkeit im „trockenen Zustand" von etwa 27,5 kp/mm² durch Einwirkung

von H_2O etwa 30% Verlust,
von 3%iger NaCl-Lösung etwa 60% Verlust auftreten.

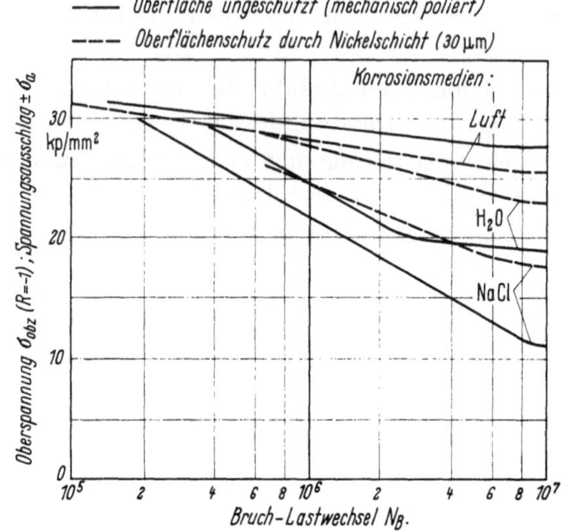

Bild 152. Einfluß der Korrosion auf die Ermüdungsfestigkeit eines Stahles (Ck 45 normalisiert) bei Umlaufbiegung. [22].

Die Verluste durch korrosive Einwirkung nehmen mit kleiner werdender Lastwechselzahl wegen der kleineren Einwirkungsdauer natürlich ab, so daß bei $N_B < 10^5$ Lastwechseln kein Korrosionseinfluß mehr festzustellen ist.

Das Bild 152 enthält außerdem die $(\sigma-N)$-Kurven für Probestäbe aus gleichem Material, die durch eine 30 μm dicke Nickelschicht geschützt sind. Durch diese Vernickelung wird die Dauerfestigkeit gegenüber den ungeschützten Proben

im „trockenen Zustand" um 6% verschlechtert,
bei H_2O-Einwirkung um 20% verbessert,
bei NaCl-Einwirkung um 60% verbessert.

Die Vernickelung (30 μm) hat bei diesem Stahl also eine den Korrosionseinfluß stark hemmende Wirkung.

7.4.2 Unterschiedliche Auswirkungen von Süßwasser und Seewasser

Feuchtigkeit ohne aggressive Stoffe verursacht keine wesentliche Minderung der Ermüdungsfestigkeit gegenüber den in normaler Luftatmosphäre erreichten Werten. Der Salzgehalt von Seewasser ist dagegen ausreichend, um bei vielen Materialien die Ermüdungsfestigkeit stark herabzusetzen. Während bei der Beanspruchung in normaler Luftatmosphäre viele Werkstoffe eine Dauerfestigkeitsgrenze bei etwa $N_G = 10^8$ haben, kann bei einer über große Lastwechselzahlen fortdauernden korrosiven Einwirkung auch bei $N > 10^8$ noch ein Abfall der Ermüdungsfestigkeit beobachtet werden.

Die Verringerung der Ermüdungsfestigkeit gegenüber den in Luft erreichten $(\sigma - N)$-Kurven durch Einwirkung von Seewasser (oder 3%iger NaCl-Lösung) während des Versuchs wurde von GOULD [23] für einige Werkstoffe eingehend untersucht.

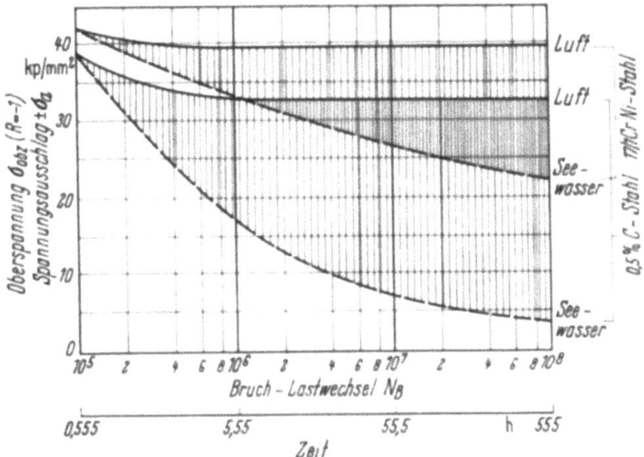

Bild 153. Einfluß der Korrosion auf die Ermüdungsfestigkeit von Stählen bei Axialbelastung. [23].

Bild 153 zeigt die Versuchsergebnisse für zwei Stähle. Die Wirkung der Korrosion ist

beim gewöhnlichen 0,5% C-Stahl außerordentlich groß,

beim hochwertigen CrNi-Stahl wesentlich geringer.

Es ist auffällig, daß der korrosive Einfluß sich erst bei mittleren Wechselzahlen $(N > 10^5)$ zeigt.

Bild 154 zeigt Ergebnisse für je eine Al- und eine Mg-Legierung. Der Korrosionseinfluß ist

bei der Mg-Legierung außerordentlich stark und schon bei mittlerer Wechselzahl $(N_B = 10^5)$ sehr ausgeprägt,

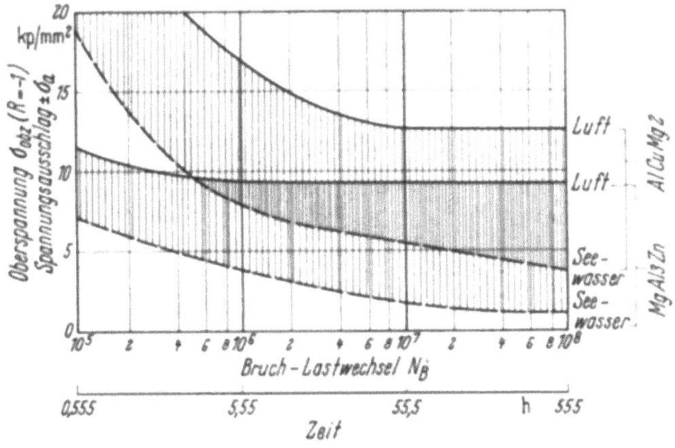

Bild 154. Einfluß der Korrosion auf die Ermüdungsfestigkeit von Al- und Mg-Legierungen bei Axialbelastung. [23].

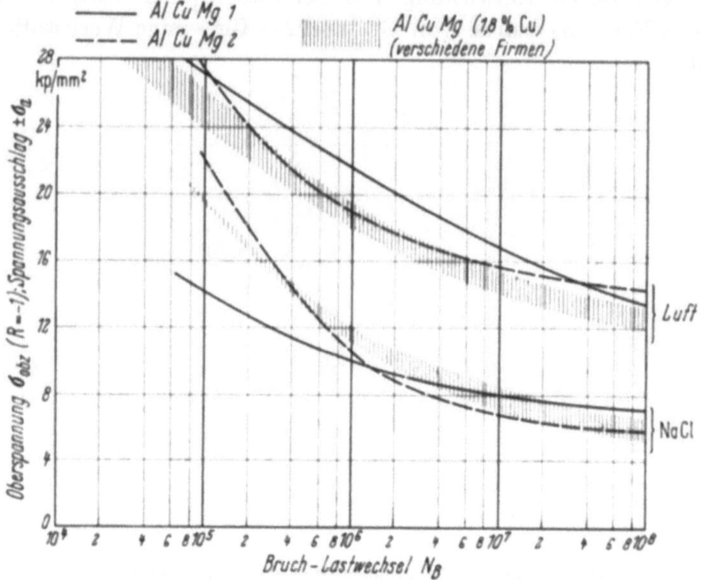

Bild 155. Einfluß der Korrosion auf die Ermüdungsfestigkeit von Al-Legierungen bei Umlaufbiegebelastung. [14].

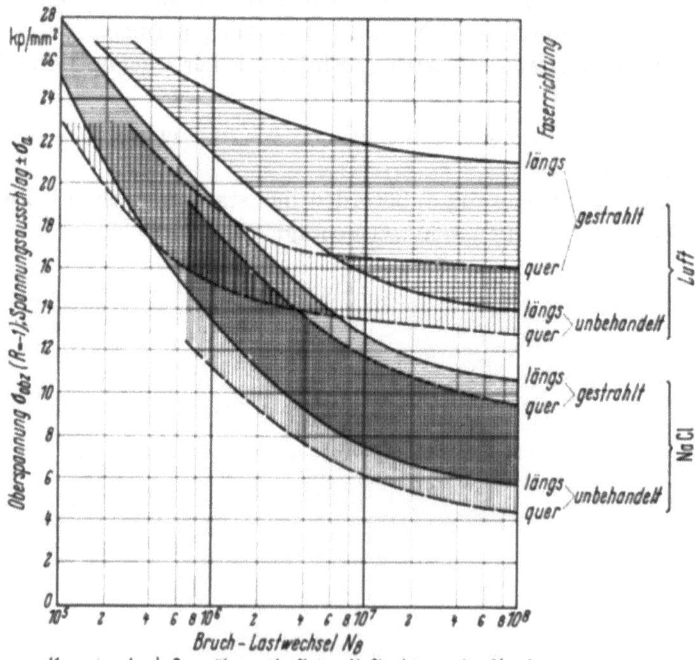

Bild 156. Einfluß von Korrosion und Kugelstrahlen auf die Ermüdungsfestigkeit von DTD 363 (7178-T 6)
unter Umlaufbiegebelastung (f = 100 Hz). [14].

bei der Al-Legierung nicht ganz so stark, jedoch auch bereits ab $N_B = 10^5$ beträchtlich.

Bild 155 zeigt für AlCuMg eine Zusammenstellung [14] von $(\sigma - N)$-Kurven und Streubändern, die von verschiedenen Laboratorien ermittelt wurden und sehr gut miteinander übereinstimmen; man kann mithin feststellen, daß ein gesetzmäßiger Einfluß des Korrosionsangriffs existiert.

7.4.3 Erhöhung der Ermüdungsfestigkeit bei korrosiver Umgebung durch Oberflächenbehandlung (Kugelstrahlen)

Im Bild 156 sind von HARRIS [14] angegebene $(\sigma - N)$-Kurven für Versuche mit ungekerbten Prüfstäben aus AlZnMgCu in Luft und in 3%iger NaCl-„Sprühlösung" sowohl bei unbehandelter wie bei kugelgestrahlter Oberfläche zusammengestellt.

Daß durch Kugelstrahlen die Ermüdungsfestigkeit in „trockener Umgebung" kräftig erhöht wird, ist im Kap. XII, 4.2.2 eingehend gezeigt und erklärt. Beachtlich ist, daß das Kugelstrahlen den positiven Einfluß auf die Ermüdungsfestigkeit auch unter Korrosionseinfluß beibehält. Die Abbildung enthält gleichfalls Versuchsergebnisse für Längs- und Querfaserproben. Die kombinierte Zerstörwirkung von korrosiver Umgebung und wechselnder Last, wie wir sie uns nach Bild 151 vorstellen können, wird offenbar durch die Druckrestspannungen, die nach dem Kugelstrahlen in der Oberflächenschicht verbleiben, sehr stark verzögert.

IX. Restspannungen — Entstehungsarten und Beeinflussung der Ermüdungsfestigkeit

1 Allgemeines zum Phänomen der Restspannungen in metallischen Körpern

Als Restspannungen bezeichnet man ganz allgemein Spannungen, die in einem Körper vorhanden sind, ohne daß äußere Kräfte auf ihn einwirken. Diese Spannungen haben ihre Ursache in differentiell kleinen Dehnungen zwischen Elementen dieses Körpers. Die Verformungen eines Körpers geschehen in vielen Fällen ungleichförmig, so daß nur vereinzelte Elemente bzw. Elemente in bestimmten Schichten ihre Form und Größe plastisch verändern. Diese plastischen Deformationen induzieren in den Nachbarelementen elastische Dehnungen mit entsprechenden Spannungen, aus denen sich als Rückwirkung Spannungen entgegengesetzter Größe in den plastisch verformten Elementen ergeben. Man spricht dann von einem Restspannungssystem. Voraussetzung für die Entstehung eines Spannungssystems dieser Art sind also bleibende Formänderungen einzelner Elemente des betrachteten Körpers. Von Interesse für den Techniker sind sicher nur jene Restspannungssysteme, die meßbare Dehnungen in dem Gesamtkörper hervorrufen.

Restspannungen in einem Bauteil oder einer Konstruktion können auf sehr unterschiedliche Weise erzeugt werden.

Die häufigsten Ursachen sind:

Schlechtes Zusammenpassen verschiedener Bauteile beim Zusammenbau.
Beispiel: Restspannungen aus Schweißverbindungen durch unterschiedliches Abkühlen eines Bauteils.

„Örtliche Volumenänderungen" durch chemische oder physikalische Vorgänge.
Beispiel: Restspannungen aus dem Nitrieren von Stahl.

Örtliche Überschreitungen der Fließgrenze durch äußere Belastungen.
Beispiel: Restspannungen aus plastischer Deformation der Oberfläche durch Kugelstrahlen.

Die Bestimmung der Restspannungen geht von zwei Grundvoraussetzungen aus:

Kontinuität des verformten Materials.

Es besteht ein Gleichgewicht der Spannungen innerhalb des Körpers.

Arbeitet man von einem Körper, der Restspannungen enthält, Teile ab, so ist das Spannungsgleichgewicht gestört, und der Körper verformt sich. Die Größe dieser Verformungen ist ein unmittelbares Maß für die dem Körper innewohnenden Restspannungen.

In der Praxis geht man bei der Messung von Restspannungen so vor, daß stufenweise bestimmte Beträge von dem Körper abgearbeitet und jeweils die resultierenden Verformungen gemessen werden. Prinzipiell kann hierbei nach zwei Methoden gearbeitet werden:

Die elastisch verformten Teile des Körpers werden aus- oder abgearbeitet. zwischen den resultierenden Verformungen und dem abgearbeiteten Querschnitt besteht eine hyperbolische Beziehung.
Beispiel: Ausbohren des elastisch verformten Kerns eines oberflächengerollten Bolzens.

Die plastisch verformten Teile eines Körpers werden aus- oder abgearbeitet. In diesem Fall besteht — falls die entsprechende Schicht gleichmäßig plastisch verformt ist — ein linearer Zusammenhang zwischen Verformungen und abgearbeitetem Querschnitt.

Eine genaue Beschreibung der Methoden zur Messung von Restspannungen ist in [1] gegeben.

2 Restspannungen aus der Wärmebehandlung mit Abschrecken

2.1 Die Entstehung der Abschreckrestspannungen und ihre Bedeutung für die Ermüdungsfestigkeit

Bei Vergütung durch Wärmebehandlung wird der Werkstoff nach dem Glühen abgeschreckt, d. h. in sehr kurzer Zeit abgekühlt.

Die Vorgänge, durch die beim Abschrecken Restspannungen entstehen, seien am Beispiel der Aluminiumlegierungen erläutert. Nach dem Lösungsglühen, das über ungefähr 1 h bei etwa 500 °C erfolgt (genaue Temperaturen und Zeiten sind für die verschiedenen Legierungen festgelegt), werden die Teile durch schnelles Eintauchen in Wasser — mit einer Temperatur von normalerweise 15 bis 40 °C — abgeschreckt.

Der Werkstoff geht dabei aus dem bei $\approx 500\,°C$ weichen, sehr leicht bildsamen Zustand mit einer Streckgrenze $\sigma_{0,2} < 1\ \text{kp/mm}^2$ nach der Aushärtung in den harten, wenig bildsamen Zustand bei $20\,°C$ mit $\sigma_{0,2} \approx 33\ \text{kp/mm}^2$ (AlCuMg) über.

Die Abkühlung beginnt an der Oberfläche des Körpers, so daß der der Oberfläche nahe Werkstoff zuerst fest wird und eine Art steife Außenschale bildet, während der Werkstoff im Innern noch heiß und weich ist.

Durch das Fortschreiten der Abkühlung nach Innen würde sich der Kern, wenn er unbehindert wäre, um $\varepsilon_T = \Delta T\,\alpha$ zusammenziehen. Mit einer Temperaturänderung $\Delta T = -400\,°C$ und dem linearen Wärmeausdehnungsfaktor $\alpha = 25 \cdot 10^{-6}\ [1/°C]$ wäre $\varepsilon_T = -0{,}01$.

Die Volumenänderung des sich abkühlenden Kerns wird durch die steife, ihn umschließende Schale behindert, der Zusammenziehung des Kerns setzen sich Druckspannungen in der äußeren Schale entgegen.

Nach der vollständigen Abkühlung verbleiben in dem abgeschreckten Körper nahe der Oberfläche Druckrestspannungen und im Kern Zugrestspannungen.

Entsprechend der räumlichen „Zusammenziehung" des Kerns ist der Restspannungszustand dreiachsig.

Soweit die durch Abschrecken erzeugten Restspannungssysteme (wie an Rundstäben, Vierkantstäben und Platten aus Al-Legierungen nachgewiesen) die Oberflächen unter Druckrestspannungen setzen, sind diese für das Ermüdungsverhalten günstig, insbesondere bezüglich der Hinauszögerung von Anrissen an der Oberfläche und der Behinderung des Vordringens dieser Risse in die Tiefe.

Es ist jedoch zu beachten, daß bei vielen Werkstoffen, insbesondere gehärteten Werkzeugstählen, nach der Abschreckbehandlung ein Eigenspannungssystem mit Zugspannungen am Rand und Druckspannungen im Kern vorliegt.

Bei komplizierten Bauteilen, wie sie beispielsweise im Gesenk gepreßt werden, können die Restspannungssysteme dadurch störend werden, daß sie Verzerrungen der Form hervorrufen, deren Beseitigung durch „Richten" zusätzlich beträchtliche örtliche Zugrestspannungen verursacht.

Die Restspannungen aus Abschrecken wirken sich bei der zerspanenden Bearbeitung von Halbzeugen wie von Bauteilen ungünstig aus. Wird von einem in sich verspannten Körper durch die Zerspanung Material abgetragen, so verformt er sich entsprechend den Umlagerungen der Spannungen, die untereinander im Gleichgewicht bleiben müssen. Das anschließend erforderliche Richten führt ebenfalls oft zur Entstehung ungünstiger Zugrestspannungen an der Oberfläche.

Es besteht daher ein Interesse, einerseits die Restspannungen aus Abschrecken zu vermeiden oder verzerrungsfrei abzubauen und andererseits Verfahren zu entwickeln, mit denen Bauteile gerichtet werden können, ohne daß dadurch ungünstige Restspannungen erzeugt werden.

2.2 Abschreckrestspannungen in Halbzeugen aus Al-Legierungen

2.2.1 Restspannungen in einem dicken Rundstab

Die Verteilung der Restspannungen eines von $T_{\max} = 515\,°C$ in kaltem Wasser auf Normaltemperatur abgeschreckten Rundstabs aus einer Al-Legierung ist über dem Durchmesser $d = 260\ \text{mm}$ nach Messungen von Forrest [2] im Bild 157 aufgetragen. Es erreichen

die Längsspannungen

an der Oberfläche $\sigma_{l\,\text{max}} = 12\,\text{kp/mm}^2$ Druck,

in der Stabmitte $\sigma_{l\,\text{max}} = 12\,\text{kp/mm}^2$ Zug,

die Tangentialspannungen senkrecht dazu

an der Oberfläche $\sigma_{t\,\text{max}} = 14\,\text{kp/mm}^2$ Druck,

in der Stabmitte $\sigma_{t\,\text{max}} = 7\,\text{kp/mm}^2$ Zug,

die Radialspannungen

an der Oberfläche $\sigma_r = 0$,

in der Stabmitte $\sigma_{r\,\text{max}} = 7\,\text{kp/mm}^2$ Zug.

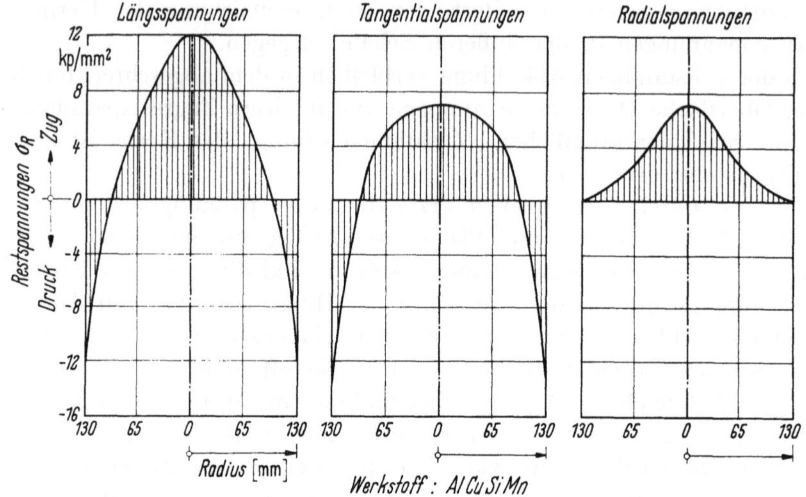

Bild 157. Restspannungen nach Abschrecken. Rundstab von 515 °C in kaltem Wasser abgeschreckt. [2].

2.2.2 Restspannungen in einer dicken Platte

Für eine Platte aus 7075 sind im Bild 158 nach [3] die in Längsrichtung gemessenen Restspannungen in ihrem Verlauf über der Dicke $s = 51$ mm aufgetragen. Beim Abschrecken in kaltem Wasser werden, wie das Bild links zeigt, am Rand die gleichen Druckspannungen $\sigma_R = -12\,\text{kp/mm}^2$ wie beim dicken Rundstab erreicht, jedoch steigen sie nach innen noch etwas an auf $\sigma_{R\,\text{max}} = -14\,\text{kp/mm}^2$.

2.3 Abschrecken von Halbzeugen aus Al-Legierungen in Wasser mit erhöhter Temperatur

2.3.1 Verringerung der Restspannungen durch erhöhte Abschrecktemperatur

Beim Abschrecken in Wasser können der Abkühlvorgang an der Oberfläche dadurch verzögert und infolgedessen die Restspannungen verringert werden, daß die Temperatur des Wassers von normal kalt (15 bis 40 °C) bis auf 100 °C erhöht wird. Durch Steigerung der Wassertemperatur wird die Bildung einer isolierenden Dampfschicht an der Oberfläche des getauchten Körpers begünstigt.

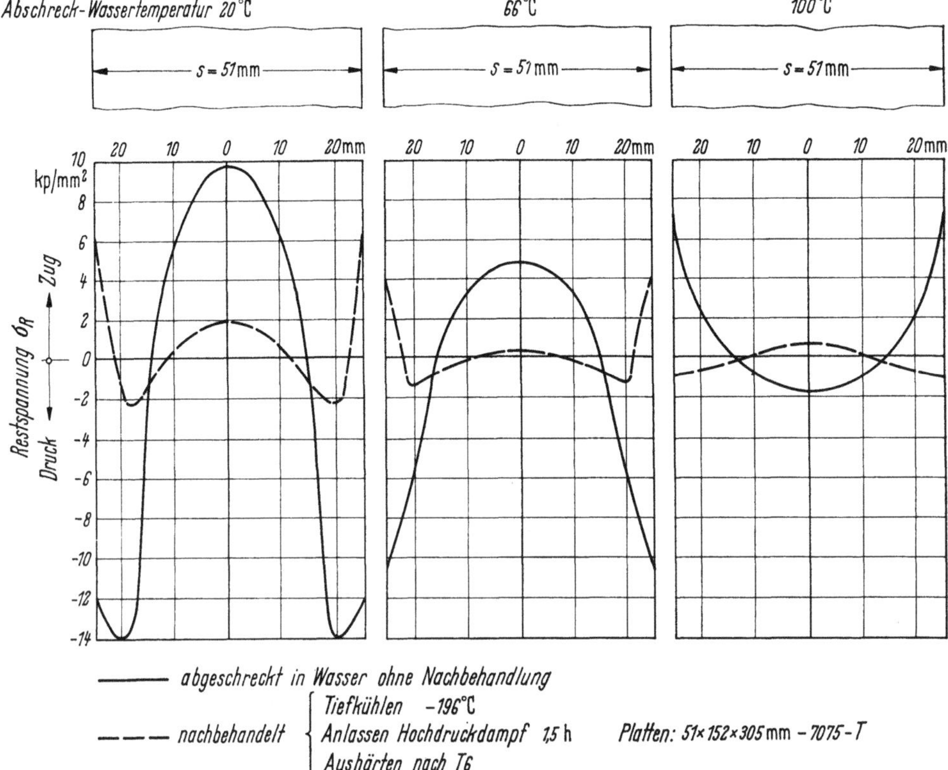

Bild 158. Restspannungen nach Abschrecken. Abbau durch Temperaturnachbehandlung. [3].

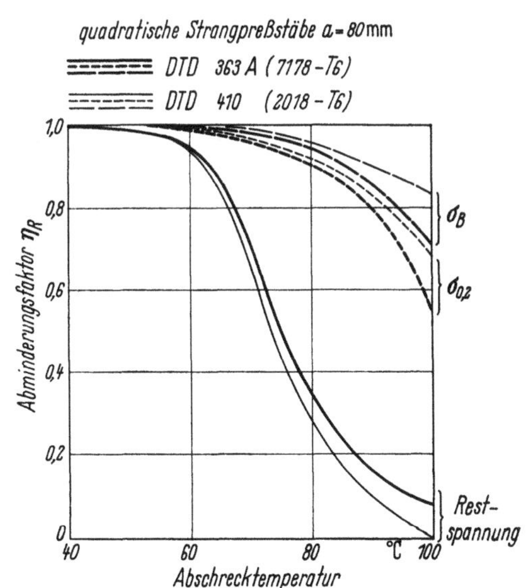

Bild 159. Abminderung von Abschreck-Restspannungen durch Erhöhung der Abschrecktemperatur — Abnahme von $\sigma_{0,2}$ und σ_B. Nach [2].

Im Bild 158 sind die Restspannungsverteilungen der Platten aus 7075, die sich durch das Abschrecken in Wasser von 20, 66 und 100 °C ergeben, gegenübergestellt [3]. Durch Erhöhung der Wassertemperatur auf 66 °C werden die Restspannungen bereits kleiner. Beim Abschrecken in kochendem Wasser entstehen an den Plattenrändern sogar erhebliche Zugrestspannungen. Im Bild 159 sind für quadratische Strangpreßstäbe aus zwei Al-Legierungen die abgeminderten Restspannungen $\sigma_{RT°}$ bezogen auf die maximalen Werte bei 20 bis 40 °C Wassertemperatur $\sigma_{R40°}$ ($\eta_R = \sigma_{RT°}/\sigma_{R40°}$) über der Temperatur des Abschreckwassers aufgetragen [2].

2.3.2 *Verringerung der Bruchfestigkeit und der Streckgrenze durch die Erhöhung der Abschrecktemperatur*

Wie aus Bild 159 zu ersehen, nehmen nach Überschreitung von etwa 60 °C mit steigender Abschrecktemperatur die Bruchfestigkeit σ_B und die Streckgrenze $\sigma_{0,2}$ ab. Bei kochendem Abschreckwasser erreicht die AlZnMgCu-Legierung nur noch 72% der maximalen Bruchfestigkeit und 55% der maximalen Streckgrenze.

Die Verringerung von unerwünschten Restspannungen durch hohe Abschrecktemperaturen des Wassers ist also für den Leichtbau aus Gewichtsgründen nicht tragbar.

2.4 Nachbehandlung zur Verringerung der Abschreckrestspannungen bei Al-Legierungen

Das Restspannungssystem einer abgeschreckten AlZnMg-Platte kann durch besondere thermische Nachbehandlung wesentlich geändert werden, ohne die Festigkeit herabzusetzen.

Bei der Behandlung mit Tiefkühlung auf −196 °C und anschließendem Anlassen durch Hochdruckdampf werden, wie im Bild 158 nach [3] dargestellt, die Restspannungsverteilungen erheblich verändert, wobei jedoch an den Oberflächen bezüglich der Ermüdungsfestigkeit nachteilige Zugrestspannungen entstehen können.

Nachdem verschiedene Möglichkeiten einer Beeinflussung des Restspannungszustandes von vergüteten Halbzeugen und Teilen bekannt sind, kann der Konstrukteur vom Halbzeug- und Teilelieferer erwarten, daß er durch ein auf die spezielle Legierung eingestelltes Abschreck- und Nachbehandlungsverfahren unerwünschte Restspannungssysteme vermeidet bzw. gewünschte Druckrestspannungen an den Oberflächen sicherstellt.

2.5 Abschreckrestspannungen in einem Kerbgrund

Wird ein Rundstab mit Ringkerb zur Vergütung geglüht und abgeschreckt, so entstehen infolge der verzögerten Abkühlungsschrumpfung des Kernmaterials im Kerbgrund Druckrestspannungen. Wird dagegen der Kerb erst nach der Vergütung des Rundstabs eingearbeitet, so treten im Kerbgrund keine wesentlichen Restspannungen auf.

Messungen über derartige Restspannungsverteilungen liegen nicht vor; man kann ihre Bedeutung jedoch aus den Ergebnissen von Umlaufbiegeversuchen mit gekerbten Versuchsstäben aus einer Al-Legierung ersehen, die nach [2] im Bild 160 aufgetragen sind.

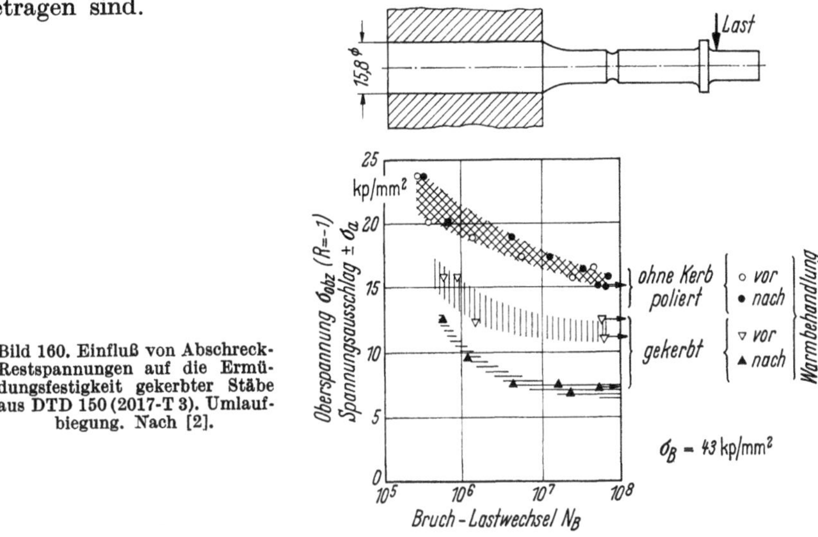

Bild 160. Einfluß von Abschreck-Restspannungen auf die Ermüdungsfestigkeit gekerbter Stäbe aus DTD 150 (2017-T 3). Umlaufbiegung. Nach [2].

Die Dauerfestigkeit des gekerbten Stabes ist bei nachträglicher Warmbehandlung, die durch das Abschrecken Druckrestspannungen im Kerbgrund erzeugt, etwa 70% höher als bei Warmbehandlung vor dem Schneiden des Kerbes.

2.6 Abschreckrestspannungen in Rundstäben aus Stahl

Die durch das Abschrecken von Rundstäben aus Vergütungsstahl nach dem Glühen entstehenden Restspannungen wurden von BÜHLER und BUCHHOLZ [4] untersucht.

Im Bild 161 sind die Meßergebnisse für zwei Werkstoffe wiedergegeben, die zeigen, daß an der Oberfläche längs und tangential kräftige Druckrestspannungen (etwa 30 kp/mm²) entstehen. Die radialen Restspannungen nehmen von 0 an der Oberfläche auf 20 bis 30 kp/mm² in Kernmitte zu.

Die mit diesen vergüteten Rundstäben durchgeführten Ermüdungsversuche bei Umlaufbiegung ergaben den im Bild 162 dargestellten Gewinn an Dauerfestigkeit durch die Druckrestspannung an der Oberfläche. Bei einer besonderen Wärmebehandlung mit Abkühlung von 900 auf 360 °C im Ofen und Abschrecken von 360 °C in Eis wurden bei Stahl Ni 12 an der Oberfläche des Rundstabs hohe Zugrestspannungen erzeugt, durch die die Dauerfestigkeit, wie aus Bild 162 zu ersehen, erheblich abnimmt.

2.7 Beseitigung von Abschreckrestspannungen durch Recken

Restspannungssysteme wie die in den Bildern 157 und 158 gezeigten können unerwünscht sein. Handelt es sich um Platten oder Stangen mit über der Länge gleichbleibendem Querschnitt, so können diese Restspannungen durch Recken im frisch vergüteten Zustand fast ganz beseitigt werden.

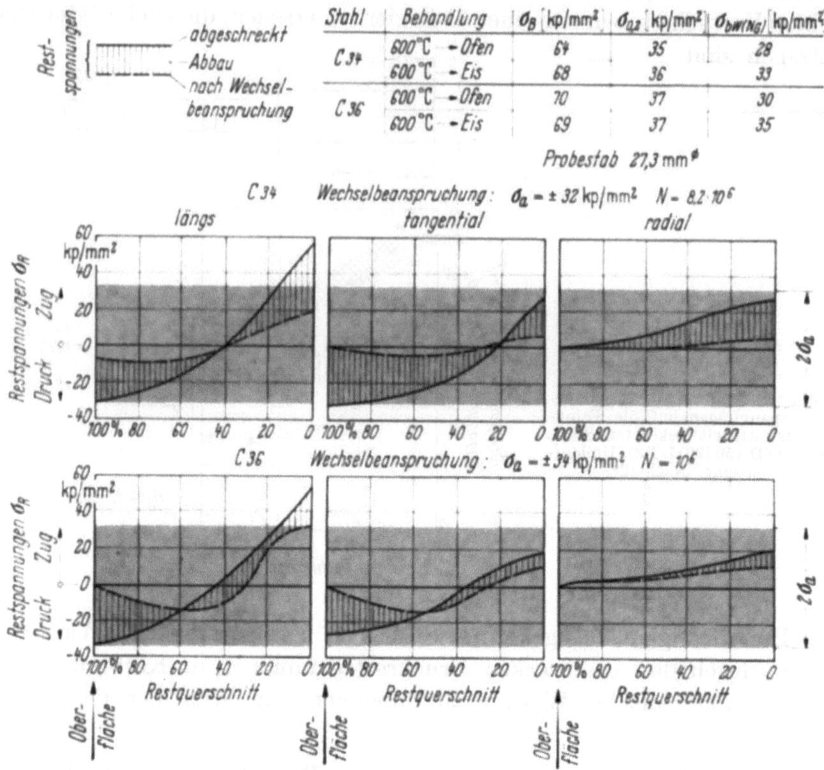

Bild 161. Abbau von Abschreck-Restspannungen in Rundstäben aus C-Stahl durch Wechselbelastung. [4].

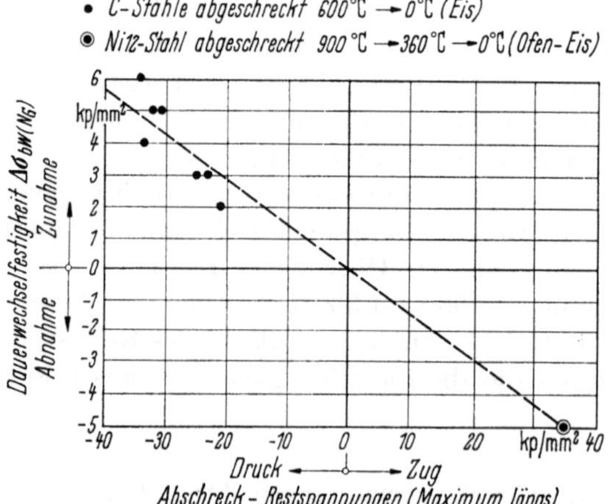

Bild 162. Einfluß von Abschreck-Restspannungen auf die Dauerwechselfestigkeit (Umlaufbiegung) von Stählen. [4].

Bild 163 gibt den Verlauf des Spannungs-Dehnungs-Diagramms eines Strang-preßprofils beim Recken und Entlasten in frisch abgeschrecktem Zustand an [2]. Es sind gesonderte Spannungs-Dehnungs-Linien eingetragen für die Fasern, die zu Beginn des Reckens

an der Oberfläche (Außenfasern) Druckrestspannungen ($\sigma_R = -15\,\mathrm{kp/mm^2}$),

im Kern (Innenfasern) Zugrestspannungen ($\sigma_R = +15\,\mathrm{kp/mm^2}$)

enthielten.

Beide Fasern dehnen sich beim Recken zunächst rein elastisch, bis sie die Elastizitätsgrenze $\sigma_{0,01} = 21\,\mathrm{kp/mm^2}$ erreichen. Für die Außenfaser ist dies bei

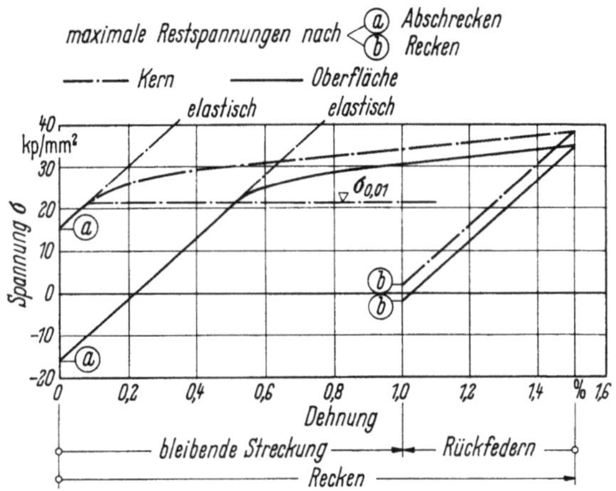

Bild 163. Abminderung von Abschreck-Restspannungen durch Recken (AlCuMg). Nach [2].

$\varepsilon \approx 0{,}5\%$ und für die Innenfaser bei $\varepsilon \approx 0{,}1\%$ der Fall. Im plastischen Bereich laufen beide Kurven in geringem Abstand nahezu parallel.

Bei der Entlastung nach der größten Reckung $\varepsilon_{max} = 1{,}5\%$ federn alle Fasern elastisch zurück; die „Rückfederäste" des Spannungs-Dehnungs-Diagramms verlaufen also auch parallel. Für vollständige äußere Entlastung ergibt sich eine bleibende Streckung aller Fasern um $\varepsilon = 1\%$ mit den neuen Restspannungen

der Außenfasern $\sigma_R \approx -2\,\mathrm{kp/mm^2}$,
der Innenfasern $\sigma_R \approx +2\,\mathrm{kp/mm^2}$.

Diese verbleibenden Restspannungen sind so gering, daß man die Reckung auf $\varepsilon_{max} = 1{,}5\%$ mit der bleibenden Streckung von $\varepsilon = 1{,}0\%$ als eine ausreichende Maßnahme zur Beseitigung des Abschreckrestspannungssystems in solchen Körpern ansehen kann.

Der Beweis, wie wirkungsvoll die beschriebene Methode zur Beseitigung von Restspannungen ist, wurde in der Serienfertigung von integralen Tragflügel-beplankungen erbracht. Die aus dicken, auf $\varepsilon_{max} = 1{,}5\%$ vorgereckten Platten, durch tiefes Ausfräsen hergestellten verrippten Häute verziehen sich bei der mechanischen Bearbeitung nicht.

3 Restspannungen aus dem Richten von Bauteilen

3.1 Erläuterungen zur Entstehung von Restspannungen durch Richten am Beispiel des Biegestabs

Beim Richten von Bauteilen können Restspannungen entstehen, die die Ermüdungsfestigkeit beeinflussen.

Das Richten erfolgt sehr häufig in primitiver Weise durch Biegeoperationen mit Hilfe einer Presse. Hierbei müssen im Bereich hoher Biegemomente die Randspannungen die Streckgrenze überschreiten. Die örtlichen plastischen Verformungen ergeben nach Entlastung verbleibende Formänderungen, aber auch ein Restspannungssystem, dessen Entstehung an dem einfachen Beispiel der plastischen Biegeverformung eines Stabes erläutert sei [2].

Bild 164 zeigt links die Spannungsverteilung eines Stabes unter Biegebelastung. Die gestrichelte Gerade entspricht einer fiktiven Spannungsverteilung unter Voraussetzung ideal elastischer Verhältnisse. Die ausgezogene Kurve gibt die tatsächliche Spannungsverteilung an. Die dem Rand nahen Fasern werden durch „plastisches Nachgeben" entlastet und damit die weiter zur Mitte liegenden Fasern stärker zur Spannungsaufnahme herangezogen.

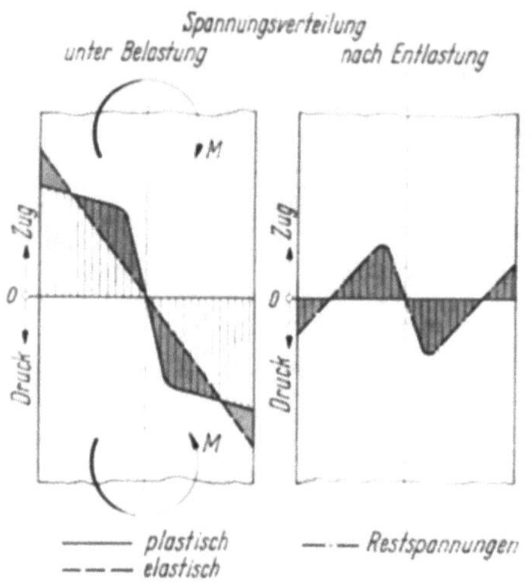

Bild 164. Restspannungsverteilung im Rechteckbalken nach Biegebeanspruchung. Nach [2].

Bei der Entlastung erfolgt der Dehnungs- und Spannungsrückgang rein elastisch entsprechend der gestrichelten Geraden, so daß die Spannungsdifferenz zwischen der plastischen Verteilung aus Belastung und der elastischen Verteilung aus Entlastung als Restspannungssystem, wie es im Bild 164 rechts dargestellt ist, verbleibt.

Die dem Rande nahen Fasern, die durch die Belastung oberhalb der Elastizitätsgrenze plastisch zusätzlich gelängt werden, würden nach dem rein elastischen Rückfedern „zu lang" bleiben, wenn sie nicht durch Druckrestspannungen entsprechend „verkürzt" würden.

Der große Nachteil der primitiven Richtverfahren liegt darin, daß die Biegeverformung auf einen kleinen Bereich konzentriert ist, so daß die örtlichen bleibenden Verformungen und damit die Restspannungen groß werden. Außerdem sind die bei diesem Richtvorgang entstehenden Restspannungen schwer kontrollierbar.

3.2 Verringerung der Ermüdungsfestigkeit durch Richt-Restspannungen

3.2.1 Recken und Richten von Flachstäben aus AlZnMg

Versuchsergebnisse über die Auswirkung des Reckens und des Richtens von Flachstäben aus 7075-T 6 auf deren Zugschwellfestigkeit wurden von J. L. WAISMAN [5] mitgeteilt.

Im Bild 165 sind die Streubänder wiedergegeben für

1 unbehandelte Stäbe,

2 ohne Biegung gereckte Stäbe, deren Ermüdungsfestigkeit infolge der Kaltverformung merklich erhöht ist,

3 in weich geglühtem Zustand verformte und nach der Vergütung wieder gerade-
gebogene Stäbe, die durch dieses Richten an der vorher konvexen Seite Zug-

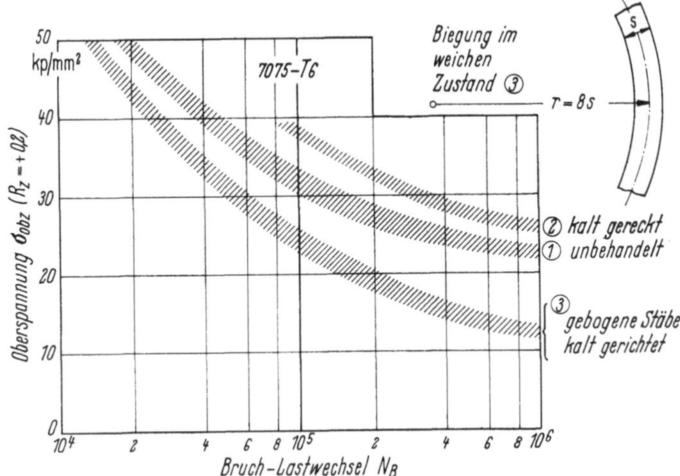

Bild 165. Einfluß von Richt-Restspannungen auf die Ermüdungsfestigkeit. [5].

restspannungen von $\sigma_R = +21\,\mathrm{kp/mm^2}$ (an der anderen Seite $\sigma_R = -26\,\mathrm{kp/mm^2}$)
erhielten, und deren Ermüdungsfestigkeit dadurch stark (bei $N_B = 10^6$ Last-
wechseln auf etwa die Hälfte) herabgesetzt wurde.

3.2.2 Richten und Nachrecken von Flachstäben aus AlZnMgCu 0,5 (AZ 54)

Der Einfluß von Zugrestspannungen, die beim Biegerichten erzeugt werden,
auf die Ermüdungsfestigkeit wurde im ILTUB durch Zugschwellversuche mit
Flachstäben aus stranggepreßtem AlZnMgCu 0,5 (AZ 54) untersucht.

Die Ergebnisse sind in Form von $(\sigma-N)$-Streubändern im Bild 166 dargestellt.
Es wurden Prüfstäbe

1 in unbehandeltem Zustand (Strangpreßoberfläche),

2 mit gefräster und polierter Oberfläche,

3 mit unbehandelter Oberfläche, jedoch mit Restspannungen aus folgender
Behandlung:
   weich geglüht,
   entsprechend Bild 166 gebogen, lösungsgeglüht, abgeschreckt, ausgehärtet,
   in kaltem Zustand vollständig gerade zurückgebogen,

4 wie *3* jedoch mit Abbau der Restspannungen durch Recken auf $\varepsilon = 0,4\%$
bleibende Dehnung

untersucht.

Die vergleichende Darstellung im Bild 166 zeigt:

Durch die Zugrestspannungen aus dem Richten des ausgehärteten Streifens im Zustand *3* wird das Streuband *3* gegenüber dem Streuband des unbearbeiteten Zustandes *1* wesentlich herabgesetzt.

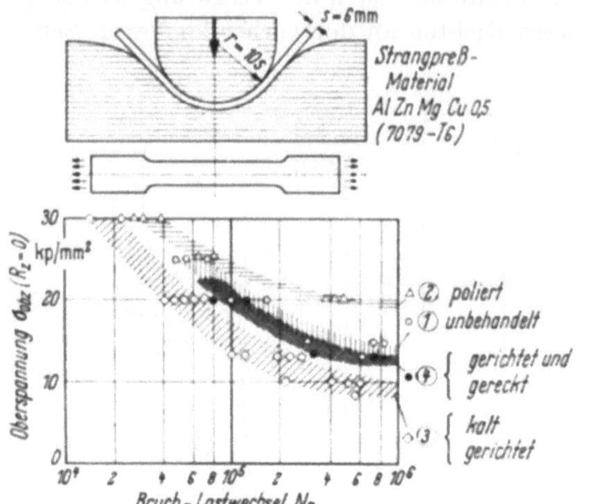

Bild 166. Einfluß von Richt-Restspannungen auf die Ermüdungsfestigkeit. Abbau der Restspannungen durch Recken.

Diese Verschlechterung tritt selbstverständlich noch stärker bei einem Vergleich mit dem durch Polieren „verbesserten" Streuband *2* hervor.

Durch das Recken auf $\varepsilon = 0{,}4\%$ bleibende Dehnung werden die Restspannungen wieder so weit abgebaut, daß das zugehörige Streuband *4* das Streuband *1* der unbehandelten Stäbe nahezu erreicht.

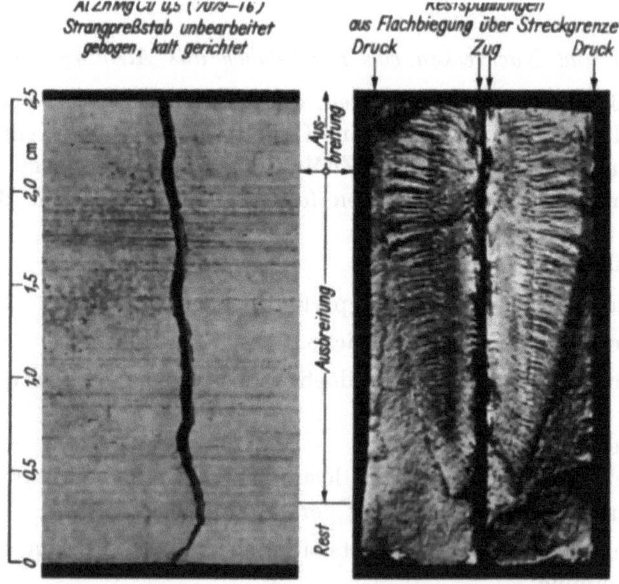

Bild 167. Ermüdungsbruch an einer Probe mit Restspannungen. Axialbelastung bei $R_z = 0$. Ausgang des Ermüdungsbruches auf der Zugrestspannungsseite.

Im Bild 167 ist ein Foto der Bruchflächen eines entsprechend *3* behandelten Flachstabs wiedergegeben. Man erkennt deutlich, daß Ausgang und bevorzugte Ausbreitung des Ermüdungsrisses auf der Seite der Zugrestspannungen liegen.

3.3 Vermeidung und Abminderung hoher Restspannungen beim Kaltrichten und -wölben durch geeignete Verfahren

3.3.1 Richten durch Hämmern

Es gibt Möglichkeiten, verzogene Bauteile nach älteren und nach neuen Verfahren zu richten, bei denen große unkontrollierbare Zugrestspannungen vermieden werden. Hämmert man die Oberfläche eines Bauteils, so entstehen nur im Bereich dieser Oberfläche plastische Verformungen und damit hohe Druckrestspannungen, während die Restspannungen im nur elastisch verformten Kern und der unbearbeiteten Oberfläche klein bleiben. Das Hämmern wird auch zum Wölben von Platten benutzt, wobei die gehämmerte Seite konvex wird.

3.3.2 Richten und Wölben durch Kugelstrahlen

Durch Kugelstrahlen der Oberfläche können Platten gerichtet oder in einer bestimmten Form gewölbt werden.

Bild 168 zeigt aus einer Untersuchung der BAC [6] die durch Kugelstrahlen erzeugte Wölbung einer 5,4 mm starken Platte aus AlCuMg und die dazugehörigen

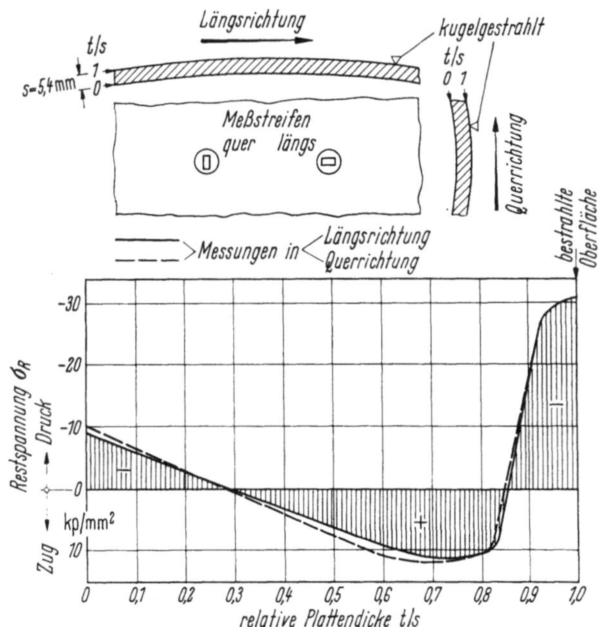

Bild 168. Restspannungsverteilung in einer Platte nach Kugelstrahlbehandlung. [6].

Restspannungsverteilungen über der Plattendicke. An der gestrahlten Oberfläche erreichen die Druckrestspannungen ein Maximum von $\sigma_{Rd\,1} = -30\ \text{kp/mm}^2$. Die Zugrestspannungen im Innern betragen maximal $\sigma_{Rz} = 12\ \text{kp/mm}^2$ und die Druckrestspannungen an der anderen Oberfläche $\sigma_{Rd\,2} = -10\ \text{kp/mm}^2$.

3.3.3 Richten und Wölben durch Explosionskraft

Ein neuartiges Verfahren zum Richten mit Explosionskraft [7] wurde im ILTUB entwickelt. Bei diesem Verfahren sind die Richtkräfte und die Richtstellen, an denen plastische Verformungen auftreten so gut verteilt, daß keine hohen Restspannungen entstehen.

3.3.4 Vergleich verschiedener Richtverfahren (Biegen — Hämmern)

Bild 169 gibt die Ergebnisse einer Untersuchung von R. SCHMIDT [8] zum Problem des Richtens von Kurbelwellen wieder.

Es wurden $(\sigma-N)$-Kurven von Kurbelwellen aufgenommen. Diese Wellen wurden

1 ohne Richtverformung,

2 nach dem Richten durch Biegen in der Presse,

3 nach dem Richten durch Hämmern

einer Wechselbeanspruchung unterworfen.

Gegenüber dem unverformten Zustand *1* wurde durch das Biegen in der Presse *2* die Dauerfestigkeit $(N_G = 10^6)$ um etwa 20% und die Ermüdungsfestigkeit bei $N_B = 5 \cdot 10^4$ sogar um etwa 33% herabgesetzt, während durch das Hämmern *3* keine wesentliche Änderung der Ermüdungsfestigkeit hervorgerufen wurde.

3.3.5 Verringerung von Richtrestspannungen aus Biegung in einem Balken durch „Gegenbelastung"

Wird ein Balken in der im Bild 170 oben angegebenen Weise durch ein Moment belastet, so stellt sich unter Annahme einer idealisierten Spannungs-Dehnungs-Kurve die nebenstehend skizzierte Spannungsverteilung ein [2]. Nach Entlastung verbleiben Restspannungen (s. mittlere Skizze des Bildes 170), wie sie auch bereits im Bild 164 eingetragen wurden.

Wird im Anschluß an diese Belastung eine zweite entgegengesetzte Biegebelastung M_2 aufgebracht und danach wieder entlastet, so verbleiben die im unteren Teil des Bildes 170 skizzierten Restspannungen. Durch diese „Gegenbelastung" wurden die Restspannungen am Rand des Balkens fast vollständig abgebaut; die Restspannungen in der Nähe der neutralen Faser werden durch die Gegenbelastung kaum beeinflußt.

Es kann mithin festgestellt werden, daß die bezüglich der Ermüdungsfestigkeit nachteiligen Zugrestspannungen am Rande eines auf Biegung belasteten Balkens durch eine entgegengesetzte Biegebelastung geeigneter Größe beseitigt werden können.

4 Restspannungen durch Recken

4.1 Erzeugung von Restspannungen durch Recken

Bild 171 zeigt im oberen Teil das Spannungs-Dehnungs-Diagramm für AlCuMg 2 Jede Überschreitung der Proportionalitätsgrenze ($\sigma_{0,01}$-Grenze) hat bei Entlastung eine bleibende Dehnung zur Folge; an der Streckgrenze ($\sigma_{0,2}$-Grenze) sind gerade 0,2% bleibende Dehnung erreicht.

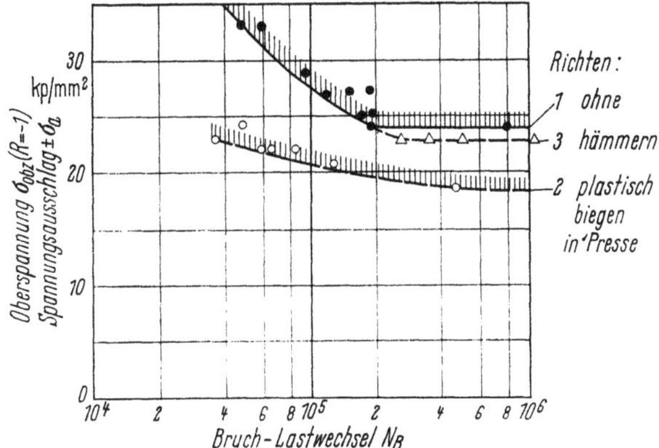

Kurbelwellenkröpfung – Zapfen = 86 mm⌀
erforderliche Richtverformung 1,1 bis 0,12 mm Biegepfeil
Werkstoff: nickelarmer Vergütungsstahl (FIW 1460.5) $\sigma_B = 130$ kp/mm²

Bild 169. Einfluß von Richt-Restspannungen auf die Ermüdungsfestigkeit. [8].

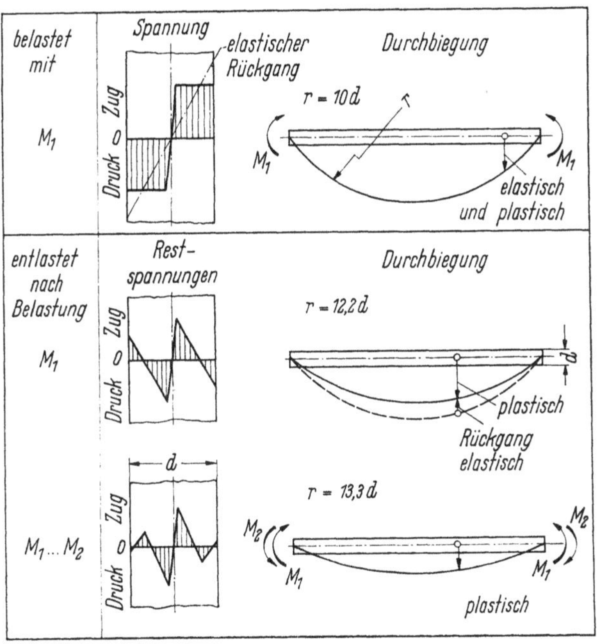

Bild 170. Abminderung von Restspannungen durch „Gegenbelastung". Beispiel: Balkenbiegung. [2].

Als Recken bezeichnen wir ganz allgemein einen Vorgang, bei dem örtliche Überschreitungen der Proportionalitätsgrenze (auf Zug) auftreten. Ein derartiger Vorgang hinterläßt nach Entlastung ein Restspannungssystem bzw. verändert ein bereits vor dem Recken im Bauteil vorhandenes Restspannungssystem.

Häufig werden gekerbte Bauteile gereckt. Als Reckspannungen σ_{Reck} bezeichnen wir die auf den *gestörten* Querschnitt bezogene Belastung. Die Reckspannung wird im allgemeinen in Prozenten von σ_B angegeben, häufig liegt sie im Bereich $0{,}65\,\sigma_B < \sigma_{\text{Reck}} < 0{,}9\,\sigma_B$. Beträgt die Reckspannung bei einem gekerbten Stab z. B. $\sigma_{\text{Reck}} = 0{,}65\,\sigma_B$, so liegt dieser Wert bei den hochfesten Aluminiumlegierungen unter der $\sigma_{0,2}$-Grenze. Diese Grenze wird jedoch örtlich im Kerbgrund bereits weit überschritten; bei Entlastung sind daher hohe Druckrestspannungen im Kerbbereich zu erwarten.

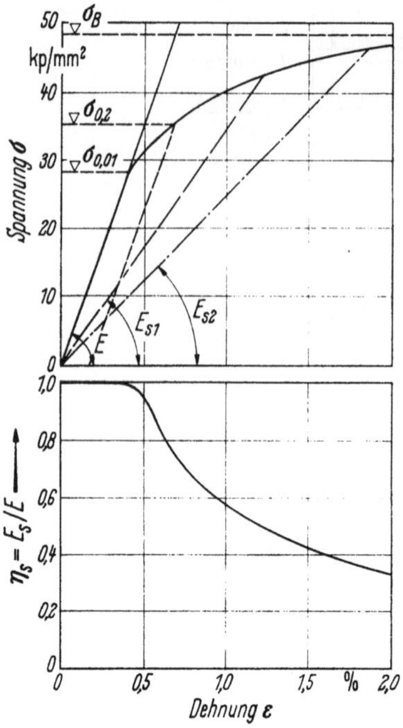

Bild 171. Spannungs-Dehnungs-Diagramm $(\sigma - \varepsilon)$ und „Plastizitätsdiagramm" $[\eta_s - \varepsilon]$ für AlCuMg 2 (2024-T 3.)

4.2 Restspannungen im Kerbgrund durch Recken und Stauchen

4.2.1 Entstehung von Druckrestspannungen im Kerbgrund durch Recken

Die Entstehung von Druckrestspannungen nahe den Lochrändern in einer auf Zug beanspruchten Platte aus AlCuMg 2 wird an Hand des Bildes 172 erläutert.

Unten ist ein Ausschnitt der Platte mit drei Bohrungen gezeichnet; im Querschnitt $m - m$ treten die höchsten Beanspruchungen beim Recken und die größten Restspannungen auf.

Oben sind für die längsgezogene Platte über $m - m$ aufgetragen:

eine ideal-elastische Spannungsverteilung σ_{el}, die der tatsächlich vorhandenen Dehnungsverteilung proportional ist, d. h. durch Multiplikation der auftretenden Dehnung mit einem konstanten Modul E errechnet wird,

$$\sigma_{el} = E\,\varepsilon_{pl},$$

es handelt sich hierbei um eine gedachte Spannungsverteilung,

die tatsächliche Spannungsverteilung $\sigma_{pl} = E_s\,\varepsilon_{pl} = \eta_s\,E\,\varepsilon_{pl}$, wobei $E = 7200\ \text{kp/mm}^2$ und der Abminderungsfaktor $\eta_s = E_s/E$ aus Bild 171 zu entnehmen ist,

eine fiktive ideal-elastische Spannungsverteilung σ_{el}^* derart, daß die Mittelwerte der Spannungen $\bar{\sigma}_{pl}$ und $\bar{\sigma}_{el}^*$ übereinstimmen. Es ist

$$\sigma_{el}^* = \alpha_s\,\sigma_{el} = E\,\alpha_s\,\varepsilon_{pl}.$$

Im mittleren Teil des Bildes 172 sind die Spannungsdifferenzen $\sigma_R = \sigma_{pl} - \alpha_s \sigma_{el}$ aufgetragen. Für den Mittelwert der somit bestimmten Restspannungen σ_R gilt:

$$\bar\sigma_R = \bar\sigma_{pl} - \bar\sigma_{el}^* = 0.$$

Mithin folgt für α_s:

$$\bar\sigma_{pl} - \alpha_s \bar\sigma_{el} = 0, \qquad \alpha_s = \bar\sigma_{pl}/\bar\sigma_{el}.$$

Bei der Entlastung der Platte tritt ein „Rückfedern", ausgehend von der unter Belastung vorhandenen Spannungsverteilung σ_{pl}, um $\sigma_{el}^* = \alpha_s \sigma_{el}$ ein. Die

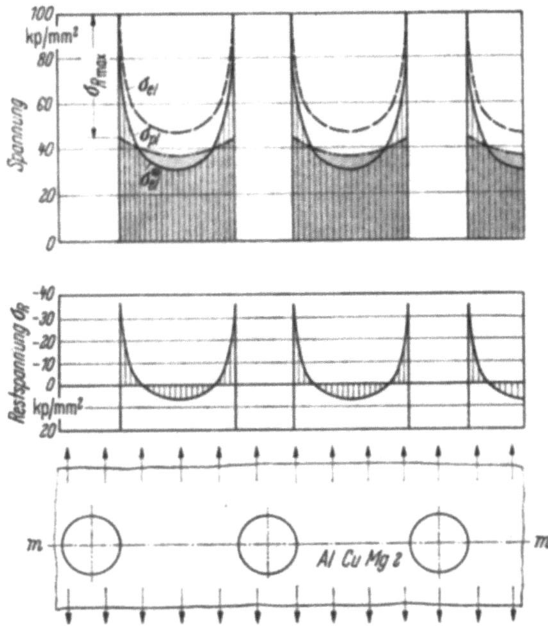

Bild 172. Reck-Restspannungen in einer Platte mit Bohrungen.

fiktive Spannungsverteilung σ_{el}^* wird mithin beim Entlasten zu einer „Realverteilung" insofern, als sie unmittelbar von den unter Belastung vorhandenen Spannungen zu subtrahieren ist, um zu den Restspannungen σ_R zu gelangen.

4.2.2 Einfluß der Druckrestspannungen im Kerbgrund auf die Ermüdungsfestigkeit

4.2.2.1 Allgemeines

Bei Aufbringung der Recklast wird örtlich im Kerbgrund die Fließgrenze überschritten; dem Material wird dabei hinreichend „Zeit gelassen" Spannungsspitzen plastisch abzubauen. Bei Entlastung verbleiben dann Druckrestspannungen im Kerbgrund.

Im dynamischen Belastungsversuch, der im allgemeinen bei hohen Frequenzen durchgeführt wird, kommt es nicht unbedingt zu einem gleich wirkungsvollen Spannungsspitzenabbau. Ein Stab, der z. B. mit $0,8\sigma_B$ vorgereckt ist, wird wegen dieses geringeren Spannungsspitzenabbaus einem nicht vorgereckten Stab bezüglich der ertragbaren Lastwechselzahl auch überlegen sein, wenn die dynamische Oberspannung bereits $\sigma_{ob} = 0{,}8\sigma_B$ beträgt.

Im folgenden sind die Ergebnisse von Ermüdungsversuchen an gekerbten vorgereckten oder vorgestauchten Stäben aus verschiedenen Werkstoffen mitgeteilt und diskutiert.

4.2.2.2 Einfluß des Reckens bei gekerbten Rundstäben aus AlCuMg

Bei Schwellbeanspruchung eines gereckten gekerbten Stabes überlagern sich im Kerbgrund den Zugbelastungsspannungen σ_a die Druckrestspannungen σ_{Rd}, so daß die für Ermüdung maßgebenden maximalen Zugspannungen $\sigma_z = \sigma_a + \sigma_R$ im Kerbgrund klein bleiben oder sogar negativ sein können.

Bei geringer Wechselbeanspruchung kommt der Kerb also kaum zur Auswirkung, so daß sich die Ermüdungsfestigkeit (bezogen auf den Nettoquerschnitt) nur wenig von der des glatten Stabes unterscheidet.

Im Bild 173 nach [2] sind die $(\sigma-N)$-Werte und -Streubänder für Umlaufbiegung von Rundstäben aus BS 6 L 1 (2014) verglichen. Es zeigt sich:

Die Dauerfestigkeit ($N_G = 10^8$) wird durch den Ringkerb verringert

    ohne Recken um etwa 65%,

    mit Recken jedoch nur um etwa 25%.

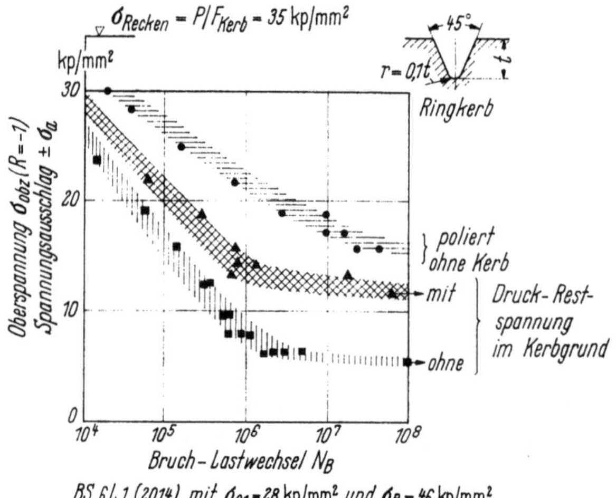

Bild 173. Einfluß von Druckrestspannungen im Kerbgrund auf die Ermüdungsfestigkeit gekerbter Rundstäbe bei Umlaufbiegebelastung. [2].

Die Ermüdungsfestigkeit bei $N_B = 10^6$ wird durch die Kerbwirkung verringert

    ohne Recken um 62%,

    mit Recken nur um 35%.

Die Kerbwirkung nimmt sowohl bei gereckten als auch bei nicht gereckten Stäben mit abnehmender Lastwechselzahl (also zunehmendem Belastungsausschlag) ab, so daß bei Kleinwechselzahlen durch den Einfluß der Plastizität der Unterschied zwischen den drei Streubändern gering wird.

Bei $N_B = 10^4$ verringert sich der ertragbare Spannungsausschlag des Kerbstabs gegenüber dem des ungekerbten Stabes nur noch

ohne Recken um 16%,

mit Recken um 10%.

4.2.2.3 Vergleich von Recken und Stauchen bei gekerbten Stäben aus AlZnMg

Durch das Stauchen gekerbter Stäbe werden im Kerbgrund Zugrestspannungen erzeugt, die sich bei Wechselbelastung den Zugbelastungsspannungen überlagern, so daß die Ermüdungsfestigkeit stark herabgesetzt wird.

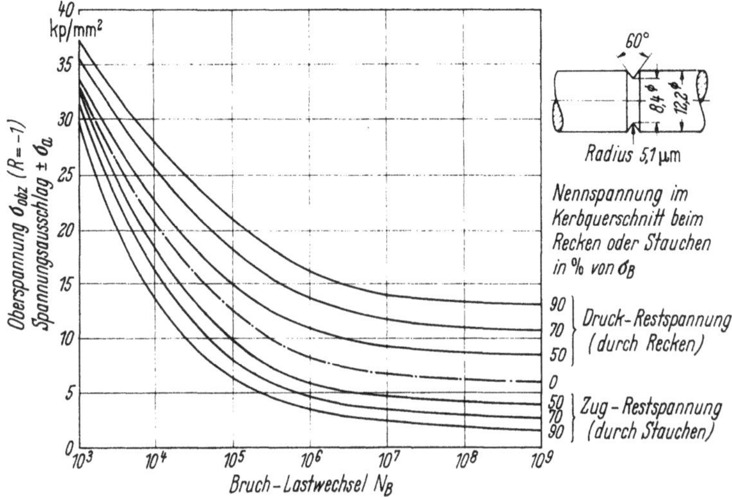

Bild 174. Einfluß von Restspannungen aus Recken und Stauchen auf die Ermüdungsfestigkeit gekerbter Rundstäbe aus 7075-T 6 bei Umlaufbiegebelastung. Nach [9].

Im Bild 174 sind nach [9] die ($\sigma-N$)-Kurven für Umlaufbiegung von gekerbten Stäben aus 7075-T 6 mit verschieden starker Reckung und Stauchung als Parameter aufgetragen. Es zeigt sich:

mit zunehmender Reckung ansteigende Ermüdungsfestigkeit,

mit zunehmender Stauchung stark abnehmende Ermüdungsfestigkeit,

ein starker Einfluß von Recken und Stauchen auf die Dauerfestigkeit ($N_G = 10^9$),

ein geringer Einfluß im Bereich der Kleinlastwechsel ($N_B = 10^3$) nach Überschreitung der Elastizitätsgrenze durch σ_a.

Die von ROSENTHAL und SINES [10] mitgeteilten Ergebnisse von Biegeschwellversuchen an Flachstäben mit Außenkerben zeigen die gleiche Tendenz wie die durch Umlaufbiegung beanspruchten gekerbten Rundstäbe. Allerdings ist der Einfluß der Zugrestspannungen im Kerbgrund aus dem Stauchen auf die Ermüdungsfestigkeit in diesem Fall wesentlich geringer.

4.2.2.4 Einfluß unterschiedlicher Reckgrade bei Flachstäben mit Kerb und einem Beschlag aus Titanlegierung

Der Einfluß des Reckens auf die Ermüdungsfestigkeit gekerbter Prüfstäbe aus der Titanlegierung TC 3 Fe wurde von BOISSONAT [11] untersucht. Die Versuche ergaben, daß die Dauerfestigkeit $\sigma_{D(N_G = 10^7)}$ bei den untersuchten Reckgraden ($0{,}6\sigma_B$ und $0{,}75\sigma_B$) durch die nach dem Reckvorgang verbleibenden Druckrestspannungen im Kerbgrund um fast 100% verbessert wird.

Aus dem gleichen Material wurde eine Bolzenverbindung für einen Flügelanschluß untersucht. Die Versuchsergebnisse enthält Bild 175. Interessant ist, daß sich auch quantitativ bei der Bolzenverbindung die gleichen Verbesserungen durch das Recken ergeben, wie im Falle der einfachen Kerbstäbe. Im „low-cycling"-Bereich geht die Verbesserung ebenfalls gegen Null.

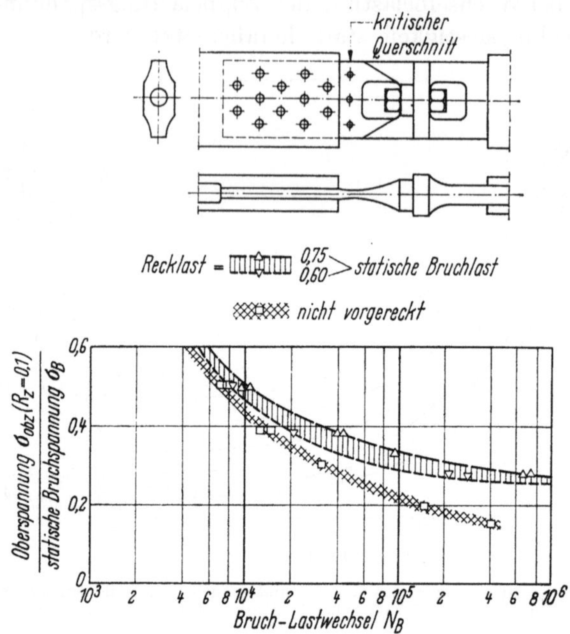

Bild 175. Einfluß des Reckens auf die Ermüdungsfestigkeit eines Flügelanschlusses aus der Titanlegierung TC 3 Fe (Ti 3 Fe). Nach [11].

4.3 Erzeugung von Druckrestspannungen in einer Plattierschicht durch Recken

Wie im Kap. XII, 5.1 behandelt, ist die Plattierung eines Bleches aus einer hochwertigen Al-Legierung mit einer sehr wenig festen Al-Schicht vom Standpunkt der Ermüdungsfestigkeit in vielen Fällen bedenklich, da frühzeitige Anrisse in der wenig widerstandsfähigen Plattierung sich in den hochwertigen Kernwerkstoff ausbreiten können.

Es ist daher für die Ermüdungsfestigkeit des Verbundes sicher vorteilhaft, wenn die gefährdeten Plattierschichten unter Druckrestspannungen gesetzt werden. Bild 176 zeigt, daß das erwünschte Restspannungssystem durch Recken des plattierten Bleches erzeugt werden kann [2].

In dem Bild sind die Spannungs-Dehnungs-Kurven für die Fasern des Kernwerkstoffs a und des Plattierwerkstoffs b dargestellt. Im Ausgangszustand mit $\varepsilon = 0$ sind keine Restspannungen vorhanden, so daß die Anstiegsgeraden der elastischen Dehnung für a und b zusammenfallen. Die beiden Kurven trennen sich dort, wo der weiche Plattierwerkstoff die Elastizitätsgrenze erreicht. Dadurch, daß sich der hochwertigere Kernwerkstoff wesentlich stärker elastisch dehnt,

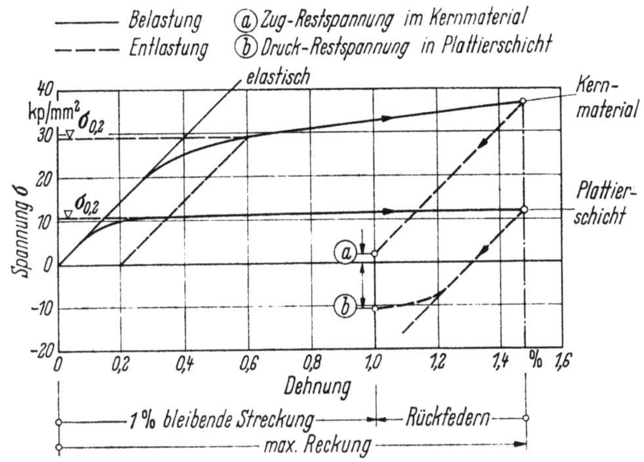

Bild 176. Entstehung von Restspannungen beim Recken plattierter Bleche
aus hochfesten Al-Legierungen. [2].

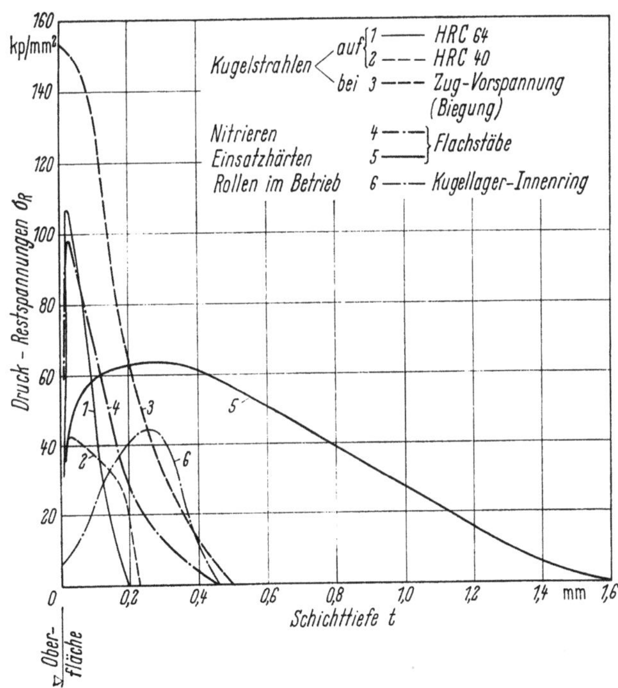

Bild 177. Druckrestspannungen in Stählen aus unterschiedlichen Oberflächenbehandlungen. Nach [12].

liegt im plastischen Bereich die $(\sigma-\varepsilon)$-Kurve des Kernwerkstoffs wesentlich über der des Plattierwerkstoffs (für den Kernwerkstoff ist $\sigma_{0,2}$ fast 3mal so hoch wie für den Plattierwerkstoff).

Die Entlastung nach dem maximalen Recken auf $\varepsilon_{\max} = 1{,}5\%$ geschieht bei beiden $(\sigma-\varepsilon)$-Kurven entsprechend dem elastischen Rückgang bei gleichem E-Modul. Der Plattierwerkstoff, der keine hohe Zugspannung aufgenommen hat, ist beim Rückfedern des Systems bereits bei $\varepsilon \approx 1{,}3\%$ entspannt und erhält durch den weiteren Rückgang der Kernschicht Druckspannungen, die bis zur Druckfließgrenze ansteigen. In dem nach dem Rückfedern bei $\varepsilon = 1\%$ erreichten Zustand des inneren Gleichgewichts (ohne äußere Belastung) betragen die Restspannungen

im Kernmaterial $\approx 1 \text{ kp/mm}^2$ Zug,

in den Plattierschichten $\approx 10 \text{ kp/mm}^2$ Druck.

5 Restspannungen aus verschiedenen Oberflächenbehandlungen

Im Bild 177 sind nach Untersuchungen von ALMEN und BLACK [12] für verschiedene Oberflächenbehandlungen die damit erzeugten Druckrestspannungen in ihrem Verlauf über der Oberflächenschichttiefe aufgetragen.

Druckrestspannungsspitzen nahe der Oberfläche entstehen bei allen angeführten Oberflächenbehandlungsverfahren. Die Druckrestspannungen fallen vom Maximum zur Oberfläche hin mehr oder weniger stark ab. Eine Ausnahme bildet das Kugelstrahlen unter Vorbelastung, bei dem das Druckspannungs-Maximum direkt an der Oberfläche liegt.

Wenn bei einer Oberflächenbehandlung die Druckrestspannungen an der Oberfläche gegenüber einem Maximum nahe der Oberfläche stark abgefallen sind (z. B. beim Kugelstrahlen *1* und *2*, Nitrieren *4* und Einsatzhärten *5*), besteht die Wahrscheinlichkeit, daß Anrisse an der Oberfläche früher beginnen als im Falle des bis an die Oberfläche reichenden Druckspannungsmaximums (z. B. Kugelstrahlen unter Vorbelastung *3*). Daraus ergeben sich zwei für die Oberflächenbehandlung wichtige Fragen:

Wie weit werden derartige frühe Anrisse an der Oberfläche durch die Druckspannungsspitze unterhalb der Oberfläche gehindert, sich in die Tiefe auszubreiten?

Wie weit kann die Ermüdungsfestigkeit durch Entfernen der äußersten mit zu geringen Druckrestspannungen versehenen Schicht gesteigert werden?

Durch besondere Maßnahmen kann erreicht werden, daß das Maximum der Druckrestspannung an der Oberfläche der Schicht liegt. Hierzu gibt die Kurve *3* ein Beispiel: Durch Kugelstrahlen eines Flachstabs (Blattfeder) unter einer statischen Vorlast (Biegung mit Zugspannungen auf der zu bestrahlenden Oberfläche) kann erreicht werden, daß nach dem Kugelstrahlen und Entfernen der Vorlast

die Druckrestspannungen sehr groß werden,

das Druck-Spannungs-Maximum an der Oberfläche auftritt,

der Spannungsabfall zum Innern weniger steil wird.

In einer anderen Untersuchung hat HEMPEL [13] unter Auswertung von 33 Literaturstellen eine Zusammenstellung der durch die verschiedenen Oberflächenbearbeitungs- und -behandlungsverfahren bei Stählen erzeugten Restspannungen veröffentlicht. Bild 178 gibt die Ergebnisse dieser Untersuchung

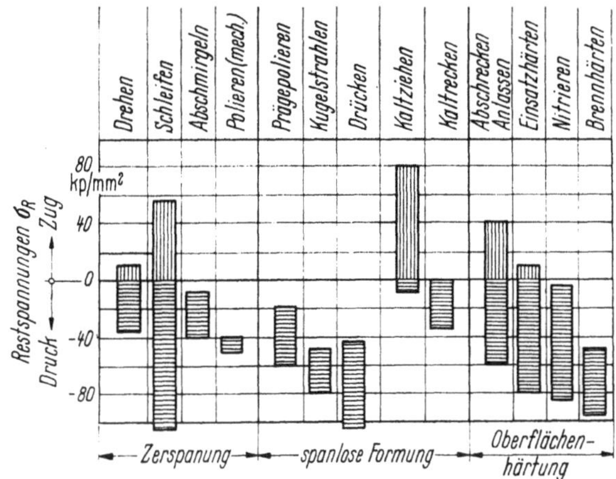

Bild 178. Restspannungen an der Oberfläche von Stahlprüfstäben nach unterschiedlichen Oberflächenbearbeitungen und Behandlungen. Nach [13].

wieder und zeigt, wie verschieden die Restspannungen an der Oberfläche sein können und wie sehr somit die Ermüdungseigenschaften von der Oberflächenbearbeitung und -behandlung abhängen.

Im Kap. XII wird noch ausführlich zu diesem Problem Stellung genommen.

6 Auswirkungen des Oberflächendrückens

6.1 Erläuterungen zur Entstehung von Druckrestspannungen in der Oberflächenschicht beim „Drücken" der Oberfläche an Hand eines Gedankenmodells

Mit Hilfe einer vereinfachenden Modellvorstellung wird im folgenden die Entstehung von Druckrestspannungen im gedrückten Oberflächenbereich erläutert. Bild 179 zeigt die Skizze dieses Modells. Der beidseitig eingespannte skizzierte Stab A sei aus der Oberflächenschicht des gedrückten Körpers herausgeschnitten. Der gedrückte (σ_y) Stabbereich 1 der Länge l_1 wird durch die Bereiche 2 eingegrenzt, die nach der Länge l_2 in starren Einspannungen enden.

Restspannungen σ_{xR} können nur entstehen, wenn die aufgebrachten Druckspannungen σ_y örtliche Überschreitungen der Elastizitätsgrenze nach sich ziehen.

Diese Überschreitungen haben Änderungen des Moduls und damit der Steifigkeit des Körpers zur Folge. Da die Span-

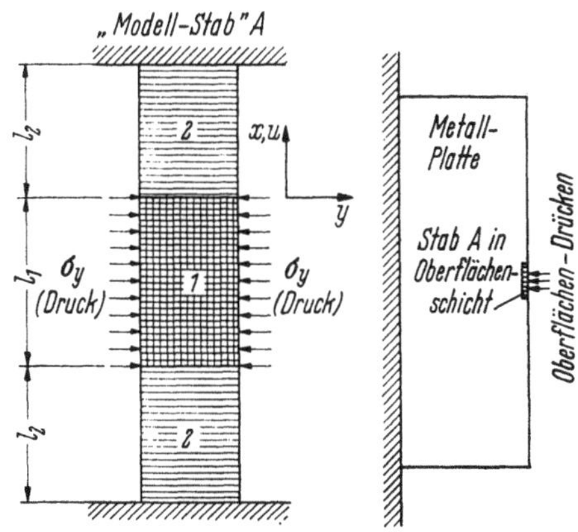

Bild 179. Oberflächendrücken — Gedankenmodell zur Erläuterung der Entstehung von Druckrestspannungen.

nungen σ_x und σ_y von den Steifigkeitsverhältnissen des Stabes abhängig sind, wurde die bereits mitgeteilte Einteilung in Bereiche vorgenommen:

Im Bereich *1* sei der *E*-Modul gleich E_1,

im Bereich *2* sei der *E*-Modul gleich E_2.

Im folgenden sei untersucht, unter welcher Bedingung im Bereich *1* nach Entlastung (Wegnahme der Druckbeanspruchung σ_y) eine Zug- oder Druckrestspannung σ_{xR} verbleibt.

Für die Dehnung im Bereich *1* gilt:

$$\varepsilon_{x1} = (1/E_1)\,(\sigma_x - \mu\,\sigma_y).$$

Die Verschiebung an der Stelle $x = 0$ beträgt:

$$u_1 = (l_1/2E_1)\,(\sigma_x - \mu\,\sigma_y).$$

Für den Bereich *2* folgt analog:

$$u_2 = -(l_2/E_2)\,\sigma_x.$$

Aus der Bedingung $u_1 = u_2$ ergibt sich:

$$\sigma_x = \frac{1}{1 + (l_2/l_1)(2E_1/E_2)}\,\mu\,\sigma_y = [\sigma_x]_{\text{Vorspannung}}.$$

Unterstellen wir nunmehr, daß das Material des Bereichs *1* gleichmäßig plastifiziert ist, so daß ihm ein Modul E_1 zugeordnet werden kann, und daß in den Bereichen *2* nur elastische Verformungen (Modul E_2) auftreten, so gibt die obige Gleichung die Größe der Vorspannung in x-Richtung unter der äußeren Belastung σ_y in einem dieser Art idealisierten Stab an. Subtrahiert man von dieser Vorspannung den elastischen Rückgang

$$[\sigma_x]_{\text{Vorspannung}} - [\sigma_x]_{\text{el. Rückgang}} = \sigma_{xR},$$

so kommt man zur Restspannung.

Für den elastischen Rückgang gilt $E_1 = E_2$, d. h.

$$[\sigma_x]_{\text{el. Rückgang}} = \frac{1}{1 + 2(l_2/l_1)}\,\mu\,\sigma_y.$$

Mithin folgt für die Restspannung:

$$\sigma_{xR} = \left[\frac{1}{1 + 2(l_2/l_1)(E_1/E_2)} - \frac{1}{1 + 2(l_2/l_1)}\right]\mu\,\sigma_y.$$

Aus dieser Gleichung folgt:

Für $E_1 = E_2$ — d. h., im gesamten Stab ist der *E*-Modul konstant, plastische Verformungen treten nicht auf — wird $\sigma_{xR} = 0$.

Für $E_1 < E_2$ — d. h., der Bereich *1* ist „plastifiziert" und der *E*-Modul geringer als in den elastischen Bereichen *2* — wird $\sigma_{xR} \sim \sigma_y$. Da σ_y eine Druckspannung ist, verbleibt im Bereich *1* in x-Richtung eine Druckrestspannung.

Durch das Oberflächendrücken erfährt die Oberflächenschicht eine plastische Kaltverformung. Gegenüber dem plastischen Fließen dieser Schicht bleibt der Kern, der sich nur elastisch verformt, zurück. Bei Beendigung der äußeren Druckeinwirkung kann die Oberflächenschicht aus der „Anspannung bis über die Druckfließgrenze" nicht vollständig in den spannungsfreien Zustand zurückkehren, da der nur wenig verformte Kern einer solchen Rückbildung seinen elastischen Widerstand entgegensetzt.

Die Druckrestspannungen der Oberflächenschicht stehen im Gleichgewicht mit den Zugrestspannungen des Kerns.

6.2 Festigkeitserhöhung der Oberflächenschicht durch die Kaltverformung beim Oberflächendrücken

Durch die Kaltverformung, die zu einem Restspannungssystem führt, werden bei vielen Werkstoffen die Festigkeitswerte erhöht.

Versuche von RUTTMANN [14] an Stäben von 9,5 und 18,5 mm Durchmesser aus C-Stahl mit $\sigma_B = 37$ bis 56 kp/mm² (ohne Kaltverformung) erreichten durch Drücken in einer 1,0 bis 0,6 mm dicken Oberflächenschicht maximale Druckrestspannungen von 50 bis 70 kp/mm². Da die Druckrestspannungen wesentlich über der vor dem Drücken vorhandenen Zugfestigkeit σ_B liegen, muß der Werkstoff in dieser Schicht derart kalt-verfestigt sein, daß seine Quetschgrenze bis zur Höhe der Druckrestspannungen verbessert ist.

Es ist anzunehmen, daß die höhere Ermüdungsfestigkeit gedrückter Stahlstäbe sowohl durch die günstigen Druckspannungen wie auch durch die Kaltverfestigung verursacht wird. Wenn die Druckrestspannungen durch die Beanspruchungswechsel im Ermüdungsversuch teilweise abgebaut werden (s. Abschn. 9), so kann doch der günstige Einfluß der Werkstoffverfestigung in der für den Anriß maßgeblichen Oberflächenschicht erhalten bleiben.

6.3 Wirkungslosigkeit des Oberflächendrückens in Randnähe (z. B. an einem Bohrungsrand)

Die Erzeugung von Druckrestspannungen in einer Oberflächenschicht durch Drücken ist nur in hinreichendem Abstand vom Rand des Körpers möglich. Beim Eindrücken eines Stempels sehr nahe dem Rand wird das aus dem „Innenbereich" (Oberflächenschicht unterhalb des Stempels) herausgequetschte Material in seinem Fluß zum Rand hin nicht mehr stark behindert. In den randnahen Gebieten bauen sich somit beim Drücken keine starken Behinderungsspannungen auf, und es wirken nach Entlastung auch keine starken „Rückfederkräfte" auf den „Innenbereich", um diesen unter wesentliche Druckrestspannungen zu setzen. Beispielsweise kann die Lochwandung einer Bohrung durch Drücken nur mit Ausnahme der Lochränder unter Druckrestspannungen gesetzt werden. Am Lochrand wird ein Wulst herausgequetscht, der ziemlich spannungsfrei bleibt. Bild 180 zeigt nach [15] die Aufdickung der Lochrandzone durch dieses Herausquetschen bei einer Bohrung, deren Durchmesser um 3% zur Erzeugung von Druckrestspannungen in der Lochwandung aufgeweitet wurde.

6.4 Erzeugung von Druckrestspannungen am Bohrungsrand durch Stempel mit Dorn

Bei Wellen mit einer Querbohrung kann man den gefährdeten Randbereich der Bohrung, wie Bild 181 nach [16] zeigt, durch Eindrücken eines Stempels mit Dorn unter Druckrestspannungen setzen. Das Werkzeug im Bild links ist

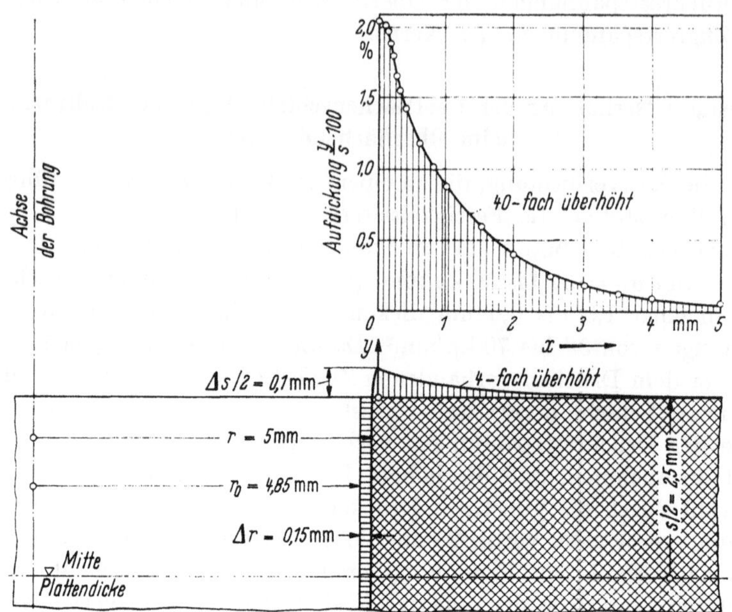

Bild 180. Aufweitung (3 % bleibend) einer Bohrung in einer Platte aus 7075-T 6. Nach [15].

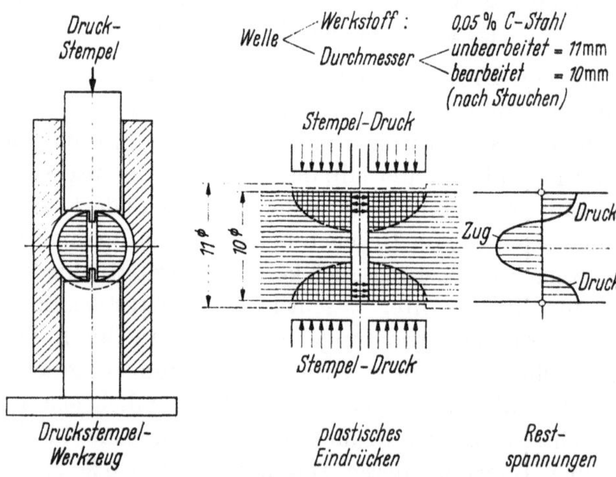

Bild 181. Örtliches Stauchen mit Druckstempel. Druckrestspannungen im Bereich
einer Querbohrung durch eine Welle. Nach [16].

sehr einfach, da die durch das Gehäuse geführten gegenläufigen Druckstempel in einer beliebigen Presse gegeneinander gedrückt werden können.

Wesentlich für die Erzeugung der Druckrestspannungen am Lochrand ist der Dorn, der die Bohrung in Randnähe ausfüllt und daher das durch Entstehung eines Wulstes gekennzeichnete Herausquetschen von Oberflächenmaterial verhindert.

Die Skizzen rechts im Bild geben schematisch die Zone der plastischen Verformung beim Einpressen des Stempels und die ungefähre Verteilung der Restspannungen an. Die starke günstige Auswirkung dieser Druckrestspannungen an Bohrungsrändern auf die Dauerfestigkeit von Wellen mit Querbohrungen ist aus Bild 57 zu ersehen.

6.5 Erzeugung von Restspannungen durch Eindrücken balliger Körper

6.5.1 Kugeleindruck

Für die Erzeugung von Druckrestspannungen in einer Oberflächenschicht durch das Eindrücken balliger Körper zeigt Bild 182 einige Beispiele [17].

Die Skizze links zeigt, wie eine Kugel in eine ebene Oberfläche durch eine Kraft P so stark eingedrückt wird, daß in einer „plastischen Zone" die Elastizitätsgrenze überschritten ist. Der Werkstoff fließt im plastischen Zustand unter Rücklassung einer Vertiefung über die Oberfläche hinaus und bildet einen Ringwulst.

Unterhalb der plastisch verformten Zone treten elastische Verformungen auf. Bei Entlastung der Kugel verbleiben Restspannungen, und zwar in der plastisch

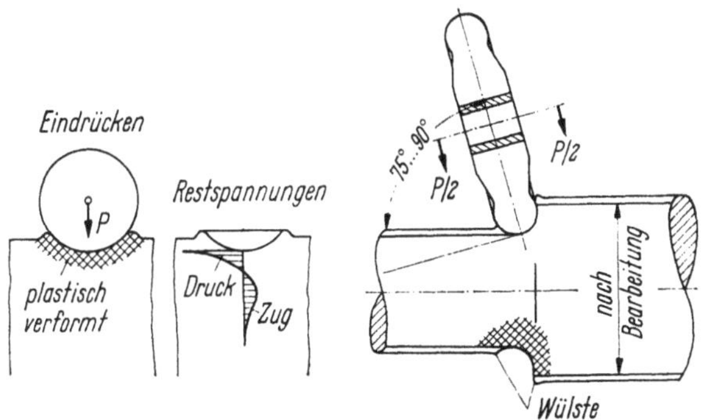

Bild 182. Druckrestspannungen in der Oberflächenschicht aus dem Eindrücken balliger Körper. [17].

verformten Oberflächenschicht Druckspannungen, in darunter liegenden Schichten Zugspannungen, die sich als „Eigenspannungssystem" untereinander ohne weitere äußere Einwirkungen das Gleichgewicht halten. In einer Skizze des Bildes 182 ist der Verlauf dieser Restspannung, beginnend an der eingedrückten Oberfläche, ins Innere dargestellt.

6.5.2 Druckrestspannungen in ausgewalzter Hohlkehle

Im Bild 182 rechts ist die Erzeugung von Druckrestspannungen in einer Hohlkehle durch Kaltwalzen mit einer Rolle dargestellt. Bild 183 zeigt die Dauerbiegewechselfestigkeit eines abgesetzten Rundstabs aus C-Stahl St C 35 · 61, ab-

hängig vom Rollendruck P, mit dem die Hohlkehle in 25 bis 30 Umläufen (20 U/min) kalt gewalzt wurde [18].
Die Dauerbiegewechselfestigkeit

steigt mit dem Rollendruck P als Folge der wachsenden Druckrestspannungen an,

erreicht mit $P_{opt} = 500$ kg die größte Verbesserung von $\approx 56\%$,

sinkt bei Überschreitung von P_{opt} wieder ab, weil die Druckrestspannungen an der Oberfläche nach Überschreiten einer Optimaldicke der plastisch verformten Schicht wieder kleiner werden.

Die durch die optimale Rollenkraft $P_{opt} = 500$ kg erzeugte Druckrestspannung reichte im vorliegenden Fall nahezu aus, um die Kerbwirkung unschädlich zu machen, so daß in etwa die Dauerbiegewechselfestigkeit des ungekerbten Rundstabs aus gleichem Werkstoff erreicht wurde.

6.5.3 Restspannungen in Wälzlagerteilen aus dem Rollen im Betrieb

Die Entstehung von Betriebsrestspannung in Wälzlagerteilen sei am Beispiel des Innenrings eines Kugellagers im Bild 184 gezeigt.

Die tangentialen Restspannungen in der Symmetrieachse $M-M$ des Innenringquerschnittes sind über der Ringdicke aufgetragen. Diese Restspannungen sind

im Anlieferungszustand sehr klein,

nach 32 Betriebsstunden $\sigma_{R\,max} = -9{,}5$ kp/mm²,

nach 1774 Betriebsstunden $\sigma_{R\,max} = -48$ kp/mm² in etwa 0,25 mm Tiefe.

Die durch das Rollen der belasteten Kugeln im Betrieb erzeugte Druckrestspannung fällt von diesem Maximum zur Oberfläche und nach innen sehr steil ab. An der Oberfläche (Lauffläche der Kugeln) bleibt die Restspannung klein. Schäden, die an der Lauffläche entstehen, werden an einer Ausbreitung nach innen durch den starken Anstieg der Druckrestspannungen wesentlich behindert.

6.5.4 Kugelrollen

Das Kugelrollen (cold rolling) von Lochwandungen wird durch die Kugeln eines Kugellagers vorgenommen, von dem der Außenring entfernt worden ist. Der Innenring mit Kugeln und Käfigen sitzt auf einer Welle, die bei kleiner Umdrehungszahl und geringem Vorschub durch das zu bearbeitende Loch geführt wird.

Für die Kaltverformung einer Bohrung mit 61 mm Durchmesser erwies sich nach [19] die Anordnung von Stahlkugeln mit 14 mm Durchmesser auf einem Kugellagerinnenring mit Käfig am günstigsten. Wenn der Durchmesser der Kugelaußenbahn um 0,2 bis 0,25 mm (1,4 bis 1,8%) größer als der Lochdurchmesser gewählt wurde, ergab sich eine unter Druckrestspannungen stehende Oberflächenschicht. Die Dicke dieser Schicht erreicht in der Mitte der Lochtiefe 0,9 bis 1,0 mm. An den Lochrändern ist die Restspannungsschicht jedoch sehr dünn, so daß die Ränder abgeschrägt oder abgerundet (Radius von 1,5 mm) werden, um Kontakt und damit Reibkorrosion zwischen der Buchse und dem nicht kaltverformten, von Restspannungen freien Material an den Rändern, zu vermeiden. Ein Beispiel, bei dem durch dieses Kugelrollen der Dauerfestigkeitsausschlag einer Bolzenverbindung auf den etwa 3fachen Wert erhöht wurde, ist im Kap. XVI, 4.1.2 (Bild 397) gegeben.

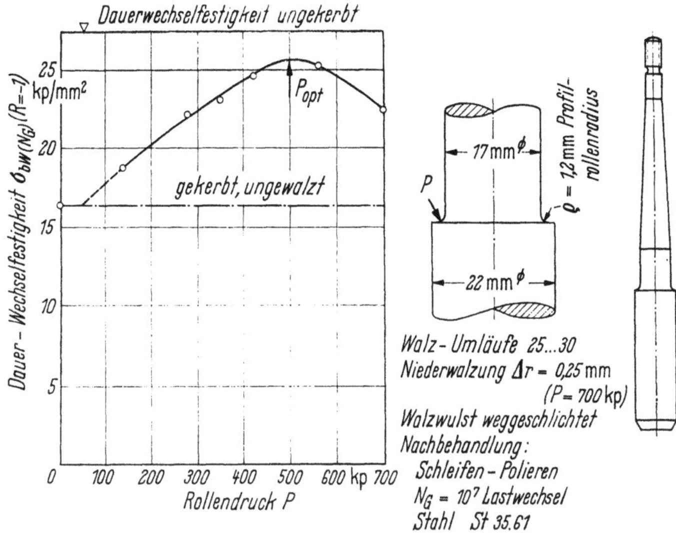

Bild 183. Einfluß des Rollendrucks beim Kaltwalzen einer Hohlkehle auf die Dauerwechselfestigkeit einer Stahlwelle. [18].

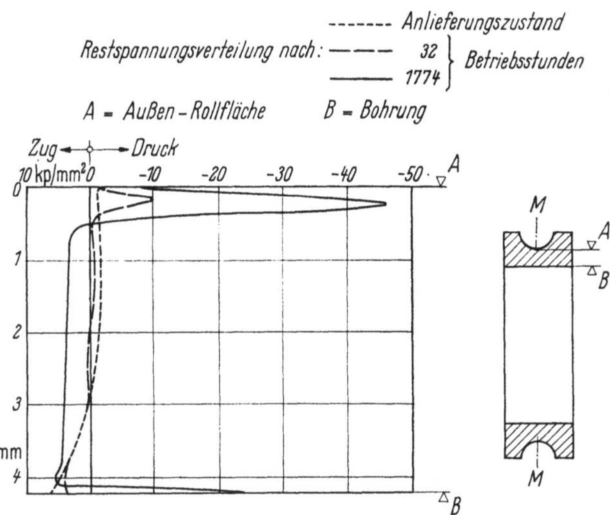

Bild 184. Restspannungsverteilung nach unterschiedlicher Betriebsdauer in einem Kugellagerinnenring. Nach [12].

6.5.5 Nadeldrücken

Zum Nadeldrücken (roll-peening) wurde ein Werkzeug entwickelt, bei dem die Nadeln eines Nadellagers mit ihrem Käfig auf einer Spindel aus gehärtetem Stahl montiert sind. Die Spindel ist so ausgebildet, daß sich an den Stellen, an denen die Nadeln montiert sind, Abflachungen und dazwischen Kreisbögen befinden; dadurch werden beim Rotieren der Spindel die Nadeln wie durch Nocken in radialer Richtung bewegt und drücken sich so in die Lochwandung ein.

Das Nadelrollen hat sich als billiges und leicht zu überwachendes Verfahren zum Kalibrieren und zur Glättung der Lochwandung bis zu 6 mm Durchmesser herunter bewährt. Durch diese Kaltverformung kann eine Oberflächenschicht mit Druckrestspannungen erzielt werden, deren Dicke 0,08 bis 0,12 mm beträgt.

Bei den Bohrungen des im Kap. XVI, 4.1.2 behandelten Stahlbeschlags mit $d = 19,7$ mm Durchmesser und 100 mm Länge erwies sich das Nadelrollen, wie die Ergebnisse der Ermüdungsversuche im Bild 394 nach [19] zeigen, als sehr günstig.

7 Restspannungen aus örtlicher Überhitzung an der Oberfläche

Mit der Erwärmung dehnt sich der metallische Werkstoff aus. Ist die Erwärmung örtlich begrenzt, so wird die Ausdehnung durch das kälter bleibende umgebende Material derart behindert, daß die erwärmte Stelle der Behinderung ihrer Wärmeausdehnung Druckspannungen entgegensetzt. An Stellen hoher örtlicher Überhitzung einer Oberflächenschicht überschreiten diese erzwungenen Druckspannungen die Fließgrenze, und der Werkstoff wird gestaucht, indem sich die plastisch verformte Oberflächenschicht aufdickt.

Bei der Wiederabkühlung könnte der spannungsfreie Zustand nur dann wieder erreicht werden, wenn mit der Zusammenziehung aus Abkühlung auch die plastische Verformung aus Erwärmung wieder rückgängig gemacht würde. Zu einer plastischen Rückbildung wären jedoch dem vorangegangenen Stauchen entgegengesetzte Spannungen oberhalb der Fließgrenze notwendig.

Wird nach starker örtlicher Überhitzung, die zu Druckwärmespannungen oberhalb der Warmfließgrenze führt, abgekühlt, so entsteht ein Eigenspannungssystem mit Zugrestspannungen in dem Erhitzungsbereich. Diese Restspannungen werden um so höher, je größer und steiler das Temperaturgefälle war.

Örtliche Überhitzungen der Oberflächenschicht, durch die bei Abkühlung Zugrestspannungen entstehen, wirken sich bei vielen Werkstoffen auch auf die örtliche Festigkeit der Oberflächenschicht ungünstig aus, insbesondere, wenn der Werkstoff warm oder kalt vergütet ist. Diese örtliche Festigkeitsverringerung wird sich auf die statische Festigkeit wenig auswirken, da vor Erreichen der Bruchgrenze ein plastischer Ausgleich eintritt.

Beide Einflüsse aus der Überhitzung werden sich jedoch ungünstig auf die Ermüdungsfestigkeit auswirken. Wenn die Zugrestspannungen der Oberflächenschicht durch Wechselbeanspruchung im Ermüdungsversuch abgebaut werden, so wird doch der ungünstige Einfluß der örtlichen Verminderung der Werkstofffestigkeit wirksam bleiben.

8 Zusammenwirken von Oberflächendrücken und Erhitzen

Bei der mechanischen Bearbeitung der Oberfläche (z. B. Drehen, Fräsen Hobeln oder Schleifen, Polieren) wird die Oberflächenschicht gedrückt und erhitzt.

Es wurden beim Hobeln und Drehen von Stahl an der Schnittstelle Temperaturen von 600 °C und darüber ermittelt [14]. Beim Überschleifen von C-Stahl wurde festgestellt [14], daß Temperaturen von über 700 °C erreicht werden. Die Erhitzung steigt mit zunehmender Bearbeitungsgeschwindigkeit. Durch Kühlung während des Bearbeitungsvorgangs kann dem entgegengewirkt werden. Es hängt also von Geschwindigkeit und Kühlung ab, ob die Restspannung an der Oberfläche dem „Drücken" entsprechend eine Druck- oder der örtlichen Erhitzung entsprechend eine Zugspannung ist.

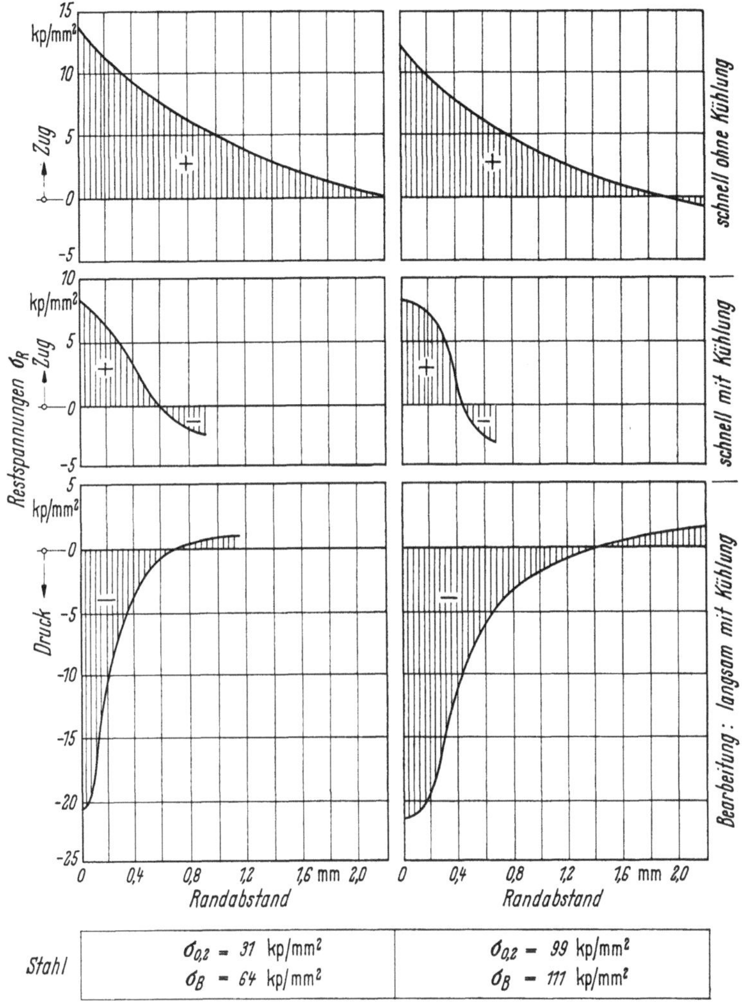

Bild 185. Restspannungen (längs der Welle) erzeugt durch unterschiedliche Drehbearbeitung. Abdrehen einer Welle von 36 auf 30 mm Durchmesser. Nach [14].

Im Bild 185 sind die Meßergebnisse wiedergegeben, die RUTTMANN [14] an abgedrehten Prüfstäben (von 36 auf 30 mm Durchmesser) aus zwei verschiedenen Stählen ermittelte. Beachtlich ist, daß trotz der sehr verschiedenen Festigkeiten der verwendeten Stähle die Restspannungen an der Oberfläche nach der Bearbeitung nicht grundsätzlich verschieden sind.
Es zeigt sich:

Beim langsamen Drehen mit Kühlung (Öl + Wasser) ergaben sich Druckrestspannungen an der Oberfläche mit Maximalwerten von −20 bis −22 kp/mm² und eine Tiefe der Druckzone von 0,7 bis 1,4 mm.

Die im Kern auftretenden Zugrestspannungen erstrecken sich über einen großen Querschnitt und bleiben daher klein, so daß sie sich in Ermüdungsversuchen nicht auswirken werden.

Die beträchtlichen Druckrestspannungen in einer recht dicken Oberflächenschicht sowie die wahrscheinlich erzielte Festigkeitsverbesserung in der kalt verformten Schicht wirken sich sicher günstig auf die Ermüdungsfestigkeit aus.

Bei schnellem Drehen mit und ohne Kühlung ergaben sich Zugrestspannungen mit Maximalwerten von $+8$ bis $+13$ kp/mm² an der Oberfläche und eine Tiefe der „Zugzone" von 0,4 bis 2,3 mm. Die Druckrestspannungen, die sich auf den großen Kernquerschnitt verteilen, bleiben unbedeutend.

Wenn auch die Zugrestspannungen an der Oberfläche relativ klein bleiben, so ist doch zu erwarten, daß sie eine negative Auswirkung auf die Ermüdungsfestigkeit haben.

9 Abbau von Restspannungen durch dynamische Beanspruchung

9.1 Abbau von Richtrestspannungen in Rechteckstäben aus Baustahl bei Axialbelastung

Eine Änderung der Restspannungen erfolgt sicherlich an Stellen, die durch die dynamische Belastung so hoch beansprucht werden, daß örtlich plastische Verformungen eintreten. Ein Abbau von Restspannungen ist insbesondere im Kleinwechselzahlbereich bei hohen Belastungen zu erwarten; er kann jedoch auch bei kleinen Belastungen sogar im Bereich der Dauerfestigkeit eintreten. Von entscheidender Bedeutung ist hier die Größe der Bruch- und der Fließgrenze des Werkstoffs.

Bei Baustählen mit $\sigma_B = 40$ kp/mm², wie sie M. Roš zu seinen Untersuchungen [20] über den „Einfluß der Eigenspannungen auf die Ermüdungsfestigkeit" verwandte, liegen diese Verhältnisse so, daß die Restspannungen im Zugschwellversuch weitgehend abgebaut werden. Mit den Festigkeitswerten $\sigma_{0,2} = 24,4$ kp/mm², $\sigma_B = 42$ kp/mm² und $\sigma_{Sch(N_G)} = 29,4$ kp/mm² liegt die Zugschwelldauerfestigkeit des glatten Stabes 20% über der Streckgrenze, so daß in allen Ermüdungsversuchen die Stäbe über die $\sigma_{0,2}$-Grenze gereckt werden. Daß dabei die Restspannungen weitgehend abgebaut werden, zeigen die Versuche von Roš mit kaltgerichteten Versuchsstäben.

Glatte Vierkantstäbe ($b = 30, s = 24$ mm) wurden kalt verbogen — geglüht — und kalt unter Überschreitung der Streckgrenze gerichtet. Da keine nachträgliche Wärmebehandlung durchgeführt wurde, verblieben Restspannungen in der Größe der Streckgrenze. Zugschwellversuche ergaben die Dauerfestigkeit $\sigma_{Sch(N_G)} = 29,4$ kp/mm² für die nicht gebogenen und $\sigma_{Sch(N_G)} = 30,4$ kp/mm² für die gebogenen und kalt gerichteten Stäbe, praktisch also keinen „Richteinfluß". Da in diesem Fall $\sigma_{Sch(N_G)}$ um 20 bis 24% über der $\sigma_{0,2}$-Grenze liegt, wurden die Restspannungen aus dem Richten durch die dynamischen Belastungen abgebaut.

Dieses Ergebnis für Baustahl darf keineswegs verallgemeinert werden. Insbesondere ist es nicht auf hochwertige Legierungen, bei denen die Dauerfestigkeit weit unter der Streckgrenze liegt, zu übertragen.

9.2 Abbau von Restspannungen aus Lochaufweitung

Die Druckrestspannungen, die in der Wandung einer konischen Bohrung eines Flachstabs aus einer bleibenden Aufweitung infolge Einpressens eines konischen Bolzens nach Entfernung dieses Bolzens zurückbleiben, können der durch die Spannungshäufung am Bohrungsrand verursachten Verringerung der Ermüdungsfestigkeit des Flachstabs entgegenwirken.

Bei Baustahl, d. h. niedrige Streckgrenze gegenüber der Dauerfestigkeit, kann, wie aus den Versuchen von Roš [20] zu folgern ist, auch die Restspannung im dynamischen Versuch abgebaut werden. Die Auswirkung der nach Entfernung des Aufweitbolzens verbleibenden Restspannungen auf die Dauerschwellfestigkeit des gekerbten Stabes $\sigma_{Sch\,(N_G)} = 15{,}5\ \mathrm{kp/mm^2}$ mit $K_{\mathrm{eff}} = 2{,}02$ blieb nach Roš äußerst gering.

9.3 Abbau von Abschreckrestspannungen in Stählen bei Umlaufbiegung

Ein durch Abschrecken erzeugtes Restspannungssystem kann, wie BÜHLER und BUCHHOLZ [4] durch Messungen gezeigt haben, durch Wechselbeanspruchung abgebaut werden. Im Bild 161 sind Ergebnisse dieser Messungen wiedergegeben, die über den Abbau der Restspannungen durch Wechselbeanspruchung nahe der Dauerfestigkeitsgrenze ($N = 10^6$ bzw. $N = 8 \cdot 10^6$) folgendes aussagen:

Der Abbau der Restspannungen zeigt sich in gleicher Weise für Längs-, Tangential- und Radialspannungen.

Die Restspannungen an der Oberfläche von C-Stählen werden bei Beanspruchung in der Größe der Dauerfestigkeit nahezu vollständig abgebaut.

Im Innern ist der Abbau nicht vollständig, weil die den Abbau verursachenden wechselnden Biegespannungen zur Kernmitte auf Null abfallen.

Der vollständige Abbau der Restspannungen an der Oberfläche bei den vergüteten C-Stählen hat folgende Ursachen:

Die Streckgrenze ($\sigma_{0,2}$) liegt nur wenig über der Dauerfestigkeitsgrenze, d. h. dem Spannungswert, mit dem die Stäbe an der Oberfläche beim Spannungsabbau beansprucht wurden.

Die Überlagerung der Längsdruckspannungen an der Oberfläche aus dem Restspannungssystem und der Biegung im Dauerversuch ergibt eine Gesamtspannung, die an die statische Bruchfestigkeit heranreicht, d. h., die Formänderungen, die bei der Überlagerung der Druckrestspannungen mit den Druckbiegespannungen auftreten, liegen im plastischen Bereich.

Der Abbau von Restspannungen kann also aus den Überschreitungen der Elastizitätsgrenze infolge der Spannungsüberlagerungen erklärt werden, ohne daß „dynamische Effekte" herangezogen werden.

Die Beobachtung, daß bei einem statisch hochwertigeren Nickelstahl die Restspannungen nach $1{,}35 \cdot 10^6$ Lastwechseln nur wenig abgebaut werden [4], läßt sich wie folgt erklären:

Bei abgeschreckten Stäben aus diesem Werkstoff liegen zu Beginn des Dauerversuchs an der Oberfläche folgende Verhältnisse vor:

$$\text{Zugrestspannungen} \quad \sigma_{R1} = 37 \text{ kp/mm}^2,$$
$$\text{Wechselspannungen} \quad \sigma_a = \pm 36 \text{ kp/mm}^2,$$
$$\text{Spannungsaddition} \quad \sigma_{R1} + \sigma_a = 73 \text{ kp/mm}^2,$$
$$\text{Streckgrenze} \quad \sigma_{0,2} = 80 \text{ kp/mm}^2,$$
$$\text{Bruchfestigkeit} \quad \sigma_B = 107 \text{ kp/mm}^2.$$

Die Spannungsaddition ergibt also eine Beanspruchung, die 9% unterhalb der Streckgrenze liegt, d. h., es ist kein Restspannungsabbau zu erwarten. Der trotzdem vorhandene geringe Abbau kann daraus erklärt werden, daß die Elastizitätsgrenze ($\sigma_{0,01}$) überschritten wird und dementsprechend bleibende Verformungen möglich sind. Mit dem Abbau auf $\sigma_{R2} = 26 \text{ kp/mm}^2$, also $\sigma_{R2} + \sigma_a = 62 \text{ kp/mm}^2$, dürfte etwa die Elastizitätsgrenze erreicht sein.

9.4 Abbau von Kugelstrahlrestspannungen durch Biegewechselbelastung

Der Abbau von Restspannungen durch eine Wechselbelastung wurde von ALMEN und BLACK [12] am Beispiel des beidseitig kugelgestrahlten Flachstabs diskutiert. Unterwirft man diesen mit Druckrestspannungen σ_{Ku} in beiden Oberflächenschichten versehenen Stab einer Biegeschwellbelastung σ_b, so ergibt sich die im Bild 186 oben skizzierte Überlagerungsspannung $\sigma_{ü} = \sigma_{Ku} + \sigma_b$. In der Oberflächenschicht, die aus der Biegung Druckspannungen erhält, wird die Druckrestspannung um den Betrag $\Delta\sigma$ verringert, um den die Überlagerungsspannung $\sigma_{ü} = \sigma_{Ku} + \sigma_b$ die „dynamische Elastizitätsgrenze" überschreitet.

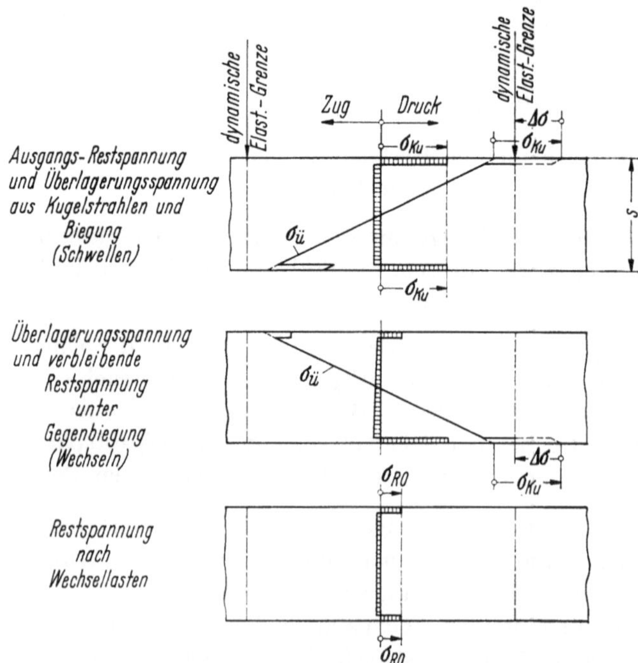

Bild 186. Abbau von Restspannungen in einem Flachstab durch Biegewechselbelastung. [12].

Diese Reduktion der Druckrestspannung in der durch Druckschwellspannungen belasteten Oberflächenschicht bleibt ohne nachteiligen Einfluß, wenn nur Schwelllasten in einer Richtung auftreten.

Durch einen Richtungswechsel der Biegelast wird, wie im Bild 186 in der Mitte dargestellt, jedoch die Oberflächenschicht auf Zug belastet, deren Druckrestspannung bereits um $\Delta\sigma$ reduziert war. In der anderen Oberflächenschicht wird nun ebenfalls die Druckrestspannung um $\Delta\sigma$ verringert, d. h., die nach Entlastung verbleibende Druckrestspannung an den beiden Oberflächen beträgt nur noch $\sigma_{R0} = \sigma_{Ku} - \Delta\sigma$.

Die Verminderung der Druckrestspannungen an der Oberfläche bei Überschreitung der dynamischen Elastizitätsgrenze durch die resultierende Überlagerungsspannung wird also im allgemeinen nur bei Schwellbelastung ohne Einfluß auf die Ermüdungsfestigkeit bleiben; bei Wechselbelastung wirkt sie sich dagegen nachteilig aus.

Der Begriff „Dynamische Elastizitätsgrenze" ist mit dem Bauschinger-Effekt zu erklären. BAUSCHINGER hat als erster nachgewiesen, daß die Fließgrenze für einen bestimmten Werkstoff kein konstanter Materialwert ist, sondern daß sie durch Vorbelastungen beeinflußt wird [21].

Ein Recken über die gemessene $\sigma_{0,2}$-Grenze hinaus läßt diese Grenze ansteigen, setzt jedoch die Druckfließgrenze herab. Umgekehrt hebt eine Druckbeanspruchung über die Druckfließgrenze hinaus diese Grenze an, verringert jedoch die Zugfließgrenze. Bei wiederholter wechselnder Beanspruchung pendeln sich die Fließgrenzen auf einen Mittelwert zwischen den beiden Grenzen ein, der als „dynamische Elastizitätsgrenze" bezeichnet wird.

10 Anriß unterhalb der Oberflächenschicht durch Zugrestspannungen

Die Druckspannungen in der Oberflächenschicht gehören als Restspannungen, gleichgültig wie sie erzeugt wurden, immer zu einem Eigenspannungssystem, bei dem Zugspannungen im Inneren das Gleichgewicht herstellen.

Diese Tatsache ist für die Ermüdungsvorgänge bei Wirkung von Restspannungen wichtig; denn die Entstehung und Ausbreitung von Ermüdungsanrissen wird

durch die Druckrestspannungen in der Oberflächenschicht verhindert oder verzögert,

durch die Zugrestspannungen im Inneren nahe der Oberflächenschicht jedoch begünstigt.

Bei Bauteilen mit kräftigen Druckrestspannungen an der Oberfläche können Ermüdungsanrisse im Inneren entstehen. Im folgenden sind einige Beispiele für dieses Phänomen aufgeführt [12].

Innenanrisse an Fahrschienen

Eisenbahnschienen können von der Formgebung auf der Walzenstraße her im Inneren Zugrestspannungen haben, die aus der Beanspruchung der Schienenoberfläche durch die Räder im Betrieb erhöht werden.

Die im Bild 187 gezeigte Bruchfläche einer Eisenbahnschiene enthält im Kern einen Ermüdungsanriß infolge Zugrestspannungen, der bei einer Gleisinspektion mit einem Magnet-Rißprüfgerät festgestellt wurde. Der Restbruch wurde künst-

Bild 187. Innenanriß (entdeckt bei „magnetic car inspection" in einer Eisenbahnschiene. [12].

lich herbeigeführt. Die sehr starke Kaltverformung mit Druckrestspannungen an der Lauffläche und Zugrestspannungen im Inneren ist daraus zu erkennen, daß rechts und links Wulste W herausgequetscht sind.

Innenanrisse bei Zahnrädern

Bei übertriebener Einsatzhärtung von Zahnrädern wurden, wie Bild 188 oben zeigt, Innenanrisse festgestellt.

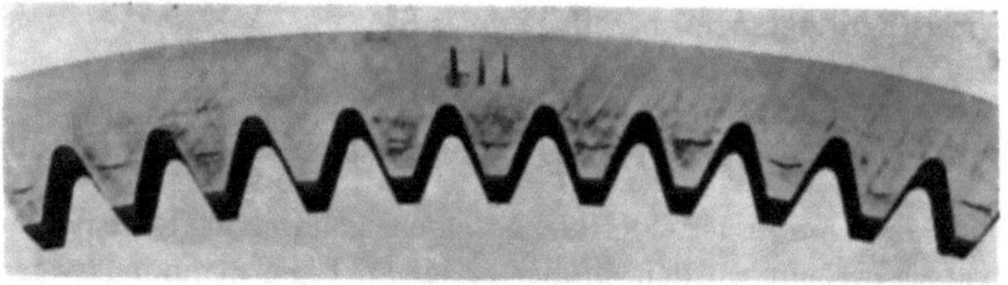

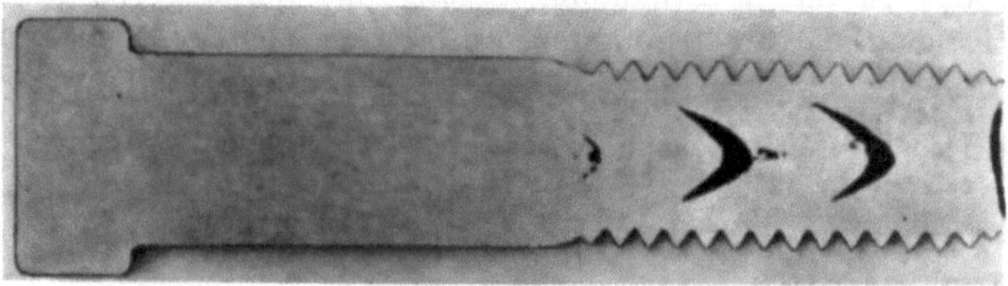

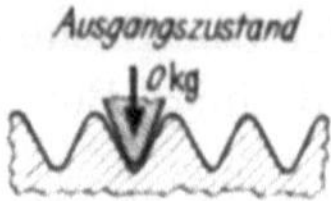

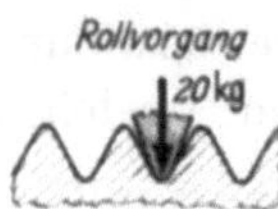

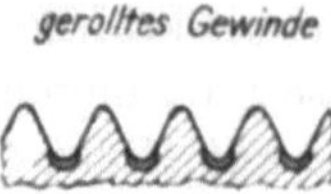

Bild 188. Innenanrisse bei Bauteilen mit kräftigen Druckrestspannungen an der Oberfläche. [12].

Innenanrisse im Schraubenkern

Bei starkem Rollen von Gewinden kann es, wie Bild 188 unten zeigt, zu Innenanrissen im Schraubenkern kommen.

Die Tatsache, daß Beginn und Ausbreitung eines Ermüdungsschadens bei hohen Restspannungen weitgehend im Inneren eines Bauteils erfolgen und somit unsichtbar bleiben können, dürfte von besonderer Bedeutung für die Kontrolle lebenswichtiger Bauteile im Rahmen der Wartung sein. Für Bauteile, deren ausreichende Ermüdungsfestigkeit durch Erzeugung von beträchtlichen Restspannungen sichergestellt wird, ist die optische Prüfung allein der Oberfläche nicht ausreichend. Die Untersuchung des Inneren nahe der Oberfläche sollte durch Röntgenstrahlen oder Ultraschall erfolgen.

11 Beispiel für das Zusammenwirken mehrerer Restspannungssysteme

11.1 Druckrestspannungen des Radkranzes aus der Fertigung

Die wichtige Frage des Zusammenwirkens mehrerer Restspannungssysteme wird im folgenden am Beispiel des auf einer Schiene laufenden, durch Reibschuhe gebremsten Eisenbahnwaggonrades dargelegt. ALMEN und BLACK haben in [12] dieses Beispiel eingehend behandelt.

Ein für die Betriebsfestigkeit des Rades wichtiges Grundsystem von Restspannungen entsteht bei den Fertigungsverfahren, die zunächst entwickelt wurden, um große Härte und gute Zähigkeit des Radkranzes zu erzielen.

Bei der Erforschung der Zusammenhänge zwischen Betriebsfestigkeit und Restspannungssystemen stellte sich erst die besondere Bedeutung des in der Fabrikation erzeugten Restspannungsgrundsystems heraus.

Für die Haltbarkeit von Waggonrädern ist es vorteilhaft, wenn im Radkranz tangentiale Druckrestspannungen vorhanden sind, die mit radialen Zugrestspannungen in der Radscheibe im Gleichgewicht stehen. Die Zugspannungen der Scheibe, die am Kranz radial angreifen, wirken im Sinne einer Verkleinerung des Kranzes, der dieser die tangentialen Druckspannungen entgegensetzt.

In der Fertigung der Räder können diese gewünschten Restspannungen auf verschiedene Weise erzeugt werden:

Beim Gießen von Stahlrädern wird in die Gußform ein Kühleisen eingesetzt, durch das das Metall des Kranzes schnell zum Erstarren und Zusammenziehen kommt. Die noch plastische Radscheibe wird zunächst radial zusammengedrückt, dann aber bei der vollständigen Erstarrung in ihrer Verformung durch den bereits erstarrten Radkranz behindert und unter radiale Zugspannungen gesetzt.

Beim Schmieden von Rädern wird nach der Warmbehandlung der Radkranz von den hohen Temperaturen in Wasser abgeschreckt, so daß er sich zusammenzieht, während die noch heiße Radscheibe plastisch zusammengedrückt wird. Bei Abkühlung und der damit verbundenen Schrumpfung der Scheibe wirkt die steife Radfelge behindernd, so daß in der Scheibe radiale Zugrestspannungen und damit im Kranz tangentiale Druckrestspannungen entstehen.

11.2 Restspannungen an der Lauffläche aus Bremswärme

Die durch die Fertigungsverfahren sichergestellten Druckrestspannungen im Radkranz sind wichtig im Hinblick auf die thermischen Beanspruchungen, die an der Lauffläche beim Bremsen durch die Bremsschuhreibung entstehen. Der

„Oberflächenschichtring" kann sich wegen der Bindung an den kalt bleibenden Kern bei der Erhitzung nicht radial weiten, und es setzen sich der Wärmeausdehnung tangentiale Druckspannungen entgegen. Die Höhe dieser Druckspannungen ist durch das Erreichen der Streckgrenze begrenzt. Sind die Wärmeausdehnungen größer als es der Dehnung an der Streckgrenze entspricht, so wird die Oberflächenschicht plastisch gestaucht.

Durch das Zusammenziehen der Oberflächenschicht bei der Abkühlung werden zunächst die tangentialen Druckspannungen durch elastischen Rückgang abgebaut, und es verbleiben in dieser Schicht tangentiale Zugspannungen, die die plastische Stauchung der Oberflächenschicht durch elastische Dehnungen ausgleichen.

Die Oberflächenschicht des Radkranzes erhält also im Betrieb durch die vorübergehende Bremserhitzung Zugrestspannungen, während sich die aus der Fertigung stammenden Druckrestspannungen des Kranzes unterhalb dieser Schicht erhöhen.

Bei Entstehung von Ermüdungsanrissen an der Lauffläche bleiben diese auf die dünne Oberflächenschicht begrenzt, da eine Ausbreitung ins Innere des Laufkranzes durch die hohen Druckrestspannungen unmöglich gemacht wird.

Die durch häufige Bremsung wiederholten hohen Wechselspannungen in der Oberflächenschicht mit Druck bei Erhitzung und Zug bei Abkühlung können zu thermischer Ermüdung führen.

11.3 Zusätzliches drittes Restspannungssystem

Die Oberflächenschicht unter der Lauffläche wird andererseits ständig durch das Rollen des Rades über die Schiene in der Weise kalt verformt, daß eine dünne Schicht immer wieder Druckrestspannungen erhält. Wenn diese Druckspannungen auch nur vorübergehend vorhanden sind — da sie durch das Bremsen und die damit verbundene Erwärmung beseitigt und durch Zugspannungen ersetzt werden — und somit nicht die Entstehung von Anrissen verhindern können, so wirken sie sich doch günstig durch Behinderung der Rißausbreitung aus.

11.4 Sicherung eines ausreichenden Restspannungsgrundsystems

Im vorangegangenen wurde unterstellt, daß die Bremszeiten relativ kurz und die Wärmemenge beim Bremsen so klein bleibt, daß die Oberflächenschicht unter der Lauffläche, die durch Erhitzung plastisch gestaucht wird und Zugrestspannungen erhält, im Verhältnis zur Kranzdicke nur sehr dünn ist. Bei langer Bremsdauer dringt die Bremswärme tiefer unter die Lauffläche, und bei sehr langem und starkem Bremsen (schnelle Züge auf Gebirgsstrecken) besteht die Gefahr, daß der Kranz so tiefgehend seine Druckrestspannungen verliert, daß die Ausbreitung von thermischen Anrissen nicht mehr behindert wird.

Nachdem diese Erkenntnisse vorliegen, ist es das Ziel, aus der Fertigung möglichst hohe und tiefreichende Druckrestspannungen im Kranz zu erhalten.

Man kann Räder, die langen hohen Bremserwärmungen ausgesetzt waren, durch Wärmebehandlung bezüglich der Druckrestspannungen im Kranz wieder „auffrischen", indem die Scheibe unter Kühlung des Kranzes so stark erhitzt wird, daß die Wärmeausdehnung plastische Stauchungen hervorruft, durch die nach Abkühlung radiale Zugrestspannungen in der Scheibe und tangentiale Druckrestspannungen im Kranz verbleiben.

X. Vorspannungen — nichtlineare Spannungsprobleme bei Ermüdungsbelastung

1 Einfluß der Vorspannung bei axialer dynamischer Belastung einer Schraubenverbindung

1.1 Federnersatzbild einer vorgespannten Schraubenverbindung

Am einfachen und übersichtlichen Beispiel einer auf axialen Zug beanspruchten Schraube sei im folgenden das Prinzip der Auswirkung von Vorspannkräften auf die Aufnahme von äußeren Belastungen erläutert.

Bild 189 zeigt links eine symmetrische Verbindung von zwei Flanschen durch eine Schraube. Diese Verbindung erhält durch Anziehen der Schraubenmutter die Vorspannkraft P_V und wird durch die zentrisch axial angreifenden Kräfte P_B dynamisch belastet. Neben diesem Bild ist die gleiche Verbindung skizziert, nur sind Schraube und Flansch durch Federn ersetzt. An diesem Federnersatzbild

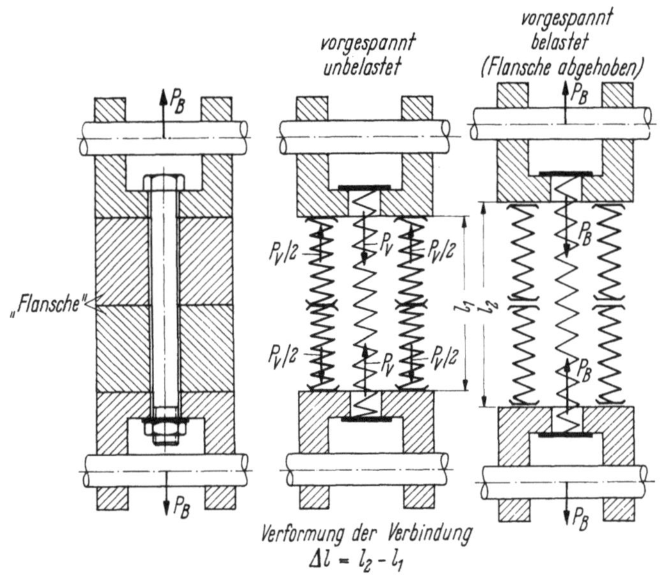

Bild 189. Schematische Darstellung der elastischen Verformung einer vorgespannten Schraubenverbindung.

werden die Kraftverhältnisse in der vorgespannten Schraubenverbindung erläutert:

Äußere Belastung P_B gleich Null (mittlere Skizze im Bild 189)
Die mittlere Feder (Schraube) wird durch die Vorspannkraft P_V auf Zug belastet, die äußeren Federn (Flansche) werden jede durch $P_V/2$ auf Druck beansprucht.

Überlagerung der Vorspannkraft P_V mit einer äußeren Belastung P_B (rechte Skizze)

Wird durch das mit P_V vorgespannte Federnsystem eine von außen angreifende axiale Zugkraft P_B geleitet, so wird diese aufgenommen

durch Erhöhung der Zugkraft der mittleren Feder (Schraube) um P_{BS} und Verringerung der Druckkraft der äußeren Federn (Flansche) um P_{BF}.

Die Größe dieser Zusatzlasten ergibt sich aus $P_{BS} + P_{BF} = P_B$ und dem Verhältnis der Federkonstanten von Schraube und Flansch. Erreicht die äußere Belastung einen bestimmten Wert $P_B = P_{BA}$, so sind die äußeren Federn vollständig entlastet (s. rechte Skizze im Bild 189), d. h., die Flanschteile heben voneinander ab. Die Übertragung der äußeren Last P_B erfolgt bei weiterer Steigerung über P_{BA} hinaus nur noch von der mittleren Feder.

1.2 Verspannungsschaubild der Schraubenverbindung — Kraftaufnahme

Trägt man die Belastung der Schraube bzw. des Flansches über der Längung der Schraube bzw. der Zusammendrückung des Flansches auf, so ergeben sich die im Bild 190 oben skizzierten linearen Zuordnungen, die wir im folgenden als

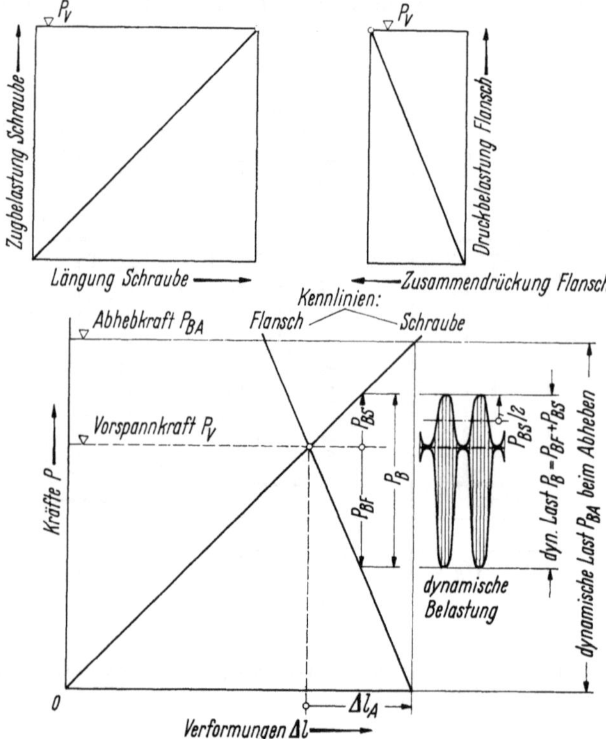

Bild 190. Verspannungsschaubild einer Schraubenverbindung.

Kennlinien der Schraube bzw. des Flansches bezeichnen. Trägt man diese beiden Kennlinien in ein gemeinsames Diagramm, so erhält man das sog. Verspannungsschaubild der Schraubenverbindung (s. Bild 190 unten). Der Schnittpunkt der beiden Kennlinien wird durch die Größe der Vorspannkraft P_V bestimmt. Aus dem Verspannungsschaubild kann man bei gegebener Vorspannkraft P_V und einer Belastung P_B der Schraubenverbindung die Kraftaufnahme durch die Schraube P_{BS} und den Flansch P_{BF} ablesen. Beim Abheben durch die Belastung P_{BA} wird $P_V - P_{BF} = 0$ und die Längung Δl_A erreicht.

Ist die Kraft P_B eine Zugschwellbelastung, so ergeben sich die im Bild 190 eingezeichneten Schwingungsausschläge der Kräfte:

in der Schraube mit $P_{BS}/2$ bei einer mittleren Kraft $P_{mS} = P_V + P_{BS}/2$,

in dem Flansch mit $P_{BF}/2$ bei einer mittleren Kraft $P_{mF} = P_V - P_{BF}/2$.

1.3 Nichtlineare Kennlinie einer vorgespannten Schraubenverbindung

Trägt man die äußere Belastung P_B der vorgespannten Schraubenverbindung über der Längung der Verbindung auf, so kommt man zu dem im Bild 191 dargestellten Zusammenhang:

Bei der Vorspannkraft $P_V = 0$ ist die Kennlinie linear, d. h., im gesamten elastischen Bereich besteht eine ineare Beziehung zwischen Belastung und Dehnung. Die Kennlinie der Schraubenverbindung ist in diesem Fall selbstverständlich identisch mit der Kennlinie der Schraube.

Das Vorhandensein einer Schraubenvorspannung (Vorspannkraft $P_V > 0$) führt zu einer geknickten, also nicht linearen Kennlinie der Schraubenverbindung. Bis zum Erreichen des Knickpunktes bei einer Längung der Verbindung um Δl_A wirken Schrauben- und Flanschkennlinie zusammen, oberhalb dieses Punktes — nach dem „Abheben" der Flansche — ist nur noch die Kennlinie der Schraube wirksam.

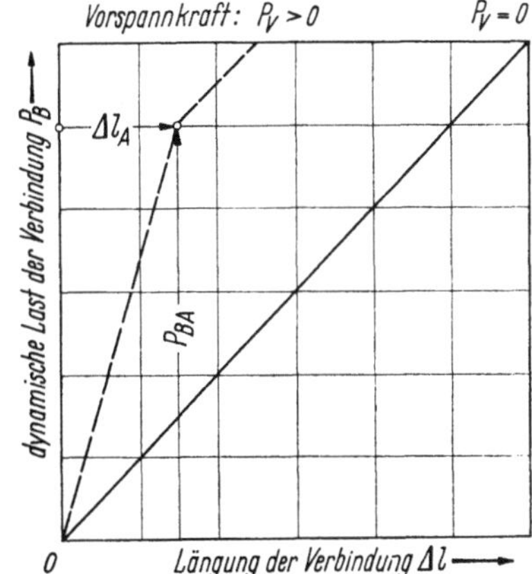

Bild 191. Kennlinie einer Schraubenverbindung, Einfluß der Vorspannkraft.

1.4 Oberspannung der Schraube aus Vorspannung und äußerer Schwellast

Im folgenden sei die dynamische Lastaufnahme der Schraube während der Zugschwellbelastung der vorgespannten Verbindung genauer untersucht. Trägt man die Oberspannung in der Schraube σ_{obS} über der Zugschwellbelastung P_B der Verbindung ohne und mit Vorspannung P_V auf, so kommt man zu der im Bild 192 dargestellten Zuordnung:

Ohne Schraubenvorspannung
Die Beziehung zwischen der Oberspannung in der Schraube und der dynamischen Belastung der Verbindung ist durch eine Gerade gegeben.

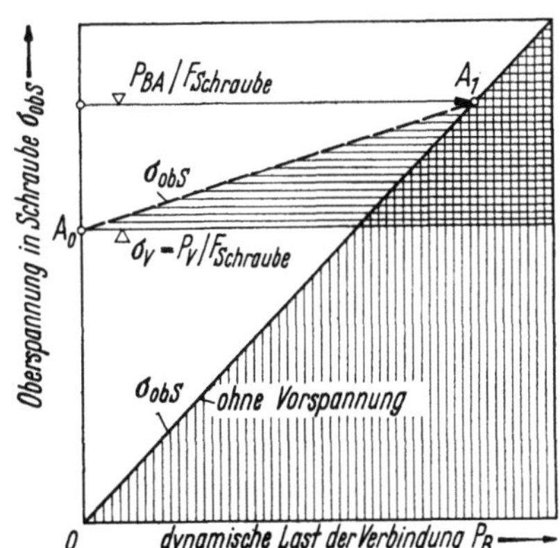

Bild 192. Dynamische Lastaufnahme einer Schraube, Einfluß der Vorspannkraft.

Mit Schraubenvorspannung

Zwischen Schraubenoberspannung $\sigma_{ob\,S}$ und dynamischer Belastung der Verbindung P_B besteht nicht mehr im gesamten elastischen Bereich ein linearer Zusammenhang. $\sigma_{ob\,S}$ nimmt mit P_B von Null ausgehend zunächst entsprechend der Geraden $A_0 - A_1$ zu. Die Neigung dieser Geraden ist bestimmt durch die Kennlinien von Schraube und Flansch. An dem Knickpunkt A_1, der durch P_{BA} gegeben ist, ist die Vorspannung σ_V „verbraucht" — die beiden Flanschteile heben voneinander ab. Die Schraubenoberspannung steigt nunmehr mit zunehmender Belastung der Verbindung entsprechend der Geraden ohne Vorspannung an. Die angelegten Flächen kennzeichnen den Bereich der dynamischen Spannungen in der Schraube bei einer dynamischen äußeren Belastung der Verbindung zwischen 0 und P_B.

Die vorangegangenen Erläuterungen zeigen den erheblichen Einfluß der Vorspannung auf den Spannungsausschlag in der Schraube bei axialer Zugschwellbelastung der Schraubenverbindung. Es ist zu beachten, daß bei diesem Problem Störeinflüsse auftreten können, die das Ergebnis erheblich beeinflussen. Beispielsweise kann ein ungleichmäßiges „Abheben" der Flansche während der dynamischen Belastung zusätzliche Biegespannungen hervorrufen und die Kennlinie des Systems ändern.

2 Ermüdungsfestigkeit der axial belasteten Schraubenverbindung

Für den Leichtbau ist eine hohe Ermüdungsfestigkeit der Schraubenverbindungen zur Übertragung von axialen Belastungen von großem Interesse. Häufig im Flugzeugbau vorkommende axial belastete Verbindungen sind z. B. die Querstöße von Tragflügelgurtplatten sowie Flügel-Rumpf-Verbindungen. Durch hohe zulässige Spannungen wird nicht nur an Bolzengewicht gespart, sondern es kann auch die Anschlußkonstruktion gedrängter und damit leichter werden.

Schraubenverbindungen sind in einer Vielzahl von Untersuchungen [1—6], insbesondere bezüglich der Dauerfestigkeit, untersucht worden.

Die verschiedenen Einflüsse, wie konstruktive Durchbildung, Bolzenwerkstoff, Gewindeherstellung, Oberflächenbehandlung usw., wurden von WIEGAND und ILLGNER [6] eingehend untersucht und sollen hier nicht diskutiert werden.

Das Bild 193 soll nur einen Überblick über die verschiedenen Gewindefertigungen und die damit bei verschiedenen Werkstoffen erreichten Dauerfestigkeiten geben [6, 7].

Aus den dargestellten Ergebnissen geht klar hervor, daß die größten Dauerfestigkeiten erzielt werden, wenn die Gewinde durch Schneiden oder Schleifen vorgeformt, dann warm behandelt (z. B. vergütet) und anschließend kalt nachgerollt werden. Durch das Nachdrücken werden im Gewindegrund Druckrestspannungen erzeugt, die zu einer erheblichen Erhöhung der Ermüdungsfestigkeit führen können.

Eine Wärmebehandlung (Glühen oder Vergüten) nach dem Gewinderollen hat stets eine Abnahme der Ermüdungsfestigkeit zur Folge, weil einmal das günstige Druckrestspannungssystem im Kerbgrund beseitigt, und zum anderen die Oberfläche durch eine dünne Zunderhaut aufgerauht wird.

Wie in Abschn. 1 erklärt, können für die gleiche Betriebskraft P_B durch entsprechend hohe Schraubenvorspannungen die Spannungsausschläge in der Schraube verringert werden.

Vorgespannte Schraubenverbindungen können also im Gegensatz zu nicht vorgespannten größere dynamische Betriebslasten übertragen.

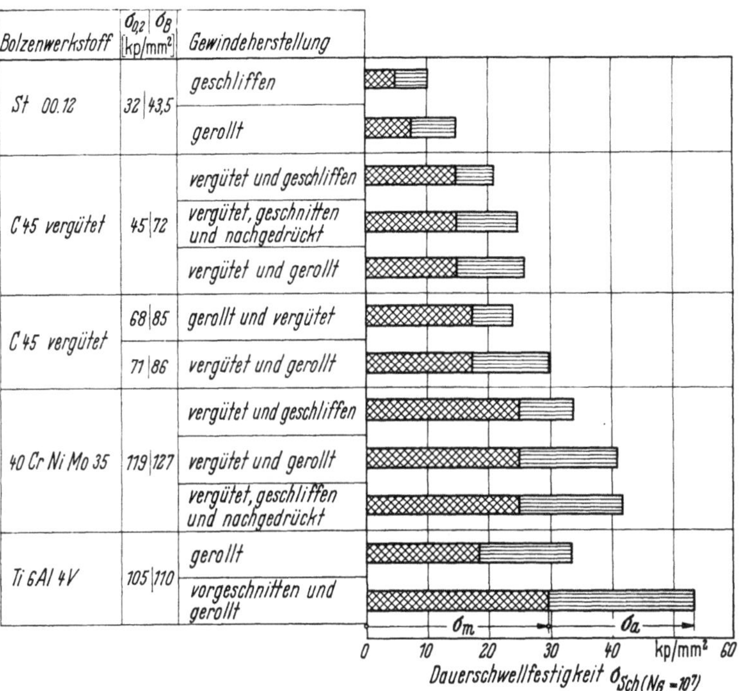

Bild 193. Einfluß der Gewindeherstellung auf die Dauerfestigkeit der Schraubenverbindung. Nach [6, 7].

Von WIEGAND und ILLGNER [6] wurden für Schrauben unterschiedlicher Werkstoffe die Versuchsergebnisse verschiedener Autoren in Dauerfestigkeitsschaubildern zusammengestellt. Aus diesen Dauerfestigkeitsschaubildern folgt:

Die Schraubenverbindungen aus herkömmlichen Schraubenwerkstoffen ertragen nur geringe Spannungsausschläge $\sigma_a = \pm 3{,}5$ bis 9 kp/mm².

Die ertragbaren Spannungsausschläge hängen im allgemeinen gar nicht oder nur wenig von der aufgebrachten Vorspannung ab. Es ist also durchaus zulässig und sinnvoll, die im Betrieb üblichen Vorspannungen $\sigma_V \leqq 0{,}7\,\sigma_{0,2}$ aufzubringen.

Die Wahl des Schraubenwerkstoffs sollte weniger auf Grund des im Bereich der Dauerfestigkeit ertragbaren Spannungsausschlags, sondern vielmehr mit Rücksicht auf die Vorspannung geschehen. Hohe Vorspannungen und damit größere Sicherheit gegen Vorspannungsverlust erfordern Schraubenwerkstoffe mit hohen Streckgrenzen.

Daß diese Aussagen eingeschränkt werden müssen, zeigen Untersuchungen von GASSNER [7], in denen die Dauerfestigkeit von Schrauben aus hochfestem Vergütungsstahl (ähnlich SAE-4340) und hochfesten Titanlegierungen (Ti 6 Al 4 V und Ti 7 Al 4 Mo) bei hoher betriebsähnlicher Vorspannung untersucht wurde.

Wie im Bild 194 gezeigt, sinkt die Dauerfestigkeit der untersuchten hochfesten Stahlschrauben bereits bei niedrigen Vorspannungen unter die Dauerfestigkeit normaler Stahlschrauben aus 34 CrMo 4, die sich als unabhängig von der Vorspannung zeigt, ab:

Bei einer Vorspannung von $\sigma_V = 60$ kp/mm² verringert sich der dauerfeste Spannungsausschlag von $\sigma_a = \pm 7{,}0$ kp/mm² beim normalen Schraubenstahl auf $\sigma_a = \pm 2{,}5$ kp/mm² beim hochfesten Stahl.

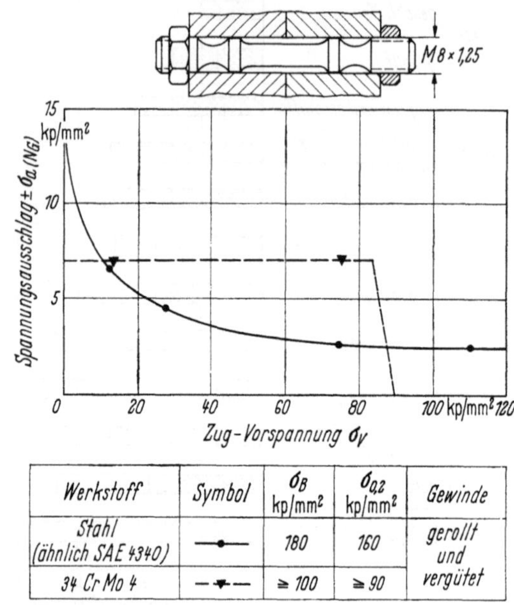

Werkstoff	Symbol	σ_B kp/mm²	$\sigma_{0,2}$ kp/mm²	Gewinde
Stahl (ähnlich SAE 4340)	——•——	180	160	gerollt und vergütet
34 Cr Mo 4	— ▼ —	≧ 100	≧ 90	

Bild 194. Einfluß der Vorspannung auf die Dauerfestigkeit von Stahlschrauben. Nach [7].

Stark vorspannungsabhängig zeigen sich auch Schrauben aus der Titanlegierung Ti 6 Al 4 V. Hier sinkt der dauerfeste Spannungsausschlag bei einer Erhöhung der Vorspannung von $\sigma_V = 5$ kp/mm² auf $\sigma_V = 60$ kp/mm² von $\sigma_a = \pm 23$ kp/mm² auf $\sigma_a = \pm 7$ kp/mm² ab.

Die Vorspannungsabhängigkeit kann einmal auf die Mittelspannungsempfindlichkeit der Werkstoffe, zum anderen auf die Wärmebehandlung zurückgeführt werden, die nach dem Gewinderollen erfolgte.

Im Bild 195 wird nach einer Untersuchung von BAUER [8] gezeigt, welchen Einfluß die Schraubengröße, die Gewindebehandlung und die Vorspannung auf die Dauerfestigkeit von Stahlschrauben haben. Aus der Darstellung folgt

ein Ansteigen der Dauerfestigkeit mit abnehmendem Schraubendurchmesser,

ein starker Abfall des dauerfesten Spannungsausschlags, wenn das fertige Gewinde einer abschließenden Wärmebehandlung unterzogen wird,

eine nur geringe Abnahme des dauerfesten Spannungsausschlags mit zunehmender Vorspannung.

Im folgenden werden Ergebnisse des ILTUB mitgeteilt, bei denen der Einfluß des Vorspannungsverhältnisses P_V/P_B für den Fall $P_B > P_{BA}$ auf die Ermüdungsfestigkeit von Schrauben untersucht wurde.

Für $P_B > P_{BA} = P_V(1 + Z)$ mit $Z = \Delta l_F/\Delta l_S$, dem Steifigkeitsverhältnis von Flansch und Schraube (s. Bild 196), tritt bei jedem Lastwechsel vollständige Entlastung der Verbindung, d. h. Abheben der Flansche, ein.

Diese Prüfungsart entspricht der amerikanischen Spezifikation NAS 1096, nach der die Dauerfestigkeit von Schrauben unter einem Spannungsverhältnis $R_z = \sigma_{un}/\sigma_{obz} = 0{,}1$, d. h. für niedrige Vorspannung, ermittelt werden soll.

Bild 196 zeigt ein Verspannungsschaubild der untersuchten Verbindung mit den Belastungen für Schraube und Flansch für einen der untersuchten Belastungsfälle, bei dem das Vorspannungsverhältnis P_V/P_B so gewählt ist, daß ein Abheben der Flansche erfolgt. Aus der Darstellung ist zu ersehen, daß eine sinus-

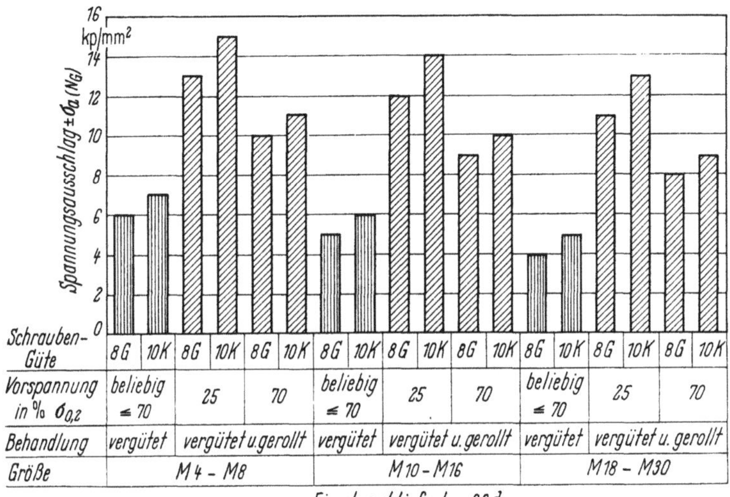

Bild 195. Einfluß der Schraubengröße und der Gewindebehandlung auf die Dauerfestigkeit von Stahlschrauben. Variation der Vorspannung. [8].

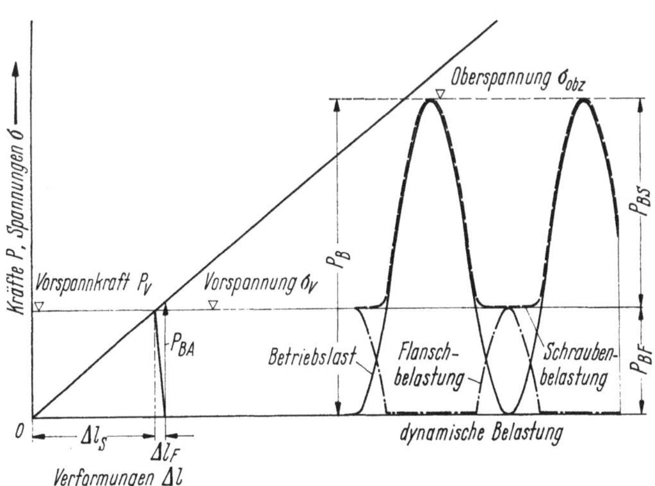

Bild 196. Verspannungsschaubild einer Schraubenverbindung. Beispiel: $P_B > P_{BA}$. Kraftverlauf in Schraube und Flansch bei sinusförmiger Betriebskraft.

förmig verlaufende Betriebskraft P_B für den Fall der vollständigen Flansch-
entlastung nicht sinusförmige Kraftverläufe in Flansch und Schraube zur Folge
hat.

Im Bild 197 wird gezeigt, wie sich Betriebsbelastungen $P_B > P_{BA}$ in Abhängigkeit von der Vorspannung σ_V auf die Ermüdungsfestigkeit einer Schraubenverbindung auswirken. Aufgetragen ist die Oberspannung in der Schraube σ_{obz}
über der Bruchlastwechselzahl, wobei die Vorspannung σ_V als Parameter erscheint.

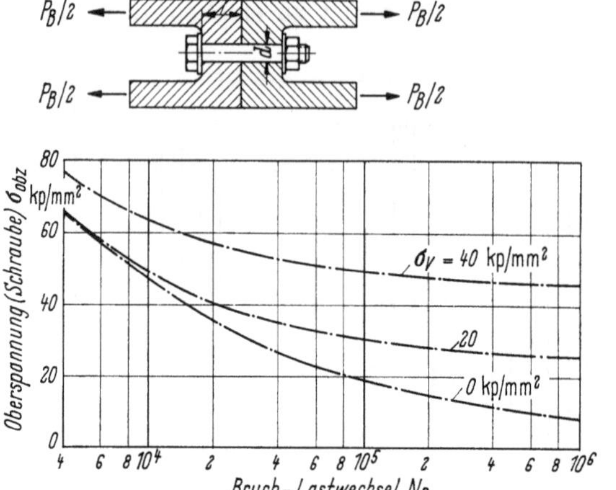

Bild 197. Einfluß der Vorspannung auf die Ermüdungsfestigkeit einer Schraubenverbindung.
Beispiel: $P_B > P_{BA}$ — Bolzen
M 10, 8 G.

Die unterschiedliche Ermüdungsfestigkeit einer hoch vorgespannten gegenüber einer niedrig vorgespannten Schraubenverbindung ist im wesentlichen darin
begründet, daß bei Übertragung einer gleich großen Betriebskraft P_B unterschiedliche, wechselnde Spannungsausschläge durch die Schraube übertragen
werden müssen. Entsprechend den höheren Spannungsausschlägen in der Schraube
bei geringer Vorspannung wird die Bruchlastwechselzahl der Verbindung vermindert.

Für den Bereich der Dauerfestigkeit ($N_B > 10^6$) haben die Versuche ergeben,
daß unabhängig von der Vorspannung der ertragbare Spannungsausschlag nahezu
konstant ist.

Eine zusätzliche Verringerung der Ermüdungsfestigkeit tritt ein, wenn die
Vorspannung $\sigma_V = 0$ wird, da in diesem Fall durch die jeweilige Entlastung der
Gewindeflanken eine Dauerschlagbeanspruchung im Gewinde auftritt.

Bei herkömmlichen Schraubenwerkstoffen (geringe Mittelspannungsempfindlichkeit) sollte die Schraubenvorspannung so groß gewählt werden, daß zur Übertragung der größten auftretenden Betriebskraft P_B mit Sicherheit keine vollständige Entlastung der Flansche eintritt. Ein Vorspannungsabfall infolge „Setz-
erscheinungen“ der Verbindung sollte dabei berücksichtigt werden.

Für hochfeste Schraubenwerkstoffe ist die Mittelspannungsempfindlichkeit zu
berücksichtigen, die häufig hohe Vorspannungen nicht zuläßt.

Von BOISSONAT [9] wurden Untersuchungen durchgeführt, inwieweit sich die
Ermüdungsfestigkeit durch Druckrestspannungen im Gewindegrund verbessern
läßt. Untersucht wurden Schrauben von 26 mm Durchmesser aus 40 NCD 19,

deren Gewinde vorgeschliffen, vergütet und fein nachgeschliffen wurde. Die Druckrestspannungen wurden durch Vorrecken erzeugt. Die aufgebrachten Recklasten betrugen 75 und 85% der statischen Bruchlast.

Die untersuchte Schraubenverbindung wurde mit einem Schraubenanzugsmoment von 75 mkp vorgespannt und einer schwingenden äußeren Belastung ($R_z = 0{,}1$) unterworfen.

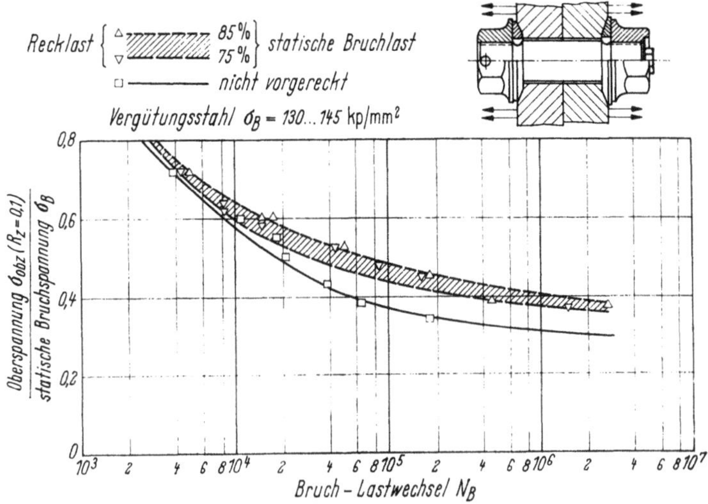

Bild 198. Einfluß des Reckens auf die Ermüdungsfestigkeit von Stahlbolzen aus 40 NCD 19 (40 NiCrMo 18) Bolzenanzugsmoment 75 kpm. Nach [9].

Im Bild 198 sind die erzielten Ergebnisse für die Recklasten 0; $0{,}75\,\sigma_B$ und $0{,}85\,\sigma_B$ dargestellt. Aufgetragen ist das Verhältnis aus Oberspannung σ_{obz} und Bruchspannung σ_B über der Bruchlastwechselzahl N_B. Aus den Kurvenverläufen folgt:

Für Lastwechselzahlen $N_B > 10^4$ wird mit zunehmender Recklast, d. h. erhöhten Druckrestspannungen im Gewindegrund, eine erhebliche Verbesserung der Ermüdungsfestigkeit erzielt. Für $N_B = 10^6$ und eine Recklast von $0{,}85\,\sigma_B$ konnte die ertragbare Oberspannung gegenüber nicht vorgereckten Schrauben um das 1,3fache gesteigert werden.

Für kleine Bruchlastwechselzahlen $N_B < 10^4$ zeigt sich dagegen keine Verbesserung durch das Vorrecken. Daraus ist zu schließen, daß im Kleinwechselbereich die Druckrestspannungen durch die hohen Oberspannungen σ_{obz}, die bis in den plastischen Bereich hineinreichen, abgebaut werden.

3 Maximale elastische Spannung im Randgebiet einer Bohrung aus Aufweitung und gleichzeitiger Längsbelastung

3.1 Spannungsoptische Messungen an Plattenstreifen mit Paßbolzen ohne, bei teilweiser und bei vollständiger Kraftübertragung durch den Bolzen

3.1.1 Erläuterungen zu den spannungsoptischen Messungen

Zum Problem der durch einen Bolzen ausgefüllten Bohrung in einem Plattenstreifen bei unterschiedlichen Belastungen wurden spannungsoptische Messungen von JESSOP, SNELL und HOLISTER [10] an Platten aus Araldit mit Bolzen aus Bakelit (B. 166) durchgeführt.

Durch diese Werkstoffwahl entsprach das Elastizitätsmodulverhältnis etwa dem einer Aluminiumplatte mit Stahlbolzen.

Da beim Einpressen eines Bolzens in eine Bohrung ein bestimmter Verformungszustand aufgebracht wird, setzt die Übertragbarkeit der Meßergebnisse auf andere Werkstoffe eine Konstanz dieses Verformungszustandes voraus. Die am Modell aufgebrachten Belastungen wurden von JESSOP, SNELL und HOLISTER [10] in solche Lasten umgerechnet, die in einer Platte aus Aluminiumlegierung gleiche Dehnungen erzeugen; die am Modell ermittelten Spannungen wurden entsprechend dem Elastizitätsmodulverhältnis proportional vergrößert.

Drei verschiedene Bolzenpassungen (d = Bohrungsdurchmesser; d' = Bolzendurchmesser) wurden untersucht:

eine Spielpassung (ohne Angabe des Bolzenuntermaßes),
eine „leichte" Preßpassung $(d' - d)/d \triangleq 0{,}3\%$,
eine „starke" Preßpassung $(d' - d)/d \triangleq 0{,}6\%$.

Am Lochrand entsteht durch die Aufweitung mit dem Einpressen des Bolzens ein Vorspannungssystem, das einem zweiachsigen Spannungszustand, bestehend aus tangentialen Zugspannungen σ_{Vt} und radialen Druckspannungen σ_{Vr}, entspricht.

Diesem Vorspannungssystem wurde eine äußere Belastung überlagert; die daraus resultierenden Lochrandspannungen werden mit σ_t (Tangentialspannungen) und σ_r (Radialspannungen) bezeichnet.

Für die maximale Schubspannung $\tau_{\max}$ am Bohrungsrand ergibt sich für diesen zweiachsigen Spannungszustand:

$$\tau_{\max} = (\sigma_t - \sigma_r)/2\,.$$

Die Auswertung der spannungsoptischen Messungen führt über diese Schubspannungen $\tau_{\max}$ zu den Hauptnormalspannungen σ_t und σ_r.
Bei jeder der drei Bolzenpassungen wurden folgende Belastungsfälle untersucht:

reine Bolzenbelastung, vollständige Kraftübertragung durch den Bolzen,
reine Streifenbelastung, ohne Kraftübertragung durch den Bolzen,
kombinierte Bolzen-Streifen-Belastung, teilweise Kraftübertragung durch den Bolzen.

Die Belastung wurde in drei bis sechs Stufen aufgebracht.

3.1.2 Spannungsverteilung längs des Bohrungsrandes — Einfluß von Bolzenpassung und Belastungshöhe auf die tangentiale Randspannung σ_t

Bild 199 zeigt in Polardiagrammen die aus der spannungsoptischen Untersuchung für drei Belastungsstufen ermittelten tangentialen Normalspannungen σ_t am Bohrungsrand für drei verschiedene Bolzenpassungen [10].

Die Bolzenbelastung P ist indirekt angegeben durch die von ihr erzeugte Spannung σ_{nu} in einem ungestörten Streifenquerschnitt in hinreichender Entfernung von der Bohrung.

Für die einzelnen Bolzenpassungen ergibt sich:

Spielsitz

Es ist keine Vorspannung σ_V vorhanden. Die tangentialen Zugspannungen infolge Bolzenbelastung haben ein stark ausgeprägtes Maximum an der Randstelle des durch die Bohrungsmitte gehenden Querschnittes $M-M$ ($\beta = 0°$). Dieses Maximum wächst proportional mit der Bolzenbelastung. An den Stellen $\beta \approx 60$ bis $90°$ des Randes treten tangentiale Druckspannungen auf.

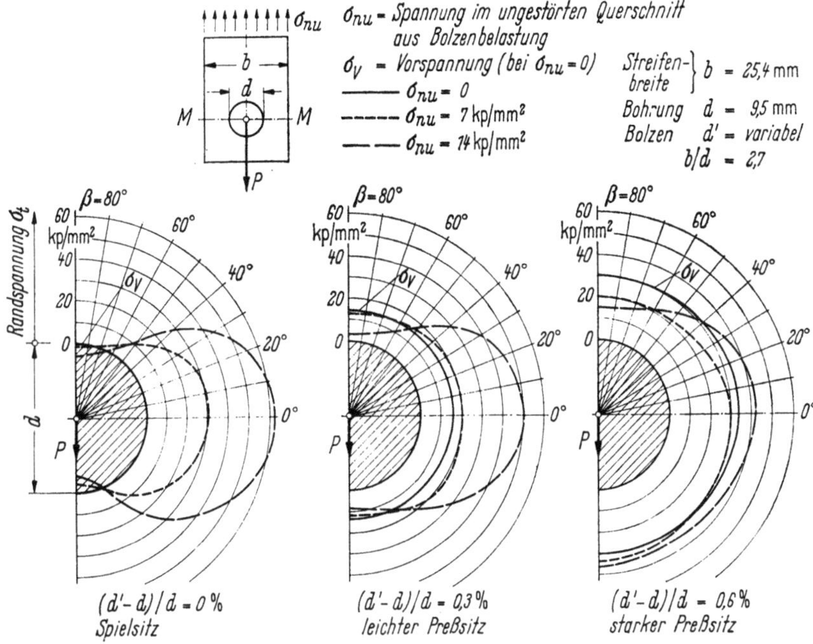

Bild 199. Streifen mit Bohrung — Bolzenbelastung — Einfluß von Bolzenpassung und Belastungshöhe auf die tangentiale Randzugspannung t am Bohrungsrand. [10].

Leichter Preßsitz

Die tangentiale Zugvorspannung erreicht $\sigma_{Vt} = 15$ kp/mm².
Längs des gesamten Bohrungsumfangs treten tangential nur noch Zugspannungen auf.
Bei geringer Bolzenlast $\sigma_{nu} = 7$ kp/mm² sind die Randspannungen σ_t über einen großen Bereich des Bohrungsumfangs nahezu konstant; der Maximalwert von σ_t bei $\beta = 0°$ liegt nur etwa $^1/_3$ über σ_{Vt} und bleibt kleiner als die beim Spielsitz erreichte maximale Randspannung.
Bei hoher Belastung $\sigma_{nu} = 14$ kp/mm² werden etwa 80% des Maximalwertes von σ_t, wie er sich beim Spielsitz ergibt, erreicht.

Starker Preßsitz

Die tangentiale Zugvorspannung erreicht $\sigma_{Vt\,max} = 34$ kp/mm². In den drei Belastungsstufen zeigt sich:

Die Randspannungen σ_t sind über einen großen Bereich des Bohrungsumfangs nahezu konstant; lediglich im Bereich großer β ist ein starker Abfall der Spannungen σ_t zu beobachten.

Die Spannungen σ_t werden durch die Bolzenlast gegenüber den Vorspannungen σ_{Vt} wenig geändert.

Der Extremwert der tangentialen Zugspannungen $\sigma_{t\,max}$ ist in der hohen Belastungsstufe $\sigma_{nu} = 14\ kp/mm^2$ gegenüber den Werten bei den anderen Passungen erheblich abgesunken.

3.1.3 Nichtlinearer Anstieg der Lochrandspannung τ_{max} bzw. $\sigma_{t\,max}$ mit wachsender Bolzenbelastung σ_{nu} am vorgespannten System

3.1.3.1 Schubspannung τ_{max} in Abhängigkeit von der Belastung σ_{nu} bei verschiedenen Vorspannungen σ_V

Im Bild 200 sind die spannungsoptischen Meßergebnisse für die maximale Schubspannung τ_{max} am Bohrungsrand im Querschnitt $M—M$ über der Bolzenbelastung σ_{nu} aufgetragen. Diese Darstellung dient der prinzipiellen Klärung des Einflusses der Vorspannung aus der Bolzenpressung auf die maximale Randspan-

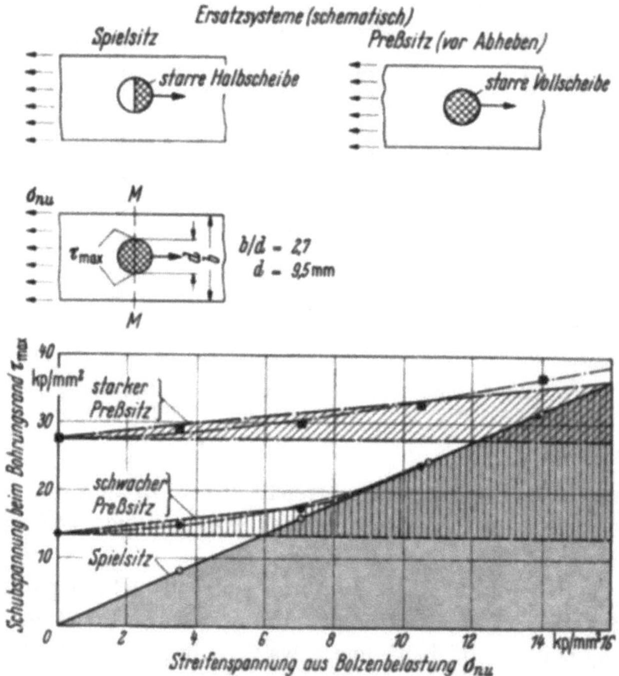

Bild 200. Streifen mit Bohrung — Bolzenbelastung — Einfluß der Bolzenpassung auf die maximale Schubspannung τ_{max} am Bohrungsrand. Nach [10].

nung an der Bohrung bei Belastung des Bolzens. Auf der Ordinate ist deshalb bewußt die den Gesamtspannungszustand repräsentierende Schubspannung τ_{max} aufgetragen. Man kommt zu folgenden Erkenntnissen:

Bei Spielpassung liegen die Meßpunkte exakt auf einer Geraden, d. h., zwischen τ_{max} und der äußeren Belastung σ_{nu} besteht ein linearer Zusammenhang. Die Steigung dieser Geraden ist gegeben durch die Steifigkeit des Systems: „belasteter Bolzen in gebohrtem Streifen". Hierfür ist im oberen Teil des Bildes 200 links ein Ersatzsystem — unter der Voraussetzung, daß das Bolzenspiel $\delta = (d' - d)/d$ nahezu Null ist, — skizziert. Bei Belastung durch den Bolzen wird die Bohrung durch eine „starre Halbscheibe" gestützt, der übrige Bohrungsrand kann sich frei verformen.

Bei Preßpassung lassen sich die Meßpunkte mit guter Näherung ebenfalls durch Geraden verbinden. Es besteht jedoch im gesamten elastischen Bereich kein linearer Zusammenhang zwischen τ_{max} und σ_{nu}. τ_{max} folgt mit wachsender äußerer Belastung σ_{nu} vorerst einer schwach ansteigenden Geraden. Die Neigung dieser Geraden ist bestimmt durch die infolge der Vorspannung größer gewordenen Steifigkeit des Systems: „belasteter Bolzen in gebohrtem Streifen". Ein entsprechendes Ersatzsystem ist im Bild 200 oben rechts skizziert. Der gesamte Bohrungsrand wird im unterkritischen Bereich gestützt, in dem sich der Bolzen noch nicht abgehoben hat.

Wo die geneigte Gerade die Kennlinie für den Spielsitz trifft, beginnt das „Abheben", und das System verhält sich nunmehr wie das im Bild 200 oben links skizzierte Ersatzsystem für den Spielsitz. Dieser Übergang, d. h. das Abheben des Bohrungsrandes vom Bolzen, wird nicht schlagartig geschehen, sondern sich auf einen Übergangsbereich verteilen. Im Bild 200 sind deshalb die Meßpunkte außer durch mittelnde Geraden auch durch eine Kurve verbunden. Nach dem Schnittpunkt bzw. dem Übergang folgt τ_{max} bei weiterer Steigerung von σ_{nu} der Geraden für Spielpassung.

Bei dem schwachen Preßsitz liegt der „Schnittpunkt" bei $\sigma_{nu} = 8 \ \text{kp/mm}^2$, für starken Preßsitz bei $\sigma_{nu} = 16 \ \text{kp/mm}^2$. Es ergeben sich mithin sehr ähnliche Verhältnisse wie bei einer axial belasteten vorgespannten Schraubenverbindung (s. Bild 192). Von einer bestimmten Belastungsgrenze ab, die durch die Vorspannung und die Steifigkeit des Systems bestimmt ist, wird die Vorspannung wirkungslos bezüglich der durch diese Belastung erzeugten maximalen Randspannung.

3.1.3.2 Maximale Tangentialspannung $\sigma_{t\,max}$ am Bohrungsrand

Der im vorangegangenen untersuchten Schubspannung τ_{max} entsprechen am Bohrungsrand im Schnitt $M-M$ Hauptnormalspannungen $\sigma_{t\,max}$ (tangential zum Bohrungsrand) und σ_r (radial zum Bohrungsrand).

Die Abhängigkeit der Spannungen $\sigma_{t\,max}$ von der Bolzenbelastung σ_{nu} — mit der Vorspannung σ_{Vt} aus Bolzenpassung als Parameter — ist im Bild 201 gezeigt. Für die verschiedenen Bolzenpassungen folgt:

Beim Spielsitz besteht eine lineare Zuordnung zwischen $\sigma_{t\,max}$ und der Belastungsspannung σ_{nu}.

Beim Preßsitz wird der Spannungsverlauf von $\sigma_{t\,max}$ über σ_{nu} nichtlinear, so daß nach zunächst kleiner Spannungsänderung $\Delta\sigma_t$ mit wachsendem σ_{nu}, beginnend mit einem „Knickpunkt", der steile Anstieg entsprechend dem Spielsitz gültig wird.

Schwacher Preßsitz
Einem Bereich, gekennzeichnet durch schwachen Anstieg von $\sigma_{t\,max}$ mit σ_{nu}, folgt nach einem „Knickpunkt" mit weiter anwachsendem σ_{nu} ein Gebiet „kräftiger" Steigung parallel zu der bei Spielsitz.

Starker Preßsitz

Die maximale Tangentialspannung $\sigma_{t\,max}$ fällt mit steigender Spannung σ_{nu} bis zu dem Knickpunkt sogar etwas ab.

Wie bereits bei der Diskussion des im Bild 200 dargestellten Verlaufs der maximalen Schubspannungen τ_{max} über σ_{nu} angegeben, ist statt eines „Knickpunktes" ein Übergangsbereich zwischen den beiden Kurvenästen vorhanden.

Prinzipiell ändert sich dadurch nichts, lediglich die ausgeprägten „Knickpunkte" in den Kennlinien $\sigma_{t\,max} = f(\sigma_{nu})$, d. h. die Unstetigkeitsstellen ver-

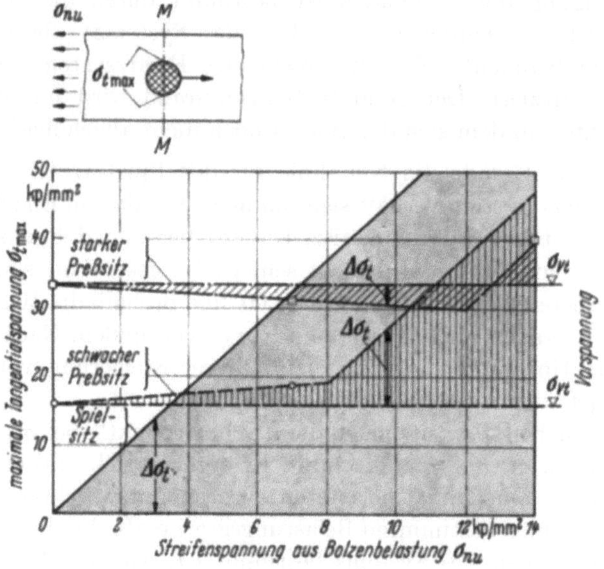

Bild 201. Streifen mit Bohrung — Bolzenbelastung — Einfluß der Belastungshöhe σ_{nu} auf die max. Tangentialspannung $\sigma_{t\,max}$. Variation der Vorspannung σ_{Vt} aus der Bolzenpassung. Nach [10].

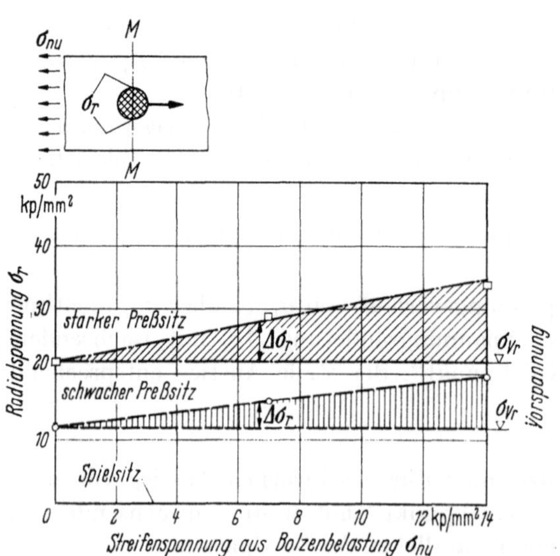

Bild 202. Streifen mit Bohrung — Bolzenbelastung — Einfluß der Belastungshöhe σ_{nu} auf die Radialspannung σ_r. Variation der Vorspannung σ_{Vr} aus der Bolzenpassung. Nach [10].

schwinden. Sie treten tatsächlich nicht auf, da das Abheben des Bolzens von der Lochwandung nur im Bereich nahe der Streifenlängsachse beginnt und sich dann mit weiterer Steigerung von σ_{nu} bis etwa zur Querachse $M-M$ ausweitet.

3.1.3.3 Radiale Druckspannungen σ_r am Bohrungsrand im Querschnitt $M-M$

Im Bild 202 ist die Abhängigkeit der Spannungen σ_r von der Bolzenbelastung σ_{nu} — mit der Vorspannung σ_{Vr} aus der Bolzenpassung als Parameter — dargestellt. Für die verschiedenen Bolzenpassungen folgt:

Beim Spielsitz sind die Radialspannungen am Rand im Querschnitt $M-M$ stets gleich Null.

Beim Preßsitz ergibt sich ein linearer Spannungsverlauf σ_r über σ_{nu}. Beim starken Preßsitz ist der Anstieg der Geraden $\sigma_r = f(\sigma_{nu})$ kräftiger als im Falle des schwachen Preßsitzes.

3.1.4 Bolzenschwellbelastung am vorgespannten System

3.1.4.1 Tangentiale Randzugspannung $\sigma_{t\,\mathrm{max}}$

Der nichtlineare Verlauf von $\sigma_{t\,\mathrm{max}}$ über σ_{nu} ist für das Aufteten von Ermüdungsschäden am Bolzenloch von entscheidender Bedeutung. Wenn durch den eingepreßten Bolzen Schwellasten entsprechend einer Oberspannung σ_{nu} (mit $R_z = 0$) im ungestörten Streifen übertragen werden, so entstehen in einem recht ausgedehnten σ_{nu}-Bereich (s. Bild 201) nur geringfügige Änderungen von $\sigma_{t\,\mathrm{max}}$. Erst nach Erreichen einer kritischen Belastungsspannung $\sigma_{nu\,\mathrm{krit}}$ (die mit stärker werdendem Preßsitz ansteigt) verliert das Vorspannungssystem an Wirksamkeit bezüglich der sich bei dynamischer Belastung einstellenden örtlichen Maximalspannung $\sigma_{t\,\mathrm{max}}$. Die angelegten Flächen im Bild 201 stellen die Spannungsänderungen $\Delta\sigma_t = (\sigma_{t\,\mathrm{max}} - \sigma_{Vt})$ dar, die dem doppelten Spannungsausschlag der dynamischen Beanspruchung entsprechen.

Bei starkem Preßsitz kann sogar der Fall eintreten, daß bei einer Vorspannung von $\sigma_{Vt} = 33\ \mathrm{kp/mm^2}$ eine äußere Schwellbelastung mit $\sigma_{nu} \approx 13\ \mathrm{kp/mm^2}$ überhaupt keine dynamische Beanspruchung $\Delta\sigma_t$ am Lochrand im Querschnitt $M-M$ hervorruft.

3.1.4.2 Radiale Randdruckspannung σ_r

Der Verlauf von σ_r über σ_{nu} (Bild 202) ist für das Auftreten von Reibkorrosionsschäden am Bolzenloch bei dynamischer Belastung von Bedeutung. Die im Bild 202 angelegten Flächen geben den doppelten Spannungsausschlag $\Delta\sigma_r = (\sigma_r - \sigma_{Vr})$ der radialen Druckspannungen im Querschnitt $M-M$ bei Schwellbelastung an.

3.1.5 Nichtlinearer Spannungsanstieg bei Streifenbelastung (keine Kraftübertragung durch den Bolzen) des vorgespannten Systems

Im Bild 203 ist die maximale Tangentialspannung $\sigma_{t\,\mathrm{max}}$ bei Streifenbelastung des Systems aufgetragen. Es ergeben sich sehr ähnliche Kennlinien wie bei der Bolzenbelastung.

Beim Spielsitz besteht ein linearer Zusammenhang zwischen $\sigma_{t\,\mathrm{max}}$ und σ_{nu}. Es ist zu beachten, daß eine Gerade als Kennlinie nur möglich ist, wenn das Bolzenspiel sehr gering ist (theoretisch gleich Null), so daß auch bei kleinen Belastungsspannungen bereits eine „Stützwirkung" des Bolzens gegenüber der Ovalisierung der Bohrung vorhanden ist. Die Steigung der Geraden $\sigma_{t\,\mathrm{max}} = f(\sigma_{nu})$ ist gegeben durch die Steifigkeit des Systems: „Bolzen in gebohrtem, belastetem Streifen". Ein entsprechendes Ersatzsystem ist im oberen Teil des Bildes 203 links skizziert. Bei Belastung des Streifens wird der Bohrungsrand nur im Querschnitt $M-M$ gestützt.

Beim Preßsitz ergeben sich entsprechende Verhältnisse, wie sie bei „Bolzenbelastung" bereits diskutiert wurden. Der flache Anstieg von $\sigma_{t\,\mathrm{max}} = f(\sigma_{nu})$ im Anfangsbereich ist wiederum durch die infolge der Vorspannungen aus Bolzenpressung geänderte Steifigkeit des Systems: „Bolzen in gebohrtem Streifen" bestimmt. Ein entsprechendes Ersatzsystem ist in dem oberen Teil des Bildes 203 rechts skizziert. Für den Übergangsbereich bzw. „Knick" in der Kennlinie $\sigma_{t\,\mathrm{max}} = f(\sigma_{nu})$ gilt Entsprechendes wie bei „Bolzenbelastung" ausgeführt.

Die im Bild 203 angelegten Flächen veranschaulichen wieder die Grenzen der Schwankungen $\Delta\sigma_t$ und damit den Spannungsausschlag $\sigma_{at} = \Delta\sigma_t/2$ bei Streifen-Zugschwellbelastung zwischen 0 und σ_{nu}.

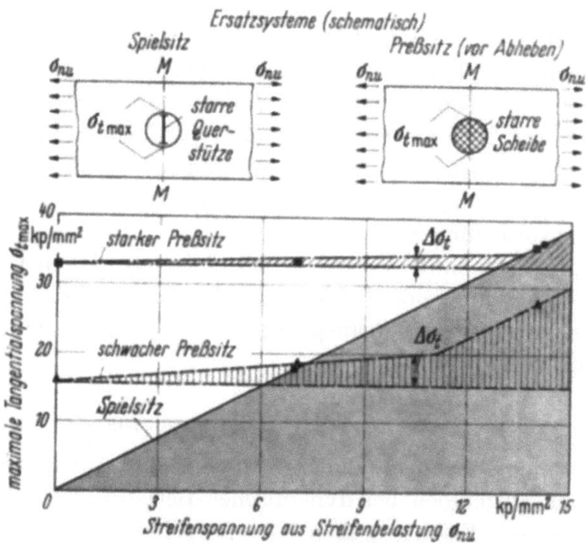

Bild 203. Streifen mit Bohrung — Streifenbelastung — Einfluß der Belastungshöhe σ_{nu} auf die maximale Lochrandspannung $\sigma_{t\,\mathrm{max}}$. Variation der Vorspannung σ_{vt} aus der Bolzenpassung. Nach [10].

3.1.6 Abhängigkeit des Häufungsfaktors K von der Vorspannung σ_V aus Bolzenpassung und der Belastungsspannung σ_{nu}

Die maximalen tangentialen Randzugspannungen $\sigma_{t\,\mathrm{max}}$ entstehen — wie Bild 199 zeigt — in dem durch die Bolzenmitte gehenden Querschnitt $M-M$. Setzt man $\sigma_{t\,\mathrm{max}}$ ins Verhältnis zu der der Bolzenbelastung entsprechenden Zugspannung σ_{nu} im ungestörten Streifenquerschnitt, so ist $K = \sigma_{t\,max}/\sigma_{nu}$ der Häufungsfaktor der Bohrung.

Dieser Häufungsfaktor K hängt vom Verhältnis der tangentialen Zugvorspannung σ_{Vt} im unbelasteten Zustand zur Belastungsspannung σ_{nu} des Streifens $\varkappa = \sigma_{Vt}/\sigma_{nu}$ ab.

Im Bild 204 ist über $\varkappa$ der Häufungsfaktor K aufgetragen. Es sind Meßpunkte für Bolzen-, Streifen- und kombinierte Bolzen-Streifen-Belastung eingetragen.

In Analogie zu den Auftragungen von $\sigma_{t\,max}$ über σ_{nu} sind entsprechend den Meßpunkten mittelnde Kurven eingezeichnet. Aus dieser Auftragung gewinnt man folgende Erkenntnisse:

Bei Annahme einer bestimmten Spannung σ_{nu}, die einer bestimmten Belastung zugeordnet ist, gibt es stets eine Vorspannung σ_{Vt} aus Bolzenpassung, bei der der Häufungsfaktor K ein Minimum annimmt.

Für große Werte σ_{Vt}/σ_{nu} nähert sich K asymptotisch der Geraden $\sigma_{t\,max} = \sigma_{Vt}$.

Die ermittelte Kurve für den Verlauf von K im Falle der Belastungskombination Bolzenbelastung gleich Streifenbelastung entspricht mit guter Näherung einer Mittellinie zwischen reiner Bolzen- und reiner Streifenbelastung.

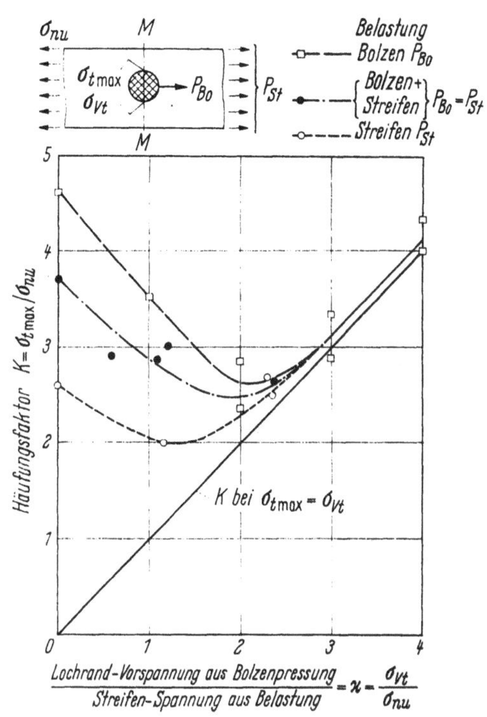

Bild 204. Streifen mit Bohrung. Einfluß der Vorspannung σ_{Vt} aus der Bolzenpassung auf den geometrischen Häufungsfaktor am Bohrungsrand. Variation der Belastung. Nach [10].

3.2 Dehnungsmessungen an Plattenstreifen mit einem durch einen Ring oder eine Vollscheibe (Bolzen) ausgefüllten Kreisausschnitt bei Streifenlängsbelastung

3.2.1 Verformungsbehinderung des Kreisausschnittes durch Füllung mit einer Bolzenscheibe

Bei der Längsbeanspruchung einer Platte bleibt eine darin befindliche Bohrung nicht kreisförmig, sondern sie wird ovalisiert. Eine Füllung kann diese Ovalisierung des Loches infolge Plattenlängszug dadurch behindern, daß sie der Zusammenziehung des Loches quer zur Plattenzugrichtung durch Druckspannungen entgegenwirkt. Die Zugspannungshäufung am Lochrand wird hierdurch reduziert.

Eine solche Verringerung des Häufungsfaktors ist auch von Interesse für Bohrungen, die keine kräfteübertragenden Fügemittel (Nieten oder Bolzen)

aufnehmen, also beispielsweise eine Entlastungsbohrung vor einer Nietanschluß-
reihe oder eine Bohrung für eine Durchführung (z. B. von Drähten).

Die Füllung kann eine Vollscheibe (im folgenden als Bolzenscheibe bezeichnet)
oder ein Ring (z. B. ein Hohlniet) sein. Im Bild 205 ist das Spannungsverhältnis
σ_t/σ_{nu} über der Randkontur des Kreisausschnittes nach ILTUB-Messungen [11]

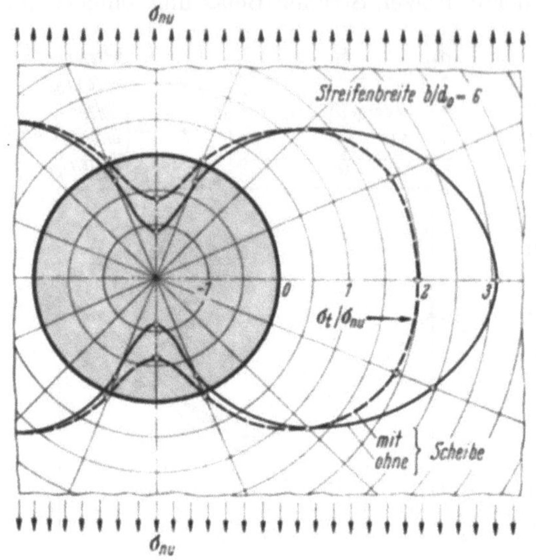

Bild 205. Streifen mit Kreisausschnitt — Streifenbelastung
σ_{nu} = const = 0,14% — Einfluß
einer Füllscheibe mit 0,1%
Übermaß auf das Spannungsver-
hältnis σ_t/σ_{nu} längs des Ausschnittrandes. [11].

aufgetragen. Die Dehnungsmessungen (an Modellen aus Plexiglas) längs des
Ausschnittrandes wurden ohne und mit eingepaßter Bolzenscheibe (0,1% Übermaß) bei konstanter Plattenbelastung (entsprechend einer Dehnung von 0,14%
im ungestörten Querschnitt) durchgeführt. Die Messung zeigt, daß der Häufungsfaktor von $K = 3,0$ ohne, auf $K = 2,0$ mit Bolzenscheibe absinkt.

3.2.2 Häufungsfaktor des Kreisausschnittes in Abhängigkeit
von Bolzenscheibenpassung und Plattenbelastung

Im Bild 206 sind die Meßergebnisse des ILTUB über die Auswirkung der
Füllung eines Kreisausschnittes mit einem Vollquerschnitt bei verschiedener
Passung der Bolzenscheibe wiedergegeben. Der Häufungsfaktor K ist über dem
Über- bzw. Untermaß δ der Bolzenscheibe aufgetragen. Parameter der Kurven
ist die Dehnung ε_{nu} im ungestörten Querschnitt.

Bei Untermaß der Füllscheibe legt sich diese erst an, wenn eine bestimmte
Plattendehnung und damit Lochovalisierung erreicht ist. Erst von der dieser
Dehnung zugeordneten Belastung an wirkt sich die Bolzenscheibe aus.

Bei den Meßpunkten im „Übermaßbereich" ($\delta > 0$) ist zu beachten, daß der
Häufungsfaktor nur auf die Streifenbelastung bezogen wurde; der Dehnungsgeber
wurde erst nach dem Einpressen der Scheibe angesetzt. Der tatsächliche Häufungsfaktor ergibt sich nach Berücksichtigung der tangentialen Zugvorspannung aus
der jeweiligen Bolzenscheibenpassung. Im folgenden Abschnitt ist für ein Übermaß $\delta = 0,1\%$ die tangentiale Zugvorspannung berechnet.

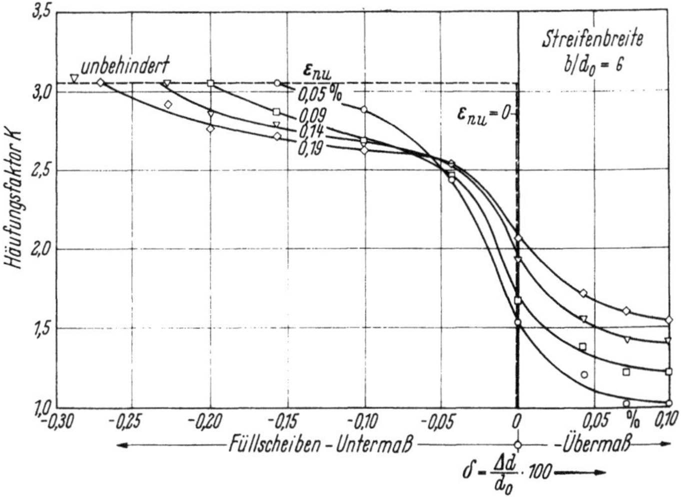

Bild 206. Streifen mit Kreisausschnitt — Variation der Streifenbelastung $\varepsilon_{nu} = \sigma_{nu}/E$. Einfluß von Über- und Untermaß der Füllscheibe auf den geometrischen Häufungsfaktor. Nach [11].

3.2.3 Nichtlinearer Anstieg der Randspannung $\sigma_{t\,max}$ am Kreisausschnitt mit wachsender Belastungsspannung σ_{nu}

Scheibe mit Untermaß $(\delta \leqq 0)$

Die maximale Tangentialspannung $\sigma_{t\,max}$ im Querschnitt $M-M$ (s. Bild 207) kann für den Bolzenscheiben-Untermaßbereich $(\delta \leqq 0)$ direkt aus Bild 206 ent-

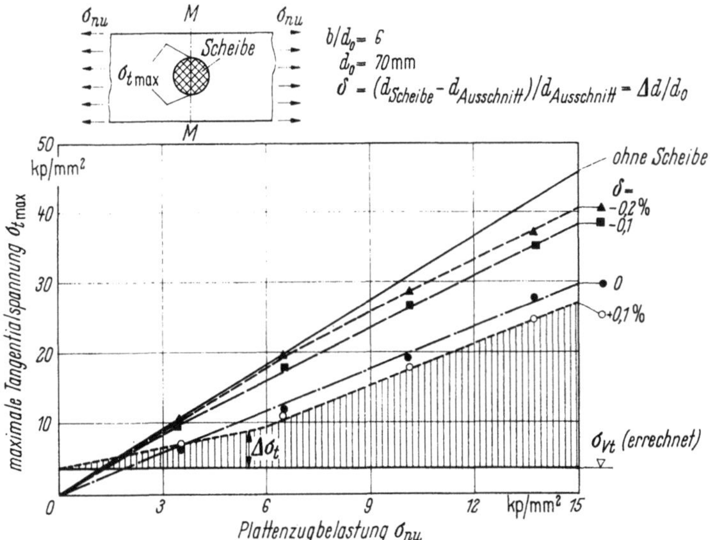

Bild 207. Streifen mit Kreisausschnitt — Streifenbelastung. Einfluß der Belastungshöhe auf die maximale Tangentialspannung $\sigma_{t\,max}$. Variation der Passungstoleranz der Füllscheibe. Nach [11].

nommen werden. Die Meßwerte sind (umgerechnet mit dem Elastizitätsmodul des Aluminiums) im Bild 207 über der Plattenbelastung σ_{nu} aufgetragen. Zu den einzelnen Spannungsverläufen $\sigma_{t\,max} = f(\sigma_{nu})$ ist folgendes festzustellen:

Bei Belastung der Platte mit Kreisausschnitt ohne Füllung ergibt sich selbstverständlich eine lineare Zuordnung zwischen $\sigma_{t\,\max}$ und σ_{nu}; der Häufungsfaktor ist also, unabhängig von der Belastung, stets konstant.

Wird der Kreisausschnitt durch eine Bolzenscheibe ausgefüllt, die einerseits keine Vorspannungen erzeugt, andererseits kein Spiel aufweist ($\delta = 0$), so besteht ebenfalls eine lineare Zuordnung zwischen $\sigma_{t\,\max}$ und σ_{nu}. Bei gleicher Plattenbelastung σ_{nu} ist $\sigma_{t\,\max}$ jedoch wesentlich geringer als im Falle des „ungestützten" Ausschnittes.

Bringt man in den Kreisausschnitt eine Bolzenscheibe mit bestimmtem Untermaß (wie im Beispiel des Bildes 207 mit $\delta = -0{,}1\,\%$ und $\delta = -0{,}2\,\%$), so ist die Zuordnung von $\sigma_{t\,\max}$ und σ_{nu} nicht mehr durch eine lineare Beziehung gegeben. Bis zu einer Grenzbelastung steigt $\sigma_{t\,\max}$ mit wachsendem σ_{nu} entsprechend dem Verlauf ohne Scheibe an. Oberhalb dieser Grenzbelastung, die durch die Größe des Scheibenuntermaßes gegeben ist, wird der Anstieg flacher, da die Querstützung des Kreisausschnittes durch die Scheibe einsetzt.

Scheibe mit Übermaß ($\delta > 0$)

Entsprechend einem gegebenen Scheibenübermaß $\delta = (\Delta d/d_0) \cdot 100$ in Prozenten ergibt sich nach dem Einpassen ein gleichmäßiger Druck p_0 auf die Bolzenscheibe und den Ausschnittrand.
Die Randvorspannungen sind
für die Bolzenscheibe

$$\sigma_{Vr} = -p_0; \qquad \sigma_{Vt} = -p_0,$$

für die Platte (Scheibenproblem)

$$\sigma_{Vr} = -p_0; \qquad \sigma_{Vt} = p_0.$$

Die tangentiale Zugvorspannung im Querschnitt $M-M$ am Plattenrand kann wie folgt errechnet werden (die Bedeutung der geometrischen Größen kann aus der Skizze des Bildes 208 entnommen werden):

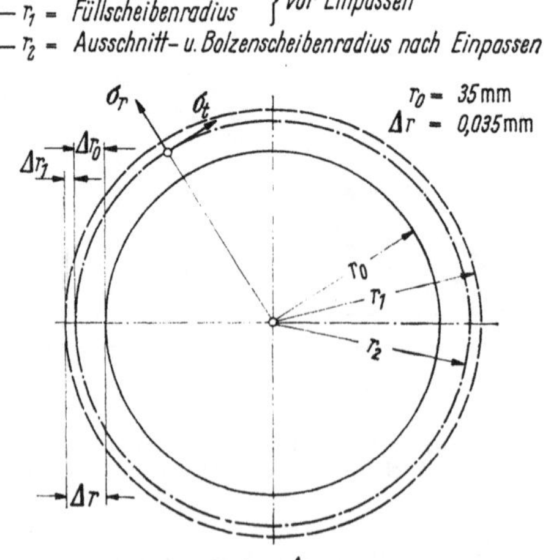

Bild 208. Erläuterungsskizze — Einpassen einer Bolzenscheibe in einen Kreisausschnitt.

Für die Platte ist

$$\varepsilon_{t0} = (\sigma_{Vt} - \mu\,\sigma_{Vr})/E_0 = \bar\varepsilon_{t0} = \bar\varepsilon_{r0} = \Delta r_0/r_0\,,$$

$$p_0 = (\Delta r_0/r_0)\,[E_0/(1+\mu)]\,.$$

Für die Bolzenscheibe ist

$$\varepsilon_{t1} = (\sigma_{Vt} - \mu\,\sigma_{Vr})/E_1 = \bar\varepsilon_{t1} = \bar\varepsilon_{r1} = \Delta r_1/r_1\,,$$

$$p_0 = -(\Delta r_1/r_1)\,[E_1/(1-\mu)]\,.$$

Andererseits gilt

$$\Delta r = \Delta r_0 + \Delta r_1 = r_0\,\delta\,,$$

wobei

$$\delta = \frac{r_1 - r_0}{r_0}\,.$$

Aus diesen Gleichungen folgt für p_0 bzw. σ_{Vt} in der Platte:

$$\sigma_{Vt} = \delta E_0/[(1+\mu) + (1-\mu)\,(E_0/E_1)\,(r_1/r_0)]\,,$$

für $E_0 = E_1$ und $(r_1/r_0) \approx 1$ folgt:

$$\sigma_{Vt} = \delta E/2\,.$$

Für die im ILTUB durchgeführten Versuche ergibt sich nach Umrechnung mit dem E-Modul des Aluminiums

$$\sigma_{Vt} = 3{,}6\ \text{kp/mm}^2 \quad \text{bei} \quad \delta = 0{,}1\%\,.$$

Errechnet man die von JESSOP, SNELL und HOLISTER [10] gemessenen Vorspannungen σ_{Vt} (s. Bilder 203 und 201 bei Belastung Null) nach obiger Gleichung, so ergibt sich bei $\delta = 0{,}3\%$ (schwacher Preßsitz) $\sigma_{Vt(\text{Rechnung})} = 15\ \text{kp/mm}^2$ gegenüber einem Meßwert $\sigma_{Vt} = 16{,}5\ \text{kp/mm}^2$ und bei $\delta = 0{,}6\%$ (starker Preßsitz) $\sigma_{Vt(\text{Rechnung})} = 30\ \text{kp/mm}^2$ gegenüber dem Meßwert $\sigma_{Vt} = 33\ \text{kp/mm}^2$.

Im Bild 207 ist der errechnete und gemessene Verlauf von $\sigma_{t\,\text{max}}$ über der Plattenbelastung σ_{nu} für ein Bolzenscheibenübermaß $\delta = 0{,}1\%$ eingetragen. Man erkennt:

Es ergibt sich eine nichtlineare Kennlinie $\sigma_{t\,\text{max}} = f(\sigma_{nu})$.

Der prinzipielle Verlauf entspricht dem bei einer axial belasteten Schraubenverbindung.

Das Ergebnis steht in guter Übereinstimmung mit den Messungen von JESSOP, SNELL und HOLISTER [10] (Bild 209).

Die im Bild 207 angelegte Fläche veranschaulicht die Spannungsänderung $\Delta\sigma_t = (\sigma_{t\,\text{max}} - \sigma_{Vt})$ bei Schwellbeanspruchung der Platte zwischen 0 und σ_{nu}, wenn das Bolzenscheibenübermaß $\delta = 0{,}1\%$ beträgt.

3.2.4 Häufungsfaktor eines Kreisausschnittes bei Füllung durch einen Kreisring

Die Abminderung des Häufungsfaktors am Ausschnittrand durch einen eingesetzten Ring wurde im ILTUB durch Dehnungsmessungen bestimmt. Variiert wurden:

Ringdurchmesserverhältnis d_i/d_0,
Passung des Ringes (Übermaß $\delta = 100\Delta d/d_0$ in Prozent),
Plattenbelastung (Dehnung im ungestörten Querschnitt ε_{nu}).

Im Bild 209 ist der Häufungsfaktor K eines Streifens mit Füllring abhängig vom Ringdurchmesserverhältnis d_i/d_0 mit dem Über- bzw. Untermaß δ als Parameter dargestellt.

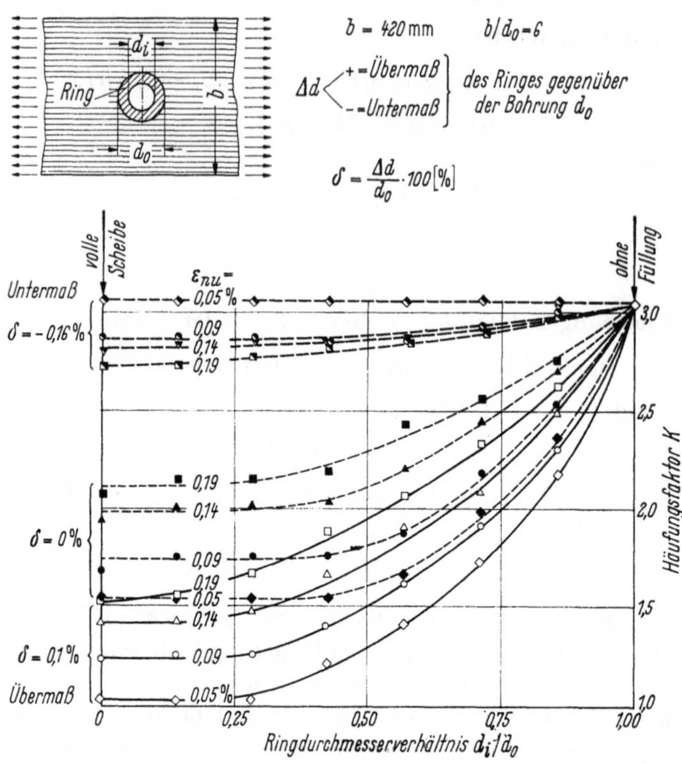

Bild 209. Streifen mit Kreisausschnitt und eingepaßtem Ring — Streifenbelastung. Einfluß des Ringdurchmesserverhältnisses d_i/d_0 auf den Häufungsfaktor K. Variation der Passungstoleranz. Nach [11].

Zweiter Parameter ist die Dehnung ε_{nu} im ungestörten Querschnitt; Häufungsfaktor und äußere Belastung sind auch hier nicht linear verknüpft. Die Darstellung der Ergebnisse läßt erkennen:

Bei $d_i/d_0 = 0$ ist der Ring zur Bolzenscheibe geworden, und es ist der größte Abbau des Häufungsfaktors erreicht.

Durch eine kleine Ringbohrung, bis zu etwa $d_i/d_0 = 0,4$, erhöht sich K gegenüber dem Minimum bei $d_i/d_0 = 0$ nur wenig.

Weitere Vergrößerungen von d_i/d_0 schwächen die Stützkraft des Ringes empfindlich, so daß der Häufungsfaktor K mit d_i/d_0 stark ansteigt, bis bei $d_i/d_0 = 1$ der Faktor der unbeeinflußten Bohrung erreicht ist.

Man erkennt aus dieser Darstellung, daß K in einer „Blindnietung", die keine Kräfte überträgt, durch Vollniete kräftig, durch Hohlniete jedoch nur unwesentlich abgebaut werden kann. Andererseits kann es sehr günstig für die Ermüdungsfestigkeit sein, wenn in eine Bohrung ein Ring mit Übermaß eingepaßt wird. Es ist mithin sinnvoll, einen Ausschnitt für eine Durchführung etwas größer auszuarbeiten, um einen Ring von etwa $d_i/d_0 = 0,4$ einsetzen zu können:

Die Angaben über den Häufungsfaktor K und die Spannungen $\sigma_{l\,\max}$ wurden aus Dehnungsmessungen gewonnen. Bei der Berechnung der Spannungen wurde die Zweiachsigkeit des Spannungszustandes im Ausschnittrandgebiet vernachlässigt.

4 Elastisch-plastische Aufweitung der Randzone einer Bohrung
Vor- und Restspannungen aus Aufweitung und deren Einfluß auf die Ermüdungsfestigkeit

4.1 Bedeutung des Problems

Die Ermüdungsfestigkeit der Fügungen von Blechen und Platten durch Nietung oder Verschraubung leidet, besondere wenn keine Schubübertragung durch Reibung an den Fügeflächen wirkt, darunter, daß in den Bohrungswandungen Spannungshäufungen und Reibkorrosion zusammenwirken.

Daher werden in neuester Zeit für derartige gefährdete Stellen konische Bolzen (interference bolts) verwendet, die beim Aufweiten der Bohrung durch Keilwirkung ein elastisches oder plastisches Vorspannungssystem am Rande der Bohrung erzeugen. Wenn beim Aufweiten die Randzone plastisch verformt wurde, kommt es beim Entfernen des konischen Bolzens zur Bildung eines Restspannungssystems.

Entsprechendes gilt für die Nietung, bei der das Stauchen des Nietschaftes ebenfalls zur Aufweitung der Bohrung und damit zu einem Vor- und Restspannungssystem im Blech führt. Zusätzlich kommt es beim Nieten zu einer Blechdeformation durch den Nietkopf.

Zum Problem der Aufweitung und ihrer Auswirkung auf die Ermüdungsfestigkeit wurden am ILTUB Untersuchungen durchgeführt, deren Ergebnisse im folgenden dargelegt sind.

4.2 Theorie zur Aufweitung einer Bohrung infolge Stauchen eines Bolzens

4.2.1 Elastische und plastische Aufweitung durch Innendruck am Bohrungsrand

Die Aufweitung einer Bohrung führt auf einen ebenen achsensymmetrischen Spannungszustand, dessen Gleichgewicht durch die Differentialgleichung

$$\frac{d}{dr}(r\,\sigma_r) - \sigma_l = 0$$

beschrieben wird.

Ersetzt man über das lineare Elastizitätsgesetz der Scheibe die Spannungen σ_r und σ_l in dieser Gleichung durch die Dehnungen $\varepsilon_r = \partial u/\partial r$ und $\varepsilon_l = u/r$, so erhält man eine Differentialgleichung für die radiale Verschiebung u, deren Lösung für den Grenzfall der endlich großen Bohrung in der unendlichen Scheibe $(r_a/r_0 \to \infty)$ auf die Spannungen

$$\sigma_r = -\sigma_l = \sigma_{r0}(r_0/r)^2$$

führt, wobei $\sigma_{r0} = -p_0$ die Radialspannung am Bohrungsrand $(r = r_0)$ ist. Man kommt damit zu den im Bild 210 gezeichneten Kurven für den elastischen Bereich.

Bild 199 (Abschn. 3.1.2) zeigt Ergebnisse spannungsoptischer Messungen der radialen und tangentialen elastischen Vorspannungen am Rande einer Bohrung mit eingepreßtem Bolzen.

An den elastischen kann sich ein plastischer Bereich anschließen.

NADAI [12] nimmt für seine Theorie ein ideal-elastisch-plastisches Werkstoffverhalten an. Darunter ist zu verstehen, daß sich der Werkstoff bei einachsiger Beanspruchung bis zu einer Dehnung ε_0 ideal elastisch verhält (linearer Spannungs-

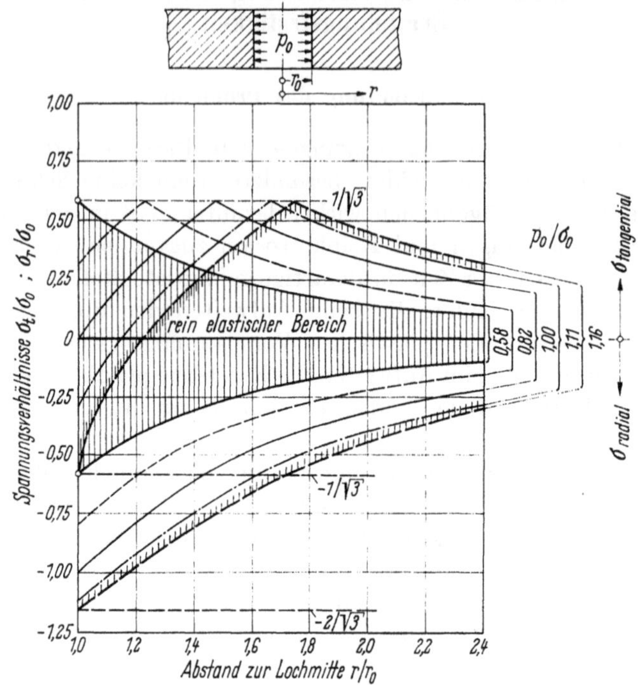

Bild 210. Platte mit Bohrung — Aufweitung der Bohrung im elasto-plastischen Bereich. Variation von p_0/σ_0. Nach [12].

anstieg) und darüber hinaus ohne weitere Spannungserhöhung dehnt. Der plastische Verformungszustand ist dadurch definiert, daß der Werkstoff bei einer bestimmten Spannung σ_0 zu fließen beginnt und sich dabei ohne Volumendilatation verschiebt, d. h., er verhält sich inkompressibel.

Im ideal-plastischen Bereich setzt NADAI an die Stelle des Elastizitätsgesetzes die Energiehypothese der plastischen Gestaltänderung, die für den ebenen Spannungszustand lautet:

$$\sigma_V^2 = \sigma_r^2 - \sigma_r\,\sigma_t + \sigma_t^2 = \sigma_0^2.$$

Dabei ist σ_0 die Fließgrenze bei einachsiger Beanspruchung.

Mit der Energiehypothese und der oben angeführten Differentialgleichung des statischen Gleichgewichts kommt NADAI [12] zu einer Lösung in der Form:

$$\sigma_r = (2\sigma_0/\sqrt{3})\sin(\Theta - \pi/6), \qquad \sigma_t = (2\sigma_0/\sqrt{3})\sin(\Theta + \pi/6),$$

wobei der Parameter Θ nach der Beziehung

$$(r/r_0)^2 = (C/r_0)^2\,e^{\sqrt{3}\,\Theta}/\cos\Theta$$

vom Radius r und einer Integrationskonstanten C abhängt, die ihrerseits dem Innendruck p_0 und der Größe der Scheibe zugeordnet ist. Damit ergeben sich die im Bild 210 gezeichneten Kurven für den plastischen Bereich mit dem Parameter p_0/σ_0.

Mit größerem p_0/σ_0 weitet sich der plastische Bereich aus, und es vergrößern sich ebenfalls die Spannungen im anschließend verbleibenden elastischen Bereich. Am Übergang elastisch-plastisch muß die Gleichgewichtsbedingung $\sigma_{r\,el} = \sigma_{r\,pl}$ erfüllt sein.

Für den Grenzfall der endlich großen Bohrung in der unendlich großen Scheibe ergibt sich daraus und speziell mit der Fließgrenzenbedingung

$$\sigma_{t\,el} = \sigma_{t\,pl} = -\sigma_{r\,el} = -\sigma_{r\,pl} = \sigma_0/\sqrt{3}.$$

Die plastische Aufweitung beginnt also bei einem kritischen Innendruck $p_{0\,krit} = \sigma_0/\sqrt{3}$. Bei weiterer Vergrößerung des Innendrucks werden die Tangentialzugspannungen am Rand abgebaut, und es entstehen sogar Tangentialdruckspannungen. Aus der Nadaischen Lösung folgt als obere Grenze der Belastung $p_0 = 2\sigma_0/\sqrt{3}$. Der Gradient $\partial\sigma_t/\partial r$ der zugehörigen tangentialen Druckspannung $\sigma_t = -\sigma_0/\sqrt{3}$ wird unendlich.

4.2.2 Zusammenhang zwischen Bolzenstauchdruck und Bohrungsaufweitung

Unter Annahme einer rein zylindrischen Stauchung des Bolzens darf für seinen räumlichen Spannungszustand sowohl im elastischen wie im plastischen Fall $\sigma_r = \sigma_t = \mathrm{const}$ gesetzt werden.

Verhalten sich Bolzen und Blech elastisch, so kann aus der Bedingung, daß Bolzenaufweitung und Blechaufweitung gleich sein müssen (d. h. $\varepsilon_{t\,\mathrm{Bolzen}} = \varepsilon_{t\,\mathrm{Scheibe}}$), der Zusammenhang zwischen dem Innendruck $p_0 = -\sigma_{r0}$ am Bohrungsrand und dem Stauchdruck $p_z \equiv -\sigma_z$ hergestellt werden.

Es ergibt sich bei gleichem Material für Bolzen und Blech für den Grenzfall der unendlichen Scheibe:

$$\sigma_z = 2\sigma_{r0}/\mu.$$

Für den plastischen Verformungszustand des Bolzens folgt bei Anwendung der Gestaltänderungsenergie-Hypothese für diesen räumlichen Spannungszustand:

$$2\sigma_V^2 = (\sigma_r - \sigma_t)^2 + (\sigma_t - \sigma_z)^2 + (\sigma_z - \sigma_r)^2 \equiv 2\sigma_0^2,$$

oder mit $\sigma_r = \sigma_t$:

$$\sigma_z = \sigma_{r0} - \sigma_0.$$

Für den Übergang vom elastischen in den plastischen Zustand des Bolzens gilt

$$\sigma_z = -\sigma_0/(1 - \mu/2).$$

Für den Fließbeginn des Bleches galt dagegen $\sigma_{r0kr} = -\sigma_0/\sqrt{3}$. Dieser kritischen Scheibenspannung entspricht eine Bolzenspannung $\sigma_{z\,kr} = -\sigma_0(1 + 1/\sqrt{3})$, d. h., der Bolzen wird wesentlich früher plastisch verformt als das Blech.

Es kann nun wieder aus der Bedingung, daß die Randverschiebungen von Blech und Bolzen übereinstimmen, ein Zusammenhang zwischen dem Stauchdruck p_z und der Aufweitung $\Delta r_0/t_0 = \varepsilon_{t0}$ des Lochrandes berechnet werden.

Dabei muß allerdings auch eine Annahme über die Aufdickung ε_z des Bleches getroffen werden.

Versuche, die im ILTUB an verhältnismäßig dicken „Ronden" durchgeführt wurden, zeigten, daß diese Aufdickung gegenüber den Dehnungen ε_r und ε_t klein war, so daß sie zunächst vernachlässigt wurde.

Auf dieser Basis errechnete Kurven zeigt Bild 211. Parameter ist das Verhältnis Außenradius zu Innenradius der Ronde. Versuchsergebnisse wurden für

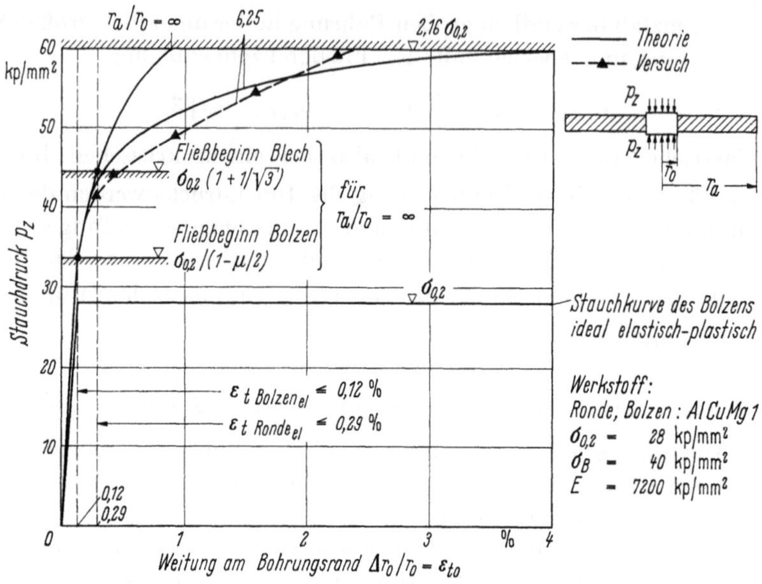

Bild 211. Platte mit Bohrung — Aufweitung der Bohrung durch Stauchen eines Bolzens. Vergleich gemessener und errechneter Dehnungen. Nach [12].

$r_a/r_0 = 6{,}25$ eingetragen, wobei die $\sigma_{0,2}$-Grenze des Werkstoffs gleich der Fließgrenze der ideal elastisch-plastischen Theorie gesetzt wurde. Abweichungen des Versuches von der Theorie können mit der Idealisierung des Spannungs-Dehnungs-Diagramms erklärt werden. Eine obere Grenze der Nadaischen Lösung ist nach Abschn. 4.2.1 durch die Randspannung $\sigma_{r0\,max} = -2\sigma_0/\sqrt{3}$ gegeben. Dies führt mit $\sigma_z = \sigma_{r0} - \sigma_0$ auf einen Stauchdruck von

$$p_{z\,max} = -\left(1 + 2/\sqrt{3}\right)\sigma_0 = -2{,}16\,\sigma_0 = -2{,}16\,\sigma_{0,2}.$$

Dieser Wert ist im Bild 211 als obere Grenze eingetragen.

4.3 Restspannungen infolge plastischer Verformungen der Randzone einer Bohrung

Wird die Radialbelastung durch Entfernen des Stauchbolzens auf $\sigma_{r0} = 0$ zurückgenommen, so erhält man bei rein elastischer „Rückfederung" eine Restspannungsverteilung der Tangential- und Radialspannungen, wie sie im Bild 212 dargestellt ist. Zu ihr gehört die im selben Bild gezeichnete Verteilung der Restdehnungen.

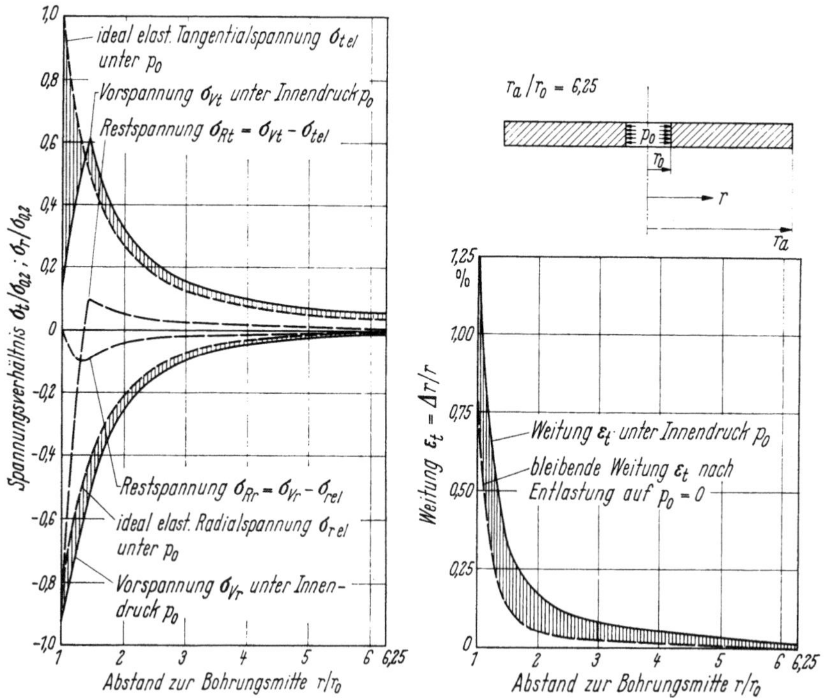

Bild 212. **Platte mit Bohrung** — Restspannung und bleibende Dehnung aus plastischer Aufweitung der Bohrung. Nach [12].

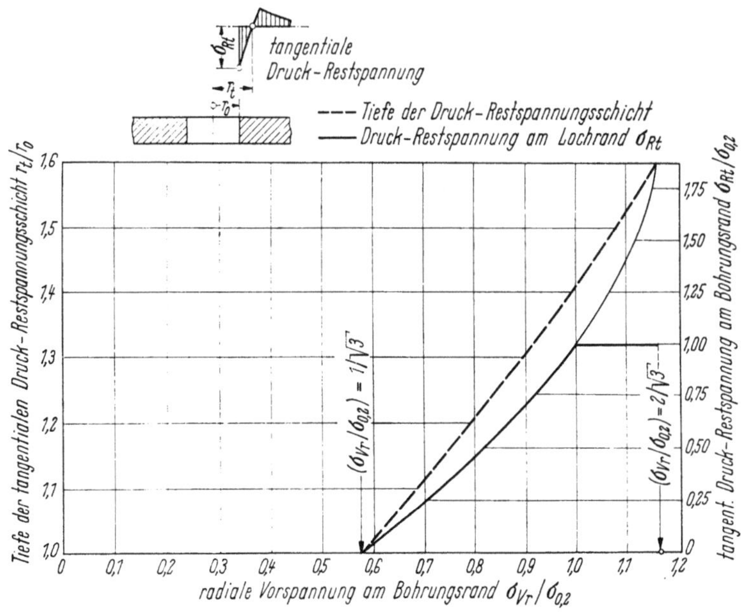

Bild 213. **Platte mit Bohrung** — Einfluß der radialen Vorspannung am Bohrungsrand auf Größe und „Tiefe" der tangentialen Druckrestspannung. Nach [12].

Während also die Radialspannung am Rand auf Null zurückgeht, baut sich dort eine tangentiale Druckrestspannung auf, und zwar von um so größerem Betrag, je größer die Vorbelastung des Bohrungsrandes war.

Im Bild 213 ist die Größe der tangentialen Druckrestspannung am Bohrungsrand σ_{Rt} über der radialen Vorspannung σ_{Vr} für die endlich große Bohrung in einer unendlich breiten Scheibe aufgetragen. In das gleiche Bild ist außerdem die Größe des Bohrungsrand-Bereiches eingetragen, in dem tangentiale Druckrestspannungen verbleiben. Das Restspannungssystem bestimmt in entscheidendem Maße die Entstehung und Ausbreitung dynamischer Anrisse im Bohrungsrandgebiet.

Am Bohrungsrand kann die tangentiale Druckrestspannung nicht größer als die Fließspannung werden. Das bedeutet aber (ideal elastisch-plastisches Verhalten unterstellt), daß es bei der „Rückfederung" wiederum zu einer plastischen Verformung des Materials, ausgehend vom Bohrungsrand, kommt. Rechnungen zu diesem Problem und Auswertungen bereits veröffentlichter Arbeiten wurden von PEITER [13] vorgenommen. Die Berechnung des Restspannungszustandes mit plastischer Verformung beim „Rückfedern" unter Anwendung der Nadaischen Lösung für die Differentialgleichung wurden am ILTUB durchgeführt.

4.4 Aufweitung einer Bohrung durch Nietung

Die Größe der Aufweitung einer Bohrung durch Einpressen eines 6 mm-Nietes in 4 mm dicke AlMgCu-Scheiben mit Nietkräften bis zu $P = 10$ Mp wurde im ILTUB gemessen.

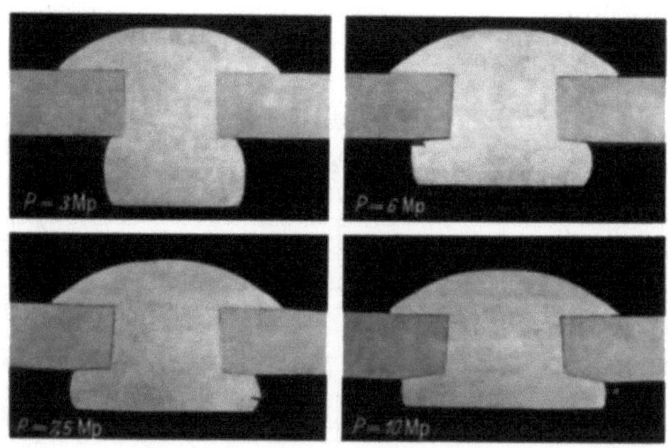

Bild 214. Flachkopf-Blindnieten — Vergleich der Niet- und Blechverformungen für verschiedene Nietpreßdrücke. Blech- und Nietwerkstoff AlCuMg 1 (2017-T 4).

Die Versuche mit Flachkopfnieten zeigen im Bild 214 unterschiedliche Verformungen über der Lochtiefe. Diese Ungleichförmigkeit nimmt mit größeren Nietkräften P zu. Während sich an der Schließkopfseite S das Material ungehindert verschieben kann, wird die Aufweitung an der Setzkopfseite durch die große Auflagefläche des Kopfes behindert. Außerdem sind an der Schließkopfseite Blechdeformationen vorhanden. Die prozentualen Aufweitungen der Bohrung auf beiden Seiten sind für die Zustände mit und ohne Niet im Bild 215 dargestellt. Sie sind auf der Schließkopfseite doppelt so groß wie auf der Setzkopfseite.

Der Rückgang der Aufweitung nach Entfernen des Nietes ist nur gering und erreicht bei $P = 6\,\text{Mp}$ etwa 1% auf der Schließkopfseite und etwa 0,7% auf der Setzkopfseite. Die Kurven haben zwei ausgeprägte Bereiche, von $P = 0$ bis etwa $P = 6{,}6\,\text{Mp}$ zeigt sich ein flacher und daran anschließend ein steiler Anstieg. Der Knick bei etwa 5% Lochaufweitung deutet darauf hin, daß bei Steigerung über diese kritische Belastung hinaus die Vergleichsspannung σ_V die Fließgrenze überschreitet, d. h., die Belastung des Bohrungsrandes entspricht an der Knickstelle den Grenzwerten der Nadaischen Lösung (s. Abschnitt 4.2.1) mit $p_{z\,\text{max}} = -2{,}16\,\sigma_0$ (s. Bild 211). Setzt man für den Knick die Nietpreßkraft mit 6,6 Mp an und bezieht diese auf die Fläche des Schließkopfs von 110 mm², so erhält man eine Spannung

$$\sigma_z \approx -60\ \text{kp/mm}^2.$$

Dies entspricht tatsächlich etwa dem 2,16fachen Wert der Fließgrenze $\sigma_{0,2} = 28\ \text{kp/mm}^2$. Im Gegensatz zu einem ideal elastisch-plastischen Material ist allerdings bei dem realen Versuchsmaterial die Tragfähigkeit nach dem Erreichen der $\sigma_{0,2}$-Grenze noch nicht erschöpft, d. h., das Material kann noch eine weitere Steigerung der Nietpreßkraft ertragen.

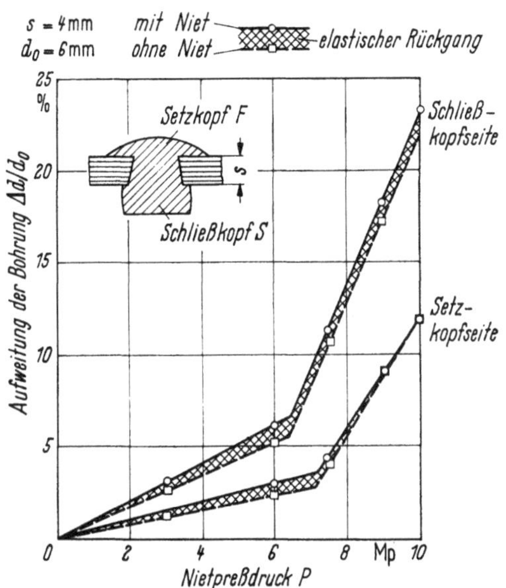

Bild 215. Flachkopf-Blindnieten — Einfluß der Nietpreßkraft auf die Aufweitung der Bohrung. — Blech- und Nietwerkstoff AlCuMg 1 (2017-T 4).

Der eigentliche Nietvorgang mit Fließen des Nietes beginnt nach Bild 211 zwischen 0,12 und 0,3% Aufweitung.

Der Nietpreßdruck p_z, mit dem die Niete gestaucht werden, sollte nicht größer gewählt werden, als das 2,16fache der Fließgrenze, wobei schon bei diesen Drücken sorgfältige Werkstoffuntersuchungen vorzunehmen sind.

4.5 Einfluß der Lochaufweitung durch Nietung auf die Ermüdungsfestigkeit von Streifen und Fügungen

4.5.1 Blindnietung

Die Ermüdungsfestigkeit eines auf Längszug beanspruchten Blechstreifens mit Bohrung kann durch das Einziehen eines Blindnietes in die Bohrung beeinflußt werden. Durch den Nietschaft wird die Ovalisierung der Bohrung behindert und die Spannungshäufung am Lochrand verringert. Zusätzlich entstehen durch die Aufweitung der Bohrung im Blech Vorspannungen, die die Ermüdungsfestigkeit beeinflussen. Schließlich hängt die Ermüdungsfestigkeit des mit einem

Blindniet versehenen Blechstreifens entscheidend von der Reibkorrosion zwischen
Nietschaft und Lochwand ab. Die Kenntnis der Ermüdungsfestigkeit von Blechstreifen mit und ohne Blindniet in einer Bohrung ist von Interesse für die Anordnung von Entlastungsbohrungen am Beginn einer Fügung vor der ersten
Nietreihe.

Im ILTUB wurden Ermüdungsversuche an Probestäben aus unplattiertem
AlCuMg 1 mit Blindnieten ($d = 6$ mm AlCuMg) durchgeführt, die mit unter-

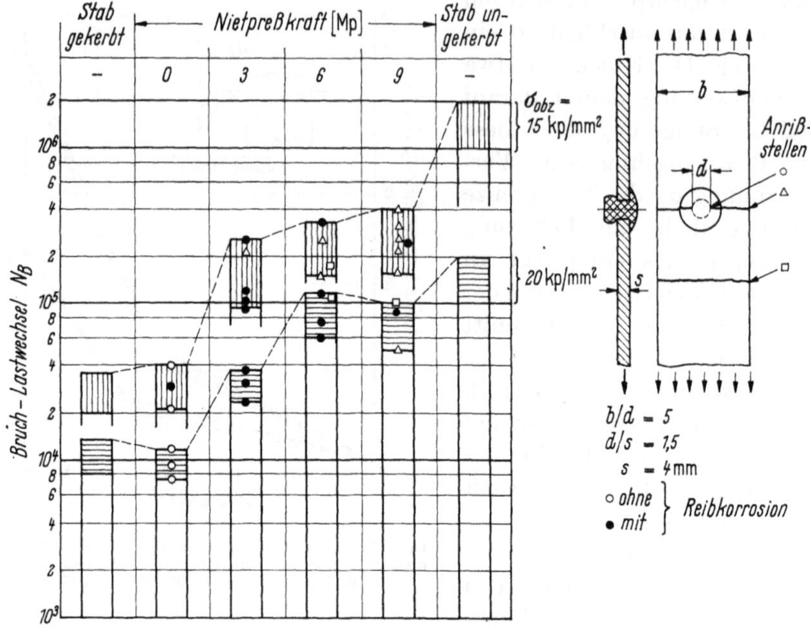

Bild 216. Blindgenietete Probestäbe — Einfluß der Nietpreßkraft auf die Ermüdungsfestigkeit ($R_z = 0$) —
Blech- und Nietwerkstoff AlCuMg 1 (2017-T 4).

schiedlichen Nietkräften $P = 3, 6, 9$ Mp gestaucht wurden. Die Ergebnisse sind
im Bild 216 mit den an ungekerbten und gebohrten Stäben ermittelten Ermüdungsfestigkeitswerten verglichen. Die einzelnen Versuchsergebnisse sind so dargestellt,
daß aus ihnen entnommen werden kann, wodurch der Bruch verursacht wurde.
Aus der Darstellung im Bild 216 folgt:

Der gestauchte Nietschaft, der zu einer plastischen Aufweitung der Bohrung
führt, ist die Ursache für einen Vorspannungszustand, der die Ermüdungsfestigkeit erhöht.

Das Nieten mit der Nietkraft $P = 6$ Mp führt zu folgenden Verbesserungen
der Bruchlastwechselzahl N_B:
für $\sigma_{obz} = 15$ kp/mm² auf das 10fache,
für $\sigma_{obz} = 20$ kp/mm² ebenfalls auf das 10fache gegenüber dem gekerbten
Stab.

Für den Blindniet in einem Streifen gibt es eine Nietkraft P, bei deren Überschreiten die Bruchlastwechselzahl nicht weiter erhöht werden kann; diese
Grenzbruchlastwechselzahl ist kleiner als die Bruchlastwechselzahl des nicht
gebohrten (ungekerbten) Streifens.

Beim Nieten mit Kräften, die größer als die für die Grenzbruchlastwechselzahl erforderlichen Kräfte sind, zeigte sich, daß die Anrisse vom Stabrand ausgingen, obwohl in der Lochwandung deutliche Reibkorrosionsschäden vorhanden waren. Dies kann seine Ursache darin haben, daß sich infolge der hohen Nietkräfte am Stabrand große Zugvorspannungen aufbauen, die sich mit der dynamischen Belastung überlagern und zum Ermüdungsriß führen.

4.5.2 Zweischnittige, einreihige Fügung

Während im vorigen Kapitel der Einfluß eines nichttragenden Blindniets auf die Ermüdungsfestigkeit des Blechstreifens untersucht wurde, soll hier der Einfluß der Nietkraft auf die Ermüdungsfestigkeit einer genieteten Fügung behandelt werden.

Dem Spannungszustand, entsprechend dem vorangegangenen Abschnitt, überlagert sich jetzt noch der Spannungszustand aus der Krafteinleitung infolge Lochleibung.

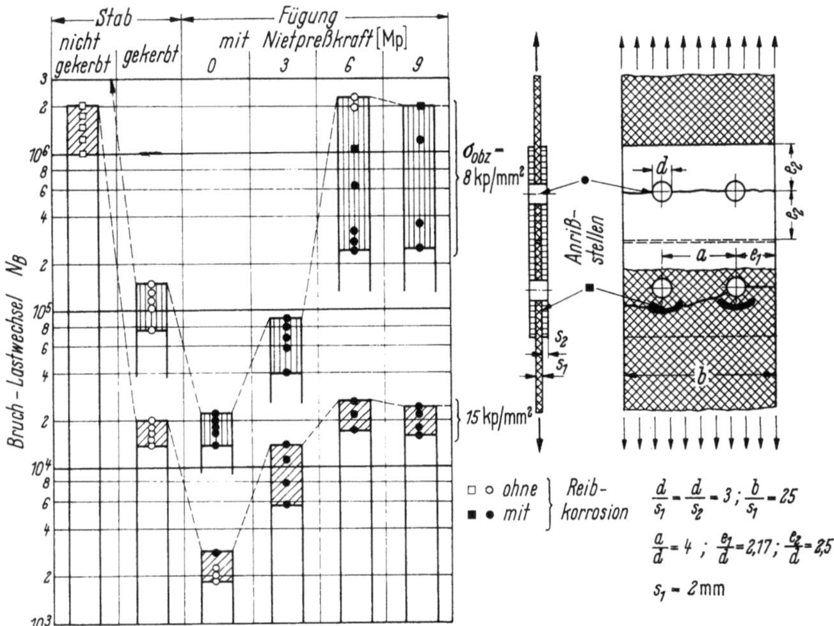

Bild 217. Genietete zweischnittige Überlappung — Einfluß der Nietpreßkraft auf die Ermüdungsfestigkeit ($R_z = 0$) — Blech- und Nietwerkstoff AlCuMg 1 (2017-T 4).

Zu diesem Problem wurden im ILTUB Ermüdungsversuche an zweizeiligen, zweischnittigen, einreihigen genieteten Fügungen aus AlCuMg 1 unplattiert mit Walzoberfläche durchgeführt. Die Nietkräfte betrugen $P = 3, 6, 9$ Mp für 6 mm Niete aus AlCuMg 1.

Die Ergebnisse für Zugschwellbelastung ($R_z = 0$) sind im Bild 217 dargestellt. Zum Vergleich sind außerdem eingetragen die Bruchlastwechselzahlen des ungekerbten und des gekerbten (gebohrten) Stabes und der Fügung mit „losem" Niet ($P = 0$).

Die eingetragenen Versuchspunkte geben gleichzeitig an, wie und wo der Bruch erfolgte. Aus der Darstellung kann entnommen werden:

Das Nieten mit der Nietkraft $P = 6$ Mp führt zu folgenden Verbesserungen der Bruchlastwechselzahl N_B:

$$\text{für } \sigma_{obz} = 8 \text{ kp/mm}^2 \text{ auf das 20fache,}$$
$$\text{für } \sigma_{obz} = 15 \text{ kp/mm}^2 \text{ auf das 10fache,}$$

gegenüber nur durch Lochleibung übertragene Kräfte ohne Vorspannungen am Bohrungsrand.

Eine Steigerung der Nietkraft über 6 Mp bringt für den Streifen keine weitere Verbesserung der Bruchlastwechselzahl N_B.

Nietkräfte, die kleiner als 3 Mp sind, führen zu einem Spannungszustand am Bohrungsrand, der ungünstiger ist als der des nur gebohrten Stabes und deswegen kleinere Bruchlastwechselzahlen ergibt. Kleine Nietkräfte führen zunächst zu tangentialen Zugvorspannungen, die die Ermüdungsfestigkeit allgemein verschlechtern.

Die überwiegende Mehrzahl der Brüche erfolgte in der Bohrung durch Wirkung der Reibkorrosion. Dagegen fehlten wegen der Blechaufwölbung bis auf zwei Ausnahmen die Brüche vor den Bohrungen infolge Reibkorrosion zwischen den Fügeflächen.

4.6 Aufweitung von Bohrungen durch einen konischen Bolzen

4.6.1 Verformungen im Aufweitungsbereich

Gefährdete Stellen eines Bauteils können durch einen definierten Vorspannungszustand günstig beeinflußt werden. Ein definierter Vorspannungszustand kann z. B. durch das Einziehen eines konischen Bolzens in eine Bohrung (interference bolt) erreicht werden. Im ILTUB wurden konisch geriebene Bohrungen in einem AlCuMg 1-Streifen zwischen 0 und 2 % des Bohrungsdurchmessers aufgeweitet. Bild 218 zeigt in Abhängigkeit von der aufgebrachten Aufweitung den elastischen Rückgang nach Entfernen des konischen Bolzens. Die Grenze der rein elastischen Aufweitung liegt bei $\Delta d_1/d_0 = 0{,}24\,\%$.

4.6.2 Ermüdungsfestigkeit von Blechstreifen mit aufgeweiteten konischen Bohrungen bei Zugschwellbelastung

Der Einfluß des Vorspannungszustandes auf die Ermüdungsfestigkeit für den Blechstreifen ist aus Bild 219 zu entnehmen:

Die Restspannungen, die nach Entfernen des Bolzens verbleiben,
    ändern bei großen Belastungen $\sigma_{obz} = 20$ kp/mm² auch nach größter Aufweitung die Bruchlastwechselzahlen nicht,
    bringen bei kleinen Belastungen $\sigma_{obz} = 15$ kp/mm² eindeutig eine Erhöhung der Bruchlastwechselzahlen auf das 3- bis 5fache.

Die Behinderung der Lochovalisierung durch den Bolzen bringt ohne Aufweitung bzw. ohne Vorspannungen eine eindeutige Erhöhung der Bruchlastwechselzahlen bei beiden Belastungsniveaus.

Eine starke Aufweitung mit tangentialen Druckvorspannungen am Bohrungsrand (bei eingetriebenem konischem Bolzen) ergibt für beide Belastungsniveaus die maximal überhaupt mögliche Erhöhung der Ermüdungsfestigkeit (um etwa eine 10er Potenz); es werden die Bruchlastwechselzahlen der Flachstäbe ohne Bohrung erreicht.

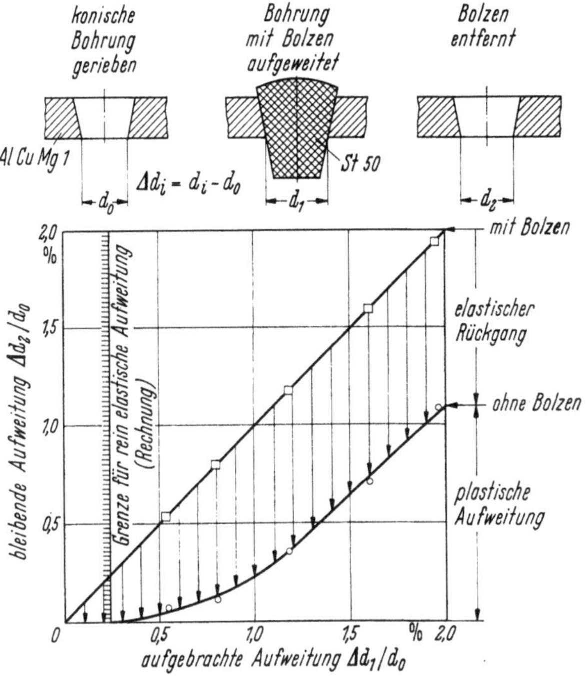

Bild 218. Flachstab mit konischer Bohrung — Aufweitung durch konische Bolzen.

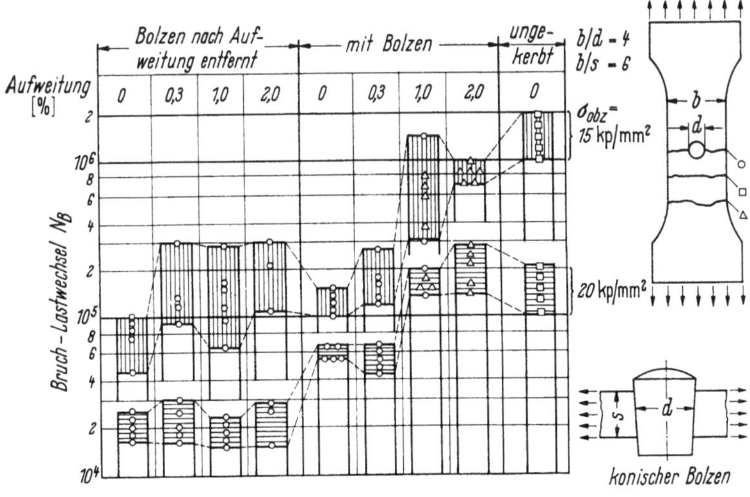

Bild 219. Flachstäbe mit konischer Bohrung — Einfluß der Aufweitung der Bohrung auf die Ermüdungsfestigkeit ($R_z = 0$).

XI. Reibkorrosion — Phänomene und Einfluß auf die Ermüdungsfestigkeit

1 Reibkorrosionserscheinungen

1.1 Entstehung von Reibkorrosion

Berühren sich Metallteile unter Druck und bewegen sie sich oszillierend gegeneinander, so kommt es zu einem Verschleiß-Oxydationsvorgang, der als Reibkorrosion oder Reiboxydation bezeichnet wird.

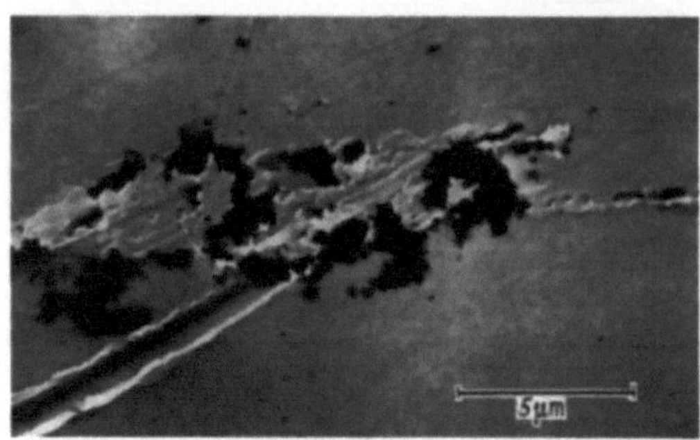

Bild 220. Beginnender Reibkorrosionsschaden auf Stahloberfläche nach 250 Reibwechseln — erste Oberflächenzerstörung: Elektronenmikroskopische Aufnahme. [7].

Zum Phänomen der Reibkorrosion sind zahlreiche Untersuchungen durchgeführt und Theorien aufgestellt worden, die in [1—6] zusammenfassend diskutiert werden, so daß es sich erübrigt, speziell darauf einzugehen.

Im Bild 220 ist in einer Elektronenmikroskopaufnahme [7] der Beginn des Reibkorrosionsschadens auf einer Stahloberfläche nach 250 Reibbewegungen gezeigt. Es ist zu sehen, daß schon nach wenigen Reibwechseln eine starke Ober-

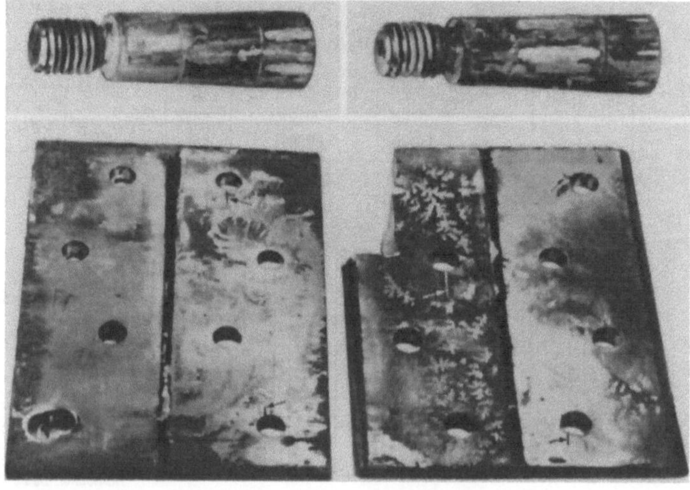

Bild 221. Laschen eines Plattenquerstoßes mit Reibkorrosionsschäden und Anrissen — hohe Lastwechselzahl — ausgeschlagene konische Bolzen. [8].

flächenschädigung auftritt, die durch das „Kratzen" eines harten vorstehenden Partikels zwischen den Reibflächen ausgelöst wurde. Der Reibschaden wächst mit steigender Reibwechselzahl und wird dann auch dem bloßen Auge sichtbar.

Im weiteren Verlauf der Reibwechsel kommt es zu Veränderungen der Oberflächenschicht (z. B. Verfestigung, Härteerhöhung, Gleitlinienbildung) sowie zur Oxydation der abgeriebenen Metallpartikel, die im Falle des Aluminiums wesentlich härter als das Grundmetall sind und schmirgelnd und reibkorrosionsfördernd wirken.

Reibkorrosionsschäden können dazu führen, daß bei dynamischer Belastung vorzeitig Anrisse und Ermüdungsbrüche entstehen, wie sie z. B. im Bild 221 an einer Querfügung mit konischen Bolzen gezeigt sind [8].

1.2 Änderung der oberflächennahen Werkstoffschicht bei Reibkorrosion

1.2.1 Reibversuche mit AlCuMg1

An Stellen mit „künstlich" erzeugter Reibkorrosion (s. Abschn. 2.1) wurden Längsschnitte senkrecht zur Oberfläche der Probestäbe gelegt, um festzustellen, wie sich der Werkstoff in Tiefenrichtung unter der durch Reibung angegriffenen Oberfläche verändert. Es wurden die Mikroschliffe der polierten und geätzten Schnittfläche ausgewertet und Mikrohärteprüfungen durchgeführt.

Das Bild 222 zeigt am Schliff eines Probestabs, der nach künstlicher Erzeugung von Reibschäden dem Ermüdungsversuch unterworfen wurde,

die Reibkorrosionsschicht,

darunter eine Zone plastischer Deformation von 0,02 mm Dicke,

mehrere dynamische Anrisse.

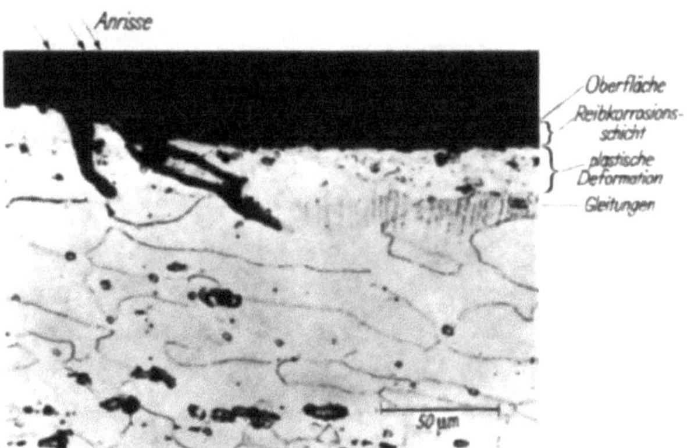

Bild 222. Flachstab AlCuMg 1 (2017-T 4) mit Reibkorrosionsschäden (Schliffbild).

Bild 223 zeigt aus einer Untersuchung, die die BAM für das ILTUB durchführte, einen Schliff mit sehr tiefgehender Reibkorrosionswirkung, einem dynamischen Anriß und den in einer Reihe eingeprägten Markierungen der Mikrohärteprüfung. Die Tiefe der durch die Reibkorrosion veränderten Schicht ist mit etwa 0,17 mm beträchtlich.

Im unteren Teil des Bildes 223 sind über der Eindringtiefe die gemessenen Werte der Mikrohärteprüfung aufgetragen. Es zeigt sich, daß die Härte an der

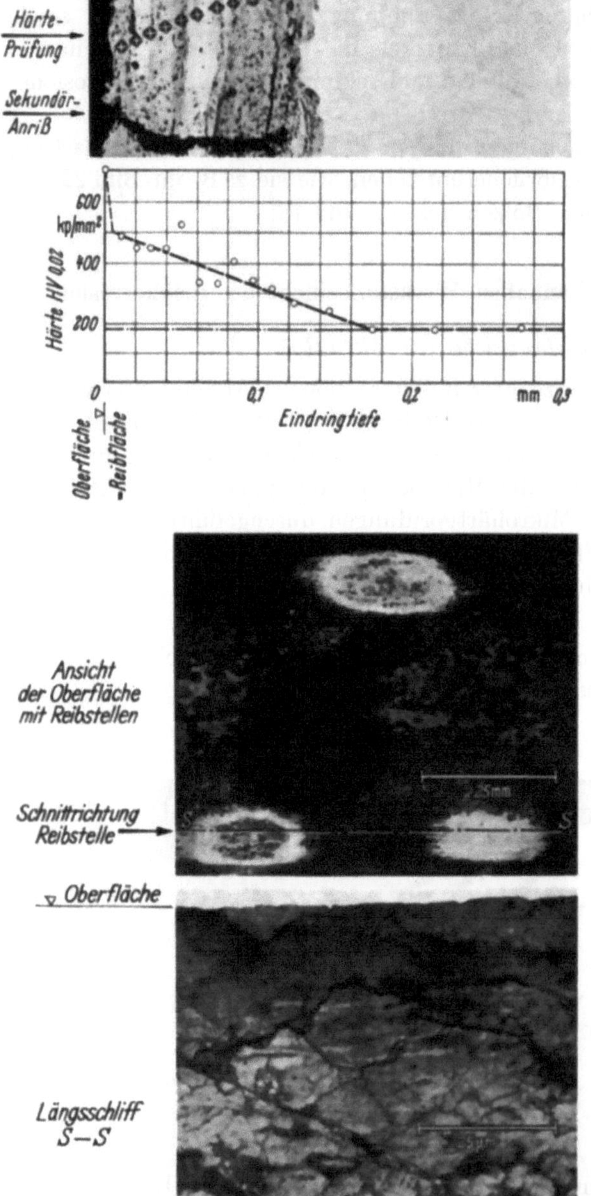

Bild 223. Flachstab AlCuMg 1 mit Reibkorrosionsschäden — Verlauf der Mikrohärte HV 0,02 über der Eindringtiefe.

Bild 224. Reibkorrosionsschäden an Blattfeder-Paketen (46 Si 7-Federstahl). Ansicht und Schliffbild der Reibstelle. [9].

Oberfläche mit $HV = 700$ kp/mm² sehr hoch ist, steil auf $HV = 500$ kp/mm² abfällt und dann flacher absinkt, bis sie in etwa 0,17 mm Eindringtiefe den Wert des unveränderten Blechwerkstoffs von $HV = 180$ kp/mm² erreicht.

Bei dem Reibangriff auf die Oberfläche wird also eine Oberflächenschicht, die eine beträchtliche Tiefe erreichen kann, durch Kaltverformung widerstandsfähiger gemacht.

Wie in Abschnitt 2 gezeigt wird, ist es jedoch für die Ermüdungsfestigkeit wichtig, ob der Reibschaden vor oder während der dynamischen Belastung aufgebracht wurde.

1.2.2 Erfahrungen über Reibkorrosion bei Blattfederpaketen

An aufeinandergepreßten Federblättern entstehen Reibkorrosionsschäden, wie sie im Bild 224 [9] oben für Blätter aus Si-Stahl gezeigt werden. Unten in diesem Bild ist ein Längsschliff durch eine Reibstelle stark vergrößert wiederge-

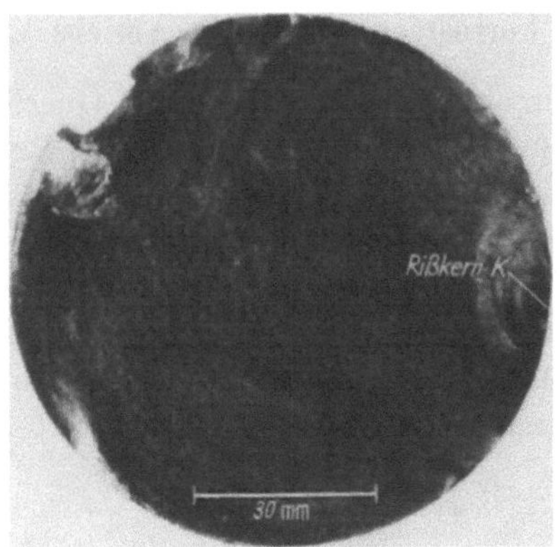

Bruchfläche

Lauffläche bei K

Längsschliff am Rißkern K, Rauhtiefe $t_R = 0,1$ mm

Bild 225. Reibkorrosionsschäden an Laufflächen von Turbokompressor-Wellen (30 CrNiMo 8) — Ausgang des Ermüdungsbruches von der Reibstelle. [9].

geben. Bei diesem Scheuern von aufeinandergepreßten Federblättern ist die Aufrauhung der Oberfläche nicht sehr tief, die veränderte Oberflächenschicht ist 60 bis 80 μm dick.

Der obere Bereich von etwa 60 μm Dicke zeigt keine plastischen Verformungen. Hier ist der Werkstoff sehr hart, und er drückt sich in die darunterliegende weich gebliebene Schicht, die über etwa 20 μm Tiefe starke plastische Verformungen erfährt, ein.

1.2.3 Beobachtungen von Reibkorrosion an Laufflächen von Wellen

An den Laufflächen von Wellen entstehen Reibkorrosionsschäden, wie sie im Bild 225 [9] oben rechts für Cr-Ni-Stahl wiedergegeben sind. Von diesen Reibkorrosionsschäden können Ermüdungsbrüche, wie oben links im Bild zu sehen ist, ausgehen. Der Längsschliff (Bild 225 unten) zeigt im Bereich des Rißkerns starke Aufrauhungen von etwa 0,1 mm Tiefe, von deren Riefengrund feine Anrisse ausgehen und tief eindringen.

1.3 Mechanischer und korrosiver Anteil des Abriebs

Bei der Einwirkung von Reibkorrosion entsteht neben den Oberflächenschäden Abriebpulver, dessen Menge als ein Maß für die Auswirkung der Reibkorrosion angesehen werden kann. Bei Al-Legierungen ist der Abrieb an Al-Oxyd äußerst feinpulvrig und schwarz. Bei Stahl ist der Abrieb (Fe_2O_3) ein rotes Pulver.

UHLIG [10] hat eine Theorie über die Entstehung und Menge des Abriebs bei Reibung von Stahl auf Stahl aufgestellt, wobei er zwischen einem „mechanischen" und einem „korrosiven" Anteil unterscheidet.

Das Gewicht G des Abriebs ist nach UHLIG mit der Formel

$$G = C_1\, p\, l\, N + [C_2 \sqrt{p} - C_3\, p]\, N/f$$

zu errechnen. Die Konstanten C_1 des mechanischen sowie C_2 und C_3 des korrosiven Anteils sind durch Versuche für die verschiedenen Fälle zu ermitteln. Danach nimmt das Gewicht des Abriebs

im mechanischen und korrosiven Anteil mit der Zahl N der Gleitungen zu,
im mechanischen Anteil mit dem Anpreßdruck p und dem Gleitweg l zu,
im korrosiven Anteil mit dem Anpreßdruck p zu und der Reibfrequenz f ab.

Der Schaden hängt außer von N, p, l und f noch von vielen Einflüssen ab, die durch die Konstanten C_1, C_2 und C_3 erfaßt werden.

Im folgenden werden die Haupteinflüsse auf den Vorgang der Reibkorrosion diskutiert.

1.3.1 Relativausschläge (Gleitweg l) zwischen den aufeinander gleitenden Metallteilen

Wichtig ist die Erkenntnis, daß Reibkorrosion bereits auftreten kann, wenn der Gleitweg an der Kontaktstelle nur sehr klein, etwa in der Größenordnung der elastischen Dehnung ist.

Auf Grund von Versuchsergebnissen [11] an unlegiertem Stahl kann festgestellt werden, daß für Gleitwege von $l = 0{,}01$ bis $0{,}25$ mm eine nahezu lineare

Abhängigkeit zwischen l und der Schadensgröße besteht. Dieses Ergebnis stimmt mit der Berechnungsformel für die Abriebmenge G nach UHLIG überein, falls der mechanische Anteil maßgebend wird.

1.3.2 Frequenz f der Relativbewegung

Aus Untersuchungen über die Reibkorrosion bei Stahl [12] folgt, daß der Reibkorrosionsschaden mit Erhöhung der Frequenz f

in Sauerstoffatmosphäre abnimmt,

in Stickstoffatmosphäre unverändert bleibt.

Mit dieser Feststellung steht die Uhligsche Gleichung für den Abrieb insofern in Einklang, als die Frequenz nur im Nenner des „korrosiven" Anteils erscheint.

1.3.3 Anpreßdruck p

Es wird angenommen, daß die Reibkorrosionsschäden mit steigendem Anpreßdruck p zunehmen. In der Gleichung nach UHLIG erscheint p im „mechanischen" und „korrosiven" Anteil. Aus Versuchen [13] ergab sich, daß mit einer Zunahme des Anpreßdrucks die örtlichen Reibschäden stärker wurden.

Torsionsversuche von HARRIS [3] mit Rundstäben aus AlZnMgCu ergaben, daß die Bruchlastwechselzahlen (gleiche Torsionsbelastung vorausgesetzt) bei kleinem Anpreßdruck nicht beeinflußt werden.

Die Auftragung der Ergebnisse im Bild 226 zeigt, daß bei höherem Anpreßdruck die Bruchlastwechselzahl bis zu einem ausgeprägten Minimum abnimmt

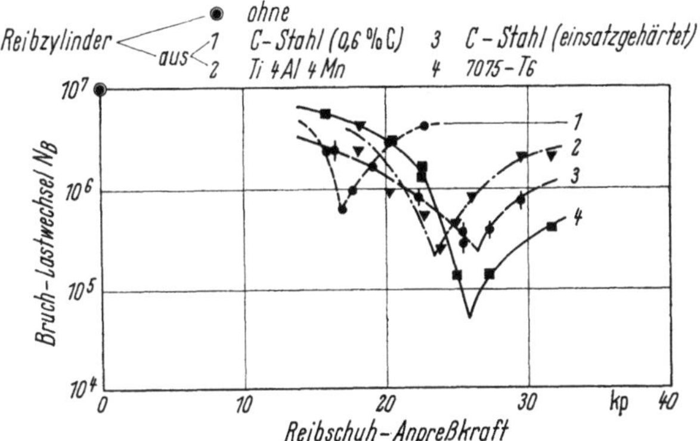

Bild 226. Reibkorrosion bei Torsions-Wechselbeanspruchung. Einfluß des Reibzylinder-Werkstoffes und Anpreßdruckes auf die Bruchlastwechselzahl. Nach [3].

und bei weiterer Erhöhung des Anpreßdrucks wieder zunimmt. Bei den hohen Anpreßdrücken dürfte es eine Rolle spielen, daß die Oberfläche nicht nur „abgerieben" wird, sondern in der Tiefe der Oberflächenschicht eine Kaltverformung mit starker Erhöhung der Härte (s. Bild 223) eintritt.

1.3.4 Werkstoffhärte

Mit zunehmender Härte eines Werkstoffs werden die beobachteten Reibkorrosionsschäden geringer [2]. Wann und wie weit hierbei die Erhöhung der

Härte in der Oberflächenschicht aus der Kaltverformung infolge der Reibkräfte eine Rolle spielt, ist eine wesentliche Frage, die auch bezüglich der Schutz-(Plattierungs-) Schichten aus weichem unlegiertem Material zu beachten ist.

1.3.5 Zahl der Gleitungen N

In der Gleichung von UHLIG wird angenommen, daß der durch den Abrieb G gekennzeichnete Schaden proportional der Zahl N der Gleitungen ist. In den vorgenannten Versuchen wurde beobachtet, daß sich mit zunehmendem N die örtlichen Reibschäden vertiefen.

Aus einer mit der Zahl N der Gleitungen zunehmenden Härte der Oberflächenschicht sollte man eine nicht lineare Änderung des Abriebgewichtes G mit N erwarten.

1.3.6 Einfluß der Umgebung

Im *Vakuum* oder in nicht aggressiver Umgebung ist der Reibschaden bei sonst gleichen Bedingungen geringer als in normaler Luftatmosphäre [1]. Harte dichte Überzüge, wie Kunstharzfilme, sind somit von Interesse für die Verringerung des Reibkorrosionsschadens. Bei völliger *Trockenheit* wird der Reibschaden am größten und nimmt mit zunehmender Feuchte ab [1].

2 Reibkorrosion und Ermüdungsfestigkeit

2.1 Einzelwirkung von Reibkorrosion und anschließender Schwellbelastung

2.1.1 Problemstellung

Im ILTUB wurden an Flachstäben aus AlCuMg 1 mit gewalzter und mit polierter Oberfläche Reibversuche durchgeführt,

um die Eigenschaften der durch Reibkorrosion veränderten Oberflächenschicht kennenzulernen,

und um die im Reibkorrosionsbereich veränderten Stäbe dem Zugschwellversuch zu unterwerfen.

Wichtigstes Ziel dieser Ermüdungsversuche am bereits reibungskorrodierten Stab war es, festzustellen, ob sich die Ermüdungsfestigkeit durch die vorhergehende Reibkorrosion ändert oder ob eine Verringerung der Ermüdungsfestigkeit nur in Erscheinung tritt, wenn Reibkorrosion und dynamische Belastungen zusammenwirken.

2.1.2 Versuchsgerät

Zur Erzeugung der Reibkorrosionsschäden auf Prüfstäben wurde ein einfaches Gerät gebaut, das im Bild 227 zu sehen ist. Die Versuchsanlage gestattete Gleitamplituden von $\pm 0,05$ bis $\pm 0,25$ mm.

2.1.3 Aussehen der geriebenen Flächen

Bild 228 zeigt als Beispiel die 6fach vergrößerte Ansicht der Reibfläche bei einem gebohrten Prüfstab mit gewalzter Oberfläche nach $N_F = 10^6$ Reibwechseln und $\pm 0,25$ mm Gleitamplitude, also großen Reibwegen, unter einem relativ

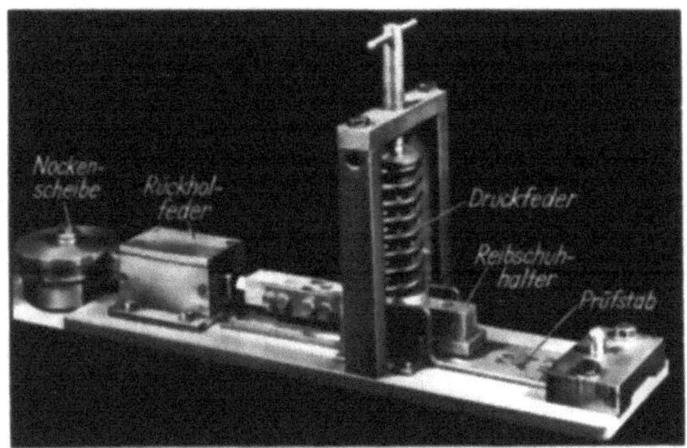

Bild 227. Versuchsanlage zur Erzeugung von Reibschäden.

geringen Anpreßdruck von $p = 0,7$ kp/mm². Die Reibflächen zeigen zwar eine teilweise Orientierung der Schäden in Reibrichtung, jedoch im ganzen eine un-regelmäßige Verteilung von Mulden und Hügeln. Die Konturen verlaufen „weich", und es sind keine Risse er-kennbar. Die Querränder der Reib-fläche sind nicht scharf begrenzt, Kerb-schäden sind nicht zu erkennen.

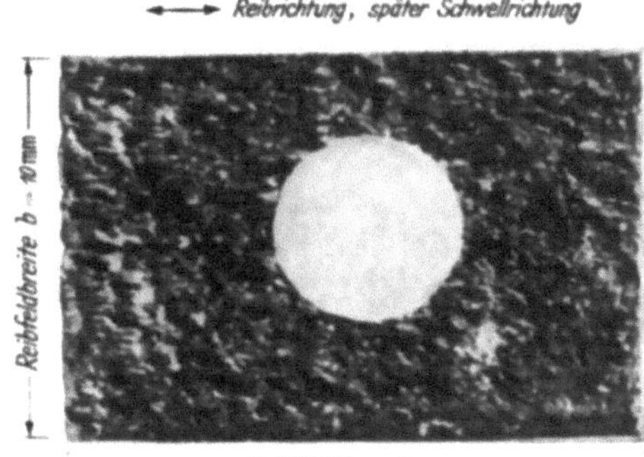

Bild 228. Oberfläche eines gebohrten Stabes aus AlCuMg 1 gewalzt (2017-T 4) Reibkorrosionsschäden nach $N_F = 10^6$ Reibwechseln — Reibamplitude $a = \pm 0,25$ mm — Reibfrequenz 19 Hz — Anpreß-druck $p = 0,7$ kp/mm².

2.1.4 Ermüdungsversuche

Die Ergebnisse der Zugschwellversuche des ILTUB sind im Bild 229 dargestellt. Als Vergleichsbasis sind die Streubänder für Prüfstäbe aus AlCuMg 1 mit gewalzter und polierter Oberfläche sowie für Stäbe mit einer Bohrung eingezeichnet.

Man erkennt, daß die $(\sigma - N)$-Werte für die Stäbe mit Reibkorrosion stärker streuen. Besonders die Streuungen nach unten werden vergrößert; es ist jedoch kein systematischer Einfluß auf die Ermüdungsfestigkeit des Werkstoffs AlCuMg 1 durch die vorher aufgebrachten Reibschäden festzustellen.

Interessant ist, daß der Bruch bei den ungekerbten Proben überwiegend nicht im Bereich des Reibkorrosionsschadens erfolgte. Wie unter 1.2.1 berich-tet, tritt in der Reibkorrosionszone ein wesentlicher Härteanstieg auf, d. h., das Material wird verfestigt. Diese Verfestigung ist sicher die Ursache dafür, daß sich die Oberflächenverletzungen (Reibschäden) z. T. nicht negativ auf die Ermü-dungsfestigkeit auswirken.

2.2 Zusammenwirken von Reibkorrosion und Spannungswechseln

Bei den von FENNER u. a. [7, 14] durchgeführten Ermüdungsversuchen an ungekerbten Stäben aus AlCuMg, deren Ergebnisse im Bild 230 dargestellt sind, wirkte die Reibkorrosion gleichzeitig mit der dynamischen Beanspruchung.

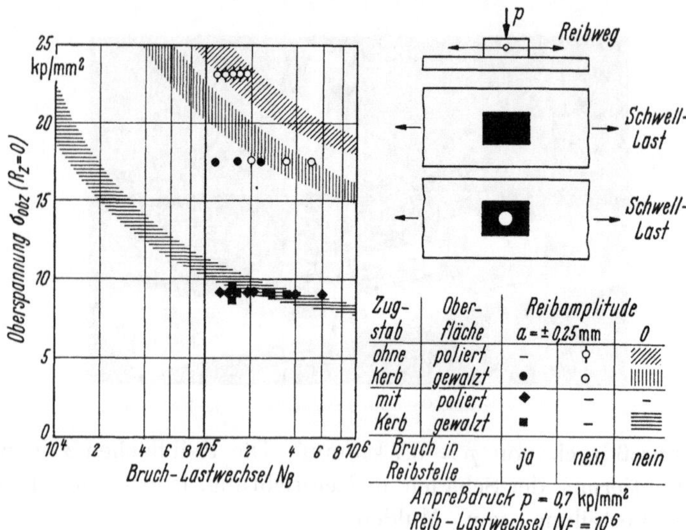

Zug-stab	Ober-fläche	Reibamplitude		
		a = ± 0,25 mm		0
ohne	poliert	—	○	/////
Kerb	gewalzt	●	○	|||||||
mit	poliert	◆	—	—
Kerb	gewalzt	■	—	≡
Bruch in Reibstelle		ja	nein	nein

Bild 229. Ermüdungsversuche an ungekerbten und gebohrten Stäben aus AlCuMg 1 (2017-T 6) — Einfluß von vor dem dynamischen Versuch erzeugten Reibschäden auf die Ermüdungsfestigkeit.

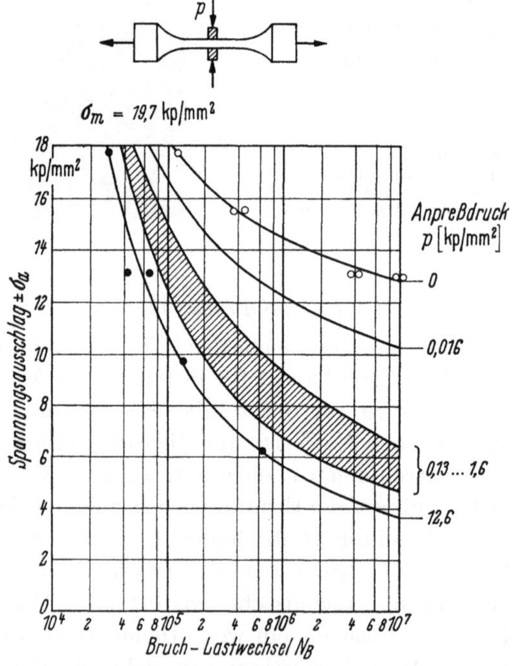

Bild 230. Zusammenwirken von Reibkorrosion und dynamischer Belastung an ungekerbten Stäben aus AlCuMg 1 (2017-T 4) — Einfluß des Reibschuh-Anpreßdruckes auf die Ermüdungsfestigkeit. [7, 14].

Die Relativbewegungen zwischen Reibschuh und Versuchsstab entstanden allein durch die örtliche Dehnung des Stabs im Bereich des starren Reibschuhs und sind somit sehr klein. Trotzdem ist die Abminderung der Ermüdungsfestigkeit durch diesen Reibkorrosionsschaden sehr groß. Sie zeigt sich in diesen Versuchen als vom Anpreßdruck p abhängig.

Der notwendige Flächendruck für die Entstehung von Reibkorrosion ist niedrig, jedoch die Auswirkung auf die Ermüdungsfestigkeit bei kleinen Drücken p nur gering. Bei mittleren und starken Drücken (0,13 bis 12,6 kp/mm²) ist die Auswirkung stark und nicht mehr sehr mit p veränderlich.

Im Gegensatz zu den Stäben, bei denen vor der Ermüdungsbelastung die Reibschäden aufgebracht wurden, zeigt sich beim Zusammenwirken von Reibkorrosion und Spannungswechseln ein erheblicher Abfall der Ermüdungsfestigkeit.

2.3 Bedeutung der Reibkorrosion für die Entstehung von Anrissen

Die Reibkorrosion begünstigt im allgemeinen die Entstehung der ersten Anrisse. Sind die Anrisse hinreichend stark ausgebildet, so wird die Rißausbreitung durch weitere Einwirkung der Reibkorrosion nicht mehr gefördert. Es gibt also eine kritische Lastwechselzahl $N_{F\mathrm{krit}}$, bis zu der die Reibkorrosion schädlich ist. Diese Feststellung beruht auf Versuchen von FENNER und FIELD [14] über die Wirkung eines Reibschuhs auf einen wechselnder Last unterworfenen ungekerbten Prüfstab sowie auf Versuchsergebnissen von SCHIJVE u. a. [15, 16] über die Auswirkung der Reibkorrosion bei Augenstäben.

2.3.1 Förderung des Anrisses von Probestäben durch Reibschuh

FENNER und FIELD führten Zugermüdungsversuche an ungekerbten Prüfstäben durch, bei denen bis zu einer Lastwechselzahl N_F Reibschäden durch einen Reibschuh erzeugt und dann die Wechsellast weiter ohne Reibkorrosion bis zum Ermüdungsbruch mit der Bruchlastwechselzahl N_B aufgebracht wurde.

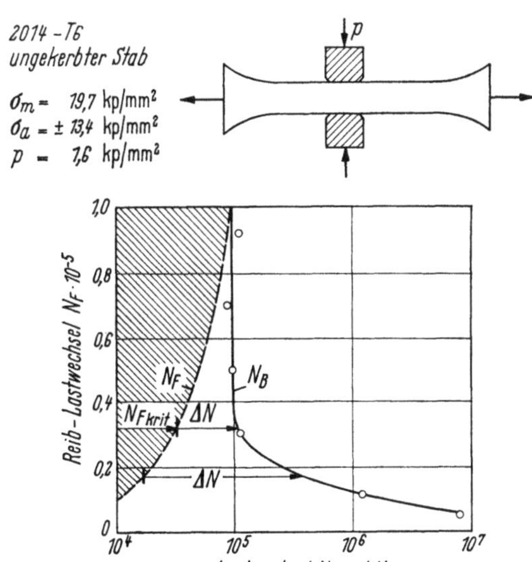

Bild 231. Auswirkung der Reiblastwechsel N_F bei dynamischer Belastung auf die Bruchlastwechsel N_B ungekerbter Stäbe. [14].

Im Bild 231 sind für ein σ_m und σ_a auf der logarithmisch geteilten Abszisse die Lastwechselzahlen N_F mit Reibung und N_B und auf der linearen Ordinate die Lastwechsel N_F mit Reibung angegeben.

Die Versuche ergaben, wie aus Bild 231 zu erkennen ist, daß mit wachsender Reiblastwechselzahl N_F die Bruchlastwechselzahl N_B abnimmt, bis bei

$N_{F\,krit} = 0{,}33 \cdot 10^5$ die Grenze erreicht ist, von der ab eine Steigerung von N_F keine weitere negative Auswirkung mehr hat. Im Bereich $0{,}33 \cdot 10^5 \leqq N_F \leqq 10^5$ ist die Bruchlastwechselzahl konstant $N_B = 10^5$.

2.3.2 Anrisse durch Reibkorrosion unter Einwirkung von Druckrestspannungen

In den Augenstabversuchen von SCHIJVE mit plastisch aufgeweiteter Bohrung können die Reibkorrosionsschäden sehr groß werden, ohne daß ein Bruch eintritt. Dieses Verhalten wird damit erklärt, daß bereits bei relativ kleinem N_F ein Anriß entstanden ist, der jedoch wegen der radialen Druckrestspannung in der Wandzone in seiner Ausbreitung behindert ist. Dieser Zustand, d. h. die Existenz eines ersten Anrisses ohne Ausbreitung, wird auch nicht durch große Verstärkung der Reibschäden geändert. Als Beweis führt SCHIJVE das im Bild 398 wiedergegebene Schliffbild der Bohrungswandung an.

Der Anriß, der von einem Oberflächenschaden ausgeht, wird nicht zu einem in die Tiefe vordringenden Riß, sondern verästelt sich sehr stark direkt unter der Oberfläche.

Da diese Rißverästelung im Innern durch die Reibung außen an der Bohrungswandung nicht beeinflußt wird, führt weitere Reibkorrosion nicht zur Rißausbreitung mit Bildung eines Bruches, sondern nur zu verstärkten Oberflächenschäden und Anrissen ohne Fortsetzung.

2.4 Maßstabseinfluß bei Reibkorrosion

Die Auswirkung von Reibkorrosion auf die Ermüdungsfestigkeit kann von den Abmessungen der untersuchten Versuchsstücke abhängig sein, da mit der Größe der Teile der Gleitweg linear anwächst.

Bild 232 gibt ein Beispiel für die unterschiedliche Ermüdungsfestigkeit von Augenstäben, die sich nur durch den Längenmaßstab unterscheiden [15, 16]. Alle Abmessungen sind in der einen Versuchsreihe 2,5mal größer als in der anderen. Die Kraftübertragung erfolgt nur durch den Bolzenschaft auf die Bohrungswandung. Die Mittelspannung ist mit $\sigma_m = 6{,}5 \ \mathrm{kp/mm^2}$ in allen Versuchen gleich.

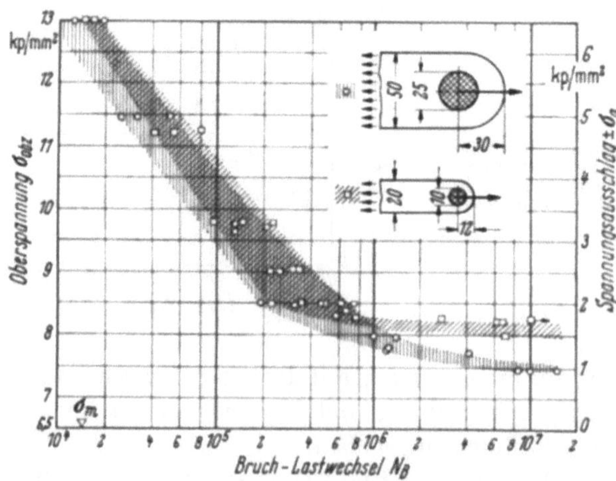

Bild 232. Einfluß der Absolutgröße von Augenstäben (2024-T 3) auf deren Ermüdungsfestigkeit. [15, 16].

Die Streubänder der $(\sigma - N)$-Werte

  fallen bei „hohen" Spannungsausschlägen von $\sigma_a = \pm\, 2\ \text{kp/mm}^2$ und darüber für beide Modellgrößen zusammen,

  entfernen sich bei kleinerem σ_a voneinander derart, daß mit steigender Lastwechselzahl N_B der Spannungsausschlag

    bei der Kleinausführung nur noch wenig absinkt,
    bei der Großausführung noch wesentlich abnimmt.

Der dauerfeste Spannungsausschlag $\sigma_{a(N_G)}$ erreicht bei der Kleinausführung etwa das 1,5fache der Großausführung.

Dieser Maßstabseinfluß ist daraus zu erklären, daß bei gleichem σ_a mit der Abnahme der Abmessungen die Relativbewegungen der Bolzenoberfläche zur Bohrungswandung kleiner werden.

Mit abnehmendem Schwingungsausschlag σ_a erreicht also die Kleinausführung eher als die Großausführung die untere Grenze der Relativbewegung, bei der keine schädliche Reibkorrosion mehr auftritt.

3 Beispiele für Reibkorrosion an Bauelementen

Nachfolgend sollen Reibkorrosionsschäden und -einflüsse an Bauelementen aufgezeigt werden, wie sie am ILTUB oder bei institutsfremden Untersuchungen aufgetreten sind. Die anschließend angeführten Ergebnisse über Reibkorrosionseinflüsse wurden häufig nicht aus speziell angesetzten Untersuchungen gewonnen, sondern fielen gewissermaßen als „Nebenprodukte" an, wie z. B. bei der im ILTUB durchgeführten Untersuchung der Ermüdungsfestigkeit der Längsfügung von Integralplatten. Hier zeigte sich der große Einfluß der Reibkorrosion auf die Ermüdungsfestigkeit einer Fügung, so daß die Ergebnisse dieser Untersuchung an den Anfang dieses Kapitels gestellt seien. Die mikroskopischen Untersuchungen wurden von der BAM für das ILTUB durchgeführt.

Weitere Ausführungen über den Einfluß der Reibkorrosion sind in den Kap. XVI, XVII, XIX, XX und XXII gemacht.

3.1 Reibkorrosion an den Fügeflächen der Anschlußlappen von Integralplattenlängsfügungen

3.1.1 Beginn und Ausbreitung der Reibkorrosion

Im ILTUB wurden zur Ermittlung der Ermüdungsfestigkeit der Längsfügung von Integralplatten Schubversuche mit Platten entsprechend Bild 233 durchgeführt.

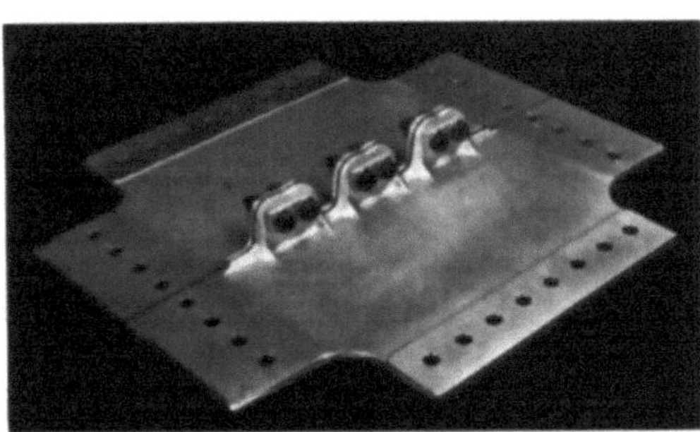

Bild 233. Kerbarme Längsfügung von Integralplatten — Schubversuchsplatte im Gesenk gepreßt aus AlZnMgCu 1 Ag (Fuchs AZ 74).

Unter wechselnder Beanspruchung verschieben sich die durch die Schrauben aneinandergepreßten Fügeflächen der Lappen derart gegeneinander, daß Reibkorrosion auftritt.

Die Entstehung und Auswirkung dieser Reibkorrosion wurde eingehend studiert. Um zu vergleichbaren Ergebnissen zu kommen, wurden die Versuchsstücke besonders sorgfältig bezüglich Planheit und Güte der Fügeflächen sowie Passung und Anzugsmoment der Schraubenverbindung gefertigt und geprüft.

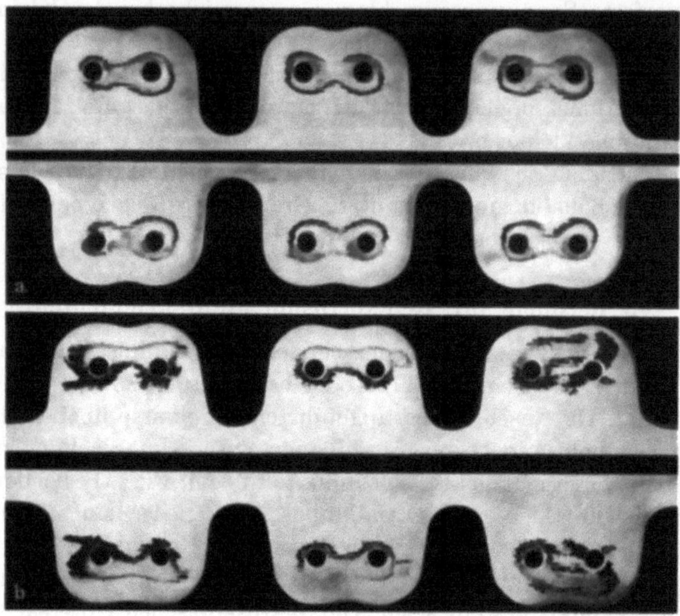

Bild 234a u. b. Gleichmäßige Zunahme der Reibkorrosionsschäden an den polierten Fügeflächen der kerbarmen Längsfügung bei dynamischer Schubbelastung. (Fuchs AZ 74).
a) $N = 10^4$; b) $N = 10^5$.

Es wurde so erreicht, daß die Reibkorrosionsschäden an verschiedenen Versuchsstücken einwandfrei reproduzierbar waren. Bild 234 zeigt die erste Reibrostbildung an den Fügeflächen, im Foto a nach 10^4 und im Foto b nach 10^5 Lastwechseln.

Die Untersuchungen zur Lage der Reibkorrosionsschäden zeigten, daß die ersten Reibschäden etwa am Rand der Bolzenanpreßzone, wo die Flächenpressung gering ist, auftreten (s. auch Abschn. 3.1.4).

3.1.2 Verschiedenartige Anrißphänomene im Zusammenhang mit Reibkorrosionsschäden

An den Lappenfügungen traten — durch die Einwirkung der Reibkorrosion begünstigt — mehrere typische Anrißformen auf, die im folgenden beschrieben werden.

3.1.2.1 Anrisse am Ansatz der Reibkorrosionsschäden nahe dem Lochrand

In dem für Beginn und Ausbreitung der Reibkorrosion bevorzugten Gebiet am Rande der Anpreßzone entstehen häufig die im Bild 235 gezeigten typischen

Anrisse. In diesem Bild ist an den auseinandergeklappten Fügeflächen zu erkennen,

> wie der in der Reibkorrosionszone entstehende Riß sich um die Bohrung herum am Rande der Bolzenanpreßzone ausbreitet, ohne durch die Bohrung zu laufen,

> wie das Reibrostpulver, das größere Flächen bedeckt, am Rand entsprechend den eingezeichneten Pfeilen wandert und während des Versuchs an der Fügefläche austritt,

> wie nach Entfernen dieses Reibrostpulvers dunkle Stellen, die eigentlichen Reibschäden, auf den Fügeflächen verbleiben.

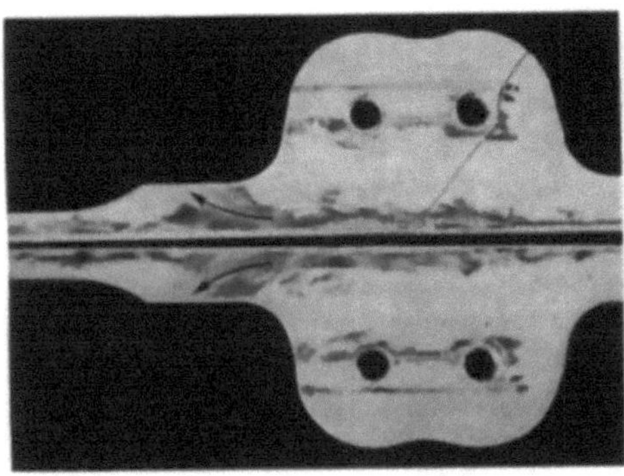

Fügeflächen mit Reibrost

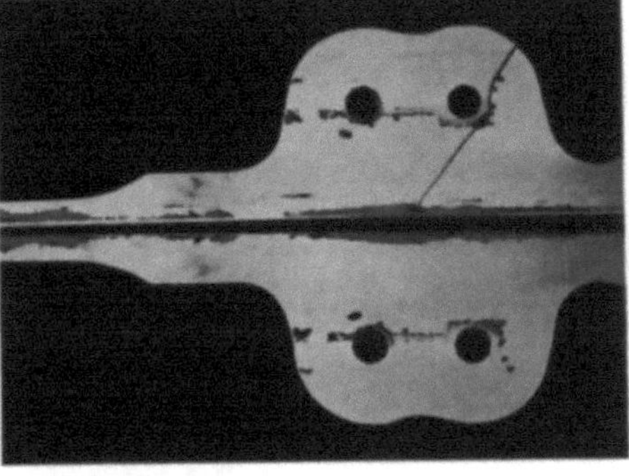

Reibrost entfernt — Reibkorrosionsschäden

Bild 235. Kerbarme Längsfügung nach Schubermüdungsbruch infolge Reibkorrosionseinfluß — Fügeflächen mit Reibrost und Reibkorrosionsschäden (Fuchs AZ 74).

Auch der im Bild 236 gezeigte Riß geht von der Reibkorrosionsrandzone aus und „berührt" die Bohrung nur bei der Rißausbreitung. Die Bruchfläche unten im Bild zeigt eindeutig den Rißausgang von zwei Stellen der Fügefläche, die im Bereich der Korrosionsschäden liegen.

Bild 237 zeigt rechts oben einen Anschlußlappen mit den durch Reibkorrosion verursachten Anrissen und der Lage des Schnittes $S-S$. Eine Skizze darunter präzisiert, welche Stelle dieses Schnittes mikroskopisch untersucht wurde.

Das Bild des Gesamtausschnittes a gibt einen Überblick über die angegriffene Fügefläche, den in die Tiefe der Wandung eingedrungenen Hauptriß und zwei weitere nur oberflächliche Risse. Das Bild enthält weitere Ausschnittvergrößerungen, zu denen im einzelnen festgestellt sei:

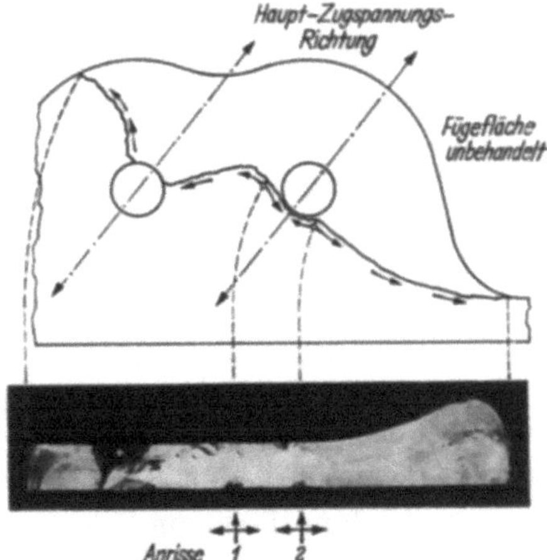

Bild 236. Bruchfläche der kerbarmen Längsfügung nach Schubermüdungsversuch — Bruch ausgehend von Reibschäden in der Fügefläche.

Mikrobild c zeigt den Hauptriß und die Lage des ersten Nebenrisses sowie aufgetretene Gleitlinien.

Mikrobild d zeigt 5fach stärker vergrößert den Nebenriß an einer außerordentlich stark durch Reibkorrosion veränderten Stelle.

Mikrobild b zeigt das Vordringen bzw. den „Auslauf" des Hauptrisses.

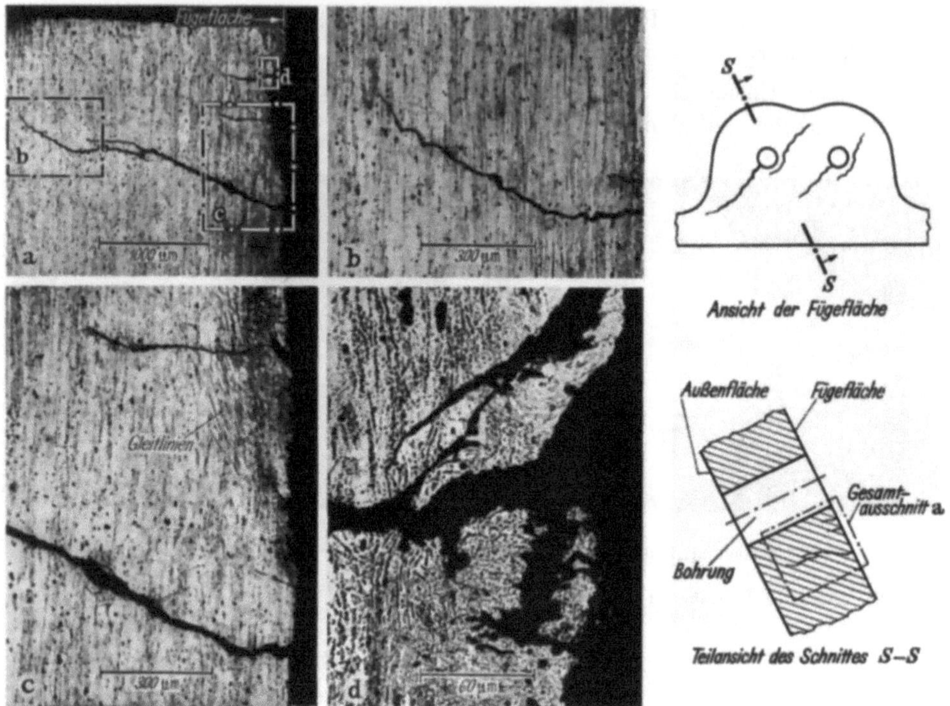

Bild 237a—d. Ermüdungsanrisse (Schubbelastung) infolge Reibkorrosionseinfluß an kerbarmer Längsfügung (Fuchs AZ 74). Die Schliffbilder zeigen Aushöhlungen und Gleitungen an der Fügefläche.

Durch die Reibkorrosion werden also

muldenförmige Vertiefungen,
starke Zerklüftung,
starke Gleitungen im Gefüge

hervorgerufen.

3.1.2.2 Zusammenwirken von Spannungshäufungen und Reibkorrosion

Ermüdungsanrisse an Stellen großer Spannungshäufungen werden durch an diesen Stellen auftretende Reibkorrosion begünstigt.

Bild 238 gibt ein Beispiel für einen Anriß, der von der Fügefläche in der Nähe des Bohrungsrandes ausgeht. Der Anriß beginnt jedoch nicht am Ort höchster Spannungshäufung direkt am Bohrungsrand, sondern etwas daneben an der Stelle, die durch den Knick der Bruchfläche im Bild 238 gekennzeichnet ist. Von dort breitet sich der Riß zur Bohrung und zum Lappenrand etwa senkrecht zur eingezeichneten Hauptzugspannungsrichtung aus.

Wird das Zusammenwirken von Reibkorrosion und Spannungshäufung in der *Fügefläche* durch Reibschutzschichten verhindert, so kommt es nunmehr zu Anrissen in der *Bohrungswandung* infolge Spannungshäufung und Reibkorrosionsschäden.

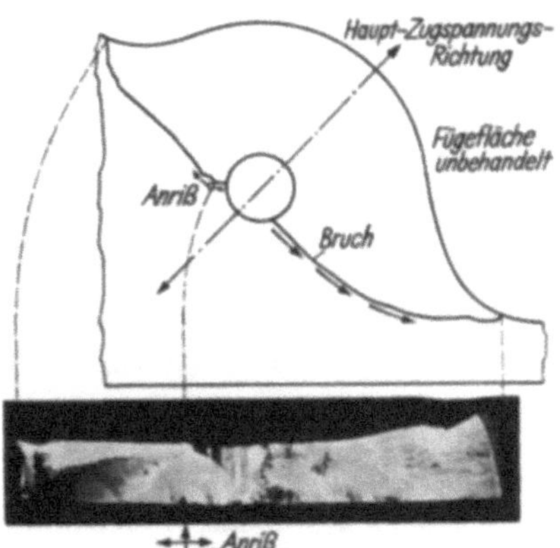

Bild 238. Bruchfläche der kerbarmen Längsfügung nach Schubermüdungsversuch — Anriß in der Fügefläche — Zusammenwirken von Spannungshäufung am Bohrungsrand und Reibkorrosion.

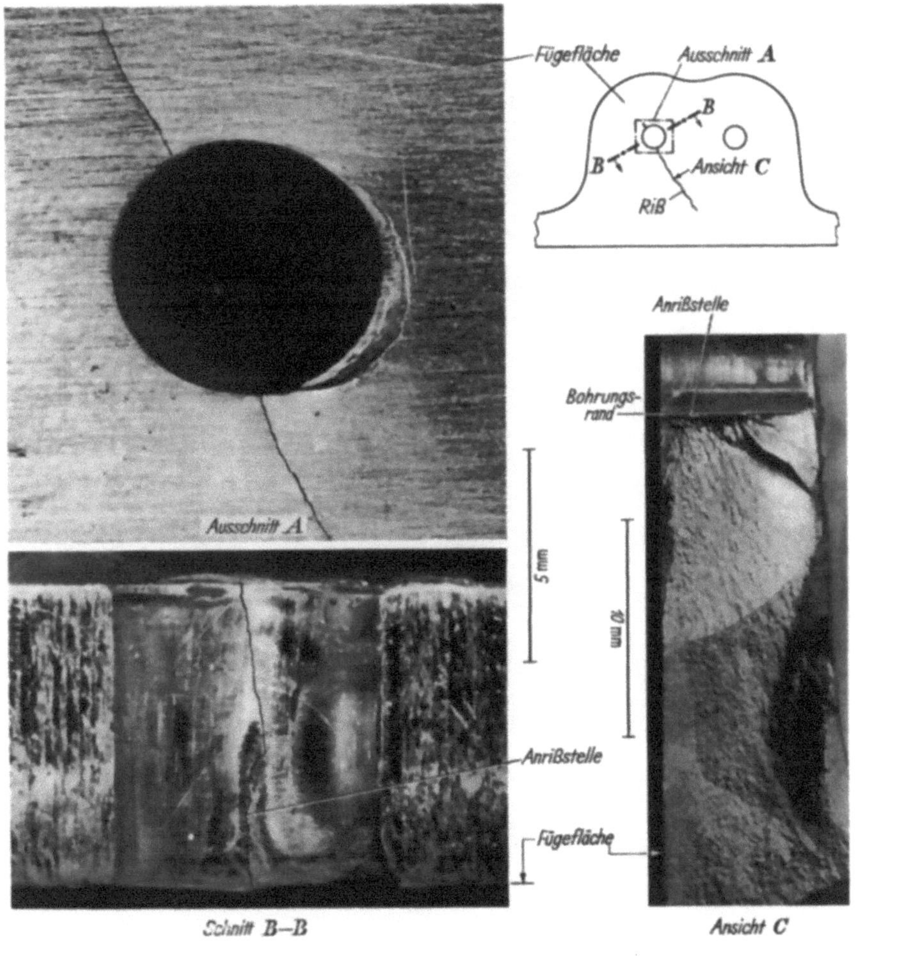

Bild 239. Kerbarme Längsfügung (Fuchs AZ 74) unter dynamischer Schubbelastung mit Reibkorrosionsschutz auf der Fügefläche — Anriß ausgehend von Reibstelle an der Bohrungswandung — Zusammenwirken von Reibkorrosion und Spannungshäufung.

Im Bild 239 ist dieser Anrißfall dargestellt. Man erkennt deutlich, daß

kein Reibkorrosionsschaden an der Fügefläche vorliegt,

der Bruch von einer Reibkorrosionsstelle in der Bohrungswandung ausgeht.

3.1.3 Maßnahmen zur Verhinderung der Entstehung oder Auswirkung von Reibkorrosion an den Fügeflächen der Anschlußlappen

Es wurden im ILTUB mehrere Verfahren untersucht, um die Verringerung der Ermüdungsfestigkeit durch Reibkorrosion zu verhindern:

Verlagerung der Reibkorrosionsbereiche aus dem Bohrungsrandgebiet in Zonen geringer Spannungshäufung.

Vermeiden von Reibkorrosion durch Schutzschichten (Anstriche, Kunststoffschichten) auf oder zwischen den Fügeflächen.

Die auf diesem Gebiet noch erforderlichen grundsätzlichen Untersuchungen sind sehr umfangreich. Die folgenden Ausführungen sind für eine Reihe von Fragen mehr Hinweis auf Lösungsmöglichkeiten als Darlegung von Ergebnissen.

3.1.3.1 Vermeiden des Kontaktes der Fügeflächen nahe dem Bohrungsrand durch Ansenkung

Ein Verfahren zur Trennung von Reibkorrosionsschäden und Spannungshäufung ist vereinfacht im Bild 240 dargestellt. Das Bild zeigt rechts

das Hauptzugspannungsfeld eines Streifens mit Bolzenbohrung (Radius r_0) unter einachsiger Zugbelastung,

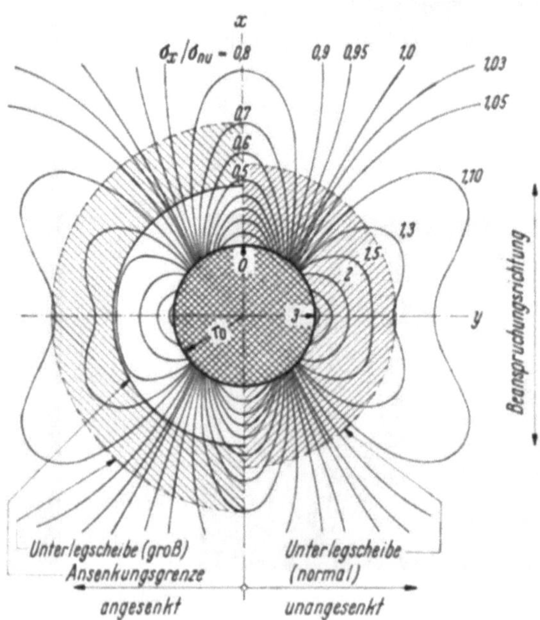

Bild 240. Trennung von Reibkorrosion und Spannungshäufung an einer Bolzenbohrung durch eine 172°-Ansenkung.

den Bereich der Unterlegscheibe des Bolzens, die für die Verteilung der Anpreßdrücke maßgebend ist.

In der Ringzone vom Bohrungsrand bis zum Außenrand der Unterlegscheibe werden die Fügeflächen aufeinandergepreßt.

Als sinnvolle Maßnahme zur Vermeidung des Zusammenfallens der Reibkorrosion mit der Spannungshäufung wurde eine sehr flache Ansenkung (von etwa 172° Öffnungswinkel) studiert, die, wie Bild 240 links zeigt, bis zu einem

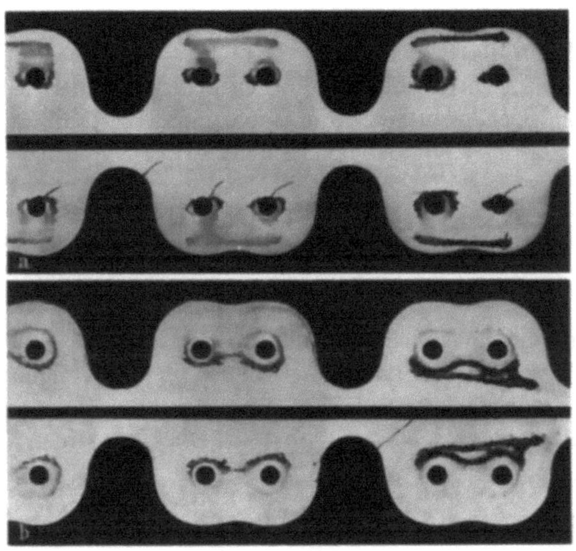

Bild 241a u. b. Schubbelastete kerbarme Längsfügung — Einfluß von Bohrungsansenkungen auf die Ausbildung von Reibschäden und die Anrißlastwechselzahl N_A.
a) Ohne Ansenkung $N_A = 3 \cdot 10^4$;   b) mit Ansenkung (0,1 mm tief), $N_A = 1,2 \cdot 10^5$.

Radius von etwa $1,8 r_0$ reicht, wo die Spannungshäufung schon stark abgesunken ist. Zur Überbrückung dieser Ansenkung sind entsprechend große Unterlegscheiben vorzusehen. Im Bereich hoher Spannungshäufung liegt dann kein Fügeflächenkontakt und damit keine Reibkorrosionsgefahr vor.

Bild 241 zeigt den Erfolg der Ansenkungen an einem Beispiel der auf Schub beanspruchten Längsfügung. Von zwei sonst gleichen Versuchsstücken wurde das eine ohne besondere Maßnahmen gefügt (Foto a), während das andere Ansenkungen der beschriebenen Art erhielt (Foto b). Man erkennt aus den Bildern:

Im Foto a liegen die Reibkorrosionsschäden nahe an den Bohrungsrändern, und die Anrisse gehen von der Randzone der Bohrungen aus als Folge des Zusammenfallens von Spannungshäufung und Reibkorrosion.

Im Foto b sind die Reibkorrosionsschäden wesentlich von den Bohrungsrändern abgerückt und fallen nicht mehr in die Zone der höchsten Spannungshäufung.

Obgleich die Lastwechselzahl bis zum Versuchsabbruch vier mal so groß wie im vorhergehenden Fall ist, sind an den Bohrungen keine Risse entstanden. Der Ermüdungsversuch konnte nicht fortgeführt werden, weil ein Ermüdungsanriß in einem Lappenansatz auftrat.

3.1.3.2 Oberflächenschutzschicht

Bei den im ILTUB durchgeführten Versuchen mit der auf Schub beanspruchten Fügung durch Verschraubung von Anschlußlappen brachte bisher eine Lakkierung oder Kunststoffbeschichtung [17] der Fügeflächen keinen wesentlichen Einfluß auf die Ermüdungsfestigkeit. Daraus ist keineswegs zu folgern, daß derartige Schutzmaßnahmen grundsätzlich als nutzlos anzusehen seien. Es ist vielmehr notwendig, die mit Schutzschichten zusammenhängenden Fragen eingehender zu untersuchen, so z. B. den Einfluß der Fügeteilstärke auf die Beständigkeit der Schutzschicht im Ermüdungsversuch.

Viele Versuche in der Praxis und im ILTUB (s. Kap. XVII, 6) haben gezeigt, daß Schutzschichten sich für die Fügeflächen insbesondere an Niet- und Bolzenverbindungen von Blechen gut bewähren. Die vom HFB (Hamburger Flugzeugbau) entwickelten Verfahren sind vielversprechend [17].

3.1.4 Bestimmung der Flächenpressung an den Fügeflächen

3.1.4.1 Ziel der Untersuchung

Bei Schubermüdungsversuchen an den im Bild 233 dargestellten Prüfstücken zeigten sich z. T. starke Reibkorrosionsschäden in der Umgebung der Bolzenbohrungen, die die Ursache für frühzeitigen Anriß, d. h. geringe Ermüdungsfestigkeit waren.

ohne Ansenkung   mit Ansenkung

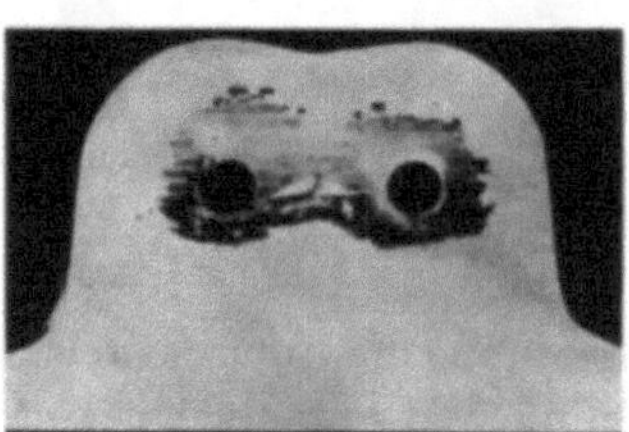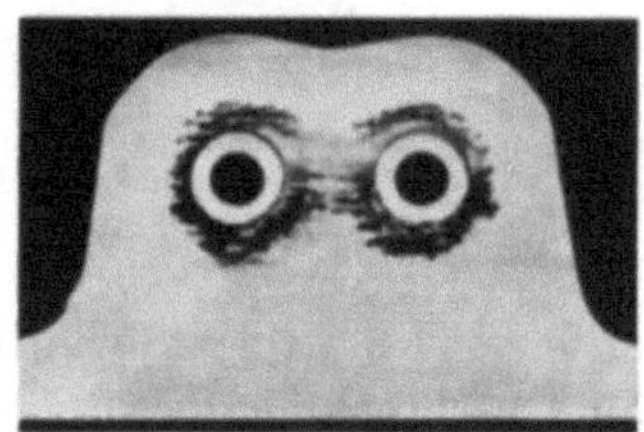

Bolzen 6 mm ⌀, Anzugsmoment 1,05 kpm

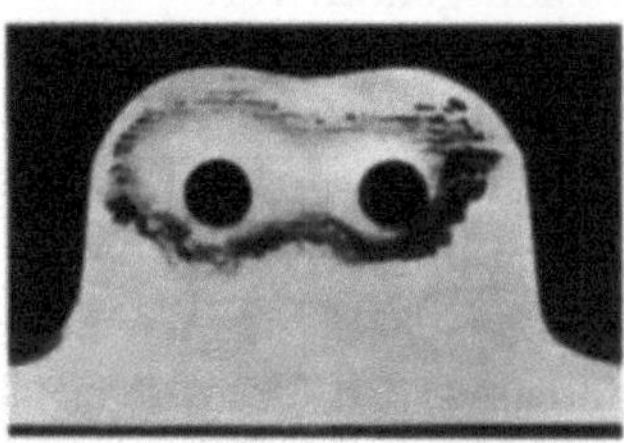

Bolzen 8 mm ⌀, Anzugsmoment 3,5 kpm

Bild 242. Schubbelastete kerbarme Längsfügung. Einfluß von Ansenkung, Bolzendurchmesser und Anzugsmoment auf die Ausbildung der Reibkorrosionsschäden. Lastwechsel $N = N_F = 5 \cdot 10^5$.

Typische Reibkorrosionsschäden nach dem Ermüdungsversuch sind im Bild 242 in Abhängigkeit von Bolzendurchmesser, Ansenkung (172°) und Anzugsmoment für gleiche Reibwechselzahlen $N_F = 5 \cdot 10^5$ dargestellt.

Es zeigt sich, daß

die Ansenkung bei gleichem Bolzendurchmesser und Anzugsmoment nicht zu größeren Reibkorrosionsbereichen führt und die Schäden von der Bohrungsrandzone fernhält,

ein größerer Bolzendurchmesser mit höherem Anzugsmoment zu größeren Reibkorrosionsbereichen führt,

sich unabhängig vom Bolzendurchmesser die Reibkorrosionsbereiche bei einer Ansenkung weiter um die Bohrung herumziehen als bei nicht angesenkten Bohrungen.

Um dieses Verhalten zu klären, wurden an den im Bild 242 gezeigten Lappenausführungen Versuche zur Ermittlung der Druckverteilung an den Fügeflächen durchgeführt.

3.1.4.2 Versuchsverfahren

Zwischen die plangeschliffenen Fügeflächen eines Anschlußlappens wurde eine Lage von Stahlkugeln ($D = 1$ mm Durchmesser) gebracht. Danach wurden die zwei Bolzen mit einem Anzugsmoment angezogen, das 90 % der Streckgrenze des Bolzens entsprach.

Die sich ergebenden Kugeleindrücke (d) wurden ausgemessen und nach der Brinell-Formel

$$P = \tfrac{1}{2}\,\mathrm{HB}\,\pi\,D\left(D - \sqrt{D^2 - d^2}\right)$$

die Flächenpressung p bestimmt.

3.1.4.3 Versuchsergebnisse der Anpreßdruckmessung

Die sich ergebenden Druckverteilungen sind in den Bildern 243 und 244 aufgetragen. Oben im Bild ist eine Ansicht der Lappen mit der verwendeten Unterleglasche gezeigt, während unten die ermittelte Verteilung der Flächenpressung in „Höhenlinien" auf dem halben Lappenumriß eingetragen ist. In die „Höhenlinien" sind die Bereiche der Reibkorrosionsschäden eingezeichnet.

Die Bilder 243 und 244 zeigen die Ergebnisse für 6 mm-Bolzen ohne und mit Ansenkung an den Bolzenlöchern. Entsprechende Verteilungen wurden auch für 8 mm-Bolzen ermittelt, sind jedoch nicht dargestellt.
Es zeigt sich, daß

die maximale Flächenpressung bei angesenkten Bohrungen an den Rand der Ansenkung geschoben wird,

die „Höhenlinien" der Drücke sehr gleichmäßig bezüglich der x-Achse verlaufen,

die Bereiche der Reibkorrosionsschäden von 3 bis 4 kp/mm² an aufwärts beginnen.

Die Reibkorrosionsbereiche sind in der Ausbildung, wie schon zu Bild 242 mitgeteilt, für angesenkte und nicht angesenkte Lappenbohrungen etwas verschieden. Bei angesenkten Lappenbohrungen ziehen sich die Schadenszonen weiter um die Bohrung herum. Die Ursache hierfür liegt sicher in der gleichmäßigeren Druckverteilung um die Ansenkung.

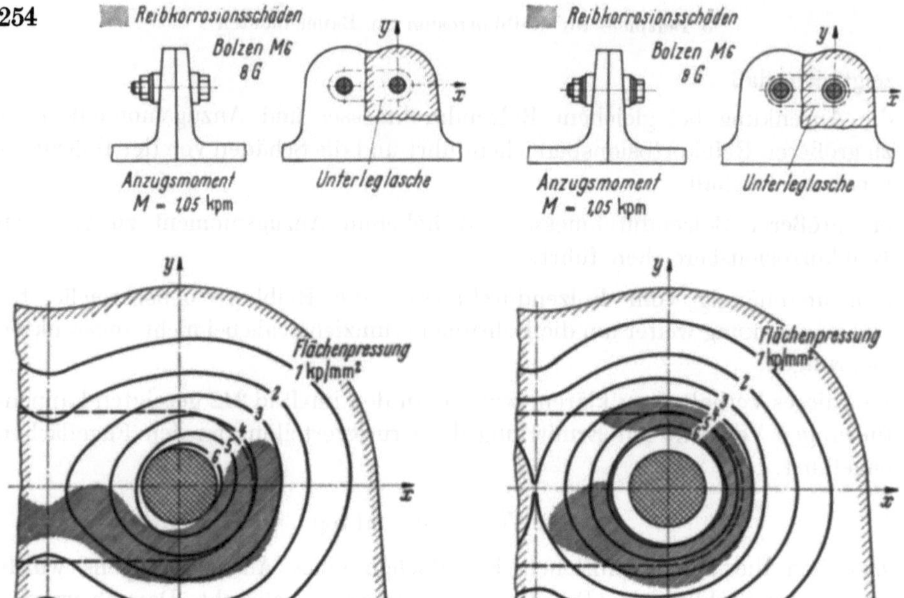

Bild 243. Flächenpressung im Bereich der Bohrungen der kerbarmen Längsfügung — Bestimmung durch Kugeldruckversuch.

Bild 244. Flächenpressung im Bereich der angesenkten (172°) Bohrungen der kerbarmen Längsfügung — Bestimmung durch Kugeldruckversuch.

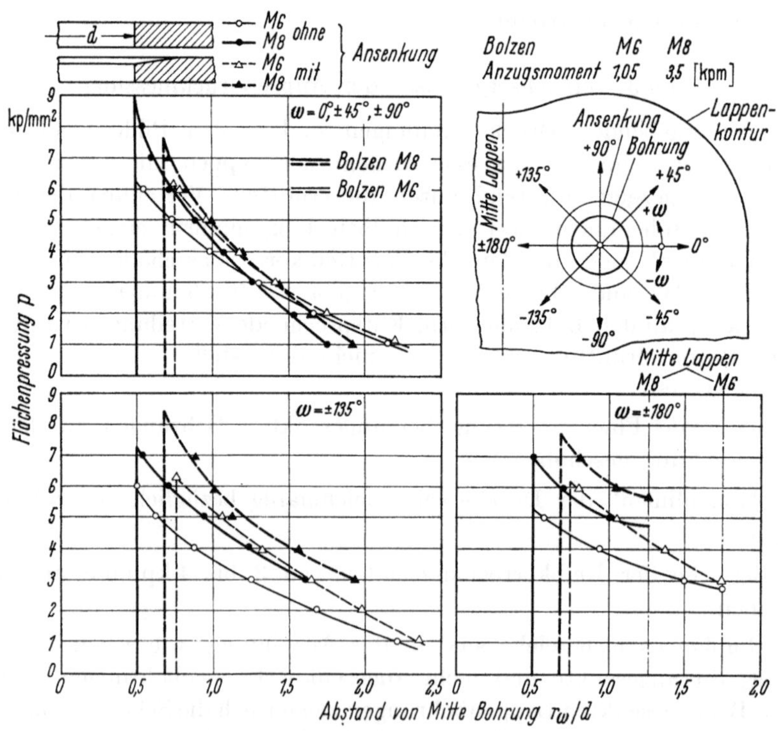

Bild 245. Mittelwerte der Druckverteilung im Bereich der Bohrungen der kerbarmen Längsfügung in verschiedenen Schnitten. Einfluß von Ansenkung, Bolzendurchmesser und Anzugsmoment.

Es überlagert sich jedoch bei diesen Schubermüdungsversuchen noch der Einfluß der Reibamplitude. Die Reibamplitude nimmt zum Lappenfuß hin zu, so daß die Reibschäden in dieser Richtung größer sein müssen. In Bohrungshöhe beträgt die Amplitude etwa $\pm 0{,}05$ mm. Große Unterschiede in der Lastwechselzahl liegen nicht vor, da die zum Vergleich herangezogenen Proben alle bei etwa $5 \cdot 10^5$ Lastwechsel zu Bruch gingen.

Im Bild 245 sind die gemessenen Anpreßdrücke für 6 mm- und 8 mm-Bolzen in Schnitten unter den Winkeln $\pm \omega$ angegeben, Die Kurvenverläufe sind mit gemittelten Werten der „Höhenlinien"-Bilder gezeichnet.

Die Druckwerte sind aufgetragen über dem dimensionslosen Abstand r_ω/d, so daß der Abfall der Flächenpressung mit wachsendem Abstand vom Bohrungsrand bzw. der Ansenkkante sehr anschaulich wird.
Es ist zu erkennen, daß

die maximale Flächenpressung am Bohrungsrand für nicht angesenkte Bohrungen bei
6 mm-Bolzen zwischen 6 bis 7 kp/mm²,
8 mm-Bolzen zwischen 8 bis 9 kp/mm² schwankt,

die Ansenkung den Ort des Maximaldrucks nach außen an die Ansenkkante verlagert; jedoch ergibt sich
für die 6 mm-Bohrung ein schnelles Angleichen der Druckkurven für angesenkte und nicht angesenkte Bohrungen bei $p = 1$ kp/mm² und $r_\omega/d = 2{,}2$,
für die 8 mm-Bohrung bei Ansenkung eine Parallelverschiebung der Kurven für nicht angesenkte Bohrung nach rechts,

sich der Einfluß der benachbarten Bohrung bei 8 mm-Bolzen stärker bemerkbar macht als bei Verbolzung mit 6 mm Durchmesser,

die Kurven bei Anpreßdrücken von 1kp/mm² abgebrochen wurden, da bei geringeren Werten keine auswertbaren Eindrücke gemessen werden konnten.

Die Ergebnisse dieser Untersuchung zeigen, daß Reibkorrosionsschäden an Anschlußlappen bei Flächenpressungen oberhalb $p = 3$ kp/mm² entstehen; dieses Ergebnis deckt sich mit Angaben, die aus Versuchen mit Querfügungen von Blechen ermittelt wurden.

3.2 Reibkorrosion an genieteten oder verbolzten Querstößen

3.2.1 Reibkorrosion am Ansatz einer einzeiligen, zweischnittigen Bolzenverbindung

3.2.1.1 Verschiedene Bruchquerschnitte verbunden mit unterschiedlichen Reibkorrosionsstellen

Die im Bild 246 dargestellte Bolzenverbindung aus 2014-T6 ist, wie die von YEOMANS [18] durchgeführten Ermüdungsversuche zeigen, dadurch interessant, daß an ihr zwei völlig verschiedene Ermüdungsbrüche erzielt wurden.
Der Ermüdungsbruch trat ein
bei kleinen Spannungsausschlägen nach hohen Lastwechselzahlen im Querschnitt F_u, wo die Endkanten der Deckbleche auf der Oberfläche des an-

geschlossenen Stabes reiben, so daß Reibkorrosionsschäden während der dynamischen Belastung entstehen,

bei großen Spannungsausschlägen nach kleinen Lastwechselzahlen, in dem Querschnitt F_{n2} (erster Bolzen). Der Anriß geht von der Stelle maximaler

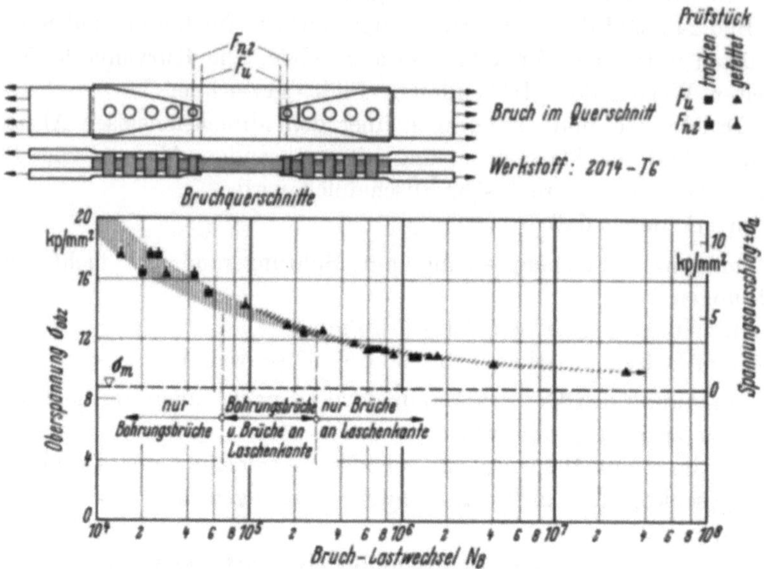

Bild 246. Einfluß der Reibkorrosion auf die Ermüdungsfestigkeit einer zweischnittigen Bolzenverbindung und auf die Bruchlage — Fügeflächen: trocken — gefettet. [18].

Spannungshäufung am Bohrungsrand aus, wobei durch die Verschiebung zwischen Bolzenschaft und Bohrungswandung zusätzlich Reibkorrosion wirksam sein kann.

Die Lage der beiden verschiedenen Bruchstellen ist aus Bild 246 zu ersehen.

Die Darstellung der $(\sigma-N)$-Werte im Bild 246 zeigt, daß sich die beiden Bereiche wenig überschneiden.

Ausgang und Ausbreitung der Ermüdungsrisse sind aus den Aufnahmen der Bruchflächen im Bild 247 zu ersehen. Sie stammen von gleichen Versuchsstücken, wurden jedoch mit höherer Mittelspannung gefahren [19]:

Bei der ersten Gruppe (hohes N_B) gehen die Brüche von verschiedenen Punkten (Kennzeichnung durch Pfeile) der Staboberfläche aus, an denen Reibkorrosionsangriffe zu sehen sind.

Bei der zweiten Gruppe (kleines N_B) beginnen die Brüche in der Wandung der ersten Bohrung (Kennzeichnung durch Pfeile), wobei die Anrisse durch Reibkorrosion an dieser Lochwand begünstigt werden.

3.2.1.2 Einfluß einer Fettschmierung der Fügeflächen

Die $(\sigma-N)$-Werte im Bild 246 zeigen bei Einstufenversuchen keinen Einfluß der Fettschmierung der Fügeflächen auf die Ermüdungsfestigkeit. Das ist damit zu erklären, daß beim Versuch mit konstanter Amplitude die Verschiebung der

Deckbleche gegenüber dem Mittelstück bis zum Bruch konstant ist. Es konzentriert sich daher der Reibangriff dauernd auf den gleichen engen Bereich, so daß sich durch die Kante der Deckbleche eine scharfe Kerbe mit einer entsprechend hohen Spannungskonzentration ausbildet. Die Anpreßdrücke der Verschraubung sind außerdem zu groß, um zwischen den Fügeflächen eine ausreichende Fettschicht zu belassen, die die Reibkorrosion wesentlich abschwächen und die Ausbildung der erwähnten scharfen Kerbe verhindern könnte.

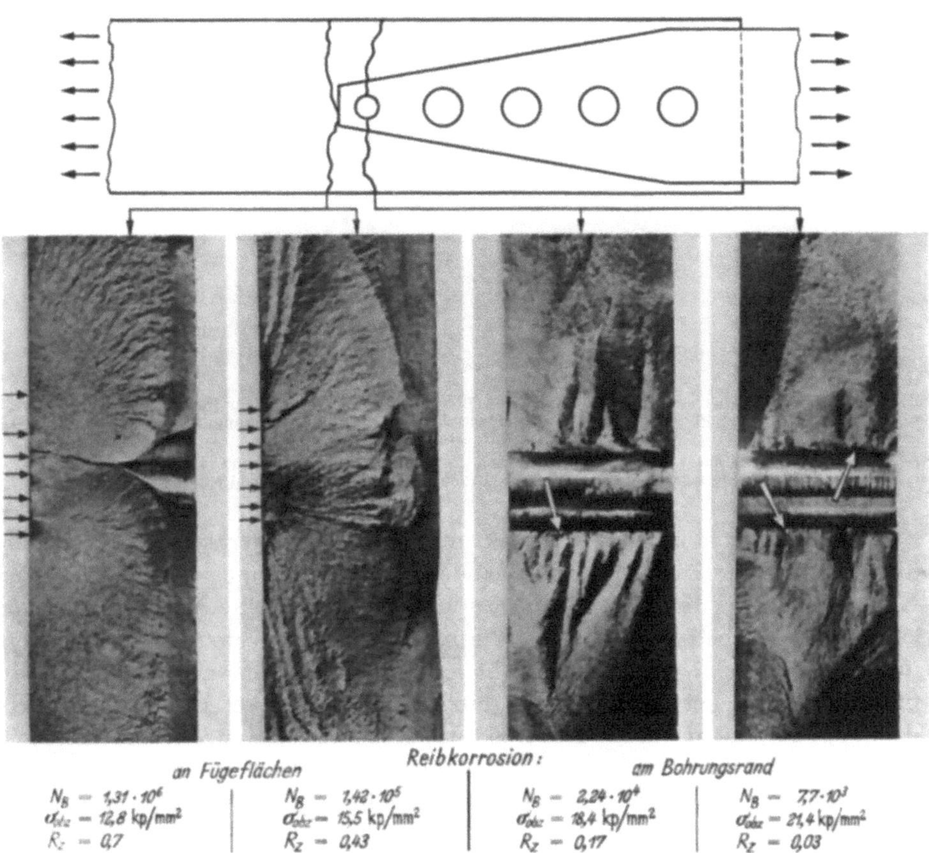

Bild 247. Bruchflächen einer zweischnittigen Bolzenverbindung. Werkstoff: 2014-T 6. [19].

Es wurden auch Mehrstufenversuche an diesen Fügungen mit folgendem Programm durchgeführt:

statische Vorspannung $\sigma_m = 8,8$ kp/mm²,

16 800 Lastwechsel mit $\sigma_a = \pm 1,2$ kp/mm² $\triangleq \sigma_{obz} = 10,0$ kp/mm²,

3 200 Lastwechsel mit $\sigma_a = \pm 2,5$ kp/mm² $\triangleq \sigma_{obz} = 11,3$ kp/mm²,

800 Lastwechsel mit $\sigma_a = \pm 3,7$ kp/mm² $\triangleq \sigma_{obz} = 12,5$ kp/mm²,

156 Lastwechsel mit $\sigma_a = \pm 5,0$ kp/mm² $\triangleq \sigma_{obz} = 13,8$ kp/mm²,

38 Lastwechsel mit $\sigma_a = \pm 6,2$ kp/mm² $\triangleq \sigma_{obz} = 15,0$ kp/mm²,

8 Lastwechsel mit $\sigma_a = \pm 7,5$ kp/mm² $\triangleq \sigma_{obz} = 16,3$ kp/mm².

Bei den Mehrstufenversuchen zeigte sich ein Einfluß der Schmierung der Fügeflächen, denn der Ermüdungsbruch trat ein

bei „trockener" Fügung nach 168 Programmen im Querschnitt F_u durch Reibkorrosion,

bei „geschmierter" Fügung nach 433 Programmen im Querschnitt F_{n2}, ausgehend von der Bohrungswandung.

Die unterschiedlichen Bruchflächen sind im Bild 248 gezeigt [19].

Bild 248a u. b. Bruchflächen einer zweischnittigen Bolzenverbindung nach Mehrstufenversuch. Einfluß einer Schmierung der Fügeflächen auf die Bruchlage und die Anzahl der Programme bis zum Bruch. Werkstoff: 2014-T 6. [19].
a) Fügung geschmiert, 433 Programme, Bruch im 1. Bolzenloch (Kerbwirkung + Reibkorrosion);
b) Fügung trocken, 168 Programme, Bruch vor dem 1. Bolzenloch (Reibkorrosion).

Dieses Ergebnis ist darauf zurückzuführen, daß bei der Programmbelastung die Bewegung der Fügeteile gegeneinander von der Spannungshöhe abhängig ist. Es entsteht daher bei Mehrstufenbelastung eine abgeflachte Kerbe — eine sog. „Untertassenkerbe" — mit kleinerer Spannungsspitze. Weiterhin reicht im Fall der Schmierung der verbleibende Schmierfilm aus, da während der hohen Spannungsausschläge der Anpreßdruck durch Querkontraktion des Prüfstücks reduziert wird und das Schmiermittel „zurückfließen" kann, so daß die Reibkorrosion verringert wird. Die Brüche traten dann auch bei der geschmierten Verbindung in überwiegender Zahl im Querschnitt F_{n2} (Bohrung) auf.

Im Programmversuch kann also die Ermüdungsfestigkeit der geschmierten Verbindung höher als die der trockenen sein, wenn die Reibkorrosion eine solche Rolle spielt, wie dies bei der untersuchten Verbindung für hohe Lastwechselzahlen der Fall ist.

3.2.2 Verbesserung der Ermüdungsfestigkeit von Querstößen

Im Kap. XVII, 6 wird an Hand von ILTUB-Versuchen dargestellt, durch welche Maßnahmen die Reibkorrosion vermindert und damit die Ermüdungsfestigkeit derartiger Fügungen verbessert werden kann.

3.3 Reibkorrosion an Augenstäben

Das Augenstabproblem wird im Kap. XVI ausführlich behandelt. Es werden dort konstruktive Hinweise gegeben, um den negativen Einfluß der Reibkorrosion zu verringern. Hier sei nur das Problem am Beispiel der Ermüdung eines Streifens mit Bolzenbelastung durch Reibkorrosion zwischen Stahlbuchse und Lochwandung erläutert.

Bei einer Bolzenverbindung können unter Wechselbelastung an der Wandung der Bolzenbohrung Reibkorrosionsschäden auftreten, die zur Verminderung der Ermüdungsfestigkeit führen. Diese Gefahr kann bei Fügeteilen aus Leichtmetall auch durch Verwendung von Stahlbuchsen nicht beseitigt werden.

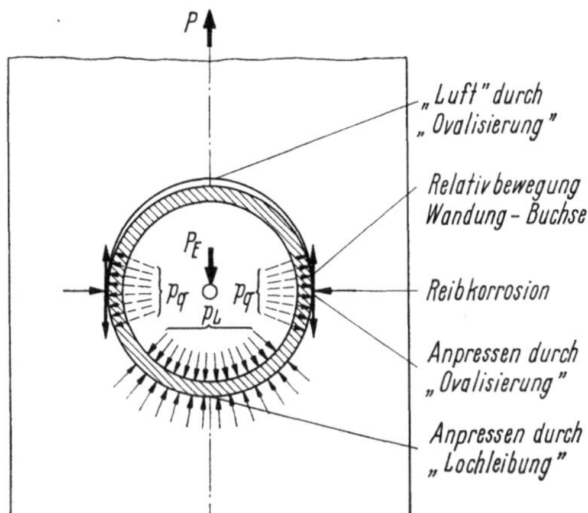

Bild 249. Belasteter Bolzen in ausgebuchster Bohrung — Schemaskizze zur Entstehung von Reibkorrosion durch Ovalisierung der Bohrung.

Im Bild 249 sind die Zusammenhänge skizziert, die aufzeigen, wie es zur Reibkorrosion in den Seitenwandungen der durch einen Bolzen belasteten Bohrung kommen kann:

Die Bolzenlast P_E wird durch die Lochleibungsspannungen σ_L in das Fügeteil eingeleitet.

Das Bolzenloch wird durch die einseitige Belastung mit p_L (Lochleibungsdruck) ovalisiert, so daß an der ünbelasteten Bolzenseite „Luft" und an den beiden Seiten Anpreßdrücke p_q entstehen.

Die Fügeteilwandung muß sich bei der Ovalisierung des Loches gegenüber der Bolzen- oder Buchsenoberfläche an den Seitenstellen verschieben, an denen die Anpreßdrücke p_q wirken, so daß dort Reibkorrosionsschäden entstehen.

Im Bild 250 ist das Ergebnis eines Bruchversuchs [19] wiedergegeben, bei dem Reibkorrosionsschäden in der ausgebuchsten Bohrung eines Hebels aus 7075-T 6 zum Ermüdungsbruch führten.

3.4 Reibkorrosion zwischen Bauteilen einer Blechschale

Zwischen den vernieteten oder verbolzten Bauteilen von Blechschalen treten bei dynamischer Belastung Reibkorrosionsschäden auf, die zu vorzeitigen Anrissen der Konstruktion führen können. Im Bereich hoher Lastwechselzahlen, d. h. niedriger Belastung, werden die Streuungen der Bruchlastwechselzahlen vergrößert. Die Reibkorrosionsschäden und ihre Auswirkungen sind bei dünnwandigen Blechkonstruktionen stark abhängig von der Höhe der Belastung, da überkritische Spannungs- und Verformungszustände (Beulen) auftreten können. Beispielsweise sind Stegwände, die vorzugsweise auf Schub beansprucht werden, oft für überkritische Belastung ausgelegt.

Im ILTUB wurden Schubermüdungsversuche an dünnen Stegblechen mit Kreisausschnitt und aufgeschraubten Versteifungsringen durchgeführt, deren Ergebnisse im Kap. XXII mitgeteilt werden.

Die Ergebnisse einer eingehenden Untersuchung der Reibschäden sind im Bild 251 abhängig von der Belastungshöhe und der Anordnung der Versteifung zusammengestellt.

Die Bezeichnung der Größe der Belastung wurde so gewählt, daß der

hohen Belastung die Anrisse bei $N \approx 10^4$,

mittleren Belastung die Anrisse bei $N \approx 10^5$,

niedrigen Belastung die Anrisse bei $N > 10^6$

zugeordnet sind.

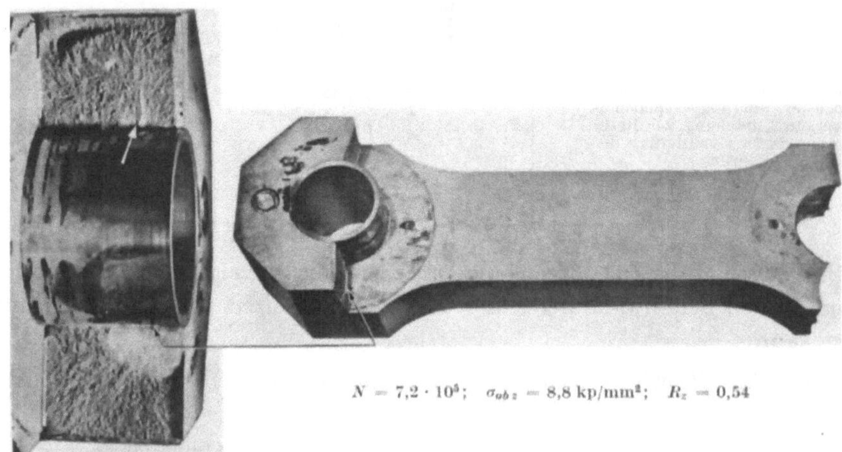

$$N = 7{,}2 \cdot 10^5; \quad \sigma_{ob\,z} = 8{,}8 \text{ kp/mm}^2; \quad R_z = 0{,}54$$

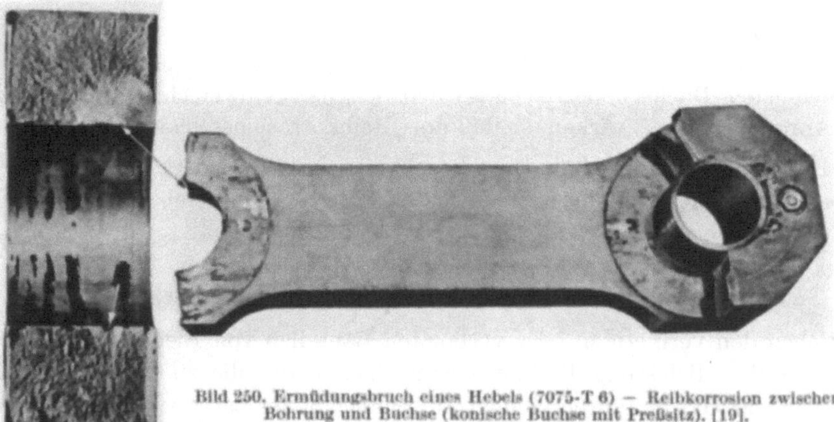

Bild 250. Ermüdungsbruch eines Hebels (7075-T 6) — Reibkorrosion zwischen Bohrung und Buchse (konische Buchse mit Preßsitz). [19].

3.4.1 Einseitig aufgeschraubte Ringe (linke Bildhälfte)

Die Reibkorrosionsschäden und Anrisse bei einseitig aufgeschraubten Ringen lassen sich für *mittlere bis hohe Belastung* nach der Häufigkeit ihres Auftretens einteilen in:

Reibschäden und Anrisse entsprechend Foto a. Die Reibschäden treten im Bereich der Bohrungen Nr. *2* (s. Übersichtsskizze im oberen Teil des Bildes 251) zwischen Blech und Unterlegscheiben auf.

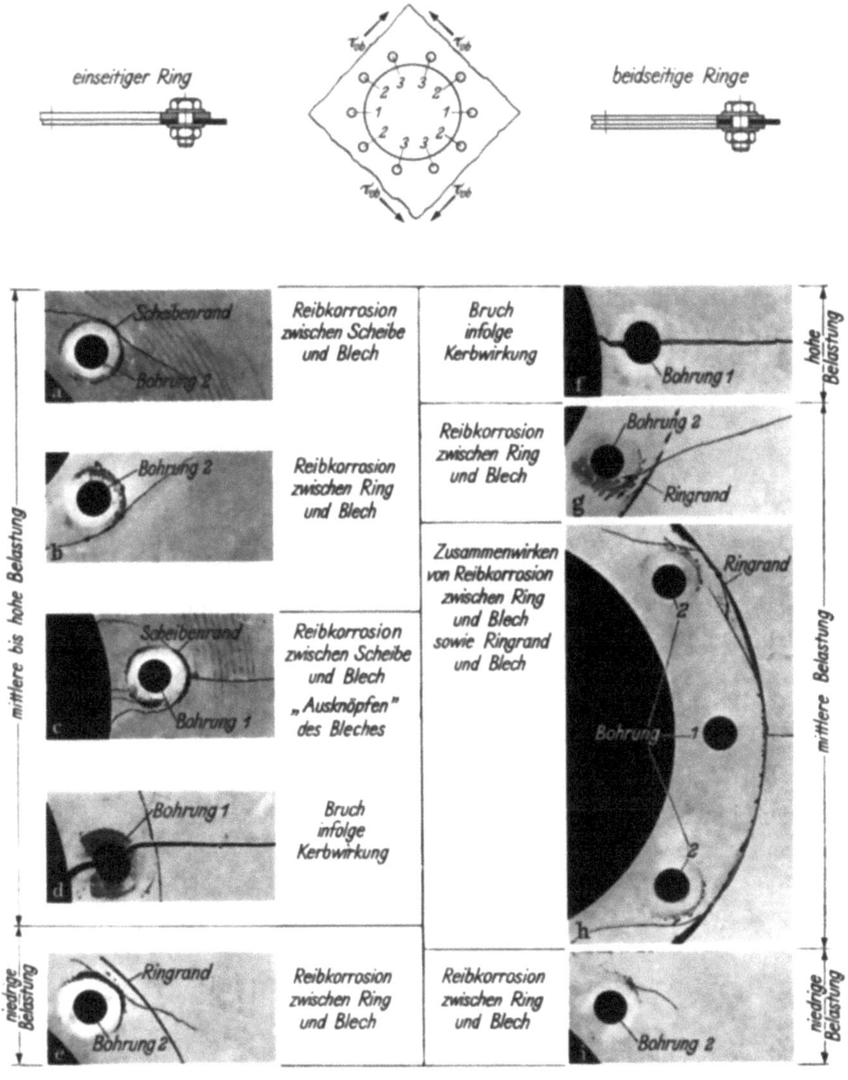

Bild 251a—i. Schub-Ermüdungsversuche an Blechwänden aus AlCuMg 1 (2017-T 4) mit Kreisausschnitt und geschraubten Versteifungsringen — Vergleich der Reibkorrosionsschäden bei verschiedener Versteifungsanordnung und Belastung.

Reibschäden und Anrisse entsprechend Foto b. Diese Reibschäden treten zwischen Verstärkungsring und Blech ebenfalls im Bereich der Bohrungen Nr. *2* auf. Dieses Ergebnis deutet darauf hin, daß die gegenseitigen Verschiebungen zwischen Blech und Ring infolge der Ausschnittovalisierung in diesem Bereich am größten sind.

Reibschäden und Anrisse entsprechend Foto c, die durch das Zusammenwirken von Reibkorrosion zwischen Unterlegscheiben und Blech sowie die einseitige Anordnung des Versteifungsrings, im Bereich der Bohrungen Nr. *1* hervorgerufen werden. Es kommt zu einem „Ausknöpfen" des Bleches.

Anrisse entsprechend Foto d durch die Kerbwirkung der Bohrungen Nr. *1*.

Bei *niedrigen Belastungen* wurde festgestellt, daß Ausmaß und Anzahl der Reibschäden im Gegensatz zu hohen Lasten stark verringert sind. Reibschäden und Anrisse entsprechend Foto e treten nur im Bereich der Bohrungen Nr. *1* und Nr. *2* auf.

3.4.2 Beidseitig aufgeschraubte Ringe (rechte Bildhälfte)

Die Reibkorrosionsschäden und Anrisse lassen bei beidseitig verschraubten Ringen eine stärkere Zuordnung zur aufgebrachten Belastung erkennen als bei einseitiger Anordnung.
Bezüglich der Schäden wurde folgendes festgestellt:

Bei *hohen Belastungen* treten im wesentlichen Anrisse infolge Kerbwirkung der Bohrungen Nr. *1* — wie im Foto f gezeigt — auf.

Bei *mittleren Belastungen* entstehen Reibschäden und Anrisse
vorwiegend im Bereich der Bohrungen Nr. *2*, entsprechend Foto g,
in geringerer Zahl im Bereich der Bohrungen Nr. *1* und Nr. *2*, entsprechend Foto h. Längs des Ringrandes nahe der Bohrung Nr. *1* ist das Blech durch den Biegeeinfluß infolge überkritischer Belastung besonders gefährdet. Nach erfolgtem Anriß längs des Ringrandes wirkt dieser wie der Rand eines unversteiften Ausschnittes.

Bei *niedrigen Belastungen* wurden nur geringe Reibschäden — entsprechend Foto i — und selten Anrisse beobachtet.

Diese Untersuchungen zeigen, daß es besonders bei dünnwandigen Bauteilen wichtig ist, die Reibkorrosion zu vermeiden, da es infolge überkritischer Belastungen zu verstärkten Relativbewegungen der Fügeteile untereinander kommt. Besonders stark werden diese negativen Einflüsse bei einseitig versteiften Wänden infolge der auftretenden Exzentrizität. Es wird daher empfohlen, die Versteifungen möglichst

beidseitig der Wand anzuordnen,
nicht zu nieten oder zu verbolzen, sondern aufzukleben.

3.5 Vermeidung des Zusammenfallens von Kerbstelle und Reibstelle

Das Zusammenfallen von Spannungshäufung und Reibkorrosionsschaden ist für die Ermüdungsfestigkeit besonders ungünstig (s. auch 3.1 und 3.3). Dieser Fall ist z. B. zu erwarten, wenn der Innenring eines Wälzlagers auf einer abgesetzten Welle sitzt und am Bund anliegt. Bild 252 zeigt dazu ein Beispiel [20]. Die Welle hat am Bund eine Hohlkehle mit dem Radius r_H und der Lagerinnenring eine Abrundung mit dem Radius r_L. Dadurch, daß $r_L > r_H$ ist, fällt die Kontaktstelle R, an der die Gefahr der Reibkorrosion besteht, nicht mit der Stelle S der größten Spannungshäufung zusammen. Die Schlußfolgerung des eingehenden Berichtes über die Ermüdungsversuche mit dieser Anordnung lautet daher: „Das an einem Bunde angeordnete Wälzlager besitzt keine erheblich größere Kerbwirkung als ein Wälzlager auf glatter Welle", wobei mit der Kerbwirkung des Wälzlagers die Reibkorrosion infolge Kantenpressung gemeint ist.

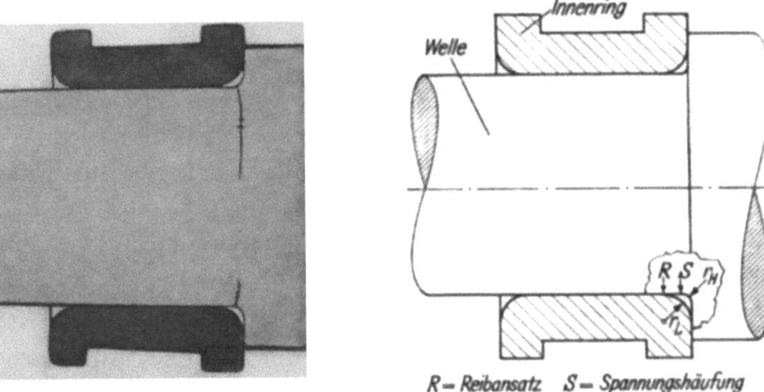

Bild 252. Wälzlagerinnenring auf abgesetzter Welle aus St 35.61 — Trennung von Reibansatzstelle (R) und Kerbstelle (S) durch unterschiedliche Radien. [20].

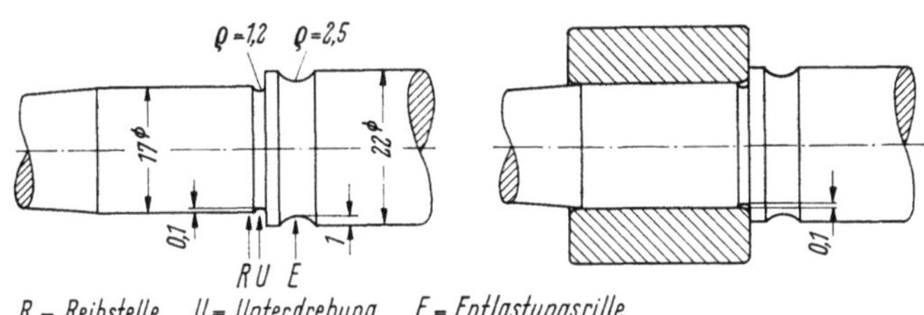

Bild 253. Wälzlagerinnenring auf abgesetzter Welle — Trennung von Reibschadenstelle und Kerbstelle durch eingedrehte Rille. [20].

Das Bild 252 links zeigt, daß die Anrisse von der Stelle größter Spannungshäufung ausgehen. Eine noch klarere örtliche Trennung der beiden Störungen ergibt sich bei einer Ausbildung der Welle nach Bild 253 mit einer nur 0,1 mm tief eingedrehten Rille mit einem Radius von 1,2 mm [20]. Der Häufungsfaktor dieses Ringkerbs ist hinreichend klein.

XII. Einfluß des Zustandes der Oberfläche und der Oberflächenschicht auf die Ermüdungsfestigkeit

1 Grundsätzliche Bedeutung der Oberflächenrandzone

Ermüdungsbrüche gehen in den meisten Fällen von der Oberfläche eines Bauteils aus, an der die auftretenden Beanspruchungen am größten sind und die der Korrosion und dem Verschleiß ausgesetzt ist.

Nicht nur die geometrische Gestalt der Oberfläche, d. h. die Rauhigkeit, sondern auch die Eigenschaften des Materials in einer Schicht unmittelbar unterhalb der Oberfläche — die sich oft von den Eigenschaften des Kernmaterials unterscheiden — sind von besonderer Bedeutung für die Ermüdungsfestigkeit.

Folgende Eigenschaften der Oberflächenrandzone eines Bauteils beeinflussen entscheidend dessen Ermüdungsfestigkeit:

Rauhigkeit der Oberfläche,
Härte und Festigkeit der Oberflächenschicht,
Restspannungsverteilung in der Oberflächenschicht.

Diese Eigenschaften sind meist untereinander verknüpft und werden durch die Verarbeitungsverfahren, die ein Bauteil bei der Fertigung durchläuft, unterschiedlich beeinflußt.

Im folgenden wird wegen des Ineinandergreifens dieser Einflüsse eine Gliederung nach den verschiedenen Verarbeitungsverfahren vorgenommen. Es werden getrennt behandelt die Einflüsse aus

der Halbzeugherstellung, d, h., die Oberfläche der Bauteile ist unbearbeitet,

der Oberflächenbearbeitung, darunter sind alle mechanischen und chemischen Fertigungsverfahren zu verstehen (hauptsächlich spanende Verfahren),

der Oberflächenbehandlung, dazu zählen alle Verfahren der spanlosen Bearbeitung, wie Rollen, Drücken, Kugelstrahlen, Härten und Nitrieren,

der Oberflächenbeschichtung, d. h. der Erzeugung von Oxydschichten oder der Aufbringung von grundwerkstofffremden metallischen Schichten zum Schutz gegen mechanische oder chemische Angriffe.

2 Unbearbeitete Oberflächen

2.1 Schädliche Oberflächenschichten bei Stählen

Bei der Formgebung durch Schmieden oder Walzen und der Nachbehandlung der Werkstücke durch Glühen oder Vergüten bildet sich insbesondere bei Stählen an der Oberfläche eine Oxydhaut aus, die sog. Walz- oder Glühhaut, durch die die Ermüdungsfestigkeit gegenüber Prüfstäben mit bearbeiteter Oberfläche vermindert wird.

Dieser schädliche Einfluß ist zurückzuführen auf den Gefügeaufbau und Fehler in dieser Oberflächenschicht wie Rauhigkeiten, Ziehriefen, Narben, Blasen oder Poren. Zur Feststellung des Einflusses der Walzhaut auf die Ermüdungsfestigkeit wurden Versuche an Proben im Anlieferungszustand und nach entsprechendem Abarbeiten der Randschicht durchgeführt.

Im Bild 254, in dem die Versuchsergebnisse verschiedener Experimentatoren [1] zusammengefaßt sind, ist der Verlust an Dauerfestigkeit für Proben mit Walzhautoberfläche gegenüber Proben mit geschliffener oder polierter Oberfläche über der Zugfestigkeit aufgetragen. Bei den Versuchen wurden meist Flachproben verwendet, die einer Biege- und Zug-Druck-Wechselbelastung oder einer Zugschwellbelastung unterworfen wurden.

Es zeigt sich, daß die Verminderung der Dauerfestigkeit mit der Zugfestigkeit zunimmt; so wird bei einem hochfesten Stahl mit einer Zugfestigkeit von $\sigma_B \geqq 150\ kp/mm^2$ die Dauerfestigkeit durch die Walzhaut um 60 bis 70% verringert. Der Einfluß der Beanspruchungsart, der Prüffrequenz und der Grenzlastwechselzahl tritt hinter den festigkeitsmindernden Einfluß der Walzhaut weitgehend zurück.

Im Bild 255 sind nach einer Untersuchung von NOLL und LIPSON [2] Dauerfestigkeitswerte für Stähle mit unbearbeiteter und bearbeiteter Oberfläche über der Zugfestigkeit aufgetragen:

Bei polierter Oberfläche steigt die Dauerwechselfestigkeit $\sigma_{bW(N_G)}$ proportional mit der Zugfestigkeit σ_B etwa im Verhältnis $\sigma_{bW(N_G)}/\sigma_B = 0,5$ an.

Bei unbearbeiteter Oberfläche — geschmiedete oder warmgewalzte Proben — nimmt die Dauerwechselfestigkeit mit Erhöhung der Zugfestigkeit bis etwa $\sigma_B = 130$ kp/mm² nur wenig zu und fällt oberhalb dieser Festigkeit wieder ab.

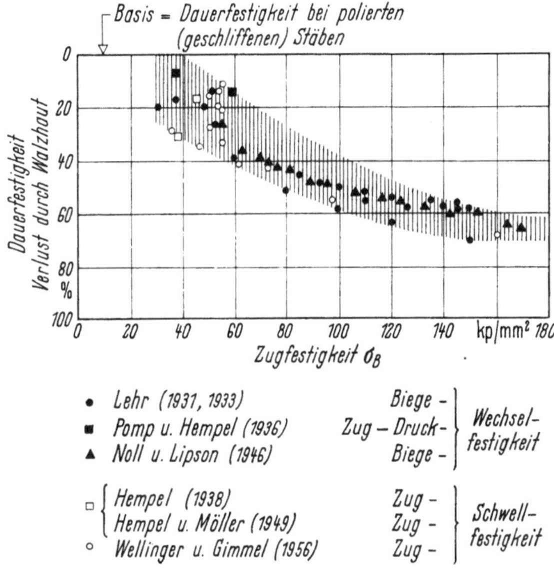

Bild 254. Abnahme der Dauerfestigkeit von Stählen durch die Walzhaut in Abhängigkeit von der Zugfestigkeit — Vergleich mit polierten Stäben. Nach [1].

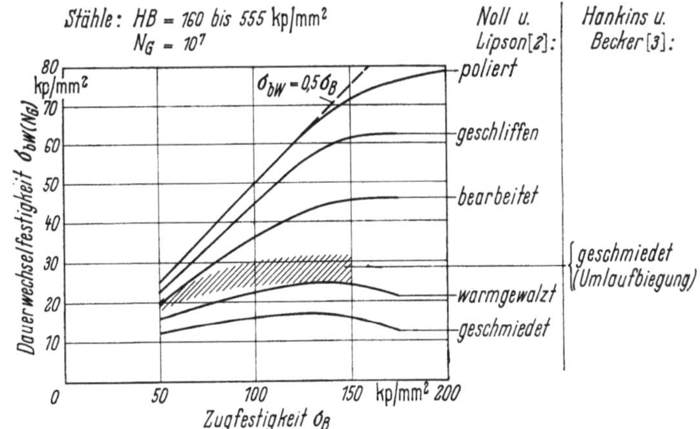

Bild 255. Einfluß des Oberflächenzustandes auf die Dauerwechselfestigkeit von Stählen in Abhängigkeit von der Zugfestigkeit. Nach [2, 3].

Bei Entfernung der schädlichen Oberflächenschicht wird schon durch eine grobe Bearbeitung die Dauerwechselfestigkeit stark verbessert.

Die von NOLL und LIPSON aus anderen Veröffentlichungen entnommenen und auf eine einheitliche Probengröße umgerechneten Dauerfestigkeitswerte liegen auf der sicheren Seite, wie die ebenfalls im Bild 255 eingetragenen Ergebnisse der von HANKINS und BECKER [3] an Proben mit geschmiedeter Oberfläche durchgeführten Umlaufbiegeversuche zeigen.

Man erkennt, daß bei hochfesten Stählen die Walzhaut besonders schädlich ist und durch Bearbeitung der Oberfläche starke Verbesserungen der Dauerfestigkeit möglich sind.

2.2 Schädlicher Einfluß der Walzhaut bei Al-Legierungen

RAJAKOVICS führte Versuche [4] über den Einfluß der Walzhaut auf die Dauerwechselfestigkeit von Flachstäben aus Blechen verschiedener Al-Legierungen durch, deren Ergebnisse im Bild 256 zusammengestellt sind. Die paarweise angeordneten Säulen für Proben mit unbearbeiteter und mit polierter Oberfläche zeigen:

Die Dauerwechselfestigkeit der unbearbeiteten Proben liegt etwas unter der für polierte Proben, der schädliche Einfluß der Walzhaut auf die Dauerwechselfestigkeit bleibt jedoch gering.

Der Verlust an Dauerwechselfestigkeit durch die Walzhaut ist bei hochfesten Al-Legierungen (AlCuMg) mit etwa 5 bis 10% geringer als bei mittelfesten Legierungen (MG 3, MG 5) mit etwa 15 bis 30%.

Die Anordnung der Säulenpaare des gleichen Werkstoffs für Flachbiegung (F) und Axialbelastung (A) nebeneinander läßt erkennen, daß die Dauerwechselfestigkeit bei Flachbiegung wesentlich höher ist als bei Axialbelastung. Dieses Phänomen ist im Kap. V, 3.1.2, eingehend diskutiert.

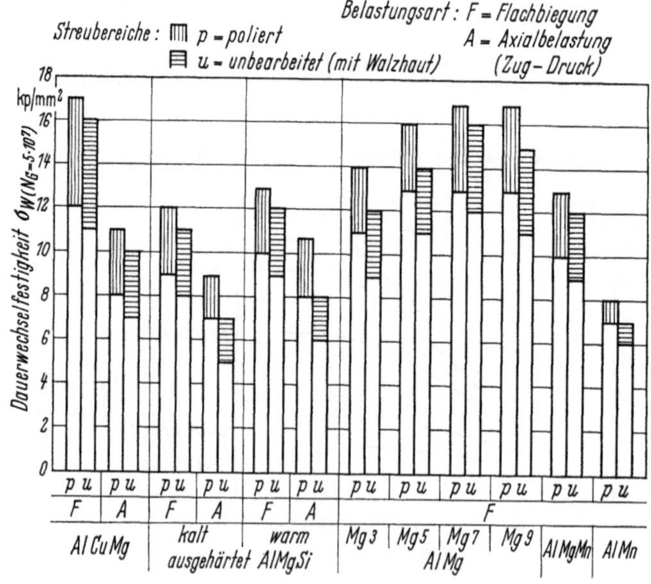

Bild 256. Einfluß des Oberflächenzustandes auf die Dauerwechselfestigkeit von Al-Legierungen. [4].

3 Bearbeitete Oberflächen

Die Oberfläche und die darunterliegende Schicht wird durch die mechanischen und chemischen Bearbeitungsverfahren beeinflußt hinsichtlich

der Rauhigkeit,
der Festigkeit und Härte,
des Eigenspannungszustandes,
der Korngrenzen- und Kornflächenbeschaffenheit.

Diese aufgeführten Eigenschaften können sich in Abhängigkeit vom Bearbeitungsverfahren einzeln oder in beliebiger Kombination ändern.

3.1 Oberflächenrauhigkeit aus mechanischen Bearbeitungsverfahren

Als Maß für die Rauhigkeit der Oberfläche nach Bearbeitung des Werkstoffs durch Zerspanen gilt die „Rauhtiefe" t_R, das ist die größte gemessene Riefentiefe in der Oberfläche.

In Abhängigkeit vom Werkstoff lassen sich den verschiedenen Bearbeitungsverfahren Rauhtiefen zuordnen. Die Dauerfestigkeit nimmt mit wachsender Rauhtiefe ab. Dieser Abfall der Dauerfestigkeit tritt jedoch erst von einer bestimmten Rauhtiefe an, der sog. Grenzrauhtiefe $t_{R\,krit}$, ein. Die Größe der Grenzrauhtiefe ist abhängig vom Werkstoff und dessen Behandlung, d. h. dem Gefügezustand, und wird durch die Beanspruchungsart nicht beeinflußt.

3.1.1 Einfluß der Rauhtiefe bei Stahl

Im Bild 257 ist nach einer Untersuchung von SIEBEL und GAIER [5] für Stähle der Verlust an Dauerfestigkeit über der bearbeitungsmäßig bedingten Rauhtiefe

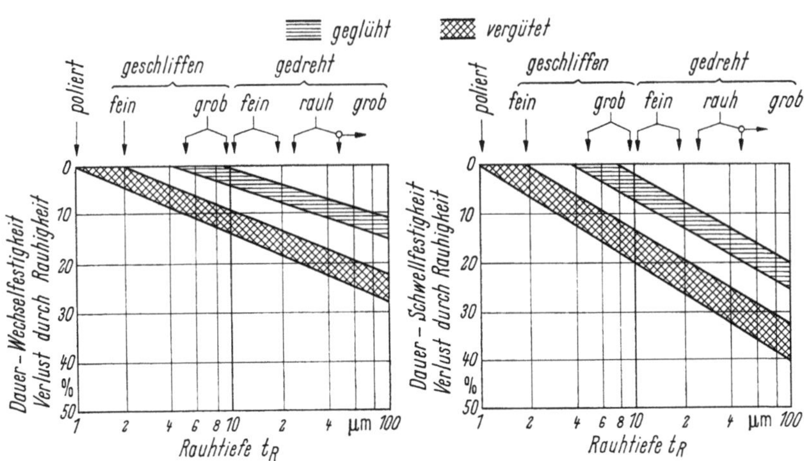

Bild 257. Einfluß der Oberflächenrauhigkeit auf die Dauerfestigkeit $N_G = 10^7$ von Stählen bei Schwell- und Wechselbelastung. [5].

aufgetragen, und zwar links für Wechselbeanspruchung (Axialbelastung und Umlaufbiegung) und rechts für Zugschwellbeanspruchung. Diese Darstellungen zeigen:

Vergütete Stähle sind mit $t_{R\,\mathrm{krit}} = 1$ bis $2\ \mu$m empfindlicher gegenüber Oberflächenrauhigkeiten als geglühte Stähle mit $t_{R\,\mathrm{krit}} = 4$ bis $8\ \mu$m. An Schliffbildern wurde festgestellt, daß die empfindlichen vergüteten Stähle ein wesentlich feinkörnigeres Gefüge aufweisen als die unempfindlicheren geglühten Stähle.

Mit zunehmender Rauhtiefe $t_R > t_{R\,\mathrm{krit}}$ tritt ein Abfall der Dauerfestigkeit entsprechend einer e-Funktion ein.

Bei Zugschwellbeanspruchung wirkt sich die Oberflächenrauhigkeit auf den Dauerfestigkeitsverlust stärker aus als bei Wechselbeanspruchung. Die Ursache für dieses Werkstoffverhalten ist durch die unterschiedlichen Mittelspannungen (statische Vorspannungen) gegeben; mit zunehmender statischer Zugvorspannung wird der Spannungsausschlag kleiner, der zum Erreichen der Streckgrenze im Kerbgrund der Mikrokerben einer rauhen Oberfläche führt. Ein stärkerer Abfall der Dauerfestigkeit durch die Oberflächenrauhigkeit mit zunehmender statischer Vorspannung ist mithin durchaus verständlich.

Die von SIEBEL und GAIER [5] angegebenen Streubänder sind bemerkenswert schmal, so daß die gefundenen Abhängigkeiten als gesetzmäßig angesehen werden können.

3.1.2 Einfluß der Rauhtiefe bei NE-Metallen

Im Bild 258 sind die Ergebnisse der Versuche verschiedener Autoren [6] über den Einfluß unterschiedlicher Oberflächenbearbeitungen auf die Dauerfestigkeit dargestellt. Es werden die Dauerfestigkeitsverluste verschiedener Werkstoffe

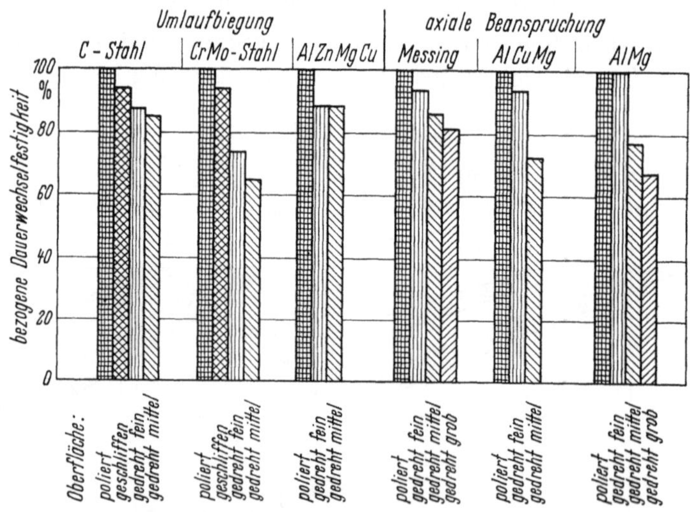

Bild 258. Einfluß der Oberflächenbearbeitung auf die Dauerfestigkeit — poliert gleich 100% — Stähle und NE-Metalle. [6].

geschliffener und fein bzw. grob gedrehter Oberfläche gegenüber den Werten bei polierter Oberfläche verglichen. Mit der gröberen Bearbeitung, d. h. mit zunehmender Rauhigkeit, nimmt die Dauerfestigkeit gegenüber den polierten Stäben (im Bild 258 gleich 100%) ab. Nichteisenmetalle weisen also eine ähnliche Tendenz auf wie die Stähle. Bei der Vielzahl der vorhandenen NE-Legierungen ist es jedoch nicht möglich, an Hand der vorliegenden Untersuchungen, die an einer kleinen Zahl von Legierungen durchgeführt worden sind, allgemeingültige, gesetzmäßige Zusammenhänge zwischen Rauhtiefe und Dauerfestigkeit anzugeben.

3.2 Festigkeit und Restspannungsverteilung in der Oberflächenrandzone

Die oben diskutierten Dauerfestigkeitsverluste sind nicht nur auf die mit der Rauhtiefe zunehmende Kerbwirkung zurückzuführen, sondern auch auf die durch unterschiedliche Oberflächenbearbeitungen hervorgerufenen ungünstigen Veränderungen der Festigkeitswerte und Restspannungsverteilungen in der Oberflächenschicht.

Bei der spanabhebenden Bearbeitung wird der Werkstoffzustand durch Teilplastifizierung derart verändert, daß je nach Verfestigungsneigung des Werkstoffs und nach Wirkungstiefe der Plastifizierung ein bestimmtes Restspannungsfeld aufgebaut wird. Insbesondere die Restspannungen in der Oberflächenrandzone können je nach Art (Druck- oder Zugspannungen) und Größe eine Verbesserung oder Verminderung der Ermüdungsfestigkeit bewirken. Die Restspannungsverteilung kann beim Zerspanungsvorgang beeinflußt werden durch

die Schnittgeschwindigkeit,
die Schnittiefe,
den Vorschub,
den Spanwinkel,
die Kühlung,
den Zustand und den Werkstoff des Werkzeugs.

Wie unterschiedlich die durch Zerspanung erzeugten Restspannungen an der Oberfläche sein können, ist aus dem linken Teil des Bildes 178 zu ersehen, in dem die Ergebnisse einer von HEMPEL [1] durchgeführten umfangreichen Literaturauswertung zusammengestellt sind.

Es zeigt sich, daß beim Drehen und Schleifen sowohl Druck- als auch Zugrestspannungen auftreten können, während durch Schmirgeln und Polieren im allgemeinen nur Druckrestspannungen erzeugt werden. Besonders empfindlich bezüglich der Restspannungserzeugung ist der Schleifvorgang, wie im folgenden näher ausgeführt wird.

3.2.1 Auswirkungen unterschiedlicher Schleifverfahren

Ein Beispiel dafür, wie außerordentlich stark die Dauerfestigkeit von der Ausführung der Oberflächenbearbeitung abhängen kann, gibt Bild 259 nach einer Untersuchung von STAUDINGER [7]. Für verschiedene Stähle werden die Dauerwechselfestigkeitswerte der ungeschliffenen (gedrehten) mit den Werten der auf drei verschiedene Arten geschliffenen Prüfstücke verglichen:

Durch „normales" Schleifen mit weicher Scheibe bei geringem Längsvorschub (0,7 mm/Umdrehung) und geringem Tiefenvorschub (5 μm) wird die Dauerwechselfestigkeit der gehärteten Stähle um 0 bis 45% herabgesetzt.

Wird das Schleifen dadurch „stärker", daß der Tiefenvorschub von 5 auf 20 μm vergrößert wird, so beträgt der Verlust an Dauerwechselfestigkeit 6 bis 60%.

Bei einem noch aggressiveren „rissigen" Schleifen mit harter Scheibe ohne Kühlmittel und mit großem Längs- (1,5 mm/U) und Tiefenvorschub (15 μm) wird die Dauerwechselfestigkeit infolge entstehender Schleifrisse um 30 bis 80% vermindert.

Der Dauerfestigkeitsverlust geschliffener Stäbe beruht auf der Abnahme der Oberflächenhärte und der ungünstigen Beeinflussung der Restspannungsverteilung durch die beim Schleifen auftretende örtliche Überhitzung. Daraus ist auch

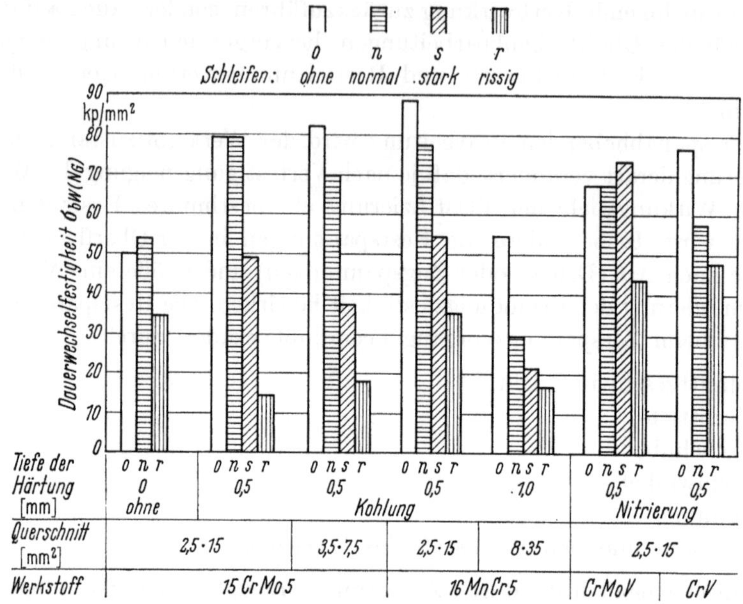

Bild 259. Einfluß des Schleifens auf die Dauerbiegewechselfestigkeit ($N_G = 10^7$) von Stählen. [7].

zu erklären, daß die durch Aufkohlung einsatzgehärteten Stähle sehr viel „empfindlicher" gegenüber dem Schleifvorgang sind als nicht gehärtete Stähle. Die durch Aufkohlung mit 0,5 mm tiefer Einsatzschicht erzielte Zunahme der Dauerwechselfestigkeit um 60 bis 65% geht durch „starkes" Schleifen wieder verloren. Bei „rissigem" Schleifen erreichen die 0,5 mm tief einsatzgehärteten Proben im Mittel nur etwa 50% der Dauerwechselfestigkeit von nicht gehärteten Proben gleicher Schleifbehandlung.

In diesem konstruktiv ausgerichteten Buch soll nicht auf die Fragen der Metallkunde und der Werkstofftechnik eingegangen werden, die hinsichtlich der einzelnen Härteverfahren für verschiedene Legierungen zu diskutieren sind. Die wichtige Erkenntnis für den Konstrukteur ist, daß er nicht unbedenklich mit Verbesserungen von Ermüdungseigenschaften durch Oberflächenbehandlungen, wie z. B. Einsatzhärten, rechnen kann, ohne an eine mit der Steigerung der Ermüdungsfestigkeit stark zunehmende Empfindlichkeit des Werkstücks zu denken.

3.2.2 Auswirkungen unterschiedlicher Polierverfahren

Zur Verbesserung der Oberflächengüte werden zahlreiche Bauelemente nach dem Schleifen einer Polierbehandlung unterworfen, wobei das Polieren entweder auf mechanischem oder elektrolytischem bzw. metallographischem Wege geschieht. Der Einfluß der Polierbehandlung auf die Ermüdungsfestigkeit ist beachtlich. Wie aus Bild 123 (s. Kap. X, 1) hervorgeht, in dem für Stähle der Zusammenhang zwischen Dauerwechselfestigkeit $\sigma_{bW(N_G)}$ und Zugfestigkeit σ_B dargestellt ist, ergibt sich beim Auftragen der Ergebnisse von Umlaufbiegeversuchen [8], die alle an längspolierten Prüfstäben, jedoch für verschiedene Stähle und von verschiedenen Bearbeitern durchgeführt wurden, für den Anstieg von $\sigma_{bW(N_G)}$ mit σ_B ein sehr breiter Streubereich. Im Bild 124 (s. Kap. X, 1) ist auf Grund eingehender Untersuchungen [9] dieser Streubereich nach verschiedener Güte des Polierens gedeutet.

3.2.2.1 Mechanisches Polieren

Beim mechanischen Polieren wird die Oberfläche nicht nur geglättet, sondern auch die Oberflächenschicht plastisch verformt, so daß in dieser Schicht nach dem Polieren Druckrestspannungen verbleiben.

Im Bild 260 ist nach einer Untersuchung von HEMPEL [10] am Beispiel eines polierten Rundstabs aus 50 Cr-V 4-Stahl der sich nach dem mechanischen Polieren ergebende Restspannungsverlauf in der Oberflächenschicht dargestellt. Durch das Polieren sind in einer dünnen Oberflächenschicht Druckrestspannungen erzeugt worden, die an der Oberfläche $\sigma_{R0} = 50 \text{ kp/mm}^2$ erreichen, jedoch bereits in etwa 0,1 mm Tiefe gegen Null gehen.

Die Höhe der Restspannungen direkt an der Oberfläche und ihr Verlauf in der Oberflächenschicht hängen natürlich vom Werkstoff und von der Durchführung des Polierens ab.

Durch die Polierbearbeitung der Oberfläche wird auch deren Härte beeinflußt. Bild 261 zeigt nach einer Untersuchung von WELLINGER und GIMMEL [8] die gemessene Mikrohärte der Oberfläche von C-Stählen in Abhängigkeit von der

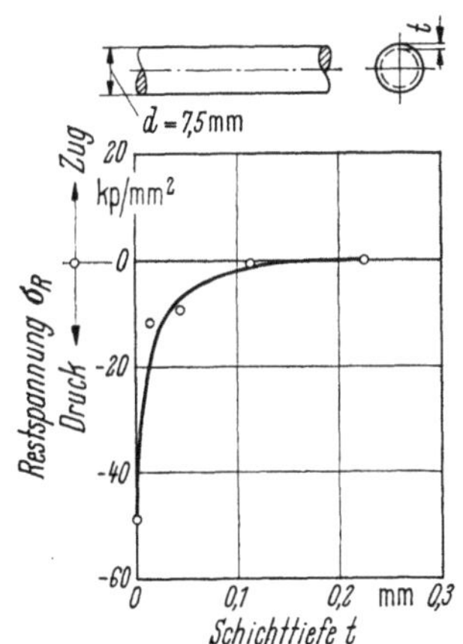

Bild 260. Restspannungen in der Oberflächenschicht durch mechanisches Polieren eines 50 CrV 4-Stahles mit $\sigma_B = 130 \text{ kp/mm}^2$. [10].

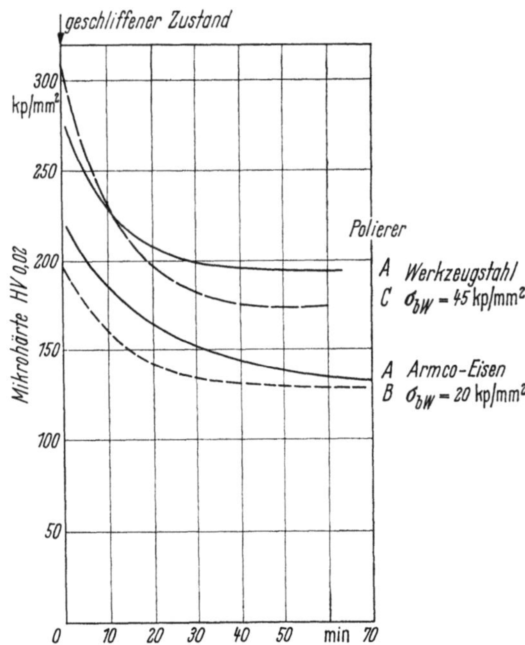

Bild 261. Einfluß der Polierzeit auf die Oberflächen-Mikrohärte von Stählen. [8].

Dauer des Polierens. Die Oberflächenhärte, ausgehend vom Wert bei geschliffener Oberfläche, nimmt mit der Polierzeit bis auf einen etwa nach einer Stunde erreichten Minimalwert ab.

Interessant ist, daß diese Änderung der Mikrohärte auch vom Bearbeiter abhängig ist. Ähnliche Abhängigkeiten vom Polieren durch verschiedene Bearbeiter haben sich auch bei der Bestimmung der Dauerfestigkeit von Probestäben aus Al-Legierungen gezeigt.

Dieser Einfluß führte z. B. dazu, daß von zwei führenden deutschen Leichtmetallwerken für völlig gleiche Legierungen immer wieder unterschiedliche Ermüdungsfestigkeitswerte angegeben wurden. Eine der Firmen erzielte (konstant) etwa 5 % höhere Werte. Dies änderte sich nicht, als die Probestäbe vor dem Polieren ausgetauscht wurden. Erst durch den Austausch der Mechaniker wurden nunmehr von der anderen Firma die höheren Ermüdungsfestigkeitswerte erreicht.

Bei Ermüdungsversuchen mit Stahlprobestäben wurde festgestellt [8], daß nicht das bezüglich der Glätte der Oberfläche beste Polieren zu den höchsten Ermüdungsfestigkeitswerten führt. Im Bild 262 sind für verschiedene Stähle die $(\sigma_{ob}-N_B)$-Werte der Biegewechselfestigkeit für geschliffene normal polierte und feinst bzw. metallographisch polierte Proben verglichen. Man erkennt:

Die geschliffenen und normal polierten Probestäbe ergeben die höchsten Ermüdungsfestigkeitswerte.

Durch Verfeinerung der Politur wird die Ermüdungsfestigkeit bei gleicher Bruchlastwechselzahl um 7 bis 11% vermindert.

Bei der Feinstpolitur wurde eine Schicht von 10 bis 15 μm abgetragen.
Die Rauhtiefen t_R betrugen bei den untersuchten Stählen

im geschliffenen Zustand $t_R = 1,4$ bis 2 μm, an einzelnen Oberflächenkerben $t_R = 2,8$ bis 3,6 μm,

im normal polierten Zustand $t_R < 0,4$ μm an einzelnen Oberflächenkerben bis zu $t_R = 2$ μm.

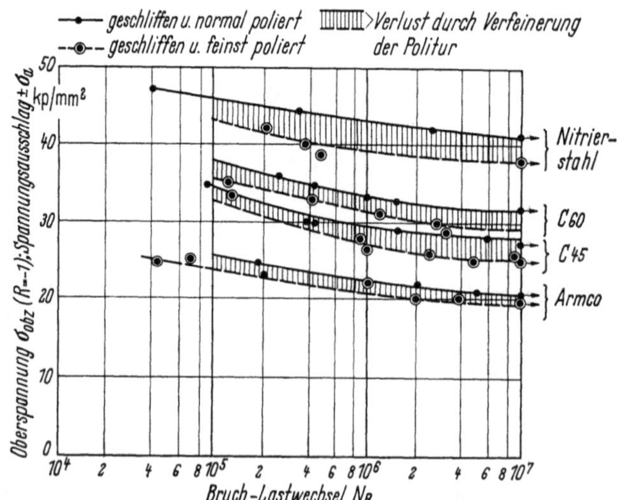

Bild 262. Einfluß des Polierverfahrens (normal = mechanisch; feinst = elektrolytisch) auf die Ermüdungsfestigkeit (Umlaufbiegung) von Stählen (Probestab — Durchmesser = 7,5 mm). [8].

Daraus folgt, daß die weitere Verbesserung der Oberflächenglätte durch Feinstpolitur ohne Bedeutung ist (s. Bild 257), während die Härteverminderung an der Oberfläche und die Abtragung von gehärteten und mit Druckrestspannungen versehenen Oberflächenschichten durch zu langes und starkes Polieren eine Verringerung der Ermüdungsfestigkeit bewirkt.

3.2.2.2 Elektrolytisches Polieren

Das Elektropolieren wird hauptsächlich angewandt zur Abkürzung des zeitraubenden mechanischen Polierens metallographischer Schliffe und zur Erzielung glänzender Oberflächen.

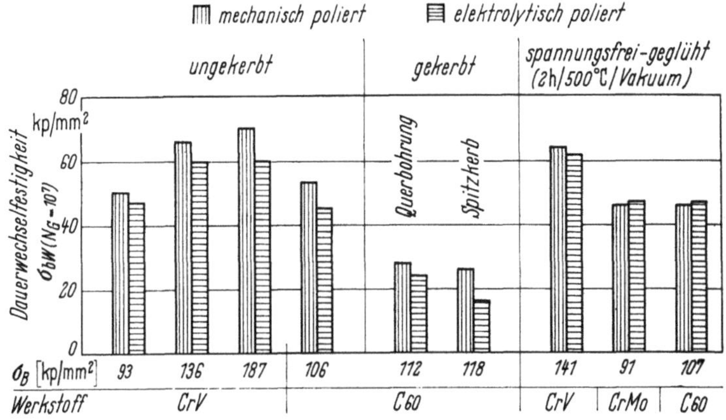

Bild. 263. Einfluß des mechanischen und elektrolytischen Polierens auf die Dauerwechselfestigkeit (Umlaufbiegung) von Stählen. [10, 11].

Die elektrolytisch polierten Proben weisen eine geringere Ermüdungsfestigkeit als die mechanisch polierten auf. Die Ergebnisse von Vergleichsversuchen für Stähle verschiedener Festigkeit [10, 11] sind im Bild 263 aufgetragen. Die Verschlechterung der Dauerwechselfestigkeit von ungekerbten Probestäben um 4 bis 15% ist darauf zurückzuführen, daß durch das Elektropolieren die durch die vorhergehende Bearbeitung mit Druckrestspannungen versehene Oberflächenschicht beseitigt wird. Röntgenographische Messungen von HEYES und FISCHER [11] zur Änderung der Druckrestspannungen σ_R durch das elektrolytische Polieren ergaben folgende Werte:

an der Oberfläche nach dem mechanischen Polieren $\sigma_R = -40$ bis $-60\,\mathrm{kp/mm^2}$,
nach Abtragen einer Schicht von 0,02 mm $\sigma_R = -12$ bis $-8\,\mathrm{kp/mm^2}$,
nach Abtragung von 0,06 bis 0,12 mm $\sigma_R = -12$ bis $-3\,\mathrm{kp/mm^2}$,
nach Abtragung von 0,23 bis 0,46 mm $\sigma_R = \pm0\,\mathrm{kp/mm^2}$.

Danach wird bereits nach dem Entfernen einer Schicht von 0,02 bis 0,06 mm ein nahezu restspannungsfreier Zustand erreicht. Durch das Elektropolieren wird im allgemeinen eine Schicht von 0,01 bis 0,03 mm abgetragen.

Die Annahme, daß beim Elektropolieren die Dauerfestigkeit durch Abtragen der mit Druckrestspannungen versehenen Oberflächenschicht vermindert wird, wurde von HEYES und FISCHER [11] durch Versuche an spannungsfrei geglühten Stählen bestätigt, deren Ergebnisse ebenfalls im Bild 263 dargestellt sind. Die im Vakuum 2 h bei 500 °C spannungsfrei geglühten mechanisch und elektrolytisch polierten Proben zeigten nach dieser Behandlung praktisch keine Unterschiede in der Dauerwechselfestigkeit. Unterschiede in der Oberflächenglätte, die zwischen beiden Polierverfahren bestehen, bleiben so klein, daß sie sich nicht auf die Dauerfestigkeit auswirken.

Im Bild 263 werden außerdem die Dauerwechselfestigkeiten gekerbter Probestäbe nach mechanischem und elektrolytischem Polieren verglichen. Während bei Stäben mit Querbohrungen durch Elektropolitur die Festigkeit um $\approx 15\%$ vermindert wird, fällt sie bei Stäben mit Spitzkerb um $\approx 40\%$ ab.

3.3 Einfluß des chemischen Fräsens („Tiefätzen")

3.3.1 Einfluß des Tiefätzens auf die Ermüdungsfestigkeit

Das chemische Fräsen — auch „Tiefätzen" genannt — wurde als Fertigungsverfahren von der Fa. North American Aviation entwickelt und wird seit 1953 in zunehmendem Maße im Integralbau verwendet [12—16]. Beim Tiefätzen wird Oberflächenmaterial auf chemischem Wege durch Behandeln mit einer Ätzlösung abgetragen. Die nicht zu bearbeitenden Oberflächen werden durch geeignete Materialien abgedeckt. Das Tiefätzverfahren setzt eine saubere, glatte und fettfreie Oberfläche voraus. Die Ätztiefe bzw. die Dicke der abgetragenen Schicht richtet sich nach der Einwirkzeit und den Badbedingungen, d. h. der chemischen Zusammensetzung, Konzentration und Temperatur.

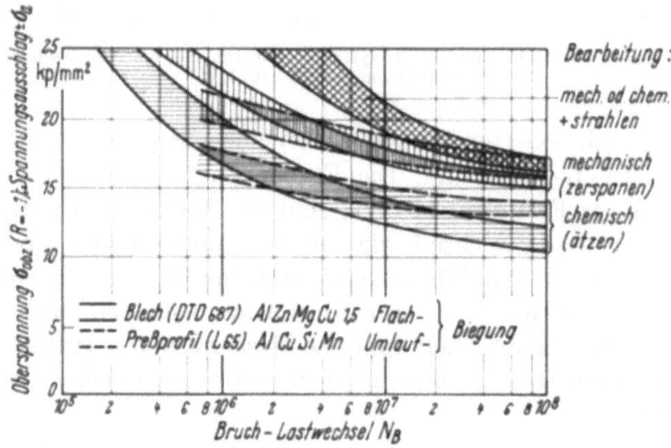

Bild 264. Einfluß der Bearbeitung auf die Ermüdungsfestigkeit von Al-Legierungen. [16].

Für Al-Legierungen wird im Normalverfahren eine 10 bis 20prozentige Ätznatronlösung bei Temperaturen zwischen 60 und 100 °C verwandt. Nach diesem Verfahren werden Schichten von 0,025 bis 0,033 mm pro min abgetragen.

HARRIS [16] untersuchte den Einfluß des Tiefätzens auf die Ermüdungsfestigkeit von Al-Legierungen. Die Ergebnisse seiner Versuche sind im Bild 264 wiedergegeben. Es zeigt sich, daß die Wechselfestigkeit nach dem Tiefätzen eindeutig geringer ist als nach dem mechanischen Fräsen. Der Verlust an Dauerfestigkeit bei $N_G = 10^8$ beträgt etwa 30%. Eine wesentliche Verbesserung der Ermüdungsfestigkeit, insbesondere im Bereich der Bruchlastwechselzahlen kleiner als 10⁷, wird durch anschließendes Dampf- oder Sandstrahlen, und zwar auch für die mechanisch bearbeiteten Proben erzielt.

Die Verminderung der Dauerfestigkeit durch Tiefätzen ist darauf zurückzuführen,

daß keine günstigen Restspannungen an der Oberfläche erzeugt werden, sondern Oberflächenschichten mit günstigen Restspannungen aus vorhergehenden Bearbeitungsverfahren abgetragen werden,

daß die Oberfläche „aufgerauht" wird, d. h., an den Korngrenzen entstehen „Ätzgräben" und auf den Kornflächen Ätzgrübchen oder -gruben, die durch die unterschiedliche Stärke der Ätzung der einzelnen Kristallkörner, bedingt durch ihre kristallographische Lage an der Oberfläche, hervorgerufen werden.

Durch das nachfolgende Strahlen werden Druckrestspannungen an der Oberfläche erzeugt und die Ätzgruben und -gräben „eingeebnet", so daß es zu einer Steigerung der Ermüdungsfestigkeit kommt.

3.3.2 *Elektronenmikroskopische Untersuchungen der Oberflächenbeschaffenheit von tiefgeätzten Versuchsstücken aus Al-Legierungen*

Die Auswirkungen des Tiefätzens auf die Oberflächenbeschaffenheit von Al-Legierungen wurden auf Anregung des Verfassers von HELMCKE, Ordinarius für Biologie an der TU Berlin, an Hand von Stereoelektronenmikroskop-Bildern

Korngrenzen-Ausprägung   Ätzgräben   Ätzgrube

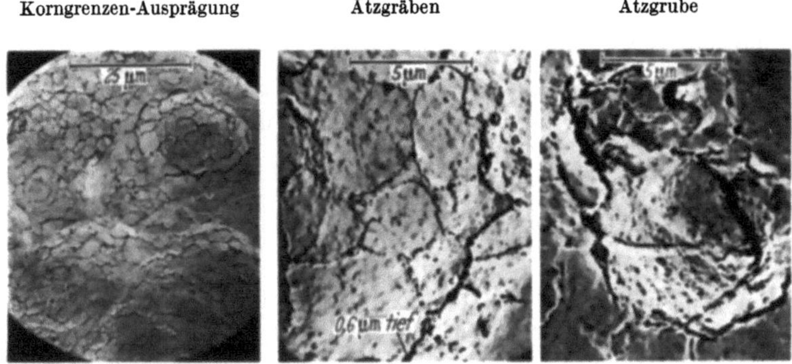

Bild 265. Oberflächenbeschaffenheit einer tiefgeätzten AlZnMgCu 1 Ag-Legierung (Fuchs AZ 74) — Aufnahme mit Elektronenmikroskop.

untersucht. Die Tiefe der Oberflächenstörungen wird daraus mit Hilfe des Stereokomparators ermittelt. Die Untersuchungen erstreckten sich auf die beiden Al-Legierungen AlZnMgCu 1 Ag (Fuchs AZ 74) und AlCuMg 1.

Die Elektronenmikroskopaufnahmen der tiefgeätzten Oberfläche von AlZnMgCu 1 Ag-Prüfstücken sind im Bild 265 wiedergegeben und zeigen folgende Merkmale:

Die Korngrenzen sind stark ausgeprägt.

Auf den Kornflächen befinden sich ausgeprägte Ätzgrübchen.

An den Korngrenzen sind die Grübchen beträchtlich tiefer und gehen teilweise in Ätzgräben über.

Die Ausmessung mit Hilfe des Stereokomparators ergibt:

Die Grübchen sind nur 0,2 μm breit und 0,05 μm tief, so daß sie sicher ohne schädlichen Einfluß sind.

Die Gräben längs der Korngrenzen sind 0,1 μm breit und bis zu 0,6 μm tief. Ätzgruben erstrecken sich über mehrere Körner mit etwa 15 μm Durchmesser bei maximal 1,5 μm Tiefe.

Auf ergänzende metallographische Untersuchungen, die für das ILTUB von der BAM durchgeführt wurden, um die Entstehung der Gräben an den Korngrenzen zu klären, soll in diesem Buch nicht näher eingegangen werden.

3.3.3 Vergleich verschiedener Oberflächenbearbeitungsverfahren im Hinblick auf die Ermüdungsfestigkeit von Leichtmetallintegralbauteilen

Bei den Entwicklungsarbeiten des ILTUB zum Leichtmetallintegralbau wurde untersucht, welchen Einfluß die durch das Fertigungsverfahren bedingte Oberflächenbeschaffenheit der Integralteile auf deren Ermüdungsfestigkeit hat. Derartige Integralteile, wie z. B. verrippte Platten, können gefertigt werden durch

Pressen im Gesenk,
Umformen eines Strangpreßhohlprofils,
Zerspanen einer dicken gewalzten Platte,
Tiefätzen einer Platte,
Kombination dieser Verfahren.

Im ILTUB wurden Zugschwellversuche an gesenk- und stranggepreßten Prüfstäben aus der Legierung AlZnMgCu 1 Ag (Fuchs AZ 74) durchgeführt mit den Oberflächenbeschaffenheiten

unbearbeitet,
gefräst,
geätzt,
gefräst und poliert,
geätzt und poliert.

Die Ergebnisse der Ermüdungsversuche mit gesenkgepreßten Probestäben sind in den Bildern 266 und 267 und für stranggepreßte Proben im Bild 268 dargestellt.
Für gesenkgepreßte Proben zeigt sich:

Unbearbeitete Proben ergeben ein recht schmales Streuband.

Die Werte für gefräste Proben liegen im gleichen Streuband und etwas darunter.

Gefräste und polierte Proben bringen eine wesentliche Verbesserung. Sie erreichen bei hohen Bruchlastwechselzahlen ($N_B = 10^6$) etwa 100% höhere σ_{obz}-Werte als die unbearbeiteten Proben.

Die an geätzten Proben erzielten Ergebnisse fallen in den Streubereich der unbearbeiteten Proben.

Geätzte und anschließend polierte Proben ergeben ebenfalls keine Verbesserung.

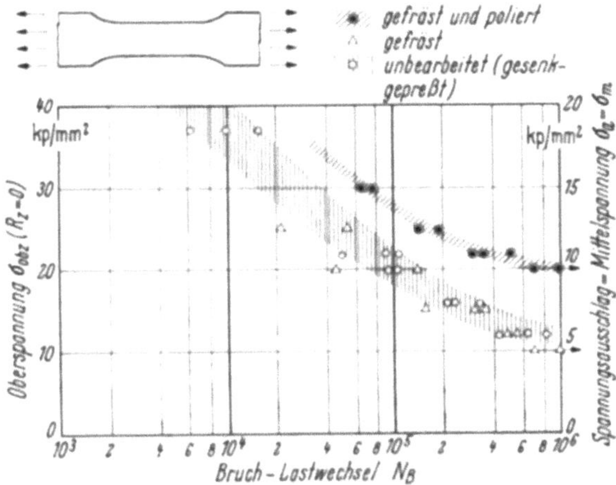

Bild 266. Einfluß der mechanischen Oberflächenbearbeitung auf die Ermüdungsfestigkeit einer gesenkgepreßten Al-Legierung (Fuchs AZ 74).

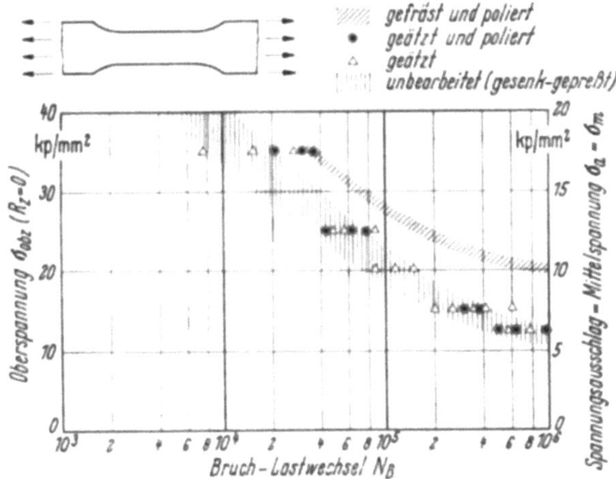

Bild 267. Einfluß der chemischen Oberflächenbearbeitung auf die Ermüdungsfestigkeit einer gesenkgepreßten Al-Legierung (Fuchs AZ 74).

Für stranggepreßte Proben (Bild 268) folgt:

Gefräste Proben bringen gegenüber den unbearbeiteten Proben eine Verbesserung, die bei Bruchlastwechselzahlen um 10^6 etwa 50 % beträgt.

Gefräste und polierte Proben ergeben bei hohen Bruchlastwechselzahlen eine weitere Verbesserung.

Zusammenfassend kann festgestellt werden, daß sowohl für Strang- als auch für Gesenkpreßmaterial die mechanische Bearbeitung der Oberfläche durch Fräsen und anschließendes Polieren zu einer wesentlichen Verbesserung der Ermüdungsfestigkeit führt.

Das Ätzen bringt gegenüber dem unbearbeiteten Material keine Verschlechterung; ein an den Ätzvorgang anschließendes normales Polieren bleibt wirkungslos.

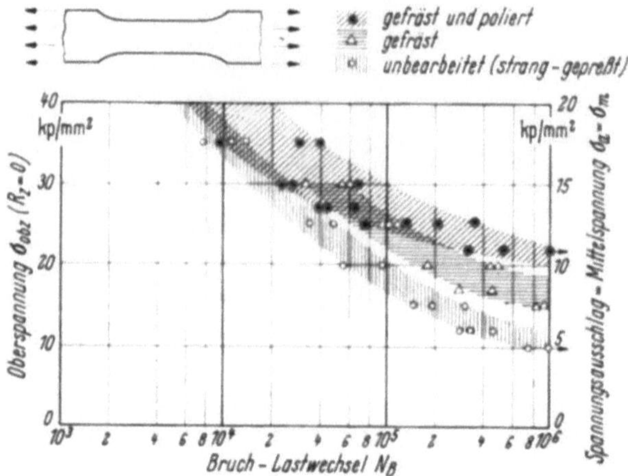

Bild 268. Einfluß der mechanischen Oberflächenbearbeitung auf die Ermüdungsfestigkeit einer stranggepreßten Al-Legierung (Fuchs AZ 74).

4 Einfluß der Oberflächenbehandlung auf die Ermüdungsfestigkeit

4.1 Erläuterungen zum Begriff der Oberflächenbehandlung

Unter dem Begriff der Oberflächenbehandlung sind folgende Verfahren zusammengefaßt:

die spanlose Formung der Oberfläche durch Kaltformung (z. B. Walzen, Ziehen, Rollen, Drücken, Kugelstrahlen usw.),

die Oberflächenhärtung durch Warmbehandlung ohne (Flammen- und Induktionshärtung) und mit Eindiffusion von Zusatzstoffen (Einsatzhärtung durch Aufkohlen und Nitrieren).

In diesem Abschnitt werden als charakteristisch hinsichtlich der Auswirkung auf die Ermüdungsfestigkeit einerseits das Drücken, Rollen und Kugelstrahlen und andererseits das Nitrieren und Aufkohlen behandelt.

4.2 Auswirkungen der Kaltverformung der Oberfläche

Bei der spanlosen Formung der Oberfläche werden im Vergleich zur spanenden Bearbeitung größere Werkstofftiefen von der Kaltverformung erfaßt.

Durch die Kaltverformung werden Verfestigungen, d. h. eine Erhöhung der Streckgrenze, der Bruchfestigkeit und eine Erniedrigung der Bruchdehnung, in der Oberflächenzone hervorgerufen, während durch die Plastifizierung der Oberflächenzone gegenüber der unverformten Kernzone Verzerrungen entstehen, die zu Eigenspannungen erster Art bzw. Restspannungen führen. Über die Entstehung von Restspannungen wird ausführlich im Kap. IX berichtet.

Die Tiefe der verformten Zone, das Maß der Verfestigung sowie die Höhe der erzeugten Restspannungen hängen wesentlich vom Werkstoff und den Behandlungsbedingungen ab.

4.2.1 Wirkung des Oberflächendrückens

Der Gedanke, die Ermüdungsfestigkeit von Bauteilen durch Oberflächendrücken zu steigern, wurde 1927 von OTTO FÖPPL ausgesprochen, zum Patent
angemeldet [17] und im Wöhler-Institut zur praktischen Anwendung gebracht
[18—26].
Frühere Anwendungen des Oberflächendrückens zielten darauf hin,

die Oberfläche zu glätten, um den Verschleiß aufeinander gleitender Flächen
zu verringern und

die Oberflächenhärte zu steigern.

So wurden die Achszapfen der Eisenbahnwagen durch „Prägepolieren" geglättet oder Kugellagerringe und Kolbenringe durch „Hämmern" gehärtet.

O. FÖPPL führte die günstige Auswirkung des Oberflächendrückens anfänglich
darauf zurück, daß die „Oberfläche verdichtet" wird [18, 27a] und „die an der
Oberfläche liegenden Baustoffteile näher zusammengebracht und dadurch die
ungünstigen Auswirkungen von unvermeidbaren Fehlstellen oder Oberflächenbeschädigungen auf die Dauerhaltbarkeit gemildert" werden [17].

A. THUM vertrat im Gegensatz dazu die Auffassung, daß durch das Drück-
verfahren Druckrestspannungen in der Oberflächenrandzone des Werkstücks
erzeugt werden, die die bei der nachfolgenden Belastung auftretenden maßgeblichen Zugspannungen vermindern [27b].

Heute besteht kein Zweifel mehr daran, daß beide Wirkungen — die Kaltverfestigung und die Erzeugung von Druckrestspannungen — zusammen auftreten und zur Verbesserung der Ermüdungsfestigkeit führen [28].

Im Kap. IX, 6, wird an Hand eines Gedankenmodells die Wirkung des Oberflächendrückens erläutert.
Das Drücken oder Rollen der Oberfläche kann vorgenommen werden

örtlich durch Eindrücken balliger Körper, z. B. einer Kugel (Bild 182),

auf Flächen durch Rollen mit entsprechenden Werkzeugen oder durch Walzen.

Angewendet wird das Eindrücken balliger Körper hauptsächlich an den Rändern von Bohrungen (Ölbohrungen), während das Rollen und Walzen vielseitiger
verwandt werden kann, z. B. an Hohlkehlen, Lagerzapfen, Einspannstellen und
speziell bei Gewinden (s. auch Kap. IX, 6.5).
Die Wirkung des Oberflächendrückens ist abhängig vom

Werkstoff,   Rollendruck,
Rollendurchmesser,   Vorschub.
Rollenabrundung,

Im Bild 183 ist am Beispiel einer abgesetzten Welle aus Stahl die Verbesserung
der Dauerfestigkeit durch Rollen der Hohlkehle aufgezeigt [29].
Die Dauerwechselfestigkeit

steigt mit dem Rollendruck P,

erreicht bei dem Rollendruck $P_{opt} = 500$ kp ein Maximum von etwa 160%,
bezogen auf den Wert der ungedrückten Welle,

sinkt nach Erreichen des Maximums wieder ab, weil die Druckrestspannungen
an der Oberfläche im allgemeinen nach Überschreiten einer gewissen Eindringtiefe der Verformung wieder kleiner werden.

Hieraus ist zu ersehen, daß nicht unbedenklich mit einer Verbesserung der Ermüdungsfestigkeit durch Erhöhung der Verformungskräfte, d. h. des Rollendrucks P zu rechnen ist. Man ist also in der Praxis stets auf Vorversuche für den Einzelfall angewiesen.

4.2.2 Oberflächenbehandlung durch Kugelstrahlen

4.2.2.1 Praktische Anwendung des Kugelstrahlens

Das Kugelstrahlen wird z. Z. mit Erfolg angewandt, um

in einer Oberflächenschicht Druckrestspannungen zu erzeugen. Diese Restspannungen werden genutzt, um höhere Ermüdungsfestigkeit von Bauteilen zu erzielen, insbesondere

durch Verbesserung der Oberfläche bei hochvergüteten empfindlichen Werkstoffen (Beispiel s. Bild 269),

an Stellen großer Spannungshäufungen, wie an Querschnittsübergängen (Beispiel s. Bild 270 für eine Hohlkehle),

durch Stoppen der Rißausbreitung an Stellen, die durch äußere Einwirkungen beschädigt werden können (Beispiel s. Bild 271 über die Fremdkörperverletzungen von Propellerblättern),

Bauteile ohne gleichzeitige Erzeugung von schädlichen Restspannungen zu richten. Im Flugzeugbau findet dieses Verfahren Anwendung, um Platten

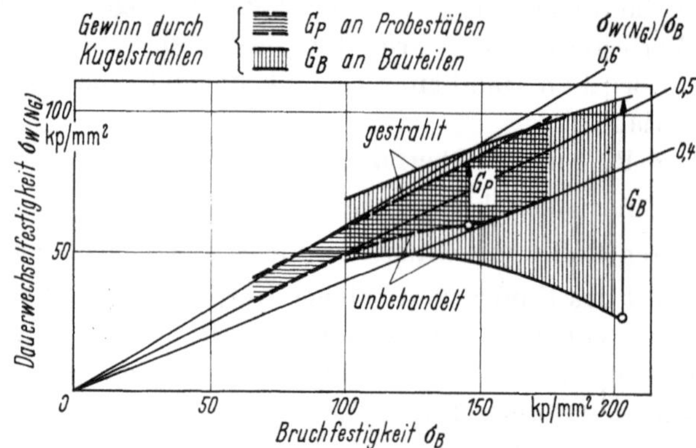

Bild 269. Verbesserung der Dauerwechselfestigkeit von hochvergüteten Stählen durch Kugelstrahlen. [33].

in eine ebene Form oder aus einer angenähert ebenen Halbzeugform in eine präzise gewölbte Fertigform zu bringen (Beispiel Bild 363 der Rumpfseitenwand des Verkehrsflugzeugs BAC-VC 10).

Weitere Anwendungen ergeben sich aus einer genaueren Kenntnis der Zusammenhänge zwischen Kugelstrahlen, Restspannungsverteilung, Oberflächenrauhigkeit und Ermüdungsfestigkeit, insbesondere in der Fügetechnik. Besondere Bedeutung gewinnt das Kugelstrahlen zur Lösung der im modernen Flugzeugbau wichtigen Fragen der Festigkeit gegen Schallermüdung.

Dagegen ist es entschieden abzulehnen, das Kugelstrahlen als ein Mittel anzusehen, um Mängel im Ermüdungsverhalten von Bauteilen, die durch unbefriedigende konstruktive Durchbildung im Hinblick auf Spannungshäufungen entstehen, durch Kugelstrahlen nachträglich zu beheben. Die primäre Forderung muß bleiben, dynamisch richtig zu konstruieren, um sicherzustellen, daß Ermüdungsschäden bereits ohne Kugelstrahlen weitmöglichst ausgeschaltet sind.

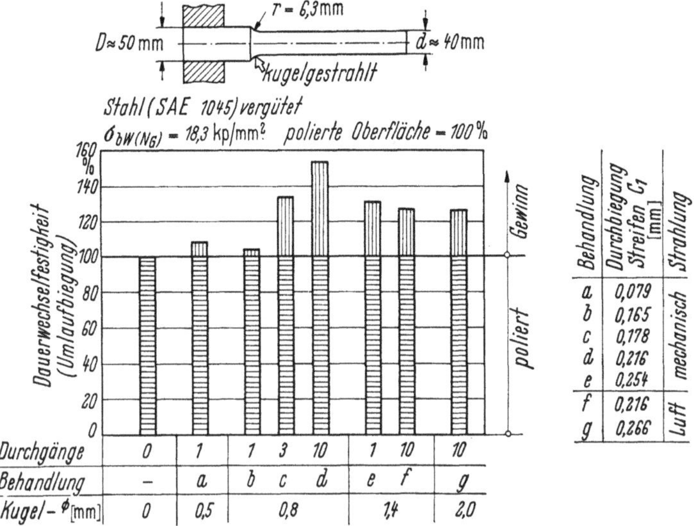

Bild 270. Verbesserung der Dauerfestigkeit einer polierten abgesetzten Welle aus SAE 1045 (Ck 45) durch Kugelstrahlen — Variation der Kugeldurchmesser, Intensität und Strahlungsart. [32].

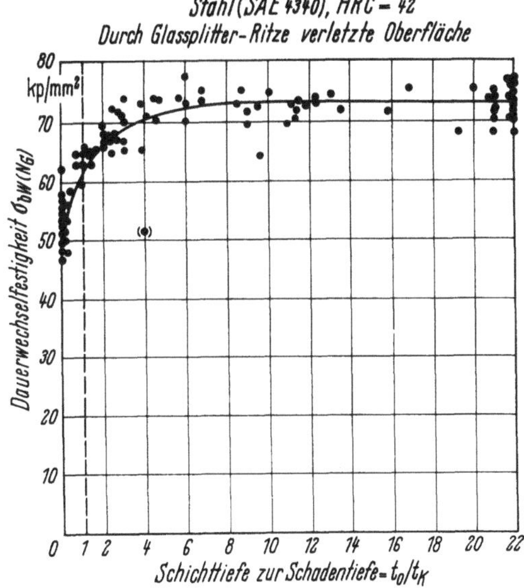

Bild 271. Kugelstrahlen verletzter Oberflächen — Einfluß auf die Dauerwechselfestigkeit. [34].

4.2.2.2 Einflußgrößen beim Kugelstrahlen

Die Auswirkungen des Kugelstrahlens der Oberfläche auf die Ermüdungsfestigkeit sind verschiedener Art:

Günstig sind die aus Kaltverformung entstehenden Druckrestspannungen und die Kaltverfestigung.

Ungünstig kann sich die erhebliche Vergrößerung der Oberflächenrauhigkeit auswirken.

Die Größe dieser Auswirkungen wird beeinflußt durch

Kugel- bzw. Korndurchmesser (Körnung oder Korngröße). Der mittlere Korndurchmesser beträgt normalerweise 0,4 bis 2,4 mm,

Kugel- bzw. Kornwerkstoff,

Aufprallgeschwindigkeit,

Aufprallwinkel, das ist der Winkel zwischen Blasstrahl und Werkstück,

Deckung (coverage), das ist die Anzahl der Kugeleindrücke pro Flächeneinheit. Die Deckung ist proportional der Zahl der Durchgänge bzw. der Behandlungszeit. Man unterscheidet

schwache Deckung, d. h., 70 bis 85% der betrachteten Oberfläche zeigen Muldenform,

vollständige Deckung, d. h., 90 bis 98% der betrachteten Oberfläche zeigen Muldenform,

starke Deckung, das bedeutet Vervierfachung der Zeit für vollständige Deckung.

Die Intensität des Kugelstrahlens wird nach dem sog. Almen-Verfahren [30, 31] an Hand der Durchbiegung bestrahlter Teststreifen mit genormten Abmessungen bestimmt.

Die Auswirkung von verschiedenen Kugelstrahlbehandlungen auf die Ermüdungsfestigkeit ist im Bild 270 am Beispiel der Hohlkehle am Absatz einer Welle aus vergütetem Stahl mit polierter Oberfläche dargestellt [32]. In dieser Untersuchung wurden der Kugeldurchmesser, die Zahl der Durchgänge und die Intensität (Durchbiegung der Almen-Streifen) variiert.

Mit dem Kugeldurchmesser $d = 0,8$ mm wurde bei 10 Durchgängen die größte Steigerung der Dauerfestigkeit von 54%, bezogen auf den nichtgestrahlten polierten Stab, erzielt. Größere Kugeldurchmesser brachten trotz vieler Durchgänge nur geringere Dauerfestigkeitssteigerungen von etwa 27%.

Das Aussehen der Oberfläche dieses Versuchsstücks nach verschiedenen Kugelstrahlbehandlungen ist im Bild 272 für die Kugeldurchmesser $d = 0,8$ mm nach 1; 3 und 10 Durchgängen und für $d = 1,4$ mm nach 1 Durchgang wiedergegeben [32].

Es ist festgestellt worden [33], daß sich die Oberflächenbehandlung durch Kugelstrahlen bei Bauteilen stärker als bei Probestäben auf die Ermüdungsfestigkeit auswirken kann. Bild 269 gibt hierzu ein Beispiel für hochwertige Stähle.

Durch Kugelstrahlen erreicht man bei sehr hochvergütetem Stahl ($\sigma_B = 175\,\text{kp/mm}^2$) für Probestäbe und Bauteile in Abhängigkeit von der statischen Bruchfestigkeit etwa gleich hohe Dauerfestigkeitswerte $\sigma_{W(N_G)} \approx 0,6\,\sigma_B$. Das bedeutet gegenüber dem ungestrahlten Zustand eine Verbesserung

beim Probestab auf das 1,5fache,

beim Bauteil auf das 3,0fache.

Dieser große Unterschied ist damit zu erklären, daß die mit zunehmender Bruchfestigkeit des Werkstoffs an Einfluß gewinnenden schädlichen Störungen (Rauhigkeit, Entkohlung, ungünstige Restspannungen) in der Oberflächenschicht

in der Fertigung der Bauteile schwieriger als an einfachen Probestäben zu vermeiden sind, jedoch

durch nachträgliche Erzeugung von Druckrestspannungen durch Kugelstrahlen (oder auch durch Rollen) überdeckt und unschädlich gemacht werden können.

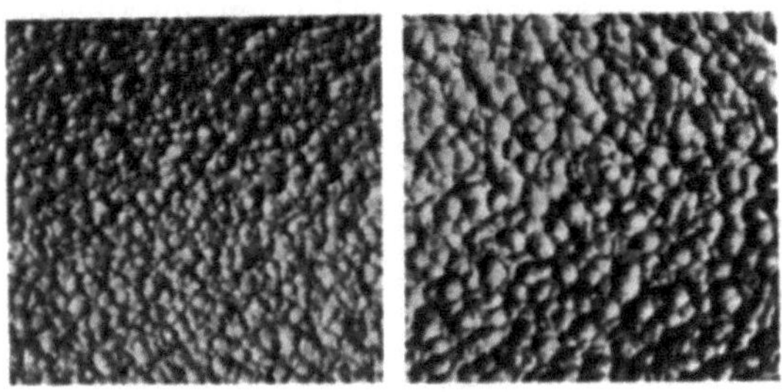

Bild 272. Aussehen der Oberfläche eines Vergütungsstahles nach der Kugelstrahlbehandlung — Variation der Kugeldurchmesser und Anzahl der Durchgänge. [32].

4.2.2.3 Systematische Untersuchung der Kugelstrahlrestspannungen

BRODRICK [34] vom Wright Air Development Center (WADC) hat den Verlauf der durch Kugelstrahlen erzeugten Restspannungen über der Tiefe der Oberflächenschicht an zahlreichen Versuchsstücken mit verschiedenen „Kombinationen", d. h. Zuordnungen von Werkstoff und Bestrahlungsbedingungen, gemessen.

Diese umfassende Untersuchung, die von generellem Interesse ist, wurde speziell durchgeführt, um die Frage nach der Verhinderung der Ausbreitung von Fremdkörperverletzungen der Luftschraubenblätter durch Kugelstrahlen zu beantworten.

In jeder der von BRODRICK [34] untersuchten „Kombinationen" wurde die Restspannungsverteilung an zwei Versuchsstücken gleichen Werkstoffs und gleicher Behandlung gemessen. Es ergab sich immer eine erstaunlich gute Übereinstimmung beider Messungen.

Diese Erkenntnis der Reproduzierbarkeit der Ergebnisse ist sehr wichtig, weil die Restspannungskurven je nach Werkstoff und Ausführung des Kugel strahlens sehr verschieden ausfallen. Aus der sehr guten Reproduzierbarkeit kann gefolgert werden:

Große Unterschiede in Restspannungsverteilungen sind nicht als „Streuungen" anzusehen, sondern ergeben sich aus den verschiedenen Faktoren der Versuche.

4.2.2.3.1 Typischer Restspannungsverlauf

Die Verteilungen der Restspannungen über der Tiefe der Oberflächenschicht folgen, wie die WADC-Untersuchungen [34] zeigen, im allgemeinen einer Gesetzmäßigkeit. Diese wird an Hand eines Beispiels im Bild 273 dargestellt.

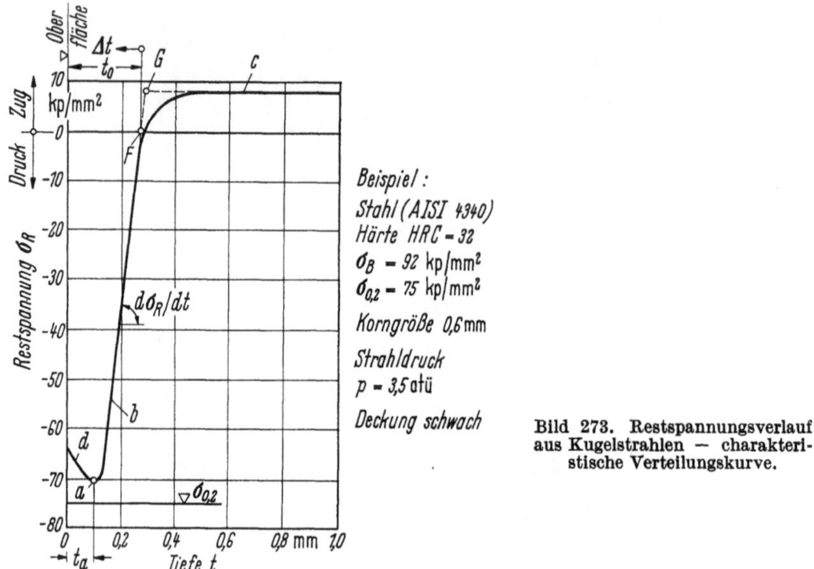

Bild 273. Restspannungsverlauf aus Kugelstrahlen — charakteristische Verteilungskurve.

Vier Kurvenbereiche lassen sich klar unterscheiden:

a *Druckspannungskuppe* direkt unter der Oberfläche. Sie bleibt bei kräftiger Kugelstrahlbehandlung etwas unter der $\sigma_{0,2}$-Grenze und hat keine allgemeingültig ausgeprägte Form.

b *Druckspannungsabfall hinter der Kuppe* bis in den Zugbereich im Inneren. Er ist praktisch geradlinig und kennzeichnet den Grad der Kaltverformung.

c *Zugspannungsbereich im Kern* mit etwa konstantem Verlauf. Die Größe der Zugrestspannungen, die im Gleichgewicht mit den Druckspannungen stehen, wird durch die Ausführung des Kugelstrahlens und die Gesamtdicke des bestrahlten Körpers bestimmt.

d *Druckspannungsabfall vor der Kuppe a* zur Oberfläche hin. Dieser Abfall ist nicht immer vorhanden, kann aber bei einigen Kombinationen sehr kräftig werden.

Der Schnittpunkt *G* der verlängerten Geraden *b* und *c* kennzeichnet die Eindringtiefe der Kaltverformung durch das Kugelstrahlen.
Charakteristisch für die Spannungsverteilung ist

der *Fußpunkt F im Abstand* t_0 von der Oberfläche, in dem die Restspannung $\sigma_R = 0$ ist, der *Druckspannungsabfall* vom Maximum bei a bis zum Fußpunkt F, gegeben durch $d\sigma_R/dt$. In der Tiefe $t = t_0 - \Delta t$ unter der Oberfläche ist dann die Restspannung $\sigma_R = \Delta t \, d\sigma_R/dt$.

Durch Abarbeiten der Oberflächenschicht um die Dicke t_a kann erreicht werden, daß das Druckspannungsmaximum a direkt an der Oberfläche liegt.

4.2.2.3.2 Restspannungsverlauf bei der AlZnMgCu-Legierung (7076-T 6)

Sämtliche von BRODRICK [34] veröffentlichten Kurven der Verteilung der Restspannungen über der Tiefe der Oberflächenschicht einer 6,3 mm dicken AlZnMgCu-Platte wurden im Bild 274 zusammengestellt, und zwar für

schwache Bestrahlung bei $p = 2,1$ atü und schwacher Deckung (dünn ausgezogene Kurven),

starke Bestrahlung bei $p = 8,8$ atü und starker Deckung (dick ausgezogene Kurven) mit jeweils 4 verschiedenen Korngrößen.

Die Kurven, mit Ausnahme der für starke Bestrahlung mit größter Körnung, stimmen sehr gut mit dem im Bild 273 dargestellten „charakteristischen Verlauf"

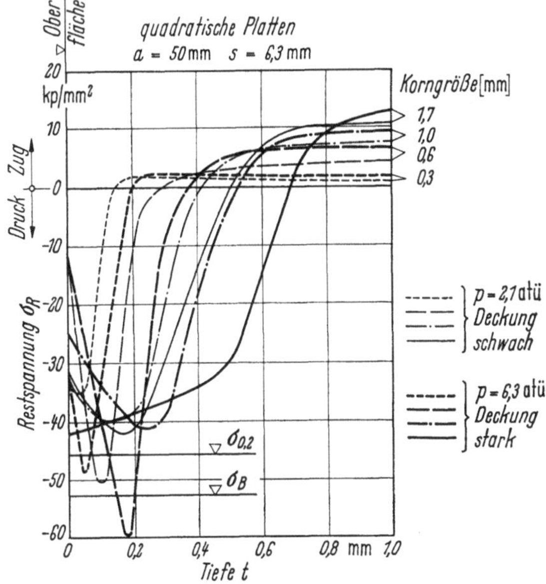

Bild 274. Restspannungsverlauf aus Kugelstrahlen — 7076-T 6 — Verteilungskurven für verschiedene Strahlintensitäten und Korngrößen. [34].

überein. Man sieht, daß mit Zunahme der Bestrahlungsstärke und der Korngröße die Neigung der Geraden b — des Druckspannungsabfalls — geringer wird und der Fußpunktabstand t_0 zunimmt. Abgesehen von den stark verschieden ausgebildeten Kuppen a scheint die Veränderung der Kurvenverläufe so systematisch zu erfolgen, daß die im Bild 275 gegebene Auswertung gerechtfertigt erscheint. In diesem Bild sind über der Korngröße die aus Bild 274 ermittelten Werte für den Fußpunktabstand t_0 und für die Neigung des Druckspannungsabfalls $d\sigma_R/dt$, gekennzeichnet durch den geradlinigen Kurvenast b, getrennt nach schwacher und nach starker Bestrahlung, aufgetragen.

Man sieht, daß der Fußpunktabstand stetig mit der Korngröße wächst und die Neigung $d\sigma_R/dt$ von hohen Werten bei kleiner Korngröße zu wesentlich kleineren Werten bei großer Körnung abfällt.

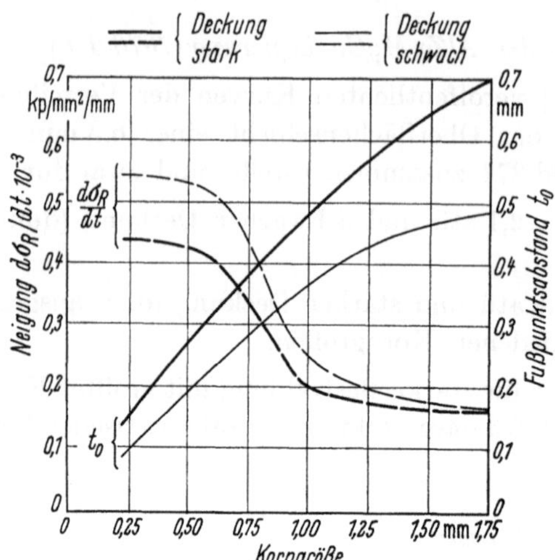

Bild 275. Kugelstrahlen von 7076-T 6 — Einfluß der Körnung auf den Fußpunkt-Abstand t_0 und die Neigung $d\sigma_R/dt$. Nach [34].

Diese Gesetzmäßigkeiten zeigen, daß es möglich ist, bei AlZnMgCu

durch Kugelstrahlen in der Oberflächenschicht eine für den speziellen Fall günstige Verteilung der Druckrestspannungen zu erzeugen,

aus diesen vorliegenden Messungen klare Bestimmungen für die Durchführung einer Kugelstrahlbehandlung festzulegen.

Die „Kuppe" a des im Bild 273 erläuterten charakteristischen Verlaufs und damit der Druckspannungsabfall zur Oberfläche hin ändern sich, wie aus Bild 274 zu ersehen, stark mit der Intensität und der Körnung sowohl hinsichtlich der Höhe und der Lage des Maximalwerts der Restspannung $\sigma_{R\,max}$ als auch des nach dem Druckspannungsabfall direkt an der Oberfläche erreichten Werts der Restspannung σ_{RO}. Zur Veränderung der „Druckspannungskuppe" kann folgendes festgestellt werden:

Ist bei feinster Körnung (0,3 mm) die Bestrahlung

schwach, so ist $\sigma_{R\,max}$ wesentlich kleiner als $\sigma_{0,2}$,

                       σ_{RO} ungefähr gleich $\sigma_{R\,max}$,

stark, so wächst $\sigma_{R\,max}$ stark bis über $\sigma_{0,2}$ an,

bleibt σ_{RO} jedoch unverändert klein.

Ist bei doppelt so großer Körnung (0,6 mm) die Bestrahlung

schwach, so wird $\sigma_{R\,max} = -50$ kp/mm², also $> \sigma_{0,2}$, jedoch

                       $\sigma_{RO} \approx -10$ kp/mm², also sehr klein,

stark, so überschreitet $\sigma_{R\,max} = -60$ kp/mm² die statische Zugfestig-
                       keit,

bleibt $\sigma_{RO} \approx -10$ kp/mm² aber unverändert klein.

Bei gröberer Körnung (1,0 mm) ist die Kuppe a abgeflacht, und es wird

bei schwacher Bestrahlung $\sigma_{R\,max} \approx -41\ \text{kp/mm}^2 = 0{,}9\,\sigma_{0,2}$,

$$\sigma_{RO} \approx -32\ \text{kp/mm}^2 = 0{,}7\,\sigma_{0,2},$$

bei starker Bestrahlung $\sigma_{R\,max}$ und σ_{RO} nur wenig geändert.

Bei sehr grober Körnung (1,7 mm) und

schwacher Bestrahlung ist der Unterschied im Kurvenverlauf zu der gröberen Körnung (1,0 mm) nicht groß,

starker Bestrahlung ist der Kurvenverlauf jedoch derart geändert, daß sich keine „Kuppe" mehr ausbildet und das Druckspannungsmaximum an der Oberfläche auftritt mit $\sigma_{R\,max} = \sigma_{RO} = -42\ \text{kp/mm}^2 \approx 0{,}9\,\sigma_{0,2}$.

Im Bild 274 fällt auf, daß die Kuppen a für feinste und feine Körnung sehr „spitz" sind, daß der Anstieg von der Druckspannung an der Oberfläche σ_{RO} zum Maximum $\sigma_{R\,max}$ für alle 4 Fälle etwa gleich ist und daß dieser Anstieg etwa ebenso steil ist wie der Abfall von $\sigma_{R\,max}$ auf $\sigma_R = 0$ im Fußpunkt F.

Wir können daraus schließen, daß extreme Druckspannungsspitzen, insbesondere Überschreitungen der $\sigma_{0,2}$-Grenze, immer nur im Zusammenhang mit einem relativ starken Abfall der Druckrestspannungen zur Oberfläche hin auftreten.

4.2.2.3.3 Restspannungsverlauf in einer Titanlegierung

Die Verläufe der Restspannungen in der Oberflächenschicht der Titanlegierung Ti 150 A mit der Härte HRC = 38, der Streckgrenze $\sigma_{0,2} = 114\ \text{kp/mm}^2$ und der Zugfestigkeit $\sigma_B = 118\ \text{kp/mm}^2$ wurden im Bild 276 nach Untersuchungen von BRODRICK [34] zusammengestellt. Für vier verschiedene Korngrößen sind

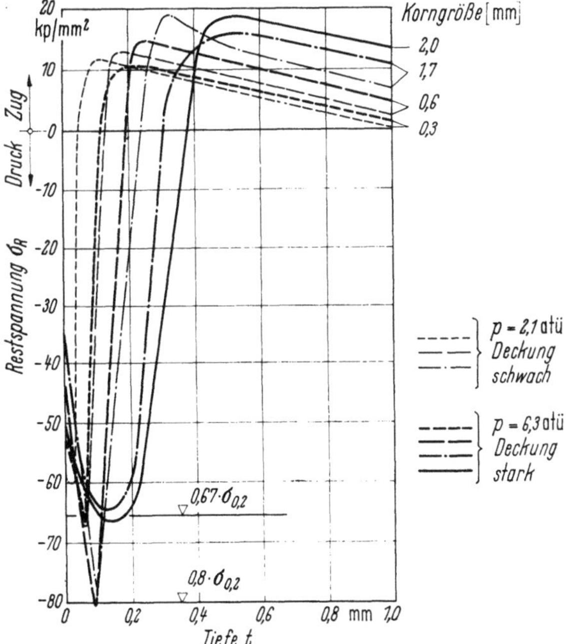

Bild 276. Restspannungsverlauf aus Kugelstrahlen einer Titan-Legierung (Ti 150 A) — Verteilungskurven für verschiedene Strahlintensitäten und Korngrößen. [34].

jeweils die Auswirkungen einer schwachen und einer starken Bestrahlung untersucht worden.

Die Verteilungskurven entsprechen dem charakteristischen Verlauf im Bild 273.

Der Vergleich der Bilder 273, 274 und 276 läßt klar erkennen, daß die Restspannungsverläufe aus Kugelstrahlen für verschiedene Werkstoffe sehr ähnlich sind, so daß es möglich erscheint, ein allgemein gültiges Gesetz aufzustellen.

4.2.2.3.4 Restspannungsverlauf bei Stählen

BRODRICK [34] untersuchte ebenfalls die durch Kugelstrahlen erzeugten Restspannungsverläufe in der Oberflächenschicht von Stählen verschiedener Härte.

Im Bild 277 sind die Restspannungsverläufe in der kugelgestrahlten Oberflächenschicht von Stahlplatten mit der Wandstärke $s = 6{,}3$ mm und der Härte $HRC = 32$ für eine feine Körnung (0,6 mm), verschiedene Strahldrücke p und unterschiedliche Deckung zusammengestellt. Die Kurven zeigen einen sehr ähnlichen Verlauf:

Die Druckspannungskuppen ($\sigma_{R\,\mathrm{max}}$) sind flach und liegen bei oder wenig unter der Fließgrenze.

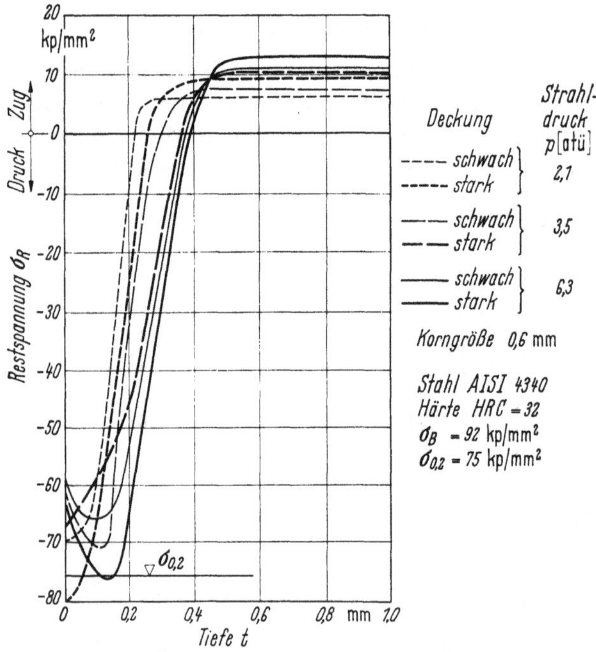

Bild 277. Restspannungsverlauf aus Kugelstrahlen eines schwach vergüteten Stahles — Verteilungskurven für verschiedene Stahldrücke und Deckungen. [34].

Der Druckspannungsabfall zur Oberfläche hin ist gering, so daß die Druckspannung an der Oberfläche (σ_{RO}) groß bleibt.

Der Druckspannungsabfall zum Fußpunkt verläuft geradlinig. Für die verschiedenen Strahlintensitäten ergbit sich ein nahezu paralleler Verlauf dieser Linien.

Der Abstand des Fußpunktes wächst mit der Bestrahlungsintensität.

Im Bild 278 sind für hohe Bestrahlungsintensität — starke Deckung mit hohem Strahldruck $p = 6,3$ atü — und zwei Körnungen — links 1,0 mm, rechts 1,7 mm — die Restspannungsverläufe für drei verschieden vergütete Stähle dargestellt:

$$HRC = 32, \quad \sigma_{0,2} = 75 \text{ kp/mm}^2, \quad \sigma_B = 92 \text{ kp/mm}^2;$$
$$HRC = 43, \quad \sigma_{0,2} = 122 \text{ kp/mm}^2, \quad \sigma_B = 131 \text{ kp/mm}^2;$$
$$HRC = 52, \quad \sigma_{0,2} = 158 \text{ kp/mm}^2, \quad \sigma_B = 180 \text{ kp/mm}^2.$$

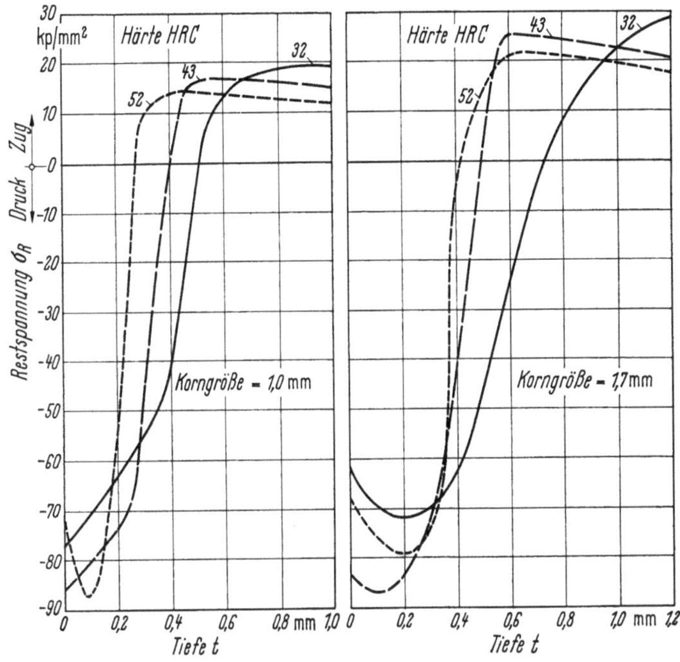

Bild 278. Restspannungsverlauf aus Kugelstrahlen von Stahl — Verteilungskurven für hohe Strahlgeschwindigkeit und starke Deckung — Einfluß der Stahlhärte bei zwei verschiedenen Korngrößen. [34].

Die Zusammenstellung läßt erkennen:

Der Verlauf stimmt bei allen Stählen grundsätzlich mit der im Bild 273 erläuterten charakteristischen Form überein. Ausnahmen bilden die Kurvenverläufe für HRC = 32 und 43 bei der Körnung 1,0 mm (s. auch im Bild 274 bei AlZnMgCu für starke Deckung und Körnung 1,7 mm).

Das Restspannungsmaximum, das bei der geringsten Vergütung mit HRC =32 wenig unter der $\sigma_{0,2}$-Grenze liegt, steigt mit zunehmender Härte nicht entsprechend an, sondern erreicht bei HRC = 52 nur noch etwa die Hälfte der $\sigma_{0,2}$-Grenze dieses hochvergüteten Stahls.

Bei den Stählen verschiedener Härte ist kein starker Abfall vom Druckspannungsmaximum $\sigma_{R\max}$ zur Oberfläche zu beobachten. Die Restspannungen an der Oberfläche σ_{RO} sind also relativ hoch, insbesondere bei den Vergütungen HRC = 32 und 43 und der Korngröße 1,0 mm.

Der Einfluß der Korngröße und der Deckung (Bestrahlungsdauer) auf die Restspannungsverteilung ist im Bild 279 am Beispiel des mit hoher Strahlgeschwindigkeit — Strahldruck $p = 6{,}3$ atü — gestrahlten hochvergüteten Stahls (AISI 4340) mit $HRC = 52$, $\sigma_{0,2} = 158$ kp/mm² und $\sigma_B = 180$ kp/mm² dargestellt. Es zeigt sich:

Der Grad der Deckung hat erst bei gröberer Körnung einen Einfluß auf die Restspannungsverteilung.

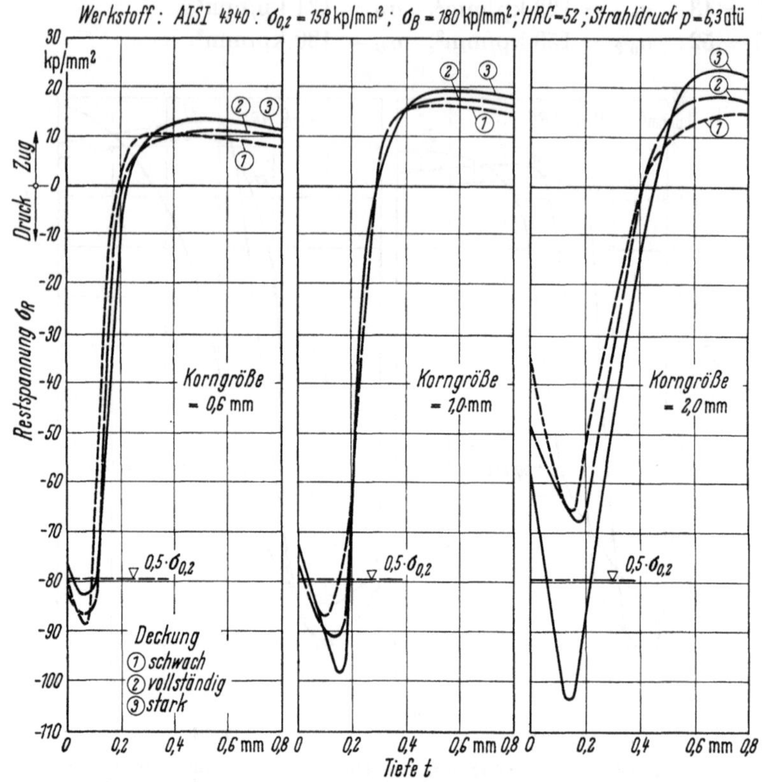

Bild 279. Restspannungsverlauf aus Kugelstrahlen von Stahl — Einfluß der Korngröße und Deckung. [34].

Die Druckrestspannung an der Oberfläche σ_{RO}
nimmt mit zunehmendem Kugeldurchmesser ab,
erreicht bei weitem nicht die $\sigma_{0,2}$-Grenze, sondern bei den beiden feinen Körnungen nur deren halben Wert und bei grober Körnung nur σ_{RO} $\approx 0{,}33\,\sigma_{0,2}$.

Die Druckrestspannung σ_{RO} an der Oberfläche ist
bei feiner Körnung nur wenig,
bei grober Körnung erheblich kleiner als das Druckspannungsmaximum $\sigma_{R\max}$, das jedoch in allen Fällen weit unterhalb der $\sigma_{0,2}$-Grenze bleibt.

Die Lage des Druckspannungsmaximums, das in etwa 0,1 bis 0,16 mm Tiefe erreicht ist, wird durch die Körnung und die Deckung nur wenig beeinflußt.

Aus diesen Meßergebnissen mit hochvergüteten Stählen ergibt sich folgende wichtige Schlußfolgerung:

Bei sehr harter Oberfläche bleiben die Druckrestspannungen, die durch Kugelstrahlen erreichbar sind, relativ gering.

Zur Erzielung höherer Druckrestspannungen bei sehr hartem Werkstoff ist ein besonderes Verfahren anzuwenden (strain-peening):
Während des Kugelstrahlens wird die zu behandelnde Oberfläche unter hohe Zugvorspannungen — nahe der Streckgrenze — gesetzt; dies geschieht z. B. bei Blattfedern durch Biegung. Nach dem Strahlen und Entfernen der Vorbelastung verbleiben an der Oberfläche Druckrestspannungen in Höhe der Streckgrenze (s. auch Abschn. 4.2.3).

4.2.2.3.5 Maßnahmen zur Anpassung des Restspannungsverlaufs an die konstruktiven Erfordernisse

Der günstige Einfluß der Druckrestspannungen in der Oberflächenschicht wird bei feiner Körnung, wie sie für dünnere Bauteile, z. B. Bleche, allein in Frage kommt, dadurch sehr beeinträchtigt, daß die Druckspannung vom Maximum $\sigma_{R\,max}$ in einer gewissen Tiefe zur Oberfläche hin stark absinkt.

Im Bild 280 ist aus Bild 274 für AlZnMgCu die Restspannungsverteilung für die Körnung 0,6 mm, schwachen Strahldruck und schwache Deckung herausgezeichnet.

Vom Druckspannungsmaximum $\sigma_{R\,max}$ aus fallen die Druckrestspannungen zur freien Oberfläche und zum Fußpunkt F in gleichem Maße stark ab. An der Oberfläche beträgt die Druckspannung nur $\sigma_{RO} = -10\ \mathrm{kp/mm^2}$, das ist ein Fünftel der maximalen Druckrestspannung.

Der Konstrukteur darf sich also nicht mit der Feststellung begnügen, daß durch Kugelstrahlen in einer Oberflächenschicht Druckrestspannungen erzeugt werden, sondern er muß auch sicher sein, daß deren Verlauf den jeweiligen konstruktiven Erfordernissen entspricht.

Stoppen der Ausbreitung eines Schadens. Wenn Druckrestspannungen dazu genutzt werden sollen, die Ausbreitung von Oberflächenbeschädigungen in die Tiefe zu stoppen, so ist die Größe der Restspannung an der Oberfläche $\sigma_{R\,0}$ nicht wesentlich, und es kann günstig sein, wenn das Druckspannungsmaximum $\sigma_{R\,max}$ tiefer in der Oberflächenschicht liegt. Im Beispiel des Luftschraubenblattes, das durch Fremdkörper

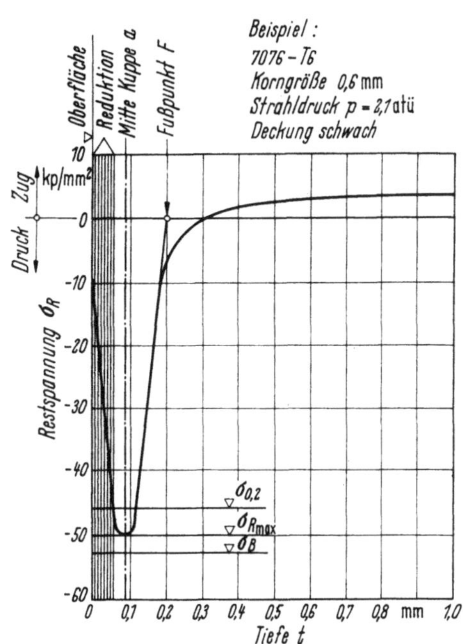

Bild 280. Restspannungsverlauf in einem Stab aus AlZnMgCu (7076-T6) nach dem Kugelstrahlen — zweckmäßige Dickenreduktion zur „Optimierung" des Spannungsverlaufs.

oberflächlich angeritzt wird, dürfte es am besten sein, wenn die Druckspannungsspitze unterhalb der Eindringtiefe der Beschädigung liegt.

Verhinderung von Oberflächenanrissen. Um Ermüdungsanrisse eines Bauteils an der Oberfläche zu vermeiden, müssen die Druckrestspannungen direkt an der Oberfläche groß sein. Es zeichnen sich drei Möglichkeiten ab, wie auch bei Bestrahlung mit kleiner Korngröße statt der nach Bild 280 zu erwartenden rückliegenden Druckspannungskuppe mit starkem Druckspannungsabfall zur Oberfläche eine hohe Druckrestspannung an der Oberfläche σ_{RO} erzielt werden kann:

Abarbeiten der ungünstigen äußersten Oberflächenschicht, wie im Bild 280 angedeutet,

Kugelstrahlen unter gleichzeitiger Belastung der zu behandelnden Oberfläche mit hoher Zugvorspannung (strain-peening), wie im Abschn. 4.2.3 behandelt,

Bestrahlungsfolge mit verschiedenen Intensitäten und Körnungen, um zunächst eine „tiefere" Restspannungschicht aufzubauen und schließlich die äußerste oberflächennahe Schicht ebenfalls unter hohe Druckrestspannungen zu setzen.

Für das Beispiel im Bild 280 wäre, wie eingezeichnet, eine Reduktion um 0,06 mm günstig, weil dadurch die Spannung an der neuen Oberfläche nahezu die $\sigma_{0,2}$-Grenze ($\sigma_{0,2} = 50$ kp/mm²) erreicht.

Mit dem Abarbeiten der Oberfläche, insbesondere durch Polieren, ist der weitere Vorteil verbunden, daß die Oberfläche geglättet wird und somit bei der Verwendung als Fügefläche die Gefahr der frühzeitigen Ermüdung durch Reibkorrosion herabgesetzt wird.

4.2.2.4 Versuchsergebnisse über Kugelstrahlen als Vorsorge gegen dynamische Ausbreitung von Oberflächenverletzungen

Von BRODRICK [34] wurde untersucht, welchen Einfluß verschieden tief wirkendes Kugelstrahlen auf die Dauerwechselfestigkeit von Luftschraubenblättern hat, deren Oberfläche im Betrieb durch Fremdkörper verletzt wurde. Es zeigt sich, daß die durch Kugelstrahlen in einer hinreichend großen Tiefe t_0 der Oberflächenschicht erzeugten Druckrestspannungen beim Ermüdungsversuch die Ausbreitung einer Verletzung von der Eindringtiefe t_K verzögern oder verhindern.

Im Bild 271 ist das Ergebnis dieser Untersuchung an Versuchsstäben aus vergütetem Stahl (SAE 4340) mit HRC = 42 dargestellt. Über dem Verhältnis t_0/t_K der mit Druckrestspannungen versehenen Oberflächenschicht t_0 und der Schadenstiefe t_K sind die erreichten Dauerfestigkeitswerte $\sigma_{bW(NG)}$ aufgetragen.

Es zeigt sich folgendes:

Bei relativ dünner Druckrestspannungsschicht treten große Streuungen der σ_{bW}-Werte auf. Die Dauerwechselfestigkeit der ungestrahlten Stäbe mit Oberflächenverletzungen ($t_0/t_K = 0$) fällt bis auf $\sigma_{bW(NG)} \approx 48$ kp/mm² ab.

Mit zunehmender Schichtdicke steigt $\sigma_{bW(NG)}$ an und erreicht bei dem Verhältnis $t_0/t_K = 5$ bereits eine Dauerwechselfestigkeit von $\sigma_{bW} = 72$ kp/mm². Das entspricht einer Steigerung von 50 % gegenüber dem Minimalwert bei $t_0/t_K = 0$.

Eine Vergrößerung des Verhältnisses t_0/t_K über 5 hinaus bringt keine Verbesserung der Dauerwechselfestigkeit $\sigma_{bW(NG)}$, weil die Ausbreitung der Oberflächenschäden schon durch eine Druckrestspannungsschicht entsprechend einem Verhältnis $t_0/t_K \approx 5$ vollständig gestoppt wird.

Das intensivere Kugelstrahlen zur Erzeugung größerer Druckspannungs-
schichten erwies sich in den Versuchen von BRODRICK also als ein brauchbares
Verfahren, um hohe Dauerwechselfestigkeit auch für den Fall sicherzustellen,
daß die Oberfläche durch Fremdkörper verletzt wird.

Es ergab sich, daß bei gleicher Schadenseindringtiefe das Optimum der Tiefe
der Druckspannungsschicht bei etwa $t_0 = 0{,}4$ mm liegt. Größere Schichtdicken
bringen infolge des notwendigen stärkeren Kugelstrahlens und des damit verbundenen Abfalls der Druckrestspannung an der Oberfläche wieder einen leichten
Abfall der Dauerfestigkeit.

4.2.2.5 Einfluß des Kugelstrahlens auf die Ermüdungsfestigkeit von Flachstäben aus AlZnMgCuAg

4.2.2.5.1 Einfluß bei ungekerbten Flachstäben

Die unbearbeitete Oberfläche von Strang- und Gesenkpreßmaterial AlZnMgCuAg
(Fuchs-AZ 74) ist, wie aus Versuchen, deren Ergebnisse im Bild 281 dargestellt
sind, hervorgeht, nicht sehr hochwertig hinsichtlich des Ermüdungsverhaltens.
Sie kann insbesondere durch Fräsen und Polieren so verbessert werden, daß
wesentlich höhere Ermüdungsfestigkeitswerte erreicht werden.

Im ILTUB wurden Versuche [35] durchgeführt, um festzustellen, ob auch
durch Kugelstrahlen eine Oberflächenverbesserung, verbunden mit einer Erhöhung
der Ermüdungsfestigkeit erreicht, werden kann.

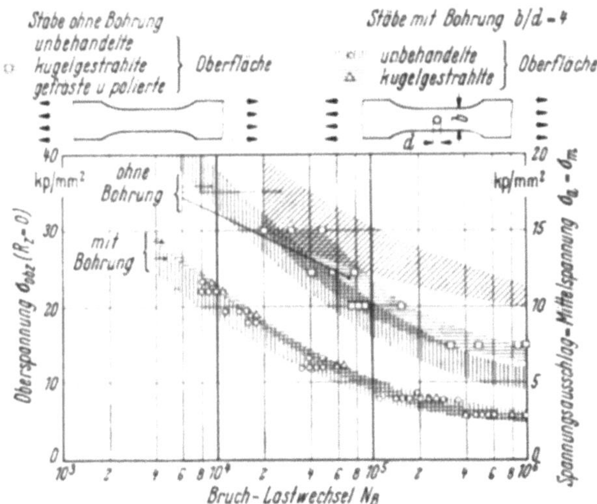

Bild 281. Einfluß einer Kugelstrahlbehandlung im Gebiet der Spannungskonzentration um eine
Bohrung — Strangpreßmaterial (Fuchs AZ 74). [35].

Bild 281 zeigt die $(\sigma - N)$-Streubänder für axial auf Zugschwellen beanspruchte
Flachstäbe aus Strangpreßmaterial A Z 74, aus denen zu erkennen ist, daß die
Dauerfestigkeit durch das Kugelstrahlen zwar verbessert wird, jedoch nicht die
hohen Werte wie bei Bearbeitung durch Fräsen und Polieren erreicht werden.

Die bisher durch die Versuche des ILTUB erzielten Aussagen über die Auswirkung des Kugelstrahlens bei Behandlung der Oberfläche von Strang- oder

Gesenkpreßmaterial auf die Ermüdungsfestigkeit sind keineswegs endgültig, da alle Flachstäbe in der gleichen Weise (gleiche Kugelgröße, gleiche Strahlgeschwindigkeit, gleiche Deckung) gestrahlt wurden. Da eine mehr oder weniger starke positive Auswirkung des Kugelstrahlens erwiesen ist, müssen sich umfangreiche Versuchsreihen anschließen, um festzustellen, bei welcher Intensität des Kugelstrahlens die höchsten Ermüdungsfestigkeiten erzielt werden. Die günstige Wirkung des Kugelstrahlens kann beim flachen Prüfstab auch dadurch begrenzt sein, daß an den Rändern des Prüfstabs der Werkstoff der Oberflächenschicht beim Strahlen über den Rand hinaus „ausweichen" kann. Bei Versuchen zur Erforschung der Ermüdungsfestigkeit von Stäben mit gestrahlter Oberfläche ist es daher richtig, die Kanten der Flachstäbe zu runden und ebenfalls zu strahlen.

4.2.2.5.2 *Einfluß des Kugelstrahlens bei Flachstäben mit Bohrung*

Die Ergebnisse von Zugschwellversuchen des ILTUB [35] über den Einfluß des Kugelstrahlens auf die Ermüdungsfestigkeit von Flachstäben aus Strangpreßmaterial AlZnMgCuAg (Fuchs AZ 74) mit einer Bohrung sind ebenfalls im Bild 281 dargestellt.

Die drei oberen $(\sigma - N)$-Streubänder gelten für Versuchsstäbe ohne Bohrung. Da, wie im vorangegangenen erläutert, die unbehandelte Oberfläche der Prüfstäbe durch Kugelstrahlen bezüglich der Ermüdungsfestigkeit verbessert werden kann, erschien es aussichtsreich, die Oberfläche speziell im Bereich des Lochrandes durch Kugelstrahlen zu behandeln.

Die unteren $(\sigma - N)$-Streubänder für Flachstäbe mit Bohrung zeigen, daß eine Verbesserung der durch die Bohrung stark verringerten Ermüdungsfestigkeit durch das Kugelstrahlen nicht erzielt werden konnte. Daß die $(\sigma - N)$-Werte für gestrahlte Proben weitgehend an der oberen Grenze des Streubandes für Proben mit unbehandelter Oberfläche liegen, hat praktisch keine Bedeutung.

Die Wirkungslosigkeit des Kugelstrahlens der Flachstaboberflächen im Bereich des Lochrandes ist daraus zu erklären, daß das Kugelstrahlen sich nicht auf die Lochwandung erstreckte, so daß die Anrißentstehung in der Lochwand unbeeinflußt blieb. Zur Steigerung der Ermüdungsfestigkeit wäre also eine zusätzliche Kugelstrahlbehandlung der Lochwandung notwendig. Über die günstige Auswirkung des Kugelstrahlens einer Lochwandung hat WATERS [36] in einer Untersuchung zur Verbesserung der Ermüdungsfestigkeit von Hubschrauberbauteilen berichtet.

Beim Kugelstrahlen im Bereich eines Bohrungsrandes ist außerdem darauf zu achten, daß das „Herausquetschen" von Oberflächenmaterial in Bohrungsrandnähe durch entsprechende Maßnahmen verhindert wird, da sonst im Bereich des Lochrandes keine Druckrestspannungen erzeugt werden können (s. auch Kap. IX, 6).

4.2.2.6 Nachbehandlung gestrahlter Oberflächen durch Polieren

Eine Nachbehandlung von kugelgestrahlten Oberflächen durch Polieren erscheint sinnvoll,

um die durch die Kugeleindrücke erzeugte Rauhigkeit zu beseitigen und um die Oberflächenschicht zu entfernen, in der ein zu großer Druckrestspannungsabfall vom Druckspannungsmaximum im Innern zur Oberfläche hin auftritt (s. Abschn. 4.2.2.3).

J. A. Pope und Mitarbeiter [37] haben den Einfluß einer Poliernachbehandlung auf die Ermüdungsfestigkeit untersucht, indem sie die Oberfläche zylindrischer Stahlprüfstäbe aus hochwertigem Stahl strahlten, anschließend bei verschiedenen Stäben die Oberflächenschicht unterschiedlich tief abpolierten und die derart behandelten Prüfkörper Umlaufbiegeversuchen unterwarfen. Im Bild 282 sind in Abhängigkeit von der Tiefe der abpolierten Schicht die Bruchlastwechselzahlen N_B bei gleicher Umlaufbiegebelastung aufgetragen.

In dieser Untersuchung wurden der Kugeldurchmesser und die Aufprallgeschwindigkeit bei allen Versuchen konstant gehalten, verändert wurde die Deckung und damit die Gesamtenergie der auftreffenden Kugeln. Die im Bild 282 aufgetragenen Versuchsergebnisse zeigen:

Ohne Abpolieren der gestrahlten Oberfläche nimmt die Bruchlastwechselzahl auch durch starkes Strahlen nur wenig zu.

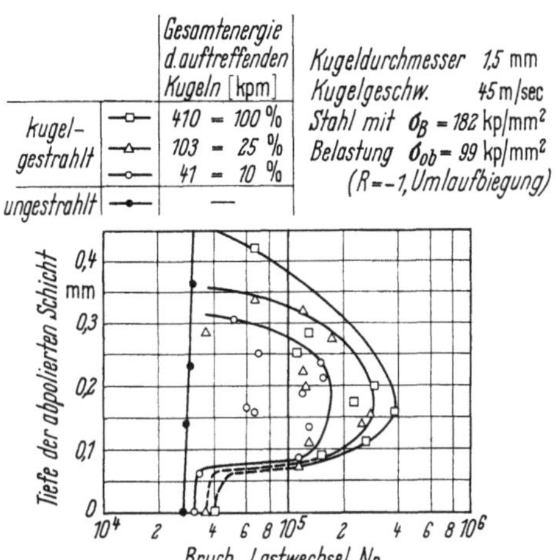

Bild 282. Einfluß von unterschiedlich tiefem Abpolieren auf die Ermüdungsfestigkeit kugelgestrahlter Stahlproben (Federstahl vergütet). Nach [37].

Die Bruchlastwechselzahlen steigen nach Abpolieren einer Schicht von etwa 0,08 mm Tiefe sprunghaft bis zu einem Maximalwert an, der nach dem Abtragen einer Schicht von etwa 0,15 mm erreicht wird.

Oberhalb dieses Maximalwertes nehmen die Bruchlastwechelzahlen mit zunehmender Tiefe der abpolierten Schicht wieder ab.

Es existiert eine Grenze der Gesamtintensität, oberhalb der keine Verbesserungen der Ermüdungsfestigkeit zu erwarten sind.

Trotz der aus Bild 282 ersichtlichen starken Streuungen der wenigen Versuchspunkte — man erkennt erhebliche Abweichungen zwischen Meßpunkten und eingetragenen Mittelwertkurven — sind die im vorangegangenen zusammengestellten Folgerungen eindeutig erkennbar. Man kann weiterhin feststellen, daß von der 25%- zur 100%-Intensitätslinie kaum noch eine Steigerung der Ermüdungsfestigkeit nachgewiesen wurde; zwischen den beiden Mittelwertkurven besteht sicher kein signifikanter Unterschied. Eine Steigerung der Gesamtintensität über eine bestimmte Grenze hinaus ist mithin sinnlos, sie kann im Gegenteil zu Anrissen in der Oberfläche und damit zur Verminderung der Ermüdungsfestigkeit führen.

Die wesentliche Erkenntnis aus diesen Versuchen besteht darin, daß durch Abpolieren einer dünnen Oberflächenschicht nach dem Kugelstrahlen eine erhebliche Steigerung der Ermüdungsfestigkeit möglich ist. Aus Messungen der Restspannungsverteilung nach dem Kugelstrahlen (s. Abschn. 4.2.2) weiß man, daß das Maximum der Druckspannungen kurz unterhalb der bestrahlten Oberfläche liegt; das Abpolieren „verlagert" mithin das Druckspannungsmaximum direkt an die Oberfläche (s. Abschn. 4.2.2.3.7).

Von Pope und Mitarbeitern [37] wurde außerdem der Einfluß unterschiedlicher Strahlgeschwindigkeiten auf die Ermüdungsfestigkeit untersucht.

Es wurde festgestellt, daß die Versuchspunkte für Kugelstrahlbehandlungen mit unterschiedlicher Strahlgeschwindigkeit bei konstanter Körnung in ein gemeinsames Streuband fallen.

Bei diesen Versuchen wurde ebenfalls die Tiefe der „Krater" der kugelgestrahlten Oberfläche bestimmt. Sie betrug je nach Korngröße 25 bis 150 μm.

4.2.3 Kaltverformung der Oberflächenschicht durch Kugelstrahlen einer vorgespannten Oberfläche („strain-peening")

4.2.3.1 Restspannungsverteilung in einem Flachstab aus Überlagerung von Kugelstrahlen und Biegebeanspruchungen

Das Kugelstrahlen einer Oberfläche erzeugt, gleichgültig ob diese durch eine statische Vorlast σ_{VO} auf Druck, auf Zug oder gar nicht vorgespannt ist, in der Oberflächenschicht die gleiche Druckspannung σ_{Ku}. Nach dem Strahlen und der

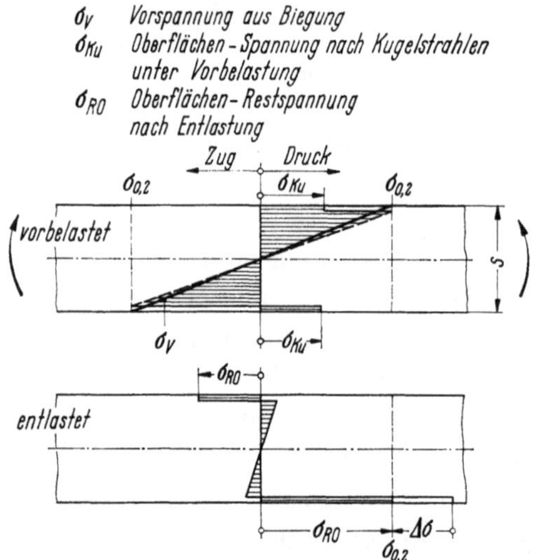

Bild 283. Restspannungen in einem Flachstab nach beidseitiger Kugelstrahlbehandlung unter Biegevorbelastung („strain-peening"). [30].

Entfernung der statischen Vorlast ändern sich die Spannungen an der Oberfläche um den Betrag σ_{VO}, und es stellen sich Restspannungen $\sigma_{RO} = \sigma_{Ku} - \sigma_{VO}$ ein.

Diese Restspannungen sind stark verschieden, je nachdem σ_{VO} eine Druck- (—) oder Zugspannung (+) war.

Im Bild 283 ist dieser Zusammenhang für beidseitige Bestrahlung unter Biegevorlast nach einer Untersuchung von Almen [30] skizziert.

Die Spannungsverteilungen in einem Flachstab von der Dicke s sind schematisch dargestellt. Die Abweichungen der $(\sigma - \varepsilon)$-Kurve von der Geraden bis zur $\sigma_{0,2}$-Grenze sind vernachlässigt, und für die Oberflächenschicht wurde $\sigma_{Ku} = \text{const}$ angenommen.

Die obere Skizze zeigt die Spannungsverteilung nach dem Kugelstrahlen unter Biegevorbelastung:

An den Oberflächen erreichen die Vorlastspannungen σ_{VO} die Streckgrenze $\sigma_{0,2}$.

Durch beidseitiges Kugelstrahlen ändern sich die Spannungen an den Oberflächen im vorgebogenen Zustand auf die Druckspannung $\sigma_{Ku} < \sigma_{0,2}$.

Nach dem Kugelstrahlen ist im vorgebogenen Stab an der einen Oberfläche die Druckspannung auf σ_{Ku} reduziert, während an der anderen Oberfläche die Zugspannung völlig abgebaut und die Druckspannung σ_{Ku} aufgebaut worden ist.

Die untere Skizze zeigt die Spannungsverteilung nach Entlastung von der statischen Vorlast. An den Oberflächen ergeben sich folgende Restspannungen:

auf der Seite der Druckvorspannung eine Zugrestspannung $\sigma_{RO} = \sigma_{Ku} - \sigma_{VO}$,

auf der Seite der Zugvorspannung eine Druckrestspannung $\sigma_{RO} = \sigma_{Ku} - \sigma_{VO} - \Delta\sigma$ $= \sigma_{0,2}$, worin $\Delta\sigma$ der Spannungsabbau durch Überschreiten der $\sigma_{0,2}$-Grenze ist.

Es ist also möglich, in einer Oberflächenschicht, die unter statischer Zugvorspannung steht, durch Kugelstrahlen eine Druckrestspannung in Höhe der Fließgrenze zu erzeugen.

4.2.3.2 Änderung der Restspannungsverteilung aus Kugelstrahlen unter statischer Biegevorbelastung durch dynamische Beanspruchung

Bild 284 zeigt nach Messungen von Almen [30] die Restspannungen σ_R in einem Flachstab aus vergütetem SAE-Stahl 5150 (HRC 47) mit einer geschätzten Streckgrenze von $\sigma_{0,2} = 140$ kp/mm². Dieser Restspannungszustand resultiert

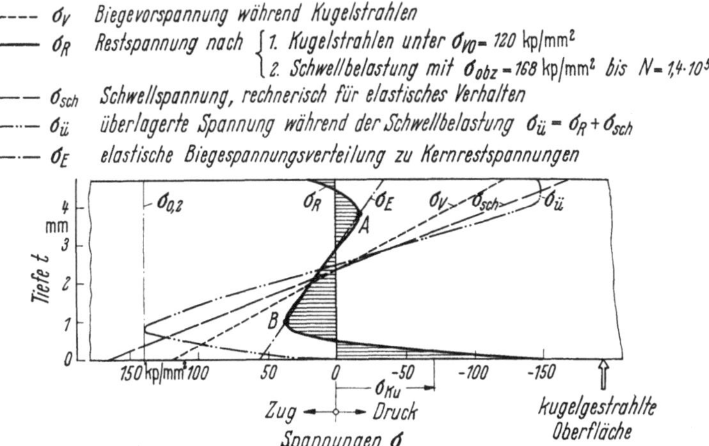

Bild 284. Restspannungen in einem Flachstab nach Kugelstrahlbehandlungen der „Zugseite" unter Biegevorbelastung und $N = 1{,}4 \cdot 10^5$ Schwellastwechseln (Biegung). [30].

aus einer Kugelstrahlbehandlung der durch Biegung auf Zug vorbelasteten Oberfläche ($\sigma_{VO} = 120$ kp/mm²) und einer anschließend aufgebrachten dynamischen Schwellbelastung ($\sigma_{obz} = 168$ kp/mm²) mit einem Biegemoment, das im gleichen

Sinne wie die statische Vorlast wirkte. Die nach $N = 1,4 \cdot 10^5$ Lastwechseln gemessene Restspannungsverteilung ist im Bild 284 aufgetragen.

Die Druckrestspannung, die durch das Kugelstrahlen der vorgedehnten Oberfläche entsteht, wurde auf $\sigma_{Ku} = 70\ \text{kp/mm}^2$ geschätzt. Nach Entfernen der Vorlast und Beendigung der Schwellbelastung wurde eine Druckrestspannung an der kugelgestrahlten Oberfläche von $\sigma_{RO} = 140\ \text{kp/mm}^2$ gemessen.

Die Verteilung der Restspannungen σ_R über den Querschnitt des Stabs wurde nach dem Ausschneideverfahren bestimmt und ist im Bild 284 aufgetragen. Durch Überlagerung dieser Restspannungsverteilung σ_R mit der rechnerischen Schwellastverteilung σ_{sch} kommt man zu der tatsächlich unter der Schwellast vorhandenen Spannungsverteilung $\sigma_{\ddot{u}} = \sigma_R + \sigma_{sch}$. Die maximale Zugspannung in der Größe der $\sigma_{0,2}$-Grenze tritt in 0,8 mm Tiefe auf.

Die Restspannungsverteilung hat im Kern über etwa 60% der Flachstabdicke (Strecke AB) einen nahezu geradlinigen Verlauf, d. h., die Biegeverformungen sind nicht vollständig elastisch zurückgegangen, sondern im Kernbereich sind Spannungen — aus Gründen des Gleichgewichtes zu den in den Oberflächenschichten durch plastische Verformungen erzeugten Spannungen —, entsprechend der elastischen Biegespannungsverteilung σ_E, verblieben. Im Kern treten keine plastischen Verformungen auf, d. h., dort sind die Dehnungen proportional den Spannungen; erst in den Randzonen treten plastische Verformungen auf, die an den Oberflächen Maximalwerte erreichen.

Die wichtige Folgerung aus diesem Versuch ist, daß nach $N = 1,4 \cdot 10^5$ Lastwechseln die Druckrestspannung in der Oberflächenschicht, die beim Schwellen auf Zug beansprucht wurde, noch immer die $\sigma_{0,2}$-Grenze erreicht. Durch diese Schwellbelastung wird also die Druckrestspannung nicht beeinträchtigt, so daß sie bezüglich der Ermüdungsschwellfestigkeit voll wirksam bleibt.

Es spielt hierbei eine wesentliche Rolle, daß die Zugspannungen aus der Schwellbeanspruchung in der Oberflächenschicht des Stabs auftreten, in der durch die Vorbehandlung hohe Druckrestspannungen erzeugt wurden.

4.2.3.3 Anwendung des Kugelstrahlens unter Vorspannung zur Erzeugung günstiger Restspannungen in einer Blattfeder

Das Kugelstrahlen unter Vorspannung wird z. B. angewandt, um in einer Blattfeder eine Restspannungsverteilung zu erzeugen, bei der an der Oberfläche, die im Betrieb auf Zug beansprucht wird, hohe Druckrestspannungen entstehen, die die Zugspannungsspitze an dieser Oberfläche stark vermindern.
In dem im Bild 285 dargestellten Beispiel wurde folgendermaßen verfahren:

Die Blattfeder wird im Anlieferungszustand in Richtung der zu tragenden Betriebslast übermäßig stark belastet, so daß die $\sigma_{0,2}$-Grenze wesentlich überschritten wird; gleichzeitig wird von der anderen Seite kugelgestrahlt.

Nach Entlastung von diesem „Reckvorgang" mit gleichzeitigem Kugelstrahlen verbleiben in der Feder Restspannungen, und zwar hohe Druckspannungen auf der durch Zugspannungen über $\sigma_{0,2}$ gereckten und kugelgestrahlten Seite.

Die unterste Skizze im Bild 285 zeigt die Spannungsverteilung in der Feder bei maximaler Betriebslast. Die hohen Zugspannungen an der Oberfläche werden durch die Druckrestspannungen weitgehend abgebaut.

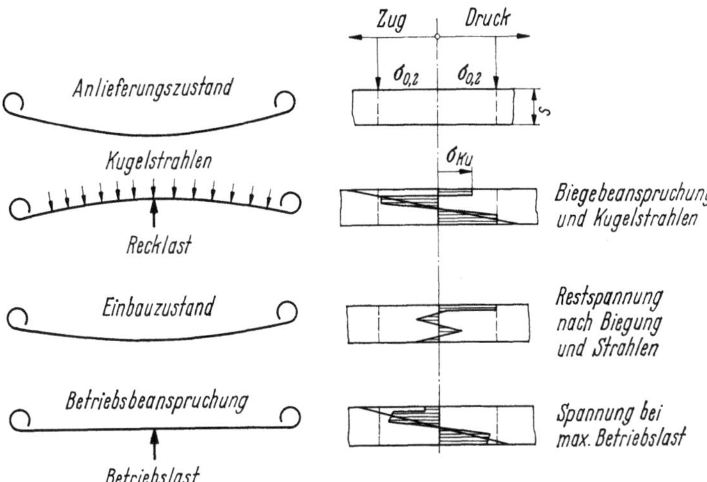

Bild 285. Erzeugung von Restspannungen in Blattfedern durch Biegerecken und gleichzeitige Kugelstrahlbehandlung.

4.3 Einfluß verschiedener Oberflächenhärtungsverfahren auf die Ermüdungsfestigkeit

Bauteile werden oberflächengehärtet zum Schutz gegen Reibkorrosion und andere Oberflächenangriffe. Durch das Oberflächenhärten erzielt man nicht nur eine größere Härte, sondern auch Druckrestspannungen in einer Oberflächenschicht. Während die Druckrestspannungen eine Erhöhung der Ermüdungsfestigkeit bewirken, ergibt sich aus der Versprödung der gehärteten Schicht eine hohe Schlag- und Stoßempfindlichkeit.

4.3.1 Einfluß der Einsatzhärtung glatter und gekerbter Stäbe auf Biege- und Verdrehdauerwechselfestigkeit

Die Einsatzhärtung ist eine Abschreckhärtung und benutzt den in die Oberfläche hineindiffundierten Kohlenstoff als Härtebildner. Beim Abschrecken werden Restspannungen erzeugt (s. Kap. IX, 2), die sich günstig auf die Ermüdungsfestigkeit auswirken, aber auch zu starkem Verzug und Empfindlichkeit gegen Schlag- und Stoßbeanspruchung führen. Einsatzstähle weisen an ihrer Oberfläche die höchste Härte auf; die Härte nimmt im Innern des Bauteils sehr rasch ab.

WIEGAND und SCHEINOST [38] haben Versuche zur Auswirkung der Einsatzhärtung auf die Ermüdungsfestigkeit von Rundstäben durchgeführt, deren Ergebnisse im Bild 286 aufgetragen sind. Die ursprüngliche Einsatzschichtdicke betrug $t_0 = 0,4$ mm. Sie wurde beim Fertigschleifen jedoch bis auf eine Restschichtdicke von $t' = 0,3$ bis 0 mm abgetragen.

Für geschliffene Stäbe ohne Kerbe ist rechts die Biegedauerwechselfestigkeit über der verbleibenden Schichtdicke t' aufgetragen. Bei einer Schichtdicke von $t' = 0,2$ mm ist die Verbesserung der Dauerfestigkeit aus Einsatzhärtung am stärksten.

Die Einsatzhärtung bringt für den Fall des glatten Stabs eine Erhöhung der Biegedauerwechselfestigkeit gegenüber der Blindhärtung um 13% und der Verdrehdauerwechselfestigkeit um 25%.

Die Einsatzhärtung bei Rundstäben mit Querbohrungen wirkt sich nur dann aus, wenn auch die Bohrungswandungen einsatzgehärtet werden. Hierdurch wurde die Dauerwechselfestigkeit der Biegung um 30% und bei Verdrehung um 140% gegenüber den nicht einsatzgehärteten gebohrten Stäben verbessert.

Die wichtigste Folgerung aus diesen Versuchen ist: Zur Erzielung hoher Ermüdungsfestigkeit sind Bohrungen oder andere Kerben stets mit „einzusetzen".

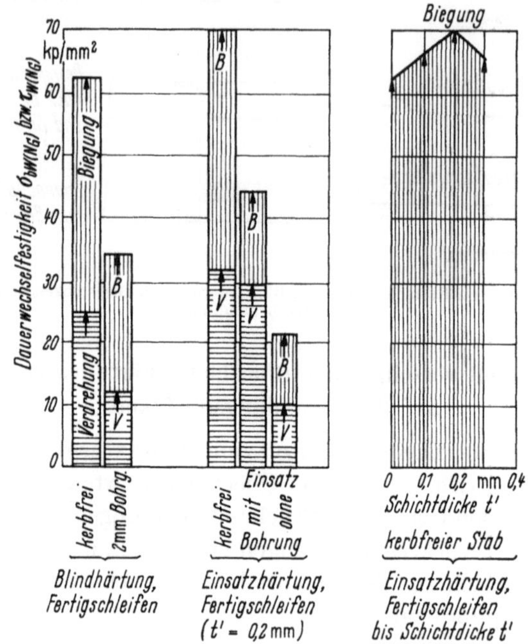

Bild 286. Einfluß der Einsatzhärtung eines Stahlstabes (14 mm ⌀) aus 13 CrNiMo 8 auf die Biege- und Verdreh-Dauerwechselfestigkeit ($N_G = 10^7$). Nach [38].

4.3.2 Auswirkung der durch Nitrieren von Stählen erzeugten Oberflächenschicht

Durch die Nitrierhärtung, bei der das Abschrecken entfällt, werden die Nachteile der Abschreckhärtung bezüglich Verzug vermieden. Als Härtebildner dient Stickstoff, der mit den Legierungsbestandteilen des Stahls Nitride bildet. Der Abfall der Härte von der Oberfläche zum Kern hin ist bei Nitrierstählen erheblich steiler als bei Einsatzstählen, da das Diffusionsvermögen des Stickstoffs geringer ist als das des Kohlenstoffs. Bemerkenswert ist jedoch, daß die Maximalhärte nicht unmittelbar an der Oberfläche, sondern wenige hundertstel Millimeter unterhalb der Oberfläche auftritt.

4.3.2.1 Restspannungsverteilung aus dem Nitrieren — Überlagerung mit Belastungsspannungen

Im Bild 287 ist nach Messungen von ALMEN und BLACK [30] über der Dicke eines Stahlflachstabs der Verlauf der durch Nitrieren erzeugten Restspannung aufgetragen. An den Oberflächen entstehen Druckrestspannungen von $\sigma_{RO} = -100\ \text{kp/mm}^2$. Die Druckrestspannungen fallen unterhalb der Oberfläche sehr steil ab und werden in $t_0 = 0,5$ mm Tiefe zu Null. Die Zugspannung im Kern, die das Gleichgewicht zu der Druckrestspannung in der Oberflächenschicht herstellt, erreicht maximal $\sigma_R = +10$ kp/mm².

Bei Biegebelastung des nitrierten Flachstabs mit $\sigma_b = 60$ kp/mm² ergibt sich aus der Überlagerung $\sigma_\ddot{u} = \sigma_R + \sigma_b$ als resultierende Spannung an der Ober-

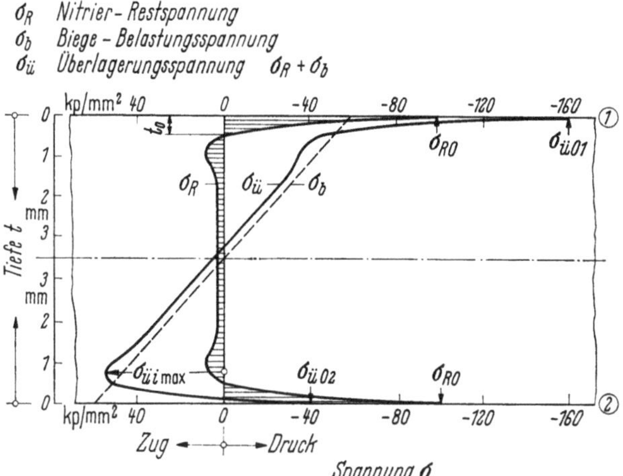

Bild 287. Verteilung von Nitrier-Restspannungen σ_R in einem Flachstab — Überlagerung mit einer Biegespannung σ_b. Nach [30].

fläche _1_ eine Druckspannung von $\sigma_{\ddot{u}01} = -160$ kp/mm² und an der Oberfläche _2_ eine Druckspannung von $\sigma_{\ddot{u}02} = -40$ kp/mm². Die rechnerisch ermittelte Druckspannungsspitze an der Oberfläche _1_ $\sigma_{\ddot{u}01} = -160$ kp/mm² wird, wenn sie die Streckgrenze überschreitet, abgebaut. Die höchste Zugspannung tritt in $t = 0,8$ mm Tiefe unterhalb der Oberfläche _2_ mit $\sigma_{\ddot{u}i\,max} = +55$ kp/mm² auf.

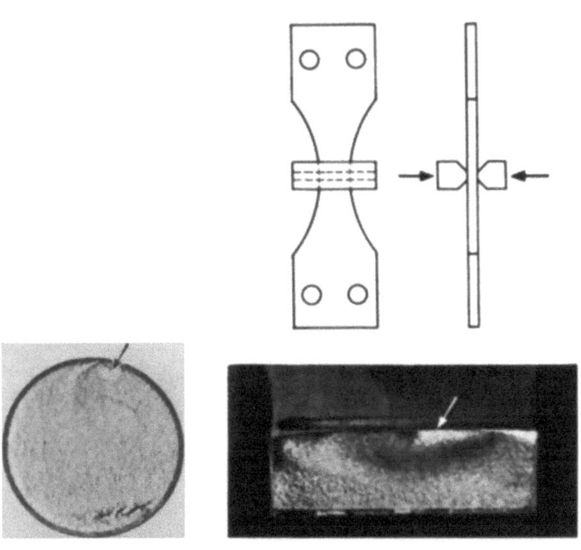

Bild 288. Ermüdungsanrisse an nitrierten Stäben aus 30 CrNiMo 8. [39].
Rundstab: Anriß dicht unterhalb der Nitrierschicht;　Flachstab: Anriß an der Oberfläche (Reibkorrosion).

Der Verlauf der resultierenden Spannung aus Biegebelastung und Nitrier-restspannung zeigt, daß infolge der nur dünnen Oberflächenschichten mit Druck-restspannungen das Zugspannungsmaximum zum Inneren verschoben, jedoch nicht stark verringert wird. Bei schwingender Belastung kann also der Ermüdungs-bruch nicht von der Oberfläche ausgehen; er beginnt vielmehr unter der Ober-flächendruckspannungsschicht. Die Erhöhung der Ermüdungsfestigkeit durch Nitrierrestspannungen ist nicht aus der geringen Verminderung des Zugspannungs-maximums — im Beispiel etwa 8 % — allein zu erklären, sondern vielmehr daraus, daß der Anriß im Innern an der Stelle des Zugspannungsmaximums erfolgt und dort die Rißausbreitung

nicht durch Oberflächenschäden (Kerbwirkung) und Umgebungseinflüsse begünstigt wird,

durch den starken Zugspannungsabfall nach beiden Seiten der Spannungs-spitze verzögert wird.

Die unter Druckrestspannung stehende Oberflächenschicht bildet also eine Art Schutzschicht für den Kern.

Bild 288 zeigt links die Bruchfläche eines nitrierten Rundstabs nach dynami-scher Biegebelastung [39]. Der Anriß geht von einem Punkt im Innern direkt unter-halb der Nitrierschicht aus.

4.3.2.2 Einfluß der Nitriertiefe

Die Auswirkung der Nitrierrestspannungen auf die Ermüdungsfestigkeit hängt von der relativen Eindringtiefe t_0/s und dem Verlauf der Druckspannungen in der Oberflächenschicht ab.

Im Bild 289 ist nach einer Untersuchung von Wiegand [40, 41] der Einfluß der Eindringtiefe skizziert:

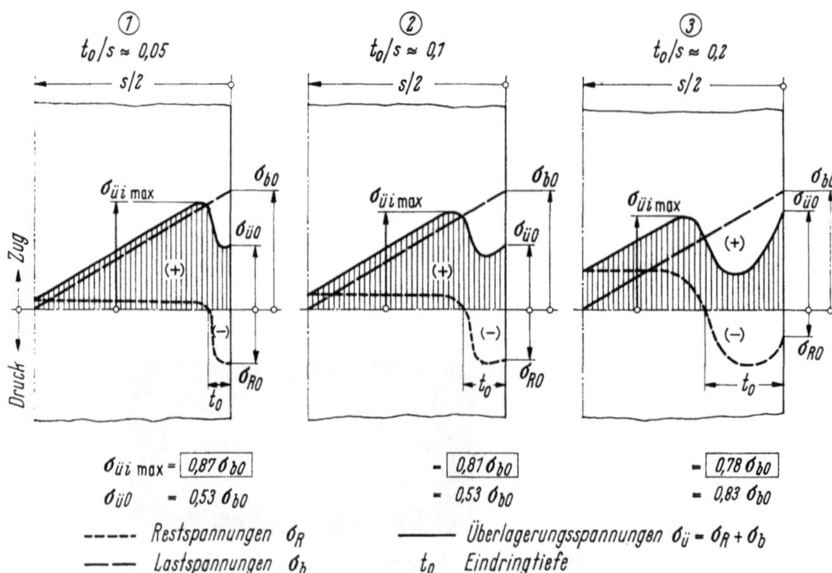

Bild 289. Einfluß der Nitriertiefe auf die Spannungsverteilung (schematisch) in Stäben bei überlagerter Biege-beanspruchung. Nach [40, 41].

Bei geringer Nitriertiefe $t_0/s \approx 0{,}05$ (Skizze *1*) wird das Zugspannungs-maximum $\sigma_{\ddot{u}i\,\mathrm{max}} = 0{,}87\sigma_{bO}$ knapp unterhalb der Oberfläche für die Ent-stehung des Ermüdungsschadens maßgebend, während die Spannung an der Oberfläche $\sigma_{\ddot{u}O} = 0{,}53\sigma_{bO}$ sich nicht wesentlich auswirkt.

Bei mittleren Nitriertiefen $t_0/s \approx 0{,}1$ (Skizze *2*) ist das Zugspannungs-maximum etwas verringert ($\sigma_{\ddot{u}i\,\mathrm{max}} = 0{,}81\sigma_{bO}$) und weiter nach innen gerückt, während die Spannung an der Oberfläche mit $\sigma_{\ddot{u}O} = 0{,}53\sigma_{b0}$ unverändert geblieben ist.

Bei großen Nitriertiefen $t_0/s \approx 0{,}2$ (Skizze *3*) ist die Spannungsspitze im Innern auf $\sigma_{\ddot{u}i\,\mathrm{max}} = 0{,}78\sigma_{bO}$ abgesunken und stark nach innen verlagert, die Spannung an der Oberfläche ist dagegen auf $\sigma_{\ddot{u}O} = 0{,}83\sigma_{bO}$ angestiegen und wird somit maßgebend.

Bei einer Spannungsverteilung nach Skizze *2* ist die höchste Ermüdungs-festigkeit zu erwarten; denn

die maßgebende Zugspannung ist mit $\sigma_{\ddot{u}i\,\mathrm{max}} = 0{,}81\sigma_{bO}$ merklich reduziert und tritt erst in relativ großer Tiefe unter der Oberfläche auf,

die Zugspannung fällt, ausgehend von der Spannungsspitze, nach innen und außen ab, so daß die Rißausbreitung (insbesondere nach außen, wo der Abfall stärker ist) behindert wird. Man erkennt, daß die Oberflächenschicht nicht nur schützen, sondern auch nach einem Anriß die Rißausbreitung hemmen kann.

Bei einer der Skizze *3* entsprechenden Erhöhung der Eindringtiefe mit der angegebenen Spannungsverteilung ergeben sich neue Erscheinungen:

Zunächst ist ein Anriß an der Oberfläche zu erwarten, da dort die höchste Zugspannung mit $\sigma_{\ddot{u}O} = 0{,}83\sigma_{bO}$ auftritt.

Die Rißausbreitung wird jedoch dadurch behindert, daß in Tiefenrichtung die Zugspannung von $\sigma_{\ddot{u}O}^{\shortmid} = 0{,}83\sigma_{bO}$ auf $\sigma_{\ddot{u}i\,\mathrm{min}} = 0{,}3\sigma_{bO}$ stark abfällt. Die Ober-flächenschicht wird also hier keine schützende, sondern nur eine hemmende Wirkung ausüben (s. hierzu auch Bild 398 über die Auswirkung der Druck-spannungsschicht bei Reibkorrosion: die Anrisse enden in feinen Veräste-lungen).

Die Ermüdungsfestigkeit, die größer als im Fall *1*, aber kleiner als im Fall *2* ist, wird dadurch günstig beeinflußt, daß die Oberflächenschicht durch das Nitrieren härter geworden ist.

4.3.2.3 Einfluß des Nitrierens bei Reibangriff

Durch Nitrieren wird die Oberflächenschicht gehärtet und unter Druckrest-spannungen gesetzt. Die harte Nitrierschicht soll einen Schutz für den Grund-werkstoff gegen Reibung oder andere Oberflächenangriffe bieten und durch Druckrestspannungen die Ermüdungsfestigkeit des Bauteils verbessern.

WIEGAND [39, 42] hat den Einfluß der Nitrierhärtung auf die Dauerfestigkeit ohne und mit Reibangriff untersucht.

Bild 288 zeigt hierzu:

links das bereits erwähnte Beispiel ohne Reibung mit Ermüdungsanriß im Kern unterhalb der etwa 0,4 mm dicken Nitrierschicht, rechts ein Beispiel, in dem die Oberfläche der Nitrierschicht durch Reibkorrosion angegriffen wird, wodurch der Anriß an dieser Oberfläche erfolgt. Da die Oberflächenschicht unter Druckrestspannungen steht, breitet sich der Anriß nur langsam aus. Die $(\sigma-N)$-Werte für den Ermüdungsbruch unter Einwirkung der Reibkorrosion werden somit durch die Nitrierschicht wesentlich erhöht.

Im Bild 290 sind die Versuchsergebnisse dieser grundlegenden Arbeiten von WIEGAND [39] wiedergegeben.

Die Versuche wurden an Flachstäben aus Vergütungs- und Nitrierstahl ohne und mit Reibeinfluß durchgeführt. Die Reibung wirkte durch das Anziehen einer Klemmvorrichtung entsprechend Bild 290 mit $p = 50$ kp/mm² Anpreßdruck über eine Länge von $2l = 4$ mm. Rechnet man in grober Näherung mit einem einachsigen Spannungszustand, so beträgt die maximale Relativbewegung an den Klemmkanten bei Wechsellast $\Delta l = l \cdot 2\sigma/E$ nach jeder Seite. Mit dem E-Modul des Stahls $E = 2{,}1 \times 10^4$ kp/mm² und $l = 2$ mm wird

$$\Delta l = 2 \cdot 2\sigma/2{,}1 \cdot 10^4 \approx 2 \cdot 10^{-4}\sigma,$$

also z. B. bei $\sigma = \pm 50$ kp/mm² $\curvearrowright$ $\Delta l = 0{,}01$ mm.

Diese Relativbewegung ist ausreichend, um Reibkorrosion zu erzeugen. Für die Wechselfestigkeit bei $N = 10^7$ Lastwechseln folgt:

Ohne Reibkorrosion ergibt das Nitrieren eine Verbesserung um 18% von 61 auf 72 kp/mm².

Durch Reibkorrosion entsteht eine Verschlechterung bei

nitriertem Prüfstab um 24% von 72 auf 55 kp/mm², unabhängig von dem Werkstoff der aufgedrückten Klemme,

vergütetem Prüfstab um 30 bis 60%, je nach Werkstoff der Klemme.

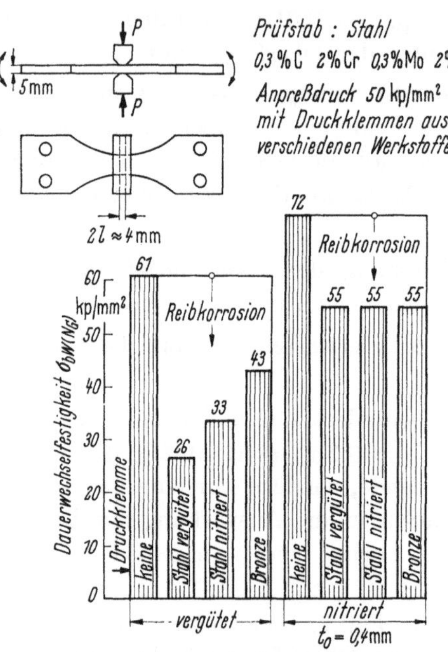

Bild 290. Einfluß der Nitrierung auf die Dauerwechselfestigkeit ($N_G = 10^7$) eines Vergütungs-Stahls (30 CrNiMo 8, $\sigma_B = 100$ kp/mm²) unter Reibkorrosionseinfluß. Nach [39].

4.3.2.4 Verminderung der Kerbwirkung durch Nitrieren

Die Zusammenstellung im Bild 291 nach Messungen von WIEGAND [43, 44] zeigt, wie stark die Ermüdungsfestigkeit bei ungehärteten Proben durch Rauhigkeiten, Bohrungen und Umdrehungskerben herabgesetzt wird und wie durch das Nitrieren die Ermüdungsfestigkeit, insbesondere gekerbter Stäbe wieder stark verbessert werden kann:

beim glatten Stab um 28%,

beim aufgerauhten Stab um 65%, d. h., die Ermüdungsfestigkeit des nitrierten glatten Stabs wird erreicht, die Rauhigkeit kommt nicht mehr zur Auswirkung,

beim Stab mit Bohrung um 87%,

beim Stab mit Umdrehungskerben um etwa 100%.

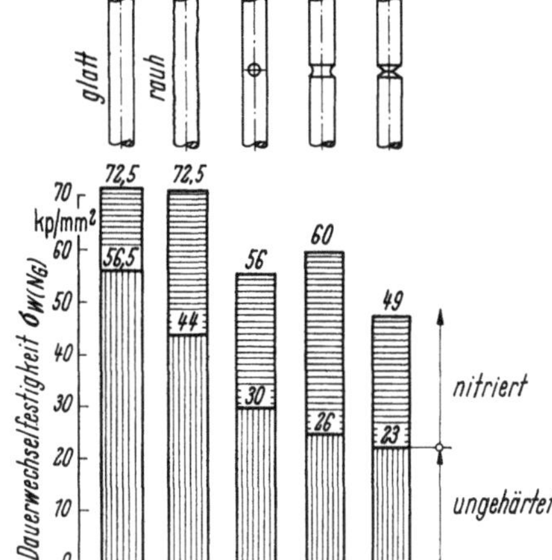

Bild 291. Einfluß der Nitrierung auf die Dauerwechselfestigkeit ($N_G = 10^7$) gekerbter Stahlrundstäbe. Nach [43, 44].

5 Einfluß der Oberflächenbeschichtung auf die Ermüdungsfestigkeit

Fertigerzeugnisse werden vielfach mit Oberflächenschichten und -überzügen versehen zum Schutz gegen Korrosion und Verschleißbeanspruchung oder zu Dekorationszwecken.

Diese Schichten können aufgebracht werden durch

mechanische Verfahren,
    Walz-, Guß-, Schweiß- und Sprengplattieren,
    Spritzen,
chemische Verfahren,
    Phosphatieren,
    Beizen,
elektrochemische Verfahren,
    anodische Oxydation,
    galvanische Plattierung.

Man unterscheidet nichtmetallische Schichten (Oxydfilme und -schichten, Anstriche, Kunststoffüberzüge usw.) und metallische Überzüge (Aluminium, Chrom, Nickel, Kupfer, Zinn und Zink).

In diesem Abschnitt werden die Einflüsse der Walzplattierung (Al-plattiert), der anodischen Oxydation (Eloxieren) und der galvanischen Plattierung (Vernickelung, Hartverchromung) untersucht.

5.1 Auswirkungen des Walzplattierens (Al 99,5) von Al-Legierungen auf die Ermüdungsfestigkeit

5.1.1 Problemstellung

Bleche aus hochwertigen Al-Legierungen AlCuMg, AlZnMg werden zum Schutz gegen Korrosion bzw. Spannungskorrosion (AlZnMg) mit einer korrosionsfesten

Schicht plattiert. Als Plattierwerkstoff wird bevorzugt Reinaluminium Al 99,5 verwandt. Die Dicke dieser Plattierschicht beträgt

bei AlCuMg

$$0{,}05\,s \quad \text{für Blechdicken } s < 1{,}6 \text{ mm,}$$

$$0{,}025\,s \quad \text{für Blechdicken } s > 1{,}6 \text{ mm,}$$

bei AlZnMg $0{,}04\,s$ für alle Blechdicken s.

Diese Plattierschichten, die für die statische Festigkeit des Blechs (bezogen auf die Gesamtdicke) wenig nachteilig sind, da sie keine nachteilige statische Auswirkung auf das Kernmaterial haben, sind sehr nachteilig für die Ermüdungsfestigkeit.

Zu der wesentlichen Verringerung der Ermüdungsfestigkeit der ungekerbten oder gekerbten Blechproben durch die Plattierschicht kommt bei Verbindungen bekanntlicherweise ein sehr starker Reibkorrosionseinfluß hinzu.

Diese Erscheinungen wurden im ILTUB insbesondere auch im Hinblick auf die in neuerer Zeit im Flugzeugbau aufgetretenen Probleme der Ermüdungsfestigkeit von Blechfeldern, die durch Druckwechsel (Druckkabine, Schallbeaufschlagung) belastet werden, untersucht. Bei diesen Blechfeldproblemen handelt es sich insbesondere um die hohen Biegebeanspruchungen, die an den Lagerungen und Fügungen der Feldränder auftreten.

In diesem Abschnitt werden nur die Ergebnisse von Ermüdungsversuchen bei axialer Beanspruchung diskutiert. Die ebenfalls im ILTUB durchgeführten Versuche zur Bestimmung der Ermüdungsfestigkeit von Platten und Plattenverbindungen aus plattierten Al-Legierungen bei Biegewechselbeanspruchung sind in Kap. XX beschrieben.

5.1.2 Schlechte Ermüdungseigenschaften des Reinaluminiums

Im ILTUB wurden an Flachstäben aus Al 99,5 Ermüdungsversuche mit axialer Schwellast ($R_z = 0$) durchgeführt. Bild 292 zeigt die ($\sigma - N$)-Werte und -Streubänder für ungekerbte Stäbe und für Stäbe mit einer Bohrung. Zum Vergleich ist eine von ALCOA [45] angegebene Mittelwertkurve bei Wechselbeanspruchung

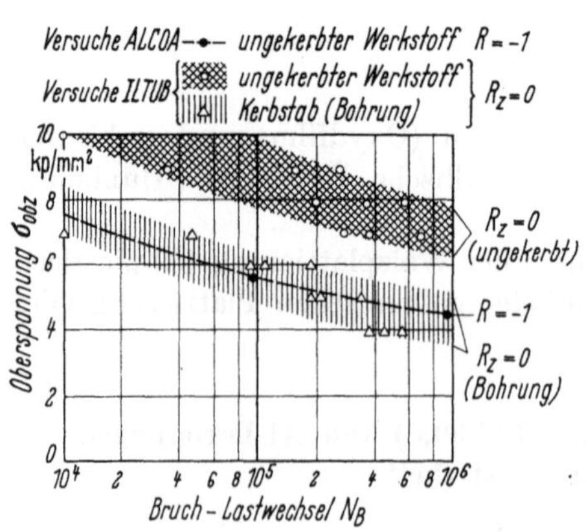

Bild 292. Ermüdungsfestigkeit von Aluminium 99,5 (Plattierwerkstoff) — Vergleich: gekerbt — ungekerbt. [45].

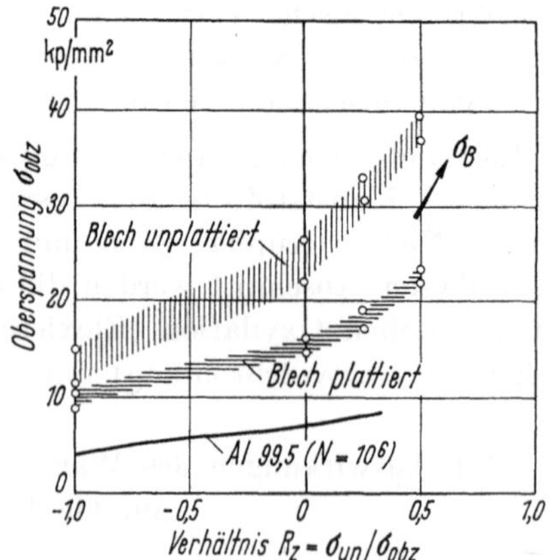

Bild 293. Vergleich der Ermüdungsfestigkeiten (axial bei $N_B = 10^6$) von plattierten und unplattierten Blechen (2024-T 3/ T 4) — Einfluß des Spannungsverhältnisses R_z.

($R = -1$) des ungekerbten Stabes eingetragen. Die Ermüdungsfestigkeiten dieses Materials sind, verglichen mit den hochfesten Al-Legierungen, sehr gering. Sie erreichen, wie aus Bild 293 zu ersehen ist, nur etwa 1/4 der Werte des unplattierten AlCuMg-Blechs.

Da die Elastizitätsmoduln von Kernmaterial und Plattierung praktisch gleich sind, erhalten beide im Plattierverband die gleichen Spannungen. Wegen der geringen Ermüdungsfestigkeit des Reinaluminiums ist zu erwarten, daß die Plattierschicht vorzeitig anreißt, diese Risse bis zum Kernmaterial vordringen und dort Kerbwirkungen hervorrufen. Vom Kernmaterial muß nunmehr auch der Hauptteil der Spannungen der Plattierschicht übernommen werden. Diese Spannungsübernahme, verbunden mit der Spannungshäufung aus der Kerbwirkung, führt zur Fortsetzung der Risse in das Kernmaterial. Die plattierten Bleche verhalten sich also wie nichtplattierte angeritzte Bleche. Der effektive Häufungsfaktor K_{eff} ist ziemlich hoch.

5.1.3 Vergleichende Ermüdungsversuche mit AlCuMg-Flachstäben aus plattiertem, unplattiertem und Strangpreßmaterial

Im Aircraft Fatigue Handbook [46] sind die ($\sigma-N$)-Werte vieler Reihen von Ermüdungsversuchen wiedergegeben. Diese Quelle wurde für die Aufstellung der folgenden Bilder genutzt, in denen für die Spannungsverhältnisse $R = -1$

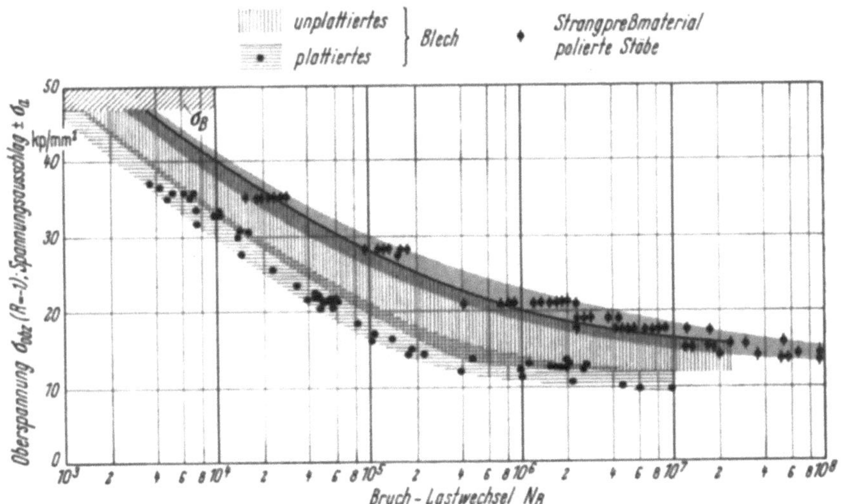

Bild 294. Ermüdungsfestigkeit von Flachstäben aus 2024-T 3/T 4 Strangpreßmaterial, plattierten und unplattierten Blechen unter Axialbelastung ($R = -1$). Nach [46].

(Bild 294), $R_z = 0$ (Bild 295), $R_z = +0{,}25$ (Bild 296) und $R_z = +0{,}5$ (Bild 297) die ($\sigma-N$)-Werte und ($\sigma-N$)-Streubänder bei axial beanspruchten Flachstäben aus AlCuMg dargestellt sind. Parameter in diesen Bildern ist die Ausführung des Stabs aus

Strangpreßmaterial,
unplattiertem Blech,
plattiertem Blech.

Die $(\sigma - N)$-Streubänder sind zwar recht breit, verlaufen jedoch in den oberen und unteren Grenzen derart ähnlich, daß klare Folgerungen gezogen werden können:

Die $(\sigma - N)$-Werte für plattierte Bleche, die relativ wenig streuen, liegen immer eindeutig unter den Werten der unplattierten Bleche. Die Verschlechterung durch Plattierung tritt klar in Erscheinung.

Die $(\sigma - N)$-Werte für Strangpreßmaterial liegen in der oberen Hälfte der Streubänder für unplattiertes Blech und etwas darüber.

Im Bild 111 sind die $(\sigma - N)$-Streubänder der vier zuvor angeführten Bilder zusammengestellt, und zwar oben für unplattiertes Blech und unten für plattiertes

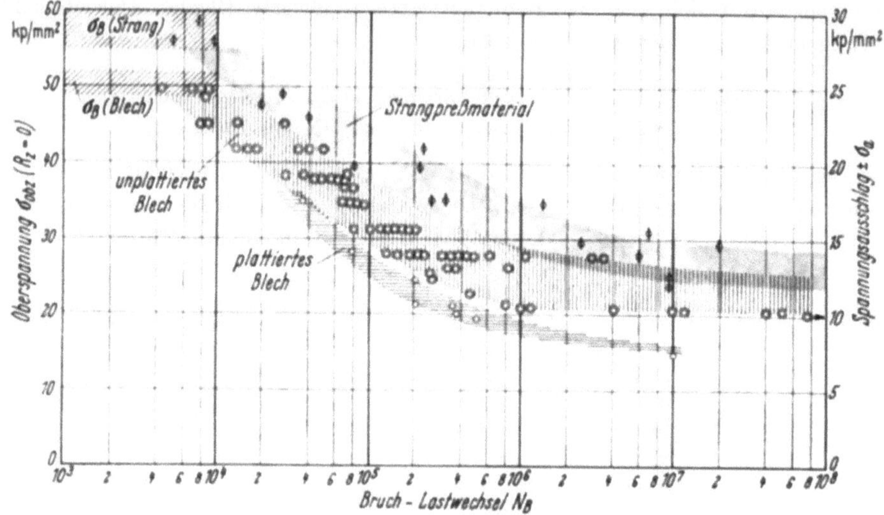

Bild 295. Ermüdungsfestigkeit von Flach- und Rundstäben aus 2024-T 3/T 4 Strangpreßmaterial, plattierten und unplattierten Blechen unter Axialbelastung ($R_z = 0$). Nach [46].

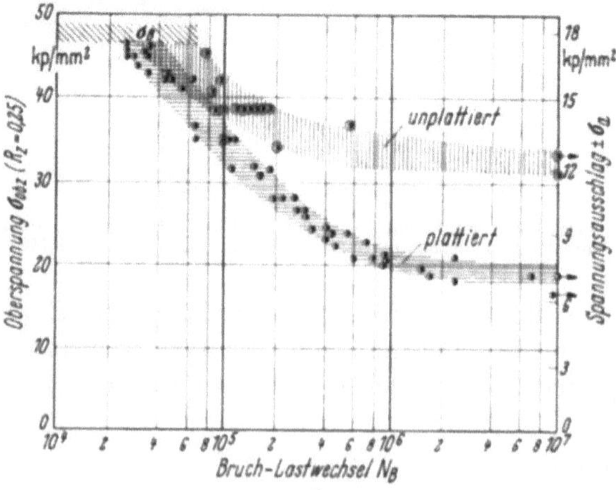

Bild 296. Ermüdungsfestigkeit von Flachstäben aus plattierten und unplattierten Blechen (2024-T 3/T 4) unter Axialbelastung ($R_z = 0,25$). Nach [46].

Blech. Parameter ist in beiden Fällen das Spannungsverhältnis R bzw. R_z. Es ist bemerkenswert, wie gut die beiden Streubandscharen in ihren grundsätzlichen Verläufen übereinstimmen.

Der Vergleich beider Streubandscharen zeigt, daß die ungünstige Auswirkung der Plattierung in der Nähe der Dauerfestigkeit ($N_G = 10^8$) am stärksten ist und im Kleinlastwechselbereich verschwindet.

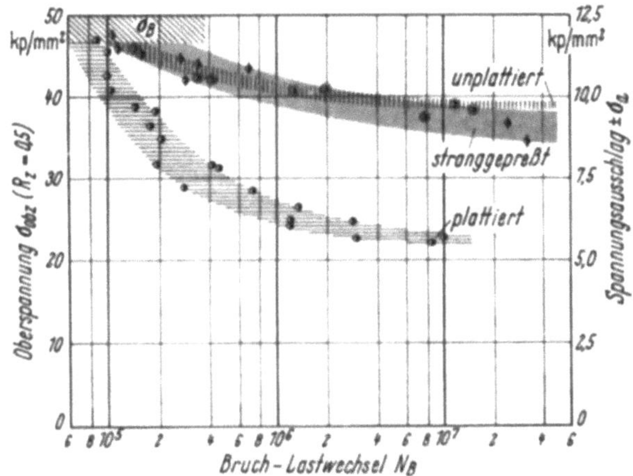

Bild 297. Ermüdungsfestigkeit von Flach- und Rundstäben aus 2024-T 3/T 4 Strangpreßmaterial (poliert), plattierten und unplattierten Blechen unter Axialbelastung ($R_Z = 0,5$). Nach [46].

Zur Darstellung einer anderen Gesetzmäßigkeit sind im Bild 293 die Dauerfestigkeiten bei $N_G = 10^8$ über der Verhältniszahl $R_z = \sigma_{un}/\sigma_{obz}$ als Streubänder für unplattiertes und für plattiertes Blech aufgetragen. Es zeigt sich:

Das unplattierte Blech ist im ganzen untersuchten R_z-Bereich dem plattierten stark überlegen.

Die schädliche Auswirkung der Plattierung ist bei Zugschwellbeanspruchung größer als bei Zug-Druck-Wechselbeanspruchung.

Weiterhin zeigt sich aus den mitgeteilten Versuchsergebnissen, daß die Streuungen bei unplattiertem Blech sehr groß, bei plattiertem Blech dagegen klein sind. Die nachteilige Wirkung der Plattierung würde also noch stärker in Erscheinung treten, wenn die unteren Streuwerte beim unplattierten Blech durch entsprechende Oberflächenbehandlung ausgeschaltet würden.

5.1.4 Einfluß der Plattierung bei AlZnMg-Legierungen

Der Verlauf der (σ—N)-Streubänder für die AlZnMg-Legierung ist nach den im Aircraft Fatigue Handbook [46] zusammengefaßten Versuchsergebnissen dargestellt:

im Bild 298 für $R_z = 0,25$,

im Bild 299 für $R_z = 0$,

im Bild 300 für $R = -1$.

Der auf die Ermüdungsfestigkeit nachteilige Einfluß der Plattierschicht ist aus diesen Darstellungen klar zu ersehen.

Die aus den Ergebnissen verschiedener Experimentatoren gewonnenen Streubänder für die unplattierten AlZnMg-Bleche sind außerordentlich breit. Bei gleichen Lastwechselzahlen N_B streuen die σ-Werte bis zum Verhältnis $1 : 2$.

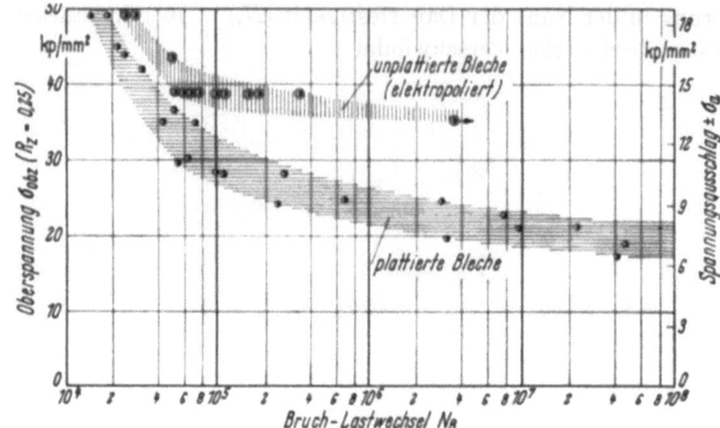

Bild 298. Ermüdungsfestigkeit von Flachstäben aus plattierten und unplattierten Blechen (7075-T 6) unter Axialbelastung ($R_z = 0{,}25$). Nach [46].

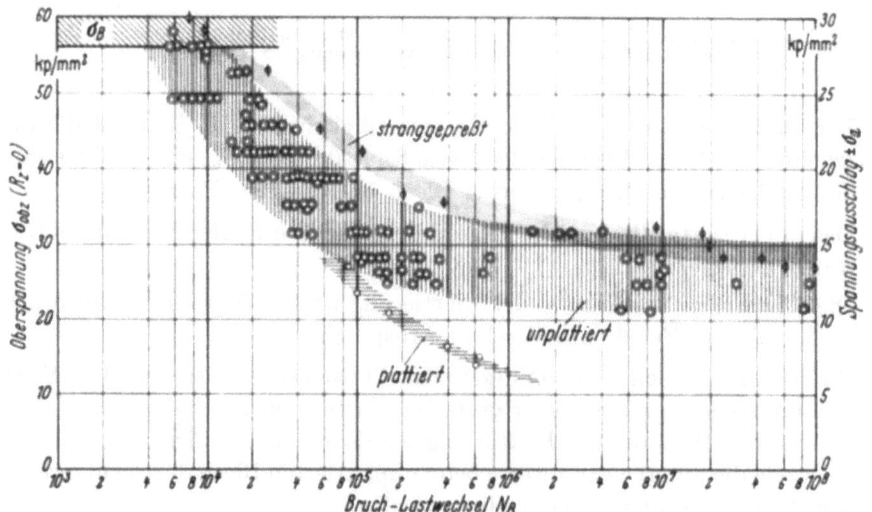

Bild 299. Ermüdungsfestigkeit von Flach- und Rundstäben aus 7075-T 6 Strangpreßmaterial (poliert), plattierten und unplattierten Blechen unter Axialbelastung ($R_z = 0$). Nach [46].

Die obere Grenze fällt in etwa mit der für AlZnMg-Strangpreßstäbe, die untere nahezu mit der für plattierte AlZnMg-Bleche zusammen. Lediglich die Streubänder bei $R_z = 0{,}25$ zeigen klare Trennungen.

Diese Streuungen dürfen keinesfalls hingenommen werden, auch nicht in der Weise, daß der Konstrukteur dort, wo die Ermüdungsfestigkeit wesentlich wird, nur mit der unteren Streugrenze rechnet. Damit würde er ein Halbzeug zulassen, das fast ebenso schlecht wie ein plattiertes Blech ist.

Die Streuungen für das unplattierte Material, insbesondere zur unteren Streugrenze hin, müssen durch geeignete Oberflächenbearbeitung eingeschränkt werden.

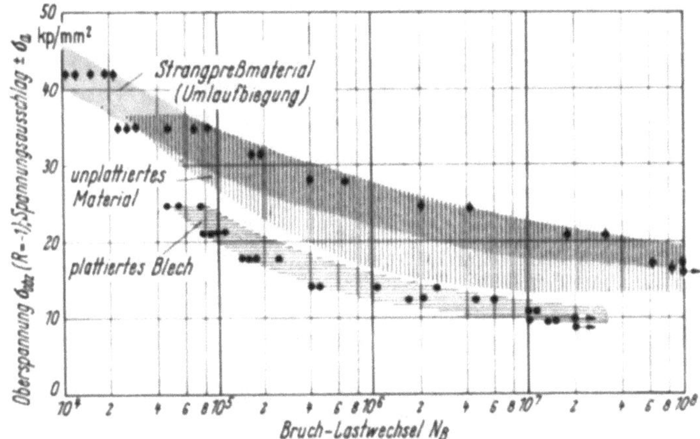

Bild 300. Ermüdungsfestigkeit von Flach- und Rundstäben aus 7075-T 6 — Strangpreßmaterial, plattierte und unplattierte Bleche — Flach- und Umlaufbiegeversuche ($R = -1$). Nach [46].

Die Bearbeitung braucht sich keineswegs darauf zu beschränken, die „Nennwerte" des Werkstoffs zu erreichen. Sie sollte darüber hinaus anstreben, beispielsweise durch Erzeugung von Druckrestspannungen die Ermüdungsfestigkeit weiter zu steigern.

5.1.5 Überdeckung der schädlichen Plattierungseinflüsse durch andere wesentliche Beeinträchtigungen der Ermüdungsfestigkeit

Die starke Unterlegenheit der plattierten Bleche gegenüber unplattiertem Material tritt an einigen praktisch wichtigen Konstruktionsteilen nicht in Erscheinung.

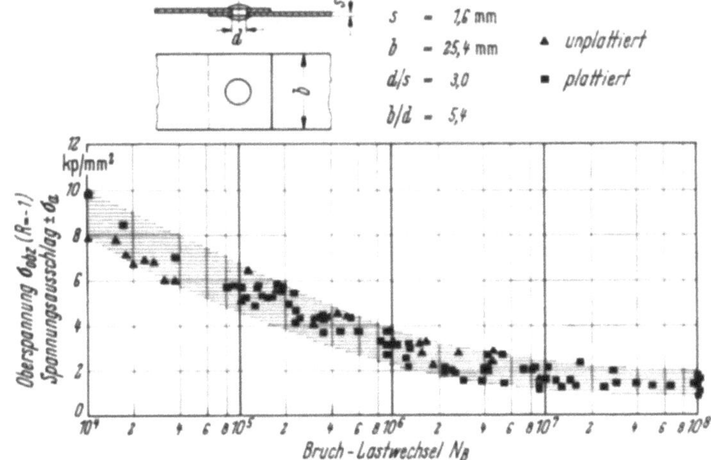

Bild 301. Ermüdungsfestigkeit einer einschnittigen, einreihigen Nietverbindung — Bleche plattiert und unplattiert (2014-T 4/T 6; 2024-T 3/T 36/T 81/T 86; 7075-T 6) — Flachkopf-Niete (2024-T 31). Nach [47].

Bei den häufig untersuchten einschnittigen Nietfügungen ist die Abminderung der Ermüdungsfestigkeit und die Erhöhung der Streuungen aus anderen Einflüssen (Kerbwirkung, Zusatzbiegung) als der Plattierung so durchschlagend, daß die weitere Abminderung durch die Plattierschicht nicht klar in Erscheinung tritt.

Ein Beispiel hierfür gibt Bild 301 mit den $(\sigma - N)$-Werten einer einschnittigen Nietverbindung [47]. Die Dauerfestigkeit ($N_G = 10^8$) beträgt im oberen Streuwert nur 2,0 kp/mm², im unteren 0,9 kp/mm². Die Werte für unplattierte und plattierte Bleche fallen in ein gemeinsames Streuband.

Aus diesem Ergebnis darf man jedoch keinesfalls ein allgemeines Urteil über die Plattierung fällen, zumal in diesem Bild eine größere Anzahl von Versuchsreihen mit genieteten Blechen aus verschiedenen Legierungen zusammengetragen ist.

5.2 Einfluß der anodischen Oxydation (Eloxieren) auf die Ermüdungsfestigkeit

5.2.1 Die anodische Oxydation

Die Dicke der natürlichen Oxydhaut beträgt bei Al-Legierungen etwa 0,01 μm und ist praktisch porenfrei [48—50]. Der Zweck der anodischen Oxydation ist die Erzeugung einer dickeren Oxydschicht. Es können Schichtdicken bis 120 μm erreicht werden. Praktisch übliche Schichten haben eine Dicke zwischen 5 und 25 μm.

Die durch anodische Oxydation erzeugten Schichten bestehen aus der auf dem Grundmetall aufliegenden Grund- oder Sperrschicht und der darüber liegenden Deckschicht.

Die Deckschicht ist bei den Verfahren der anodischen Oxydation um einige Größenordnungen dicker als die Grundschicht und durch Poren gut saugfähig. Die Poren können anschließend durch eine Verdichtungsbehandlung verschlossen werden.

Die anodische Oxydschicht „wächst" z. T. in das Metall hinein. Die ursprüngliche Oberflächenschicht wird in eine Oxydschicht umgewandelt, von der etwa zwei Drittel unterhalb und ein Drittel oberhalb der ursprünglichen Metalloberfläche liegen.

5.2.2 Verfahren der anodischen Oxydation

Die einzelnen Verfahren der anodischen Oxydation sind in [48—50] ausführlich beschrieben. Hingewiesen sei hier nur auf die im Flugzeugbau am häufigsten angewandten Verfahren:

Gleichstrom-Schwefelsäureverfahren (GS-Verfahren),

Gleichstrom-Chromsäureverfahren,

Wechselstrom-Oxysäuregemischverfahren (eine Entwicklung der Firma Hamburger Flugzeugbau HFB) [51].

Bei dem GS-Verfahren erhält man

guten Korrosionsschutz,
unter normalen Bedingungen Schichtdicken bis 30 μm.

Nachteilig ist jedoch

die schlechte Verformbarkeit der Oxydschicht,
das Abplatzen von Teilchen der Eloxalschicht bei Reibbeanspruchung.

Verglichen mit dem GS-Verfahren haben die mit Gleichstrom und Chromsäure hergestellten Oxydschichten folgende Vorteile:

Bei größeren Dehnungen treten keine Risse auf.

Elektrolytreste, die nicht durch Spülen entfernt werden können, verursachen keine Korrosion.

Es ist dagegen nachteilig:

Die maximal erreichbare Schichtdicke beträgt nur 7 μm.

Die geringere Schichtdicke bedingt einen schlechteren Korrosionsschutz.

5.2.3 Ergebnisse von Ermüdungsversuchen an einer ebenen eloxierten Druckbehälterwand

Bei der Untersuchung der Ermüdungsfestigkeit der Druckkabine der HFB 320 im Wassertank wurden nach 60 000 Lastwechseln Risse in dem Abschlußspant des Cockpits festgestellt [52]. Die Einzelteile dieses Spantes aus 1 mm starkem AlCuMg 2-Blech waren vor dem Zusammenbau auf etwa 18 μm Schichtdicke nach dem GS-Verfahren eloxiert und durch PR 1431 gegen Reibkorrosion geschützt worden.

Die Ermüdungsrisse wurden in dem ebenen Spantblech unter den Vertikal-Stringern festgestellt, die im Bild 302 oben durch die Umrahmung gekennzeichnet

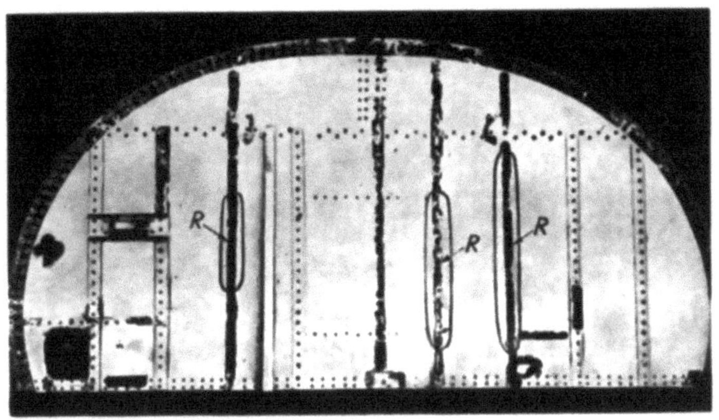

Bild 302. Ermüdungsbrüche am Cockpit-Spant der HFB 320 (Hansa) nach $N = 6 \cdot 10^4$ Lastwechseln. Nach [52]

sind. Die Rißmitte ist durch die eingezeichneten Pfeile angedeutet. An der im Bild 302 unten links im Schnitt markierten Stelle M unter der praktisch starren Abstützung durch den Stringersteg entstehen die größten Biegemomente im Blech, die zu Ermüdungsanrissen führen. Die scharfe Biegung um die Profilkante und damit die Rißgefahr kann durch die elastische Abstützung des Blechs mit Hilfe eines Stützwinkels verringert werden, wie dies im Bild 302 unten rechts gezeigt ist.

Die vom HFB mitgeteilten Versuchsergebnisse [52] sind dadurch besonders interessant, daß das Blech und die Stringer nach dem GS-Verfahren mit einer spröden zur Rißbildung neigenden Eloxalschicht versehen waren. Es konnten dadurch wichtige Feststellungen getroffen werden:

Die Bildung von Rissen in der Eloxalschicht zeigt das Auftreten hoher Zugbeanspruchungen an.

Die Ermüdungsrisse im Blech sind Fortsetzungen der Oberflächenrisse in der Eloxalschicht, die sich somit als nachteilig für die Ermüdungsfestigkeit erweist.

Die Bildung von Ermüdungsrissen geht bei dieser Biegebeanspruchung von vielen Stellen der Oberfläche aus.

Die Eloxalschicht verhält sich also ähnlich wie die Plattierschicht; in beiden Fällen treten in den Schichten vorzeitig Anrisse auf.

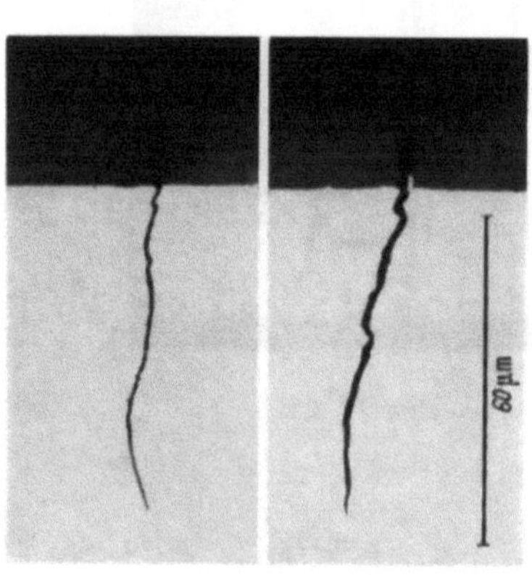

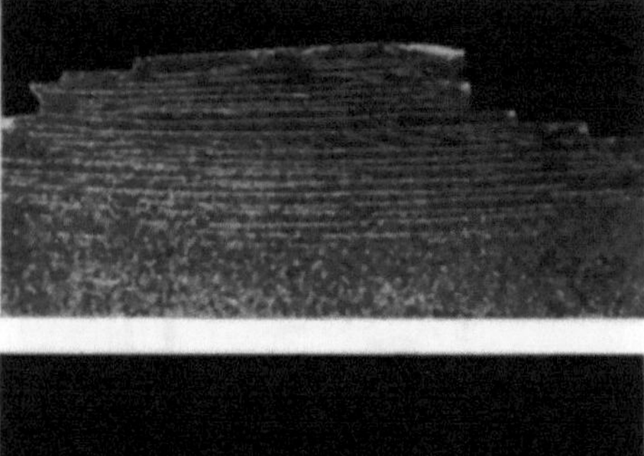

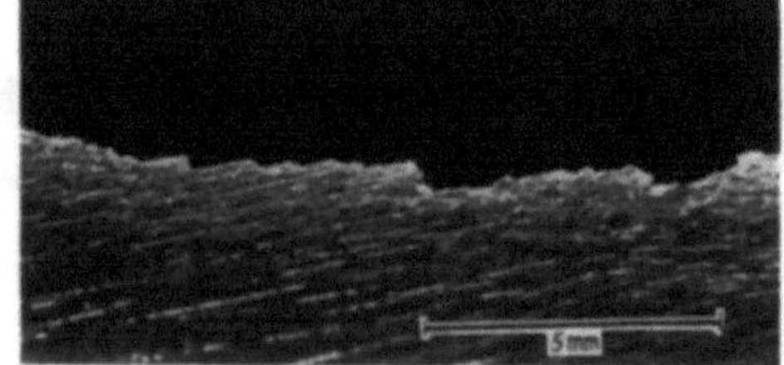

Bild 303. Ermüdungsrisse in eloxiertem Blech aus AlCuMg 2 (2024-T 3) ausgehend von Rissen in der Eloxalschicht. [52].

Bild 304. Treppenförmiger Ermüdungsriß beeinflußt durch Eloxalschicht (GS-Verfahren) — Winkelbeschlag aus AlCuMg 2 (2024-T 3). [52].

Schliffe von Schnitten quer zu den Rissen durch die Eloxalschicht und die Blechoberflächenschicht zeigen, daß die Ermüdungsanrisse des Blechs von Rissen in der Eloxalschicht ausgehen. Bild 303 zeigt zwei Querschliffmikrofotos, bei denen der Riß bereits 0,06 mm tief in das Blech eingedrungen ist. An Hand dieser Querschliffe kann festgestellt werden, daß sich im Blech eine Folge von mehreren parallelen nahe beieinanderliegenden Anrissen, entsprechend den Rissen in der Eloxalschicht, ausbildet.

Die spröde dünne Eloxalschicht verhält sich bei Zugbeanspruchung ähnlich wie eine Reißlackschicht, die zur Ermittlung des Zugspannungsverlaufs aufgebracht wird. Bild 304 zeigt die eloxierte Oberfläche von Blechteilen des Druckkammerspantes an den nach $N_B = 6 \cdot 10^4$ Lastwechseln untersuchten Bruchstellen.

Die Eloxalschicht des Spantblechs (im Bild oben) ist senkrecht zur Hauptzugspannungsrichtung in ziemlich regelmäßigen Abständen von $e \approx 0,2$ mm gerissen. Von den Eloxalschichtrissen breitet sich der Schaden in das Blech aus. Da somit viele parallele Anrisse im Blech vorhanden sind, entsteht statt eines „glatten" Risses ein treppenförmiger Riß, indem sich verschiedene Anrisse, nachdem sie sich örtlich über die ganze Blechdicke ausgebreitet haben, durch Querrisse zum vollständigen Ermüdungsbruch vereinigen.

Wie Bild 304 unten zeigt, kann dieser durch die Vereinigung paralleler Teilrisse entstehende Bruch auch etwas schräg gegenüber der Senkrechten zur Hauptzugspannungsrichtung, wie sie sich aus der Richtung der Eloxalschichtrisse ergibt, verlaufen.

5.3 Einfluß galvanisch aufgebrachter Metallüberzüge

In der Fertigungstechnik nehmen heute die galvanisch aufgebrachten Metallüberzüge einen breiten Raum ein. Die Zahl der Behandlungsverfahren, der Schichtarten und der Schichtwerkstoffe ist sehr groß.

Allen Schichten gemeinsam sind die Art der Entstehung und einige dadurch bedingte Eigenschaften, die sich nachteilig auf die Ermüdungsfestigkeit auswirken können.

Zu diesen sich negativ auswirkenden Eigenschaften, die bei der Abscheidung der Metalle auftreten, zählen Gitterbaufehler, Feinporen, Feinrisse, Einbau von Fremdstoffen, wie Glanz- und Härtebildner usw.

Da die Abstände der Atomgitter von Grundwerkstoff und Schichtmaterial im allgemeinen nicht übereinstimmen, kommt es zwischen Grundmaterial und abgeschiedener Schicht zu Verzerrungen (Eigenspannungen), die von gewissen Schichtdicken ab (wenige μm Dicke) zu Feinrissen im Metallüberzug führen. Diese Feinrisse bewirken als Feinkerben eine Verminderung der Dauerfestigkeit, da Deckmetall und Grundwerkstoff sich infolge der hohen atomaren Bindungskräfte wie ein Werkstoff verhalten.

Weitere Verzerrungen ergeben sich aus der chemischen Instabilität der abgeschiedenen Schichten.

Andere werkstoffschädigende Einflüsse entstehen durch den sich während der Elektrolyse atomar abscheidenden Wasserstoff, der in den Grundwerkstoff diffundiert und nach seiner Umwandlung zu Wasserstoffmolekülen auch wieder austreten kann, z. B. bei Erwärmung des Teils.

Die Zahl der Einflußfaktoren bei der galvanischen Plattierung ist sehr groß, wie unter 5.3.2 am Beispiel der Hartverchromung gezeigt wird. Es ist jedoch bislang nur in Einzelfällen möglich, den galvanischen Prozeß so zu steuern, daß in den Schichten nicht Zugrestspannungen, die die Feinrisse hervorrufen, sondern Druckrestspannungen entstehen.

5.3.1 Auswirkungen der Nickelplattierung

5.3.1.1 Nickelplattierschicht mit Zugrestspannungen

Die galvanische Plattierung von Stahl mit Nickel findet — außer in den bereits erwähnten Fällen — oft auch zur Aufdickung von abgenutzten oder unter der Dickentoleranz liegenden Teilen Anwendung.

Die Ermüdungsfestigkeit wird jedoch durch diese Plattierschicht sehr stark herabgesetzt, wie Bild 305 nach einer Untersuchung von Lea [53] zeigt. Die

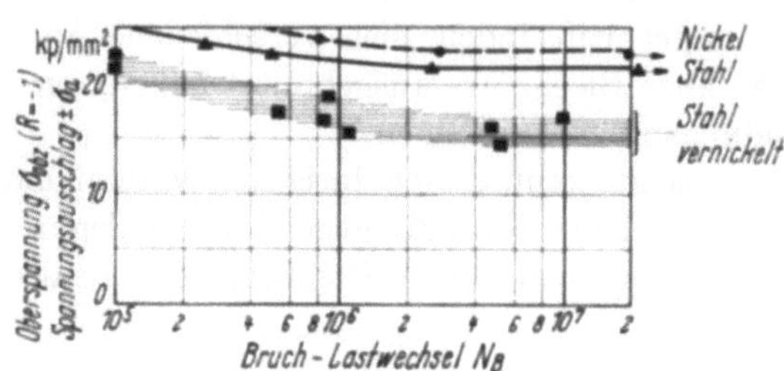

Bild 305. Einfluß eines galvanischen Nickelüberzugs auf die Ermüdungswechselfestigkeit (axial) eines 0,14 C-Stahles ($\sigma_B = 45$ kp/mm²). [53].

vergleichende Untersuchung der Ermüdungsfestigkeit bei Zug-Druck-Belastung der Proben aus Nickel, aus Stahl (C-Stahl mit $\sigma_B = 45$ kp/mm²) und aus Stahl mit Nickelplattierung ergab:

Die Ermüdungsfestigkeit des Nickels ist der des Stahls leicht überlegen.

Der Verbund von Stahl und Nickel durch Galvanisierung führt zu einem starken Absinken des $(\sigma - N)$-Streubandes.

Diese Verschlechterung ist auf die im vorangegangenen erläuterte Entstehung von Zugrestspannungen beim Galvanisieren zurückzuführen. Die als Folge dieser Restspannungen in der Nickelschicht entstehenden Feinrisse bewirken an der Oberfläche des Stahlkerns örtliche Spannungshäufungen, dadurch dringen die Risse beschleunigt in den Kern vor, d. h., die Ermüdungsfestigkeit wird herabgesetzt.

5.3.1.2 Erzeugung von Nickelplattierschichten mit Druckrestspannungen

Die Ermüdungsfestigkeit des vernickelten Stahls ist außerordentlich stark davon abhängig, nach welchem Verfahren galvanisiert wird. Dies geht aus Bild 306 nach einer Untersuchung von Wiegand [54] hervor.

W. M. Phillips und F. L. Clifton [55, 56] untersuchten eingehend die Restspannungen in galvanischen Plattierschichten.

Es wurde festgestellt, daß die bei der Bildung des galvanischen Niederschlags entstehenden Restspannungen sehr von der Zusammensetzung und der Temperatur des Bades sowie der Stromstärke und der Zeit abhängen und daß es möglich ist, Nickelschichten mit Druckrestspannungen aufzubauen.

J. O. Almen und P. H. Black geben in [30, 56] folgendes Vernicklungsverfahren an, bei dem Druckrestspannungen entstehen:

Bad: Nickelsalze $NiSO_4 \cdot 6H_2O$ 300 kp/m^3,

Nickelchloride $NiCl_2 \cdot 6H_2O$ 60 kp/m^3,

Borsäure   37,5 kp/m^3,

Glanzbildner A   0,125   Vol.-%,

Wasserstoffabscheider   0,6 kp/m^3,

Glanzbildner B   6 kp/m^3,

pH-Wert $3,5 \div 4,8$,

Temperatur   45 bis 60 °C.

Galvanisierung:

Stromstärke   4,3 A/dm^2,

Zeit für 0,025-mm-Schicht   30   min.

Vorbehandlung zur Reinigung:

Entfetten — 3 min kathodische Reinigung — Handscheuern mit Bimsstein — 30 sec kathodische Reinigung — Wasserspülen — anodische Behandlung in konz. H_2SO_4 bei 6 V für 1 min — Wasserspülen.

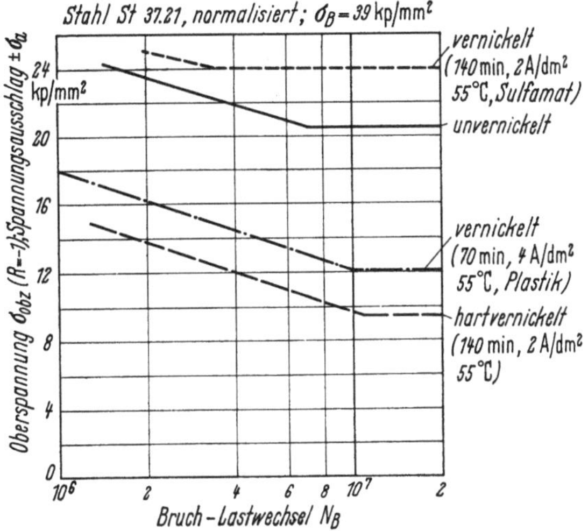

Bild 306. Einfluß unterschiedlicher Vernicklungs-Verfahren auf die Ermüdungswechselfestigkeit eines Stahles — Schichtdicke 55 μm. Nach [54].

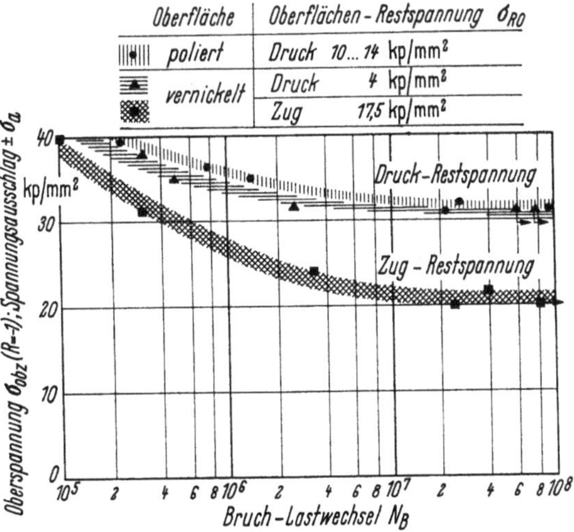

Bild 307. Einfluß von Oberflächenrestspannungen auf die Ermüdungsfestigkeit (Umlaufbiegung) von vernickeltem Stahl. Nach [30, 56].

Im Bild 307 sind die $(\sigma-N)$-Werte für unvernickelte und nach verschiedenen Verfahren vernickelte Stahlproben verglichen. Die Dauerwechselfestigkeit $(N_G = 10^8)$ des

polierten unvernickelten Stahls erreicht $\sigma_{bW(N_G)} = \pm\,32\ \mathrm{kp/mm^2}$,

mit Zugrestspannungen $\sigma_{RO} = +\,17{,}5\ \mathrm{kp/mm^2}$ vernickelten Stahls liegt mit $\sigma_{bW(N_G)} = \pm\,20\ \mathrm{kp/mm^2}$ wesentlich tiefer,

mit Druckrestspannungen $\sigma_{RO} = -\,4{,}2\ \mathrm{kp/mm^2}$ vernickelten Stahls ist praktisch gleich der des polierten Stahls.

Mit zunehmender Oberspannung wird der Unterschied kleiner und verschwindet bei kleinen Bruchlastwechselzahlen ganz; die statische Bruchfestigkeit wird durch das Vernickeln nicht beeinflußt.

5.3.1.3 Zusammenwirken von Nickelplattierung und Kugelstrahlen

Da die Erzeugung von Restspannungen an der Oberfläche sich wesentlich auf die Ermüdungsfestigkeit auswirkt, war es naheliegend zu untersuchen, ob und wie man die Restspannungen vor und nach dem Galvanisieren durch Kaltverformung der Oberflächenschicht günstig ändern kann. Im Bild 308 sind Versuchsergebnisse zum Einfluß des Zusammenwirkens von Vernickeln und Kugelstrahlen an Stahlproben zusammengestellt [30, 56].

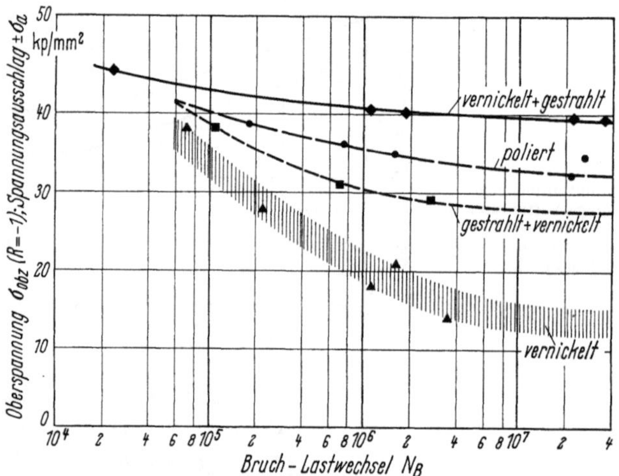

Bild 308. Ermüdungsfestigkeit (Umlaufbiegung) von galvanisch vernickeltem Stahl — Einzel- und Zusammenwirken von Kugelstrahlen und Vernickeln. Nach [30, 56].

Die Dauerwechselfestigkeit wird gegenüber der polierten nicht gestrahlten und nicht plattierten Probe mit etwa $\sigma_{bW(N_G)} = \pm\,32\ \mathrm{kp/mm^2}$

durch Vernickeln ohne Kugelstrahlen sehr stark (um etwa 60 %) verschlechtert;

durch Kugelstrahlen und anschließendes Vernickeln jedoch wesentlich weniger (um etwa 12 %) verringert. Durch das Kugelstrahlen der Stahloberfläche vor dem Galvanisieren wird eine harte Kernoberfläche mit Druckrestspannungen erzeugt, die eine Ausbreitung von Rissen aus der unter Zugrestspannungen stehenden Plattierschicht in das Kernmaterial stark behindert;

durch Vernickeln und anschließendes Kugelstrahlen um etwa 20 % verbessert.

Mit zunehmender Oberspannung nimmt auch hier der Einfluß der Plattierung und des Kugelstrahlens ab und verschwindet bei kleinen Lastwechselzahlen (etwa $N = 5 \cdot 10^4$ mit $\sigma_{ob} = 45$ kp/mm^2) vollständig.

5.3.2 Auswirkungen der Hartverchromung

WIEGAND und KAISER [57] haben eingehende Untersuchungen über die Auswirkungen der verschiedenen Verfahren der Hartverchromung von Stählen auf die Restspannungsverteilung und die Ermüdungsfestigkeit veröffentlicht.

5.3.2.1 Einflußfaktoren bei der Hartverchromung

Die Eigenschaften der Hartchromschicht werden hauptsächlich beeinflußt durch

den Werkstoff,	das Verchromungsverfahren,
Halbzeugherstellung,	Verchromungsanlage,
chemische Zusammensetzung,	Elektrolyt,
Haftgrundzustand,	Badbedingungen,
Warmbehandlungszustand,	die Nachbehandlung,
die Vorbehandlung,	Wasserstoffaustreiben,
Polieren,	Naßschleifen,
Entfetten,	Nachpolieren,
Aufrauhen,	Warmbehandlung.

Die außerordentliche Vielzahl der Einflußfaktoren deutet bereits an, daß die nach den verschiedenen Behandlungsverfahren erzielten Ermüdungsfestigkeitswerte sehr unterschiedlich sein können.

5.3.2.2 Mechanische Eigenschaften des Elektrolytchroms

Die mechanischen Eigenschaften des Elektrolytchroms einer Oberflächenschicht sind sehr schwer zu bestimmen und hängen stark von den Erzeugungs- und Behandlungsbedingungen ab. Es gelang WIEGAND und KAISER [57] Proberöhrchen aus Elektrolytchrom von etwa 0,4 mm Wandstärke aus hartverchromten Stahlstäben von 7 mm Durchmesser zu gewinnen und zu untersuchen, so daß sich folgende Anhaltswerte der Eigenschaften des Elektrolytchroms ergeben:

Hartverchromungs-Verfahren			Werkstoffkennwerte		
Schichtdicke	Stromdichte	Elektrolyt-Temperatur	σ_B [kp/mm^2]	E [kp/mm^2]	δ_B %
13 μm/h	20 A/dm^2	55 °C	etwa 16	etwa 20000	etwa 0,1
25 μm/h	40 A/dm^2	65 °C	etwa 5	etwa 10000	etwa 0,07

Man kann also bezüglich der Werkstoffkennwerte des Elektrolytchroms feststellen:

Die Bruchfestigkeit ist nur gering.
Der Elastizitätsmodul liegt in der Größenordnung des Grundwerkstoffs Stahl.
Die Bruchdehnung ist sehr gering, der Stoff also sehr spröde.

Aus der Kenntnis dieser Eigenschaften wird es verständlich, daß die wenig feste, aber sehr spröde Hartchromschicht bei Zugbelastung des plattierten Bauteils, insbesondere bei schwingender Belastung leicht Anrisse erhält.

5.3.2.3 Vor- und Nachteile der Hartverchromung von Vergütungsstahl

Die Chromschicht, deren Dicke normalerweise 0,005 bis 0,2 mm beträgt, wirkt sich vielseitig aus:

Die durch galvanischen Niederschlag erzeugte Chromschicht sichert gute Korrosionsbeständigkeit, wenn sie keine durchgehenden Poren oder Risse aufweist; sie sollte aus diesem Grunde dicker als 0,05 mm, besser noch dicker als 0,1 mm sein.

Die Schicht ist thermisch, chemisch und elektrochemisch widerstandsfähig.

Die Härte ist mit Werten bis zu HV 0,2 = 1200 kp/mm² sehr hoch.

Der Reibungskoeffizient ist sehr niedrig.

Der Verschleißwiderstand ist sehr beträchtlich.

Aus diesen Vorteilen ist eine Verbesserung der Ermüdungsfestigkeit der Bauteile zu erwarten, bei denen Reibkorrosion eine Rolle spielt.

Soweit keine Reibkorrosion oder Korrosion mitwirkt, ist die Hartverchromung für die Ermüdungsfestigkeit des überzogenen Bauteils durch folgende Auswirkungen nachteilig:

Der Grundwerkstoff wird in der Nähe seiner Oberfläche durch die an der Kathode entstehenden Wasserstoffatome, die teilweise hineindiffundieren, versprödet.

In der Chromschicht verbleiben Zugrestspannungen, die im Ermüdungsversuch die Bildung von Anrissen und die Rißausbreitung fördern.

Risse in der Chromschicht erzeugen örtlich am Übergang in den Grundwerkstoff Spannungshäufungen (Kerbwirkung), so daß die Schichtrisse den Ermüdungsschaden im Grundwerkstoff auslösen.

5.3.2.4 Zugrestspannungen in der Oberflächenschicht

Die Überzüge aus dem galvanisch abgeschiedenen Chrom stehen unter Zugrestspannungen, die zu einem beim Niederschlag des Metalls entstehenden mit der Schichtdicke veränderlichen Restspannungssystem mit Druckrestspannungen an der Grundwerkstoffoberfläche gehören. Diese Zugrestspannungen begünstigen die Entstehung von Ermüdungsanrissen in der Oberflächenschicht. Die Ausbreitung solcher Anrisse in das Grundmaterial kann jedoch durch Druckrestspannungen an der Grundwerkstoffoberfläche verzögert werden.

KAISER veröffentlichte in seiner Dissertation [57] eingehende Messungen der Restspannungen in Hartchromüberzügen. Er stellte fest:

Die Zugrestspannungen σ_{RO} an der Oberfläche sind bei sehr dünnen Schichten ($\approx 5\ \mu$m) sehr hoch.

Mit wachsender Schichtdicke nimmt die Größe der Zugrestspannungen ab.

Die Größe der Zugrestspannungen ist stark von den Herstellungsbedingungen der Chromschicht (Elektrolyt, Temperatur, Stromstärke) abhängig.

5.3.2.5 Beeinflussung der Ermüdungsfestigkeit durch Hartverchromung

Im Bild 309 ist ein Beispiel aus den bereits vor 25 Jahren veröffentlichten Untersuchungen von WIEGAND [39], in denen die Wechselfestigkeit für $N_G = 10^7$ Lastwechsel an nach verschiedenen Verfahren verchromten Probestäben aus Vergütungsstahl ermittelt wurde, wiedergegeben.

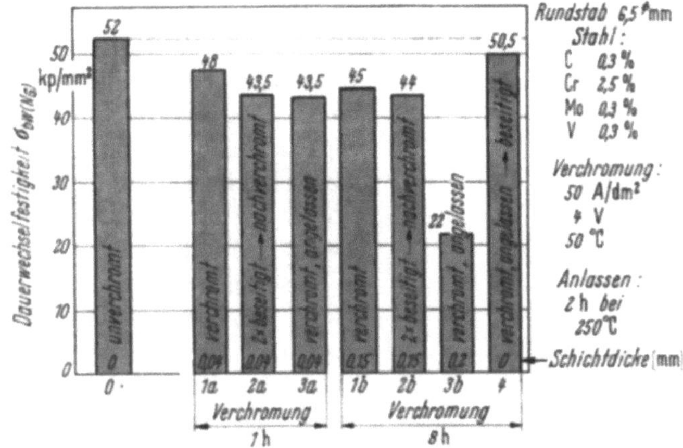

Bild 309. Einfluß unterschiedlicher Verchromungsverfahren auf die Dauerwechselfestigkeit (Umlaufbiegung $N_G = 10^7$) von Vergütungsstahl ($\sigma_B = 100$ kp/mm²). [39].

Gegenüber der Dauerwechselfestigkeit des unbehandelten Probestabs mit
$$\sigma_{bW(N_G)} = 52 \text{ kp/mm}^2$$
nimmt die Dauerfestigkeit mit zunehmender Schichtdicke t bei einmaliger Verchromung ab

bei $t = 0{,}04$ mm um   8 %,

bei $t = 0{,}15$ mm um 14 %,

wird durch die wiederholte elektrolytische Behandlung mit ein- und zweimaliger Erneuerung einer wieder entfernten Chromschicht die Dauerfestigkeit um etwa 16 % verringert,

wird durch das Anlassen die Dauerfestigkeit bei geringer Schichtdicke etwas, bei dicker Schicht sehr stark herabgesetzt.

Die starke Verminderung der Dauerfestigkeit durch Verchromen mit dicker Schicht und Anlassen kann durch Entfernen der Chromschicht wieder weitgehend aufgehoben werden.

Diese Untersuchungen tragen zur Klärung der Frage nach den Ursachen für eine Verringerung der Ermüdungsfestigkeit bei der galvanischen Behandlung und der Nachbehandlung bei.

Diese Ursachen liegen weniger in Veränderungen des Grundwerkstoffs — da nach Entfernung der Chromschicht nur geringe Verschlechterungen verbleiben — sondern vielmehr im Übergangsbereich vom Grundwerkstoff zur Schicht und in der Chromschicht selbst.

5.3.2.6 Mikrorißnetzwerk in der Chromschicht

Zwischen der Sprödigkeit und der geringen Zugfestigkeit σ_B des Elektrolytchroms einerseits und den sehr hohen Zugrestspannungen in der Chromschicht andererseits scheint ein Widerspruch zu bestehen.

Der Chromüberzug entzieht sich weitgehend den hohen Zugbeanspruchungen dadurch, daß er ein mikroskopisch feines Rißnetzwerk bildet.

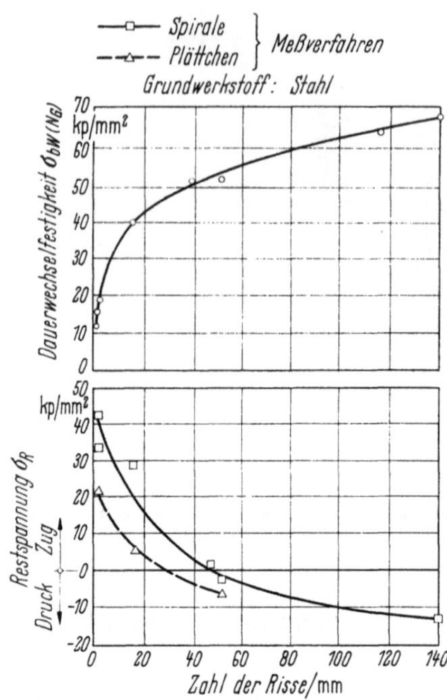

Bild 310. Einfluß der Anzahl der Mikrorisse auf die Restspannungen und die Dauerwechselfestigkeit von Stahl. [58].

Im Bild 310 unten ist nach Messungen von STARECK, SEYB und TULUMELLO [58] über der Zahl der Risse je Millimeter die in der Chromschicht als konstant angenommene Restspannung aufgetragen. Es zeigt sich, daß bei geringer Zahl der mikroskopisch feinen Risse die Zugrestspannung groß ist. Sie erreicht bei ≈ 2 Rissen pro mm etwa 20 bis 40 kp/mm² und geht bei 30 bis 50 Rissen pro mm gegen Null.

Da mit zunehmender Zahl der Mikrorisse die für die Ermüdungsfestigkeit schädliche Zugrestspannung stark abnimmt, ist die im Bild 310 oben dargestellte Zunahme der Dauerwechselfestigkeit verständlich. Wenn sich an der Oberfläche des Chromüberzugs nur wenig Mikrorisse pro mm gebildet haben, so ist die Dauerwechselfestigkeit des Versuchsstabs mit etwa 10 kp/mm² sehr niedrig, während bei einem engen Mikrorißnetzwerk von 100 Rissen/mm etwa 60 kp/mm² erreicht werden.

Man kann aus diesen Versuchsergebnissen schließen, daß es von großem Vorteil ist, die Bildung eines engmaschigen Mikrorißnetzes durch entsprechende Verchromungsbedingungen und Nachbehandlung sicherzustellen, und damit den Nachteil der Chromschicht, die Herabsetzung der Ermüdungsfestigkeit des Bauteils, zu beseitigen.

6 Oberflächenverletzungen

6.1 Verletzungen bei der Herstellung und Verarbeitung

Der sorgfältigen Konstruktion muß eine sehr saubere Fertigung folgen. Verletzungen der Oberfläche bei der Herstellung der Halbzeuge, der Weiterverarbeitung in der Teilefertigung und beim Zusammenbau setzen die Ermüdungsfestigkeit herab. Wie stark diese Auswirkung von Oberflächenbeschädigungen werden kann, wurde von verschiedenen Autoren an Prüfkörpern aus verschiedenen Werkstoffen mit zusätzlich angebrachten einzelnen Längs- und Querkerben unterschiedlicher Tiefe und Schärfe untersucht. Die Versuchsergebnisse sind nach einer Auswertung von HEMPEL [1] im Bild 311 dargestellt, in dem über der jeweiligen Kerbtiefe einer Oberflächenbeschädigung die prozentuale Abnahme der Dauerfestigkeit durch diese Beschädigung aufgetragen ist. Dabei wurde nicht nach dem Werkstoff, sondern nach der Verletzungsart (5 Gruppen) unter-

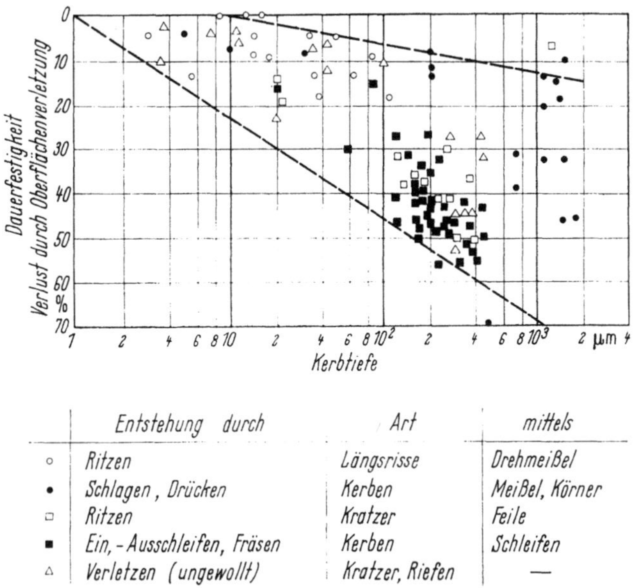

	Entstehung durch	Art	mittels
○	Ritzen	Längsrisse	Drehmeißel
●	Schlagen, Drücken	Kerben	Meißel, Körner
□	Ritzen	Kratzer	Feile
■	Ein,-Ausschleifen, Fräsen	Kerben	Schleifen
△	Verletzen (ungewollt)	Kratzer, Riefen	—

Bild 311. Verringerung der Dauerfestigkeit durch Oberflächenverletzungen bei der Halbzeugherstellung und Verarbeitung. [1].

schieden. Diese Unterscheidung ist sinnvoll, da sich außer der Tiefe und der Form der Kerbe auch die Art der Entstehung der Kerbform und die Oberflächenbeschaffenheit im Kerbgrund auswirken.

Die schädliche Auswirkung von Beschädigungen wird verringert, wenn bei der Verletzung die Oberfläche örtlich kaltverfestigt und unter Druckrestspannungen gesetzt wird.

6.2 Verletzungen der Oberfläche durch Beschriftung

Die Beschriftung von Halbzeugen und von Bauteilen ist in der Fertigung, dem Zusammenbau und der Kontrolle notwendig. Werkstoffkennzeichen, Prüfzeichen, Nummern, Lagemarkierungen usw. sollen leserlich und unverwischbar sein.

Die Auswirkungen der verschiedenen Beschriftungsarten, wie Einschlagen, elektrisches Schreiben, chemisches Einätzen oder elektrolytisches Ätzen, auf die Ermüdungsfestigkeit sind unterschiedlich. Versuche von WIEGAND [39] an Stahl, Al- und Mg-Legierungen haben gezeigt, daß die Beschriftung am günstigsten durch chemisches Einätzen mit Gummistempel und Ätzlösung vorgenommen wird. Nach WIEGAND vermindert das Einschlagen die Dauerfestigkeit um etwa 30 % und der elektrische Schrieb (Kraterbildung, Gefügeänderung) um 11 bis 43 %.

HARRIS [59] untersuchte an verschiedenen Werkstoffen den Einfluß des elektrolytischen Einätzens von Zahlen und Buchstaben. Aus diesen Versuchen ergaben sich Verminderungen der Dauerfestigkeit bis zu 20 %.

In jedem Falle ist das Beschriften an hochbeanspruchten Stellen zu vermeiden.

XIII. Rißausbreitung in Leichtbaukonstruktionen

1 Rißausbreitung in Blechstreifen bei axialer Einstufenbelastung

1.1 Rißausbreitung — Restbruch

Die Rißausbreitung in Blechen aus Al-Legierungen unter Zugbeanspruchung wurde bereits von zahlreichen Forschern untersucht.

Die Blechstreifen waren bei allen Versuchen mit einem zentrisch angeordneten Kerb versehen, um die im Kerbgrund lokalisierten Anrisse rechtzeitig zu erkennen.

Es entsteht hierbei stets ein Doppelriß. Die Rißlänge l_R folgt aus einer Mittelwertbildung der von der Symmetrieachse aus gemessenen Rißlängen l_{R1} und l_{R2}.

Bei den vier prinzipiellen Möglichkeiten in einem axial belasteten Blechstreifen ist die von einem Vorkerb ausgehende Rißausbreitung mit

zentriertem Vorkerb — beidseitig symmetrisch,

zentriertem unsymmetrischem Vorkerb — einseitig unsymmetrisch,

beidseitigen Außenkerben — symmetrisch,

einseitigem Außenkerb — unsymmetrisch.

Bisher wurde nur die erste dieser Möglichkeiten in systematischen Versuchen untersucht.

Im Bild 312 sind für einige grundlegende Untersuchungen [1—5] auf diesem Gebiet die verwendeten Prüfstabgeometrien und Vorkerbformen angegeben. Nach-

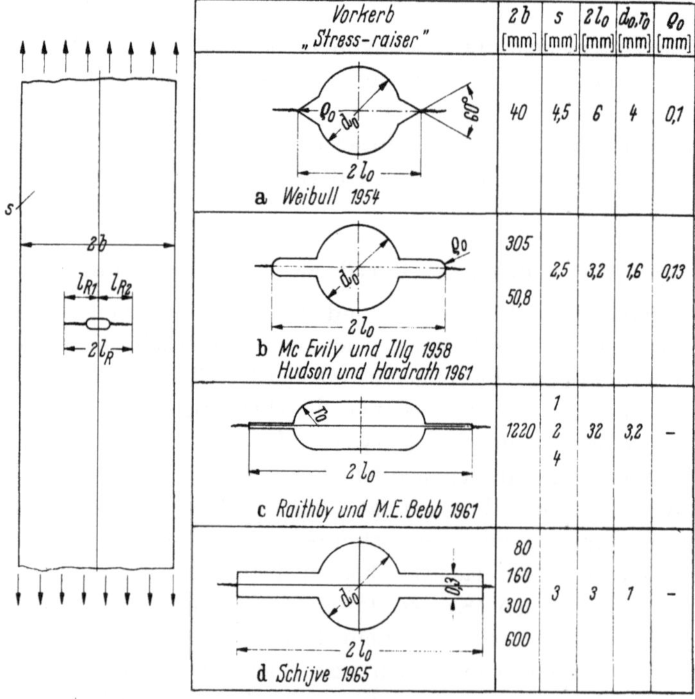

Vorkerb „Stress-raiser"	$2b$ [mm]	s [mm]	$2l_0$ [mm]	d_0, r_0 [mm]	ϱ_0 [mm]
a Weibull 1954	40	4,5	6	4	0,1
b Mc Evily und Illg 1958 / Hudson und Hardrath 1961	305 / 50,8	2,5	3,2	1,6	0,13
c Raithby und M.E. Bebb 1961	1220	1 / 2 / 4	32	3,2	—
d Schijve 1965	80 / 160 / 300 / 600	3	3	1	—

Bild 312a—d. Vergleich verschiedener bei Rißausbreitungsuntersuchungen verwendeter Prüfstabgeometrien und Vorkerbformen.

dem sich ein Ermüdungsriß bis zu der für die jeweilige Beanspruchung kritischen Länge $l_{R\,\mathrm{krit}}$ ausgebreitet hat, tritt durch den folgenden Belastungswechsel der statische Restbruch ein.

Die experimentellen Arbeiten zum Problem der Rißausbreitung in Blechstreifen haben stets die Messung der Rißlänge in Abhängigkeit von der aufgebrachten Lastwechselzahl im Bereich vom ersten Anriß bis zum statischen Restbruch zur Grundlage.

Das Erkennen des ersten Anrisses bereitet oft — trotz der Lokalisierung durch einen Vorkerb, sowie Verwendung optischer Beobachtungsmittel und Anstrahlung des Versuchsstücks durch ein Stroboskop — große Schwierigkeiten. Die meisten Untersuchungen beginnen deshalb erst nach Erreichen einer bestimmten Rißlänge (im allgemeinen 1 bis 2 mm) mit der Messung der Rißausbreitung.

Für den Zusammenhang zwischen Rißlänge und aufgebrachter Lastwechselzahl gibt es zahlreiche Darstellungs- und Umrechnungsmöglichkeiten.

Eine anschauliche Darstellungsmöglichkeit, die besonders klar den Bereich der dynamischen Ausbreitung vom statischen Restbruch abgrenzt, ist im Bild 313 wiedergegeben.

In diesem Bild ist nach Versuchsergebnissen von WEIBULL [1] für AlCuMg-Flachstäbe (mit Kerb entsprechend Bild 312a) über der Lastwechselzahl N die spezifische Rißausbreitung $\alpha_R = l_R/(b - l_0)$ für verschiedene Oberspannungen

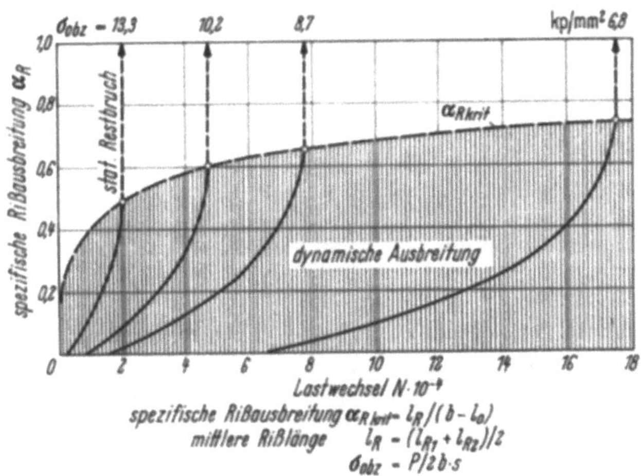

Bild 313. Rißausbreitung in Blechen aus 2024-T 3 bei axialer Zugschwellbelastung ($R_z = 0$). Nach [1].

(bezogen auf den ungestörten Querschnitt) bei Schwellbelastung aufgetragen. Die Kurven beginnen bei der Anrißlastwechselzahl N_A. Erreicht α_R die Grenzkurve $\alpha_{R\,\mathrm{krit}}$, so erfolgt der statische Restbruch. N_A und $\alpha_{R\,\mathrm{krit}}$ nehmen mit abnehmendem $\sigma_{ob\,z}$ zu.

Die $(\sigma - N_B)$-Kurve des Bruchs ist entsprechend den Gesamt-Ausbreitungswechselzahlen $N_{RG} = (N_B - N_A)$ gegenüber der $(\sigma - N_A)$-Kurve des Anrisses verschoben. Bild 314 bringt zum Vergleich diese Kurven für eine weiche Al-Knetlegierung (oben) und eine spröde Mg-Gußlegierung (unten).

Aus Gründen der Sicherheit ist dem Werkstoff der Vorzug zu geben, bei dem die Differenz aus Bruch- und Anrißlastwechselzahl möglichst groß ist. Bei lang-

samer Ausbreitung des Schadens in einer Konstruktion (mit großer Gesamt-
ausbreitungswechselzahl N_{RG}) ist die Möglichkeit gegeben, sich ausbreitende
Anrisse bei Kontrollen rechtzeitig zu entdecken und durch Reparatur unschädlich zu machen.

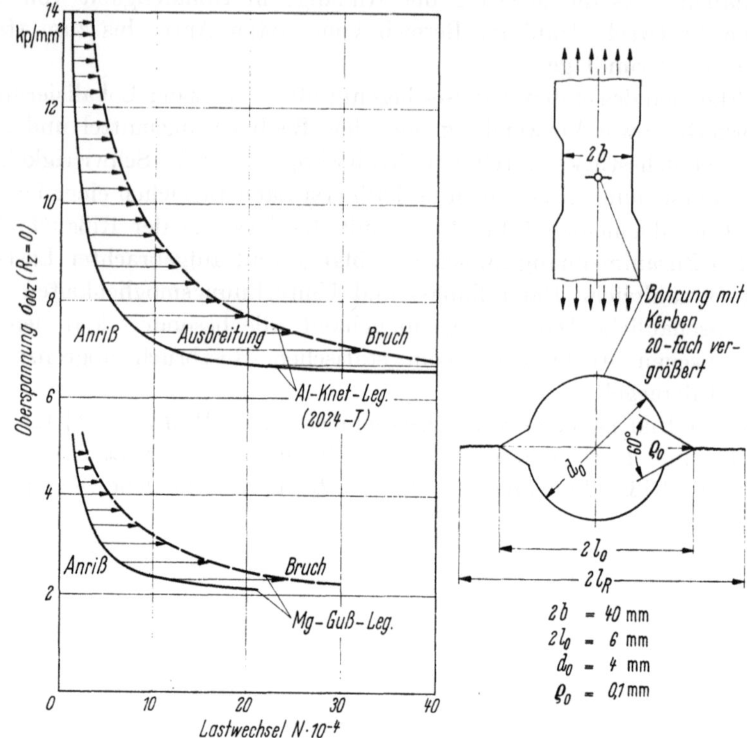

Bild 314. Anriß, Rißausbreitung und Bruch bei axialer Zugschwellbelastung ($R_z = 0$) — Werkstoffvergleich. Nach [1].

Im Flugzeugbau verlangt das „fail-safe"-Prinzip — nach dem ausreichende
Sicherheit erhalten bleiben muß, auch wenn ein örtlicher Schaden (Anriß) eintritt — daß Anrisse sich langsam ausbreiten und die Konstuktion hinreichend
häufig auf dynamische Anrisse kontrolliert wird.

1.2 Spannungsverteilung in der Umgebung eines Risses

1.2.1 Theorie des Spannungsintensitätsfaktors

1.2.1.1 Ergebnisse für die unendlich breite Platte

Zur Berechnung der Spannungsverteilung in der Umgebung einer Rißspitze
existieren zahlreiche Arbeiten. Bereits im Jahre 1913 hat INGLIS [6] dieses
Problem untersucht.

Theoretische Lösungen dieses Problems gehen aus von der exakt berechen-
baren Spannungsverteilung in der Umgebung einer Ellipse. Die Ellipse wird zu
einem unendlich schmalen Riß, wenn das Verhältnis aus dem Krümmungs-
radius ϱ an der Stelle $x = a$ (s. Bild 315) zur Ellipsenhalbachse a gleich Null wird.

Für die Spannungsverteilung in der Umgebung einer Rißspitze folgt wie bereits von WESTERGAARD [7] und SNEDDON [8] für die unendlich breite Platte bei einachsiger Beanspruchung in ähnlicher Form angegeben:

$$\sigma_y = \sigma_{nu}\, \sqrt{l_R/2r}\, \cos\Theta/2\,(1 + \sin\Theta/2 \sin 3\,\Theta/2),$$

$$\sigma_x = -\sigma_{nu} + \sigma_{nu}\, \sqrt{l_R/2r}\, \cos\Theta/2\,(1 - \sin\Theta/2 \sin 3\,\Theta/2),$$

$$\tau_{xy} = \sigma_{nu}\, \sqrt{l_R/2r}\, \cos\Theta/2 \sin\Theta/2 \cos 3\,\Theta/2.$$

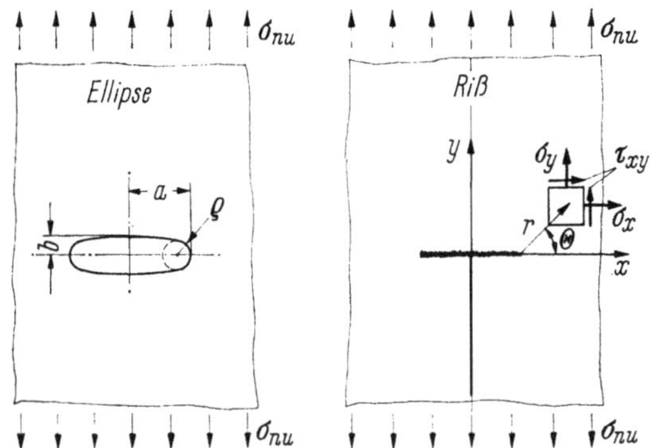

Bild 315. Festlegung der Bezeichnungen bei Störungen (Ellipse, Riß) in einer Platte.

Hierin bezeichnen (s. auch Bild 315):

σ_{nu} die Spannung im ungestörten Querschnitt,
l_R die Rißlänge,
r, Θ die Polarkoordinaten.

Da die Spannungen in der Umgebung einer Rißspitze sehr groß gegenüber σ_{nu} sind, ist der konstante Anteil $(-\sigma_{nu})$ in der Gleichung für σ_x vernachlässigbar. Für die Spannungen σ bzw. τ ergibt sich mithin:

$$\sigma_{x1;y2} = \sigma_{nu}\, \sqrt{l_R}\, \sqrt{1/2r}\, f_{1;2}(\Theta),$$

$$\tau_{xy} = \sigma_{nu}\, \sqrt{l_R}\, \sqrt{1/2r}\, f(\Theta).$$

Von IRWIN [9] wurde der sog. Spannungsintensitätsfaktor $k_i = \sigma_{nu}\sqrt{l_R}$ eingeführt, der später von PARIS [10—12] auf die Probleme der Rißausbreitung angewandt wurde

$$\sigma_{x1;y2} = k_i\, \sqrt{1/2r}\, f_{1;2}(\Theta).$$

Aus dieser Beziehung folgt, daß für beliebige Werte der Spannung σ_{nu} und der Rißlänge l_R die Spannungsverteilung im Bereich einer Rißspitze allein durch den Intensitätsfaktor k_i gegeben ist. Ausgehend von dieser Voraussetzung unterstellt PARIS, daß allein der Intensitätsfaktor k_i den Rißfortschritt $\lambda = dl_R/dN$ bestimmt.

$$\lambda = dl_R/dN = f(k_i).$$

Selbstverständlich sind die im vorangegangenen angegebenen Beziehungen nur gültig, solange im Bereich der Rißspitze keine plastischen Verformungen auftreten. Ihre Anwendbarkeit wird erhalten bleiben, wenn das Gebiet plastischer Verformungen klein ist und die Rißausbreitung an relativ spröden Werkstoffen untersucht wird.

1.2.1.2 Einfluß der Streifenbreite

Zur Umrechnung der theoretischen Ergebnisse auf endliche Streifenbreite und zum Vergleich von Versuchen bei unterschiedlichen Streifenbreiten wurden von IRWIN [9] und DIXON [13] Korrekturfaktoren eingeführt. Bei endlicher Streifenbreite $2b$ folgt für den Spannungsintensitätsfaktor

$$k_i = c\, \sigma_{nu}\sqrt{l_R},$$

wobei der Korrekturfaktor c

nach DIXON $\qquad c_1 = 1/\sqrt{1 - (l_R/b)^2}$

und nach IRWIN $\qquad c_2 = \sqrt{(2b/\pi\, l_R)\,\tan(\pi\, l_R/2b)}$ beträgt.

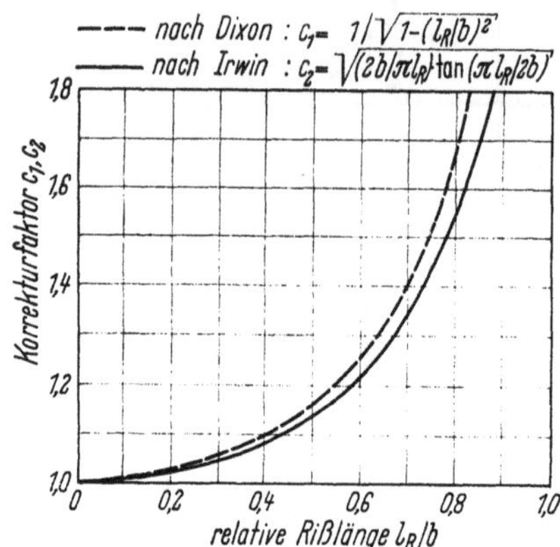

Bild 316. Größeneinfluß bei Rißausbreitung — Breitenkorrekturfaktoren.

Trägt man diese Korrekturfaktoren über der relativen Rißlänge l_R/b auf (Bild 316), so zeigt sich ein nur geringer Unterschied. Die Änderungen durch die Korrekturfaktoren c_1 und c_2 bleiben bei kleiner relativer Rißlänge $l_R/b < 0,3$, also im Bereich langsamer Rißausbreitung, kleiner als 5%.

SCHIJVE [5] hat systematische Versuche zur Ermittlung des Einflusses der Streifenbreite auf die Rißausbreitung in plattierten Blechen aus 2024-T 3 durchgeführt. Die Breite der untersuchten Prüfstücke betrug: $2b = 80;\ 160;\ 300;\ 600$ mm.

Im Bild 317 ist für die beiden Extrem-

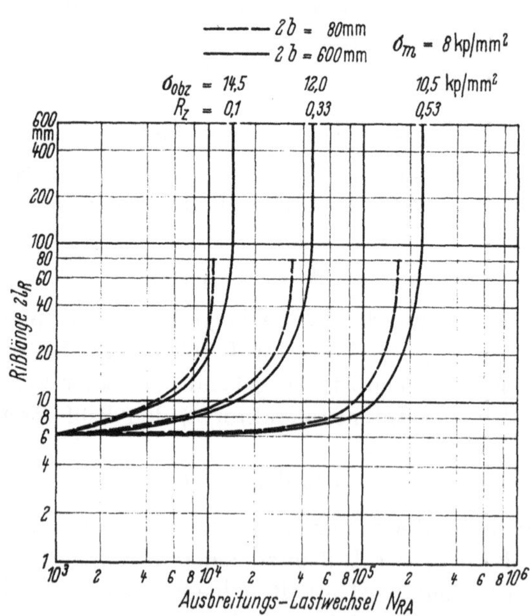

Bild 317. Rißausbreitung bei axialer Zugschwellbelastung in plattierten Blechen aus 2024-T 3 — Einfluß der Prüfstabbreite. Nach [5].

fälle $2b = 80$ mm und $2b = 600$ mm die Rißlänge l_R über der Ausbreitungslastwechselzahl $N_{RA} = N_R - N_A$ (wobei N_A einer bereits vorhandenen Rißlänge
von 6 mm zugeordnet wurde) aufgetragen. In diesem Diagramm sind Ausbreitungskurven für drei verschiedene Spannungsausschläge σ_a (und damit drei verschiedene Oberspannungen $\sigma_{ob\,z}$) bei gleicher Mittelspannung σ_m wiedergegeben.
Aus diesem Ergebnis folgt:

Zu Beginn des Rißausbreitungsvorgangs ist der Breiteneinfluß gering.

Die Gesamtausbreitungslastwechselzahl $N_{RG} = N_B - N_A$ ist bei breiten
Versuchsstreifen etwas größer als bei schmalen Streifen.

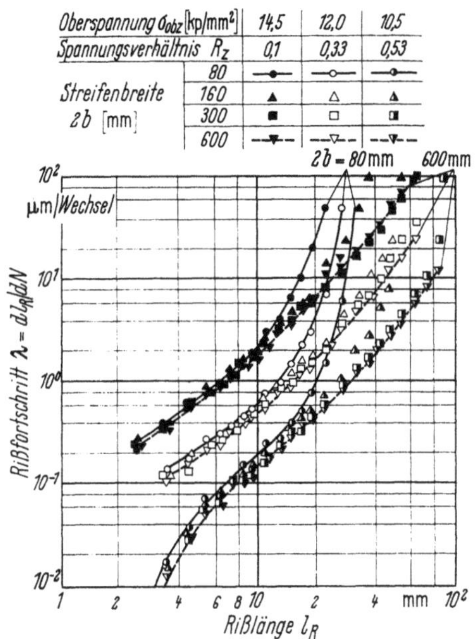

Oberspannung σ_{obz} [kp/mm²]		14,5	12,0	10,5
Spannungsverhältnis R_z		0,1	0,33	0,53
Streifenbreite $2b$ [mm]	80	—•—	—○—	—○—
	160	▲	△	▲
	300	■	□	◨
	600	--▼--	--▽--	--▼--

Bild 318. Rißausbreitung bei axialer Zugschwellbelastung in plattierten Blechen aus 2024-T 3 — Einfluß der Prüfstabbreite auf den Rißfortschritt. Nach [5].

Aus einem aufgenommenen Rißausbreitungsdiagramm läßt sich der Rißfortschritt $\lambda = dl_R/dN$ errechnen.

Im Bild 318 ist der Rißfortschritt λ, wie er sich aus Versuchen von Schijve [5]
für verschiedene Streifenbreiten und Oberspannungen (bei konstanter Mittelspannung) ergab, über der Rißlänge l_R aufgetragen. Selbstverständlich ergibt
sich ebenfalls die bereits aus dem Rißausbreitungsdiagramm Bild 317 erkannte
Tendenz, daß der Rißfortschritt mit wachsender Rißlänge stärker von der Streifenbreite beeinflußt wird.

1.2.1.3 Einfluß des Spannungsverhältnisses R
auf Spannungsintensitätsfaktor k_i und Rißfortschritt λ

In der Definitionsgleichung für den Spannungsintensitätsfaktor erscheint die
Belastungsspannung σ_{nu}. Für diesen Spannungswert kann entweder die Oberspannung σ_{ob} oder der Spannungsausschlag σ_a eingesetzt werden.

Es hat sich herausgestellt, daß die von Paris [10—12] unterstellte Beziehung
$(dl_R/dN) = f(k_i)$ nicht allgemein anwendbar ist, weder bei Zugrundelegen des
Spannungsausschlags σ_a noch bei Einsetzen der Oberspannung σ_{ob}. Diese Be-

ziehung ist jedoch sehr gut anwendbar, wenn Versuche mit gleichem R-Parameter verglichen werden.

Die Versuche von SCHIJVE [5] wurden bei konstanter Mittelspannung und drei verschiedenen Spannungsausschlägen durchgeführt. Trägt man den Rißfortschritt λ über dem Intensitätsfaktor k_i (unter Berücksichtigung der Breitenkorrektur) auf, so ergibt sich das Bild 319. Bis auf wenige herausfallende Werte

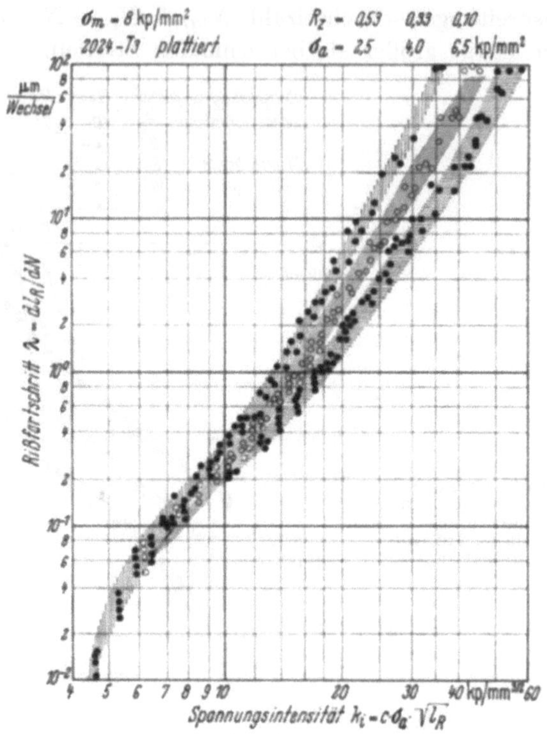

Bild 319. Rißausbreitung bei axialer Zugschwellbelastung — Rißfortschritt in Abhängigkeit vom Spannungsintensitätsfaktor. Nach [5].

bei großem Intensitätsfaktor, d. h. großer Rißlänge, liegen alle Meßpunkte für einen bestimmten Spannungsausschlag und unterschiedliche Streifenbreite in einem gemeinsamen sehr schmalen Streuband.

Es zeigt sich durch Vergleich der Streubänder für die drei Spannungsausschläge $\sigma_a = 2{,}5$; 4,0 und 6,5 kp/mm², daß bei gleichem Spannungsintensitätsfaktor k_i im Bereich großer k_i der Rißfortschritt λ im Streuband für $\sigma_a = 2{,}5$ kp/mm² 6mal so groß wird wie im Streuband für $\sigma_a = 6{,}5$ kp/mm².

Im Bild 320 ist der Einfluß von R_z auf den Rißfortschritt über k_i dargestellt. Dieser wesentliche Einfluß dürfte daher rühren, daß in der Berechnung des Spannungsintensitätsfaktors k_i nur die Spannungsausschläge σ_a berücksichtigt sind. Die der Belastung zugrunde liegende Mittelspannung σ_m bleibt unberücksichtigt.

An den Streubändern des Bildes 319 ist daher das Spannungsverhältnis R_z als Parameter angegeben.

In der Auftragung des Rißfortschritts über dem Intensitätskennwert (Bild 319) liegen die Streubänder für die verschiedenen untersuchten Spannungsausschläge (und damit die verschiedenen R-Werte) erheblich dichter zusammen, wenn der Spannungsintensitätskennwert k_i nicht über σ_a, sondern mit $(\sigma_a + \sigma_m)/2$ berechnet wird.

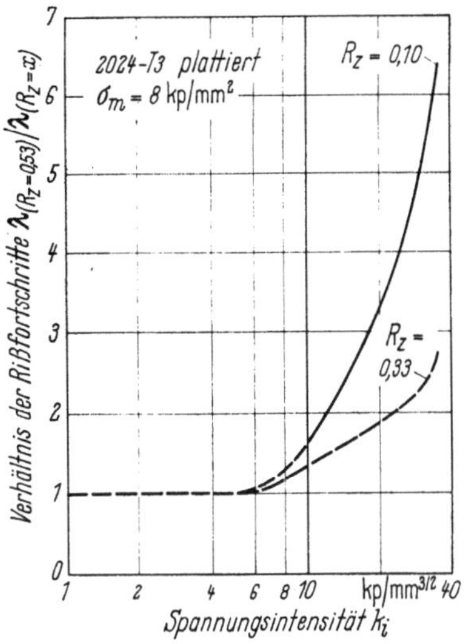

2024-T3 plattiert
$\sigma_m = 8$ kp/mm²
$R_z = 0,10$
$R_z = 0,33$
Verhältnis der Rißfortschritte $\lambda_{(R_z = 0,53)} / \lambda_{(R_z = x)}$
Spannungsintensität k_i
kp/mm³ᐟ²

Bild 320. Rißausbreitung bei axialer Zugschwellbelastung — Einfluß des Spannungsverhältnisses R_z auf den Rißfortschritt. Nach [5].

1.3 Grundlegende Arbeiten zum Problem der Ausbreitung von Ermüdungsrissen in Aluminiumlegierungen

1.3.1 Arbeiten von Head

HEAD [14] legt für seine Arbeiten die von OROWAN [15] formulierte Modellvorstellung für den Mechanismus der Rißentstehung (s. Kap. III) zugrunde.

Der entstandene Riß wirkt einerseits auf seine Umgebung spannungsentlastend, andererseits jedoch als Kerbe und erzeugt mithin eine neue Mikrospannungsspitze, die wiederum Verfestigungserscheinungen und damit ein Wachsen des Risses zur Folge hat.

Liegt die äußere Belastung unterhalb der Dauerfestigkeitsgrenze, so kommen die submikroskopischen Anrisse zum Stillstand. Bei Beanspruchung oberhalb der Dauerfestigkeit vereinigen sich zahlreiche dieser Risse zu einem makroskopischen Anriß, der bei weiterer Belastung zum Ermüdungsbruch führt.

HEAD erklärt den Mechanismus der Ausbreitung von Ermüdungsrissen in folgender Weise: Die Entstehung eines Anrisses in einem Kerbgrund oder an einer Fehlstelle im Material ist nach dem Konzept von OROWAN zu erklären. Der Riß schreitet nur fort, wenn am Ort der Rißspitze die den Rißfortschritt auslösende kritische Spannung durch Kaltverfestigung erreicht ist. Der Vorgang der Ermüdungsrißausbreitung zerfällt demnach in zwei Phasen:

Kaltverfestigung im Bereich der Rißspitze,
Anwachsen der Rißlänge.

Diese Modellvorstellung führt zu der folgenden Gleichung, in der die Rißlänge als Funktion der Spannung und der Lastwechselzahl gegeben ist:

$$l_R^{(-1/2)} = \gamma \, (C - N).$$

Hierin bedeuten:

l_R Rißlänge,
γ eine Funktion der aufgebrachten Spannung,
C eine Konstante,
N aufgebrachte Lastwechselzahl.

HEAD hat die Ergebnisse von Umlaufbiegeversuchen an Stahlstäben mit der von ihm vorgeschlagenen Funktion verglichen und recht gute Übereinstimmung gefunden.

SCHIJVE [16] hat keine gute Übereinstimmung dieser Gleichung mit seinen Versuchsergebnissen — axial belastete Stäbe aus Aluminium bei $R_z = 0$ — gefunden.

1.3.2 Theorie von Weibull

WEIBULL hat Rißausbreitungsuntersuchungen [1] an axial belasteten Stäben aus den Aluminiumlegierungen 2024-T 3 und 7075-T 6 bei $R_z = 0$ durchgeführt. Als Ergebnis seiner Arbeiten gibt er ebenfalls eine halbempirische Funktion für den Rißfortschritt an. Zur Herleitung dieser Funktion geht WEIBULL davon aus, daß allein die Spannung an der Rißspitze für den Rißfortschritt maßgebend ist. Mithin folgt

$$\lambda = (dl_R/dN) = C_1\,\sigma_{nn}^{C_2},$$

wobei

C_1 und C_2 empirische Konstanten sind, die von der Prüfstückgröße, dem Werkstoff und der Belastungsart abhängen,

σ_{nn} die Nennspannung im durch den Riß geschwächten Querschnitt ist.

Durch entsprechende Bestimmung der Konstanten C_1 und C_2 gelang es WEIBULL, Funktionen für den Rißfortschritt anzugeben, die mit seinen Meßergebnissen gut übereinstimmten.

Für die beiden untersuchten Legierungen (Versuchsstücke aus plattierten Blechen) wurden bestimmt

bei 2024-T 3:

$$\lambda = 2{,}18 \cdot 10^{-7}\sigma_{nn}^{2,6},$$

bei 7075-T 6:

$$\lambda = 10{,}2 \cdot 10^{-6}\sigma_{nn}^{1,4}.$$

Für konstante Spannung (während des Versuchs) im durch den Riß geschwächten Nettoquerschnitt σ_{nn} folgt nach WEIBULL auch ein konstanter Rißfortschritt λ. WEIBULL hat durch eigene Versuche diese Annahme bestätigt gefunden; allerdings sind von ihm relativ große Risse (im Bereich von 20 bis 60% der Prüfstabbreite) untersucht worden. In diesem Bereich liefert auch die Theorie des Spannungsintensitätsfaktors einen nahezu konstanten Rißfortschritt.

1.3.3 NACA-Theorie von McEvily und Illg

McEVILY und ILLG [2] gehen bei ihrer Theorie von der von OROWAN [15] und HEAD [14] entwickelten Modellvorstellung zur Entstehung und Ausbreitung von Ermüdungsrissen aus. Sie berücksichtigen jedoch in der von ihnen aufgestellten halbempirischen Funktion für den Rißfortschritt den Häufungsfaktor K_N des Risses. Das Produkt aus diesem Häufungsfaktor — der auf den durch den Riß geschwächten Nettoquerschnitt bezogen wird — und der Nennspannung

im Nettoquerschnitt σ_{nn} ist nach McEvily und Illg maßgebend für die Rißausbreitung. Dieses Produkt ist ein Maß für die am Ort der Rißspitze auftretende
Kaltverfestigung; im elastischen Bereich gibt es die Größe der Spannungsspitze
an der Rißspitze an.

Bei der Berechnung des „Häufungsfaktors des Risses" K_N wird der Riß
durch eine Ellipse, deren Hauptachse gleich der Rißlänge ist, ersetzt; gleichzeitig
wird die Existenz eines Rißspitzenradius ϱ_R — der experimentell zu ermitteln
ist — vorausgesetzt. Für den durch ein elliptisches Loch ersetzten Riß läßt sich
der Häufungsfaktor K_N nach Neuber [17] berechnen:

$$K_N = 1 + \tfrac{1}{2}(K_K - 1)\,\sqrt{l_R/\varrho_R}$$

wobei

K_K der Häufungsfaktor eines Kreislochs mit der Rißlänge als Durchmesser,
l_R die Rißlänge,
ϱ_R der Radius in der Rißspitze ist.

Für die Aluminiumlegierungen 2024-T 3 und 7075-T 6 wurden die Werte ϱ_R
von McEvily und Illg bestimmt:

$$\varrho_R = 0{,}12\ \mu\mathrm{m}\ \text{ für 2024-T 3,}$$

$$\varrho_R = 0{,}08\ \mu\mathrm{m}\ \text{ für 7075-T 6.}$$

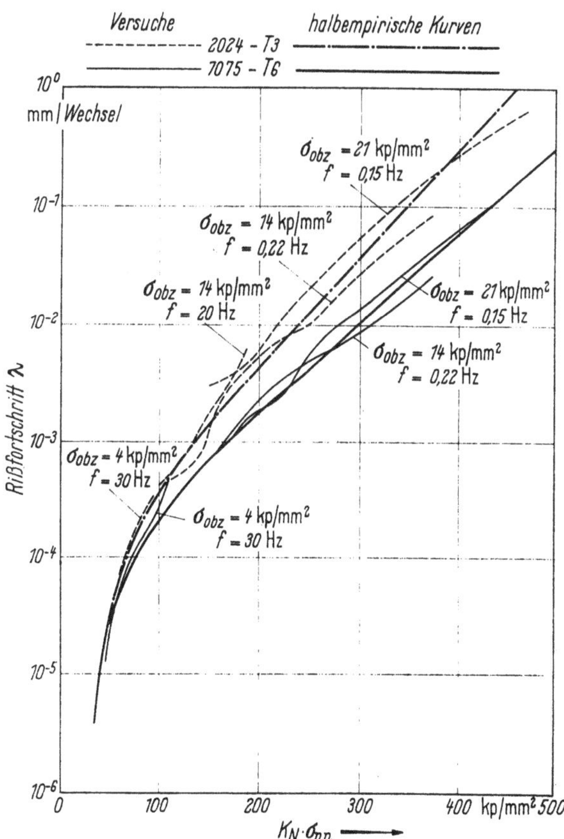

Bild 321. Rißfortschritt bei axialer Zugschwellbelastung — Vergleich experimentell
ermittelter und halbempirischer Kurven. Nach [2].

Für den Rißfortschritt wurde der folgende Ansatz gemacht:

$$\log \lambda = C_1 K_N \sigma_{nn} + [C_2 \sigma_{D(N_G)}/(K_N \sigma_{nn} - \sigma_{D(N_G)})] + C_3.$$

Hierin sind C_1, C_2 und C_3 empirische Konstanten und $\sigma_{D(N_G)}$ die Dauerfestigkeit des Materials.

Im einzelnen ergeben sich für die beiden untersuchten Aluminiumlegierungen und die verschiedenen Belastungsverhältnisse die folgenden halbempirischen Funktionen zur Bestimmung des Rißfortschritts:

$R = -1$

2024-T 3:

$$\log(\lambda/\lambda^*) = 0{,}0084 K_N (\sigma_{nn}/\sigma^*) - 3{,}80 - 2{,}94 \sigma_{D(N_G)}/(K_N \sigma_{nn} - \sigma_{D(N_G)}),$$

7075-T 6:

$$\log(\lambda/\lambda^*) = 0{,}0071 K_N (\sigma_{nn}/\sigma^*) - 3{,}97 - 2{,}60 \sigma_{D(N_G)}/(K_N \sigma_{nn} - \sigma_{D(N_G)}),$$

$R \approx 0$ für 2024-T 3 und 7075-T 6:

$$\log(\lambda/\lambda^*) = 0{,}0073 K_N (\sigma_{nn}/\sigma^*) - 4{,}07 - \sigma_{D(N_G)}/(K_N \sigma_{nn} - \sigma_{D(N_G)}).$$

In diesen Gleichungen sind zur dimensionslosen Schreibweise die folgenden Größen eingeführt:

$\lambda^* = 1$ mm/Lastwechsel,

$\sigma^* = 1$ kp/mm².

Werden die Spannungen in kp/mm² eingesetzt, so ergibt sich der Rißfortschritt in mm/Lastwechsel.

Die gute Übereinstimmung zwischen den halbempirischen Funktionen und den Meßergebnissen von McEvily und Illg ist aus Bild 321 zu entnehmen.

1.3.4 Arbeiten von Schijve und Broek

Schijve und Broek haben in Zusammenarbeit mit anderen Forschern sehr zahlreiche Arbeiten über die Rißausbreitung in Aluminiumlegierungen durchgeführt. Ihre wesentlichen Untersuchungen betrafen

den Frequenzeinfluß auf die Rißausbreitung in Aluminiumlegierungen bei Schwellbelastung [18],

die Rißausbreitung in Aluminiumlegierungen beim Mehrstufen- und Programmbelastungsversuch [19],

den Einfluß der Mittelspannung auf die Rißausbreitung in Aluminiumlegierungen [20],

den Einfluß der Blechdicke auf die Rißausbreitung in plattiertem Material aus 2024-T 3 [21],

den Einfluß der Warmbehandlung auf die Rißausbreitung in Aluminiumlegierungen [22],

die Rißausbreitung bei gekerbten und ungekerbten Flachstäben aus Aluminiumlegierungen [23],

die Phänomene der Ermüdungsbrüche in Aluminiumlegierungen [24],

den Einfluß der Prüfstabbreite auf die Rißausbreitung in plattiertem Blech aus 2024-T 3 [5].

Schijve [20] hat den von ihm gemessenen Rißfortschritt λ (an unplattierten Blechen aus 2024-T 3) in einem doppelt logarithmischen Netz über der Rißlänge l_R aufgetragen und festgestellt, daß bis zu einer Rißlänge von 1 mm ein linearer Zusammenhang zwischen $\log \lambda$ und $\log l_R$ besteht. Schijve macht folglich für diesen Rißausbreitungsbereich den Ansatz:

$$\lambda = (dl_R/dN) = \alpha \, l_R^{\beta}.$$

Die Größen α und β sind Funktionen der Oberspannung σ_{ob} und durch die Gleichungen

$$\alpha = C_1 \, \sigma_{ob}^{C_2}, \qquad \beta = C_3 \, \sigma_{ob}^{-C_4}$$

gegeben.

Die Konstanten C_1, C_2, C_3 und $-C_4$ werden empirisch bestimmt.

Für Rißlängen $l_R > 1$ mm gibt Schijve mithin eine Funktion der Form

$$\lambda = C_1 \, \sigma_{ob}^{C_2} \, l_R^{C_3} \, \sigma_{ob}^{-C_4}$$

an.

Die Konstanten C_1 bis C_4 sind verschieden je nach Prüfstabgröße und Kerbform.

Für Rißlängen $l_R > 1$ mm gilt nach Schijve die Linearität zwischen $\log \lambda$ und $\log l_R$ nicht mehr; in diesem Bereich wird der funktionelle Zusammenhang zwischen λ und l_R über Hilfsdiagramme, in denen λ über σ_{ob} (für $l_R = $ const) aufgetragen ist, ermittelt.

1.4 Rißausbreitung in Aluminiumlegierungen — ein Vorschlag zur anschaulichen Darstellung der Gesetzmäßigkeiten

1.4.1 Allgemeines zur Problematik

In dem vorangehenden Abschn. 1.3 sind einige der grundlegenden Arbeiten zum Problem der Rißausbreitung in hochfesten Aluminiumlegierungen kurz umrissen. Diese Arbeiten haben stets die Messung der Rißlänge in Abhängigkeit von der Lastwechselzahl zur Grundlage; die gemessenen Werte für den Rißfortschritt $\lambda = dl_R/dN$ werden über einer charakteristischen Kenngröße aufgetragen. Ein mathematischer Ansatz, der den Zusammenhang zwischen Rißfortschritt und Kenngröße erfaßt, enthält Konstanten, die empirisch bestimmt wurden und führt somit zu halbempirischen Gleichungen für die Berechnung des Rißfortschrittes. Beispiele für derartige Funktionen sind in Abschn. 1.3 gegeben. Die von den verschiedenen Autoren mitgeteilten Ansätze für den Rißfortschritt unterscheiden sich z. T. erheblich. Die Anpassung der Gleichungen an die experimentellen Werte durch entsprechende Wahl der Konstanten führt zu unübersichtlichen, unanschaulichen Gleichungsformen, die dem Konstrukteur keinen direkten Werkstoffvergleich ermöglichen.

Für den Ingenieur, dessen Aufgabe es ist, Konstruktionen zu entwickeln und zu betreuen, die durch dynamische Belastungen gefährdet sind, ist es sicher keine wesentliche Hilfe, wenn er eine schwer auswertbare halbempirische Gleichung für den Rißfortschritt kennt.

Für ihn ist es vielmehr wesentlich, an Hand übersichtlicher Darstellungen klare Vorstellungen über die Ausbreitung eines vorhandenen dynamischen Anrisses bei verschiedenen Werkstoffen zu gewinnen.

Im folgenden sei eine Zusammenstellung von Ergebnissen zahlreicher Rißausbreitungsuntersuchungen aus dieser Sicht gegeben.

1.4.2 Reine Schwellastversuche; $R_z = 0$ $(\sigma_m = \sigma_a)$

Messungen von McEVILY und ILLG [2], SCHIJVE und JACOBS [23] sowie WEIBULL [1] zur Rißausbreitung an gekerbten Stäben aus 2024-T 3 und 7075-T 6 sind in den Bildern 322 und 323 ausgewertet. Diese Versuche wurden bei einem Spannungsverhältnis $R_z = 0$ durchgeführt. Die relative Rißlänge l_R/b wurde über der bezogenen Ausbreitungslastwechselzahl N_{RA}/N_{RG} aufgetragen. Die Gesamtausbreitungslastwechselzahl N_{RG} ergibt sich als Differenz aus der Bruchlastwechselzahl N_B und der Anrißlastwechselzahl N_A, d. h. $N_{RG} = N_B - N_A$. Als Anrißlastwechselzahl ist je nach Vorkerb- und Prüfstabgeometrie die Lastwechselzahl definiert, bei der die relative Rißlänge l_R/b den Wert 0,05 oder 0,15 erreicht.

Die in den Bildern 322 und 323 eingetragenen Kurven — gewonnen aus den Rißausbreitungskurven l_R über N — lassen bezüglich des Spannungsausschlags σ_a innerhalb der Versuchsreihen der verschiedenen Labors eine klare Systematik erkennen. Allerdings fallen Kurven mit gleichen σ_a-Parametern, die in verschiedenen Forschungslaboratorien gemessen wurden, nicht zusammen. Bei den zur Auswertung herangezogenen Arbeiten unterscheiden sich die Prüfstabbreiten erheblich. Die Prüfstabbreite betrug bei

McEVILY und ILLG	$2b = 305$ mm,
SCHIJVE und JACOBS	$2b = 100$ mm,
WEIBULL	$2b =\ \ 45$ mm.

Für den Zusammenhang zwischen Rißfortschritt λ und Spannungsintensitätsfaktor k_i wurde von BARROIS [25] ein Ansatz vorgeschlagen

$$d\,l_R/d\,N = \lambda = c\,k_i^m,$$

der in diesem Zusammenhang numerisch ausgewertet wird, um als Vergleichsbasis für die verschiedenen Versuchsergebnisse zu dienen. Die Konstanten c und m dieses Ansatzes sind empirisch zu bestimmen.

Die dimensionslose Darstellungsweise der Versuchsergebnisse (s. Bilder 322 und 323) erfordert eine Umrechnung des Barroisschen Ansatzes:

$$
\begin{aligned}
d\,(l_R/b)/d\,(N/N_{RG}) &= (N_{RG}/b)\,d\,l_R/d\,N,\\
&= (N_{RG}/b)\,c\,k_i^m,\\
&= (N_{RG}/b)\,c\,(c_1\,\sigma_{nu}\,\sqrt{l_R})^m,
\end{aligned}
$$

worin c_1 den Dixonschen Breitenkorrekturfaktor $c_1 = 1/\sqrt{1 - (l_R/b)^2}$ bezeichnet.

Für die „Gesamtlastwechselzahl der Rißausbreitung" N_{RG}, beginnend bei einer Anrißlastwechselzahl N_A mit einer Rißlänge l_{Ro} bis zum Bruch, folgt

$$N_{RG} = \int dN = \int_{l_{Ro}}^{b} (1/c\,k_i^m)\,d\,l_R = b/c \int_{l_{Ro}/b}^{1} 1/(c_1\,\sigma_{nu}\,\sqrt{l_R})^m\,d\,(l_R/b).$$

Einsetzen in die Gleichung für den Barroisschen Ansatz ergibt:

$$d\,(l_R/b)/d\,(N/N_{RG}) = c_1^m\,(l_R/b)^{m/2} \int_{l_{Ro}/b}^{1} [1/c_1^m\,(l_R/b)^{m/2}]\,d\,(l_R/b),$$

$$d\,(l_R/b)/d\,(N/N_{RG}) = [(l_R/b)/(1 - (l_R/b)^2)]^{m/2} \int_{l_{Ro}/b}^{1} [(1 - (l_R/b)^2)/(l_R/b)]^{m/2}\,d\,(l_R/b).$$

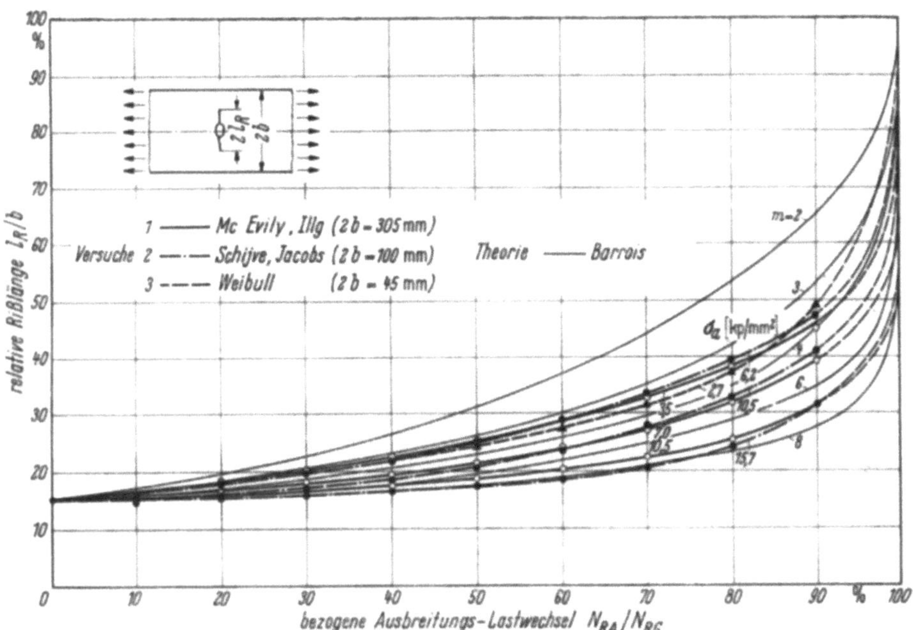

Bild 322. Rißausbreitung bei axialer Zugschwellbelastung ($Rz = 0$) in Blechen aus 2024-T 3 — Vergleich von Messungen aus verschiedenen Laboratorien. Nach [1, 2, 23, 25].

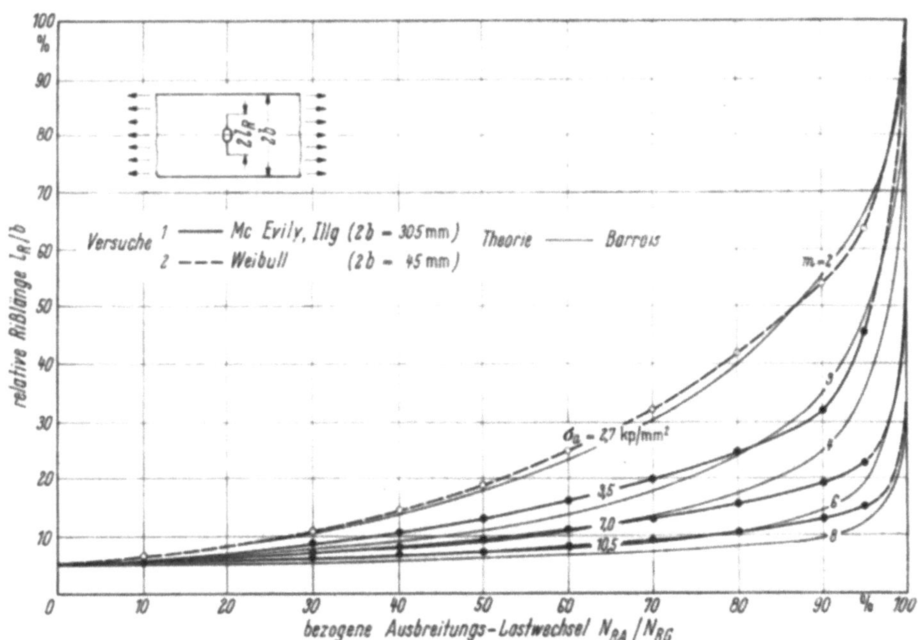

Bild 323. Rißausbreitung bei axialer Zugschwellbelastung ($Rz = 0$) in Blechen aus 7075-T 6 — Vergleich von Messungen aus verschiedenen Laboratorien. Nach [1, 2, 25].

In der gewählten dimensionslosen Darstellungsweise führt der Ansatz von
BARROIS mithin zu einer Beziehung, in der die Belastungsspannung σ_{nu} nicht mehr
erscheint. Für verschiedene Werte von m und l_{Ro}/b wurde die obige Gleichung
numerisch ausgewertet; die entsprechenden Kurven enthält Bild 324.

Die Auswertung der Versuchsergebnisse in den Bildern 322 und 323 hat
gezeigt, daß die Belastungsspannung — auch bei dimensionsloser Darstellungsweise — als Parameter erscheint. Weiterhin verbleibt ein systematischer Einfluß

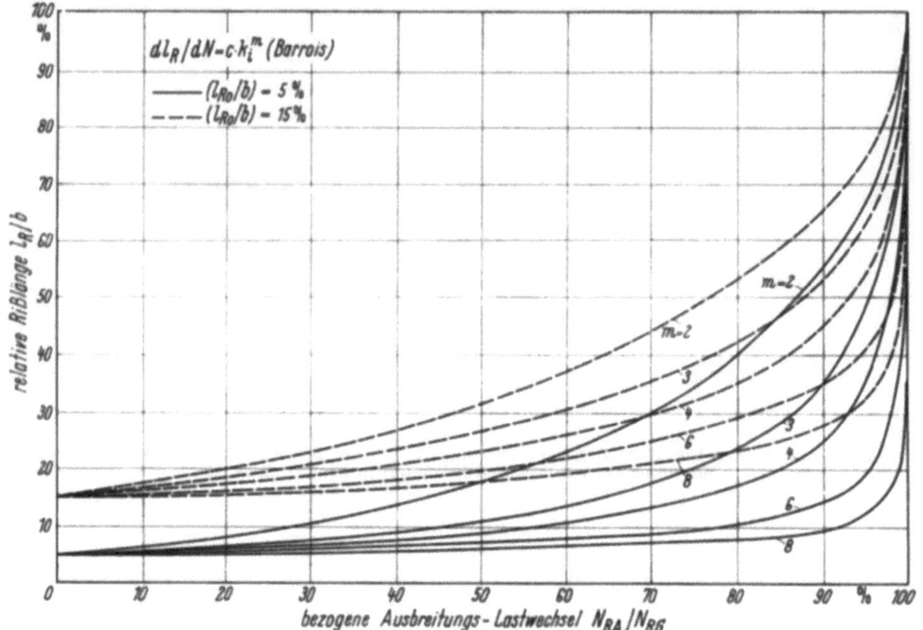

Bild 324. Rißausbreitung in Al-Legierungen — Numerische Auswertung des Ansatzes von BARROIS. Nach [25].

der Streifenbreite. Der Ansatz von BARROIS muß mithin durch entsprechende
Wahl des Exponenten m dem tatsächlichen Verlauf von l_R/b über N_{RA}/N_{RG}
— entsprechend einer bestimmten Belastungsspannung und Streifenbreite —
angepaßt werden.

Aus den Bildern 322 und 323, die neben den Versuchsergebnissen für die
Werkstoffe 2024-T 3 und 7075-T 6 die dem Ansatz von BARROIS entsprechenden
Kurven mit m als Parameter enthalten, folgt:

Die Versuchsergebnisse für den Werkstoff 2024-T 3 werden in den untersuchten Bereichen (Spannungsausschlag $\sigma_a = 2{,}7$ bis $15{,}7$ kp/mm² und Prüfstabbreite $2b = 45$ bis 305 mm) durch Kurven nach BARROIS mit den Exponenten $m \approx 3{,}5$ und $m \approx 8$ eingegrenzt.

Mit anwachsendem Spannungsausschlag und zunehmender Prüfstabbreite
steigt der Exponent m der die Versuchsergebnisse erfassenden Barroisschen
Funktion an.

Die Ergebnisse für den Werkstoff 7075-T 6 ($\sigma_a = 2{,}7$ bis $10{,}5$ kp/mm²; Prüfstabbreite $2b = 45$ bis 305 mm) werden durch Kurven nach BARROIS mit
den Exponenten $m \approx 2$ und $m \approx 6$ eingegrenzt.

Für die Praxis interessiert schließlich die Kenntnis der relativen Rißlänge in Abhängigkeit von der absoluten Lastwechselzahl. Der Barroissche Ansatz führt in diesem Fall zu der Beziehung:

$$d(l_R/b)/dN = [c(\sigma_{nu}\sqrt{b})^m/b]\left[\sqrt{\frac{(l_R/b)}{1-(l_R/b)^2}}\right]^m .$$

Im Gegensatz zu der Darstellung des Rißfortschritts über der relativen Lastwechselzahl, die für den Barroisschen Ansatz eine Elimination von Belastungs- und Geometrieeinfluß bedeutet, kommt hier nunmehr der Einfluß dieser Größen in dem dimensionslosen Parameter

$$[c(\sigma_{nu}\sqrt{b})^m/b]$$

zur Geltung.

Der Zusammenhang zwischen der Belastungsspannung σ_{nu} und der Gesamtausbreitungslastwechselzahl entsprechend dem Barroisschen Ansatz würde sich aus der obigen Gleichung durch Integration bis zur Grenze $l_R/b = 1$ herstellen lassen.

Trägt man die gemessene Gesamtausbreitungslastwechselzahl $N_{RG} = N_B - N_A$ in Abhängigkeit vom Spannungsausschlag σ_a auf — im Bild 325 ist dies für den Werkstoff 2024-T 3 durchgeführt — so ist im Zusammenhang mit dem bereits diskutierten Bild 322 der Rißausbreitungsvorgang beschrieben.

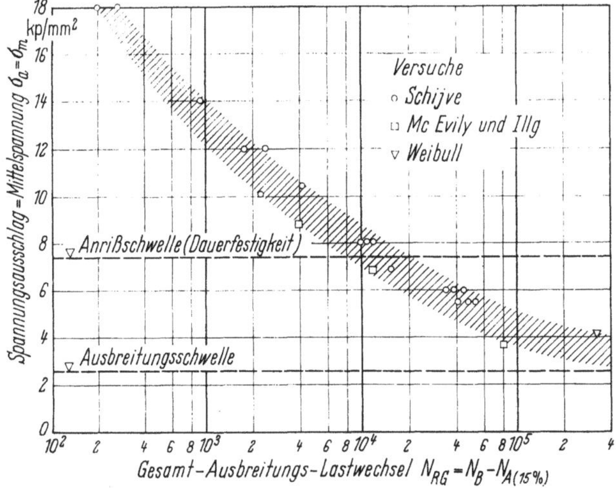

Bild 325. Rißausbreitung in Blechen aus 2024-T 3 bei axialer Zugschwellbelastung ($R_Z = 0$) — Zusammenhang zwischen Spannungsausschlag und Gesamtausbreitungslastwechselzahl. Nach [1, 2, 23].

Die Auftragung im Bild 325 ist im Hinblick auf die Rißausbreitung bei Mehrstufenbelastung besonders interessant. In dieses Diagramm ist außer der Ausbreitungsschwelle — Spannungen unterhalb dieser Grenze haben keinen Einfluß auf die Rißausbreitung — die Anrißschwelle, d. h. die durch die Dauerfestigkeit des Werkstoffs bestimmte Grenze, die zur Entstehung eines makroskopischen Anrisses führt, eingetragen.

Für den Mehrstufenversuch (Werkstoff 2024-T 3) folgt mithin:

Spannungen ($\sigma_a = \sigma_m$) < 7,5 kp/mm² sind ohne Wirkung hinsichtlich der Anrißentstehung: Anrißschwelle,

Spannungen ($\sigma_a = \sigma_m$) < 2,0 kp/mm² sind ohne Wirkung auf die Rißausbreitung: Ausbreitungsschwelle.

1.4.3 Schwellastversuche $R_z > 0$ $(\sigma_m > \sigma_a)$

Versuchsergebnisse zur Rißausbreitung bei Beanspruchungen $\sigma_m > \sigma_a$ für die Werkstoffe 2024-T 3 und 7075-T 6 von BROEK und SCHIJVE [20] sowie RAITHBY und BEBB [4] sind in den Bildern 326 und 327 wiedergegeben. Der prinzipielle Verlauf

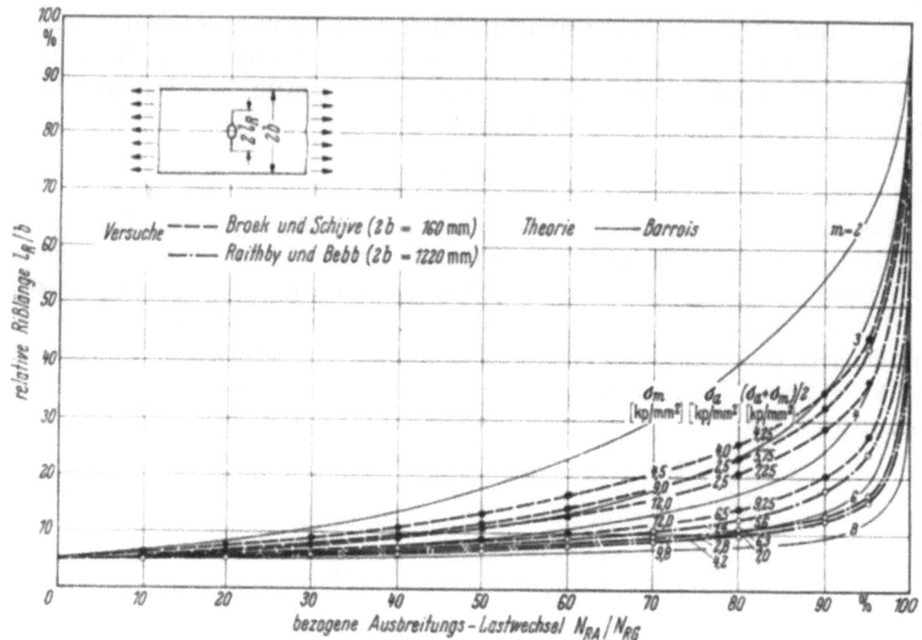

Bild 326. Rißausbreitung in plattierten Blechen aus 2024-T 3 bei axialer Zugschwellbelastung ($Rz > 0$) — Vergleich von Messungen aus verschiedenen Laboratorien. Nach [4, 20].

der Kurven unterscheidet sich nicht von dem, wie er bei Versuchen mit $R_z = 0$ gemessen wurde. Aus den Diagrammen der Bilder 326 und 327, die außer den Versuchsergebnissen auch Kurven nach dem Ansatz von BARROIS enthalten, folgt:

Die aus den Versuchen gewonnenen Kurven für jeweils ein bestimmtes σ_m und σ_a ordnen sich, bei getrennter Betrachtung der Ergebnisse aus den verschiedenen Forschungslaboratorien, systematisch bezüglich des Parameters $(\sigma_a + \sigma_m)/2$. Mit steigendem Parameter nimmt der Exponent m der die Versuche erfassenden „Barroisschen Funktion" zu.

Eine Vergrößerung der Prüfstabbreite hat den gleichen Einfluß, wie bereits bei der Diskussion der reinen Schwellastversuche festgestellt wurde. Der Exponent m der „Barroisschen Funktion", die die Versuchsergebnisse beschreibt, steigt an.

Die Versuchsergebnisse für den Werkstoff 2024-T 3 (Bild 326) werden in den untersuchten Bereichen (Spannungsparameter $(\sigma_a + \sigma_m)/2 = 4{,}25$ bis $9{,}25 \ \mathrm{kp/mm^2}$; Prüfstabbreite $2b = 160$ bis 1220 mm) durch Kurven nach dem Barroisschen Ansatz mit den Exponenten $m \approx 3$ und $m \approx 7$ eingegrenzt.

Die Ergebnisse für den Werkstoff 7075-T 6 (Bild 327), für den gleichen Bereich des Spannungsparameters und der Prüfstabbreite, werden in etwa eingegrenzt durch Kurven mit den Exponenten $m \approx 3{,}5$ und $m \approx 8$.

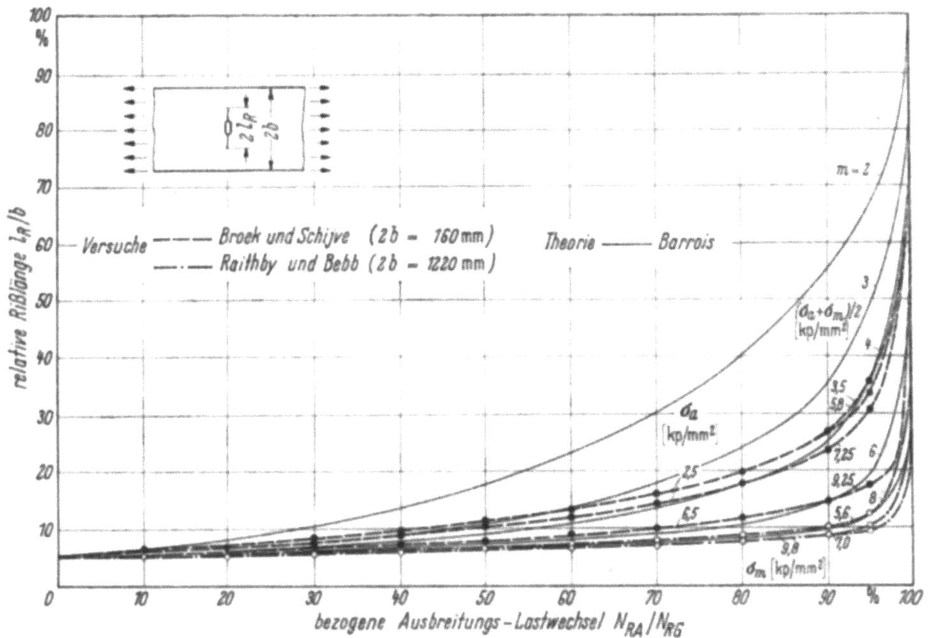

Bild 327. Rißausbreitung in plattierten Blechen aus 7075-T 6 bei axialer Zugschwellbelastung ($R_z > 0$) — Vergleich von Messungen aus verschiedenen Laboratorien. Nach [4, 20].

Entsprechend dem bereits diskutierten Bild 325, in dem der Zusammenhang zwischen der Gesamtausbreitungslastwechselzahl N_{RG} und dem Spannungsausschlag σ_a bei $R_z = 0$ dargestellt wurde, ist im Bild 328 dieser Zusammenhang mit σ_m als Parameter wiedergegeben.

Als Anrißlastwechselzahl N_A ist für beide Darstellungen die Lastwechselzahl festgelegt, bei der $l_R/b = 0,15$ erreicht ist. Bild 328 läßt erkennen:

Mit zunehmender Mittelspannung, bei gleichem Spannungsausschlag, verringert sich die Ausbreitungslastwechselzahl N_{RG}. Dieser Einfluß wird geringer mit abnehmendem Spannungsausschlag σ_a.

Die Rißausbreitungsschwelle scheint bei dem untersuchten Werkstoff (2024-T 3) bei etwa 2 kp/mm² zu liegen.

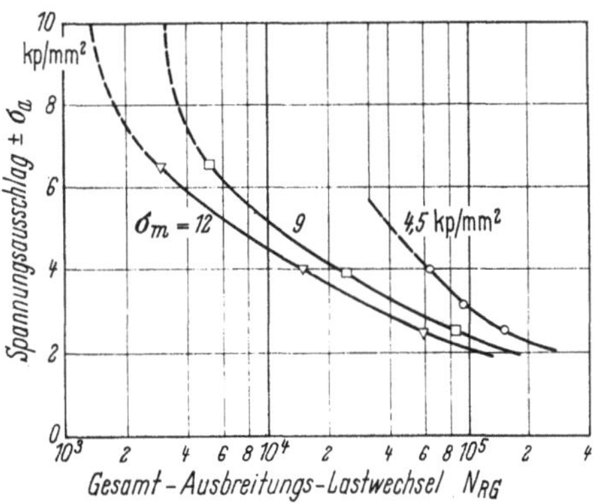

Bild 328. Rißausbreitung in Blechen aus 2024-T 3 bei axialer Zugschwellbelastung ($R_z > 0$) — Zusammenhang zwischen Spannungsausschlag und Gesamtausbreitungslastwechselzahl. Nach [20].

1.4.4 Zusammenfassung der Ergebnisse

Im vorangegangenen ist an Hand zahlreicher Experimente zur Rißausbreitung in Kerbstäben aus Al-Legierungen (2024-T 3; 7075-T 6) eine klare Systematik des Rißausbreitungsvorgangs in Stäben unterschiedlicher Breite und bei verschiedenen Belastungen aufgezeigt. Die Versuchsergebnisse wurden mit Kurven, die einem von BARROIS vorgeschlagenen Ansatz für den Rißfortschritt entsprechen, verglichen. Dieser Vergleich hat ergeben, daß ein Ansatz der vorgeschlagenen Form den charakteristischen Verlauf der experimentellen Kurven gut beschreibt. Bei einer Anpassung des Barroisschen Ansatzes an die Versuchskurven kann dann allerdings der Exponent m nicht als Konstante angesehen werden, sondern er wird zu einer mehr oder weniger von Spannung und Geometrie abhängigen Größe. Aufgabe weiterer Forschungsarbeiten sollte es sein, an Hand der zahlreichen vorliegenden Versuchsergebnisse eine allgemein gültige Funktion zu finden, die den Rißausbreitungsvorgang im gesamten interessierenden Belastungsbereich — unter Berücksichtigung des Breiteneinflusses — beschreibt.

2 Rißausbreitung im Zweistufen-Zugermüdungsversuch mit Blechstreifen

2.1 Grundsätzliche Feststellung über den „Stufeneinfluß"

Aus Untersuchungen von JENNEY und CHRISTENSEN [26] sowie Arbeiten von SCHIJVE [27] ergibt sich, daß ein unter hohen Spannungsausschlägen angerissener Probestreifen bei Weiterbelastung mit niedrigeren Ausschlägen höhere Bruchlastwechselzahlen erreicht als bei Belastung mit diesen niedrigen Ausschlägen von Beginn des Versuchs an. Von HUDSON und HARDRATH [3] wurden zu diesem Problem ebenfalls zahlreiche Versuche durchgeführt, die die im folgenden diskutierten quantitativen Aussagen ermöglichen.

Die vom Beginn des Versuches bis zur Ausbildung einer Rißlänge l_R erforderlichen Lastwechselzahlen seien bezeichnet:

im Einstufenversuch bei konstanter Nennspannung σ mit N_R,

im Zweistufenversuch mit

N_{1R} bei σ_1 in der ersten Stufe,
N_{2R} bei σ_2 in der zweiten Stufe.

Die Ausbreitung infolge σ_2 hängt von der Größe σ_1 und der bis zum Stufenwechsel erreichten Rißlänge l_{1R} ab, die in den Versuchen von HUDSON und HARDRATH jedoch so klein gehalten wurde (etwa 5 mm), daß dieser Einfluß zu vernachlässigen ist. Die wichtigste Erkenntnis aus diesen Versuchen ist — falls die Spannung der Endstufe des Zweistufenversuchs gleich der Spannung σ im Einstufenversuch ist — daß der Rißfortschritt $\lambda = dl_R/dN$ bei gleicher Rißlänge l_R

für $\sigma_1 > \sigma_2$ kleiner wird,

für $\sigma_1 < \sigma_2$ etwa unverändert bleibt.

2.2 Diskussion der Rißausbreitungskurven (l_R über N)

2.2.1 Darstellung der Ausbreitungskurven

Die Rißentstehung und -ausbreitung wurde von HUDSON und HARDRATH [3] an 300 nach Bild 312, Form b, vorgekerbten Blechstreifen aus AlCuMg und AlZnMgCu bei Zugschwellen mit verschiedenen Nennspannungen im Ein- und Zweistufenversuch eingehend untersucht.

Aus den in Tafeln wiedergegebenen Versuchswerten wurden als Beispiele die Ausbreitungskurven (l_R über $N_{R.1}$) im Bild 329 aufgetragen.

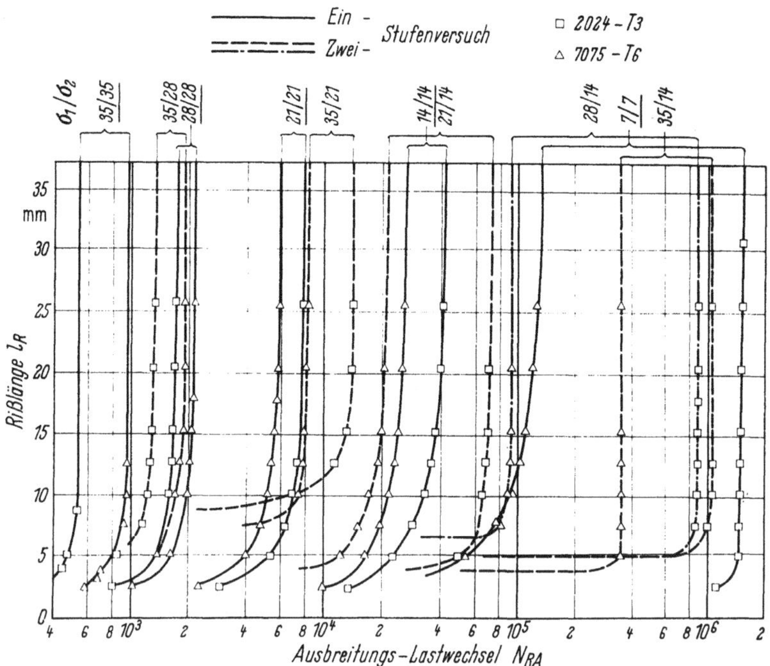

Bild 329. Rißausbreitung in Blechen aus 2024-T 3 und 7075-T 6 bei Einstufen — ($\sigma_1/\sigma_2 = 1$) und Zweistufen — ($\sigma_1/\sigma_2 > 1$) Versuchen. Nach [3].

2.2.2 Erkenntnisse aus den Einstufenversuchen

In den Einstufenversuchen ist das statisch höhergezüchtete AlZnMgCu dem AlCuMg bei

hoher Belastung $\sigma = 35$ und 28 kp/mm² überlegen,

mittlerer Belastung $\sigma =$ 25 kp/mm² gleichwertig,

niedriger Belastung $\sigma = 21$ bis   7 kp/mm² unterlegen.

Für die niedrigste untersuchte Schwellspannung $\sigma = 7$ kp/mm² ergibt sich, daß AlCuMg die 10fache Bruchlastwechselzahl gegenüber AlZnMgCu erreicht.
Das bessere Ermüdungsverhalten von AlZnMgCu bei $\sigma > 25$ kp/mm² ist für die vergleichende Wertung der beiden Al-Legierungen unwesentlich, denn es ist

bei AlCuMg   bereits $0{,}71\sigma_{0,2}$ und $0{,}5\sigma_B$,

bei AlZnMgCu bereits $0{,}48\sigma_{0,2}$ und $0{,}43\sigma_B$

erreicht. Derartig hohe Beanspruchungen werden in Anbetracht der statischen Sicherheitsspannen nur äußerst selten ($< 10^2$) erreicht.

Somit ist im praktisch interessierenden Zugschwellermüdungsbereich der Werkstoff AlCuMg immer dem AlZnMgCu bezüglich der Rißausbreitung bis zum Bruch bei gleicher Dimensionierung (Spannungsniveau) überlegen.

2.2.3 Erkenntnisse aus den Zweistufenversuchen

Im Bild 329 sind auch Ausbreitungskurven für $\sigma_1/\sigma_2 > 1$, also höhere Belastung in der ersten Stufe, aufgetragen.

Der Zusammenhang zwischen dem Laststufenverhältnis σ_1/σ_2 und der Erhöhung der Rißausbreitungslastwechselzahl im Zweistufenversuch gegenüber dem Einstufenversuch ist im Bild 330 wiedergegeben.

Entsprechend den im Bericht von HUDSON und HADRATH [3] angegebenen Versuchswerten sind für die Al-Legierungen AlZnMgCu und AlCuMg mittelnde Kurven eingetragen, die folgende Tendenzen erkennen lassen:

Eine hohe Vorlaststufe σ_1 wirkt sich mit kleiner werdender Endlaststufe σ_2 immer günstiger aus.

Mit Verringerung von σ_1 nimmt der günstige Einfluß der Vorlaststufe ab.

Der positive Einfluß einer erhöhten Vorlaststufe σ_1 gegenüber der Endlaststufe σ_2 auf die Rißausbreitung tritt bei dem Werkstoff AlCuMg wesentlich stärker in Erscheinung als bei AlZnMgCu.

Die aus der dynamischen Vorbelastung mit einer Spannung σ_1 für die Endstufe σ_2 resultierende „Ausbreitungsverzögerung" sei ΔN_V. Die Versuchspunkte für σ_2 über ΔN_V wurden mit dem Parameter σ_1 (= 35; 28; 21 kp/mm²) getrennt für AlCuMg und AlZnMgCu in das Bild 331 übernommen, und es wurden Kurven (σ_2 über ΔN_V) für die drei Parameter σ_1 durch diese Punkte gezogen. In die Diagramme sind zusätzlich Kurvenscharen mit $\sigma_2/\sigma_1 =$ const eingetragen.

Man findet in den Darstellungen des Bildes 331 die bereits im Bild 330 diskutierte Tendenz bestätigt, daß die Ausbreitungsverzögerung mit abnehmendem σ_2/σ_1 stark zunimmt.

3 Verlauf und Beeinflussung von Ermüdungsrissen

3.1 Transitionsvorgänge in Rißflächen bei dynamischer Zugbelastung von Blechstreifen

Bei zahlreichen Rißausbreitungsuntersuchungen wurde beobachtet, daß sich die Rißfläche während der Ausbreitung in einem bestimmten Bereich um die Rißausbreitungsrichtung als Achse dreht.

In einem Anfangsbereich (Anriß) verläuft die Rißfläche senkrecht zur Blechoberfläche und zur Belastungsrichtung. Von einer bestimmten Rißlänge ab dreht sich die Rißfläche, bis ein Winkel von 45° zur Blechoberfläche erreicht ist. Man bezeichnet diese um 45° zur Blechoberfläche geneigten Rißflächen als „Scherlippen"; sie verlaufen entweder in einer Ebene durch die gesamte Blechdicke oder bilden sich symmetrisch zur Blechdickenmitte in zwei Ebenen aus.

Als Transitionspunkt ist der Ort in der Bruchfläche definiert, bei dem eine „Scherlippe" die Blechdickenmitte erreicht. Dieser Punkt wird festgelegt durch Angabe der entsprechenden Rißlänge $l_{R\,Tr}$.

Da die statischen Bruchflächen von Blechstreifen ebenfalls eine Neigung von 45° zur Blechoberfläche zeigen, liegt die Vermutung nahe, daß sich im Bereich der bei dynamischen Bruchflächen beobachteten Transition der Bruchmechanismus ändert.

In einigen Veröffentlichungen, die sich mit dem Problem der Rißausbreitung in Aluminiumlegierungen beschäftigen, werden auch Meßwerte zu den beobachteten Transitionspunkten angegeben. Aus den Arbeiten von SCHIJVE und BROEK [18, 27],

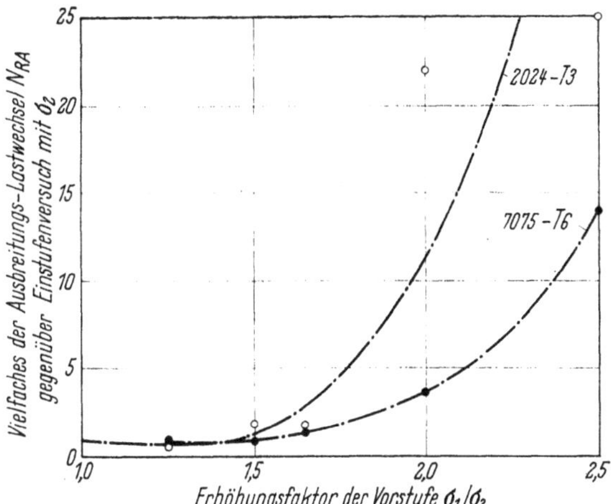

Bild 330. Rißausbreitung beim Zweistufenversuch. Nach [3].

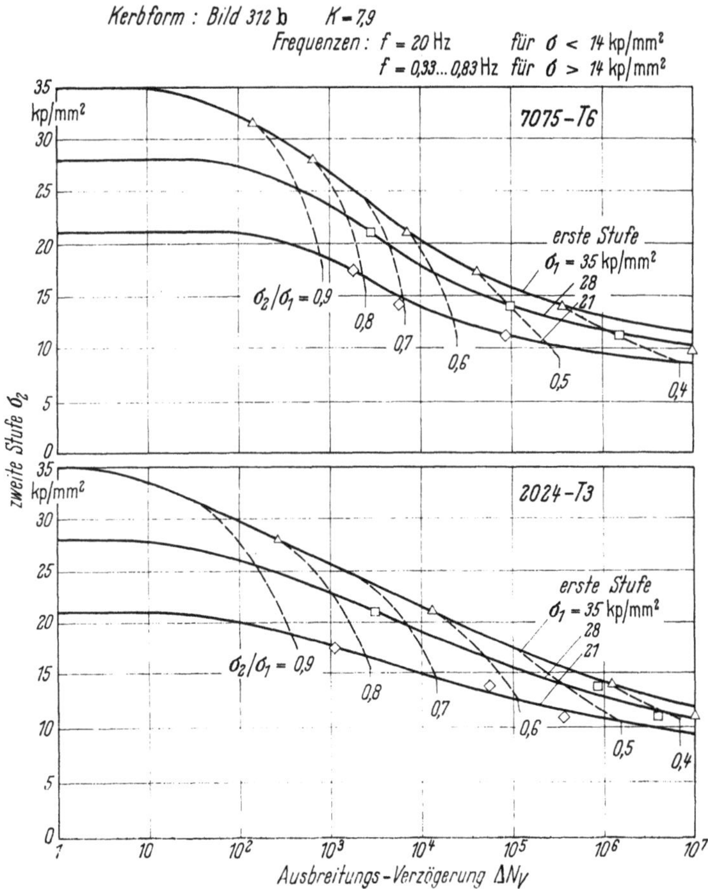

Bild 331. Rißausbreitung beim Zweistufenversuch — Verzögerung der Rißausbreitung gegenüber dem Einstufenversuch. Nach [3].

SCHIJVE, NEDERVEEN und JACOBS [5], FROST und DUGDALE [28], sowie BROEK, DE RIJK und SEVENHUYSEN [29] seien zusammenfassend folgende Schlußfolgerungen gezogen:

Die Transition setzt nicht, wie anfangs vermutet, falls Prüfstabgeometrie und Versuchsbedingungen gleich gehalten werden, stets bei Erreichen eines bestimmten Rißfortschrittes $(dl_R/dN)_{Tr}$ unabhängig vom Spannungsausschlag ein. Mit zunehmendem Spannungsausschlag steigt der im Transitionspunkt erreichte Rißfortschritt an.

Die Lage des Transitionspunktes l_{RTr} ist unabhängig von der Prüfstabbreite.

Der Rißfortschritt bei Erreichen des Transitionspunktes ist von der Belastungsfrequenz abhängig.

3.2 Beeinflussungsmöglichkeiten der Rißausbreitung

Die Richtung des Anrisses und der Verlauf des Risses bei seiner Ausbreitung kann für die Lastwechselzahl N_{RG} vom Anriß bis zum Bruch und damit für die Sicherheit der Konstruktion eine wesentliche Bedeutung haben.

Ein erheblicher konstruktiver Fortschritt wird erreicht sein, wenn es gelingt, durch konstruktive Gestaltung den Verlauf von Ermüdungsrissen dahingehend zu beeinflussen, daß die Lastwechselzahl N_{RG} möglichst groß wird.

Im folgenden werden verschiedene Beeinflussungsmöglichkeiten erläutert und diskutiert:

3.2.1 Rißfallen

Wenn beispielsweise der Ermüdungsriß eines Blechs in eine Bohrung läuft, so ist seine weitere Ausbreitung so lange gestoppt, bis in der Lochwandung auf der Gegenseite ein neuer Anriß entstanden ist. Es ist in der Praxis üblich, daß man Risse „abbohrt", um ihre Ausbreitung zu behindern. Die „Rißfallen", in die Ermüdungsrisse laufen sollen, werden aber nicht nur erst gebohrt, wenn der Schaden festgestellt ist, sondern sie werden auch bereits konstruktiv vorgesehen.

Aus Abschn. 5 geht hervor, daß der Rißverlauf durch eine Reihe von Bohrungen wegen der Rißfallenwirkung wesentlich günstiger ist als durch einen ungestörten Querschnitt. Die unvermeidlichen Kerben sollten also möglichst nicht isoliert, sondern so zueinander angeordnet sein, daß (z. B. in Nietfeldern) ein günstiger Rißverlauf erzwungen wird.

Schon seit langem nutzt der Konstrukteur die Möglichkeit, an einem erforderlichen Kerb die Spannungshäufung und damit die Anrißgefahr durch „Entlastungskerben" herabzusetzen. Es besteht grundsätzlich auch die Möglichkeit, „Stoppwirkungen" durch die Gruppierung von Kerben zu erzielen oder sogar zusätzliche „Stoppkerben" anzuordnen, um die Rißausbreitung kräftig zu behindern und damit die Ausbreitungswechselzahl stark zu erhöhen.

3.2.2 Rißlenkung

Durch Anordnung örtlicher Verstärkungen oder Schwächungen kann die Richtung eines Risses auf einen längeren Weg abgelenkt oder zu einer Rißfalle hingelenkt werden.

3.2.3 Rißblockierung

Die Rißausbreitung kann durch Anordnung von Material quer zur Ausbreitungsrichtung blockiert werden. Der Riß in einem Blech wird stark behindert, wenn er unter einem quer dazu angeordneten Versteifungsprofil durchlaufen muß. Erst wenn auch dieses behindernde Glied hinreichend angerissen ist, wird die Blockierung aufgehoben.

Im ILTUB wurden Versuche zum Problem der Rißblockierung durchgeführt, deren Ergebnisse im folgenden beschrieben sind:

3.2.3.1 Rißausbreitung ohne Behinderung

Die Rißausbreitungsuntersuchungen wurden an AlCuMg 1-Blechstreifen unter Zugschwellast durchgeführt. Die Streifen der Breite $2b = 100$ mm waren in der Längsachse mit einer Reihe von Bohrungen vom Durchmesser $d = 8$ mm versehen, so daß $2b/d = 12,5$ wurde. Durch laufende Beobachtung mit einer Lupe wurden die ersten Ermüdungsanrisse (N_A) erfaßt; anschließend wurde

weiter bis zum Ermüdungsbruch (N_B) belastet. Im Bild 332 sind die $(\sigma - N)$-Werte aufgetragen und in Streubändern zusammengefaßt. Es zeigt sich, daß das $(\sigma - N_A)$-Streuband klar unter dem $(\sigma - N_B)$-Streuband liegt; die Obergrenze von $(\sigma - N_A)$ fällt etwa mit der Untergrenze von $(\sigma - N_B)$ zusammen. Es ergibt sich, daß für den Lastwechselbereich $N = 10^4$ bis $N = 10^6$ das Verhältnis N_A/N_B etwa gleich 0,6 wird, also beim sichtbaren Anriß erst 60% der Bruchlastwechsel ertragen sind. Die Ausbreitung des Ermüdungsrisses nimmt mithin einen wesentlichen Anteil der gesamten bis zum Bruch ertragbaren Lastwechselzahl in Anspruch.

Im folgenden wird der Abstand zwischen den beiden unteren Streubandgrenzen von $(\sigma - N_A)$ und $(\sigma - N_B)$ als „Ausbreitungsband" bezeichnet.

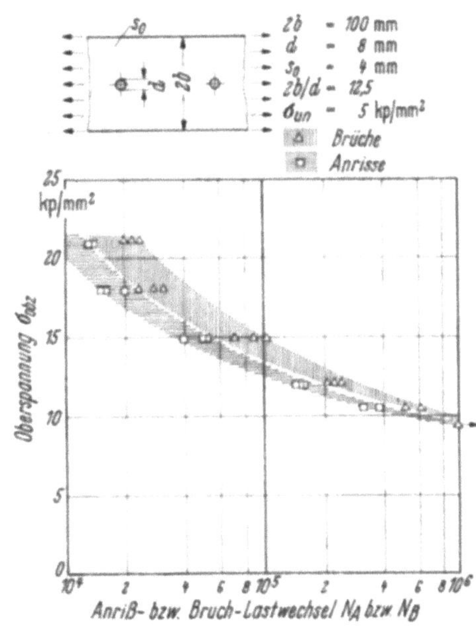

Bild 332. Rißausbreitung in Blechen aus AlCuMg 1 (2017-T 4) — Anriß- und Bruchfestigkeit.

3.2.3.2 Behinderung der Rißausbreitung durch aufgeklebte Stoppstreifen

Auf die Prüfstäbe wurden ein- und beidseitig Stoppstreifen aus AlCuMg 1 mit Kleber FM 1000 aufgeklebt. Da diese Streifen über die ganze Länge des Prüfstabs laufen, sind sie im Versuch mittragend und dementsprechend voll in der Berechnung der Spannungen $\sigma_{ob\,z}$ berücksichtigt. Ihre Anordnung auf dem Prüfstück ist aus der Skizze im oberen Teil des Bildes 333 ersichtlich. Das Diagramm des gleichen Bildes gibt die Versuchspunkte (Anriß und Bruch) für ein- und beidseitig aufgeklebte Stoppstreifen wieder. Zusätzlich ist das Ausbreitungsband, wie es aus Bild 332 ohne Behinderung der Rißausbreitung folgt, eingetragen.

Durch Verwendung beidseitiger Stoppstreifen wird das $(\sigma - N_B)$-Streuband erheblich angehoben.

In vielen Fällen (bei Außenhäuten) können nur einseitig Streifen angebracht werden, die sich immerhin so weit günstig auswirken, daß eine eingehendere Untersuchung hierzu gerechtfertigt erscheint.

Das Ausbreitungsband wird sowohl durch einseitige als auch beidseitige Stoppstreifen erheblich angehoben und verbreitert.

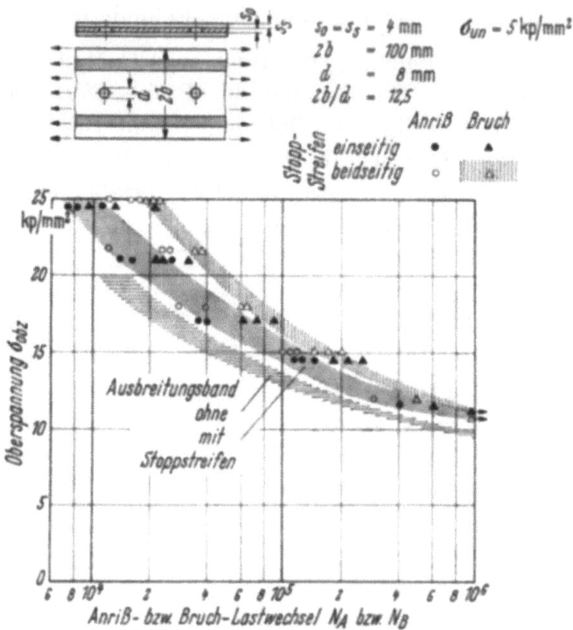

Bild 333. Behinderung der Rißausbreitung in Blechen aus AlCuMg 1 (2017-T 4) — ein- und beidseitig aufgeklebte „Stoppstreifen".

3.2.3.3 Behinderung der Rißausbreitung durch aufgeklebte Stoppringe

Einseitig aufgeklebte Stoppringe (geometrische Anordnung, s. Skizze im Bild 334) wirken sich, wie entsprechende Versuche ergaben, weniger stark aus. Das Ausbreitungsband wird durch die Stoppringe — wie Bild 334 zeigt — nur leicht nach oben verschoben und um ein geringes verbreitert.

3.2.3.4 Vergleich der Rißausbreitung bei Verwendung verschiedener Rißblockierungen

Bei den Versuchen des ILTUB über die Beeinflussung der Rißausbreitung durch aufgeklebte „Stopper" wurde auch der Fortschritt der Risse mit der Lastwechselzahl gemessen. Im Bild 335 ist die Rißlänge über der Rißlastwechselzahl N_R für ein glattes Blech mit Bohrung und für 3 solcher Bleche mit Längsstoppstreifen dargestellt. Die Streuungen sind beträchtlich; es zeigt sich jedoch eine eindeutige ($\approx 2,5$- bis ≈ 4fache) Erhöhung der Ausbreitungswechselzahl.

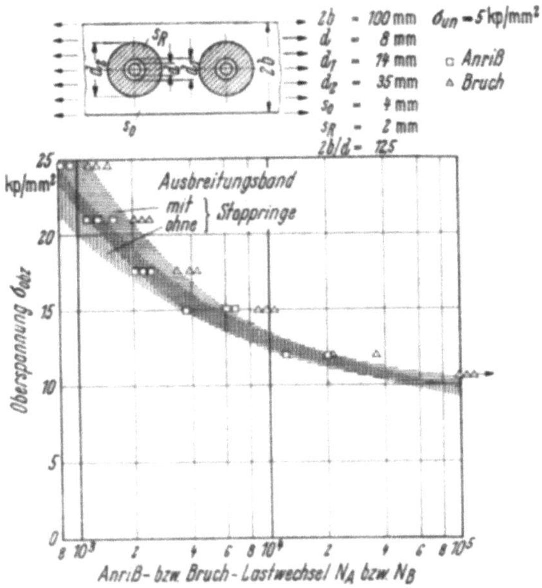

Bild 334. Behinderung der Rißausbreitung in Blechen aus AlCuMg 1 (2017-T 4) — einseitig
aufgeklebte Ringverstärkungen.

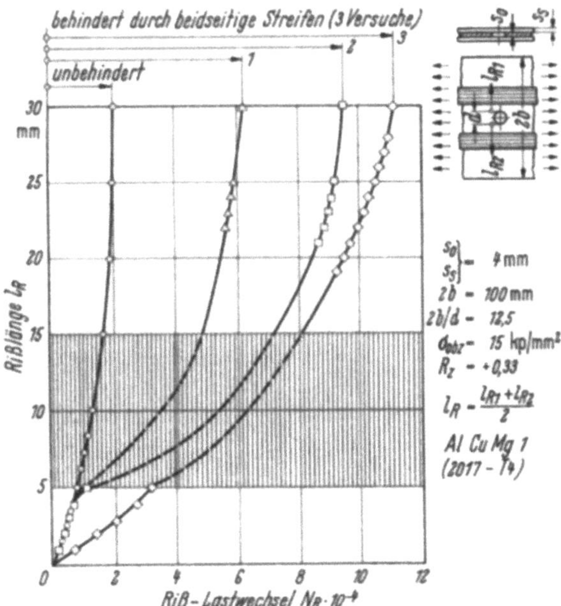

Bild 335. Behinderung der Rißausbreitung durch beidseitig aufgeklebte „Stoppstreifen".

Die Darstellung der Rißlänge über der Ausbreitungslastwechselzahl zeigt im

Bild 336, daß Stoppstreifen auf beiden Seiten des Blechs sehr wirkungsvoll sind, einseitige Anordnung dagegen wenig nützlich ist,

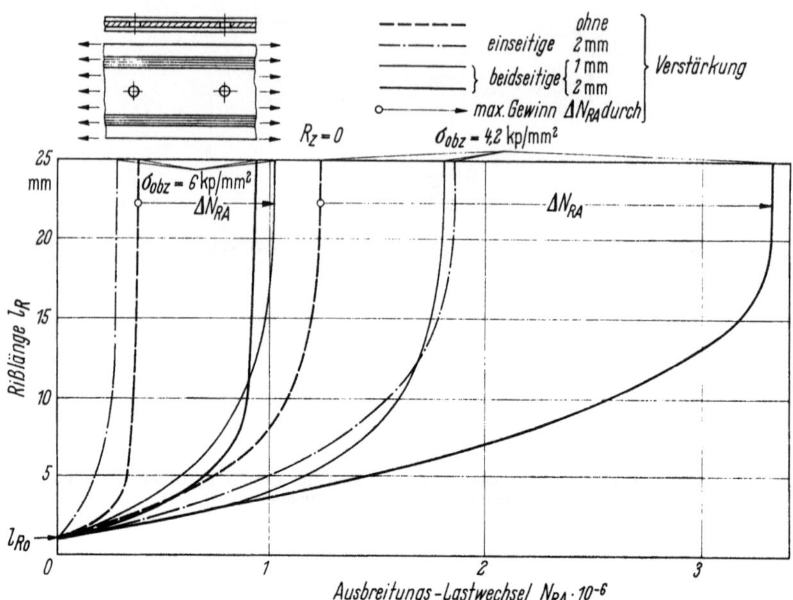

Bild 336. Verzögerung der Rißausbreitung in Blechen aus AlCuMg 1 (2017-T 4) durch aufgeklebte „Stoppstreifen".

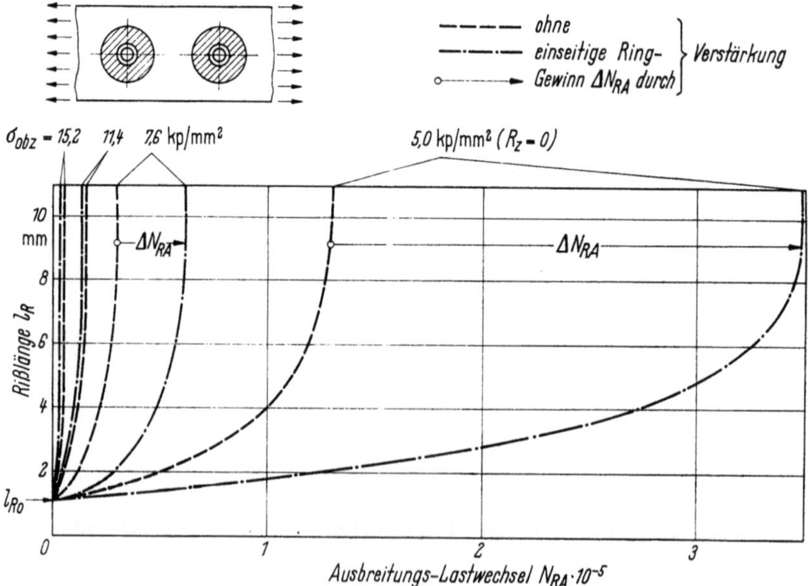

Bild 337. Verzögerung der Rißausbreitung in Blechen aus AlCuMg 1 (2017-T 4) durch aufgeklebte Ringverstärkungen.

im Bild 337, daß einseitig aufgeklebte Ringverstärkungen bei mittlerem und geringem Beanspruchungsniveau eine beachtliche Verbesserung brachten.

Aus dem bisherigen Versuchsmaterial lassen sich noch keine quantitativen, allgemein gültigen Angaben herleiten.

3.2.4 Unterteilung der Konstruktion

Wird eine Konstruktion sinnvoll unterteilt, wie beispielsweise eine durch Längszug beanspruchte Platte in zahlreiche Längsstreifen, so wird ein Riß zunächst immer auf den Streifen beschränkt bleiben, in dem er entstanden ist.

Zu einer weiteren Ausbreitung des Risses ist ein neuer Anriß eines Nachbarstreifens erforderlich.

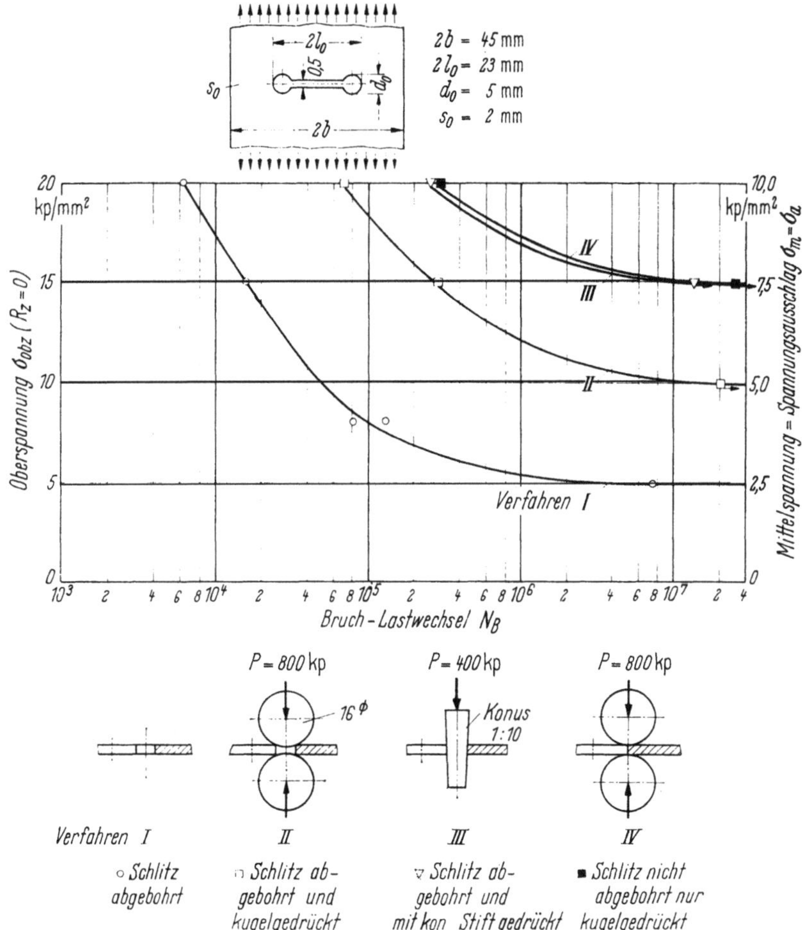

Bild 338. Behinderung der Rißausbreitung in Blechen aus AlCuMg 2 durch Aufbringen von Restspannungen. Nach [30].

Bei einer solchen Unterteilung ist es wichtig, die Einzelstreifen so zu konstruieren, daß ihre Längsränder nicht anreißen können und ein Anriß in Längsrandnähe in der Ausbreitung möglichst stark behindert wird (Beispiele in Kap. XIX).

3.2.5 Behinderung der Rißausbreitung durch Restspannungen

Normalerweise werden Anrisse durch Abbohren des Rißendes gestoppt.

In einem schwedischen Bericht [30] wurde als wirkungsvolleres Verfahren zum Stoppen der Rißausbreitung das Aufbringen von Druckrestspannungen an der gefährdeten Stelle vorgeschlagen und experimentell untersucht.

Bild 338 zeigt die Versuchsergebnisse. Die Experimente wurden an schmalen Streifen ($2b = 45$ mm), die mit gesägten Schlitzen (an Stelle von Anrissen) versehen waren, durchgeführt.

Verfahren I: Der Prüfstab mit abgebohrtem Schlitz hat bei 50 % verbleibendem Querschnitt eine geringe Ermüdungsfestigkeit.

Verfahren II: Werden die Stoppbohrungen durch Drücken mit einer Kugel entsprechend der Skizze im Bild 338 plastisch verformt, so erhöhen die damit erzeugten Restspannungen die Ermüdungsfestigkeit (σ_{obz}) um etwa 100 % gegenüber I.

Verfahren III: Eine stärkere Verbesserung der Ermüdungsfestigkeit um etwa 200 % gegenüber I erfolgt, wenn die Stoppbohrung mit einem konischen Stift aufgeweitet wird.

Verfahren IV: Die hohe Verbesserung um etwa 200 % wird auch erzielt, wenn die nicht abgebohrten Schlitzenden mit Kugeln entsprechend der Skizze gedrückt werden, so daß in dem Kerbgrund Druckrestspannungen entstehen.

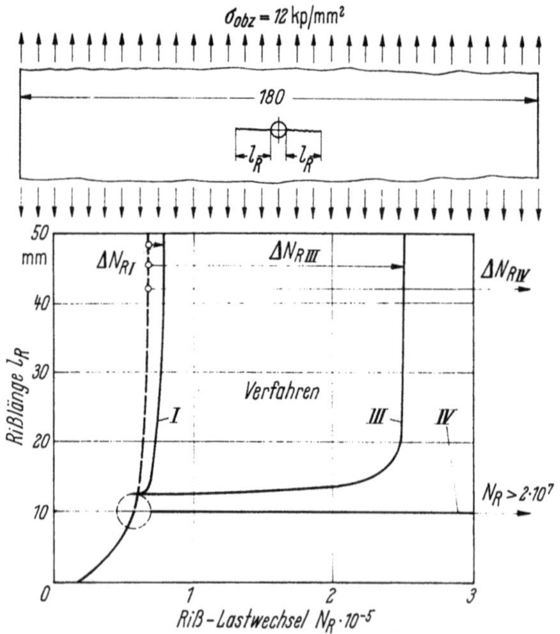

Bild 339. Behinderung der Rißausbreitung in Blechen aus AlCuMg 2 durch Aufbringen von Restspannungen. Nach [30].

Bild 339 zeigt die Ergebnisse an breiten Streifen ($2b = 180$ mm), die mit einer zentrischen Bohrung versehen waren. Wenn der von dieser Bohrung ausgehende Ermüdungsanriß eine Länge von 10 mm erreicht hatte, wurde er entsprechend den im vorangegangenen erläuterten Rißstoppverfahren behandelt. Es folgt aus diesem Bild, daß bei Verwendung von

Verfahren I das Abbohren des Risses seine Ausbreitung wenig beeinflußt (Verbesserung $\Delta N_{RI} \sim 15\%$),

Verfahren III das plastische Aufweiten der Stoppbohrung mit einem konischen Stift die Rißausbreitung sehr stark verzögert (Verbesserung $\Delta N_{RIII} \approx 270\%$),

Verfahren IV das Drücken des nicht abgebohrten Risses mit Kugeln die Rißausbreitung bis $N_R > 2 \cdot 10^7$ völlig stoppt.

Es ist also möglich, durch Aufbringen von Restspannungen die Rißausbreitung zu verzögern bzw. „völlig" zum Stehen zu bringen. In einer Flugzeugzelle besteht jedoch die Schwierigkeit, die zum Drücken notwendigen Kräfte an einem defekten Teil aufzubringen, das weit von einer Öffnung entfernt ist. Als Lösung bietet sich hier die Explosionsumformung an, die es gestattet, beliebig große Kräfte gleichzeitig auf beiden Seiten einer Schale angreifen zu lassen. Versuche zu diesem Verfahren laufen z. Z. im ILTUB.

3.3 Zusammenhänge zwischen der Richtung des Anrisses und der Rißausbreitung

3.3.1 Analogiebetrachtungen zwischen Spannungstrajektorien und Strömungsfeld

Die Anrisse erfolgen senkrecht zu den Zugspannungstrajektorien. Daher kann man aus der Anrißrichtung Folgerungen bezüglich der Hauptspannungsrichtung im Bereich der Spannungshäufung ziehen.

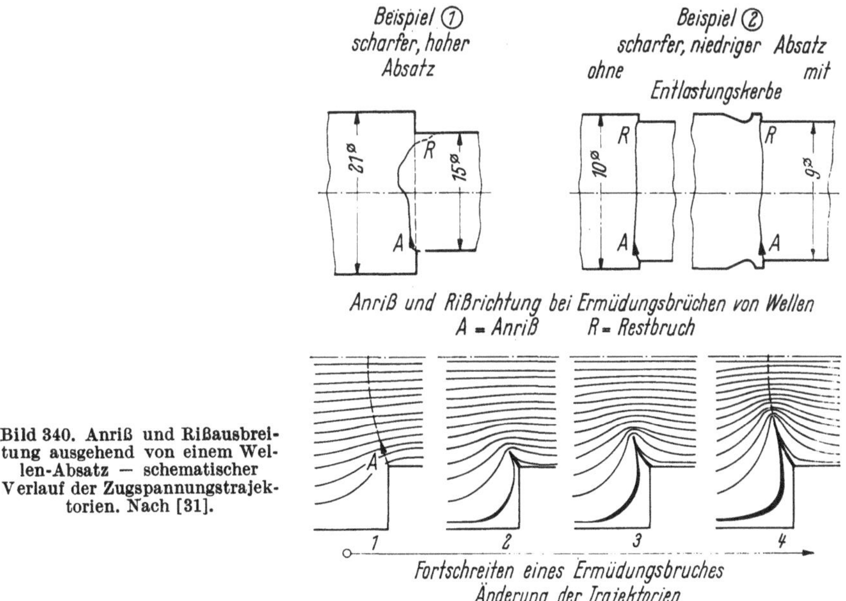

Bild 340. Anriß und Rißausbreitung ausgehend von einem Wellen-Absatz — schematischer Verlauf der Zugspannungstrajektorien. Nach [31].

Mit der Rißausbreitung ändert sich das Spannungstrajektorienfeld in der Umgebung der Spannungshäufungen, und damit kann sich auch die Rißrichtung ändern. Im Bild 340 ist unten der Zusammenhang zwischen Rißfortschritt und

Zugspannungstrajektorien dargestellt, wie er sich aus Analogieversuchen mit schleichender (Glyzerin-) Strömung ergibt [31]. Oben in diesem Bild sind Beispiele [31] gegeben für Anrisse an einem scharfen Absatz ohne und mit Entlastungskerbe, deren Richtungstendenz der unten ermittelten entspricht. Auffällig ist im Bruchbild rechts oben, daß bei Anbringung einer Entlastungskerbe hinter dem Absatz die Anrißrichtung weniger schräg ist; dies entspricht der Tatsache, daß die Spannungstrajektorien am Absatz weniger stark gekrümmt sind.

Dieser Zusammenhang zwischen Anrißrichtung und Richtung der Zugspannungstrajektorien erklärt die Beobachtung, daß an einem Wellenabsatz der Bruch stets zur Seite des größeren Durchmessers hin „eingewölbt" ist.

3.3.2 Beispiele für Richtungswechsel und Drehung des Ermüdungsrisses

3.3.2.1 Längsstegausläufe von Integralplatten

Die Längsstege einer in Längsrichtung auf Zug beanspruchten Integralplatte werden an den Ausläufen auf „Abreißen" von der Haut beansprucht (s. Kap. XV). Das Reißlackbild 380 oben, sowie die Auswertung im Bild 381 erläutern die Ent-

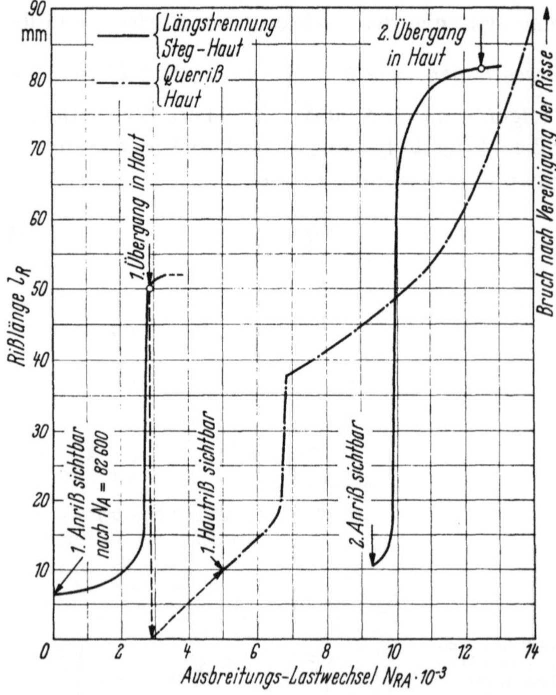

Bild 341. Rißausbreitung in Integralplatten — Übergang der Steg-Trennungsrisse in Haut-Querrisse. Nach [32].

stehung der konzentrierten Abreißspannungen. Das Foto im Bild 374 zeigt, wie bei Zugschwellbelastung der Platte der Anriß erfolgt. Der Riß breitet sich in Plattenlängsrichtung aus und trennt dabei die Versteifung von der Haut.

Wenn diese Trennung in Plattenlängsrichtung bis zu der Stelle vorgedrungen ist, an der die Haut nicht mehr für den Anschluß aufgedickt ist, breitet sich der Riß nach einem Richtungswechsel von $\approx 90°$ weiter in der dünnen Haut des Normalquerschnitts aus.

Wie die Messung der Rißausbreitung im Bild 341 zeigt, dringt der Längstrennungsriß, nachdem er eine Länge von $l_R \approx 15$ mm erreicht hat, sehr schnell bis zur dünnen Haut vor, in der er sich nach einem Richtungswechsel von $\approx 90°$ als Querriß langsam weiter ausbreitet [32].

Man kann in einem solchen Fall die Ausbreitung beeinflussen, indem man in den Versteifungssteg dort, wo der Trennungsbruch aufgehalten werden soll, eine Rißfalle bohrt. Die Stelle des Richtungswechsels wird hierdurch fixiert. Vielleicht gelingt es, den Ort des Richtungswechsels zu einer noch etwas aufgedickten Stelle der Haut zu verschieben, so daß infolge geringerer Beanspruchungen der Riß in der Haut langsamer fortschreitet.

Wenn es gelingt, durch eine Rißfalle im Steg die Stelle des Richtungswechsels in der Haut zuverlässig festzulegen, kann man auch in der Haut Bohrungen so anordnen, daß sie Rißfallen für den Querriß werden.

3.3.2.2 Anschlußlappen für den Längsstoß von Integralplatten

An den Anschlußlappen der im Kap. XIX untersuchten Längsverbindung von Integralplatten entstehen Ermüdungsrisse verschiedener Art, wie sie die Fotos im Bild 507 zeigen.
Anrisse, die dort entstehen, wo der Lappen auf der Haut ansetzt, breiten sich verschieden aus:

Bild 507 zeigt im Foto a, daß sich ein Trennungsriß zwischen Lappen und Haut ähnlich wie bei den Trennungen von Längsversteifungsansätzen der Integralplatten ausbildet.

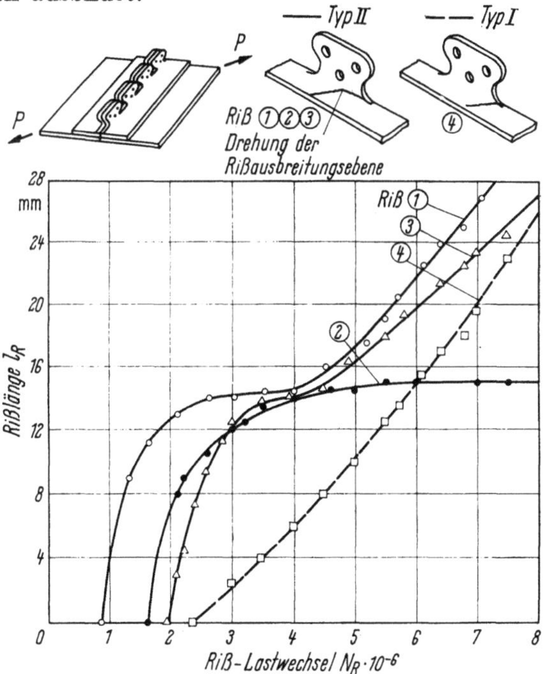

Bild 342. Rißausbreitung bei Schub-Ermüdungsversuchen an kerbarmen Integralplattenlängsfügungen.

Bild 342 zeigt die Sikzze für die Ausbreitung, bei der der Trennungsbruch etwa in Lappenmitte in einen Hautriß übergeht (Risse *1, 2, 3*).

Bild 507, Foto b, zeigt einen Riß, der vom Ansatz aus direkt in einen Hautriß übergeht.

Die Darstellung der Rißlänge über der Rißlastwechselzahl (Bild 342) zeigt für den Fall der direkt auf der Haut ansetzenden Lappen:

Die Rißausbreitung geschieht als Lappentrennung bei *1, 2* und *3* sehr rasch, beim Eindrehen in die Haut wird sie stark gehemmt, um dann in der Haut langsam zu verlaufen. Im extremen Fall *2* ist bei $N_R \approx 6 \cdot 10^6$ nach erfolgter Drehung der Ausbreitungsrichtung die Rißausbreitung nahezu zum Stillstand gekommen.

Läuft der vom Lappenansatz ausgehende Riß sofort in die Haut, Fall 4, so ist die Rißausbreitung in keiner Phase verzögert.

Bild 507, Foto c, zeigt für die vom Bohrungsbereich des Lappens ausgehenden Ermüdungsrisse, daß der eine zum freien Lappenrand auslaufen kann, durch ihn also die Haut nicht in Mitleidenschaft gezogen wird, der andere aber zur Mitte des Lappens auf die Haut zuläuft, dort seine Ausbreitungsrichtung dreht, um sich dann in der Haut weiter auszubreiten.

Auf die Ausbreitung der Lappeneinrisse kann man einen Einfluß im Sinne einer Verlangsamung durch Variation der Lappenansätze ausüben.

3.4 Einfluß der Belastungsfrequenz auf die Rißausbreitung

SCHIJVE, BROEK und DE RIJK haben einen Bericht [18] über Versuche zum Frequenzeinfluß auf den Rißfortschritt in Aluminiumlegierungen veröffentlicht. Diese Versuche mit Stäben aus plattierten Blechen (2024-T 3) wurden bei konstan-

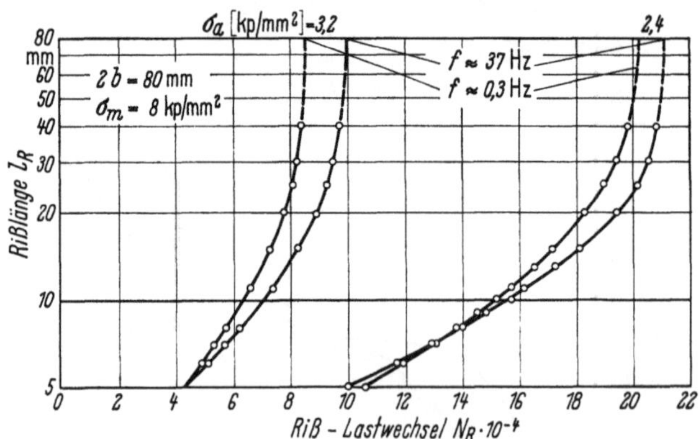

Bild 343. Einfluß der Belastungsfrequenz auf die Rißausbreitung in plattierten Blechen aus 2024-T 3. Nach [18].

ter Mittelspannung und verschiedenen Spannungsausschlägen bei zwei Belastungsfrequenzen von etwa 0,3 Hz und etwa 37 Hz durchgeführt.

Im Bild 343 sind die Versuchsergebnisse für zwei Spannungsausschläge wiedergegeben. Die eingetragenen Kurven (Rißlänge l_R über Rißlastwechselzahl N_R) sind aus einer Mittelwertbildung von jeweils drei Einzelversuchen hervorgegangen. Man erkennt, daß bei hoher Belastungsfrequenz ($f \approx 37$ Hz) die Gesamtausbreitungslastwechselzahl $N_{RG} = N_B - N_A$ größer ist als im Falle der niedrigen Frequenz ($f \approx 0,3$ Hz). Im Mittel haben SCHIJVE, BROEK und DE RIJK bei einer Belastungsfrequenz von 0,3 Hz einen um 30% größeren Rißfortschritt $\lambda = dl_R/dN$ als im Falle der Belastung mit 37 Hz (gleiche Belastung und Rißlänge vorausgesetzt) festgestellt.

Versuche von WEIBULL [33] zum gleichen Problem — ebenfalls bei Belastungsfrequenzen von etwa 0,3 und 37 Hz — ergaben bei der kleinen Belastungsfrequenz einen um 50% höheren Rißfortschritt.

Der Frequenzeinfluß auf den Rißfortschritt ist mithin keineswegs vernachlässigbar; bei der Behandlung der Probleme des Betriebsfestigkeitsversuchs wurde zu dieser Frage bereits Stellung genommen.

3.5 Unterschiedliches Verhalten von AlZnMgCu und AlCuMg bezüglich Rißausbreitung und Rißfortschritt

Aus zahlreichen Versuchsreihen verschiedener Forscher folgt die eindeutige Tendenz, daß der Rißfortschritt λ bei gleicher Belastung und Rißlänge im Falle der Legierung AlZnMgCu erheblich größer ist als beim Werkstoff AlCuMg.

An Hand der Arbeiten von RAITHBY und BEBB [4] sei dieser Sachverhalt näher erläutert. Im Bild 344 ist über der Rißlastwechselzahl die Rißlänge bei einer dynamischen Belastung von $\sigma_{obz} = 11,2$ kp/mm² ($R_z = 0,75$) für die Alu-

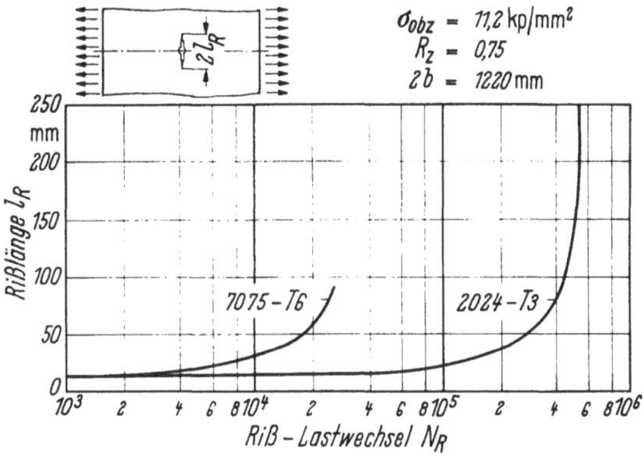

Bild 344. Rißausbreitung in Al-Legierungen — Werkstoffvergleich. Nach [4].

miniumlegierungen AlZnMgCu und AlCuMg aufgetragen. Die Gesamtausbreitungslastwechselzahl vom Anriß bis zum Bruch, d. h. die Sicherheitsspanne einer durch dynamische Belastungen gefährdeten Konstruktion, ist beim Werkstoff AlZnMgCu wesentlich geringer als bei AlCuMg.

Trägt man den Rißfortschritt λ über dem Spannungsausschlag σ_a mit der Rißlänge als Parameter auf, so ergeben sich — wie Bild 345 zeigt — beim Material AlZnMgCu erheblich größere λ-Werte als bei AlCuMg, falls man bei gleichen Werten für σ_a und l_R vergleicht.

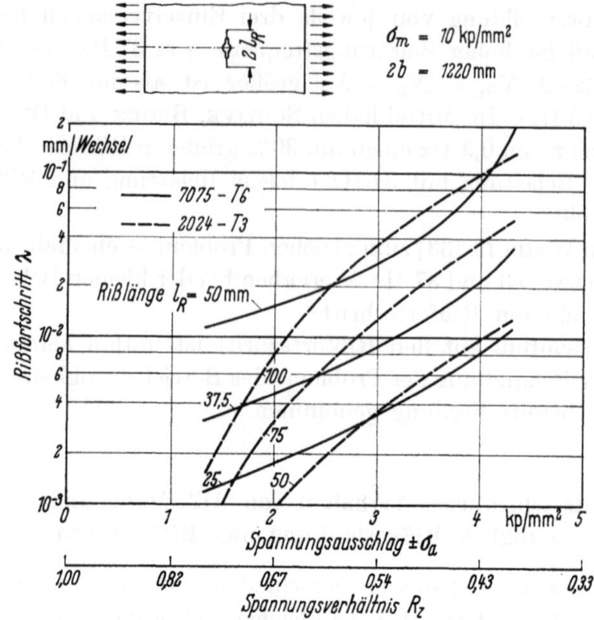

Bild 345. Abhängigkeit des Rißfortschritts vom Werkstoff (Al-Legierung) und Spannungsausschlag bzw. Spannungsverhältnis. Nach [4].

4 Rißentstehung und Ausbreitung in Blechstreifen bei Biegewechselbeanspruchung

4.1 Allgemeines

Die Rißentstehung und Rißausbreitung unter axialer Zug- und Druckbelastung wurde bereits in zahlreichen Arbeiten, die z. T. im vorangegangenen ausgewertet und diskutiert wurden, untersucht. Das Gebiet der Rißbildung und -ausbreitung bei Biegewechselbeanspruchung ist bisher sehr vernachlässigt worden. Da dieses Problem für Blechkonstruktionen, insbesondere für Flugzeugbeplankungen mit Schallbeaufschlagung, wichtig ist, wurde im ILTUB im Zusammenhang mit Untersuchungen über die konstruktive Ausbildung von Plattenlängsverbindungen hoher Biegewechselfestigkeit auch die Rißbildung und -ausbreitung bei Biegewechselbeanspruchung untersucht. Gegenüber den Vorgängen bei Axialbelastung wurden hinsichtlich des örtlichen Rißbeginns, des Rißverlaufs und der Rißausbreitungsgeschwindigkeit wesentliche Unterschiede beobachtet.

4.2 Phänomenologie der Bruchflächen gekerbter und ungekerbter Probestäbe

Die bevorzugte Stelle für einen Rißbeginn liegt immer am Ort der größten Spannungshäufung. Im Bild 346 ist an einem Flachstab mit Bohrung für die Axial- und die Biegebelastung der Verlauf der Spannungsverteilung qualitativ eingezeichnet. Aus der skizzierten Spannungsverteilung ist zu ersehen, daß bei axialer Belastung an der Bohrungswandung die Strecken $A—B$ und $C—D$ für den Rißbeginn bevorzugt sind, während die größte Spannungshäufung und damit die bezüglich des Anreißens gefährdeten Stellen bei Biegung nur an den Punkten A, B, C und D liegen.

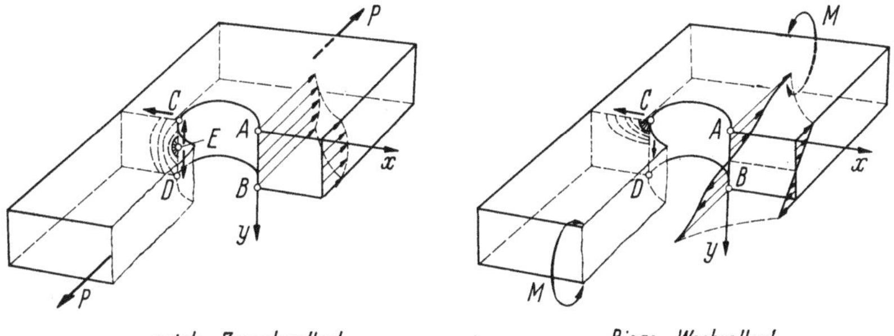

Bild 346. Schematische Darstellung von Spannungshäufung, Rißbeginn und Rißverlauf an einem gekerbten Flachstab bei Biegung und axialer Zugbelastung.

Bild 347 zeigt Makroaufnahmen von Anrissen an gebohrten Flachstäben, links unter axialer Zugschwellast und rechts unter Biegewechselbelastung. Der Vergleich zeigt deutlich, daß die Stellen des Rißbeginns tatsächlich in der beschriebenen Weise unterschiedlich liegen. Während bei Axialbelastung nicht nur

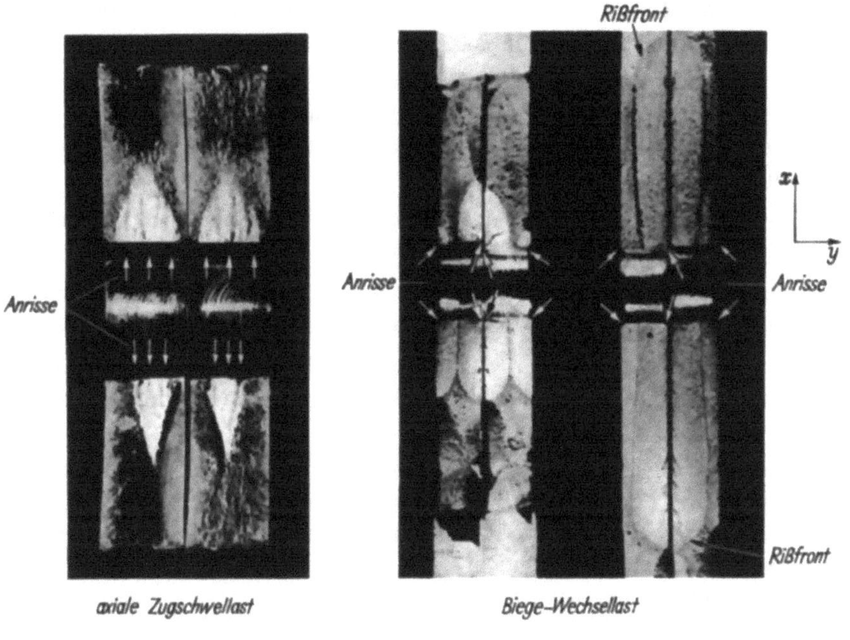

Bild 347. Vergleich der Bruchflächen gekerbter Flachstäbe aus AlCuMg 1 (2017-T 4) bei axialer Zugschwell- und bei Biegewechselbelastung.

eine Anrißstelle erkennbar ist, sondern mehrere Anrisse über die Bohrungstiefe verteilt auftreten, ist der Rißbeginn unter Biegewechselbeanspruchung deutlich in den beschriebenen Außenpunkten der Bohrung erkennbar.

Die Belastungsart wirkt sich infolge der unterschiedlichen Spannungsverteilung auch auf den Rißverlauf aus. Im Bild 346 ist der zu erwartende Rißverlauf bei Axial- und Biegebeanspruchung schematisch eingezeichnet:

Bei Axialzugbelastung breitet sich der Anriß in Punkt E in y-Richtung entlang der Linie größter Spannungshäufung aus. Erst nachdem der Riß die gesamte

Stabdicke durchdrungen hat, beginnt das eigentliche Fortschreiten der Rißfront in Breitenrichtung.

Bei Biegewechselbelastung zeigt sich ein ganz anderer Vorgang; denn ein
Anriß am Punkt C breitet sich bevorzugt entlang der Oberfläche in x-Richtung
und nur zögernd in die Tiefe des Prüfstabs in y-Richtung aus, d. h., der Rißfortschritt entlang der Oberfläche in x-Richtung ist stets sehr viel größer als
in y-Richtung. Dabei wird die Ausbreitung in y-Richtung vom Spannungsgefälle $d\sigma/dy$ und damit von der Dicke des Prüfstücks abhängig sein.

Die Bilder 348 und 349 zeigen weitere Makroaufnahmen von Ermüdungsbrüchen, hervorgerufen durch axiales Zugschwellen oder durch Biegewechselbelastung.

Im Bild 348 sind drei verschiedene, durch Biegewechselbelastung hervorgerufene Bruchformen von gebohrten Flachstäben gegenübergestellt. Die Bruchbilder unterscheiden sich durch die unterschiedlichen Anrißpunkte, die dann
jeweils den unterschiedlichen Rißverlauf zur Folge haben.

Linkes Bild: Gleichzeitige Anrisse an allen vier gefährdeten Stellen (Punkte
größter Spannungshäufung A, B, C, D im Bild 346), die sich gleichmäßig
ausbreiten. Das Zusammentreffen der Bruchebenen etwa in der Mitte der Prüfstückdicke ist deutlich erkennbar.

Mittleres Bild: Antimetrische Anordnung von zwei Anrißstellen (A und D)
mit entsprechendem Rißverlauf. In diesem Fall ist zu beobachten, daß der
statische Restbruch in einem schmalen Randstreifen bis zum Bohrungsrand
heranreicht.

Rechtes Bild: Symmetrische Anordnung von zwei Anrissen (A und C) mit
entsprechendem Rißverlauf.

Bild 349 zeigt Anriß und Rißverlauf an einem ungestörten Flachstab. Bei
beiden Belastungsarten beginnt der Anriß in einem Punkt einer Außenkante.

Bei axialer Zugschwellbelastung sind vom Anrißpunkt ausgehend radial verlaufende „Linien" zu erkennen. Die Rißfront breitet sich senkrecht zu diesen
Linien aus.

Bei Biegebelastung ist eine klare Trennlinie zwischen dynamischer und statischer
Restbruchfläche erkennbar. Bei diesem Versuchsstück wurde die Biegewechselbelastung allerdings nach Erkennen eines Anrisses abgebrochen; der
Flachstab wurde anschließend in einer Zerreißmaschine statisch bis zum
Bruch belastet.

Die Trennlinie und damit die Rißfront der dynamischen Ausbreitung bei Biegewechselbelastung hat eine etwa elliptische Form. Aus dieser Form der „dynamischen Bruchfläche" lassen sich Rückschlüsse auf die erste Phase des Rißausbreitungsvorgangs ziehen. Um nachzuweisen, daß sich der Riß bevorzugt in
x-Richtung und nur mit geringem Fortschritt in y-Richtung ausbreitet, wurde
bei verschiedenen Versuchsstücken der Versuch nach unterschiedlichen Anrißlängen abgebrochen.

Ein Vergleich der dynamischen Bruchflächen, die alle elliptische Form
hatten, läßt den Schluß zu, daß das Verhältnis der Rißfortschritte in x- bzw.
y-Richtung im Anfangsstadium der Rißausbreitung gleich dem Achsenverhältnis
der durch die Rißfront gegebenen Ellipse ist.

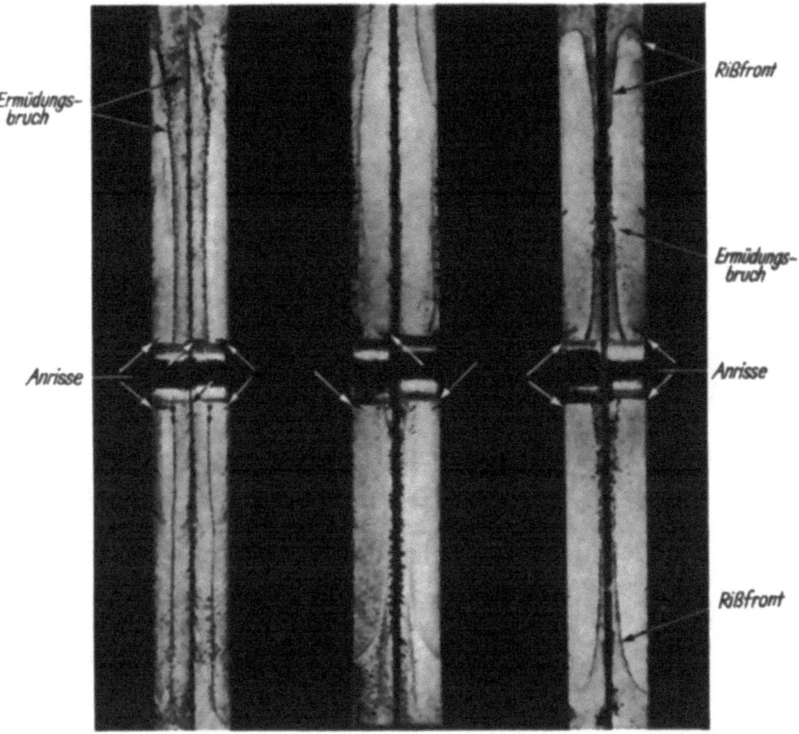

Bild 348. Unterschiedliche Bruchflächen nach Biegewechselbeanspruchung — Belastung: $\sigma_{ob\,z} = 17,2$ kp/mm².

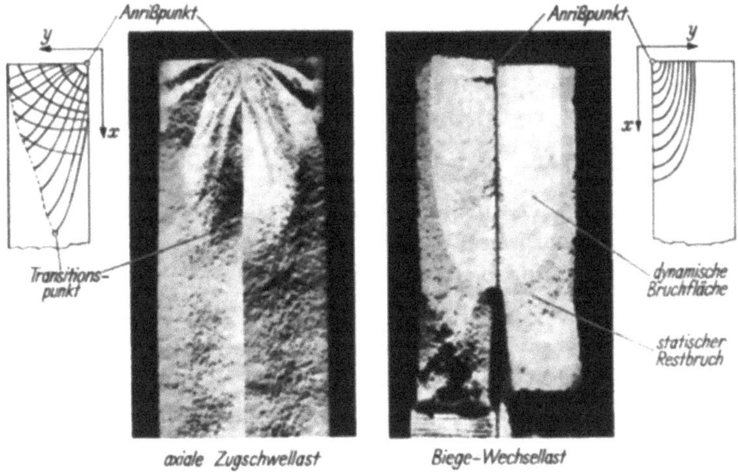

Bild 349. Vergleich der Bruchflächen ungekerbter Flachstäbe aus AlCuMg 1 (2017-T 4) bei axialer Zugschwell-
und bei Biegewechselbelastung.

Die Form der dynamischen Bruchflächen ändert sich erst dann, wenn der Riß die gesamte Dicke des Prüfstücks durchdrungen hat. Bild 350 zeigt die Fotografie und Skizze der Bruchfläche eines Versuchsstabs, der bis zum Bruch dynamisch (Biegewechseln) belastet wurde. Nachdem die Rißfront, ausgehend vom Anrißpunkt A, die Gegenseite des Blechs nahezu erreicht hat, beginnt in B ein zweiter dynamischer Riß. Dieser neue Riß breitet sich in einer gegenüber der bereits vorhandenen Rißebene geringfügig versetzten Ebene aus. Im Foto des Bildes 350 ist das Aufeinandertreffen der beiden Rißebenen als dunkle Linie erkennbar. Bei den Untersuchungen wurde beobachtet, daß die Rißebenen bis zu einer Rißlänge von etwa 50 % der Prüfstabbreite senkrecht zur Staboberfläche verlaufen. Anschließend beobachtet man einen Transitionsbereich, in dem sich die Rißausbreitungsebenen drehen. Beim Übergang der dynamischen Bruchflächen zur statischen Restbruchfläche haben die dynamischen Bruchflächen eine Neigung von etwa 10° zur Blechoberfläche. Diese geringe Neigung der Rißebene beim Biegewechselversuch unterscheidet sich erheblich von der bei Axialbelastung nach der Transition beobachteten Neigung der Rißebene von 45° gegenüber Staboberfläche.

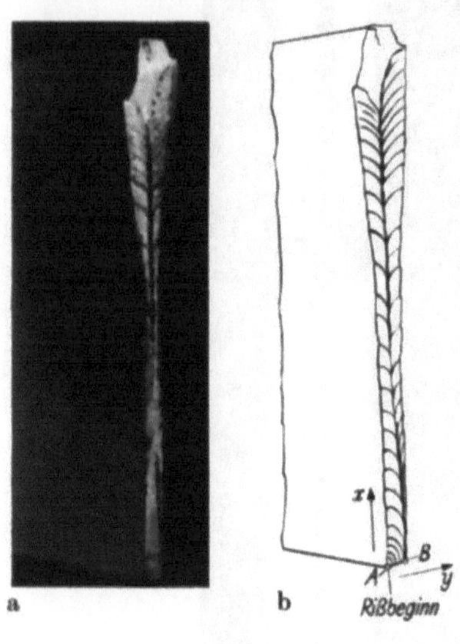

Bild 350 a u. b. Bruchfläche eines Bleches nach Biegewechselbelastung.

4.3 Messung des Rißfortschritts bei Biegewechselbelastung

4.3.1 Allgemeines zur Versuchsdurchführung

Biegewechselbelastungen treten in einer Konstruktion insbesondere dann auf, wenn die Gesamtstruktur oder einzelne Bauteile (insbesondere Bleche) zu Eigenschwingungen angeregt werden.

Bei den im ILTUB durchgeführten Versuchen zum Problem der Rißausbreitung bei Biegewechselbeanspruchung wurden flache Versuchsstäbe mit und ohne Bohrung im Resonanzverfahren geprüft.

Für die Versuchsdurchführung boten sich generell zwei verschiedene Verfahren an:

Messung des Rißfortschrittes unter Konstanthaltung der Spannung im ungestörten Querschnitt des Prüfstabs,

Messung des Rißfortschrittes unter Konstanthaltung der Schwingungsamplitude.

Da nicht vorausgesagt werden kann, wie sich eine mit Rippen und Versteifungen ausgestattete Struktur nach einem Anriß verhält, generell aber damit zu rechnen ist, daß sich die Resonanzfrequenzen verschieben und damit sowohl Amplituden als auch Spannungen verändert sein können, wurden Versuche nach beiden Verfahren — konstante Spannung oder konstante Amplitude — durchgeführt.

4.3.2 Gemessener Rißfortschritt

Bild 351 zeigt den Einfluß der beiden Prüfverfahren — konstante Spannung und konstante Amplitude — auf den Rißfortschritt. Die Versuche wurden an gebohrten Flachstäben aus AlCuMg 1 durchgeführt. Aufgetragen wurde die Rißlänge über der Ausbreitungslastwechselzahl für verschiedene Oberspannungen. Die in Abhängigkeit von der Rißlänge aufgetragene Ausbreitungslastwechselzahl wurde als Mittelwert aus mehreren Einzelversuchen gewonnen. Ein Vergleich

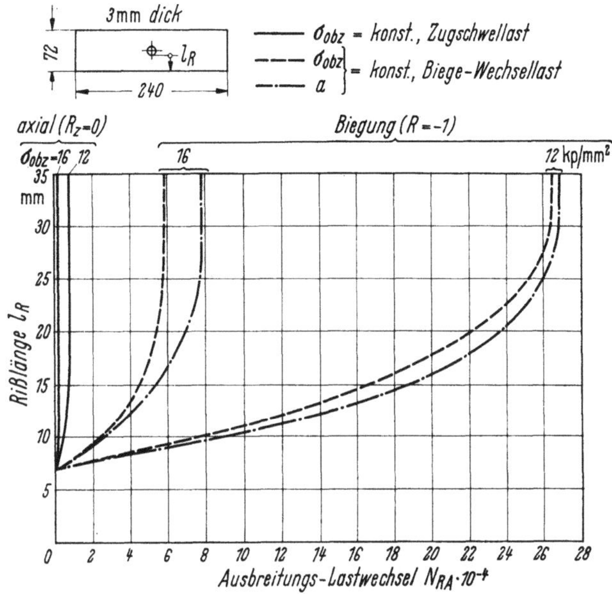

Bild 351. Rißausbreitung in Blechen aus AlCuMg 1 (2017-T 4) bei Biegewechselbelastung — Vergleich mit Ausbreitungskurven bei Axialbelastung.

der gemessenen Rißfortschritte bei konstant gehaltener Spannung im ungestörten Querschnitt und bei konstant gehaltener Schwingamplitude zeigt, daß insbesondere bei höheren Spannungen z. B. $\sigma_{obz} = 16$ kp/mm² größere Abweichungen in der Ausbreitungslastwechselzahl auftraten, während bei niedrigen Spannungen die Abweichungen nur unerheblich waren.

Zum Vergleich wurde der Rißfortschritt an gleichen Proben und bei gleicher Oberspannung σ_{obz} unter axialer Zugschwellbeanspruchung gemessen und in Bild 351 eingetragen. Der Rißfortschritt bei axialer Zugschwellast ($R_z = 0$) ist um ein Vielfaches größer als bei Biegewechselbeanspruchung.

5 Rißausbreitung in Tragflügelschalen

5.1 Vergleich des Rißausbreitungsverhaltens von Tragflügelschalen unterschiedlicher Bauweisen

5.1.1 Ausführung der Tragflügelkästen

Bei der NACA wurden von HARDRATH und LEYBOLD [34—36] Versuche mit Tragflügelkästen — wie im Bild 352 dargestellt — durchgeführt. Die etwa 2,5 m langen und 0,5 m tiefen Kästen waren mit verschiedenen Behäutungen versehen, deren Ermüdung bei Biegeschwellbelastung des Kastenträgers untersucht wurde.

Die auf Zug beanspruchte Tragschale erhielt in ihrer Mitte den im Bild 352 gezeigten länglichen Kerb, von dem der Ermüdungsanriß ausging. Die Ausbreitung der Risse, ausgehend von diesem Kerb in die Flügeltiefe, wurde in Abhängigkeit von der aufgebrachten Lastwechselzahl gemessen.

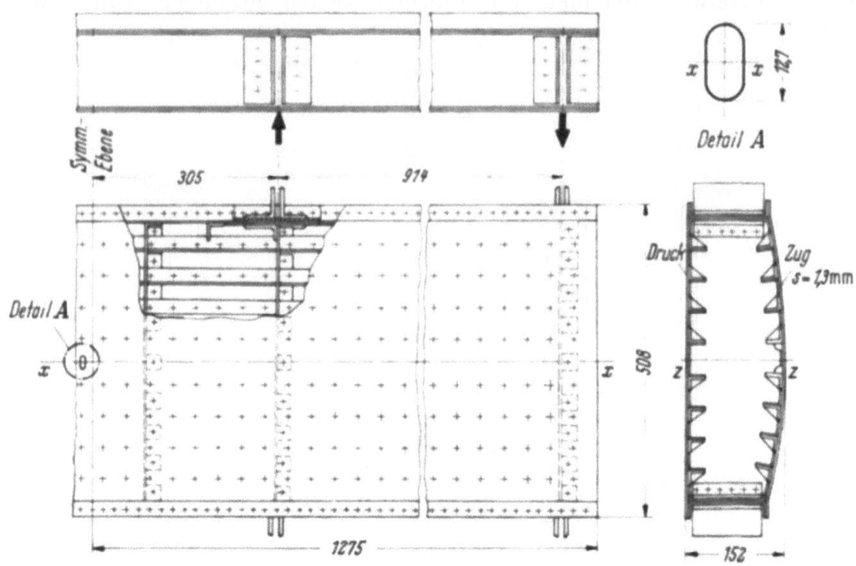

Bild 352. Rißausbreitungsuntersuchung an Tragflügelkästen — Übersichtsskizze des Versuchskastens. Nach [34].

Als Werkstoff wurde AlCuMg [2024-T 3] oder AlZnMgCu [7075-T 6] verwendet, um gleichzeitig Aussagen über das unterschiedliche Rißausbreitungsverhalten dieser Werkstoffe zu gewinnen. Es wurden genietete, geklebte und aus dem vollen gefräste Tragflügelschalen untersucht.

Die auf Zug beanspruchte Gurtplatte war nur in den Fällen der genieteten und geklebten Bauweise gekrümmt; die in Integralbauweise gefertigten Versuchskästen hatten ebene Gurtplatten.

5.1.2 Genietete Schalen, Rißausbreitung — Rißstopper

Bei den genieteten Schalen lag der Kerb entweder genau in einer der in Rippenrichtung verlaufenden Nietreihe oder genau zwischen zwei solchen Nietreihen.

Im Bild 353 ist der mit der Ausbreitungslastwechselzahl N_{RA} durch die Rißausbreitung zunehmende Verlust an tragendem Hautquerschnitt für die beiden Kerbanordnungen bei Schalen aus AlZnMgCu dargestellt.

Bei Anriß zwischen zwei Nietreihen verlaufen die Risse glatt, ohne durch Nietlöcher zu gehen. Der Querschnittsverlust schreitet daher rasch fort und erreicht bereits nach $N_{RA} \approx 1{,}2 \cdot 10^4$ Ausbreitungswechseln einen Wert von 20 %.

Bei Anriß in einer Nietreihe geht der Riß durch deren Nietlöcher. Jedesmal, wenn ein Riß in eine Bohrung läuft, wirkt diese verzögernd. Vor einer weiteren Ausbreitung muß erst in der Gegenseite der Bohrung ein neuer Anriß ent-

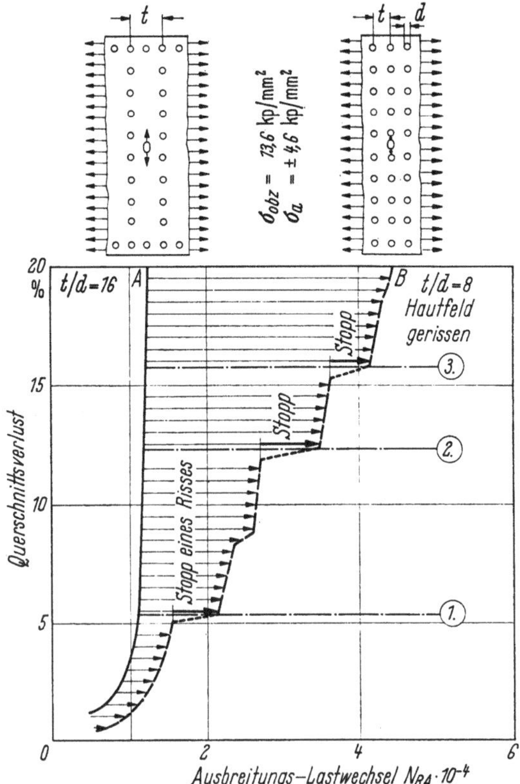

Bild 353. Rißausbreitung in genieteten Tragflügelgurten (7075-T 6)
A: ohne Rißfallen — B: mit Rißfallen. Nach [34, 35].

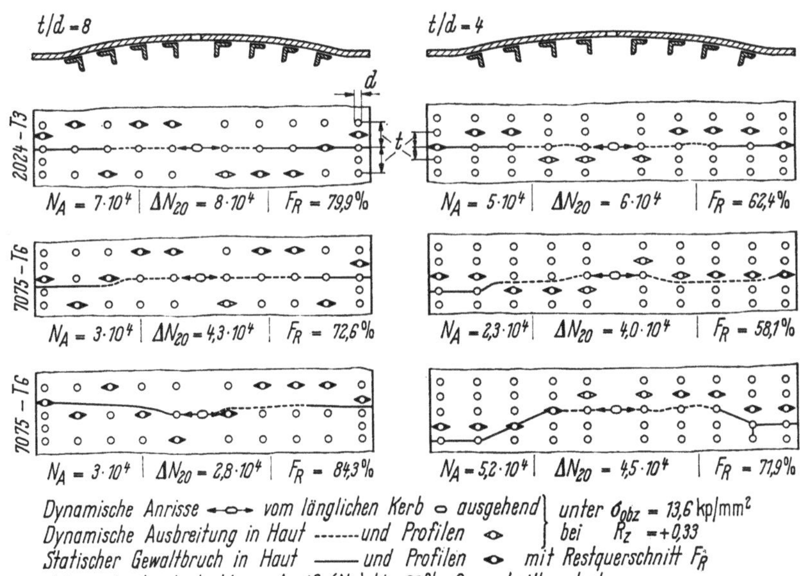

Bild 354. Rißausbreitung in genieteten Tragflügelgurten — unterschiedlicher Rißverlauf bei verschiedenen Versuchskästen. Nach [36].

stehen. Die einzelnen Nietlöcher wirken mithin als Rißfallen. Aus Bild 353 ist zu ersehen, wie der Fortschritt des Schadens an diesen Rißfallen beträchtlich, und zwar jedesmal etwa um $\Delta N_{RA} \approx 0,6 \cdot 10^4$ Lastwechsel aufgehalten wird.

Im Bild 354 werden 6 Beispiele für die in den Versuchen beobachtete Rißausbreitung bei Anriß in einer Bohrungsreihe gegeben. Die Risse verlaufen:

bei den beiden oberen Beispielen (Schalen aus AlCuMg) gerade und haben somit die ganze Reihe als „Rißfalle",

bei den vier unteren Beispielen (Schalen aus AlZnMgCu) verlaufen die Risse nicht in einer Geraden, sondern weichen teilweise zwischen die Nietreihen und zu Nachbarreihen aus.

Bei diesen Zugschwellastversuchen ($\sigma_{obz} = 13,6 \text{ kp/mm}^2$; $R_z = +0,33$) wurde festgestellt, durch welche Ausbreitungswechselzahl ΔN_{20} der Querschnitt um 20% geschwächt wird. Die Werte für ΔN_{20} sind für die 6 Beispiele im Bild 354 angegeben.

Danach wird 20% Querschnittsschwächung bei Verwendung des Werkstoffs AlZnMgCu erreicht durch

$$\Delta N_{20} = 1,2 \cdot 10^4 \qquad \text{bei Rißverlauf durch 0 Löcher (Bild 353),}$$
$$= 2,8 \cdot 10^4 \qquad \text{bei Rißverlauf durch 1 Loch,}$$
$$= 4,0 \cdot 10^4 \qquad \text{bei Rißverlauf durch 2 Löcher,}$$
$$= 4,4 \cdot 10^4 \text{ (M. W.) bei Rißverlauf durch 4 Löcher.}$$

Die AlCuMg-Versuchsstücke ergeben bei Verlauf der Risse durch die Lochreihe $\Delta N_{20} = 7 \cdot 10^4$ (M. W.).

Die dynamischen Versuche wurden bei verschiedenen Lastwechselzahlen (und damit unterschiedlichem Rißfortschritt) abgebrochen, um die statische Restfestigkeit, abhängig von der Größe des Restquerschnittes, im statischen Bruchversuch zu bestimmen. Die Verläufe der dynamischen und statischen Risse sind ebenso wie die Größe der Restquerschnitte aus Bild 354 zu ersehen.

5.1.3 Integralschalen

Die im gleichen Verfahren zum Vergleich untersuchten Integralplatten wurden aus einer dicken Platte gefräst oder aus einem Strangpreßprofil hergestellt.

Die Darstellung im Bild 355 zeigt, daß für die Integralplatten — im Hinblick auf eine angestrebte langsame Rißausbreitung — der Werkstoff AlCuMg wesentlich besser als die Legierung AlZnMgCu geeignet ist. Das Strangpreßmaterial ist bei AlZnMgCu dem Plattenmaterial überlegen.

Es zeigt sich weiterhin, daß sich eine Behinderung der Rißausbreitung durch die Längsstege der Integralplatte nur bis zur Überwindung des ersten Stegs merklich auswirkt.

5.1.4 Geklebte Schale und Vergleich

Die geklebte Schale ist — wie aus Bild 356 zu ersehen — weitaus am günstigsten. Die strukturelle Güte einer geklebten Schalenkonstruktion bezüglich Behinderung der Rißausbreitung tritt bei diesem Beispiel sehr klar in Erscheinung.

Bild 356 zeigt in der Auftragung des prozentualen Querschnittsverlustes über der Ausbreitungswechselzahl den Gütevergleich. Die Lastwechselzahlen für 20% Querschnittsverlust ΔN_{20} sind:

Integralplatte aus Platte gefräst	$0,9 \cdot 10^4$	Nietung mit Rißfallen	$4,4 \cdot 10^4$
Nietung ohne Rißfallenwirkung	$1,3 \cdot 10^4$	Klebung	$7,9 \cdot 10^4$
Integralplatte aus Strangpreßprofil	$1,7 \cdot 10^4$		

Die Lastwechselzahlen N_A für den Anriß und ΔN_{20} für die Ausbreitung bis zu 20% Querschnittsverlust sind im Bild 357 für die auf Längszug beanspruchten

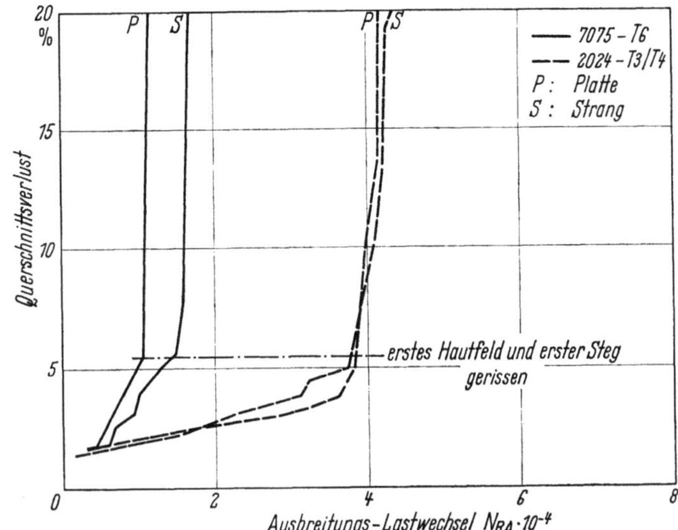

Bild 355. Rißausbreitung in Tragflügelgurten bei Integralbauweise — Vergleich: gefräste Platte — stranggepreßte Platte. Nach [34, 35].

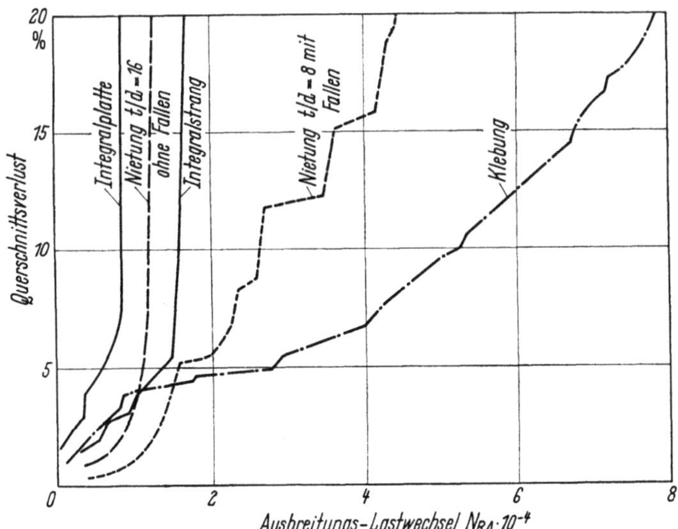

Bild 356. Rißausbreitung in Tragflügelgurten (7075-T 6) — Vergleich verschiedener Kastenbauweisen: Integralbauweise — Nietung — Klebung. Nach [34, 35].

Schalen von 28 Tragflügelkästen, und zwar links für AlZnMgCu (7075-T 6) und rechts für AlCuMg (2024-T 3), geordnet nach den Bauweisen dargestellt.

Die mit AlCuMg erreichten Werte liegen generell günstiger als die mit der Legierung AlZnMgCu erreichten Ergebnisse. Sehr stark zeigt sich diese Überlegen-

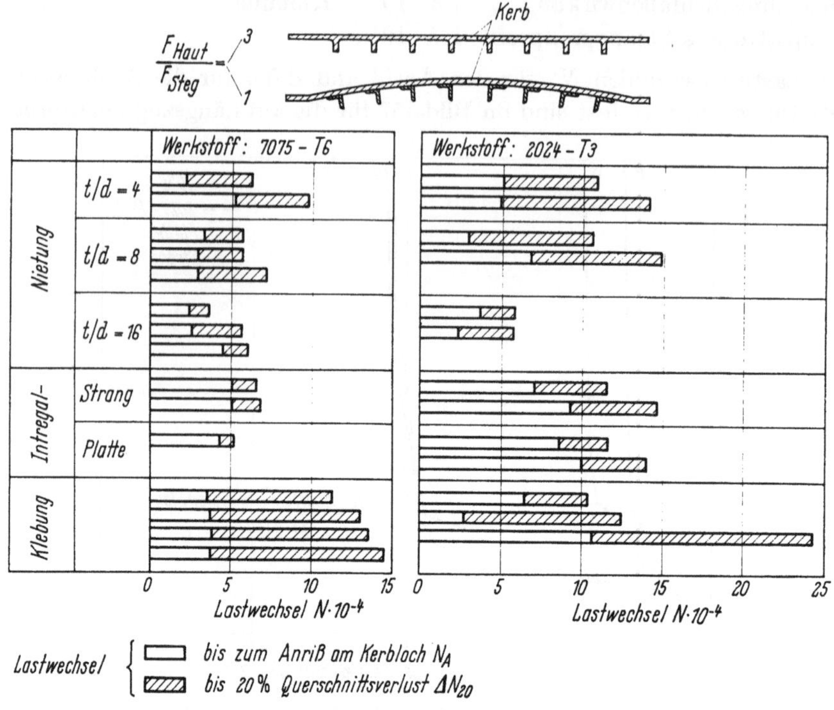

Bild 357. Rißausbreitung in Tragflügelgurten aus 7075-T 6 und 2024-T 3 — Zugschwellbelastung: $\sigma_{ob\,z} = 13{,}6$ kp/mm², $R_z = +0{,}33$. Nach [34, 35].

heit für die Integralplatten und stark für Nietung, während die Klebung auch bei Verwendung von AlZnMgCu günstige Werte zeigt.

Bei der vergleichenden Wertung von AlCuMg und AlZnMgCu ist zu beachten, daß alle Versuche mit der gleichen mittleren rechnerischen Längsspannung $\sigma_{ob\,z} = 13{,}6$ kp/mm² ($R_z = 0{,}33$) durchgeführt wurden. Bei voller Ausnutzung der um das $(56/45) = 1{,}25$fache höheren statischen Festigkeit der AlZnMgCu-Legierung müßten auch die dynamischen Beanspruchungen dieses Materials im Versuch um den Faktor 1,25 höher liegen als bei AlCuMg, um einen echten Vergleich der erreichten Bruchlastwechselzahlen herbeizuführen.

Die im vorangegangenen diskutierten Schalenversuche zeigen klar, daß in Konstruktionen, bei denen die Ermüdungsfestigkeit und langsame Rißausbreitung wesentlich sind, die höhere statische Festigkeit des AlZnMgCu und die dadurch rechnerisch mögliche Einsparung von 20% Gewicht nur ausgenutzt werden kann, wenn

in der Konstruktion

die Anrißgefahr durch Vermeidung hoher Spannungshäufungen (Vermeidung oder Neutralisierung von Kerben) weitgehend verringert wird,

die Rißausbreitung durch Rißstopper (aufgeklebte Bänder) wirksam behindert wird, dem Werkstoff die besonders hohe Rißempfindlichkeit genommen wird (wie in der Legierung AlZnMgCuAg mit Silberzusatz, durch den die Spannungs- korrosionsempfindlichkeit verschwindet),

ein wirksamer Schutz gegen Korrosionseinfluß (s. Kap. VIII, 7) angewandt wird.

5.2 Rißausbreitung in geklebter Schale mit Längsstoß

Durch die Verklebung der Anschlußflansche von Längsversteifungsprofilen mit der Haut entsteht eine sehr starke Behinderung der Rißausbreitung. Diese Tat- sache ist außer in den NACA-Versuchen (Bild 356) auch durch andere Versuche erwiesen, für die Bild 358 ein Beispiel gibt [37]. In diesem Bild ist der prozentuale

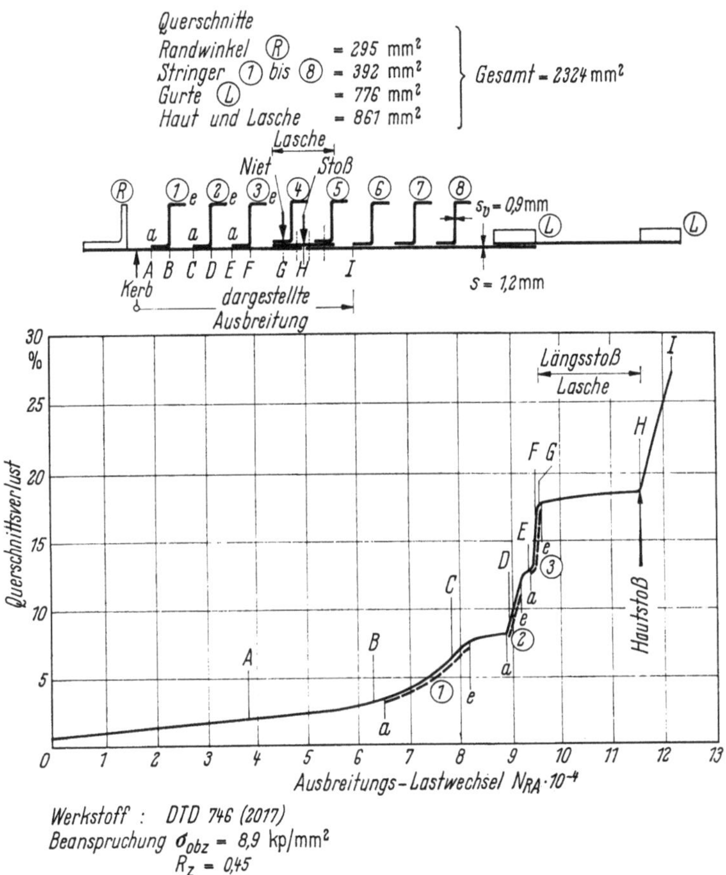

Bild 358. Rißausbreitung in Tragflügelgurten mit aufgeklebten Stringern — genieteter Längsstoß. Nach [37]

Querschnittsverlust infolge des Rißfortschrittes in einer geklebten Schale über der Ausbreitungswechselzahl N_{RA} aufgetragen. Der vom Kerb ausgehende Riß läuft bei sehr langsamer Ausbreitung unter dem Flansch (Strecke $A{-}B$) des ersten Versteifungsprofils 1 durch. Dann beginnt der Anriß im Flansch a des Profils 1 und führt zu dessen Bruch bis e. Die Lastwechsel, während derer dieser

Profilbruch erfolgt, sind an der Kurve durch punktierte Linien gekennzeichnet. Vor dem vollständigen Bruch von *1* hat der Hautriß bereits Profil *2* erreicht (*C*) und läuft unter diesem durch; der Anriß von Profil *2* beginnt in *2a*.

Der Riß verläuft mit immer stärker ansteigendem Querschnittsverlust weiter, bis er bei *G* in der Haut dadurch eine starke Behinderung erfährt, daß außer dem Flansch des Profils *4* eine Längslasche aufgeklebt ist, so daß ein sehr kräftiger Behinderungsquerschnitt wirkt. Der Riß schreitet von *G* nach *H*, dem Ende des linken Schalenteils, nur sehr langsam vor. Nach Überwindung dieses Hindernisses und Anriß des rechten Schalenteils schreitet der Bruch nach 20 % Querschnittsverlust rasch voran.

XIV. Die Integralbauweise im Zusammenhang mit der Entwicklung von Konstruktionen hoher Ermüdungsfestigkeit

1 Die Idee des Integralbaus

Es ist Aufgabe des Leichtbaus, für bestimmte vorgegebene äußere Belastungen Konstruktionen mit minimalem Gewichtsaufwand zu entwickeln. Bei den auftretenden Belastungen handelt es sich nicht nur um einmalige statische, sondern auch um wiederholt aufgebrachte dynamische Kräfte.

Die Definition der Integralbauweise und Beispiele für Integralbauteile können aus [1] entnommen werden.

Die Verbindung der Integralbauweise mit der Preßtechnik bringt im Hinblick auf die dynamische Festigkeit der Konstruktionen besondere Vorteile:

Durch weitgehende Freiheit in der konstruktiven Gestaltung (s. z. B. „Lappenanschlußkonstruktion" in Kap. XIX) können die für die Ermüdungsfestigkeit schädlichen Spannungshäufungen bei minimalem Gewichtsaufwand vermieden werden.

Der Faserverlauf des Materials entspricht dem Oberflächenverlauf, so daß an Stellen höchster dynamischer Beanspruchungen der Werkstoff bestens zu deren Aufnahme „orientiert" ist.

2 Erster Schritt zur Integralbauweise durch Preßteilentwicklung für das Flugzeug He 111

Bei der Entwicklung einer für den Serienbau gut geeigneten Metallbauweise für die He 111 wurde vom Verfasser die Idee verfolgt, die Bauteile möglichst „integral" herzustellen, d. h. ohne Nieten, Schrauben oder Schweißverbindungen.

Entwicklungsversuche mit Edelstahlgußteilen führten gewichtlich und fertigungstechnisch nicht zum Erfolg. Daraufhin wurde der Weg beschritten, die Bauteile mit ihren Anschlüssen „wie aus einem Guß" als Einheiten zu pressen.

Im Jahre 1935 wurde vom Verfasser [2] der erste Bericht über Integralbauteile unter dem Titel „Das Pressen von Flugzeugbauteilen aus Leichtmetall" ver-

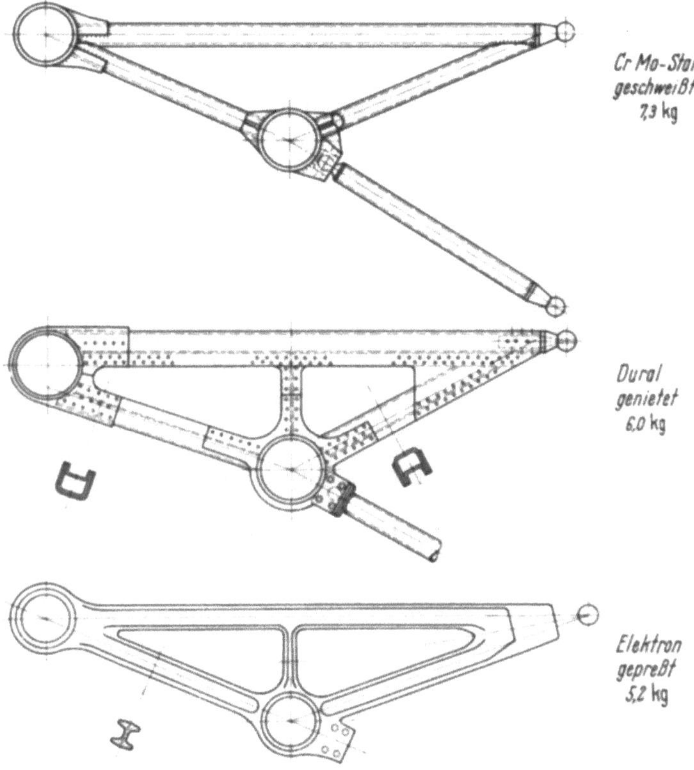

Bild 359. Motorträger — Vergleichskonstruktion in geschweißter, genieteter und gepreßter Ausführung. Nach [2].

öffentlicht. Dieser Bericht bringt die im Bild 359 wiedergegebene Abbildung des ersten aus Elektron gepreßten Motorträgers und der älteren Vergleichskonstruktion, die genietet oder geschweißt und somit für die Aufnahme dynamischer Lasten sehr schlecht war.

3 Fortführung der Entwicklung bis 1945

Die im Hinblick auf die statische Festigkeit, die Ermüdungsfestigkeit, das Gewicht und auch die Serienfertigung so vorteilhafte, mit der He 111 angebahnte „Integralbauweise" wurde konsequent weiterentwickelt. Mit dieser konstruktiven Entwicklung hielten die Leichtmetallwerke Schritt. Insbesondere die IG Farben in Bitterfeld baute Riesenpressen von 15000 und 30000 t Druckkraft.

4 Neue Arbeiten von 1955 bis 1968

Die späteren bis 1960 erreichten Fortschritte des Integralbaus sind vom Verfasser im Buch „Leichtbau" [1] dargestellt.

In den letzten 8 Jahren sind im ILTUB umfangreiche Forschungsarbeiten zum Integralbau durchgeführt worden, und es ist von der Firma Otto Fuchs, Meinerzhagen, eine 30000-t-Presse in Betrieb gesetzt worden, die es ermöglicht, große Integralplatten mit „Fertigkontur" zu pressen.

Bild 360 zeigt eine als Fertigteil gepreßte Platte zur Tragflügelbeplankung.

Bild 360. Integralbauweise — im Gesenk gepreßte Tragflügel-Teilschale (Fuchs AZ 74).

5 Konstruktionsbeispiele für Integralplatten mit großen Ausschnitten

5.1 Aufgabenstellung

Konstruktionen mit sehr großen Ausschnitten, wie beispielsweise die Fensterbänder in den Seitenwänden von Flugzeugkabinen, bereiten hinsichtlich der Ermüdungsfestigkeit Schwierigkeiten, da die wesentlichen Verstärkungen zur Umleitung der Normal- und Schubkräfte in der Wand um die Ausschnitte herum nicht nur statisch sinnvoll anzuordnen sind, sondern auch so angeschlossen werden müssen, daß keine hohen Spannungsspitzen auftreten.

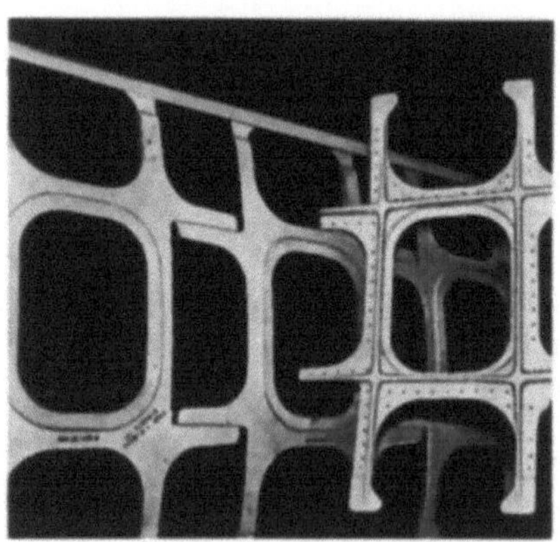

Bild 361. Integralbauweise — im Gesenk gepreßte Fensterrahmen der Boeing 707. [3].

5.2 Preßteilkettenbildung

Eine einfache und günstige Lösung für Fensterbänder wurde von Boeing entwickelt [3].

Wie Bild 361 zeigt, werden Fensterrahmen mit 8 Anschlußarmen in einem Stück gesenkgepreßt. Die horizontalen Arme sind so ausgebildet, daß solche Rahmen aneinander gereiht werden können, um aus gleichen Preßteilen ein Fensterband zu bilden. Dieses Gerüst wird oben und unten sowie zwischen den Fensteröffnungen mit Blech beplankt. Die Bohrungen hierzu in den Außenflanschen des Fensterrahmens und in allen

8 Armen sind an dem Preßteil rechts im Bild zu erkennen. Der eigentliche Fensterrahmen und seine Innenflansche sind frei von Bohrungen, so daß an diesem Ausschnitt keine zusätzlichen Kerben die Ermüdungsfestigkeit herabsetzen. Der besondere Vorteil dieser Konstruktion besteht auch darin, daß der Rahmen „integral" ohne irgendwelche Fügungen in den Ecken oder zum Anschluß der Arme durchgebildet ist.

5.3 Integral gestaltetes Fensterband

Für das Überschallverkehrsflugzeug „Concorde", bei dem äußerste Gewichtsersparnis notwendig ist, wurden, wie Bild 362 zeigt, 3 Fenster zu einem Integralband zusammengefaßt [4]. Dieses Teil wird aus einer dicken Platte durch Zer-

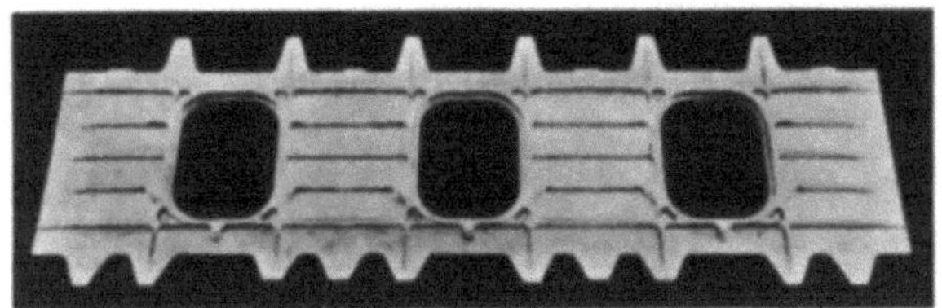

Bild 362. Integralbauweise — gefräste Fensterrahmenkonstruktion der Concorde. [4].

spanen hergestellt. Diese Bauweise erlaubt es, ähnlich dem Gesenkpressen, das Material so zu verteilen, daß übermäßige Spannungshäufungen und Spannungsspitzen durch Bohrungen vermieden werden.

5.4 Integrale Fertigung einer großen Wand

In dem Verkehrsflugzeug VC 10 der BAC ist die etwa 20 m lange Rumpfseitenwand mit 18 Fensteröffnungen und 2 Ausstiegen integral aus einer Leichtmetallplatte durch Zerspanung hergestellt (Bild 363) [5]. Die Ränder der Ausschnitte sind integral entsprechend den erforderlichen Spannungsumleitungen verstärkt.

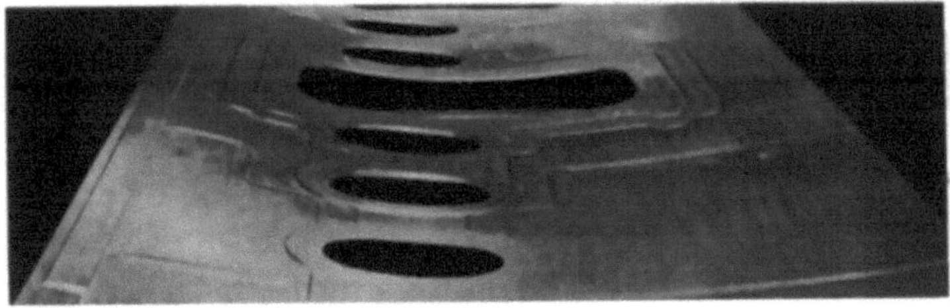

Bild 363. Integralbauweise — gefräste Rumpfseitenwand der VC 10. Krümmung der Teilschale durch Spezialpressen. [5].

6 Kräfteumleitungen um große Ausschnitte in Integralplatten

6.1 Konstruktives Problem

Große Ausschnitte in Integralplatten stellen den Konstrukteur bei der Sicherung der Ermüdungsfestigkeit dieser Konstruktionen vor schwierige Probleme:

Handelt es sich um einen kreisförmigen Ausschnitt, so wird der Häufungsfaktor für den Lochrand $K > 3$, wenn nicht Verstärkungen angeordnet werden.

Sind im Bereich der Ausschnittrandzone Bohrungen anzubringen, so entstehen an deren Rändern durch den Effekt „Kerb im Kerbrand" (s. hierzu Kap. XXI) sehr hohe Spannungsspitzen.

Wird der Ausschnitt verschlossen, so entstehen zwischen Ausschnittrand und Verschluß

große gegenseitige Verschiebungen, also große Gleitwege,

große Anpreßkräfte, insbesondere bei der Forderung nach einer dichten Konstruktion.

Es besteht mithin die Gefahr der Entstehung von Reibkorrosionsschäden an den Stellen hoher Spannungsspitzen.

6.2 Gleichmäßige Querschnittsverstärkung zur Erhöhung der Ermüdungsfestigkeit

Der einfachste und bisher übliche Weg, die Ermüdungsfestigkeit einer Platte mit einem großen Ausschnitt zu verbessern, besteht darin, im Bereich des Aus-

Gleichmäßige Aufdickung der Haut in
einer Stufe (BAC-Ausführung)

Seitliche Aufdickung und zentrale
Abmagerung von Haut und Versteifungen
in mehreren Stufen (ILTUB-Versuche)

Bild 364. Integralplatte mit Kreisausschnitt — Querschnittsveränderungen im Ausschnittbereich. Vergleich der BAC- und der ILTUB-Ausführung.

schnittes das Spannungsniveau durch eine generelle Aufdickung herabzusetzen. Bild 364 zeigt links eine in dieser Weise verstärkte Platte. Diese konstruktive Maßnahme führt zu

einer Verringerung des auf den unverstärkten und ungestörten Plattenquerschnitt bezogenen Häufungsfaktors, im vorliegenden Fall von $K \approx 3$ auf $K = 1,8$,

keiner grundlegenden Änderung der hinsichtlich Reibkorrosion ungünstigen Gleitungen und Anpressungen an den Verschlußbefestigungen.

Die gleichmäßige Querschnittsverstärkung ist unzulänglich, da sie die für die Ermüdungsfestigkeit grundsätzlich schlechten Verhältnisse nicht beseitigt.

Sie widerspricht auch den Forderungen des Leichtbaus, da die Verringerung des Häufungsfaktors des Ausschnittes von $K \approx 3$ auf $K = 1{,}8$ als einzige Verbesserung durch den hohen Gewichtsaufwand der generellen Aufdickung erreicht wurde.

6.3 Querschnittsverstärkungen und -schwächungen zur Umleitung des Spannungsflusses

Ein starker Abbau des Häufungsfaktors K ist mit geringem Zusatzgewicht dadurch möglich, daß der Querschnitt nur seitlich vom Ausschnitt verstärkt, davor und dahinter jedoch geschwächt wird.

Im Bild 364 ist rechts eine entsprechend durchgebildete Integralplatte (Endstufe) im Vergleich zur nur aufgedickten Platte links gezeigt. Bild 365 zeigt zu diesen beiden Platten eine zeichnerische Darstellung, und zwar links die nach

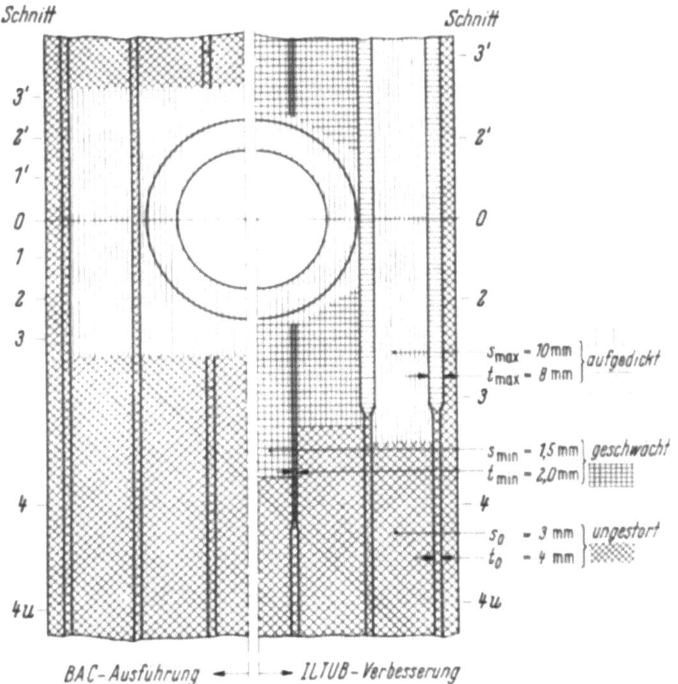

Bild 365. Integralplatte mit Kreisausschnitt — Übersichtsskizze mit Angabe der Querschnittsveränderungen und Lage der Meßquerschnitte. Gegenüberstellung der BAC- und der ILTUB-Ausführung.

dem alten Verfahren verstärkte Platte und rechts die erste verbesserte Ausführung mit Angabe der Schwächungen und Verstärkungen der Haut und der Stege.

Die Querschnitte und die entsprechenden Spannungsverläufe sind im Bild 366 dargestellt, links für die nur aufgedickte und rechts für eine vor dem Ausschnitt

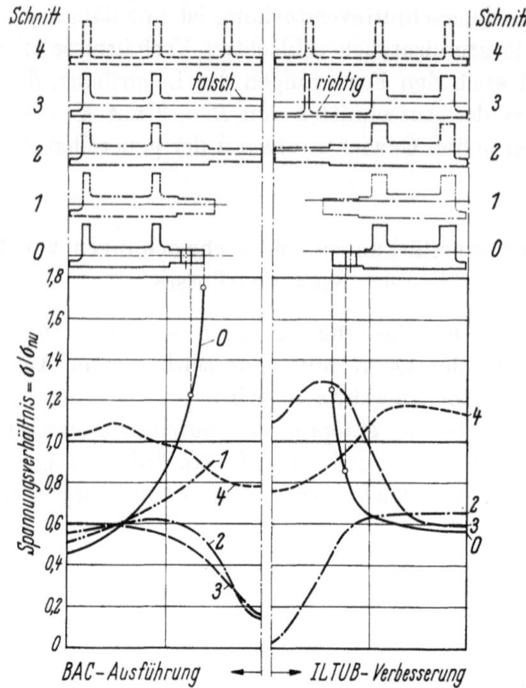

Bild 366. Integralplatte mit Kreisausschnitt — gemessene Spannungsverteilungen in verschiedenen Querschnitten. Vergleich der BAC- und der ILTUB-Ausführung.

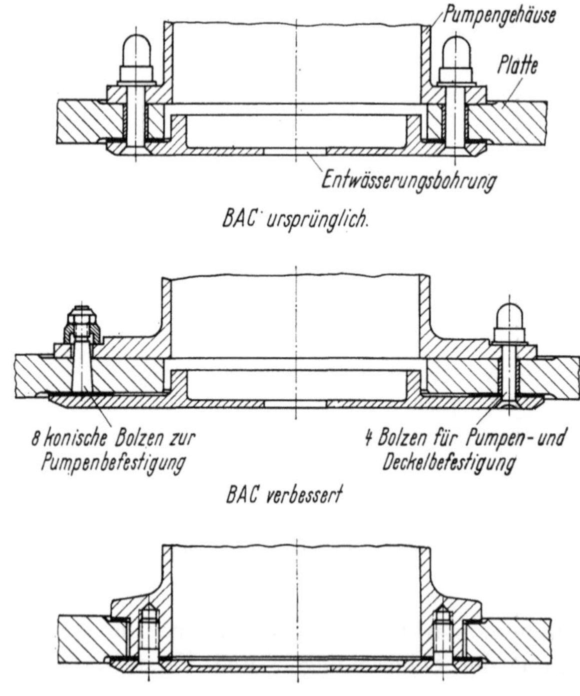

Bild 367. Pumpeneinbau in Integralplatte — Vergleich der BAC- und der ILTUB-Anordnungen. Nach [6].

geschwächte und im Ausschnittbereich aufgedickte Platte. Entscheidend ist der Abbau der Spannungen im Schnitt *0—0* bei der verbesserten Ausführung.

Diese erhebliche Verbesserung wird durch eine komplizierte Formgebung erreicht, die jedoch für die Fertigung keine wesentliche Erschwerung bedeutet, da die Platten entweder im Gesenk fertiggepreßt oder aus entsprechend dicken Platten durch Fräsen mit automatischer Steuerung hergestellt werden, bei der die Verstärkungen und Schwächungen von Haut und Stegen in das Zerspanungsprogramm gegeben werden.

6.4 Vermeidung von Bohrungen im Ausschnittrand

Die üblichen Schraubverbindungen zwischen Platte und Ausschnittverschluß erfordern Bohrungen im Ausschnittrand, die hohe Spannungsspitzen verursachen. Am Ort dieser Spannungsspitzen besteht außerdem die Gefahr der Bildung von Reibkorrosionsschäden.

Diese „Kerben im Kerbrand" können durch Klemmverbindungen vermieden werden. Bild 367 gibt hierzu ein Beispiel für einen Kreisausschnitt in der Unterwand eines Tragflügelkastens, an dessen Rand der Anschlußflansch einer Kraftstoffpumpe und ein Abschlußdeckel befestigt sind [6]. Oben ist die bisherige Konstruktion mit Bohrungen im Anschlußrand dargestellt.

Da jedoch der Durchmesser für den Pumpeneinbau mit Klemmverbindung noch größer werden müßte ($b/d \approx 2$), würde der Häufungsfaktor K ansteigen. Um dies zu vermeiden, sind mit der Ausschnittvergrößerung die seitlichen Aufdickungen zu verstärken.

XV. Krafteinleitungsprobleme — Konstruktive Gestaltung unter Forderung hoher Ermüdungsfestigkeit

1 Übergänge von Längskräften in Platten zwischen Längsprofilen und Haut

1.1 Beispiele für sprunghafte Übergänge

Sprunghafte Übergänge von Längskräften zwischen Haut und Längsprofil entstehen wenn ein Profil (oder Gurt)

die in ihm konzentrierte Längskraft in die Haut einer Schale über eine begrenzte Länge einleitet,

an der Längskraftaufnahme beteiligt ist und in der Schale unterbrochen oder gestoßen wird und die Haut an der Stoßdeckung beteiligt ist,

am Längsrand eines Hautausschnittes durchläuft,

am Querrand eines Hautausschnittes durchläuft oder endet.

1.2 Grundforderungen an Übergänge dieser Art

Derartige Unstetigkeitsstellen in der Konstruktion müssen bereits zur Sicherung der statischen Festigkeit (Zug, Schub) und bezüglich des Beulens der Haut sowie der Festigkeit der Verbindung zwischen Haut und Profil sehr sorgfältig durchgebildet werden. Im Hinblick auf das Ermüdungsverhalten bereiten sie besonders große Schwierigkeiten.

Bei den Beanspruchungen an einem Profilende muß sich der Konstrukteur darüber im klaren sein, daß bei endlichem Profilendquerschnitt eine konzentrierte Längskraftabgabe des Gurtes an die Haut stattfindet, wobei

eine erhöhte Schubspannungsspitze in der Profilhautverbindung

und eine Normalspannungskonzentration hinter dem Gurtende in der Haut auftritt.

Es ist mithin wichtig, die Längskräfte des Profils über eine längere Auslaufstrecke (Zuspitzung) bis zum Profilende möglichst gleichmäßig abzubauen.

Ein besonderes Problem der Kräfteüberleitung an einem Profilende entsteht daraus, daß der die Längskräfte abgebende Profilquerschnitt über dem aufnehmenden Hautquerschnitt liegt, also aus der zur Haut exzentrischen Profilkraft Biegebeanspruchungen resultieren.

Die für die Überleitung statischer und dynamischer Kräfte wichtigen konstruktiven Forderungen bezüglich des Profilauslaufs sind:

Ein Profil darf niemals in einem Hautfeld an einer ungestützten Stelle enden. Der Profilabsatz im Feld würde zu erheblichen Schwierigkeiten der örtlichen Aufnahme und Weiterleitung der Spannungen in dem Hautfeld führen.

Ein Profil darf nicht mit seinem vollen Querschnitt bis zum Ende eines Hautfeldes laufen.

Der Profilauslauf ist über einer Hautfeldlänge in Breite und Höhe gut zuzuschärfen. Die Kräfteüberleitung vom Profil auf die Haut erstreckt sich somit über eine gesamte Feldlänge, und die Spannungsweiterleitung im Hautfeld bereitet auch bei geringer Wandstärke keine Schwierigkeiten.

1.3 Konstruktive Durchbildung von Profilstößen

Stöße von Längsprofilen in Schalen sind oft unvermeidlich. Insbesondere treten sie an Montagequerstößen von langen Schalen (beispielsweise Flugzeugrümpfen) auf.

Für derartige Stöße kommen verschiedene Lösungen in Frage, die alle eine sehr sorgfältige konstruktive Durchbildung verlangen.

Auslauf der Profile auf eine Hautverdickung:

Ausläufe dieser Art sind, wie im Bild 368 zu sehen, bei Integralschalen gut realisierbar [1, 2]. Bei Schalenkonstruktionen der Differentialbauweise aus Haut und Profilen ist diese Lösung schwieriger zu realisieren und erfordert, wie am Beispiel des Bildes 369 gezeigt, zusätzliche Hautplatten und Beschläge [3].

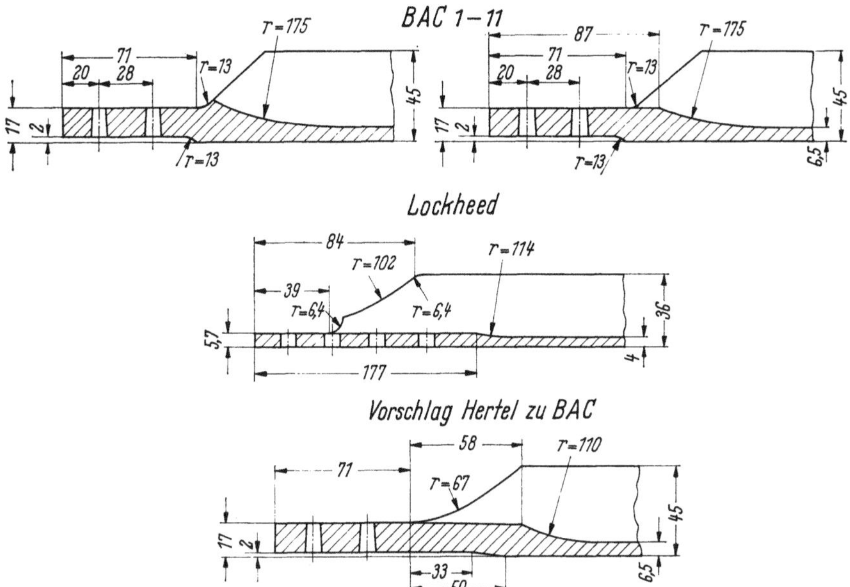

Bild 368. Querstöße der Flügelbeplankung in Integralbauweise. Hautaufdickung — Stegauslauf. Nach [1, 2].

Bild 369. Tragflügeluntergurtanschluß (Boeing 727) — Differentialbauweise. [3].

Stoß der Profile:

Bild 370 zeigt den Stoß einer durch offene Hutprofile versteiften Schale [4]. Die Spannungsüberleitung erfolgt

durch die Stoßlaschen der Haut, wobei eine Hautverstärkung finger-förmig unter jedes Profil greift, um dieses mit mehreren hintereinanderliegenden Bolzen anzuschließen und so einen Teil der Profilkraft auf die Stoßlasche überzuleiten,

durch einen Beschlag je Hutprofil, der die freien Flansche mit je 4 Nieten und die Stege mit je 3 Nieten erfaßt.

Bild 370. Querstoß in Rumpfschale (Boeing 707/720) —
Differentialbauweise — Haut-
und Stringer-Anschluß am
Hauptspant. [4].

1.4 Erfahrungen mit sprunghaften Übergängen

Der Auslauf oder der Stoß eines Längsprofils in einer längsbeanspruchten Schale bleibt, auch wenn er grundsätzlich richtig aufgebaut ist, eine kritische Stelle bezüglich der Ermüdungsfestigkeit, und der Konstrukteur muß alle Sorgfalt auf die günstigste Durchbildung verwenden, damit von den im Fügungsbereich vorhandenen Kerbstellen keine Risse ausgehen.

Dieses konstruktive Problem sei durch eine kurze Beschreibung der Ergebnisse von Ermüdungsversuchen an Tragflügeln erläutert [5].

18 Flügelhälften des Flugzeugs Convair 240 (militärische Ausführung), die aus der AlZnMgCu-Legierung 7075-T 6 gebaut waren und im Mittel 725 Flugstunden hinter sich hatten, wurden bei einer dem ungestörten Reiseflug entsprechenden statischen Vorlast $n_R = 1$ mit Wechsellasten entsprechend Böenlastvielfachen von $\Delta n_B = \pm 0{,}25$; $\pm 0{,}42$ und $\pm 0{,}76$ dynamisch beansprucht.

Bei diesen Versuchen wurden insgesamt 270 Ermüdungsrisse erzielt, so daß Aussagen über die durch Ermüdung gefährdeten Stellen der Konstruktion gemacht werden können.

Die dynamischen Anrisse und Brüche entstanden in dem im Bild 371 dargestellten Bereich der Flügelunterseite mit einem großen Ausschnitt nahe der Flügelwurzel.

Bild 372 zeigt, daß frühzeitig Anrisse in den Ausschnittecken entstehen und anschließend Risse in den den Ausschnitt seitlich begrenzenden Versteifungsprofilen auftreten.

Die Anrißstellen in den Holmen, den Versteifungsprofilen und den Anschlußbeschlägen sowie die gemessenen Anrißlastwechselzahlen sind aus Bild 373 zu entnehmen.

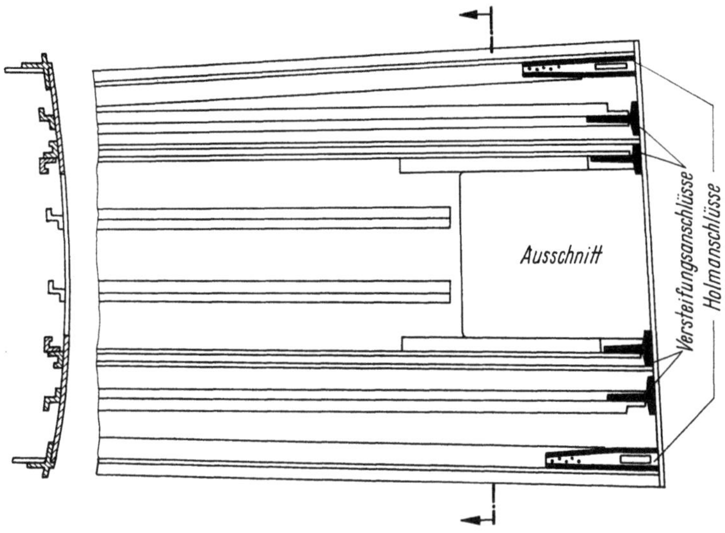

Bild 371. Dynamische Bruchversuche an Tragflügelkästen (Convair 240) — Gurtplatte (7075-T 6) mit Ausschnitt, Holm- und Versteifungsanschlüsse. Nach [5].

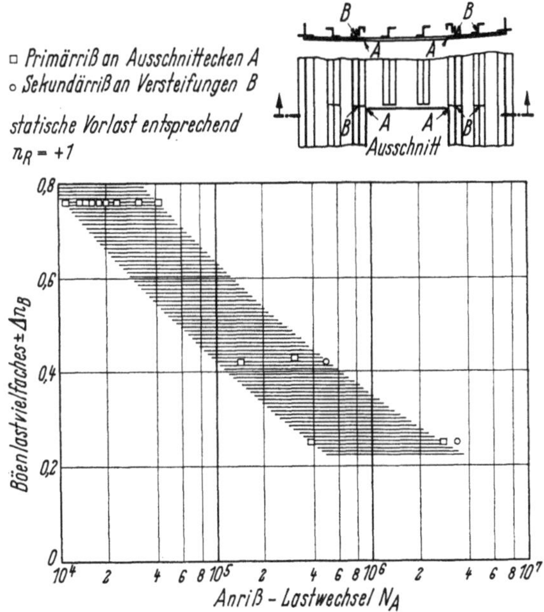

Bild 372. Dynamische Bruchversuche an Tragflügelkästen (7075-T 6) — Primärriß in Ausschnittecken. Nach [5].

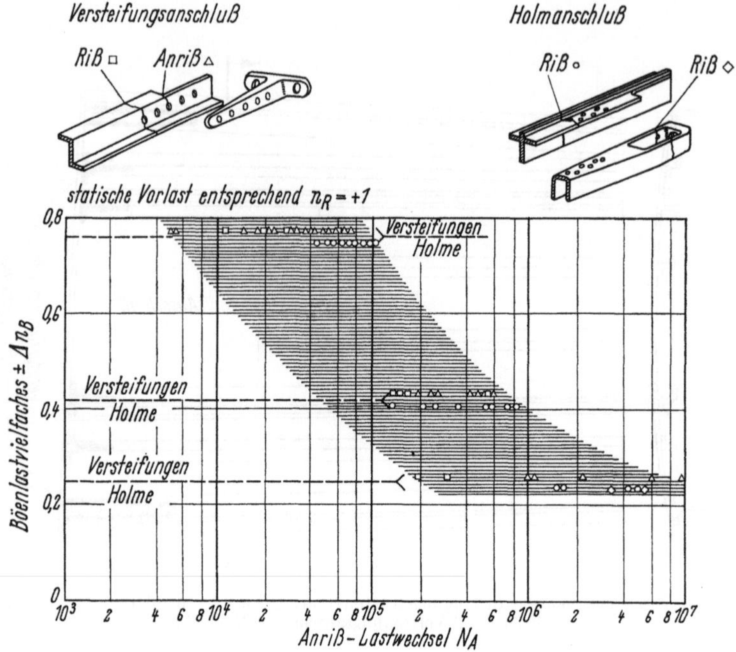

Bild 373. Dynamische Bruchversuche an Tragflügelkästen (7075-T 6) — Risse in Holm- und Versteifungs-
anschlüssen. Nach [5].

2 Ausläufe von Längsstegen einer längsgezogenen Integralplatte

2.1 Klassische Ausführungen und neuer Vorschlag

Die Längsstege von längsgezogenen Integralplatten, wie sie beispielsweise
zur Tragflügelbeplankung verwendet werden, laufen an den Plattenqueranschlüs-
sen und vor Plattenausschnitten aus.

Die praktischen Erfahrungen haben gezeigt, daß es sehr schwierig ist, am
Ansatz des Stegauslaufs auf die Haut

die Spannungshäufungen möglichst klein zu halten und

den Spannungsfluß möglichst „flach" in die Haut laufen zu lassen, so daß
„Beanspruchung auf Abreißen" vermieden wird.

Erfolgreiche Serienbauten mit längs verrippten Integralplatten sind in
England von BAC und in den USA von Lockheed durchgeführt worden.

Bild 368 zeigt die von BAC (Flugzeug BAC 1-11) [1] und Lockheed (Flugzeug Constellation) [2] entwickelten sehr unterschiedlichen Lösungen für den
Stegauslauf. Die Ideenskizzen des Verfassers, die von den BAC-Abmessungen ausgehen, stehen im Gegensatz zu den anderen Anordnungen.

Während bei BAC und Lockheed die Stege steil auslaufen, läuft bei dem
„Vorschlag HERTEL" der Ansatz flach aus.

Die statische Berechnung des Stegauslaufs mit Ausgleich der Querschnittsverringerung und der Exzentrizität des Restquerschnittes durch kräftige Haut-

aufdickung gibt keinen ausreichenden Aufschluß (nur eine Vorkontrolle) über den effektiven Spannungsverlauf bei diesem „Kräfteeinleitungsproblem".

Daher wurden die Ausläufe durch eingehende Versuche mit großen Plexiglasmodellen im ILTUB untersucht. Ermittelt wurden

der Verlauf der Hauptzugspannungstrajektorien mit Hilfe von Reißlackversuchen,

die Spannungshäufung längs der Oberkante des Stegauslaufs durch Dehnungsmessungen.

2.2 Erfahrungen über Anrisse an Stegausläufen

Die durch einen Stegansatz hervorgerufene Spannungshäufung kann zu Ermüdungsbrüchen führen.

Das Foto des Bildes 374 zeigt einen typischen Ermüdungsanriß im Stegauslaufbereich. Dieser Anriß führt zu einer „Längstrennung" des Stegs von der Haut und, wie Bild 375 zeigt, zu einem Querbruch der gesamten Platte [6].

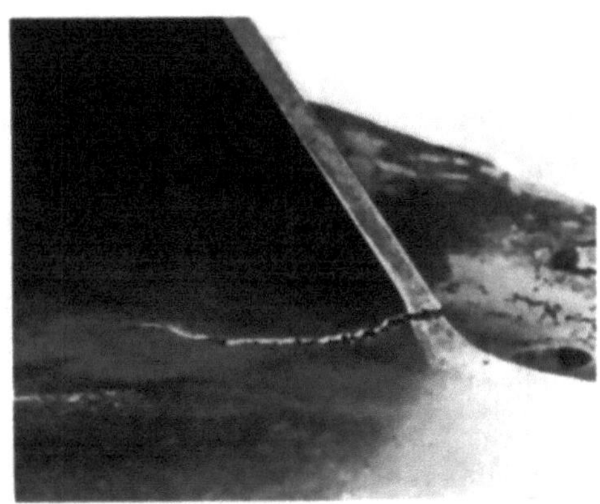

Bild 374. Dynamische Bruchversuche an Integralplatten (2024-T 4) — Anriß im Stegauslauf — Trennung von Steg und Haut. [6].

Bild 375. Dynamische Bruchversuche an Integralplatten (2024-T 4) — Anrisse an Stegausläufen — Querbruch. [6].

Die BAC hat zahlreiche Ermüdungsversuche über die Ausbildung der Plattenenden mit Stegausläufen entsprechend Bild 376 durchgeführt [7]. Die dabei untersuchten Abwandlungen der Ansatzstellen und der Schräge des Stegendes brachten keine wesentlichen Unterschiede im Ermüdungsverhalten.

Da bei allen Variationen der „Winkel der Spannungsüberleitung" nicht entscheidend abgeflacht wurde und eine beträchtliche Spannungshäufung wirksam blieb, wurde von BAC die Ermüdungsfestigkeit dieser Ansätze durch Kugelstrahlen sichergestellt.

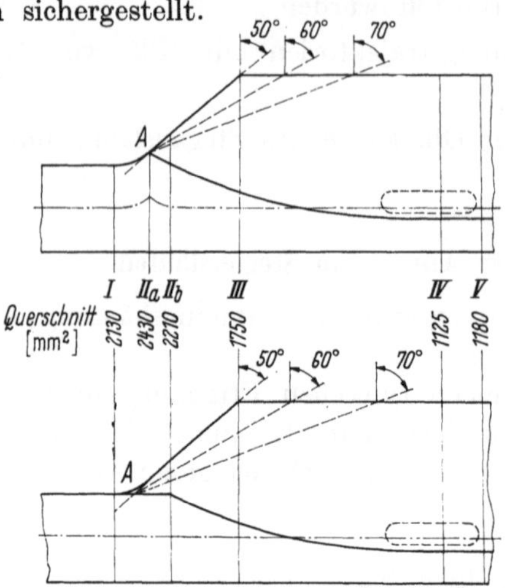

Bild 376
Stegauslauf von Integralplatten — Variation der Auslaufschräge und der Ansatzstelle. Nach [7].

2.3 Spannungsmessungen an Stegausläufen bekannter Ausführung

Im ILTUB wurde der Spannungsverlauf längs der Oberkante des auslaufenden Stegs bei Längszugbeanspruchung der Platte an großen Plexiglasmodellen gemessen. Das sich daraus ergebende, auf den ungestörten Querschnitt in Plattenmitte bezogene Spannungsverhältnis $\sigma_{\mathrm{Rand}}/\sigma_{nm}$ ist im Bild 377 für die BAC-Ausführung und im Bild 378 für die Lockheed-Ausführung über der Länge des Ansatzes aufgetragen.

Stegauslauf nach BAC (Bild 377)

Am Ansatzpunkt A wurde eine Spannungsspitze mit dem Häufungsfaktor $K = 2,0$ gemessen. Eine Erhöhung gegenüber diesem durch die Messungen

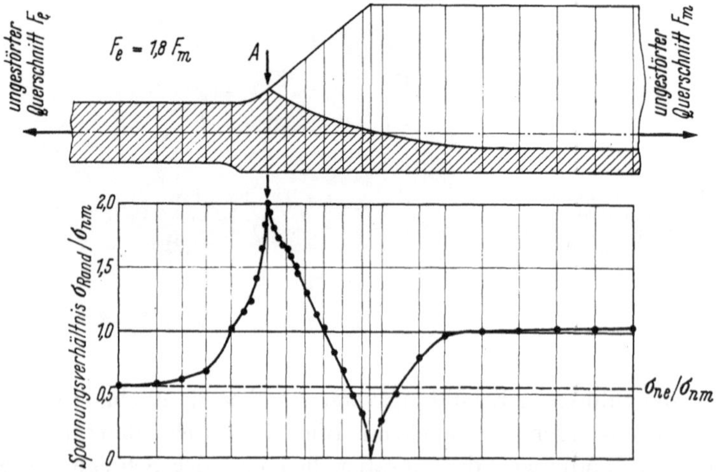

Bild 377. Stegauslauf von Integralplatten nach BAC — Spannungsmessungen längs der Stegoberkante

erfaßbaren Häufungsfaktor ist an der engen Rundung, mit der der Stegauslauf seitlich in die Platte übergeht, zu erwarten.

Stegauslauf nach Lockheed (Bild 378)
Der Querstoß bei Lockheed ist nicht wie die BAC- und ILTUB-Lösungen „integral zentriert". Der Stoß wird auch durch das Aufsetzen kräftiger Verbindungslaschen, die fingerförmig zwischen die Integralstege greifen, nicht zentriert. Die verbleibende Exzentrizität ist relativ gering; der Zusammenhang zwischen Belastungen und Spannungen kann näherungsweise als linear

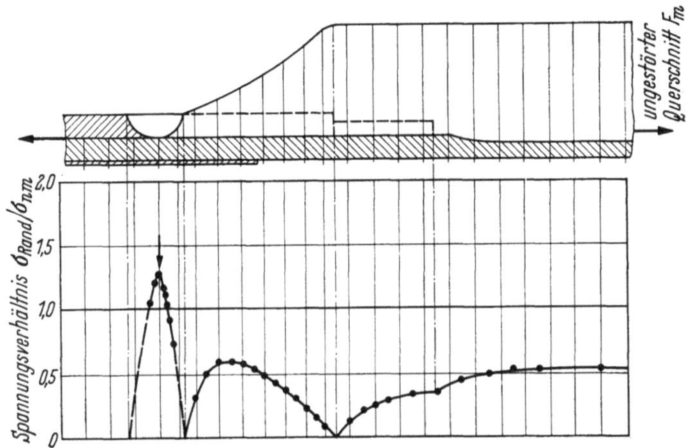

Bild 378. Stegauslauf von Integralplatten nach Lockheed — Spannungsmessungen längs der Stegoberkante.

betrachtet werden. Ein Vergleich der gemessenen und der unter Berücksichtigung der Exzentrizität errechneten Spannungsverteilung im Querschnitt F_m zeigte ausgezeichnete Übereinstimmung.
Die Spannungsspitze am Stegansatz ist auf Grund der weit vor dem Stegauslauf beginnenden kräftigen Hautaufdickung und der kräftigen, weit zwischen die Integralstege greifenden Verbindungslaschen relativ gering $(K \approx 1{,}3)$.
Im ungestörten Querschnitt F_m liegt keine gleichmäßige Spannungsverteilung vor. Das Verhältnis der gemessenen Stegrandspannung zur Nennspannung beträgt $\sigma_{Rand}/\sigma_{nm} \approx 0{,}5$.

2.4 Grundsätzlich richtige Gestaltung des Stegauslaufs nach Vorschlägen und Versuchen des ILTUB

Um die Gefahr des „Abreißens" von Versteifungsstegen mit minimalem Gewichtsaufwand für Aufdickungen infolge Ermüdung auszuschalten, sind zwei Forderungen zu erfüllen:

Die Spannungshäufung am Stegansatz ist (beispielsweise gegenüber der BAC-Lösung mit $K > 2{,}0$) zu reduzieren.

Die Stegspannungen sind am Auslauf flach in die Haut zu leiten.

Im ILTUB wurden — wie Bild 379 zeigt — verschiedene Variationen der Hautaufdickung und des Stegauslaufs untersucht.

Grundform der ILTUB-Lösung:

Diese Lösung ist mit *1* bezeichnet; die Konturen von Hautaufdickung uud Stegauslauf sowie die Verbindungskurve der entsprechenden Meßpunkte sind als voll ausgezogene Linien eingetragen. Es wird ein Häufungsfaktor von $K = 1,25$ erreicht.

Änderung des Stegauslaufs gemäß Kontur *2*:

Die stärkere Abschrägung der Stegauslaufkontur ändert weder Ort noch Größe des Häufungsfaktors am Stegrand im Auslaufbereich gegenüber den Werten bei der ILTUB-Grundform. Der nur im Bereich der Abschrägung veränderte Verlauf des Spannungsverhältnisses $\sigma_{Rand}/\sigma_{nm}$ ist aus Bild 379 zu ersehen.

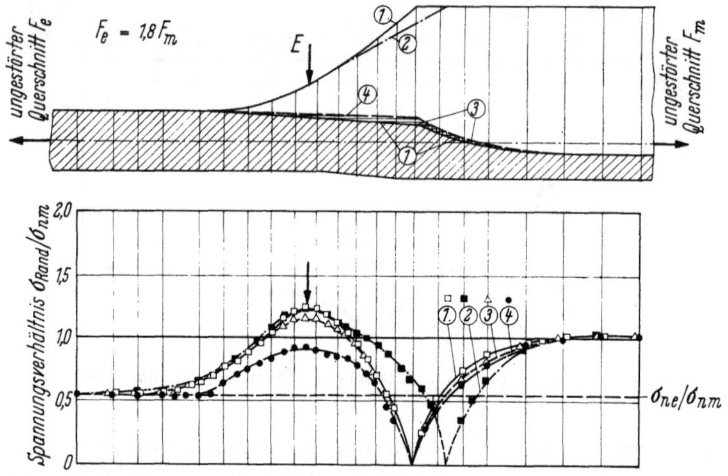

Bild 379. Stegauslauf von Integralplatten nach ILTUB-Vorschlägen — Spannungsmessungen längs der Stegoberkante.

Verstärkung der Hautaufdickung gemäß Kontur *3*:

Die Verstärkung der Hautaufdickung im Auslaufbereich zieht ein nur geringes Absinken des Häufungsfaktors auf $K = 1,15$ nach sich. Die maximale Stegrandspannung tritt an der gleichen Stelle auf wie bei der vorher untersuchten Grundform.

Verstärkung der Hautaufdickung gemäß Kontur *4*:

Diese minimale Änderung des Verlaufs der Hautaufdickung hat einen Abfall des Häufungsfaktors auf $K = 0,9$ zur Folge. Der Ort der maximalen Stegrandspannung bleibt gegenüber den oben diskutierten „Hautkonturen" nahezu unverändert.

2.5 Zugspannungstrajektorien im Stegauslaufbereich (Einlaufrichtung — Abreißgefahr)

An den Plexiglasmodellen der Stegausläufe nach BAC und entsprechend der ILTUB-Grundform wurden Reißlackversuche durchgeführt. Bild 380 zeigt für beide Lösungen die Rißlinien im Stegauslaufbereich. Die zu diesen Linien senkrecht verlaufenden Hauptzugspannungstrajektorien sind eingetragen. Bei der Eintragung dieser Spannungstrajektorien wurde von einem ungestörten Stegquerschnitt mit gleichen Abständen der Trajektorien untereinander ausgegangen. Die äußerste Trajektorie wird vom Stegrand gebildet.

Zwischen jeweils zwei Trajektorien ist der Kraftfluß näherungsweise konstant (gleichbleibende Stegdicke vorausgesetzt); eine Trajektorienverengung läßt mithin auf eine Spannungskonzentration schließen.

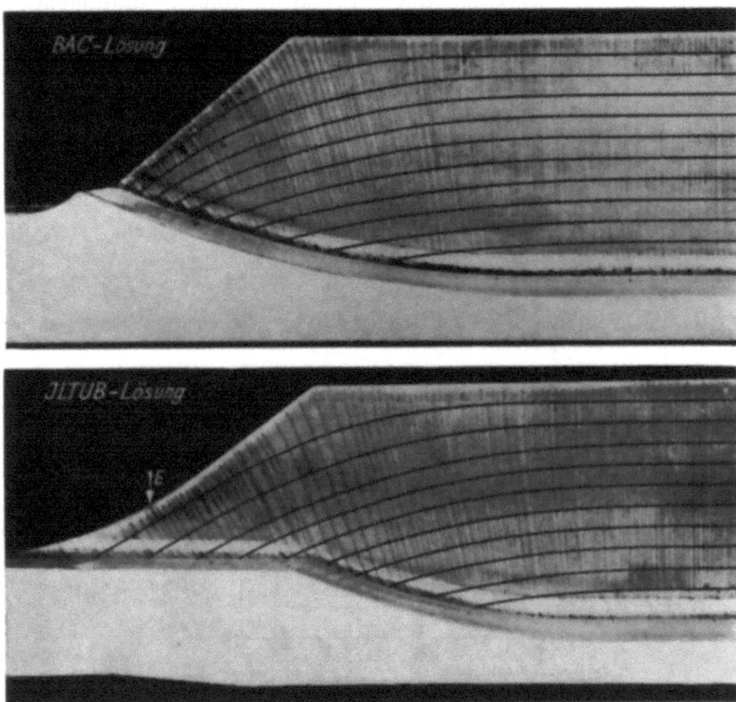

Bild 380. Stegauslauf von Integralplatten — Zugspannungstrajektorien aus Reißlackversuchen — Vergleich der BAC- und der ILTUB-Lösung.

Aus Bild 380 folgt für die beiden untersuchten Stegausläufe:

Oben beim BAC-Auslauf konzentrieren sich die Trajektorien vorn am Ansatz und laufen unter etwa 60° auf die Hautaufdickung zu, so daß die Gefahr des „Stegabreißens" vorliegt.

Unten beim ILTUB-Auslauf sind die Trajektorien am Ansatz weit auseinandergezogen; die Stelle der stärksten Trajektorienverengung (E) ist durch einen Pfeil gekennzeichnet. Diese Stelle stimmt genau mit der Stelle überein, an der die maximale Stegrandspannung gemessen wurde (s. Bild 379). Die der Stegaußenkante am nächsten liegende Zugspannungstrajektorie läuft sehr flach in die aufgedickte Haut ein, so daß kaum eine Beanspruchung auf Abreißen vorliegt.

Das mit Hilfe des Reißlackverfahrens gewonnene Hauptzugspannungstrajektorienbild läßt Stellen größter Trajektorienverengung klar erkennen, ermöglicht also eine unmittelbare Bestimmung des Ortes größter Spannungshäufung.

Insbesondere bei der ILTUB-Lösung zeigt sich sehr deutlich, daß die stärkste Trajektorienverengung — und damit die stärkste Spannungshäufung — nicht unmittelbar am Ansatz des Stegs, sondern etwas dahinter (ungefähr an der Stelle des Übergangs des Kreisbogens in die geradlinige Kontur des Stegauslaufs), liegt. Die Tatsache, daß die Stelle stärkster Trajektorienverengung genau mit dem Ort der aus Dehnungsmessungen bestimmten maximalen Stegrandspannung übereinstimmt, zeigt, daß bei sorgfältiger Durchführung und Auswertung erstaunliche Erfolge mit dem Reißlackverfahren erzielt werden können. Zum anderen ist eine Auswertung der Trajektorienbilder dahingehend möglich, daß der Kraftfluß vom Steg in die aufgedickte Haut über der Einleitungslänge

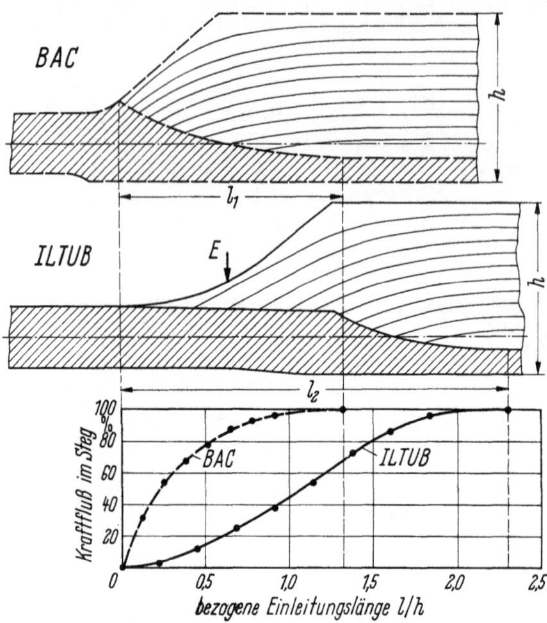

Bild 381. Stegauslauf von Integralplatten — Kraftflußbetrachtung im Einleitungsbereich — Auswertung von Reißlackversuchen — Vergleich der BAC- und der ILTUB-Formen.

aufgetragen wird. Bild 381 zeigt die Skizzen der beiden Stegausläufe (BAC und ILTUB) und darunter den im Steg vorhandenen Kraftfluß, aufgetragen über der bezogenen Einleitungslänge l/h.

Man erkennt aus dieser Darstellung:

Bei der BAC-Lösung ist die Krafteinleitungslänge kürzer als im Falle der ILTUB-Lösung.

Bei der BAC-Lösung erfolgt die Krafteinleitung in den Steg — ausgehend von $l/h = 0$ — sehr „plötzlich". Nach 10% der Einleitungslänge ($l/h \approx 0{,}15$) sind bereits 35% des Kraftflusses, wie er im ungestörten Stegquerschnitt vorliegt, in den Steg eingeleitet.

Bei der ILTUB-Lösung ist die Krafteinleitung wesentlich gleichmäßiger. Nach 10% der Einleitungslänge ($l/h \approx 0{,}25$) sind etwa 5% des Kraftflusses in den Steg eingeleitet.

Diese quantitativen Angaben, die unter der Voraussetzung der Konstanz des Kraftflusses zwischen zwei Spannungstrajektorien gewonnen wurden, sind sicher fehlerbehaftet. Sie geben jedoch Aufschluß über eine Tendenz und tragen wesentlich zum Verständnis und zu einer optimalen Lösung dieses Krafteinleitungsproblems bei.

3 Spannungshäufung am Ansatz der Überleitung von Längskräften beim Streifenkreuz

3.1 Problemstellung

Häufig erfolgt in einem Querstoß die Längskraftübertragung zwischen zwei Bauteilen durch Fügung zweier Längsstreifen, die senkrecht zueinander stehen.

Der einfachste symmetrische Fall ist das „Streifenkreuz", wie es im Bild 382 oben als Versuchsstück zu sehen ist.

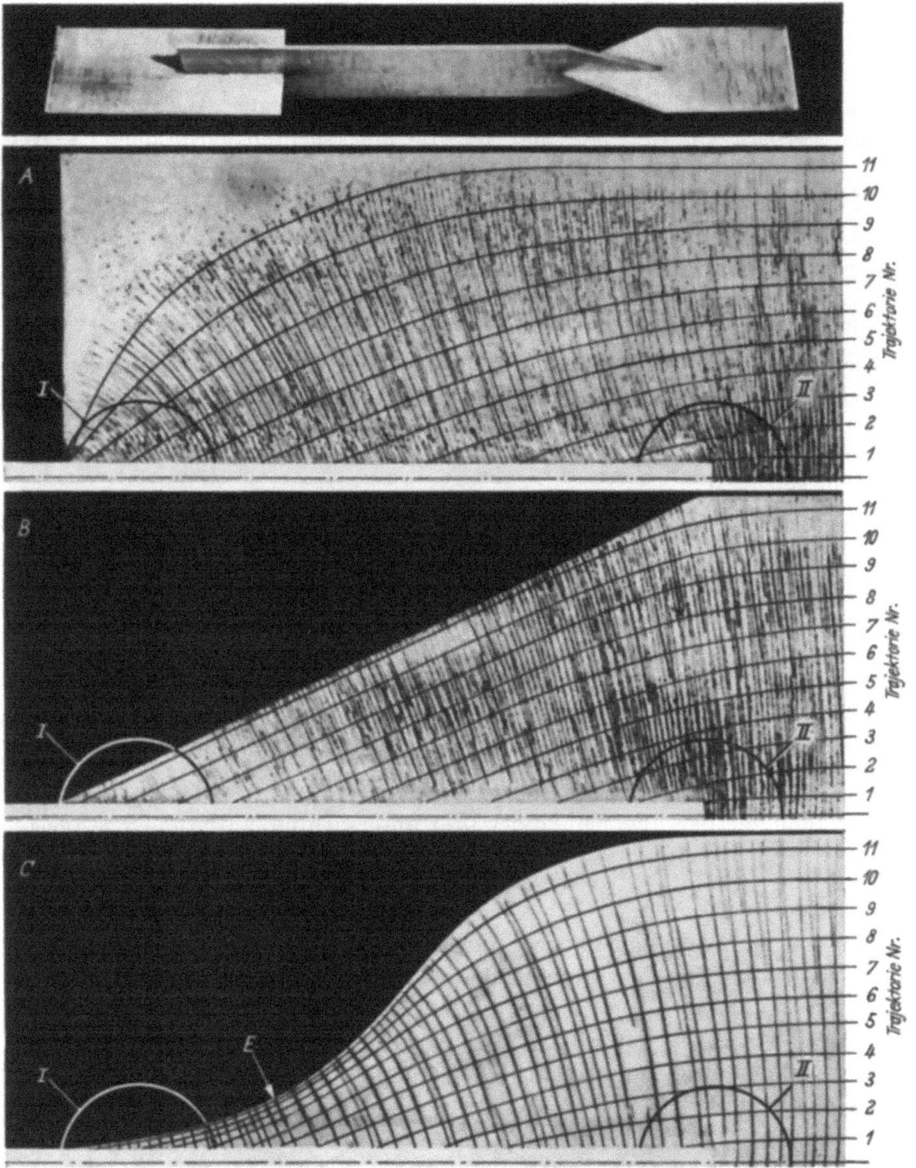

Bild 382. Überleitung von Längskräften beim Streifenkreuz — Zugspannungstrajektorien aus Reißlackversuchen — Vergleich verschiedener Ansatzformen.

Der Verlauf der Längskraftübertragung im Streifenkreuz wurde im ILTUB durch Reißlackversuche mit Bestimmung der Spannungstrajektorien sowie durch Spannungsmessungen untersucht.

An den Ansätzen der Streifen entstehen örtliche Spannungshäufungen, die von der Ausbildung dieser Ansätze stark abhängig sind. Größe und Richtung der Spannungen an diesen kritischen Stellen — im Bild 382 sind sie durch die Bereiche *I* und *II* gekennzeichnet — beeinflussen maßgebend die Ermüdungsfestigkeit.

3.2 Variation der Auslaufformen bei konstanter Einleitungslänge

3.2.1 Reißlackversuche

Für konstante Einleitungslänge wurden zunächst die Auslaufformen der Streifen variiert. Im Bild 382 sind die drei untersuchten Variationen (A, B, C) nach dem Reißlackversuch mit eingezeichneten Zugspannungstrajektorien als Halbaufnahmen gezeigt.

An Hand der Rißlinien- und Trajektorienbilder können für den Bereich *I* bezüglich der drei untersuchten Variationen folgende Aussagen getroffen werden:

Form A

Die Trajektorien treffen steil und mit erheblicher Verengung auf den senkrecht zur Bildoberfläche stehenden Streifen auf; diese Beobachtung deutet auf eine starke Spannungskonzentration am Auslauf hin.

Form B

Die geradlinige Zuspitzung des Auslaufs hat nahezu parallel zur Auslaufkante verlaufende Hauptzugspannungstrajektorien mit geringem Auftreffwinkel zur Folge, es ist keine starke Spannungshäufung zu erwarten.

Form C

Beim tangential auslaufenden Streifen treffen die Trajektorien mit sehr geringem Winkel auf den senkrechten Streifen. Es kommt zu einer erheblichen Trajektorienverengung im Bereich um die Stelle *E* (s. Bild 382 unten), die auf eine starke Spannungshäufung schließen läßt.

Analog kann für den Bereich *II* der drei untersuchten Variationen festgestellt werden:

Form A

Eine sehr starke Rißlinienkonzentration deutet auf eine erhebliche Spannungskonzentration vor dem ansetzenden senkrechten Streifen hin.

Form B

Die Rißliniendichte und damit die Spannungskonzentration ist erheblich geringer als im Fall A.

Form C

Es ist keine Konzentration von Rißlinien zu beobachten.

Um die starken Unterschiede in der Kräfteüberleitung bei den untersuchten Variationen A, B und C herauszustellen, wurde eine Auswertung der Spannungstrajektorienbilder, wie sie im Bild 383 wiedergegeben ist, durchgeführt:

Das Bild zeigt oben die Skizze der Formen A, B und C.

In der Mitte dieses Bildes ist über der bezogenen Fügelänge x/l, beginnend am Ansatz $(x/l = 0)$, der in den senkrechten Streifen eingeleitete Zugfluß in Prozenten des gesamten Zugflusses unter der idealisierenden Voraussetzung

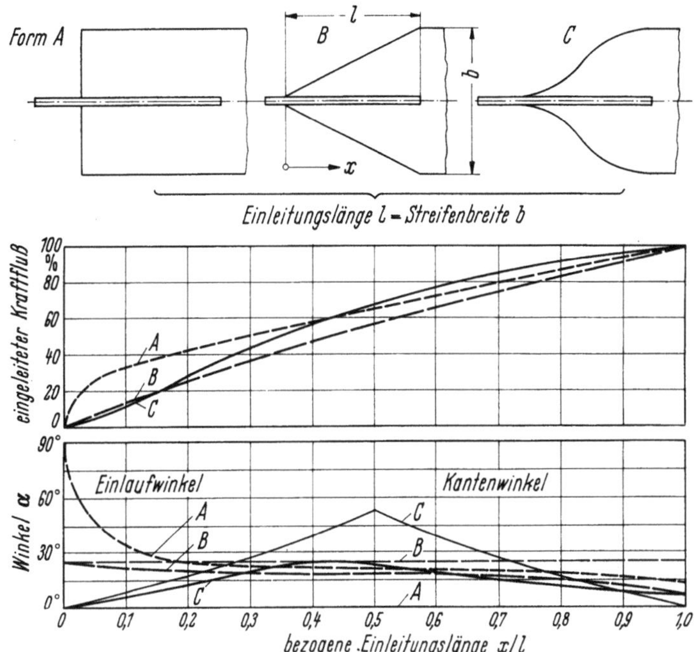

Bild 383. Überleitung von Längskräften beim Streifenkreuz — Auswertung von Reißlackversuchen — Kraftflußverlauf und Einlaufwinkel der Trajektorien bei verschiedenen Ansatzformen.

aufgetragen, daß zwischen zwei Trajektorien stets der gleiche konstante Zugspannungsfluß vorhanden ist. Wie sich zeigt, wird bei der Form A im Anfangsbereich bereits ein erheblicher Anteil des Kraftflusses eingeleitet; bei den Formen B und C geschieht die Krafteinleitung wesentlich gleichmäßiger. Während bei dem rechteckigen Ansatz A also große Spannungshäufungen auftreten müssen, werden diese durch die Zuspitzung bei den Formen B und C verringert.

Im unteren Teil des Bildes 383 ist der Einlaufwinkel α zwischen der Längsachse und den auf diese zulaufenden Zugspannungstrajektorien über der bezogenen Einleitungslänge aufgetragen:

Bei Form A ist dieser Winkel bei $x/l = 0$ gleich 90°, er fällt dann in einem relativ kurzen Anfangsbereich stark ab.

Bei Form B ist für $x/l = 0$ der Winkel α gleich dem Kantenwinkel, über die gesamte Einleitungslänge fällt α gleichmäßig ab.

Form C führt infolge der tangential auslaufenden Streifenkante bei $x/l = 0$ zu einem Einlaufwinkel $\alpha = 0$.

Am rechteckigen Ansatz der Form A wirken also starke Zugspannungen unter einem sehr ungünstigen Winkel auf „Abreißen", durch zugeschärfte Streifen der Form B wird der Winkel α kleiner, und für die Form C verschwindet die „Abreißgefahr" praktisch völlig.

3.2.2 Spannungsmessungen

Die Ergebnisse der Reißlackversuche wurden durch Spannungsmessungen auf dem Rand der Versuchsstücke bestätigt. Sie sind im Bild 384 für die Formen A, B und C und eine weitere Variation F aufgetragen.

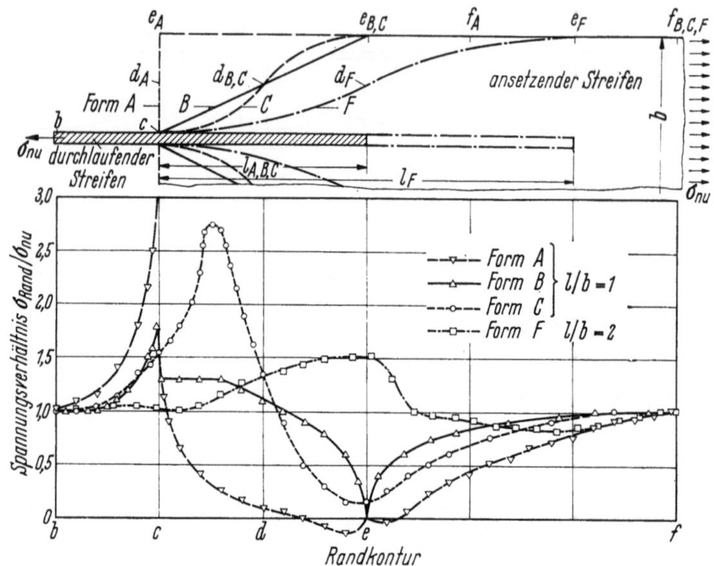

Bild 384. Überleitung von Längskräften beim Streifenkreuz — Vergleich der Randspannungsverläufe verschiedener Ansatzformen.

Der rechtwinklige Ansatz (Form A) weist an der Stelle c

im durchlaufenden Streifen die erwartete hohe Spannungsspitze mit $\sigma_{\mathrm{Rand}}/\sigma_{nu} > 3$ und

im ansetzenden Streifen die voll auf „Abreißen" wirkende Spannungshäufung von $\sigma_{\mathrm{Rand}}/\sigma_{nu} > 1{,}6$ auf.

Beim geradlinig zugespitzten Ansatz (Form B) zeigt sich an der Stelle c

im durchlaufenden Streifen eine Spannungshäufung von $\sigma_{\mathrm{Rand}}/\sigma_{nu} = 1{,}8$, am ansetzenden Streifen eine Spannungshäufung von $\sigma_{\mathrm{Rand}}/\sigma_{nu} = 1{,}3$, von der etwa 40 % auf „Abreißen" wirken.

Weiterhin zeigt die Messung, daß im Bereich c—d des ansetzenden Streifens eine nahezu konstante Randspannung vorhanden ist, die bei e auf Null abfällt.

Für den tangential zulaufenden Ansatz (Form C) ergibt sich aus den Messungen:

Durchlaufender und ansetzender Streifen haben bei c die gleichmäßig hohe Spannungshäufung von $\sigma_{\mathrm{Rand}}/\sigma_{nu} = 1{,}55$.

Zwischen c und d steigt die Spannung sehr stark weiter an und erreicht ein Maximum mit $\sigma_{\mathrm{Rand}}/\sigma_{nu} = 2{,}75$ am Ort der stärksten Trajektorienverengung (s. Bild 382, Stelle E).

Die Kraftüberleitung beim Streifenkreuz kann also durch Formgebung so gesteuert werden, daß sie

nahezu völlig gleichmäßig erfolgt (entsprechend Form B),

am Ansatz an der Stelle c nur sehr langsam beginnt und keine „Abreißkomponente" aufweist (entsprechend Form C).

3.3 Variation der Einleitungslänge

3.3.1 Reißlackversuche

Für die aus Bild 383 bekannte Form C wurde die Einleitungslänge l variiert, und zwar war $l/b = 0{,}5;\ 1{,}0;\ 1{,}4;\ 2{,}0$, um die Kraftüberleitung sowie die auftretenden Spannungshäufungen zu untersuchen.

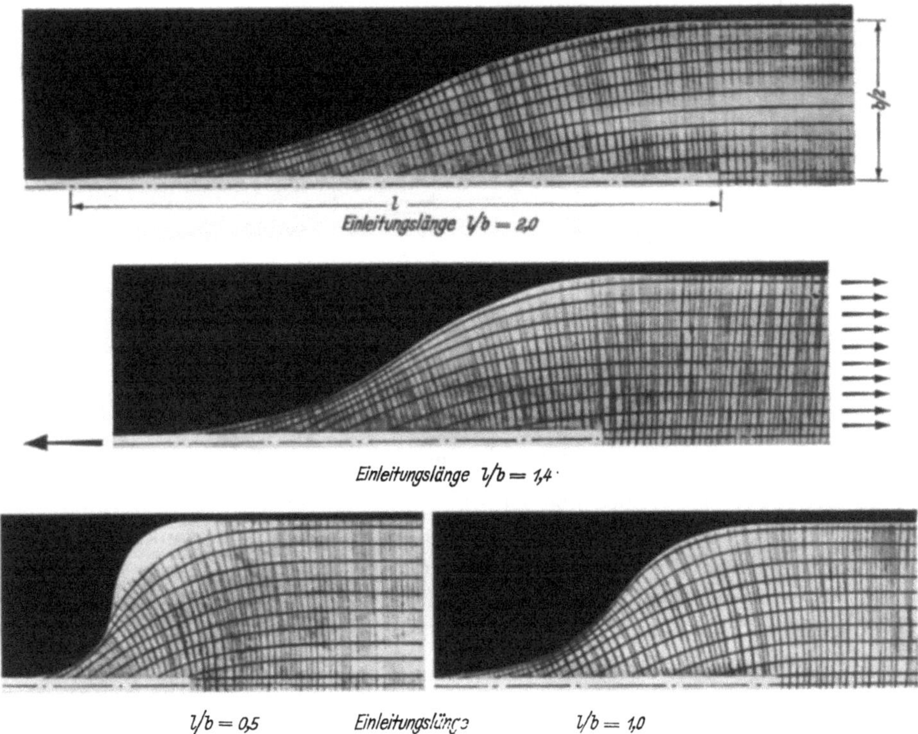

Bild 385. Überleitung von Längskräften beim Streifenkreuz — Zugspannungstrajektorien aus Reißlackversuchen — Variation der Einleitungslänge bei kreisbogenförmigen Ansätzen.

Im Bild 385 sind Halbaufnahmen der untersuchten Variationen nach dem Reißlackversuch mit eingezeichneten Zugspannungstrajektorien gezeigt.

Bei allen Verhältnissen l/b tritt eine Verengung der Trajektorien bei etwa $x/l = 0{,}5$ an der Streifenaußenkante auf. Dies läßt auf eine Spannungshäufung an dieser Stelle schließen. Zum Ansatz hin laufen die Trajektorien wieder etwas auseinander, so daß die Spannungen wieder abnehmen.

Das Bild 386 zeigt den Vergleich der Kräfteüberleitung (in Analogie zu Bild 383) für drei Variationen $l/b = 0{,}5; 1{,}0; 2{,}0$. Oben sind in Skizzen die drei Streifenformen mit D, C und F bezeichnet.

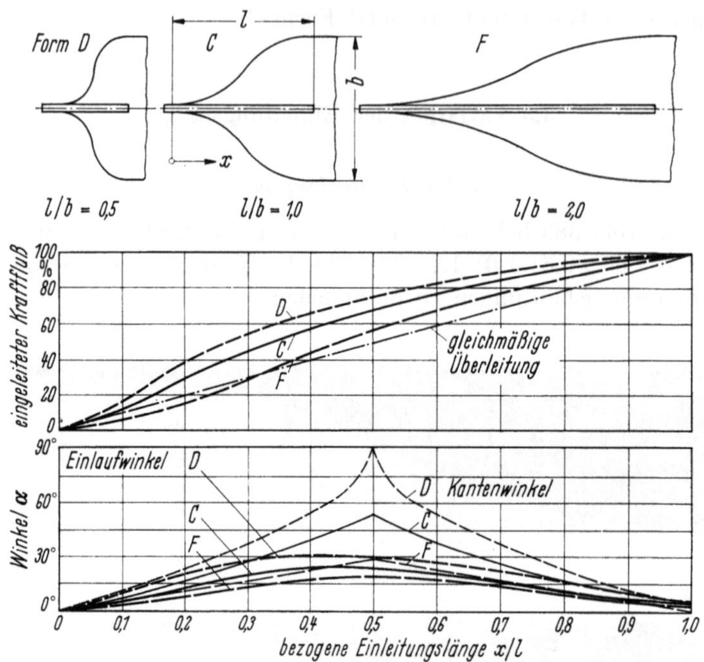

Bild 386. Überleitung von Längskräften beim Streifenkreuz — Auswertung von Reißlackversuchen — Kraftflußverlauf und Einlaufwinkel der Trajektorien bei verschiedenen Einleitungslängen.

Die Auswertung der Reißlackversuche liefert folgende Erkenntnisse:

In der Mitte des Bildes 386 ist über der bezogenen Einleitungslänge (x/l) der von dem Ansatz $(x/l = 0)$ ab in den zur Bildoberfläche senkrechten Streifen eingeleitete Zugfluß in Prozenten des gesamten Zugflusses aufgetragen. Wie sich zeigt, kommt die Form F dem Ideal einer gleichmäßigen Kraftüberleitung sehr nahe.

Im Bild 386 unten ist der Einlaufwinkel α zwischen der Längsachse und den auf sie zulaufenden Zugspannungstrajektorien über der bezogenen Einleitungslänge x/l aufgetragen.

Für alle drei Formen ist infolge der tangential auslaufenden Kanten bei $x/l = 0$ der Einlaufwinkel $\alpha = 0$. Er steigt bis $x/l \approx 0{,}5$ auf einen Maximalwert an und fällt dann für $x/l = 1$ auf $\alpha = 4$ bis 6° ab.

Es tritt also am Ansatz keine „Abreißspannung" auf, die bei dynamischer Belastung zum Entstehen von Anrissen beiträgt.

Weiterhin sind im unteren Bild die Kantenwinkel für die verschiedenen Formen eingetragen.

Es ist zu sehen, daß für eine nahezu gleichmäßige Krafteinleitung, wie sie Form F aufweist, die Einlaufwinkel sehr wenig von den Kantenwinkeln abweichen, während bei den Formen D und C große Differenzen auftreten, d. h., Form F weist praktisch keine Trajektorienverengungen auf. Die Formen D und C führen dagegen zu stark zusammenlaufenden Trajektorien.

Zusammenfassend kann festgestellt werden, daß

Formen mit tangentialem Auslauf keine gefährlichen „Abreißspannungen" aufweisen,

Spannungshäufungen an der Außenkante bei etwa $x/l = 0,5$, angezeigt durch eine Trajektorienverengung, auftreten; diese Spannungshäufungen sind bei kleiner bis mittlerer Einleitungslänge ($l/b \leqq 1$) groß, mit größer werdender Einleitungslänge ($l/b \geqq 1,4$) werden sie jedoch erheblich reduziert,

die sehr kurze Einleitungslänge ($l/b = 0,5$) ungünstig bezüglich der Materialausnutzung ist; das Reißlackbild zeigt eine größere, praktisch spannungsfreie Zone an,

die lange Einleitungslänge ($l/b = 2,0$) zu sehr gleichmäßiger Materialausnutzung führt und daher die niedrigste Spannungshäufung ergeben wird.

3.3.2 Spannungsmessungen

An den Versuchsstücken mit verschieden großer Einleitungslänge wurden ebenfalls Spannungsmessungen längs der Randkontur durchgeführt, deren Ergebnisse die an Hand der Reißlackuntersuchungen getroffenen Schlußfolgerungen bestätigen.

Das Bild 384 enthält außer den bereits diskutierten Ergebnissen die Meßergebnisse von Form F.

Durch die Verdoppelung der Einleitungslänge l (Übergang von Form C zu F) wird

die Spannungsspitze am Anlauf c von $\sigma_{\mathrm{Rand}}/\sigma_{nu} = 1,55$ auf $\sigma_{\mathrm{Rand}}/\sigma_{nu} = 1,0$ abgebaut,

die Randspannung zwischen c und d von $\sigma_{\mathrm{Rand}}/\sigma_{nu} = 2,75$ für $l/b = 1$ auf $\sigma_{\mathrm{Rand}}/\sigma_{nu} = 1,5$ für $l/b = 2$ wesentlich reduziert,

ein sehr gleichmäßiger Spannungsverlauf längs der Streifenrandkontur erreicht, wie er aus den Reißlackversuchen bereits gefolgert werden konnte.

Es ist mithin wichtig für eine gleichmäßige Kraftüberleitung ohne wesentliche Spannungshäufung, daß die Einleitungslänge relativ groß gehalten wird ($l/b \approx 2$) und an der Stelle c ein tangentialer Einlauf der Streifenkontur zur Vermeidung von „Abreißspannungen" vorhanden ist.

XVI. Axial belastete Stäbe mit Krafteinleitung durch einen losen Bolzen (Augenstäbe)

1 Der Augenstab — Definition und Problematik

Im Maschinen- und Flugkörperbau wird häufig zur Übertragung von statischen und dynamischen Kräften an beweglichen Teilen das Konstruktionselement „Augenstab" verwendet.

Als Augenstab bezeichnet man einen stabförmigen Streifen, an dessen Ende oder „Kopf" ein Bolzen in einer Bohrung Längskräfte allein durch die radialen Lochleibungsspannungen $\sigma_L = P/d\,s$ einleitet. Eine Schubübertragung an Fügeflächen bleibt ausgeschlossen, da der Bolzen nicht angezogen wird.

Ein geringer Anteil der Kraftübertragung erfolgt durch Schubspannungen an den Kontaktflächen von Bohrungswandung und Bolzenoberfläche.

Im Bild 387 wird an Hand einer Untersuchung von FISHER und WINKWORTH [1] gezeigt, wie sich das Ermüdungsfestigkeitsverhalten einer augenstabähnlichen Fügung gegenüber dem Augenstab ändert, wenn eine Schubkraftübertragung an den Fügeflächen stattfindet, also dem Augenstab die charakteristische freie Drehbarkeit um den Bolzen genommen wird.

Bei gleicher Mittelspannung σ_m sind die Spannungsausschläge σ_a bei angezogener Mutter auf etwa das 4fache für gleiche Bruchlastwechselzahl N_B bei nicht angezogener Mutter erhöht.

Ist die Mutter des Bolzens kräftig angezogen, so wird ein wesentlicher Teil der Zugkraft durch Reibung in die beiden Zuglaschen übergeleitet und damit die Bohrungswandung entlastet, d. h. weniger durch Lochleibungsspannungen und Reibkorrosion beansprucht. Die Ermüdungsfestigkeit erhöht sich infolge der Reibkraftübertragung, obgleich nunmehr auch an den Fügeflächen Reibkorrosionsschäden auftreten können.

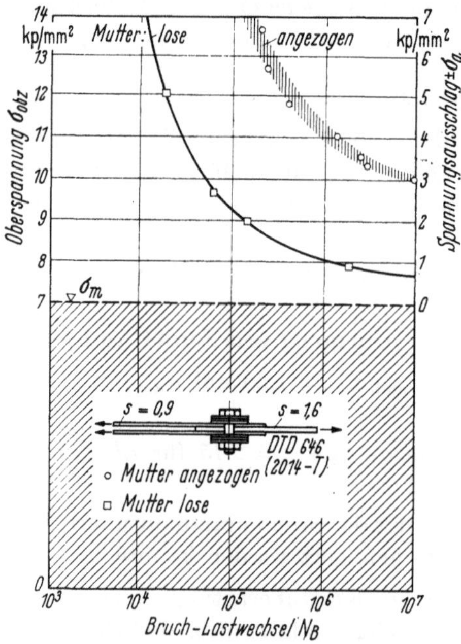

Bild 387. Einfluß des Bolzenanzugsmomentes auf die Ermüdungsfestigkeit von Augenstäben — Vergleich: lose und angezogene Mutter. Nach [1].

Ist die Mutter des Bolzens nicht angezogen, so daß die Kräfteeinleitung ausschließlich über die Bohrungswandung erfolgt, so kommt es an den Kontaktflächen der Bohrungswandung und der Bolzenoberfläche bei dynamischer Belastung des Augenstabs infolge der gegenseitigen Verschiebungen unter Lochleibungsdruck zu Reibkorrosionsschäden, die im Zusammenhang mit der Spannungshäufung an der Bohrungswandung die Ermüdungsfestigkeit des Augenstabs sehr stark herabsetzen.

Die Ermüdungsfestigkeit von Augenstäben kann gesteigert werden durch

Herabsetzung des hohen Häufungsfaktors an der Bohrungswandung durch entsprechende Formgebung des Augenstabkopfes,

Aufbringen von Druckrestspannungen in der Lochrandzone,

Vorspannen der Verbindung durch konische Buchsen,

die Verringerung und Vermeidung von Reibkorrosionsschäden an Bolzen und Bohrungswandung durch

häufige Schmierung des Bolzens,

Verkleinerung der Gleitwege, indem man den Häufungsfaktor der Bohrung herabsetzt,

Einsetzen von Buchsen.

Im folgenden werden verschiedene Maßnahmen zur Steigerung der Ermüdungsfestigkeit diskutiert. Im ILTUB wurden Versuche speziell zum Problem der Reduzierung des Häufungsfaktors und der damit erreichbaren Erhöhung der Ermüdungsfestigkeit durchgeführt. Die ersten Ergebnisse werden in diesem Kapitel mitgeteilt. Die abschließende Arbeit erscheint 1968 in den VDI-Fortschrittberichten.

2 Häufungsfaktoren beim Augenstab

2.1 Kräfteeinleitung durch Einzelbolzen in einen Zugstreifen

Im folgenden wird ein Streifen untersucht, dessen Mittellinie mit der Bolzenkraftrichtung zusammenfällt. Da die durch den Bolzen eingeleitete Zuglängskraft am anderen Streifenende auf Zug aufgenommen wird, muß die Bolzenkraft, die zunächst am Kopf des Stabes durch den Lochleibungsdruck in der Streifenbohrung aufgenommen wurde, im Streifen um die Bohrung herum geleitet werden. Der Häufungsfaktor K der Bohrung eines Zugstabs, die durch die Bolzenkraft belastet ist, wird dadurch größer als für eine Bohrung ohne Bolzen, also $K \gg 3$.

Im Bild 388 ist der Häufungsfaktor K, bezogen auf den ungestörten Querschnitt $F_u = b\,s$, für den Augenstab unter Zugbeanspruchung nach Messungen von Frocht und Hill [2]

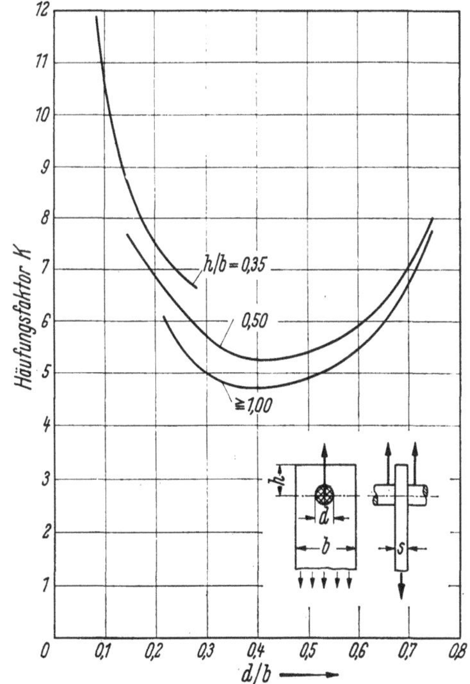

Bild 388. Gemessene Häufungsfaktoren von Augenstäben — Einfluß der Kopfhöhe h/b und der Stabbreite b/d. Nach [2].

über dem relativen Lochdurchmesser d/b mit der relativen Kopfhöhe h/b als Parameter aufgetragen. Es zeigt sich folgendes:

Die Kurven für K über d/b haben ihr Minimum bei einem optimalen relativen Lochdurchmesser, der bei etwa $(d/b)_{\mathrm{opt}} = 0{,}4$ liegt.

Der Häufungsfaktor K nimmt zu, wenn d/b gegenüber diesem Optimum

kleiner wird, weil damit die Lochleibungsspannung $\sigma_L = P/d\,s$ im Verhältnis zur Nennspannung $\sigma_{nu} = P/b\,s$ stark anwächst (Kräfteeinleitungsproblem),

größer wird, weil damit die Spannungshäufung durch Querschnittsverringerung sehr stark anwächst.

Das Minimum des Häufungsfaktors K ergibt sich bei optimalem d/b und großer Kopfhöhe $h/b \geq 1$. Bei kleineren Kopfhöhen reicht die Biegesteifigkeit nicht aus, um die Spannungen zur Umleitung günstig zu verteilen.

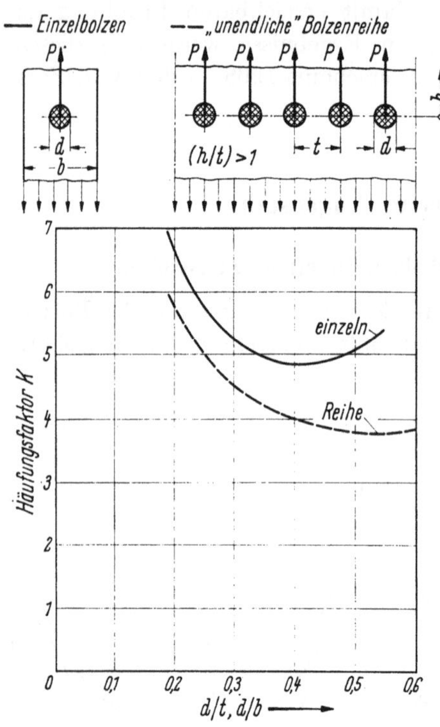

Bild 389. Berechnete Häufungsfaktoren von Streifen mit Einzelbolzen und mit „unendlicher" Bolzenreihe — Einfluß der Streifenbreite b/d bzw. der Teilung t/d. Nach [3, 4].

2.2 Kräfteeinleitung durch eine Bolzenreihe in einen breiten Zugstreifen

Wird eine Zugkraft in einen Streifen durch eine Bolzenreihe ohne Kräfteübertragung durch Fügeflächenreibung eingeleitet, so verschiebt sich — wie das Bild 389 nach SCHULZ [3] zeigt — das Optimum zu höheren relativen Bohrungsdurchmessern $(d/t)_{\mathrm{opt}} = 0{,}6$. Das Minimum des Häufungsfaktors wird auf etwa $K \approx 3{,}8$ verkleinert gegenüber $K \approx 4{,}8$ nach THEOCARIS [4] bei Einzelbolzenanschluß. Danach erscheinen Teilungen zwischen $t/d = 2$ bis 3 günstig für den einreihigen Bolzenanschluß ohne Reibungsübertragung in den Fügeflächen.

2.3 Einfluß der Passung auf den Häufungsfaktor des Augenstabs

Die grundlegenden Untersuchungen von FROCHT und HILL [2] führten zu folgenden Feststellungen über den Einfluß der Bolzenpassung:

Mit größer werdendem Spiel zwischen Bolzen und Bohrung steigt der Häufungsfaktor K an.

Das Bolzenspiel ist bestimmend für die Lage der maximalen Tangentialspannung am Bohrungsrand. Mit größer werdendem Bolzenspiel wird der Kontaktwinkel zwischen Bolzen und Bohrungswand kleiner.

Falls Bolzenspiel vorhanden ist, nimmt sowohl der Kontaktwinkel als auch der Häufungsfaktor K mit steigender Belastung zu. Dieser Effekt tritt besonders ausgeprägt für kleine Kopfhöhen in Erscheinung, d. h. bei geometrischen Anordnungen mit geringer Biegesteifigkeit des „Augenstabkopfes".
Ersetzt man bei einem Aluminiumaugenstab den Aluminiumbolzen durch einen Stahlbolzen, so steigt der Häufungsfaktor K geringfügig an.
Eine Graphitschmierung zwischen Bolzen und Bohrungswandung führt zu einer Abminderung des Häufungsfaktors K, die nur sehr gering ist, da lediglich der kleine Übertragungsanteil der Schubspannungen an den seitlichen Kontaktflächen der Lochwandung abgebaut wird.

2.4 Einfluß der Stabgeometrie auf den Häufungsfaktor

Die von FROCHT und HILL [2] durchgeführten Untersuchungen betrafen Augenstäbe mit unveränderlicher Stabbreite ohne Entlastungsbohrungen oder -ausschnitte.
Inwieweit der Häufungsfaktor am Bohrungsrand durch Änderung der Stabgeometrie beeinflußt werden kann, wird im Abschn. 5.2 an ILTUB-Versuchsergebnissen diskutiert.

3 Reibkorrosion in der Lochwandung bei dynamischer Belastung des Augenstabs

3.1 Entstehung des Reibschadens in der Lochwandung eines Augenstabs

Im folgenden soll an Hand von Dehnungsmessungen an einem Augenstabkopf gezeigt werden, welche Spannungen und Verschiebungen am Bohrungsrand auftreten.
Im Bild 390 sind die im ILTUB gemessenen Spannungen σ_r und σ_t auf die mittlere Spannung σ_{nn} und die bezogenen Verschiebungen $\lambda = w/d$ auf die mitt-

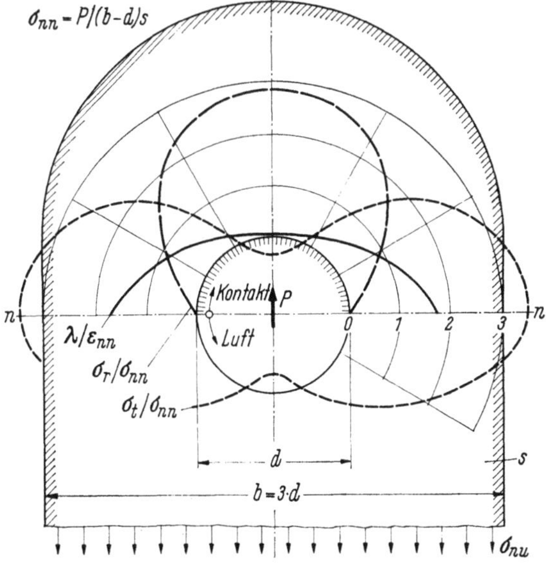

Bild 390. Verlauf der bezogenen Bohrungsrandspannungen (σ_r/σ_{nn}; σ_t/σ_{nn}) und der bezogenen Verschiebung ($\lambda = w/d$) des Bohrungsrandes beim Augenstab.

lere Dehnung ε_{nn} des Nettoquerschnittes $n-n$ bezogen. Es sind über dem Lochrand radial aufgetragen:

die bezogenen Radialspannungen σ_r/σ_{nn},

die aus den tangentialen Dehnungen des Lochrandes ε_t resultierenden, auf den Bohrungsdurchmesser d bezogenen Verschiebungen w/d zwischen Lochwandung und Bolzenoberfläche $(w/d)/\varepsilon_{nn} = \lambda/\varepsilon_{nn}$,

die bezogenen tangentialen Zug- bzw. Druckspannungen σ_t/σ_{nn} des Stabes am Bohrungsrand.

Die Reibkorrosionsschäden im Bolzenauge entstehen aus dem Zusammenwirken von Radialspannungen σ_r und Verschiebungen w zwischen Bohrungswand und Bolzen.

Reibkorrosionsschäden sind im Scheitel der Bohrung praktisch nicht vorhanden ($\lambda \approx 0$), nehmen zum Schnitt $n-n$ hin zu ($\lambda > 0$) und erreichen nahe dem Schnitt $n-n$ bei großer Verschiebung λ trotz der kleinen Radialspannung σ_r ihr Maximum.

Bei dynamischen Versuchen mit Augenstäben erfolgte der Anriß und Bruch genau im Querschnitt $n-n$, d. h., der Ermüdungsbruch nimmt seinen Ausgang an der Stelle des Zusammenfallens von Reibkorrosionsschäden mit hohen Lochrandzugspannungen.

Die Untersuchungen von SCHIJVE [5] und die ILTUB-Versuchsreihen an Augenstäben zeigen eine Beeinflussung der Reibkorrosionsschäden durch die Anzahl der Lastwechsel N, die Größe der Relativverschiebungen λ, die mit den Spannungsausschlägen σ_a und dem Bohrungsdurchmesser d anwachsen, und die radiale Anpressung σ_r aus Lochleibung.

Daß durch die Einwirkung von großen Relativausschlägen mit einer großen Lastwechselzahl sehr starke Reibschäden entstehen, hat SCHIJVE [5] durch das im Bild 391 wiedergegebene Foto aufgezeigt. Der Reibschaden konnte in der Wandung eine große Tiefe erreichen, ohne daß Ermüdungsanrisse zum Bruch führten, weil die Bohrungswandzone durch eine 3prozentige plastische Bohrungsaufweitung unter hohe Druckrestspannungen

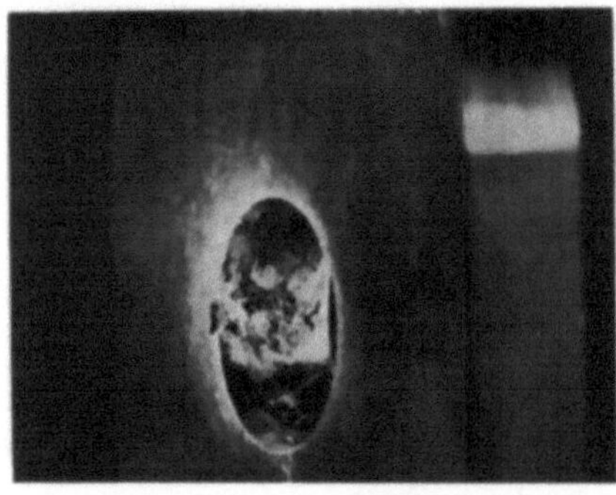

$\sigma_m = 8\,\text{kp/mm}^2$; $\sigma_a = \pm 5\,\text{kp/mm}^2$; $N = 6{,}6 \cdot 10^7$

Bild 391. Reibkorrosionsschäden in der Bohrungswandung eines Augenstabs (7075–T 6) — Restspannung in der Bohrungswandung durch 3%ige bleibende Aufweitung. [5].

(etwa 50 kp/mm²) gesetzt worden war, die die Rißausbreitung stoppten. Dieses Bild läßt auch erkennen, daß der Reibschaden

dort am tiefgreifendsten ist, wo die Relativverschiebung λ am größten, jedoch wie Bild 390 zeigt, der Anpreßdruck nur gering ist,

zu den Stellen hin schwächer wird, in denen der Anpreßdruck zunimmt (maximal in Längsachse), jedoch die maßgebende Relativverschiebung λ klein wird.

3.2 Maßnahmen zur Verringerung der Reibkorrosion in der Bohrungswandung

Bei den Versuchen von SCHIJVE [5] wurden die Augenstäbe aus AlZnMgCu durch einen Bolzen zweischnittig belastet.

3.2.1 Ermüdungsverhalten bei normaler Bolzenpassung

In einer Versuchsreihe mit der Geometrie $b/d = 2$ und mit normaler Bolzenpassung wurde die Schwellfestigkeit bestimmt. Die im Bild 392 dargestellten

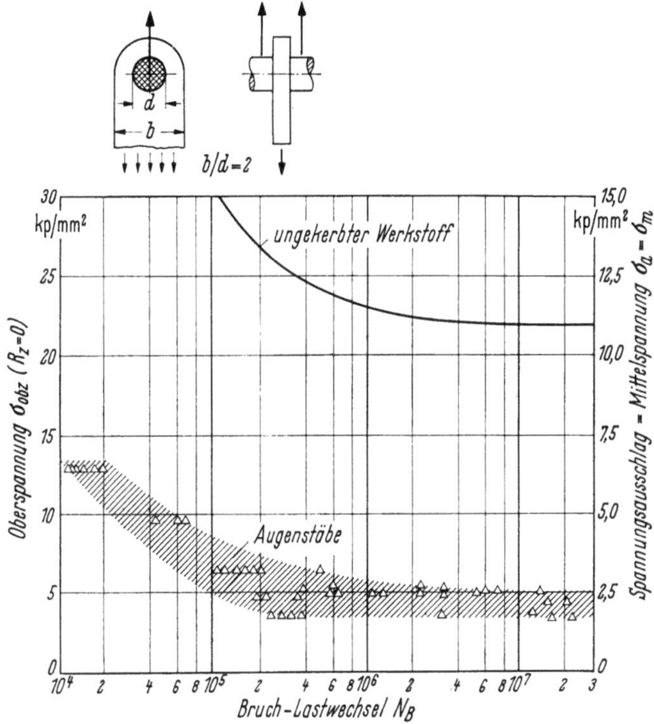

Bild 392. Ermüdungsversuche an Augenstäben (7075-T 6) — Vergleich des $(\sigma - N)$-Streubandes mit dem des ungekerbten Werkstoffs. Nach [5].

Ergebnisse zeigen, daß die Streuungen sehr groß sind; denn bei einer Oberspannung $\sigma_{obz} = 5\ \mathrm{kp/mm^2}$ reichen die Bruchlastwechselzahlen von $N_{\min} = 2 \cdot 10^5$ bis $N_{\max} = 2 \cdot 10^7$. Die untere Streugrenze ergibt die sehr geringe Dauerschwellfestigkeit $\sigma_{Sch(N_G)} = 3\ \mathrm{kp/mm^2}$.

3.2.2 Einfluß von Bolzenschmierung

In den weiteren Versuchsreihen mit günstigerer Geometrie $b/d = 3$ wurde eine Mittelspannung von $\sigma_m = +8,2\ \mathrm{kp/mm^2}$ gewählt.

Die $(\sigma - N)$-Darstellung im Bild 393 zeigt die ebenfalls sehr geringe Ermüdungsfestigkeit mit einer Dauerfestigkeitsamplitude von nur etwa $\sigma_{a(N_G)} = \pm 0,9\ \mathrm{kp/mm^2}$. Die Versuche, die Ermüdungsfestigkeit durch einmalige Schmierung der Bolzen mit Graphit oder MoS_2 zu verbessern, brachten kein positives Ergebnis. Durch häufig wiederholte Bolzenschmierung mit MoS_2 konnte jedoch ein Erfolg erzielt werden.

Ein wesentlich größerer Erfolg wird bei Augenstäben aus Vergütungsstahl SAE 4130 erzielt, wie er bei den Untersuchungen von WATERS [6] verwendet

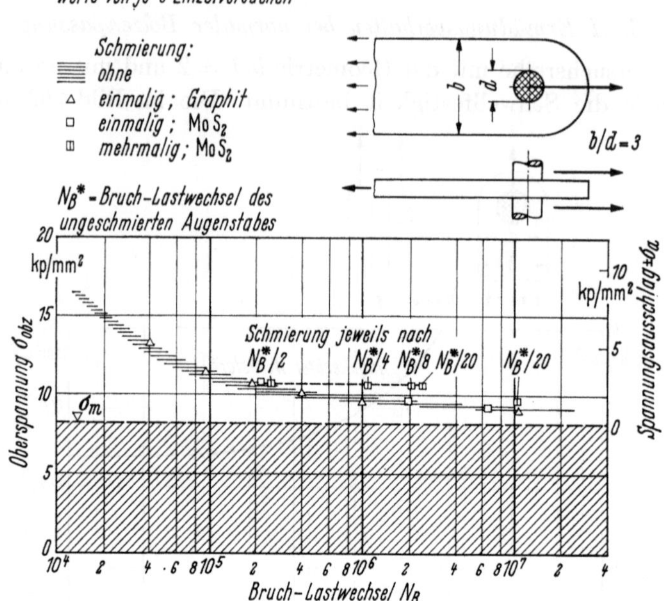

Bild 393. Einfluß einmaliger und wiederholter Schmierung auf die Ermüdungsfestigkeit von Augenstäben (7075-T 6). Nach [5].

wurde. Im Bild 394 sind die Ergebnisse zusammengefaßt. Es wird eine Steigerung der Schwellfestigkeit von $\sigma_{Sch(N_G)} = 6{,}4$ kp/mm² auf $\sigma_{Sch(N_G)} = 11{,}2$ kp/mm² durch mehrmaliges Schmieren und Warten nach je $2 \cdot 10^6$ Lastwechseln erreicht.

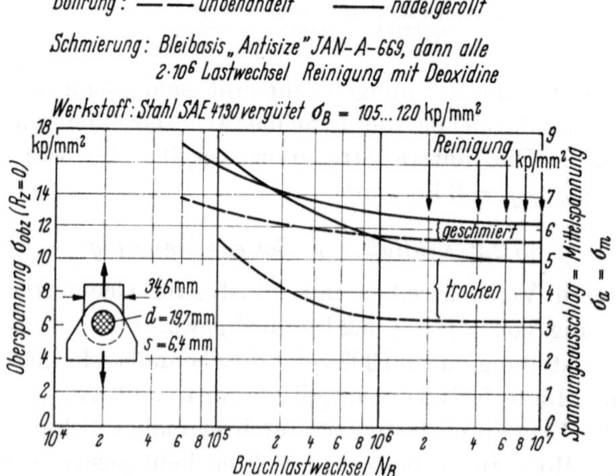

Bild 394. Ermüdungsversuche an Augenstäben mit konischem Bolzen — untere $(\sigma{-}N)$-Grenzkurven — Einfluß von Nadelrollen und Schmierung. Nach [6].

3.2.3 Änderung der Bolzenanlageflächen

Um an den Stellen höchster Spannungshäufung am Bohrungsrand Reibkorrosion auszuschließen, wurde bei den Versuchen von SCHIJVE die Bohrung

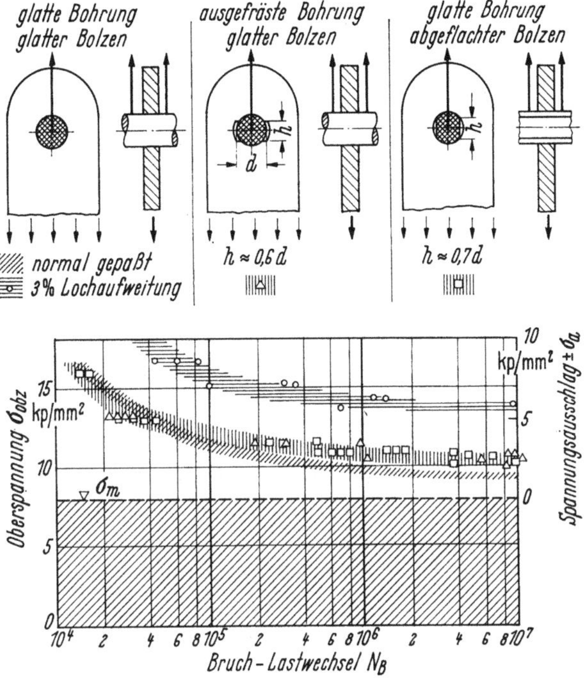

Bild 395. Beeinflussung der Ermüdungsfestigkeit von Augenstäben (7075-T 6) durch Bohrungsaufweitung, örtliches Ausfräsen der Bohrung und Abflachen der Bolzen. Nach [5].

oder der Bolzen so bearbeitet, daß eine Berührung von Bolzen und Wandung im kritischen Bereich ausgeschlossen war [5]. Bild 395 zeigt die Ausführungen der Versuchsstücke und die Darstellung der $(\sigma - N)$-Werte.

3.2.3.1 Ausfräsen der gefährdeten Zone des Augenstabs

Die Ausfräsung reicht über eine Höhe $h \approx 0{,}6\,d$.

Obgleich in der normalerweise gefährdeten Randzone kein Reibkorrosionsschaden auftreten kann, ist die Verbesserung der Ermüdungsfestigkeit nicht sehr groß. Dies wird darin begründet sein,

daß durch die Ausfräsung der Spannungsverlauf im Augenstabkopf verschlechtert wird und

daß der Reibkorrosionsschaden an den Ansätzen der Ausfräsungen sehr stark wird.

3.2.3.2 Abflachung des Bolzens in der gefährdeten Zone des Augenstabs

Die Abflachung reicht über eine Höhe $h \approx 0{,}7\,d$.

Auch diese Art der Vermeidung von Reibkorrosionsschäden bringt keine wesentliche Verbesserung der Ermüdungsfestigkeit. Die $(\sigma - N)$-Werte fallen in das gleiche Streuband wie beim Ausfräsen der Bohrungswandung. Das ungünstige Verhalten der Anordnung wird darin zu suchen sein, daß die bei der Abflachung entstehenden Bolzenlängskanten sich in die Bohrungswandung eindrücken und dabei Reibkorrosionsschäden und zusätzliche Spannungshäufungen hervorrufen.

3.3 Einfluß der Augenstabgröße

Die Auswirkung der Reibkorrosion auf die Ermüdungsfestigkeit kann von dem „Maßstab" der untersuchten Versuchsstücke abhängig sein, da mit der Größenzunahme der Teile der Absolutwert der relativen Verschiebungen wächst. Dieses Problem wird in Kap. XI, 2.4 (s. Bild 232) behandelt.

4 Einfluß von Kaltverformungen auf die Ermüdungsfestigkeit von Augenstäben

4.1 Verbesserung des Ermüdungsverhaltens durch Kaltverformen der Bohrungswandung

Durch Bearbeitung der Bohrungswandung kann die Ermüdungsfestigkeit der Augenstäbe wesentlich verbessert werden. Die hierfür üblichen Verfahren der Kaltverformung sind Kugelstrahlen, Kugelrollen, Nadeldrücken und Walzen.

4.1.1 Versuche von Bruder

Bereits 1939 wurden von BRUDER [7] Versuche durchgeführt, um die geringe Ermüdungsfestigkeit von Augenstäben aus Stahl St 70.11 durch Kaltverformung der Bohrungswandung zu verbessern.

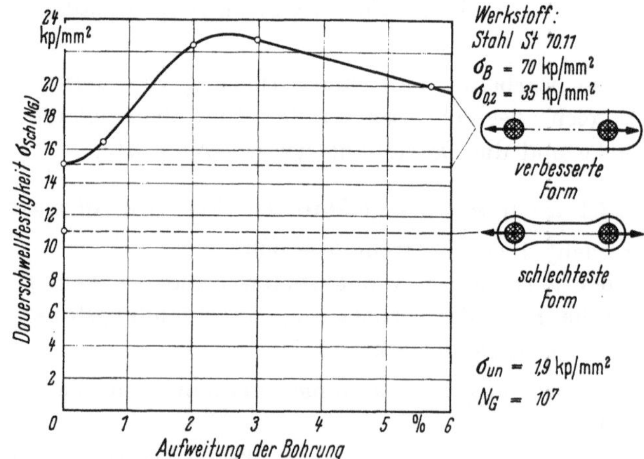

Bild 396. Verbesserung der Dauerschwellfestigkeit von Augenstäben durch Restspannungen — Einfluß der bleibenden Bohrungsaufweitung. Nach [7].

Die Druckrestspannungen in der Bohrungswandung wurden durch Walzen erzeugt und brachten eine recht beachtliche Verbesserung der Ermüdungsfestigkeit. Im Bild 396 ist die Dauerschwellfestigkeit, bezogen auf den Kopfquerschnitt, über der prozentualen Aufweitung der Bohrung aufgetragen.

Die Dauerfestigkeit

steigt im Bereich von 0 bis 2,5% bleibender Aufweitung an,

erreicht bei 2,5% Aufweitung eine maximale Steigerung von über 50% und

fällt bei Aufweitungen über 2,5% wieder ab.

4.1.2 Versuche von Waters

Das Augenstabproblem hat beispielsweise bei den Anschlüssen der Rotor-blätter von Hubschraubern erhebliche Schwierigkeiten gebracht. Daher wurden von WATERS [6] in den Boeing-Werken derartige Verbindungen untersucht.

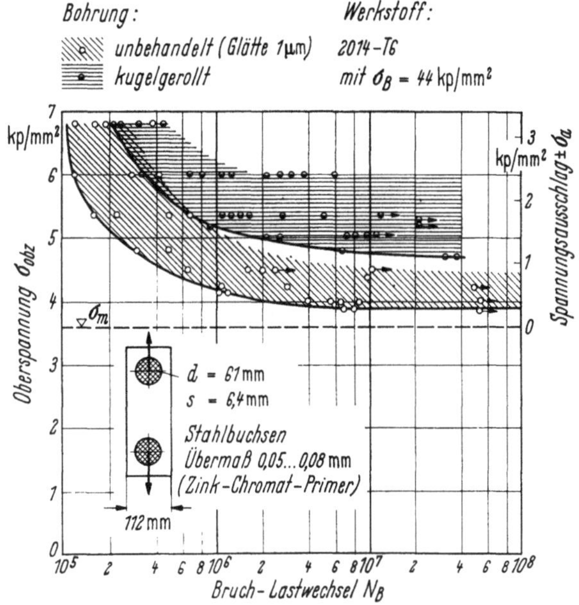

Bild 397. Einfluß von Kugelrollen der Bohrungswandung auf die Ermüdungsfestigkeit von Augenstäben. Nach [6].

Die Ermüdungsfestigkeit der untersuchten Augenstabformen ist, wie aus den Bildern 397 und 394 zu erkennen ist, trotz glatter Bohrungswandung (Rauhigkeit kleiner als 1 μm) nur sehr gering, wenn die Bohrungswandung nicht zusätzlich kalt verformt ist, also keine Druckrestspannungen vorhanden sind. Aus den unteren Grenzkurven ergeben sich folgende Dauerfestigkeiten:

Die Augenstäbe aus der Al-Legierung 2014-T 6 mit $\sigma_B = 44$ kp/mm² Zugfestig-keit (s. Bild 397) ertragen nur einen Spannungsausschlag von $\sigma_a = \pm\,0{,}36$ kp/mm² bei einer Mittelspannung von $\sigma_m = 3{,}6$ kp/mm² ($R_z = 0{,}82$). Die Leicht-metall-Lochwandung ist durch eingepreßte Stahlbuchsen geschützt (Ein-bringen der Buchse von 20 °C in die Bohrung des auf 95 °C erwärmten Füge-teils, um Beschädigungen der Lochwandung zu vermeiden); die Reibkorrosion wirkt dann zwischen Buchse und Wandung.

Augenstäbe aus Stahl SAE 4130 mit $\sigma_B = 105$ bis 120 kp/mm² Zugfestigkeit ertragen eine Schwellspannung ($R_z = 0$) von $\sigma_{obz} = 6{,}4$ kp/mm² (s. Bild 394).

Das Kugelrollen der Lochwandung bringt, wie aus Bild 397 hervorgeht, einen Dauerfestigkeitsgewinn des Beschlags aus der Al-Legierung. Die untere Grenze des Streubandes wird von $\sigma_a = \pm 0{,}36$ auf $\sigma_a = \pm 1{,}12$ kp/mm², also den 3fachen Wert, erhöht.

Das Nadeldrücken der Lochwandung erhöht die Dauerschwellfestigkeit des Beschlags aus Vergütungsstahl (Bild 394)

bei trockener Lagerung von $\sigma_{Sch(NG)} = 6{,}4$ auf $10{,}0$ kp/mm²,

bei Schmierung und Wartung von $\sigma_{Sch(NG)} = 11{,}2$ auf $12{,}3$ kp/mm².

Bild 394 läßt durch die Zusammenstellung der unteren Grenzkurven den Einfluß von Schmierung und Nadeldrücken erkennen. Durch das Nadeldrücken wird die Dauerschwellfestigkeit bereits um 56% erhöht. Eine Erhöhung um $\approx 100\%$ ergibt sich aus Drücken plus Schmieren und Warten. Die Verbesserung von 75% ohne Rollen nur durch Schmieren und Warten zeigt, daß der Reibkorrosion beim Augenstab aus Vergütungsstahl durch gute Schmierung sehr wirksam begegnet werden kann. Die Wartungsvorschrift, nach je $2 \cdot 10^6$ Lastwechseln die Verbindung auseinanderzunehmen und zu reinigen, ist bei vielen Konstruktionen jedoch nur schwierig einzuhalten.

4.1.3 Versuche von Schijve

Die Auswirkung von Druckrestspannungen wurde auch von SCHIJVE [5, 8] an Augenstäben aus AlZnMgCu untersucht. Die Bohrung der Stäbe wurde 3% bleibend aufgeweitet. Die Lochwandung war dadurch unter hohe Druckrestspannungen gesetzt, die der Druckstreckgrenze mit 50 kp/mm² nahe kamen.

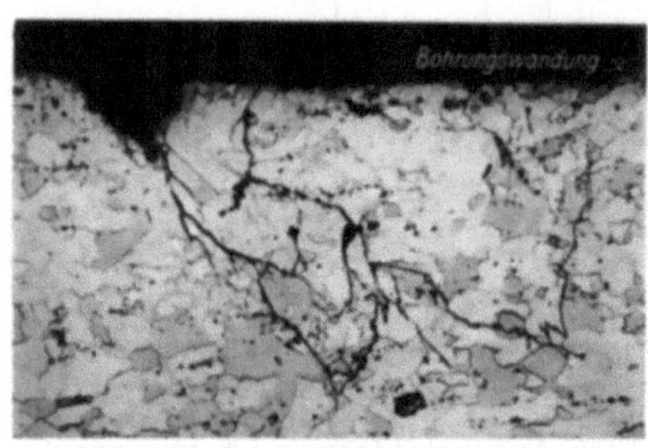

$\sigma_m = 8$ kp/mm²; $\sigma_a = \pm 5$ kp/mm²; $N = 2 \cdot 10^7$

Bild 398. Anrisse durch Reibkorrosion in der Bohrungswandung eines Augenstabs (7075-T 6). Stoppen und Umlenken der Anrisse durch Restspannungen aus 3%iger Bohrungsaufweitung. [5].

Wie aus Bild 395 zu ersehen ist, wird durch dieses Verfahren eine wesentliche Verbesserung der Ermüdungsfestigkeit erzielt.

Bei einer Stabmittelspannung von $\sigma_m = 8{,}2$ kp/mm² wird durch die Druckrestspannungen die Dauerfestigkeit ($N_G = 10^7$) von $\sigma_{a(NG)} = \pm 1{,}2$ kp/mm² auf $\sigma_{a(NG)} = \pm 5{,}4$ kp/mm² erhöht.

Im Bild 398 hat SCHIJVE an einem Schliffbild gezeigt, wie von der Bohrungswandung feine Anrißverästelungen ausgehen.

In der Bohrungsrandzone ist durch die aufgebrachten Druckrestspannungen das Spannungsniveau so weit abgesenkt, daß die durch die Einwirkung von Reibkorrosion entstandenen Anrisse unterhalb der Oberfläche gestoppt werden.

4.2 Verbesserung der Ermüdungsfestigkeit von Augenstabbolzen durch Kaltverformen der Bolzenoberfläche

Durch die dynamische Belastung des Augenstabs entstehen auch am Bolzen Reibkorrosionsschäden, die den Angriff der Reibung auf die Lochwandung verstärken und damit die Ermüdungsfestigkeit herabsetzen. Daher ist für solche

Bolzen eine Oberflächenbehandlung zur Erzeugung von Druckrestspannungen beispielsweise durch Kugelstrahlen vorteilhaft. Bild 399 gibt hierzu ein Beispiel

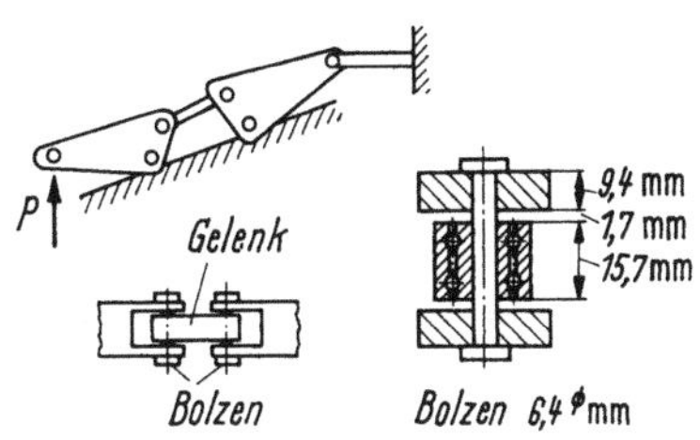

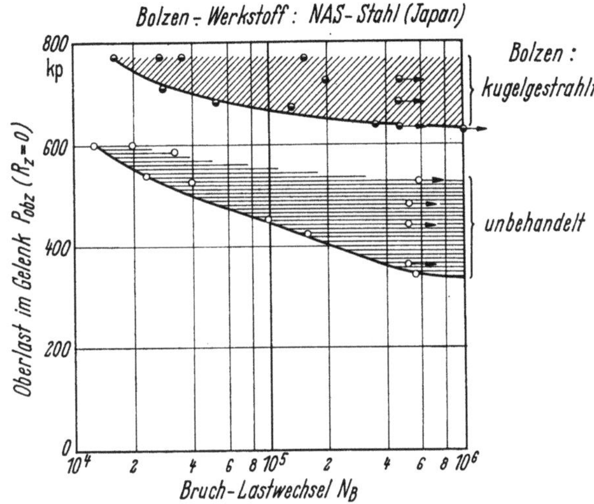

Bild 399. Ermüdungsversuche an Augenstabbolzen. Einfluß einer Kugelstrahlbehandlung des Bolzens. Nach [6].

nach WATERS [6]. Die untere Grenze der Dauerschwellast bei unbehandelter Bolzenoberfläche wird durch das Kugelstrahlen der Bolzenoberfläche auf etwa das Doppelte gesteigert.

5 Formgebungsversuche zur Verbesserung der Ermüdungsfestigkeit des Augenstabs

5.1 Versuche von Bruder

Von BRUDER [7] wurden 1939 Versuche durchgeführt, um die geringe Ermüdungsfestigkeit von Augenstäben durch Änderung der Stabform zu verbessern. Die Augenstäbe waren aus Stahl St 70.11 mit $\sigma_B = 70\ \text{kp/mm}^2$, $\sigma_{0,2} = 35\ \text{kp/mm}^2$ und $\sigma_{Sch(N_G)} = 37{,}6\ \text{kp/mm}^2$.

Bild 400 zeigt die untersuchten Stabformen und die erreichten Schwellfestigkeiten bei $N_G = 10^7$ Lastwechseln. Die Schwellfestigkeiten sind auf den Kopf-(Netto-) Querschnitt bezogen, weil dieser im vorliegenden Fall für die verschiedenen Augenstabvariationen den einzigen gleichbleibenden Bezugsquerschnitt darstellt. Bei den Waters-Versuchen ist der ungestörte Nennquerschnitt als Bezugsquerschnitt gewählt, so daß die erreichten Schwellfestigkeiten bei BRUDER etwa um das 2fache größer sind als die von WATERS [6].

Die Augenstäbe *1* und *2* mit hohem Kopf haben höhere Dauerschwellfestigkeit als die entsprechenden Stäbe *3* und *4* mit niedrigem Kopf, da — wie Bild 388 zeigte — ihre Spannungshäufungsfaktoren an der Bohrung kleiner sind.

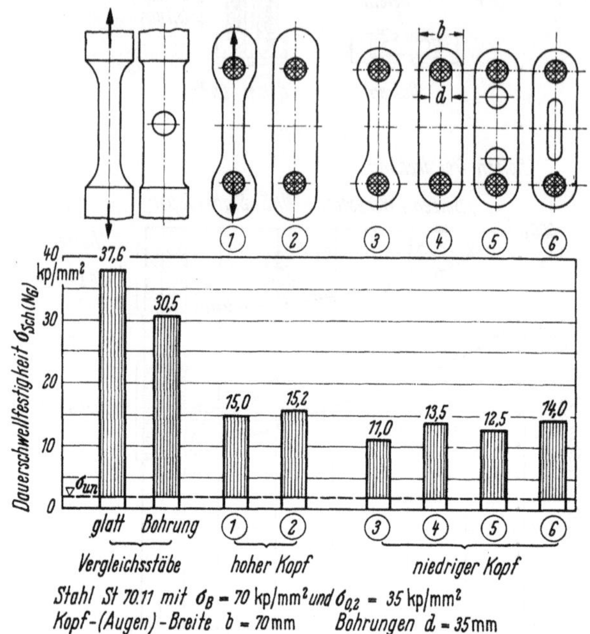

Bild 400. Beeinflussung der Dauerschwellfestigkeit ($N_G = 10^7$) von Augenstäben durch Formgebung. Nach [7].

Bei der Versuchsreihe mit niedrigen Köpfen ergab sich für den Stab *4* eine Verbesserung gegenüber dem eingeschnürten Stab *3*. Die Entlastungsbohrungen des Stabes *5* und der Entlastungsausschnitt der Form *6* brachten keine bzw. nur eine sehr geringe Verbesserung gegenüber *4*, weil — wie die ILTUB-Versuche im folgenden Abschnitt zeigen — die Entlastungsbohrungen oder -ausschnitte breiter als die Bohrung sein müssen, um die Spannungshäufung am Bohrungsrand wirkungsvoll herabzusetzen.

5.2 Systematische Formgebungsversuche im ILTUB

Im ILTUB wurde versucht, den Augenstab derart zu formen, daß die Bohrungsrandspannungen stark herabgesetzt werden, um die zum Reibkorrosionsschaden führenden gegenseitigen Verschiebungen klein zu halten, so daß die Gefahr aus dem Zusammenwirken von Spannungshäufung aus der Geometrie und Reibkorrosion verringert wird.

5.2.1 Dehnungsmessungen zur Bestimmung des Häufungsfaktors an Plexiglasmodellen

Im Bild 401 sind die Kopfenden der Augenstäbe zusammengestellt, deren Spannungsverteilung in dem durch die Lochmitte gehenden Querschnitt *n—n* bei

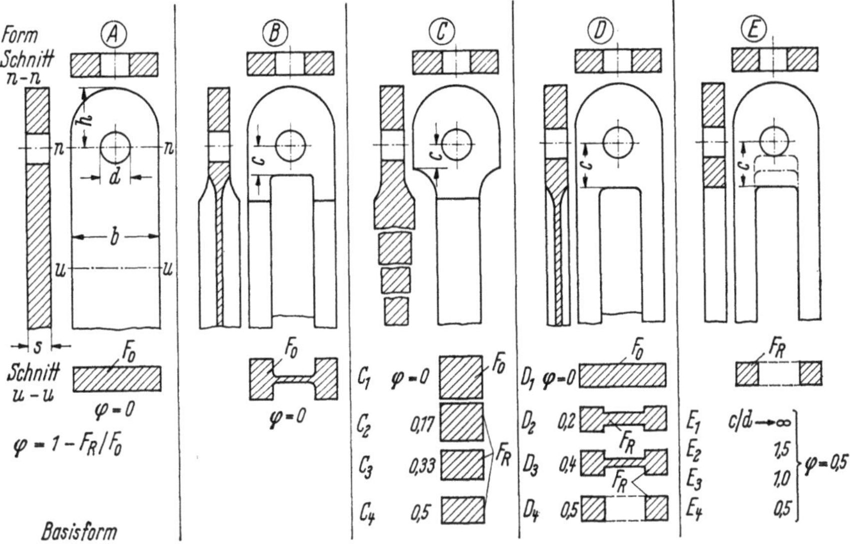

Bild 401. Zusammenstellung der im ILTUB untersuchten Augenstabformen.

Zugbelastung des Stabes durch Dehnungsmessungen bestimmt wurde. Die Größe und Geometrie der Köpfe ist in allen Versuchen die gleiche und entspricht der von SCHIJVE verwendeten. Der Querschnitt des anlaufenden Stabes wurde variiert.

Die Spannungen σ_{max} am Bohrungsrand sind im folgenden alle auf den Nettoquerschnitt $F_n = (b - d)\,s$ des Kopfes mit der Nennspannung $\sigma_{nn} = P/F_n$ bezogen, so daß die Spannungshäufung durch die Formzahl $\alpha_K = \sigma_{max}/\sigma_{nn}$ angegeben wird.

Eine Verringerung der Formzahl α_K gegenüber α_{K0} bei der Basisform A ergibt sich daraus, daß der Stabquerschnitt $u-u$, wie Form B zeigt, in der Mitte geschwächt und an den Rändern verstärkt wird.

Im Gegensatz hierzu ergibt sich eine Erhöhung von α_K, wenn der Querschnitt $u-u$ des Stabes, wie Form C zeigt, in Stabmitte konzentriert wird.

Die Querschnittsänderungen setzten in den Reihen B und D erst in einem größeren Abstand c/d von der Bohrungsmitte ein. Damit konnte die Auswirkung auf den Bohrungsrand nicht sehr groß sein; denn die Verlagerung des Spannungsflusses im Stabquerschnitt nach außen wird über die Strecke c zum großen Teil wieder durch den Verlauf der Spannungstrajektorien zur Mitte hin rückgängig gemacht.

Nach der Feststellung, daß die Reduktion der Formzahl bestenfalls nur 25% betrug (Form D), wurde in der Reihe E der Abstand c/d verringert, so daß der Spannungsfluß in der Nähe der Bohrung mehr zum äußeren Rand des Stabkopfes verlagert wird.

5.2.1.1 Stabquerschnitt $F = b\,s$, konstant

Die Umwandlung des Rechteckquerschnittes F_0 der Basisform A in einen flächengleichen

$\mid\!\!-\!\!-\!\!\mid$-Querschnitt (Form B) bringt bei $c/d = 1,0$ eine Reduktion auf $\alpha_K = 3,25$ gegenüber $\alpha_{K0} = 3,45$,

schmaleren Rechteckquerschnitt (Form C) bringt bei $c/d = 1,0$ eine Erhöhung auf $\alpha_K = 3,75$.

Diese Formen ergeben also praktisch keine Veränderung der Formzahl.

5.2.1.2 Stabquerschnitt reduziert

Bei den Formen D wird der Querschnitt durch Wegnahme von Material in der inneren Hälfte der Stabbreite auf F_R reduziert, bis bei einem Querschnittsfaktor $\varphi = 1 - F_R/(b\,s) = 0,5$ der Stab nur noch aus zwei Einzelgurten besteht.

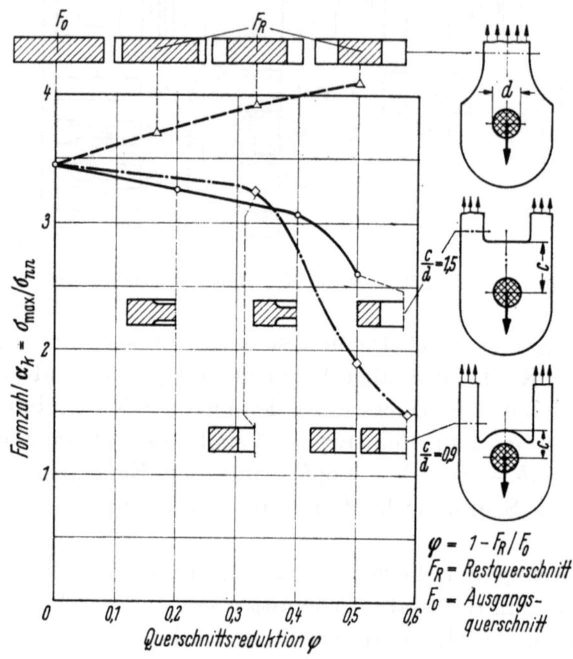

Bild 402. Einfluß der Querschnittsreduktion bei verschiedenen Stabformen auf die Formzahl α_K am Bohrungsrand von Augenstäben.

Im Bild 402 ist α_K über φ aufgetragen. Es zeigt sich, daß die „Abmagerung" in der Stabmitte wenig bringt und erst bei $\varphi = 0,5$, also durchgehendem Ausschnitt, eine Reduktion der Formzahl auf $\alpha_K = 2,6$ erreicht wird, die noch keine entscheidende Verbesserung des Augenstabs bezüglich Ermüdungsfestigkeit erwarten läßt.

Die Ergebnisse der Versuche mit Reduktion des Querschnittes durch Verringerung der Breite (Form C) sind im gleichen Bild eingetragen. Bei $\varphi = 0,5$ erhält man eine Erhöhung der Formzahl auf $\alpha_K = 4,1$.

5.2.1.3 Annäherung des Stabausschnittrandes an die Bohrung

Die Wegnahme des Materials aus der inneren Stabhälfte brachte bei einem Ausschnittrandabstand von $c/d = 1,5$ — wie der Wert $\alpha_K = 2,6$ für $\varphi = 0,5$ im Bild 402 zeigt — keinen sehr großen Erfolg.

In der Versuchsreihe E (Bild 401) wurde daher der Rand des Ausschnittes der Bohrung von $c/d = 1,5$ bis auf $c/d = 0,5$ verkleinert.

Im Bild 403 ist die Formzahl α_K am Bohrungsrand über dem Abstand c/d aufgetragen. Wird der Abstand $c/d < 2$, so nimmt α_K stark ab und erreicht bei extremer Annäherung des Ausschnittes an die Bohrung ($c/d = 0{,}5$) den Minimalwert $\alpha_K = 1{,}0$.

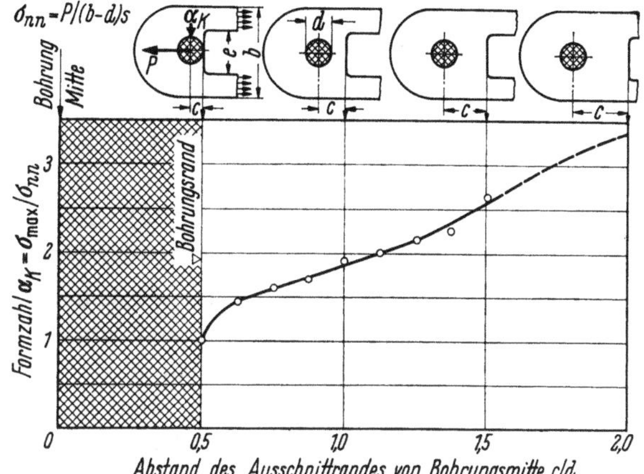

Bild 403. Einfluß des Ausschnittabstandes c/d
auf die Formzahl α_K von Augenstäben — Ausschnittbreite $e/d = 1{,}5$.

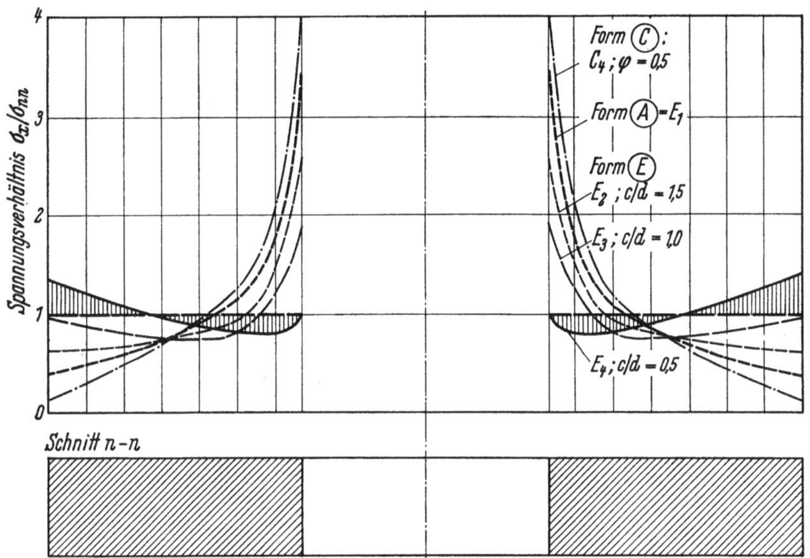

Bild 404. Einfluß verschiedener Stabformen und Ausschnittannäherungen auf
die Spannungsverteilung im Kopfquerschnitt.

Im Bild 404 sind die Spannungsverteilungen des durch die Bohrungsmitte gehenden Querschnittes $n—n$ für die verschiedenen Stabausbildungen aufgetragen. Es zeigt sich, daß durch die starke Annäherung des Stabausschnittrandes an den Bohrungsrand die maximale Spannungskonzentration im Querschnitt $n—n$ so weit nach außen verschoben wird, daß der Bohrungsrand weitgehendst entlastet ist und damit auch die Relativbewegungen zwischen Bolzen und Bohrungsrand entsprechend verringert werden.

5.2.1.4 Einfluß der Ausschnittbreite

In der im vorangegangenen diskutierten Versuchsreihe mit den Ergebnissen im Bild 403 wurde der Einfluß der Annäherung des Ausschnittrandes an den Bohrungsrand bei unveränderlicher Ausschnittbreite $e/d = 1{,}5$ untersucht.

Die folgende Versuchsreihe klärte den Einfluß der Ausschnittbreite bei konstantem Abstand des Ausschnittrandes von der Bohrung $c/d = 0{,}9$. Die im Bild 402 aufgetragenen Ergebnisse zeigen, daß Ausschnittbreiten, die

kleiner oder gleich dem Bolzendurchmesser d sind ($\varphi \leqq 0{,}33$) nur unwesentliche Entlastung bringen,

größer als der Bolzendurchmesser sind ($\varphi \geqq 0{,}33$) eine mit Vergrößerung von φ sehr stark zunehmende Entlastung des Bohrungsrandes bewirken.

Die Formzahl wurde in dieser Reihe bis auf $\alpha_K = 1{,}5$ bei $\varphi = 0{,}58$ gesenkt.

Die Untersuchung erfolgte an Augenstäben mit sehr langen Ausschnitten, die aus konstruktiven Gründen nicht immer realisierbar sind.

5.2.1.5 Einfluß der Ausschnittlänge

Um den Einfluß der Ausschnittlänge festzustellen, wurde eine weitere Versuchsreihe durchgeführt, bei der diese Länge variiert und die gut wirksame Ausschnittbreite $e/d = 1{,}5$ konstant gehalten wurde.

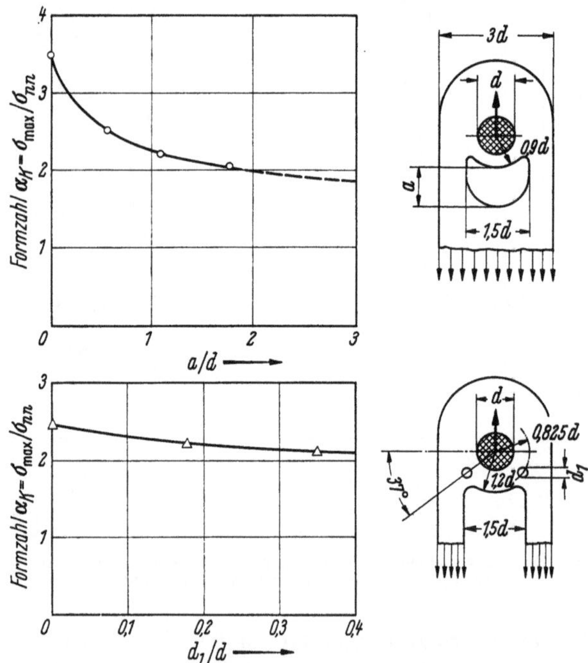

Bild 405. Einfluß der Länge eines Entlastungsausschnittes und des Durchmessers von Entlastungsbohrungen auf die Formzahl α_K von Augenstäben.

Im Bild 405 ist die Formzahl α_K über der Ausschnittlänge a/d aufgetragen. Es zeigt sich, daß schon bei $a/d = 3$ etwa der Wert $\alpha_K = 1{,}9$ für den sehr langen Ausschnitt der Breite $e/d = 1{,}5$ erreicht wird.

5.2.1.6 Einfluß von zusätzlichen „Entlastungsbohrungen"

Wird der Abstand des Entlastungsausschnittes vergrößert, um einen stärkeren Zwischensteg zu erhalten, so steigt die Formzahl α_K der Bolzenbohrung an. Werden zwischen Ausschnitt und Bolzen Entlastungsbohrungen angeordnet, so ergibt sich aus Bild 405, daß die Formzahl α_K zwar vom Durchmesserverhältnis d_1/d abhängig ist, jedoch nur unwesentlich verringert werden kann.

5.2.2 Spannungsverteilung am Rand der Bohrung und des Zwischenstegs

Um die Lage der maximalen Spannungshäufung bei Augenstäben mit Ausschnitten zu bestimmen, wurden die Dehnungen längs des Bohrungs- und Zwischenstegrandes gemessen.

Im Bild 406 ist das Spannungsverhältnis σ/σ_{nn} längs des Bohrungsrandes und des Ausschnittrandes am Zwischensteg für den Vollstab, einen kurzen und einen langen Ausschnitt, aufgetragen.

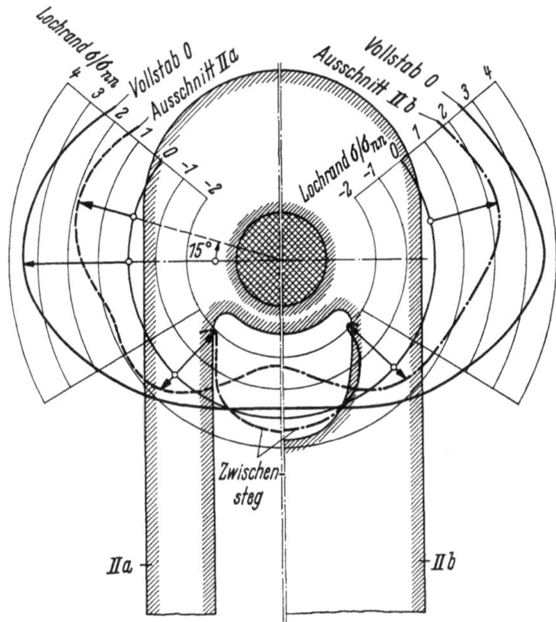

Bild 406. Spannungsverlauf am Bohrungs- und Zwischenstegrand von Augenstäben mit Entlastungsausschnitt.

Es zeigt sich:

Das maximale Spannungsverhältnis σ_{max}/σ_{nn} tritt in einem gegenüber dem Schnitt $n{-}n$ um etwa 15° gedrehten Querschnitt auf.

Die Reduktion von σ_{max}/σ_{nn} am Bohrungsrand ist bei langem Ausschnitt stärker als bei kurzem.

Der Verlauf der Spannungen am Ausschnittrand des Zwischenstegs ist von der Ausschnittlänge wenig abhängig. In der Nähe des Ausrundungsansatzes treten kräftige Druckspannungsspitzen auf, die — wie spätere Ermüdungsversuche zeigten — zu Primäranrissen an dieser Stelle führen können.

5.3 Auswertung von Reißlackversuchen an verschiedenen Augenstabformen

Im Bild 407 sind Variationen der Ausschnittbreite und -länge und die aus den Reißlackbildern gewonnenen Verläufe der „ersten" dem Lochrand nahen Spannungstrajektorien zusammengestellt.

Diese „erste" Trajektorie hat im ungestörten Querschnitt einen Abstand von $b/12$ vom Innenrand des Ausschnittes bzw. der Stablängsachse.

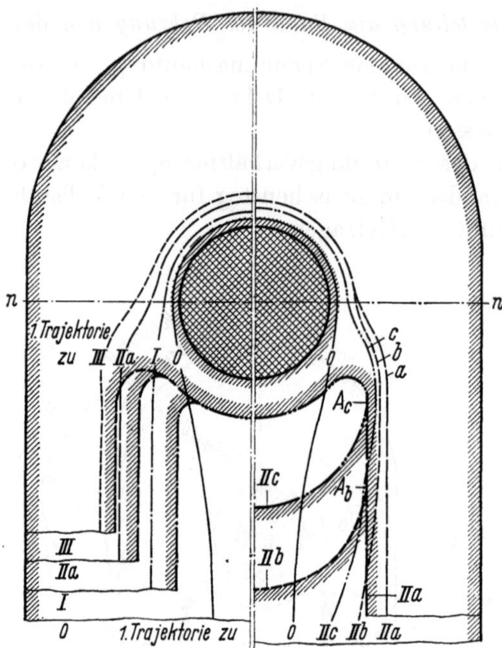

Bild 407. Verlauf der randnahen Zugspannungstrajektorie (*1* in Bild 408) bei Augenstäben mit Entlastungsausschnitten verschiedener Formgebung.

5.3.1 Variation der Ausschnittbreite

Im Bild 407 links sind die ersten Trajektorien gezeichnet für die Ausschnittbreiten $0 = 0\,b$ (Vollstab), $I = 0{,}33\,b$, $IIa = 0{,}5\,b$ und $III = 0{,}6\,b$. Es zeigt sich:

> Mit zunehmender Ausschnittbreite wird der Abstand der ersten Trajektorie vom Bohrungsrand im Schnitt $n{-}n$ immer größer und entsprechend die Spannungshäufung geringer.

> Die stärkste Annäherung der Trajektorie an den Lochrand verschiebt sich mit zunehmender Ausschnittbreite immer weiter von der Mittellinie $n{-}n$ zum Kopfende hin.

> Bei großer Ausschnittbreite entsteht eine „Verengung" am Ansatz der Ausschnittausrundung, d. h., dieser „Ansatzquerschnitt" ist gefährdet.

Die Ermüdungsversuche (Abschn. 5.5), in denen geometrische Variationen auf Grund der Reißlackstudien untersucht wurden, ergaben eine ausgezeichnete Übereinstimmung der Reißlackvoraussagen mit den Ergebnissen über die Lage der dynamischen Brüche.

5.3.2 Variation der Ausschnittlänge

Bei hinreichend langen Ausschnitten ergibt sich in den beiden ungestörten Teilquerschnitten eine gleichmäßige Spannungsverteilung. Im Hinblick auf die konstruktive Forderung nach geringer Augenstablänge galt es, den entlastenden Einfluß kurzer Ausschnitte zu untersuchen.

Im Bild 407 rechts sind die Ausschnitte IIa = lang, IIb = gekürzt, IIc = sehr kurz sowie der Vollstab 0 mit ihren „ersten" Trajektorien dargestellt. Mit Verkürzung des Ausschnittes nähert sich die „erste" Trajektorie

dem Bohrungsrand bei b in geringem, bei c in stärkerem Maße,

insbesondere dem Ausschnittrand in den Ansatzpunkten A des Ausschnittes, so daß die Spannungsspitzen an diesen Stellen für den Ermüdungsbruch entscheidend werden.

Auch hier zeigen Reißlack- und Ermüdungsversuche sehr gute Übereinstimmung bezüglich der Lage der dynamischen Brüche.

Das „Spannungsflußmodell", das der Auswertung der Reißlackversuche zugrunde liegt, ist in diesen Fällen sehr gut geeignet, zu zeigen, wie sich Änderungen der Gestalt auswirken.

5.4 Vergleich der Ergebnisse von Dehnungsmessungen und Reißlackversuchen an der „optimierten" Augenstabform

Die Trajektorienverläufe in den Köpfen von Augenstäben verschiedener Ausbildung wurden im ILTUB mit Reißlackbildern bestimmt.

Bild 408 zeigt je eine Hälfte von Augenstäben, die durch die Abmessungen Kopfbreite gleich Stabbreite mit $b/d = 3$ und die Kopfhöhe $h/d = 2$ gekennzeichnet sind. Sie unterscheiden sich dadurch, daß der Stab links vollen Streifenquerschnitt, der Stab rechts jedoch einen sehr breiten Ausschnitt über 60% der Gesamtbreite hat. Die Zugspannungstrajektorien konzentrieren sich am Bohrungsrand

links sehr stark und

beim Stab mit Ausschnitt (rechts im Bild) nicht, es kommt hier sogar zu einer Erweiterung der Trajektorien in Bohrungsrandnähe.

Die aus den Reißlackbildern gewonnenen Zugspannungstrajektorien-Verläufe erlauben strenggenommen keine quantitativen Schlüsse auf die Spannungsverteilung.

Sie vermitteln jedoch als „Spannungsflußmodell" eine Vorstellung nicht nur darüber, welche Spannungsverteilungen in den maßgebenden Querschnitten zu erwarten sind, sondern auch darüber, wie diese Verteilungen zustande kommen und durch welche Gestaltsänderung sie günstig zu beeinflussen sind.

So zeigt der Vergleich der Trajektorien in Bild 408 eindeutig, daß die beim Stab ohne Ausschnitt (links) vorhandene starke Spannungshäufung am Bohrungsrand durch den breiten Ausschnitt (rechts) beseitigt ist.

Der Entlastungsausschnitt großer Breite bewirkt nicht nur eine beachtliche Entlastung des Bohrungsrandes, sondern auch eine große Gewichtseinsparung.

Um diese günstige Spannungsumlagerung auch quantitativ zu erfassen (und auch ein Beispiel für die Brauchbarkeit des Reißlackverfahrens und des Gedankenmodells vom „Spannungsfluß" zu geben), wurden an beiden Kopfformen Dehnungsmessungen durchgeführt. Die aus Dehnungsmessungen (Kreise) ermit-

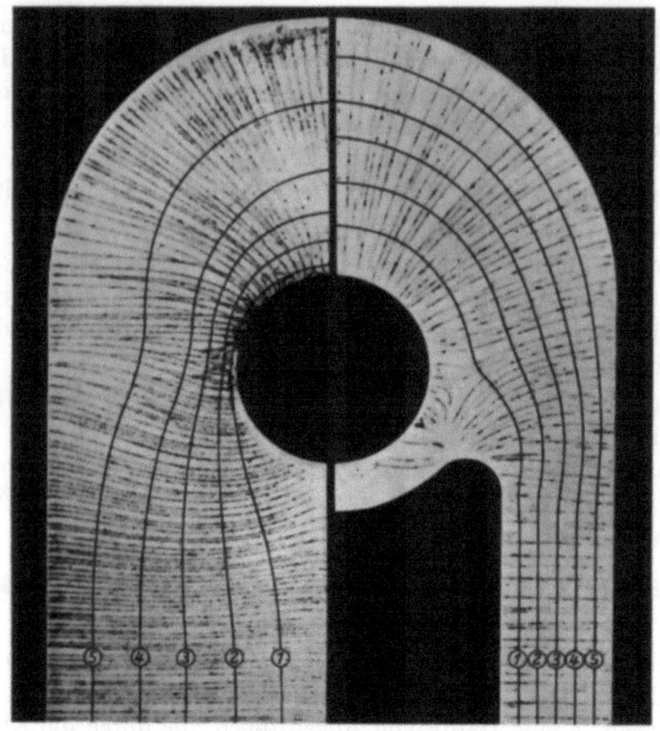

Bild. 408 Trajektorienverlauf bei Augenstäben — Auswertung von Reißlackversuchen.

telten und aus dem „Spannungsfluß" der Reißlackbilder (Dreiecke) geschätzten Verteilungen der Spannungen sind im Bild 409 dargestellt.

Im ungestörten Streifenquerschnitt u_i—u_a (Bild rechts unten) ist die Spannungsverteilung praktisch gleichmäßig. Es ist daher richtig, anzunehmen, daß die im Bild 408 bei u_i—u_a in gleichmäßigen Abständen angesetzten Trajektorien 1 bis 5 Bänder von gleich großem Spannungsfluß einschließen.

Die Spannungsmessung längs des Ausschnittrandes (Bild 409 links unten) zeigt eine Spannungshäufung an der Stelle a_i, dem Ansatz der Ausrundung des Ausschnittes. Sie ist an dieser Stelle wie an jedem Querschnittsübergang zu erwarten und deutet sich auch im Reißlackbild an. Die Spannungsverteilung im Schnitt a_i—a_a (Bild rechts Mitte) mit dem Maximalwert bei a_i stimmt mit der Reißlackschätzung recht gut überein.

Die Spannungsverteilung im durch die Bohrungsmitte gehenden Querschnitt n_i—n_a (Bild rechts oben) wird durch den Ausschnitt entscheidend in dem Sinne geändert, wie bereits am Reißlackversuch Bild 408 gezeigt; der Bohrungsrand wird von $K = 5,2$ auf $K = 1,05$ entlastet. Die Spannungen sind auf den jeweiligen ungestörten Querschnitt F_u bezogen. Aus dem Reißlackbild erkennt man, daß durch den Ausschnitt der „Spannungsfluß" im Augenstabkopf sehr stark zum Außenrand verschoben wird.

Mit der Ausschnittform, Bild 409, ist die Optimierung der Spannungsverteilung im Kopf so weit gelungen, daß die Spannungsspitzen an den Stellen n_i und n

auf $K = 1$ herabgesetzt und gleich groß sind. Ein Weg zur weiteren Gestaltverbesserung, bei der die Spitzen möglicherweise ganz verschwinden und die Grenze $K = F_n/F_u = 0,6$ erreicht wird, kann noch nicht angegeben werden.

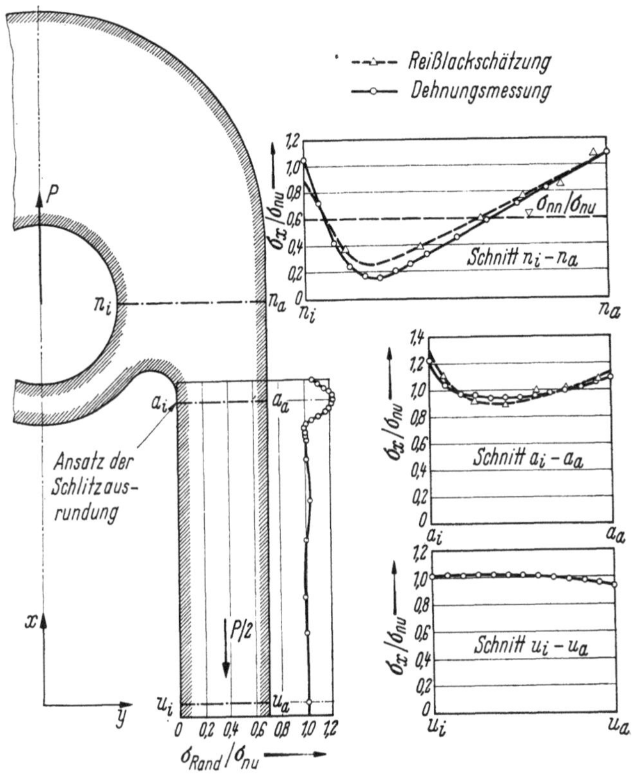

Bild 409. Augenstab mit breitem Entlastungsausschnitt — Vergleich der Spannungsverteilungen in verschiedenen Querschnitten (ermittelt aus Dehnungsmessung und Reißlackversuch).

5.5 Ermüdungsfestigkeitsversuche mit verschiedenen Augenstabvariationen ohne Restspannungen in der Bohrung

5.5.1 Vorversuche

Nachdem die Dehnungsmessungen an Augenstäben gezeigt hatten, daß eine wirksame Entlastung der Bohrungswandung durch geeignete Formgebung erzielt werden kann, wurden zunächst Ermüdungsvorversuche mit verschiedenen Augenstabformen durchgeführt, deren Ergebnisse im Bild 410 aufgetragen sind.

Als Vergleichsbasis diente bei diesen Versuchen die Spannung im Kopfquerschnitt $\sigma_{nn} = P/F_n$, die für zwei Kopfbreiten $b/d = 3$ und $b/d = 4$ jeweils konstant gehalten wurde. Die Belastung war mit $\sigma_{obz} = P/F_u = 12,3$ kp/mm² und einem Spannungsverhältnis von $R_z = 0,35$ für beide Breiten gleich groß.

Die erreichte Bruchlastwechselzahl N_B kennzeichnet damit (ohne Berücksichtigung des Stabgewichtes) die Güte der Form. Hierbei ist in die Wertung nicht mit einbezogen, daß die Stäbe mit Entlastungsausschnitt infolge des dünnen Zwischenstegs nicht zur Aufnahme wesentlicher Druckkräfte geeignet sind.

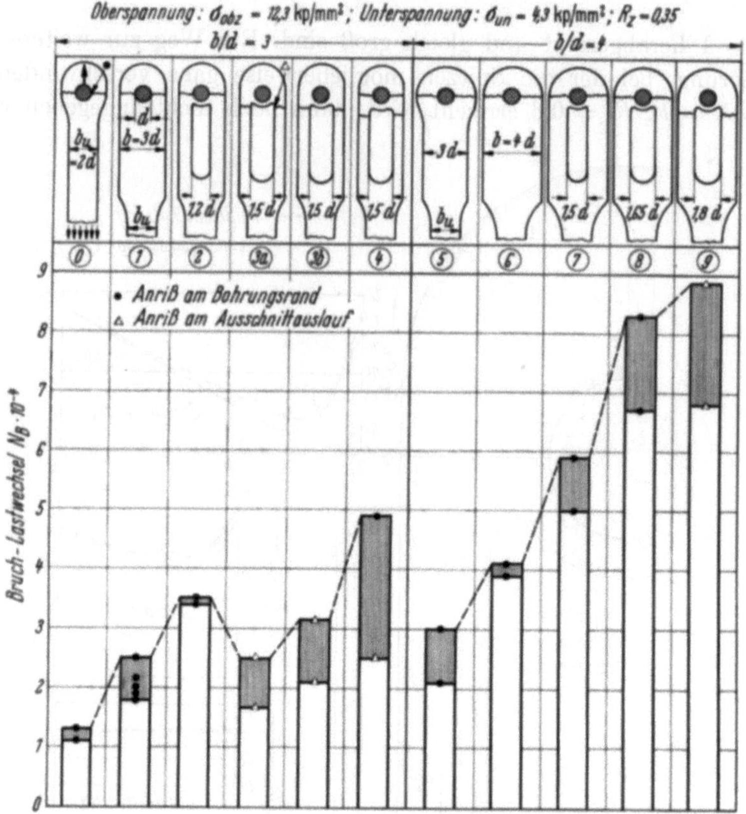

Bild 410. Ermüdungs-Vorversuche an verschiedenen Augenstabformen aus AlCuMg 1 (2017-T 4) — Einfluß
der Variation von Kopf- und Ausschnittgeometrie.

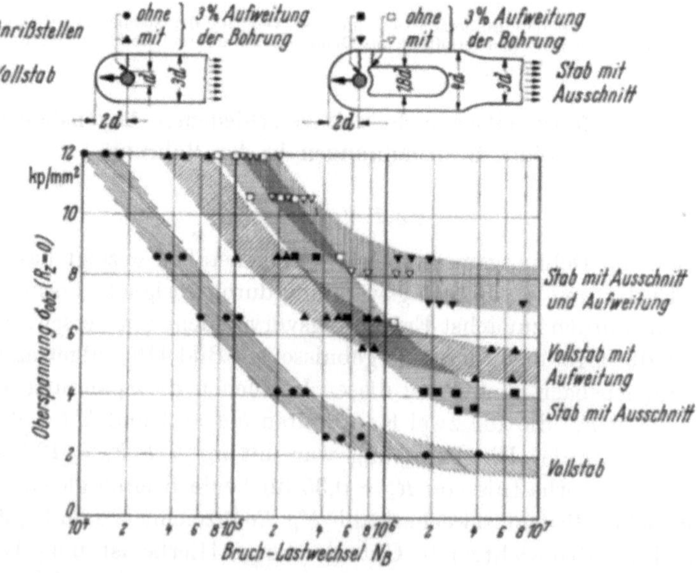

Bild 411. Einfluß von Entlastungsausschnitten und Restspannungen in der Bohrungswandung
auf die Ermüdungsfestigkeit von Augenstäben aus AlCuMg 1 (2017-T 4).

Die links im Bild 410 skizzierten Augenstäbe haben eine Kopfbreite von $b = 3d$. Es ist zu erkennen, daß durch die Entlastungsausschnitte eine Verbesserung der Bruchlastwechsel um etwa das 3fache gegenüber der schlechtesten Augenstabform *0* erreicht wird.

Da die Ermüdungsbrüche bei den Stabformen *3* und *4* vorwiegend am Ausschittauslauf auftraten, wurde die Kopfbreite auf $b = 4d$ vergrößert (rechts im Bild 410 skizziert), um dort das Spannungsniveau zu senken. Dadurch steigt die Bruchlastwechselzahl der besten Form *9* auf etwa das 3fache der schlechtesten Form *5* dieser Reihe an.

Vergleicht man die gewichtsgleichen Stäbe *1* und *9* miteinander, so ist die Bruchlastwechselzahl des Stabes mit Entlastungsausschnitt auf das 4fache des Vollstabes angehoben.

Mit diesen Vorversuchen wurde für das untersuchte Lastniveau gezeigt, daß man durch günstige Gestaltung der Augenstäbe und der Entlastungsausschnitte die Bruchlastwechselzahlen wesentlich steigern kann, ohne daß Restspannungen in der Bohrungswandung erzeugt werden müssen.

5.5.2 Vergleichende Untersuchungen mit $(\sigma - N)$-Streubändern

Im Bild 411 sind die Ergebnisse weiterer ILTUB-Versuche an Augenstäben mit der vorhergehend ermittelten günstigsten Form *9* und dem gewichtsgleichen Vollstab der Form *1* als $(\sigma - N)$-Streubänder für $R_z = 0$ aufgetragen. Die Verbesserung im Zugschwellbereich infolge Formgebung durch einen Entlastungsausschnitt beträgt

hinsichtlich der Ermüdungsfestigkeit bei $N_B \approx 5 \cdot 10^6$ das 2,2fache des Vollstabs,

bezüglich der Bruchlastwechselzahl N_B bei einer Oberspannung von $\sigma_{ob\,z} \geqq$ $\geqq 4\,\mathrm{kp/mm^2}$ das 10fache des Vollstabes, bei darunterliegenden Spannungen noch wesentlich mehr.

Die Bruchlage der Augenstäbe mit Ausschnitt ist abhängig vom Belastungsniveau:

Bei hohem Lastniveau ($\sigma_{ob\,z} \geqq 6{,}7\ \mathrm{kp/mm^2}$) brechen die Augenstäbe am Übergang des Ausschnittes zum Steg, während

niedrigere Belastungen ($\sigma_{ob\,z} \leqq 6{,}7\ \mathrm{kp/mm^2}$) bevorzugt zu Anrissen in der Bohrungswandung infolge Reibkorrosion führen.

Die Augenstäbe mit Entlastungsausschnitt sind also im gesamten Belastungsbereich den Vollstäben weitaus überlegen.

5.6 Ermüdungsfestigkeitsversuche an verschiedenen Augenstabvariationen mit Restspannungen in der Bohrungswandung

Die von Schijve [5, 8], Waters [6] und Bruder [7] durchgeführten Versuche zeigten, daß sich Druckrestspannungen in der Bohrungswandung positiv auf die Ermüdungsfestigkeit von Augenstäben auswirken. Am ILTUB wurde ebenfalls dieser Weg verfolgt, indem bei Vollstäben und bei Stäben mit Entlastungsausschnitt die Bohrungen plastisch um 3% aufgeweitet und damit Druckrestspannungen in der Bohrungswandung erzeugt wurden.

Die Ergebnisse der Ermüdungsversuche für $R_z = 0$ zeigt ebenfalls Bild 411:

Der Vollstab wird bei einer Lastwechselzahl $N_B \approx 5 \cdot 10^6$ von $\sigma_{ob\,z} = 1,5\,\mathrm{kp/mm^2}$ auf $\sigma_{ob\,z} = 4,6\,\mathrm{kp/mm^2}$, also um das 3fache verbessert.

Die Stäbe mit Entlastungsausschnitt werden bei gleicher Bruchlastwechselzahl von $\sigma_{ob\,z} = 3,3\;\mathrm{kp/mm^2}$ auf $\sigma_{ob\,z} = 7,0\;\mathrm{kp/mm^2}$, also etwa um das 2fache verbessert.

Die Ermüdungsfestigkeit des Stabes mit Ausschnitt wird um das 1,5fache gegenüber dem Vollstab gesteigert.

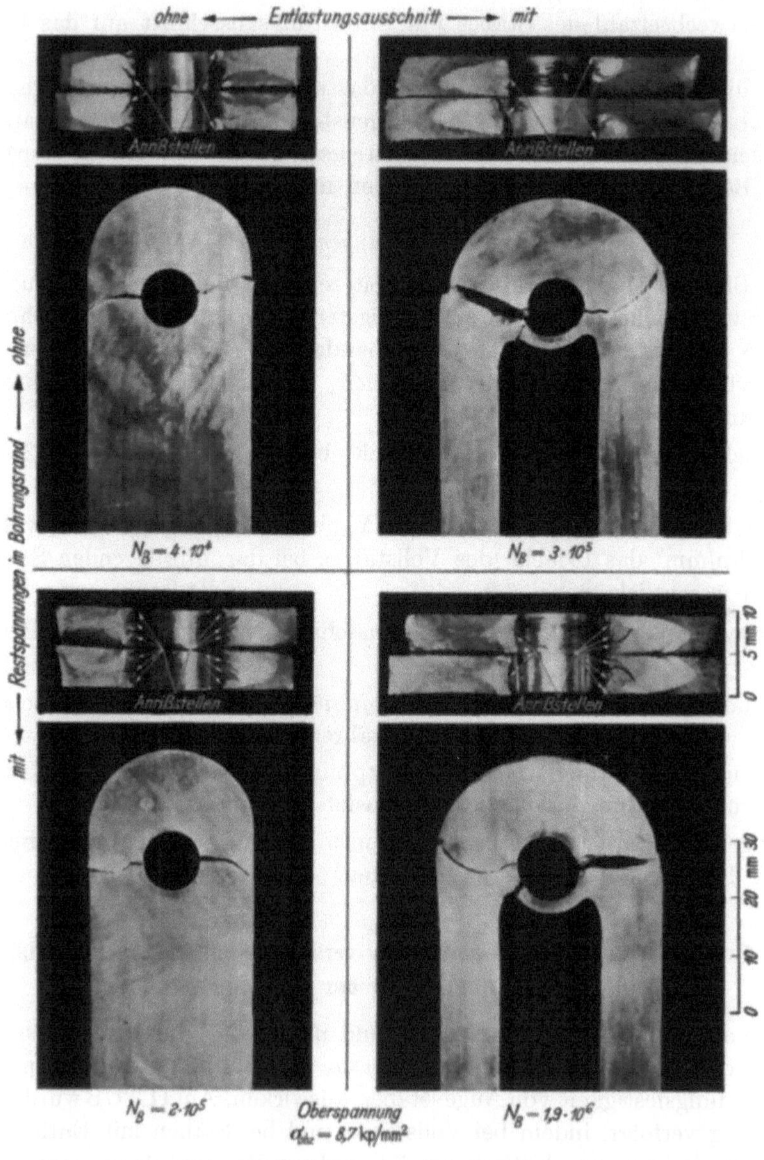

Bild 412. Einfluß von Restspannungen (3%ige bleibende Bohrungsaufweitung) auf das Bruchbild von Augenstäben aus AlCuMg 1 (2017-T 4).

5.7 Augenstabbrüche ausgehend vom Bohrungsrand

Bild 412 zeigt Bruchflächen und Bruchaussehen von Augenstäben ohne und mit Entlastungsausschnitt sowie ohne und mit Druckrestspannungen in der Bohrungswandung:

Die Bruchflächen der Stäbe ohne Druckrestspannungen (obere Reihe) zeigen das typische Bild eines Ermüdungsbruchs mit

einem Anriß,

dem Rißausbreitungsgebiet und

dem statischen Restbruch.

Dagegen sind an den Bruchflächen der Stäbe mit Druckrestspannungen (untere Reihe)

sehr viele Anrisse,

ein gemeinsames „zerklüftetes" Rißausbreitungsgebiet und

die Restbruchfläche

zu erkennen. Das Vorhandensein von Druckrestspannungen in einer Oberflächenschicht macht sehr viele Anrißherde notwendig, bis es zu einer Rißausbreitung kommt, da sich die Anrisse im Druckrestspannungsbereich „totlaufen", wie Schijve in seiner Untersuchung [5] gezeigt hat (s. Bild 398).

5.8 Stegbrüche an Augenstäben mit Entlastungsausschnitt

Bei Ermüdungsversuchen an Augenstäben mit dicht an die Bohrung heranreichenden Entlastungsausschnitten und sehr schmalem Zwischensteg wurden

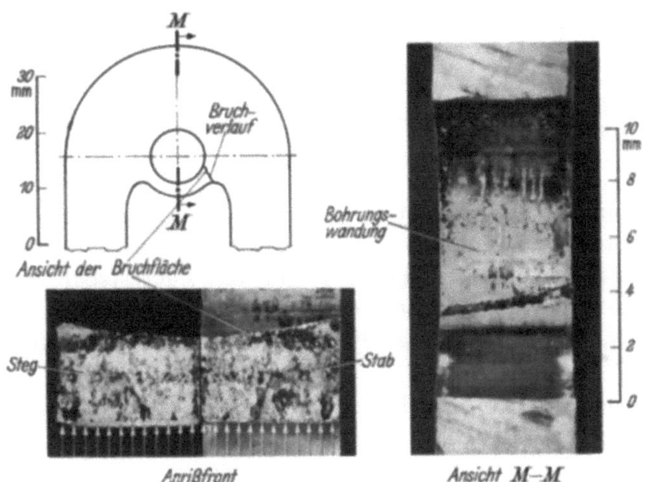

Bild 413. Ermüdungsversuche an Augenstäben (AlCuMg 1) mit Entlastungsausschnitt — Ausgang des Anrisses von einer Druckspannungsspitze am Zwischensteg.

bei allen Versuchsstücken Anrisse und Brüche am Ansatz des Stegs festgestellt, wie sie im Bild 413 gezeigt sind.

Zur Klärung dieses Verhaltens wurden die im Bild 414 über der Randabwicklung aufgetragenen Dehnungsmessungen am Ausschnitt-, Steg- und Bohrungsrand durchgeführt.

Der Stegrand auf der Ausschnittseite weist an der kritischen Stelle (*26*) eine sehr hohe (mit den verwendeten Dehnungsgebern nicht erfaßbare) Druckspannungsspitze ($|\sigma| > 2{,}5\,\sigma_{nu}$), auf der Bohrungsseite (*20*) eine niedrige Zugspannung ($\approx \sigma_{nu}$) auf. Es liegt also eine starke Biegebeanspruchung des Stegs vor, die auf seine Krümmung zurückzuführen ist.

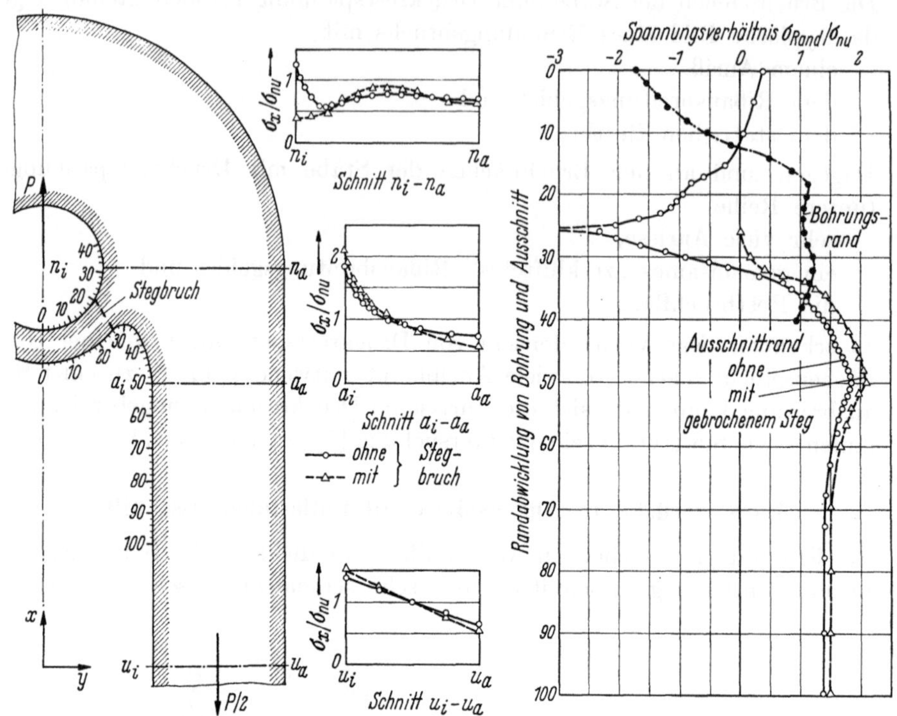

Bild 414. Augenstab mit Entlastungsausschnitt — Spannungsverteilungen in verschiedenen Querschnitten und am Ausschnitt- bzw. Bohrungsrand — Einfluß des Zwischenstegbruchs auf den Spannungsverlauf.

Bei Entlastung des Augenstabs entsteht an der Zwischenstegstelle (*26*) infolge der unter Belastung auftretenden hohen Druckspannungsspitze und der dadurch bewirkten plastischen Verformung eine kräftige Zugrestspannungsspitze. Der Wechsel zwischen dieser hohen Zugrestspannung (im unbelasteten Zustand) und einer Druckspannung in Höhe der Fließgrenze führt an dieser Stelle zum Ermüdungsbruch.

Dieses Phänomen wurde auch bei Tastversuchen an gekerbten Stäben aus AlCuMg 1 beobachtet. Im Bild 415 sind die Bruchflächen von zug- (oben) und druckbelasteten (unten) Stäben gegenübergestellt.

Bei zugbelasteten Stäben zeigt sich das typische Bild der Dauerbruchfläche mit „ovaler" Abgrenzung zum Restbruchgebiet. Die Dauerbruchfläche zeigt eine feinkörnige Struktur.

Bei druckbelasteten Stäben beginnt der Ermüdungsanriß an mehreren Stellen der Bohrungswandung gleichzeitig. Die Rißfront (Abgrenzung der Dauerbruchfläche von der Restbruchfläche) ist dementsprechend weniger gekrümmt und verläuft nahezu parallel zur Bohrungswand. Die Dauerbruchfläche zeigt eine grobkörnige Struktur. Am Bohrungsrand sind Reibkorrosionsschäden vorhanden.

Für gleiche Anrißlastwechselzahl $N_A = 10^6$ ist die Oberspannung bei Druckbelastung mit $\sigma_{obd} = 40$ kp/mm² 4 mal so hoch wie bei Zugbelastung mit $\sigma_{obz} = 10$ kp/mm².

Weitere Untersuchungen zum Problem der Ermüdungsfestigkeit bei Druckbelastung werden zur Zeit am ILTUB durchgeführt.

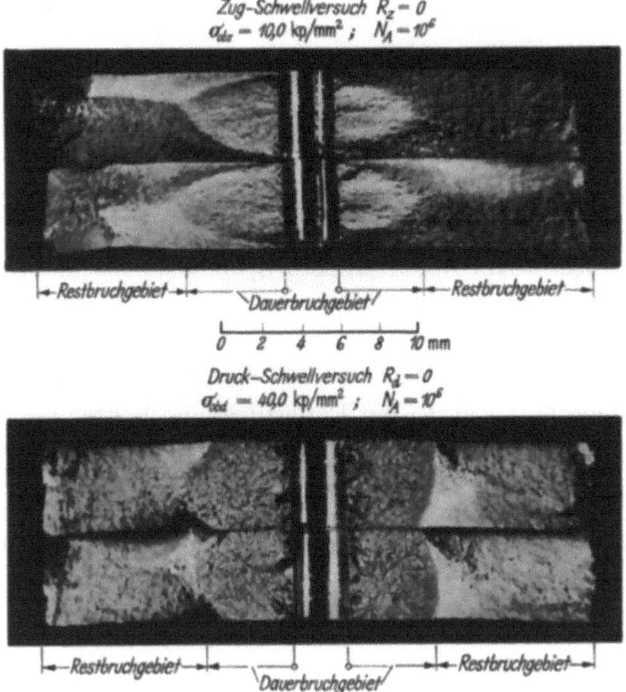

Bild 415. Gekerbter Flachstab (AlCuMg 1) — Vergleich der Ermüdungsfestigkeit und des Bruchaussehens bei Zug- und Druck-Schwellbelastung.

Der Bruch im Zwischensteg führt zwar nicht zum sofortigen Versagen des Augenstabs, sondern dazu, daß die „Stützwirkung" des Stegs auf Bohrung und Ausschnittrand verlorengeht. Dadurch verformt sich der Augenstab, und es kommt, wie an Hand der im Bild 414 aufgetragenen Dehnungsmessungen gezeigt, zu Änderungen der Randspannungen:

am Ausschnittauslauf a_i zu einem Ansteigen von $\sigma_x = 1{,}85\,\sigma_{nu}$ auf $\sigma_x = 2{,}1\,\sigma_{nu}$,

am Bohrungsrand n_i zu einem starken Abfall von $\sigma_x = 1{,}25\,\sigma_{nu}$ auf $\sigma_x = 0{,}40\,\sigma_{nu}$.

Es treten jedoch infolge der fehlenden Stegstützung im Schnitt $n_i\!-\!n_a$ Druckspannungen σ_y an der Bohrungswandung auf, so daß an diesem Punkt nicht die Spannung σ_x, sondern die Vergleichsspannung σ_v die maßgebende Spannung ist, die sich nach der Schubspannungshypothese zu

$$\frac{\sigma_v}{\sigma_{nu}} = \frac{\sigma_x - \sigma_y}{\sigma_{nu}} \text{ ergibt.}$$

Mit den gemessenen Dehnungen ε_x und ε_y erhält man die Spannungen σ_x und σ_y über das Elastizitätsgesetz

$$\sigma_x = \frac{E}{1-\mu^2}\,(\varepsilon_x + \mu\,\varepsilon_y),$$

$$\sigma_y = \frac{E}{1-\mu^2}\,(\varepsilon_y + \mu\,\varepsilon_x).$$

Damit wird σ_v an der Stelle n_i: $\sigma_v = 2{,}05\,\sigma_{nu}$, d. h. wesentlich größer als die Spannung bei nicht gebrochenem Steg mit $\sigma_x = 1{,}25\,\sigma_{nu}$, so daß auch diese Randstelle der Bohrung nach dem Stegbruch weiterhin gefährdet ist.

(Bei nicht gebrochenem Steg ergaben die Messungen $\varepsilon_y = -\mu\,\varepsilon_x$. Also kann der Rand an der Stelle n_i näherungsweise als lastfrei in y-Richtung angesehen werden. Für den einachsigen Spannungszustand gilt dann $\sigma_x = E\,\varepsilon_x$, d. h. aber $\sigma_x/\sigma_{nu} = \varepsilon_x/\varepsilon_{nu} = \sigma_v/\sigma_{nu}$.)
Nach erfolgtem Stegbruch ist also

die Gefährdung des Bohrungsquerschnittes (Lochflanke) sicher nicht herabgesetzt (verstärkte Reibkorrosion!),

der Ausschnittsauslauf durch erhöhte Spannungskonzentration stärker gefährdet als vor dem Stegbruch.

5.9 Vermeidung von Steganrissen

Die Ermüdungsfestigkeit der mit Entlastungsausschnitten versehenen Augenstäbe kann noch weiter gesteigert werden, wenn die Ursache der Steganrisse beseitigt wird.

Die Ursache ist zu suchen in dem sehr kleinen Stegquerschnitt zur Aufnahme der Stützdruckkraft von etwa 6% der Gesamtzugkraft in Verbindung mit der Exzentrizität, mit der diese Druckkraft angreift. Infolge der Exzentrizität kommt

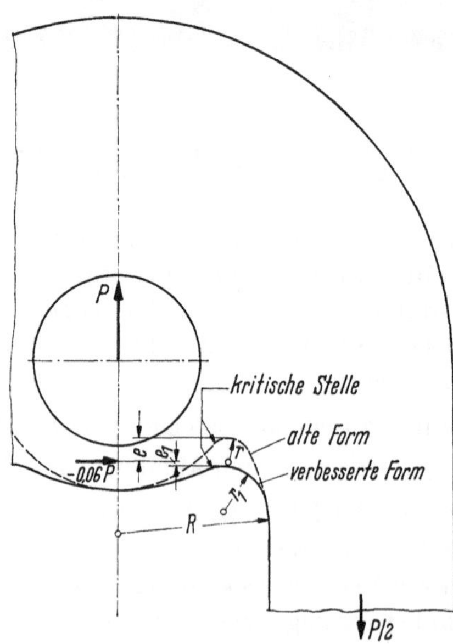

Bild 416. Verbesserung der Form von Augenstäben mit dünnem Zwischensteg — Verringerung der kritischen Druckspannungsspitze.

es zu sehr großen Druckspannungshäufungen am Übergang zum Entlastungsausschnitt, wie in 5.8 beschrieben.

Die mittlere Druckspannung im Symmetrieschnitt des Stegs liegt bei einer Stegbreite von $0{,}25d$ in der Größe der ungestörten Spannung σ_{nu}, ist also nicht zu hoch, so daß es nur darum geht, die gefährliche Exzentrizität auszuschalten. Im Bild 416 ist eine konstruktive Lösung angegeben, bei der die Druckspannungsspitze am Übergang stark abgebaut wird durch:

Verringerung der Exzentrizität e der Druckkraft,

Vergrößerung des Stegwiderstandsmoments an der kritischen Stelle,

Vergrößerung des Übergangsradius von r auf r_1.

Durch diese Verbesserung wurde erreicht, daß Stegbrüche nicht mehr primär auftraten und die dadurch ungünstigen Spannungsverteilungen vermieden wurden.

XVII. Ermüdungsfestigkeit genieteter und geschraubter Querstöße

1 Anordnung und Ausführung der Fügungen

1.1 Fügebedingungen

Im Leichtbau verwendet man zur Fügung

von dünnen Blechen bevorzugt Nietungen,

von dicken Blechen und von Integralteilen Verschraubungen.

Verschraubungen sind insbesondere notwendig, wenn die Fügung notfalls (z. B. bei Reparatur) lösbar sein soll.

Beide Fügungsmittel sollen in der gleichen Weise Zugkräfte von einem Fügeteil auf das andere übertragen durch:

Scherkräfte in den Bolzen- oder Nietschäften mit Lochleibungsdrücken in den Wandungen der Bohrungen,

Reibungskräfte zwischen zwei aufeinandergepreßten Fügeflächen.

Bei der Durchbildung und Herstellung der Überlappungsfügung ist großer Wert darauf zu legen, daß der Reibungskraftanteil möglichst groß wird.

Bei beiden Fügungsarten hängt die Ermüdungsfestigkeit sehr stark von der Ausführung, d. h. der mehr oder weniger guten Erfüllung der im folgenden aufgeführten wichtigsten Fügebedingungen ab:

Satte Ausfüllung der Bohrungen in den Fügeteilen durch den Schaft des Fügemittels. Diese wird durch Passung der Bolzen und Nietschäfte erreicht.

Erzeugung von tangentialen Druckrestspannungen in den Lochwandungen.

Sattes Anliegen der Köpfe auf den Blechen oder sonstigen Fügeteilen.

Sattes Anliegen der Bleche oder Bauteile an den Fügeflächen und bleibende Pressung der Fügeflächen gegeneinander zur Sicherung einer wesentlichen Schubübertragung durch Reibung.

Die Spannungen in der Lochwandung sind von besonderer Bedeutung. Insbesondere ist der zweiachsige Spannungszustand aus radialem Druck und tangentialem Zug zu beachten. Er entsteht

beim Niet durch Quetschen mit hohen Drücken,

beim Bolzen durch konischen Schaft infolge „Keilwirkung", in erhöhtem Maße bei Leichtmetallfügungen durch Verwendung von Bolzen aus Vergütungsstahl, dessen Streckgrenze wesentlich über der des Leichtmetalls liegt, so daß hohe Drücke in der Lochwandung erzeugt werden können, ohne den Bolzen gefährlich zu beanspruchen.

1.2 Einschnittige und mehrschnittige Anordnung

Für die Ermüdungsfestigkeit der Fügungen, wie sie im Bild 417 dargestellt sind, ist die Zahl der „Schnitte" der Verbindung entscheidend wichtig:

Bei der einschnittigen Anordnung liegen zwei Fügeflächen in einem Schnitt aufeinander; die Anordnung ist unsymmetrisch.

Bei der zweischnittigen Anordnung liegen 4 Fügeflächen in zwei Schnitten aufeinander. Diese Anordnung wird zweckmäßigerweise symmetrisch ausgebildet.

Bei der dreischnittigen Ausführung mit 6 paarweisen Fügeflächen ist Unsymmetrie vorhanden, die sich jedoch weniger stark auswirkt als bei einschnittiger Anordnung.

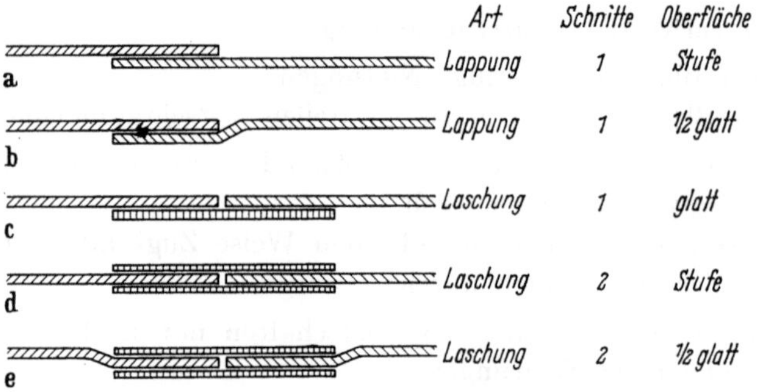

	Art	Schnitte	Oberfläche
a	Lappung	1	Stufe
b	Lappung	1	½ glatt
c	Laschung	1	glatt
d	Laschung	2	Stufe
e	Laschung	2	½ glatt

Bild 417. Überlappungen — Überlaschungen.

Die Unsymmetrie wirkt sich ungünstig aus bezüglich der

Übertragung der Lochleibungsdrücke vom Niet- bzw. Bolzenschaft auf die Wandungen der Bohrungen in den Fügeteilen, wie dies im Bild 418 dargestellt ist,

Biegung der Fügeteile (s. Bild 419).

Zur Verbindung von Blechteilen und von Platten kommen die einschnittigen Überlappungen (Bild 417a und b) oder die ein- bzw. mehrschnittigen Überlaschungen (c bis e) in Frage.

Eine glatte ungestörte Oberfläche am Stoß, wie sie beispielsweise für die Außenhaut von Tragflügeln oder von Leitwerken verlangt wird, kann nur durch eine einseitige, innen liegende Überlaschung (c) erzielt werden. Bei Rumpfkonstruktionen geht man fast immer den Kompromiß der Lösung (b) ein. Auch bei zweischnittigen Überlaschungen kann man einen ähnlichen Kompromiß (e) eingehen, insbesondere, indem man die Außenlasche unter Verwendung von hochfestem Werkstoff (hochlegierter Stahl bei einem Stoß von Blechen aus Al-Legierungen) dünn hält.

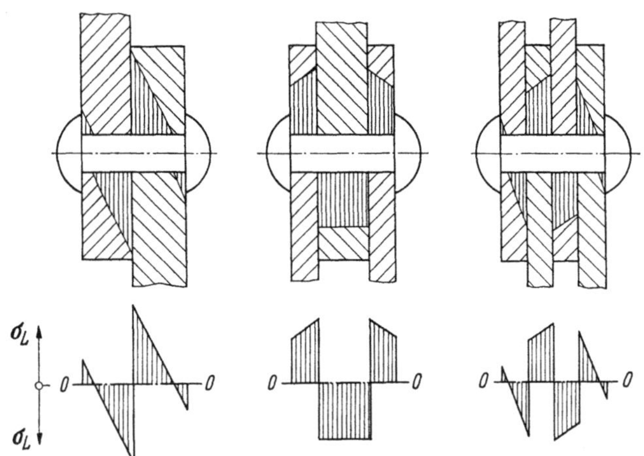

Bild 418. Lochleibungsdrücke bei ein-, zwei- und dreischnittiger Nietung.

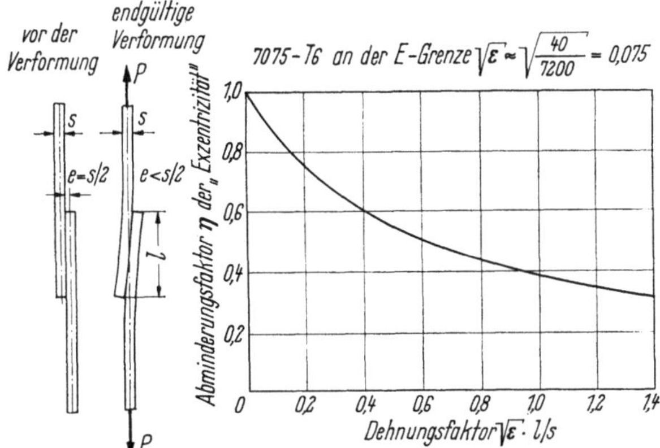

Bild 419. Überlappungs-
stoß — Abminderung des
Exzentrizitätsmomentes
infolge Verformung. [1].

1.3 Biegemomente infolge der Unsymmetrie einer einschnittigen Fügung

An der einschnittigen Überlappung zweier ebener Blechstreifen mit der Wandstärke s entstehen bei der Übertragung von Längszug Exzentrizitätsmomente M_e. Bei sehr kleinem Längszug P mit einer noch unwesentlichen Biegeverformung der Streifen ist $M_e = P\,s/2$. Der Hebelarm $s/2$ ergibt sich aus dem Abstand der Blechmitte, in der die Resultierende einer gleichmäßig eingeleiteten Zugkraft liegt, von der Fügefläche, in der diese Zugkraft durch Schubspannungen übertragen wird.

Wie aus Bild 419 links zu erkennen ist, verformen sich die beiden überlappten Streifen bei Steigerung der Zugkraft immer mehr im Sinne einer Verkleinerung des Exzentrizitätsmoments.

Diese Abminderung des Biegemoments wurde von GOLAND und REISSNER [1] unter Annahme einer geklebten Fügung untersucht. Der Verlauf des von ihnen errechneten Abminderungsfaktors $\eta = 1/[1 + 2{,}83\tan(0{,}58\,\sqrt{\varepsilon}\,l/s)]$ ist im Bild 419 rechts dargestellt. Der Wert η gibt das Verhältnis des Biegemoments unmittelbar vor der Fügung zum Wert dieses Moments bei starren Fügeteilen an.

Das Exzentrizitätsmoment verringert sich

mit zunehmender Zugdehnung ε der Streifen, gekennzeichnet durch $\sqrt{\varepsilon}$,
mit zunehmender relativer Überlappungslänge l/s.

Die Exzentrizitätsmomente können somit durch lange Überlappung l/s klein gehalten werden.

Hinsichtlich der Auswirkung der Exzentrizitätsmomente bei Ermüdungsbeanspruchungen ist festzustellen, daß der Wert $\sqrt{\varepsilon}$ verhältnismäßig klein bleibt, da die Spannungshöhe im allgemeinen gering ist; bei statischen Belastungen, insbesondere im plastischen Bereich, kann $\sqrt{\varepsilon}$ erheblich größer werden.

Das Exzentrizitätsmoment ist für die Ermüdungsfestigkeit des Fügeteils von großer Bedeutung, weil am Ansatz der Fügung

die zu übertragende Kraft noch unvermindert ist,
das Moment sein Maximum hat,
das Fügeteil durch die Fügung (Bohrung, Kerbwirkung) geschwächt ist und ungünstige Wirkungen (Reibkorrosion) durch die Relativbewegungen der Fügeflächen zueinander auftreten können.

2 Vielseitigkeit der dynamischen Belastungen an Fügungen

Im Blechbau, wie z. B. im Flugzeugbau bei der Fertigung der Rümpfe, wird die Verbindung der Bleche durch Überlappungen oder Überlaschungen hergestellt. Diese Verbindungen müssen bevorzugt Zugkräfte durch Schub übertragen.

Die Zugbeanspruchung solcher Verbindungen kann in der Zuordnung von statischer Vorlast (Mittelspannung) und dynamischer Last (Spannungsausschläge) sehr verschieden sein. So ist z. B. die bevorzugte Beanspruchung

der Haut einer Flugzeugdruckkabine ein Zugschwellen mit $R_z = 0$,

der Unterhaut eines Flugzeugtragflügels ein Zugschwellen mit etwa $R_z = 0{,}4$ (diese Belastung entsteht aus der Vorlast des Reiseflugs überlagert mit Lastwechseln aus den Böen),

anderer, nicht vorbelasteter Schalen wie das Seitenleitwerk eines Flugzeugs ein Wechseln mit $R = -1$.

In den verschiedenen Forschungslaboratorien sind daher auch Versuche für verschiedene R-Verhältnisse durchgeführt worden. Die vorliegenden Ergebnisse werden deshalb getrennt nach R-Parametern dargestellt.

3 Niete im Leichtmetallbau

Die Leichtmetallnietung ist im Gegensatz zur Stahlnietung (= Warmnietung) eine Kaltnietung, d. h. der Niet wird kalt gestaucht. Die Längskräfte in einer Fügung werden hauptsächlich durch Lochleibung übertragen.

Aluminiumniete bis zu 8 mm Durchmesser können mit Handhammer oder Drucklufthammer leicht geschlagen werden. Bei größeren Nietdurchmessern ist eine hohe Stauchkraft notwendig. Um ein vollständiges Ausfüllen der Nietlöcher zu gewährleisten, werden größere Niete vorzugsweise gepreßt.
Die Stauchkraft ist abhängig von

dem Nietdurchmesser,
der Kopfform,
der Stauchbarkeit des Nietwerkstoffs,
dem Spiel zwischen Niet und Loch.

Nietdurchmesser und -werkstoff sind durch konstruktive Bedingungen gegeben. Das Nietspiel ist klein zu halten und sollte nicht größer sein als 1,5 bis 3% vom Nietdurchmesser. Für die Bildung von Schließköpfen bei Nieten größeren Durchmessers werden folgende Stauchspannungen angegeben (bezogen auf den Querschnitt des ungestauchten Nietschaftes), die ein Vielfaches der Zugfestigkeit erreichen, da es sich um einen im wesentlichen allseitigen Druck (dreiachsigen Spannungszustand) handelt [2]:

Niet-Werkstoff (Zugfestigkeit)	Al Mg 3 (18 kp/mm²)	Al Cu Mg 1 (40 kp/mm²)
Halbrundkopf	197	237 kp/mm²
Kegelstumpf (groß)	184	210 kp/mm²
Kegelstumpf (klein)	84	121 kp/mm²
Konus	92	145 kp/mm²
Flachkopf	84	121 kp/mm²

Die Stauchung des Schaftes zur Ausfüllung des Nietlochs (abzüglich der Stauchung für die Schließkopfbildung) beträgt mit den Anhaltswerten für Schaftlänge und Kopfabmessungen [2]:

beim Halbrundkopf $\sim 40\%$ vom Nietdurchmesser d,
beim Flachkopf $\sim 70\%$ vom Nietdurchmesser d.

Die durch den kalt geschlagenen Niet bewirkte Lochaufweitung erzeugt im Blech radiale und tangentiale Spannungen, die quadratisch zu ihrer Entfernung vom Nietmittelpunkt abfallen. KOENIG [3] berechnet diese Spannung nach der „Theorie der Schrumpfung", bei der ein übergroßer Niet in das erwärmte und damit aufgeweitete Loch eingebracht wird.

$$\sigma_r = - p_A \frac{r^2}{x^2}, \qquad \sigma_t = + p_A \frac{r^2}{x^2},$$

wobei

$$p_A = \frac{E \, \Delta d}{2r} \text{ aus der Schrumpfung}$$

mit

Δd Lochaufweitung,
r Nietlochradius,
x Abstand von Lochmitte

folgt.

Bei Belastung einer Nietverbindung überlagern sich diesen Vorspannungen die Spannungen aus der äußeren Beanspruchung im Blech. Zu diesem Problem wird eingehend in Kap. X Stellung genommen.

4 Erläuterungen zu den Bruchformen der Nietverbindungen

Grundsätzlich bestehen bei Nietverbindungen drei verschiedene Möglichkeiten des statischen und des dynamischen Bruchs:

Blechbrüche,
Nietschaft-Scherbrüche,
Nietkopf-Abreißbrüche.

Das Auftreten einer dieser Bruchformen hängt von dem Verhältnis der Spannungen σ_{nu} (Blech) : σ_L (Lochleibung) : τ (Niet) und der Belastungshöhe bzw. der Lastwechselzahl ab.

Bei dynamischen Bruchversuchen mit einer bestimmten Nietverbindung ist es durchaus möglich, daß in verschiedenen Lastwechselbereichen verschiedene Brucharten auftreten. Beispielsweise entstehen im Bereich kleiner Lastwechselzahlen oft Scherbrüche, jedoch bei großen Wechselzahlen Blechbrüche. Da man für jedes Bauteil (sowohl Niet als auch Blech) getrennte $(\sigma - N)$-Kurven auftragen könnte, muß die entsprechende „Blechkurve" im Kleinlastwechselbereich über der „Nietkurve" liegen; bei großen Lastwechselzahlen sind die Verhältnisse umgekehrt.

4.1 Blechbrüche

Einschnittige Nietverbindungen

Vier verschiedene Arten der Blechbrüche oder Kombinationen aus diesen können beobachtet werden (Bild 420) [4]. Es tritt auf ein Riß des

setzkopfseitigen Blechs durch das Nietloch (Form *1*),
setzkopfseitigen Blechs am Nietloch vorbei (Kopfrand) (Form *2*),
schließkopfseitigen Blechs durch das Nietloch (Form *3*),
schließkopfseitigen Blechs am Nietloch vorbei (Kopfrand) (Form *4*).

Diese vier verschiedenen Bruchformen treten bei Halbrundkopfnietung etwa gleich häufig auf. Bei gefrästen Senknietungen entsteht die Bruchform *1* besonders häufig, während bei gewarzter Senknietung die Bruchform *2* gegenüber den anderen häufiger ist. Der Riß verläuft tangential am Nietkopfrand vorbei.

Mehrschnittige Nietverbindungen

Diese Verbindungen versagen fast ausschließlich durch Blechbrüche. Nur bei sehr hohen Belastungen (Kleinwechselbereich) treten Niet-Scherbrüche auf.

Die Risse bei den Blechbrüchen verlaufen fast ausschließlich durch die Mitte der Nietlöcher.

4.2 Nietbrüche

Bei den Niet-Scherbrüchen tritt eine glatte Trennung der Niete durch Scher- und Biegebeanspruchung auf. Bei Normalnietung (Halbrundkopf) treten Niet-Scherbrüche häufiger auf als bei Senknietungen; insbesondere ist bei letzteren mitunter die dritte Bruchform, das Abreißen der Nietköpfe, zu beobachten.

Die beschriebenen Bruchformen können in beliebigen Kombinationen auftreten. Unabhängig von der Bruchform ordnen sich die Versuchspunkte jedoch ohne systematische Unterschiede in einem gemeinsamen $(\sigma-N)$-Streuband an.

Zwischen Blech- und Nietbrüchen besteht allerdings ein systematischer Unterschied insofern, als sie in unterschiedlichen Bruchlastwechselbereichen auftreten und es im Grenzbereich zwischen beiden Bruchformen zu einem „Knick" im $(\sigma-N)$-Streuband kommen kann.

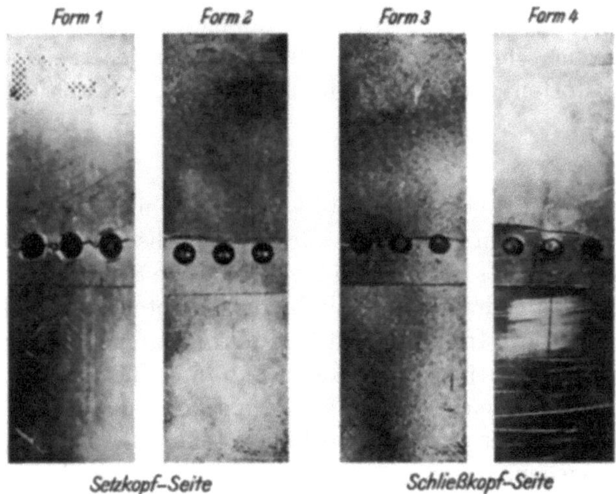

Bild 420. Ermüdungsversuche mit einschnittigen Überlappungsnietungen — verschiedene Blechbruchformen. [4].

4.3 Ursachen für die verschiedenen Bruchformen von Nietverbindungen

Blechbrüche

Form *1* (Bruch durch Lochquerschnitt setzkopfseitig).
Der Anriß beginnt am Lochrand auf der Seite, auf der die verbundenen Bleche aufeinander liegen. An dieser Stelle überlagern sich

die Spannungsspitzen aus Zugbeanspruchung,
die Zugspannungen aus Lochaufweitung,
die Zugspannungen aus Blechbiegung,
die örtlichen Kantenpressungen durch Schrägstellung der Nieten.

Form *2* (Bruch neben dem Nietloch, setzkopfseitig).
Diese Bruchform nimmt ihren Ausgang von Reibkorrosionsschäden, die an den Berührungsflächen der aufeinanderliegenden Bleche entstehen. Die Spannungskonzentration an den Stellen der Reibschäden wird von Zugspannungen aus der Blechbiegung verstärkt. Bei gewarzter Senknietung (Rißverlauf genau an der Kante der Einziehwarze) kommt außer diesen Einflüssen die Kerbwirkung an der Kante der eingezogenen Warze hinzu.

Form *3* (Bruch durch Lochquerschnitt, schließkopfseitig).
Hier gilt das gleiche, wie bereits zur Bruchform *1* gesagt; die Bruchformen *1* und *3* unterscheiden sich in ihrer Ursache sicher nur durch Zufälligkeiten (Riefen und Kratzer).

Form *4* (Bruch neben dem Nietloch, schließkopfseitig).

Hier gelten ebenfalls die zur Form *2* gegebenen Erklärungen; wegen des im allgemeinen kleineren Schließkopfdurchmessers liegen die Risse näher am Nietlochrand als bei Form *2*.

Da sich — unabhängig von der auftretenden Bruchform — die Versuchspunkte bei Bezug der Spannung auf den ungestörten Querschnitt (nicht auf den jeweiligen Bruchquerschnitt) in ein gemeinsames $(\sigma - N)$-Streuband einordnen, müssen die effektiven Häufungsfaktoren etwa gleich groß sein. Dies bedeutet aber, daß die relative Spannungserhöhung infolge eines Reibkorrosionsschadens im ungestörten Querschnitt größer werden kann als jene relative Spannungszunahme im gestörten Querschnitt durch Nietloch, Aufweitung und örtliche Kantenpressungen.

Nietbrüche

Sie entstehen — wie bereits erläutert — in den meisten Fällen bei großen dynamischen Belastungen unterhalb Bruchlastwechselzahlen von $N_B = 10^4$. In vielen Fällen handelt es sich hierbei nicht um reine Scherbrüche, insbesondere bei längeren Nieten (mehrschnittige Verbindung) treten infolge der Nietverformungen Biegebrüche auf. Im Nietschaft liegt mithin ein mehrachsiger Spannungszustand vor; für den Bruch wird die aus Schub- und Biegebeanspruchung resultierende maximale Vergleichsspannung maßgebend.

Nietkopfbrüche sind in den meisten Fällen Sekundärschäden, denen primäre Blechrisse vorausgehen.

5 Ermüdungsfestigkeit der Nietverbindungen von Leichtmetallblechen

5.1 Ursachen der „geringen" Ermüdungsfestigkeit von Nietverbindungen

Grundlegende Arbeit auf diesem Gebiet wurde von H. BÜRNHEIM geleistet. Er teilte im Jahre 1943 [4] die Ergebnisse sehr umfangreicher systematischer Versuchsreihen an Leichtmetallnietverbindungen mit, die er bei den Focke-Wulf-Flugzeugwerken durchgeführt hatte. Diese Untersuchungen, auf deren Ergebnisse im Folgenden ausführlich eingegangen wird, betrafen

den Einfluß der Blechwerkstoffe,
den Einfluß des Nietbildes,
Einflüsse, die mit der Herstellung der Nietung zusammenhängen.

Die Ursachen für die starke Herabsetzung der Ermüdungsfestigkeit von Nietverbindungen gegenüber den reinen Werkstoffwerten sind

die Überleitung des Kraftflusses über die Niete von einem Blech in das andere,
die zusätzliche Biegung aus Exzentrizität bei einschnittiger Anordnung,
die Kerbwirkung der Bohrungen,
die Lochleibungsdrücke, die von den Nieten verursacht an den Bohrungswänden auftreten,
die Kantenpressungen, d. h. insbesondere die infolge Schrägstellung der einschnittig belasteten Niete ungleichförmig gewordenen Lochleibungsdrücke,
die Reibkorrosion zwischen den Blechen, die durch Niete aneinandergepreßt werden.

In der bereits erwähnten Arbeit von BÜRNHEIM [4] sind zahlreiche der im folgenden diskutierten Einflußparameter auf die dynamische Festigkeit der Nietverbindungen untersucht. Bei der Herstellung der Versuchsstücke wurde von einer Basisanordnung des Nietbildes ausgegangen. Diese Anordnung ist im Bild 421 skizziert; außerdem sind die Grenzen der Variationen der einzelnen Parameter angegeben.

5.2 Einfluß der Blechwerkstoffe

5.2.1 Legierungen

BÜRNHEIM untersuchte Bleche aus sieben im Flugzeugbau verwendeten Leichtmetallegierungen bezüglich ihres Einflusses auf die Ermüdungsfestigkeit von Nietverbindungen durch Versuche mit

den ungekerbten Blechen,

den gekerbten Blechen (Stäbe mit Bohrung),

der genieteten Fügung (Basisausführung) von Blechen.

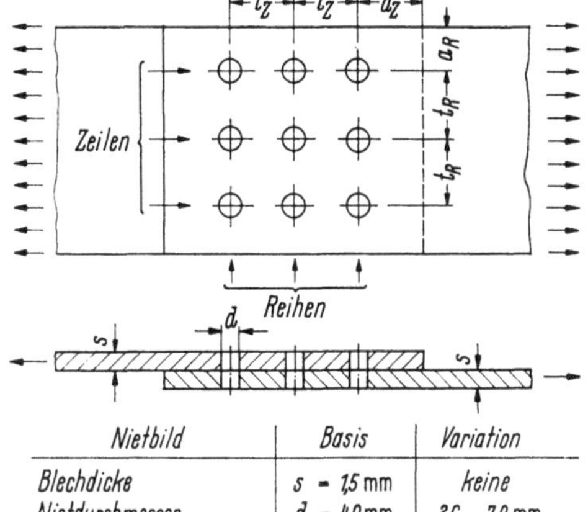

Nietbild	Basis	Variation
Blechdicke	$s = 1{,}5$ mm	keine
Nietdurchmesser	$d = 4{,}0$ mm	$2{,}6 \ldots 7{,}0$ mm
Teilung in Zeile	$t_Z = 15$ mm	$10 \ldots 40$ mm
in Reihe	$t_R = 15$ mm	$10 \ldots 40$ mm
Randabstand in Zeile	$a_Z = 15$ mm	keine
in Reihe	$a_R = 10$ mm	$5 \ldots 30$ mm
Schnitte	$n = 1$	$2 \ldots 4$
Setzköpfe	halbrund	keine
Schließköpfe	flach	keine

Bild 421. Überlappungsnietungen — Übersicht der Untersuchungen von BÜRNHEIM. [4].

Im Bild 422 sind für das ungekerbte Material, den Stab mit Bohrung und die einschnittige Nietverbindung die Dauerschwellfestigkeiten (Grenzlastwechselzahl $N_G = 10^7$) aufgetragen. Wie der Vergleich von Aluminium-Kupfer-Legierungen mit der Aluminium-Zink-Legierung zeigt, liegt die Dauerschwellfestigkeit der ungekerbten Bleche der Al-Zn-Legierung um etwa 30% über den Al-Cu-Legierungen,

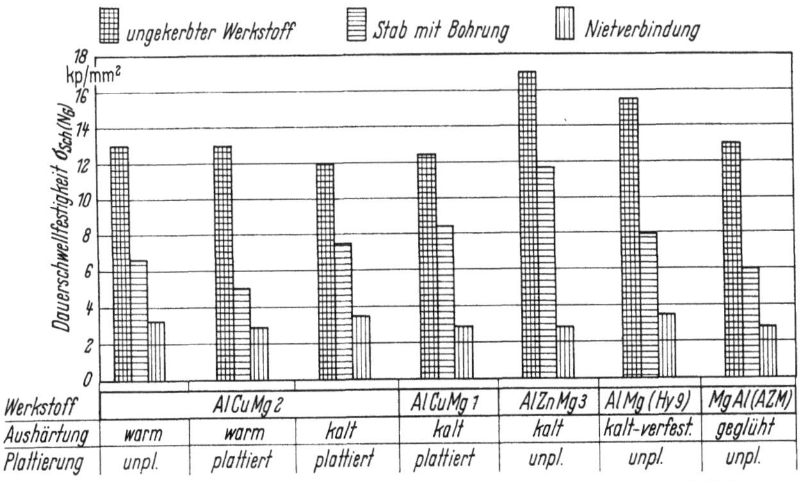

Werkstoff	AlCuMg 2			AlCuMg 1	AlZnMg 3	AlMg (Hy 9)	MgAl (AZM)
Aushärtung	warm	warm	kalt	kalt	kalt	kalt-verfest.	geglüht
Plattierung	unpl.	plattiert	plattiert	plattiert	unpl.	unpl.	unpl.

Bild 422. Vergleich der Dauerschwellfestigkeit von ungekerbten Stäben, Stäben mit Bohrung und Nietverbindungen. [4].

der Kerbstäbe ohne Plattierung aus der Al-Zn-Legierung um 80% über der
der entsprechenden Stäbe aus den Al-Cu-Legierungen,
der Nietverbindungen aus Al-Zn und Al-Cu-Legierungen etwa bei gleichen
Werten.

BÜRNHEIM verwendete bei seiner Basisausführung der Versuchsstücke Halb-
rundkopfniete.

Versuche von RUSSELL u. a. [5] an Überlappungsnietungen mit gewarzten
Senknieten bei einem Belastungsverhältnis $R_z = 0{,}4$ ergaben eine leichte Überlegenheit des Materials 2024-T 3 gegenüber dem Material 7075-T 6 (s. Bild 423).

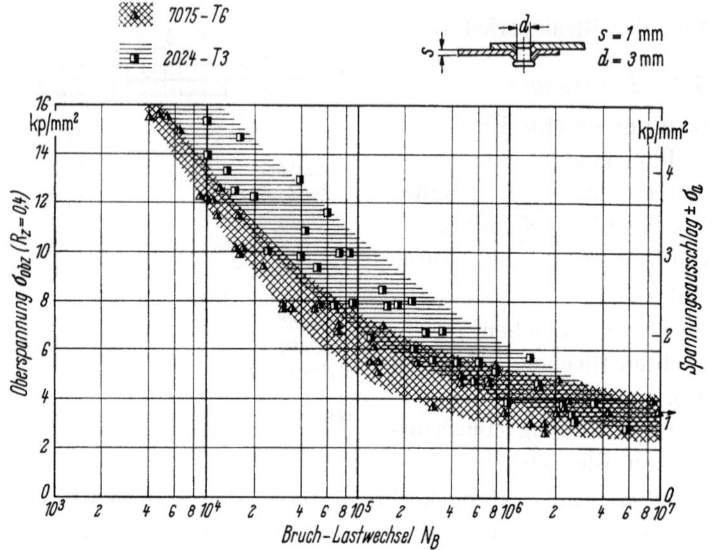

Bild 423. Ermüdungsversuche an einreihigen Überlappungsnietungen.
Nietung gewarzt — Bleche plattiert. [5].

Dieses Ergebnis kann seine Ursache darin haben, daß beim Warzen der Al-Zn-
Bleche bereits winzige Anrisse in den stark verformten Oberflächenzonen entstanden sind. Es wird damit auf die Notwendigkeit einer guten, insbesondere
anrißfreien Herstellung der Ansenkungen hingewiesen.

5.2.2 Faserverläufe in den Blechen

Nach den Versuchsergebnissen von BÜRNHEIM ist der Einfluß der Faserrichtung der genieteten Bleche auf die Ermüdungsfestigkeit der Verbindung
vernachlässigbar klein.

5.3 Einflüsse, die mit der Herstellung der Nietung zusammenhängen

5.3.1 Schließkopfhöhe, Schließkopfdurchmesser

BÜRNHEIM [4] hat Versuchsreihen mit von der Norm erheblich abweichenden
Schließkopfhöhen durchgeführt. Eine Reduktion der Schließkopfhöhe bis auf
ein Drittel der „Normhöhe" wirkte sich nicht auf die Ermüdungsfestigkeit aus;
es wurde die gleiche Dauerschwellfestigkeit wie bei der Normalnietung erreicht.

SMITH [6] führte Versuche an einer Nietverbindung von 7075-T 6-Blechen mit Versenknieten von 6,4 mm Durchmesser durch und fand:

Durch stärkeres Stauchen der Niete, wobei der Nietkopfdurchmesser um 0,8 mm gegenüber dem normalen Kopfdurchmesser — 1,33fache des Schaftdurchmessers — vergrößert wurde, wird die Bruchlastwechselzahl von 317 000 auf 458 000 Lastwechsel, also um 45% gesteigert (bei einer Schwellbelastung von $\sigma_{obz} = 7{,}0$ kp/mm²).

Durch zu schwaches Stauchen der Niete, so daß der Kopfdurchmesser um 0,4 mm unter dem Standardmaß blieb, geht die Bruchlastwechselzahl von 317 000 auf 201 000 Lastwechsel, also um etwa 35% zurück (bei der gleichen Schwellbelastung von $\sigma_{obz} = 7{,}0$ kp/mm²).

5.3.2 Einfluß der Nietkraft

Hierzu wurden im ILTUB Versuche durchgeführt, deren Ergebnisse im Kap. X, 4, mitgeteilt und diskutiert werden.

5.3.3 Nietlochdurchmesser (Übertoleranz)

Selbst um 25% (bei 4 mm Nietnenndurchmesser) zu groß gebohrte Nietlöcher setzen die dynamische Festigkeit der mit normalem Nietdurchmesser geschlagenen Nietverbindung nicht herab. Die statische Festigkeit (Nietbruch) erhöht sich sogar, da durch das starke Anstauchen der Niete ein größerer Anpreß- und Bruchquerschnitt zur Verfügung steht.

5.3.4 Lochherstellungsverfahren

Nietverbindungen mit gestanzten Löchern haben geringere Ermüdungsfestigkeit als gleichartige Verbindungen mit gebohrten Löchern; BÜRNHEIM hat eine Verschlechterung der Dauerschwellfestigkeit um 15% gemessen.

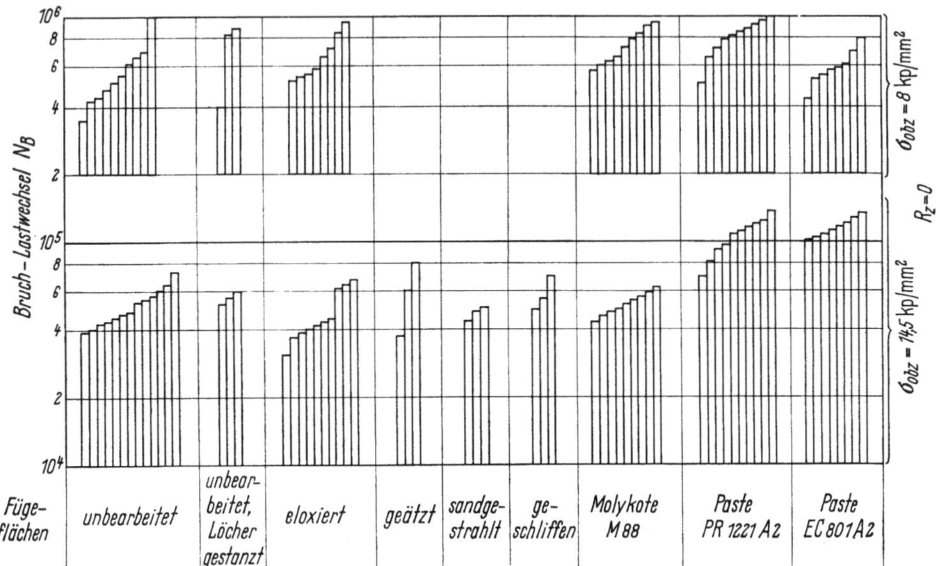

Bild 424. Einfluß von Zwischenschichten und Fügeflächenbearbeitung auf die Bruchlastwechselzahlen einschnittiger Überlappungsstöße — zweireihige Flachkopfnietung (3,2 mm ⌀) — plattierte Bleche aus AlCuMg 2 (2024-T 4). [7 a].

Versuche von HFB [7a] (s. Bild 424) haben allerdings keine Herabsetzung der dynamischen Festigkeit der Nietverbindungen bei gestanzten Löchern gegenüber gebohrten ergeben. Die unteren Streugrenzen der Versuche stimmen überein.

5.3.5 Einfluß von Restspannungen

Kugeldrücken der Lochrandgebiete ändert die dynamische Festigkeit nicht, ein Aufweiten der Bohrungen vor der Nietung erhöht jedoch die Ermüdungsfestigkeit nach BÜRNHEIM um etwa 20%. (Weitere Erläuterungen zu diesem Problem s. Kap. IX.)

5.3.6 Nietmaschinen und Werkzeuge

Die Herstellung von Versuchsstücken mit Nietautomaten hat gegenüber halbautomatischen Herstellungsverfahren und Handnietungen zu einer Steigerung der Dauerschwellfestigkeit der Verbindung um 25% geführt. Die Versuche von BÜRNHEIM wurden mit einreihigen Einziehnietungen unter Verwendung von

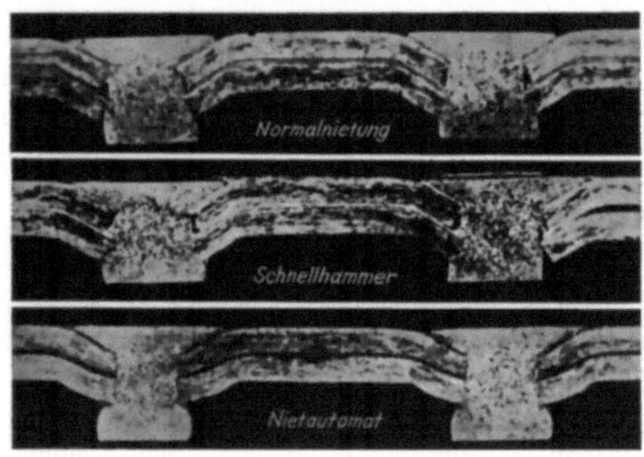

Bild 425. Schnittschliffbilder von Nietverbindungen unterschiedlicher Herstellungsverfahren. [4].

Flachsenknieten durchgeführt. Vergleichende Schnittschliffbilder der unterschiedlich geschlagenen Verbindungen (s. Bild 425) zeigen deutlich, daß die saubersten Nietungen (Anliegen der Nietschäfte und Setzköpfe, Ausbildung der Schließköpfe) mit den Automaten erzielt wurden.

5.3.7 Einfluß von Döpperschäden

Verletzungen der schließkopfseitigen Bleche durch Döpper — ringförmige Kerben mit plastischen Verformungen — haben nach BÜRNHEIM keinen nachweisbaren Einfluß auf die dynamische Festigkeit der Nietverbindungen.

5.3.8 Einfluß der Ansenkung

5.3.8.1 Auswirkungsmöglichkeiten der Ansenkungen

Durch die konische Ansenkung von Bohrungen für Niete oder Bolzen einer Zug-Schub-Fügung wird die Spannungsverteilung im Randgebiet jeder Bohrung wesentlich beeinflußt, und zwar hinsichtlich der Umleitung des Zugkraftflusses um das Loch,

der Verteilung der Lochleibungsspannungen aus der Kräfteüberleitung vom Schaft auf die Lochwand,

der Aufnahme von Biegung durch die Nietköpfe infolge der Exzentrizitätsmomente bei einschnittiger Fügung.

Angaben über die Auswirkung dieser Einflüsse auf die Ermüdungsfestigkeit wurden in der Literatur nicht gefunden.

5.3.8.2 Auswirkung der Ansenkung auf die Zugschwellfestigkeit

Die Auswirkungen der Ansenkung auf die Spannungsumleitung wurden an Hand von Reißlackaufnahmen und Dehnungsmessungen untersucht und im Kap. IV mitgeteilt.

a) Flachstäbe mit angesenkten Bohrungen verschiedener relativer Ansenktiefe

Aus Zugschwellversuchen ($R_z = 0$) an Streifen aus AlCuMg 1-Blech von $s = 4$ mm Dicke und 80 mm Breite mit einer Bohrung von $d = 20$ mm Durchmesser wurde im ILTUB die Ermüdungsfestigkeit bei 90° Ansenkung verschiedener Tiefe a ermittelt.

Die Auftragung der Ergebnisse im Bild 426 ergab für die Proben

ohne Ansenkung ($a = 0$) ein schmales Streuband,

mit $a/s = 0,5$ ein etwas über dem ohne Ansenkung liegendes Streuband,

mit $a/s = 1$ ein mit dem ohne Ansenkung nahezu zusammenfallendes Streuband.

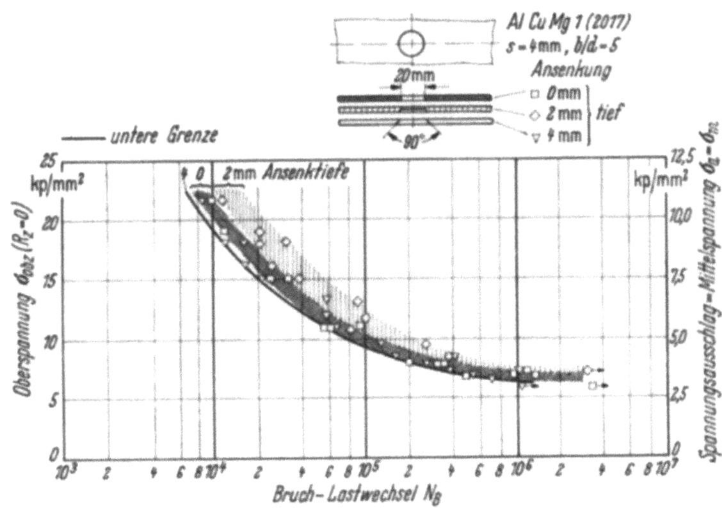

Bild 426. Zug-Schwellfestigkeit von Flachstäben mit Bohrung — Einfluß unterschiedlicher Ansenktiefen.

Hiernach tritt die häufig vermutete starke Verminderung der Ermüdungsfestigkeit durch große Ansenktiefe trotz der durch die Dehnungsmessungen nachgewiesenen Vergrößerungen des Kerbfaktors nicht ein.

b) Nietverbindungen unterschiedlicher relativer Ansenktiefe

Im NACA-Bericht TN 2709 [8] werden die Ergebnisse von Wechsellastversuchen mit Überlappungsnietungen mitgeteilt, bei denen die relative Ansenktiefe a/s variiert wurde. Im Bild 427 sind die Ergebnisse dargestellt. Die unteren Streugrenzen der beiden Versuchsreihen zeigen eine deutliche Trennung. Die Versuchspunkte mit kleiner relativer Ansenktiefe ($a/s = 0{,}5$) liegen deutlich unter den Werten für große Ansenktiefe ($a/s = 1$).

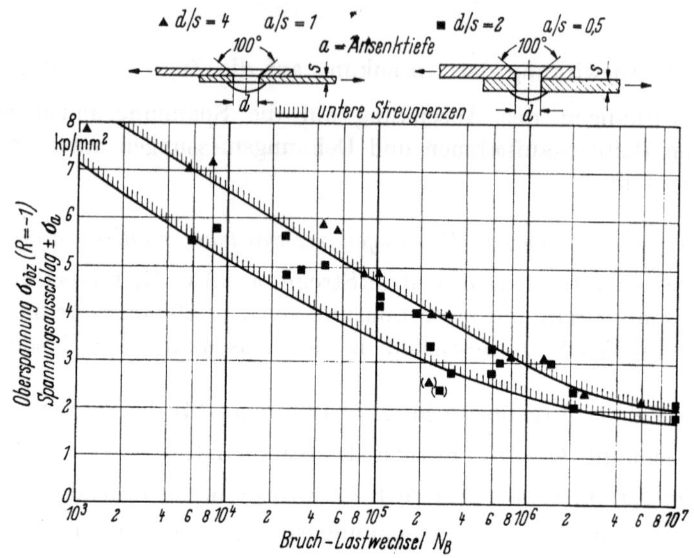

Bild 427. Ermüdungsfestigkeit einschnittiger Überlappungsnietungen — Einfluß unterschiedlicher Ansenktiefen — plattierte Bleche aus 7075-T 6. [8].

Es ist zu beachten, daß die Variation der relativen Ansenktiefe durch Verwendung verschiedener Blechdicken erreicht wurde; dadurch entsteht im Falle der größeren Blechdicke ein besonders kleines Verhältnis d/s, so daß es bei den dynamischen Versuchen wahrscheinlich (an Hand des vorliegenden Versuchsberichtes nicht feststellbar) bereits zu Niet-Scherbrüchen kam.

Weiterhin darf nicht außer acht gelassen werden, daß die bei Wechsellastversuchen notwendige Stützung der Versuchsstücke die Biegeverformung beeinflussen kann, die bei einschnittigen Blechfügungen einen wesentlichen Einfluß auf die Ermüdungsfestigkeit hat.

5.3.8.3 Auswirkung fehlerhafter Ansenkungen

a) Tiefe der Ansenkung

In der Fabrikation ist es besonders wichtig, daß die Höhe des Versenkkopfes und die Tiefe der Blechansenkung genau übereinstimmen. Bei zu geringer Ansenktiefe steht der Senkkopf des geschlagenen Nietes etwas vor, so daß er bei hohen aerodynamischen Anforderungen abgearbeitet werden muß. Bei zu großer Ansenktiefe füllt der Senkkopf das angesenkte Loch nicht voll aus, so daß er beim Nieten nicht richtig angepreßt wird und die Nietung so locker wird, daß nur eine schlechte Ermüdungsfestigkeit erreicht wird. Im Bild 428 ist die von BAC [9] angewendete Versenknietung und die Fertigungsvorschrift dargestellt, durch die fehlerhafte Nietung vermieden wird:

Die normale Ansenkung und der normale Kopf sind so aufeinander abgestimmt, daß die Kopfoberfläche 0,05 bis 0,1 mm über die Blechoberfläche hinausragt.

Übergroße Ansenkung würde zur Lockerung der Nietung führen und macht daher die Verwendung von übergroßen Nieten erforderlich.

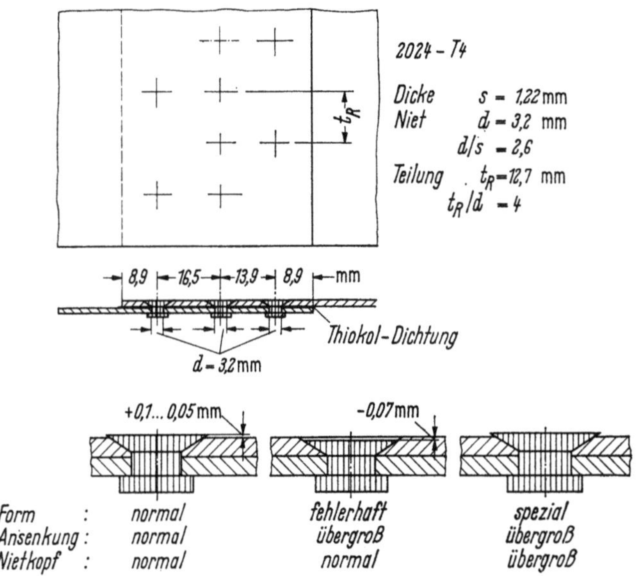

Bild 428. Überlappungsnietung nach BAC — normale, fehlerhafte und Spezialausführung der Nietung. [9].

Um den Einfluß von Fertigungsfehlern dieser Art auf die Ermüdungsfestigkeit zu ermitteln, wurde von der BAC eine Versuchsreihe mit bewußt fehlerhaften Nietungen durchgeführt [9]. Die Ergebnisse sind im Bild 429 zusammengestellt. Es zeigt sich, daß durch zu große Ansenkungen ein Abfall der Bruchlastwechselzahl — bei gleicher Beanspruchung — um 50% gegenüber der Normalausführung auftreten kann. Dieses Bild enthält außerdem zum Vergleich die Streugrenzen der RAS [12] für einschnittige Nietverbindungen und die Grenzen der Versuchsergebnisse von Sud-Aviation mit Rumpfnietungen der Caravelle [17].

Die Ergebnisse von MANEY und WYLY [10] mit überlappten Senknietverbindungen stehen mit den BAC-Versuchen gut in Einklang. Bild 430 zeigt die erhebliche Abminderung der Ermüdungsfestigkeit der Nietverbindung durch zu große Ansenkungen ($h = -0,08$ mm).

b) Ansenkwinkel

Dieser Einfluß wurde von BÜRNHEIM [4] in zwei Versuchsreihen untersucht. 120°-Senkniete wurden

in richtig (120°) angesenkte Nietlöcher geschlagen,
in zu klein (90°) angesenkte Nietlöcher geschlagen.

Die falsche Ansenkung führte zu einer erheblichen Abminderung — im Kleinlastwechselbereich um 40%, im Bereich der Dauerfestigkeit um 20% — der Ermüdungsfestigkeit der Nietverbindung.

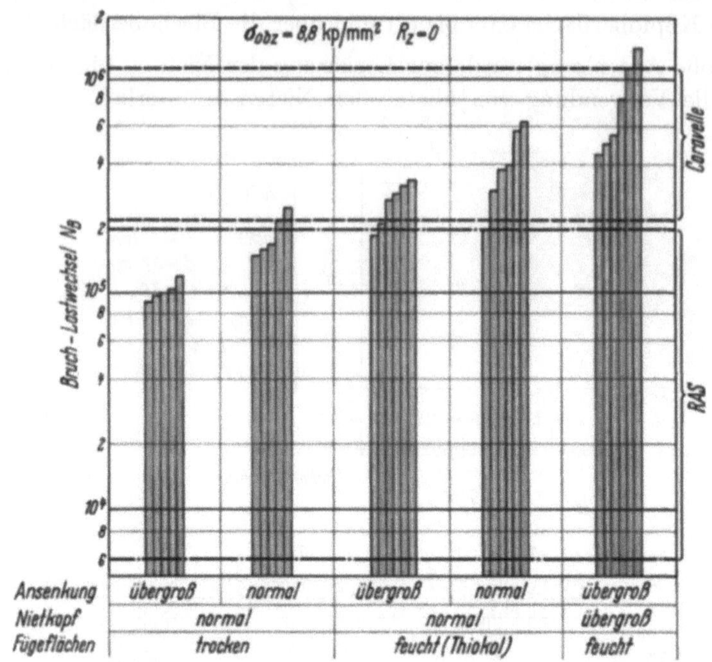

Bild 429. Ermüdungsversuche an einschnittigen dreireihigen Senknietverbindungen — Einfluß von Fertigungsfehlern und Fügeflächenbehandlung. [9, 12, 17].

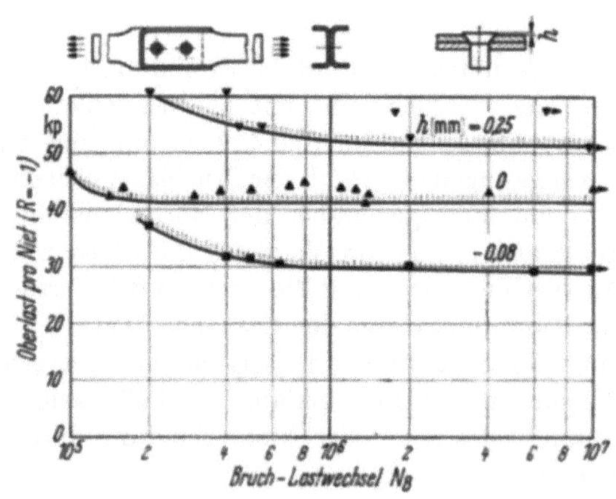

Bild 430. Ermüdungsfestigkeit einschnittiger Senknietverbindungen — Bleche aus 2024-T 3 — Einfluß der Ansenktiefe. [11].

5.3.9 Einfluß der Kalt- oder Warmwarzung bei Nietverbindungen

Zur Ermittlung des Einflusses unterschiedlicher Warzungen auf die Ermüdungsfestigkeit von Nietverbindungen wurden beim HFB Versuchsreihen durchgeführt [7b]. Neben dem Parameter Kalt- und Warmwarzung wurde das Blechstärkenverhältnis s_1/s_2 der gefügten Bleche variiert. Die Versuchsstücke wurden im wesentlichen im Musterbau gefertigt; zu Vergleichszwecken sind die Nietungen für zwei Versuchsreihen im „Serienbau" hergestellt worden.

Die Ergebnisse dieser Versuche enthält Bild 431. Für die im Musterbau gefertigten Versuchsstücke ergibt sich:

Die unteren Streugrenzen der Versuche mit Warmwarzung liegen durchweg unter denen mit Kaltwarzung.

Die Streuungen bei Warmwarzung sind größer als bei Kaltwarzung.

Eine Änderung des Blechstärkenverhältnisses von $1:1,2$ auf $1:1,5$ hebt sowohl die untere als auch die obere Streugrenze der Versuche etwas an.

Die Unterschiede zwischen Kalt- und Warmwarzung sind im Bruchlastwechselbereich um $N_B = 10^5$ größer als im Bereich um $N_B = 10^6$.

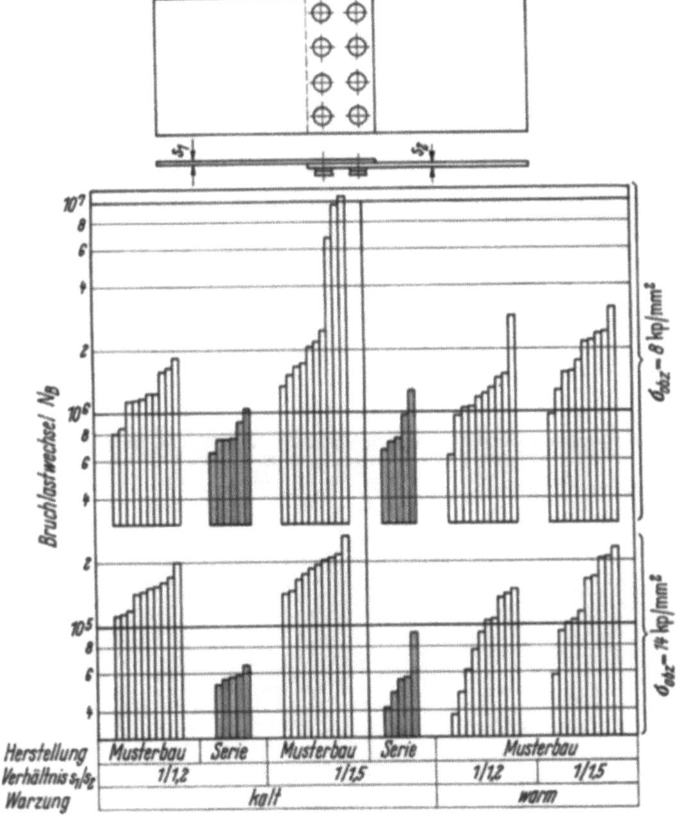

Bild 431. Ermüdungsversuche an einschnittigen, gewarzten Überlappungsnietungen — plattierte Bleche aus AlCuMg (2024-T 3) — Vergleich: Kaltwarzung — Warmwarzung. [7 b].

Bei den im Serienbau hergestellten Versuchsstücken wurde z. T. ein erheblicher Abfall der unteren Streugrenzen der Bruchlastwechselzahlen bei $\sigma_{ob\,z} = 8\ \text{kp/mm}^2$ und $14\ \text{kp/mm}^2$ ($R_z = 0$) gemessen.

Der erste Anriß geht bei diesen Nietverbindungen nicht von der Bohrung, sondern stets von der Warze aus; er entsteht durch Reibkorrosion zwischen

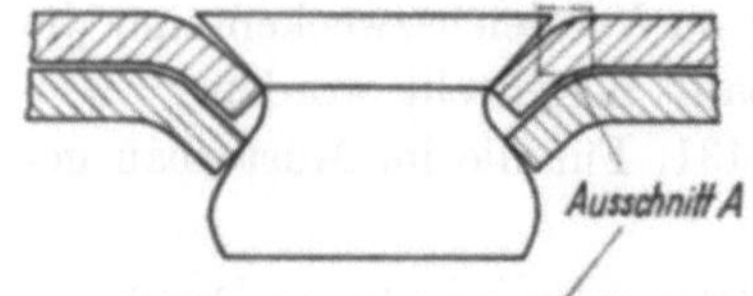

den gewarzten Blechen. Bild 432 zeigt einen derartigen Ermüdungsanriß. Die Reibkorrosionsschäden sind, wie aus Bild 433 ersichtlich, auf die Plattierschicht der Bleche beschränkt.

5.4 Einflüsse, die mit der Geometrie des Nietbildes zusammenhängen

5.4.1 Einfluß des Verhältnisses Nietdurchmesser zu Blechdicke

Die Variation des Nietdurchmessers bei sonst unveränderter Basisanordnung der Bürnheim-Versuche ergab folgendes:

Bei nur einer Reihe nach Bild 434:

Die $(\sigma-N)$-Werte, die mit dem für die Basisanordnung gewählten Nietdurchmesser $d = 4\,\mathrm{mm}$ erreicht werden, streuen wenig und fallen mit den unteren Werten in die untere Grenzkurve des Streubandes für alle Versuche mit $d = 4$, 5, 6 und 7 mm Durchmesser; bei größeren Durchmessern ist lediglich eine starke Streuung nach oben festzustellen.

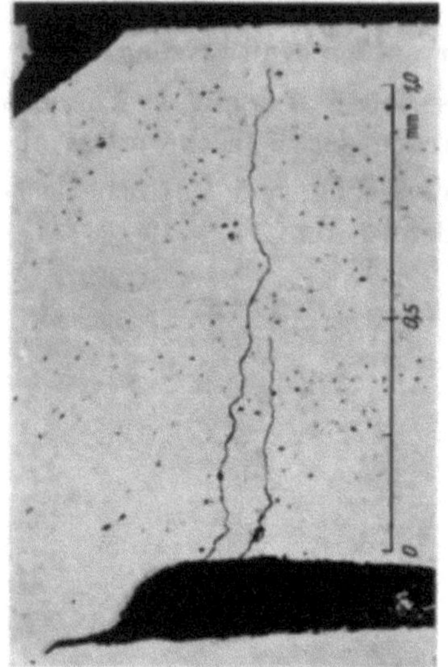

Bild 432. Beginn des Ermüdungsrisses bei einer gewarzten Nietung. [7 b].

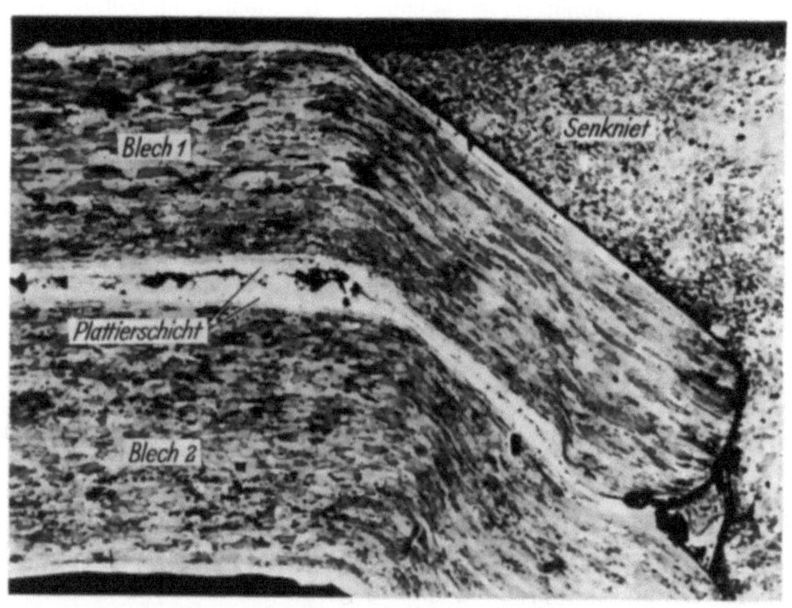

Bild 433. Geätztes Schliffbild einer gewarzten Nietung (Blech und Niet: 2024-T 3/T 4) — Reibkorrosionsschäden in der Plattierschicht nach dynamischer Belastung. [7 b].

Durchmesser $d < 4$ mm, also $d/s < 2,7$ sind, wie die $(\sigma - N)$-Kurven für $d = 3$ und $2,6$ mm zeigen, dynamisch unzureichend; sie sind auch nach der statischen Festigkeitsberechnung zu schwach.

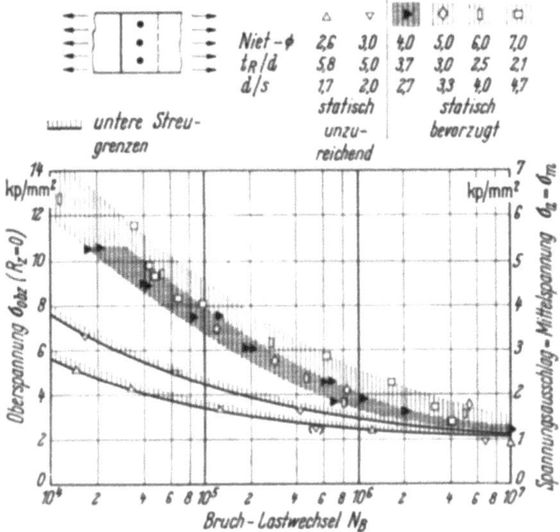

Bild 434. Ermüdungsversuche an einreihigen Nietverbindungen — plattierte Bleche aus AlCuMg 2 (2024-T 6) — Einfluß des Nietdurchmessers. [4].

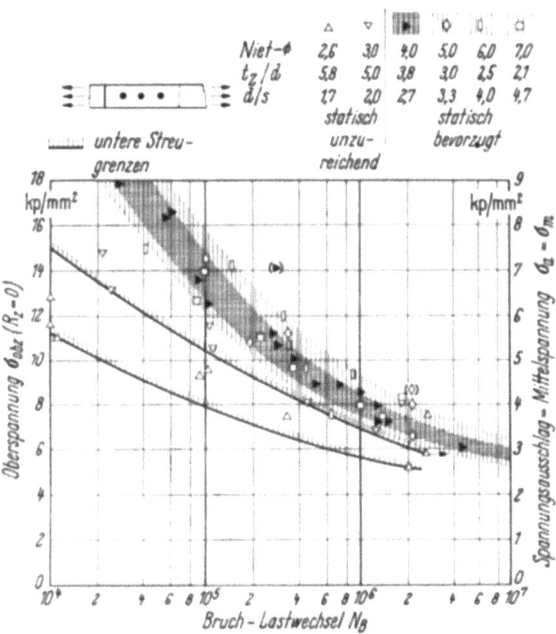

Bild 435. Ermüdungsversuche an einzeiligen Nietverbindungen — plattierte Bleche aus AlCuMg 2 (2024-T 6) — Einfluß des Nietdurchmessers. [4].

Bei nur einer Zeile nach Bild 435:

Die $(\sigma-N)$-Werte, die mit dem Nietdurchmesser $d = 4$ mm erreicht werden, streuen wenig.

Die untere Grenzkurve des $(\sigma-N)$-Streubandes für $d = 4$ mm liegt geringfügig über der unteren $(\sigma-N)$-Grenzkurve für $d = 5,6$ und 7 mm.

Bei Durchmessern größer als 4 mm werden die Streuungen der $(\sigma-N)$-Werte nach oben und nach unten stärker.

Durchmesser $d = 3$ mm, d. h. $d/s = 2,0$ und darunter sind ungünstig.

Die Folgerung aus beiden Versuchsreihen ist, daß der Durchmesser $d = 4$ mm, d. h. ein Verhältnis $d/s = 2,7$ in der Basisanordnung günstig ist, kleinere Nieten zu schwach sind und größere zu stärkeren Streuungen führen.

Entsprechende Versuchsreihen zur Ermittlung des Einflusses des Verhältnisses d/s auf die dynamische Festigkeit der Nietverbindungen wurden beim Hamburger Flugzeugbau durchgeführt [7a, 7b]. Aus Bild 436 kann man entnehmen, daß bei gewarzter Senknietung die untere Streugrenze der Versuche abfällt, wenn sich das Verhältnis d/s von $4,0$ auf $3,0$ ändert.

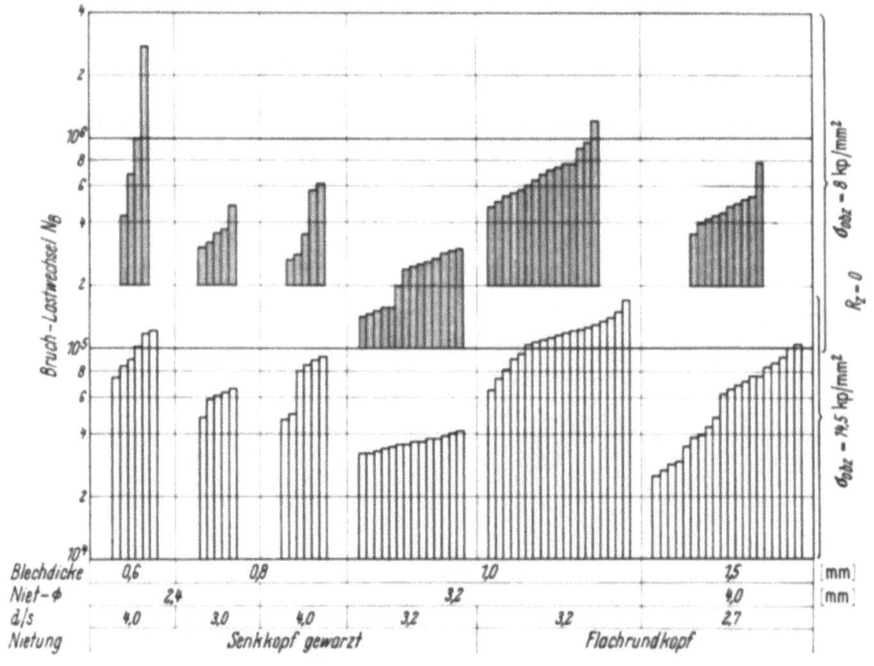

Bild 436. Ermüdungsfestigkeit einschnittiger, zweireihiger Überlappungsnietung — plattierte Bleche aus AlCuMg 2 (2024-T 3) — Einfluß von Blechdicke und Nietdurchmesser. [7a, 7b].

Weiterhin ergibt sich aus diesen Versuchen, daß bei konstantem Verhältnis d/s die Bruchlastwechselzahlen (untere Streugrenzen bei $\sigma_{obz} = 8$ kp/mm² und $\sigma_{obz} = 14,5$ kp/mm²) kleiner werden, wenn die Absolutabmessungen von d und s anwachsen. Diese Tendenz wurde sowohl bei Senk- als auch bei Flachrundkopf-Nietungen beobachtet.

5.4.2 Einfluß der Zeilenzahl (Streifenbreite)

Die Variation der Streifenbreite entsprechend 1 bis 6 Nietzeilen ergibt nach
BÜRNHEIM im Bild 437

Einreihige Anordnung

> 2-Zeilen-Anordnung erscheint am günstigsten.
>
> 6-Zeilen-Anordnung (Vielzahlreihe) streut stärker.
>
> 1-Zeilen-Anordnung liegt an der unteren Streubandgrenze.

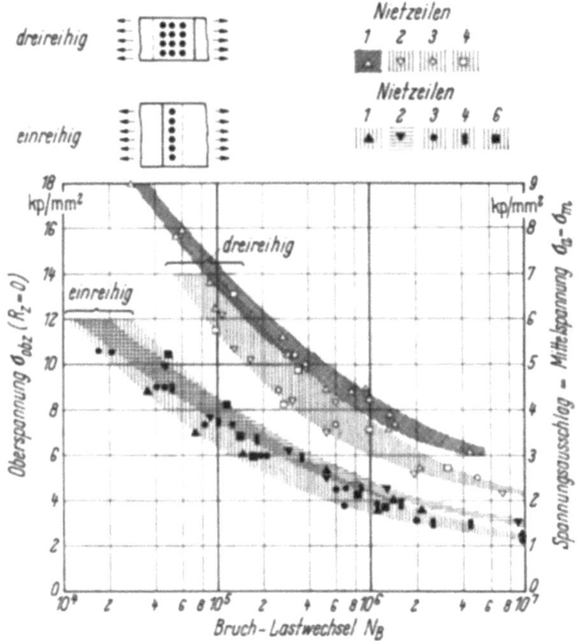

Bild 437. Ermüdungsversuche an ein- und dreireihigen Nietverbindungen — plattierte Bleche
aus AlCuMg 2 (2024-T 6) — Einfluß der Zeilenzahl. [4].

Dreireihige Anordnung

> 1-Zeilen-Anordnung erscheint am günstigsten, sie liegt mit wenig Streuung
> an der oberen Grenze.
>
> Mehr-Zeilen-Anordnungen sind ungünstiger, sie haben bei niedrigerer
> unterer Grenze größere Streuungen.

Grundsätzlich kann aus den Versuchsergebnissen gefolgert werden, daß es
sinnvoll ist, verschiedene Parameter des Nietbildes in der 1-Zeilen-Anordnung
experimentell zu untersuchen.

5.4.3 Einfluß der Reihenzahl

Die einreihige Nietung ist statisch unzureichend, und man wendet auf Grund
der statischen Rechnung drei oder mehr Reihen an. Die Variation der Reihenzahl
in der Arbeit von BÜRNHEIM ergab:

Bei nur *einer Zeile* nach Bild 438

liegen die unteren Grenzkurven der $(\sigma - N)$-Werte bei

1 Reihe sehr niedrig,

2 Reihen etwa 50% höher,

3 Reihen etwa doppelt so hoch,

4 und mehr Reihen etwa gleich hoch wie bei 3 Reihen,

nehmen die Streuungen mit größerer Reihenzahl zu.

Bei *drei Zeilen* nach Bild 439

treten ähnliche Verhältnisse wie bei einer Zeile auf.

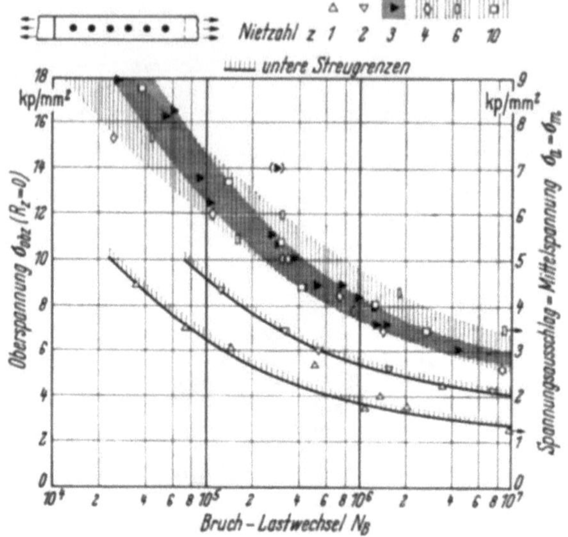

Bild 438. Ermüdungsversuche an einzeiligen Nietverbindungen — plattierte Bleche aus AlCuMg 2 (2024-T 6) — Einfluß der Reihenzahl. [4].

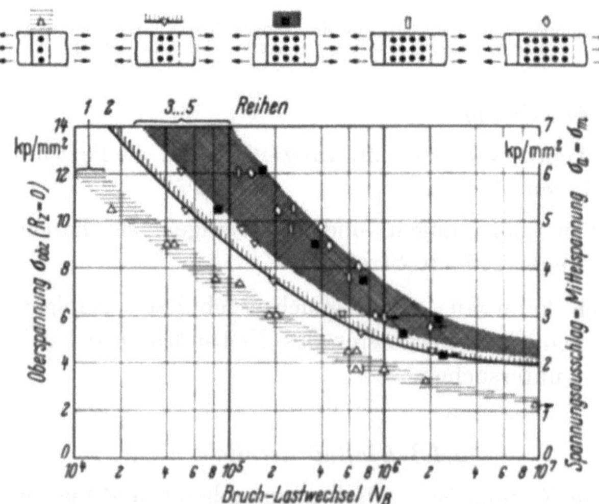

Bild 439. Ermüdungsversuche an dreizeiligen Nietverbindungen — plattierte Bleche aus AlCuMg 2 (2024-T 6) — Einfluß der Reihenzahl. [4].

Bei *versetzten Zeilen* nach Bild 440

sind ebenfalls sehr ähnliche Verhältnisse wie im Fall der einzeiligen Nietung vorhanden, besonders günstig erscheint hier die 4-Reihen-Nietung.

RUSSELL kommt bei seinen Versuchen [5] mit Überlappungsnietungen zu dem gleichen Ergebnis wie BÜRNHEIM. Aus Bild 441 ergibt sich:

Die Verbesserung von einreihig zu zweireihig ist sehr wesentlich; die 3. Nietreihe bringt noch eine weitere nennenswerte Erhöhung der unteren $(\sigma-N)$-Grenzkurve. Somit ist bezüglich der Ermüdungsfestigkeit die 3-Reihen-Anordnung als günstig anzusehen; mehr als 4 Reihen haben keinen Sinn.

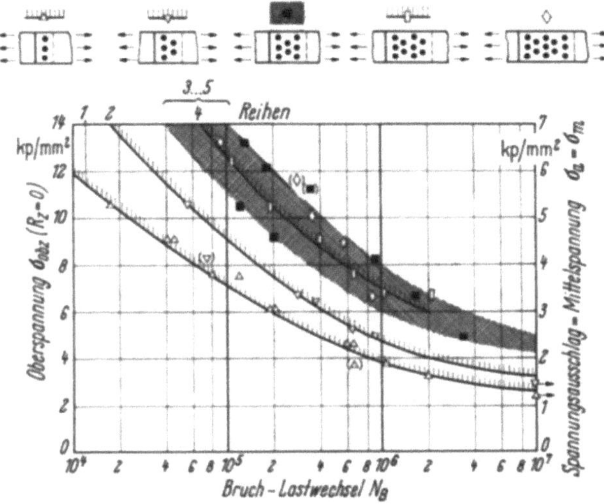

Bild 440. Ermüdungsversuche an Nietverbindungen mit versetzten Nietreihen — plattierte Bleche aus AlCuMg 2 (2024-T 6) — Einfluß der Reihenzahl. [4].

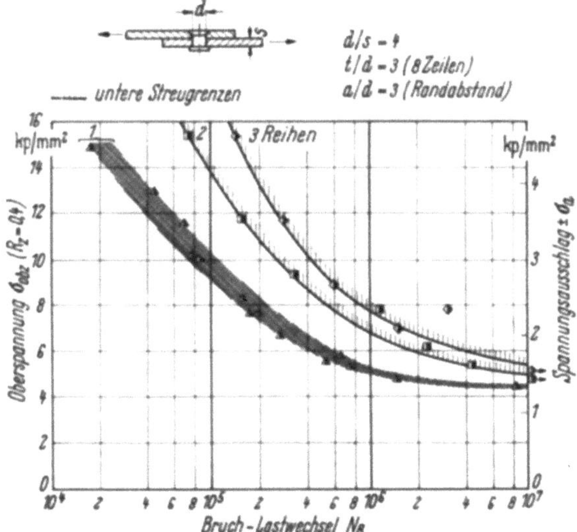

Bild 441. Ermüdungsversuche an angesenkten Überlappungsnietungen — plattierte Bleche aus 2024-T 3 — Einfluß der Reihenzahl. [5].

5.4.4 Einfluß der Teilung

5.4.4.1 Teilung in der Reihe

Bild 442 zeigt:

Die als Basisanordnung gewählte Teilung in der Reihe $t_R = 15$ mm mit dem Verhältnis $t_R/d = 3,7$ und die etwas kleinere $t_R = 10$ mm mit $t_R/d = 2,5$,

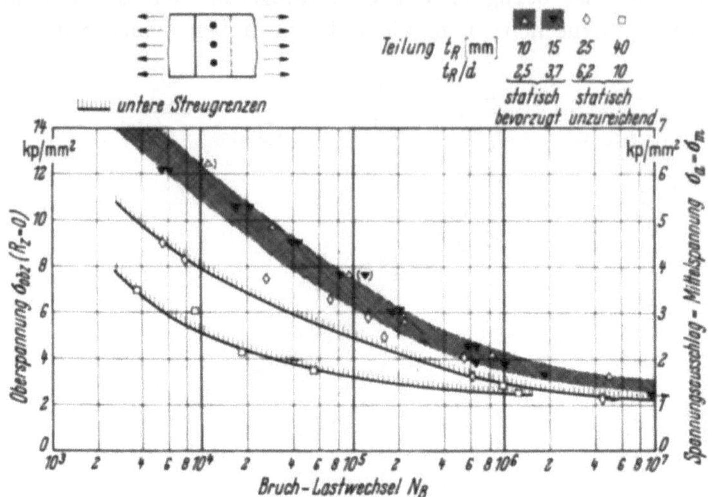

Bild 442. Ermüdungsversuche an einreihigen Nietverbindungen — plattierte Bleche aus AlCuMg 2 (2024-T 6) — Einfluß der Teilung in der Reihe. [4].

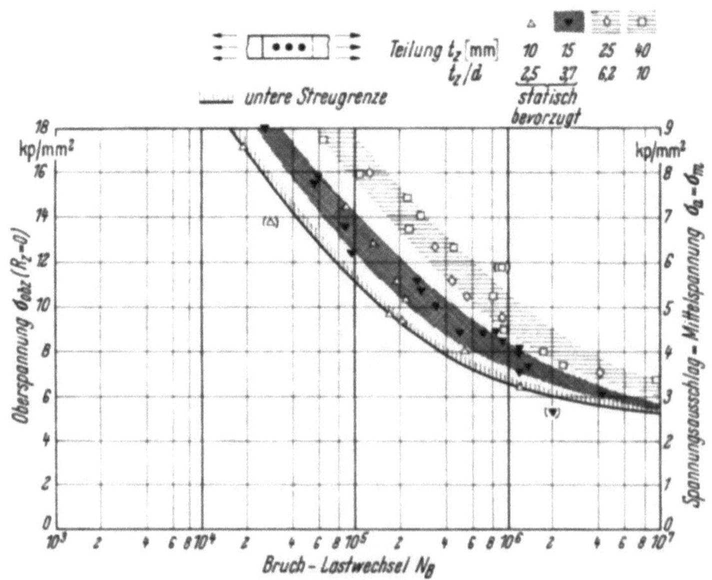

Bild 443. Ermüdungsversuche an einzeiligen Nietverbindungen — plattierte Bleche aus AlCuMg 2 (2024-T 6) — Einfluß der Teilung in der Zeile. [4].

die beide statisch bevorzugt sind, ergeben die am höchsten liegenden $(\sigma - N)$-Werte mit einem schmalen gemeinsamen Streuband.

Größere Teilungen, die auch schon statisch unzureichend sind, erweisen sich als schlecht bezüglich der Ermüdungsfestigkeit.

5.4.4.2 Teilung in der Zeile

Bild 443 zeigt:

Die als Basisanordnung gewählte Teilung in der Zeile $t_Z = 15\,\text{mm}$ mit $t_Z/d = 3{,}7$ — die statisch bevorzugt ist — liegt dynamisch günstig.

Die kleinere statisch ebenfalls bevorzugte Teilung $t_Z = 10\,\text{mm}$ liegt etwas ungünstiger.

Mit größerer Teilung ($t_Z = 25\,\text{mm}$, also $t_Z/d = 6{,}2$) wird eine höhere Ermüdungsfestigkeit erreicht.

Weitere Vergrößerung der Teilung (auf $t_Z = 40\,\text{mm}$, also $t_Z/d = 10$) bringt nur eine Vergrößerung der Streuung.

Zu eng gesetzte Reihen erscheinen danach ungünstig; es ist dort, wo es auf höchste Ermüdungsfestigkeit ankommt, der Reihenabstand groß zu wählen.

Da für den Reihenabstand das Verhältnis t_Z/d maßgebend ist, ist es also empfehlenswert, die Nietdurchmesser d nicht unnötig groß zu wählen.

5.4.5 Einfluß des Randabstandes

5.4.5.1 Einreihige, dreizeilige Nietung

Bild 444 zeigt:

Der für die Basisanordnung der Bürnheim-Versuche gewählte Randabstand $a_R = 10\,\text{mm}$ mit $a_R/d = 2{,}5$ ergibt nicht die höchste Ermüdungsfestigkeit, er liegt außerdem über den statisch bevorzugten Randabständen ($a_R/d = 1{,}5$ bis $1{,}8$).

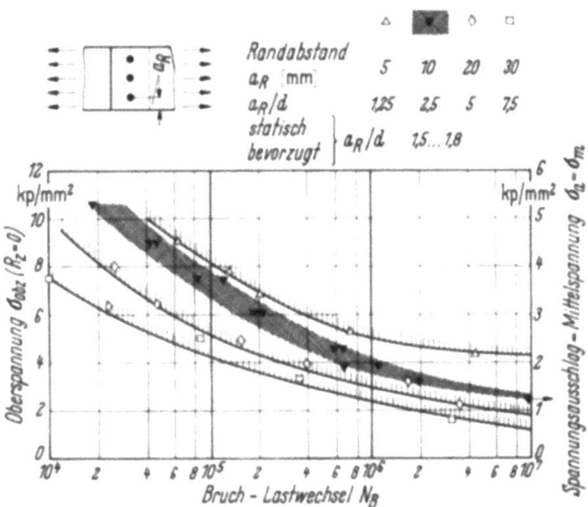

Bild 444. Ermüdungsversuche an einreihigen Nietverbindungen — plattierte Bleche aus AlCuMg 2 (2024-T 6) — Einfluß des Randabstandes a_R. [4].

Der kleinere Abstand $a_R = 5$ mm mit $a_R/d = 1{,}25$ liegt am besten, er liegt jedoch unter den statisch empfohlenen Werten.

Durch größere Randabstände ($a_R = 20$ oder 30 mm) wird die Ermüdungsfestigkeit schlechter.

5.4.5.2 Dreireihige, einzeilige Nietung

Bild 445 zeigt:

Das Optimum des Randabstandes liegt in der Nähe der Basisanordnung mit $a_R = 10$ mm, also $a_R/d = 2{,}5$ und darunter bis zu $a_R/d = 1{,}25$.

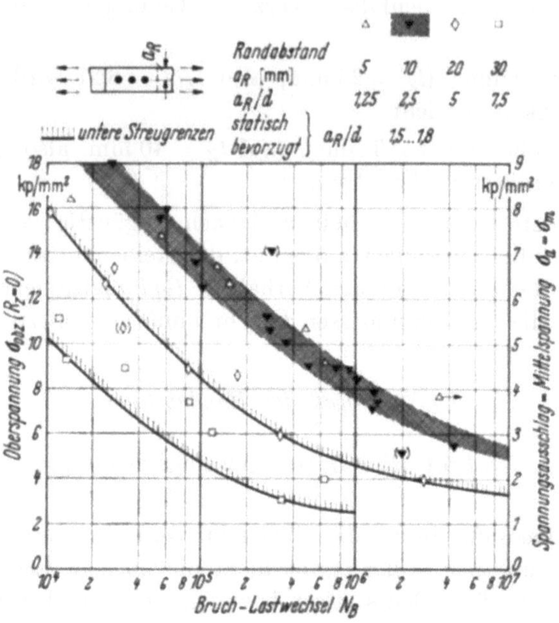

Bild 445. Ermüdungsversuche an einzeiligen Nietverbindungen — plattierte Bleche aus AlCuMg 2 (2024-T 6) — Einfluß des Randabstandes a_R. [4].

Größere Randabstände sind ungünstiger, weil der durch die einzelne Nietzeile anzuschließende Querschnitt zu groß wird.

5.5 Einfluß der Schnittzahl

BÜRNHEIM untersuchte die im Bild 446 dargestellten ein- bis vierschnittigen Überlappungen [4]. Die Ergebnisse sind im Bild 447 zusammengestellt. Eindeutig zeigt sich:

Die symmetrische zweischnittige Verbindung ist weitaus am besten.

Die unsymmetrische einschnittige Verbindung ist weitaus am schlechtesten.

Die symmetrische vierschnittige erreicht nicht ganz die zweischnittige Verbindung.

Die unsymmetrische dreischnittige ist wesentlich besser als die einschnittige, jedoch schlechter als die symmetrischen Verbindungen.

Der Grund für die Unterlegenheit der unsymmetrischen Überlappungen liegt
darin, daß die Fügeteile in der Nähe der Fügung stark gebogen werden, woraus sich
zusätzliche Biegespannungen, sowie ungünstig über die Blechdicke verteilte Loch-

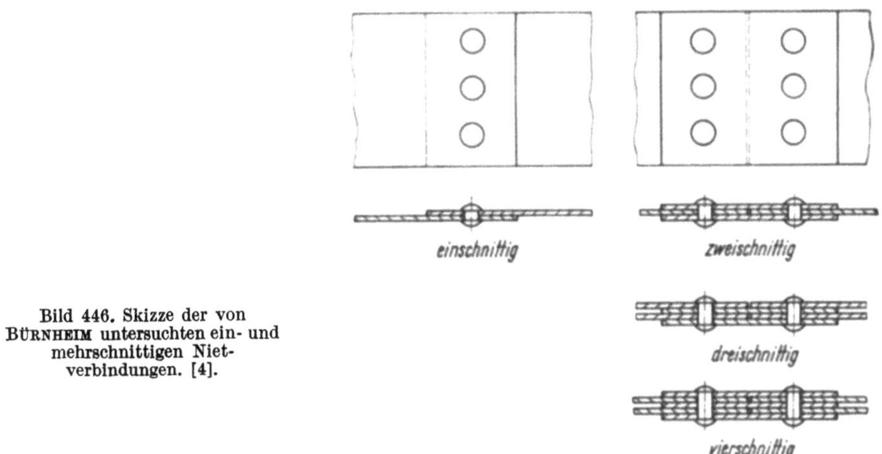

Bild 446. Skizze der von
BÜRNHEIM untersuchten ein- und
mehrschnittigen Niet-
verbindungen. [4].

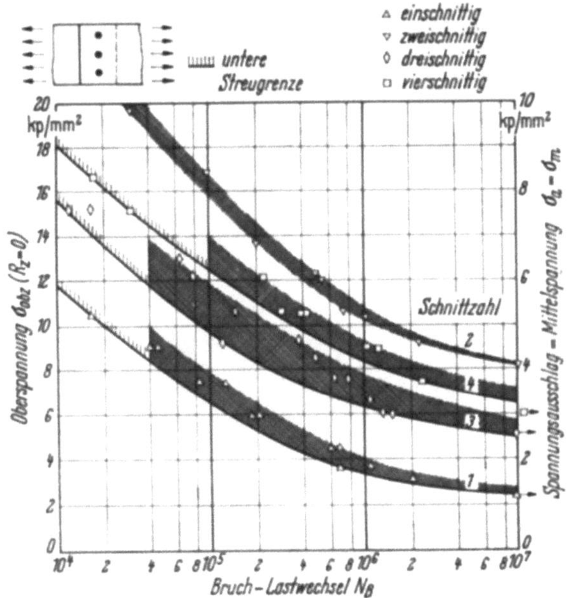

Bild 447. Ermüdungsversuche an einreihigen Nietverbindungen — plattierte Bleche
aus AlCuMg 2 (2024-T 6) — Einfluß der Schnittzahl. [4].

leibungsspannungen ergeben. Die Verteilung der Lochleibungsdrücke σ_L für ein-,
zwei- und dreischnittige Nietverbindungen ist im Bild 418 im Prinzip skizziert.
Man erkennt deutlich die sehr ungleichmäßige Druckverteilung bei den unsymmetrischen Überlappungen. Extremwerte dieser Spannungen treten an den Berüh-

rungsflächen der Bleche auf und äußern sich als Kantenpressungen, die wiederum die dynamische Festigkeit der Nietverbindung erheblich herabsetzen.

Bei der zweischnittigen Nietung sind — wie Bild 418 zeigt — die Lochleibungsdrücke in allen drei Blechen nahezu gleichmäßig verteilt. Lediglich an den Berührungsflächen ist in den dünneren Blechen eine geringe Erhöhung der Lochleibungsdrücke infolge der Nietdurchbiegung zu beobachten.

Bei der zweischnittigen Doppellaschenverbindung werden — wie bereits erläutert — die Biegemomente der einschnittigen Einfachlaschen- und Überlappungsstöße vermieden. Damit wird die Ermüdungsfestigkeit stark erhöht. Außerdem können durch die Zweischnittigkeit der Verbindung je Niet höhere Kräfte übertragen werden, so daß bereits die einreihige Doppellaschenverbindung von Interesse ist, während einschnittige Verbindungen mit mindestens zwei, besser drei Nietreihen ausgeführt werden müßten.

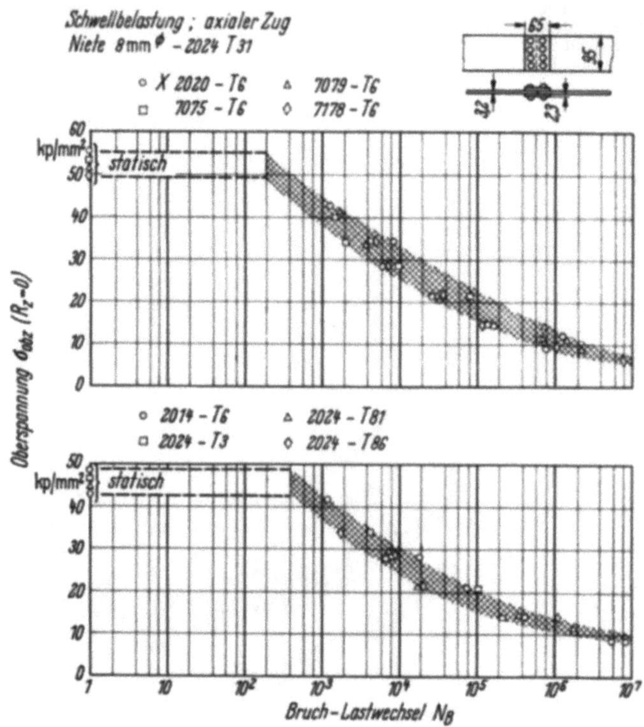

Bild 448. Ermüdungsversuche an einreihigen Doppellaschennietungen. [11].

Bild 448 bringt die $(\sigma - N_B)$-Werte und -Streubänder für Zugschwellbelastung $(R_z = 0)$, die die ALCOA-Laboratorien für einreihige Doppellaschenverbindungen mitgeteilt haben [11].
Aufgetragen sind

oben die Werte für AlZnMgCu = 7075-T 6 und verwandte Legierungen sowie für X 2020-T 6,

unten die Werte für AlCuMg = 2024-T 3 und verwandte Legierungen.

Die Streubänder oben und unten

> zeigen keinen prinzipiellen Unterschied der Legierungen innerhalb der beiden Gruppen,
>
> sind etwas breiter als die von BÜRNHEIM ermittelten,
>
> stimmen jedoch mit diesen und auch untereinander recht gut überein.

Es ergibt sich also, daß gebräuchliche Aluminiumlegierungen in der Doppellaschenverbindung keine Unterschiede in der Ermüdungsfestigkeit aufweisen.

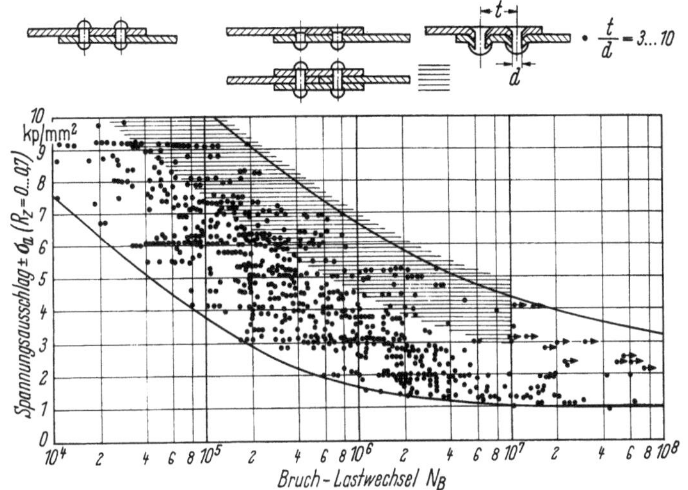

Bild 449. Ermüdungsfestigkeit genieteter Überlappungsstöße — Vergleich mit einreihiger Doppellaschennietung. [11, 12].

In die ($\sigma - N_B$)-Darstellung für genietete Lappenstöße, die nach RAS [12] im Bild 449 gegeben ist (hier ist nur die Spannungsamplitude als Ordinate aufgetragen), wurde auch das Streuband entsprechend Bild 448 (oben und unten) eingetragen. Es zeigt sich, daß diese einreihigen Doppellaschenverbindungen an der oberen Grenze des sehr breiten Streubandes für einschnittige Überlappungen liegen, die im oberen Bereich der Streuung dreireihig sein dürften.

Die einreihige Doppellaschenverbindung ist also sehr günstig. Leider fehlen Ergebnisse über die sicher noch wesentlich bessere zweireihige Ausführung.

5.6 Einfluß der Nietkopfform

In den NACA-Berichten TN 2012 [13] und TN 2709 [8] werden Ergebnisse von Wechsellastversuchen an Überlappungs- und Laschennietungen mitgeteilt, bei denen nur die Kopfform der verwendeten Niete variiert wurde.

Bei der Wechselbelastung der durch Nietung gefügten Bleche müssen die biegeweichen Probestreifen durch besondere Vorrichtungen so gestützt werden, daß ihr Ausbeulen in der Druckphase verhindert wird.

Bei der Wertung dieser Wechsellastversuche muß beachtet werden, daß die Stützung auch die Biegeverformung beeinflussen kann, die bei einschnittigen Blechfügungen einen wesentlichen Einfluß auf die Ermüdungsfestigkeit hat.

Im Bild 450 sind die $(\sigma - N_B)$-Streubänder für die Überlappung mit Flach-
kopf-, gefräster und gewarzter Senkkopf-Nietung zusammengestellt. Bei hohen

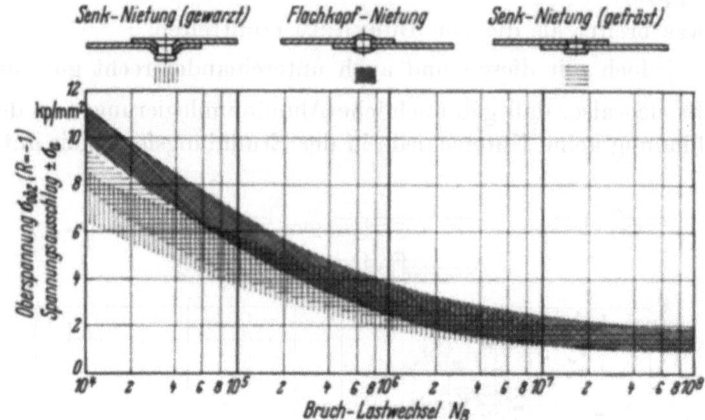

Bild 450. Vergleich der Ermüdungsfestigkeit verschiedener einschnittiger Überlappungsnietungen.
Plattierte Bleche aus 7075-T 6; 2024-T 3; 2014-T 6. [13].

Lastwechselzahlen sind Unterschiede schwer zu erkennen; jedoch bei kleineren
Wechselzahlen ergibt sich für die Überlappungsnietung folgende Gütefolge:

    1. Flachkopf — 2. Senkkopf (gefräst) — 3. Senkkopf (gewarzt).

5.7 Einfluß von Aussteifungen gegen die Exzentrizität des Stoßes

*5.7.1 Verbesserung des einschnittigen Blechstoßes bei Ersatz der Überlappung
durch eine dicke Lasche*

Die starke Abminderung der Ermüdungsfestigkeit von einschnittigen Überlappungsstößen durch die Exzentrizität der sich überlappenden Bleche, die in
Abschn. 1.2 bis 1.4 näher beschrieben ist, kann durch Versteifungen am Stoß
teilweise beseitigt werden. RUSSELL hat Ergebnisse derartiger Versuche mitgeteilt [5]. Im Bild 451 werden hierzu drei $(\sigma - N_B)$-Kurven für einreihige Nietung
bei $R_z = +0{,}4$ verglichen.

Das unterste Streuband gilt für die einfache Überlappung mit einschnittiger
Nietung.

Die obersten Punkte mit Grenzkurve gelten für die entsprechende zweischnittige Doppellaschenfügung.

Zwischen beiden Extremfällen liegen $(\sigma - N_B)$-Werte und eine Grenzkurve
für eine einschnittige Fügung mit einer sehr dicken Einzellasche (steifes
„Kopplungselement").

Die wesentliche Verbesserung, die sich danach aus einem Ersatz der einschnittigen Überlappung durch die dicke Lasche ergibt, ist daraus zu verstehen,
daß die Lasche eine große Biegesteifigkeit besitzt und die über eine große Länge
eingespannten Niete die Kräfte ohne starke Verbiegung übertragen.

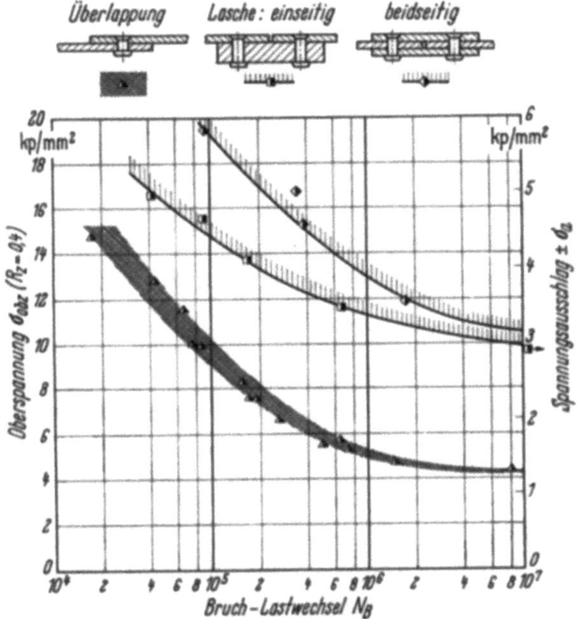

Bild 451. Ermüdungsversuche an Überlappungs- und Laschennietungen —
plattierte Bleche aus 2024-T. [5].

5.7.2 Verbesserung des einschnittigen Blechstoßes durch Unterlegen dicker Blechleisten

Bild 452 zeigt oben die untersuchten Überlappungen ohne und mit den verschieden dimensionierten Unterlegleisten.

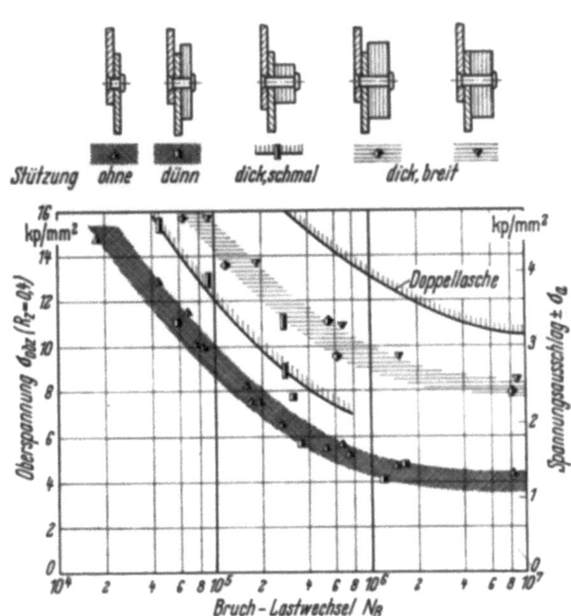

Bild 452. Ermüdungsversuche an
einreihigen Überlappungs-
nietungen — plattierte Bleche
aus 2024-T — Einfluß von
Stützungen. [5].

Darunter sind die $(\sigma-N_B)$-Werte und Streubänder dargestellt. Diese zeigen für die Ausführungen

ohne oder mit dünner Unterlegleiste etwa gleich niedrige Werte,

mit einer dicken, schmalen Leiste beachtliche Verbesserung,

mit den dicken, breiten Leisten sehr große Verbesserung, bei $N_B = 10^6$ bis 10^7 etwa Verdopplung der Ermüdungsfestigkeit.

Im Bild 452 ist noch zusätzlich die $(\sigma-N_B)$-Grenzkurve für Doppellaschen aus Bild 451 eingetragen, um damit zu zeigen, daß man sich durch Verwendung einer dicken, breiten Leiste der überlegenen Doppellaschenfügung schon sehr gut nähern kann.

Obwohl die Möglichkeit einer außerordentlichen Verbesserung der einschnittigen Fügung durch Unterlegstreifen besteht (s. Bild 452), ist diese Lösung nicht weiterverfolgt oder praktisch angewendet worden. Es sind auch keine Ergebnisse mit mehrreihigen versteiften Überlappungsnietungen bekannt.

5.7.3 Vergleich des zentrischen und exzentrischen zweischnittigen Blechstoßes

Beim HFB wurden Vergleichsversuche mit zentrischen und exzentrischen zweischnittigen Überlappungsstößen durchgeführt [7c]. Die Bleche aus AlCuMg 2 wurden mit SLF-Senknieten verbunden. Die Versuchsergebnisse mit den Fotos der Prüfstücke enthält Bild 453. Bei gleicher dynamischer Belastung $(\sigma_{obz} = 8\,\text{kp/mm}^2; R_z = 0)$ sind die Bruchlastwechselzahlen des exzentrischen Stoßes eine Größenordnung kleiner als im Falle der zentrischen Verbindung. Die Ursache hierfür ist in den zusätzlich auftretenden Biegespannungen und der damit verbundenen stärkeren Reibkorrosion an den Fügeflächen zu sehen.

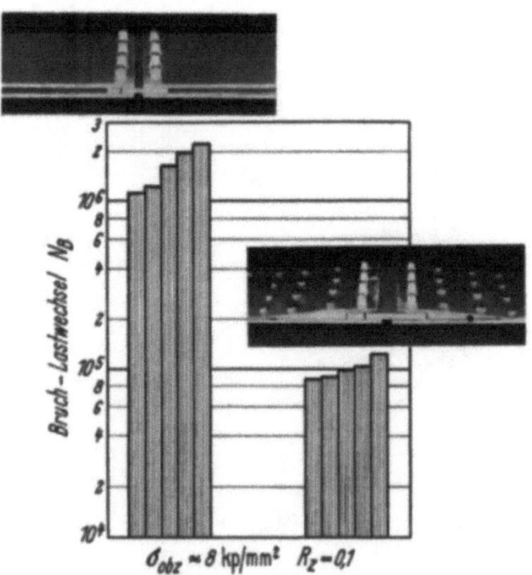

Bild 453. Ermüdungsversuche an Doppellaschennietungen (SLF-Senkniet) — Bleche aus AlCuMg 2 — Vergleich der zentrischen und exzentrischen Stoßanordnung. [7c].

5.8 Einfluß der Behandlung der Fügeflächen des Überlappungsstoßes

5.8.1 Besondere Beanspruchung der Fügeflächen

Die Behandlung der Fügeflächen ist von einem sehr wesentlichen Einfluß auf die erreichbare Ermüdungsfestigkeit der Fügung.

Die Überlappung ist an den Fügeflächen im Hinblick auf den Ermüdungsbruch besonders gefährdet wegen

der Reibkorrosion zwischen diesen Flächen,

der Exzentrizität der einschnittigen Verbindung mit
erhöhter Lochrandbelastung und
erhöhter Zugspannung im Fügeteil auf der Fügeseite,

der Dünnwandigkeit des Innenrandes von angesenkten Bohrungen.

Über die Auswirkung von Fügeflächenbehandlungen auf die Ermüdungsfestigkeit der Zug-Schub-Verbindungen ist bisher nur wenig publiziert worden [7a, 9].

5.8.2 Beeinflussungsmöglichkeiten

Die im folgenden aufgeführten Beeinflussungsmöglichkeiten der Fügeflächen sind bisher vorgeschlagen und untersucht worden:

a) Eloxieren

Das übliche im Flugzeugbau angewandte Verfahren arbeitet mit Gleichstrom (Gleichstrom-Schwefelsäure-Verfahren) [14, 15]. Dabei werden Schichtdicken von 1 bis 120 μm aufgetragen. Guter Korrosionsschutz, Verformbarkeit schlecht.

Chromsäureverfahren (CrO_3) [14, 15].

Das Verfahren arbeitet mit Gleichstrom; die Eloxalschicht ist äußerst weich, gut verformbar und thermochemisch sehr reaktionsfreudig. Es werden Schichtdicken von 1 bis 7 μm aufgetragen. Das Verfahren ist unwirtschaftlich und liefert nur mäßigen Korrosionsschutz.

HFB-Spezialverfahren arbeitet mit Wechselstrom und einem Oxysäuregemisch [16]. Es werden Schichtdicken von 1 bis 22 μm aufgetragen. Guter Korrosionsschutz, ausgezeichnete Verformbarkeit.

b) Kunststoffanlagerung

Dies ist ein vom HFB entwickeltes Verfahren zur elektrochemischen Kunststoffabscheidung auf Metalle [16]. Es liefert einen ausgezeichneten Reibkorrosionsschutz bei Niet- und Schraubenverbindungen.

c) Thiokol (PR 1221)

Hierbei handelt es sich um einen Kunststoff, der als Paste oder Anstrich Verwendung findet.

d) Kunststoffpaste EC 801 A 2

e) Molykote M 88

Es handelt sich um ein Schmiermittel aus Molybdänsulfid.

f) Schleifen der Oberflächen zur Glättung

g) Sandstrahlen, Kugelstrahlen zur Härtung

5.8.3 Behandlungsvorschläge vom HFB

Beim Hamburger Flugzeugbau wurden umfangreiche systematische Versuchsreihen zur Ermittlung des Einflusses der Fügeflächenbehandlung auf die Ermüdungsfestigkeit von Nietverbindungen durchgeführt [7a].

5.8.3.1 Herkömmliche Verfahren

Die Ergebnisse dieser Versuche sind im Bild 424 zusammengestellt. Man erkennt, daß eine wesentliche Verbesserung der Ermüdungsfestigkeit durch die aufgeführten Behandlungsverfahren der Fügeflächen nicht erzielt wird. Eine Ausnahme bilden die Pasten PR 1221 (Thiokol) und EC 801 A 2, bei denen eine Verbesserung der Ermüdungsfestigkeit (Erhöhung der unteren Streugrenzen der Bruchlastwechselzahlen) auf das Zwei- bzw. Dreifache erreicht wird.

In einer besonderen Untersuchung wurde der Einfluß des Eloxalverfahrens auf die dynamische Festigkeit von gewarzten Nietverbindungen untersucht [7 d]. Das Gleichstromverfahren wurde mit dem bei Fokker üblichen Chromsäureverfahren verglichen. In beiden Fällen wurden die Bleche im Anschluß an das Eloxieren lackiert.

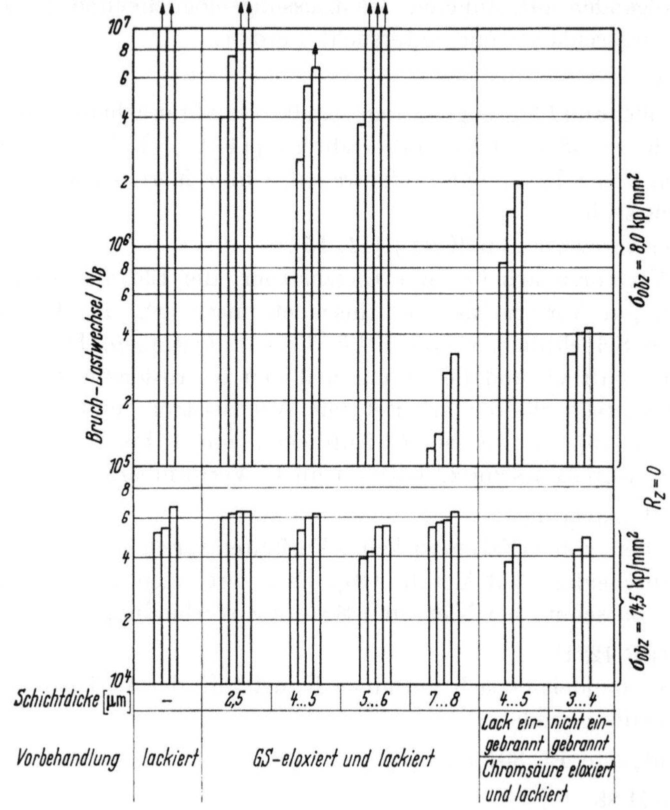

Bild 454. Ermüdungsversuche an einschnittigen, gewarzten Überlappungsnietungen —
Bleche aus AlCuMg 2 (2024-T 3) — Einfluß verschiedener Eloxalverfahren. [7 d].

Die Ergebnisse der dynamischen Bruchversuche, die im Bild 454 gegenübergestellt sind, zeigen: Das Gleichstromverfahren ist dem Chromsäureverfahren bezüglich der Ermüdungsfestigkeit (insbesondere im Bereich großer Lastwechselzahlen) der gewarzten Nietung überlegen.

Es ist zu beachten, daß die nach dem Chromsäureverfahren eloxierten Bleche bei Fokker genietet, während die G. S.-eloxierten Versuchsstücke beim HFB angefertigt wurden. Vergleichende Schnittschliffbilder haben erhebliche Unterschiede in der Ausbildung des geschlagenen Nietschaftes und der Warzung gezeigt.

Bei der HFB-Nietung

ist der Nietschaft kräftig gestaucht und
liegen die Bleche gut auf.

Bei der Fokker-Nietung

ist die Stauchung des Nietschaftes nicht ausreichend, und es
verbleiben Hohlräume zwischen den Blechen.

Die angegebenen Ergebnisse dieser Ermüdungsversuche an Nietverbindungen aus verschieden eloxierten Blechen sind also auch auf die unterschiedliche Ausführung der Nietung zurückzuführen.

5.8.3.2 Sonderverfahren

Hierüber liegen bisher keine systematischen Versuchsergebnisse vor. Tastversuche haben ergeben:

Bei Anwendung des HFB-Eloxalverfahrens (Wechselstromverfahren) steigt die Bruchlastwechselzahl der Nietverbindungen gegenüber unbehandelten Versuchsstücken auf das Dreifache ($\sigma_{ob\,z} = 8\,\text{kp/mm}^2$; $R_z \approx 0$) [16].

Das HFB-Verfahren der Kunststoffablagerung, angewandt auf die Bleche von Nietverbindungen, bringt eine erhebliche Steigerung der Ermüdungsfestigkeit. Bei einer Belastung $\sigma_{ob\,z} = 8\,\text{kp/mm}^2$ ($R_z \approx 0$) wurden gemessen [16]:
$3{,}4 \cdot 10^5$ Bruchlastwechsel ohne Fügeflächenbehandlung,
$1{,}2 \cdot 10^7$ Lastwechsel ohne Bruch bei Kunststoffbehandlung der Fügeflächen.

5.8.4 Behandlungsverfahren der BAC

Im Zusammenhang mit den Versuchsreihen über Fertigungsfehler bei Nietverbindungen wurden auch Vergleichsuntersuchungen mit trocken und feucht genieteten (Thiokol) Verbindungen durchgeführt [9]. Die Ergebnisse enthält Bild 429. Man erkennt, daß sowohl bei normaler als auch bei übergroßer Ansenkung die untere Streugrenze der Versuche durch Verwendung von Thiokol (feuchte Nietung) auf die doppelte Lastwechselzahl angehoben wird. Dieses Ergebnis stimmt gut mit den HFB-Versuchen überein.

5.8.5 Behandlung durch Kugelstrahlen und Nachpolieren

Beträchtliche Restspannungen in der Oberflächenschicht der Fügeflächen können durch Kugelstrahlen (shot-peening) oder noch stärker durch Kugelstrahlen unter Vorlast (strain-peening) erzeugt werden. Bedenklich ist jedoch eine Rauhigkeit dieser Flächen hinsichtlich der Begünstigung von Reibkorrosion:

Es wird daher vorgeschlagen, die Fügeflächen nach Erzeugung kräftiger Druckrestspannungen zu polieren. Durch richtige Abstimmung von Strahlen und Polieren konnte, wie Bild 282 zeigt, die Ermüdungsfestigkeit von Stahlprobestäben (Umlaufbiegung) bis auf das Zehnfache der Lastwechselzahl verbessert werden [17].

Daß gestrahlte Fügeflächen unpoliert nicht für Überlappungen geeignet, sondern infolge Reibkorrosionseinfluß ungünstig sind, kann man aus den von der BAC auf Veranlassung des Verfassers durchgeführten Tastversuchen, deren Ergebnisse im Bild 455 aufgetragen sind, schließen.

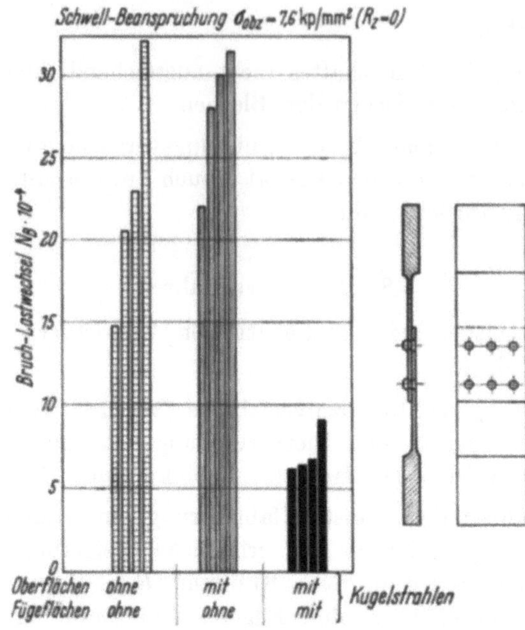

Bild 455. Ermüdungsversuche an einschnittigen Überlappungsstößen (Huckbolts) — Bleche aus 2024-T4 — Einfluß des Kugelstrahlens.

5.9 Vergleich der Ergebnisse dynamischer Bruchversuche an Überlappungsnietungen

5.9.1 Verschiedene Spannungsverhältnisse ($R = -1$; 0 und $+0,4$)

Nachdem die Versuchsergebnisse mehrerer voneinander unabhängiger Autoren im Vorstehenden dargestellt sind, wird im Bild 456 untersucht, ob diese grundsätzlich vergleichbar sind und im Einklang miteinander stehen.

Dieser Vergleich ist insofern wichtig, als jeder dieser Autoren seine Versuche für bestimmte Parameter durchgeführt hat, insbesondere für verschiedene Spannungsverhältnisse R.

Im Bild 456 sind die unteren $(\sigma - N)$-Grenzkurven zusammengestellt für ein-, zwei- und dreireihige Überlappungsnietung mit den Spannungsverhältnissen $R = -1$, 0 und $+0,4$. Die Übereinstimmung des Verlaufs der einzelnen Kurven ist überraschend gut, und die Abstände entsprechen sehr gut der Erwartung über die Zunahme der Oberspannung mit zunehmender Reihenzahl und zunehmendem R.

Man kann mit Hilfe dieser Kurvenschar Voraussagen für verschieden gewählte Anordnungen machen und außerdem die aus den einzelnen Versuchsreihen gezogenen Folgerungen über die verschiedenen Einflüsse als generell anwendbar ansehen.

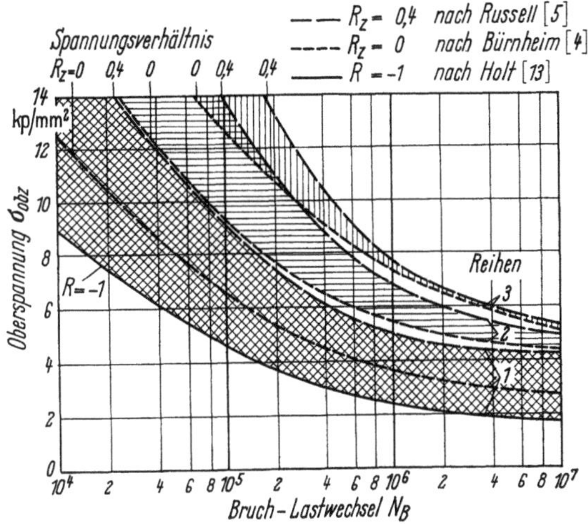

Bild 456. Ermüdungsfestigkeit ein-, zwei- und dreireihiger Überlappungsnietungen —
Vergleich der unteren Streugrenzen von Versuchen aus verschiedenen Laboratorien. [4, 5, 13].

5.9.2 Zugschwellbeanspruchung, Spannungsverhältnis $R_z = 0$

Im Bild 457 sind $(\sigma - N_B)$-Kurven, die den Angaben verschiedener Autoren
entsprechen, zusammengestellt.

Die oberste und die unterste Grenzkurve schließen ein sehr breites Streuband
ein (Bild 449), das von der RAS [12] unter Eintragung aller ihr bekannten
$(\sigma - N_B)$-Werte einschnittiger Überlappungsstöße mit 2 oder 3 Nietreihen
erstellt wurde.

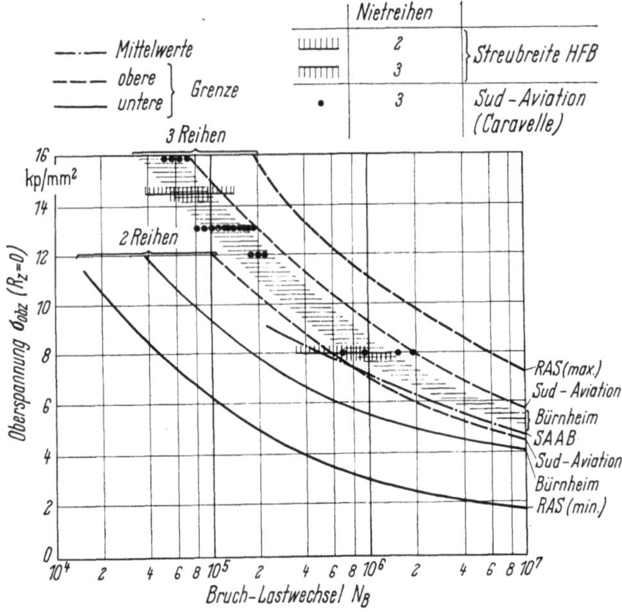

Bild 457. Ermüdungsfestigkeit einschnittiger Überlappungsstöße — Bleche aus AlCuMg-Legierungen —
Vergleich der Ergebnisse verschiedener Laboratorien.

Die Werte für 3 Nietreihen

im Streuband nach BÜRNHEIM (gemäß den eingehenden Untersuchungen in Abschn. 5.4) [4],
in der oberen Grenze der Versuche von Sud-Aviation für die Caravelle [18],
in den Einzelangaben von Sud-Aviation [18],
in den Streustreifen vom Hamburger Flugzeugbau (HFB) [7a]

fallen sehr gut zusammen und liegen unter der oberen RAS-Grenzkurve.

Die Werte für 2 Nietreihen

an der unteren Grenze nach BÜRNHEIM [4],
an der unteren Grenzkurve nach Sud-Aviation [18],
in den Mittelwerten nach SAAB [19],
sowie in den Streustreifen vom HFB [7a]

stehen auch einigermaßen im Einklang und liegen über der unteren Grenzkurve von RAS.

Diese Zusammenstellung ist für unsere Schlußfolgerungen wertvoll. Sie zeigt, daß die Basis der eingehenden Untersuchungen (insbesondere die von BÜRNHEIM und die vom HFB) recht eng eingegrenzt mit anderen Einzeluntersuchungen zusammenfällt und bei sorgfältiger Herstellung der Prüfstücke keine so enormen Streuungen, wie das extrem breite RAS-Band sie aufweist, auftreten.

Insbesondere zeigt sich auch, daß es richtig ist, die $(\sigma - N_B)$-Werte der zwei- und dreireihigen Ausführung zu trennen, da diese sich klar unterscheiden und ihre Abweichungen voneinander nichts mit Streuungen zu tun haben.

6 Ermüdungsfestigkeit verbolzter Überlappungsstöße

6.1 Aufgabenstellung zur Verbesserung der Ermüdungsfestigkeit von Überlappungsstößen

Die Ermüdungsbrüche treten bei mehrreihigen Querstößen von Blechen immer im Bereich der ersten Bohrungsreihe des am Ansatz durchlaufenden Teiles ein; denn die Bohrungsränder sind überlastet durch die

Durchleitung der Längskraft mit Spannungshäufung,

Überleitung von Kräften mittels Bolzen- oder Nietschäften aus dem durchlaufenden in das ansetzende Fügeteil,

am Ende der Bolzenanpreßzone auftretenden starken Reibkorrosionsschäden.

Besonders ungünstig werden einschnittige Blechfügungen, weil an der hoch beanspruchten ersten Bohrungsreihe gleichzeitig die stärksten Blechbiegungen aus der Exzentrizität der einseitigen Überlappung entstehen.

Überlappungsstöße können durch folgende Maßnahmen dynamisch verbessert werden:

Erhöhen des Bolzenanzugsmomentes und damit:

Anpressung der Fügemittel (Unterlegscheiben) gegen das Fügeteil, so daß diese durch Reibschluß als „Verstärkungsringe" wirken und die Kerbwirkung am Lochrand herabsetzen.

Aufeinanderpressen der Fügeflächen, so daß die Längskraft in erster Linie durch Reibung mit der Schubkraft $S = \int \mu\, p(r)\, dF$ übertragen wird.

Herabsetzen der Spannungshäufung des Lochrandes und Verringern des Reibkorrosionsschadens an der Lochwandung.

Entlasten der gefährdeten ersten Bohrungsreihe im durchlaufenden Fügeteil durch Querschnittsverringerung im ansetzenden Fügeteil an derselben Stelle. Die Querschnittsverringerung des Ansatzes infolge Dickenreduktion oder „Fingerform" bewirkt, daß in der ersten Bohrungsreihe verringerte Anschlußkräfte auftreten.

Verbesserung des Reibkorrosionsschutzes an den Fügeflächen durch geeignete Schichten oder Oberflächenbehandlung.

Zu den oben angeführten Maßnahmen wurden im ILTUB Versuche durchgeführt, deren Ergebnisse nachfolgend mitgeteilt und diskutiert werden.

6.2 Versuche des ILTUB zur Fügetechnik

6.2.1 Allgemeine Anmerkungen

Die Versuche des ILTUB über Fügungen wurden fast ausschließlich mit Verschraubungen durchgeführt, und zwar aus folgenden Gründen:

Die Ermüdungsfestigkeit von genieteten Fügungen hängt, wie in Abschn. 5.3 berichtet, stark von deren Herstellung ab. Insbesondere führt die Handnietung zu großen Streuungen und geringer Festigkeit gegenüber guter Vollautomatennietung. Da in der Versuchswerkstatt des ILTUB weder ausreichende handwerkliche Erfahrung noch Vollautomaten für Nietung zur Verfügung standen, und das Risiko einer unzulänglich kontrollierbaren Lieferantennietung nicht eingegangen werden konnte, wurde die kontrollierbare Verschraubung gewählt.

Die Arbeiten des ILTUB konzentrieren sich auf den „Integralbau", bei dem wegen der großen zu fügenden Wandstärke praktisch nur Bolzenverbindungen angewandt werden und die Nietung weniger interessant ist.

Ein wesentlicher Vorteil der Nietung ergibt sich für die Fügung daraus, daß das Bohrungsrandgebiet durch das Stauchen des Nietes Vorspannungen erhält. Auf dieses Vorspannungssystem wurde in Kap. X genauer eingegangen. Beim Verbolzen kann man diese Vorspannungen jedoch auch erhalten, wenn man konische Bolzen (Interference bolts) verwendet.

6.2.2 Variation des Bolzenanzugsmomentes

An zweischnittigen, zweireihigen (dreizeiligen) Bolzenverbindungen wurden Ermüdungsversuche über den Einfluß der Größe des Bolzenanzugsmomentes durchgeführt.

Die im Bild 458 dargestellten ILTUB-Ergebnisse zeigen für den Fall der „trockenen" Fügung bei Belastung mit $\sigma_{obz} = 8\ \mathrm{kp/mm^2}$ und $R_z = 0$:

Verbindungen ohne Bolzenanzug, bei denen die Kräfte nur durch Lochleibung übertragen werden, sind sehr schlecht.

Schon durch Anziehen der Bolzen auf 30% der Bolzenstreckgrenze wird die Bruchlastwechselzahl N_B für gleiches σ_{obz} auf mehr als das 10fache erhöht.

Ein stärkeres Anziehen auf 50% der Bolzenstreckgrenze ist notwendig, um auch für hohe Belastungen ($\sigma_{obz} = 20\ \mathrm{kp/mm^2}$) die Schubkraftübertragung so weit sicherzustellen, daß keine Streuungen von N_B nach unten durch Anrisse im Bohrungsquerschnitt auftreten.

Durch noch stärkeres Anziehen der Bolzen auf 95% ihrer Streckgrenze wird keine weitere wesentliche Verbesserung von N_B erreicht.

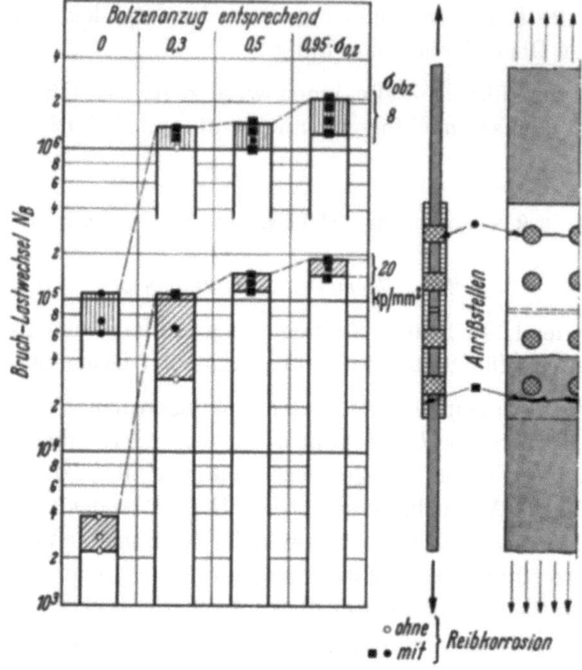

Bild 458. Ermüdungsversuche ($R_z = 0$) an zweischnittigen verbolzten Fügungen —
Bleche aus AlCuMg 1 (2017-T 4) — Einfluß des Bolzenanzugsmomentes.

Die Steigerung des Bolzenanzugs über die mit Sicherheit zur Vermeidung von Anrissen in der Bohrung ausreichende Anpressung von 50% der Bolzenstreckgrenze bringt kaum noch eine Verbesserung, weil der Bruch nicht von den Bohrungsrändern, sondern von Reibkorrosionsschäden an den Rändern der Anpreßzone in den Fügeflächen ausgeht. Die dort entstehenden Reibkorrosionsschäden sind nicht durch höhere Anpreßdrücke vermeidbar.

Bild 459 zeigt hierzu Bruchbeispiele trockener Fügungen mit unterschiedlichem Bolzenanzugsmoment:

Niedrige Anzugsmomente bis etwa $0{,}3\sigma_{0,2}$ führen zu Anrissen A in der Bohrung.

Bei höheren Anzugsmomenten von 0,5 bis $0{,}95\sigma_{0,2}$ gehen die Anrisse B und C am Ende der Anpreßzone vor den Bohrungen von den Reibkorrosionsschäden der Fügeflächen aus.

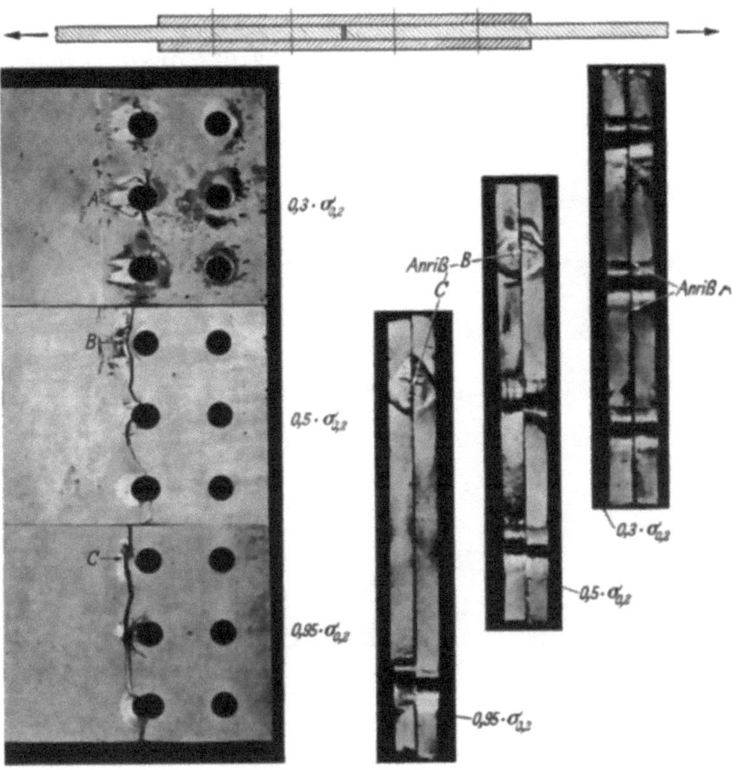

Bild 459. Ermüdungsversuche ($R_z = 0$; $\sigma_{obz} = 8$ kp/mm²) an zweischnittigen verbolzten Fügungen — Bleche aus AlCuMg 1 (2017-T 4) — Einfluß des Bolzenanzugsmomentes auf Reibschaden und Bruchlage.

6.2.3 Entlastung der ersten Bohrungsreihe eines mehrreihigen Anschlusses

6.2.3.1 Vergleich verschiedener Formen

Die Notwendigkeit, die erste Reihe eines Überlappungsstoßes zu entlasten, wurde bereits in den Anfängen des Metallflugzeugbaus erkannt. Die Ausbildung derartiger Anschlüsse war jedoch bisher nicht sehr wirkungsvoll.

Im ILTUB wurden daher Untersuchungen zur Entlastung der ersten Reihe angestellt, wobei man sich auf Entlastungen durch „Fingeranschlüsse" konzentrierte.

Im Bild 460 sind der stumpfe Ansatz und verschiedene gebräuchliche, wenig wirksame Fingerformen der ILTUB-Form gegenübergestellt.

Der stumpfe Ansatz, sei er gerade oder geschwungen, muß schlecht sein, da aus dem durchlaufenden Blech von der ersten Nietreihe eine zu große Kraft „herausgezogen" wird.

Auch der schlecht „gefingerte" Ansatz, wie im Bild links unten dargestellt, kann keine wirksame Entlastung des durchlaufenden Bleches bringen, da die Querschnittsverringerung nur klein ist.

Erst die hinterschnittene „Fingerung" bringt eine starke Entlastung, wie im nachfolgenden Abschnitt gezeigt wird.

Im folgenden bezeichnen wir die Ausführung des Ansatzes ohne jede Zuschärfung als „stumpfen" Ansatz und die Ausführung mit Fingerform als „Fingerung".

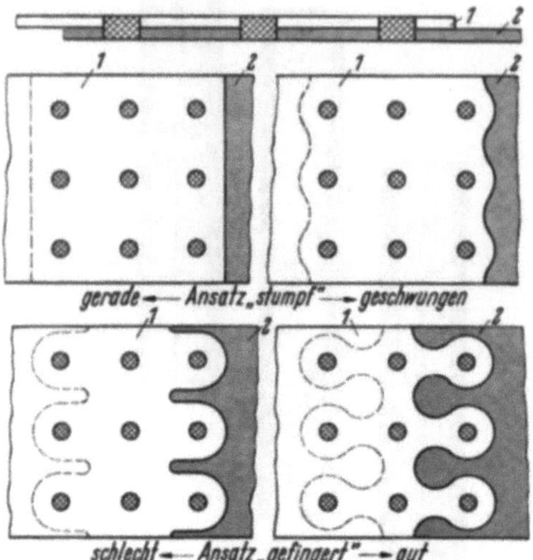

Bild 460. Stumpfe und „gefingerte" Überlappungsstöße.

6.2.3.2 Untersuchungen verschiedener Formen durch Dehnungsmessungen

Um die günstigste Form der Fingeranschlüsse zu ermitteln, wurden Dehnungsmessungen an Plexiglasmodellen durchgeführt.

Die Messungen erfolgten an zweischnittigen, dreireihigen, dreizeiligen Modellen, um Exzentrizitäten auszuschalten. Die Bolzen bestanden ebenfalls aus Plexiglas und konnten vorgespannt werden, so daß die Kräfte durch Lochleibung und Flächenpressung übertragen wurden.

Zwischen den Reihen wurden auf den Laschen die Dehnungsverteilungen in den Schnitten 0 bis 3 ermittelt, wie sie im Bild 461 für die stumpfe und die beste „gefingerte" Form gezeigt sind. Bemerkenswert ist

die niedrige Spannungshäufung $K = 1,1$ an der engsten Stelle der hinterschnittenen Finger im Schnitt 1,

die ungleichmäßige Spannungsverteilung in den Laschen im Schnitt 3 mit der maximalen Spannungshäufung $K = 1,2$,

die sehr gleichmäßigen Spannungsverteilungen in den Schnitten $1'$ und $2'$ der stumpfen Verbindung.

Im Bild 462 ist die Verteilung der Gesamtlängskraft auf „Laschen" und „Zunge" über der Länge der Verbindung aus den mittleren Kraftflüssen, die sich aus Dehnungsmessungen ergaben, schematisch aufgetragen.
Im Bereich

des „stumpfen" Stoßes zeigt sich, wie ungünstig „ungefingerte" Anschlüsse sind, denn die erste Reihe überträgt allein 48% der Gesamtkraft; die zweite Reihe trägt nur 4% mit,

des „gefingerten" Stoßes übertragen die erste und dritte Reihe nur je 35%, während für die zweite Reihe 30% des Gesamtkraftflusses verbleiben. Bei dieser Form der Verbindung tragen also alle Reihen fast gleichmäßig. Eine weitergehende „Weichheit" der ersten Reihe bringt keine Verbesserung, da dann die zweite Reihe höher beansprucht wird.

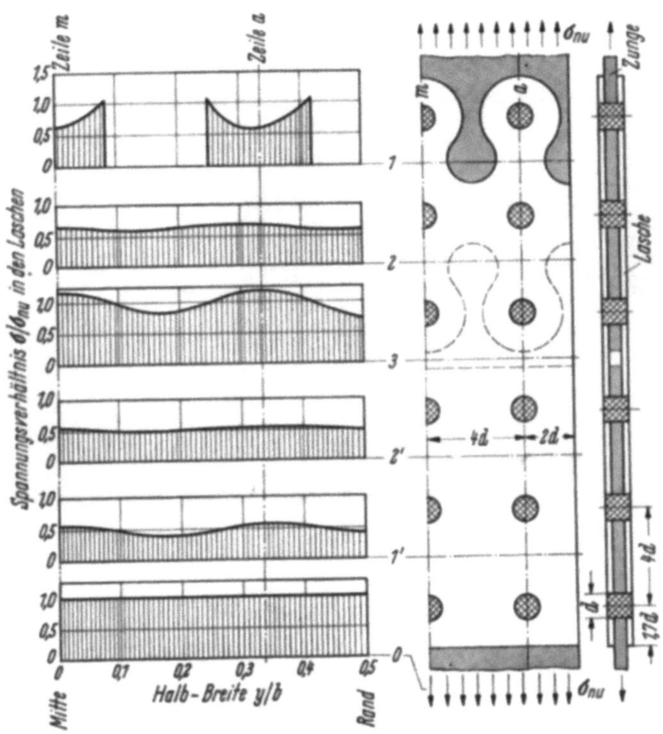

Bild 461. Spannungsverteilungen in den Laschen einer zweischnittigen Überlappungsverbindung — Messung am Plexiglasmodell — Vergleich der stumpfen und der „gefingerten" Verbindung.

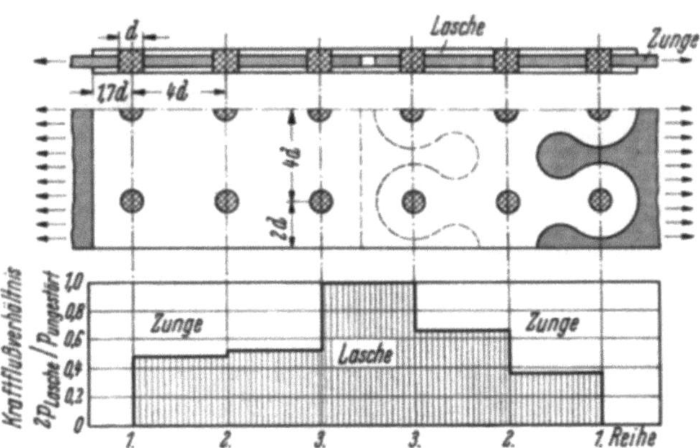

Bild 462. Kraftfluß (schematisiert) in den Laschen einer zweischnittigen Überlappungsverbindung — Messung am Plexiglasmodell — Vergleich der stumpfen und der „gefingerten" Verbindung.

6.2.3.3 Ermüdungsversuche

a) Versuche mit „trockenen" Fügungen

In den Versuchsreihen wurden „stumpfe" und „gefingerte" Ansätze vergleichsweise untersucht. Die ersten Versuche wurden mit „trockenen" Fügeflächen ohne Reibschutz bei großem Schraubenanzugsmoment entsprechend $0{,}95\,\sigma_{0,2}$ durchgeführt.

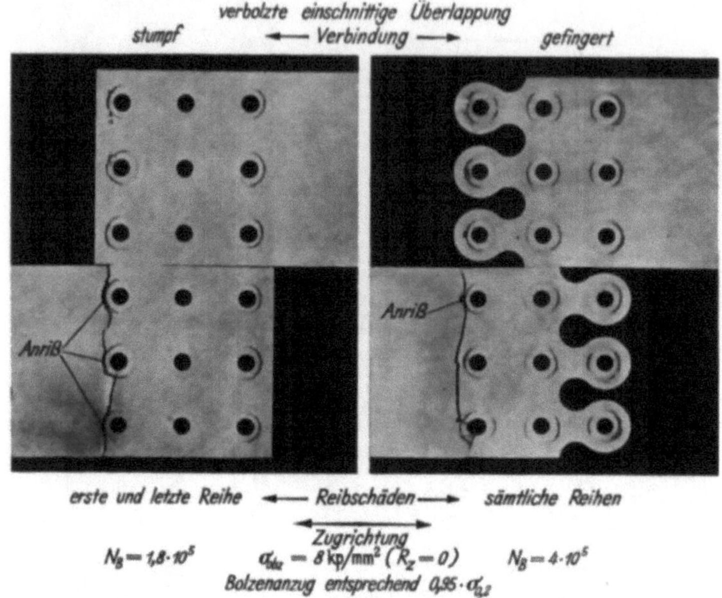

Bild 463. Ermüdungsversuche ($R_z = 0$) an einschnittigen verbolzten Überlappungen — Bleche aus AlCuMg 1 (2017-T 4) — Vergleich der Reibkorrosionsschäden bei stumpfer und bei „gefingerter" Verbindung.

Im Bild 463 sind Fotos der Fügeflächen einschnittiger Verbindungen nach dem Ermüdungsversuch wiedergegeben.

Beide Versuchsstücke sind vor der ersten Reihe gerissen. Die Anrisse gehen vom Rand der Anpreßzone und der Unterlegscheibe aus.

Die Reibschäden der „stumpfen" geraden Verbindung konzentrieren sich auf die erste und letzte Reihe. Das deutet darauf hin, daß dort die größten Belastungen und damit die größten Relativbewegungen auftreten, während an der mittleren Reihe nur schwache Markierungen zu sehen sind.

Die Reibschäden der optimalen „gefingerten" Verbindung sind bei allen Reihen nahezu gleichmäßig stark ausgebildet. Man kann mithin annehmen, daß die Relativbewegungen und die Belastungen der Nietreihen etwa gleich groß sind.

Die Ergebnisse der Ermüdungsversuche sind im Bild 464 eingetragen. Das Belastungsverhältnis betrug $R_z = 0$ bei einer Oberspannung $\sigma_{obz} = 8\,kp/mm^2$.

Die sehr geringe Bruchlastwechselzahl der einschnittigen „stumpfen" Fügung wird durch die Fingerform auf etwa das 3fache gesteigert, jedoch treten auch hier Streuungen infolge Reibkorrosion auf, so daß die obere Grenze für „stumpfe" und die untere für „gefingerte" Überlappungen nahe beieinander liegen. Das gleiche Verhalten zeigen auch die zweischnittigen Fügungen.

Die Brüche gehen infolge Reibkorrosion ausschließlich vom Rand der Anpreß-zone an der Fügefläche aus, wie dies im Bild 463 gezeigt ist. Diese Brüche lassen sich nicht eindeutig trennen von Brüchen, die vom Rand der Unterlegscheibe, ausgehen als Folge des Zusammenwirkens von Oberflächenschäden — hervorgerufen durch die Scheibe — und Reibkorrosion.

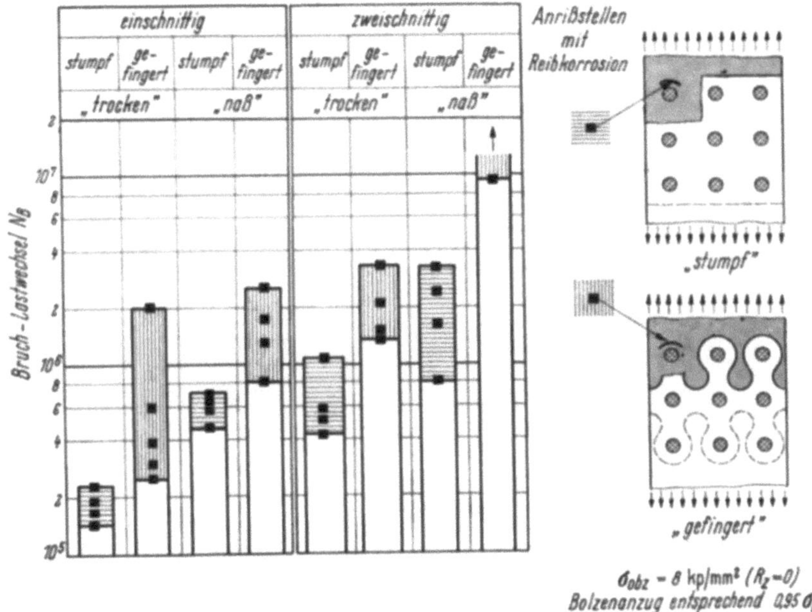

Bild 464. Ermüdungsversuche an verbolzten Überlappungsstößen ohne (trocken) und mit Reibschutz (Polyurethan) — Bleche aus AlCuMg 1 (2017-T 4) — Vergleich der stumpfen und der „gefingerten" Verbindung.

b) Versuche mit „nassen" Fügungen

Um zu klären, wie weit sich die zum Bruch führenden Reibkorrosionsschäden vermeiden lassen, wurden „stumpfe" und „gefingerte" einschnittige und zweischnittige Überlappungen auf den Fügeflächen mit einem Lack auf Polyurethanbasis bestrichen.

Die Ergebnisse dieser Ermüdungsversuche zeigt ebenfalls Bild 464 für gleiches Belastungsverhältnis und gleiche Oberspannung.

Der Reibschutzlack vermindert die Reibkorrosionsschäden erheblich, so daß die Bruchlastwechselstreubänder der „stumpfen" und „gefingerten" Verbindungen um mehr als das 2fache nach oben verschoben werden. Ganz vermieden werden können die Reibschäden durch diesen Lack nicht, da er durch die Relativverschiebungen der Fügeteile „zerrüttet" wird. Es wurden in diesem Zusammenhang auch wesentlich elastischere Zwischenschichten aus Thiokoldichtmasse verwendet, die neben einer schlechten Verarbeitbarkeit auch den Nachteil hatten, sich aus der Fügefläche herauszuquetschen, so daß kaum ein Reibschutz vorhanden war. Diese Gefahr bestand bei dem hier verwendeten Polyurethanlack nicht.

Die Erhöhung der Bruchlastwechselzahlen der einschnittigen „gefingerten" Verbindung mit Reibschutz ist erwartungsgemäß wesentlich geringer als bei entsprechenden zweischnittigen Verbindungen. Einschnittige „gefingerte" Fügungen mit Reibschutz haben — bezogen auf die untere Streugrenze — eine etwa 2fache höhere Bruchlastwechselzahl als entsprechende „stumpfe" Verbindungen. Es ist jedoch keine eindeutige Trennung der Streubänder zu beobachten.

Dagegen erreichen die zweischnittigen „gefingerten" Überlappungen mit Reibschutz — bezogen auf die untere Streugrenze — etwa die 10fache Bruch-

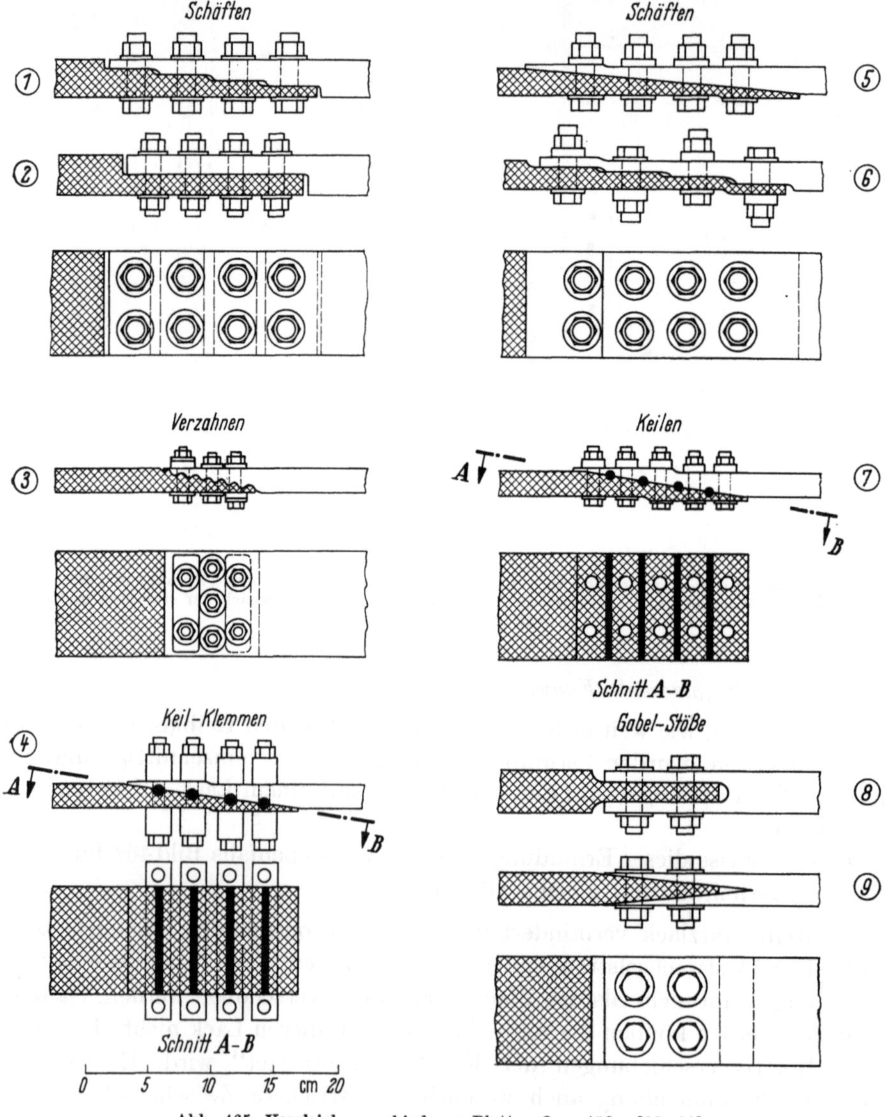

Abb. 465. Vergleich verschiedener Platten-Querstöße. [20, 21].

lastwechselzahl der „stumpfen" Verbindung, da in diesem Fall der Einfluß der optimalen „Fingerung" nicht durch Biegeeinflüsse und nur wenig durch Reibkorrosionsschäden verfälscht wird. Die Streubänder sind deutlich voneinander getrennt.

Die durchgeführten ersten Versuche zeigen, daß es möglich ist, die Ermüdungsfestigkeit einschnittiger und zweischnittiger Fügungen durch

Entlastung der ersten Niet- oder Bolzenreihe mit Fingeranschluß und Verringerung von Reibkorrosionsschäden durch Schutzlacke

wesentlich zu verbessern.

6.3 Querstöße längsgezogener Platten

6.3.1 Vergleichende Untersuchung der Bruchlastwechselzahlen verschiedener Stöße

Größere Versuchsreihen über die Ermüdungsfestigkeit derartiger Stöße wurden von HARTMANN u. a. [20, 21] mit Beginn der Integraltechnik durchgeführt.

Bild 465 gibt eine Übersicht über die von HARTMANN untersuchten Stöße, wobei die Numerierung der erzielten „Ermüdungsgüte" entspricht (mit *1* ist die Verbindung mit der geringsten erreichten Bruchlastwechselzahl bezeichnet).

Im Bild 466 sind die Ergebnisse der Ermüdungsversuche mit den in der AlZnMgCu-Legierung 7075-T 6 ausgeführten Anschlüssen in dieser Ordnung zu-

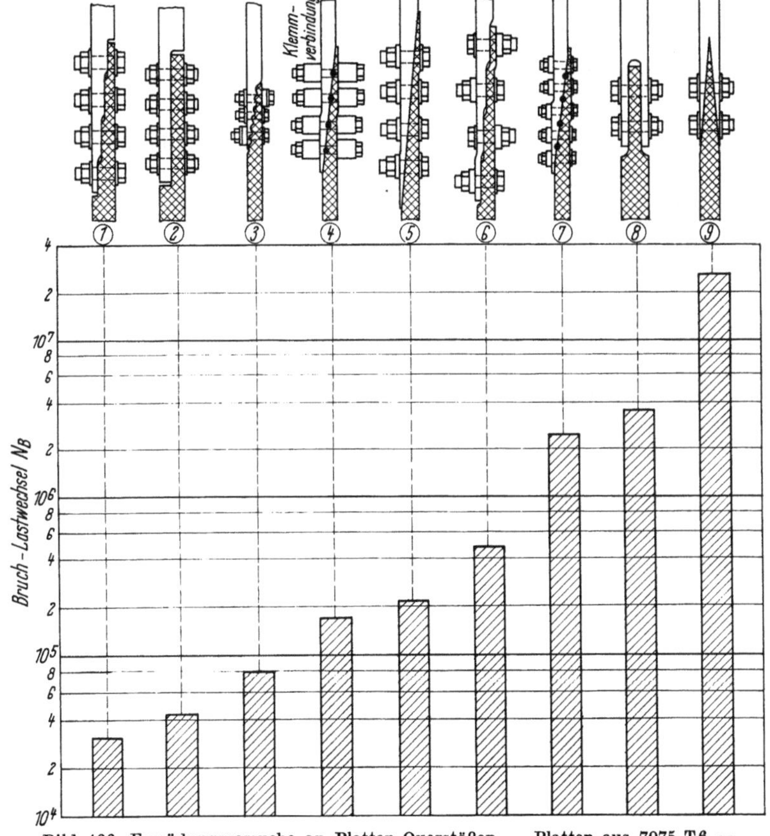

Bild 466. Ermüdungsversuche an Platten-Querstößen — Platten aus 7075-T6 — Belastung: $R_z = 0,5$; $P_{ob} = 9700$ kp. [20].

sammengestellt. Die Querschnitte der untersuchten Fügungen waren unterschiedlich; die dynamische Oberlast betrug in allen Fällen $P_{ob} = 9700$ kp bei $R_z = 0,5$.

Die Gabelschäftung *9* erreicht mit der 1000fachen Bruchlastwechselzahl der einfachen Stufenschäftung *1* den Höchstwert von N_B.

Man erkennt hieraus die entscheidende Bedeutung der „Zweischnittigkeit" dieser Querstöße. Die Bruchlastwechselzahlen der einschnittigen einfachen Schäftungsstöße *1, 2, 5* und *6* unterscheiden sich infolge der unterschiedlichen konstruktiven Gestaltung bis zu einer Zehnerpotenz. Der Nachteil der schrägen Schäftungsstöße liegt darin, daß die Reibungsübertragung schlecht ist. Daher wurde in der hier beschriebenen Versuchsreihe versucht, eine Schubkraftübertragung in den Fügeflächen auf andere Weise zu erreichen:

In Form *3* (Bild 465) sind die Fügeflächen derart mit Querwellen versehen, daß sie sich ineinander verzahnen. Mit der untersuchten Ausführung (sehr kurze Überlappung) wurde keine große Verbesserung der Bruchlastwechselzahl gegenüber Form *2* erreicht. Der Nachteil eines solchen Stoßes liegt in den fertigungstechnischen Schwierigkeiten, eine gute Passung der gewellten Flächen ineinander zu erreichen, insbesondere wenn der Stoß zur Erzielung einer größeren Bruchlastwechselzahl länger ausgebildet wird.

Bei Form *4* erfolgt die Kraftübertragung nur durch vier in die Fügeflächen eingelegte Querkeile, wobei die Flächen durch Klemmen aufeinandergepreßt sind. Die mit diesem Stoß — Kraftübertragung fast ausschließlich in den Fügeflächen ohne Schubbeanspruchung der Bolzen — erreichte Bruchlastwechselzahl ist etwa 6mal so groß wie die des schwächsten Stufenstoßes der Ausführung *1*.

Bei Form *7* kommt es zu einer kombinierten Kräfteübertragung durch die Bolzen in den Bohrungen und die Querkeile in den Fügeflächen. Die Bruchlastwechselzahl dieser „Übertragungskombination" *7* liegt fast zwei Zehnerpotenzen über der ungünstigen Schäftung *1*.

Da Integralplatten hoch beanspruchte Konstruktionsteile sind, kommen nur Stöße mit besonders hoher Ermüdungsfestigkeit in Frage. Die im Vorstehenden interpretierte Versuchreihe zeigt dazu:

Einschnittige einfache Schäftverbindungen erreichen selbst bei sehr sorgfältiger Durchbildung (Ausführung *6*) keine hohe Ermüdungsfestigkeit. Die Kräfteübertragung erfolgt im wesentlichen durch Schubbeanspruchung der Bolzen.

Kombinierte Kräfteübertragung bei einschnittiger Schäftung durch Scherbolzen in den Bohrungen und durch Keile zwischen den Fügeflächen kann hohe Ermüdungsfestigkeit ergeben. Systematische Untersuchungen zur Optimierung solcher Kombinationen liegen bisher nicht vor, wären jedoch zur Weiterentwicklung der Integraltechnik von Interesse.

Zweischnittige Gabelverbindungen ergeben bisher die beste Ermüdungsfestigkeit.

Zweischnittige Querstöße mit kombinierter Kräfteübertragung durch Scherbolzen in den Bohrungen und durch Keile zwischen den Fügeflächen sind bisher nicht bekannt geworden. Die Entwicklung und Untersuchung derartiger Fügungen wäre höchst interessant.

6.3.2 Querstöße längsverrippter Platten mit Aufdickung der Plattenhaut

Die Neutralachse einer längsverrippten Platte wird durch die Rippen aus der Mittelebene der Plattenhaut verschoben. Vor dem Querstoß laufen die Rippen aus, die Haut wird aufgedickt. Die im ungestörten Teil der Platte auf die Neutralachse der ungestörten Querschnitte ungefähr zentrierten Längskräfte werden auch an den Plattenenden zentrisch weitergeleitet, wenn die Aufdickung so kräftig ist, daß die Neutralachse der aufgedickten Haut mit der des ungestörten Querschnittes in gleicher Höhe liegt. Andernfalls, bei geringerer Aufdickung, kommt es im Bereich des Querstoßes zu Biegebeanspruchungen.

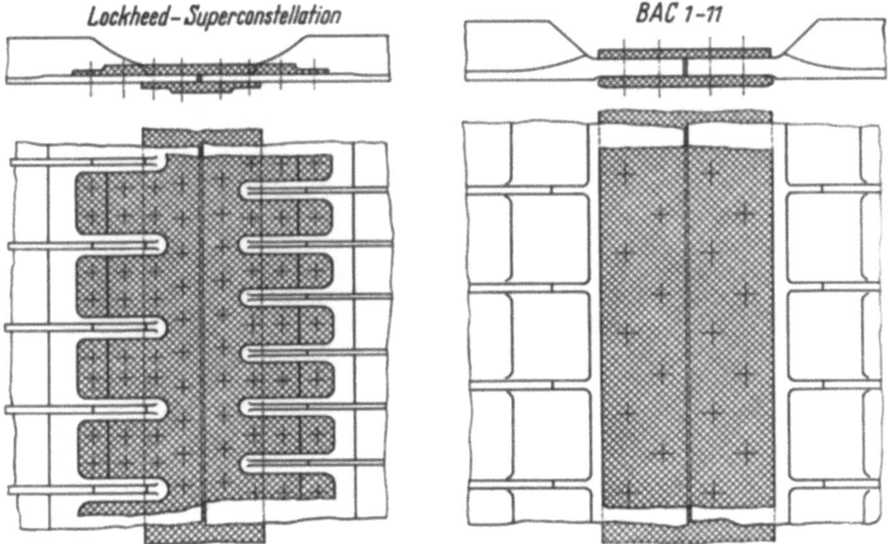

Bild 467. Querstöße von Integralplatten in der Flügelbeplankung — Lockheed-Superconstellation und BAC 1-11. [22, 23].

Bild 467 zeigt Plattenquerstöße von Tragflügeln [22, 23]:

Rechts: gedrungener Anschluß der BAC 1-11 mit stark aufgedickten Plattenenden zur zentrischen Kräftedurchleitung. Infolge dieser Aufdickungen wird das Spannungsniveau in den Plattenenden stark herabgesetzt, so daß die zweireihige Ausführung des zweischnittigen Laschenstoßes zur Sicherstellung der dynamischen Festigkeit ausreicht.

Links: langgezogener Anschluß der Lockheed-Superconstellation mit geringerer Hautaufdickung der Plattenenden. Die Aufdickung reicht weit in den verrippten Teil der Platte hinein, so daß lange fingerartige Verlängerungen der Decklasche zur stärkeren Aufdickung eingeschraubt werden können.

Die Plattenquerstöße der BAC-VC 10 sind ähnlich denen der BAC 1-11 durchgebildet. Bei dieser Konstruktion mit hohen Verrippungen, also stark außerhalb der Plattenhaut liegender Neutralachse, erfolgt die Zentrierung des Querstoßes dadurch, daß die Haut innen (auf der Rippenseite) stark aufgedickt und von außen abgearbeitet wird. Auf diese Weise entsteht ein zweischnittiger Doppel-laschenstoß, bei dem die Außenlasche nicht wesentlich über die Plattenoberfläche hinausragt.

6.3.3 Querstöße längsverrippter Platten ohne Aufdickung der Plattenhaut

Die Aufdickung der Wandstärke an den Plattenenden bereitet keine Schwierig-keiten, wenn die Platten im Gesenk gepreßt oder aus sehr dicken Blechen durch Zerspanung oder Ätzen hergestellt werden. Verrippte Platten geringer Wand-stärke, die als Abwicklung von verrippten Strangpreßrohren hergestellt werden, können dagegen bisher nur schwer an den Querstoßenden aufgedickt werden.

Wird die Haut an den Plattenenden nicht integral aufgedickt, so müssen Verstärkungen angebracht werden, die einen Teil des Kraftflusses aus der Platte

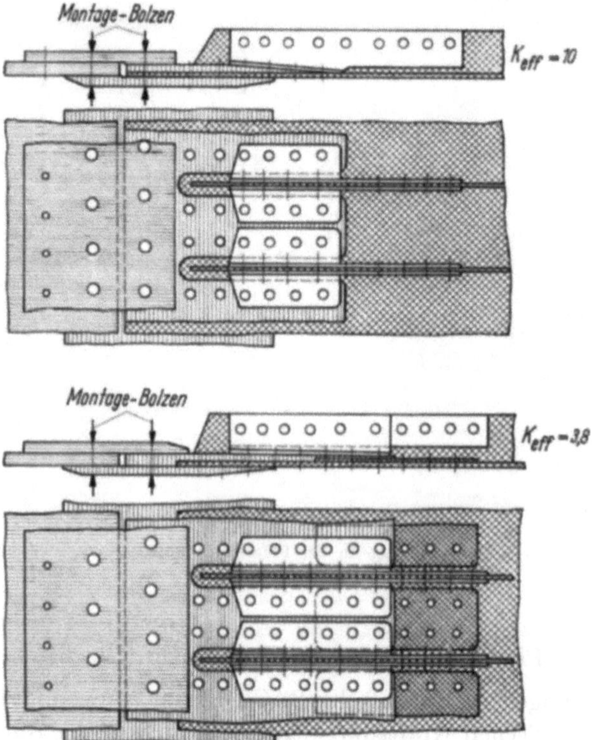

Bild 468. Querstöße von Integralplatten in der Flügelbeplankung — Lockheed-Versuche zur Verringerung des Häufungsfaktors. [24].

übernehmen und das Plattenende verdicken. Diese Verstärkungen müssen schon in größerer Entfernung vom Plattenende beginnen, damit die Übernahme ihres Kräfteanteils abgeschlossen ist, ehe die Kräfteüberleitung von den Stegen auf die Haut und dann die Stoßüberdeckung erfolgt.

Bild 468 zeigt zwei Lösungen hierzu [24]. Die skizzierte Konstruktion

oben ist dynamisch unzureichend, da der effektive Häufungsfaktor mit $K_{\text{eff}} = 10$ sehr groß ist,

unten ist gut, da $K_{\text{eff}} = 3,8$ für eine nicht integrale Konstruktion recht klein ist.

6.3.4 Bedeutung der Bolzenpassung, des Schraubenanzugs und des Reibschutzes bei Plattenquerstößen

Im Bild 469 sind Ergebnisse von HARRIS [25] zusammengestellt, die mit Doppellaschenfügungen aus 2024-T 4 und 7075-T 6 erzielt wurden:
Die $(\sigma - N)$-Kurven sind

für 7075-T 6 günstiger als für 2024-T 4,

für Paßbolzen mit hohem Anzugsmoment günstiger als für lose sitzende Bolzen mit geringem Anzugsmoment,

für Reibschutz mit MoS_2 + Druckfett günstiger als für DTD 369 A (Barium-Chromat + Kaolin-) Reibschutz.

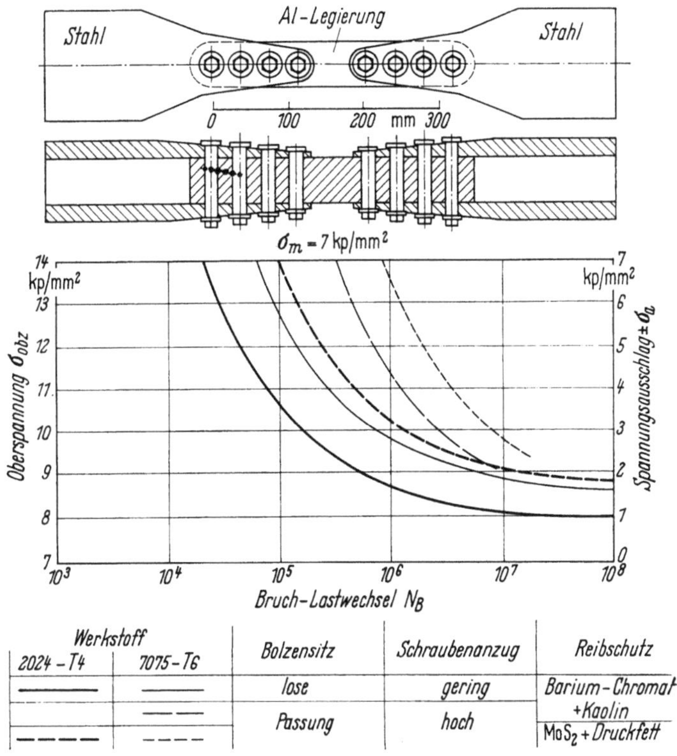

| Werkstoff | | Bolzensitz | Schraubenanzug | Reibschutz |
2024 - T4	7075 - T6			
——————	——————	lose	gering	Barium-Chromat
	– – – –			+Kaolin
— — — —	– — – —	Passung	hoch	MoS_2 + Druckfett

Bild 469. Ermüdungsfestigkeit von Bolzenverbindungen — Einfluß von Passung, Schraubenanzug und Reibschutz. [25].

6.3.5 Konstruktive Gestaltung von Querstößen im Hinblick auf gute Kontrollierbarkeit im Betrieb

Die meisten Konstruktionen (wie z. B. Flugzeugzellen) sind in vorgeschriebenen Zeitabständen gründlich zu kontrollieren, um Ermüdungsanrisse festzustellen, ehe ihre Ausbreitung gefährlich wird. Daher ist es notwendig, so zu konstruieren, daß die Struktur überall der Kontrolle mit bloßem Auge, mit optischen Hilfsmitteln, in Sonderfällen auch mit physikalischen Hilfen (Röntgenstrahlen, Ultraschall) zugänglich gemacht werden kann (z. B. durch Entfernen von Verkleidungen oder Abdeckungen, durch Öffnen der Inspektionslöcher).

Nach Möglichkeit sollen also alle tragenden Teile auf einer Seite unverdeckt bleiben.

Dieser Zielsetzung entsprechen einschnittige Überlappungsstöße, die in ihrer einfachsten Ausführung als Blechstoß infolge der Biegung aus Exzentrizität jedoch nur eine sehr geringe dynamische Festigkeit haben.

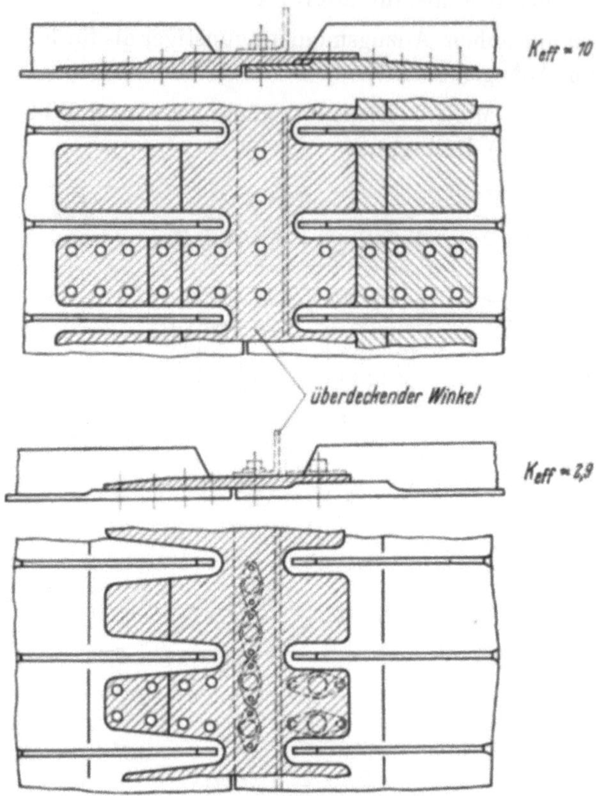

Bild 470. Querstöße (mit Einzellasche) von Integralplatten in der Flügelbeplankung — Lockheed-Versuche zur Verringerung des Häufungsfaktors. [24].

Im Integralbau mit längsversteiften Platten kann im Gegensatz zum Blechbau, wie Bild 470 [24] zeigt, der Stoß durch Hautaufdickungen so zentriert werden, daß die Verbindung unter Vermeidung zusätzlicher Biegebeanspruchung gut bezüglich der Ermüdungsfestigkeit wird. Die beiden verbundenen Plattenenden sind von außen leicht zu kontrollieren. Die Kontrolle der Verbindungslasche, die beide Plattenenden überdeckt, kann von innen erfolgen. Die Lasche wird jedoch längs der gefährdeten Verschraubungsreihe von einem Winkel verdeckt, der zu der die Beplankung abstützenden Querwand gehört und Annietmuttern für die Schraubenreihe trägt. Man kann eine derartige, für die Kontrolle hinderliche Abdeckung einer wichtigen hochbelasteten Bolzenlochreihe durch ein nicht zum Längsverband gehörendes Glied vermeiden, indem man wie Bild 471 zeigt, den abdeckenden Schenkel des Winkels zur teilweisen Freilegung des zu kontrollierenden Streifens ausschneidet und die Annietmuttern um 90° dreht.

Wie wichtig die Kontrollierbarkeit der zweischnittigen Überlappungsverbindung ist, kann man aus Bild 472 sehen. Bei dieser Anschlußkonstruktion ist in 8 von 11 Fällen der Ermüdungsbruch durch eine verdeckte Bohrungsreihe verlaufen [26].

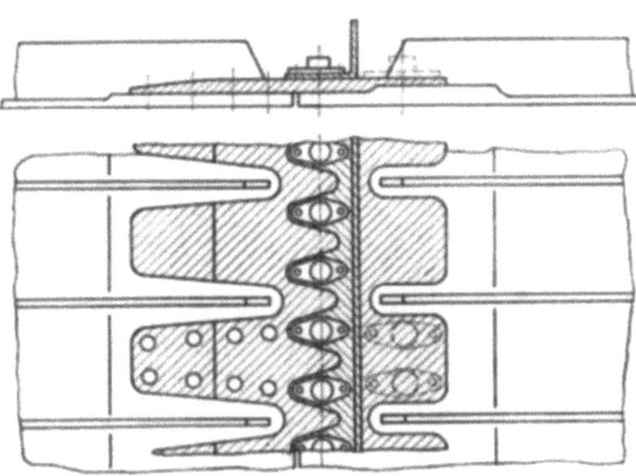

Bild 471. Zentrierter Überlappungs-Querstoß — Kontrollierbarkeit der Lasche durch Aussparen des überdeckenden Winkels.

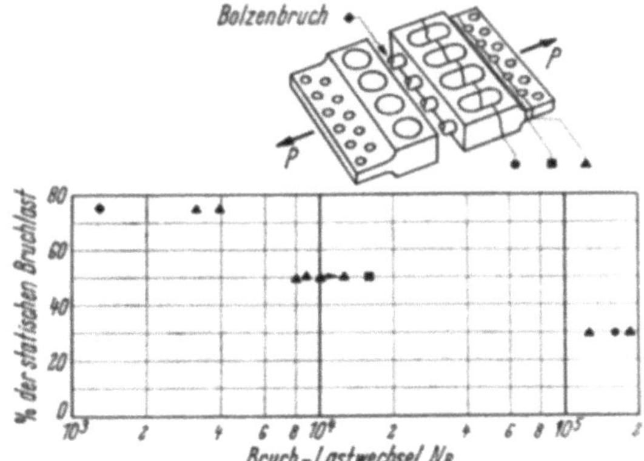

Bild 472. Ermüdungsversuche mit einem Platten-Querstoß — Brüche in verschiedenen Querschnitten. [26].

7 Vergleichsversuche mit genieteten und geschraubten Überlappungsstößen

7.1 Versuche von Whitworth Gloster

Im Bild 473 sind Versuchsergebnisse von zweireihigen Überlappungsstößen der Firma Whitworth Gloster [27] mit verschiedenen Fügemitteln wiedergegeben.

Von den vier verglichenen Ausführungen erfüllt der gequetschte Niet die Fügebedingungen am besten; die untere Grenze des entsprechenden $(\sigma-N)$-Streubandes erreicht bei gleicher Oberspannung etwa die 4fache Bruchlastwechselzahl gegenüber dem geschlagenen Niet.

Als sehr ungünstig erweist sich in diesem Beispiel die Fügung mit zylindrischen Bolzen. Der Unterschied in der „Erfüllung der Fügebedingungen" zwischen den eingepreßten, satt ansitzenden Nieten und den nicht eingepreßten, zylindrischen Bolzen wirkt sich in der Ermüdungsfestigkeit so stark aus, daß das Streuband für die Fügung mit gequetschten Nieten 7 bis 10mal so hohe Bruchlastwechselzahlen wie das mit zylindrischen Bolzen aufweist.

Viel Entwicklungsarbeit ist geleistet worden, um die Schraubenverbindung zu verbessern. Durch konische Ausbildung der Bolzenschäfte wurde im Beispiel des Bildes 473 die Ermüdungsfestigkeit der Bolzenverbindung der der Verbindung mit gequetschten Nieten angenähert.

7.2 Versuche von Sud-Aviation

Sud-Aviation hat Fabrikationsversuche für die Überlappungsfügungen des Rumpfs der Caravelle [18] veröffentlicht, deren Ergebnisse im Bild 474 wiedergegeben sind. Man erkennt z. T. recht erhebliche Unterschiede in der Ermüdungsfestigkeit der untersuchten Senkniete und Senkschrauben.

Zum Vergleich ist in dieses Bild die untere Streugrenze der zweireihigen Überlappungsnietung (Flachrundkopf), wie sie BÜRNHEIM [4] gemessen hat, eingetragen.

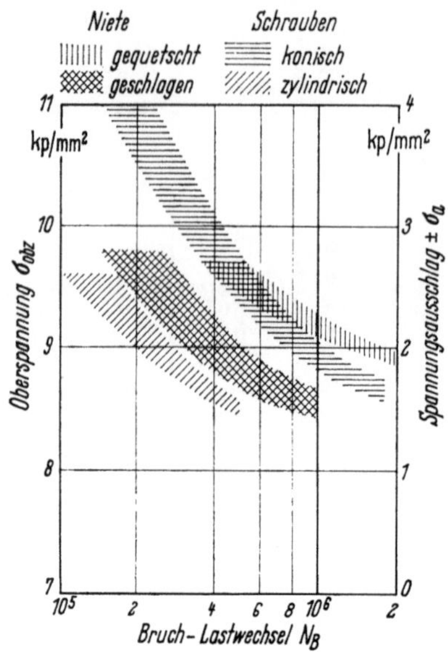

Bild 473. Ermüdungsfestigkeit von Überlappungsstößen — Vergleich von Nietung und Verschraubung. [27].

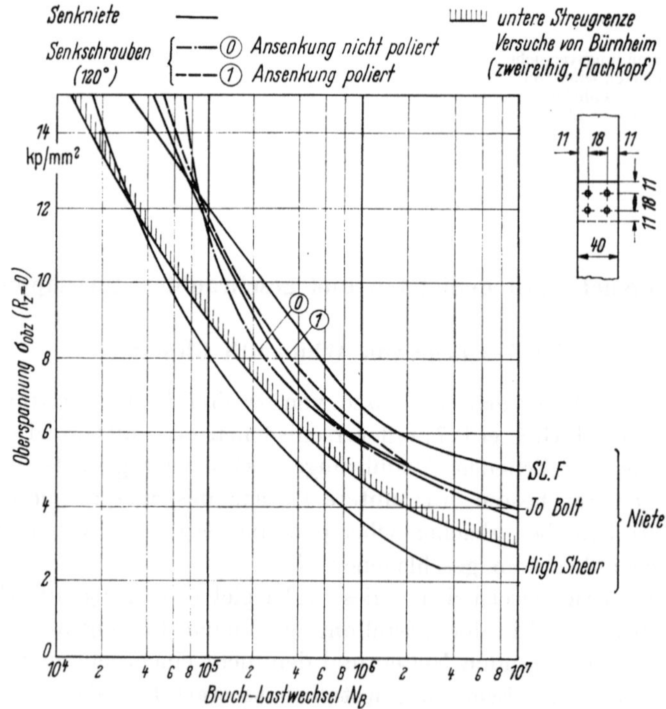

Bild 474. Ermüdungsfestigkeit von einschnittigen Laschenverbindungen — Vergleich von Nietung und Verschraubung. [18].

XVIII. Ermüdungsfestigkeit geklebter und geschweißter Querstöße

1 Geklebte Konstruktionen

Seit annähernd 25 Jahren ist die Herstellung von hochfesten Metallverbindungen mit Hilfe synthetischer Klebemittel bekannt und wird im Leichtbau, speziell dem Flugzeugbau, mit dem Fortschritt der Klebetechnik in steigendem Maße angewendet.

Die Klebetechnik gestattet in vielen Fällen dem Konstrukteur

eine höhere statische Ausnutzung der Werkstoffestigkeit und

eine höhere Ermüdungsfestigkeit der Fügungen von Konstruktionen (keine Spannungshäufungen durch Fügeelemente wie Niete und Bolzen, keine Reibkorrosionsschäden)

zu erzielen.

Auf die theoretischen und technologischen Grundlagen der Verklebung soll im Rahmen dieses Buches nicht eingegangen werden. Sie sind in mehreren Veröffentlichungen [1—4] ausführlich dargestellt.

In den folgenden Kapiteln dieses Buches werden weitere Ergebnisse von Untersuchungen an geklebten Konstruktionselementen mitgeteilt:

Plattenverbindungen bei hochfrequenter Biegewechselbeanspruchung (Kap. XX),

Rißausbreitung in Leichtbaukonstruktionen (Kap. XIII),

Kreisausschnitte in Blechwänden unter Schubbelastung (Kap. XXII).

1.1 Statische Grundlagen

Die geringe Bruchfestigkeit der Klebemittel von etwa $\sigma_B = 5 \text{ kp/mm}^2$ gestattet es nicht, stumpfe Stöße zur Kraftübertragung zu verwenden. Geklebte Verbindungen von Blechen, die auf Zug, Druck oder Schub in ihrer Ebene beansprucht sind, werden deshalb immer als einseitige, beidseitige oder geschäftete Überlappungsstöße ausgebildet. Bei der Kraftübertragung wird die Klebeschicht bevorzugt auf Schub beansprucht. Das Bild 475 zeigt an Beispielen, daß sich in der Kleberschicht an den Ansätzen des anlaufenden Blechs Schub- und Zugspannungskonzentrationen ausbilden:

Schubspannungsspitzen $\tau_{\max}/\tau_m = l\,\tau_{\max}/\sigma_{nu}\,s$ infolge der anlaufenden Kraftübertragung,

Zugspannungsspitzen $\sigma_{y\max}/\sigma_{nu}$ auf Abreißen (sog. Schälspannungen), die durch die ungleichmäßige Schubspannungsverteilung in x- und y-Richtung hervorgerufen werden,

zusätzliche Schälspannungen σ_y bei einseitiger Überlappung aus der von den Blechdicken verursachten Exzentrizität, die Größe dieser Schälspannungen ist nicht linear von der Belastung abhängig [5],

ungleichmäßige Schub- und Zugspannungsverteilung auch bei geschäfteten Verbindungen [6].

Die Schub- und Zugspannungshäufungen sind in verschiedenen Untersuchungen [1, 3, 5—8] theoretisch und experimentell, für elastische und plastische Verformungen von Kleber und Blech behandelt.

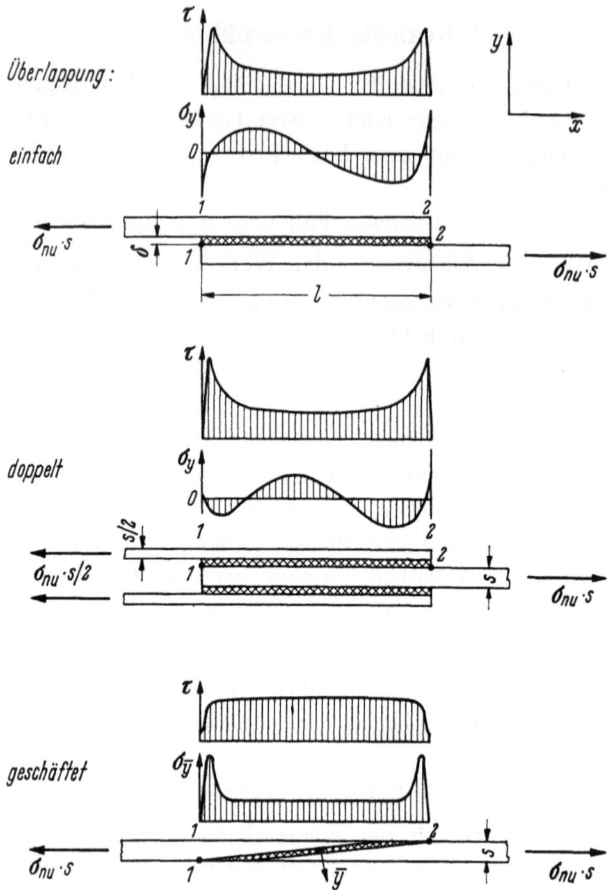

Bild 475. Geklebte Überlappungsstöße — qualitative Spannungsverteilung in der Kleberschicht — Vergleich der Überlappungsarten. [6].

Aus diesen Arbeiten ergeben sich folgende Erkenntnisse:

Die Beanspruchungen in der Kleberschicht (Schub) und den Blechen (Zug) hängen ab von

der Schubsteifigkeit G_K und Dicke δ der Kleberschicht,
dem Elastizitätsmodul E und der Dicke s der Bleche,
der Überlappungslänge l der Fügung.

Diese Einflußgrößen sind in der sog. Volkersen-Kennzahl [7]

$$K_v = \frac{G_K\, l^2}{E\, s\, \delta} = \frac{G_K\, l}{\delta}\,\frac{l}{E\, s}$$

zusammengefaßt, die die Steifigkeit der Fügung kennzeichnet.

Die Schubspannungskonzentration $\tau_{\max}/\tau_m$ in der Kleberschicht ergibt sich nach VOLKERSEN für $K_v \geqq 10$ zu $\tau_{\max}/\tau_m \approx \sqrt{\dfrac{K_v}{2}}$.

Für $K_v \geqq 10$ wird die Spannungsspitze $\tau_{\max}$ unabhängig von der Überlappungslänge l, und es ergibt sich damit die optimale Länge der statischen Dimensionierung für $K_v = 10$ zu

$$l_{\mathrm{opt}} = \sqrt{\frac{10\,E\,s\,\delta}{G_K}}.$$

Durch plastischen Ausgleich der Spannungsspitzen im Kleber wird die Tragfähigkeit von statisch belasteten Klebeverbindungen gegenüber der elastischen Rechnung erheblich erhöht.

Durch die vom Verfasser [3, 9] und ergänzend von VOLKERSEN [10] vorgeschlagene Klebung mit veränderlicher Kleberschichtdicke wird ein zusätzlicher elastischer Spannungsausgleich in der Kleberschicht erreicht.

1.2 Ermüdungsversuche an geklebten Querstößen (einschnittige Fügungen)

Die vorliegenden Versuchsergebnisse an geklebten Querstößen zeigen deutlich die Überlegenheit dieser Fügungen gegenüber genieteten, verbolzten oder punktgeschweißten Konstruktionen.

Die im folgenden zur Wertung herangezogenen Versuchsergebnisse wurden an einfach überlappten Verbindungen ermittelt.

1.2.1 Vergleich verschiedener Fügearten

Im Bild 476 sind die Fügeverfahren Nieten, Punktschweißen und Kleben an Hand von mittleren $(\sigma - N)$-Kurven einfacher Überlappungen miteinander verglichen [11—13].

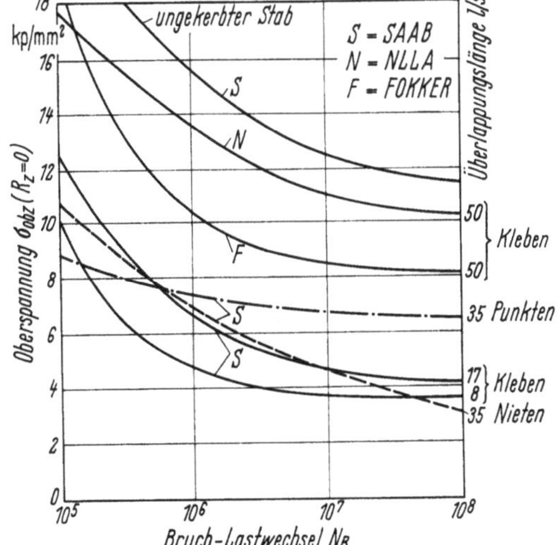

Bild 476. Ermüdungsfestigkeit einfacher Überlappungsstöße — 2024-T plattiert — Vergleich verschiedener Fügearten. [11 bis 13].

Genietete Stöße weisen eine sehr schlechte Ermüdungsfestigkeit auf, die auch bei mehr als 10^8 Lastwechseln durch Reibkorrosionseinfluß noch abfällt.

Gepunktete Stöße gleicher Überlappungslänge l/s sind ab 10^6 Lastwechseln den Nietverbindungen überlegen und erreichen bei 10^8 Lastwechsel die Dauerfestigkeit.

Geklebte Stöße erreichen unabhängig von der Überlappungslänge l/s ihre Dauerfestigkeit ebenfalls bei 10^8 Lastwechseln.

Bei gleicher Überlappungslänge l/s sind die Klebeverbindungen den gepunkteten oder genieteten Stößen überlegen.

1.2.2 Einfluß der Überlappungslänge l/s

Die Auftragung der Dauerschwellfestigkeit $\sigma_{Sch(N_G)}$ über der Überlappungslänge l/s im Bild 477 zeigt:

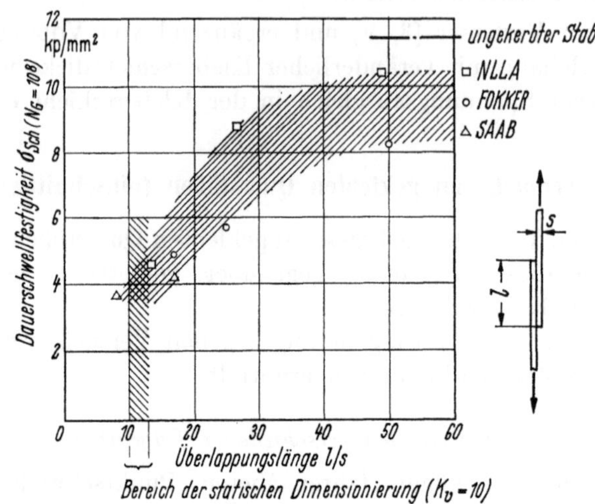

Bild 477. Dauerschwellfestigkeit einfacher geklebter (Redux) Überlappungsstöße — 2024-T plattiert — Einfluß der Überlappungslänge. [11 bis 13].

Mit größer werdender Überlappungslänge l/s steigt die Dauerschwellfestigkeit $\sigma_{Sch(N_G)}$ an und erreicht bei großen Überlappungslängen $(l/s > 60)$ nahezu die Dauerfestigkeit des ungekerbten Materials. Diese bei dynamischer Belastung günstigen Überlappungslängen betragen ein Vielfaches der statischen Optimallängen.

Die Länge der statisch optimalen Überlappungen errechnet sich aus Kriterien, die nur für den Kleber im statischen Belastungsfall gelten. Die Spannungshäufungen in der Kleberschicht haben jedoch oberhalb einer bestimmten Mindestüberlappungslänge wenig Einfluß auf die dynamische Festigkeit.

Dagegen bewirkt die Exzentrizität der einfachen Überlappung Biegespannungen in den Blechen und zusätzliche Schälspannungen im Kleber. Bei Überlappungen mit geringer Blechsteifigkeit werden diese Biegespannungen wesentlich, so daß die Ermüdungsbrüche nicht in der Kleberschicht, sondern im Blech an der Stelle der größten Biegespannungen auftreten. Diese Blechbiegespannungen nehmen mit größer werdendem Überlappungsverhältnis l/s stark ab.

1.2.3 Gleichzeitige Klebung und Nietung bei Überlappungsverbindungen

Der Gefahr des bei Klebeverbindungen möglichen Abschälens am Anfang der Überlappung durch Schälspannungen und Feuchtigkeitseinfluß begegnet man in der Praxis oft dadurch, daß zusätzlich zur Klebung eine Nietung durchgeführt wird.

Wieweit die Ermüdungsfestigkeit der geklebten Verbindung durch zusätzliche Nietung beeinflußt wird, wurde an einer einschnittigen dreireihigen Verbindung untersucht (Überlappung entsprechend einer normalen Nietverbindung

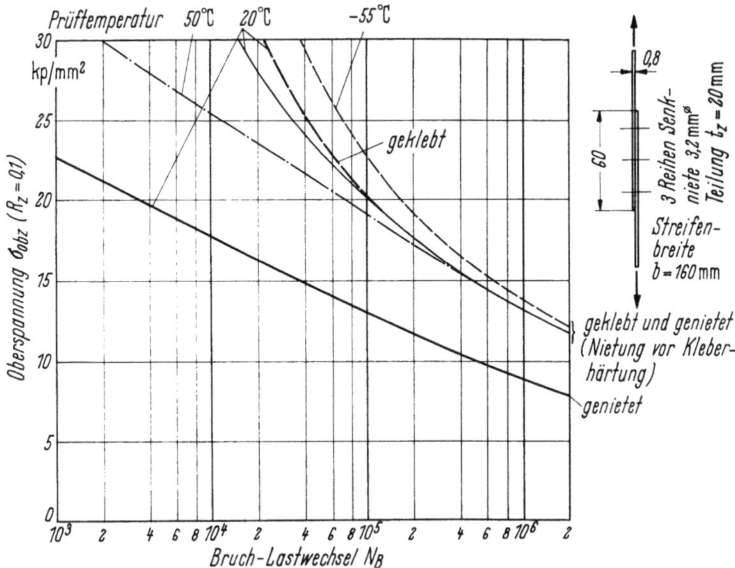

Bild 478. Ermüdungsfestigkeit einfacher Überlappungsstöße — 2024-T plattiert — Vergleich genieteter und geklebter sowie geklebt-genieteter Stöße — Einfluß der Prüftemperatur. [14].

$l/s = 75$) [14]. Als Kleber wurde ein kalthärtendes Epoxydharz (3 M-EC 2216) verwendet. Die Nietung erfolgte vor der Kleberaushärtung. Im Bild 478 sind die mittleren $(\sigma - N)$-Kurven aufgetragen.

Geklebte sowie geklebt-genietete Stöße sind genieteten Stößen im gesamten Belastungsbereich überlegen.

Die zusätzliche Nietung hat praktisch keinen Einfluß auf die Ermüdungsfestigkeit der geklebten Verbindung.

Zu einem ähnlichen Ergebnis führten Versuche [15] an sehr kurzen ($l/s = 6,5$) einfachen Überlappungsstößen, die mit einem warmfesten Phenolepoxydharz mit Glasfaserzwischenschicht (Bloomingdale HT-424) verklebt waren. Hier wurde jedoch zum Unterschied zur zuerst angeführten Untersuchung nach der Kleberaushärtung genietet.

1.2.4 Einfluß der Prüftemperatur

Im allgemeinen sind Flugzeugzellen im Flugbetrieb starken Temperaturschwankungen von etwa -55 bis $+100$ °C unterworfen. Dabei tritt die Frage auf, wie sich verklebte Teile unter Temperatureinfluß und gleichzeitiger dynamischer Belastung verhalten. Hierzu sind Untersuchungen an geklebt-genieteten [14] und geklebten [15] Verbindungen durchgeführt worden, deren Ergebnisse in den Bildern 478 und 479 dargestellt sind. Es wurden Kleber verwendet, die in dem untersuchten Temperaturbereich ausreichende statische Festigkeiten aufweisen. Die Versuchsergebnisse zeigen:

Hohe Temperaturen (50 °C) führen zu einem Absinken der Ermüdungsfestigkeit.

Niedrige Temperaturen (− 55 °C) verbessern die Ermüdungsfestigkeit.

Der Temperatureinfluß nimmt mit geringer werdender Belastung oberhalb $N_B = 10^6$ ab und wird vernachlässigbar klein. Bei dynamischen Belastungen, die zu Kleberbeanspruchungen nahe der statischen Festigkeit des Klebers

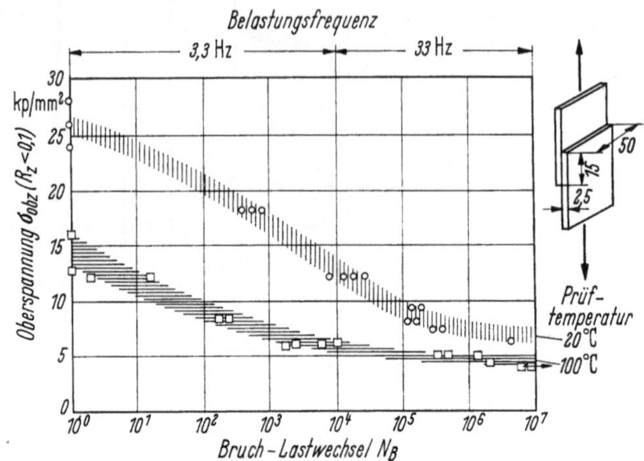

Bild 479. Ermüdungsfestigkeit einfacher geklebter (FM 1000) Überlappungsstöße — 2024-T plattiert — Einfluß der Prüftemperatur. [15].

führen, ist der Einfluß der Temperatur größer als bei niedrigen Belastungen im Bereich der Dauerfestigkeit der Verbindung. Diese Tendenz ist auch bei wesentlich höheren Prüftemperaturen (100 °C) an sehr kurzen nur geklebten einfachen Überlappungen beobachtet worden [15].

1.3 Aufgeklebte Verstärkungsbleche

Ein in der Praxis häufig angewendetes Verfahren zur Abminderung der Spannungshäufung an einer Bohrung ist das Aufdicken durch integrale oder geklebte Verstärkungen im Bereich dieser Bohrung. Der Klebung ist auf Grund der besseren Variationsmöglichkeit und Anpassungsfähigkeit der Vorzug zu geben.

Untersuchung an Zugstäben mit aufgeklebten Verstärkungsblechen [16] ergaben die im Bild 480 mitgeteilten Ergebnisse:

Bei Verwendung von geeigneten Kleberschichten treten bis auf eine Ausnahme keine Brüche an den Ansatzstellen der Verstärkungsbleche auf. Unter „geeigneten" Kleberschichten werden Kleber mit günstigen elastisch-plastischen Eigenschaften für den Spannungsspitzenabbau (z. B. Metlbond M 4021) verstanden.

Kleberschichten mit ungünstigem elastisch-plastischem Verhalten führen infolge der auftretenden Spannungskonzentration an den Ansatzstellen der Verstärkungsbleche zum Anriß und Bruch bei niedrigeren Lastwechselzahlen.

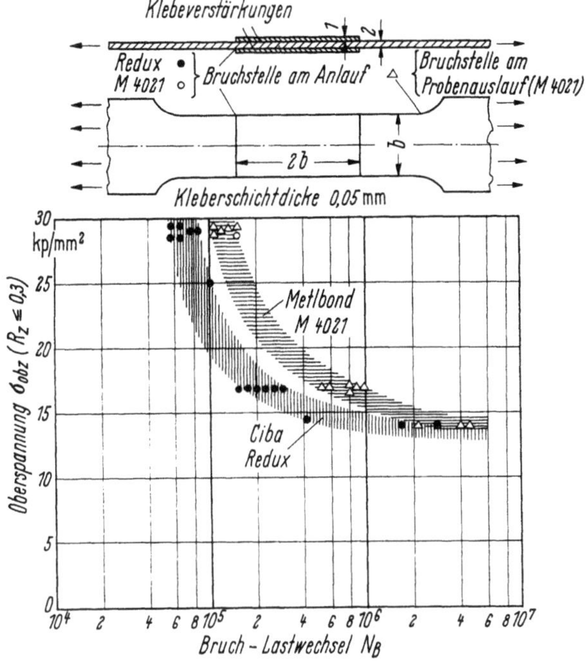

Bild 480. Ermüdungsfestigkeit von Stäben mit aufgeklebten Verstärkungsblechen — 2024-T plattiert — Vergleich verschiedener Kleber. [16].

1.4 Ermüdungsfestigkeit von längsversteiften Platten unter Druckbelastung

Die Längsversteifungen von Tragflügelgurtplatten in Differentialbauweise können aufgenietet oder aufgeklebt werden.

Bei Druckbelastung versteifter Platten kann es zum Einzelfeldbeulen von Haut und Versteifungsprofilen kommen und damit zum Aufbau von Biegespannungen in den Blechfeldern, die zu Ermüdungsschäden führen. Zu diesem Problem sind Untersuchungen durchgeführt worden, deren Ergebnisse (Mittel-

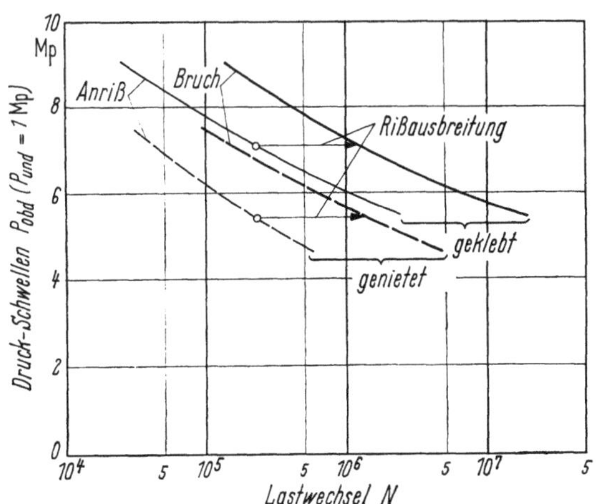

Bild 481. Ermüdungsfestigkeit druckbeanspruchter versteifter Platten — Vergleich Nietung — Klebung. [17].

werte) im Bild 481 aufgetragen sind [17]. Es werden Anriß- und Bruchkurven unterschieden.

Die Anriß- und Bruchlastwechselzahlen der geklebten Platte liegen bei gleichem Lastniveau durchschnittlich um eine Größenordnung höher als die der entsprechenden genieteten Platte. Die Klebung führt zu einer sehr gleichmäßigen Einspannung der Plattenfelder und damit zu geringeren Spannungshäufungen als eine genietete Konstruktion.

2 Ermüdungsfestigkeit von Schweißverbindungen

Probleme der Ermüdungsfestigkeit von Schweißverbindungen werden im Rahmen dieses Buchs nicht eingehend diskutiert.

Die dynamische Festigkeit derartiger Verbindungen ist außer von ihrem konstruktiven Aufbau und dem Werkstoff der zu verbindenden Teile abhängig von

dem Schweißverfahren,
dem Schweißzusatzwerkstoff
sowie zufälligen Störungen in der Schweißnaht.

JARFALL [18] hat umfangreiche dynamische Bruchversuche an Schweißverbindungen durchgeführt. Als Ausgangsmaterial zur Prüfstückherstellung wurden gewalzte Bleche einer AlMgSi-Legierung verwandt. Einige Ergebnisse sind in den Bildern 482 und 483 zusammenfassend dargestellt.

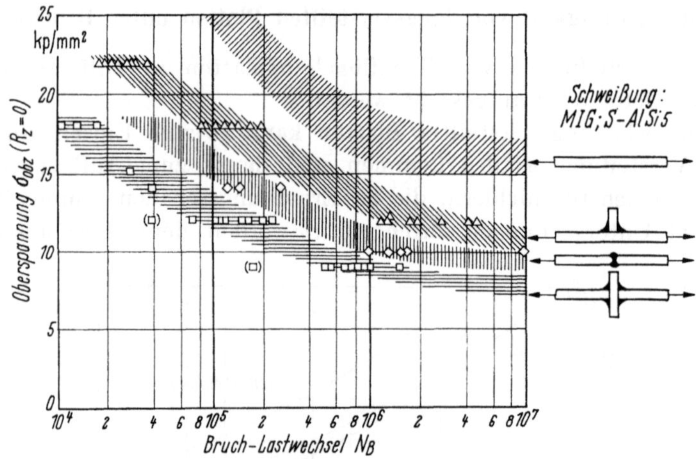

Bild 482. Ermüdungsfestigkeit von Schweißverbindungen ($R_z = 0$) — AlMgSi1 (6061-T6) — Vergleich verschiedener Verbindungsarten. [18].

In diesen Bildern ist für die Spannungsverhältnisse $R_z = 0$ (Bild 482) und $R = -1$ (Bild 483) die Ermüdungsfestigkeit verschiedener Schweißkonstruktionen untereinander und mit der des ungestörten Materials verglichen.

McLESTER hat im Jahre 1962 ebenfalls Ergebnisse von Ermüdungsversuchen mit Schweißverbindungen veröffentlicht [19]. Die Ergebnisse der von ihm durchgeführten Vergleichsversuchsreihen sind im Bild 484 zusammengefaßt.

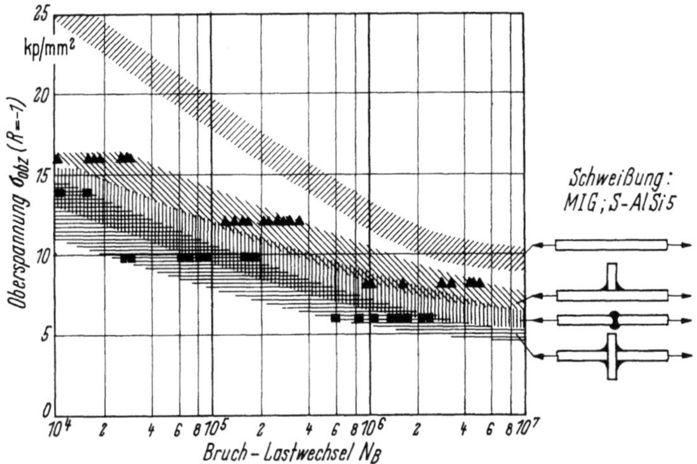

Bild 483. Ermüdungsfestigkeit von Schweißverbindungen $(R = -1)$ — AlMgSi 1 (6061-T 6) — Vergleich verschiedener Verbindungsarten. [18].

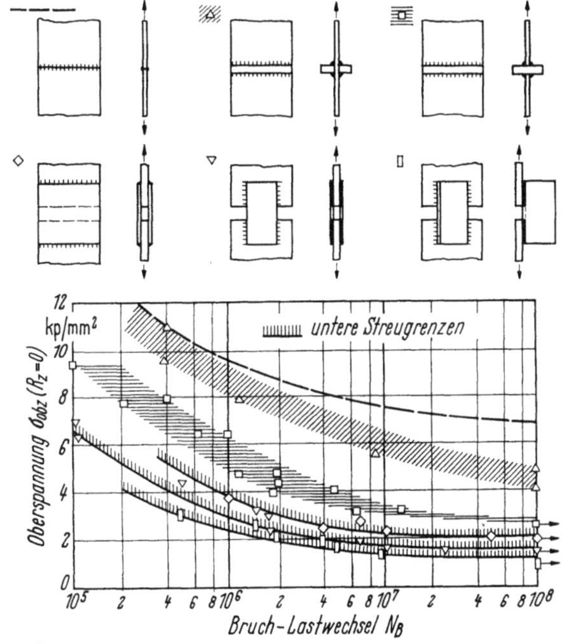

Bild 484. Ermüdungsfestigkeit von Schweißverbindungen $(R_z = 0)$ — B 51 SWP (6061-T 6) — Vergleich verschiedener Verbindungsarten. [19].

XIX. Ermüdungsfestigkeit von Plattenlängsverbindungen

1 Verminderung der Ermüdungsfestigkeit längsgezogener Bauteile infolge durchgehender Längsanschlüsse

Langgestreckte Bauglieder, wie massive Gurte von Flügelholmen oder Integralplattenstreifen von Flügelkästen, die in erster Linie der Aufnahme von Längskräften dienen, müssen über ihre ganze Länge mit den benachbarten Teilen verbunden werden, um die tragende Baugruppe, beispielsweise einen Flügelholm oder Flügelkasten, zu bilden.

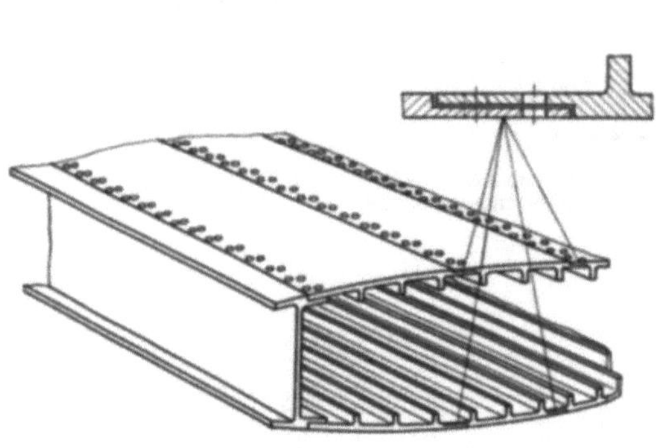

Bild 485. Tragflügelkasten aus Integralplatten. Genietete Längsverbindung — Ausführung nach Lockheed. [1].

$$N_B = 2{,}94 \cdot 10^6$$
$$\sigma_{obz} = 10\,\text{kp/mm}^2$$
$$R_z = 0{,}54$$

Bild 486. Ermüdungsbruch — Rißbeginn an der Bohrungswand. Werkstoff: L65 (2014-T6). [2].

Bild 485 zeigt das Beispiel des Zusammenbaus eines Flügelkastens aus zahlreichen Längsstreifen [1]. Die Längsfügungen dieser Plattenstreifen sind bei dynamischer Beanspruchung besonders gefährdet; im Bereich der Fügungen entstehen die ersten Ermüdungsanrisse. Die Gestaltung dieser Längsverbindungen ist mithin von entscheidender Bedeutung für die Ermüdungsfestigkeit der Gesamtkonstruktion, in der diese Fügungen angewandt werden.

Bild 486 zeigt den Ermüdungsbruch eines Längsgurtes, der von Bohrungen ausgeht, die in den durchlaufenden Flanschen angebracht sind [2]. Die sehr kleine Schwächung des Flanschquerschnittes wirkt sich stark auf die Ermüdungsfestigkeit des ganzen Gurtes aus. Die Oberspannung $\sigma_{obz} = 10\,\text{kp/mm}^2$ für $N \approx 3 \cdot 10^6$ Lastwechsel mit $R_z \approx +0{,}54$, bei der die kleinen Flansche brechen und somit der Ermüdungsbruch des Gurtes eingeleitet ist, erreicht etwa nur 30% der Oberspannung des kerbfreien Probestabs.

Eine solche Konstruktion bei der die Anschlußbohrungen im tragenden Querschnitt liegen, muß, obgleich sie häufig angewandt wird, im Hinblick auf ihre Ermüdungsfestigkeit als äußerst schlecht bezeichnet werden.

Um diesem Übelstand generell abzuhelfen, wurde von HERTEL in [3] eine neuartige „kerbarme Längsfügung" vorgeschlagen.

2 Vermeidung von Spannungshäufungen in Längsanschlüssen durch Auflösen der Anschlüsse in einzelne „Anschlußlappen"

2.1 Nachteile der Überlappungsverbindung

Die Längsverbindungen von Integralplattenstreifen zur Herstellung von Tragflügelkästen werden, wie bereits im Bild 485 gezeigt und im linken Teil des Bildes 487 noch einmal schematisch skizziert, durch Überlappungen hergestellt.

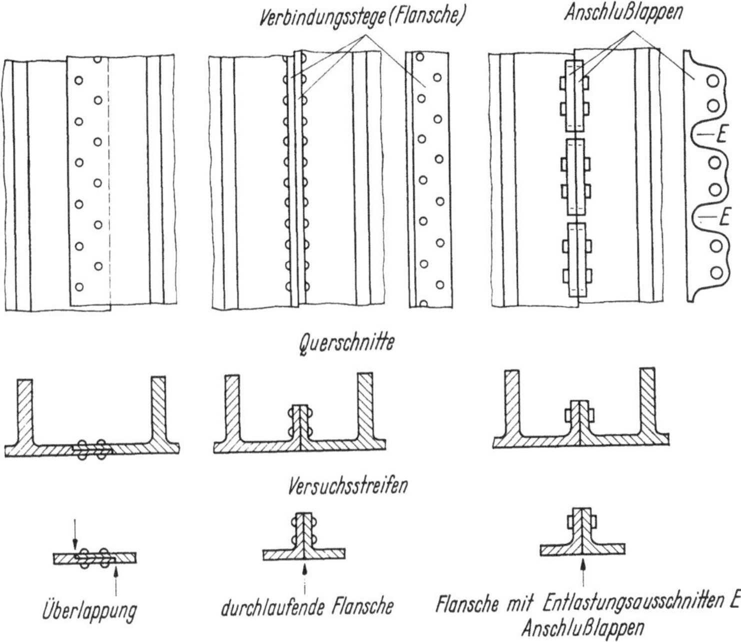

Bild 487. Grundformen von Integralplatten-Längsfügungen — schematische Darstellung.

A: Anrisse, Stegansatz
$A_1 - B$: Längstrennung
$B - D$: Querriß
$C - E$: Querriß

Bild 488. Ermüdungsversuch an einer Integralplatte mit Längs- und Querverbindung. Rißbeginn an den Stegausläufen. [4].

Ein Anwendungsbeispiel für einen Längsstoß dieser Art zeigt das Foto im Bild 488 [4].

Ein besonderer Nachteil dieser Fügung besteht darin, daß die Platten an der Überlappung auf halbe Dicke abgearbeitet sind. In diesen dünnen Fügestreifen entstehen bei Schubübertragung zwischen den Längsstreifen beträchtliche Spannungen, die zusammen mit den Längsspannungen und deren Häufungen an den Bohrungen sehr gefährliche Beanspruchungen ergeben. Die Ermüdungsfestigkeit einer derartigen Konstruktion ist gering.

2.2 Nachteile einer durchlaufenden Flanschverbindung

Durch Verwendung von Längsverbindungsstegen senkrecht zur Haut, entsprechend der Anordnung im Bild 487 Mitte, kann der Nachteil der Hautreduzierung im Bereich der Überlappung vermieden werden; durch Aufdickung dieser Flansche kann die Beanspruchung aus Schubübertragung klein gehalten werden. Es bleibt jedoch der erhebliche Nachteil des durchlaufenden gelochten Flansches, der durch Bild 486 erläutert wurde.

2.3 Unterbrechung des Längskraftflusses in den Längsflanschen

Man kann nach [3] durch Entlastungsausschnitte E in den Längsflanschen, wie dies schematisch im Bild 487 rechts dargestellt ist, den Längskraftfluß „unterbrechen“. Die dadurch entstehenden „Anschlußlappen“ beteiligen sich nur unwesentlich an der Längskraftaufnahme der Streifen, die sie miteinander verbinden, so daß die Bohrungen in den „Lappen“ für die Schubverbindung ohne wesentliche Beanspruchung aus der Längsspannung zur Verfügung stehen.

Bild 489 zeigt das Foto einer Modellplatte aus Integralstreifen mit Längsverbindungen durch Anschlußlappen in der beschriebenen Art.

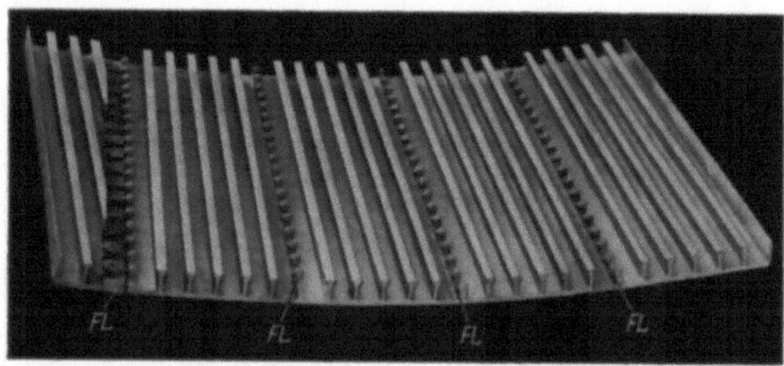

Bild 489. Teilschale eines Tragflügelkastens aus Integralplatten. Längsverbindung durch Anschlußlappen (*FL*).

Sind die Streifen zur Aufnahme hoher Längs-Zug-Beanspruchung durchzubilden und zu dimensionieren, so ist bezüglich der Gestaltung der Verbindungslappen wesentlich, daß

die Lappen möglichst frei von diesen Längsspannungen bleiben,

die Spannungshäufung an den Lappenansätzen möglichst klein bleibt.

3 Untersuchungen zur Spannungsverteilung im Bereich der „Anschlußlappen" und Entlastungsausschnitte einer „aufgelösten" Längsfügung

3.1 Flachstab mit einzelnen symmetrischen Vorsprüngen nach Neuber

Die Randspannungen eines Flachstabs mit einzelnen symmetrischen Vorsprüngen (Lappen) bei axialer Zugbelastung wurden von NEUBER [5] theoretisch untersucht. Die stärkste Spannungshäufung σ_{max}/σ_{nu} am Ansatz des Lappens

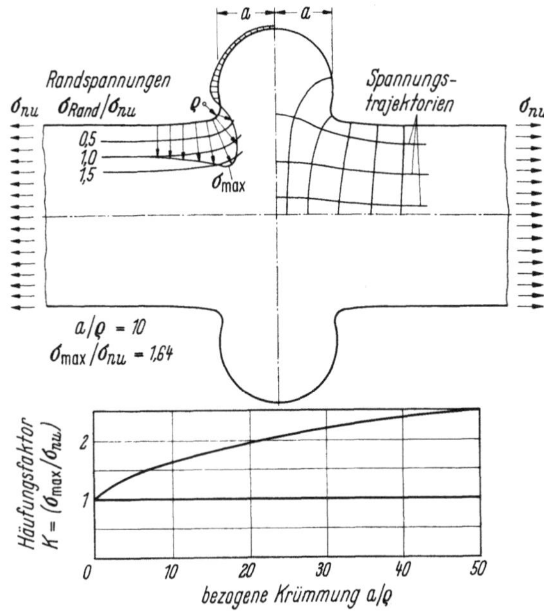

Bild 490. Flachstab mit symmetrischen Lappen. Einfluß der Lappengeometrie
auf den Häufungsfaktor K. [5].

(das Verhältnis der maximalen Randspannung σ_{max} zur ungestörten Streifenspannung σ_{nu}) hängt von der auf die halbe Lappenlänge a bezogenen Krümmung a/ϱ ab, wobei ϱ den Übergangsradius des Vorsprungs bezeichnet.
Bild 490 zeigt für einen von NEUBER untersuchten Flachstab mit symmetrischen Lappen den berechneten Randspannungsverlauf und darunter eine Auftragung von σ_{max}/σ_{nu} über a/ϱ. Im Bereich der im Zusammenhang mit den Anschlußlappen einer Längsfügung interessierenden bezogenen Krümmung $a/\varrho = 6$ bis 12 wird für die „Neuber-Form" $\sigma_{max}/\sigma_{nu} = 1,5$ bis 1,7. Die in der Rechnung von NEUBER behandelten „Lappen" liegen in der Streifenebene und sind einzeln angeordnet.
Im Integralschalenbau werden die Verbindungslappen für einen Längsstoß, wie im Bild 491 gezeigt, rechtwinklig zur Streifenebene am Plattenrand über die ganze Streifenlänge angeordnet. Einer Berechnung dieser Anordnung stehen gegenüber dem von NEUBER behandelten ebenen Problem erhebliche Schwierigkeiten entgegen. Es wurden deshalb umfangreiche Dehnungsmessungen an Plexiglasmodellen mit verschiedener Gestaltung der Anschlußlappen bei rechtwinkliger Anordnung durchgeführt.

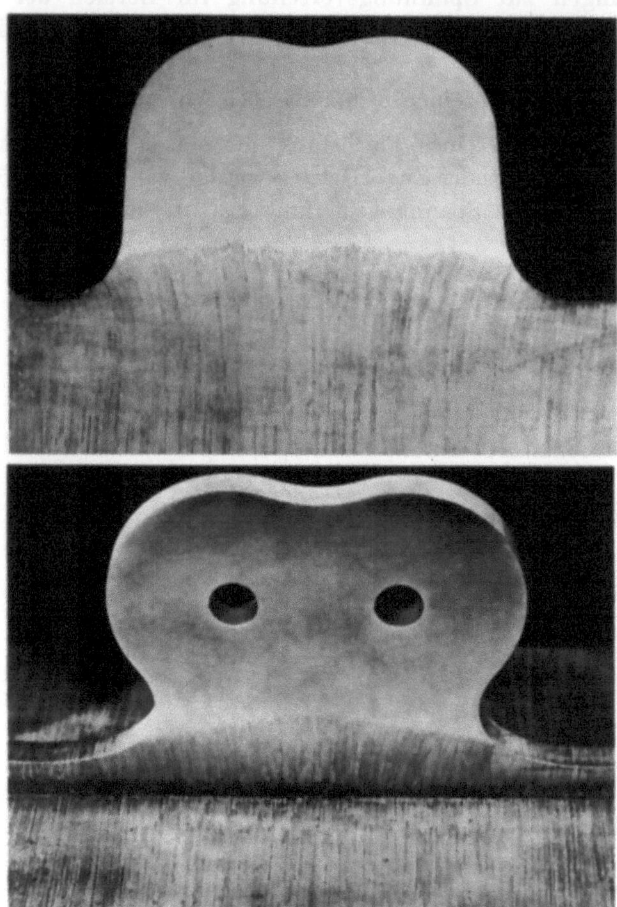

Bild 491 Streifen mit Lappenreihe in Längs- (Zug-) Richtung. Ebene und rechtwinklige Anordnung der Lappen.
Reißlackbilder der Zugversuche.

3.2 Dehnungsmessungen und Reißlackversuche an Plexiglasstreifen mit Fügelappen

3.2.1 Zweck der Messungen

Die im folgenden mitgeteilten und diskutierten Messungen

der Spannungsverläufe mit Hilfe von Reißlackversuchen,

der Spannungshäufungen an den Lappenansätzen und

der Spannungsverteilungen in den Lappen durch Dehnungsmessungen

sollen als Unterlage für die Konstruktion von Längsverbindungen mit Entlastungsausschnitten dienen.

3.2.2 Messungen zur Längsspannungsaufnahme der Fügelappen

Die theoretischen Untersuchungen von NEUBER berechtigen, wie aus Bild 490 oben gefolgert werden kann, zu der generellen Annahme, daß die einzelnen Lappen wenig „Längskraftfluß" auf sich ziehen, d. h., die Längsspannungen im vorspringenden Lappen sind sehr klein. Die Reißlackfotos im Bild 491 zeigen, daß bezüglich der Aufnahme von Längsspannungen das Verhalten der ebenen (oben im Bild) und rechtwinkligen (unten im Bild) Anordnung der Lappen sehr ähnlich ist; die Lappen beteiligen sich in beiden Fällen nur in einem schmalen „Fußbereich" an der Aufnahme des Längskraftflusses.

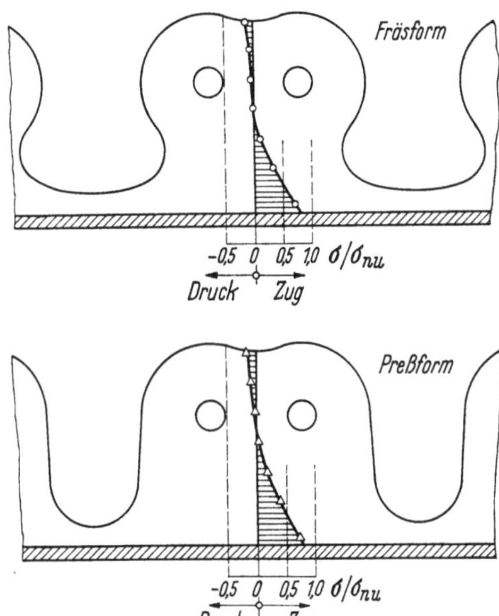

Bild 492. Streifen mit rechtwinkliger Lappenreihe in Längs- (Zug-) Richtung. Spannungsverteilung über der Lappenhöhe bei Streifenzug. Vergleich der Fräs- und der Preßform.

An zwei verschiedenen rechtwinkligen Lappenreihen — auf die Unterschiede der beiden Formen wird später genauer eingegangen — wurde im senkrechten Symmetrieschnitt durch den Lappen die Spannungsverteilung gemessen. Wie Bild 492 zeigt, fallen die Spannungen vom Fuß bis zu etwa halber Höhe ungefähr gleichmäßig bis auf Null ab und gehen weiter oben in sehr geringe Druckspannungen über. In Höhe der Bohrungen für die Längsfügung ist praktisch keine Längsspannung vorhanden.

3.2.3 Spannungshäufung am Lappenansatz bei Einzellappen und Lappenreihe

Für die Längsverbindung von Integralplatten wurde die im Bild 493 dargestellte Form des rechtwinklig hochstehenden Lappens mit dem Ziel entwickelt, möglichst kleine Spannungshäufungen zu erhalten. Die im Zugversuch gemessenen Randspannungen sind in diesem Bild senkrecht zur Randkontur aufgetragen.

Die Messung am Ansatz des ersten Lappens (Auftragung links im Bild 493), die der Messung an einem Einzellappen entspricht, ergab einen relativ kleinen Häufungsfaktor $\sigma_{max}/\sigma_{nu} = 1{,}43$. Die untersuchte Form entspricht in etwa einer von NEUBER untersuchten ebenen Lappenform mit $a/\varrho = 5$.

Im Symmetrieschnitt zwischen zwei Lappen ergibt sich eine Spannungshäufung von $\sigma_{max}/\sigma_{nu} = 2{,}0$, die 40% höher ist als am Ansatz des ersten Lappens bei gleicher Kontur. Die Erhöhung wird durch die verstärkte Kraftumlenkung im Bereich des Entlastungsausschnittes bewirkt. Bei der Konstruktion derartiger

Lappenreihen ist also der Ausbildung der Kontur nahe der Ausschnittmitte besondere Aufmerksamkeit zu schenken, zumal es nicht immer möglich ist, so „weiche Übergänge" wie bei der Lösung im Bild 493 zu verwirklichen.

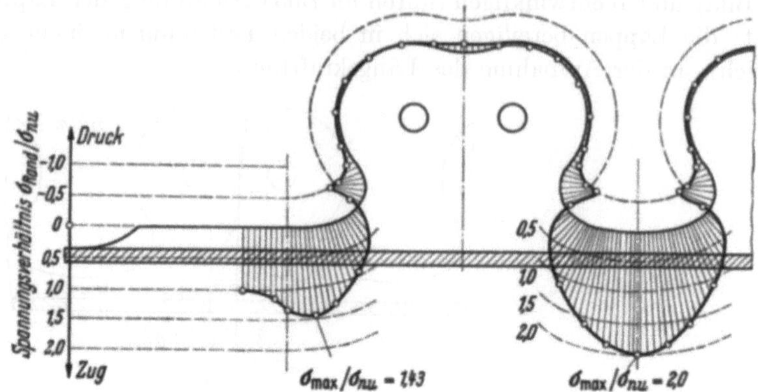

Bild 493. Streifen mit rechtwinkliger Lappenreihe in Längs-(Zug-)Richtung. Spannungen am Lappenrand.

3.2.4 Lappenformen abhängig von der Fertigung

Die in den Bildern 493 und 492 oben gezeigte günstige Lappenkontur läßt sich bei Integralplatten nur durch Zerspanung (Fräsen) erreichen, so daß wir sie im folgenden als „Fräsform" bezeichnen.

Will man jedoch die Streifen und Platten als Fertigteile mit den Fügelappen im Gesenk pressen, so ist eine „Preßform" oder „Gesenkform" notwendig, etwa wie sie im Bild 492 unten dargestellt ist. Bei dieser Form wird der Entlastungsausschnitt zwischen zwei Lappen kleiner und damit die Krümmung schärfer. Die daraus resultierende Erhöhung der Spannungshäufung ist beträchtlich, sie kann jedoch dadurch abgebaut werden, daß im Bereich der Spannungsspitze der Lappensteg aufgedickt wird, wie dies Bild 494 an einer Modellstudie zeigt.

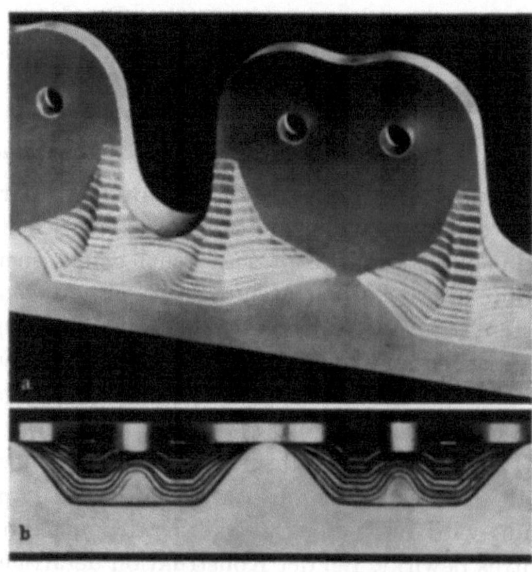

Bild 494a u. b. Streifen mit rechtwinkliger Lappenreihe in Längs-(Zug-)Richtung. Lappenfüße zur Verminderung der Spannungshäufung im Fuß des Entlastungsausschnittes.

a Ansicht; b Draufsicht

3.2.5 Vergleich der Randspannungsverläufe bei verschiedenen Lappenkonturen

Im Bild 495 sind die Randspannungen von der Mitte des Entlastungsausschnittes bis zur Lappenmitte über der Abwicklung der Randkontur aufgetragen, im linken Bildteil für die „ebene" und die „rechtwinklige" Preßform, im rechten Teil des Bildes für die „rechtwinklige" Preß- und Fräsform.

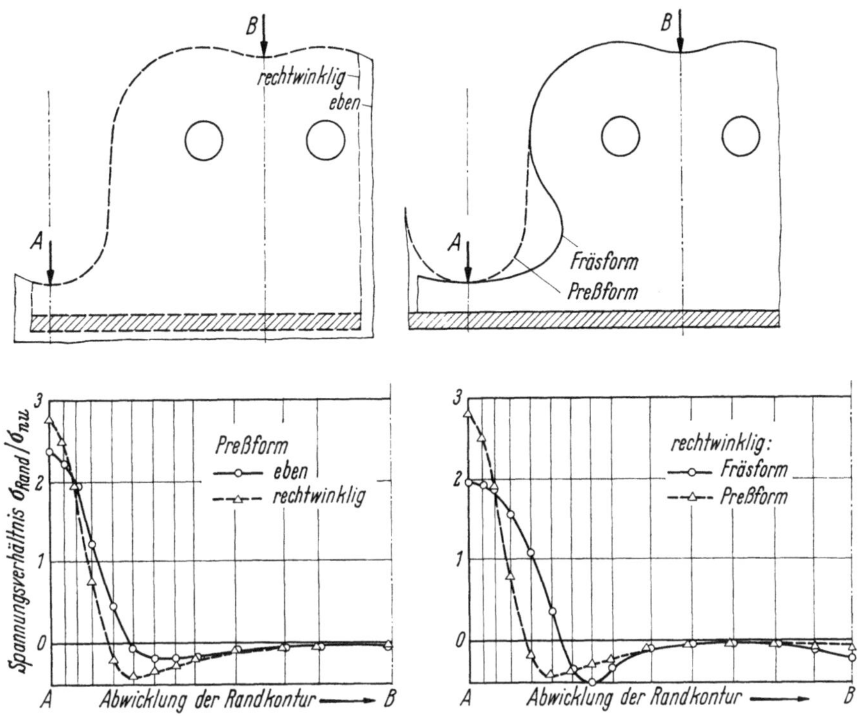

Bild 495. Streifen mit Lappenreihen in Längs-(Zug-)Richtung. Spannungen am Lappenrand. Vergleich: ebene − rechtwinklige Anordnung der Lappen; Fräsform − Preßform der Lappen.

Die Randspannungsverläufe der ebenen und rechtwinkligen Anordnung unterscheiden sich recht wenig, so daß weitere Versuche mit ebenen Modellen durchgeführt werden konnten. Diese Modelle sind meßtechnisch wesentlich einfacher zu behandeln.

3.2.6 Weitgehende Beseitigung von Spannungshäufungen am Lappenansatz durch „Lappenfüßchen"

Das Pressen von Integralfertigteilen im Gesenk macht es möglich, die Lappen mit sog. „Füßchen" zu versehen, die folgende wesentliche Aufgaben mit sehr geringem Gewichtsaufwand erfüllen:

Abstützung der Lappen gegen Verdrehen um die Hochachse,

Abbau der Spannungshäufung in den Lappenansätzen, die bei Längszug der Platte durch die Entlastungsausschnitte entstehen.

Die im ILTUB durchgebildeten „Lappenfüßchen" sind in dem bereits erwähnten Bild 494 in der Ausführung des Plexiglasmodells zur Messung der Spannungsverteilung zu erkennen.

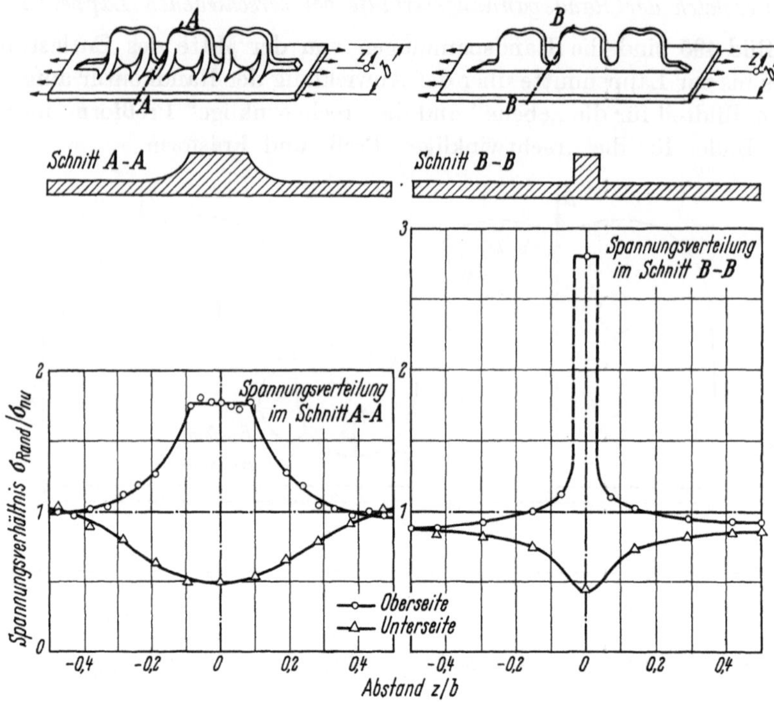

Bild 496. Streifen mit rechtwinkliger Lappenreihe in Längs-(Zug-)Richtung. Spannungsverteilung im ungünstigsten Querschnitt zwischen zwei Lappen. Vergleich: gepreßte Lappenform mit und ohne Fuß.

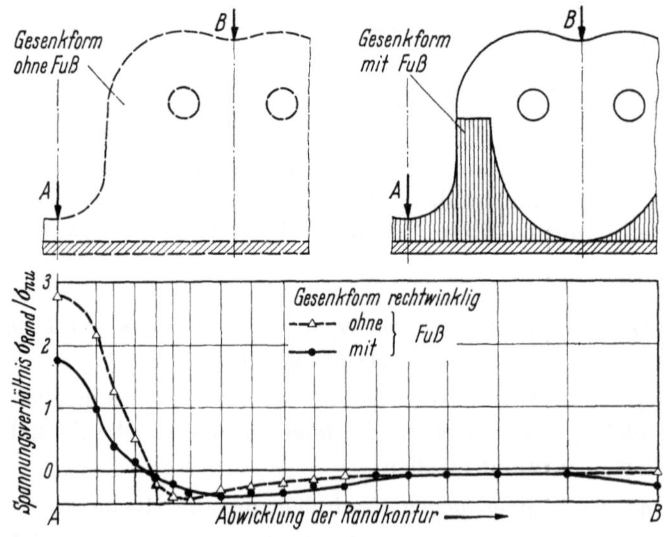

Bild 497. Streifen mit rechtwinkliger Lappenreihe in Längs-(Zug-)Richtung. Spannungen am Lappenrand Vergleich: gepreßte Lappenform mit und ohne Fuß.

Die Messung der Spannungsverteilung an der ungünstigsten Stelle, d. h. im Symmetrieschnitt zwischen zwei Lappen (also auch zwischen zwei „Füßchen"), ist im Bild 496 für die gleiche Lappenausführung links mit und rechts ohne „Füßchen" über dem Verhältnis z/b dargestellt. Durch die aufdickenden Ausläufe der „Füßchen" wird der Häufungsfaktor von $K = 2,8$ auf $K = 1,7$ herabgesetzt.

Im Bild 497 ist der Spannungsverlauf längs der Lappenrandkontur von der Mitte des Ausschnittes bis zur Mitte des Lappens aufgetragen. Ein Vergleich der Spannungsverläufe mit und ohne Füßchen zeigt, daß die Lappenlängsspannungen durch die „Füßchen" weiter stark abgebaut sind.

Durch eine Optimierungsuntersuchung könnten die Spannungen noch weiter abgebaut werden.

4 Ermüdungsversuche des ILTUB zum Problem der kerbarmen Längsfügung

4.1 Beanspruchung der Längsfügung von Tragflügelgurtplatten

Die Hauptbeanspruchung der Gurtplatten eines Tragflügelkastens ist eine Zug- bzw. Druckbeanspruchung, die im Flugfall aus den Luftkräften und am Boden aus dem Tragflügelgewicht resultiert. Neben dieser Beanspruchung treten in der Plattenhaut Schubspannungen aus Querkraft und Torsion auf, die über die Plattenlängsfügungen auf die Kastenstege übertragen werden.

Die Anbringung der Entlastungsausschnitte hat zwar eine Entlastung der Niet- oder Schraubenlöcher von dynamischen Zugspannungen zur Folge, es muß jedoch beachtet werden, daß infolge der Exzentrizität der Kräfte an der Fügung — die ein Verdrehen der einzelnen Verbindungslappen bewirkt — zusätzliche Beanspruchungen auftreten. Diese Beanspruchungen können aufge-nommen werden; es gilt nur die Frage zu klären, mit welcher Geometrie der Verbindungslappen hinsichtlich der Festigkeit und des Gewichtes die günstigste Lösung erzielt werden kann. Die Lösung dieser Optimierungsaufgabe war das Ziel der zu diesem Problem im ILTUB durchgeführten Versuche.

4.2 Erläuterungen zur Versuchsdurchführung

Zur Vereinfachung der Versuchstechnik wurden die Versuchsstücke nicht dem aus Zug und Schub kombinierten Spannungszustand unterworfen, sondern es wurde eine Trennung in reine Zug- und reine Schubversuche vorgenommen.

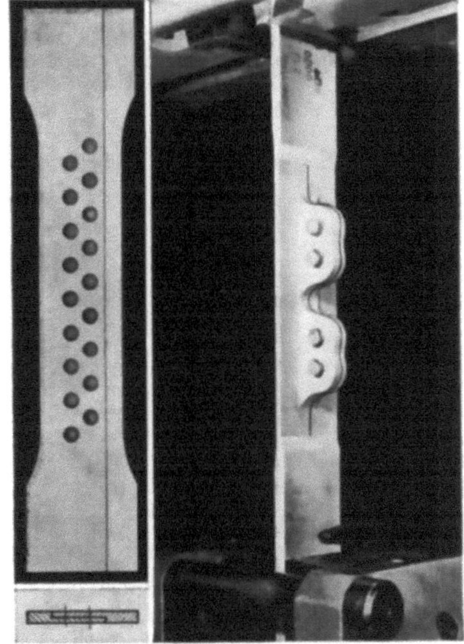

Bild 498. Zugprüfstäbe mit Integralplatten-Längsfügung. Links: genietete Überlappungen; rechts: Lappenverbindung. Werkstoff: Strangpreßmaterial AlZnMgCuAg (Fuchs AZ74).

4.2.1 Zugversuche

Die Prüfstäbe für diese Versuche — Bild 498 zeigt zwei Versuchsstücke — sind entsprechend dem bereits erwähnten Bild 487 als aus dem Streifenverband „herausgeschnitten" zu denken.

Die Zugversuche erforderten keine besondere Belastungsvorrichtung; die Stäbe wurden direkt in die Maschine eingesetzt, sorgfältig ausgerichtet und belastet.

4.2.2 Schubversuche

Für die Durchführung der Schubversuche wurde die Konstruktion einer besonderen Belastungsvorrichtung notwendig. Bild 499 zeigt ein Versuchsstück im Schubprüfrahmen. Der Aufbau dieses Prüfrahmens ist im Bild 500 erläutert. Die parallel zur Fügungsnaht laufenden Rahmenleisten *1* sind direkt mit den Plattenrändern verschraubt, die dazu senkrechten Rahmenleisten *2* haben jedoch keine Verbindung mit der Platte. Diese Verbindung übernehmen vielmehr die Halbleisten *3*, die mit je einer Plattenhälfte verbunden sind.

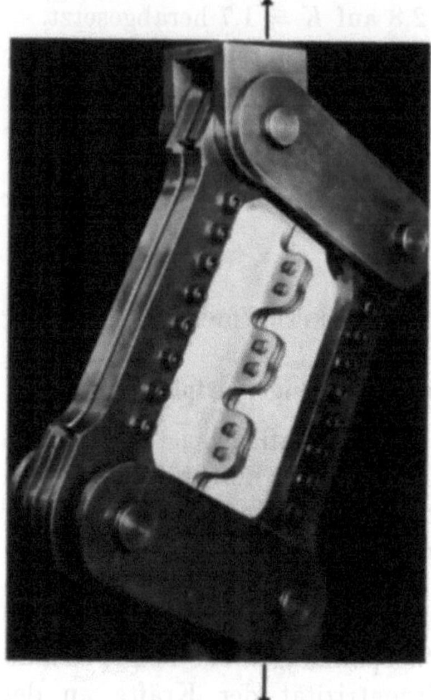

Bild 499. Schubprüfkörper mit Integralplatten-Längsfügung im Prüfrahmen. Werkstoff: Strangpreßmaterial AlZnMgCuAg (Fuchs AZ 74).

Im Prüfblech bildet sich ein reiner Schubspannungszustand aus, die Fügung wird nur auf Schub beansprucht. Kontrollmessungen mit Dehnungsmeßstreifen auf dem Prüfblech ergaben eine ausgezeichnete Übereinstimmung mit den aus der Belastung des Rahmens errechneten Spannungen.

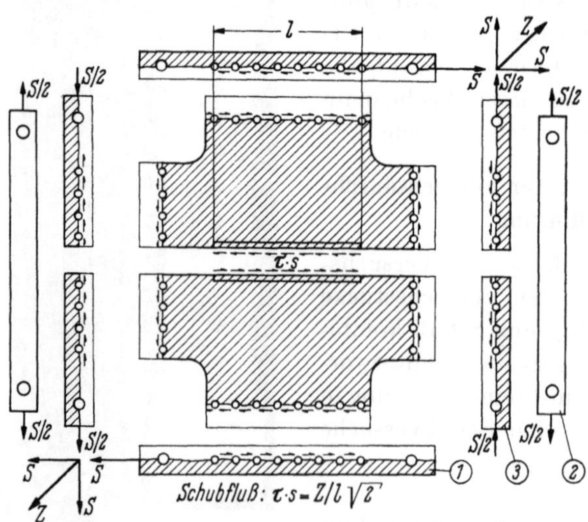

Bild 500. Ermüdungsversuch an Integralplatten-Längsfügung bei Schubbelastung. Kräfte und Schubflüsse am quadratischen Schubrahmen.

4.3 Diskussion der Versuchsergebnisse

4.3.1 Ermüdungsfestigkeit der kerbarmen Längsfügungen bei Zugschwellbelastung

4.3.1.1 Vorversuchsreihen

Die ersten Versuche wurden mit Prüfstäben aus Strangpreßmaterial der Legierung AlCuMg 2 durchgeführt. Im Bild 501 sind die $(\sigma - N)$-Streubänder aufgetragen für

den ungekerbten Werkstoff,
die Fügung mit Entlastungsausschnitten der Fräsform,
die Fügung ohne Entlastungsausschnitte mit durchlaufendem Steg und Überlappung nach Lockheed.

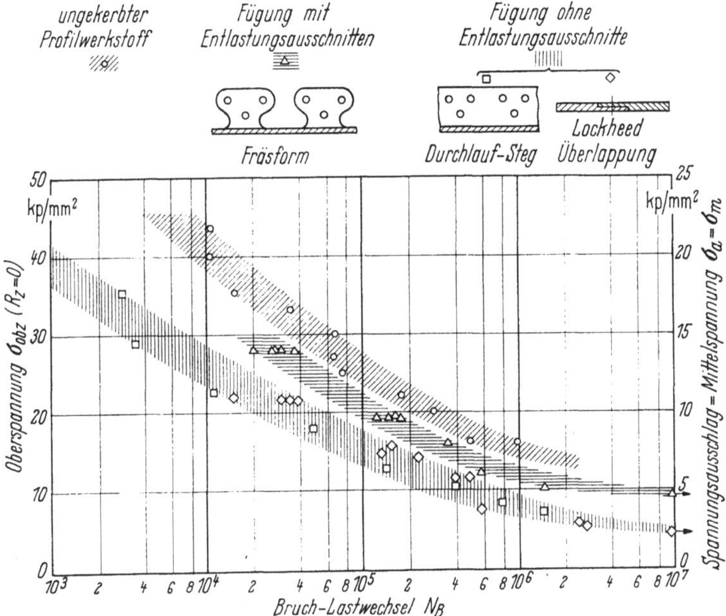

Bild 501. Ermüdungsfestigkeit von Integralplatten-Längsverbindungen bei Zugbelastung. Vergleich: ungekerbter Stab — Überlappungsfügung nach Lockheed — Fügung mit und ohne Entlastungsausschnitt. Werkstoff: Strangpreßmaterial AlCuMg 1.

Das Ergebnis entspricht der Erwartung:

Die Werte für die ebene Überlappung und für die rechtwinklige Fügung mit durchlaufenden Flanschen, bei denen sich die Bohrungen als Kerben voll auswirken, liegen in einem gemeinsamen Streuband weit unter dem Streuband des ungekerbten Werkstoffs, also der ungestörten Integralplatte.

Das Streuband für die rechtwinklige Fügung mit unterbrochenen Randstegen (Verbindungslappen in Fräsform) liegt wesentlich weniger unter dem des ungekerbten Werkstoffs.

Da die Fügelappen im Bereich der Bohrungen beim Zugversuch nicht belastet werden, begannen die Ermüdungsbrüche sämtlich an den Lappenansätzen.

4.3.1.2 Hauptversuchsreihen

Die im Bild 502 zusammengestellten Versuchsergebnisse wurden an Versuchsstücken gewonnen, bei denen die Entlastungsausschnitte nicht bis auf die Haut
reichten; der verbleibende „Dichtsteg" hat zwei Vorteile:

Der Lappenansatz ist von der Plattenoberfläche „distanziert" und somit
sauber herstellbar.

In der aus Plattendicke und schmalem Steg gebildeten Fläche kann die Dich-
tung zwischen den beiden längs verbundenen Platten erfolgen.

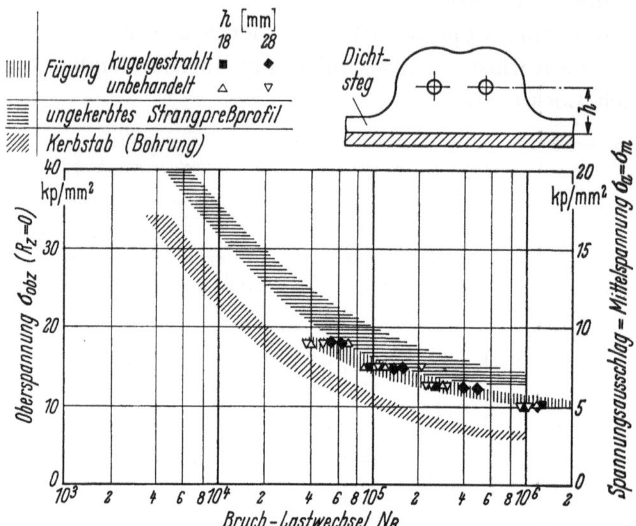

Bild 502. Ermüdungsfestigkeit von Integralplatten-Längsverbindungen bei Zugbelastung.
Stranggepreßte Lappenverbindung ohne Fuß. Einfluß der Lappengeometrie und des Kugelstrahlens.
Werkstoff: AlZnMgCuAg (Fuchs AZ 74).

Die Versuchsstücke wurden aus Strangpreßmaterial der Legierung AZ 74
hergestellt.

Zum Vergleich enthält Bild 502 außer den Versuchen zur Längsfügung mit
Entlastungsausschnitten die Streubänder für ungekerbte und gebohrte Versuchsstäbe.

Die ($\sigma - N$)-Werte für diese verbesserte Lappenform liegen recht hoch; sie
erreichen bei geringer Streuung nach unten die untere Grenze des Streubandes
für ungekerbte Profile.

Die Behandlung der vom Dichtsteg ausgehenden Lappenansätze durch Kugelstrahlen erschien sinnvoll, da in diesem Bereich örtliche Spannungshäufungen
auftreten; sie zeigt sich jedoch im vorliegenden Fall nicht als wirkungsvoll.

Die Anschlußlappen in einfacher Preßform ohne „Füßchen" sind, wie die
Ermüdungsversuche erwiesen haben, sehr gut, da die Bohrungen der Längsfügung weitgehend von Zugspannungen entlastet werden, ohne daß an den Ansätzen zu hohe Spannungshäufungen entstehen.

Die Lappen sind jedoch, wenn ihre Wandstärke nicht sehr groß wird, un-
zureichend bei Belastung der Längsverbindung auf Schub, wie dies im folgenden
Abschnitt eingehend untersucht wird. Daher wurden die Verbindungslappen mit
„Füßchen" versehen.

Bild 503 zeigt die Ergebnisse der Zugschwellversuche mit im Gesenk gepreßten Lappenstreifen (Legierung AZ 74).

Vier Variationen wurden untersucht, bei denen die Fügeflächen stets gefräst und poliert waren:

Innenseite nicht kugelgestrahlt,

    Außenseite gefräst,

    Außenseite poliert.

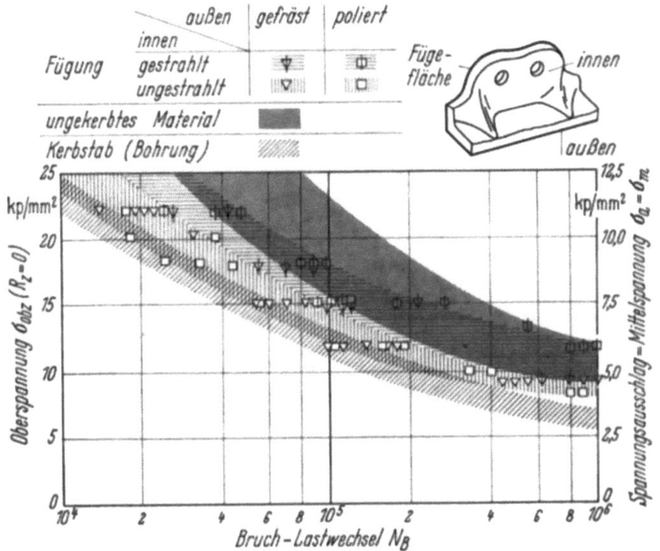

Bild 503. Ermüdungsfestigkeit von Integralplatten-Längsverbindungen bei Zugbelastung. Gesenkgepreßte Lappenverbindung mit Fuß. Einfluß des Kugelstrahlens (innen) und der Oberflächenbearbeitung (außen). Werkstoff: AlZnMgCuAg (Fuchs AZ 74).

Die $(\sigma - N)$-Werte fallen unabhängig von der Bearbeitung der Außenseite in ein gemeinsames Streuband, das etwas günstiger als das der einfachen Prüfstäbe mit Bohrung liegt. Offenbar gehen die Brüche von der unbehandelten Innenseite aus.

Innenseite kugelgestrahlt,

    Außenseite gefräst,

    Außenseite poliert.

Die $(\sigma - N)$-Werte fallen bis $N < 10^5$ in ein gemeinsames Streuband. Bei $N > 10^5$ zeigt sich deutlich ein günstiger Einfluß des Polierens der Außenseite.

Zusammenfassend kann festgestellt werden:

Das Kugelstrahlen bringt eine wesentliche Verbesserung der Versuchsergebnisse.

Das Polieren der Außenseite ist bei kugelgestrahlter Innenseite sehr wirkungsvoll; bei etwa 10^6 Lastwechseln wird durch diese kombinierte Oberflächenbehandlung des „Fügungsstabs" die obere Grenze der Ermüdungsfestigkeit des ungekerbten Materials erreicht.

4.3.2 Ermüdungsfestigkeit der kerbarmen Längsfügung bei Schubschwellbelastung

4.3.2.1 Allgemeine Anmerkungen zu den Versuchen

Bei den Schubversuchsreihen wurden keine vollständigen $(\sigma - N)$-Streubänder aufgenommen. Die Einflüsse der verschiedenen Variationen der Form der Verbindungslappen, der Oberflächenbehandlung oder der Verwendung von Zwischenschichten wurden zunächst nur für eine Beanspruchungshöhe an jeweils etwa 10 Versuchsstücken untersucht. Man erhält auf diese Weise einen besseren Überblick über die Streuungen der Versuchswerte als im Falle der Ermittlung einer Wöhler-Kurve mit gleicher Anzahl von Versuchsstücken.

Bei den Schubversuchsreihen zur Verbesserung der Längsfügung wurde mit zwei dynamischen Schubflüssen gearbeitet:

$$(\tau \, s)_{ob} = 33 \text{ kp/mm}, \qquad R_\tau = 0{,}23,$$

$$(\tau \, s)_{ob} = 25 \text{ kp/mm}, \qquad R_\tau = 0{,}3.$$

Weiterhin ist es bei Versuchen zur konstruktiven Weiterentwicklung insbesondere von Fügungen wichtig, sich nicht nur mit der Feststellung der Bruchlastwechselzahl zu begnügen. Durch laufende sorgfältige Beobachtung des Versuchsstücks sind der erste und die nachfolgenden Anrisse festzustellen, um zu

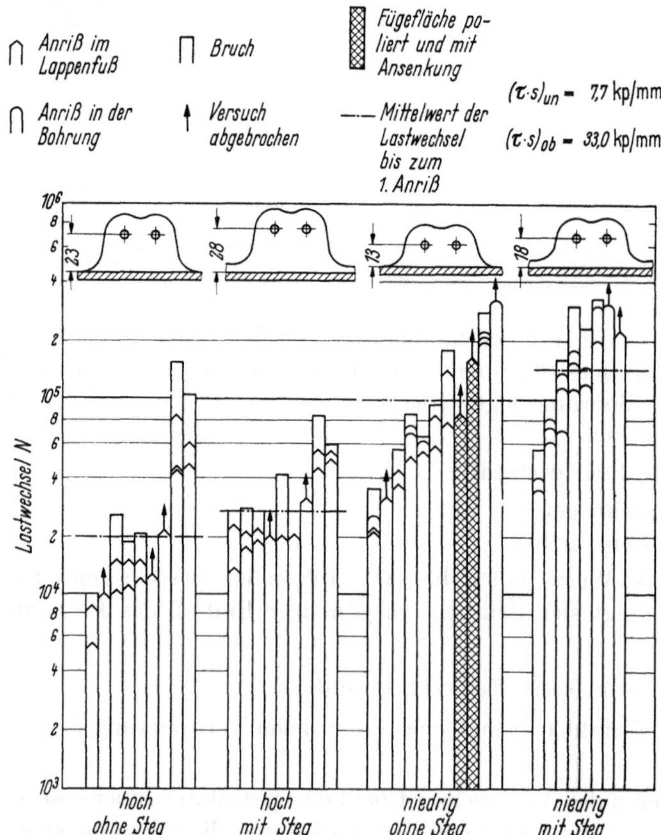

Bild 504. Ermüdungsfestigkeit von Integralplatten-Längsverbindungen bei Schubbelastung. Stranggepreßte Lappenverbindung aus AZ 74. Einfluß der Lappengeometrie.

wissen, an welchen Stellen Anrisse entstehen, da sich damit auch Änderungen der Kraftflüsse mit Überlastung anderer Stellen ergeben können. Bei den ILTUB-Versuchen zur Verbesserung der Lappenverbindung wurden, wie aus den Bildern 504 bis 506 zu ersehen ist, bis zu 5 Anrisse eines Fügeteils mit der zugehörigen N_A-Zahl festgestellt und die Ausbreitung der Risse beobachtet, ehe der Bruch eintrat.

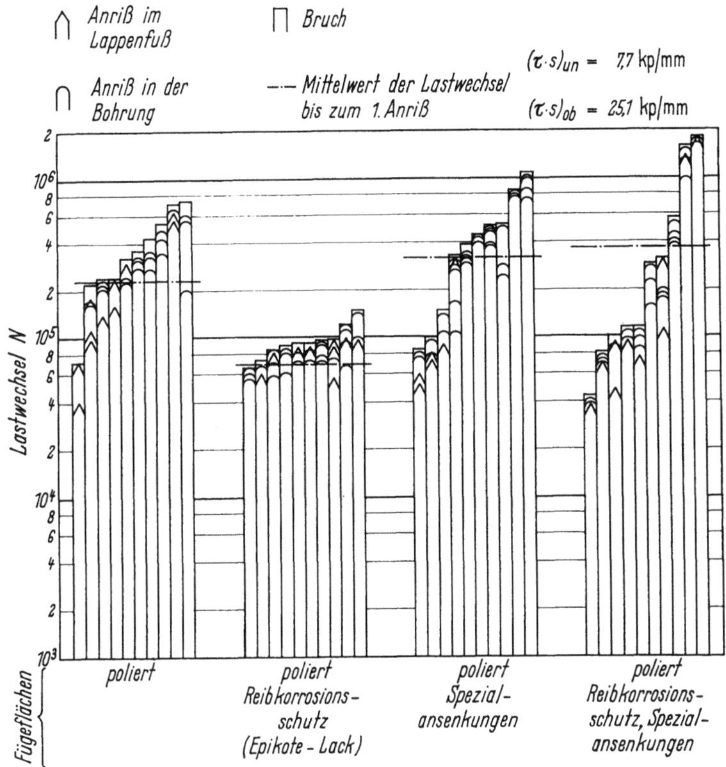

Bild 505. Ermüdungsfestigkeit von Integralplatten-Längsverbindungen bei Schubbelastung. Gesenkgepreßte Längsverbindung aus AZ 74. Einfluß unterschiedlicher Maßnahmen zur Verminderung von Reibkorrosionsschäden der Fügefläche.

4.3.2.2 Bruchformen bei Schubermüdung der Längsfügung mit Entlastungsausschnitten

Bei den Schubermüdungsversuchen wurden im Bereich der Anschlußlappen verschiedene Anrißstellen und Rißverläufe beobachtet. Die Risse begannen entweder am „Lappenfuß" oder im Bereich der Bohrungen in den Verbindungslappen. Die Bilder 507 und 508 zeigen Fotos der verschiedenen Anrißtypen.

Die „Fußanrisse" verlaufen

entweder als Trennungsriß direkt durch den Wurzelquerschnitt des Verbindungslappens (s. Bild 507 oben)

oder als Querriß in die Plattenhaut (s. Bild 507 unten links).

Die Anrisse im Bereich der Bohrungen gehen aus

entweder direkt vom Bohrungsrand (s. Bild 508)

oder von einem Gebiet mit starken Reibkorrosionsschäden in der Bohrungsrandzone (s. Bild 507 unten rechts).

In den Abbildungen zur Darstellung der Versuchsergebnisse sind die Anrisse
im „Lappenfuß" und im Bereich der Bohrungen gesondert gekennzeichnet.

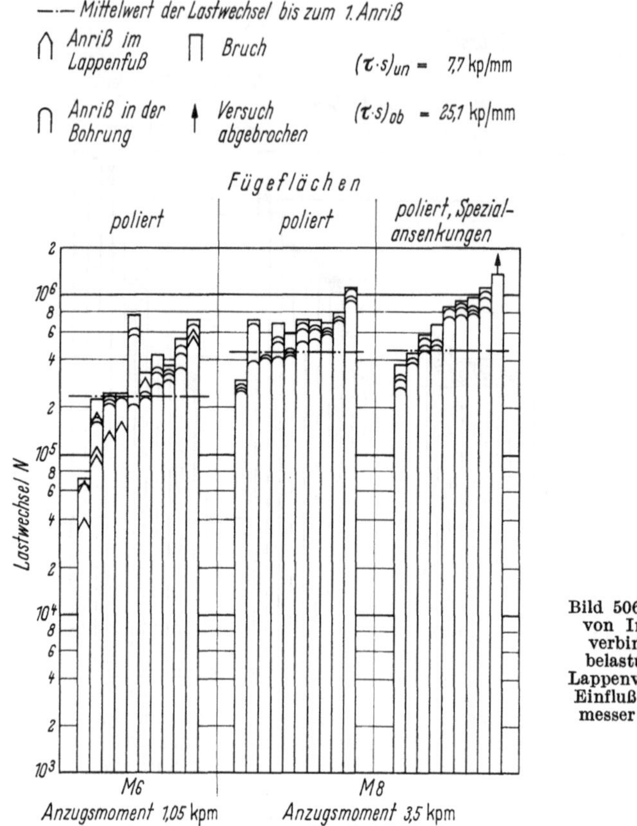

Bild 506. Ermüdungsfestigkeit von Integralplatten-Längs-verbindungen bei Schub-belastung. Gesenkgepreßte Lappenverbindung aus AZ 74. Einfluß von Schraubendurch-messer und Anzugsmoment.

4.3.2.3 Schubermüdungsfestigkeit der Verbindungslappen ohne „Füßchen"

Bild 504 zeigt, wie die Anrißlastwechselzahl N_A und die Bruchlastwechselzahl N_B der einfachen preßtechnischen Lappenform aus AlZnMgCuAg-Strang-
preßmaterial (AZ 74) durch einen kleinen Steg und durch Verkleinerung der
Lappenhöhe wesentlich verbessert wurden:

In der ersten, schlechtesten Form traten die Anrisse und daraus folgende
Brüche ausschließlich im Lappenfuß auf.

Auch bei Anordnung eines niedrigen durchlaufenden Dichtstegs blieben die
Fußansätze der Lappen allein rißanfällig.

Bei Verkleinerung der Lappenhöhe und damit der kritischen Spannungen an
den „Lappenfüßchen" bleiben diese die schwächste Stelle, an der bei fast
allen Versuchen dieser Reihe die ersten Anrisse auftraten. (Nur zwei Ver-

suchsstücke mit besonders hoher Anrißlastwechselzahl N_A rissen am Bohrungsrand.)

Bei der letzten Entwicklungsstufe der Fügelappen mit niedrigem durchlaufendem Dichtsteg und niedrigen Anschlußlappen wurde erreicht, daß bis
$N_A = 2,5 \cdot 10^5$ keine Anrisse in den Lappenansätzen auftraten. Dafür entstanden nunmehr in fast allen Versuchsstücken bis zu 3 Anrisse im Bereich
der Bohrungen.

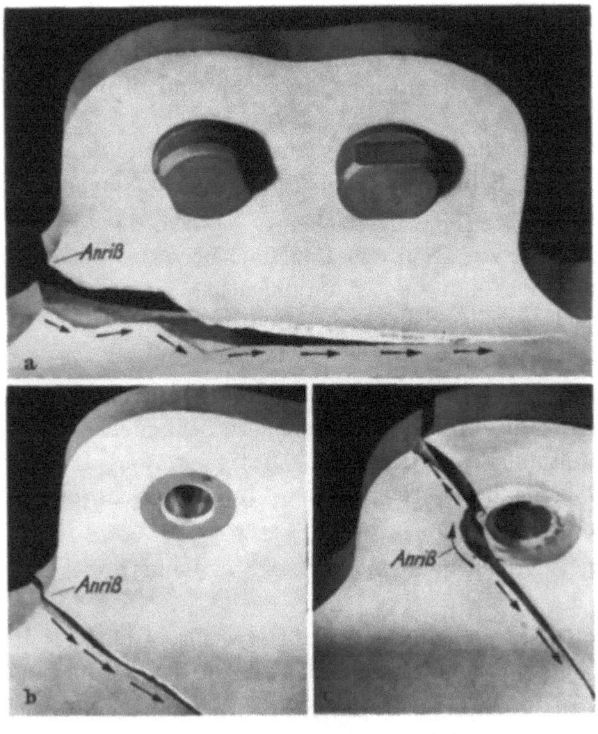

a) Große Lappenhöhe   — Abreißen des Lappens
b) Große Lappenhöhe   — Plattenriß
c) Geringe Lappenhöhe — Anriß im Bohrungsbereich

Bild 507. Stranggepreßte Integralplatten-Längsverbindung. Gegenüberstellung verschiedener
Bruchformen der Schub-Ermüdung.

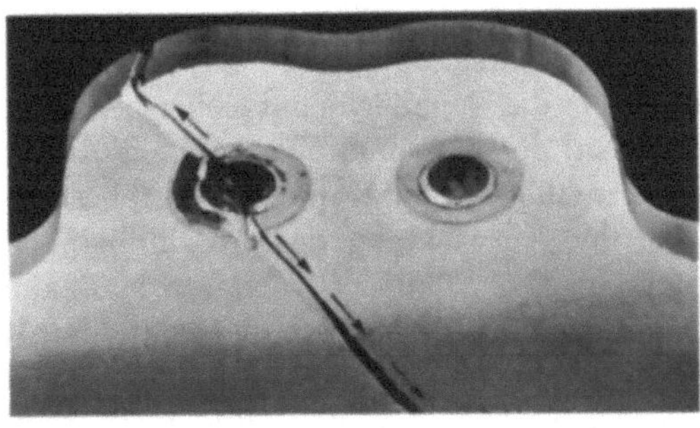

Bild 508. Stranggepreßte
Integralplatten-Längs-
verbindung. Schub-Ermüdungs-
bruch — Rißbeginn am
Bohrungsrand nach dem Bruch
der Unterlegscheibe.

In diesem aus 4 Reihen bestehenden Versuchsabschnitt ist die untere Streugrenze der Anrißlastwechselzahlen

von $N_{A\,min} = 5{,}5 \cdot 10^3$

auf $N_{A\,min} = 3{,}5 \cdot 10^4$,

also auf das 6,5fache, erhöht worden.

Diese Verbesserung wurde ohne Aufdickung der Fügelappen erzielt.

4.3.2.4 Schubermüdungsfestigkeit der Verbindungslappen mit „Füßchen"

Die günstigste Lappenform der vorangegangenen Versuchsreihen wurde den
im Gesenk gepreßten Versuchsstücken mit „Füßchen" zugrunde gelegt. Die Versuchsreihen dieses Abschnittes wurden bei einem Schubfluß $(\tau\,s)_{ob} = 25\ \text{kp/mm}$
durchgeführt. Die Ergebnisse dieser Versuche sind in den Bildern 505 und 506
zusammengestellt.

Außer der Form der Entlastungsausschnitte und damit der Verbindungslappen sind für die Schubermüdungsfestigkeit der Längsfügung entscheidend:

die Oberflächengüte der Fügeflächen,

die Schutzschicht zwischen den Fügeflächen,

die Höhe und Verteilung des Anpreßdrucks,

der Sitz des Fügeteils (Schraube),

die Hilfsmittel, wie z. B. Unterlegscheiben.

Eine ganz besondere Rolle spielt bei der Ermüdungsfestigkeit der Fügung
die Reibkorrosion, die in Kap. XI gesondert behandelt wird.

Die Beeinflussung der Ermüdungsfestigkeit der Lappenverbindung auf
Schub — die Fügeflächen waren poliert — durch das Schraubenanzugsmoment ist
aus Bild 506 zu erkennen:

Das schwache Anzugsmoment mit $M = 1{,}05\ \text{mkp}$ bei M 5-Stahlschrauben
ergibt

sehr große Streuungen der Anrißlastwechselzahl N_A,

vorzeitige Ermüdungsanrisse, die alle in den Lappenansätzen auftreten.

Es ist also zu beachten, daß die Beanspruchung der Fügeteile dadurch ungünstig wird, daß sie unzureichend aneinandergepreßt sind.

Durch starkes Anziehen mit $M = 3{,}5\ \text{mkp}$ bei M 8-Stahlschrauben werden

die Brüche an den „Lappenfüßchen" vollständig ausgeschaltet,

die Streuungen wesentlich verringert,

die unteren Streuwerte der Anrißlastwechselzahl wesentlich erhöht (von
$N_A = 3{,}5 \cdot 10^4$ auf $N_A = 2{,}5 \cdot 10^5$).

Die Verteilung des durch das Anziehen der Schrauben erzeugten Anpreß-
drucks über die Fügefläche hat sicher bei vielen Konstruktionen einen besonderen
Einfluß auf deren Ermüdungsfestigkeit. Das ILTUB-Verfahren zur Messung der
Kraftverteilung ist in Kap. XI, 3.1.4 beschrieben.

Bei der Entwicklung der Anschlußlappen wurde der Einfluß von Spezialansenkungen, d. h. einer besonderen Maßnahme zur Vermeidung hoher Anpreßdrücke in unmittelbarer Nachbarschaft der Bohrung, untersucht.

Die Ergebnisse dieser Schubermüdungsversuche sind in den Darstellungen
der beiden bereits erwähnten Bilder 506 und 505 enthalten. Es zeigt sich, daß

im vorliegenden Fall die Verteilungsänderung keinen Einfluß hat. Mittelwert und Streuung der Lastwechselzahlen N_A und N_B sowie die Anrißstelle (Lochrand) werden durch die Spezialansenkungen nicht geändert.

Zwischenschichten zur Vermeidung der Reibkorrosion an den Fügeflächen führten zu keiner Verbesserung der Schubermüdungsfestigkeit der Fügung (s. Bild 505).

4.3.2.5 Überlegenheit der Längsfügung mit Entlastungsausschnitt (ILTUB) gegenüber der Hautüberlappung nach Lockheed

Die gut durchgebildete Längsfügung mit Anschlußlappen erreicht in den unteren Streuwerten und in den Mittelwerten der Anrißlastwechselzahlen, wie Bild 509 zeigt, bei gleichen dynamischen Schubflüssen etwa die 100fachen Werte der Überlappungsfügung.

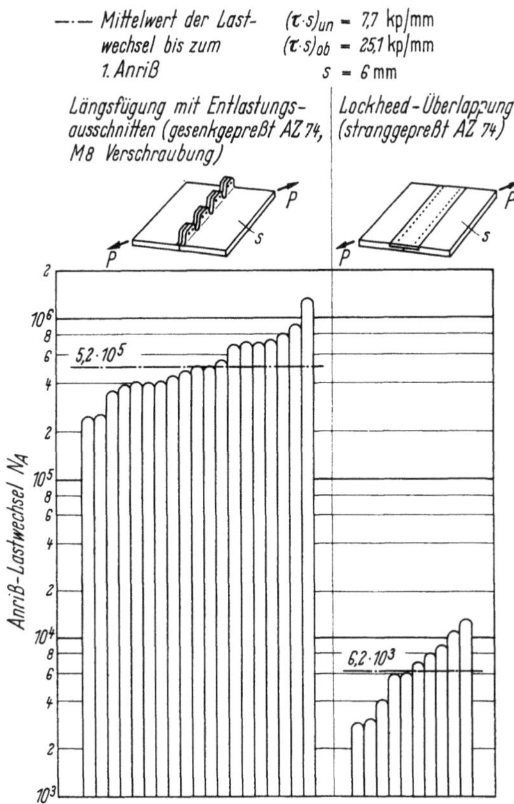

Bild 509. Ermüdungsfestigkeit von Integralplatten-Längsverbindungen bei Schubbelastung. Vergleich der gesenkgepreßten Lappenverbindung mit der Lockheed-Fügung.

5 Untersuchungen zum Faserverlauf der im Gesenk gepreßten Integralteile

5.1 Bedeutung des Faserverlaufs

Die Ermüdungsfestigkeit des Werkstoffs in einem gepreßten Bauteil kann davon abhängig sein, wie die Faserrichtung zur Prüfstabachse liegt. Im allgemeinen ist, wie in Kap. VIII, 3 dargelegt, die Ermüdungsfestigkeit auf Zug in Faserrichtung höher als quer dazu.

Weitere Verringerungen der Ermüdungsfestigkeit quer zur Faser können in den Preßteilen dort auftreten, wo der Werkstoff bei der Formgebung im Gesenk „gefaltet" worden ist oder starken Gleitungen ausgesetzt war. Der Hersteller von Gesenkpreßteilen prüft daher den Faserverlauf von Prüfstücken in verschiedenen Schnitten durch Polieren und Ätzen der Schnittfläche. Es gilt als günstig für die Festigkeitseigenschaften eines Integralteils, wenn der Faserverlauf sich möglichst gut der Oberfläche des Fertigteils anschmiegt.

5.1.1 Verrippte Integralplatten

Im Leichtbau sind im Gesenk gepreßte, verrippte Integralplatten für hochbeanspruchte Wände, wie z. B. die tragende Flügelbeplankung, von hohem Interesse. Um mit solchen Platten, wie sie Bild 360 zeigt, besondere gewichtliche Vorteile zu erreichen, ist es notwendig, die Haut zwischen den Versteifungen dünn und die Stege dünn und hoch auszubilden.

Neuere Untersuchungen im ILTUB zeigen, daß es zur Erreichung dieses Zieles zweckmäßig ist, von dem Aufbau der alten Querschnittsform aus Rechtecken zu Trapezen überzugehen. Die neue Plattenform erweist sich als besonders günstig bezüglich der Beul- und Knicksteifigkeit sowie der Schwingungseigenschaften bei Schallbeaufschlagung. Der besondere Vorteil der Trapezelemente ist, daß diese Form günstig für den Materialfluß beim Gesenkpressen ist und daß der für die Ermüdungsfestigkeit wichtige Faserverlauf sich gut der Oberflächenkontur anpaßt.

Zu einer günstigen wirtschaftlichen Fertigung der Gesenkpreßplatte muß gefordert werden:

leichter Materialfluß,
geringer spezifischer Preßdruck (größte Teile bei begrenzter Preßkraft),
geringe Preßzeiten zum vollständigen Auspressen des Fertigteils,
leichtes Herausnehmen des Fertigteils.

Der Integralbau erreicht einen besonders hohen Stand, wenn die Integralplatten bezüglich der Innenkontur als Fertigteile gepreßt werden können, d. h. keine oder nur wenig Nacharbeit benötigen. Zweckmäßig vom Standpunkt der Fertigung als auch der Ermüdungsfestigkeit ist eine Nacharbeit der glatten Außenseite der Platten.

Der die Fertigung interessierende Materialfluß und der daraus resultierende, vom Standpunkt der Ermüdungsfestigkeit wichtige Faserverlauf, wurden im ILTUB mittels des dort entwickelten Wachsmodellverfahrens studiert [6].

5.2 Wachsmodellversuche des ILTUB zum Faserverlauf

5.2.1 Faserverlauf in Platten

Bild 510, durch das die Erkenntnisse dieser Versuche klargestellt werden sollen, zeigt in der linken Reihe die unbearbeiteten Plattenteile und rechts die gleichen Teile nach einer Reduktion der Hautdicke.

In der oberen Reihe ist das Teil mit geringer Überdicke der Haut gepreßt. Es zeigt sich an den durch Pfeile gekennzeichneten Stellen der Haut, daß der Faserverlauf durch das Hochschießen des Materials von der Oberfläche her in den Steg insofern sehr schlecht sein muß, weil eine Faltung senkrecht zur Oberfläche entsteht.

In der mittleren Reihe ist mit großer Überdicke gepreßt. Dadurch wird der Materialzulauf von der Seite größer und von unten kleiner, so daß nach kräftiger Reduktion der Hautstärke der Faserverlauf an der Oberfläche faltenfrei bleibt.

In der unteren Reihe ist nur im Bereich der Stege kräftig aufgedickt, wodurch der Materialfluß noch besser wird und nach Abarbeiten der Überdicke ein ausgezeichneter Faserverlauf sichergestellt ist.

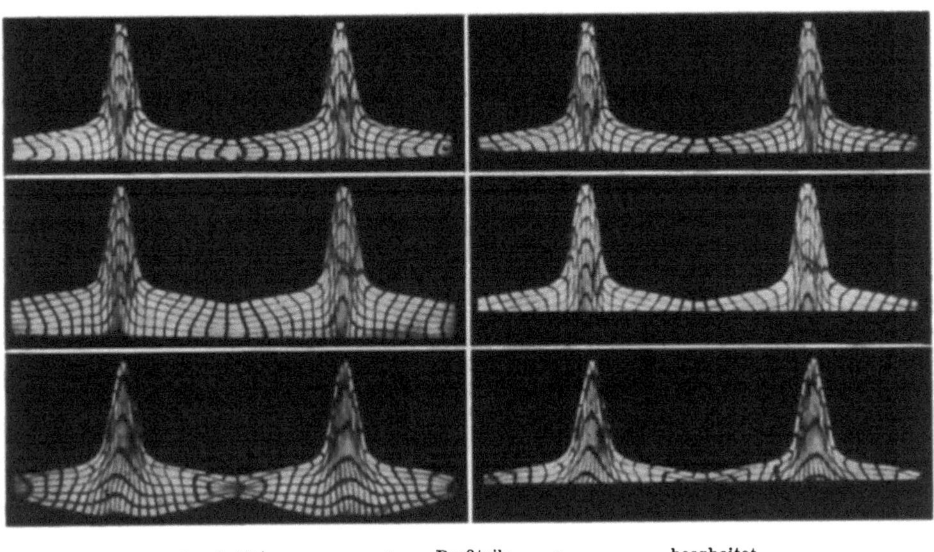

Bild 510. Modellversuche mit Wachs. Faserverlauf beim Pressen einer Integralplatte mit Längsstegen. Sichtbarmachung des Werkstofffließens durch die Verzerrung quadratischer Raster.

5.2.2 Faserverlauf in den gepreßten Anschlußlappen für kerbarme Längsfügung

Die Gesenkpreßtechnik ermöglicht es, beim Pressen von Integralplatten außer den Versteifungsrippen auch integrale Anschlußelemente vorzusehen. Dort, wo Anschlußlappen und Haut ineinander übergehen, entstehen, wie in Abschn. 3 dargelegt, Spannungshäufungen und damit Ermüdungsbruchgefahr. An diesen Stellen muß der Faserverlauf einwandfrei, d. h. insbesondere frei von Faltungen, sein. Die Formung derartiger Anschlußlappen wurde daher durch Wachsmodellversuche an den Plattenteilen, die Bild 511 zeigt, grundsätzlich untersucht.

Die im Bild 511 wiedergegebenen Verformungsbilder zeigen, daß der Faserverlauf im Fertigteil nach Abarbeiten der Überdicke gut ist und Faltungen nicht auftreten.

Zusammenfassend kann festgestellt werden:

Der Faserverlauf in Integralplatten an den Übergängen von der Haut zu den Versteifungen und zu den Anschlußlappen kann frei von Faltungen gehalten werden, die die Ermüdungsfestigkeit ungünstig beeinflussen würden. Integralbauteile sind in dieser Richtung am besten mit Hilfe von Wachsmodellversuchen zu entwickeln.

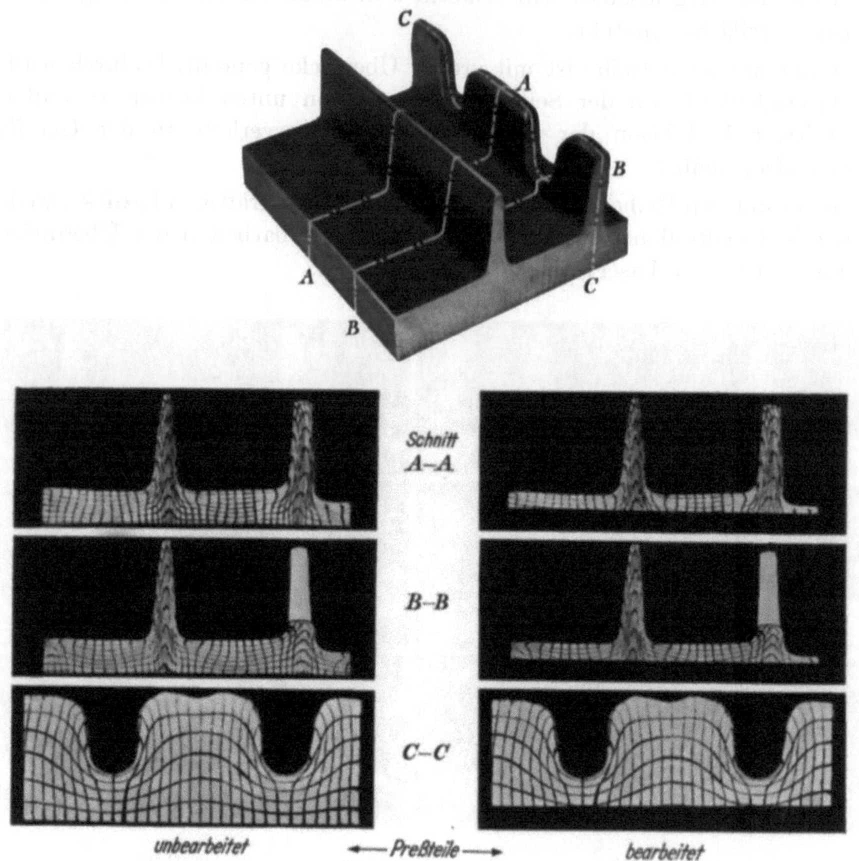

Bild 511. Modellversuche mit Wachs. Faserverlauf beim Pressen einer Integralplatte mit Anschlußlappen. Sichtbarmachung des Werkstofffließens durch die Verzerrung quadratischer Raster.

5.3 Untersuchungen zum Faserverlauf an Preßteilen aus einer Al-Legierung

Die Aussagen der Wachsmodellversuche über den Materialabfluß und den dadurch gegebenen Faserverlauf wurden im vorliegenden Fall durch die Pressung der entsprechenden Integralplatten in Großausführung in AlZnMgCuAg auf der 30000-t-Presse der Fa. Otto Fuchs, Meinerzhagen, ausgezeichnet bestätigt.

5.3.1 Faserverlauf im Plattenquerschnitt

Bild 512 zeigt an geätzten Schliffen von Querschnitten der aus AlZnMgCuAg im Gesenk gepreßten Platte die Entstehung eines Integralbauteils mit sehr geringen Wandstärken.

5.3.2 Faserverlauf in den Anschlußlappen

Bild 513 zeigt ein geätztes Schliffbild durch eine Lappenreihe einer Platte. Der Faserverlauf folgt der Lappenkontur sehr gut, insbesondere auch zwischen den Entlastungsausschnitten.

An allen Ansätzen von Versteifungen und Anschlußlappen liegt also ein ausgezeichneter, der Kontur folgender, faltenfreier Faserverlauf vor. Alle Voraussetzungen für eine Konstruktion, die eine hervorragende Ermüdungsfestigkeit unter Zug-, Schub- und Biegewechselbeanspruchung hat, sind somit — von der Werkstoffseite her — gegeben.

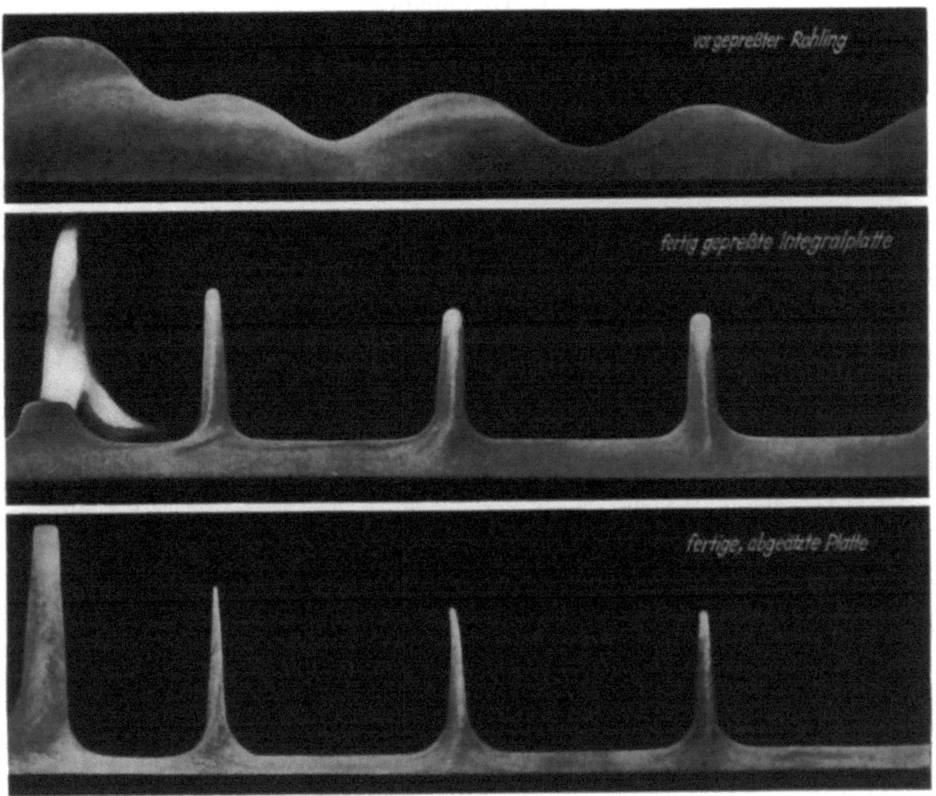

Bild 512. Integralplatte mit Längsstegen und Anschlußlappen. Gegenüberstellung der Querschnitte beim Vor- und Fertigpressen. Ätzbild zur Sichtbarmachung des Faserverlaufes.
Werkstoff: AlZnMgCuAg (Fuchs AZ 74).

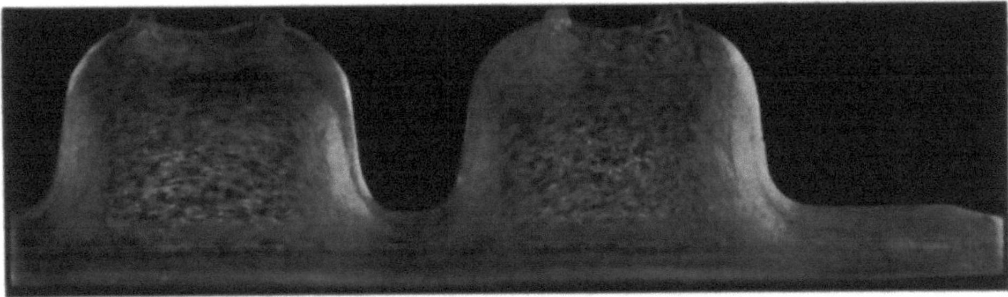

Bild 513. Integralplatte mit Anschlußlappen. Ätzbild eines Längsschnittes zur Sichtbarmachung des Faserverlaufes im Lappen. Gesenkpreßteil aus AlZnMgCuAg (Fuchs AZ 74).

XX. Experimentelle Untersuchungen zur konstruktiven Ausbildung von Plattenverbindungen und -lagerungen hoher Biegewechselfestigkeit

1 Allgemeines

Platten, Plattenverbindungen und -lagerungen sind im allgemeinen nach Maßgabe statischer und dynamischer Belastung niedriger Frequenz vornehmlich in Plattenebene dimensioniert (Zug, Druck, Schub).

Bei den heutigen schnellfliegenden Flugzeugen läßt sich die Gefahr einer hochfrequenten Schwingung der Strukturfelder im Resonanzbereich infolge Jet- und Grenzschichtlärm sowie infolge aerodynamischer Anfachung nicht immer vermeiden. Die Schallbeaufschlagung durch die Strahltriebwerke sowie die Grenzschichtdruckschwankungen können bei modernen Flugzeugen und Flugkörpern so groß werden, daß die Struktur schon nach kurzen Betriebszeiten Ermüdungsbrüche aufweist.

Die Lebensdauer bei Schallbeaufschlagung liegt infolge hoher Frequenz in der Größenordnung von Sekunden und Minuten, so daß selbst ein kurzzeitiges Durchfahren einer Resonanzstelle verhängnisvoll sein kann.

Im Gegensatz zu den eingangs genannten Belastungen in Plattenebene handelt es sich bei diesen Schwingungen hauptsächlich um Biegewechselbelastungen. Zur Bestimmung der auftretenden Spannungsverteilung sowie der Ermüdungsfestigkeit ist man weitgehend auf experimentelle Methoden angewiesen.

Großen Einfluß auf das Schwingungsverhalten und die Spannungsverteilung hat die Plattenverbindung und -lagerung, und zwar

elastisch: über die Federkonstante der Einspannung,

plastisch oder mit Reibung: durch die Dämpfung.

Dämpfung ist erwünscht, Reibung infolge der auftretenden Reibkorrosion unerwünscht.

Aus den bisher bekannten Untersuchungen [1—4] kann gefolgert werden, daß insbesondere die Plattenverbindungen und -lagerungen bei Schallbeaufschlagung gefährdet sind.

Die Ermüdungsfestigkeit einer Verbindung bei Schallbeaufschlagung hängt stark ab von

der Geometrie der Fügeteile,

der Art der Verbindung (Fügemittel),

der Plattenbauweise,

der verwendeten Zwischenschicht (einschließlich Plattierung und Klebeschicht),

der statischen und dynamischen Vorlast.

Im ILTUB wird der Einfluß dieser verschiedenen Parameter auf die Ermüdungsfestigkeit untersucht. Die Ermüdungsversuche werden, um den Aufwand zu reduzieren, an herausgeschnittenen Plattenstreifen durchgeführt.

Um mit geringer Erregerenergie arbeiten zu können, werden die Plattenstreifen in ihrer Eigenfrequenz, d. h. im Resonanzverfahren, angeregt.

Mit einem Resonanzschwinggerät, wie es Bild 514 zeigt, werden flache Versuchsstäbe auf Biegung geprüft. Im Bereich des größten Biegemomentes (Stabmitte) wird der Einfluß von Bohrungen und das Verhalten verschiedener Überlappungsfügungen sowie der im ILTUB entwickelten kerbarmen Längsfügung (s. Kap. XIX) untersucht.

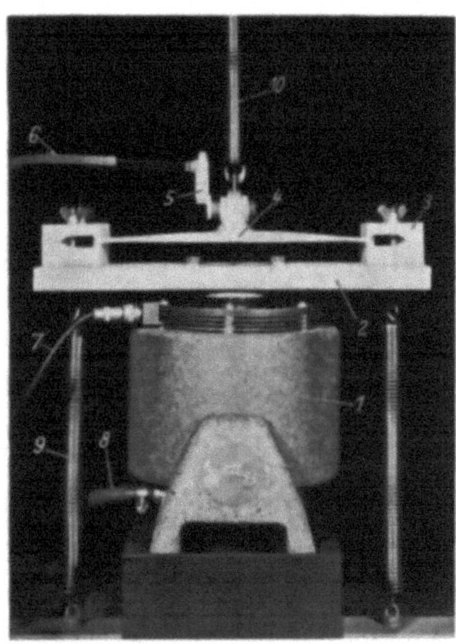

Bild 514. Versuchsanlage zur Untersuchung der Ermüdungsfestigkeit von Plattenstreifen und Plattenlängsstößen bei Flachbiegung.

2 Versuchsdurchführung

2.1 Versuchsanordnung

Bild 514 zeigt eine Versuchsanordnung mit schwingendem Versuchsstück unter statischer Vorlast. Die Ermüdungsversuche mit statischer Vorlast wurden analog zu den von H. HERTEL in [5] entwickelten Untersuchungsmethoden

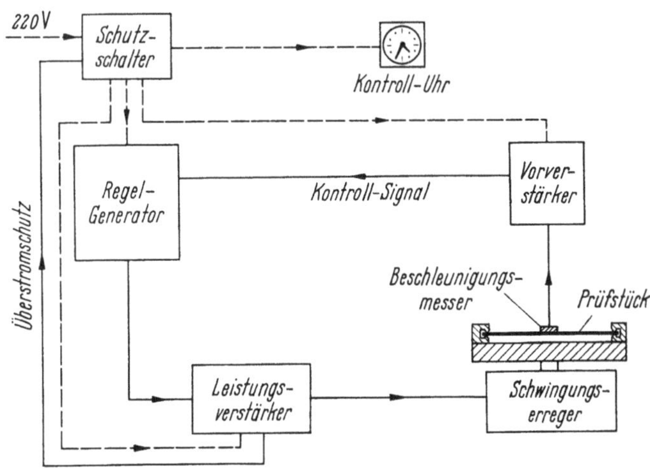

Bild 515. Blockschaltbild einer Versuchsanlage zur Untersuchung der Ermüdungsfestigkeit bei Flachbiegung.

durchgeführt. Auf den elektromagnetischen Schwingungserreger *1* ist eine Sandwichplatte *2* mit den Lagern *3* aufgeschraubt. Die Lager *3* sind so ausgebildet, daß eine momentenfreie Lagerung erzielt wird.

Die Lager *3* nehmen das zu untersuchende Prüfstück *4* auf. Zur Regelung und Konstanthaltung der Schwingungsamplitude dient ein Beschleunigungsaufnehmer *5*, der fest mit dem Prüfstück verbunden wird. Die Leitungen *6* und *7* sind die Zuleitungen zum Vorverstärker bzw. Regelgenerator und zum Leistungsverstärker der Anlage. Leitung *8* ist ein Preßluftanschluß zur Kühlung des Erregers.

Die statische Vorlast wird wie in [5] über weiche Spiralfedern *10* aufgebracht, so daß die bei der Schwingung auftretenden dynamischen Zusatzmassen vernachlässigbar klein werden gegenüber der statischen Vorlast.

Die Federn *9* sorgen dafür, daß im Ruhezustand keine Zusatzkräfte durch die statische Vorlast auf den Schwingungserreger wirken.

Für reine Biegewechselversuche ($R = -1$) entfallen die Federn *9* und *10*.

Bild 515 zeigt ein Blockschaltbild der gesamten Versuchsanlage mit allen zugehörigen Geräten der Schwingungsanregung und Amplitudenregelung.

2.2 Schwingungsanregung

Die Anregung erfolgt durch einen elektromagnetischen Erreger über eine Sandwichplatte und Lager indirekt auf die Prüfstücke.

Der Vorteil dieser indirekten Anregung liegt darin, daß die Prüfstücke

gleichmäßig über die ganze Länge erregt werden,

bei Resonanzfrequenz große Schwingamplituden erreichen, obgleich die über die Sandwichplatte eingeleiteten Erregeramplituden sehr klein sein können.

2.3 Schwingungsregelung und Überwachung

Die Schwingungsregelung geschieht durch Amplitudenregelung des Prüfstücks. Über einen fest mit dem Prüfstück verbundenen Beschleunigungsaufnehmer kann die gewünschte Amplitude über den Kompressor (elektronischen Regler) des Regelgenerators eingestellt werden. Weicht der Schwingungspegel oder die eingestellte Schwingungsamplitude infolge einer Frequenz- oder Zustandsänderung von dem eingestellten Wert ab, so ändert der Kompressor die Ausgangsspannung des Regelgenerators, bis der beabsichtigte Zustand wieder erreicht ist.

Auf diese Weise ist es sehr leicht möglich, frühzeitig feinste Anrisse festzustellen. Durch einen Anriß ändert sich die Resonanzfrequenz des Prüfstücks. Das hat ein Absinken der Schwingungsamplitude zur Folge, was jedoch infolge des geschlossenen Regelkreises dadurch verhindert wird, daß der Kompressor die Ausgangsspannung des Regelgenerators und damit die Leistung des Leistungsverstärkers vergrößert. Dieses Ansteigen der Leistung bzw. der Stromstärke wird dazu genutzt, über einen Schutzschalter die gesamte Anlage mit Kontrolluhr abzuschalten. Die Anrißlastwechselzahlen berechnen sich dann aus der eingestellten Frequenz und der an der Kontrolluhr abzulesenden Zeit.

Die Versuche können auf diese Weise ohne äußere Überwachung durchgeführt werden.

2.4 Spannungsermittlung

Eine Kernfrage bei Biegewechselversuchen ist die, welche Spannungen den $(\sigma-N)$-Darstellungen zugrunde gelegt werden müssen. Diese Frage ergab sich bei den ILTUB-Versuchen insbesondere dadurch, daß außer dem Biegemoment auch der Querschnitt über die Länge des Prüfstücks veränderlich ist.

Um verschiedene Bauweisen und unterschiedliche Verbindungsarten miteinander vergleichen zu können, wurden jeweils die am Ort des Anrisses, aus der dynamischen Durchbiegungslinie *errechneten Spannungen* für die $(\sigma-N)$-Darstellung gewählt.

Die Biegespannung am Ort des Anrisses errechnet sich aus der dynamischen Belastung $Q(x) = \int q(x)\,dx = \omega^2 \int m(x)\,A(x)\,dx$ und dem Widerstandsmoment des ungestörten Querschnitts zu

$$\sigma_b(x) = \frac{M(x)}{W(x)} = \frac{\int Q(x)\,dx}{W(x)}.$$

Darin sind:

$m(x)$ Massenverteilung des Prüfstücks,
$A(x)$ gemessene Schwingungsamplitude an der Stelle x,
ω $2\pi f$ = Kreisfrequenz.

Die Momentenverteilung $M(x)$ wurde infolge der unterschiedlichen Massenverteilung zeichnerisch ermittelt. Zur Ermittlung der Schwingungsamplituden $A(x)$ wurde das schwingende Versuchsstück fotografiert und die Amplituden $A(x)$ ausgemessen. Dabei zeigte sich, daß sich die dynamische Durchbiegung (Biegelinie) bei verschieden großen Schwingamplituden nahezu proportional dem Verhältnis der Maximalausschläge vergrößert oder verkleinert. Das bedeutet, daß für Prüfstücke gleicher Geometrie die dynamische Biegelinie nur einmal ausgemessen zu werden braucht, während alle weiteren Biegelinien mit dem Verhältnis der Maximalausschläge errechnet werden können.

Für den Momentenverlauf $M(x)$ braucht dann lediglich der Momentenmaßstab im Verhältnis der Maximalamplituden vergrößert oder verkleinert zu werden.

Am glatten ungekerbten Stab zeigte ein Vergleich der errechneten mit den über DMS gemessenen Spannungen sehr gute Übereinstimmung.

Bei der Versuchsdurchführung brauchen also lediglich Amplituden gemessen und während des Versuchs konstantgehalten zu werden.

3 Platten und Plattenverbindungen aus plattiertem AlZnMgCu bei hochfrequenter Biegewechselbeanspruchung

3.1 Ermüdungsfestigkeit der Verbindungen

Im Bild 516 sind die $(\sigma-N_A)$-Streubänder für Flachstäbe ohne und mit Bohrung sowie für polierte unplattierte Flachstäbe [6] und die mit 2 verschiedenen geschraubten Überlappungsverbindungen erreichten $(\sigma-N_A)$-Werte dargestellt. Die mit dem plattierten Blech ohne Bohrung erreichten $(\sigma-N_A)$-Werte sind mit etwa $\sigma_{ob} = 9\,\text{kp/mm}^2$ bei $N_A = 10^7$ niedrig. Die Bohrungen setzen die Ermüdungsfestigkeit nur noch wenig herab.

Die Biegeermüdungsfestigkeit der Fügungen erreicht nur etwa 1/4 der Ermüdungsfestigkeit des Werkstoffs (polierter Probestab) oder etwa die Hälfte der Werte des ungekerbten plattierten Blechs.

Die Ermüdungsversuche an Überlappungen zeigen:

Die Brüche gehen nicht durch Querschnitte, die durch Bohrungen geschwächt sind. Dies stimmt mit dem Ergebnis nach Bild 516 überein, daß die Bohrungen bei Biegung des plattierten Blechs keine große Rolle spielen.

Die Brüche liegen immer in einem Querschnitt, an dem die Fügeflächen starke Reibrostbildung zeigen,

am Ansatz der Fügung oder

an den Rändern der Zone, in der die Fügeflächen durch die Schrauben aufeinandergepreßt sind, wie dies im Kap. XI eingehend dargelegt ist.

Da die erste Versuchsreihe mit geschraubter Fügung unerwartet niedrige, relativ stark streuende $(\sigma - N_A)$- Werte brachte und die Reibkorrosion stark hervor-

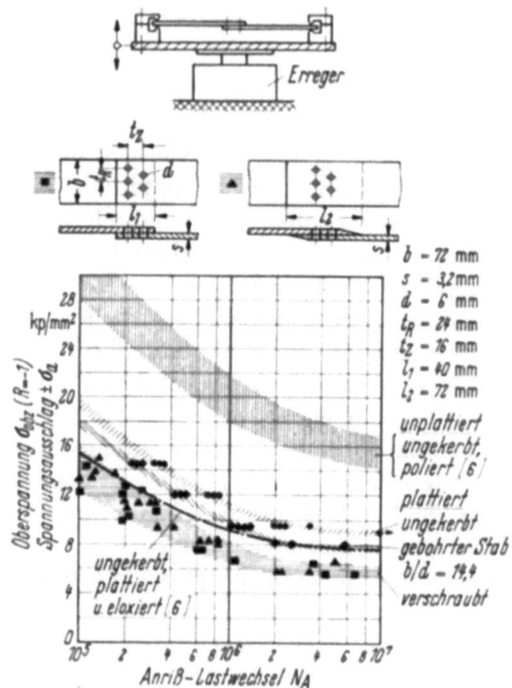

Bild 516. Ermüdungsversuche bei Flachbiegung. Vergleich der Biegewechselfestigkeit von ungekerbten Stäben, Stäben mit Bohrung und einschnittigen Schraubenverbindungen. Unplattierte und plattierte Bleche aus AlZnMgCu 1,5 (7075-T 6).

trat, wurden Versuchsreihen mit geänderter Verschraubung, mit Zwischenlagen sowie verschiedenen Klebungen durchgeführt. Für die untersuchten Klebungen wurde der Folienkleber FM 1000 der Fa. Bloomingdale verwendet.

Folgende Ergebnisse (s. Bild 517) wurden erzielt:

Geklebte Fügungen mit konstanter Kleberschichtdicke brachten entgegen der Erwartung keine Verbesserung, denn

die $(\sigma - N_A)$-Streuungen sind sehr groß,

die unteren Streugrenzen für Klebung und Verschraubung fallen nahezu zusammen.

Geklebte Fügungen mit über der Fügelänge veränderlicher (angepaßter) Schicht-dicke (siehe Skizze im Bild 517), mit denen Versuche in nur einer Belastungs-höhe durchgeführt wurden, ergaben keine Erhöhung der $(\sigma-N_A)$-Werte, die den Aufwand lohnt, der für diese Fügung notwendig ist.

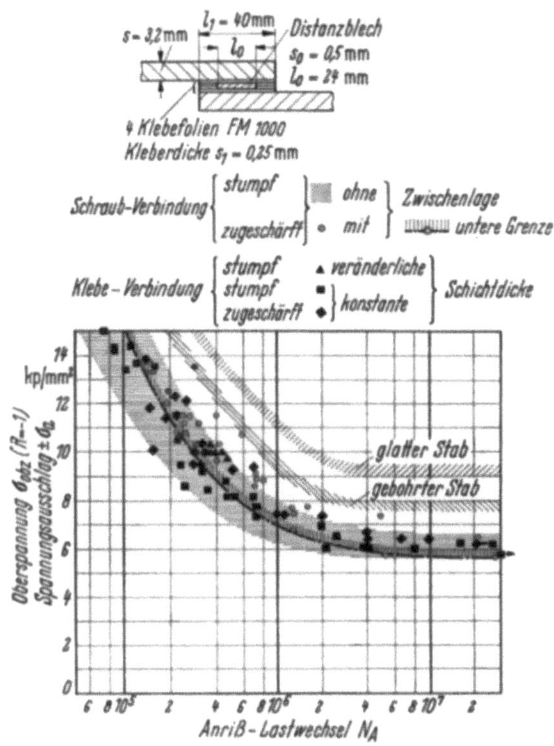

Bild 517. Ermüdungsversuche bei Flachbiegung. Vergleich der Biegewechselfestigkeit geschraubter und geklebter Verbindungen gleicher Geometrie. Einfluß von Zwischenschichten — plattierte Bleche AlZnMgCu 1,5 (7075-T 6).

Zwischenlagen in der Schraubfügung brachten

Verbesserungen im Bereich der Lastwechselzahlen $N_A < 2 \cdot 10^6$, angezeigt durch eine Verringerung der Streuungen und eine angehobene untere Streugrenze,

keine Änderungen im Bereich hoher Lastwechselzahlen $N_A > 10^7$ und somit keine Verbesserung der Dauerfestigkeit.

Als Zwischenlage wurde der Überzugslack Wiedoflugat VN 83 697 (mit Härter N 39/1562 Mischungsverhältnis 2:1) der Fa. Wiederholt aufgebracht.

3.2 Rißbildung und Reibkorrosion in der Plattierschicht

3.2.1 Verlauf der Mikrohärte über dem Oberflächenabstand

Die Mikrohärte des Anpreßbereichs der Fügeflächen an und nahe der Ober-fläche ist von entscheidender Bedeutung für die Entstehung und Ausbreitung von Anrissen und Reibkorrosionsschäden. Die BAM führte für das ILTUB zu diesen Fragen Mikrohärtemessungen durch, die im folgenden ausgewertet sind.

Bild 518 zeigt für das in den ILTUB-Versuchen verwendete plattierte AlZnMgCu-Blech (0,12 mm Plattierschichtdicke) den Verlauf der Mikrohärte in HV, aufgetragen über dem Abstand von der Oberfläche. An Stellen ohne Reibkorrosionseinfluß (keine erkennbare Deformation) wurde

die Mikrohärte von Al 99,5 über etwa 60% der Plattierschicht,

die Mikrohärte von AlZnMgCu in der Kernschicht,

ein Übergang der Mikrohärte in einem Bereich von 0,05 mm Dicke

gemessen.

An Stellen mit Reibkorrosion zeigt sich eine geringe Verhärtung, ausgehend von der Oberfläche bis zu etwa 0,04 mm Tiefe.

Die Erhöhung der Mikrohärte durch die Kaltverformung aus der Reibung in einer Plattierschicht aus Al 99,5 ist äußerst gering im Vergleich zum Härteanstieg an der Oberfläche des unplattierten Blechs. Im Bild 519 ist der Verlauf

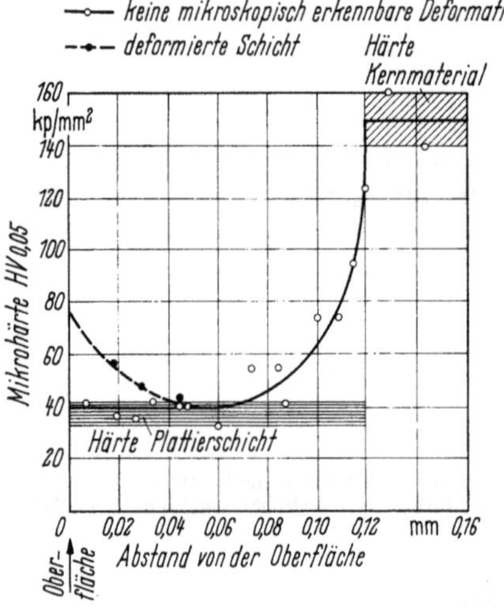

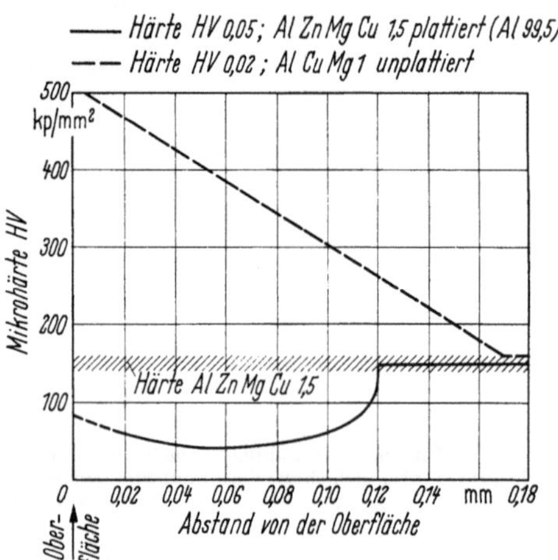

Bild 518. Verlauf der Mikrohärte über der Blechtiefe im Bereich der Fügung eines geschraubten Stoßes aus plattierten Blechen — AlZnMgCu 1,5 (7075-T 6).

Bild 519. Einfluß der Plattierschicht auf den Verlauf der Mikrohärte über der Blechtiefe im Bereich der Fügung eines geschraubten Stoßes.

der Mikrohärte in der Oberflächenschicht für unplattiertes und plattiertes Blech nach Reibbehandlung vergleichend dargestellt. Man erkennt, wie wenig Widerstand die Plattierung dem Reibangriff entgegensetzen kann.

3.2.2 Starke Reibkorrosionsschäden in der Plattierung

Starke Reibrostbildung der Fügeflächen zeigt Bild 520. Das Aussehen dieser Schäden ist dem bei unplattierten Oberflächen (wie sie im Abschn. 4 zu sehen sind) ähnlich. Die Plattierschichten zeigen jedoch auch andere Zerrüttungserscheinungen, wie sie im gleichen Bild links in einem vergrößerten Ausschnitt der Oberfläche zu erkennen sind. Hier sind durch Reibkorrosion nicht nur Querrisse, sondern auch Längsrisse in der Plattierschicht der Fügefläche entstanden.

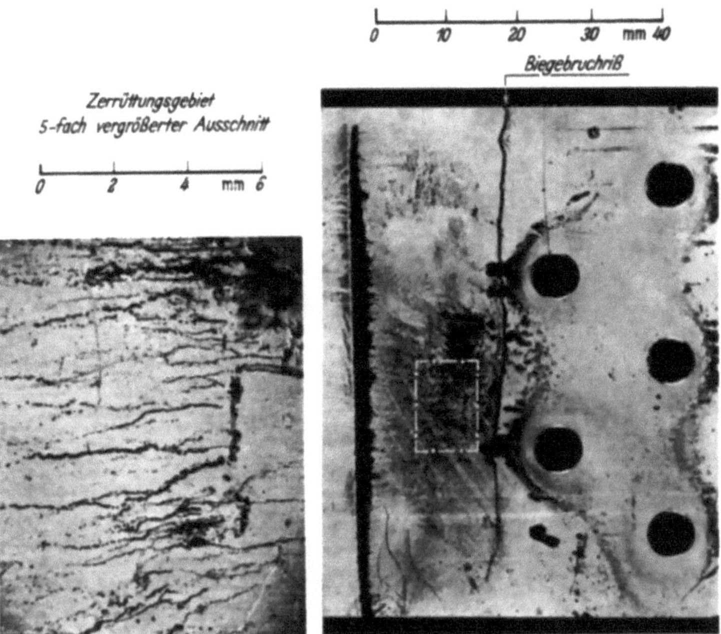

Bild 520. Geschraubter Stoß plattierter Bleche AlZnMgCu 1,5 (7075-T 6). Reibkorrosions- und Zerrüttungs-
schäden im Bereich der Fügefläche.

3.2.3 Ermüdungsrisse in der Plattierschicht und daraus entstehende Kernanrisse

Bild 521 zeigt einen Mikroschliff durch das plattierte Blech im Fügebereich
mit folgenden Schäden:

R_1 Riß auf der Fügeseite beginnend und fast durchgehend,

R_2 Riß auf der freien Außenseite beginnend über 70% Tiefe vorgedrungen.

P Plattierungsrisse: Sie sind in großer Zahl vorhanden mit Abständen
von etwa 0,2 mm und gehen durch die ganze Dicke der Plattierschicht
bis zum hochfesten Kernmaterial, an dem sie zunächst gestoppt sind.

A Anrisse im Kernmaterial von Plattierungsrissen ausgehend, sie sind
weniger häufig mit etwa 0,5 mm Abstand.

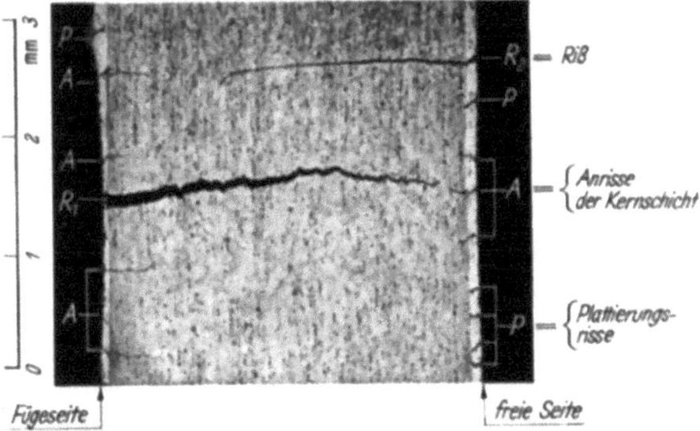

Bild 521. Geschraubter Stoß plattierter Bleche AlZnMgCu 1,5 (7075-T 6). Anrisse auf der Fügeseite und auf
der freien Seite der Prüfstücksoberfläche.

Aus diesem Bild wird deutlich, daß die Plattierschicht stark rissig wird und Kerben an der Kernoberfläche bildet, die sich negativ auf die Ermüdungsfestigkeit auswirken.

Bild 522 zeigt in stärkerer Vergrößerung einen außerhalb der Reibstellen geführten Längsschnitt mit 2 Plattierschichtrissen P, die bis an die Zone größerer Mikrohärte (Bild 518) vorgedrungen sind und einen Anriß A, der bereits das Kernmaterial erfaßt.

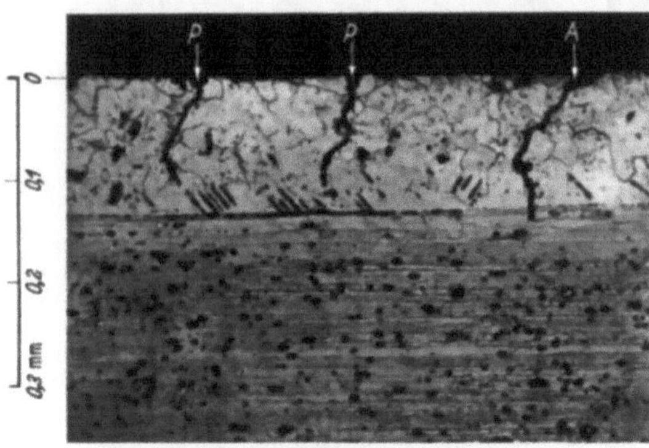

Bild 522. Geschraubter Stoß plattierter Bleche AlZnMgCu 1,5 (7075-T 6). Transkristalline Risse in der Plattierschicht.

Während die Plattierschichtrisse und Anrisse im Bild 521 ohne großen Reibkorrosionseinfluß entstanden sind, zeigt Bild 523 Mikroschliffe von Längsschnitten im Bereich starker Reibkorrosion:

Die Oberfläche der Plattierschicht ist bis über 0,1 mm Tiefe ausgehöhlt.

Die Schicht ist nahe der Oberfläche stark verformt.

Die Schicht ist von Ermüdungsanrissen durchsetzt.

Die Verläufe der Risse zeigen mehrere auffällige Erscheinungen:

Oberes Bild

    Die von der Oberfläche ausgehenden, durch Reibkorrosion begünstigten Anrisse der Plattierschicht verlaufen zum Kernmaterial hin mit zunehmender Härte immer flacher und dringen vorerst nicht in den Kern ein.

    Mit der Behinderung der Rißausbreitung entstehen Verästelungen an der Rißspitze.

    Die senkrecht zur Kernoberfläche verlaufenden Verästelungen dringen in den Kern vor.

Das untere Bild zeigt in der Mitte

    eine sehr starke Verästelung eines Plattierschichtanrisses unter Wirkung der Reibkorrosion,

    eine Ausweitung der Verästelungen an der Kernoberfläche zu einer Schadensstelle von 0,05 mm Breite, von der zwei Risse in den Kern vordringen.

Diese Mikrobilder zeigen, wie stark die Plattierschicht unter der Fügefläche „zermürbt" wird und Anlaß zu vorzeitigen Ermüdungsrissen des Kernmaterials gibt.

Zum anderen geht aus den Untersuchungen klar hervor, daß nicht nur die Fügeseite, sondern auch die freie Seite Plattierungsrisse aufweist. Daraus kann

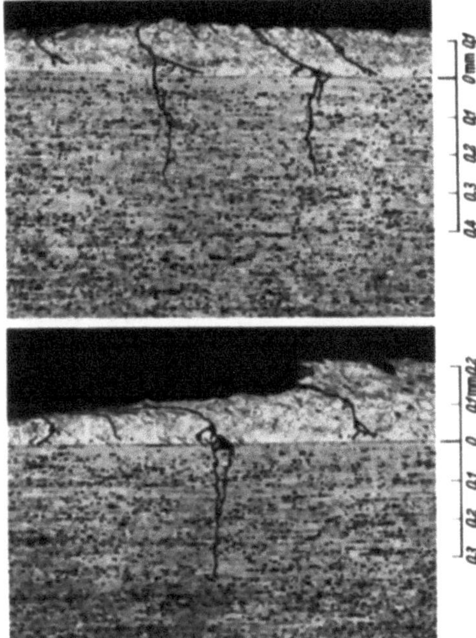

Bild 523. Geschraubter Stoß plattierter Bleche AlZnMgCu 1,5 (7075-T 6). Anrisse und Reibkorrosionsschäden der Plattierschicht.

gefolgert werden, daß die Kerbwirkung der Überlappungen bzw. der Bohrungen bei plattiertem Material nicht voll zur Auswirkung kommt: die Schäden infolge der schlechten Plattierschicht überdecken alle anderen Einflüsse.

4 Platten und Plattenverbindungen aus unplattiertem AlCuMg-Blech unter Biegewechselbelastung

Bild 524 zeigt die $(\sigma - N_A)$-Streubänder für ungekerbte und gebohrte Flachstäbe. Die Anrißfestigkeit der ungekerbten Stäbe bei $N_A = 10^7$ Lastwechseln beträgt $\sigma_{ob} = 12 \text{ kp/mm}^2$. Auch bei *unplattierten* AlCuMg-Blechen wird die Anrißfestigkeit durch eine Bohrung, ähnlich wie bei *plattierten* AlZnMgCu-Blechen (Bild 516), nur wenig herabgesetzt.

Spannungsmessungen (s. Kap. IV) haben gezeigt, daß der geometrische Häufungsfaktor bei gebohrten Flachstäben der verwendeten Geometrie unter Querkraftbiegung $K \approx 1,5$ beträgt.

Infolge des kleinen geometrischen Häufungsfaktors sind die geringen Abweichungen zwischen den $(\sigma - N_A)$-Werten der ungekerbten und gekerbten Stäbe im Bild 524 durchaus verständlich.

Da die Versuchsreihen der verschiedenen Überlappungsfügungen mit *plattierten* Blechen (Abschn. 3) nur sehr niedrige $(\sigma - N_A)$-Werte ergaben und sowohl die geklebten Überlappungsfügungen als auch die geschraubten Fügungen mit Zwischenlagen keine wesentliche Verbesserung brachten, wurden die gleichen Versuchsreihen wie unter Punkt 3.1 mit *unplattiertem* AlCuMg-Blech durchgeführt.

Bild 525 zeigt die $(\sigma - N_A)$-Streubänder der verschiedenen geschraubten Fügungen aus unplattiertem AlCuMg-Blech. Untersucht wurden geschraubte Überlappungsfügungen ohne und mit Zwischenlagen sowie geschraubte Fügungen mit Klebung.

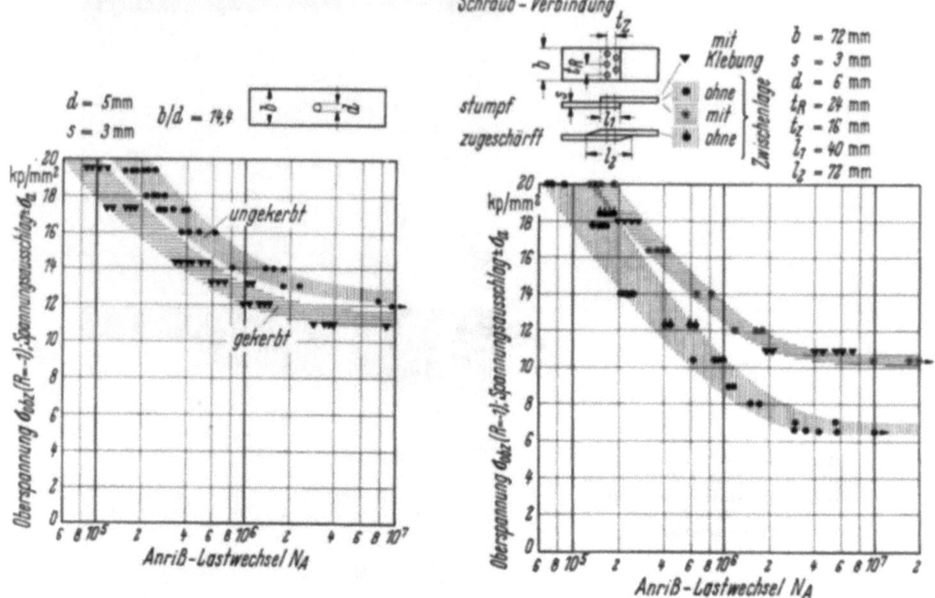

Bild 524. Ermüdungsversuche bei Flachbiegung. Vergleich der Biegewechselfestigkeit ungekerbter- und gekerbter Stäbe aus AlCuMg 1 (2017-T 4).

Bild 525. Ermüdungsversuche bei Flachbiegung. Vergleich der Biegewechselfestigkeit einschnittiger geschraubter Verbindungen aus AlCuMg 1 (2017-T 4). Einfluß von Geometrie und Zwischenlagen.

Als Zwischenlage wurde der Überzugslack „Wiedoflugat VN 83697" und zur Klebung der Folienkleber „FM 1000" verwendet.

Die Anrißfestigkeit der geschraubten Überlappungsfügung ohne Zwischenlage bei $N_A = 10^7$ Lastwechseln liegt bei $\sigma_{ob} = 6{,}5$ kp/mm² und erreicht damit nur die Hälfte der Anrißfestigkeit des ungekerbten Stabs. Alle beobachteten Anrisse und Brüche gingen stets von Reibkorrosionsstellen der Fügeflächen aus und verliefen nicht durch von Bohrungen geschwächte Querschnitte. Entsprechende Beobachtungen wurden bereits bei Fügungen aus *plattierten* Blechen gemacht.

Im Gegensatz zu den Plattenverbindungen aus *plattierten* Blechen läßt sich die Anrißfestigkeit der Verbindungen aus *unplattierten* Blechen durch Zwischenlagen — d. h. Ausschalten der Reibkorrosion — erheblich steigern.

Wie Bild 525 zeigt, wird die Anrißfestigkeit der geschraubten Überlappung durch einen Lackanstrich der Fügeflächen bei $N_A = 10^7$ Lastwechseln von $\sigma_{ob} = 6{,}5$ kp/mm² auf $\sigma_{ob} = 10{,}5$ kp/mm² erhöht, d. h., die Anrißfestigkeit der geschraubten Überlappungsfügung aus unplattiertem Blech kann durch Ausschalten der Reibkorrosion

im Bereich hoher Lastwechselzahlen $N_A > 10^6$ bis an die untere Grenze der Anrißfestigkeit des *gebohrten* Stabs,

im Bereich kleiner Lastwechselzahlen $N_A < 10^6$ bis an die untere Grenze der Anrißfestigkeit des *ungekerbten* Stabs angehoben werden.

Ermüdungsversuche mit Fügungen, die gleichzeitig geschraubt und geklebt waren, brachten gegenüber der geschraubten Verbindung mit Zwischenlage keine Verbesserung. Die Versuche wurden in zwei Belastungshöhen durchgeführt und die Ergebnisse ebenfalls im Bild 525 eingetragen. Die bei dieser Verbindungsart beobachteten Anrisse lagen bei hohem Spannungsniveau stets an der Überlappungskante oder außerhalb der Überlappung, während bei niedrigem Spannungsniveau, also großen Lastwechselzahlen, die Anrisse stets an den Rändern der Zone auftraten, in der die Fügeflächen durch die Schrauben aufeinandergepreßt werden.

Daraus kann gefolgert werden, daß bei hohem Spannungsniveau die Bruchbiegespannung im Blech früher erreicht wird als die Bruchschälspannung im Kleber, während bei kleinem Spannungsniveau zuerst die Bruchschälspannung erreicht wird, die zunächst die Kleberschicht aufreißen läßt, bevor ein Blechanriß erfolgen kann.

Durch Zuschärfen der Bleche konnte die Anrißfestigkeit der geschraubten Verbindung nicht erhöht werden. Die durchgeführten Niveauversuche liegen, wie Bild 525 zeigt, alle im $(\sigma - N_A)$-Streuband der geschraubten Fügung ohne Zwischenlage.

Bild 526 zeigt die $(\sigma - N_A)$-Streubänder für verschiedene *geklebte* Fügungen aus *unplattiertem* AlCuMg-Blech. Untersucht wurden Überlappungsfügungen mit und ohne Zuschärfung, wobei die Überlappungslänge der zugeschärften Bleche

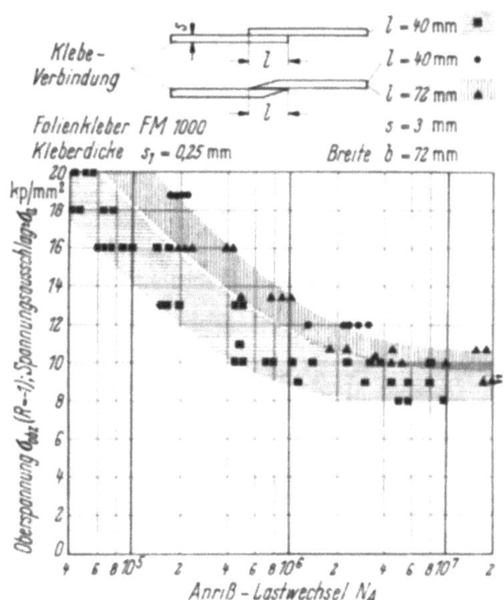

Bild 526. Ermüdungsversuche bei Flachbiegung. Vergleich der Biegewechselfestigkeit einschnittiger geklebter Verbindungen aus AlCuMg 1 (2017-T 4) bei unterschiedlicher Geometrie.

variiert wurde. Die Prüfstücke wurden in einer Klebevorrichtung mit dem Folienkleber „FM 1000" geklebt. In jedem Klebevorgang wurden jeweils fünf Biegeprüfstücke und zwei kleinere Zerreißstäbe hergestellt. Letztere dienten dazu, die Güte der Klebung zu überprüfen. Die erreichte statische Scherfestigkeit lag bei 4,0 bis 4,5 kp/mm².

Die erzielte Anrißfestigkeit liegt — wie Bild 526 zeigt — für $N_A = 10^7$ Lastwechsel bei $\sigma_{ob} = 8$ kp/mm² und damit etwa 15% höher als die der geschraubten Verbindung ohne Zwischenlage. Die beobachteten Brüche waren zu 75% reine Kleberbrüche.

Die Kleberbrüche können sowohl durch die vorhandenen Schälspannungen als auch durch die Scherspannungen im Kleber hervorgerufen werden.

Um Kleberbrüche zu vermeiden, müssen darum die im Kleber wirkenden Schäl- und Scherspannungen verringert werden.

Die Schälspannungen können dadurch verringert werden, daß man die Biegesteifigkeit der Klebeverbindung verkleinert. Die verringerte Biegesteifigkeit erlaubt eine bessere Verformung der Überlappung und damit eine Abnahme der Schälspannungen im Kleber.

Eine Verringerung der Scherspannungen erreicht man durch eine größere Überlappungslänge.

Um das Phänomen der Kleberbrüche zu klären, wurden Versuche durchgeführt mit

vergrößerter Überlappungslänge und zugeschärften Blechen, d. h. Verringerung der Scher- und Schälspannungen,

der Ausgangsüberlappungslänge und zugeschärften Blechen, d. h. Abnahme der Schälspannungen bei nahezu unveränderten Scherspannungen.

Wie Bild 526 zeigt, konnte durch die größere Überlappungslänge und gleichzeitiges Zuschärfen der Bleche die Anrißfestigkeit bei $N_A = 10^7$ Lastwechseln auf $\sigma_{ob} = 9{,}5$ kp/mm² angehoben werden. Dabei wurden folgende Anrißformen beobachtet:

Anriß im Blech, ausgehend vom Ansatz der Fügung,

Anriß infolge der Schälspannungen in der Kleberschicht, ausgehend vom Ansatz der Fügung. Dieser Anriß führte zu verschiedenen Bruchformen:

Aufreißen der gesamten Kleberschicht und damit zu einem reinen Kleberbruch,

Aufreißen der Kleberschicht bis zu dem Punkt, wo die Bruchbiegespannung im Blech erreicht wird und zu einem Blechanriß im Bereich der Überlappung führt.

Die beschriebenen Anriß- und Bruchformen treten mit gleicher Häufigkeit auf und wurden unabhängig von der Belastungshöhe beobachtet.

Die bei zwei Belastungshöhen durchgeführten Versuche mit der Ausgangsüberlappungslänge und zugeschärften Blechen sind ebenfalls im Bild 526 eingetragen. Ein Vergleich mit dem $(\sigma - N_A)$-Streuband des ungekerbten Stabs (Bild 524) zeigt, daß damit nahezu die untere Grenze des ungestörten Stabs erreicht wurde. Kleberbrüche wurden bei dieser Klebung nicht mehr beobachtet.

Die Erhöhung der Anrißfestigkeit mit zugeschärften Blechen und relativ kurzer Überlappungslänge ($l = 40$ mm) läßt darauf schließen, daß in erster Linie die erhöhten Schälspannungen — infolge der großen Steifigkeit der Überlappung — für die Kleberbrüche verantwortlich sind.

Die unterschiedlichen Auswirkungen der konstruktiven Maßnahmen bei Plattenverbindungen aus *plattiertem* und *unplattiertem* Blech auf die Ermüdungs-

festigkeit ist darauf zurückzuführen, daß bei *plattiertem* Blech zur Zeit des Anreißens die Fügeflächen bereits voller Zerrüttungsrisse der Plattierschicht sind,
wie das aus Bild 520 zu ersehen ist. Ein Oberflächenschliff im Bereich der Fügung
beim *unplattierten* Blech (s. Bild 527 oben) läßt solche Zerrüttungsrisse nicht
erkennen und zeigt nur die von den Reibkorrosionsstellen ausgehenden Risse
und Brüche.

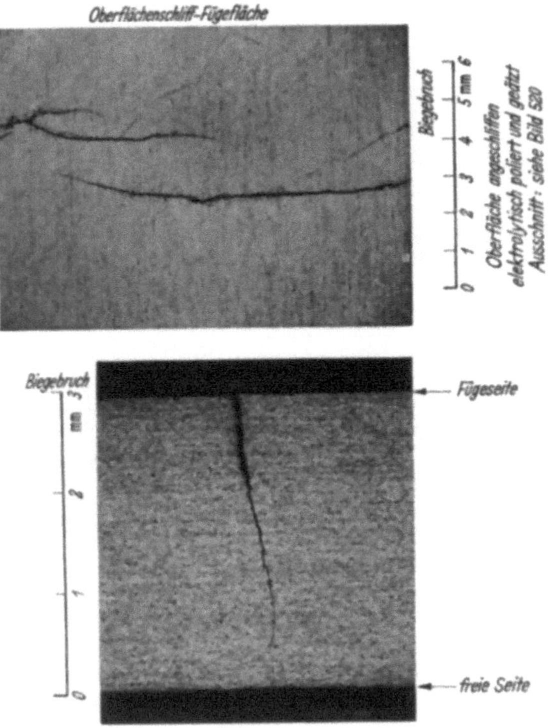

Bild 527. Geschraubter Stoß unplattierter Bleche aus AlCuMg 1. Oberflächen- und Längsschliff
im Bereich der Fügefläche.

Die hier mitgeteilten Versuchsergebnisse wurden alle an einschnittig überlappten Verbindungen ermittelt, deren Blechstärke $s = 3,2$ mm (plattiert) und
$s = 3,0$ mm (unplattiert) betrug.

Diese Blechstärken wurde gewählt, um Vergleichswerte für die von HERTEL [7]
entwickelte und experimentell für diesen Blechstärkenbereich untersuchte kerbarme Längsfügung (s. Kap. XIX) zu erhalten.

Blechstärken von $s = 3$ mm bilden üblicherweise die obere Grenze für *geklebte*
Plattenlängsfügungen. Die erzielten Ergebnisse erlauben somit kein allgemeines
Urteil über Kleben und Schrauben bzw. Nieten bei hochfrequenter Biegewechselbeanspruchung, sondern beschränken sich auf Fügungen der untersuchten Blechstärke. Es ist zu erwarten, daß die Ermüdungsfestigkeit geklebter Verbindungen
bei kleineren Blechstärken infolge der geringeren Steifigkeit der Überlappung —
die eine Abnahme der Schälspannungen im Kleber zur Folge hat — gegenüber
vergleichbaren geschraubten und genieteten Verbindungen verbessert werden
kann.

5 Plattenlängsverbindungen (gesenk- und stranggepreßt) aus unplattiertem AlZnMgCuAg bei hochfrequenter Biegewechselbeanspruchung

Im Kap. XIX wurden die Vor- und Nachteile verschiedener Plattenlängs-verbindungen bezüglich der Beanspruchung in Plattenebene (Druck-Zug) unter-sucht. Im folgenden werden Versuchsergebnisse diskutiert, die mit gesenk- und stranggepreßten Lappenverbindungen (s. Kap. XIX) bei Biegewechselbeanspru-chung erzielt wurden.

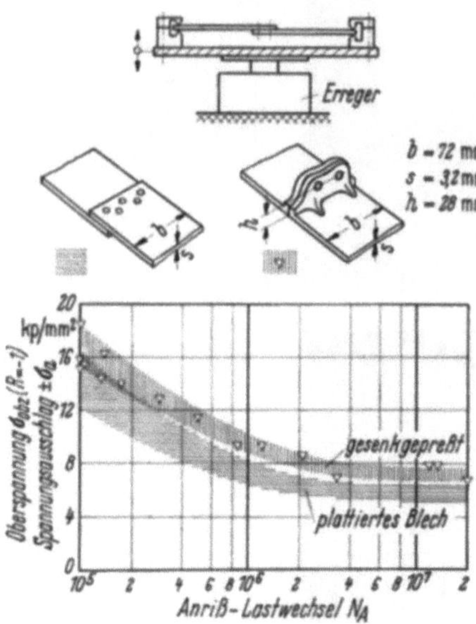

Bild 528. Ermüdungsversuche bei Flachbiegung. Vergleich der Biegewechselfestigkeit einer ein-schnittigen Schraubenverbindung aus AlZnMgCu 1,5 (7075-T 6) plattiert mit einer gesenk-gepreßten Lappenverbindung aus AlZnMgCu Ag (Fuchs AZ 74) unplattiert.

Bild 528 zeigt eine Gegenüberstellung der $(\sigma-N_A)$-Streubänder für geschraubte überlappte Fügungen aus plattiertem AlZnMgCu-Blech und im Gesenk gepreßte Lappenverbindungen aus unplattiertem AlZnMgCuAg.

Aus der Darstellung ist eine deutliche Trennung der beiden Streubänder und somit eine Verbesserung der Lappenverbindung bezüglich der Anrißfestigkeit bei Biegung ersichtlich. Die höheren $(\sigma-N_A)$-Werte der Lappenverbindung haben ihre Ursache in

der Verwendung der unplattierten AlZnMgCuAg-Legierung,

dem geringeren Häufungsfaktor der gepreßten Anschlußlappen.

Vergleicht man diese Ergebnisse mit den $(\sigma-N_A)$-Werten einer geschraubten Überlappungsfügung aus unplattiertem AlCuMg-Blech (Bild 525), so zeigt sich auch gegenüber der Verbindung aus unplattiertem Material eine geringe Ver-besserung im Bereich der Dauerfestigkeit.

Aus Spannungsmessungen (Kap. XIX) kann gefolgert werden, daß sich durch geometrische Veränderung der für die Schubübertragung notwendigen Stütz-füßchen die Häufungsfaktoren verringern lassen, so daß die Dauerfestigkeit der Lappenverbindung weiter erhöht werden kann.

Bild 529 zeigt die $(\sigma-N_A)$-Streubänder für gewinkelte Lappenverbindungen aus AlZnMgCuAg, gesenkgepreßt mit und stranggepreßt ohne Stützfüßchen.

Während bei allen anderen Biegewechselversuchen jeweils die errechneten Spannungen (s. Abschn. 2.4) aufgetragen wurden, handelt es sich hier um gemessene Biegespannungen im ungestörten Querschnitt. Der starke Abfall der Anriß-

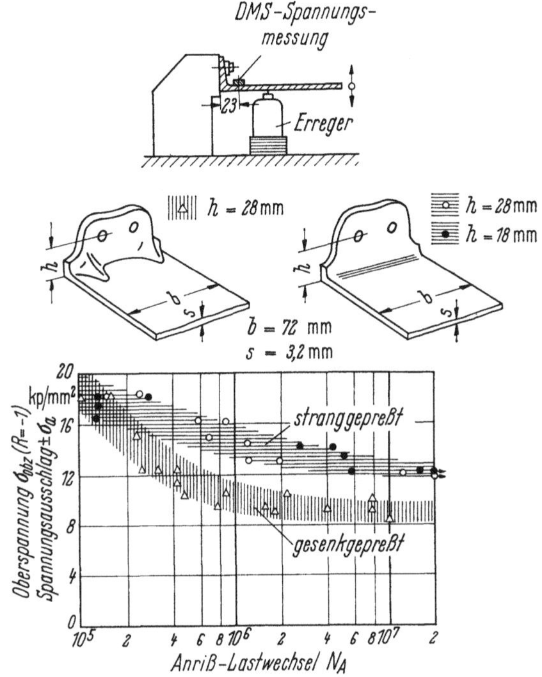

Bild 529. Ermüdungsversuche bei Flachbiegung. Vergleich der Biegewechselfestigkeit gesenk- und stranggepreßter Lappenverbindungen aus AlZnMgCuAg (Fuchs AZ 74) unplattiert.

festigkeit der gesenkgepreßten — gegenüber der stranggepreßten — Verbindung läßt sich nur durch die erhöhte Kerbwirkung der Stützfüßchen erklären und zeigt, daß die Biegewechselfestigkeit dieser Verbindung durch eine richtige Gestaltung der für die Schubübertragung notwendigen Stützfüßchen stark erhöht werden kann.

XXI. Ausschnitte in Platten

1 Arten und Formen der Durchbrechungen von Platten

Platten oder Blechwände mit hohen Betriebsbeanspruchungen müssen in vielen Konstruktionen, insbesondere wenn sie einen Kasten (Tragflügel) oder einen Behälter (Flugzeugrumpf) bilden, Durchbrüche erhalten. Diese sind zur Montage, zur Kontrolle, zur Innenkonservierung, für Ein- und Auslässe (Durchführungen) meist unvermeidlich. Oft erhalten die Ausschnittränder Bohrungen zu den verschiedensten Zwecken, wie Befestigung von Abschlußdeckeln oder Halterungen von Einbauten und Anbringung von Randversteifungen.

Gleichgültig, ob diese Ausschnitte offen bleiben, teilweise oder ganz geschlossen werden und ob die Verschlüsse Plattenbeanspruchungen überhaupt nicht, in geringem oder starkem Maße übertragen, bringen sie Probleme im Hinblick auf die Ermüdungsfestigkeit der Konstruktion: Es sind Spannungshäufungen an den Ausschnitträndern und den Anschlußstellen der Abdeckung sowie die Gefahr der Reibkorrosion zu beachten.

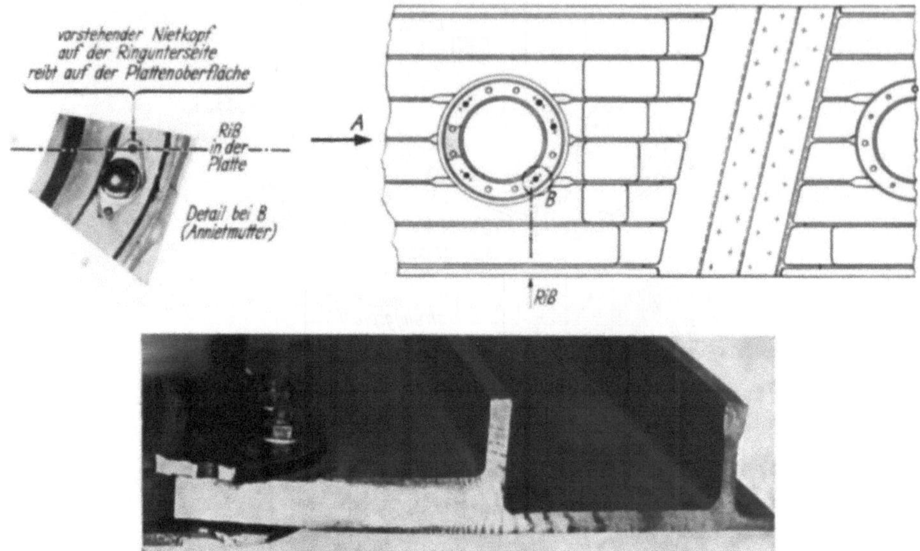

Bild 530. Dynamische Bruchversuche von BAC an einer Integralplatte mit Kreisausschnitt — Anriß ausgehend von einer Reibstelle (Annietmutter) nahe dem Ausschnittrand. [1].

Die durchbrochenen Wände können bevorzugt auf Zug beansprucht sein, wie die Gurtplatten von Tragflügeln oder auf Schub, wie die Stege und Rippen von Tragflügeln.

Folgende Beispiele sind charakteristisch:

Bild 530 zeigt einen Kreisausschnitt in der Beplankung eines Tragflügelkastens mit Abschlußdeckel, wie er zur Montage, Kontrolle und Betankung benötigt wird [1]. Diese durchbrochene Platte ist vor allem auf Zug beansprucht.

Bild 531 zeigt die Außenhaut eines Tragflügels mit nicht weniger als 18 Ausschnitten [2].

Bild 532 zeigt den Steg eines Tragflügelkastens mit Kreislöchern, wie sie zu Durchführungen von Leitungen und Gestängen (in anderen Fällen zur Montage und Kontrolle) angeordnet werden [3]. Die Kreisausschnitte sind im Lochrandbereich mit Bohrungen versehen, um Versteifungen oder Halterungen anzuschließen. Dieser mehrfach durchbrochene Steg ist bevorzugt auf Schub beansprucht.

Das Problem der hohen Spannungshäufungen am „Kerb in einer Kerbzone" trat mit der Aufklärung der Abstürze des Flugzeugs Comet hervor. Bild 533 zeigt die Rahmenkonstruktion eines Durchbruchs in der Wand eines Flugzeugrumpfes. Die Form des Durchbruchs ist ein abgerundetes Rechteck, was keinen prinzipiellen Unterschied zum Kreisausschnitt bringt [4]. Der Randbereich des Ausschnittes ist durch zahlreiche Bohrungen nicht nur geschwächt, sondern er erhält auch hohe örtliche Spannungsspitzen, die Ursache für Ermüdungsanrisse und nachfolgende Brüche des Rumpfes wurden.

Bild 531. Ausschnitte in der Tragflügelbeplankung der Hawker Siddeley Trident. [2].

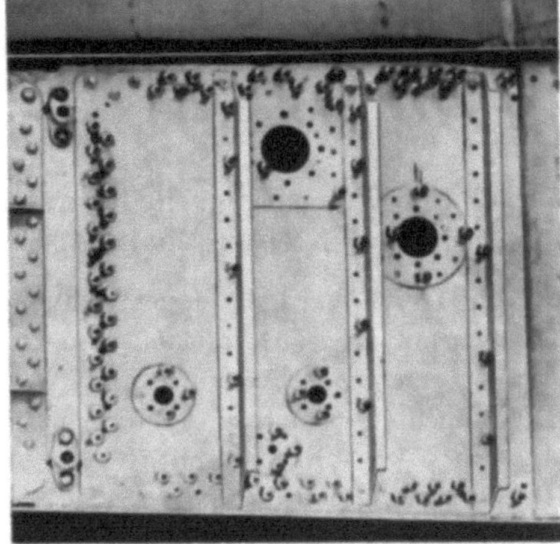

Bild 532. Tragflügelsteg (BAC) mit Ausschnitten — Kerben in Kerbzone. [3].

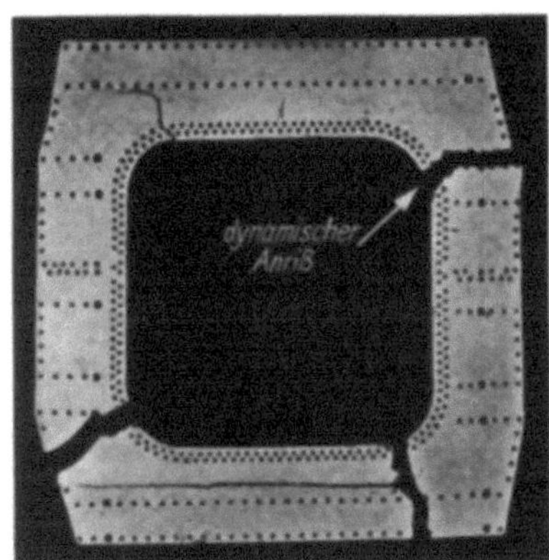

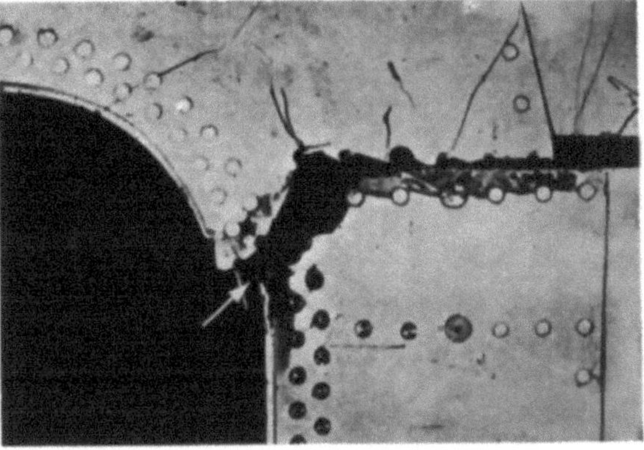

Nach dynamischem Anriß gebrochene Rahmenplatte   Dynamischer Anriß und Restbruch der Rahmenecke mit Beplankung

Bild 533. Ermüdungsbrüche am Radiokompaßfenster der Comet 1 — Kerben in Kerbzone. [4].

Die Aufgabe des Konstrukteurs ist es,

den Spannungsfluß in der Platte mit minimalem Materialaufwand so um den Ausschnitt zu leiten, daß er an den Ausschnitträndern nur möglichst schwach konzentriert wird,

die Störung möglichst zu „neutralisieren", insbesondere die Lochumrandung, in der der Spannungsfluß konzentriert ist, so aufzudicken, daß die Spannungsspitze abgebaut wird,

zusätzliche Kerben nahe dem Lochrand im Gebiet erhöhter Spannungen zu vermeiden, bei abgedeckten Ausschnitten Reibkorrossionschäden insbesondere durch Schutz der Fügeflächen zu vermeiden.

Die verschiedenen Einflüsse auf die Spannungshäufung an den Ausschnitträndern wie:

Ausschnittform — Randverstärkungen — Entlastungslöcher oder „Entlastungsabmagerungen" — Umleitung durch Längsverstärkungen — Verformungsbehinderung durch Querstreifen

werden im folgenden untersucht.

2 Ermüdungsfestigkeit des auf Längszug beanspruchten Streifens mit Kreisausschnitt und Bohrungen in der Kerbzone

Im ILTUB wurden Versuchsreihen über die Zugschwellfestigkeit von AlCuMg-Streifen mit Kreisausschnitten vom Durchmesser d_0 mit 2 im gefährdeten Querschnitt symmetrisch im Abstand c ($=$ Breite des Zwischenstegs) angeordneten Bohrungen (Durchmesser d) durchgeführt. Bild 534 zeigt die Bruchspannungen σ_{obz} für $N_B = 10^4$, 10^5 und 10^6 über dem bezogenen Lochabstand c/d für ein Durchmesserverhältnis $d_0/d = 5$. Ist der bezogene Abstand $c/d = -1$, also keine Randstörung mehr vorhanden, oder $c/d \geqq 5$, also die Bohrung im Gebiet geringer Spannungshäufung des Kreisausschnittes (wie aus Bild 32 zu folgern ist), so ist die Ermüdungsfestigkeit gleich der des Streifens nur mit Kreisausschnitt. Die

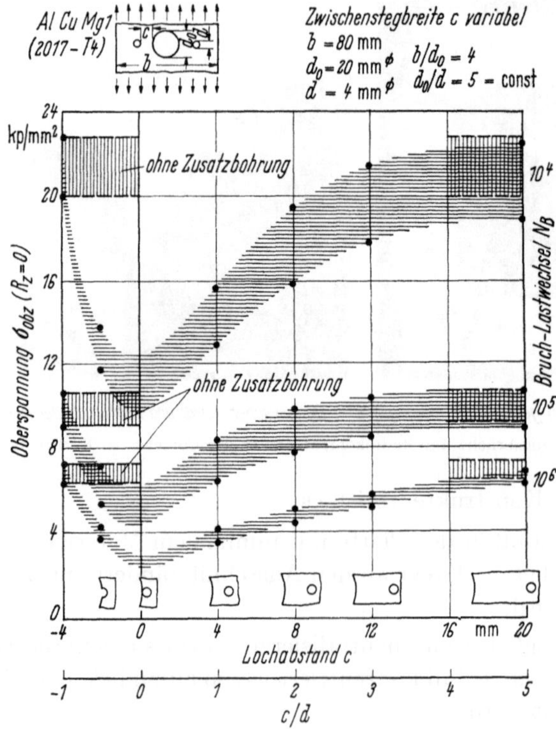

Bild 534. Kreisausschnitt mit Bohrungen in der Zone erhöhter Randspannungen — Einfluß des Bohrungsabstandes c vom Ausschnittrand auf die Ermüdungsfestigkeit.

stärkste negative Auswirkung der Randzonenbohrungen zeigt sich in der Nähe von $c/d = 0$, d. h., für den Fall, daß die Bohrung den Ausschnittrand tangiert und der Steg zwischen Ausschnitt und Bohrung verschwindet.

Bezeichnet man das Verhältnis der ertragbaren Spannung für $c/d = 0$ zur Spannung für $c/d = -1$ (Kreis ohne Zusatzbohrungen) als Abminderungsfaktor der Ermüdungsspannung η_A, so ist dieser bei niedrigem Spannungsniveau ($N_B = 10^6$) etwa $\eta_A = 0{,}4$ und wird bei hohen Spannungen ($N_B = 10^4$) infolge der plastischen Deformationen etwa $\eta_A = 0{,}5$.

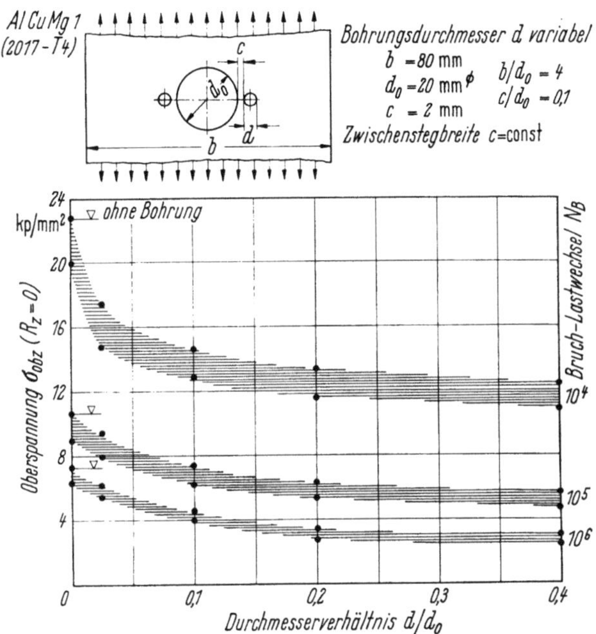

Bild 535. Kreisausschnitt mit Bohrungen in der Zone erhöhter Randspannungen — Einfluß des Durchmessers d der Bohrungen auf die Ermüdungsfestigkeit.

Einer Verringerung auf $\eta_A = 0{,}4$ gegenüber dem Streifen mit Kreisausschnitt ohne Zusatzbohrungen und $K = 3$ würde eine Erhöhung des Häufungsfaktors auf $K^* = 3/0{,}4 = 7{,}5$ entsprechen, wenn die Verringerung der Ermüdungsfestigkeit nur von einer Erhöhung der Spannungsspitze herrührte; in Wirklichkeit wird sie jedoch außer durch Spannungserhöhung auch durch Verringerung des Spannungsgefälles verursacht.

Die Anrisse beginnen am Innenrand der Bohrung an dem Steg zwischen Bohrungsrand und Ausschnittrand und breiten sich zum Ausschnittrand aus. Am Außenrand der Bohrung entsteht ein zweiter Anriß, der nach der dynamischen Ausbreitung zum Bruch führt.

Im Bild 535 sind die Bruchspannungen σ_{obz} für $N_B = 10^4$, 10^5 und 10^6 über dem Durchmesserverhältnis d/d_0 bei unveränderlichem Zwischensteg ($c/d_0 = 0{,}1$) aufgetragen. Mit zunehmendem Bohrungsdurchmesser d nimmt die Ermüdungsfestigkeit ab.

Durch diese Versuche ist nachgewiesen, wie außerordentlich ungünstig Zusatzbohrungen im Randbereich eines Ausschnittes sind. Der Konstrukteur muß den

Durchmesser unvermeidlicher Bohrungen möglichst klein und den Steg c zwischen Kreisausschnitt und Bohrungsrand möglichst groß halten.

Zur Abschätzung der Auswirkungen solcher Bohrungen können die Bilder 534 und 535 am besten unter Hinzuziehung von Bild 32 dienen.

3 Entlastung des Randes eines kreisförmigen Ausschnittes im längsgezogenen Streifen

3.1 Entlastung durch Querschnittsverringerung vor dem Ausschnitt

3.1.1 Entlastungsverfahren

Die Beeinflussung der Spannungshäufungen am Rande eines kreisförmigen Ausschnittes in einem längsgezogenen isotropen Streifen wurde im ILTUB mit Hilfe von Reißlackversuchen und durch Dehnungsmessungen an großen Plexiglasplatten ($b \times l = 420 \times 650$ mm) untersucht.

Das Verhältnis Ausschnittdurchmesser/Plattenbreite war $d_0/b = 1/6$. Die Versuche mit Kreisausschnitt ohne „Entlastungsausschnitte" ergaben den maximalen Häufungsfaktor $K_0 = 3{,}2$ am Lochrand in hinreichender Übereinstimmung mit anderen Versuchen und der Theorie.

Eine wesentliche Verringerung des maximalen Häufungsfaktors ist durch Änderung des Kreislochs in einen länglichen Ausschnitt möglich. Bei der im Abschn. 4.4 dargelegten Optimierung des Langlochs wurde die sehr starke Verringerung von $K_0 = 3{,}2$ auf $K_0 = 1{,}75$ erreicht.

Bei vielen konstruktiven Aufgaben ist es nicht möglich, derartige längliche Ausschnitte zu verwenden, weil der kreisrunde Lochrand zur Lagerung und Befestigung von Bauteilen mit kreisrunden Anschlußflanschen benötigt wird. (Ein wichtiges Beispiel aus dem Flugzeugbau ist hierzu die Kraftstoffpumpe in Tragflügeln.) In diesen Fällen müssen die maximalen Spannungshäufungen des Lochrandes auf andere Weise abgebaut werden.

Eine Möglichkeit zu solcher „Entlastung" wurde im ILTUB eingehend untersucht. In Längsrichtung vor und hinter dem Kreisloch wurden „Entlastungsausschnitte" angebracht. Dadurch wird mit Annäherung an den Kreisausschnitt der Spannungsfluß nahe der Längsachse verringert und derart zu den Seiten verlagert, daß eine „Vorverdrängung" des Spannungsflusses vor dem Kreisloch entsteht.

3.1.2 Kreisförmige Entlastungsausschnitte

Durch je eine gleich große Bohrung vom Durchmesser d_1 in Streifenlängs- bzw. Zugrichtung mit einem Lochmittenabstand t vor und hinter dem Kreisausschnitt vom Durchmesser d_0 kann der Häufungsfaktor K_0 des Ausschnittrandes herabgesetzt werden. Am Rande der Entlastungsbohrung entstehen Spannungshäufungen mit dem Faktor K_1. Die Anordnung ist gekennzeichnet durch das Durchmesserverhältnis d_1/d_0 und das Abstandsverhältnis t/d_0.

Im Bild 536 sind die Häufungsfaktoren K_0 und K_1 über dem Verhältnis d_1/d_0 mit dem Parameter t/d_0 aufgetragen. Für $d_1/d_0 = 0$ laufen die Kurven für K_1 auf Grenzwerte aus, die durch den dreifachen Wert des im Abstand t ohne Entlastungsbohrung gemessenen Spannungsverhältnisses gegeben sind. Aus dieser Darstellung erkennt man:

Kleine Entlastungslöcher ($d_1/d_0 < 0{,}5$) bringen nur eine unwesentliche Verringerung von K_0, gleichgültig, in welchem Abstand t/d_0 sie angeordnet sind. Größere Entlastungslöcher ($d_1/d_0 > 0{,}5$) zeigen nicht die erwartete starke Auswirkung.

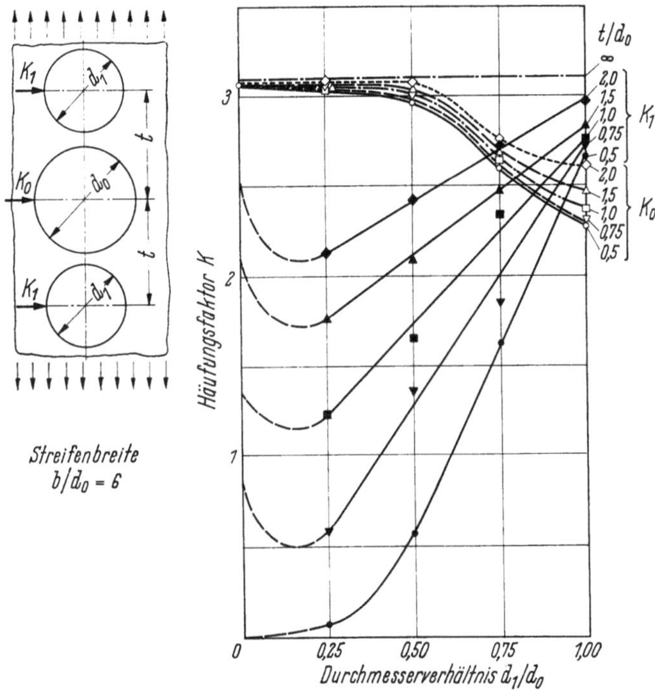

Bild 536. Kreisausschnitt in Platte unter Längszug — Einfluß von kreisförmigen Entlastungsausschnitten auf die Häufungsfaktoren K_0 und K_1.

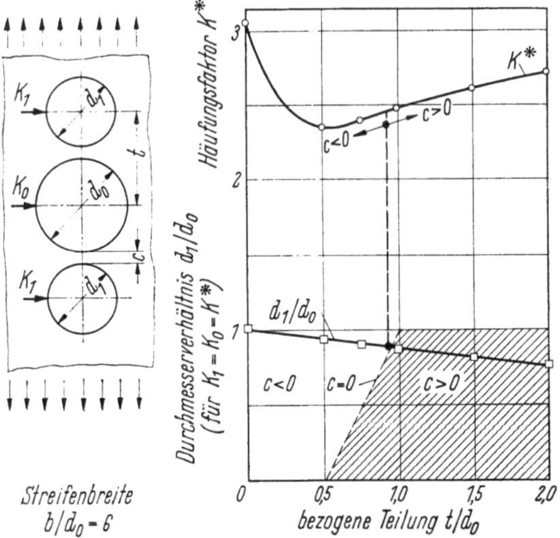

Bild 537. Kreisausschnitt mit kreisförmigen Entlastungsausschnitten in Platte unter Längszug — Zuordnung von Abstand t und Durchmesser d_1 für $K_1 = K_0 = K^*$.

Die Schnittpunkte der K_0- und K_1-Kurven für gleichen Parameter t/d_0 geben das zu t/d_0 gehörige Verhältnis d_1/d_0 an, bei dem die beiden Häufungsfaktoren gleich groß sind.

Im Bild 537 ist über t/d_0 dieses Verhältnis d_1/d_0, bei dem $K_1 = K_0 = K^*$ ist, aufgetragen, ebenso wie der dazugehörige Häufungsfaktor K^*.

Zwischen dem Ausschnitt und der Entlastungsbohrung bleibt ein Quersteg von der Breite c stehen, wenn $c = \left(t - \dfrac{d_0 + d_1}{2}\right) > 0$ ist. Im Bild 537 rechts ist das Gebiet der Zuordnungen von $c > 0$ mit Zwischensteg schraffiert. Im Falle $c < 0$ vereinigten sich der ursprüngliche Ausschnitt und die Entlastungsbohrung zu einem Ausschnitt.

Wir ersehen aus der Darstellung des Bildes 537, daß die durch Entlastungsbohrungen auch bei günstigster Anordnung erreichbare Verringerung von K^* gegenüber K beim Kreisausschnitt nicht bedeutend ist und bei einer praktisch brauchbaren Anordnung mit $t/d_0 = 1{,}5$ und $d_1/d_0 = 0{,}85$ sowie $c/d_0 = 0{,}525$ den Häufungsfaktor $K^* = 2{,}6$ ergibt.

3.1.3 Abgerundete Dreiecke als Entlastungsausschnitte

Um festzustellen, ob man die schwache Wirkung der Entlastungslöcher durch eine Änderung ihrer Form verbessern kann, wurden im ILTUB Versuche mit abgerundeten Entlastungsdreiecken statt der Entlastungsbohrungen durchgeführt. Die Form, die aus Bild 538 zu erkennen ist, brachte keinen großen Fortschritt, als maximaler Häufungsfaktor ergab sich $K_{\max} = 2{,}5$.

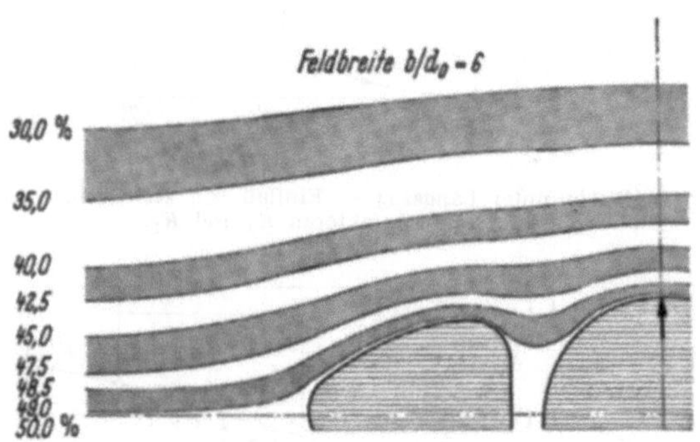

Bild 538. Äquipotentiallinien um einen Körper im elektrischen Feld.

3.1.4 Zwischensteg als Ursache für die schwache Wirkung der Entlastungsausschnitte

Die Ursache dafür, daß die Entlastungsausschnitte zu keiner starken Verringerung von K_0 führen, ergibt sich aus einer Untersuchung des Spannungsflusses.

3.1.4.1 Hinweise aus Strömungsbildern

Die in einem „Elektrischen Trog" [5] bestimmten Strömungslinien im Bild 538 zeigen, daß die durch den Entlastungsausschnitt erzielte Vorverdrängung der Strömung durch den Zwischensteg zu einem beachtlichen Teil wieder wirkungslos gemacht wird und infolgedessen nahe dem Lochrand die Stromfadenverengung in der Mitte des Kreisausschnittes stark bleibt.

3.1.4.2 Hinweise aus Reißlackbildern

Im Bild 539 sind die Fotos von Reißlackbildern mit eingezeichneten Zugspannungstrajektorien wiedergegeben für den längs gezogenen Streifen mit

links   einem Kreisausschnitt,

rechts Kreisausschnitt und Dreieckentlastungsausschnitten.

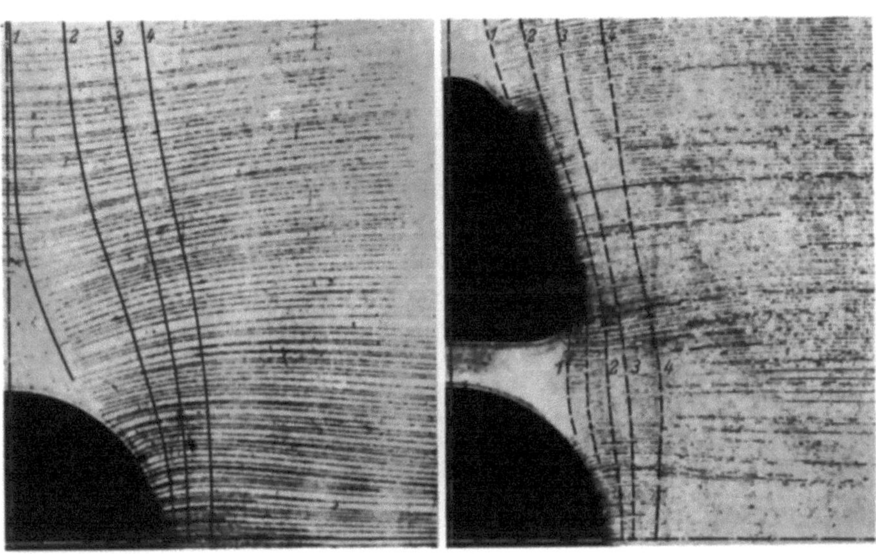

Bild 539. Platte mit Ausschnitten unter Längszug — Reißlackbilder mit eingezeichneten Spannungstrajektorien (ohne und mit Entlastungsausschnitt).

Der Vergleich der Spannungstrajektorien zeigt die Vorverdrängung des Spannungsflusses durch den Entlastungsausschnitt und die Wiederverengung durch den Zwischensteg.

Bild 540 zeigt die Spannungstrajektorien für beide Fälle in einer Darstellung. Man erkennt deutlich den Einfluß des Zwischenstegs, durch den die dem Lochrand nahe Trajektorie *2* näher zum Rand gelenkt wird.

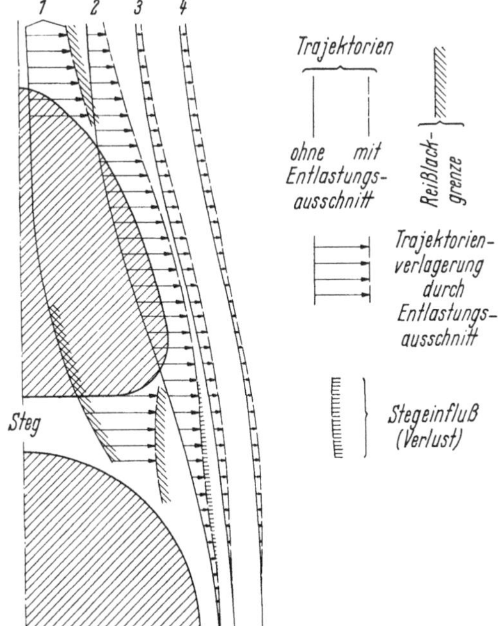

Bild 540. Platte mit Ausschnitten unter Längszug — Verlagerung der Spannungstrajektorien (aus Reißlackversuchen) durch Entlastungsausschnitt und Zwischensteg.

3.2 Übergang vom Kreisausschnitt mit Entlastungslöchern zum Langloch

Bild 541 zeigt die Reihe der Entwicklung des Plattenausschnittes vom Kreis zur optimalen Vier-Kreisbogen-Form. Dargestellt sind unten die Ausschnittformen und darüber die zugehörigen Häufungsfaktoren K_0 in der Mitte des Lochrandes und K_1 bzw. K_2 und K_3 an den Rändern der Entlastungsausschnitte.

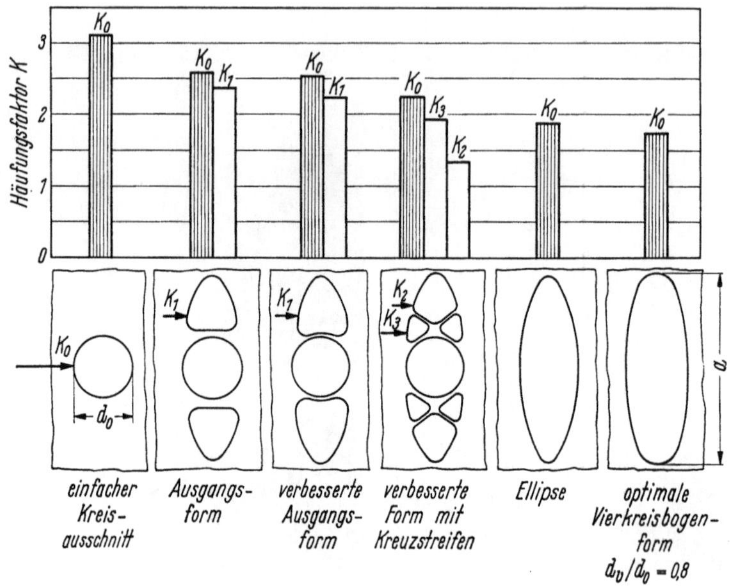

Bild 541. Vergleich der Häufungsfaktoren verschiedener Ausschnitte in einer Platte unter Längszug — Achsenverhältnis $a/d_0 = 3$ — Plattenbreite $b/d_0 = 6$.

Man erkennt, daß eine Abminderung des Häufungsfaktors vom $K_0 = 3,2$ für den einfachen Kreisausschnitt auf

$K_0 = 2,5$ mit Entlastungsausschnitten,
$K_0 = 1,75$ bei Verwendung der optimalen Vier-Kreisbogen-Form möglich ist.

3.3 Einfluß von Quersteifen (Behinderung der Querzusammenziehung)

3.3.1 Anordnung der Zwischensteifen

Die Stege zwischen Ausschnitt und Entlastungsloch beeinflussen den Spannungsfluß dadurch ungünstig, daß sie dort, wo sie sich der Streifenlängsdehnung anpassen müssen (wie im vorhergehenden Abschnitt dargelegt, Spannungen auf sich ziehen und den Fluß aus der Vorverdrängung wieder zusammenziehen. Dieser Einfluß bleibt im wesentlichen erhalten, auch wenn die Stege in Streifenmitte durchschnitten werden.

Einen günstigen Einfluß im Sinne einer wirksam bleibenden Vorverdrängung lassen dagegen Quersteifen erwarten, die auf den Zwischenstegen angeordnet werden, weil sie die Querzusammenziehung behindern.

3.3.2 Änderung der maximalen Spannungshäufungen durch Quersteifen

Das für die Ermüdungsfestigkeit wesentliche Ergebnis der Untersuchung über Quersteifen im Bild 542 zeigt, daß der Häufungsfaktor K_0 des Kreisausschnittes nur durch die kurze beidseitig angeordnete Quersteife ($l_q \approx 1{,}5d_0$) wesentlich herabgesetzt wird, und zwar von $K_0 = 2{,}5$ in der unversteiften Ausführung auf

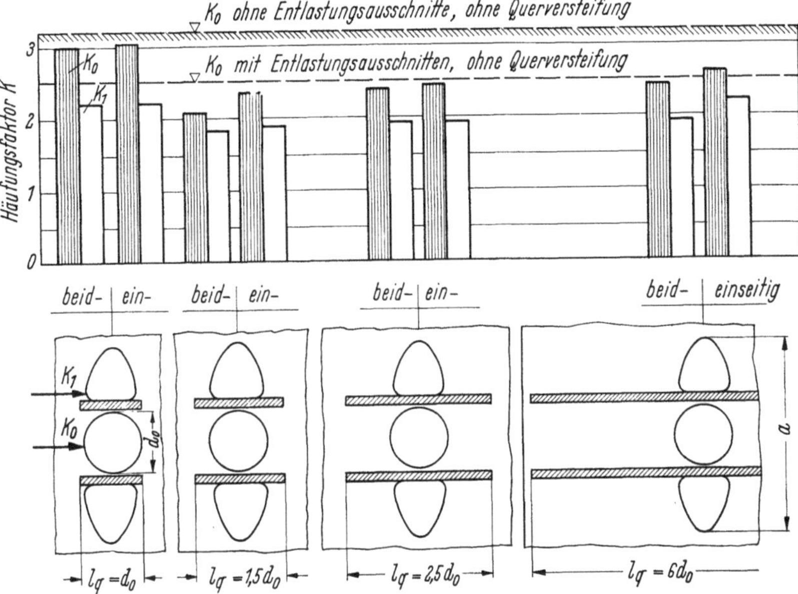

Bild 542. Kreisausschnitt mit Entlastungsausschnitten in einer Platte unter Längszug — Einfluß der Länge von Querstreifen auf den Häufungsfaktor.

$K_0 = 2{,}1$. Die längeren Aussteifungen bleiben praktisch ohne Auswirkung auf K_0 und K_1, während die sehr kurze Quersteife ($l_q \approx 1{,}0d_0$) die Häufungsfaktoren K_0 und K_1 stark anhebt.

Der Gesamtgewinn durch Entlastungsausschnitt und kleine Quersteifen von $K_0 = 3{,}2$ auf $K_0 = 2{,}1$ ist beachtlich.

3.4 Einfluß von Längsverstärkungen nahe dem Ausschnitt

3.4.1 Kurze, gerade Längsversteifungen am Kreisausschnitt

Längsversteifungen verringern den Häufungsfaktor, wenn sie nahe genug am Lochrand angeordnet sind.

Im Bild 543 ist der Einfluß der Lage einer geraden beidseitigen Längsversteifung der Länge $l = 3d_0$ dargestellt.

Für $e/d_0 = 1$, d. h. den Ausschnitt tangierende Längssteife, ist die Abminderung des Häufungsfaktors von $K_0 = 3{,}2$ auf $K_0 = 2{,}3$ beträchtlich.

Für $e/d_0 = 3$ wird die Längssteife praktisch wirkungslos.

Der Einfluß der Länge von Längsverstärkungen, die die Ausschnitte tangieren, ist für einseitige und beidseitige Versteifungen im Bild 544 gezeigt. Es wurden

die Häufungsfaktoren an verschiedenen Stellen der Platte im kritischen Querschnitt gemessen und dargestellt.

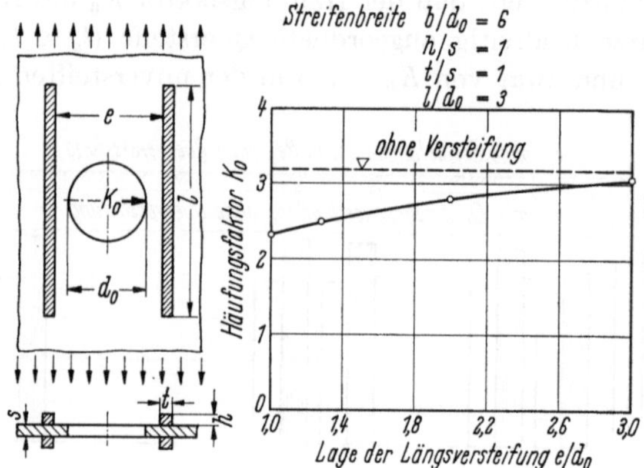

Bild 543. Kreisausschnitt in einer Platte unter Längszug — Einfluß der Lage einer Längsversteifung
auf den Häufungsfaktor.

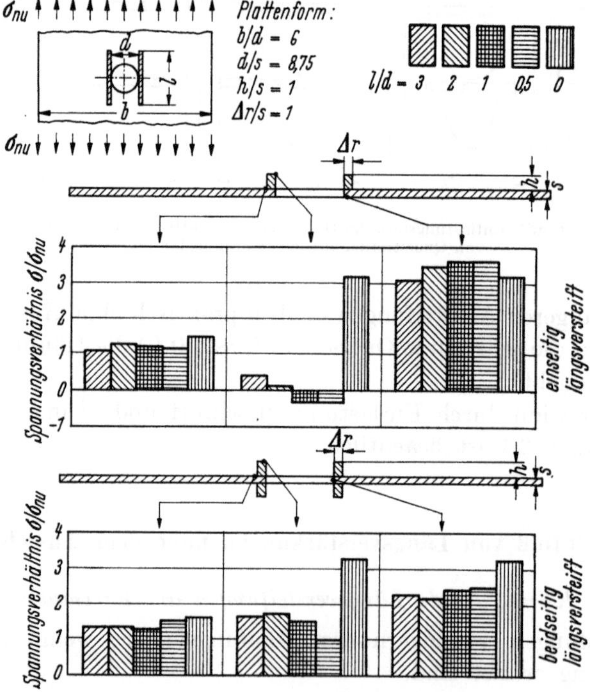

Bild 544. Kreisausschnitt in einer Platte unter Längszug — Einfluß der Länge einseitiger oder
beidseitiger Längsversteifungen auf das Spannungsverhältnis σ/σ_{nu}.

Einseitige Versteifungen bringen wegen der auftretenden Exzentrizitäten bei
allen Versteifungslängen keine Verringerung des Häufungsfaktors K_0.

Beidseitige Versteifungen bewirken je nach Länge Verringerungen von K_0
auf 2,2 bis 2,5.

3.4.2 Lange angepaßte Verstärkungsstreifen ohne und mit Quersteifen

Im ILTUB wurden weitere Versuche über die Auswirkung von Längsverstärkungsstreifen durchgeführt. Die untersuchten Anordnungen und die gemessenen Spannungshäufungsfaktoren K_0 und K_1 an den Ausschnitträndern sind im Bild 545 zusammengestellt. Man erkennt:

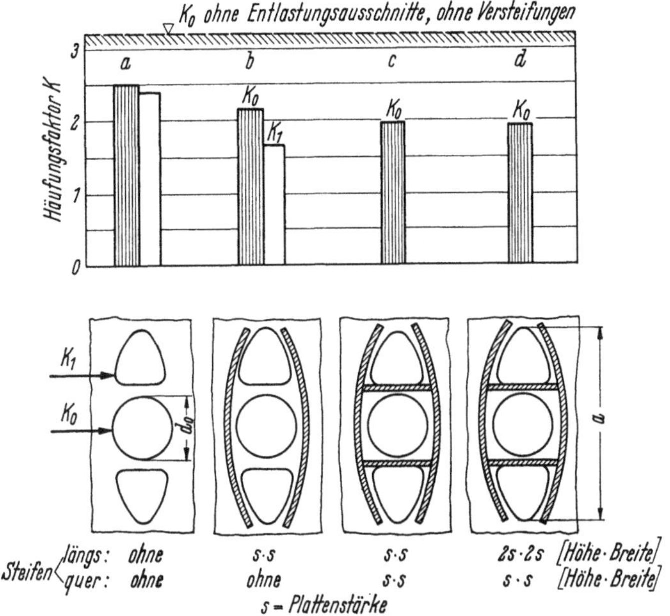

Bild 545. Ausschnitt in einer Platte unter Längszug — Einfluß von langen der Ausschnittform angepaßten Längsversteifungen auf den Häufungsfaktor — Variation: ohne und mit Querstreifen.

Durch die dem Verlauf der Ausschnittkontur angepaßten beidseitig angeordneten Verstärkungsstreifen kann der maximale Häufungsfaktor auf $K_0 = 2{,}2$ verringert werden.

Die Ergänzung dieser Längsstreifen durch beidseitig angeordnete Quersteifen bringt eine Abminderung auf $K_0 = 2{,}0$.

Eine Verdoppelung des Querschnittes der Längsstreifen unter Beibehaltung des Querschnittes der Quersteifen bringt nur noch eine geringfügige Abminderung von K_0.

3.5 Entlastungsausschnitte und -„abmagerungen"

3.5.1 Gewichtsumsetzung: Von Entlastungslöchern in Verstärkungen

Die Verringerung des Häufungsfaktors K_0 durch abgerundete Entlastungsdreiecke, wie sie im Bild 539 dargestellt sind, von $K_0 = 3{,}2$ auf bestenfalls $K_0 = 2{,}5$ erscheint nicht besonders groß. Es ist jedoch zu bedenken, daß diese Ausschnitte gleichzeitig eine Gewichtserleichterung bringen. Setzt man dieses eingesparte Gewicht, wie im Bild 545 b gezeigt ist, in Längsversteifungen um, so erreicht man ohne Gewichtsänderung der ganzen Platte die Verbesserung von $K_0 = 3{,}2$ auf $K_0 = 2{,}2$.

3.5.2 Abmagerungen an Stelle von Entlastungsausschnitten

Liegt der zu entlastende Ausschnitt in einer Behälterwandung, die außen glatt abgeschlossen sein soll, so sind die Entlastungsausschnitte nachteilig. Es erscheint dann die konstruktive Lösung der „Abmagerung" als vorteilhaft: Statt der über die ganze Wandstärke durchgehenden Löcher wird in dem entsprechenden Bereich die Wandstärke verringert (durch Fräsen oder Tiefätzen). Wird die Wand auf der Innenseite ausgehöhlt, um außen die glatte Oberfläche zu erhalten, so liegt der Nachteil in der Unsymmetrie.

Man kann statt dessen auch von beiden Wandseiten aus die Vertiefung einarbeiten, so daß die gewünschte, für die dichte Konstruktion notwendige, geringe Wandstärke symmetrisch in der Mitte verbleibt. Die glatte Außenfläche kann dann durch Anbringung eines Füllstücks (aus einem Material mit kleinem E-Modul), z. B. durch Aufkleben von Kunststoff, erreicht werden.

In einer Versuchsreihe des ILTUB wurden derartige symmetrische Abmagerungen untersucht.

3.5.3 Verringerung des Häufungsfaktors mit zunehmender Tiefe der „Abmagerung"

Im Bild 546 sind die Mittelwerte der Messungen auf beiden Seiten als Häufungsfaktoren $K = \sigma_{max}/\sigma_{nu}$

K_0 für den Kreislochrand und

K_1 für die ungünstigste Stelle des Entlastungsrandes

über der Abmagerung $1 - (s'/s)$ aufgetragen. Es zeigt sich, daß

die Spannungshäufung am Rand des Kreisausschnittes vom Maximalwert (ohne Entlastungsausschnitt) $K_{0\,max} = 3{,}3$ etwa geradlining bis auf $K_{0\,min} = 2{,}5$ bei durchgehendem Ausschnitt absinkt, also auf 3/4 des Maximums reduziert wird,

die Spannungshäufung an der ungünstigsten Stelle des Randes der Abmagerung vom Minimum (ohne Entlastungsausschnitt) $K_{1\,min} = 0{,}8$ auf $K_{1\,max} = 2{,}3$ bei vollständigem Ausschnitt ansteigt.

Diese Anordnung mit vollständigem Ausschnitt ist insofern als gut anzusehen, als beide Häufungsfaktoren nahezu gleich groß werden. Eine weitergehende Optimierung wurde nicht durchgeführt, weil diese für spezielle Konstruktionen zu suchen ist und es hier nur darauf ankommt, das Entlastungsprinzip klar herauszustellen.

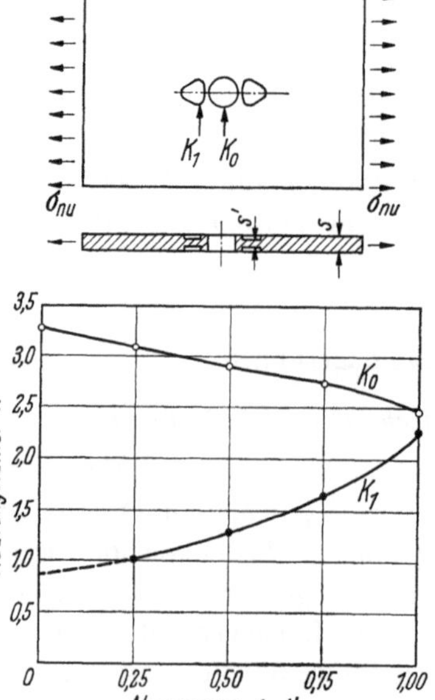

Bild 546. Kreisausschnitt in einer Platte unter Längszug — Einfluß einer Abmagerung vor und hinter dem Ausschnitt auf die Häufungsfaktoren K_0 und K_1.

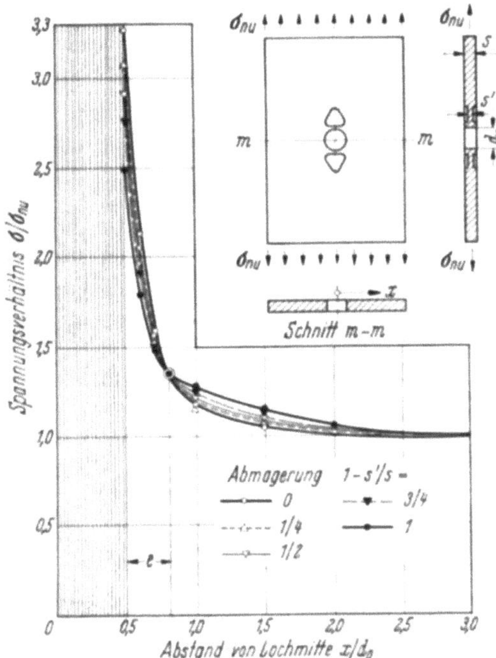

Bild 547. Kreisausschnitt in einer Platte unter Längszug — Einfluß einer Abmagerung vor und hinter dem Ausschnitt auf die Spannungsverteilung σ/σ_{nu} im Schnitt $m-m$.

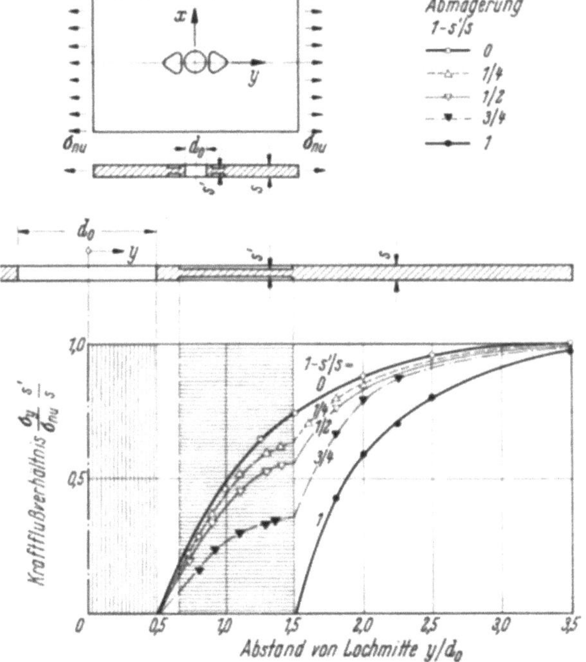

Bild 548. Kreisausschnitt in einer Platte unter Längszug — Einfluß einer Abmagerung vor und hinter dem Ausschnitt auf das Kraftflußverhältnis $\sigma_y\,s'/\sigma_{nu}\,s$ im Schnitt $y-y$.

3.5.4 Verlauf der Längsspannungen im gefährdeten Querschnitt (Schnitt m—m) abhängig von der „Abmagerung"

Im Bild 547 ist der Spannungsverlauf (als Mittelwert aus linker und rechter Streifenhälfte) über dem Symmetriequerschnitt (Schnitt $m-m$) für die fünf untersuchten Streifen mit $0 \ldots 1/4 \ldots 1/2 \ldots 3/4$ und vollständiger Abmagerung (1) aufgetragen. Man sieht hieraus:

Die Verrringerung der Spannungen durch alle Entlastungsgrade reicht bis zu einem Abstand $e = 0,62\, d_0/2$ vom Lochrand.

Den Spannungsverminderungen im Bereich des Ausschnittrandes bis zum Abstand e entsprechen Spannungszunahmen zum Streifenrand hin.

3.5.5 Verringerung des Kraftflusses σ s durch die Ausfräsung

Bild **548** zeigt, wie der Kraftfluß längs der Streifenlängsachse durch die Ausfräsung abgebaut wird.

4 Optimierung von Langlöchern (Handlöcher in der Flügelbeplankung) in längsgezogenen Platten

4.1 Notwendigkeit und Nachteil der Handlöcher

„Handlöcher" in Platten, d. h. längliche Ausschnitte, sind oft notwendig, um das Innere einer Konstruktion zugänglich zu machen. Beispielsweise in Tragflügelkästen von Flugzeugen sind die Handlöcher erforderlich, um den Kasten fertigzustellen, Ausrüstungen einzubauen, die Innenkonstruktion zu kontrollieren und zu reparieren.

Ihr Verschluß erfolgt oft so, daß der „Handlochdeckel" keine Normal- oder Schubspannungen aufnimmt.

An den Rändern solcher Ausschnitte ergeben sich bei Längszug in der Platte Spannungshäufungen, die besonders ungünstig für die Ermüdungsfestigkeit werden können, wenn in der Lochrandzone zusätzlich Bohrungen zur Befestigung der Handlochdeckel angebracht sind.

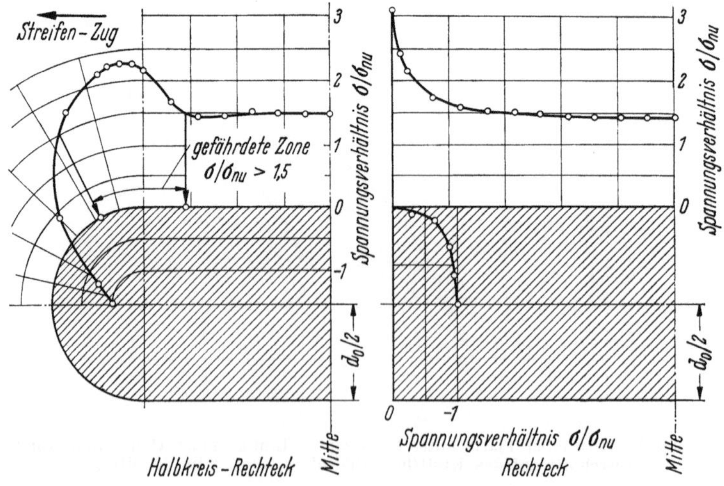

Bild 549. Ausschnitte in einer Platte unter Längszug — Randspannungsverteilungen σ/σ_{nu}.

Diese Ausschnitte werden bevorzugt länglich mit einem Seitenverhältnis bis zu etwa $a/d_0 = 3$ ausgeführt, worin a die Länge und d_0 die größte Breite (der Durchmesser eines einbeschriebenen Kreises) sind.

Bei der zur Zeit üblichen fabrikatorisch einfachen Halbkreis-Rechteck-Form, wie sie im Bild 549 links mit dem im ILTUB gemessenen Spannungsverlauf dargestellt ist, sind die Spannungshäufungen mit einem Faktor $K = 2{,}25$ nahe dem Übergang vom Halbkreis in eine Gerade recht hoch.

4.2 Umlenkung des Längsspannungsflusses um das Langloch

Ein günstiges Ermüdungsverhalten im Bereich von Langlöchern ist zu erwarten, wenn der Längskraftfluß um den Lochrand herum so verläuft, daß die dabei auftretenden Spannungshäufungen klein bleiben.

4.2.1 Vergleich des Spannungsflusses mit einem Strömungsfluß

Es liegt nahe, den Spannungsfluß der Kraftumleitung um einen Ausschnitt mit der Strömung um einen langen zylindrischen Verdrängungskörper („ebenes Problem") zu vergleichen, dessen Querschnitt dem Ausschnitt in der Platte entspricht.

Auf die theoretischen Zusammenhänge zwischen den Verläufen von Strömungen und Spannungen, wie sie von WEGENER [6] untersucht wurden, kann hier nicht eingegangen werden; es sei jedoch dazu festgestellt, daß das Stromlinienbild

nicht direkt auf den Verlauf der Spannungstrajektorien übertragbar ist,

jedoch sehr wohl brauchbare Hinweise zur Abschätzung des Spannungsverlaufs und über die Auswirkung von Änderungen der Ausschnittform geben kann.

Diese Möglichkeit, Strömungsbilder zur Behandlung von Problemen der Umleitung des Spannungsflusses um einen Ausschnitt zu nutzen, wurde im ILTUB untersucht: Der Vergleich der Stromliniendarstellungen im Bild 550 mit den durch Reißlack ermittelten Darstellungen der Zugspannungstrajektorien im Bild 551 zeigt die Ähnlichkeit der Verläufe.

Im Bild 550 sind Stromlinienbilder der Potentialströmung für verschiedene Querschnitte dargestellt. Sie sind auf Grund des elektrischen Analogons als Äquipotentiallinien eines durch einen Körper gleichen Querschnittes gestörten elektrischen Feldes im „elektrischen Trog" ermittelt [5].

Die stärksten Verengungen der in der Nähe der Körperoberfläche verlaufenden Stromlinien sind durch einen Pfeil gekennzeichnet.
Man erkennt aus den Verengungen

die örtlichen Übergeschwindigkeiten der Strömung und damit

die zu erwartenden „örtlichen Spannungshäufungen".

Das Bild 550 sagt das Folgende aus:

Kreisausschnitt (links unten): Die stärkste Verengung ist in der Mitte des Lochrandes zu beobachten.

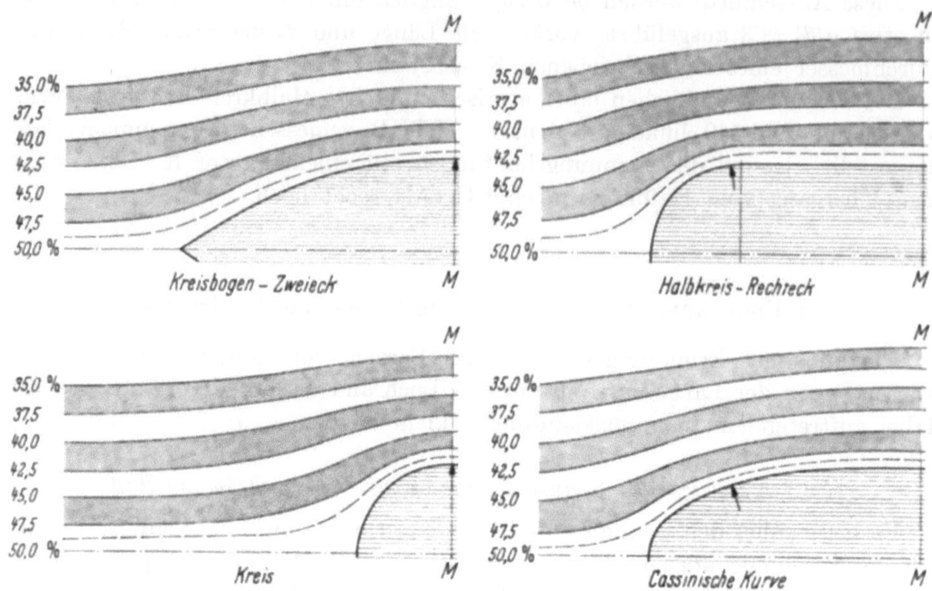

Bild 550. Äquipotentiallinien um Körper im elektrischen Feld — Analogon zu den Stromlinien der umströmten Körper.

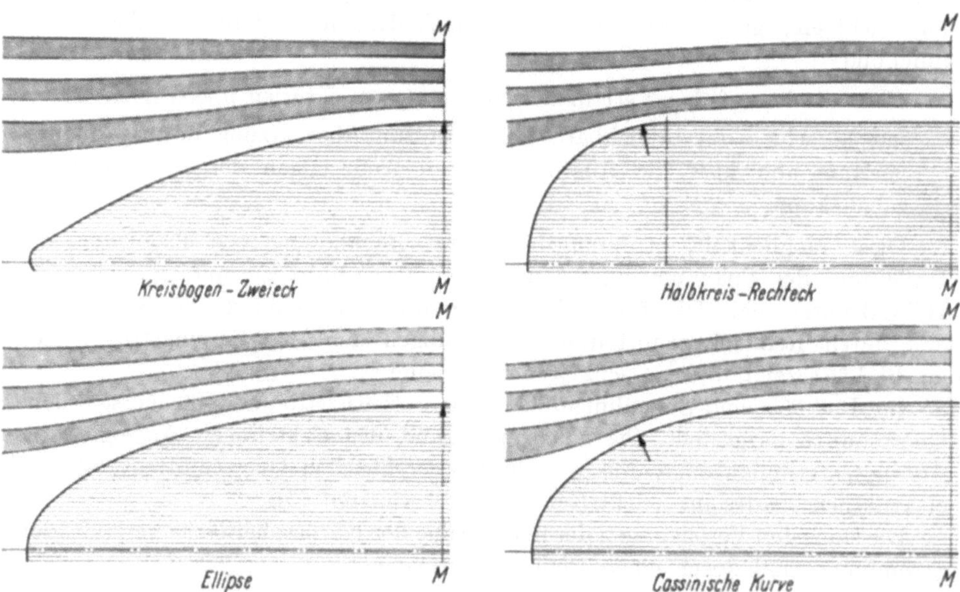

Bild 551. Ausschnitte in Platten unter Längszug — Verlauf der Spannungstrajektorien (aus Reißlackversuchen) für verschiedene Ausschnittsformen.

Halbkreis-Rechteck (rechts oben): Die stärkste Verengung tritt am Halbkreis kurz vor dem tangentialen Übergang ins Rechteck auf; hinter dieser engsten Stelle erweitern sich die Stromlinien wieder und dementsprechend ist eine Abnahme der Spannungshäufung zu erwarten.

Kreisbogen-Zweieck (links oben): Bei dieser sehr spitzen Form tritt die stärkste Verengung auch an der Mitte des Lochrandes auf. Sie ist dort noch relativ stark, weil die „Vorverdrängung" der Strömung fehlt, die an einem stumpferen „Bug" auftreten würde. Entsprechend dieser Aussage des Strömungsbildes ergibt die Spannungsmessung längs des Lochrandes die erwartete relativ kräftige Spannungshäufung im Schnitt $M-M$ des Ausschnittes.

Cassinische Form (rechts unten): Diese Form vermeidet eine zu

starke Vorverdrängung mit hoher Übergeschwindigkeit vorne, wie sie die Halbkreis-Rechteck-Form aufweist,

schwache Vorverdrängung mit hoher Übergeschwindigkeit in der Mitte $M-M$, wie sie das Kreisbogen-Zweieck aufweist.

Die Vorverdrängung dieser Form bewirkt, daß die stärkste Verengung der Stromlinien ziemlich weit vorne erreicht wird und ihr Abstand bis zur Mitte nahezu konstant bleibt. Das für diese Form gewonnene Stromlinienbild läßt bezüglich der Randspannungsverteilung günstige Ergebnisse erwarten.

4.2.2 Verlauf der Zugspannungstrajektorien nach Reißlackversuchen

Die den Verlauf des Längskraftflusses kennzeichnenden Zugspannungstrajektorien wurden im ILTUB durch Reißlackversuche für verschiedene Langlochformen bestimmt, um eine gute Vorstellung von dem Umlenkungsvorgang zu erhalten. Einer Trajektorienverengung entspricht eine Erhöhung der Zugspannung an dieser Stelle.

Die für die verschiedenen Ausschnittformen in Reißlackversuchen bestimmten Spannungstrajektorien sind im Bild 551 zusammengestellt. Ihr Verlauf entspricht weitgehend dem Stromlinienverlauf im Bild 550.

4.3 Kritik bekannter Formen durch Spannungsmessung längs des Langlochrandes

Im folgenden wird der Verlauf der Spannung längs des Lochrandes in Abhängigkeit von der Ausschnittform für das Seitenverhältnis $a/d_0 = 3$ bei einem Verhältnis Plattenbreite/Ausschnittbreite $b/d_0 = 6$ auf Grund von Dehnungsmessungen des ILTUB diskutiert:

Rechteckform

Bei dieser im Bild 549 rechts untersuchten Form tritt eine durch das angewandte Meßverfahren nicht erfaßte Spannungsspitze an der rechtwinkligen Ecke auf, die sehr steil von der Ecke längs des Randes abfällt bis auf den Wert $\sigma/\sigma_{nu} \approx 1{,}45$, der bis zur Ausschnittmitte konstant bleibt.

Ausrundung der Ecken

Der Spannungsverlauf in den Ausrundungen der Ecken eines rechteckigen Ausschnittes wurde von SOBEY [7] an einem Quadrat untersucht. Das im Bild 552 dargestellte Ergebnis zeigt, daß der Häufungsfaktor, d. h. das maximale Randspannungsverhältnis, in dem untersuchten Fall (Rechnung für unendlich breite Platte) den Höchstwert $\sigma/\sigma_{nu} = 3$ erreicht und somit mit dem Häufungsfaktor des Kreislochs in der unendlich breiten Platte übereinstimmt. Zu den Längsseitenmitten fällt die Randspannung bis auf $\sigma/\sigma_{nu} = 1{,}8$ ab.

Halbkreis-Rechteck-Form

Diese ebenfalls in Bild 549 untersuchte Form wird wegen der einfachen Fertigung häufig angewandt. Das Spannungsverhältnis erreicht seinen Höchstwert $\sigma/\sigma_{nu} = 2{,}25$ nahe dem Übergang vom Kreis in die Gerade, fällt in dem geraden Teil auf $\sigma/\sigma_{nu} \approx 1{,}5$ ab und stimmt dort mit dem für die Rechteckform gemessenen Wert nahezu überein. Nur in einem relativ kleinen Bereich des Lochumfangs liegt das Spannungsverhältnis über 1,5, und es ist ratsam,

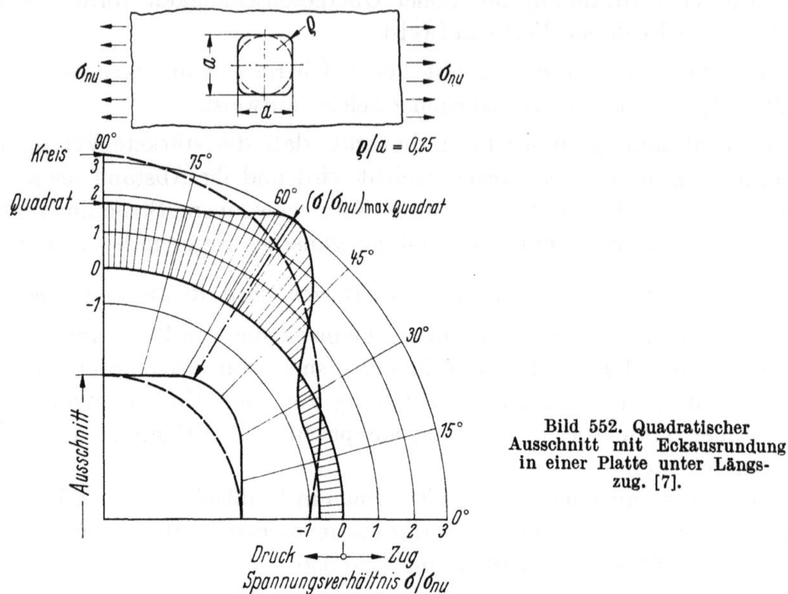

Bild 552. Quadratischer Ausschnitt mit Eckausrundung in einer Platte unter Längszug. [7].

Bohrungen für die Befestigung des Deckels oder von Einbauten in dieser begrenzten „schlechten Lochrandzone" zu vermeiden!

Kreisbogen-Zweieck-Form

Nach den theoretischen Untersuchungen von CHI-BING LING [8] wäre für das Kreisbogen-Zweieck ein besonders niedriger Häufungsfaktor von nur $K = 1{,}5$ zu erwarten.

Die im ILTUB durchgeführten, im Bild 553 links unten dargestellten Spannungsmessungen, zeigen jedoch, daß diese Form nicht besonders günstig ist, denn die gemessene Randspannung steigt von der Spitze her nur sehr langsam an und erreicht dann in der Hälfte der Lochlänge ein Maximum von $\sigma/\sigma_{nu} = 2{,}35$, das sogar etwas über dem Maximalwert für das Halbkreis-Rechteck liegt. Während die Vorverdrängung durch den Halbkreis mit $r = d_0/2$ zu kräftig ist, wird sie durch die Spitze zu schwach.

Elliptische Form

Die Theorie ergibt für die Ellipse den im Bild 553 rechts oben dargestellten recht günstigen Randspannungsverlauf mit erst starkem, dann sehr schwachem Anstieg bis zum Maximalwert $\sigma/\sigma_{nu} = 1{,}67$ in Lochmitte. Die Ergebnisse der in das gleiche Bild eingetragenen Messungen des ILTUB bestätigen die gute Eignung der Ellipsenform. Die Messungen ergaben jedoch, daß der Spannungsanstieg vorn schwächer ist und damit in Lochmitte ein etwas größerer Maximalwert als durch die Theorie gegeben mit $(\sigma/\sigma_{nu})_{\max} = K = 1,9$ erreicht wird.

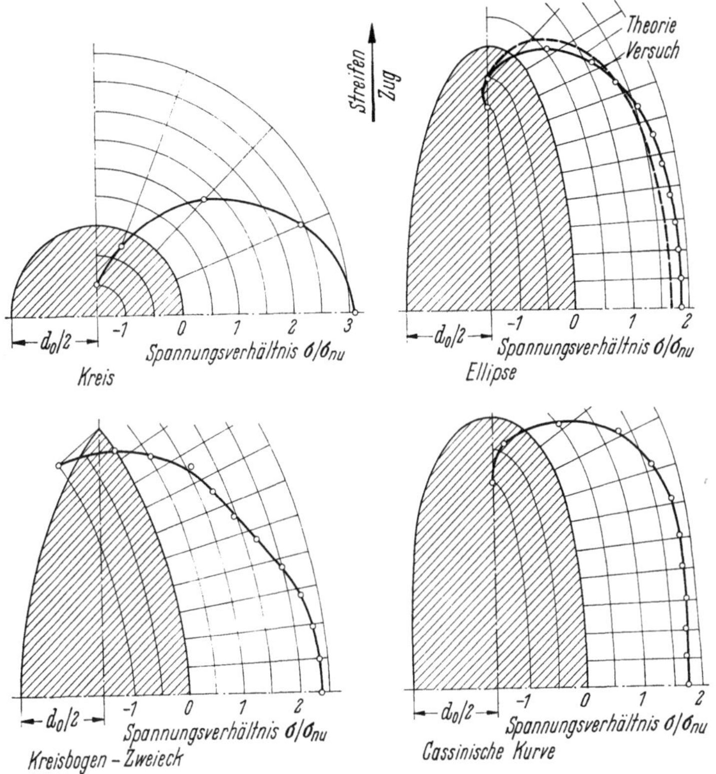

Bild 553. Ausschnitte in einer Platte unter Längszug — Vergleich der Randspannungsverläufe verschiedener Ausschnittformen.

4.4 Bestform — Optimierung der Langlöcher

4.4.1 Erste „Bestform" — Cassinische Kurve

Nachdem erkannt war, daß der „Spannungsanstieg vorn" möglichst steil sein muß, ohne jedoch wie in der Halbkreis-Rechteck-Form eine Spannungsspitze „vorn" zu erzeugen, wurde eine Form gesucht, die eine etwas stärkere Vorverdrängung als die Ellipse bewirkt.

Die nach Untersuchungen des ILTUB [9] hierfür vorgeschlagene „Cassinische Kurve", im Bild 553 rechts unten, ergab einen gegenüber der Ellipse verbesserten Verlauf mit $K = 1,8$. Die „Cassinische Kurve" ist unter bestimmten Bedingungen einer Ellipse sehr ähnlich, unterscheidet sich jedoch von dieser durch einen größeren Krümmungsradius an den Schnittpunkten mit den Achsen. Das Produkt der Länge der Brennpunktstrahlen ist konstant. (Ellipse: Summe.) Die hier gewählte Kurve hat an der Stelle der maximalen Randspannung der Ellipse einen Krümmungsradius von $\varrho = \infty$.

4.4.2 Optimierung einer Vier-Kreisbogen-Form durch Spannungsmessungen

4.4.2.1 Optimierungsaufgabe

Die günstige elliptische Form und die noch etwas bessere Cassinische Form haben den Nachteil, daß es schwer ist, sie in der Werkstatt mit Genauigkeit zu realisieren. Es wurde daher eine Optimierung versucht, bei der die Form möglichst leicht technisch realisierbar sein soll und einen niedrigen K-Wert hat.

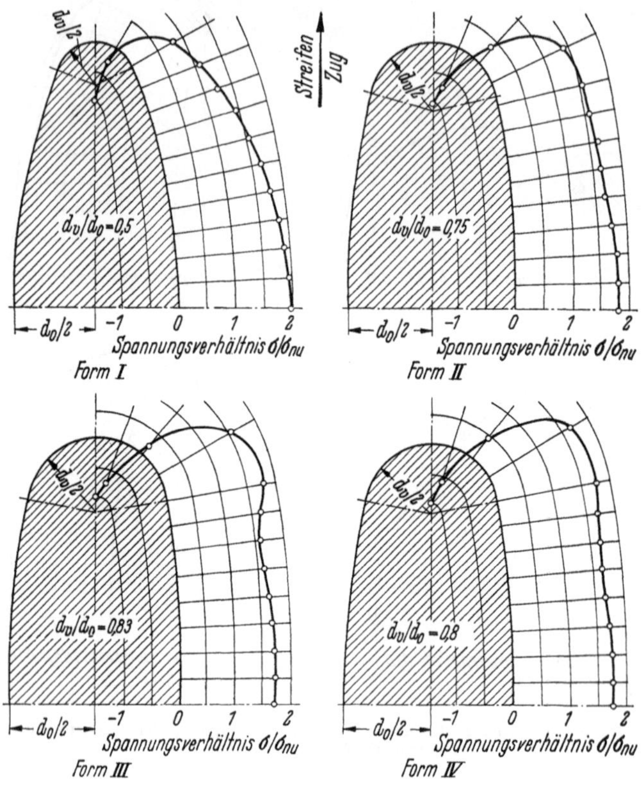

Bild 554. Ausschnitte in einer Platte unter Längszug — Vergleich der Randspannungsverläufe verschiedener Vier-Kreisbogen-Formen.

Nach einem Vorschlag des Verfassers wurde die gebräuchliche, aber ungünstige Halbkreis-Rechteck-Form nach Bild 549 links in Vier-Kreisbogen-Formen entsprechend Bild 554 abgewandelt, um diese Handlöcher durch tangierende Kreisschnitte leicht fertigen zu können.

Der Durchmesser d_v der tangierenden Kreisbögen, die vorn und hinten den Ausschnitt abrunden, wurde variiert. Kennzeichnend für die Vier-Kreisbogen-Formen ist das Verhältnis d_v/d_0; dieses Verhältnis ergibt in den Grenzfällen

das Kreisbogen-Zweieck mit $d_v/d_0 = 0$, also mit einer Spitze,
das Halbkreis-Rechteck mit $d_v/d_0 = 1$.

4.4.2.2 Durchführung und Ergebnis der Optimierung

Im Bild 554 sind die Ergebnisse der im ILTUB durchgeführten Dehnungsmessungen längs des Lochrandes von 4 Vier-Kreisbogen-Formen dargestellt:

Erster Optimierungsschritt, Form I

Die erste untersuchte, der Ellipse ähnliche Form I mit dem Verhältnis $d_v/d_0 = 0{,}5$ ergab einen Randspannungsverlauf mit $K = 1{,}95$ nahe dem Wert für die Ellipse.

Zweiter Optimierungsschritt, Form II

Nachdem die Messungen an der Vier-Kreisbogen-Form I zwar günstige Ergebnisse, jedoch „vorn" noch einen recht schwachen Spannungsanstieg, also eine geringe „Vorverdrängung" zeigten, wurden in Form II die Abrundungskreisbogen auf das Verhältnis $d_v/d_0 = 0{,}75$ vergrößert und damit die seitlichen Kreisbogen weiter abgeflacht. Die Auftragung des Verlaufs der Randspannungen zeigt, daß mit einem wesentlich verstärkten Anstieg vorn eine Verringerung der maximalen Häufung in Lochmitte auf $K = 1{,}8$ und damit eine Form mit einer der Cassinischen Kurve entsprechenden Güte erreicht wird.

Dritter Optimierungsschritt, Form III

Im nächsten Schritt wurde mit der Form III versucht, den Häufungsfaktor K in Lochmitte durch einen noch größeren Abrundungskreisbogen mit $d_v/d_0 = 0{,}833$ und damit steilerem Spannungsanstieg (größere Vorverdrängung) vorn weiter zu verringern. Es gelang, nur noch eine geringe Abminderung auf $\sigma/\sigma_{nu} = 1{,}75$ in Lochmitte zu erzielen, wobei jedoch nunmehr vorn eine Spannungshäufung mit $\sigma/\sigma_{nu} = 1{,}8$ entstand.

Nachweis des Optimums

Um zu zeigen, wo das Optimum der Vier-Kreisbogen-Form liegt, wurden im Bild 555 über dem Ausrundungsverhältnis d_v/d_0 die Häufungsfaktoren K für den Anlauf vorn und die Lochmitte aufgetragen. Als Grenzwerte erscheinen in dieser Darstellung das Verhältnis $d_v/d_0 = 0$ für das Kreisbogen-Zweieck und $d_v/d_0 = 1$ für die Halbkreis-Rechteck-Form. Der Schnittpunkt beider Kurven ergibt das optimale Verhältnis zu $(d_v/d_0)_{opt} = 0{,}8$ mit dem optimalen Häufungs-

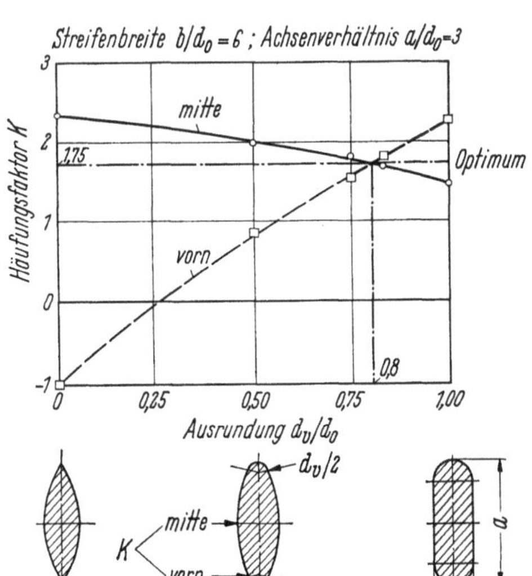

Bild 555. Ausschnitte in einer Platte unter Längszug — Bestimmung der optimalen Vier-Kreisbogen-Form.

faktor $K_{opt} = 1{,}75$. Die Messung im Bild 554 rechts unten bestätigt dieses Ergebnis. Die maximale Spannungshäufung ist bei der herkömmlichen Halbkreis-Rechteck-Form um 28% größer als bei der optimalen Vier-Kreisbogen-Form.

4.5 Eckausrundungen des Rechtecklanglochs

Die Gegenüberstellung des Verlaufs der Randspannungen für den Rechteckausschnitt ohne Eckausrundungen und den Halbkreis-Rechteck-Ausschnitt im Bild 549 zeigte, daß bei beiden Formen nach der Anlaufspitze die Randspannung auf einen konstanten Wert $\sigma/\sigma_{nu} \approx 1{,}5$ absinkt.

Beim Rechteck ohne Eckausrundungen ist die hohe steile Spitze durch das angewandte Dehnungsmeßverfahren nicht zu erfassen; der Bereich t, in dem $\sigma/\sigma_{nu} = 2{,}25$ (Maximalwert der Halbkreis-Rechteck-Form in der „Tiefe" $t_0 \approx d_0/2$) ist, bleibt auf $t = d_0/14$ beschränkt.

Damit treten folgende Fragen bezüglich der Wirkung der Ausrundungen auf:

Wie weit wird die Spannungsspitze, gegeben durch den Häufungsfaktor K, herabgesetzt?

Wie groß ist der besonders gefährdete Randbereich, in dem $K \geq 1{,}5$ ist?

Im Bild 556 sind die Meßergebnisse für die Abrundungsradien $r_A = 0$; $d_0/6$; $d_0/3$ und $d_0/2$ dargestellt.

Man erkennt:

Der Häufungsfaktor K wird von $K > 4$ für den Rechteckausschnitt auf $K = 2{,}25$ für das Halbkreis-Rechteck reduziert.

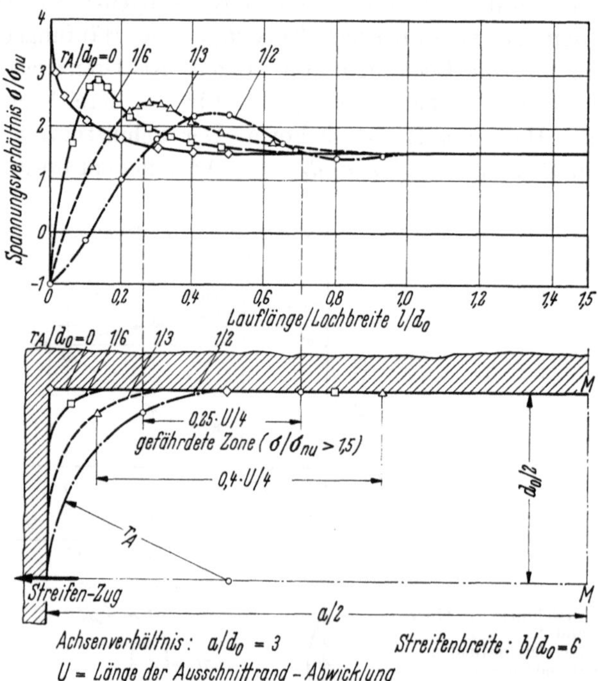

Bild 556. Rechteckausschnitte in einer Platte unter Längszug — Einfluß der Eckausrundungen auf den Randspannungsverlauf.

Der gefährdete Randbereich mit $K \geqq 1,5$ erstreckt sich bei $r_A = 0$ und $d_0/2$ über etwa 25% des Ausschnittumfangs, während er bei $r_A = d_0/3$ und $d_0/6$ etwa 40% des Ausschnittumfangs einnimmt.

Der Ausschnitt mit einem Ausrundungsradius $r_A = d_0/2$ stellt unter den ausgerundeten Rechtecken die beste Lösung dar, da er den kleinsten Häufungsfaktor K und die kleinste „gefährdete Zone" aufweist.

4.6 Häufungsfaktor K einiger Ausschnittformen, abhängig von der Schlankheit a/d_0 des Langlochs

Der Formenvergleich und die Optimierung sind im vorausgegangenen für die gebräuchliche Langlochstreckung $a/d_0 = 3$ durchgeführt.

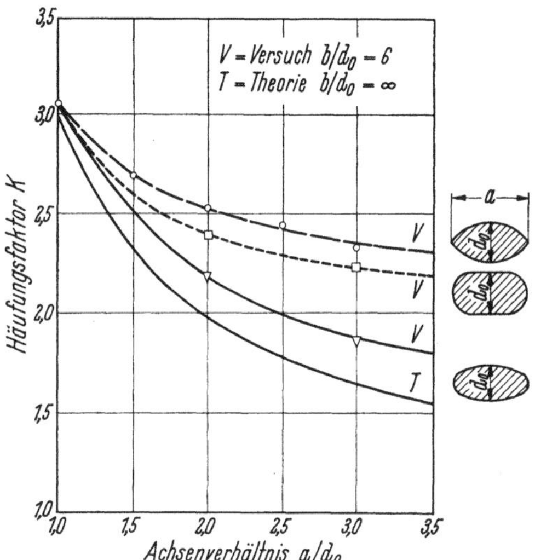

Bild 557. Ausschnitte in einer Platte unter Längszug — Vergleich der Häufungsfaktoren verschiedener Ausschnittformen in Abhängigkeit vom Achsenverhältnis.

Im Bild 557 ist der Häufungsfaktor K für Halbkreis-Rechteck, Kreisbogen-Zweieck und Ellipse über der Langlochstreckung von $a/d_0 = 1$ (Kreis) bis $a/d_0 = 3,5$ dargestellt.

Mit der Abweichung vom Kreis durch Vergrößerung der Streckung gegenüber $a/d_0 = 1$ fallen die K-Werte zunächst stark ab. Bei etwa $a/d_0 = 3$, also dem gebräuchlichen Wert, sind die Kurven schon recht flach, so daß eine weitere Streckung nicht mehr viel bezüglich einer Verringerung des Häufungsfaktors bringt.

5 Ovalisierung des Kreisausschnittes in einem Plattenstreifen unter Längszug

Die Formänderung eines Ausschnittes unter Belastung ist von besonderer Bedeutung für die Verschiebungen zwischen dem Ausschnittrand und einer damit lose oder fest zu verbindenden Abdeckung. Die gegenseitigen Verschiebungen können Reibkorrosionsschäden verursachen, die an Stellen mit Spannungsspitzen besonders gefährlich werden.

Der Kreisausschnitt im Plattenstreifen wird durch die Längsbeanspruchung ovalisiert. Im Bild 558 sind Ovalisierungen dargestellt, indem über einem Kreis als Nullinie die radialen bezogenen Verschiebungen $\Delta d/d_0$ für den Winkel φ, bezogen auf die Nenndehnung des ungestörten Sreifens ε_{nu}, aufgetragen wurden. Die drei Kurven sind an verschieden durchgebildeten Platten gemessen:

isotrope Platte (Wandstärke ohne Versteifungen),

orthotrope Platte mit Längsversteifungen entsprechend der Tragflügelbeplankung der BAC 1-11 (Bild 364 links),

orthotrope Platte mit Längsversteifungen entsprechend der Abwandlung des ILTUB zu BAC (Bild 364 rechts).

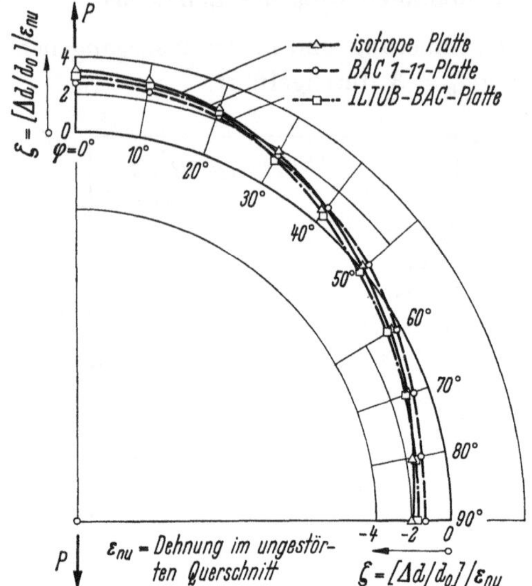

Bild 558. Kreisausschnitt in verschiedenen Platten unter Längszug — Vergleich der Ausschnittovalisierung.

Die Ovalisierungen sind für die 3 Platten trotz der stark unterschiedlichen Durchbildung recht ähnlich.

Die relative Längung des Kreisausschnittes in der Längsachse beträgt etwa $\zeta_{max} = 3,3$. Für einen Kreisausschnitt von $d_0 = 100$ mm Durchmesser in einer Platte aus einer Al-Legierung mit dem Elastizitätsmodul $E = 7200$ kp/mm² erreicht die Längung Δd_{max} in der Längsachse bei einer mittleren Spannung des ungestörten Querschnittes $\sigma_{nu} = 22$ kp/mm² beispielsweise den Wert $\Delta d_{max} = d_0 \zeta_{max} \sigma_{nu}/E = 100 \cdot 3,3 \cdot 22/7200 = 1$ mm.

Die Querkontraktion des Lochs erreicht etwa den halben Wert.

Die Ovalisierung eines Kreisausschnittes durch Zuglängsbeanspruchung kann für die Ermüdungsfestigkeit der Konstruktion Bedeutung haben, wenn auf den Ausschnitt ein steifer Flansch, ein Verschluß oder in den Ausschnitt Teile derart gesetzt werden, daß Relativbewegungen und damit Reibkorrosionsschäden entstehen.

Die Verbindung zwischen Ausschnittrand und Verschluß kann in verschiedener Weise erfolgen:

Ohne wesentliche Kräfteübertragung in Plattenebene, beispielsweise wenn ein Deckel mit Spiel eingesetzt und weich abgedichtet wird,

Mit beschränkter Kräfteübertragung, also mit teilweiser Behinderung der Ovalisierung. Dieser Fall liegt beispielsweise im Flugzeugbau vor, wenn der

Kreisausschnitt durch Einsetzen einer Pumpe derart geschlossen wird, daß der Pumpenflansch am Lochrand mit einer verhältnismäßig steifen Dichtungszwischenschicht ohne genaue Passung verschraubt wird. Dann

ergibt sich zwar eine Verkleinerung des Häufungsfaktors am Ausschnittrand durch die Behinderung der Ovalisierung,

bleibt aber die Gefahr der Reibkorrosion zwischen Flansch und Platte erhalten.

Mit wesentlicher Kräfteübertragung, die dadurch erzielt werden kann, daß der Verschluß mit Übertoleranz in das Loch eingepreßt oder als Deckel mit Paßschrauben fest aufgesetzt wird.

Derartige voll kraftschlüssige Anordnungen kommen für Ausschnitte in Frage, die nur äußerst selten zu öffnen sind.

Auch hier ist, wie bei allen Abdeckkonstruktionen für Ausschnitte, ganz besonders auf die Gefahr der Reibkorrosion zu achten.

6 Neutralisierung von Ausschnitten

6.1 Prinzip des „neutralisierten" Ausschnittes

Unversteifte Ausschnitte in isotropen Platten (Scheiben), die einachsig auf Zug beansprucht werden, zeigen am Ausschnittrand Spannungserhöhungen, die durch eine optimale Formgebung stark herabgesetzt werden können (vgl. Abschn. 4.4).

Ein „neutralisierter" Ausschnitt liegt dann vor, wenn der Spannungszustand in der Platte durch die Existenz des Ausschnitts nicht beeinflußt wird, also „ungestört" bleibt. Die Kräfte, die durch das herausgeschnittene Material aufzunehmen wären, müssen also durch Randgurte aufgenommen werden, die im übrigen so zu formen und zu dimensionieren sind, daß einerseits die Gleichgewichts- andererseits die Verformungsbedingungen der „Neutralisierung" erfüllt werden. Daraus ergeben sich gewisse Bedingungen für die Form des Ausschnitts. Die Spannungen in den Randgurten werden dabei — gleicher Modul für Gurt und Platte vorausgesetzt — an keiner Stelle größer als die ungestörte Plattenspannung.

6.2 Theoretische Untersuchungen zur Neutralisierung

Das Problem des neutralisierten Ausschnitts in isotropen Platten wurde von MANSFIELD [10] gelöst. Aus den Gleichgewichtsbedingungen am Ausschnittrand ergibt sich, daß die Ausschnittsform vom Belastungszustand der Platte abhängt. Der Ausschnittrand ist immer ein

Ellipsenbogen für den zweiachsigen Belastungszustand (im Sonderfall für einen isotropen Belastungszustand ein Kreis),

Parabelbogen für den einachsigen Belastungszustand.

Im Bild 559 sind zwei „typische neutralisierte" Ausschnitte skizziert.

Für den zweiachsigen Belastungszustand ist es möglich, die geschlossene Kurve der Ellipse als Ausschnittform zu verwenden, d. h., der ungestörte Spannungszustand am Ausschnittrand läßt sich allein mit Randgurten erreichen.

Für den einachsigen Belastungszustand lassen sich aus Parabelbögen keine
Ausschnittformen bilden, deren Rand ein geschlossener Kurvenzug ohne Knick
ist, da die Umgebung des Scheitelpunkts einer Parabel (gestrichelter Bereich) als
Ausschnittformbegrenzung nicht zulässig ist (die theoretisch erforderlichen Gurt-
querschnitte werden in der Nähe des Scheitels unendlich groß). Die Folge ist,
daß an den Anschlußstellen zweier Parabelbögen (Randgurte) immer ein Knick
auftritt und die aus den Randgurten resultierenden Kräfte in Druck- oder Zugstäben aufgenommen werden müssen.

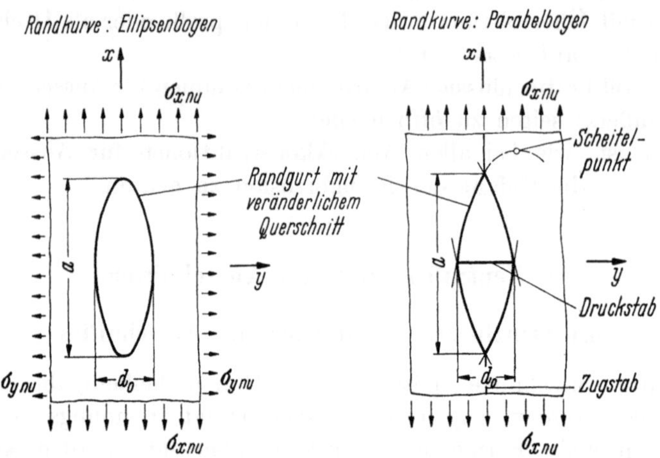

Bild 559. Neutralisierte Ausschnitte — Ausschnittformen abhängig vom Belastungszustand.

Randgurte neutralisierter Ausschnitte zeichnen sich dadurch aus, daß ihr
Querschnitt entlang des Ausschnittrandes veränderlich ist (s. auch Bild 560).

Im übrigen muß die Ausschnittform nicht symmetrisch sein. Es können für
den zweiachsigen Belastungszustand zwei und mehr Teile verschiedener Ellipsen
zu einer Ausschnittform zusammengefügt werden, wobei an den Knickstellen
zur Erreichung des Gleichgewichts Druck- oder Zugstäbe angebracht werden
müssen. Entsprechendes gilt für den einachsigen Belastungszustand.

Für die konstruktive Forderung, Randgurte aufzukleben, hat VOLKERSEN [11]
die Berechnungsgrundlagen erstellt. Die Klebung wirkt sich auf den Versteifungsaufwand aus, und zwar wird die zur Neutralisierung erforderliche Querschnittfläche eines Randgurtes größer bei

kleinerem Kleberschubmodul,

größerer Kleberschichtdicke,

kleinerer Klebefläche.

Der Mehraufwand für geklebte gegenüber integralen Versteifungen übersteigt
nicht 1,5% (s. hierzu Angaben in [12]).

Der Aufwand für die Randgurte ist für orthotrope Platten ein anderer als
für isotrope Platten. Am ILTUB wurden neutralisierte Ausschnitte in orthotropen Platten untersucht. Es wurde nachgewiesen, daß der erforderliche Gurtaufwand für orthotrope (versteifte) Platten im allgemeinen kleiner ist als bei
isotropen Platten gleichen Gewichts, gleicher Ausschnittform und -größe. Einen

Grenzfall stellt die längsversteifte Platte unter einachsiger Zugbeanspruchung dar, die zur Neutralisierung eines Ausschnittes den gleichen Gurtaufwand erfordert wie die isotrope Platte.

6.3 Spannungsmessungen an „neutralisierten" Ausschnitten

Die Theorie des neutralen Ausschnittes nimmt an, daß die Gurte quasi eindimensionale Elemente sind. Sie berücksichtigt nicht die Spannungsprobleme, die infolge endlicher Gurtdicke — z. B. beim Anschluß eines querliegenden Druckriegels an die Randgurte wie im Bild 560 — auftreten und bei denen die Übergangsradien eine Rolle spielen.

Es erhebt sich damit die Frage, ob der neutrale Ausschnitt tatsächlich ohne nennenswerte Spannungserhöhung realisiert werden kann.

Am ILTUB wurden die Spannungen am Innenrand „neutralisierter" Ausschnitte in Plexiglasplatten unter einachsiger Zugbelastung gemessen. Die Aus-

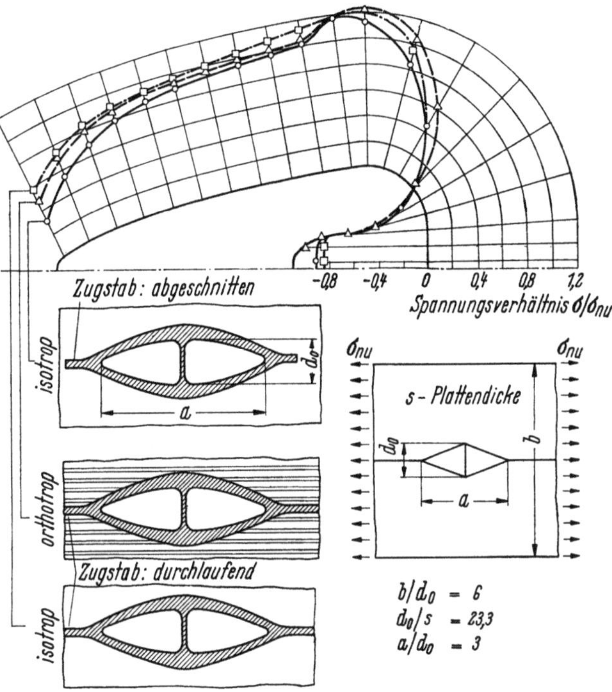

Bild 560. Neutralisierte Ausschnitte unter Längszug — Ausschnitte in isotropen und orthotropen Platten — Vergleich der Randspannungsverläufe.

schnitte hatten das Achsenverhältnis $a/d_0 = 3$. Im Bild 560 ist das Randspannungsverhältnis σ/σ_{nu} über dem Innenrand des Ausschnittes aufgetragen. Aus der Darstellung erkennt man:

Der reale, nicht punktförmige Anschluß des Druckstabs im Ausschnitt führt zu Häufungsfaktoren $K > 1$.

Der Häufungsfaktor $K = 1,2$ wurde am Übergang der Ausrundung vom Druckstab zum Randgurt gemessen.

Der Häufungsfaktor K ist für die orthotrope Platte gleich dem der isotropen Platte.

Der nach der Theorie notwendig durchlaufende Zugstab wurde bei einem weiteren Versuch in geringer Entfernung vom Ausschnitt schräg abgeschnitten. Das beeinflußt wohl die Spannungsverteilung, aber nicht die Größe des Häufungsfaktors, d. h., die Kräfte aus dem Zuggurt werden ohne große Störung des Spannungszustandes in die Platte eingeleitet. Die konstruktive Gestaltung des Übergangs vom Zuggurt in die Platte ist besonders zu beachten (s. auch Kap. XV).

6.4 Der elliptische, randversteifte Ausschnitt bei einachsiger Zugbelastung

Im folgenden soll versucht werden, in Abweichung von der theoretisch neutralen Form (Parabel), d. h. unter bewußter Hinnahme von Spannungsstörungen (u. U. auch Spannungserhöhungen) in der Umgebung des Ausschnittes die örtlichen Spannungshäufungen dadurch zu reduzieren, daß auf den Querriegel des neutralen Ausschnittes (Bild 560) verzichtet und statt der Parabeln eine geschlossene elliptische Randform gewählt wird.

Im Unterschied zu den Randgurten neutralisierter Ausschnitte (auch im Gegensatz zum neutralen elliptischen Ausschnitt bei zweiachsiger Beanspruchung, s. Bild 559) ist die Querschnittfläche des Randgurts hier einfachheitshalber längs des Umfangs konstant gehalten. Eine Parameterstudie (Parameter: Achsenverhältnis $a/d_0 = 0,8$ bis $1,4$ und Versteifungsaufwand, definiert als Verhältnis $2\,F_G/s\,(a + d_0))$ wurde von der RAS herausgegeben [13]. Für den einachsigen Belastungszustand sind danach die Häufungsfaktoren im Bild 561 aufgetragen:

Von einem Größtwert bei einem Randversteifungsaufwand $F_G = 0$ (unversteift) nehmen mit wachsendem Versteifungsaufwand die Spannungserhöhungen ab, erreichen ein Minimum und nehmen bei weiter wachsendem Versteifungsaufwand wieder zu. Das Minimum erklärt sich daraus, daß bei relativ kleinem Gurtaufwand nur eine Entlastung des Randes vorliegt, dagegen bei zu großem Gurtaufwand und damit großer örtlicher Steifigkeit erhebliche Kräfte aus der Umgebung zum Ausschnittbereich hingezogen werden.

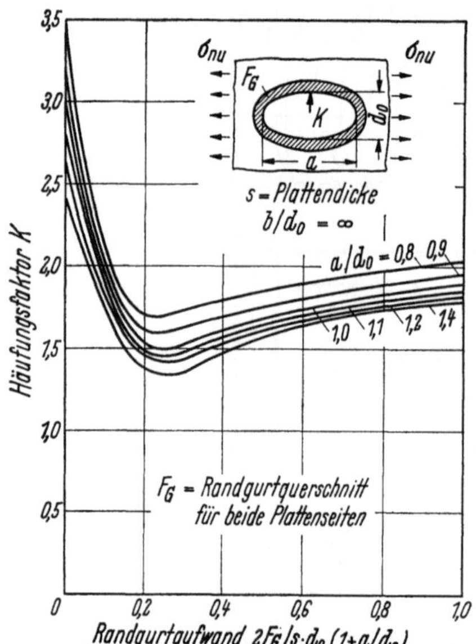

Bild 561. Elliptische Ausschnitte in Platten unter Längszug — Häufungsfaktor (Theorie) in Abhängigkeit vom Versteifungsaufwand. [13].

Unter einachsiger Zugbelastung ist der Häufungsfaktor stets größer als eins. Nach Bild 561 fällt das Minimum der Häufungsfaktoren mit größer werdenden Achsenverhältnissen a/d_0 ab, so daß für $a/d_0 > 1,4$ noch kleinere Häufungsfaktoren zu erwarten sind.

Die Ergebnisse von Rechnung und Versuch des ILTUB sind für das Achsenverhältnis $a/d_0 = 3,2$ im Bild 562 aufgetragen:

Der Häufungsfaktor beträgt $K = 1{,}2$ und ist damit nicht größer als bei dem „neutralisierten" Ausschnitt nach Bild 560 mit parabolischen Randversteifungen veränderlichen Querschnittes.

Für das Achsenverhältnis $a/d_0 = 1$ (Kreisausschnitt) wurden am ILTUB an einseitig und beidseitig ringversteiften Ausschnitten Spannungsmessungen durch-

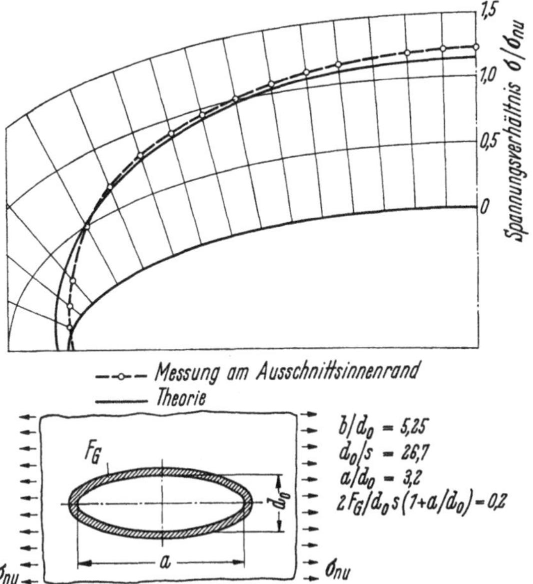

Bild 562. Elliptischer Ausschnitt in einer Platte unter Längszug — Ausschnittrand beidseitig ringversteift — Vergleich des gemessenen Randspannungsverlaufes mit der Theorie.

geführt, deren Ergebnisse im Bild 37 (s. Kap. IV) dargestellt sind. Die gemessenen Werte stimmen mit den theoretischen gut überein, wenn man die endliche Plattenbreite berücksichtigt (Versuch: $b/d_0 = 6$; dadurch ergibt sich eine Erhöhung des Häufungsfaktors um etwa 10% gegenüber dem theoretischen Wert bei unendlicher Plattenbreite). Der Vergleich geht vom gleichen Randgurtquerschnitt F_G aus.

Für den zweiachsigen isotropen Belastungszustand ($\sigma_x/\sigma_y = 1$) sind die Häufungsfaktoren im Bild 563 aufgetragen. Für das Achsenverhältnis $a/d_0 = 1$ (Kreisloch) liegt für einen bestimmten Randgurtaufwand der Sonderfall eines neutralisierten Ausschnittes vor ($K = 1$). Für alle anderen Verhältnisse a/d_0 ungleich eins verschiebt sich das Minimum des Häufungsfaktors zu größeren Werten.

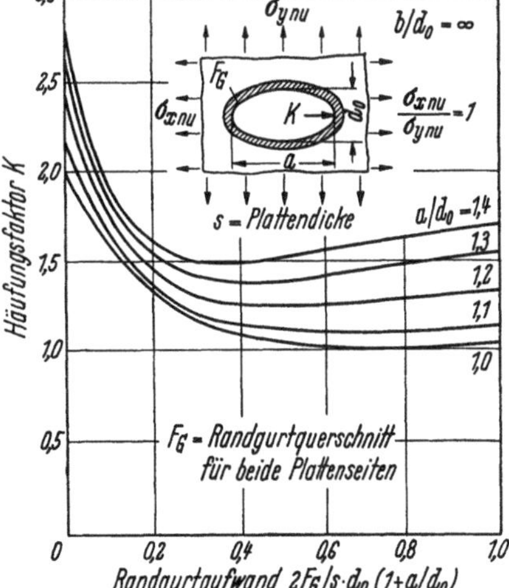

Bild 563. Elliptische Ausschnitte in Platten unter isotroper Belastung — Häufungsfaktor (Theorie) in Abhängigkeit vom Versteifungsaufwand. [13].

6.5 Praktische Beispiele für teilweise Neutralisierung von Ausschnitten

Um die Ermüdungsfestigkeit einer Konstruktion im Bereich eines Ausschnittes zu erhöhen, genügt es nicht, Verstärkungen von günstiger Form und ausreichender Dicke vorzusehen.

Entscheidend wichtig ist es, diese Verstärkungen so anzuschließen, daß sie

der Rechnung entsprechend „voll mittragend" werden und

an den Stellen der Verbindung mit dem zu verstärkenden Bauteil nicht zu örtlichen Spannungshäufungen und Reibkorrosionsherden und damit zu vorzeitigen Ermüdungsbrüchen führen.

Am besten lassen sich die Neutralisierungsverstärkungen im Integralbau verwirklichen. Hierzu seien zwei Beispiele gegeben:

Bild 564 zeigt eine mit Fensterausschnitten durchbrochene Rumpfwand, deren dünne Haut mit Längsversteifungen und dicken, abgestuften Ausschnittumrandungen durch Fräsbearbeitung eines dicken Blechs hergestellt wurde [14].

Bild 565 zeigt eine ebenfalls aus dickem Blech gefräste Haut mit Ausschnitten und integralen Verstärkungen [15].

Bild 564. Fensterausschnitte in Rumpfwand (BAC 1-11) —
Integralbau. [14].

Bild 565. Inspektionsöffnungen in Tragflügeluntergurt (Boeing 727) — Verstärkungen und Abschwächungen
integral herausgearbeitet. [15].

XXII. Ermüdungsfestigkeit der auf Schub beanspruchten Blechwand mit Kreisausschnitt und Bohrungen in der Kerbzone

1 Aufgabenstellung — Problem „Kerb in Kerbzone" bei Schub

Blechwände mit Kreisausschnitten, die dynamischen Schubbeanspruchungen unterworfen werden, kommen im Leichtbau häufig vor.

Die Ränder derartiger Ausschnitte erhalten Versteifungen in Form von Bördeln, aufgeschraubten oder aufgeklebten Ringen. Beispiele solcher versteiften kreisförmigen Durchbrüche zeigt Bild 532.

Die Spannungshäufungen am Lochrand und die Ringversteifungen wirken sich auf die Ermüdungsfestigkeit der Blechwand bei wechselnder Schubbelastung aus. Die Ringversteifungen lassen einerseits eine Verbesserung der Ermüdungsfestigkeit erwarten; andererseits ist damit zu rechnen, daß durch die Befestigung der Versteifungen auf dem Blech eine Verschlechterung eintritt.

Besonders hohe Spannungsspitzen entstehen, wenn in der Randzone des Ausschnittes, in der die Spannungen bereits „stark konzentriert" sind, Löcher gebohrt werden, um Versteifungsringe oder Flansche zur Rohrdurchführung oder Befestigungsschellen oder Deckel ohne Kräfteübertragung anzuschrauben bzw. anzunieten. Stellen derartiger Spannungshäufungen bezeichnen wir als „Kerb in Kerbzone".

2 Beispiele für Schubermüdung in Blechstegen von Tragflügeln

Aus dem Flugzeugbau seien zu diesem Problem Beispiele angeführt.

Die Bilder 566 und 567 zeigen die Auswertung von Lufthansa-Angaben [1] über Anrisse in den Vorderstegen der Super Constellation L 1049 G an einer Kabeldurchführung (Schnitt $C-C$). Auf der Tankseite des Stegs befindet sich ein angenieteter Versteifungsring, während die Außenseite durch einen Flansch mit der Durchführung verschlossen wird.

Bild 566 zeigt die Summe der an sieben Flugzeugen beobachteten Rißlängen, ihre Anzahl und den Ort der Anrisse. Man erkennt, daß

die meisten Anrisse (65%) senkrecht zur Hauptzugspannungsrichtung an der Stelle größter Spannungshäufung auftreten (Anrißstellen A, A_1), und zwar bevorzugt an Bohrungen mit Ansenkung,

die restlichen Anrisse (35%) von den Stellen B ausgehen, dort wo die Relativverschiebungen des Rings und des Flansches gegenüber dem Blech am größten sind (Reibkorrosion).

Im Bild 567 gibt der Streubereich die Summe der Rißlängen im linken Vordersteg der bevorzugten Anrißstelle A an, aufgetragen über der Anzahl der Betriebsstunden.

Die ersten Anrisse beginnen nach etwa 15000 Betriebsstunden.
Nach weiteren 5000 Betriebsstunden beträgt die Summe der Rißlängen schon mehr als 80 mm.

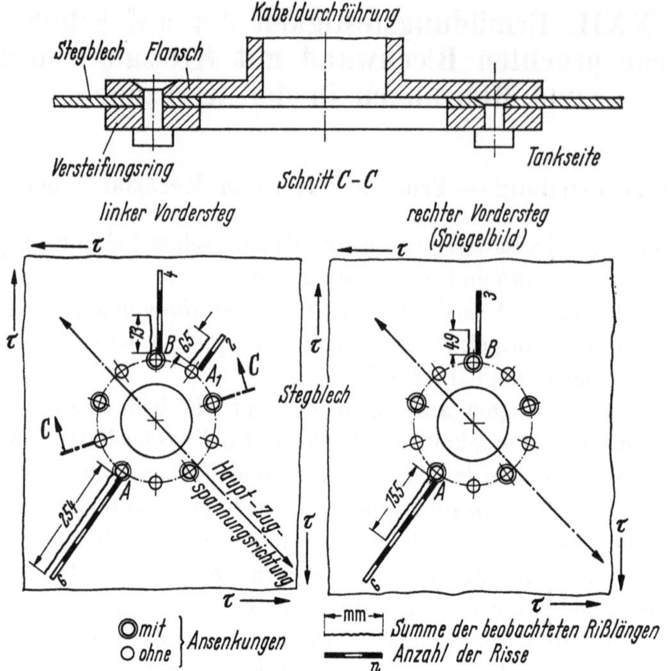

Bild 566. Stegwand mit Kabeldurchführung — L 1049 G — Flotte der Lufthansa —
Rißanzahl und Rißlängen bei 7 Flugzeugen. [1].

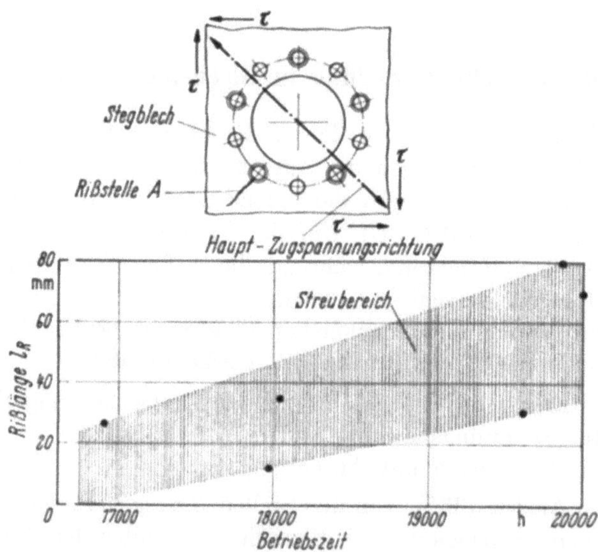

Bild 567. Stegwand mit Kabeldurchführung — Beobachtete Rißlängen am linken Vordersteg
(Stelle A). [1].

Ein Beispiel an einem anderen Flugzeugmuster, der Vickers Vanguard, ist
im Bild 568 dargestellt [2]. Es handelt sich hier um Ermüdungsversuche an einem
Versuchstragflügelkasten. Die Ermüdungsbrüche traten an den einseitig versteiften Erleichterungslöchern im Mittelsteg nach 69000 Flugstunden (Programmbelastung) auf.

Auch aus diesem Bild ist klar zu erkennen, daß die Anrisse vorzugsweise etwa senkrecht zur Hauptzugrichtung verlaufen und von Bohrungen der Versteifungsbördel ausgehen, die im Bereich der größten Zugspannungen liegen.

Diese beiden Beispiele zeigen deutlich, wie wichtig es ist, Erleichterungslöcher oder Durchführungen so zu versteifen oder auszubilden, daß „Kerben in der Kerbzone" vermieden werden.

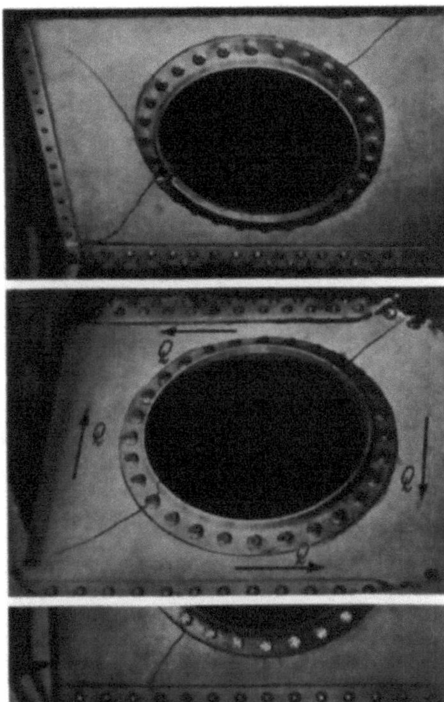

Bild 568. Stegwand mit versteiften Kreisausschnitten (BAC-Vanguard) — Ermüdungsrisse im Mittelsteg des Versuchskastens nach 69000 Flugstunden (Programmbelastung). [2].

3 Erläuterungen zu den ILTUB-Versuchen über Schubermüdung von Blechfeldern

Im ILTUB wurden Versuchsreihen über die Schubermüdung von Blechen aus AlCuMg mit kreisrunden Ausschnitten durchgeführt

ohne und mit 10 Zusatzbohrungen im Randbereich des Ausschnittes,

ohne und mit Ringversteifungen, die

 angebördelt,

 angeklebt,

 angeschraubt wurden.

Die untersuchten Versteifungsvariationen von Kreisausschnitten mit $d = 66$ mm Durchmesser in quadratischen Blechen von $a = 250$ mm Seitenlänge und $s = 1$ mm Dicke sind im Bild 569 zusammengestellt. Bild 570 zeigt ein Versuchsstück im Prüfrahmen.

Die Ermüdungsbelastung wurde als Schwellast ($R = 0$) aufgebracht.

Das quadratische Blechfeld würde ohne Kreisausschnitt mit Erreichen seiner kritischen Schubspannung $\tau_0 = k\,E\,(s/a)^2 = 13 \cdot 7200\,(1/250)^2 = 1{,}5\ \text{kp/mm}^2$ ausbeulen.

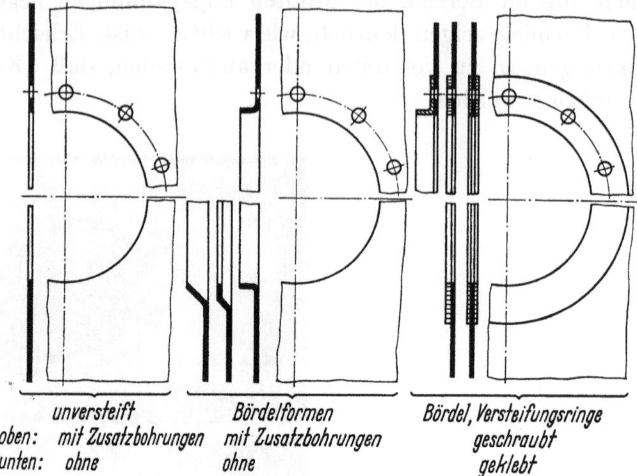

Bild 569. Schubermüdungsversuche an Blechen mit Kreisausschnitt — Skizzen der untersuchten Ausschnittrandverstärkungen.

Durch den Ausschnitt wird die kritische Nennschubspannung $\tau_0 = Q_0/a\,s$ stark herabgesetzt, so daß alle Ermüdungsversuche, auch diejenigen mit Randversteifungen im Hinblick auf Beulen im überkritischen Bereich durchgeführt wurden. Der Überschreitungsgrad $\xi = (\tau_{ob}/\tau_0) > 1$ schwankte bei den Versuchen zwischen $\xi = 2$ und 4. Durch den überkritischen Zustand ändert sich der Spannungszustand des Schubblechs, und es kommt infolge der sich bildenden Beulen

zu einer geringeren Quer- und Schubsteifigkeit, so daß der Häufungsfaktor am Ausschnitt gegenüber einer nicht ausgebeulten Platte erhöht ist,

zu zusätzlichen Biegespannungen, die sich insbesondere an Lochrandversteifungen auswirken können.

Der Spannungszustand ändert sich mit der Belastung, so daß es sehr problematisch ist, eine maßgebliche Schubspannung im Blech zu beschreiben und anzugeben.

Es wird daher, um Vergleichswerte zu erhalten, mit einer Nennschubspannung $\tau_{ob} = Q_{ob}/a\,s$ gerechnet, die ohne Ausschnitt und ohne Beulen unter der vollen Belastungsquerkraft Q_{ob} auftreten würde. Diese Spannung ist in den Diagrammen als Schuboberspannung τ_{ob} bezeichnet.

Bild 570. Schubermüdungsversuche an Blechen mit Kreisausschnitt — Belastungsrahmen mit Versuchsstück.

Die Ergebnisse für das überkritische Schubblech liegen vermutlich etwas ungünstiger, als sie für entsprechende unterkritische Versuche zu erwarten wären. Versuche im unterkritischen Bereich wurden bewußt nicht durchgeführt, weil sie bei den verwendeten Schubfeldabmessungen eine zu große Blechdicke ($s > 2$ mm) erfordert hätten (praktisch weniger gebräuchliche Geometrie und Schwierigkeiten beim Bördeln).

Für die Entscheidung, die Versuche im überkritischen Zustand durchzuführen, war weiterhin maßgebend, daß Schubwände bevorzugt bei kleinen Wagner-Kennwerten $q/h = \tau \cdot s/a$ überkritisch dimensioniert werden, so daß die aus diesen Untersuchungen gewonnenen Erkentnisse häufig direkt angewandt werden können.

In jedem Versuch wurden die Anriß- und Bruchlastwechselzahl sowie der Rißfortschritt bestimmt und zur Auswertung herangezogen.

4 Diskussion der Versuchsergebnisse

4.1 Ausschnittränder ohne Zusatzbohrungen

4.1.1 Anrißstreubänder

4.1.1.1 Einfluß von Bördelungen

Im Bild 571 sind die ($\tau_{ob} - N_A$)-Streubänder der Anrisse für die Formen ohne und mit 3 verschiedenen Bördelungen sowie zum Vergleich die mit symmetrisch aufgeklebten Versteifungsringen aufgetragen.

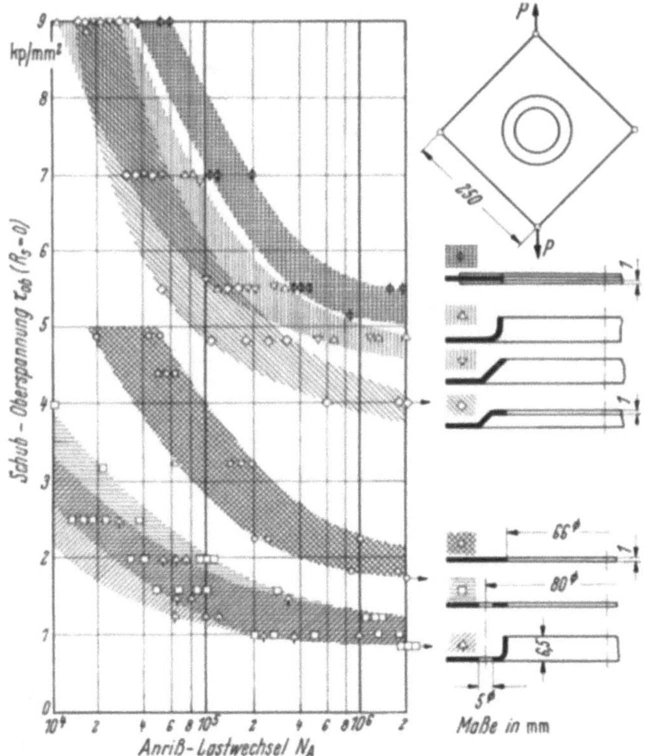

Bild 571. Schubermüdungsversuche an Blechen (AlCuMg 1) mit Kreisausschnitt — Vergleich der Ermüdungsfestigkeit verschiedener Anordnungen.

Das Bild zeigt folgende Ergebnisse:

Gebördelte Ausschnitte sind den unversteiften Ausschnitten durchweg wesentlich überlegen.

Das Streuband für die beste Bördelung reicht an die untere Streugrenze für symmetrisch geklebte Versteifungsringe heran.

Die Form der Bördel beeinflußt die Ermüdungsfestigkeit.

Die sehr beachtliche Verbesserung durch Bördel bzw. geklebte Ringe gegenüber dem unversteiften Blech entsteht aus folgenden Einflüssen:

Die Bördel und Ringe versteifen das Blech gegen Ausbeulen und verringern damit die Spannungshäufung am Ausschnitt.

Die Ringe bringen außerdem zusätzlichen Querschnitt in die gefährdete Zone und setzen dadurch die Spannungshäufung herab.

4.1.1.2 Einseitig und symmetrisch aufgeklebte Ringversteifung

Es wurden Bleche mit Kreisausschnitten untersucht, die bei gleichem Materialaufwand einseitig oder beidseitig symmetrisch durch aufgeklebte Ringe versteift waren. Die Ergebnisse für einseitig versteifte Ausschnitte wurden nicht gesondert dargestellt.

Das Streuband für einseitige Versteifung liegt etwas ungünstiger als das für symmetrische Anordnung, jedoch auch weit über dem der unversteiften Ausführung.

Im einzelnen zeigte sich:

Bei hoher Belastung $\tau_{ob} \approx 9\,\mathrm{kp/mm^2}$ ist die Anrißwechselzahl für symmetrische Anordnung doppelt so groß wie für einseitige.

Bei kleiner Belastung $\tau_{ob} \approx 5\,\mathrm{kp/mm^2}$ (in Nähe der Dauerfestigkeit) unterscheiden sie sich beide praktisch nicht.

4.1.2 Rißausbreitung

4.1.2.1 Ausschnitte ohne und mit Bördelung

Die Rißausbreitung bei unversteiftem Ausschnitt ist im Bild 572 für mehrere Lastniveaus durch Auftragung der Rißlängen l_R über der Ausbreitungslastwechselzahl N_R dargestellt. Schon bei sehr kurzen Anrissen von wenigen Millimetern ist der Rißfortschritt sehr groß, so daß der Bruch ziemlich rasch nach dem Anriß erfolgt.

Messungen von Rißausbreitungen bei Randversteifungen ohne Zusatzbohrungen sind im Bild 573 dargestellt. Bei den durch Bördel versteiften Ausschnitten war die Rißverfolgung dadurch sehr erschwert, daß bei allen Bördelformen der erste Anriß schwer feststellbar an der Bördelkante erfolgte und sich sehr schnell ins Blech und zum Ausschnittrand hin ausbreitete, so daß die Messung der Rißausbreitung erst bei einer Rißlänge von 15 mm begonnen werden konnte.

Ursache für den Anriß in der Bördelkante sind Restspannungen, die an der Bördelkante und im Blechfeld durch das Bördeln der ausgehärteten Bleche entstehen. Die an Ausschnitträndern mit Bördelung bei Zugbelastung entstehenden Spannungshäufungen sind im Kap. IV, 2.1.1, untersucht.

Die Rißausbreitung wird durch die Bördelung nicht wesentlich behindert.

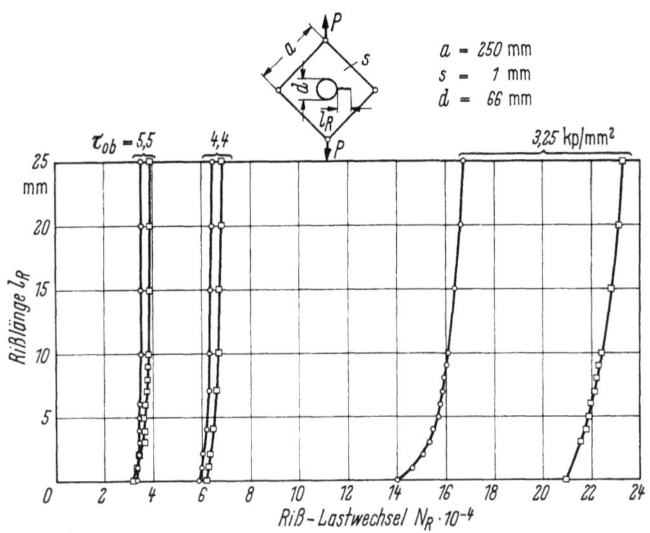

Bild 572. Schubermüdungsversuche an Blechen (AlCuMg 1) mit Kreisausschnitt — Rißausbreitung bei unverseiftem Ausschnitt.

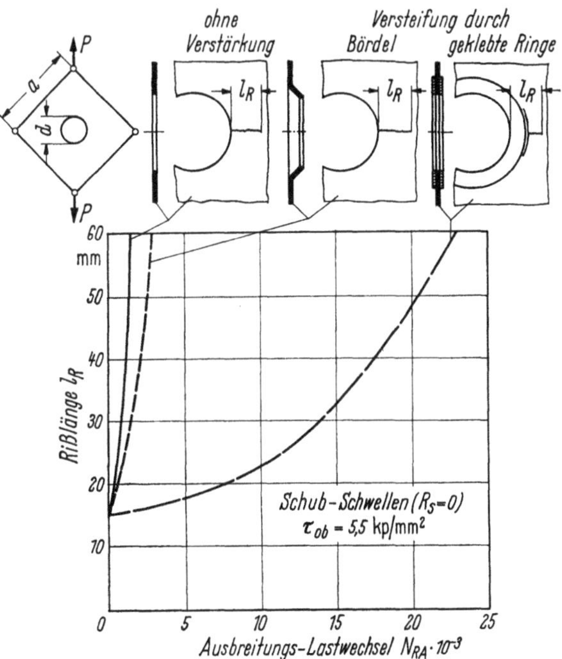

Bild 573. Schubermüdungsversuche an Blechen (AlCuMg 1) mit Kreisausschnitt — Einfluß von Bördeln und geklebten Versteifungsringen auf die Rißausbreitung.

4.1.2.2 Ausschnitte mit aufgeklebten Verstärkungsringen

Die mit aufgeklebten Verstärkungsringen versteiften Bleche kamen unter der Schwellbelastung auch in den überkritischen Bereich. An den Ringkanten der beidseitig versteiften Bleche traten infolge des Beulens Biegespannungen im Blech auf, die zum Anriß an der Ringkante führten.

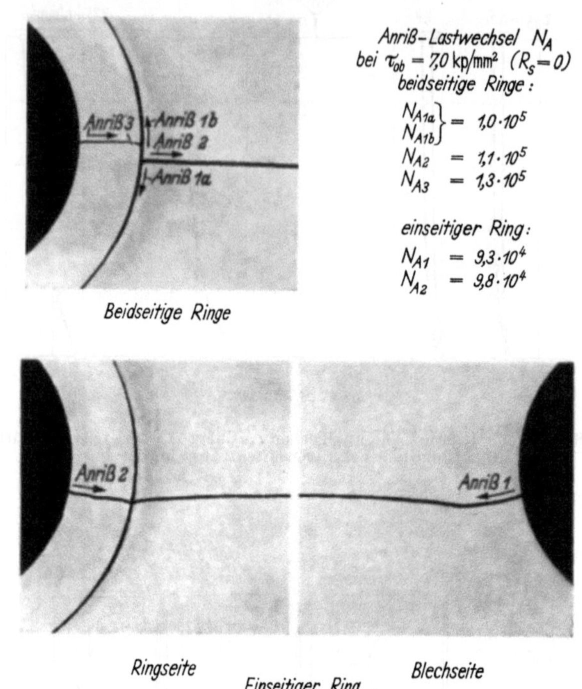

Bild 574. Schubermüdungsversuche an Blechen (AlCuMg 1) mit Kreisausschnitt — Rißverlauf bei geklebten Versteifungsringen — Einfluß der Ringanordnung.

Die Fotos der im Ermüdungsversuch gerissenen Bleche mit aufgeklebten Ringen im Bild 574 zeigen:

Bei symmetrisch angeordneten Ringen erscheint ein längs des Versteifungsrandes nach zwei Seiten (*1a* und *1b*) laufender Anriß aus der Biegebeanspruchung des Bleches beim Beulen, danach der Anriß *2*, der senkrecht zum Versteifungsrand in das Blech hineinläuft und schließlich der Anriß *3*, der vom Ausschnittrand ausgehend die Ringe zerstört.

Der exzentrische Ring spannt das Blech nicht so stark ein, wie eine beidseitige Klebung, so daß es nicht zu den Biegeanrissen an der Kante kommt. Der Anriß *1* beginnt im Blech am Ausschnittrand und läuft unter dem Ring weiter. Wenn der Riß im Blech den äußeren Ringrand erreicht hat, entsteht der Anriß *2* im Ring ebenfalls am Ausschnittrand. Nach dem Bruch des Ringes erfolgt der Restbruch des Bleches sehr schnell.

Einen Vergleich des Rißfortschrittes bei einem unversteiften, einem gebördelten und einem ringverklebten Ausschnitt zeigt das Bild 573 für das gleiche Spannungsniveau von $\tau_{ob} = 5{,}5\ kp/mm^2$. Die Streuungen der einzelnen Versuche sind gering, so daß nur je eine repräsentative Kurve ausgewählt wurde. Es ist klar zu erkennen, daß die Gesamtausbreitungslastwechselzahl im Blech gegenüber dem unversteiften Ausschnitt

durch einen Bördel auf etwa das Doppelte, also unwesentlich,

durch aufgeklebte Versteifungsringe auf etwa das Zehnfache, also entscheidend vergrößert wird.

Im Fall der Bördelversteifung wird diese Versteifung selbst durch den Riß schon frühzeitig zerstört, während der geklebte Versteifungsring nach dem Anriß im Blech den Ausschnittrand weiter zusammenhält und dadurch das Blech stützt.

4.2 Ausschnittränder mit Zusatzbohrungen

4.2.1 Anrißstreubänder

Das bereits erwähnte Bild 571 zeigt unten $(\tau_{ob} - N_A)$-Streubänder für Blechanrisse mit und ohne Zusatzbohrungen in der Randzone des Kreisausschnittes. Zusatzbohrungen setzen die Ermüdungsfestigkeit stark herab, da diese Bohrungen in dem Bereich der Spannungshäufungen des Ausschnittes liegen und somit wesentlich überhöhte Spannungen am „Kerb in der Kerbzone" auftreten. Diese führen dazu, daß die Anrisse eine Größenordnung früher auftreten als bei unversteiftem Ausschnitt ohne Zusatzbohrungen.

Die Versteifung des Ausschnittes mit Zusatzbohrungen durch einen Bördel nach Bild 571 bringt keine Verbesserung der Ermüdungsfestigkeit gegenüber dem unversteiften Ausschnitt, bei 10^6 Lastwechseln laufen die Grenzen der Streubänder des gebördelten und ungebördelten Bleches zusammen.

4.2.2 Rißausbreitung

Im Bild 575 sind Rißausbreitungskurven für einen unversteiften Ausschnitt mit Zusatzbohrungen aufgetragen. Es entstehen an einer Bohrung nacheinander zwei gegenüberliegende Anrisse:

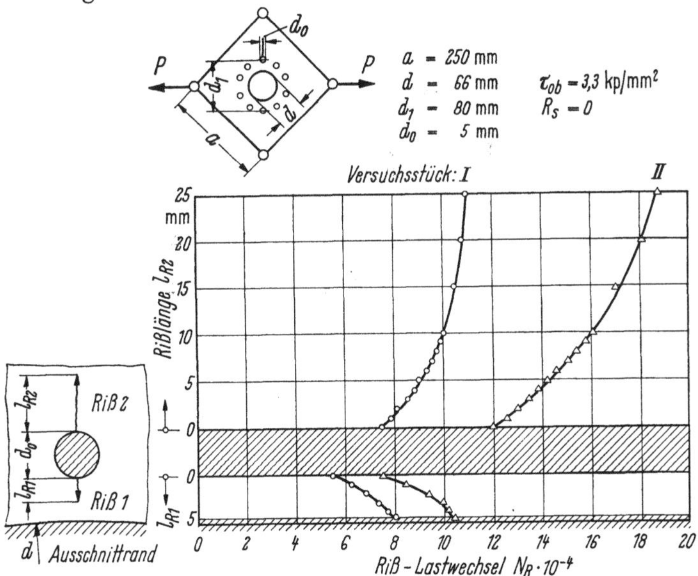

Bild 575. Schubermüdungsversuche an Blechen (AlCuMg 1) mit Kreisausschnitt — Rißausbreitung bei unversteiftem Ausschnitt mit Zusatzbohrungen.

der erste an dem Steg zwischen Lochrand und Bohrungsrand, d. h. dem Ort der maximalen Spannungskonzentration,

der zweite in Richtung „Blechfeld".

Der zweite Anriß zeigt sich kurz bevor oder kurz nachdem der Zwischensteg völlig gerissen ist. Bei gebördelten Ausschnitten mit Zusatzbohrungen entstehen die Anrisse in der gleichen Reihenfolge, wie bei dem unversteiften Ausschnitt mit Zusatzbohrungen.

4.3 Zusammenwirkung von Bohrungen und Verstärkungsringen

Die Ermüdungsfestigkeit von Blechen mit Kreisausschnitten und Zusatzbohrungen im Ausschnittrandgebiet wird wesentlich verbessert, wenn der Ausschnittrand durch aufgeklebte oder aufgeschraubte Ringe bzw. Bördel versteift und verstärkt wird.

Die Ermüdungsversuche, bei denen Ringe und Bördel in exzentrischer oder symmetrischer Anordnung aufgeklebt oder aufgeschraubt wurden, ergaben (s. Bild 576):

Verstärkungsringe verbessern das Ermüdungsfestigkeitsverhalten.

Geschraubte Ringe ergeben bessere Ergebnisse als geklebte Ringe.

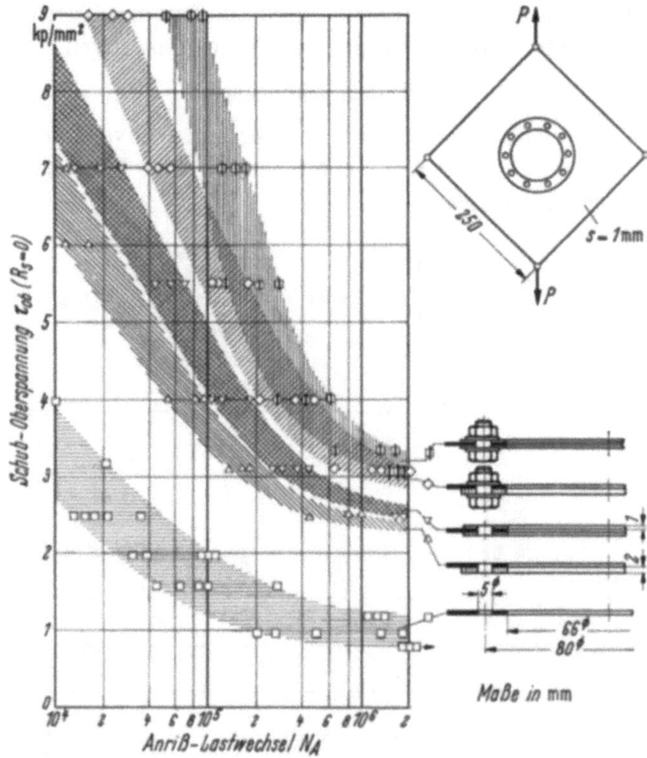

Bild 576. Schubermüdungsversuche an Blechen (AlCuMg 1) mit Kreisausschnitt — Vergleich der Ermüdungsfestigkeit verschiedener Anordnungen mit Zusatzbohrungen.

Einseitig geschraubte Bördelringe sind schlechter als einseitig verschraubte Verstärkungsringe (s. Bild 578).

Symmetrische Ringe (verschraubt oder geklebt) wirken günstiger als einseitige.

Der Grund dafür, daß mit verschraubten Ringen entgegen der Erwartung bessere Ermüdungsfestigkeitswerte als mit geklebten erzielt wurden, ist darin zu sehen, daß die Ovalisierung der Bohrungen behindert wird. Die Behinderung erfolgt einmal durch den Reibschluß der Stahlunterlegscheiben, zum anderen durch die Verwendung von Paßbolzen. Der gleiche positive Effekt kann auch bei den geklebten Versteifungsringen erzielt werden.

Dagegen verstärkt ein einseitig aufgeschraubter Bördelring (gleicher Gewichtsaufwand wie bei Verstärkungsringen) den gefährdeten Ausschnittrand nicht in dem Maße wie flache Ringe, die aufgeschraubt oder geklebt sind, sondern er erhöht in der Hauptsache nur die Biegesteifigkeit des Blechfeldes. Es kommt daher infolge des verringerten Überschreitungsgrades $\xi = \tau_{ob}/\tau_0$ nur zu einer Steigerung der Ermüdungsfestigkeit bis zu den Werten des Bleches mit einseitig aufgeklebten Ringen und Zusatzbohrungen.

An Stellen, wo Relativbewegungen zwischen dem Ring und dem Blech oder den Unterlegscheiben auftreten, ist mit Reibkorrosion zu rechnen.

Der Steilabfall der Streubänder geht bei etwa $5 \cdot 10^5$ Lastwechseln in die „Horizontale" über. Es ist anzunehmen, daß nach diesem „Einschwenken" bei den kleineren Beanspruchungen keine Reibkorrosionsschäden mehr auftreten.

Geklebte Ringe nehmen in Anbetracht ihres kontinuierlichen Anschlusses einen wesentlichen Kraftfluß auf, der um die Bohrungen herumgeleitet wird und dort zu großen Spannungshäufungen führt. Die Anrisse und Brüche erfolgten bei Klebung immer an der einer starken Spannunghäufung ausgesetzten Zusatzbohrung, während bei den verschraubten Reihen ein Anriß und Bruch an einer Bohrung nur bei sehr hohen Belastungen auftrat, nämlich dann, wenn dort der Reibschluß nicht mehr ausreichend war.

Im Bild 577 sind, stark vergrößert, aus der Reihe mit symmetrisch aufgeschraubten Verstärkungsringen typische Reibkorrosionsschäden, Anrisse und Brüche wiedergegeben. Das Bild zeigt am Versuchsstück *1*

den Anriß *1* im Reibkorrosionsbereich der Unterlegscheibe der Bohrung Nr. *2*. Dieser Anriß des Bleches trat an allen vier Bohrungen Nr. *2* etwa gleichzeitig ein. Der Bruch erfolgt durch weitere Ausbreitung eines oder mehrerer dieser Anrisse;

die Reibschäden auf dem Blech durch den Rand des Versteifungsrings.

Für das Versuchsstück *2* zeigt das Bild folgendes:

Am Rand des Versteifungsrings bildet sich infolge Reibkorrosion und Kantenbiegung im Bereich der Bohrungen Nr. *1* und Nr. *2* längs des Ringes eine durchgehende Trennung des Bleches aus.

Durch diese Trennung entsteht ein „neuer Ausschnittrand", an dem infolge der Spannungshäufung der Anriß *3* senkrecht zum Streifenrand entsteht.

Der Anriß *2* entsteht ähnlich wie am Versuchsstück *1* im Bereich der Bohrungen Nr. *2* und vereinigt sich mit dem Ringkantenriß.

Die Ergebnisse einer eingehenden Untersuchung der Reibschäden zu diesen Versuchen sind im Kap. XI dargestellt.

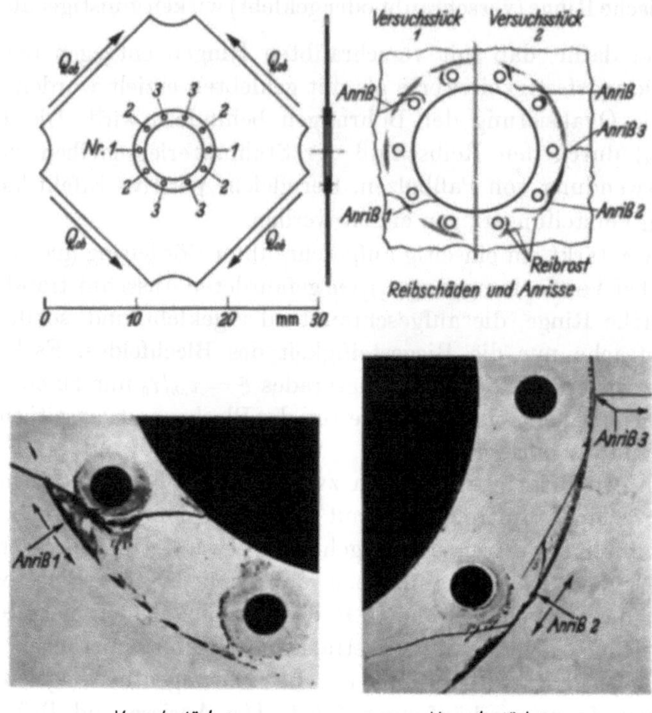

Bild 577. Schubermüdungsversuche an Blechen (AlCuMg 1) mit Kreisausschnitt — Rißverlauf bei geschraubten Versteifungsringen — Einfluß von Ringrand und Reibkorrosion.

5 Zusammenfassung der Ergebnisse

5.1 Anrißstreubilder

Die Ergebnisse der $(\tau_{ob} - N_A)$-Streubänder sind im Bild 578 in einem Säulendiagramm zusammengestellt.

In einem Balken sind die Streubänder der Schuboberspannung τ_{ob} eingetragen, die bei 10^5 bzw. 10^6 Lastwechseln zu ersten Anrissen führen.

Es zeigt sich, daß

die Versuchsreihen mit geklebten Ringen ohne Zusatzbohrungen bis auf eine Ausnahme die höchsten Werte liefern,

die Reihen mit Bördeln

unterschiedliches Verhalten je nach Bördelform aufweisen,

in der besten Form bei 10^6 Lastwechseln an die untere Streubandgrenze der symmetrisch aufgeklebten Ringe heranreichen,

bei 10^6 Lastwechseln den geschraubten Verstärkungsringen überlegen sind

und Zusatzbohrungen extrem schlecht liegen, da sich zu den erhöhten Häufungsfaktoren noch Restspannungen aus der Blechverformung addieren, die Versuchsreihen mit Zusatzbohrungen besonders bei 10^6 Lastwechseln sehr schlecht liegen,

bei den Versuchsreihen mit verschraubten Ringen (Ausnahme Bördelring) bei 10^5 Lastwechseln etwa gleiche Ergebnisse wie für die Reihen mit aufgeklebten Ringen erzielt wurden, infolge der auftretenden Reibkorrosion die Verschraubung jedoch bei 10^6 Lastwechseln relativ schlecht liegt.

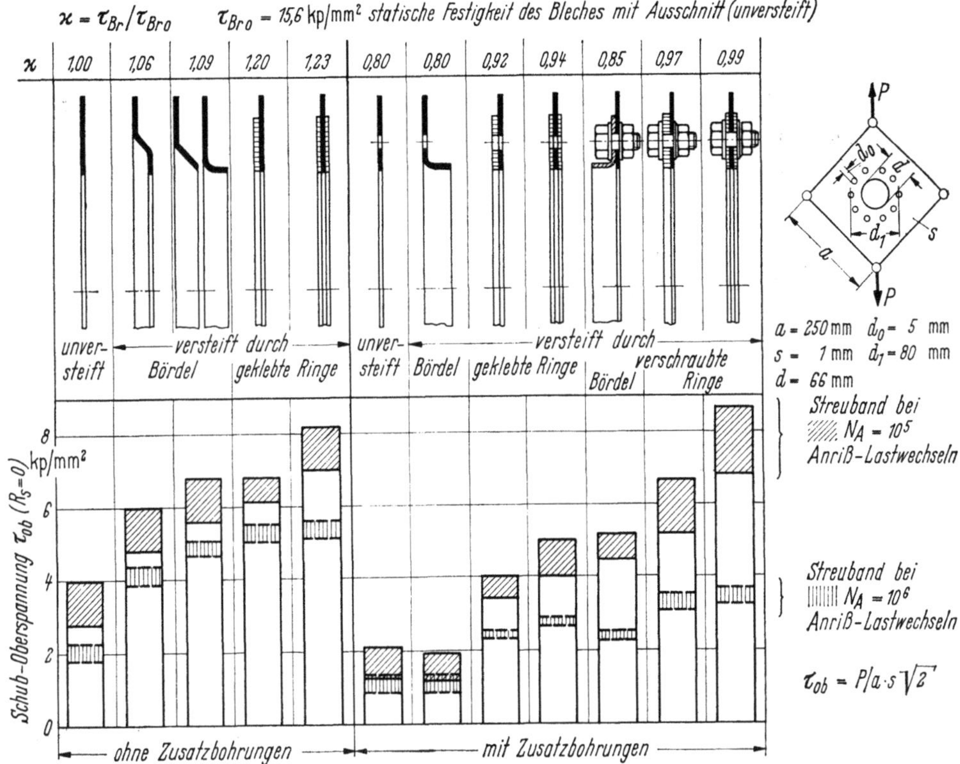

Bild 578. Schubermüdungsversuche an Blechen (AlCuMg 1) mit Kreisausschnitt — Einfluß verschiedener Ausschnittrandverstärkungen auf die statische und dynamische Festigkeit.

5.2 Statische Festigkeit

Die Ergebnisse der statischen Bruchversuche sind ebenfalls im Bild 578 (oben) eingetragen. Es wird auch hier, wie unter Abschn. 3 erläutert, mit einer Nennbruchschubspannung $\tau_{Br} = P_{Br}/a\,s\,\sqrt{2}$ gerechnet, die ohne Ausschnitt und ohne Beulen unter der Zugkraft P_{Br} auftreten würde.

Das Blech mit unversteiftem Ausschnitt hat eine Bruchschubspannung von $\tau_{Br_0} = 15{,}6$ kp/mm², auf die die anderen Versuchswerte bezogen sind ($\tau_{Br}/\tau_{Br_0} = \varkappa$). Es zeigt sich, daß für die vorliegende Geometrie

geklebte Verstärkungsringe die besten Werte ($\varkappa \geq 1{,}2$) liefern,

Bördel wenig Steigerung bringen ($\varkappa = 1{,}06$ bis $1{,}09$),

geschraubte Versteifungsringe die statische Festigkeit nicht verändern ($\varkappa = 0{,}97$ bis $0{,}99$), alle anderen Ausschnitte mit Zusatzbohrungen die statische Festigkeit herabsetzen ($\varkappa = 0{,}8$ bis $0{,}94$).

5.3 Rißausbreitung

Die Untersuchungen zur Rißausbreitung bei überkritischer Belastung zeigen folgende Ergebnisse: Der Rißfortschritt

bei unversteiften Blechfeldern ist sehr groß,

kann durch Bördel verkleinert werden,

wird durch symmetrisch geklebte Versteifungsringe wesentlich verringert, da die Versteifungsringe erst spät anreißen und somit das Blechfeld zusammenhalten und stützen,

bei Ausschnitten mit Zusatzbohrungen ist durchweg sehr groß, da

Bördel und geklebte Ringe mit anreißen,

bei geschraubten Ringen das Blech neben den Bohrungen infolge Reibkorrosion anreißt und daher nur unvollkommen durch die Ringe zusammengehalten werden kann.

XXIII. Reparatur von Bauteilen nach dynamischen Schäden

1 Kerbarme Reparatur von Integralbauteilen

1.1 Richtlinien für die Durchführung der Reparatur von Integralbauteilen im Hinblick auf die Sicherstellung der Ermüdungsfestigkeit

Integralkonstruktionen haben den besonderen Vorteil, daß Gefährdungen der Ermüdungsfestigkeit weitgehend vermieden werden können. Die an Fügungen durch Spannungshäufungen und Reibkorrosionensschäden entstehenden Gefahren und örtlich hohe Beanspruchungen aus Spannungsumleitungen und Aufdickungen werden auf ein Minimum beschränkt.

Entstehen jedoch an einem Integralbauteil aus irgend einem Grunde Schäden, so erfordert die konstruktive Lösung zur Durchführung einer Reparatur besondere Bemühungen, um die erforderliche Ermüdungsfestigkeit zu erhalten.

Die Schwierigkeit der konstruktiven Lösungen von Reparaturaufgaben liegt darin, daß die Überdeckungen und Verstärkungen nach dem heutigen Stand der Technik durch Nieten oder Bolzen angeschlossen werden, also alle Nachteile dieser Fügungen beachtet werden müssen.

Die Aufgabe, die Spannungshäufungen an diesen Fügungen möglichst klein zu halten, ist besonders schwierig zu lösen, wenn es sich um dicke Wandungen und damit auch um große Exzentrizität für die anzuschließenden Reparaturteile handelt.

Im folgenden ist die Reparatur von Schäden in Integralplatten behandelt, wie sie von der Firma Lockheed [1, 2] angegeben wird.

In den Skizzen der Bilder 579, 580, 581 ist bei an sich symmetrischen Reparaturen

links die primitive praktische Lösung,
rechts ein bezüglich Ermüdungsfestigkeit verbesserter Vorschlag dargestellt.

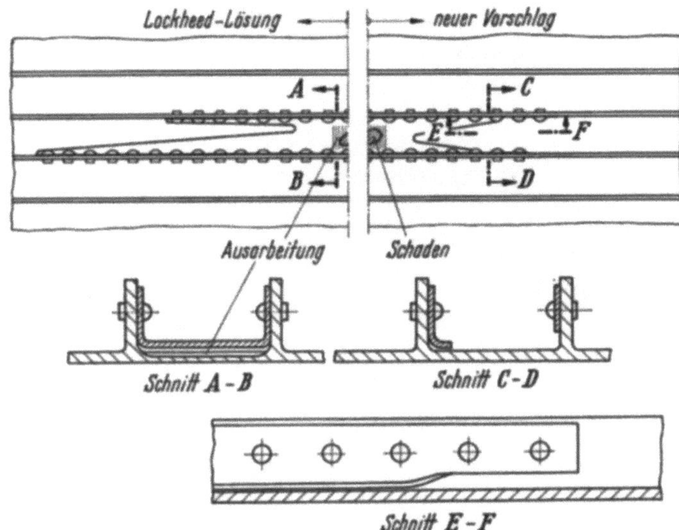

Bild 579. Reparatur von Integralplatten. Geringfügiger Schaden auf der Innenseite. Reparatur durch Ausarbeiten der Schadenstelle und Anschrauben einer U-Verstärkung. [1].

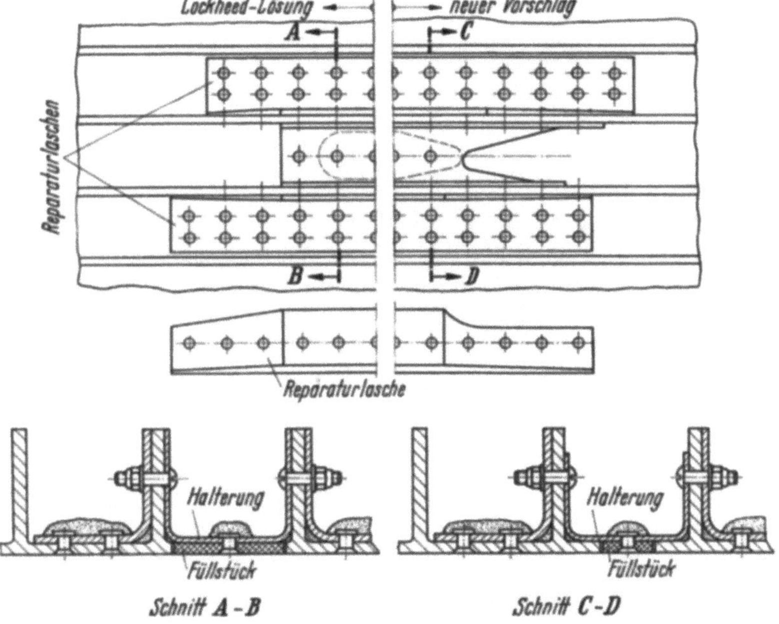

Bild 580. Reparatur von Integralplatten. Begrenzter Schaden eines Hautfeldes. Reparatur durch Ausschneiden der Schadenstelle und Anschrauben von Innenverstärkungen. Unterschiedliche Gestaltung der Ausschnittform und der Verstärkung. [2].

Generell ist festzustellen, daß wegen der großen Wandstärke der Bauteile folgende Regeln besonders zu beachten sind:

Reparaturteile müssen mit verhältnismäßig langen Bolzen- (oder Niet-) Reihen angeschlossen werden.

Diese langen Anschlüsse müssen sehr gut „zugeschärft" sein, so daß
die Wandstärke am ersten Bolzen der Reihe klein ist,
die Breite am ersten Bolzen gering bleibt.

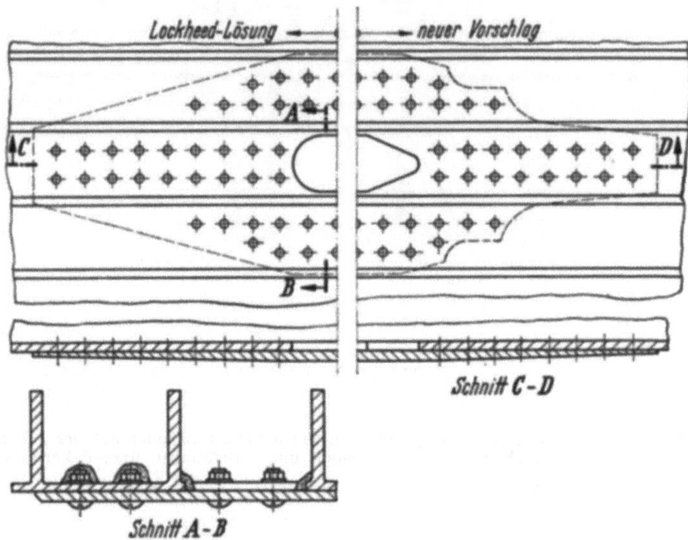

Bild 581. Reparatur von Integralplatten. Begrenzter Schaden eines Hautfeldes. Reparatur durch Ausschneiden der Schadenstelle und Anschrauben einer Außenlasche. [2].

Damit soll der erste Bolzen möglichst wenig belastet und ein Anriß des Integralteils in dieser ersten Bohrung vermieden werden.

Bei der Überbrückung eines Schadens in einer Integralplatte durch ein U-Profil (s. Beispiel im Bild 579), die eine Verbindung der Profilflansche mit den Plattenstegen erfordert, ist auf eine Staffelung der Ansätze zu achten, so daß nicht alle Schwächungen durch die ersten Niete in einem Querschnitt liegen. Bei hinreichender Entfernung der Störungen voneinander — so daß Interferenzen ausgeschlossen sind — wirkt sich ein „Reihen" der Störungen jedoch nicht negativ aus, sondern ist in Einzelfällen sogar zu empfehlen (s. hierzu Ausführungen im Kap. IV, 1.2.2.5).

Die Fügemittel müssen eine steife Verbindung sichern, bei der die Gefahr der Reibkorrosion möglichst gering ist. Für Reparaturen werden deshalb an Stelle von Nieten oft Huckbolts verwendet. Für steife Verbindungen sind ebenfalls konische Bolzen geeignet.

Die Schäden in den Integralteilen müssen derart herausgearbeitet werden, daß an der Schadengrenze keine hohen Spannungshäufungen entstehen.

Zur Schadenbegrenzung dient:
bei einem Anriß das Abbohren des Endes,
bei einer flachen Anfressung ein flaches Abarbeiten der Oberfläche,
bei starken Verletzungen ein Herausschneiden der Umgebung der Schadenstelle mit für die Spannungsumlenkung günstiger Kontur.

Die Reparatur muß dem Schadenumfang angemessen sein, denn die Querschnittsverringerung durch Zusatzbohrungen und die Spannungshäufungen im zu reparierenden Bauteil wachsen am Ansatz der Reparaturteile mit deren Größe. Im folgenden ist eine Einteilung der Reparaturverfahren entsprechend dem Schadenumfang vorgenommen.

1.2 Minimalschäden

Als minimal sind anzusehen: Kratzer, Einkerbungen, beginnende Anfressungen (Korrosion) wenn sie

sich nur über einen kleinen Bereich eines Hautfeldes oder einer Versteifung erstrecken,

die im Bild 582 angegebene Tiefe nicht überschreiten.

Bei derartigen Schäden ist es sinnvoll, die Schadenstelle zur Abminderung von Kerbwirkungen und zur Eindämmung weiterer Schadenausbreitung — etwa entsprechend Bild 582 — auszuarbeiten. Reparaturen dieser Art sind jedoch nicht in der Umgebung von Ausschnitten zulässig.

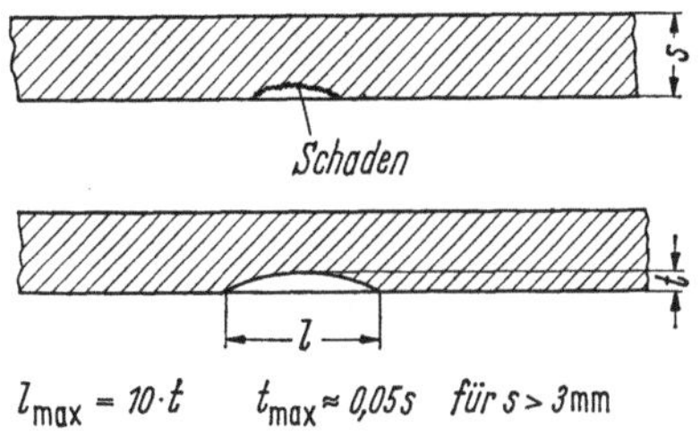

Bild 582. Reparatur von Integralplatten. Geringfügiger Schaden auf der Innenseite. Verminderung der Kerbwirkung durch Ausarbeiten. [2].

$$l_{max} = 10 \cdot t \qquad t_{max} \approx 0{,}05\,s \qquad für\ s > 3\,mm$$

1.3 Geringfügige Schäden

Wenn durch das Ausbreiten einer solchen Schadenstelle in einem Hautfeld oder an einer Versteifung die Querschnittsabweichung beachtlich wird, so ist zusätzlich eine Verstärkung — etwa entsprechend Bild 579 — so einzufügen, daß Bohrungen in der abgearbeiteten Haut vermieden werden. Vor dem Entschluß zur Anordnung einer Verstärkung im Bereich eines geringfügigen Schadens ist sorgfältig zu prüfen, ob diese wirklich notwendig ist. Es kann vorteilhafter sein, eine geringe örtliche, rein statische Schwächung zuzulassen, anstatt durch die Fügung des Reparaturteils eine beachtliche dynamische Verschlechterung hervorzurufen.

1.4 Begrenzte Schäden

Ist der Schaden beispielsweise bei einer fortgeschrittenen Korrosion bereits so tief in die Haut oder eine Versteifung eingedrungen, daß die Schadenstelle nicht mehr durch Abarbeiten unschädlich gemacht, sondern herausgeschnitten werden muß, so sprechen wir von einem „begrenzten Schaden", wenn nur ein Hautfeld oder ein Steg betroffen ist und die Länge des Schadenausschnittes klein bleiben kann (von Lockheed werden für die Integralplatten 75 mm Ausschnittlänge angegeben).

1.4.1 Behebung begrenzter Hautschäden durch Innenreparatur

Für die Behebung eines solchen begrenzten Schadens durch Innenreparatur gibt Bild 580 ein Beispiel:

Der Kraftfluß aus dem durch den Ausschnitt unterbrochenen Hautstreifen wird durch zwei Winkel aufgenommen, die an die benachbarten Hautstreifen und Stege angeschlossen sind.

In den Ausschnitt wird ein Füllstück eingepaßt und durch eine „U-Halterung" befestigt, die an die Stege angeschlossen ist.

Die ungünstigen Spannungshäufungen an den ersten Nieten der Verstärkungen werden dadurch klein gehalten, daß die Wandstärke beider Winkelflansche zu den Enden hin sehr stark abnimmt.

Es muß darauf geachtet werden, daß der Ausschnitt im Hautstreifen keine große Kerbwirkung hat. Die beiden Verstärkungswinkel wirken sich nicht nur auf den gestörten Querschnitt aus, da sie auch den Steg und den Hautstreifen, an den sie angeschlossen sind, sowie die Nachbarstreifen entlasten. Sie senken das Spannungsniveau im weiteren Bereich der Schadenstelle; es verbleibt jedoch auch in dem ausgeschnittenen Hautstreifen ein Längsspannungsfluß, der um den Schadenausschnitt geleitet werden muß. Es dürfte daher vorteilhaft sein, den Ausschnitt des Schadens so zu gestalten, wie es den Untersuchungen im Kap. XXI des Buches entspricht. Eine entsprechende Lösung ist im Bild 580 rechts skizziert, wobei der Lochrand durch „Abmagerung" des Streifens vor der Störung weiter entlastet werden kann.

1.4.2 Behebung begrenzter Hautschäden durch Außenreparatur

Der gleiche Schaden, dessen Behebung im Bild 580 durch Innenreparatur dargestellt wurde, ist im Bild 581 durch eine Außenlasche repariert.

Diese Außenreparatur hat den Vorteil der Einfachheit bezüglich der Anordnung nur eines übersichtlichen Teiles und im Hinblick auf die Werkstattausführung. Nachteilig ist bei der Anwendung der Außenreparatur nur die aerodynamische Störung der umströmten Oberfläche.

Für den neuen Vorschlag rechts im Bild 581 gelten folgende Gesichtspunkte:

Die im Bereich des Schadenausschnittes breite und dicke Lasche muß am Anlauf in der Weise gut zugespitzt sein, daß die ersten Nieten nur wenig belastet sind, indem nur ein dünner, schmaler Streifen angeschlossen wird.

Der Ausschnitt wird zweckmäßigerweise derart geformt, daß am Lochrand aus dem im gestörten Streifen verbleibenden Längskraftfluß keine großen Spannungshäufungen entstehen.

1.4.3 Behebung begrenzter Stegschäden

Schäden der Längsstege von Integralplatten entstehen am ehesten an deren Ausläufen auf die Platte vor einem Plattenquerstoß. Die für die Ermüdungsfestigkeit einer solchen Schadenstelle erforderliche umfangreiche Reparatur sei am Beispiel des Bildes 583 gezeigt. Der am Ansatz gerissene Steg wird unter einem sehr flachen Winkel α abgearbeitet. Der dadurch erzielte lange Stegauslauf steht im Einklang mit den Untersuchungen im Kap. XV.

Ein aus dem Vollen gearbeiteter Beschlag, der sehr lang (Länge = 12 fache Steghöhe) ist, wird so ausgefräst, daß er über den Reststeg gesteckt und zweischnittig angeschlossen werden kann. Der Beschlag ist besonders langgezogen, um

durch den flachen Stegauslauf und

durch den zugespitzten Verstärkungsauslauf

Kerbwirkungen im Steg bei dem neuen Anschluß zu vermeiden.

Der Beschlag gibt die aufgenommene Stegkraft durch vier Bolzen an die für den Querstoß auf das 4fache verstärkte Haut ab.

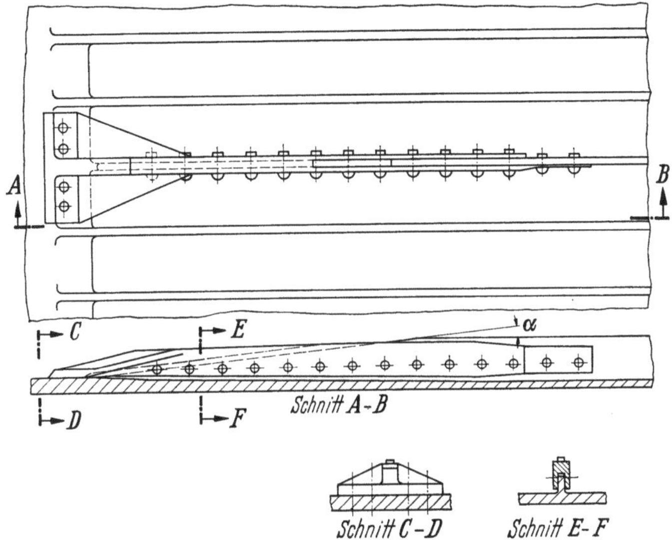

Bild 583. Reparatur von Integralplatten. Schaden an einem Stegansatz. Reparatur durch schräges Abfräsen und Anschrauben eines Anschlußbeschlages. [1].

1.5 Ausgedehnte Schäden

Ist die Länge eines Schadens in der Haut sehr groß oder erfaßt der Schaden mehrere Hautfelder oder Stege so spricht man von ausgedehnten Schäden.

In diesem Fall wird man zweckmäßig Verstärkungen innen und außen anbringen, um in der einen großen Bereich erfassenden Reparatur die Kräfte durch zweischnittige Überlappungen mit minimaler Kerbwirkung überzuleiten.

1.6 Schäden an Plattenausschnitten und Präventivverstärkungen

Ausschnitte in versteiften, auf Längszug und Schub beanspruchten Platten sind im Flugkörperbau praktisch unvermeidlich. Besondere konstruktive Durchbildungen gemäß Kap. XXI sind erforderlich, um die Kräfte mit geringen Spannungshäufungen am Lochrand umzuleiten. Wenn derartige Plattenausschnitte — wie es bei den noch unzulänglichen Konstruktionen vorkommt und wie im Bild 584 gezeigt ist — an einer geschwächten Stelle einreißen, so wird eine umfangreiche Reparatur mit Außen- und Innenverstärkung notwendig.

Bei einer solchen Reparatur beachtet man zweckmäßigerweise die Gefahr, daß nach Reparatur der Stelle I eine der 3 ähnlich beanspruchten Stellen II bis IV nach einiger Betriebszeit ebenfalls einreißen würde und somit eine weitere

Reparatur notwendig wäre. Man führt also die Reparatur so großflächig durch, daß mit ihr auch die Gefahr dieser neuen Anrisse beseitigt ist.

Bild 584 zeigt diese Reparatur, wie sie an der Lockheed 1649 nach Abbohren des Risses durchgeführt wurde.

Die Reparatur durch drei übereinander liegende Platten (zur Dickenabstufung) und zwei auf der Platteninnenseite angebrachte U-Profile ist mit insgesamt 628 „Huckbolts" sehr aufwendig und schwer und bringt eine aerodynamische Verschlechterung.

Die Übersichtszeichnung dieser Reparatur mit vorsorglicher Verstärkung wird hier gezeigt, um daran klarzulegen, welche große Bedeutung eine „kerbarme Kräfteumleitung um Ausschnitte" hat, wie sie im Kap. XXI behandelt wurde.

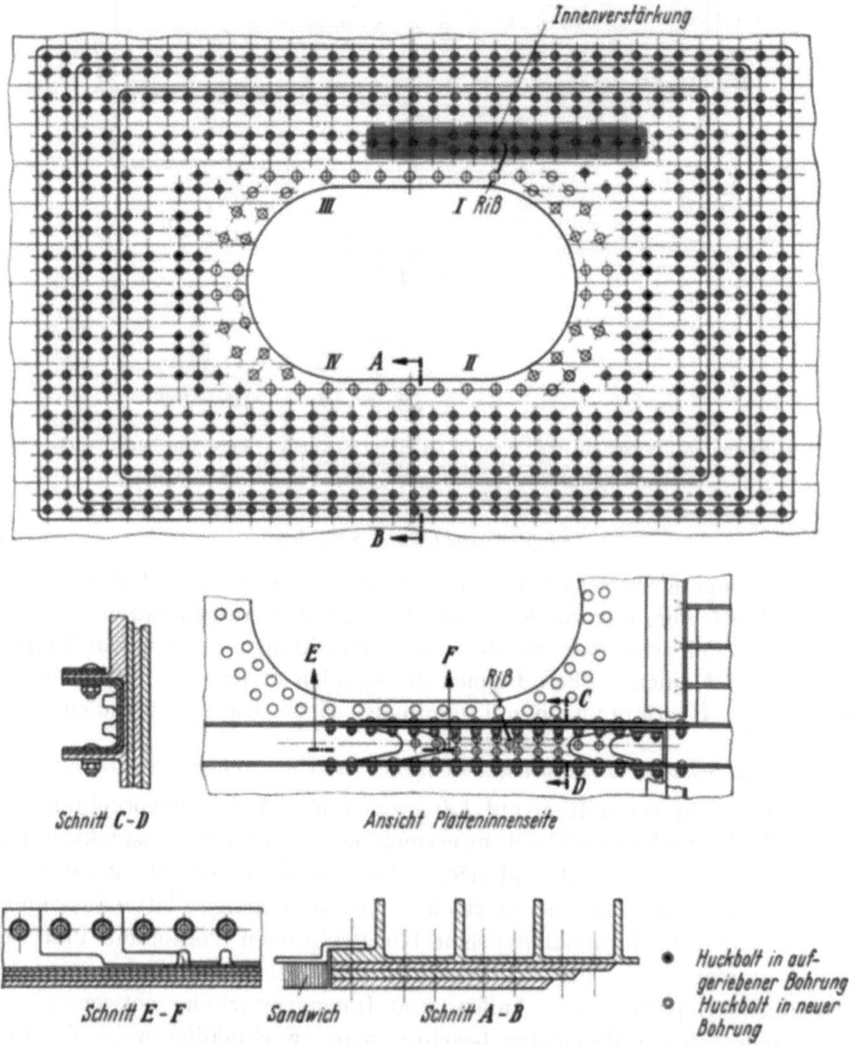

Bild 584. Reparatur von Integralplatten. Anriß im Plattenausschnitt. Reparatur durch Abbohren der Rißfront und Anschrauben beidseitiger Verstärkungen. [1].

2 Ermüdungsversuche von Convair über Anrisse und wirksame Reparatur genieteter Tragflügelkonstruktionen

2.1 Versuchsdurchführung und Beschreibung der Schäden

Die Firma Convair führte mit zwei vollständigen Flügelkästen des Verkehrsflugzeuges Metropolitan 340/440 einstufige Ermüdungsversuche mit Schwingungen im Bereich der Eigenfrequenz durch [3]. Schwingungsamplitude und Lasten wurden so gewählt, daß

der Flügel statisch wie im Reiseflug belastet ist und

dieser Vorlast Beanspruchungen durch Böen von ± 4 m/sec entsprechend etwa $g = \pm 0{,}83$ überlagert werden.

Aus vorhergehenden Untersuchungen ergab sich, daß die Ermüdungsfestigkeit einer Struktur abgemindert werden kann, wenn die Konstruktion während der ersten Flüge mehrmals höher belastet wird als im normalen Flugbetrieb. Als Grund dafür wurde angenommen, daß durch diese höheren Lasten nützliche Restspannungen, die sich während der Werkstattmontage aus dem Stauchen der Nieten ergeben haben, abgebaut werden. Deshalb wurde der Flügel vor dem Beginn der Ermüdungsversuche durch eine statische „$2g$-Last" beansprucht.

Während der Versuche wurden laufend Anrißkontrollen durchgeführt. Nach Versuchsabschnitten von je $5 \cdot 10^4$ Lastwechseln wurden alle Zugangsklappen entfernt und der Flügelkasten von innen inspiziert.

Nach $1{,}7 \cdot 10^5$ Lastwechseln, also im vierten Versuchsabschnitt, wurden Schäden festgestellt, und zwar im Bereich der Ausschnitte für die Tankzugangsklappen in der Flügelunterseite:

12 Risse in der Flügelbeplankung ausgehend von dem ersten Niet der Finger, mit denen der Anschluß der Ausschnittverstärkung beginnt (s. Bilder 585 und 586),

8 Risse in den Anschlußwinkeln von Stringern, die an der Ausschnittverstärkung auslaufen (s. Bilder 585 und 586).

Die gleichen Schäden wurden in den Flugzeugen nach 10000 Einsatzstunden festgestellt, so daß gefolgert werden konnte: 17 Lastwechsel der aufgebrachten Einstufenbelastung entsprechen in ihrer Schädigung der Struktur der Betriebsbelastung einer Flugstunde.

Die Reparaturen, auf die noch ausführlich eingegangen wird, sind an den Versuchskästen und an den Einsatzflugzeugen durchgeführt worden.

Bei Fortsetzung der Schwingungsversuche nach Beseitigung der Schäden und Schadenursachen traten bis zu $8 \cdot 10^5$-Gesamtlastwechseln an diesen Stellen keine Anrisse mehr ein. Da diese Lastwechselzahl etwa 37000 Flugstunden entspricht, einer Zahl, die im Einsatz nicht überschritten wird, wurde der Versuch abgebrochen. Die Reparaturen, die sich im Versuch als brauchbar erwiesen, bewährten sich auch im Flugbetrieb vollständig.

Außer den schon erwähnten Fingerausläufen der Ausschnittverstärkungen und den Anschlußwinkeln der Stringer erwiesen sich

die in einem Hautfeld auslaufenden Stringerenden und
die Querstöße

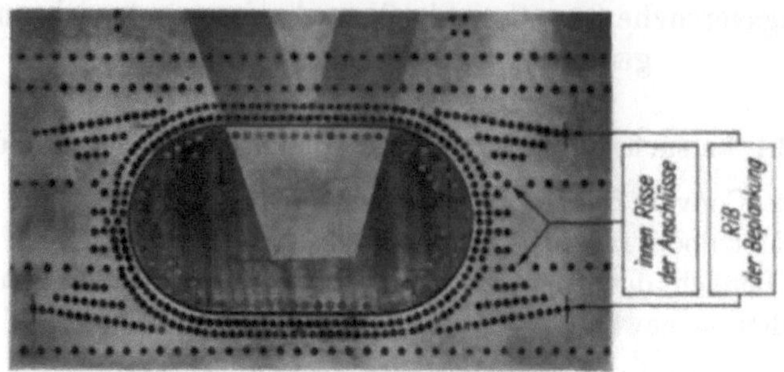

$$\textit{Außenseite—Anrisse nach} < \begin{array}{l} 1{,}7 \cdot 10^5 \text{ Lastwechseln} \\ 10000 \text{ Flugstunden} \end{array}$$

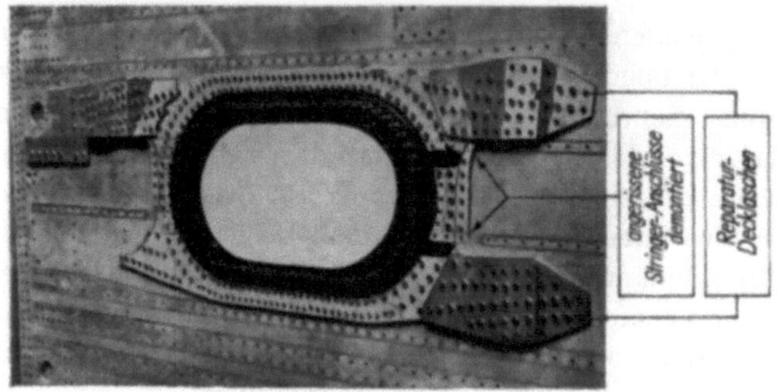

Innenseite bei der Reparatur

Bild 585. Ermüdungsversuch am Tragflügel der CV 340/440 — Reparatur an Ausschnittverstärkungen. [3].

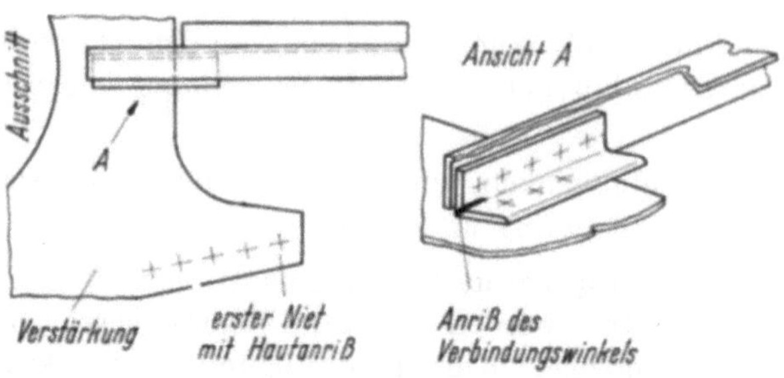

Anrisse nach $1{,}7 \cdot 10^5$ Lastwechseln bzw. 10000 Flugstunden

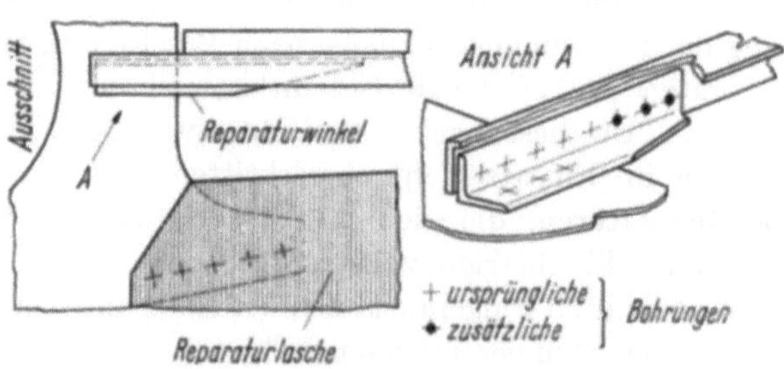

Bild 586. Reparatur an Ausschnittverstärkung einer Convair 340/440. Prüfung im Versuch und Betrieb ergab Lebensdauer $> 6 \cdot 10^5$ Lastwechsel. [3].

als bedeutende Schadensquellen. Insgesamt traten bis zum Abbruch des Versuchs an den vier Spleißstellen 29 Anrisse auf. Nach einem etwa 360 mm langen Riß an einem Querstoß mußte ein Teil der Beplankung in diesem Bereich erneuert werden.

Weitere Schäden, die an anderen Stellen, immer von „ersten Nieten" ausgehend, im Versuch auftraten, sind im folgenden beschrieben.

2.2 Ermüdungsbrüche im Bereich des „ersten Nietes"

Am Ansatz einer Verstärkung oder mittragenden Versteifung an einem auf Zug beanspruchten Bauteil, beispielsweise auf dem Beplankungsblech eines Tragflügels, überträgt, falls nicht besondere Maßnahmen getroffen werden, der „erste Niet" besonders hohe Anschlußkräfte. Dadurch erhält das Bauteil (die Beplankung), das durch die Verstärkung entlastet werden soll, an dieser Stelle, an der es noch die ganze Zugkraft trägt, eine wesentliche Spannungshäufung durch die Bohrung und die Kraftüberleitung zum Nietschaft.

Die örtliche Spannungshäufung an einem „ersten Niet" gefährdet ganz besonders die Ermüdungsfestigkeit des Bauteils. Daher muß jeder Ansatz einer Verstärkung so ausgebildet werden, daß der „erste Niet" eine möglichst kleine Anschlußkraft aufnimmt. Dazu wird insbesondere der Ansatz in der Dicke und Breite derart zugeschärft, daß der für den „ersten Niet" verbleibende Anschlußquerschnitt klein ist.

Eine weitere Hilfe zur Minderung der Spannungshäufung in der Beplankung am ersten Niet ist die „Entlastungsbohrung" vor dem Ansatz, wie sie nach [4] im Bild 587 dargestellt ist. Durch diese Bohrung werden die Spannungen bereits vor dem Loch des „ersten Nietes" derart abgelenkt, daß der Häufungsfaktor am „ersten Niet" herabgesetzt ist. Diese Entlastungsbohrungen müssen wieder ver-

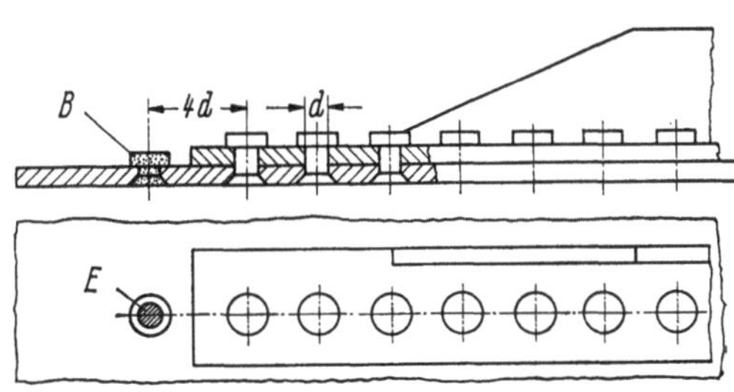

Entlastungsbohrung E mit Blindniet B

Bild 587. Auslauf einer Verstärkung. Beispiele für eine Entlastungsbohrung im Bereich der Spannungshäufung. Blindniet — Eckniet. [4].

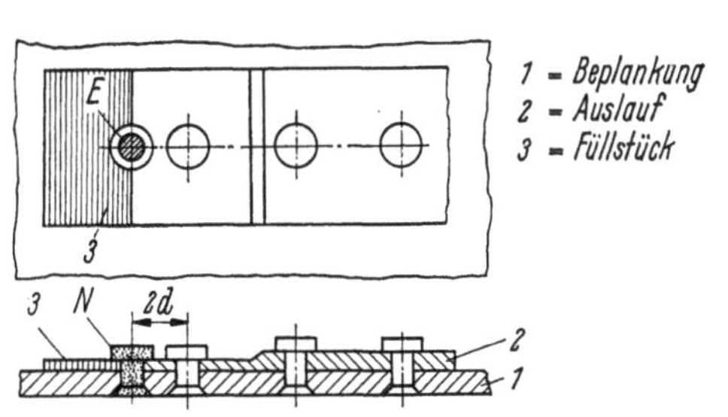

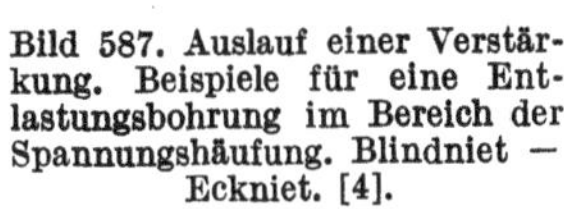

Entlastungsbohrung E mit Eckniet N

schlossen werden. Bild 587 zeigt oben den Verschluß durch einen Blindniet: Durch den Schaft des Blindnietes wird die Spannungshäufung an seiner Bohrung verringert, da er die Querzusammenziehung des Loches behindert, wie dies im Kap. X eingehend dargelegt ist. Diese Entlastungsbohrung mit Blindniet vor dem Ansatz der Verstärkung verliert dadurch an Wirksamkeit, daß der Abstand zum „ersten Niet" doch recht groß wird (etwa $4d$). Von Convair wurde daher für Reparaturen und vorsorgliche Maßnahmen an Stellen, die sich durch den Flugbetrieb als gefährdet erwiesen, die „Ecknietung" entwickelt, die im Bild 587 unten dargestellt ist. Die Entlastungsbohrung ist hierbei möglichst nahe an die Bohrung des „ersten Nietes" gerückt. Um einen Blindniet schlagen zu können, wird der Auslauf durch ein Füllstück verlängert.

2.2.1 Beispiele für Schäden im Bereich der „ersten Niete" und Durchführung der Reparatur

Außer der Spannungshäufung kann im Bereich des ersten Nietes auch die Reibkorrosion eine zusätzliche ungünstige Rolle spielen.

Die Bilder 588 und 585 zeigen durch Überlastung an einem „ersten Niet" verursachte Risse, wie sie in den Flügelschwingversuchen von Convair erzielt wurden.

Die Durchführung der Reparatur zeigt das schon erwähnte Bild 585 an einem Beispiel für die untere, auf Zug beanspruchte Beplankung eines Tragflügelkastens, die durch einen Ausschnitt geschwächt und durch eine große Lasche um den Ausschnittrand herum verstärkt ist. Durch diese Umleitungskonstruktion entstanden Ermüdungsbrüche im Flugbetrieb und in den Versuchen an gleichen Stellen:

in der Beplankung am „ersten Niet" der Ausläufe der Verstärkungslasche,

in den Verbindungswinkeln zwischen den durch den Ausschnitt unterbrochenen Längsprofilen und der Verstärkungslasche.

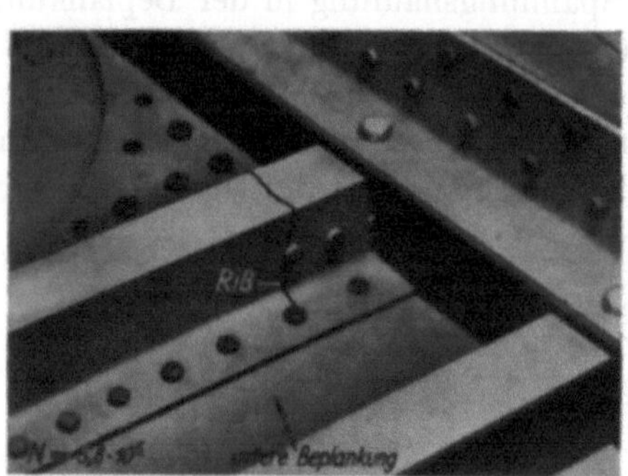

Bild 588. Ermüdungsversuch am Tragflügel der CV 340/440 — Anriß eines Längsprofiles am „ersten Niet" einer Verstärkung. [4].

Jeder Beplankungsanriß an einem „ersten Niet" wird — wie Bild 585 unten zeigt — durch eine Lasche auf der Innenseite der Beplankung von der Verstärkungslasche zur unverletzten Beplankung überbrückt. Die einzelnen, gut zugeschärften Laschen mit je 48 Nieten stellen einen großen Aufwand dar, sind dafür aber sehr wirkungsvoll.

In dem skizzierten Beispiel sind nur 3 von 4 Ausläufen bei der Reparatur überlascht worden. Die Beplankung unter dem vierten Auslauf, die noch nicht am „ersten Niet" angerissen war, wurde durch eine Entlastungsbohrung mit Blindniet bezüglich der örtlichen Spannungshäufung entlastet.

Die gegenüber der ursprünglich zu schwachen Ausführung verstärkten Verbindungswinkel sind im Reparaturzustand im Bild 585 unten noch nicht eingebaut. Diese Reparatur ist aus Bild 586 zu ersehen.

XXIV. Ermüdungsfestigkeit von Nichtmetallwerkstoffen

1 Ermüdungsfestigkeit der Hölzer

1.1 Bruchflächen von Holzstäben bei statischer und bei dynamischer Belastung

Die Ermüdungsfestigkeit der Bauhölzer war zu der Zeit interessant, als Holz ein wichtiger Flugzeugbaustoff war. Eingehende Versuche führte O. KRAEMER [1] durch, die Ergebnisse sind in den Bildern 589 bis 592 wiedergegeben.

Bild 589. Aussehen von Biegebrüchen verschiedener Hölzer. Vergleich von statischen und Ermüdungsbrüchen. [1].

Im Bild 589 sind Bruchfotos von Probestäben aus vier verschiedenen Hölzern gegenübergestellt. Die Brüche wurden durch statische oder dynamische Biegebelastung herbeigeführt. Die beiden Brucharten sind völlig verschieden: Beim statischen Bruch stehen lange Bruchfasern heraus, während beim Ermüdungsbruch die Bruchfläche stumpf ist.

1.2 Ermüdungsfestigkeit und Ermüdungsreißlänge

Im Bild 590 sind die Mittelwerte aus den schmalen $(\sigma-N)$-Streubändern für Umlaufbiegung von 5 Hölzern sowie deren statische Biegefestigkeit verglichen. Das Verhalten der verschiedenen Holzarten ist sehr ähnlich, und das Verhältnis

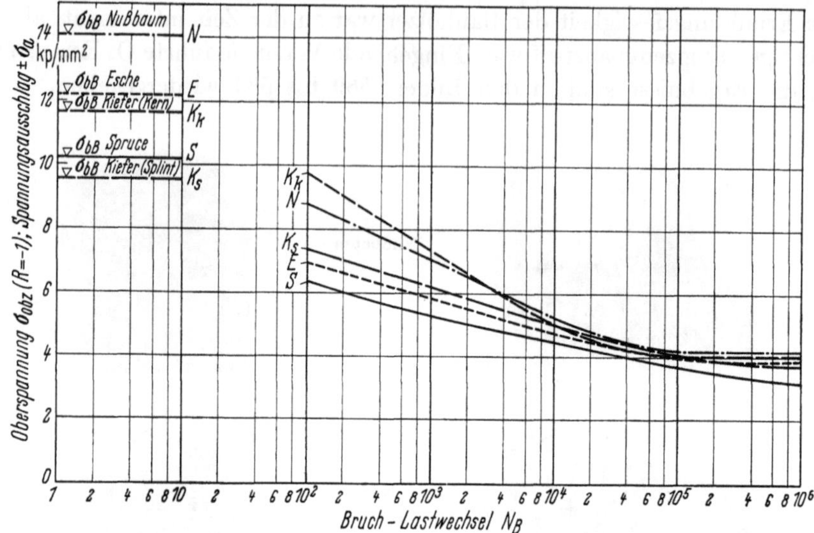

Bild 590. Statische Bruchfestigkeit und Ermüdungsfestigkeit von Hölzern bei Umlaufbiegung. [1].

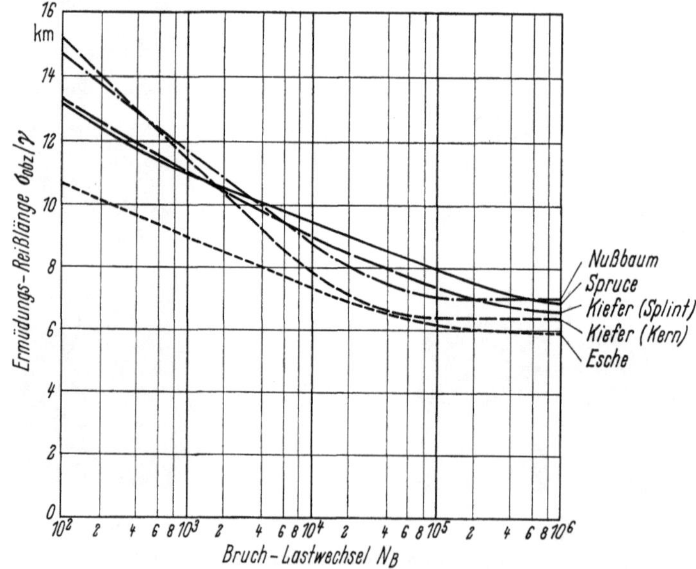

Bild 591. Ermüdungsreißlänge σ_{obz}/γ von Hölzern bei Umlaufbiegung. Nach [1].

der Dauerwechselfestigkeit $\sigma_{bW(N_G)}$ zur statischen Biegefestigkeit σ_B ist mit $\sigma_{bW}/\sigma_B = 0{,}32$ bis $0{,}38$ (im Mittelwert $= 0{,}35$) günstig.

Um eine Wertung der Hölzer untereinander zu ermöglichen, wurden im Bild 591 die Mittelwertkurven der Ermüdungsreißlänge σ_{obz}/γ über der Bruchlastwechselzahl aufgetragen. Hierbei erweist sich das leichte Spruce-Holz (mit $\gamma = 0{,}48$) bezüglich der Ermüdungsreißlänge in einem weiten Lastwechselbereich als am besten.

1.3 Kerbwirkung in Holzproben

In Holzbauteilen ist mit Kerben (z. B. vom Nageln) und Bohrungen zu rechnen. Wie Bild 592 zeigt, wird die Ermüdungsfestigkeit von Spruce-Holz hierdurch nur unwesentlich verringert.

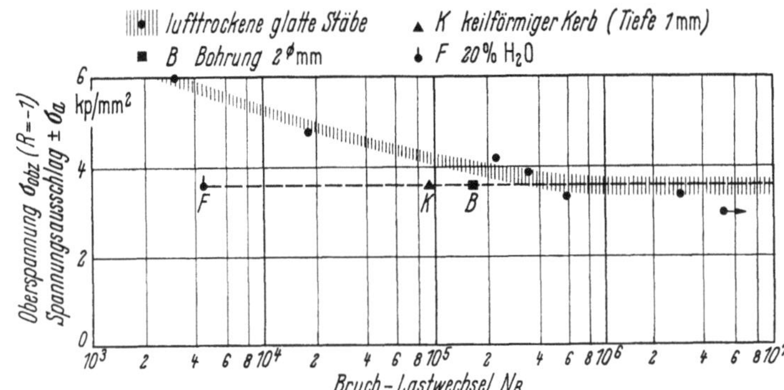

Bild 592. Ermüdungsfestigkeit von Spruce-Holz. Einfluß von Kerben und Feuchtigkeit. [1].

1.4 Feuchtigkeitseinfluß bei Holz

Bei Holz ist es bezüglich des Gewichtes (wenn es sich um ein Flugzeug handelt) sowie der statischen Festigkeit und der Ermüdungsfestigkeit notwendig, eine übermäßige Wasseraufnahme zu verhindern. Normal ist etwa 10% Wassergehalt.

Bei einer Feuchtigkeit von 20% brach, wie im Bild 592 eingetragen, eine Spruce-Holzprobe bereits nach $N = 4500$ Lastwechseln unter der Biegespannung, die bei normal feuchten Proben nahezu der Dauerfestigkeit bei $N = 10^7$ entspricht.

1.5 Störungsfreie Holzkonstruktion

Die Verhältnisse der Ermüdungs- und Dauerfestigkeitswerte zur statischen Festigkeit liegen bei Hölzern etwa so wie bei polierten Stäben aus AlZnMgCu.

Trotzdem kann normalerweise im Holzbau wesentlich besser im Hinblick auf hohe Ermüdungsfestigkeit konstruiert werden als im Metallbau, da die Schwierigkeiten des Metallbaus aus Spannungskonzentrationen und Reibungskorrosion, im Holzbau dank der Klebung mit stetigen Übergängen an allen Fügungen, Querschnittsübergängen und örtlichen Verstärkungen wegfallen.

2 Glasfaserverstärkte Kunststoffe (GFK)

2.1 Vergleich der Ermüdungsreißlängen ($R = -1$) verschiedener Werkstoffe

Bild 593 gibt einen Vergleich von $(\sigma_{obz}/\gamma - N)$-Streubändern (Ermüdungsreißlänge σ_{obz}/γ über der Bruchlastwechselzahl) bei Wechselbeanspruchung mit $R = -1$ für

den Naturstoff Holz (Umlaufbiegung),
den Kunststoff Polyester mit Glasfasern GFK (Axialwechsel),
die Metallegierung AlZnMgCu poliert (Umlaufbiegung).

Es zeigt sich, daß Holz und GFK (Gewebe) sich nicht wesentlich unterscheiden und daß die Aluminiumlegierung AlZnMgCu (poliert!) um 30 bis 90 % über den GFK liegt.

Man kann daraus schließen, daß es möglich wird, bei GFK-Konstruktionen ebenso gute Ermüdungsfestigkeiten zu erreichen wie im Holzbau, wenn in beiden Fällen der dynamisch gute Werkstoff kerbfrei angewandt wird.

Der wesentliche Nachteil der glasfaserverstärkten Kunststoffe liegt ebenso wie beim Holz darin, daß die Festigkeit von der Richtung der Fasern zur Hauptzugspannung abhängig ist, es sei denn, daß isotropes Verhalten durch Schichtung der Fasern unter Versetzung von 0°, 60°, 120°, 180° herbeigeführt wird.

In das Bild 593 ist auch eine $(\sigma_{obz}/\gamma - N)$-Kurve für GFK-Polyester mit Matte eingetragen, um zu zeigen, daß die mit ungerichteten kurzen Fasern erreichbaren Ermüdungsfestigkeiten nur gering sind, obwohl isotropes Verhalten vorliegt.

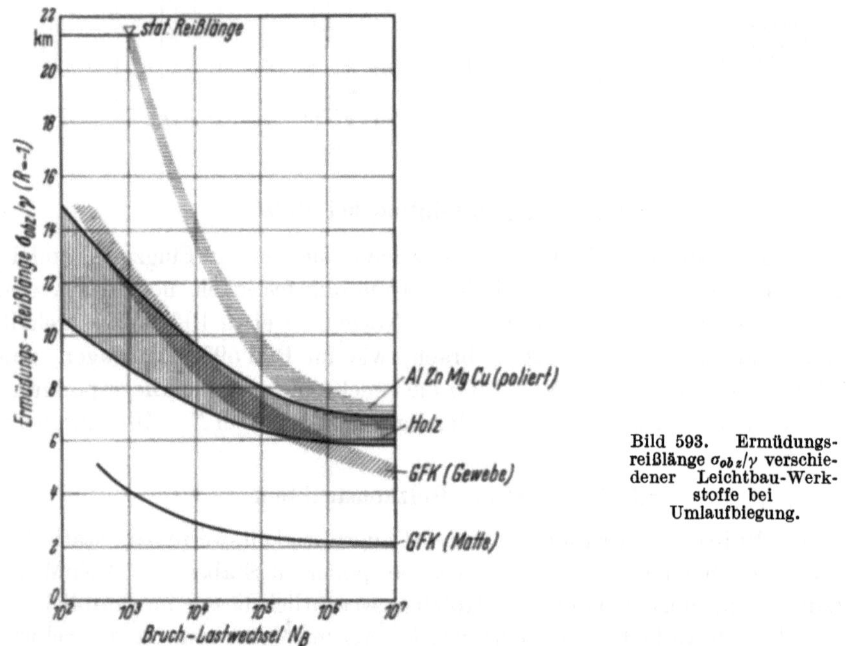

Bild 593. Ermüdungsreißlänge σ_{obz}/γ verschiedener Leichtbau-Werkstoffe bei Umlaufbiegung.

Wahrscheinlich können die Ermüdungsreißlängen von GFK mit den statischen Festigkeiten durch Züchtung zu hochwertigen Fasern, Kunststoffen, Verarbeitungen (Finish) und optimalen Faseranordnungen gegenüber dem im Bild 593 gezeigten Stand der Technik in Zukunft wesentlich verbessert werden.

In Anbetracht der Möglichkeit „kerbfrei" zu konstruieren, sind Konstruktionen aus GFK auch mit den im Bild 593 gezeigten Werten durchaus brauchbar.

2.2 Einflüsse auf die Ermüdungsfestigkeit von glasfaserverstärkten Kunststoffen

2.2.1 Allgemeines zu den Versuchen mit GFK

Die Ergebnisse eingehender Untersuchungen der Ermüdungsfestigkeit von glasfaserverstärkten Kunststoffen, die von 1952 bis 1962 im USA Forrest Product Laboratory durchgeführt wurden, sind von K. H. BOLLER [2] veröffentlicht worden.

Bei diesen Versuchen wurden Flachstäbe mit einer Wandstärke $s = 6{,}3$ mm, einer Breite $b = 12{,}5$ mm und einer Länge $l = 150$ mm mit der im Bild 594 wiedergegebenen Kontur aus Platten herausgeschnitten. Die Stäbe wurden Axialbelastungen unterworfen, und zwar in der Mehrzahl der Versuche dem Zug-Druck-Wechseln mit $R = -1$.

Die $(\sigma - N)$-Verläufe sind von mehreren wesentlichen Einflüssen abhängig: Werkstoff und Finish der Glasfasern, Struktur der Fasereinlage, Kraft- und Faserrichtung, Kunststoffart, Feuchtigkeit, Temperatur, Kerbwirkung.

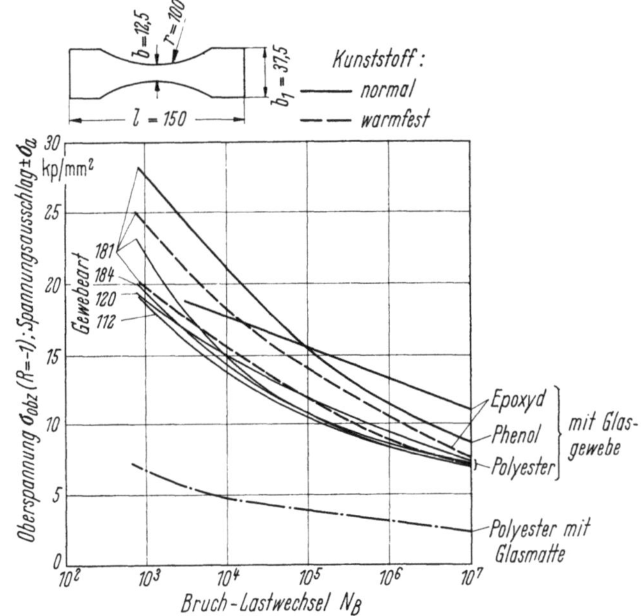

Bild 594. Ermüdungsfestigkeit verschiedener GFK (Gewebe, Kette in Längsrichtung). Prüfbedingungen: 25 °C, 50% rel. Feuchte, $f = 15$ Hz. [2].

2.2.2 Einfluß von Gewebeart und Kunststoffart

Bild 594 zeigt die $(\sigma - N)$-Kurven bei Wechselbeanspruchung von Proben mit Geweben, deren Kette in Längsrichtung liegt, die unter den Bedingungen des normalen „trockenen" Klimas bei $T = +25\,°C$ und 50% relativer Luftfeuchte ermittelt wurden.
Die Variationen ergaben:

Die verschiedenen verwendeten Gewebearten (und ihr Finish) bringen bei normalem und warmfestem Polyester keine wesentlichen Unterschiede im $(\sigma - N)$-Verlauf. Die 5 Versuchskurven fallen insbesondere bei großer Lastwechselzahl nahe zusammen.

Für Phenol und für Epoxyd liegen die $(\sigma - N)$-Kurven, die nur für eine Gewebeart bestimmt wurden, über den mit Polyester erreichten.

Zum Vergleich ist in dieses Bild die $(\sigma - N)$-Kurve für Polyester mit Glasmatte, d. h. mit ungerichteten Glasfasern eingetragen. Bei gleicher Bruchlastwechselzahl wird nur etwa ein Drittel der Spannungsausschläge der Proben aus Polyester mit Glasgeweben erreicht.

2.2.3 Einfluß der Struktur der Fasereinlage

Die Festigkeit der GFK hängt entscheidend von der Struktur der Fasereinlage ab:

Ungerichtete Kurzfasern (in „Matten") ergeben zwar isotropes Verhalten, jedoch schlechte Festigkeit.

Gewebe mit kreuzweise angeordneten Fasern ergeben wesentlich höhere Werte in den Faserrichtungen, haben jedoch den Nachteil, daß die Fäden an den Webumschlingungen gebogen und dadurch zusätzlich beansprucht werden.

Für GFK mit Lagen von geraden (evtl. durch Vorspannung gut gestreckten) Fasern, die in dünnen Schichten angeordnet sind, und zwar als

Uni-Lagen („unidirectional") mit allen Fasern in der Hauptbeanspruchungsrichtung,

Kreuzlagen mit 1 : 1 (oder einem anderen Verhältnis) senkrecht zueinander,

Iso-Lagen (für isotropes Verhalten mit 1 : 1 : 1 unter $0°$, $60°$, $120°$),

Kombination der genannten Glasfaserlagen

ergeben sich die im Bild 595 dargestellten Festigkeitswerte.

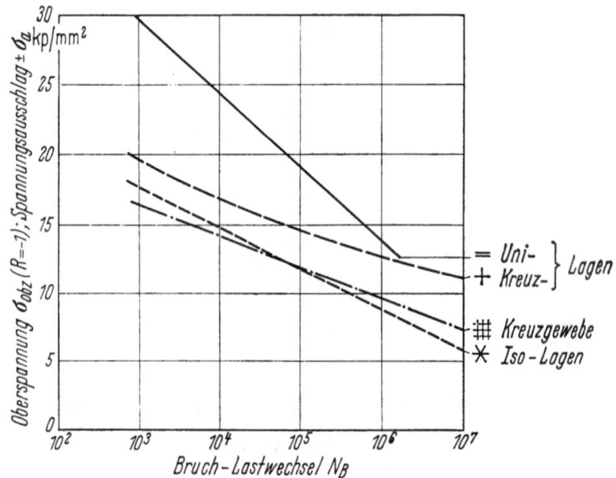

Bild 595. Ermüdungsfestigkeit verschiedener GFK (Gewebe und Epoxydharz). Einfluß der Lage der Gewebe. Prüfbedingungen: 38 °C, 100% rel. Feuchte, $f = 15$ Hz. [2].

Es ergeben „Uni-Lagen" die höchsten und „Iso-Lagen" die geringsten Werte. Die $(\sigma-N)$-Kurven für „Gewebe" und „Iso-Lagen" fallen etwa zusammen. Der Vorteil der „Iso-Lagen"-Anordnung besteht darin, daß die angegebene $(\sigma-N)$-Kurve für alle Kraftangriffsrichtungen gültig ist.

2.2.4 Einfluß der Zuordnung von Lastrichtung und Faserrichtung

Während der Einfluß des Winkels α zwischen Faser- und Lastrichtung bei „Iso-Lagen" nicht in Erscheinung tritt, ist er bei Geweben und „Kreuzlagen" bis zum Minimum der Festigkeit bei $\alpha = 45°$ stark negativ. Bei „Uni-Lagen" sinkt die Festigkeit mit α ab, bis bei $\alpha = 90°$ nur noch ein sehr geringer Wert verbleibt.

Bild 596 zeigt für ein Kreuzgewebe, daß durch die Änderung der Lastrichtung vom günstigsten Winkel $\alpha = 0$ zum schlechtesten Winkel $\alpha = 45°$ die Ermüdungsfestigkeit auf $^1/_2$ bzw. $^1/_3$ (bei 10^4 bis 10^5) verringert wird.

Die zum Vergleich eingetragene Kurve für GFK mit Matte fällt etwa mit der für Kreuzgewebe bei Lastwinkel $\alpha = 45°$ zusammen.

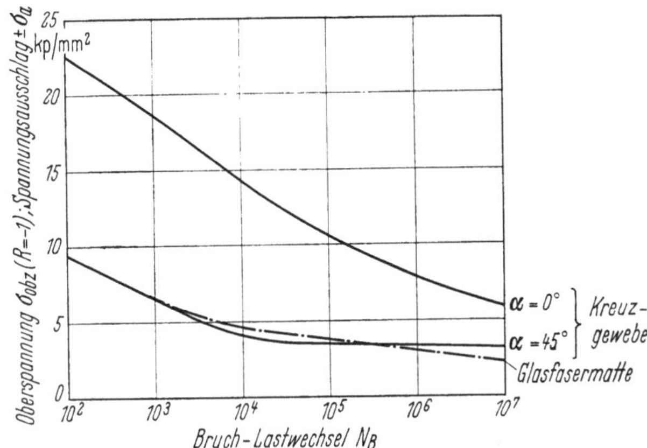

Bild 596. Ermüdungsfestigkeit verschiedener GFK (Gewebe und Matten und Polyesterharz).
Prüfbedingungen: 25 °C, 50 % rel. Feuchte, $f = 50$ Hz, Lastrichtung 0° und 45° zur Kette. [2].

2.2.5 Einfluß der Luftfeuchtigkeit

Die Feuchtigkeit hat auf die Festigkeiten von GFK einen nachteiligen Einfluß, dessen Größe vom verwendeten Kunststoff, der Fertigung und der Nachbehandlung abhängt. Bild 597 zeigt einen geringen Einfluß des Feuchtigkeitsgehaltes (100 % relative Luftfeuchte) für Epoxyd und einen kräftigen für Polyester.

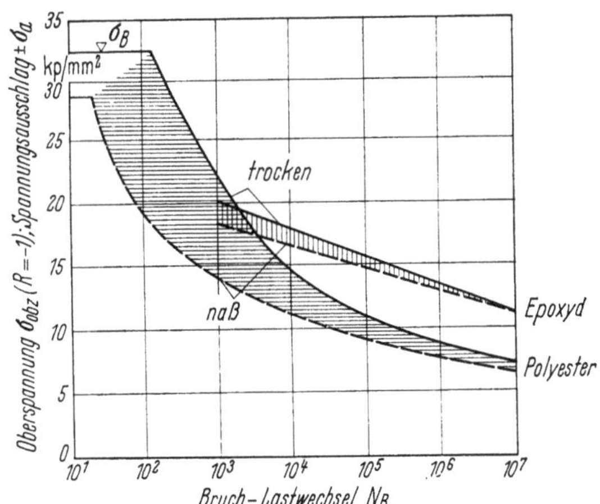

Bild 597. Ermüdungsfestigkeit verschiedener GFK (Gewebe). — Einfluß der Feuchtigkeit. Prüfbedingungen: trocken 25 °C, 50 % rel. Feuchte; naß 37 °C, 100 % rel. Feuchte. [2].

2.2.6 Einfluß der Prüftemperatur

Durch Verwendung warmfester Kunststoffe werden GFK-Konstruktionen auch für erhöhte Temperaturen brauchbar. Wie das Beispiel für Glasgewebe mit

Phenolharz im Bild 598 zeigt, ist bei 150 °C Prüftemperatur gegenüber Normaltemperatur zwar ein Abfall der Ermüdungsfestigkeit für kleinere Bruchlastwechselzahlen zu erkennen, jedoch bei $N = 10^7$ Gleichwertigkeit vorhanden.

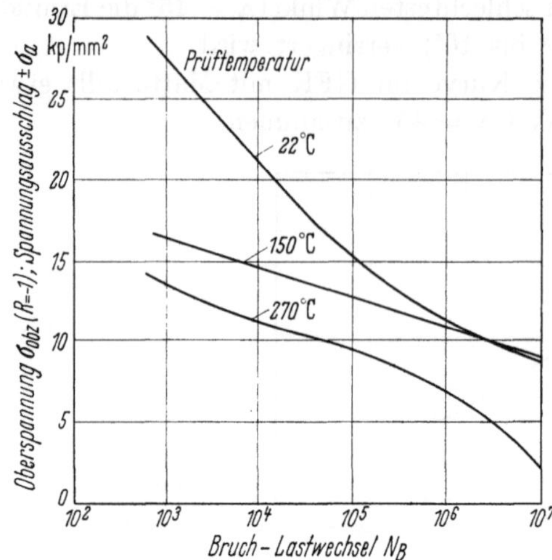

Bild 598. Ermüdungsfestigkeit
verschiedener GFK (Gewebe und
warmfestes Phenolharz). Einfluß
der Prüftemperatur. [2].

2.3 Kerbwirkung bei GFK

Die klassische Kerbspannungslehre kann nicht auf die anisotrope Kombination
von Kunststoff mit Glasfasern angewandt werden. Die Spannungsumlagerungen
an einem Kerb erfolgen unter Wirkung von Schubspannungen in dem die Glas-
faser bindenden Kunststoff. Bei einem E-Modul-Verhältnis von Kunststoff/Glas-
faser $\approx 1/25$ ist der Schubverband sehr weich, und es erfolgen Überleitungen
über größere Wege. Aus diesem Grunde sind die GFK-Probestäbe, wie die Skizze
auf Bild 594 zeigt, mit sehr langen Übergängen vom Symmetriequerschnitt zu
den beiden Einspannungen versehen, so daß im Symmetriequerschnitt eine
gleichmäßige Spannungsverteilung vorliegt.

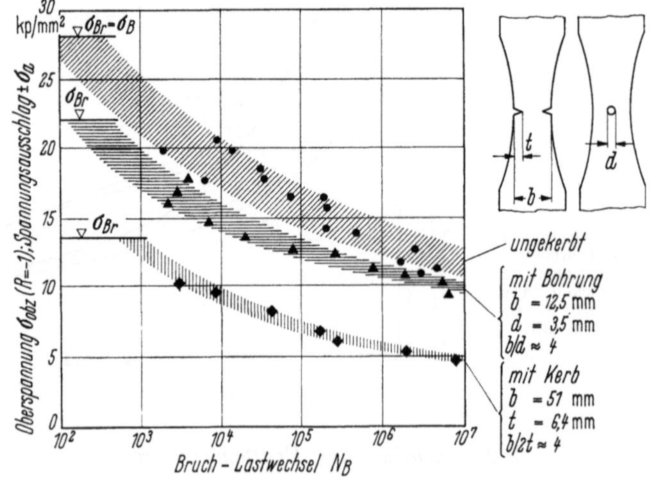

Bild 599. Ermüdungsfestigkeit von GFK (Gewebe und Epoxydharz). Vergleich gekerbter und ungekerbter
Stäbe. Prüfbedingungen: 25 °C, 50 % rel. Feuchte, f = 15 Hz, Kette längs. [2].

Theoretische und praktische Untersuchungen über die Spannungshäufungen im GFK sind dem Verfasser nicht bekannt. In der bereits erwähnten Arbeit [2] wird jedoch auch die Auswirkung von Bohrungs- und Randkerben auf die Wechselfestigkeit des Epoxydharzglasgewebes ($\alpha = 0$) bei einer relativen Luftfeuchtigkeit von 50% untersucht.

Aus den ($\sigma-N$)-Streubändern im Bild 599 kann man schließen:

Eine Bohrung mit $b/d \approx 4$, die im isotropen Flachstab einen Häufungsfaktor von etwa $K = 3{,}2$ hervorruft, reduziert im vorliegenden Fall die Ermüdungsfestigkeit nur geringfügig,

Spitzkerben (Außenkerben) mit $b/2t \approx 4$ in einem verbreiterten Prüfstab, also bei gleichem prozentualem Querschnittsverlust wie im Falle der gebohrten Stäbe, reduzieren die ertragbare Bruchoberspannung erheblich. Dieses Ergebnis deutet darauf hin, daß sich Oberflächenverletzungen bei GFK besonders negativ auf die Ermüdungsfestigkeit auswirken.

2.4 Mittelspannungsempfindlichkeit von glasfaserverstärkten Kunststoffen

Als Ergänzung zu den im vorangegangenen mitgeteilten Untersuchungen, die alle bei Wechselbeanspruchung mit Mittelspannung $\sigma_m = 0$ durchgeführt wurden, ist die Abhängigkeit des Bruchspannungsausschlags σ_a von der Mittelspannung σ_m

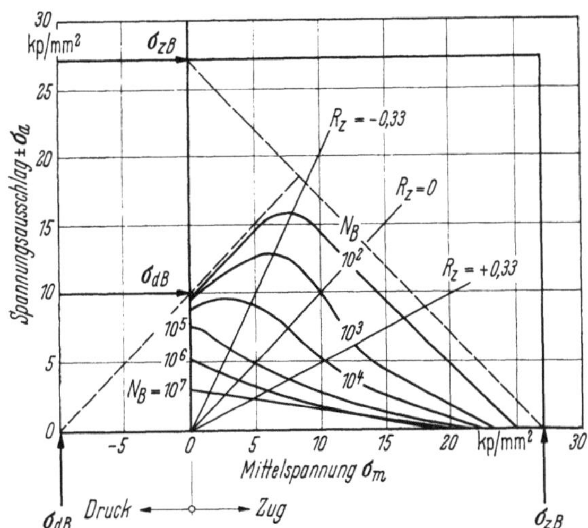

Bild 600. Ermüdungsfestigkeit von GFK (Gewebe 181 und warmfester Polyester). Einfluß der Mittelspannung. Prüfbedingungen: 260 °C, $f = 15$ Hz. [2].

mit der Bruchlastwechselzahl N_B als Parameter im Bild 600 dargestellt. Dazu sind die statischen Grenzen als Geraden gestrichelt eingetragen, wobei zu beachten ist, daß die Druckfestigkeit der GFK-Stäbe σ_{dB} nur 28% der Zugfestigkeit σ_B erreicht, da die Fasern knicken. Im Bereich kleiner Wechselzahlen $N_B \leqq 10^4$ wirkt sich die geringe Druckfestigkeit nachteilig aus, wenn $R_z < -0{,}33$ wird. Bei den Wechselfestigkeiten ($R = -1$) wird dieser Einfluß der geringen Druckfestigkeit beträchtlich.

XXV. Anhang

Die geschichtliche Entwicklung der Forschung auf dem Gebiet der Ermüdungsfestigkeit

Vor etwa 100 Jahren veröffentlichte AUGUST WÖHLER, der allgemein als „Vater der Ermüdungsforschung" anerkannt wird, seine erste Arbeit auf diesem Gebiet [1]. WÖHLER gebührt das Verdienst, die ersten systematischen Versuche zur Erforschung der Ermüdungsfestigkeit angestellt zu haben; vor ihm haben jedoch bereits Ingenieure Ermüdungsbrüche beobachtet und beschrieben sowie Einzelversuche unter wiederholter Belastung durchgeführt.

1 Untersuchungen vor Wöhlers Arbeiten

Der deutsche Ingenieur WILHELM AUGUST JULIUS ALBERT (1787—1846) führte wohl als erster Versuche unter „wiederholter Anstrengung" durch [2, 3].

W. A. J. ALBERT, der später als Erfinder des Drahtseils bekannt wurde [4], begann im Jahre 1806 seine Dienstlaufbahn als Bergwerksbeamter zu Clausthal im Harz.

Zu dieser Zeit verwendete man in den Schächten außer Hanfseilen eiserne Kettenseile, die jedoch häufig im Betrieb brachen.

Im Jahre 1828 stellte W. A. J. ALBERT an einem Kettenseil, das nach 10 wöchigem Betrieb mit etwa 93 000 Arbeitsgängen zerbrach, fest, daß die Brüche meistens an den Gelenkstellen der Kettenseilglieder auftraten und die Bruchflächen feinkörnig waren.

W. A. J. ALBERT führte daraufhin 1829 erste Ermüdungsversuche an Ketten durch. Nach 100 000 Lastwechseln, die durch Auf- und Abwickeln einer belasteten Kette aufgebracht wurden, waren keine Kettenbrüche aufgetreten, jedoch zeigte sich bei den Schlagproben an den Gliedern dieser Kette, daß jedes Glied in der Gelenkstelle brach und ebenfalls eine feinkörnige Bruchfläche aufwies. Er schloß daraus, daß das Eisen in der Gelenkstelle durch Überanstrengung zwar an Festigkeit gewinne, jedoch an Zähigkeit verliere, so daß es „Spannungswechseln" weniger gewachsen sei. Trotz der Versuche, die Ermüdungsfestigkeit der eisernen Ketten zu verbessern, und trotz weiterer Ermüdungsversuche gelang es nicht, die Kettenbrüche im Betrieb zu vermeiden, so daß das Seil die Kette ablöste.

Die französischen Ingenieure MARCOUX und ARNOUX begannen 1840 mit Untersuchungen über die an Postkutschen festgestellten Achsbrüche, die besonders an scharfen Querschnittsübergängen der Achsen auftraten [5]. Auf Grund ihrer Beobachtungen, die sich über einen Zeitraum von 12 Jahren erstreckten, kamen sie zu folgenden Schlüssen:

Scharfe Querschnittsübergänge sind Ursache vorzeitiger Achsbrüche. (Damit war die Kerbwirkung erkannt.)

Nach etwa 70 000 km Fahrstrecke zeigen sich feine Anrisse in den Achsen an abrupten Querschnittsübergängen, die dann unter weiterer Betriebsbeanspruchung zum Bruch führen.

Die Achsen sind daher nach jeweils 70 000 km auszuwechseln. Damit wurde also die systematische Wartung mit Ersatzteilen eingeführt.

Der Franzose J. V. PONCELET hat 1839 wohl zum erstenmal in einem Vortrag [6] über angewandte Mechanik das Wort „fatigue" = „Ermüdung" benutzt, um den Bruch des Materials unter wiederholten Belastungen, von denen keine die „absolute Bruchgrenze" erreicht, zu bezeichnen: „Wenn genügend oft periodisch wechselnde Zug- und Druckkräfte aufgebracht werden, ist festzustellen, daß dann die besten Federn mit der Zeit für Ermüdungsbrüche (fatigue) anfällig werden."

Der Engländer W. J. MACQUORN RANKINE beschrieb 1843 die Kennzeichen von Brüchen, die er an Eisenbahnachsen beobachtet hatte [7]: „Der Bruch beginnt mit einem sehr kleinen, glatten und regelmäßigen Einriß, der sich rund um den Wellenzapfen ausbreitet und der eine durchschnittliche Tiefe von 13 mm erreicht. Der Bruch scheint sich dann absatzweise von der Oberfläche zum Kern fortzupflanzen."

Diese Beschreibung entspricht dem, was auch heute noch als typisches Merkmal eines Ermüdungsbruchs angesehen wird. Er wies auch darauf hin, daß scharfe Querschnittsübergänge offensichtlich den Beginn eines Ermüdungsbruchs begünstigen und empfahl, am Ansatz einer Querschnittsveränderung einen Radius in Form einer großen Hohlkehle vorzusehen.

Im Jahre 1847 wurde in England eine Kommission eingesetzt, um die Eignung von Eisen für Eisenbahnbrücken zu untersuchen, die die ersten planmäßigen Versuchsreihen zur Ermüdungsfestigkeit von Gußeisenstäben durchführen ließ. Auf Grund dieser Versuche, die von EATON HODGKINSON sowie anschließend von HENRY JAMES und D. GALTON durchgeführt wurden, traf die Kommission u. a. folgenden Beschluß [8]: „Gußeisen kann wiederholte Biegung bis zu $^1/_3$ der dem statischen Bruch entsprechenden Maximaldurchbiegung ohne Schaden ertragen. Wirken zusätzlich zur Biegebeanspruchung noch Stöße oder Erschütterungen, so sollte die größte Belastung nicht mehr als $^1/_6$ der statischen Bruchlast betragen."

Damit deutete sich die Frage der Ermüdung durch die entsprechend einem „Spektrum" auftretenden dynamischen Belastungen an, die später zu den Untersuchungen der „Betriebsfestigkeit" (nach GASSNER) führte.

In diesen Versuchen wird nicht von der Größe der Spannungen in den beanspruchten Stäben gesprochen; da die Stäbe vor dem Bruch eine beachtliche Dehnung erreichen, kann man auch nicht auf die in den Versuchen auftretenden Maximalspannungen schließen.

Eine der ersten Konferenzen, auf der die Phänomene der Ermüdung der Metalle diskutiert wurden, fand im Jahre 1849 in Birmingham, England, vor der zwei Jahre zuvor gegründeten englischen Gesellschaft „The Institution of Mechanical Engineers" statt [9].

Kurz vor bzw. gleichzeitig mit WÖHLER hat ein Engländer, WILLIAM FAIRBAIRN, Versuche über die Wirkung wiederholter Beanspruchung auf genietete, schmiedeeiserne Träger angestellt [10a]. Die Träger wurden auf Biegung beansprucht mit einer Belastungsfrequenz von 7 oder 8 Lastwechseln pro Minute. Das Ergebnis dieser Versuche führte zu der Forderung des „Board of Trade", daß die maximale Spannung in Eisenbahnbrückenträgern nicht den Wert von 7,9 kp/mm² (5 tons/in²) übersteigen sollte.

Der Begriff „Ermüdung" erscheint erstmals 1854 im Titel einer Veröffentlichung des Engländers F. BRAITHWAITE: „On the fatigue and consequent fracture of metals" [11].

2 Die Arbeiten von August Wöhler (1819 bis 1914)

AUGUST WÖHLER leistete in den Jahren 1856 bis 1870 grundlegende Arbeiten zur wissenschaftlichen Erforschung der Ermüdungsfestigkeit. In dieser Zeit war er Obermaschinenmeister der Niederschlesisch-Märkischen Bahn in Frankfurt/ Oder, wo sich die Hauptreparaturwerkstatt dieser Bahn befand.

Die Veranlassung zu den Versuchen gaben die damals sehr häufigen Achsbrüche an Eisenbahnfahrzeugen.

WÖHLER begann mit der Untersuchung [1, 12] der dynamischen Belastungen, die an Eisenbahnachsen während der Fahrt auftreten. Er entwickelte dazu Versuchseinrichtungen, mit denen er Durchbiegung und Verdrehung der Achsen im Betrieb gemessen hat. Die etwa 8000 Messungen zur Bestimmung von Art, Höhe und Häufigkeit der Betriebsbeanspruchungen erbrachten den Beweis, daß die Biegebeanspruchung überwiegt und ließen Höhe und Häufigkeit der größten Beanspruchungen im Betrieb erkennen.

Aus WÖHLERS Betriebsversuchen ergab sich, daß die Zahl der Belastungen bis zu der auf einer Teststrecke von etwa 50 Meilen gemessenen „größten Faserspannung" erheblich geringer ist, als die Zahl der zurückgelegten Meilen. Sollte z. B. die Lebensdauer einer Achse die Grenze von 200000 Meilen ($=$ 322000 km) erreichen, die durch die Abnutzung der Schenkel gegeben war, so wurde die Dimensionierung als hinreichend sicher angesehen, wenn diese Achse 200000mal bis zu der durch die Betriebsversuche ermittelten „größten Faserspannung" hin und zurückgebogen werden konnte, ohne zu brechen.

WÖHLER folgerte weiter, daß es für die Auslegung von Eisenbahnachsen notwendig sei, die Widerstandsfähigkeit des Materials gegen wiederholte Beanspruchung zu kennen.

Am Ende seiner ersten Veröffentlichung [1] hat WÖHLER bereits 1858 eine Versuchseinrichtung zur wiederholten Biegung von Eisenbahnachsen skizziert.

Mit dieser Maschine zum „Probieren der Widerstandsfähigkeit von Wagenachsen gegen wiederholte Biegung" hat WÖHLER in den Jahren 1859 bis 1860 die Ermüdungsversuche zur Feststellung der Dauerfestigkeit von Eisen- und Stahlbauteilen durchgeführt [12]. Die Versuchseinrichtung bestand aus einer drehbar gelagerten gußeisernen Hohlwelle, in deren Enden zwei Eisenbahnachsen in gleicher Weise wie in Radnaben eingepreßt wurden. Die Achsen wurden an ihren freien Enden durch Federdynamometer belastet und dann die Hohlwelle in 15 U/min versetzt. Eine weitere Maschine, in der nicht mehr ganze Achsen, sondern einzelne kleinere Probestäbe untersucht wurden, lief mit 72 U/min. Im Bild 601 ist eine der Wöhler-Maschinen dargestellt, in der gleichzeitig 4 Prüfstäbe einer Zugschwellbelastung unterworfen werden konnten. Die Stäbe wurden zunächst der Form der Achsen nachgebildet, einige aber an der Stelle, an der die in der Nabe steckende Verdickung ansetzt, statt mit einer Hohlkehle mit einer

scharfen Kante ausgebildet. Hieran hat WÖHLER die schädliche Wirkung von scharfen Querschnittsübergängen auf die Festigkeit der Konstruktion nachgewiesen. Diese Beobachtung wurde in den folgenden Jahren durch zahlreiche Versuche nachgeprüft und auch theoretisch untersucht [13, 14].
Es ergab sich, daß bei gleicher Belastung

Stäbe mit Hohlkehlen bis zu $70 \cdot 10^6$ Lastwechseln nicht brechen,

Stäbe mit scharfem Ansatz bei $9 \cdot 10^6$ Lastwechseln brechen.

WÖHLER wollte aber auch, unabhängig von der konstruktiven Ausbildung eines Maschinenteils, die Festigkeit des Werkstoffs an Probestäben prüfen, in

Bild 601. WÖHLER-Dauerprüfmaschine für Zugschwellbeanspruchung aus dem Jahre 1860.

der Absicht, von den Versuchsresultaten einer Materialsorte auf das Verhalten anderer Sorten schließen zu können [12]. Er nahm außerdem statische Biegeversuche an Werkstoffprobestäben vor und wies im interessierenden Lastbereich vollkommene Proportionalität zwischen Durchbiegung und Belastung nach.

WÖHLER hatte das Bestreben, Gesetze zu finden, nach denen sich der Werkstoff bei den verschiedenen Beanspruchungen verhält. Zu diesem Zweck führte er in den Jahren 1860 bis 1870 zahlreiche Dauerversuche durch, denen folgender Arbeitsplan zugrunde lag [14, 15]:

I. Verhalten des Werkstoffs
    1. bei ruhender Belastung,
    2. bei schwellender Belastung von Null bis zu einem Höchstwert in einer Richtung bzw. zwischen einem Mindest- und einem Höchstwert in derselben Richtung,
    3. bei wechselnder Belastung von einem Höchstwert in einer Richtung bis zu dem gleichen Wert in entgegengesetzter Richtung,

II. Feststellung der Gesetzmäßigkeiten, die sich aus den Versuchsergebnissen ableiten ließen.

In der letztgenannten Veröffentlichung [15] hat WÖHLER das Ergebnis der Versuche niedergelegt und in folgenden Sätzen, die als „Wöhlersche Gesetze" bezeichnet werden, zusammengefaßt.

1. Der Bruch des Materials läßt sich auch durch vielfach wiederholte Schwingungen, von denen keine die absolute Bruchgrenze erreicht, herbeiführen. Die Differenzen der Spannungen, welche die Schwingungen eingrenzen, sind dabei für die Zerstörung des Zusammenhangs maßgebend.
2. Die Spannungsdifferenzen, welche die Größe der dauernd zulässigen Schwingungen bestimmen, sind um so kleiner, je größer die dabei erreichte Maximalspannung ist.
3. Schwingungen, bei denen die Differenz der sie eingrenzenden Spannungen gewisse durch Versuch zu bestimmende Maße nicht überschreitet, können selbst bei Spannungen, welche der absoluten Bruchgrenze naheliegen, dauernd stattfinden, ohne daß der Bruch eintritt.
Zum Nachweis der Richtigkeit führte WÖHLER Versuche bis zu sehr hohen Lastwechselzahlen durch. Ein Versuch ohne dynamischen Bruch bis zu $N = 132\,250\,000$ Wechseln dauerte $3^1/_2$ Jahre, wobei die Belastung 10% unter der Ermüdungslast für $N_B = 1{,}9 \cdot 10^7$ lag.
4. Konstruktionsteile, welche positiv und negativ in Anspruch genommen werden, z. B. Kolbenstangen, Kurbelstangen, Balanciers usw., müssen im Verhältnis etwa wie $9:5$ stärker sein als solche, deren Inanspruchnahme nur in einem Sinne erfolgt, z. B. Träger, Brücken, Dachkonstruktionen usw.

WÖHLER stellte auch Überlegungen bezüglich der Sicherheitskoeffizienten für Unvorhergesehenes an. Er sagte, daß die Unsicherheit sowohl in einem Mangel des Werkstoffs oder der Ausführung des Werkstücks als auch in der Größe der Beanspruchungen liegen könne; dieser Schwierigkeit ist durch Einführung von Sicherheitskoeffizienten Rechnung zu tragen.

Die Wöhlerschen Versuche fanden zunächst in Deutschland wenig Beachtung. Erst LAUNHARDT hat im Jahre 1873 nachdrücklich auf die Verwertung der Wöhler-Versuche für die Praxis hingewiesen [16]. Die Engländer brachten dagegen bereits 1867 anläßlich der Pariser Weltausstellung eine Würdigung der Wöhler-Versuche im „Engineering" [16a].

Nach WÖHLERS Ausscheiden aus dem Staatsdienst 1870 hat LUDWIG SPANGENBERG (Professor an der Königl. Gewerbeakademie Berlin) WÖHLERS Versuche fortgesetzt und die von ihm aufgestellten Gesetze bestätigt. L. SPANGENBERG veröffentlichte seine Ergebnisse in der Zeitschrift für Bauwesen 1874 und 1875 [17]. Er stellte die Ergebnisse, die WÖHLER nur in Tabellenform angab, in Kurven dar, die jedoch bei linearer Teilung des Achsenkreuzes und gradliniger Verbindung der Meßpunkte wenig zweckmäßig waren. Darüber hinaus führte er Untersuchungen über Aussehen und Gefüge der Bruchflächen durch.

3 Fortschritt der Ermüdungsforschung nach Wöhlers Arbeiten

Während der Eisenbahnbetrieb den Anlaß zu WÖHLERS Arbeiten bildete, waren es zu Beginn dieses Jahrhunderts der Automobilbau und später der Flugzeugbau, die den Entwicklungsingenieur veranlaßten, sich mit der Frage des Ermüdungsverhaltens der Konstuktionen unter betriebsnahen Beanspruchungsverhältnissen zu befassen. Die Leichtbauforderung nach bestmöglicher Werkstoffausnutzung bei höchstmöglicher Sicherheit trieb die Ermüdungsforschung voran.

Es ist unmöglich, in dieser geschichtlichen Darstellung alle in 100 Jahren geleisteten Arbeiten zu würdigen. Trotzdem wird der Versuch unternommen, wenigstens einen Überblick nach den Arbeitsgruppen zu geben. Daß hierbei die deutschen „Schulen" besonders eingehend behandelt sind, liegt darin begründet, daß der Verfasser diese näher kennenlernen konnte. Auch bezüglich der deutschen Forscher können Lücken vorhanden sein, die der Verfasser zu entschuldigen bittet, da die Dokumentation durch die Kriegseinwirkungen lückenhaft und schwer beschaffbar wurde.

3.1 Die „Schulen"

In Deutschland waren es besonders die Lehrstühle für Werkstoffkunde an den Technischen Hochschulen und die angeschlossenen Materialprüfanstalten, die sich mit der Ermüdungsforschung beschäftigten.

3.1.1 Mechanisch-Technisches Laboratorium der TH München

Johann Bauschinger (1834 bis 1893), Professor der technischen Mechanik und graphischen Statik, war erster Vorstand des Mechanisch-Technologischen Laboratoriums (1871 bis 1893) an der TH München. Er ist durch seine Arbeiten über die Veränderung der Elastizitätsgrenze von Metallen durch Strecken und Stauchen und durch oftmals wiederholte Beanspruchung bekannt geworden [18].

Man bezeichnet diese Besonderheit im Verhalten der Metalle heute als „Bauschinger-Effekt" (s. Kap. III).

Sein Nachfolger (1894 bis 1921), August Föppl (1854 bis 1924), führte zusammen mit L. Klein Schwingungsversuche am Modell einer Lavalschen Turbinenwelle durch [19].

Ludwig Föppl wurde der Nachfolger (1924 bis 1954) seines Vaters. Er arbeitete mit seinen Schülern besonders auf dem Gebiet der für die Untersuchungen von Ermüdungsproblemen wichtigen Spannungsoptik. Es sei hier auf die Arbeiten von H. Cardinal v. Widdern [20], R. Hiltscher [21], H. Jehle [22], A. Kuske [23], H. Neuber [24], E. Mönch [25] und G. Oppel [26] hingewiesen. Andere Arbeiten seiner Schüler behandelten weitere Probleme der Ermüdungsfestigkeit. E. Armbruster untersuchte den Einfluß der Oberflächenbeschaffenheit auf die Schwingungsfestigkeit [27] unter Benutzung der Spannungsoptik zur Messung der Spannungsverteilung an gekerbten Zug- und Biegestäben. H. Buchner behandelte in seiner Arbeit [28] den Zusammenhang zwischen Elastizitätsgrenze, Dauerfestigkeit, Werkstoffdämpfung und Kerbempfindlichkeit. In seiner Dissertation berichtet A. v. Philipp über den Einfluß von Querschnittsgröße und -form auf die Dauerfestigkeit bei ungleichmäßig verteilten Spannungen [29]. Verschiedene Untersuchungen befaßten sich auch mit Kunststoffen, die wachsende Bedeutung erlangten.

Heinz Neuber, der in den Jahren 1929 bis 1935 Assistent von L. Föppl war, wurde 1965 dessen Nachfolger.

Seine Arbeiten auf den Gebieten der Elastizitätstheorie [30] haben ihren Niederschlag in dem weltbekannten Buch „Kerbspannungslehre" gefunden [31] und zu zahlreichen Untersuchungen an gekerbten Stäben geführt. Auf dem Gebiet

der Spannungsoptik wurden Forschungsarbeiten geleistet mit dem Ziel, auch
plastische Spannungszustände optisch zu erfassen (Photoplastizität) [32]. Die
umfangreichen Arbeiten haben zur Bildung spezieller Arbeitsgruppen geführt:
der Forschungsstelle „Spannungsoptik" und der Forschungsstelle für „Kunststoffe".

E. GASSNER (s. Abschn. 3.1.5) hält seit 1961 an der TH München Vorlesungen
über Betriebsfestigkeit.

3.1.2 Staatliche Materialprüfungsanstalt an der TH Stuttgart (Siebel-Schule)

CARL VON BACH (1847 bis 1931) gründete 1884 die MPA Stuttgart, deren
Vorstand er bis zum Jahre 1921 war. Er gilt als Begründer der statischen Elasti-
zitäts- und Festigkeitslehre im Maschinenbau, mit deren Regeln die Konstrukteure
bis etwa zum Ende des ersten Weltkriegs rechneten [33].

RICHARD BAUMANN (1879 bis 1928), ein Schüler und Mitarbeiter v. BACHS,
leitete die Anstalt von 1921 bis 1928. Zur Klärung von Schadensfällen bediente
er sich schon frühzeitig der Metallographie, die durch ihn entscheidend vorwärts
getrieben wurde [34].

OTTO GRAF (1881 bis 1956), der Nachfolger in der Leitung der MPA, führte
ab 1925 Ermüdungsversuche an Konstruktionselementen des Maschinenbaus
durch [35]. Diese Versuche umfaßten in der Hauptsache Niet- und Schweißverbindungen von Stählen [35a], vereinzelt auch von Leichtmetallen [36].

ERICH SIEBEL (1891 bis 1961) leitete die MPA anschließend von 1931 bis
1940 und später von 1947 bis 1957. Zwischenzeitlich war er von 1940 bis 1947
Präsident der Staatlichen Materialprüfanstalt Berlin-Dahlem (heutige BAM).

Viele Arbeiten SIEBELS und seiner Mitarbeiter behandeln neben grundlegenden Untersuchungen der Vorgänge bei der bildsamen Formgebung, Probleme der Ermüdungsforschung. Bekannt sind die Standardwerke „Formgebung
im bildsamen Zustand" [37] und das mehrbändige „Handbuch der Werkstoffprüfung" [38]. Aus der Vielzahl der Veröffentlichungen und Dissertationen, die
in einem Sonderdruck der MPA Stuttgart [39] zusammengestellt sind, sei hier
nur auf einige Arbeiten hingewiesen:

> Arbeiten über den mehrachsigen Spannungszustand und die Stützwirkung,
> entstanden unter Mitwirkung seiner Schüler A. MAIER [40], E. KOPF [41],
> M. STIELER [42], J. WACHTER [43], W. STEURER [44], H. O. MEUTH [45],
> K.-H. BUSSMANN [46], A. HOSANG [47], H. WOLF [48] und S. SCHWAIGERER [49];
>
> die Auswirkung von Druckvorspannungen auf die Dauerfestigkeit unter-
> suchte G. SEEGER [50],
>
> das Verhalten der Werkstoffe bei überelastischer Wechselbeanspruchung
> K. GIENGER [51],
>
> den Einfluß der Oberflächenbeschaffenheit M. GAIER [52] und
>
> die Torsionswechselfestigkeit nitrierter Chromstähle H. BACHER [53].

KARL WELLINGER, der seit 1957 Direktor der MPA Stuttgart ist, promovierte
1931 bei O. GRAF und E. SIEBEL mit einer Arbeit über Eigenspannungen, Gefüge
und Festigkeit warmgeschlagener Nieten [54].

Aus der großen Zahl der Arbeiten, die in Sonderdrucken der MPA aufgeführt sind [55], sei hier auf folgende Untersuchungen hingewiesen, die z. T. an anderen Stellen des Buches verwendet wurden:

Einfluß von hohen und tiefen Temperaturen von A. Hofmann [56] und E. Keil [57],

Verhalten bei überelastischer Beanspruchung von K. Kussmaul [58],

Einflüsse der Oberflächenbeschaffenheit und Eigenspannungen von P. Gimmel [59],

Ermüdungsversuche an Schweißverbindungen von P. Gimmel [60] und an Metallklebeverbindungen von W. Braig [61],

Dauerschwingversuche an Rohren von E. Keil [62], an Ketten von A. Stanger [63] und an Seilen von H. R. Pfister [64].

3.1.3 „Wöhler-Institut" Braunschweig

Otto Föppl (Professor für Mechanik), ein Sohn August Föppls, gründete 1920 an der TH Braunschweig ein Labor für Festigkeitsuntersuchungen, das 1932 zu Ehren des „Vaters der Ermüdungsfestigkeit" den Namen „Wöhler-Institut" erhielt.

Zusammen mit seinem Schüler Adolf Busemann entwickelte er 1924 die Drehschwingungsmaschine der Bauart „Föppl-Busemann", die zur Untersuchung der Werkstoffdämpfung bei Schwingungen benutzt wurde [65]. Im Jahre 1929 erschien unter Mitarbeit von E. Becker und G. v. Heydekampf ein Buch [66] von O. Föppl über „Die Dauerprüfung der Werkstoffe". Einen breiten Raum nehmen die Arbeiten über das Oberflächendrücken zum Zwecke der Steigerung der Dauerfestigkeit ein [67] (s. auch Kap. IX). Die Ergebnisse der Untersuchungen sind in den einzelnen Heften der Mitteilungen des Wöhler-Instituts Braunschweig veröffentlicht [68].

Nach der Emeritierung O. Föppls im Jahre 1953 übernahm Wilhelm Hofmann (1903 bis 1966) die Leitung des Instituts.

Auf dem Gebiet der Ermüdungsforschung wurden von W. Hofmann thermische Ermüdungsversuche und Korrosionsversuche bei dynamischer Beanspruchung an Blei und Bleilegierungen durchgeführt.

3.1.4 Materialprüfungsanstalt an der TH Darmstadt (Thum-Schule)

Die MPA Darmstadt wurde 1907 von Otto Berndt gegründet. Einer seiner ersten Assistenten, Ernst Preuss, entwickelte 1912 ein Feindehnungsmeßgerät, mit dem es möglich war, an bis dahin unzugänglichen Stellen die wahre Spannungsverteilung zu messen [69]. Hiermit war eine Grundlage für die spätere Ermüdungsforschung an der MPA Darmstadt gegeben.

August Thum (1881 bis 1957) übernahm 1927 die MPA Darmstadt. Während seiner Industrietätigkeit (1909 bis 1927) hatte er beobachtet, daß bei Maschinenteilen häufig Schwierigkeiten entstanden, weil die Werkstoffe falsch angewandt oder bei der jeweiligen konstruktiven Form überfordert wurden. Er begann daher, die Zusammenhänge zwischen konstruktiver Formgebung, Werkstoff und Ermüdungsfestigkeit experimentell zu untersuchen.

Nach Wöhler sind es Thum und seine Schüler gewesen, die die Ermüdungsforschung entscheidend vorangetrieben haben. Die Ergebnisse dieser Forschungen haben auch im Ausland in hohem Maße Beachtung gefunden.

Die Veröffentlichungen der „Thum-Schule" umfassen 12 Bände mit über
500 Einzelarbeiten [70]. Es kann daher hier nur stichwortartig auf einige wichtigste Arbeiten eingegangen werden.

Thums Augenmerk galt besonders dem Einfluß der Gestalt auf die Ermüdungsfestigkeit, der sog. „Gestaltfestigkeit", die er folgendermaßen beschreibt [71]:
„Man versteht darunter ganz allgemein einen Festigkeitswert, der sowohl von
den Beanspruchungsverhältnissen, d. h. von der Größe und Art der Beanspruchung, als auch vom Werkstoff und von der konstruktiven Form abhängig ist.
Dieser Wert unterscheidet sich immer von der ‚Dauerfestigkeit', die eine reine
Werkstoffeigenschaft darstellt."

Hierzu wurden viele Untersuchungen durchgeführt, insbesondere zur Kerbwirkung bei dynamischer Beanspruchung, um Mittel zur Steigerung der Gestaltfestigkeit von Konstruktionsteilen zu finden [72]. Zur Veranschaulichung der
Verformungsverhältnisse und Spannungsverläufe wurden Vergleiche aus der
Hydrodynamik [73] (hydrodynamisches Gleichnis) und der Elektrizitätslehre
(elektrisches Gleichnis) [74] sowie das Membranspannungsgleichnis [75] und
Gummimodelle [76] herangezogen.

Aus diesen Versuchen ergab sich die Forderung, daß bei allen Bauteilen eine
möglichst gradlinige Führung der Kraftlinien anzustreben sei. Bei starken Querschnittsveränderungen muß durch geeignete Mittel die scharfe Umlenkung von
„Kraftlinien" vermieden werden:

> Scharfe Wellenabsätze sind durch Ausrundungen zu verbessern (kreisförmige
> oder besser ellipsenförmige Ausrundung, sog. Entlastungsübergang).

> Durch Anbringen von zusätzlichen Kerben, sog. Entlastungskerben, kann
> die Gestaltfestigkeit verbessert werden. Durch Hinzufügen zweier Rund-
> kerben zu einem Spitzkerb wird die scharfe Umlenkung der Kraftlinien, die
> der Spitzkerb bewirkt, abgeschwächt. (Beispiele: Unterfassen bei Wellen-
> absätzen, Tangentialkerben am Bohrungsausgang quergebohrter Wellen, Ent-
> lastungskerben an Kurbelwellen.)

Als weitere Maßnahme zur Steigerung der Gestaltfestigkeit schlägt Thum vor:
> Erzeugung von Restspannungen im beanspruchten Teil, die den schädlichen
> Spannungen entgegenwirken. Erhält z. B. ein Bauteil, das dynamischen Zug-
> spannungen unterworfen werden soll, in den gefährdeten Zonen Druckrest-
> spannungen, so wirken sie den dynamischen Zugspannungen entgegen
> (s. Kap. IX). Druckrestspannungen können im Kerbgrund durch Recken des
> Bauteils oder an der Oberfläche durch Drücken bzw. Walzen der Oberfläche
> aufgebracht werden.

Am Beispiel der quergebohrten Wellen gibt Thum die Wirkung der einzelnen
Maßnahmen an [77].

Thum unterschied je nach Beanspruchungsverlauf zwischen
> Gewaltbruch nach einer einmaligen, zügigen Beanspruchung, die die absolute
> Festigkeit des Werkstoffs überschreitet,

> Dauerbruch, wenn die Dauerfestigkeit nur wenig überschritten ist,

Zeitbruch, der nach einer verhältnismäßig geringen Zahl von Lastwechseln (bis zur Größenordnung von etwa $N = 10^5$) auftritt, also das Gebiet zwischen Gewaltbruch und Dauerbruch umfaßt.

Die dynamische Verfestigung des Werkstoffs, das sog. „Hochtrainieren", stellten THUM und WISS [78] an Probestäben fest, die die Grenzlastspielzahl erreicht hatten, ohne zu brechen, sog. „Durchläufer". Durch die ständigen Gleitungen im Werkstoffgefüge, die zu einem Ermüdungsbruch nicht ausreichen, erreicht der Werkstoff eine höhere Zeitfestigkeit als ohne diese Vorbehandlung (s. auch Kap. III).

THUM und WUNDERLICH [79] führten 1934 die ersten umfangreichen Untersuchungen zum Einfluß der Reibung auf die Ermüdungsfestigkeit („fretting") an der Einspannung von biegewechselbeanspruchten Konstruktionsteilen durch und stellten Richtlinien für den Zusammenbau und die Konstruktion eingespannter Teile auf.

Die Thumschen Untersuchungen wurden hauptsächlich an Bauelementen des Kraftfahrzeugbaus (Kardan-, Kurbelwellen, Achsen, Federn usw.), an Schweißverbindungen [80] und an Kesselblechen [81] angestellt. Die untersuchten Werkstoffe waren im wesentlichen Stahl und Gußeisen, einzelne Dauerversuche erstreckten sich auf Kunstharzpreßstoffe [82], Glas [83] und Leichtmetalle [84].

Viele der zahlreichen Thum-Schüler stehen heute an verantwortlicher Stelle in der Industrie, Forschung und Lehre und treiben die von THUM begonnenen Arbeiten weiter voran.

K. FEDERN, der in seiner Promotionsarbeit eine ausgezeichnete Darstellung der von ihm untersuchten Zusammenhänge zwischen dem Spannungszustand und den Gesetzmäßigkeiten der Bruchausbildung gibt, die 1939 als Buch [85] erschien, ist heute Professor für Maschinenelemente der TU Berlin, nachdem er etwa 15 Jahre Resonanz-Dauerprüfmaschinen und Betriebsfestigkeits-Prüfmaschinen bei der Firma C. Schenck entwickelt hatte.

Mit der Ermüdungsfestigkeit von Konstruktionselementen hat sich sehr eingehend E. BRUDER beschäftigt [86], der heute bei den Vereinigten Flugtechnischen Werken (VFW), Bremen, in der Versuchsabteilung für Ermüdungsversuche tätig ist.

H. SIGWART, heute bei Daimler-Benz in Stuttgart-Untertürkheim, ist bekannt durch seine Arbeiten über Restspannungen [87].

C. PETERSEN, heute bei der Metallgesellschaft Frankfurt und apl. Professor an der TH Darmstadt, untersuchte die Vorgänge im zügig und wechselnd beanspruchten Metallgefüge [88].

HEINRICH WIEGAND wurde nach THUMS Emeritierung im Jahre 1953 Nachfolger seines Lehrers, bei dem er in seiner Dissertation [89] Fragen der Ermüdungsfestigkeit von Schrauben und Schraubenverbindungen und in seiner Habilitation [90] den Einfluß der Oberfläche auf die Ermüdungsfestigkeit untersucht hatte. Während seiner Tätigkeit im Flugmotorenbau von 1936 bis 1945 befaßte sich H. WIEGAND eingehend mit der Ermüdungsfestigkeit von Triebwerksteilen [91]. Seine Forschungen auf dem Gebiet der Kaltumformung und der Oberflächentechnik, die er in den Jahren 1950 bis 1953 intensiv betrieb, werden heute an der MPA in großem Umfang weitergeführt [92]. Viele Arbeiten des Instituts, besonders in der Oberflächentechnik, werden in der Zeitschrift „Metalloberfläche" veröffentlicht, deren Mitherausgeber H. WIEGAND ist.

3.1.5 Laboratorium für Betriebsfestigkeit (LBF) Darmstadt

Diese Institution entstand aus der 1938 von zwei Thum-Schülern, W. BAUTZ und BERGMANN, gegründeten Konstruktions- und Werkstoffberatungs-GmbH, die das Ziel hatte, technische Beratungen und Begutachtungen durchzuführen. Nach dem Tode BERGMANNS 1947 trat an seine Stelle ein weiterer Thum-Schüler, O. SVENSON, der durch die Entwicklung seines Kontaktdehnungsmessers für statistische Aufzeichnung von Betriebsbeanspruchungen und zahlreiche Versuche zur Spannungsermittlung in Konstruktionsteilen bekannt wurde [93].

E. GASSNER hatte ab 1935 in der DVL das vom Verfasser in der DVL von 1928 bis 1933 aufgebaute und inzwischen von A. TEICHMANN weitergeführte Arbeitsgebiet der Ermüdungsfestigkeit weiter ausgebaut und dann 1946 in Kempten eine Forschungsstelle gegründet, an der auch O. SVENSON wirkte. 1950 wurde das Institut von E. GASSNER in die Bautz-Bergmann GmbH eingegliedert und der Name in „Laboratorium für Betriebsfestigkeit GmbH" umgeändert. 1962 wurde das Institut von der Fraunhofer-Gesellschaft übernommen.

Ziel der vom LBF durchgeführten Grundlagenforschung ist vor allem die Übertragung der im Flugzeugbau bewährten Methoden auf andere Zweige der Technik, wie Kraftfahrzeugbau, Brückenbau, Kranbau u. ä.

Die Ergebnisse der Arbeiten werden in Technischen Mitteilungen und Berichten im Selbstverlag des LBF veröffentlicht [94].

3.1.6 Bundesanstalt für Materialprüfung (BAM) Berlin

ADOLF MARTENS gründete 1884 die „Mechanisch-Technische Versuchsanstalt", die im Laufe der Jahre mehrfach umbenannt wurde und seit 1954 „Bundesanstalt für Materialprüfung" heißt.

A. MARTENS, der die Anstalt bis 1914 leitete, ist bekannt durch seine Entwicklungsarbeiten zur Metallographie [95]. Außerdem entwickelte er Maschinen zur Durchführung von Dauerversuchen, vornehmlich Zug-Druck- und Biegemaschinen [96].

In der Folgezeit bis etwa zum Jahre 1930 hat die Materialprüfanstalt keine wesentlichen Beiträge zur Ermüdungsforschung geliefert. Erst die weitere Entwicklung der Schwingungsprüfmaschinen durch ERNST LEHR bei der Firma Schenck führte zur Fortsetzung der Versuche. K. MEMMLER und K. LAUTE berichteten 1930 über Dauerversuche, die sie in der Materialprüfanstalt an hochfrequenten Zug-Druck-Maschinen der Bauart Schenck durchgeführt hatten [97]. Diese nach dem Resonanzprinzip betriebenen Maschinen wurden aus dem Unterwasserschallsender der Signal-Gesellschaft Kiel entwickelt [98]. E. LEHR wurde durch die Entwicklung der Dauerprüfmaschinen und seine Promotionsarbeit über ein Abkürzungsverfahren zur Bestimmung der Dauerfestigkeit [99] richtungsweisend auf dem Gebiet der Schwingungsprüfung. Er beschäftigte sich von 1932 bis 1935 beim VDI und 1935 bis 1938 als Leiter der Abteilung Maschinenbau beim Materialprüfamt Berlin vorwiegend mit der Spannungsermittlung und den Ermüdungsvorgängen in Konstruktionsteilen. Zusammen mit OTTO DIETRICH entwickelte er 1932 das Dehnungslinienverfahren zur Bestimmung der für die Bruchsicherheit bei Wechselbeanspruchung maßgebenden Spannungsverteilung [100].

1938 schuf E. LEHR die „Forschungsanstalt für Mechanik und Gestaltung" bei der MAN in Augsburg, die er bis zu seinem Tode im Jahre 1945 leitete.

Einzelne Arbeiten zur Ermüdungsforschung sind in der BAM in der Zeit von 1940 bis 1947 entstanden, als E. SIEBEL Präsident der BAM war (s. Abschnitt 3.1.2):

Versuche zum Kerbproblem bei schwingender Belastung stellte K. H. BUSSMANN an [101].

Die Tragfähigkeit metallischer Baustoffe, insbesondere die Stützwirkung, untersuchte K. RÜHL [102].

Seit 1947 ist MAX PFENDER, ein Schüler SIEBELS, Präsident der BAM. Im Labor für Schwingungsprüfung, dessen Leiter E. AMEDICK ist, werden hauptsächlich an großen Bauteilen, wie Schiffsdiesel-Kurbelwellen, Versuche zur Prüfung der Dauerfestigkeit durchgeführt [103].

3.1.7 Max-Planck-Institut für Eisenforschung in Düsseldorf

In dem 1917 gegründeten damaligen Kaiser-Wilhelm-Institut für Eisenforschung sind Ermüdungsversuche unter Zug-, Druck-, Biegungs- und Verdrehbeanspruchung sowie unter Wechselbeanspruchung mit überlagerter Vorspannung durchgeführt worden. Die Arbeiten auf diesem Gebiet umfassen im wesentlichen zwei Richtungen:

Prüfung der Werkstoffe an Proben geeignet gewählter Abmessungen, Formgebung und Bearbeitung unter verschiedenen Versuchsbedingungen,

Prüfung von Bauteilen und Formelementen geeigneter Gestalt und Herstellung unter Bedingungen des praktischen Betriebs.

Bei diesen Arbeiten erwies sich die Beobachtung der strukturellen Veränderungen als wichtiges Hilfsmittel zur Deutung der Vorgänge im Metallgefüge. Es ist hier auch die Notwendigkeit erkannt worden, das Ermüdungsverhalten bei höheren Versuchstemperaturen und längeren Versuchszeiten zu studieren [104].

Beiträge zu diesen Untersuchungen haben ANTON POMP [105], FRANZ WEVER [106], HERMANN MÖLLER [107] und MAX HEMPEL [108] geliefert.

A. POMP (1888 bis 1953) war seit 1924 Leiter der mechanischen, technologischen und metallographischen Abteilung und seit 1942 Abteilungsdirektor des Kaiser-Wilhelm-Instituts. 1946 wurde er als Professor auf den Lehrstuhl für bildsame Formgebung der Metalle an der TH Aachen berufen. Seine wichtigsten Arbeitsgebiete waren die Metallkunde, Werkstoffprüfung und die bildsame Formgebung.

F. WEVER, der seit 1920 Mitglied des KWI ist, war von 1944 bis 1959 Direktor des Instituts. Er gehört zu den Forschern, die wesentlich zur Entwicklung der Metallkunde beigetragen haben.

H. MÖLLER, seit 1930 am KWI, wurde 1938 Laborleiter und ist seit 1949 wissenschaftlicher Mitarbeiter am MPI.

Von M. HEMPEL stammen zahlreiche Veröffentlichungen auf dem Gebiet der Ermüdungsfestigkeit. M. HEMPEL, der seit 1932 Assistent und seit 1934 Laborleiter bzw. wissenschaftlicher Mitarbeiter am MPI ist, befaßt sich in seinen

Untersuchungen eingehend mit den Ursachen für Rißentstehung und -ausbreitung sowie metallographischen Studien [109].

Hinzuweisen ist weiterhin auf die Arbeiten

zur Spannungs- und Dehnungsmessung von K. Fink und Chr. Rohrbach [110] und

zur röntgenographischen Messung an Kristallstrukturen von Lange [111].

Eine Zusammenstellung der Veröffentlichungen des KWI bzw. MPI findet sich in dem anläßlich der 25-Jahr-Feier 1942 herausgegebenen Band der Mitteilungen des KWI [112], der 1967 durch eine Veröffentlichung anläßlich des 50 jährigen Bestehens des Instituts ergänzt wurde.

3.1.8 Die Deutsche Versuchsanstalt für Luftfahrt (DVL)

In der 1912 zu Berlin gegründeten DVL, die von 1920 bis 1936 von Wilhelm Hoff geleitet wurde, begann der Verfasser 1927 als Versuchsleiter in der Statischen Abteilung, deren Leiter Karl Thalau war, mit der Ermüdungsforschung an Flugzeugkonstruktionen. Über die zahlreichen experimentellen Arbeiten wurden vom Verfasser „interne" Berichte für die Flugzeugindustrie aufgestellt und grundlegende Berichte veröffentlicht [113, 114].

Die Arbeiten des Verfassers wurden 1934 bis 1935 von Alfred Teichmann [115] übernommen und 1935 bis 1945 von Ernst Gassner [116] im Institut für Festigkeit der DVL weitergeführt. Hans-Georg Küssner und Hans-Wolfgang Kaul führten in der gleichen Abteilung Untersuchungen zur Belastungsstatistik durch [117, 118].

Nach dem Kriege begann das DVL-Institut für Festigkeit 1956 unter der Leitung von Hans Ebner wieder mit seiner Arbeit. Neben H. Ebner [119] und J. Kowalewski [120] hat sich besonders Gerhard Jacoby mit Problemen der Ermüdungsfestigkeit befaßt [121].

Im DVL-Institut für Werkstofforschung wird in erster Linie die Dauerfestigkeit von Werkstoffen unter besonderer Berücksichtigung der Einflüsse von Korrosion und Kerben bei Nietverbindungen [122] untersucht. Von 1923 bis 1936 war Paul Brenner Leiter der Gruppen Stoffprüfung und Flugprüfung der DVL.

F. Bollenrath, der seit 1946 Professor für Werkstoffkunde an der TH Aachen ist, begann 1952 in seinem Institut in Aachen mit der Fortführung der Werkstoffprüfung im Hinblick auf die Ermüdungsfestigkeit [123]. Seit 1960 steht das Institut unter der Leitung von Friedrich-Carl Althof. Die Verbesserung der Ermüdungsfestigkeit von Leichtmetallnietverbindungen und das Grundlagenstudium der daran beteiligten Faktoren, insbesondere der Korrosions- und Spannungseinflüsse [124], sind die Hauptarbeitsgebiete des Instituts.

3.1.9 Technische Universität Berlin

An der TU Berlin wurde 1966 ein Schwerpunkt „Gestaltfestigkeit" von den Lehrstühlen und Instituten gebildet, die Ermüdungsforschung betreiben.

Außer dem Verfasser mit seinem Institut für Luftfahrzeugbau (ILTUB) sind an diesem Schwerpunkt beteiligt:

Ernst-August Cornelius　　　I. Institut für Maschinenelemente

Klaus Federn　　　　　　　　II. Institut für Maschinenelemente

Ernst Giencke	Lehrstuhl für Konstruktionslehre
Ernst Rossow	Institut für Werkstofftechnik und Werkstoffprüfung
Paul Wiest	Institut für Werkstofftechnik
Max Pfender	Bundesanstalt für Materialprüfung (BAM), Honorarprofessor am Institut für Verformungskunde

3.2 Organisationen und Persönlichkeiten im Ausland

3.2.1 Großbritannien

Die 1847 gegründete englische Vereinigung „The Institution of Mechanical Engineers" (I. Mech. E.) hat sich sehr früh und intensiv um die Erforschung der Ermüdungsfestigkeit bemüht. Ihre erste Tagung, auf der von Ermüdungsproblemen berichtet wurde, fand 1849 in Birmingham statt (s. Abschn. 1) [9].

Auf dem Gebiet der Luftfahrt existiert eine ähnliche Vereinigung, die „Royal Aeronautical Society" (RAS), deren laufend ergänzte „Data Sheets on Fatigue" eine wertvolle Zusammenstellung zahlreicher Forschungsergebnisse darstellen [125].

Versuche zur Ermüdungsfestigkeit werden außer in den entsprechenden Abteilungen der Universitäten und den Forschungslaboratorien der Industrie in staatlichen Laboratorien durchgeführt, hier sind zu nennen:

a) National Physical Laboratory (NPL), Metallurgy Division, Teddington, Middlesex

Einer der bedeutendsten englischen Forscher auf dem Gebiete der Ermüdungsfestigkeit ist H. J. Gough, bekannt durch sein 1926 erschienenes Buch „Fatigue of Metals" [126]. Zu seinen Mitarbeitern im NPL gehören D. Hanson, Fachmann für metallurgische Mikroskopie, und D. G. Sopwith, der 1932 die ersten Versuche zum Korrosionseinfluß der Umgebung durchführte [127]. In der NPL wirken auch P. G. Forrest, der 1962 sein Buch „Fatigue of Metals" [128] herausbrachte, N. P. Allen [129] und H. L. Cox [130]. In den Jahren nach 1948 ging aus dem NPL das

b) Mechanical Engineering Research Laboratory (MERL) East Kilbride, Glasgow, hervor.

Dem MERL gehören an N. E. Frost [131], C. E. Phillips [132], A. H. Fenner, K. H. R. Wright [133] und A. C. Low [134]. Frost und Phillips lieferten Beiträge zur Rißausbreitung, während sich Fenner und Wright mit den Einflüssen der Reibkorrosion beschäftigten.

c) Royal Aircraft Establishment (RAE), Farnborough

Am RAE arbeiten R. B. Heywood, Experte für Spannungsoptik [135], P. J. E. Forsyth und C. A. Stubbington, deren Fachgebiet die Metallographie ist [136], W. A. P. Fisher und W. J. Winkworth, die umfangreiche Untersuchungen an Fügungen [137] durchführten, sowie E. L. Ripley [178].

3.2.2 Frankreich

Aus Frankreich liegen nur sehr wenige Mitteilungen und Untersuchungsergebnisse vor.

R. Cazaud, Professeur à l'Institut supérieur des Matériaux et de la Construction mécanique, veröffentlichte 1937 die erste Ausgabe seines Werkes „La Fatigue des Métaux", das 1959 in einer 4. überarbeiteten Auflage erschien [138].

Seine Versuche führte Cazaud im Forschungsinstitut für Eisenhüttenkunde (IRSID = Institut de Recherches de la Sidérurgie) durch, dem auch M. F. Bastenaire angehört.

Außer an diesem Institut wird noch am CESSID (Centre d'Etudes supérieure de la Sidérurgie) und am l'ETSL (Ecole technique supérieure du Laboratoire) Ermüdungsfestigkeit gelehrt.

Bekannt als Forscher auf dem Gebiet der Ermüdungsfestigkeit sind weiterhin W. Barrois [139, 178], Service technique de l'aeronautique, H. de Leiris, ingénieurgénéral du Genie Maritime [140] und M. Prot durch sein Abkürzungsverfahren zur Bestimmung der Dauerfestigkeit [141].

Daneben liegen einzelne Untersuchungen der französischen Luftfahrtindustrie vor.

3.2.3 Niederlande

Aus den niederländischen Luft- und Raumfahrtlaboratorien (NLR = Nationaal Lucht- en Ruimtevaartlaboratorium, Amsterdam) liegen zahlreiche Untersuchungen vor.

J. Schijve und seine Mitarbeiter D. Broek, F. A. Jacobs und P. de Rijk haben wesentliche Beiträge zur Klärung der Probleme der Rißausbreitung und der Ermüdungsfestigkeit von Konstruktionsteilen, wie Augenstäbe und Fügungen, geleistet (s. Kap. XIII, XVI).

3.2.4 Schweden

In Schweden widmet sich die Luftfahrtversuchsanstalt (FFA = Flygtekniska Försöks-Anstalten) der Erforschung von Ermüdungsproblemen.

Bo. K. Lundberg [142], als Direktor der Anstalt, und G. Wallgren [143], als Leiter der Abteilung für Mechanik, haben Ermüdungsprobleme des Flugzeugbaus behandelt.

W. Weibull hat als Professor an der TH Stockholm zahlreiche Untersuchungen und Versuche auch in der schwedischen Flugzeugfirma SAAB (Svenska Aeroplan Aktiobolaget, Linköping) durchgeführt. W. Weibull ist auf dem Gebiet der Ermüdungsfestigkeit durch seine Arbeiten über Statistik [144], zur Rißausbreitung [145] und sein Grundlagenwerk [146] zu Versuchsmethoden, Auswertung und Darstellung der Ergebnisse bekannt.

A. Palmgren, der der SKF in Göteborg angehört, hat sich bereits 1924 mit der Vorausbestimmung der Lebensdauer von Kugellagern unter Zuhilfenahme der Wöhler-Kurve, der sog. linearen Schadensakkumulationshypothese, befaßt [147], die etwa 20 Jahre später von Milton A. Miner unabhängig von A. Palmgren erneut für die Belange des Flugzeugbaus entwickelt wurde [148].

H. Pittroff hat bei der SKF in Schweinfurt Untersuchungen zur Reibkorrosion an Wälzlagern durchgeführt [149] (s. auch Kap. XI).

3.2.5 Schweiz

In der Schweiz hat Mirko Roš, der von 1924 bis 1948 Leiter der Eidgenössischen Materialprüfanstalt war, umfangreiche Versuche zur Ermüdungsfestigkeit angestellt [150]. Mit Fragen der Ermüdungsfestigkeit im Bauwesen beschäftigt sich F. STÜSSI, Professor für Hochbau an der ETH Zürich. Umfangreiche Ermüdungsversuche an einem Flugzeugtyp (DH-112 Venom) führt seit mehreren Jahren J. BRANGER als Mitarbeiter der Fabrique Fédéral d'Avions durch [151].

3.2.6 Australien

Umfangreiche Versuche zum Ermüdungsverhalten von Flugzeugtragflügeln sind im australischen Forschungsinstitut ARL (Aeronautical Research Laboratories, Melbourne) durchgeführt worden. Das 1939 gegründete Institut begann im Jahre 1943 mit den Ermüdungsversuchen an Flügeln der D. H. „Mosquito" im Zusammenhang mit der Untersuchung eines Unfalls dieses Typs [152] (s. auch Abschn. 4.2.1).

Der Absturz einer D. H. „Dove" im Jahre 1951 hatte eine Intensivierung der Ermüdungsversuche zur Folge; so wurden in einer Großversuchsreihe etwa 180 Flügelhälften des Jägers „Mustang" getestet [153]. Diese Untersuchungen wurden von W. W. JOHNSTONE und A. O. PAYNE durchgeführt.

Mit der Aufnahme von Belastungsspektren beschäftigte sich F. H. HOOKE [154], während A. K. HEAD [155], J. M. FINNEY [156] und J. Y. MANN [157] Versuche an Prüfstäben und Konstruktionselementen zur Ermittlung der verschiedenen Einflüsse auf die Ermüdung ausführten.

J. Y. MANN gab 1958 in [158] eine sehr gute Zusammenstellung der historischen Entwicklung der Ermüdungsforschung.

3.2.7 USA

In den USA sind auf zahlreichen Gebieten der Technik viele Ermüdungsuntersuchungen vorgenommen worden. An diesen Versuchen haben nicht nur die staatlichen und Hochschulforschungslaboratorien, sondern in steigendem Maße auch die Forschungsabteilungen großer Industrieunternehmen mitgearbeitet.

Zwar haben die Untersuchungen erst spät eingesetzt, die erste Veröffentlichung stammt von T. EGLESTON [159] aus dem Jahre 1879, doch sind in neuerer Zeit die Untersuchungen in den USA bedeutungsvoll und so umfangreich geworden, daß die folgende Zusammenstellung trotz aller Bemühungen nicht vollständig sein wird.
Besondere Fortschritte in der Forschung brachten die Untersuchungen von

H. F. MOORE und J. B. KOMMERS [160] aus den Jahren 1921 bis 1924,

D. J. McADAM [161] zum Korrosionseinfluß,

T. T. OBERG und J. B. JOHNSON [162] sowie F. H. VITOVEC und B. J. LAZAN [163] zum Frequenzeinfluß,

R. L. TEMPLIN [164] zur Ermüdungsfestigkeit des Aluminiums,

R. E. PETERSON [165] zum Kerbeinfluß,

O. J. HORGER [166] zum Einfluß von Oberflächenbehandlungen.

Eine der größten amerikanischen Organisationen, die sich unter anderem mit Ermüdungsproblemen beschäftigen, ist die Luft- und Raumfahrtbehörde NASA = National Aeronautics and Space Administration (früher NACA). Die NASA führt in ihren Forschungslaboratorien (Langley Research Center) eigene Versuche durch, vergibt aber auch Forschungsaufträge an die Industrie und Universitäten.

Die Ergebnisse der Untersuchungen werden in den Veröffentlichungen der NASA — Technical Notes (TN), Reports (Rep) und Technical Memoranda (TM) — oder in Berichten der Firmen und Forschungsinstitute publiziert.

Forscher, wie H. F. HARDRATH, E. C. NAUMANN, W. S. HYLER, P. KUHN, I. E. FIGGE, B. LANDERS, F. M. HOWELL, H. A. LEYBOLD, A. J. McEVILY, W. ILLG u. a., haben wesentliche Beiträge zu den Forschungen der NASA geleistet.

Außer der NASA werden von drei anderen staatlichen bzw. staatlich unterstützten Laboratorien Ermüdungsversuche speziell auf dem Gebiete des Flugzeugbaus durchgeführt [167]:

US Air Force: „Materials Laboratory" und „Flight Dynamics Laboratory",
US Navy: „Aeronautical Structures Laboratory",
US Navy und US Air Force: „Institute for the Study of Fatigue and Reliability". Dieses Institut wurde von der Abteilung „Civil Engineering" an der Columbia-Universität gegründet und wird unterstützt von der US Navy und Air Force. Direktor des Instituts ist A. M. FREUDENTHAL.

Zwei große Gesellschaften, die dem Zwecke des Erfahrungsaustausches zwischen den einzelnen Fachleuten dienen, haben durch Veröffentlichungen und Tagungen zum Fortschritt der Ermüdungsforschung beigetragen:

Die ASME (The American Society of Mechanical Engineers) hat 1956 zusammen mit der englischen Gesellschaft I. Mech. E. eine internationale Tagung zur Ermüdungsforschung in London und New York veranstaltet [168], auf der Persönlichkeiten aus Forschung und Industrie über ihre Arbeiten berichteten.

Zuvor, 1946 und 1950, hatten bereits zwei ähnliche Tagungen stattgefunden. 1946 berief die Universität von Melbourne eine Tagung über „Ermüdungsprobleme der Metalle" ein [169], zu der 30 Forscher aus Australien, England und den USA Beiträge lieferten. 1950 wurde am Massachusetts Institute of Technology eine Tagung unter dem Thema „Ermüdungs- und Bruchvorgänge in Metallen" abgehalten [170], an der sich 14 Forscher beteiligten.

Die große Gesellschaft „American Society for Testing and Material" (ASTM) hat 1946 einen besonderen Ausschuß für Ermüdungsforschung gegründet (Committee E-9 on Fatigue), in dem sich fast alle bedeutenden amerikanischen Forscher zusammengefunden haben. Die Publikationsorgane der ASTM sind: „ASTM — Proceedings", die Zeitschrift „Materials Research and Standards" und „Special Technical Publication" (STP). Seit 1949 finden von der ASTM aus in unregelmäßigen Abständen Tagungen mit dem speziellen Thema der Ermüdungsfestigkeit im Flugzeugbau statt. Bisher haben fünf dieser sog. Pacific Aerea Meetings stattgefunden; die dort gehaltenen Vorträge sind in verschiedenen STP's festgehalten. Vorsitzender des Ausschusses E-9, dem etwa 85 Mitglieder angehören, ist gegenwärtig H. J. GROVER vom Batelle Memorial Institute.

Ebenfalls im Jahre 1956 fand an der Columbia-Universität in New York eine Konferenz über Ermüdung an Flugzeugkonstruktionen statt, deren Organisation in den Händen von A. M. FREUDENTHAL lag, der auch eine Zusammenstellung der gehaltenen Vorträge herausgab [171].

Außer den großen Flugzeugfirmen wie Boeing (I. P. BUTLER, R. A. ANDERSON, Mc. BREARTY), Douglas (R. H. CHRISTENSEN, P. H. DENKE, M. STONE), Lockheed (E. H. Spaulding, M. B. Melcon, A. J. McCulloch, H. W. Foster, W. J. Crichlow), North American Aviation (R. L. Schleicher) und Convair (C. R. Smith), die sich speziell mit Ermüdungsfestigkeitsproblemen der Flugzeugzellen beschäftigen, haben Industrieunternehmen, wie ALCOA (R. L. Templin, E. C. Hartmann), General Motors Corp. (J. O. Almen, R. L. Mattson), Westinghouse Electric Corporation (R. E. Peterson), Curtiss-Wright-Prop. Div. (F. B. Stulen, H. N. Cummings), The Timken Roller Bearing Comp. (O. J. Horger, H. R. Neifert), Lessels a. Ass. Inc. (J. M. Lessells, R. F. Brodrick) u. a. m., Einzeluntersuchungen durchgeführt. J. O. Almen ist durch seine Versuche zum Kugelstrahlen [172] und die zusammen mit Paul H. Black, Professor an der Universität Ohio, durchgeführten Untersuchungen zum Einfluß der Restspannungen [173] bekannt; Versuche über die Einflüsse des Kugelstrahlens haben weiterhin Horger und Neifert [174] sowie Lessells und Brodrick [175] ausgeführt.

3.3 Internationale Organisationen

Es sind zwei internationale Organisationen zu nennen, die sich mit Ermüdungsproblemen in der Luft- und Raumfahrt beschäftigen:

AGARD = Advisory Group for Aeronautical Research and Development,
ICAF = International Committee on Aeronautical Fatigue.

In der AGARD veranstaltet der Ausschuß „Structures and Materials" Tagungen, auf denen über die Fortschritte der Ermüdungsforschung in den NATO-Staaten berichtet wird.

Die ICAF wurde im Jahre 1952 zum Zwecke des Erfahrungsaustausches zwischen den westeuropäischen Ländern gegründet.

Ursprünglich waren daran Institute aus Belgien, den Niederlanden, Schweden, der Schweiz und Großbritannien beteiligt; zwischen 1952 und 1958 kamen noch Institute aus der Bundesrepublik, Frankreich, Italien und Australien hinzu, seit 1964 gehört auch Amerika der Organisation an.

Die ICAF hält in Abständen von 1 bis 2 Jahren Tagungen in einem der beteiligten Länder ab. Die letzte Tagung fand 1965 in München statt [176].

AGARD und ICAF haben 1958 in Amsterdam [177], 1961 in Paris [178] und 1963 in Rom [179] gemeinsame Tagungen zur Erörterung von Ermüdungsproblemen veranstaltet.

Auf Veranlassung der International Union of Theoretical and Applied Mechanics (IUTAM) fand 1955 in Stockholm ein Kolloquium über Ermüdungsfestigkeit statt [180].

4 Ermüdungsfestigkeit im Flugzeugbau

Brüche an Flugzeugteilen und Flugzeugabstürze deren Ursache Ermüdungsvorgänge waren, führten zu umfangreicher Ermüdungsforschung im Flugzeugbau. 1908 wurde der erste Ermüdungsbruch in der Geschichte der Luftfahrt vermerkt, als man an einem Flugzeug der Gebrüder Wright den Bruch eines Strebenanschlusses und der Befestigung eines Verspannungsseils entdeckte [181]. Die ersten Ermüdungsversuche an Flugzeugbauteilen begannen jedoch erst etwa 20 Jahre später.

4.1 Beginn der Ermüdungsfestigkeitsuntersuchungen an Flugzeugteilen in der DVL

Der Absturz eines im Streckendienst der Lufthansa eingesetzten Ganzmetall-verkehrsflugzeugs vom Typ „Dornier-Merkur" im September 1927 bei Schleiz löste die Arbeiten in der DVL (Deutsche Versuchsanstalt für Luftfahrt) zu Berlin über die Auswirkung dynamischer Beanspruchungen auf die Festigkeit von Flugzeugen aus. Das Erkennen der besonderen Bedeutung dieser Beanspruchungen für die Betriebssicherheit der Flugzeuge ergab sich aus der Untersuchung dieses und anderer Flugzeugunfälle, die vom Verfasser in der DVL durchgeführt wurden. Die Strukturen versagten, obgleich die statische Festigkeit den Anforderungen der statischen Lastannahmen entsprach.

Aus der ersten Untersuchung des Schleizer Unfalls ergab sich:

Der Ermüdungsbruch eines als Stahlblechpaket ausgebildeten Flügelstreben-Anschlußbeschlags verursachte den Absturz.

Die Schwingungen des Hochdeckerflügels um die Flugzeughochachse hatten die dynamischen Zusatzlasten erzeugt, die in den Lastannahmen nicht enthalten waren.

Damit wurden die beiden für die Sicherheit der Flugzeugkonstruktionen wesentlichen Fragen bezüglich der Ermüdungsfestigkeit angeschnitten, die WÖHLER etwa 70 Jahre zuvor bereits an Eisenbahnachsen untersucht hatte:
„Mit welcher Größe und Häufigkeit

treten die verschiedenen dynamischen Lasten an einem Bauteil im Betrieb auf?

können diese Betriebsbelastungen vom Bauteil ohne Gefährdung aufgenommen werden?"

4.1.1 Versuchsanordnung für die ersten Ermüdungsversuche an Flugzeuggroßbauteilen

Zur Durchführung der Ermüdungsversuche mit ganzen Bauteilen wurden vor fast 40 Jahren in der DVL vom Verfasser Versuchseinrichtungen und Meß-verfahren entwickelt, deren Prinzipien auch heute noch vielfach angewandt werden [113].

Der zu untersuchende Flügelholm wurde, wie Bild 602 zeigt,

entsprechend seinen Flügeleinbaubedingungen auf einem Versuchsgerüst mit der Unterseite nach oben gelagert,

mit der an Gummiseilen hängenden „statischen" Vorlast versehen,

durch eine umlaufende Unwucht, die an einer hinsichtlich dynamischer Schäden wenig gefährdeten Stelle befestigt war, in Eigenschwingungen versetzt (Eigenfrequenz der Flügelholme 15 bis 27 Hz).

Aus der dynamischen Biegelinie und der Frequenz sowie der Verteilung der schwingenden Massen, die durch mit dem Holm fest verbundene „dynamische Zusatzmassen" verändert werden konnte, wurden die dynamischen Lasten und Wechselspannungen errechnet.

Die Größe der dynamischen Beanspruchung des Holmes infolge der Eigen-schwingungen ist durch die Amplitude der Holmspitze gekennzeichnet.

Da zu dieser Zeit erst mit der Erarbeitung von Belastungsstatistiken für die Leichtbaukonstruktionen der Flugzeuge begonnen wurde [117, 118], konnten bei den ersten Ermüdungsversuchen mit ganzen Flugzeugteilen nur Abschätzungen der für die Versuche zweckmäßigen dynamischen Lasten gemacht werden.

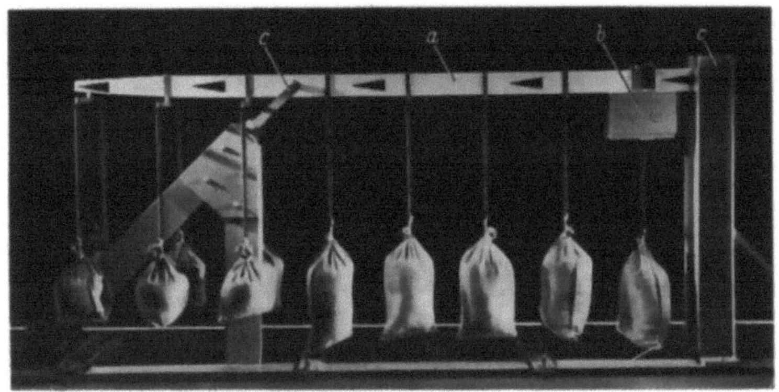

a Versuchsholm; b Unwuchterreger; c Lagerböcke
Bild 602. Dynamische Holm-Bruchversuche mit federnd aufgehängter statischer Vorlast.
DVL-Versuchsanordnung. [113].

Bei den DVL-Versuchen wurde die Untersuchung mit einem durch Vorversuche ermittelten Spannungsausschlag begonnen, bei dem zu erwarten war, daß bis zu einer vorgegebenen Lastwechselzahl kein Ermüdungsbruch auftrat.

Zeigte sich nach dieser Lastwechselzahl kein Anriß, so wurde die Belastung stufenweise bis zum Bruch gesteigert, wie im Bild 603 gezeigt. Der Fehler, der durch das „Hochtrainieren des Werkstoffs", d. h. Verbesserung der Dauerfestigkeit durch stufenweise Laststeigerung (s. Kap. V), entstehen könnte, wurde in Kauf genommen.

Bereits 1929 wurden also Versuche durchgeführt, die heute nach der Definition des DIN-Blattes 50 100 als „Mehrstufenversuche" bezeichnet werden.

Zur Kontrolle der Schwingungsamplitude dienten Meßkeile; der zeitliche Verlauf der Schwingungen konnte mit dem Optographen [182] bestimmt werden. In einigen Fällen wurden die Wechselspannungen zur Kontrolle der errechneten Werte mit Hilfe von Ritzgeräten [183] gemessen.

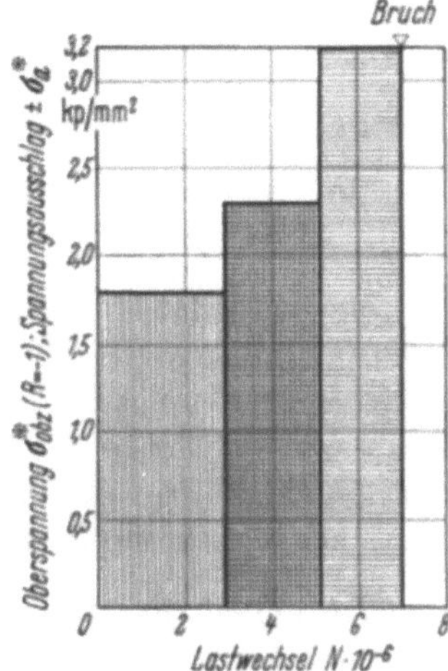

Bild 603. Belastungsbild eines Mehrstufenversuchs an einem Stahlband-Fachwerkholm — Frequenz $f = 26{,}5$ Hz. [113].

4.1.2 Ergebnisse der ersten dynamischen Versuche mit Flugzeugbauteilen

Das Bild 604 gibt 3 Beispiele für die in den DVL-Versuchen erzielten Ermüdungsbrüche. Diese Flügelholme waren aus Metallbändern hergestellt. Es entsprach den damaligen konstruktiven Vorstellungen, hochwertige dünnwandige

Halbzeuge (insbesondere hier CrNi-Stahlbänder) zu nutzen und die Querschnittsanpassung über die Gurtlängen durch Abstufung in der Paketierung der Lamellen mit geringem Fertigungsaufwand zu erreichen. Gerade diese Lamellenpakete ergaben jedoch schlechte dynamische Festigkeit wegen der Kraftsprünge an jedem Ansatz einer Lamelle mit der gleichzeitigen Spannungshäufung in der Reihe der Anschlußniete oder Schweißpunkte sowie der Reibkorrosion.

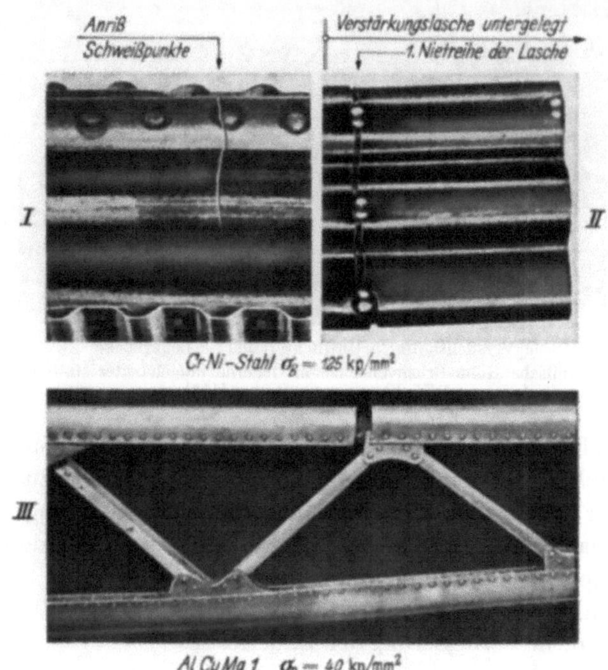

Bild 604. Dynamische Holm-Bruchversuche — Flügelkasten aus CrNi-Stahl—AlCuMg-Fachwerk. [113].

4.1.3 Beginn der Belastungsstatistiken

Mit den ersten Erkenntnissen über die Bedeutung der dynamischen Zusatzbeanspruchungen, die sich aus den Unfalluntersuchungen ergaben, begannen auch die Bemühungen um meßtechnische und statistische Erfassung dieser Lasten. Dazu wurden Geräte wie Optograph und Ritzgerät entwickelt; diese Messungen der dynamischen Belastungen schufen die Grundlage für spätere dynamische Festigkeitsversuche mit Belastungskollektiven.

4.1.4 Vorteile des DVL-Verfahrens und Anpassung an heutige Verhältnisse

Vorteilhaft bei dem DVL-Verfahren der Belastung des Bauteils durch Eigenschwingungen ist

der geringe Zeitaufwand bei Untersuchung in Eigenfrequenz, die in der Größenordnung normaler Prüfmaschinen (20 Hz) liegt,

das stoßfreie Anlaufen und Abbremsen der Wechselbelastung und die einfache Änderung der Schwingungsamplitude durch Änderung der Unwuchtmasse,

die einfache Änderung der Lastverteilung durch Variation der federnd aufgehängten oder (und) steif befestigten Zusatzmassen, die frühzeitige Feststellung eines Anrisses, der sich durch Änderung der Amplitude und der Frequenz anzeigt,

der einfache Versuchsaufbau, der sich wiederholt für verschiedene Versuche verwenden läßt und der eine gute Zugänglichkeit zum Versuchsstück ermöglicht.

Zur Anpassung an heutige Verhältnisse kann die Vorlast statt durch Anhängen von Gewichten durch Verspannen mit Federn gegen das Hallenfundament erzeugt werden. Damit ist es auch möglich, die Vorlast während der Schwingungen zu verändern, z. B. durch Einbau von Federwaagen, um einen Wechsel der Grundlast im Versuch wirksam werden zu lassen. Dieser Wechsel der Grundlast ist notwendig, da man heute im Flugzeugbau von einer statischen Vorlast nur mit Vorbehalt sprechen kann. Die Grundlast, z. B. eines Tragflügelholms aus Luftlast abzüglich des Eigengewichts, baut sich bei jedem Flug im Start auf und verschwindet wieder bei der Landung. Bei der heutigen Lebensdauer der Flugzeuge von etwa 20 Jahren erreichen diese Wechsel der Grundlast eine so große Zahl (etwa 50000 bei Kurzstreckenflugzeugen), daß sie sich auch bezüglich der Ermüdungsfestigkeit auswirken.

Änderungen der Grundlast entstehen auch durch Umlagerung der tragenden Luftkräfte am Flügel durch Ausschlag der Ruder oder Klappen.

Die Zusatzmassen zur Erreichung der vollen Grundlast können starr oder sehr elastisch am Holm angebracht werden. Da die starr mit dem Holm verbundenen Massen außer in die statische Vorlast auch in die dynamische Belastung eingehen, muß die Grundlast in mitschwingende (starr angeschlossene) und in ruhende (elastisch aufgehängte) Massen aufgeteilt werden. Sind große örtlich starr befestigte Massen notwendig, so müssen zur Vermeidung zu großer statischer Vorlasten diese durch elastisch angeschlossene „Gegenmassen" ausgeglichen werden, wie z. B. Gewichte an elastischer Aufhängung, die über eine Umlenkvorrichtung von oben auf den Holm wirken.

Die Schwingungserregung kann auch durch Zupfen eines am Flügelende befestigten dünnen Drahtes erfolgen, der durch einen Exzenter in Bewegung gesetzt wird, wobei Drehzahl und Exzentrizität regulierbar sind (NASA-Versuche 1961). In neuer Zeit geschieht die Erregung von Eigenschwingungen durch elektrodynamische oder elektromagnetische Schwingungserreger (s. Kap. XX).

4.2 Verstärkte Ermüdungsforschung im Flugzeugbau nach 1945

Die Erhöhung der Lebensdaueranforderungen an moderne Flugzeuge, die durch den Übergang vom Kolben- zum Düsentriebwerk verursachten Veränderungen der Einsatzbedingungen, wie Geschwindigkeitssteigerung, Erhöhung der Flugkilometerleistung und Erreichen größerer Flughöhen, sowie die Verwendung neuerer hochfester Werkstoffe hatten nach dem zweiten Weltkrieg ein Ansteigen der Bedeutung der Ermüdungsfestigkeit für Flugzeugkonstruktionen zur Folge.

4.2.1 Großversuchsreihe an Tragflügeln
im australischen Forschungslaboratorium (ARL)

4.2.1.1 Vorgeschichte der Großversuchsreihe

Im australischen ARL begann man die Ermüdungsversuche etwa 1943. Im Zusammenhang mit der Untersuchung eines Unfalls des ersten dort in Lizenz ge-

bauten Flugzeugs De Havilland „Mosquito" wurden 10 Mosquito-Flügel in Holz-
Sandwich-Bauweise geprüft, und zwar fünf mit statischer Last, vier mit Schwell-
last und einer auf Dauerstandfestigkeit [184].

Die erste Versuchsanlage zur schwellenden Belastung durch hydraulische
Zylinder arbeitete nur sehr langsam, so daß die Versuche nur bis zu 5000 Lastwechseln durchgeführt wurden; die Lasten waren jedoch mit 57,5% der statischen
Bruchlast als „Vorlast" und $\pm$ 32,5% der statischen Bruchlast als „Wechsellast" sehr hoch. Daß trotz der wiederholten Belastung bis zu 90% der statischen
Bruchlast kein Bruch eintrat, zeigt, wie wenig Holzkonstruktionen durch Ermüdung gefährdet sind.

Die ARL verbesserte die Anlage für Flügelermüdungsversuche durch Automatisierung der Belastungshydraulik soweit, daß eine Wechselfrequenz von
$n = 0,25$ Hertz erreicht und damit Versuche bis zu etwa $N = 50\,000$ Lastwechseln an 14 Metalltragflügeln des australischen Jägers „Boomerang" durchgeführt werden konnten, deren Ergebnisse im Bild 605 aufgetragen sind [185].

Im Oktober 1951 stürzte in Australien ein kleines Verkehrsflugzeug De Havilland „Dove" infolge Flügelbruch ab.

Die Untersuchung ergab eindeutig einen Ermüdungsbruch des aus AlZnMgCu 1,5
gebauten Holms im Flügelmittelstück des abgestürzten Flugzeugs und Ermüdungsrisse an der gleichen Stelle der beiden anderen in Australien fliegenden
„Dove".

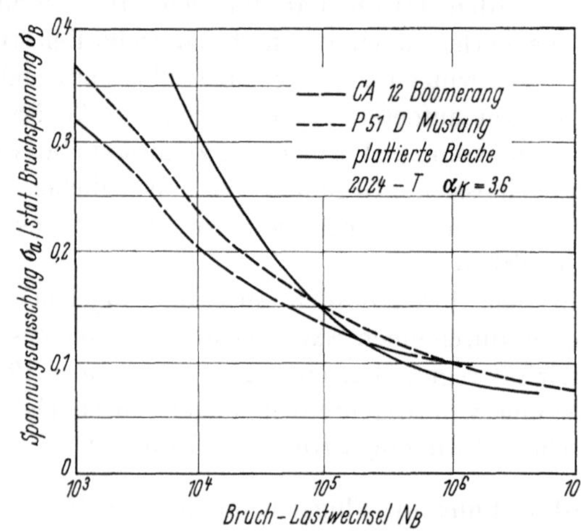

Bild 605. Schwell-Last
Ermüdungsversuche an Tragflügeln — Vergleich der Jäger
„Boomerang" und „Mustang„ mit
plattierten gekerbten Blechen.
[185].

Die Schäden waren nach etwa 9000 Flugstunden festgestellt worden [186].

Unter dem Eindruck der Ermüdungsschäden der „Dove" wurde beschlossen,
den Problemen der Ermüdungsfestigkeit von Metallflügeln eine Großversuchsreihe
zu widmen [153]. Hierzu wurden 180 Flügelhälften des Jägers „Mustang" verwendet, der gegen Ende des zweiten Weltkriegs zum Einsatz kam, jedoch 1952
wegen der Umstellung der Technik auf Strahltriebwerke veraltet war.

4.2.1.2 Versuchseinrichtung für die Großversuchsreihe
an 180 Mustang-Flügelhälften

Die mit Hydraulikstreben arbeitende Anlage war trotz der Automatisierung mit
$f = 0,25$ Hz zu langsam zur Versuchsdurchführung bis zu hohen Lastwechselzahlen.

Daher wurde eine „Resonanzschwinganlage" mit teils in weicher Federung aufgehängten Gewichten und teils steif verbundenen Massen entwickelt, die in ihrem Prinzip der vom Verfasser in der DVL entwickelten Holmschwinganlage nach dem Resonanzprinzip voll entsprach.

Die Resonanzschwinganlage lief bei dem Mustang-Flügel mit der Frequenz $f = 12{,}5$ Hz. Bild 606 zeigt einen Teil der Anlage mit Federn für die statische Vorlast und mit festen Zusatzmassen.

Bild 606. Ermüdungsversuche an „Mustang"-Tragflügeln. Resonanz-Schwing-Anlage. [153].

4.2.1.3 Versuchsergebnisse mit Mustang-Flügeln

Einige Vergleichsversuche der Resonanzschwinganlage mit der langsamen Hydraulikzylinderanlage ergaben, daß beide Anlagen mit gleichen Lasten nahezu die gleichen Ergebnisse bringen.

Folgendes wurde über den Ablauf vom Anriß bis zum Bruch festgestellt:

Anrisse beginnen sich auszubreiten nach 30 bis 50% der Gesamtlebensdauer,

nach Entstehung des Anrisses folgt ein konstanter langsamer Fortschritt über 20 bis 30% der Gesamtlebensdauer,

anschließend progressiver Rißfortschritt (mit starken Spannungshäufungen und -umlagerungen).

4.2.2 Versuchsreihen an Tragflügeln in USA und England

In anderen Laboratorien wurden ebenso Ermüdungsversuche an Tragflügeln von nach dem Kriege außer Dienst gestellten Flugzeugen durchgeführt.

4.2.2.1 Curtiss C-46 „Commando" (USA)

McGuigan berichtete 1953 über Versuche, die er an den Flügeln von 23 Maschinen dieses Typs durchgeführt hat [187]. Die Maschinen hatten zwischen 200 und 800 Flugstunden absolviert und einige Jahre in einer offenen Halle gestanden. An den genieteten Ganzmetallflügeln (2024 S-T) wurden Einstufenversuche nach dem Resonanzverfahren (Frequenz 18 Hz) bei einer dynamischen Belastung entsprechend $(1 + 0{,}625)\,g$ durchgeführt, das entspricht einem Spannungsverhältnis von $R_z = 0{,}23$.

Zweck der Untersuchungen war die Bestimmung

der Streuung der Ermüdungsfestigkeitswerte von Tragflügeln gleicher Konstruktion,

der Größe der Spannungskonzentration bei verschiedenen Kerbformen in der Struktur,

des Einflusses dynamischer Anrisse auf die Eigenfrequenz und die Dämpfungseigenschaften der Struktur,

der statischen Restfestigkeit.

Die Ermüdungsversuche wurden bis zur Ausbreitung eines Risses von 6,4 mm Länge — der über die ganze Tiefe des Bauteils geht — durchgeführt. Die entsprechende Lastwechselzahl ist in der Darstellung der Versuchsergebnisse (siehe

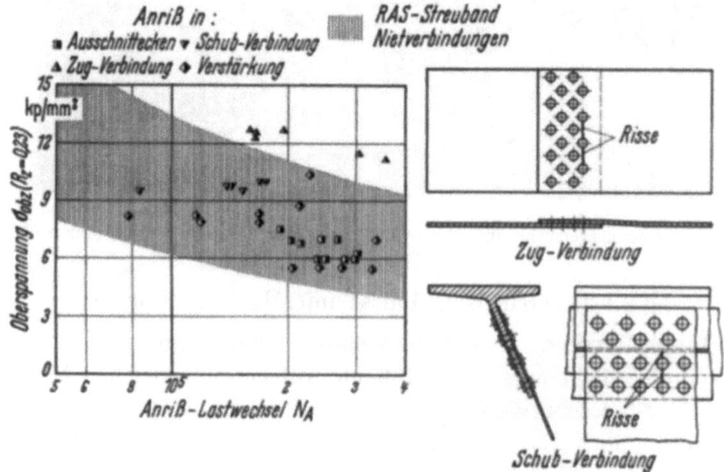

Bild 607. Ermüdungsversuche an Flügeln der Curtiss C-46 „Commando". Zusammenstellung der dynamischen Anrisse. Vergleich mit RAS-Streuband. [187, 125].

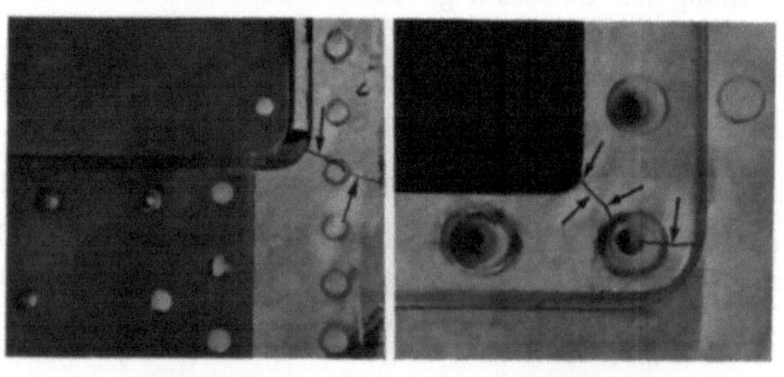

Bild 608. Ermüdungsversuche an Flügeln der Curtiss C-46 „Commando". Anrisse in Ausschnittecken. [187].

Bild 607) als Anrißlastwechselzahl N_A bezeichnet. Zu Vergleichszwecken ist in das Diagramm des Bildes 607 das Streuband für Nietverbindungen aus den RAS Data Sheets [125] eingetragen.

Bei den Versuchen wurden vier „Hauptanrißstellen" festgestellt:

Risse in Ausschnittecken mit $K_{eff} \approx 4{,}0$ (Bild 608),
Risse in Verstärkungsansätzen,
Risse in auf Schub beanspruchter Nietung mit $K_{eff} \approx 3{,}2$,
Risse in auf Zug beanspruchter Nietung mit $K_{eff} \approx 2{,}3$.

Bei der Bestimmung der effektiven Häufungsfaktoren K_{eff} wurde der Tatsache Rechnung getragen, daß es sich nicht exakt um Einstufenversuche handelt, da das Versuchsstück durch „Vorversuche" (Hochfahren, Abschalten und Einregulieren) einem Lastspektrum unterworfen wurde.

Einige Versuchsflügel wurden auch nach Erreichen der anfangs erwähnten Rißlänge $l_R = 6{,}4$ mm weiter dynamisch belastet.

Es wurde keine wesentliche Änderung der Eigenfrequenz oder der Dämpfungseigenschaften festgestellt. Ein Riß, der sich über 50% des auf Zug beanspruchten Materials erstreckte, hatte eine Eigenfrequenzänderung von etwa 2% zur Folge.

Nach dem Anriß ist die Rißausbreitungsgeschwindigkeit zunächst klein, bis der Riß 5 bis 9% des Zugquerschnittes zerstört; danach steigt die Rißausbreitungsgeschwindigkeit steil an.

4.2.2.2 Versuche an Einholmflügeln der Vickers-„Varsity" (England)

Bei den von WINKWORTH im Jahre 1959 durchgeführten Versuchen an den Tragflügeln der „Varsity" erwies sich der Holmgurt als besonders gefährdet bezüglich dynamischer Anrisse [188].

Das Belastungsprogramm setzte sich zusammen aus
einem Abhebevorgang,
einer dynamischen Belastung entsprechend 18 Böen mit ± 3 m/sec,
einem Landevorgang.

Dieses Lastprogramm, das einen 33 minütigen Flug repräsentiert, wurde alle $1^1/_2$ min wiederholt. Die dynamischen Lasten wurden mit Hilfe eines Hydraulik-

Bild 609. Ermüdungsversuche an den Einholm-Flügeln der Vickers „Varsity". Belastungseinrichtung. [188].

systems aufgebracht. Druckschalter und Zählwerke ermöglichten einen Dauer-
betrieb, ohne daß eine ständige Überwachung notwendig war. Flügel- wie auch
Motorkräfte wurden mit Hilfe hydraulischer Hebevorrichtungen, die im Boden
verankert waren, über entsprechende Verteilungssysteme aufgebracht. Das
System der hydraulischen Hebevorrichtungen wurde von einem Drucksammelbehälter und zwei sinusförmig gesteuerten Druckzylindern gespeist. Die Belastungseinrichtung zeigt Bild 609.

Die statische Vorlast bzw. die Unterlast wurde aufgebracht durch Anschluß
der hydraulischen Hebevorrichtungen an den Drucksammelbehälter; geöffnete
Ausgleichsventile sorgten dafür, daß die beiden Druckzylinder keinen zusätzlichen Druck aufbauen konnten.

Die dynamische Belastung bzw. die Oberlast wurde nach Schließen der Ausgleichsventile von den sinusförmig gesteuerten Druckzylindern aufgebracht.

Das Lastprogramm wurde so lange gefahren, bis es zu ersten Anrissen kam,
die Rißausbreitung wurde beobachtet und der Versuch bis zum Bruch des Haupt-
holms fortgesetzt. Um möglichst umfangreiche Erfahrungen auf dem Gebiet
der Ausbreitung dynamischer Schäden sammeln zu können, wurde der Holm
repariert und der Versuch bis zu einem erneuten Bruch fortgesetzt.

Im Bild 610 sind die Ergebnisse der Versuche zusammengestellt.

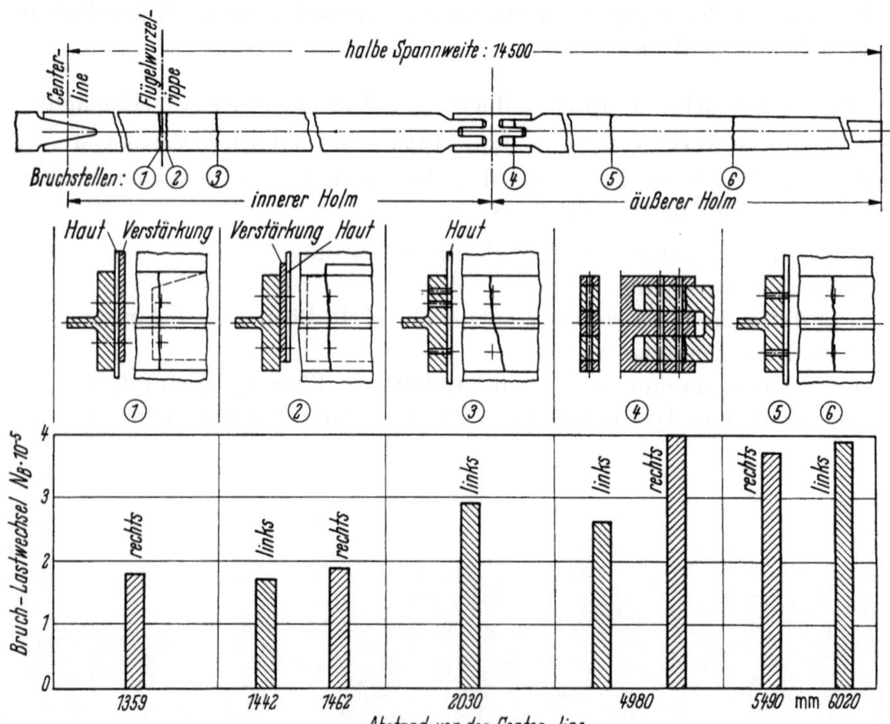

Bild 610. Ermüdungsversuche an den Einholm-Flügeln der Vickers „Varsity".
Anrißstellen am Holm. [188].

4.2.2.3 Ermüdungsversuche an Tragflügeln der Convair T-29 A (USA)

In einem Bericht der NASA [189] aus dem Jahre 1960 teilen CASTLE und
WARD die Ergebnisse ihrer an 18 Flügelgurtplatten der T-29 A, der militärischen

Version der CV 240, durchgeführten Versuche mit, die dadurch von besonderem Interesse waren, daß die Gurtplatten aus der hochgezüchteten AlZnMgCu-Legierung 7075-T hergestellt waren.

Als Versuchsstücke dienten die äußeren Tragflächenfelder der Maschinen, die zwischen 662 und 925 Flugstunden absolviert hatten.

Für die Versuche wurde die im Bild 611 gezeigte spezielle Belastungsapparatur konstruiert, mit der die Lastverteilung im Fluge nachgeahmt werden konnte. Die Belastung der Versuchsflügel setzte sich zusammen aus der statischen Vorlast, entsprechend einem Lastvielfachen von 1 g für den unbeschleunigten Geradeausflug und jeweils drei verschiedenen dynamischen Belastungen mit

Bild 611. Ermüdungsversuche an Tragflügeln der Convair CV 240. Statische Vorlast in elastischer Aufhängung. [189].

konstantem Spannungsausschlag, entsprechend Böen von $\pm 1,5$ m/sec; $\pm 2,5$ m/sec und $\pm 4,5$ m/sec. Das ergab Böenlastvielfache Δn_B von $\pm 0,25$ g; $\pm 0,42$ g und $\pm 0,76$ g und Spannungsverhältnisse R_z von 0,6, 0,4 und 0,14.

Die Grundlast wurde durch teilweise an weichen Gummiseilen hängende, teilweise starr mit dem Flügel verbundene Zusatzgewichte aufgebracht.

Durch an den Spitzen der Tragflächen angebrachte Schubstangen und Exzenter wurde das System nach dem Resonanzverfahren in Schwingungen versetzt (Eigenfrequenz $f = 6,7$ Hz). Die Schwingungsamplitude konnte über die Schubstangen und Exzenter geregelt werden. Zur Erkennung der ersten dynamischen Anrisse und zur Beobachtung des Rißwachstums wurden periodische Inspektionen durchgeführt. Die Erkennung der ersten Anrisse wurde durch besondere Rißanzeiggeräte erleichtert (aufgeklebte Drähte). Es wurden periodisch Röntgenuntersuchungen vorgenommen. Der Versuch wurde abgebrochen, wenn die Querschnittverringerung durch Rißausbreitung ein bestimmtes Maß erreicht hatte. Den Abschluß eines jeden Versuchs bildete die Bestimmung der statischen Restfestigkeit.

4.3 Ermüdungsschäden im Verkehrsflugbetrieb nach 1945

4.3.1 Comet-Unfälle als Anlaß intensiver Ermüdungsuntersuchungen

Die Comet-Unfälle in den Jahren 1954 zeigten, daß nicht nur die Tragflügel, sondern auch die Rumpfkonstruktion durch dynamische Belastungen gefährdet sind [190]. Die De Havilland „Comet" war das erste von Strahlturbinen angetriebene Verkehrsflugzeug. Der serienmäßige Einsatz dieser britischen Flugzeuge im planmäßigen Luftverkehr begann bereits 1953, also 5 Jahre vor der amerikanischen Boeing 707.

Der gewaltige technische Vorsprung dieser Pioniertat wurde durch drei Totalverluste im Reiseflug zunichte gemacht.

Zwei dieser Abstürze aus großer Höhe, der im Januar 1954 bei der Insel Elba und der im April 1954 bei Neapel, konnten nach langwieriger Unfalluntersuchung als explosionsartiger Bruch der Druckkabine geklärt werden. Die Struktur versagte infolge Ermüdung der Rumpfschale aus der Schwellbelastung des Kabinenüberdrucks, der bei jedem Flug zwischen 0 in Bodennähe und 0,58 kp/cm² in Reiseflughöhe wechselte.

Die furchtbaren Verluste sowie der gewaltige technische und wirtschaftliche Rückschlag aus diesen Katastrophen lenkte die größte Aufmerksamkeit auf die Fragen der Ermüdungsfestigkeit der Flugzeuge und bewirkte den Einsatz beträchtlicher Aufwendungen für Ermüdungsversuche mit ganzen Flugzeugzellen.

An den Wrackteilen der bei der Insel Elba abgestürzten Comet wurde festgestellt, daß die Brüche von Anrissen in den Rändern von fensterartigen Ausschnitten der Rumpfschale ausgingen. Bild 533 zeigt oben den gebrochenen Rahmen, der den Ausschnitt verstärkte und unten die Ermüdungsrisse im Blechrand einer Rahmenecke.

Diesem Haut- und Rahmenbruch in der Ausschnittsecke war ein schlagartiges Aufreißen der Rumpfbeplankung in Längsrichtung gefolgt.

Bild 612. Ermüdungsversuche am Rumpf der DH Comet 2 im Wassertank. Kabine unter Druckwechseln — dynamischer Anriß — Restbruch. [190].

Der heute als schwerwiegend erkannte Konstruktionsfehler lag darin, daß die die „Kesselspannung" und die aus der Massenverteilung resultierenden Spannungen aufnehmende Rumpfhaut und deren Verstärkungsrahmen in den hoch beanspruchten Rahmenecken durch Bohrungen für die Vernietung geschwächt und starken „Spannungshäufungen" oder „Kerbwirkungen" unterworfen war.

Der Fall der „Comet-Druckkabine" ist besonders gelagert, denn es war mit etwa

$N = 1200$ Lastwechseln in 3500 Flugstunden bei der Elba-Comet,

$N = 900$ Lastwechseln in 2700 Flugstunden bei der Neapel-Comet

die Zahl der Bruchlastwechsel sehr klein,

die Einwirkdauer der Höchstlast von etwa $2^1/_2$ Stunden in jedem Zyklus jedoch groß und

die Spannungshöhe in der geschwächten Rahmenecke schon statisch oder von der Dauerstandfestigkeit her gesehen sehr beträchtlich.

Bei den nach der Unfallklärung durchgeführten Ermüdungsversuchen im Wassertank ging der Ermüdungsbruch, wie es Bild 612 zeigt, von Anrissen in den Rahmenecken eines Kabinenfensters aus und setzte sich in einem explosionsartigen Aufreißen der Rumpfbeplankung fort.

4.3.2 Ermüdungsbrüche in der Tragflügelstruktur der Vickers Viscount 700

Die Bedeutung der Ermüdungsfestigkeit für die Sicherheit und Wirtschaftlichkeit in der Flugtechnik trat im Februar 1958 erneut in Erscheinung, als 21 Flugzeuge der ersten Serie des erfolgreichen Musters Vickers Viscount 700 zur Auswechselung eines Flügelgurtes aus dem Verkehr gezogen werden mußten [191].

Die Tragflügelgurte der ersten 36 Viscount-Maschinen waren in der statisch hochwertigen Legierung 7075-T ausgeführt, hatten also ein hohes Spannungsniveau. Es zeigten sich Risse im Holmuntergurt am Fahrwerkanschluß, die durch Reibung der Haut auf dem Gurt bei Landebelastung begünstigt waren. Als die ersten Anrisse beobachtet wurden, zeigte sich, daß dank einer langsamen Rißausbreitung diese Schäden nicht zu einer direkten Gefahr führten. Ermüdungsversuche im Laboratorium zeigten diese langsame Ausbreitung der Anrisse im Gurt. Daher wurden nach der ersten Feststellung von Schäden die Flugzeuge nicht stillgelegt, sondern die gefährdeten Holmgurte nach einem langfristigen Programm ausgewechselt. Im Laufe eines Jahres sollten 10 Flugzeuge umgerüstet werden.

Als dann beim Wechseln eines Holmgurtes festgestellt wurde, daß der Riß schon stärker ausgeprägt war und sich im Versuch schnell weiter bis zum Restbruch ausbreitete, mußten die restlichen 22 Flugzeuge dieser Konstruktion stillgelegt werden, um die Gurte in einer Sofortaktion auszuwechseln.

Die neuen Gurte hatten stärkere Abmessungen und wurden aus der AlCuMg-Legierung 2024-T, entsprechend der Ausführung der zweiten Serie hergestellt.

Außerdem wurden zahlreiche Bohrungen im Holmgurt mit Stahlbuchsen versehen und die entsprechenden Paßbolzen mit einem Speziallack behandelt. Weiterhin verhinderte eine Kunststoffschicht zwischen Haut und Holmgurt den direkten Kontakt in diesem Bereich und damit die Gefahr der Reibkorrosion (fretting).

Literaturverzeichnis

Die Beschaffung der umfangreichen Literatur wurde durch die unter Leitung von Herrn Dr. RAUTENBERG stehende Zentralstelle für Luftfahrtdokumentation und -information (ZLDI) in München, insbesondere durch Frau STEINBOCK, in dankenswerter Weise unterstützt.

Vorwort

[1] HERTEL, H.: Dynamische Bruchversuche mit Flugzeugbauteilen. (DVL-Bericht 248.) DVL-Jahrbuch 1931, S. 142—164.

Kapitel I

[1] HERTEL, H., s. Vorwort [1].
[2] HERTEL, H.: Leichtbau. Flugzeuge und andere Leichtbauwerke. Berlin/Göttingen/Heidelberg: Springer 1960.
[3] SCHAPITZ, E.: Festigkeitslehre für den Leichtbau. Die Berechnung versteifter Schalen und Vollwandsysteme auf Grund der Forschungen aus dem Metallflugzeugbau. Düsseldorf: VDI-Verlag 1963.
[4] KÜSSNER, H. G., u. K. THALAU: Entwicklung der Festigkeitsvorschriften für Flugzeuge. (DVL-Bericht 278.) Luftfahrtforschung 10 (1932) 1—54.
[5] NEUBER, H.: Kerbspannungslehre. Grundlagen für genaue Festigkeitsberechnung mit Berücksichtigung von Konstruktionsform und Werkstoff. Berlin/Göttingen/Heidelberg: Springer 1958.

Kapitel II

[1] MÜLLER, R. K.: Das Verhalten einiger Kunststoffe bei periodischer Be- und Entlastung. VDI-Bericht 102 (1966) 85—88.
[2] FINK, K., u. CHR. ROHRBACH: Handbuch der Spannungs- und Dehnungsmessung. Düsseldorf: VDI-Verlag 1958.
[3] STAATS, H., N.: Principles of stresscoat. A manual for use with the brittle coating stress-analysis-method. Chicago, Illinois: Magnaflux Corp. 1955.
[4] CRITES, N. A.: Spannungsanalyse mit Reißlack. Techn. Rundschau (Bern) 54.4 (1962) Nr. 45, S. 57—61; Nr. 46, S. 41—43. (Übersetzung aus: Product Engineering 27. 11. 1961.)
[5] ROHRBACH, CHR.: Die wichtigsten Verfahren der Spannungs- und Dehnungsmessung. Materialprüfung 2 (1960) 468—472.
[6] MURRAY, W. M., and P. K. STEIN: Strain gage techniques. Lectures and Laboratory Exercises. M.I.T., Cambridge, Mass. 1963.
[7] Experimentelle Spannungsanalyse. VDI-Bericht Nr. 102 (1966).
[8] FROCHT, M. M.: Photoelasticity, Vol. 1 and 2. New York: J. Wiley & Sons 1941/1948.
[9] FÖPPL, L., u. E. MÖNCH: Praktische Spannungsoptik. Berlin/Göttingen/Heidelberg: Springer 1950.
[10] WOLF, H.: Spannungsoptik. Berlin/Göttingen/Heidelberg: Springer 1961.
[11] RAS Data Sheets on Fatigue. Ed.: Royal Aeronautical Society, London.
[12] WÖHLER, A.: Über die Festigkeitsversuche mit Eisen und Stahl. Z. Bauwesen 20 (1870) Spalte 73—106.
[13] SPANGENBERG, L.: Über das Verhalten der Metalle bei wiederholten Anstrengungen. Z. Bauwesen 24 (1874) Spalte 473—496; 25 (1875) Spalte 78—100.

[14] DIN 50100: Werkstoffprüfung. Dauerschwingversuch. Begriffe, Zeichen, Durchführung, Auswertung. Hrsg.: Deutsch. Normenausschuß. Ausg. Jan. 1953.

[15] LINDER, A.: Statistische Methoden für Naturwissenschaftler, Mediziner und Ingenieure, 3. Aufl. Basel/Stuttgart: Birkhäuser 1960.

[16] FREUDENTHAL, A. M.: Physical and statistical aspects of cumulative damage. In: IUTAM Kolloquium über Ermüdungsfestigkeit, Stockholm, 1955. Berlin/Göttingen/Heidelberg: Springer 1956, S. 53—62.

[17] FREUDENTHAL, A. M., and E. J. GUMBEL: Distribution functions for the prediction of fatigue life and fatique strength. In: Proc. Internat. Conf. on Fatigue of Metals, London/New York 1956. London: I. Mech. E. 1957, pp. 262—271.

[18] WEIBULL, W.: Basic aspects of fatigue. In: IUTAM-Kolloquium über Ermüdungsfestigkeit, Stockholm 1955. Berlin/Göttingen/Heidelberg: Springer 1956, S. 289—298.

[19] ERKER, A.: Sicherheit und Bruchwahrscheinlichkeit. MAN-Forschungsheft (1958) Nr. 8, S. 49—62. Hrsg.: Maschinenfabrik Augsburg-Nürnberg AG.

[20] FREUDENTHAL, A. M.: Planing and interpretation of fatigue tests. In: ASTM-STP No. 121: Symposion on statistical aspects of fatigue, Philadelphia 1951, p. 343.

[21] BÜHLER, H., u. W. SCHREIBER: Anwendung statistischer Verfahren auf einige Fragen der Zeitschwingfestigkeit. Arch. Eisenhüttenwesen 27 (1956) 201—209.

Kapitel III

[1] SCHIJVE, J.: Analysis of the fatigue phenomenon in alluminium alloys. NLR-TR M 2122 (July 1964).

[2] WOOD, W. A.: Recent observations on fatigue failure in metals. In: ASTM-STP No. 237: Basic mechanisms of fatigue (1959).

[3] FORSYTH, P. J. E.: The mechanism of fatigue in aluminium and aluminium alloys. In: FREUDENTHAL, A. M.: Fatigue in aircraft structures. New York: Academic Press 1956, pp. 20—42.

[4] COTTRELL, A. H., and D. HULL: Extrusion and intrusion by cyclic slip in copper. Proc. Roy. Soc. (A) 242 (1957) 211.

[5] GOUGH, H. J.: Crystalline structure in relation to failure of metals, especially by fatigue. Proc. ASTM 33 (1933) 3.

[6] OROWAN, E.: Theory of the fatigue of metals. Proc. Roy. Soc. (A) 171 (1939) 79—106.

[7] HOLDEN, J.: The formation of sub-grain Structure by alternating plastic strain. N.E.L.-Report PM 298 (1960).

[8] VALLURI, S. R.: A unified engineering theory of high stress level fatigue. Aerospace Eng. 20 (1961) 18.

[9] ODING, I. A.: Über den Mechanismus der Zerstörung bei der zyklischen Belastung von Metallen. In: IUTAM-Kolloquium über Ermüdungsfestigkeit, Stockholm 1955. Berlin/Göttingen/Heidelberg: Springer 1956, S. 178—185.

[10] COFFIN, L. F., and J. F. TAVERNELLI: The cyclic straining and fatigue of metals. Trans. AIME 215 (1959) 794.

[11] SMITH, R. W., M. H. HIRSCHBERG, and S. S. MANSON: Fatigue behavior of materials under strain cycling in low and intermediate life range. NASA TN D-1574 (April 1963).

[12] DUGDALE, D. S.: Stress-strain cycles of large amplitude. J. Mech. Phys. Solids 7 (1959) 135.

[13] BAUSCHINGER, J.: Über die Erhöhung der Elastizitätsgrenze der Metalle. Dinglers Polytechnisches Journal (Hrsg.: ZEMAN, J., u. F. FISCHER). 224 (1877) 1—13, 129—134.

[14] YAO, I. T. P., and W. H. MUNSE: Low-cycle axial fatigue behavior of mild steel. In: ASTM-STP No. 338: Symposion on fatigue tests of aircraft structures. Philadelphia 1963, pp. 5—24.

[15] GOUGH, H. J., and D. HANSON: The behavior of metals subjected to repeated stresses. Proc. Roy. Soc. (A), 104 (1923) 538.

[16] HEMPEL, M.: Über Verformungserscheinungen in Stählen bei der Wechselbeanspruchung. In: IUTAM-Kolloquium über Ermüdungsfestigkeit, Stockholm 1955. Berlin/Göttingen/Heidelberg: Springer 1956, S. 83—103.

[17] HEMPEL, M.: Slip bands, twins, and precipitation processes in fatigue stressing. In: AVERBACH, B. L. and others: Fracture. New York: J. Wiley & Sons 1959, London: Chapman & Hall 1959, pp. 376—411.

[18] THOMPSON, N.: Experiments relating to the origin of fatigue cracks. In: FREUDENTHAL, A. M.: Fatigue in aircraft structures. New York: Academic Press 1956, pp. 43—61.

[19] MOORE, H. F., and T. VER: A study of slip lines, strain lines and cracks in metals under repeated stress. Univ. of Illinois Bull. No. 208, Vol. 27 (1930) No. 40.

[20] WISS, W.: Über dynamische Verfestigung und Überlastungsfähigkeit von Stählen. Diss. TH Darmstadt (THUM u. BLAESS) 1929, VDI-Z. 73 (1929) 1787—1788.

Kapitel IV

[1] THUM, A., u. W. BUCHMANN: Dauerfestigkeit und Konstruktion. Mitt. d. MPA a. d. TH Darmstadt, Heft 1, Berlin: VDI-Verlag 1932.

[2] NEUBER, H., s. I [5].

[3] HOWLAND, R. C. J.: On the stresses in the neighbourhood of a circular hole in a strip under tension. Phil. Trans. Roy. Soc. (A) 229 (1929/30) 49—86.
PETERSON, R. E.: Stress concentration design factors. New York: J. Wiley & Sons 1953, London: Chapman & Hall 1953.

[4] BÜRNHEIM, H.: Beitrag zur Frage der Zeit- und Dauerfestigkeit der Nietverbindungen. Teil I u. II. Diss. TH Darmstadt, Abt. Maschinenbau, 1943/44 D 87.

[5] YEOMANS, H.: Programme loading fatigue test on a bolted joint. RAE T.N. Structures 327 (March 1963).

[6] SAVIN, G. N.: Stress concentration around holes. In: International Series of Monographs in Aeronautics and Astronautics, Division I: Solid and structural mechanics, Vol. I. Oxford/London/New York/Paris: Pergamon 1961.

[7] RAS Data Sheets on Fatigue s. II [11].

[8] TUZI, Z.: Effect of a circular hole on the stress distribution in a beam under uniform bending moment. Phil. Mag. 9 (1930) No. 56, pp. 210—224.

[9] SCHULZ, K. J.: Over den spanningstoestand in doorboorde platen. Diss. Techn. Hochschule Delft Aug. 1941.

[10] TIMOSHENKO, S.: Strength of Materials, Pt. II, 2nd Ed. Princeton, N.J.: D. van Nostrand 1930.

[11] CHI-BING-LING: On the stresses in a plate containing two circular holes. J. Appl. Phys. 10 (1948) 77.

[12] SIEBEL, E., u. E. KOPF: Beanspruchung in gelochten Platten. (Mitt. a. d. MPA d. TH Stuttgart.) VDI-Forschungsheft 369 (1934). (Beilage zur Forsch. Ing.-Wes., Ausg. B, 5 (1934)).

[13] THUM, A., u. O. SVENSON: Mehrfache Kerbwirkung. Entlastungskerben — Überlastungskerben. VDI-Z. 92 (1950) 225—230.

[13a] THUM, A., u. O. SVENSON: Beanspruchung bei mehrfacher Kerbwirkung. Entlastungs- und Überlastungskerben. Schweiz. Arch. angew. Wiss. Techn. 15 (1949) 161—174.

[14] SVENSON, O.: Zur Berechnung der Formzahl sich durchdringender Kerben. Zbl. Werkstofforschung. Sonderheft. Festigkeitskolloquium Stuttgart 1949.

[15] Hütte I, Theoretische Grundlagen, 28. Aufl. Berlin: Ernst & Sohn 1956, S. 852.

[16] OSCHATZ, H.: Gesetzmäßigkeiten des Dauerbruches und Wege zur Steigerung der Dauerhaltbarkeit. Mitt. d. MPA a. d. TH Darmstadt, Heft 2. Berlin: VDI-Verlag 1933.

[17] MORIN, A.: Leçons de mécanique practique. Résistance des materiaux. Paris: Librairie de L. Hachette 1853, p. 348.

Kapitel V

[1] DIN 50100, s. II [14].

[2] THUM, A., u. W. BUCHMANN: Dauerfestigkeit und Konstruktion. Mitt. d. MPA a. d. TH Darmstadt, Heft 1, Berlin: VDI-Verlag 1932.

[3] MOHR, O.: Abhandlungen aus dem Gebiete der technischen Mechanik, 2. Aufl. Berlin: Ernst & Sohn 1914.

[4] HUBER, M. T.: Die spezifische Formänderungsarbeit als Maß der Anstrengung eines Materials. Czasapismo Techniczne, Lemberg 22 (1904) 81.

[5] v. MISES, R.: Mechanik der plastischen Formänderung. ZAMM 8 (1928) 161.

[6] HENCKY, H.: Zur Theorie des plastischen Zustandes. ZAMM 4 (1924) 323—334.

[7] v. RAJAKOVICS, E.: Über Einflüsse auf die Schwingungsfestigkeit von Aluminium-Legierungen. Metallwirtschaft XXII (1943) Nr. 15/17, S. 225—239.

[8] FINDLEY, W. N., J. J. COLEMAN, and B. C. HANLEY: Theorie for combined bending and torison fatigue with data for SAE 4340 Steel. In: Proc. Internat. Conf. on Fatigue of Metals, London/New York 1956. London: I. Mech. E. 1957, pp. 150—157.

[9] FINDLEY, W. N.: Fatigue of 76 S-T 61 Aluminium alloy under combined bending and torsion. Proc. ASTM 52 (1952) 818.

[10] FINDLEY, W. N.: Combined stress fatigue strength of 76 S-T 61. Aluminium alloy with superimposed mean stresses and correction for yielding. NACA TN 2924 (1953).

[11] FINDLEY, W. N.: Effect of range of stress on fatigue of 76 S-T 61. Aluminium alloy under combined stresses which produce yielding. J. Appl. Mech. 20 (1953) 365—374.

[12] MARIN, J., and W. SHELSON: Biaxial fatigue strength of 24 S-T Aluminium alloy. NACA TN 1889 (May 1949).

[13] MARIN, J., and W. P. HUGHES: Fatigue strengths of 14 S-T 4 Aluminium alloy subjected to biaxial tensile stresses. NACA TN 2704 (June 1952).

[14] GASSNER, E.: Bericht über die in der BRD durchgeführten Untersuchungen auf dem Gebiet der Ermüdungsfestigkeit im Flugzeugbau (Berichtszeitraum April 1961 — März 1963). LBF-Bericht S. 46 (1963).

[15] MORRISON, J. L., B. CROSSLAND, and J. S. C. PARRY: Fatigue under triaxial stress. A testing machine and preliminary results. Aircraft Engng. 183 (1957) 428—432.

[16] PARRY, J. S. C.: Further results of fatigue under triaxial stress. In: Proc. Internat. Conf. on Fatigue of Metals, London/New York 1956. London: I. Mech. E. 1957, pp. 132 to 137.

[17] O'CONNOR, H. C., and J. L. M. MORRISON: The effect of mean stress on the push-pull fatigue properties of an alloy steel. In: Proc. Internat. Conf. on Fatigue of Metals, London/New York 1956. London I. Mech. E. 1957, pp. 102—109.

[18] NISHIHARA, T., and T. SAKURAI: Fatigue strength of steel for repeated tension and compression. Trans. Soc. Mech. Engrs. (Japan) 5 (1939) No. 18, pp. 25—29.

[19] NISHIHARA, T., and K. KOJIMA: Diagram of endurance limit of Duralumin for repeated tension and compression. Trans. Soc. Mech. Engrs. (Japan) 5 (1939) No. 20, p. 67.

[20] SINES, G.: Failure of materials under combined repeated stresses with superimposed static stresses. NACA TN 3495 (Nov. 1955).

[21] SINES, G.: Behavior of metals under complex static and alternating stresses. In: SINES, G., and J. L. WAISMANN: Metal Fatigue. New York/Toronto/London: McGraw-Hill 1959, pp. 145—169.

[22] ROŠ, M., u. A. EICHINGER: Die Bruchgefahr fester Körper bei wiederholter Beanspruchung — Ermüdung — Metalle. — Ergebnisse der an der Eidg. Materialprüfungs- und Versuchsanstalt für Industrie, Bauwesen und Gewerbe von 1925—1949 durchgeführten Untersuchungen. Eidgenössische Materialprüfungs- und Versuchsanstalt für Ind. Bauw. u. Gewerbe, Bericht Nr. 173, Zürich, Sept. 1950.

[23] MEUTH, H. O.: Über den Einfluß des Spannungsgefälles auf die Stützwirkung bei schwingender Beanspruchung. Diss. TH Stuttgart 1952 (E. SIEBEL u. W. KÖSTER).

[24] MEUTH, H. O.: Ein Beitrag zur Deutung der Stützwirkung bei Schwingungsbeanspruchung. Metall-Z. (1953), 974—977.

[25] STIELER, M.: Untersuchungen über die Dauerschwingfestigkeit metallischer Bauteile bei Raumtemperatur. Diss. TH Stuttgart 1954 (SIEBEL, WELLINGER u. KANDERER).

[26] KÖRBER, F., u. M. HEMPEL: Zugdruck-, Biege- u. Verdrehwechselbeanspruchung an Stahlstäben mit Querbohrungen und Kerben. Mitt. KWI Eisenforschung 21 (1939) 1—19.

[27] HEMPEL, M.: Einfluß der Probenform, Prüfmaschine und Versuchsdurchführung auf die Wechselfestigkeit. Mitt. KWI Eisenforschung 21 (1939) 21—26.

[28] LEHR, E., u. R. MAILÄNDER: Einfluß von Hohlkehlen an abgesetzten Wellen auf die Biegewechselfestigkeit. Arch. Eisenhüttenwesen 9 (1935) 31—35.

[29] Buchmann, W.: Die Kerbempfindlichkeit der Werkstoffe. Forsch. Ing.-Wes. 5 (1934) 36—48 (Zuschrift z. d. Artikel: Forsch. Ing.-Wes. 5 (1934) 192—194).

[30] Sawert, W.: Verhalten der Baustähle bei wechselnder mehrachsiger Beanspruchung. VDI-Z. 87 (1943) 609—615.

[31] Thum, A., u. F. Wunderlich: Die Fließgrenze bei behinderter Formänderung. Ihre Bedeutung für das Dauerfestigkeitsschaubild. Forsch. Ing.-Wes. 3 (1932) 261—270.

[32] Siebel, E., u. H. Vieregge: Über die Abhängigkeit des Fließbeginns von Spannungsverteilung und Werkstoff. Mitt. KWI Eisenforschung 16 (1934) 225.

[33] Rinagl, F.: Über die Fließgrenzen bei Zug- und Biegebeanspruchung. Bau-Ing. 17 (1936) 431—441.

[34] Bollenrath, J. F., u. E. Schiedt: Röntgenographische Spannungsmessung bei Überschreitung der Fließgrenze. VDI-Z. 82 (1938) 1094—1098.

[35] Föppl, L.: Drang und Zwang. Eine höhere Festigkeitslehre für Ingenieure, Bd. 3: Der ebene Spannungszustand. München: Leibniz-Verlag 1947, s. bes. S. 179—183.

[36] Schaal, A.: Röntgenographische Untersuchung über das Verhalten der Werkstoffe bei Schwingungsbeanspruchung. Z. Metallkunde 40 (1949) 417—427; 42 (1951) 147—154.

[37] Crews, J. H., and H. F. Hardrath: A study of cyclic plastic stresses at a notchroot. NASA TMX 56068. Presented at the Society for Experimental Stress Analysis Meeting, Denver, Colorado, 5/7 May 1965, Paper No. 963.

[38] Grover, H. J., S. M. Bishop, and L. R. Jackson: Fatigue strengths of aircraft materials. Axial-load fatigue tests on unnotched sheet specimens of 24 S-T 3 and 75 S-T 6 Aluminium alloys and of SAE 4130 steel. NACA TN 2324 (1951).

[39] Grover, H. J., S. M. Bishop, and L. R. Jackson: Fatigue strengths of aircraft materials. Axial-load fatigue tests on notched sheets specimens of 24 S-T 3 and 75 S-T 6 Aluminium alloys and of SAE 4130 steel with stress-concentration factors of 2.0 and 4.0. NACA TN 2389 (1950).

[40] Grover, H. J., S. M. Bishop, and L. R. Jackson: Axial-load fatigue tests on notched sheet specimens of 24 S-T 3 and 75 S-T 6 Aluminium alloys and SAE 4130 steel with stress-concentration factor of 5,0. NACA TN 2390 (1950).

[41] v. Philipp, H. A.: Einfluß von Querschnittsgröße und Querschnittsform auf die Dauerfestigkeit bei ungleichmäßig verteilten Spannungen. (Auszug Diss. D 91, TH München 1941.) Forsch. Ing.-Wes. 13 (1942) 99—111.

[42] Rühl, K. H.: Die verschiedenen Arten der Stützwirkung bei Beanspruchung metallischer Baukörper. Konstruktion 5 (1953) 253—256.

[43] Forrest, P. G.: Fatigue of Metals. Oxford/London/New York/Paris: Pergamon Press 1962, pp. 141—143.

[43a] Morkovin, D., and H. F. Moore: The effect of size of specimens of fatigue strength of three types of steel. Proc. ASTM 44 (1944) 137.

[44] Peterson, R. E., and A. M. Wahl: Two and three dimensional cases of stress concentrations and comparison with fatigue tests. Trans. ASME 58 (1936) A 15.

[45] Horger, O. J., and J. L. Maulbetsch: Increasing the fatigue strength of pressfitted axle assemblies by surface rolling. Trans. ASME 58 (1936) A 91.

[46] Aircraft Fatigue Handbook. Vol. II: Design and Analysis, Vol. III: Material. ARTC/W-76, Aircraft Industries Association 1957.

[47] Massonet, Ch.: The effect of size, shape and grain size on the fatigue strength of medium carbon steel. Proc.-ASTM 56 (1956) 954—978.

[48] ALCOA Structural Handbook. A design manual for aluminium. Pittsburgh, Pennsylvania: Aluminium Company of America, 1956.

[49] Bell, W. J., and P. P. Benham: The effect of mean stress on fatigue strength of plain and notched stainless steel sheet in the range from 10 to 10^7 cycles. In: ASTM-STP No. 338: Symposium on fatigue of aircraft structures 1963, pp. 25—46.

[50] Altenpohl, D.: Aluminium und Aluminiumlegierungen. Berlin/Göttingen/Heidelberg/New York: Springer 1965, s. bes. S. 591—593.

[51] Hütte I, Theoretische Grundlagen, 28. Aufl. Berlin: Ernst & Sohn 1956, s. bes. S. 852.

Kapitel VI

[1] Orowan, E., s. III [6].

[2] Hempel, M.: Gefügeänderungen und Vorgänge beim Dauerbruch metallischer Werkstoffe. Materialprüfung 3 (1961) 365—376.

[3] Weisman, M. H., and M. H. Kaplan: The fatigue strength of steel through the range from 1/2 to $3 \cdot 10^4$ cycles of stress. Proc. ASTM 50 (1950) 649.

[4] Benham, P. P.: Fatigue of metals caused by a relatively few cycles of high load or strain amplitude. Metallurgical Reviews 3 (1958) 203.

[5] Krempl, E.: Die Zeitfestigkeit metallischer Werkstoffe — Überblick über den Stand der Forschung. Materialprüfung 9 (1967) 37—44.

[6] Low, A. C.: Short endurance fatigue. In: Proc. Internat. Conf. on Fatigue of Metals, London/New York 1956. London: I. Mech. E. 1957, pp. 206—211.

[7] Manson, S. S.: Behavior of materials under conditions of thermal stress. NACA TN 2933 (1953).

[8] Manson, S. S., and M. H. Hirschberg: Fatigue behavior in strain cycling in the low- and intermediate-cycle range. In: Fatigue. An interdisciplinary approach. Syracuse: University Press 1964, pp. 133—178.

[9] Manson, S. S.: Thermal stress and low-cycle fatigue. New York/San Francisco/Toronto/London/Sydney: McGraw-Hill 1966.

[10] Coffin, L. F.: Cyclic straining and fatigue. In: Rassweiler, G. M., and W. L. Grube: Internal stresses and fatigue in metals. Amsterdam/London/New York/Princeton: Elsevier 1959, pp. 363—381.

[11] Yao, J. T. P., and W. H. Munse: Low-cycle axial fatigue behavior of mild steel. In: Symposium on fatigue tests of aircraft structures. ASTM-STP No. 338 (1959) 5—24.

[12] Pian, Th. H. H., and R. d'Amato: Low cycle fatigue of notched and unnotched specimens of 2024 Aluminium alloy under axial loading. WADC Technical Note 58—27 (ASTIA Document No. AD 142307) (ARL Contract No. AF 33 (616) — 3310 Project No. 1367) Feb. 1958.

[13] Gassmann, H.: Schädigung und Schadensakkumulation bei hochfestem Stahl. Techn.-wiss. Ber. MPA. Stuttgart (1966) Heft 66-01 (Diss. TH Stuttgart 1966).

[14] Forrest, P. G., s. V [43], bes. S. 89.

[15] Padlog, J., and I. Rattinger: Low cycle fatigue strength of pressurized components. In: Symposium on fatigue of aircraft structures. ASTM-STP No. 274 (1959) 65—78.

[16] Marin, J., and W. Shelson, s. V [12].

[17] Marin, J., and W. P. Hughes, s. V [13].

Kapitel VII

[1] Aircraft Fatigue Handbook, s. V [46].

[2] Schleicher, R. L.: Practical aspects of fatigue in aircraft structures. In: Freudenthal, A. M.: Fatigue in aircraft structures. New York: Academic Press 1956, pp. 376—426.

[3] Forrest, P. G., s. V [43] bes. S. 93—106.

[4] Goodman, J.: Mechanics applied to engineering. London: Longmans, Green & Co. 1899.

[5] Gerber, H.: Bestimmung der zulässigen Spannungen in Eisenkonstruktionen. Z. Bayer. Architekten- u. Ingenieurvereins VI (1874) Heft 6, S. 101—110.

[6] Waisman, J. L.: Factors affecting fatigue strength. In: Sines, G., and J. L. Waisman: Metal Fatigue. New York/Toronto/London: McGraw-Hill 1959, p. 7.

[7] Grover, H. J., W. S. Hyler, P. Kuhn and others: Axial load fatigue properties of 24 S-T and 75 S-T Aluminium alloy as determined in several laboratories. NACA Rep. 1190 (1954) 40th Anual Report 775—799, s. a. NACA TN 2928 (1953).

[8] Gassner, E.: Zur Aussagefähigkeit von Ein- und Mehrstufen-Schwingversuchen, Teil I: Einstufenversuche. Materialprüfung 2 (1960) 121—128.

[9] Wöhler, A., s. II [12].

[10] Palmgren, A.: Die Lebensdauer von Kugellagern. VDI-Z. 68 (1924) 339—341.

[11] Miner, M. A.: Cumulative damage in fatigue. J. Appl. Mech. 12 (1945) pp. A-159/A-164.

[12] Crandall, S. H.: Random Vibrations. New York: J. Wiley & Sons 1959.

[13] Späth, W.: Bemerkungen zur kumulativen Schädigungshypothese. Konstruktion 17 (1965) 170—174.

[14a] Thomson, W. T.: Anwendung statistischer Methoden auf mechanische Schwingungen. VDI-Bericht Nr. 66 (1962) 7—20. (Koreferate: 1. Gebelein, H.; S. 21—23 2. Gassner, E.; S. 23).

[14b] Gassner, E.: Zweites Koreferat. VDI-Bericht 66 (1962) 23.

[15] Ebner, H., u. G. Jacoby: Ermüdungsfestigkeit im Flugzeugbau. Sonderdruck aus: Jahrbuch 1964. Der Ministerpräsident des Landes NRW, Landesamt für Forschung. Köln/Opladen: Westdeutscher Verlag.

[16] Gassner, E.: Betriebsfestigkeit. Eine Bemessungsgrundlage für Konstruktionsteile mit statistisch wechselnden Betriebsbeanspruchungen. Konstruktion 6 (1954) 97—104.

[17] Gassner, E.: Festigkeitsversuche mit wiederholter Beanspruchung im Flugzeugbau. Deutsche Luftwacht, Ausgabe Luftwissen 6 (1939) 61—64.

[18] Gassner, E.: Über bisherige Ergebnisse aus Festigkeitsversuchen im Sinne der Betriebsstatistik. Lilienthal-Ges. f. Luftfahrt-Forschung, Bericht 106 (I. Teil) (1939) 9—14.

[19] Gassner, E.: Auswirkungen betriebsähnlicher Belastungsfolgen auf die Festigkeit von Flugzeugbauteilen. Diss. TH Darmstadt 1941 (Thum u. Teichmann); s. a.: Jahrbuch d. Deutschen Luftfahrtforschung 1941, I. S. 972—983.

[20] Gassner, E.: Ergebnisse aus Betriebsfestigkeitsversuchen mit Stahl- und Leichtmetall-Bauteilen. Lilienthal-Ges. f. Luftfahrt-Forschung, Bericht 152 (1942).

[21] Gassner, E., u. A. Teichmann: Zur Aufstellung von Bemessungsregeln für Flugzeugbauteile. (DVL-Ber. 1943.) Jahrbuch d. Deutschen Luftfahrtforschung 1944.

[22] Gassner, E., u. A. Teichmann: Ansatz und Durchführung von Betriebsfestigkeitsversuchen. Techn. Bericht ZWB 12 (1945).

[23] Teichmann, A.: Grundsätzliches zum Betriebsfestigkeitsversuch. Jahrbuch d. Deutschen Luftfahrtforschung 1941, I, S. 467—471.

[24] Teichmann, A.: Belastungskollektiv und Festigkeitsnachweis. Konstruktion 1 (1949) 103—112.

[25] Gassner, E., u. K. F. Horstmann: Einfluß des Start-Lande-Lastwechsels auf die Lebensdauer der böenbeanspruchten Flügel von Verkehrsflugzeugen. LBF-Bericht Nr. 811/1 (1960).

[26] Gassner, E., u. G. Jacoby: Betriebsfestigkeits-Versuche zur Ermittlung zulässiger Entwurfsspannungen für die Flügelunterseite eines Transportflugzeuges. Luftfahrttechnik/Raumfahrttechnik 10 (1964) 6—20.

[27] Gassner, E., u. W. Schütz: The significance of constant load amplitude tests for the fatigue evaluation of aircraft. In: Plantema, F. J., and J. Schijve: Full-scale fatigue testing of aircraft structures. Oxford/London/New York/Paris: Pergamon Press 1961, pp. 14—40.

[28] Matting, A., u. G. Jacoby: Über das Verhalten von Schweißverbindungen aus Al-Legierungen, Teil I: Festigkeit. Aluminium 38 (1962) 177—181 u. 222—230.

[29] Matting, A., u. M. Neitzel: Beitrag zum Schwingfestigkeitsverhalten von Schweißverbindungen aus St 37 und St 52. VDI-Z. 106 (1964) 475/482.

[30] Bautz, W.: Gestaltfestigkeit bei dynamischer Beanspruchung; Wege zu ihrer Erhöhung durch konstruktive und festigungstechnische Maßnahmen. VDI-Bericht 28 (1958) 35—42.

[31] Gassner, E., and W. Schütz: Evaluating vital vehicle components by programme fatigue tests. In: Eley, G.: Proceedings of the Ninth International Automobile Technical Congress, London 1962. London: I. Mech. E. 1962, pp. 195—205.

[32] Gassner, E., u. W. Lipp: Wirklichkeitsgegebene Lebensdauerfunktion für Flugzeugbauteile. In: Beispiele angewandter Forschung, Jahrbuch der Frauenhofer-Gesellschaft. München 1963, S. 63—69.

[33] Kowalewski, J.: Über die Beziehungen zwischen der Lebensdauer von Bauteilen bei unregelmäßig schwankenden und bei geordneten Belastungsfolgen. DVL-Bericht 249 (1963).

[34] Schijve, J.: Fatigue life and crack propagation under randon and programmed load sequences. NLR Rep. MP 219 (April 1963).

Kapitel VIII

[1] WELLINGER, K., u. P. GIMMEL: Einfluß der Oberflächenbeschaffenheit auf die Biege-wechselfestigkeit. Metalloberfläche 6 (1952) A 4—A 9.

[2] FORREST, P. G., s. V [43], bes. S. 59—60.

[3] BULLENS, D. K.: Steel and its heat treatment, Vol. I: Principles, 5th Ed. New York: J. Wiley & Sons, London: Chapman & Hall 1948.

[4] TEMPLIN, R. L.: Fatigue of aluminium. Third Fillet Memorial Lecture. Proc. ASTM 54 (1954) 641—699.

[4a] CAZAUD, R.: La fatigue des métaux, 4e Ed. Paris: Dunod 1959. Siehe bes. S. 227.

[5] v. RAJAKOVICS, E., s. V [7].

[6] Aircraft Fatigue Handbook, Vol. III, s. V [46].

[7] MARIN, J., and W. SHELSON, s. V [12].

[8] MORRISON, J. L., B. Crossland, and J. S. C. Parry, s. V [15].

[9] HEMPEL, M., u. J. LUCE: Verhalten von Stahl bei tiefen Temperaturen unter Zug-Druck-Wechselbeanspruchung. Arch. Eisenhüttenwesen 15 (1942) 423—430.

[10] CAZAUD, R., s. [4a], bes. S. 355.

[11] HOGE, K. G.: The influence of strain rate on mechanical properties of 6061-T 6 aluminium under uniaxial and biaxial states of stress. UCRL-12264 Rev 1, 5. Aug. 1965. AEC Contract No. W-7405-eng-48.

[12] ERTHAL, J. F.: Navy studies jet structural alloys at intermediate temperatures. The Iron Age 167.3 (1951) No. 19, 91—95.

[13] Warmfeste Wiggin-Werkstoffe. Hereford, England: Henry Wiggin & Company Ltd., 1964, Nr. 3044, s. bes. S. 59.

[14] HARRIS, W. J.: Metallic Fatigue: International Series of Monographs in Aeronautics and Astronautics. Division VIII: Materials, Science and Engineering, Vol. I. Oxford/London/New York/Paris: Pergamon Press 1961, pp. 91—135.

[15] WILKENS, W., u. M. MÜLLER: Die Wirkung eines Kunstharzüberzuges auf die Ermüdung einer Al-Legierung unter Zug-Schwellbeanspruchung. DLR FB 64-20 (Juli 1964).

[16] PANSERI, C., and L. MORI: The effect of testing speed upon the propagation of fatigue cracks. In: BARROIS, W., and E. L. RIPLEY: Fatigue of aircraft structures. Oxford/London/New York/Paris: Pergamon Press 1963, pp. 19—38.

[17] ROŠ, M., u. A. EICHINGER, s. V [22].

[18] GOUGH, H. J., and D. G. SOPWITH: Atmospheric action as a factor in fatigue of metals. Engineering 134 (1932) 694—696.

[19] HUDSON, C. M.: Problems of fatigue of metals in a vacuum environment. NASA TN D-2563 (1965).

[20] WEIBULL, W.: The propagation of fatigue cracks in light alloy plates. SAAB TN 25 (1954).

[21] CLARKE, P. C., and M. M. B. KAY: Effect of surface films on fatigue life of steels. Materials Research & Standards 5 (1965) 600—606.

[22] WIEGAND, H.: Wechselfestigkeit und Oberflächenbeschaffenheit metallischer Werkstoffe. In: Jahrbuch der Oberflächentechnik, Bd. 15. Berlin: Metall-Verlag 1959, S. 25—50.

[23] GOULD, A. J.: Corrosion fatigue. In: Proc. Internat. Conf. on Fatigue of Metals, London/New York 1956. London: I. Mech. E. 1957, pp. 341—347.

Kapitel IX

[1] PEITER, A.: Eigenspannungen I. Art. Ermittlung und Bewertung. Düsseldorf: Triltsch 1966.

[2] FORREST, G.: Internal or residual stresses in wrought aluminium alloys and their structural significances. JRAS 58 (1954) 261—276.

[3] ALCOA-International: Die Verwendung von Aluminium in der Luftfahrt. ALCOA-Internat. 1. März 1961.

[4] BÜHLER, H., u. H. BUCHHOLTZ: Über die Wirkung von Eigenspannungen auf die Schwingungsfestigkeit. Mitt. aus dem Forschungsinstitut d. Vereinigten Stahlwerke AG. Dortmund (Hrsg. E. H. SCHULZ) 3 (1933) 235—248.

[5] WAISMAN, J. L., s. VII [6].

[6] British Aircraft Corporation (BAC) Bericht T 3240.

[7] HERTEL, H., u. D. RUPPIN: Richten von plattenförmigen Bauteilen mit Hilfe von Sprengstoffen. Blech 13 (1966) 436—443.

[8] SCHMIDT, R.: Dauerbiegeversuche, Dehnungs- und Röntgenspannungsmessungen an gerichteten Kurbelwellen. D. Luftwacht, Ausg. Luftwissen, 9 (1942) 263—267.

[9] TEED, P. L.: Die Ermüdung von Flugzeugen. Luftfahrttechnik 7 (1961) 163—170.

[10] ROSENTHAL, D., u. G. SINES: Effect of residual stress on the fatigue strength of notched specimens. Proc. ASTM 51 (1951) 593—610.

[11] BOISSONAT, J.: Experimental research on the effects of a static preloading on the fatigue life of structural components. In: BARROIS, W., and E. L. RIPLEY: Fatigue of aircraft structures. Oxford/London/New York/Paris: Pergamon Press 1963, pp. 97—113.

[12] ALMEN, J. O., and P. H. BLACK: Residual stresses and fatigue in metals. New York/San Francisco/Toronto/London: McGraw-Hill 1963.

[13] HEMPEL, M.: Beeinflussung der Dauerschwingfestigkeit metallischer Werkstoffe durch den Oberflächenzustand. Fachberichte für Oberflächentechnik 2 (1964) 11—22.

[14] RUTTMANN, W.: Über Bearbeitungsspannungen. Technische Mitteilungen Krupp 4 (1936) 89—97.

[15] SCHIJVE, J., D. BROEK, and F. A. JACOBS: Fatigue tests on aluminium alloy lugs with special reference to fretting. NLR-TN M 2103 (1962).

[16] OSCHATZ, H., s. IV [16].

[17] SIGWART, H.: Influence of residual stresses on the fatigue limit. In: Proc. Internat. Conf. on Fatigue of Metals, London/New York 1956. London: I. Mech. E. 1957, pp. 272—281.

[18] THUM, A., u. E. BRUDER: Dauerbruchgefahr an Hohlkehlen von Wellen und Achsen und ihre Verminderung. Deutsche Kfz.-Forschung, Heft 11 (1938).

[19] WATERS, K. T.: Production methods of cold working joints subjected to fretting for improvement of fatigue strength. In: Symposium of fatigue of aircraft structures. ASTM STP No. 274 (1959) 99—111.

[20] ROŠ, M., u. A. EICHINGER, s. V [22].

[21] BAUSCHINGER, J., s. III [13].

Kapitel X

[1] WÜRGES, M.: Zweckmäßige Vorspannung von Schraubenverbindungen. Diss. Darmstadt 1937.

[2] HEMPEL, M.: Dauerfestigkeitsschaubilder von gekerbten und kaltverformten Stählen, sowie von 1″ und 1 1/8″ Schrauben bei verschiedenen Zugmittelspannungen. Arch. Eisenhüttenwes. 10 (1937/38) 231—240.

[3] THUM, A., u. H. LORENZ: Vorspannung und Dauerhaltbarkeit an Schraubenverbindungen mit einer und mehreren Schrauben. Deutsche Kfz.-Forschung, Heft 86 (1941).

[4] ERKER, A.: Die vorgespannte Schraubenverbindung unter Dauerbeanspruchung und Überlastungen. MAN Forschungsheft (1953) 3—17.

[5] AMEDICK, E.: Dauerfestigkeitsverhalten von Schrauben. Konstruktion 5 (1953) 117 bis 123. (Berichtigung S. 303.)

[6] WIEGAND, H., u. K.-H. ILLGNER: Berechnung und Gestaltung von Schraubenverbindungen, 3. Aufl., Konstruktionsbücher, Bd. 5. Berlin/Göttingen/Heidelberg: Springer 1962.

[7] GASSNER, E., s. V [14].

[8] BAUER, C. O.: Verschrauben von Aluminium. Aluminium 42 (1966) 117—122; 193—197; 502—505 und 702—707.

[9] BOISSONAT, J., s. IX [11].

[10] JESSOP, H. T., C. SNELL, and G. S. HOLISTER: Photoelasticity investigation on plates with single interference-fit pins with load applied (a) to pin only and (b) to pin and plate simultaneously. Aeronautical Quarterly 9 (1958) 147—163.

[11] ELSNER: ILTUB Diplomarbeit D 45 1966.

[12] NADAI, A. L.: The flow of metals under various stress conditions. Proc. Instn. Mech. Engrs. 157 (1947) 121—160.

[13] PEITER, A., s. IX [1].

Kapitel XI

[1] ALTHOF, F. C., u. K. GERISCHER: Reibkorrosion — Eine Übersicht. WGLR-Jahrbuch 1962, S. 549—555.

[2] PITTROFF, H.: Riffelbildung bei Wälzlagern infolge Stillstandserschütterungen. Schweinfurt: SKF-Kugellagerfabriken GmbH, 1961.

[2a] PITTROFF, H.: Fretting corrosion caused by vibration with rolling bearings stationary. ASME-Paper No 64-Lub-21.

[3] HARRIS, W. J., s. VIII [14] bes. S. 166—204.

[4] HEYWOOD, R. B.: Designing against fatigue. London: Chapman & Hall 1962, pp. 157 to 167.

[5] BOWDEN, F., and T. TABOR: The friction and lubrication of solids. Oxford: Clarendon Press 1956.

[6] Symposium of fretting corrosion. ASTM STP No. 144 (1953).

[7] FENNER, A. J., K. H. R. WRIGHT, and J. Y. MANN: Fretting corrosion and its influence on fatigue failure. In: Proc. Internat. Conf. on Fatigue of Metals, London/New York 1956. London: I. Mech. E. 1957, pp. 386—393.

[8] British Aircraft Corporation (BAC) Report T 2227 A.

[9] SCHOTTKY, H., u. H. HILTENKAMP: Die Mitwirkung des Luftstickstoffes beim Fressen und beim Dauerbruch. Techn. Mitt. Krupp 4 (1936) 74—79.

[10] UHLIG, H. H.: Mechanism of fretting corrosion. J. Appl. Mech. 21 (1954) 401—407.

[11] UHLIG, H. H., I.-MING FENG, W. D. TIERNEY, and A. McCELLAN: A fundamental investigation of fretting corrosion. NACA TN 3029 (1953).

[12] FENG, I.-MING, and H. H. UHLIG: Fretting corrosion of mild steel in air and in nitrogen. J. Appl. Mech. 21 (1954) 395—400.

[13] WATERHOUSE, R. B.: Fretting corrosion. In: Proc. Instn. Mech. Engrs. 169 (1955) 1157—1172.

[14] FENNER, A. J., et J. E. FIELD: La fatigue dans les conditions de frottement. Revue de métallurgie 55 (1958) 475—485.

[15] SCHIJVE, J., D. BROEK, and F. A. JACOBS, s. IX [15].

[16] SCHIJVE, J., and F. A. JACOBS: The fatigue strength of aluminium alloy lugs. NLL-TN M 2024 (1957).

[17] HOFFMANN, G.: Maßnahmen zur Verbesserung der Ermüdungsfestigkeit von Nietverbindungen. Vortrag, gehalten auf dem VI. Europ. Luftfahrt-Kongress in München vom 1. bis 4. Sept. 1965.

[18] YEOMANS, H., s. IV [5].

[19] LONGSON, J.: A photographic study of the origin and development of fatigue fractures in aircraft structures. RAE Rep. No. Structures 267 (1961).

[20] THUM, A., u. E. BRUDER, s. IX [18].

[20a] BRUDER, E.: Gestaltfestigkeit einiger zusammengesetzter Konstruktionsteile des Maschinenbaus und Wege zu ihrer Steigerung. Diss. TH Darmstadt 1940 (A. THUM).

Kapitel XII

[1] HEMPEL, M., s. IX [13].

[2] NOLL, G. C., and C. LIPSON: Allowable working stresses. Proc. Soc. Exp. Stress Analysis 3 (1946) 89—109.

[3] HANKINS, G. A., and M. L. BECKER: The fatigue resistance of unmachined forged steels. J. Iron Steel Inst. 126, II (1932) 205—236.

[3a] HANKINS, G. A., and M. L. BECKER: The effect of surface conditions produced by heat treatment on the fatigue resistance of spring steels. J. Iron Steel Inst. 124, II (1931) 387—460.

[4] v. RAJAKOVICS, E., s. V [7].

[5] SIEBEL, E., u. M. GAIER: Untersuchungen über den Einfluß der Oberflächenbeschaffenheit auf die Dauerschwingfestigkeit metallischer Werkstoffe. VDI-Z. 98 (1956) 1715 bis 1724.

[5a] GAIER, M.: Untersuchungen über den Einfluß der Oberflächenbeschaffenheit auf die Dauerschwingfestigkeit metallischer Bauteile bei Raumtemperatur. Diss. TH Stuttgart 1955 (E. SIEBEL).

[6] FORREST, P. G., s. V [43], bes. S. 180.

[7] STAUDINGER, H.: Biegewechselfestigkeit einsatzgehärteter und nitrierter Stähle mit Schleifrissen. VDI-Z. 88 (1944) 681—686.

[8] WELLINGER, K., u. P. GIMMEL, s. VIII [1].

[9] BULLENS, D. K., s. VIII [3].

[10] HEMPEL, M.: Beitrag zur Frage der Wechselfestigkeit bei unterschiedlicher Probengröße. Arch. Eisenhüttenwes. 22 (1951) 425—436.

[11] HEYES, J., u. W. A. FISCHER: Über das elektrolytische Polieren von Stählen. Metalloberfläche A 4 (1950) A 38—A 744.

[12] U.S. Patent 2.739.047: Manuel Sanz. N.A.A. Inc. Chem.-Mill.

[13] FOX, G. H.: The Chem.-Mill process. Machining metal by a controlled chemical reaction. SAWE Technical Paper No. 182 (1958).

[14] CHANDLER, R. L.: Design consideration of chemical milled parts. SAWE Technical Paper No. 262 (1960).

[15] KURSETZ, E.: Das Tiefätzen von Metallen. Blech 7 (1960) 771—778.

[16] HARRIS, W. J., s. VIII [14] bes. S. 278—284.

[17] FÖPPL, O.: Verfahren zur Fertigbearbeitung von Bauteilen. Patentschrift 521405, Klasse 94,1, Gruppe 12, 5. März 1931.

[18] FÖPPL, O.: Die Steigerung der Dauerhaltbarkeit durch Oberflächendrücken. Maschinenbau u. Betrieb 8 (1929) 752—755.

[19] FÖPPL, O.: Das Drücken der Oberflächen von Bauteilen aus Stahl. Stahl u. Eisen 49 (1929) 575—577.

[20] DÖRING, H.: Das Drücken der Oberfläche und der Einfluß von Querbohrungen auf die Biegungsschwingungsfestigkeit. Diss. TH Braunschweig 1930 (O. FÖPPL u. EISENMANN), s. a. Mitt. d. Wöhler-Inst. Braunschweig, Heft 5 (1930).

[21] BEHRENS, P.: Das Oberflächendrücken zur Erhöhung der Drehschwingfestigkeit. Mitt. d. Wöhler-Inst. Braunschweig, Heft 6 (1930), (s. a. Metallwirtschaft 10 (1931) 431—435)

[22] ISEMER, H.: Die Steigerung der Schwingungsfestigkeit von Gewinden durch Oberflächendrücken. Mitt. d. Wöhler-Inst. Braunschweig, Heft 8 (1931).

[23] WIECKER, H.: Die Biegewechselfestigkeit genieteter Stäbe und die Erhöhung der Dauerhaltbarkeit durch das Oberflächendrücken. Mitt. d. Wöhler-Inst. Braunschweig, Heft 19 (1934).

[24] KOCH, H.: Die Biegewechselfestigkeit einer Keilverbindung und die Erhöhung der Dauerhaltbarkeit durch das Oberflächendrücken. Mitt. d. Wöhler-Inst. Braunschweig, Heft 20 (1934).

[25] BERG, P.: Die Steigerung der Dauerhaltbarkeit von Keilverbindungen durch Oberflächendrücken. Mitt. d. Wöhler-Inst. Braunschweig, Heft 26 (1935).

[26] FÖPPL, O.: Oberflächendrücken zum Zweck der Steigerung der Dauerhaltbarkeit mit Hilfe des Stahl-Kugelgebläses. Geschichtliche Entwicklung des Oberflächendrückens zum Zwecke der Steigerung der Dauerhaltbarkeit. Mitt. d. Wöhler-Inst. Braunschweig, Heft 36 (1939).

[27a] FÖPPL, O.: Steigerung der Dauerhaltbarkeit durch Oberflächendrücken. (Zuschrift.) VDI-Z. 77 (1933) 1335—1337.

[27b] THUM, A.: Steigerung der Dauerhaltbarkeit durch Oberflächendrücken. (Entgegnung.) VDI-Z. 77 (1933) 1337.

[28] EICHINGER, A.: Zur Frage der Wirkung des Oberflächendrückens auf die Dauerfestigkeit. VDI-Z. 92 (1950) 38/39.

[29] THUM, A., u. E. BRUDER, s. IX [18].

[30] ALMEN, J. O., and P. H. PLACK, s. IX [12].

[31] ALMEN, J. O., and P. H. BLACK: Shot peening, 7th Ed. Mishawaka, Indiana: Wheelabrator 1962.

[32] HORGER, O. J., and H. R. NEIFERT: Corelation of residual stress with fatigue strength of machine elements and related phenomena. In: OSGOOD, W. R.: Residual stresses in metals and metal construction. New York: Reinhold 1954, pp. 219—253.
HORGER, O. J., and H. R. NEIFERT: 1. Improving fatigue resistance by shotpeening. Proc. Soc. Exp. Stress Analysis 2, No. 1 (1944) 178—190.

2. Shotpeening to improve fatigue resistance. Proc. Soc. Exp. Stress Analysis 2, No. 2 (1944) 1—10.

[33] FUCHS, H. O.: Diskussion zu: HEMPEL, M.: Performance of steel under repeated loading. In: FREUDENTHAL, A. M.: Fatigue in aircraft structures. New York: Academic Press 1956, p. 102.

[34] BRODRICK, R. F.: Protective shotpeening of propellers. Part I: Residual peening stresses (June 1955), Part II: Fatigue test (August 1955), Part III: Fatigue and distortion (June 1957). WADC Technical Report 55/56. Propeller Laboratory Contract No AF 33 (616) — 2324 Project No 6 (1-3346) Task No. 33048. ASTIA Document Nr AD 130784. Siehe auch LESSELLS, J. M., and R. F. BRODRICK: Shot-peening as protection of surface-damaged propeller-blade materials. In: Proc. Internat. Conf. on Fatigue of Metals, London/New York 1956. London: I. Mech. E. 1957, pp. 617—627.

[35] ILTUB Bericht 65/10.

[36] WATERS, K. T., s. IX [19].

[37] COOMBS, A. G. H., F. SHERRATT, and J. A. POPE: An analysis of the effects of shotpeening upon the fatigue strength of hardened and tempered spring steel. In: Proc. Internat. Conf. on Fatigue of Metals, London/New York 1956. London: I. Mech. E. 1957, pp. 227—234.

[38] WIEGAND, H., u. R. SCHEINOST: Einfluß der Einsatzhärtung auf die Biege- und Verdrehwechselfestigkeit von glatten und quergebohrten Probestäben. Arch. Eisenhüttenwesen 12 (1939) 45—448.

[39] WIEGAND, H.: Oberfläche und Dauerfestigkeit. Berlin: Feyl 1940.

[40] WIEGAND, H.: Über die Gefährdung dauerschwingbeanspruchter Konstruktionsteile durch Dauerbruch und Abhilfemaßnahmen unter bes. Berücksichtigung geeigneter Oberflächenbehandlung. Maschinenschaden 36 (1963) 73—84.

[41] WIEGAND, H., s. VIII [22].

[42] WIEGAND, H.: Oberflächenhärtung als Mittel zur Leistungssteigerung, Werkstoffersparnis und Werkstoffumstellung. Forsch. Ing.-Wes. 12 (1941) 195—202.

[43] WIEGAND, H.: Nitrieren im Motorenbau. Härtereitechn. Mitt. 1 (1941) 166—185.

[44] SIGWART, H.: Influence of residual stresses on the fatigue limit. In: Proc. Internat. Conf. on Fatigue of Metals, London/New York 1956. London: I. Mech. E. 1957, pp. 272—281.

[45] ALCOA-Structural Handbook, s. V [48].

[46] Aircraft Fatigue Handbook, s. V [46].

[47] HOLT, M.: Result of sheer fatigue tests of joints with 3/16 inch diameter 24 S-T 31 rivets in 0.064 inch thick alclad sheet. NACA TN 2012 (1950/53).

[48] Aluminium Taschenbuch, 12. Aufl. Hrsg.: Aluminium Zentrale e.V., Düsseldorf, 1963, siehe bes. S. 549—579.

[49] Hütte, Taschenbuch für Betriebsingenieure (Betriebshütte), Bd. 1, Fertigungsverfahren, 6. Aufl. Berlin/München: Ernst & Sohn 1964, s. bes. S. 178/179.

[50] HÜBNER, W., u. A. SCHILTKNECHT: Die Praxis der anodischen Oxydation des Aluminiums, 2. Aufl. Düsseldorf: Aluminium-Verlag 1961.

[51] Hamburger Flugzeugbau, HFB-Entwicklungen, Informationsblätter.

[52] HOFFMANN: Über die Ursache von Ermüdungsbrüchen an der VD HFB-320 Hansa. HFB Versuchsbericht Nr. 803 (1966).

[53] LEA, F. C.: Penetration of hydrogen into metal cathodes and its effect upon tensile properties of metals and their resistance to repeat stresses; with a note on the effects of non-electrolytic baths and nickel plating on these properties. Proc. Roy. Soc. (London) A 123 (1929) 171—185.

[54] WIEGAND, H.: Dünne Oberflächenschichten und ihr Einfluß auf das Werkstoffverhalten gegenüber mechanischen Beanspruchungen. Industrie-Anzeiger (Ausgabe: Werkzeugmaschine u. Fertigungstechnik, Teil II: Spanlose Formung) 32 (1962) 617—624.

[55] PHILLIPS, W. M., and F. L. CLIFTON: Stress in electrodeposited nickel. Proc. 34th Annual Convention Electroplaters' Society (June 1947) pp. 97—100.

[56] ALMEN, J. O.: Fatigue loss and gain by electroplating. Prod. Engng. 22 (1951) 109—116.

[57] WIEGAND, H., u. H. R. KAISER: Veröffentlichung aus der Diss. des zweiten Verfassers: Über die Einflüsse einer Hartverchromung auf die Festigkeitseigenschaften von Eisen-

werkstoffen. Diss. TH Darmstadt 1964 (H. WIEGAND u. C. PETERSEN). Siehe auch:
Metalloberfläche 18 (1964) 225—232, 257—262, 289—295, 325—329, 353—360 und
19 (1965) 1—8, 98—104, 129—137, 161—173, 241—251.

[58] STARECK, J. E., E. J. SEYB, and A. C. TULUMELLO: Development of a substitute or improvement of chromium electrodeposites. WADC-TR 53-271 (1953) and TR 53-271/II
(1955). Siehe auch: Stress in chromium deposits. Plating 41 (1954) 1171—1182. The
effect of different chromium deposits on the fatigue strength of hardened steel.
Plating 42 (1955) 1395—1402.

[59] HARRIS, W. J., s. VIII [14], bes. pp. 320—323.

Kapitel XIII

[1] WEIBULL, W.: s. VIII [20].

[2] McEVILY, A. J. jr., and W. ILLG: The rate of fatigue-crack propagation in two aluminium
alloys. NACA TN 4394 (1958).

[3] HUDSON, C. M., and H. F. HARDRATH: Effects of changing stress amplitude on the rate
of fatigue-crack propagation in two aluminium alloys. NASA TN D-960 (Sept. 1961).

[4] RAITHBY, K. D., and M. E. BEBB: Propagation of fatigue-cracks in wide unstiffened aluminium alloy sheets. RAE TN Structures 305 (Sept. 1961).

[5] SCHIJVE, J., A. NEDERVEEN, and F. A. JACOBS: The effect of the sheet width on the fatigue
crack propagation in 2024-T 3 alclad material. NLR-TR M 2142 (March 1965).

[6] INGLIS, C. E.: Stresses in a plate due to the presence of cracks and sharp corners. Transactions Institution of Naval Architects 55, I (1913) 219—230.

[7] WESTERGAARD, H. M.: Bearing pressure and cracks. J. Appl. Mech., Trans. ASME 61
(1939) A 49.

[8] SNEDDON, J. N.: The distribution of stress in the neighbourhood of a crack in an elastic
solid. Proc. Roy. Soc. (London) A 187 (1946) 229—260.

[9] IRWIN, G. R.: Fracture. In: Handbuch der Physik, Bd. VI. Berlin/Göttingen/Heidelberg:
Springer 1958, s. bes. S. 565.

[10] PARIS, P., M. P. GOMEZ, and W. E. ANDERSON: A rational analytic theory of fatigue. The
Trend in Engineering 13 (1961) 9—14.

[11] PARIS, P. C.: The growth of cracks due to variation in load. Diss. Leligh-University 1962.

[12] PARIS, P. C., and F. ERDOGAN: A critical analysis of crack-propagation laws. Trans ASME,
Series D, 85 (1963) 528.

[13] DIXON, J. R.: Stress distribution around edge slits in a plate loaded in tension; the effect
of finite width of plate. NEL Rep. No. 13 (Nov. 1961).

[14] HEAD, A. K.: The growth of fatigue cracks. Phil Mag. Ser. 7, 44 (1953) 925—938.

[15] OROWAN, E., s. III [6].

[16] SCHIJVE, J.: Fatigue crack propagation in light alloys. NLL-TN M 2010 (July 1956).

[17] NEUBER, H., s. I [5].

[18] SCHIJVE, J., D. BROEK, and P. DE RIJK: The effect of the frequency of an alternating
load on the crack rate in a light alloy sheet. NLR—TN M 2092 (Sept. 1961).

[19] SCHIJVE, J., D. BROEK, and P. DE RIJK: Fatigue crack propagation under variable
amplitude loading. NLR-TN M 2094 (Dec. 1961).

[20] BROEK, D., and J. SCHIJVE: The significance of the mean cracks in aluminium alloy
sheet. NLR-TR M 2111 (1963).

[21] BROEK, D., and J. SCHIJVE: The effect of sheet thickness on the fatigue-crack propagation in 2024-T 3 alclad sheet material. NLR-TR M 2129 (April 1963).

[22] BROEK, D., J. SCHIJVE, and A. NEDERVEEN: The effect of heat treatment on the propagation of fatigue cracks in light alloy sheet material. NLR-TR M 2134 (May 1963).

[23] SCHIJVE, J., and F. A. JACOBS: Fatigue crack propagation in unnotched and notched
aluminium alloy specimens. NLR-TR M 2128 (May 1964).

[24] SCHIJVE, J., s. III [1].

[25] BARROIS, W.: Critical study on fatigue crack propagation. AGARD Rep. 412 (June 1962).

[26] JENNEY, W. W., and R. CHRISTENSEN: Diskussionsbeitrag zum Vortrag von A. O. PAYNE.
In: Proc. Internat. Conf. on Fatigue of Metals, London/New York 1956, London:
I. Mech. E. 1957, pp. 859—861.

[27] Schijve, J.: Fatigue crack propagation in light alloy sheet material and structures. NLL. Rep. 195 (Aug. 1960).

[28] Frost, N. E., and D. S. Dugdale: The propagation of fatigue cracks in sheet specimens. J. of the Mech. and Phys. of Solids 6 (1958) 92—110.

[29] Broek, D., P. de Rijk, and P. J. Sevenhuysen: The transition of fatigue cracks in alclad sheet. NLR-TR M 2100 (Nov. 1962).

[30] Study of methods for delaying the propagation of fatigue cracks in sheet material. FFA-Rep. No HU-963 17. 12. 1962.

[31] Oschatz, H., s. IV [16].

[32] British Aircraft Corporation (BAC) Ber. T. 2933.

[33] Weibull, W.: Size effect on fatigue crack initiation and propagation in aluminium sheet specimens subjected to stress of nearly constant amplitude. FFA Rep. 86, Stockholm 1960.

[34] Hardrath, H. F., H. A. Leybold, Ch. B. Landers, and L. W. Hauschild: Fatigue-crack propagation in aluminium alloy box beams. NACA TN 3856 (Aug. 1956).

[35] Hardrath, H. F., and H. A. Leybold: Further investigations of fatigue-crack propagation in aluminium alloy box beams. NACA TN 4246 (June 1958).

[36] Leybold, H. A.: Residual static strength of aluminium alloy box beams containing fatigue cracks in the tension covers. NASA TN-D-796 (April 1961).

[37] Troughton, A. J., and J. McStay: Theory and practice in fail-safe wing design. In: Schijve, J., J. R. Heath-Smith, and E. R. Welbourne: Current aeronautical fatigue problems. Oxford/London/Edinburgh/New York/Paris/Frankfurt: Pergamon Press 1965 pp. 429—462.

Kapitel XIV

[1] Hertel, H., s. I [2].

[2] Hertel, H.: Das Pressen von Flugzeugbauteilen aus Leichtmetall. Jahrbuch Vereinigung f. Luftfahrtforschung. Berlin 1935, S. 67—96.

[3] Sweeney, R.: Boeing seeks to lead jet age market with 707s. Aviation Week 68 (1958) No. 3, 48—67.

[4] „Concorde" s'ébauche. Air et Cosmos (1964) No. 44, pp. 44—45.

[5] Vickers Armstrong: Werkfoto.

[6] British Aircraft Corporation (BAC) Versuchsbericht.

Kapitel XV

[1] British Aircraft Corporation (BAC)-Zeichnung AB 03x 519.

[2] Lockheed-Zeichnung 472051.

[3] Boeing Document No. D6-8766, Jan. 1964.

[4] Boeing Document No. D6-7552, Oct. 1961.

[5] Castle, Cl. B., and J. F. Ward: Fatigue investigation of full-scale wing panels of 7075 Al-alloy. NASA TN D-635 (1960).

[6] British Aircraft Corporation (BAC) Rep. T 2146.

[7] British Aircraft Corporation (BAC) Rep. T 2931.

Kapitel XVI

[1] Fisher, W. A. P., and W. J. Winkworth: The effect of tight clamping on the fatigue strength of joints. RAE Rep. No. Structures 121 (1951).

[2] Frocht, M. M., and H. N. Hill: Stress concentration factors around a central circular hole in a plate loaded through pin in the hole. J. Appl. Mech. 7 (1940) A 5-A 9.

[3] Schulz, s. IV [9].

[4] Theocaris, P. S.: The stress distribution in a strip loaded in tension by means of a central pin. J. Appl. Mech. 23 (1956) 85—90.

[5] Schijve, J., D. Broek and F. A. Jacobs, s. IX [15].
[6] Waters, K. T., s. IX [19].
[7] Bruder, E., s. XI [20a].
[8] Schijve, J., and F. A. Jacobs, s. XI [16].

Kapitel XVII

[1] Goland, M., and E. Reissner: The stresses in cemented joints. J. Appl. Mech. 11 (1944) 417.
[2] Aluminium-Taschenbuch, 12. Aufl., s. XII [48], bes. S. 451—466.
[3] Koenig, M.: Spannungsspitzen in kaltgeschlagenen Kraftnietungen. Schweizer Arch. angew. Wiss. Techn. 3 (1937) No. 2, S. 41—46.
[4] Bürnheim, H., s. IV [4], s. a. STZ 46 (1949) Nr. 10 u. 11, S. 151—155 u. 167—175, und Aluminium 28 (1952) S. 140—143 u. 222—229.
[5] Russell, H. W., L. R. Jackson, H. J. Grover and others: Fatigue strength and related characteristics of aircraft joints II. — Fatigue characteristics of sheet and riveted joints of 0.040 inch 24 S-T, 75 S-T and R 303—T 275 Al-alloys. NACA TN 1485 (1948).
[6] Smith, C. R.: Fatigue resistance. Aircraft Engng. 32 (1960) 142—144.
[7a] Hamburger Flugzeugbau, HFB-Versuchsberichte Nr. 52 (1960), 87 (1961), 93 (1961) u. 195 (1962).
[7b] Hamburger Flugzeugbau, HFB-Versuchsberichte Nr. 614 (1964) u. 661 (1965).
[7c] Hamburger Flugzeugbau, HFB-Versuchsbericht Nr. 753 (1965).
[7d] Hamburger Flugzeugbau, HFB-Versuchsbericht Nr. 766 (1966).
[8] Howard, D., and F. C. Smith: Fatigue and static tests of flush-riveted joints. NACA TN 2709 (1951).
[9] British Aircraft Corporation (BAC) Ber. VTO/H/111/47.
[10] Maney, G. A., and L. T. Wyly: Fatigue strength of flush-riveted joints for aircraft manufactured by various riveting methods. NACA ARR No. 5 H 28 (1945).
[11] ALCOA-International, s. IX [3].
[12] RAS Data Sheets on Fatigue, s. II [11].
[13] Holt, M., s. XII [47].
[14] Siehe [2], bes. S. 549—579.
[15] Hübner, W., u. A. Schiltknecht, s. XII [50].
[16] Hamburger Flugzeugbau, HFB-Entwicklungen, Informationsblätter.
[17] Coombs, A. G. H., F. Sherratt, and J. A. Pope, s. XII [37].
[18] Jarry, M. J.: Caravelle. Présentation et compte rendu de cinq communications techniques. Technique et Science Aéronautiques. Tome 6 (1956), pp. 251—273.
[19] Firmenunterlagen SAAB, Schweden.
[20] Hartmann, E. C., M. Holt, and J. D. Eaton: Static and fatigue strengths of high strength aluminium-alloy bolted joints. NACA TN 2276 (1950).
[21] Hartmann, E. C., and others: Additional static and fatigue tests of high strength aluminium-alloy bolted joints. NACA TN 3269 (1954).
[22] Bauzeichnung Lockheed, s. XV [2].
[23] Bauzeichnung British Aircraft Corporation (BAC), s. XV [1].
[24] Spaulding, E. H.: Detail Design for fatigue in aircraft wing structures. In: Sines, G., and J. L. Waismann: Metal fatigue. New York/Toronto/London: McGraw-Hill 1959.
[25] Harris, W. J., s. VIII [14], bes. S. 194—201.
[26] Incarbone, G.: Fatigue research on specific design problems. In: Barrois, W., and E. L. Ripley: Fatigue of aircraft structures. Oxford/London/New York/Paris: Pergamon Press 1963, pp. 209—217.
[27] Troughton, A. J., and J. McStay, s. XIII [37].

Kapitel XVIII

[1] de Bruyne, N. A., u. R. Houwink: Klebetechnik. Die Adhäsion in Theorie und Praxis. Stuttgart: Berliner Union 1957.
[2] Trietsch, F. K.: Die Metallverklebung. Stuttgart: Deva-Verlag 1960.
[3] Hertel, H., s. I [2].

[4] Aluminium Taschenbuch, 12. Aufl., s. XII [48], bes. S. 467—481.

[5] GOLAND, M., u. E. REISSNER, s. XVII [1].

[6] STIER, G.: Spannungsoptische Ermittlung von Spannungsverteilungen an elastischen Zwischenschichten als Grundlage der festigkeitsmäßigen Berechnung von statisch zugbelasteten Metallklebeverbindungen. Diss. TU Berlin 1962.

[7] VOLKERSEN, O.: Die Schubkraftverteilung in Leim-, Niet- und Bolzenverbindungen. Energie u. Technik 5 (1953) Hefte 3, 5 u. 7.

[8] VOLKERSEN, O.: Neuere Untersuchungen zur Theorie der Klebeverbindungen. WGLR-Jahrbuch 1963, Braunschweig: Friedr. Vieweg & Sohn 1964, S. 299—306.

[9] HERTEL, H.: Ausbildung einer Kräfte übertragenden Klebeverbindung von plattenförmigen Bauteilen. DBP 1204462.

[10] HERTEL, H., u. O. VOLKERSEN: Zusatzpatent H 62850 XII/47a.

[11] WEIBULL, W.: The static strength and the fatigue strength of riveted, spotwelded and redux-bonded joints in 2024-T aluminium alloy sheet. SAAB TN 31 (1954).

[12] NLLA Rep. 1627.

[13] Fokker TSA 1954 p. 232.

[14] HARTMANN, A.: Review of some investigations on fatigue in the Netherlands. NLR Report MP. 233 (s. a. Minutes of the 9th Conf. of the ICAF, München 1965, Darmstadt LBF 1966, Part I, pp. 75—104).

[15] WÅLLGREN, G.: Review of some Swedish investigations on fatigue. FFA TN No. HE-1063 (s. a. Minutes of the 9th Conf. of the ICAF, München 1965, Darmstadt LBF 1966, Part II, pp. 83—112).

[16] HARTMANN, A., and P. DE RIJK: The effect of the rigidity of glueline on the fatigue strength of 2024-T aluminium alloy specimens with an adhesive bonded reinforcing plate on both sides. NLR-TN M 2096 (1962).

[17] SICHVELAND, S., F. M. DE GRAAN, and R. H. TRELEASE: The weight engineers approach to the problem of fatigue in aircraft structures. SAWE Paper 172 (May 1958).

[18] JARFALL, L. E.: Axial stress fatigue strength of 4 mm AlMgSi-alloy in fully heat treated (WP-) condition and in butt welded condition. Kungl. Tekniska Högskolan, Inst. för hållfasthetslärn, Publikation Nr. 143 (1963).

[19] McLESTER, R.: Fatigue properties of welded joints in aluminium. ALCAN-Research Bulletin (July 1962).

Kapitel XIX

[1] Lockheed Electra: The Electra's structure. Flight 68 No. 2442 (11. 11. 1955) 740.

[2] LONGSON, J., s. XI [19].

[3] HERTEL, H.: Kerbfreie Verbindungen von Integralbauteilen. DBP 1176424 (15. April 1965).

[4] British Aircraft Corporation (BAC) Bericht T 2146.

[5] NEUBER, H., s. I [5].

[6] ILTUB Bericht 65/13.

Kapitel XX

[1] MEAD, D. J.: The effect of a damping compound on jet-efflux excited vibrations. 1. The structural damping due to the compound. 2. The reduction of vibration and stress level due to the compound. Aircraft Engng. 32 (1960) 64—72; 106—113.

[2] CLARKSON, B. L., and R. D. FORD: The response of a typical aircraft structure to jet noise. J. Roy. Aeronaut. Soc. 66 (1962) 31—40.

[3] CLARKSON, B. L.: The design of structures to resist jet noise fatigue. J. Roy. Aeronaut. Soc. 66 (1962) 603—616.

[4] TRAPP, W. J., and D. M. FORNEY (Ed.): Acoustical fatigue in aerospace structures (Proceedings of the 2nd international conference, Dayton, Ohio, April 29—May 1, 1964). Syracuse: University Press 1965.

[5] HERTEL, H., s. Vorwort [1].

[6] Aircraft Fatigue Handbook. s. V [46].

[7] HERTEL, H., s. XIX [3].

Kapitel XXI

[1] British Aircraft Corporation (BAC) Bericht A 3952.

[2] De Havilland "Trident": Structural Design. An account of the design philosophy pursued for the principal load carving structures, materials employed and details of the structural test programme. Aircraft Engng. 36 (1964) 166—171.

[3] British Aircraft Corporation (BAC) Werkfoto.

[4] STEVENS, J. H.: Nach der amtlichen Untersuchung der Comet Unfälle. Interavia 10 (1955) 257—259.

[5] CONRAD, O.: Praktische Durchführung der Elektroanalogie mit elektrisch leitendem Papier. WGL-Jahrbuch 1960. Braunschweig: Friedr. Vieweg & Sohn 1961, S. 183—190.

[6] WEGENER, U.: Über den Zusammenhang von Strömungs- und Spannungsproblemen. Ingenieur-Archiv 5 (1934) 449—469.

[7] SOBEY, A. J.: The estimation of stresses around unreinforced holes in infinite elastic sheets. RAE Report No. Structures 283 (Oct. 1962).

[8] CHI-BING-LING, s. IV [11].

[9] Siehe X [11].

[10] MANSFIELD, E. H.: Neutral holes in plane sheet-reinforced holes which are elastically equivalent to the uncut sheet. Quart. J. Mech. Appl. Math. VI. Pt. 3 (1953) 370—378 (s. a. ARC. RM 2815, 1950).

[11] VOLKERSEN, O.: ILTUB-Vorlesungsumdrucke 1962.

[12] HIERONIMUS: ILTUB-Diplomarbeit D 55 1967.

[13] RAS Data Sheets on Fatigue, s. II [11] bes. No. 65004.

[14] British Aircraft Corporation (BAC) Werkfoto.

[15] Firmenunterlage Deutsche Lufthansa (Boeing).

Kapitel XXII

[1] Firmenunterlage Deutsche Lufthansa (Super Constellation L 1094 G).

[2] British Aircraft Corporation (BAC) Bericht T 1904.

Kapitel XXIII

[1] Lockheed: Rep. No. 8882.

[2] Lockheed: Rep. No. 11885.

[3] Convair: Convair-liner 340/440. Wingtest Summary. CS-58-015 published by Customer Service Department, Service Publications. Convair, a division of General Dynamics Corporation, San Diego, Calif. (1958).

[4] Convair: Wing — lower surface modification. (340/440) Service Engineering Report. Rep. No. 15-4-340-18/440-22, Convair, a Division of General Dynamics Corporation, San Diego, Calif.

Kapitel XXIV

[1] KRAEMER, O.: Dauerbiegeversuche mit Hölzern. (DVL-Bericht 190.) DVL-Jahrbuch 1930, S. 411—420.

[2] BOLLER, K. H.: Resume of fatigue characteristics of reinforced plastic laminates subjected to axial loading. ASD-TDR-63-768 (Dec. 1963).

Kapitel XXV

[1] WÖHLER, A.: Bericht über die Versuche, welche auf der Königl. Niederschlesisch-Märkischen Eisenbahn mit Apparaten zum Messen der Biegung und Verdrehung von Eisenbahnwagenachsen während der Fahrt aufgestellt wurden. Z. Bauwesen 8 (1858) Sp. 642—652.

[2] ALBERT, W. A. J.: Über Treibseile am Harz. Archiv für Mineralogie, Geognosie, Bergbau und Hüttenwesen 10 (1838) 215.

[3] HOPPE, O.: Alberts Versuche und Erfindungen. Stahl u. Eisen 16 (1896) 437; 496.

[4] BENOIT, G.: Zum Gedächtnis an W. A. J. Albert und die Erfindung seines Drahtseiles. Berlin: VDI-Verlag 1935.

[5] MORIN, A.: Leçons de mécanique practique. Résistance des matériaux. Paris: Librairie de L. Hachette 1853, p. 348.

[6] PONCELET, J. V.: Introduction à la mécanique industrielle, physique ou experimentale. 2e ed. Paris: Gauthier-Villars 1839, p. 317.

[7] RANKINE, W. J. M.: On the causes of the unexpected breakage of the journals of railway axles; and on the means of preventing such accidents by observing the law of continuity in their construction. Proceedings Inst. Civil Engrs. 2 (1842—1843) 105—108.

[8] H. M. S. O.: Report of the Commissioners appointed to inquire into the application of iron to railway structures. London: Clowes 1949.

[9] McCONNELL, J. E.: On railway axles. Proc. Inst. Mech. Engrs. 1847—1850. Siehe auch: PETERSON, R. E.: Discussions of a century ago concerning the nature of fatigue, and review of some of the subsequent researches concerning the mechanism of fatigue. ASTM Bulletin No. 164 (Feb. 1950) pp. 50—56.

[10] FAIRBAIRN, W.: On tubular girder bridges. Proceedings Inst. Civil Engrs. 9 (1849 to 1850) 278.

[10a] FAIRBAIRN, W.: Experiments to determine the effect of impact, vibratory action and long-continued changes of load on wrought iron girders. Phil. Trans. Royal Soc. London 154 (1864) Part I, 311.

[11] BRAITHWAITE, F.: On the fatigue and consequent fracture of metals. Proceedings Inst. Civil Engrs. 13 (1853—1854) 463.

[12] WÖHLER, A.: Versuche zur Ermittlung der auf die Eisenbahnwagen-Achsen einwirkenden Kräfte und der Widerstandsfähigkeit der Wagenachsen. Z. Bauwesen 10 (1860) Sp. 583—616.

[13] WÖHLER, A.: Über die Versuche zur Ermittlung der Festigkeit von Achsen, welche in den Werkstätten der Niederschlesisch-Märkischen Eisenbahn zu Frankfurt a. d. Oder angestellt sind. Z. Bauwesen 13 (1863) Sp. 233—258.

[14] WÖHLER, A.: Resultate der in der Zentral-Werkstatt der Niederschlesisch-Märkischen Eisenbahn zu Frankfurt a. d. Oder angestellten Versuche über die relative Festigkeit von Eisen, Stahl und Kupfer. Z. Bauwesen 16 (1866) Sp. 67—84.

[15] WÖHLER, A.: Über die Festigkeitsversuche mit Eisen und Stahl. Z. Bauwesen 20 (1870) Sp. 73—106.

[16] LAUNHARDT: Die Inanspruchnahme des Eisens. Z. Arch. Ing. Ver. Hannover 19 (1873) Sp. 139—144.

[16a] Wöhlers experiments on the strength of metals. Engng. 4 (1867) 160—161.

[17] SPANGENBERG, L.: Über das Verhalten der Metalle bei wiederholten Anstrengungen. Z. Bauwesen 24 (1874) Sp. 473—496, 25 (1875) 78—100.

[18] BAUSCHINGER, J., s. III [13].
BAUSCHINGER, J.: Über die Veränderung der Elastizitätsgrenze und der Festigkeit des Eisens und Stahls durch Strecken und Quetschen, durch Erwärmen und Abkühlen und durch oftmals wiederholte Beanspruchung. Mitteilungen aus dem Mechanisch-Technischen Laboratorium der K. Technischen Hochschule in München. 13. Heft, Mitt. 15 (1886) 2—115.

[19] FÖPPL, A.: Versuche über die Ausschläge schnell umlaufender Wellen. Mitteilungen aus dem Mech.-Techn. Laboratorium der TH München, Heft 24 (1896) 49—56.

[20] CARDINAL v. WIDDERN, H.: Polarisationsoptische Spannungsmessungen an Stabecken. Mitteilungen aus dem Mech.-Techn. Laboratorium der TH München, Heft 34 (1930) 4—16.

[21] HILTSCHER, R.: Polarisationsoptische Untersuchung des räumlichen Spannungszustandes im konvergenten Licht. (Diss. TH München 1937.) Forschung. Ing.-Wesen 9 (1938) 91—103.
FÖPPL, L., u. R. HILTSCHER: Die neue spannungsoptische Apparatur d. Mech.-Techn. Labors der TH München. Der Bauingenieur 20 (1939) 231—232.

[22] JEHLE, H.: Polarisationsoptische Spannungsuntersuchungen an einer Schraubenverbindung und an einzelnen Gewindezähnen. (Diss. TH München 1935.) Forsch. Ing.-Wesen 7 (1936) 18—30.

[23] KUSKE, A.: Das Kunstharz Phenolformaldehyd in der Spannungsoptik. (Diss.
      TH München.) Forsch. Ing.-Wesen 9 (1938) 139—149.
      KUSKE, A.: Verfahren der Spannungsoptik. Düsseldorf: VDI-Verlag 1951.
      KUSKE, A.: Beiträge zur Spannungsoptik. Habil.-Schrift TH Stuttgart 1955.
      KUSKE, A.: Einführung in die Spannungsoptik. In: Physik und Technik, Hrsg.
      F. GÖSSLER, Bd. 6. Stuttgart: Wissenschaftliche Verlagsges. 1959.

[24] NEUBER, H.: New method of deriving stresses graphically from photoelastic observat-
      ions. Proc. Royal Soc. (A) 141 (1933) 314—324.
      FÖPPL, L., u. H. NEUBER: Fertigkeitslehre mittels Spannungsoptik. München/Berlin:
      Oldenbourg 1935.

[25] MÖNCH, E.: Neue Erkenntnisse zur Herstellung von Modellen für die Spannungsoptik.
      Forsch. Ing.-Wes. 13 (1942) 12—16.
      MÖNCH, E.: Räumliche Spannungsoptik mit Phenolkunstharz bei Anwendung einer
      Schutzhülle. (Habilitationsschrift TH München 1947.) Kunststoffe 37 (1948) 181—189.
      MÖNCH, E.: Praxis des spannungsoptischen Versuchs mit Dekorit als Modellwerkstoff.
      Ing.-Archiv 16 (1948) 267—286.
      MÖNCH, E.: Die Ähnlichkeits- und Modellgesetze bei spannungsoptischen Versuchen.
      Z. angew. Physik 1 (1949) 306—316.
      MÖNCH, E.: Die Spannungsoptik als Hilfsmittel des Konstrukteurs. Konstruktion 1
      (1949) 69—73 u. 112—116.
      FÖPPL, L., u. E. MÖNCH: Praktische Spannungsoptik. Berlin/Göttingen/Heidelberg:
      Springer 1950, 2. Aufl. 1959.

[26] OPPEL, G.: Polarisationsoptische Untersuchung räumlicher Spannungs- und Dehnungs-
      zustände. (Diss. TH München 1936.) Forsch. Ing.-Wes. 7 (1936) 240—248.
      OPPEL, G.: Das polarisationsoptische Schichtverfahren zur Messung der Oberflächen-
      spannung am beanspruchten Bauteil ohne Modell. VDI-Z. 81 (1937) 803—804.

[27] ARMBRUSTER, E.: Der Einfluß der Oberflächenbeschaffenheit auf den Spannungs-
      verlauf und die Schwingungsfestigkeit. Ein Beitrag zur Kenntnis der Kerbwirkung.
      Diss. TH München 1930.

[28] BUCHNER, H.: Die Elastizitätsgrenze bei Dauerbeanspruchung und ihr Zusammen-
      hang mit der Dauerfestigkeit, Werkstoffdämpfung und Kerbempfindlichkeit. Diss.
      TH München 1937.

[29] v. PHILIPP, H. A.: Über den Einfluß der Querschnittsgröße und Querschnittsform auf
      die Dauerfestigkeit bei ungleichmäßig verteilten Spannungen. (Diss. TH München 1941.)
      Forsch. Ing.-Wesen 13 (1942) 99—111.

[30] NEUBER, H.: Beiträge f. d. achssymmetrischen Spannungszustand. Diss. TH München
      1932.
      NEUBER, H.: Räumlicher Spannungszustand in Umdrehungskerben. (Hab. Schrift.)
      Ingenieur-Archiv 6 (1935) 133—156.

[31] NEUBER, H.: Kerbspannungslehre. Berlin: Springer 1937, 2. Aufl., Berlin/Göttingen/
      Heidelberg: Springer 1958.

[32] MÖNCH, E.: Die Dispersion der Doppelbrechung bei Zelluloid als Plastizitätsmaß in der
      Spannungsoptik. Z. angew. Physik 6 (1954) 371—375.
      MÖNCH, E.: Die Dispersion der Doppelbrechung als Maß für die Plastizität bei span-
      nungsoptischen Versuchen. Forsch. Ing.-Wes. 20 (1955) 20—25.
      MÖNCH, E., u. R. JIRA: Studie zur Photoplastizität von Celluloid am Rohr unter Innen-
      druck. Z. angew. Physik 7 (1955) 450—455.

[33] v. BACH, C.: Die Maschinenelemente. Ihre Berechnung und Konstruktion. Stuttgart:
      Cotta 1881, 13. Aufl. mit J. BACH, Leipzig: 1922.
      v. BACH, C.: Elastizität und Festigkeit. Berlin: Springer 1889/90, 9. Aufl. mit R. BAU-
      MANN, Berlin: Springer 1924.

[34] v. BACH, C., u. R. BAUMANN: Festigkeitseigenschaften und Gefügebilder der Konstruk-
      tionsmaterialien. Berlin: Springer 1915, 2. Aufl. 1921.

[35] GRAF, O.: Die Dauerfestigkeit der Werkstoffe und der Konstruktionselemente.
      Berlin 1929.

[35a] GRAF, O.: Dauerbiegefestigkeit geschweißter Schienen. Autogene Metallbearb. 31 (1938)
      255—279.

Graf, O.: Dauerfestigkeit von Schweißverbindungen. Stahlbau 6 (1933) 81—94.

Graf, O.: Dauerversuche mit Nietverbindungen. Stahlbau 9 (1936) 185—188.

[36] Graf, O.: Dauerzugversuche mit Flachstäben und Nietverbindungen aus Leichtmetall. Stahlbau 8 (1935) 132f.

[37] Siebel, E.: Die Formgebung im bildsamen Zustand. Düsseldorf: Verlag Stahleisen 1932.

[38] Siebel, E.: Handbuch der Werkstoffprüfung, 2. Aufl., Bd. 2: Metallische Werkstoffe. Berlin/Göttingen/Heidelberg: Springer 1955.

[39] Wellinger, K.: Professor Dr.-Ing. Dr.-Ing. E. h. Erich Siebel (Nachruf, Ehrungen, Forschungs- und Dissertationsarbeiten). Sonderdruck der MPA Stuttgart, Feb. 1962.

Wellinger, K.: Veröffentlichungen von Prof. Dr.-Ing. Dr.-Ing. E. h. E. Siebel. Sonderdruck der MPA Stuttgart, Feb. 1962.

[40] Maier, A. F.: Einfluß des Spannungszustandes auf das Formänderungsvermögen der metallischen Werkstoffe. Diss. TH Stuttgart 1935.

Siebel, E., u. A. Maier: Der Einfluß mehrachsiger Spannungszustände auf das Formänderungsvermögen metallischer Werkstoffe. VDI-Z. 77 (1933) 1345—1349.

[41] Siebel, E., u. E. Kopf: Einfluß eines eingepaßten Bolzens auf die Dauerfestigkeit eines gebohrten Stabes. VDI-Z. 78 (1934) 918/19.

Siebel, E., u. E. Kopf: Einfluß der zweiachsigen Beanspruchung auf das Formänderungsvermögen von Flußstahlrohren beim Innendruckversuch. Mitt. d. V. G. B. 48 (1934) 182—188.

Siebel, E., u. E. Kopf: Beanspruchungen in gelochten Platten. VDI-Forschungsheft 369 (1934).

[42] Stieler, M.: Untersuchungen über die Dauerschwingfestigkeit metallischer Bauteile bei Raumtemperatur. Diss. TH Stuttgart 1954.

Siebel, E., u. M. Stieler: Ungleichförmige Spannungsverteilung bei schwingender Beanspruchung. VDI-Z. 97 (1955) 121—126.

[43] Wachter, J.: Ein Beitrag zum Wesen der Wechselfestigkeit bei ungleichförmiger Spannungsverteilung. Diss. TH Stuttgart 1952.

[44] Steurer, W.: Untersuchungen über das Verhalten von Al-Legierungen unter gleichzeitiger ruhender und schwingender Beanspruchung. Diss. TH Stuttgart 1941.

Siebel, E., W. Steurer u. H.-O. Meuth: Milderung von Kerbwirkungen durch Entlastungsschnitte und Verschwächungen. Forsch. Ing.-Wesen 11 (1940) 203—208.

[45] Meuth, H.-O.: Über den Einfluß des Spannungsgefälles auf die Stützwirkung bei schwingender Beanspruchung. Diss. TH Stuttgart 1952.

Siebel, E., u. H.-O. Meuth: Die Wirkung von Kerben bei schwingender Beanspruchung. VDI-Z. 91 (1949) 319—323.

[46] Siebel, E., u. K. H. Bussmann: Das Kerbproblem bei schwingender Beanspruchung. Technik 3 (1948) 249—252.

[47] Siebel, E., u. A. Hosang: Untersuchung über die plastische Stützwirkung bei gekerbten Stäben. VDI-Z. 96 (1954) 98—101.

[48] Wolf, H.: Spannungsoptische Untersuchungen über Formzahl und Spannungsgefälle an gekerbten Stäben. Diss. TH Stuttgart 1955.

[49] Schwaigerer, S.: Einfluß der Prüfbedingungen auf die Ausbildung der Streckgrenze bei weichem Flußstahl. (Diss. TH Stuttgart 1939.) Arch. Eisenhüttenwesen 13 (1939/40) 37—52.

[50] Seeger, G.: Wirkung von Druckspannungen auf die Dauerfestigkeit metallischer Werkstoffe. Diss. TH Stuttgart 1935.

[51] Gienger, K.: Untersuchungen über das Verhalten der Werkstoffe bei überelastischer Wechselbeanspruchung. Diss. TH Stuttgart 1949.

[52] Gaier, M.: Untersuchungen über den Einfluß der Oberflächenbeschaffenheit auf die Dauerschwingfestigkeit metallischer Bauteile bei Raumtemperatur. Diss. TH Stuttgart 1955.

Siebel, E., u. M. Gaier: Untersuchungen über den Einfluß der Oberflächenbeschaffenheit auf die Dauerschwingfestigkeit metallischer Werkstoffe. VDI-Z. 98 (1956) 1715—1924.

[53] BACHER, H.: Die Torsionswechselfestigkeit nitrierter Chromstähle. Zusammenhang zwischen Nitrierbedingungen, Aufbau der nitrierten Randzone, Eigenspannungszustand und Torsionswechselfestigkeit. Diss. TH Stuttgart Stuttgart 1953.

[54] WELLINGER, K.: Eigenspannungen, Gefüge und Festigkeit warmgeschlagener Nieten. Diss. Berlin 1932.

[55] UEBING, D.: Festigkeits- und Werkstofforschung (Techn.-wiss. Sonderheft der Staatl. MPA an der TH Stuttgart anläßlich des 60. Geburtstages von Prof. Dr.-Ing. habil. K. Wellinger am 7. Dez. 1964), Stuttgart 1964.
UEBING, D.: Neuere Veröffentlichungen (1950/1960) aus der Staatl. MPA an der TH Stuttgart (Dir. Prof. Dr.-Ing. habil K. WELLINGER). Sonderbeilage in Materialprüfung 3 (1961) Heft 5.
PROEGER, M.: Veröffentlichungen 1961−1965 aus der Staatl. MPA an der TH Stuttgart (Dir. Prof. Dr.-Ing. habil K. WELLINGER).

[56] HOFMANN, A.: Mechanische Eigenschaften metallischer Werkstoffe bei tiefen Temperaturen und Untersuchungen über das Festigkeitsverhalten von Leichtmetallen in der Kälte mit besonderer Berücksichtigung der Zug-Druck-Wechselbeanspruchung. Diss. TH Stuttgart 1944.

[57] WELLINGER, K., E. KEIL u. G. STÄHLI: Über die Temperaturabhängigkeit von Wechselfestigkeit und Dauerstandfestigkeit verschiedener Preß- und Gußlegierungen aus Leichtmetall. Z. Metallk. 41 (1950) 309−313.
WELLINGER, K., E. KEIL u. G. MAIER: Über das Festigkeitsverhalten von Aluminium und Aluminiumlegierungen bei höheren Temperaturen. Aluminium 39 (1963) 372 bis 377.

[58] KUSSMAUL, K.: Festigkeitsverhalten von Stählen bei wechselnder überelastischer Beanspruchung. (Diss. TH Stuttgart 1963.) Mitt. VGB (1964) H. 92, S. 342−357.

[59] WELLINGER, K., u. P. GIMMEL: Einfluß der Oberflächenbeschaffenheit auf die Biegewechselfestigkeit. Z. Metalloberfläche 6 (1952) 4−9.
WELLINGER, K., u. P. GIMMEL: Die Biegewechselfestigkeit nitrierter Proben mit verschiedenen Durchmessern. Arch. Eisenhüttenwesen 23 (1952) 203−205.

[60] WELLINGER, K., u. P. GIMMEL: Verhalten von Walzstahl/Stahlguß-Schweißverbindungen im Zugschwellversuch. Schweißen und Schneiden 7 (1955) 496−503.
WELLINGER, K., u. P. GIMMEL: Einfluß von Gefüge, Kerben und Stabform auf die Schwellfestigkeit lichtbogengeschweißter Stumpfstöße. Schweißen und Schneiden 8 (1956) Heft 2.

[61] BRAIG, W.: Festigkeit von Metallklebern und Metallklebeverbindungen, insbesondere bei Zeitstand- und Schwingungsbeanspruchung. Diss. TH Stuttgart 1964.
WELLINGER, K., u. W. BRAIG: Metallkleber bei verschiedenen Beanspruchungsarten. VDI-Z. 106 (1964) 892−835.

[62] WELLINGER, K., u. E. KEIL: Versuche an Rohrbogen mit innerer und äußerer Wechsellast. Techn. Mitt. a. d. Dampfkessel-, Behälter- und Rohrleitungsbau. Düsseldorf: Wasserrohrkesselverband, Febr. 1959/Aug. 1959.
WELLINGER, K., E. KEIL u. H. WERNER: Torsionswechselversuche an Kesselrohren. Mitt. VGB (1961) H. 71, S. 77−83.

[63] WELLINGER, K., u. A. STANGER: Dauerschwing- und Schlagzugversuche mit Rundgliederketten. Glückauf 90 (1954) 1670−1673.
WELLINGER, K., u. A. STANGER: Verhalten von Rundstahlketten bei statischer und schwellender Beanspruchung. VDI-Z. 101 (1959) 1425−1431.

[64] PFISTER, H.-R.: Dauerprüfung von Seildrähten. Diss. TH Stuttgart 1964.

[65] BUSEMANN, A.: Dämpfungsfähigkeit von Eisen- u. Stahlstäben bei Drehschwingungen. Ber. Ver. Dtsch. Eisenhüttenleute. Werkstoffaussch. Nr. 60 (1925).
FÖPPL, O.: Das Dämpfungsmaß bei Schwingungen. Mitt. Wöhler-Inst. Braunschweig 1934, Heft 23.
FÖPPL, O.: Dämpfungsfähigkeit der Werkstoffe. Mitt. Wöhler-Inst. Braunschweig 1937, Heft 30.

[66] FÖPPL, O., E. BECKER u. G. v. HEYDEKAMPF: Die Dauerprüfung der Werkstoffe hinsichtlich ihrer Schwingungsfestigkeit und Dämpfungsfähigkeit. Berlin: Springer 1929.

[67] Siehe Kapitel XII [17−27].

[68] Mitt. Wöhler-Inst. Braunschweig. Heft 1 (1929) — Heft 47 (1951).

[69] PREUSS, E.: Versuche über Spannungsverminderung und Spannungsverteilung. Mitt. über Forschungsarbeiten auf dem Gebiete d. Ingenieurwesens Heft 126 (1912).

[70] Thum und seine Schule. Eine Zusammenstellung der Veröffentlichungen von 1922 bis 1941 und von 1941—1956.

[71] THUM, A., u. W. BAUTZ: Die Gestaltfestigkeit. Stahl u. Eisen 55 (1935) 1925—1929.
THUM, A., u. W. BAUTZ: Die Gestaltfestigkeit: Der Einfluß der Form auf die Festigkeitseigenschaften. Schweiz. Bauztg. 106 (1935) 25—30.
THUM, A.: Neuere Anschauungen in der Gestaltung. Berichtsheft 74. Hauptvers. d. VDI, Berlin 1936.
THUM, A.: Die Entwicklung der Lehre von der Gestaltfestigkeit. VDI-Z. 88 (1944) 609—615.

[72] THUM, A.: Zur Steigerung der Dauerhaftigkeit gekerbter Konstruktionen. VDI-Z. 75 (1931) 1328.
THUM, A., u. H. WIEGAND: Die Dauerhaltbarkeit von Schraubenverbindungen und Mittel zu ihrer Steigerung. VDI-Z. 77 (1933) 1061—1063.
THUM, A., u. W. BAUTZ: Steigerung der Dauerhaltbarkeit gekerbter Konstruktionsteile durch Eigenspannungen. VDI-Z. 78 (1934) 921—925.
THUM, A., u. W. BAUTZ: Steigerung der Dauerhaltbarkeit von Formelementen durch Kaltverformung. Mitt. d. MPA Darmstadt, Heft 8, 1936.

[73] THUM, A., u. H. OSCHATZ: Gesetzmäßigkeiten des Dauerbruches und Wege zur Steigerung der Dauerhaltbarkeit gekerbter Konstruktionen. (Diss. TH Darmstadt 1933.) Mitt. d. MPA Darmstadt Heft 2, 1933.

[74] THUM, A., u. W. BAUTZ: Die Ermittlung von Spannungsspitzen in verdrehbeanspruchten Wellen durch ein elektrisches Modell. VDI-Z. 78 (1934) 17—19.
THUM, A., u. W. BAUTZ: Die Ermittlung der Verdrehspannungen in gekerbten Konstruktionsteilen durch Modellversuche. Arch. techn. Messen 4 (1934) V. 132-11.
BAUTZ, W.: Der Stand der Modellversuche zur Ermittlung der Spannungsverteilung in drehbeanspruchten Querschnitten. Ber. über die Tagung des Fachauss. f. Maschinenelemente in Aachen 1935. Berlin: VDI-Verlag 1936, S. 23—28.

[75] THUM, A., u. W. BUCHMANN: Dauerfestigkeit und Konstruktion. Mitt. d. MPA Darmstadt Heft 1, 1932. Siehe auch [74] Arch. techn. Messen 4 (1934) V. 132-11.

[76] THUM, A., u. W. STAEDEL: Dauerfestigkeit von Schrauben. (Diss. TH Darmstadt 1933.) Mitt. d. MPA Darmstadt Heft 4, 1933.
THUM, A.: Der Werkstoff in der konstruktiven Berechnung. Stahl u. Eisen 59 (1939) 252—263. Siehe auch [75].

[77] THUM, A., u. H. OSCHATZ: Steigerung der Dauerfestigkeit bei Rundstäben mit Querbohrungen. Forsch. Ing.-Wesen 3 (1932) 87—93. Siehe auch [73].

[78] THUM, A., u. W. WISS: Über dynamische Verfestigung und Überlastungsfähigkeit von Stählen. (Diss. W. WISS, TH Darmstadt 1929.) VDI-Z. 73 (1929) 1787/1788. Mitt. d. deutschen MPA, Heft 6/8 (1930) 111—112.

[79] THUM, A., u. F. WUNDERLICH: Dauerbiegefestigkeit von Konstruktionsteilen an Einspannungen, Nabensitzen und ähnlichen Kraftangriffsstellen. (Diss. TH Darmstadt 1934.) Mitt. d. MPA Darmstadt Heft 5, 1934.
THUM, A., u. F. WUNDERLICH: Die Reiboxydation an festen Paarverbindungsstellen und ihre Bedeutung für den Dauerbruch. Z. Metallkunde 27 (1935) 277—280.
WUNDERLICH, F.: Die Reiboxidation. Reibung und Verschleiß. VDI-Verschleißtagung 1938, S. 87—95.

[80] THUM, A., u. A. ERKER: Gestaltfestigkeit von Schweißverbindungen. Mitt. d. MPA Darmstadt Heft 10, 1942.
THUM, A., u. A. ERKER: Gestaltfestigkeit geschweißter Bauteile. In: Werkstoff u. Schweißung, Hrsg. F. ERDMANN-JESNITZER, Bd. 1. Berlin: Akademie-Verlag 1951, S. 896—993.

[81] THUM, A., u. Cl. HOLZHAUER: Versuche über Kerbdauerfestigkeit u. Korrosionsermüdung an Kesselbaustoffen. Wärme 56 (1933) 640—642.
THUM, A., u. W. MIELENTZ: Rißbildung bei Kesseln. Arch. Wärmewirtsch. 19 (1938) 33—37

[82] Thum, A., A. Greth u. H. R.Jacobi: Dauerbiegeversuche mit Kunstharzpreßstoffen. Kunst- u. Preßstoffe 2 (1937) 16—24.
Thum, A., u. H. R. Jacobi: Dauerfestigkeit von Kunstharzpreßstoffen. Masch. Schaden 15 (1938) 85—91 u. 101—105.

[83] Thum, A.: Zur Frage der Gestaltfestigkeit von Glas. Glastechn. Ber. 16 (1938) 266 bis 269.

[84] Thum, A.: Einfluß der Schnittbedingungen auf die Dauerfestigkeit von Leichtmetallen. Matallwirtschaft, -wissensch. u. -technik 22 (1943) 239—241.
Thum, A., u. H. Lorenz: Versuche an Schrauben aus Mg-Legierung. VDI-Z. 84 (1940) 667—673.
Thum, A., u. R. Zoege v. Manteuffel: Geschweißte Magnesiumlegierungen und ihre Zug-Druck-Wechselfestigkeit. Metallwirtsch. -wissensch. u. -techn. 23 (1944) 215 bis 220.

[85] Thum, A., u. K. Federn: Spannungszustand und Bruchausbildung (Diss. K. Federn). Berlin: Springer 1939.

[86] Bruder, E.: Gestaltfestigkeit einiger zusammengesetzter Konstruktionsteile des Maschinenbaues und Wege zu ihrer Steigerung. (Diss. TH Darmstadt 1940.) Deutsche Kfz.-Forschung Heft 11, 1938; Heft 20, 1939 u. Heft 41, 1940.

[87] Sigwart, H.: s. IX [17].
Sigwart, H.: Festigkeitsprüfung bei schwingender Beanspruchung. In: Siebel, E.: Handbuch der Werkstoffprüfung, 2. Aufl., Bd. 2. Berlin/Göttingen/Heidelberg: Springer 1955, s. bes. S. 202—272.

[88] Petersen, C.: Die Vorgänge im zügig und wechselnd beanspruchten Metallgefüge. (Diss. TH Darmstadt 1942.) Z. Metallkunde 34 (1942) 39.

[89] Wiegand, H.: Über die Dauerfestigkeit von Schraubenwerkstoffen und Schraubenverbindungen. (Diss. TH Darmstadt 1934.) Neuß: Bauer & Schaurte AG 1934.

[90] —: Oberfläche und Dauerfestigkeit. Habilitationsschrift TH Darmstadt 1940. Berlin: Gebr. Feyl 1940.

[91] —: Berechnung und Gestaltung der Triebwerke schnellaufender Kolbenkraftmaschinen, Berlin 1942. Siehe auch Jahrbuch Dtsch. Luftfahrtforsch. 1939, 110—113 u. 332—336; und 1940, Teil II: Triebwerk.

[92] Staatliche Materialprüfungsanstalt und Institut für Werkstoffkunde MPA. Zur Einweihung des Neubaus der MPA. TH Darmstadt 1964.

[93] Thum, A., O. Svenson u. H. Weiss: Spannungsermittlung an Konstruktionsteilen durch Feindehnungsmesser. Deutsche Kfz.-Forschung, Zwischenbericht Nr. 12 (1938).
Svenson, O.: Versuche zur Ermittlung der Spannungsverteilung in Pleuelstangen. Deutsche Kfz-.Forschung, Zwischenbericht Nr. 25 (1938).
Thum, A., O. Svenson u. H. Weiss: Neuzeitliche Dehnungsmeßgeräte. Forsch. Ing.-Wes. 9 (1938) 229—234.
Svenson, O.: Versuche zur Klärung der Beanspruchungsverteilung in Motorgehäusen. Deutsche Kfz.-Forschung, Zwischenbericht Nr. 32 (1938).
Svenson, O.: Unmittelbare Bestimmung der Größe und Häufigkeit von Betriebsbeanspruchungen. Trans. Instr. Measurem. Conf. Stockholm 1952.
Thum, A., C. Petersen u. O. Svenson: Verformung, Spannung, Kerbwirkung. Düsseldorf: VDI-Verlag 1960.

[94] Laboratorium für Betriebsfestigkeit (LBF). Gemeinnütziges Forschungsinstitut der Fraunhofer-Ges. Darmstadt-Eberstadt. Institutsveröffentlichungen Heft 3, 1968.

[95] Martens, A.: Handbuch der Materialienkunde für den Maschinenbau, 1. Teil, Berlin 1898; 2. Teil mit E. Heyn, Berlin 1912.

[96] Martens, A., u. M. Guth: Denkschrift zur Eröffnung des Amtes. Berlin: 1904. Siehe auch Mitt. Königl. Mat.-Prüf.-Amt 1904, 51.

[97] Memmler, K., u. K. Laute: Dauerversuche an der Hochfrequenz-Zug-Druck-Maschine (Bauart Schenck). Forsch. Ing.-Wes. Heft 329 (1930).

[98] Hahnemann, W., H. Hecht u. E. Wilckens: Eine neue Materialprüfmaschine für Dauerbeanspruchungen. Z. techn. Physik 6 (1925) 465—468.

[99] Lehr, E.: Die Abkürzungsverfahren zur Ermittlung der Schwingungsfestigkeit von Materialien. Diss. TH Stuttgart 1925.

[100] DIETRICH, O., u. E. LEHR: Dehnungslinienverfahren. VDI-Z. 76 (1932) 973—982.

[101] SIEBEL, E., u. K. H. BUSSMANN: Das Kerbproblem bei schwingender Beanspruchung. Technik 3 (1948) 249—252.

[102] RÜHL, K., s. V [42].
RÜHL, K.: Tragfähigkeit metallischer Baukörper. Berlin: Ernst & Sohn 1952.

[103] SIEBEL, E., u. M. PFENDER: Weiterentwicklung der Festigkeitsrechnung bei Wechselbeanspruchung. Stahl u. Eisen 87 (1947) 318—321.
AMEDICK, E., s. X [5].
AMEDICK, E.: Einfluß der Form auf die Dauerhaltbarkeit von Schmiedestücken insbesondere Kurbelwellen. Techn. Blätter Wuppermann (1958) Heft 3.
WUPPERMANN, A. Th., M. PFENDER u. E. AMEDICK: Untersuchungen des Einflusses von Oberflächenfehlern auf die Dauerhaltbarkeit von Kurbelwellen. Düsseldorf: Verlag Stahleisen 1958.

[104] OELSEN, W.: Max-Planck-Institut für Eisenforschung. Jahrbuch der Max-Planck-Gesellschaft, 250.

[105] POMP, A.: Prüfung d. Verhaltens von Metallen gegen mech. Beanspruchung bei höheren Temperaturen. Int. Kongr. f. Materialprüfung London 1937.
POMP, A., u. M. HEMPEL: Wechselfestigkeit und Kerbwirkungszahlen von unlegierten und legierten Baustählen bei $+20°$ und $-78\ °C$. Arch. Eisenhüttenwesen 21 (1950) 53—66.
POMP, A., u. M. HEMPEL: Dauerfestigkeit von Schraubenfedern bei erhöhter Temperatur. Arch. Eisenhüttenwesen 22 (1951) 263—272.
POMP, A.: Festigkeitsuntersuchungen bei hohen Temperaturen. In: SIEBEL, E.: Handbuch der Werkstoffprüfung, 2. Aufl., Bd. 2. Berlin/Göttingen/Heidelberg: Springer 1955, S. 352.

[106] WEVER, F.: Ausscheidungsvorgänge in Stählen bei ruhender und bei wechselnder Beanspruchung. In: IUTAM-Kolloquium über Ermüdungsfestigkeit, Stockholm 1955 Berlin/Göttingen/Heidelberg: Springer 1956, S. 299—312.
WEVER, F.: Fatigue properties of steel at higher temperatures. In: Proc. Internat. Conf. on Fatigue of Metals, London/New York 1956. London: I. Mech. E. 1957, pp. 370—374.

[107] MÖLLER, H., M. HEMPEL u. F. WEVER: Veränderungen des Kristallzustandes von Stahl bei Wechselbeanspruchung bis zum Dauerbruch. Stahl u. Eisen 59 (1939) 29 bis 33.
HEMPEL, M., u. H. MÖLLER: Die Auswirkung von Schweißfehlern in Proben aus Stahl St 37 auf deren Zugschwellfestigkeit. (Mitt. M.P.I. f. Eisenforschung Abh. 504.) Arch. Eisenhüttenwesen 20 (1949) 375—383.

[108] HEMPEL, M., s. III [16, 17]; V [27]; VI [2]; VIII [9]; IX [13]; X [2]; u. XII [10].

[109] HEMPEL, M.: Gegenwärtiger Stand der Kenntnisse über die Betriebsfestigkeit von Stählen. Stahl u. Eisen 84 (1964) Nr. 8, 485—491.
HEMPEL, M.: Surface condition and fatigue strength. In: G. M. RASSWEILER u. W. L. GRUBE: Internal stresses and fatigue in metals. Amsterdam/London/New York/Princeton: Elsevier 1959, pp. 311—336.

[110] FINK, K., u. Chr. ROHRBACH: s. II [2].

[111] LANGE, H.: Röntgenspektroskopische Untersuchung mittels der Methoden von Seemann-Bohlin. (Diss.) Ann. Phys. 76 (1925) 455—492.
LANGE, H.: Ferromagnetismus und Werkstoff. München/Berlin: Houdremont 1942.
LANGE, H., u. K. FINK: Wechselbeanspruchung und magnetische Eigenschaften. Physik Z. 42 (1941) 90—95.
LANGE, H.: Ein im Mittelpunkt freier Goniometer zur Ermittlung elastischer Spannungen nach dem Röntgenverfahren und seine Anwendung bei großen Bauteilen aus dem Bereich des Eisenbahnwesens. VDI-Bericht, Nr. 102 (1966) 51—58.

[112] Mitteilungen des Kaiser-Wilhelm-Instituts (KWI) für Eisenforschung. 25 (1942).

[113] HERTEL, H., s. Vorwort [1].

[114] HERTEL, H.: Verdrehsteifigkeit und Verdrehfestigkeit von Flugzeugbauteilen. (218 DVL-Bericht) DVL-Jahrbuch 1931, 165—220 u. Lufo 9 (1931) 1—56.

[115] TEICHMANN, A., s. VII [21, 22, 23].

[116] GASSNER, E., s. VII [17—20].

[117] KAUL, H.-W.: Die erforderliche Zeit- und Dauerfestigkeit von Flugzeugtragwerken.
DVL-Jahrbuch 1938, 195—208, u. Jahrbuch d. Deutschen Luftfahrtforschung 1938,
I 274—I 288.

[118] KÜSSNER, H.-.G: Häufigkeitsbetrachtungen zur Ermittlung der erforderlichen Festigkeit von Flugzeugen. Lufo 12 (1935) 57—61.

[119] EBNER, H., s. VII [15].
EBNER, H.: Stand der Festigkeitsforschung im Flugzeugbau und auf anderen Gebieten
des Leichtbaus. ZFW 4 (1956) 108—121.

[120] KOWALEWSKI, J., s. VII [33].

[121] JACOBY, G.: Observation of crack propagation on the fracture surface. In: Current
Aeronautical Fatigue Problems Proc. Symposium Rome April 23—25, 1963. Ed.
J. SCHIJVE, J. R. HEATH-SMITH, and E. R. WELBOURNE. Oxford/London/Edinburgh/
New York/Paris/Frankfurt: Pergamon Press 1965, pp. 165—199.
JACOBY, G.: Application of microfractography to the study of crack propagation
under fatigue stresses. AGARD-Rep. 541 (1966).

[122] DVL Tätigkeitsberichte ihrer Institute und der Prüfstelle für Luftfahrtgerät. Aus
Anlaß des 50-jährigen Bestehens der DVL im April 1962, 91—97.
DVL-Jahresberichte 1963, 51—53; 1964, 63—68; 1965, 67—73.

[123] BOLLENRATH, F.: Fatigue and Aging. AGARD Report 157 (1957).

[124] ALTHOF, F. C., s. XI [1].
ALTHOF, F. C.: Untersuchungen zur Verbessung der Dauerfestigkeit von Nietverbindungen aus Al-Legierungen. WGLR-Jahrbuch 1963, 334—345.

[125] Royal Aeronautical Society (RAS) Data Sheets on Fatigue and Engineering Sciences
Data: Aeronautical Fatigue. Ed.: Royal Aeronautical Society, London.

[126] GOUGH, H. J.: The fatigue of metals. London: Scott, Grennwood & Son 1924.

[127] GOUGH, H. J., and D. G. SOPWITH, s. VIII [18].

[128] FORREST, P. G., s. V [43].

[129] ALLEN, N. P., and P. G. FORREST: Influence of Temperature on the fatigue of metals.
In: Proc. Internat. Conf. on Fatigue of Metals, London/New York 1956. London:
I. Mech. E. 1957, pp. 327—340.

[130] Cox, H. L.: Fatigue. J. Royal Aero. Soc. 57 (1953) 559.
Cox, H. L.: Stress concentration in relation to fatigue. In: Proc. Internat. Conf.
on Fatigue of Metals, London/New York 1956. London: I. Mech. E. 1957, pp. 212—221.
Cox, H. L., and A. F. C. BROWN: Stresses round pins in holes. Aeronaut. Quart.
15 (1964) 357—372.

[131] FROST, N. E., s. XIII [28].
FROST, N. E.: A relation between the critical alternating propagation stress and crack
length for mild steel. Proc. Instn. Mech. Engrs. 173 (1959) 811—834.
FROST, N. E.: A note on the behaviour of fatigue cracks. J. Mech. Phys. Solids 9
(1961) 143.

[132] PHILLIPS, C. E., and R. B. Heywood: Size effect in fatigue of plain and notched steel
specimens loaded under reversed direct stress. Proc. Instn. Mech. Engrs. 165 (1951)
113.
PHILLIPS, C. E., and A. J. FENNER: Some fatigue tests on Al-alloy and mild steel
sheet with and without drilled, holes. Proc. Instn. Mech. Engrs. 165 (1951) 125.

[133] FENNER, A. J., K. H. WRIGHT, and J. Y. MANN, s. XI [7].
FENNER, A. J., et J. E. FIELD, s. XI [14].

[134] Low, A. C., s. VI [6].
Low, A. C.: The fatigue strength of pin-jointed connections in aluminium-alloy
BS. L. 65. Proc. Instn. Mech. Engrs. 172 (1958) 821—838.

[135] HEYWOOD, R. B., s. XI [4].
HEYWOOD, R. B.: Designing by Photoelasticity. London: Chapman & Hall 1952.

[136] FORSYTH, P. J. E., s. III [3].
FORSYTH, P. J. E., and C. A. STUBBINGTON: Some observations on the initiation
and growth of fatigue cracks in an Aluminium 7,5% Zinc, 2,5% Magnesium alloy. RAE
T. N. Met. Phys. 344 (1962).

STUBBINGTON, C. A.: Some observations on air and corrosion fatigue fracture surfaces of Aluminium − 7,5% Zinc − 2,5% Magnesium. RAE Report CPM 4 (1963).

STUBBINGTON, C. A.: Some observations on fatigue damage in an Aluminium − 7,5% Zinc − 2,5% Magnesium alloy. RAE Report CPM 9 (1964).

[137] FISHER, W. A. P., and W. J. WINKWORTH: s. XVI [1].

FISHER, W. A. P., and W. J. WINKWORTH: Improvements in the fatigue strength of joints by the use of interference fits. RAE Rep. No. Structures 127 (1952).

[138] CAZAUD, R.: s. VIII [4a].

[139] BARROIS, W., s. XIII [25].

BARROIS, W., and F. BOLLENRATH: The preparation of reports on fatigue of structures and materials. AGARD Report 477, July 1964.

[140] DE LEIRIS, H., and H. DUTILLEUL: Fatigue test of arc-welded joints. Welding J. 31 (1952).

DE LEIRIS, H., E. MENCARELLI et J. POULIGNIER: Contribution de la microfracto-graphie électronique à l'étude de l'influence de la fréquence des cycles sur le développement des cassures de fatigue dans les alliages d'aluminium. ONERA T. P. 117 (1964).

[141] PROT, M.: Fatigue testing under progressive loading. Rev. Metallurgie 34 (1937) 440−442; 48 (1951) 822−824; s. a. WADC TR 52-148 (1952).

[142] LUNDBERG, B. K.: Fatigue life of airplane structures. J. Aeronaut. Sciences 22 (1955) 349−413.

[143] WÅLLGREN, G.: Fatigue tests with stress cycles of varying amplitude. FFA Rep. No. 28 (1949).

WÅLLGREN, G.: Fatigue tests of wing joints. FFA Rep. HU 473 (1954).

[144] WEIBULL, W.: A new method for the statistical treatment of fatigue data. SAAB TN 30 (1954).

[145] WEIBULL, W., s. VIII [20]; XIII [33].

WEIBULL, W.: The static strength and the fatigue strength of riveted spotwelded and Redux-bonded joints in 24 S-T-Al-alloy sheet. SAAB TN 31 (1954).

[146] WEIBULL, W., s. II [18].

WEIBULL, W.: Fatigue testing and the analysis of results. Oxford/London/New York/Paris: Pergamon Press 1961.

[147] PALMGREN, A., s. VII [10].

[148] MINER, M. A., s. VII [11].

[149] PITTROFF, H., s. XI [2, 2a].

[150] Roš, M.: La fatigue des métaux. EMPA Zürich Bericht Nr. 160 (1949).

Roš, M. u. A. EICHINGER, s. V [22].

[151] BRANGER, J.: The full scale fatigue test on the DH-112 Venom. ICAF -Doc. 285, F+W S-163, 1964; siehe auch Minutes of the 9th Conference of the International Committee on Aeronautical Fatigue. June 21−22, 1965, Munich, Part I (LBF 1966), pp. 215−245.

[152] JOHNSTONE, W. W.: Australian Council Aeronaut. Rept. No. 28 (1946).

[153] JOHNSTONE, W. W., and A. O. PAYNE: Determination of the fatigue characteristics of Mustang P 51 D wings. Report AARC 30, Aeronautical Research Consultative Committee; Melbourne June 1953.

[153a] FORD, D. G., W. W. JOHNSTONE, J. L. KEPPERT, A. O. PAYNE and others: Fatigue characteristics of a riveted 24 S-T Aluminium alloy wing. Part I−V. ARL Rep. SM 246, 247, 248, 263 u. 268, Melbourne 1956.

[154] HOOKE, F. H.: ARL SM Note 150 u. 157 (1947); SM Rep. No. 111 (1948); SM T.M. 28 (1952).

[155] HEAD, A. K., s. XIII [14].

HEAD, A. K., and F. H. HOOKE: Random noise fatigue testing. In: Proc. Internat. Conf. on Fatigue of Metals, London/New York 1956. London: I. Mech. E. 1957, p. 301.

HEAD, A. K.: J. Aust. Inst. Met. 1 (1956) 148.

[156] FINNEY, J. M., and W. W. JOHNSTONE: Random load fatigue tests on simple specimens. SM Project F 28/40/1. Internal report ARL Nov. 1955.

FINNEY, J. M., and J. Y. MANN: Fatigue behaviour of notched aluminium alloy specimens under simulated random gust loading with and without ground-to-air

cycles of loading. In: BARROIS, W., and E. L. RIPLEY: Fatigue of aircraft structures. Oxford/London/New York/Paris: Pergamon 1963, pp. 151—177.
FINNEY, J. M.: Abnormally high fatigue properties of DTD 683 Aluminium alloy extruded bar. ARL SM Rep. 287 (Feb. 1962).

[157] MANN, J. Y.: ARL SM Rept., No. 147 (1950) No. 217 (1953) No. 188 (1954) and SM Note 224 (1955).

[152—157] Siehe auch: JOHNSTONE, W. W., and A. O. PAYNE: Aircraft structural fatigue research in Australia. In: FREUDENTHAL, A. M.: Fatigue in aircraft structures. Proc. Int. Conf. Columbia University 1956. New York: Academic Press 1956, pp. 427—448.

[158] MANN, J. Y.: The historical development of research on the fatigue of materials and structures. J. Austr. Inst. Met. III (1958) No. 3, 222—241.

[159] EGLESTON, T.: Trans. Amer. Inst. Min. Engrs. 8 (1879/1880) 398.

[160] MOORE, H. F., and J. B. KOMMERS: An investigation of the fatigue of metals. Univ. Illinois, Engng. Expt. Stat. Bull. 124 (1921) 153.
MOORE, H. F., and J. B. KOMMERS: The fatigue of metals. New York 1927.

[161] McADAM D. J.: Corrosion-fatigue of metals as affected by chemical composition, heat treatment and cold working. Trans. Amer. Soc. Steel Treat. 11 (1927) 355—390.

[162] OBERG, T. T., and J. B. JOHNSON: Fatigue properties of metals used in aircraft construction at 3450 and 10 600 cycles. Proc. Amer. Soc. Test. Mater. 37 (1937) 195—205.

[163] VITOVEC, F. H., and B. J. LAZAN: Review of previous work on short-time test for predicting fatigue properties of materials. Wright Air Development Centre (WADC) Tech. Rep. 53—122 (1953).

[164] TEMPLIN, R. L., s. VIII [4].

[165] PETERSON, R. E., s. IV [3] u. V [44].

[166] HORGER, O. J.: Effect of surface rolling on the fatigue strength of steel. J. Appl. Mech. 2 (1935) A 128—A 136.
HORGER, O. J. and others, s. V [45]; XII [32].

[167] HARDRATH, H. F.: A review of fatigue research in the United States. NASA-TM-X-56 562 (1965).

[168] Proceedings of the International Conference on Fatigue of Metals. London, Sept., 10—14, 1956, and New York, Nov. 28—30, 1956. The Institution of Mechanical Engineers. The American Society of Mechanical Engineers. London: I. Mech. E. 1957.

[169] 1946 The Failure of Metals by Fatigue. Melbourne: University Press 1947.

[170] Fatigue and Fracture of Metals. MIT Conf. London: Chapman & Hall 1952.

[171] FREUDENTHAL, A. M.: Fatigue in aircraft structures. Proc. Int. Conf. Columbia University, Jan. 30, — Feb. 1, 1956. New York: Academic Press 1956.

[172] ALMEN, J. O.: Peened surfaces improve endurance of machine parts. Metal Progress 43 (1943) No. 2, 209—215; No. 5, 737—740; No. 8, 254—261, No. 9.
ALMEN, J. O.: SAE Manual on shot peening. New York: Society of Automotive Engineers 1952.

[173] ALMEN, J. O., and P. H. BLACK, s. IX [12].

[174] HORGER, O. J., and H. R. NEIFERT, s. XII [32].

[175] LESSELS, J. M., and R. F. BRODRICK, s. XII [34].

[176] GASSNER, E.: Minutes of 9th Conference of the International Committee on Aeronautical Fatigue, Munich 1965, Part I and II. Darmstadt: LBF 1966.

[177] PLANTEMA, F. J., and J. SCHIJVE: Full-scale fatigue testing of aircraft structures. Proceedings of the symposium Amsterdam 1959. Oxford/London/New York/Paris: Pergamon Press 1961.

[178] BARROIS, W., and E. L. RIPLEY: Fatigue of aircraft structures. Proceedings of the symposium Paris 1961. Oxford/London/New York/Paris: Pergamon Press 1963.

[179] SCHIJVE, J., J. R. HEATH-SMITH, and E. R. WELBOURNE: Current aeronautical fatigue problems. Proceedings of a symposium, Rome 1963. Oxford/London/Edinburgh/New York/Paris/Frankfurt: Pergamon Press 1965.

[180] WEIBULL, W., u. F. K. G. ODQUIST: IUTAM-Kolloquium über Ermüdungsfestigkeit, Stockholm 1955. Berlin/Göttingen/Heidelberg: Springer 1956.

[181] SCHRIEVER, B. A.: Keynote Address in: Proceedings fatigue of aircraft structures. WADC TR 59—507.

[182] Küssner, H. G.: Optisch-photographische Formänderungsmessungen. (DVL-Bericht 194.) ZFM 21 (1930) 433—440 u. DVL-Jb. 1930, 227—234.

[183] Pabst, W.: Aufzeichnen schneller Schwingungen nach dem Ritzverfahren. (DVL-Bericht 167.) DVL-Jb. 1930, 31—36.

[184] Johnstone, W. W.: ARL SM Rept. No. 59 (1946) u. No. 104 (1947).

[185] Johnstone, W. W., C. A. Patching, and A. O. Payne: An experimental determination of the fatigue strength of CA-12 boomerang wings. ARL SM Rept. No. 160 (1950).

[186] Report on metallurgical examination of centre section, main spar boom, De-Havilland "Dove" Aircraft VH-AQO. Defence Research Laboratories (DRL) Met. No. M 51—614 (Dec. 1951).

[187] McGuigan, J. M., jr.: Interim report on a fatigue investigation of a full-scale transport aircraft wing structure. NACA TN 2920 (1953).

[188] Winkworth, W. J.: The fatigue strength characteristics of a single spar wing. RAE TN Structures 274. C. P. No. 535 (1959).

[189] Castle, Cl. B., and J. F. Ward, s. XV [5].

[190] Civil Aircraft Accident. Report of the court of inquiry into the accidents to Comet G-ALYP on 10th January, 1954 and Comet G-ALYY on 8th April 1954. Ministry of Transport and Civil Aviation. London: HMSO 1955.

Wie kam es zum Comet-Unfall? Interavia 8 (1955) 411—412.

Test tank Mk 2. Comet 2 in the De-Havilland Tank at Hatfield. Flight 68 (30. 12. 1955) No. 2449, 958—959.

Stevens, J. H., s. XXI [4].

[191] Fatigue signs ground 21 Viscount 700s. Aviation Week 68 (1958) No. 5, 45.

Namenverzeichnis

Sachverzeichnis